数据有道

数据分析 + 图论与网络 + 微课 + Python编程

姜伟生 著

清华大学出版社
北京

内 容 简 介

本书是“鸢尾花数学大系——从加减乘除到机器学习”丛书的第三板块(实践板块)中的一本关于数据科学的分册。“实践”这个板块，我们将会把学到的编程、可视化，特别是数学工具应用到具体的数据科学、机器学习算法中，并在实践中加深对这些工具的理解。

本书可以归纳为7大板块——数据说、数据处理、时间数据、图论基础、图的分析、图与矩阵、图论实践。这7个板块(共25章内容)都紧紧围绕一个主题——数据!

本书以数据为名，以好奇心和疑问为驱动，主动使用“编程+可视化+数学”工具进行探索。本书将会回顾鸢尾花书前五本主要的工具，让大家对很多概念从似懂非懂变成如数家珍；同时，我们还会掌握更多工具，用来扩展大家的知识网络。

依照惯例，本书提供代码和视频教学。

本书读者群包括数据科学从业者、大数据从业者、高级数据分析师、机器学习开发者、计算机图形学研究者等。

图书在版编目(CIP)数据

数据有道：数据分析+图论与网络+微课+Python编程 / 姜伟生著. -- 北京：清华大学出版社, 2024. 10.
(鸢尾花数学大系). -- ISBN 978-7-302-67157-2

Ⅰ. TP274

中国国家版本馆CIP数据核字第202418RP32号

责任编辑：栾大成
封面设计：姜伟生　杨玉兰
责任校对：徐俊伟
责任印制：杨　艳

出版发行：清华大学出版社
　　网　　址：https://www.tup.com.cn，https://www.wqxuetang.com
　　地　　址：北京清华大学学研大厦A座　　邮　　编：100084
　　社 总 机：010-83470000　　邮　　购：010-62786544
　　投稿与读者服务：010-62776969，c-service@tup.tsinghua.edu.cn
　　质 量 反 馈：010-62772015，zhiliang@tup.tsinghua.edu.cn
印 装 者：涿州汇美亿浓印刷有限公司
经　　销：全国新华书店
开　　本：188mm×260mm　　**印　　张：**35.5　　**字　　数：**1129千字
版　　次：2024年10月第1版　　**印　　次：**2024年10月第1次印刷
定　　价：238.00元

产品编号：096690-01

Preface

前言

感谢

首先感谢大家的信任。

作者仅仅是在学习应用数学科学和机器学习算法时，多读了几本数学书，多做了一些思考和知识整理而已。知者不言，言者不知。知者不博，博者不知。由于作者水平有限，斗胆把自己有限所学所思与大家分享，作者权当无知者无畏。希望大家在 B 站视频下方和 GitHub 多提意见，让“鸢尾花数学大系——从加减乘除到机器学习”丛书成为作者和读者共同参与创作的优质作品。

特别感谢清华大学出版社的栾大成老师。从选题策划、内容创作到装帧设计，栾老师事无巨细、一路陪伴。每次与栾老师交流，都能感受到他对优质作品的追求、对知识分享的热情。

出来混总是要还的

曾经，考试是我们学习数学的唯一动力。考试是头悬梁的绳，是锥刺股的锥。我们中的绝大多数人从小到大为各种考试埋头题海，学数学味同嚼蜡，甚至对其恨之入骨。

数学给我们带来了无尽的“折磨”。我们甚至恐惧数学，憎恨数学，恨不得一走出校门就把数学抛之脑后，老死不相往来。

可悲可笑的是，我们很多人可能会在毕业五年或十年以后，因为工作需要，不得不重新学习微积分、线性代数、概率统计，悔恨当初没有学好数学，走了很多弯路，没能学以致用，甚至迁怒于教材和老师。

这一切不能都怪数学，值得反思的是我们学习数学的方法和目的。

再给自己一个学数学的理由

为考试而学数学，是被逼无奈的举动。而为数学而学数学，则又太过高尚而遥不可及。

相信对于绝大部分人来说，数学是工具，是谋生手段，而不是目的。我们主动学数学，是想用数学工具解决具体问题。

现在，本丛书给大家带来一个学数学、用数学的全新动力——数据科学、机器学习。

数据科学和机器学习已经深度融合到我们生活的方方面面，而数学正是开启未来大门的钥匙。不是所有人生来都握有一副好牌，但是掌握“数学 + 编程 + 机器学习”的知识绝对是王牌。这次，学习数学不再是为了考试、分数、升学，而是为了投资时间，实现自我，面向未来。

未来已来，你来不来？

本丛书如何帮到你

为了让大家学数学、用数学，甚至爱上数学，作者可谓颇费心机。在本丛书创作时，作者尽量克服传统数学教材的各种弊端，让大家学习时有兴趣、看得懂、有思考、更自信、用得着。

为此，本丛书在内容创作上突出以下几个特点。

- **数学 + 艺术**——全彩图解，极致可视化，让数学思想跃然纸上，生动有趣、一看就懂，同时提高大家的数据思维、几何想象力和艺术感。
- **零基础**——从零开始学习Python编程，从写第一行代码到搭建数据科学和机器学习应用。
- **知识网络**——打破数学板块之间的壁垒，让大家看到代数、几何、线性代数、微积分、概率统计等板块之间的联系，编织一张绵密的数学知识网络。
- **动手**——授人以鱼不如授人以渔，和大家一起写代码，用Streamlit创作数学动画、交互App。
- **学习生态**——构造自主探究式学习生态环境“微课视频 + 纸质图书 + 电子图书 + 代码文件 + 可视化工具 + 思维导图”，提供各种优质学习资源。
- **理论 + 实践**——从加减乘除到机器学习，丛书内容安排由浅入深，螺旋上升，兼顾理论和实践；在编程中学习数学，在学习数学时解决实际问题。

虽然本丛书标榜“从加减乘除到机器学习”，但是建议读者朋友们至少具备高中数学知识。如果读者正在学习或曾经学过大学数学 (微积分、线性代数、概率统计)，那么就更容易读懂本丛书了。

聊聊数学

数学是工具。锤子是工具，剪刀是工具，数学也是工具。

数学是思想。数学是人类思想高度抽象的结晶。在其冷酷的外表之下，数学的内核实际上就是人类朴素的思想。学习数学时，知其然，更要知其所以然。不要死记硬背公式、定理，理解背后的数学思想才是关键。如果你能画一幅图，用大白话描述清楚一个公式、一则定理，这就说明你真正理解了它。

数学是语言。就好比世界各地不同种族有自己的语言，数学则是人类共同的语言和逻辑。数学这门语言极其精准，高度抽象，放之四海而皆准。虽然我们中大多数人没有被数学“女神”选中，不能为人类对数学认知开疆拓土，但是这丝毫不妨碍我们使用数学这门语言。就好比，我们不会成为语言学家，但是我们完全可以使用母语和外语交流。

数学是体系。代数、几何、线性代数、微积分、概率统计、优化方法等，看似一个个孤岛，实际上它们都是由数学网络连接起来的。建议大家在学习时，特别关注不同数学板块之间的联系，见树，更要见林。

数学是基石。拿破仑曾说：“数学的日臻完善和国强民富息息相关。”数学是科学进步的根基，是经济繁荣的支柱，是保家卫国的武器，是探索星辰大海的航船。

数学是艺术。数学和音乐、绘画、建筑一样，都是人类艺术体验。通过可视化工具，我们会在看似枯燥的公式、定理、数据背后，发现数学之美。

数学是历史，是人类共同记忆体。“历史是过去，又属于现在，同时在指引未来。”数学是人类的集体学习思考，它把人的思维符号化、形式化，进而记录、积累、传播、创新、发展。从甲骨、泥板、石板、竹简、木牍、纸草、羊皮卷、活字印刷字模、纸张，到数字媒介，这一过程持续了数千年，至今绵延不息。

数学是无穷无尽的**想象力**，是人类的**好奇心**，是自我挑战的**毅力**，是一个接着一个的**问题**，是看似荒诞不经的**猜想**，是一次次胆大包天的**批判性思考**，是敢于站在前人肩膀之上的**勇气**，是孜孜不倦地延展人类认知边界的**不懈努力**。

家园、诗、远方

诺瓦利斯曾说：“哲学就是怀着一种乡愁的冲动到处去寻找家园。”

在纷繁复杂的尘世，数学纯粹得就像精神的世外桃源。数学是一束光、一条巷、一团不灭的希望、一股磅礴的力量、一个值得寄托的避风港。

打破陈腐的锁链，把功利心暂放一边，我们一道怀揣一份乡愁，心存些许诗意，伴随艺术维度，投入数学张开的臂膀，驶入它色彩斑斓、变幻无穷的深港，感受久违的归属，一睹更美、更好的远方。

Acknowledgement

致谢

To my parents.
谨以此书献给我的母亲和父亲。

How to Use the Book

使用本书

丛书资源

本系列丛书提供的配套资源有以下几个。

- 纸质图书。
- PDF文件，方便移动终端学习。请大家注意，纸质图书经过出版社五审五校修改，内容细节上会与PDF文件有出入。
- 每章提供思维导图，纸质图书提供全书思维导图海报。
- Python代码文件，直接下载运行，或者复制、粘贴到Jupyter运行。
- Python代码中有专门用Streamlit开发的数学动画和交互App的文件。
- 微课视频，强调重点、讲解难点、聊聊天。

在纸质图书中，为了方便大家查找不同配套资源，作者特别设计了以下几个标识。

数学家、科学家、艺术家等语录

代码中核心Python库函数和讲解

思维导图总结本章脉络和核心内容

配套Python代码完成核心计算和制图

用Streamlit开发制作App

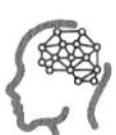
介绍数学工具、机器学习之间的联系

引出本书或本系列其他图书相关内容

提醒读者格外注意的知识点

每章配套微课视频二维码

相关数学家生平贡献介绍

每章结束总结或升华本章内容

本书核心参考文献和推荐阅读文献

微课视频

本书配套微课视频均发布在B站——生姜DrGinger。

◀ https://space.bilibili.com/513194466

微课视频是以“聊天”的方式，和大家探讨某个数学话题的重点内容，讲解代码中可能遇到的难点，甚至侃侃历史，说说时事，聊聊生活。

本书配套微课视频的目的是引导大家自主编程实践、探究式学习，并不是“照本宣科”。

纸质图书上已经写得很清楚的内容，视频课程只会强调重点。需要说明的是，图书内容不是视频的“逐字稿”。

App开发

本书配套多个用Streamlit开发的App，用来展示数学动画、数据分析、机器学习算法。

Streamlit是个开源的Python库，能够方便、快捷地搭建、部署交互型网页App。Streamlit简单易用，很受欢迎。Streamlit兼容目前主流的Python数据分析库，比如NumPy、Pandas、Scikit-Learn、PyTorch、TensorFlow等。Streamlit还支持Plotly、Bokeh、Altair等交互可视化库。

本书中很多App设计都采用Streamlit + Plotly方案。此外，本书专门配套教学视频手把手和大家一起做App。

大家可以参考如下页面，更多地了解Streamlit：

◀ https://streamlit.io/gallery
◀ https://docs.streamlit.io/library/api-reference

实践平台

本书作者编写代码时采用的IDE (Integrated Development Environment) 是Spyder，目的是给大家提供简洁的Python代码文件。

但是，建议大家采用JupyterLab或Jupyter Notebook作为“鸢尾花书”配套学习工具。

简单来说，Jupyter集“浏览器 + 编程 + 文档 + 绘图 + 多媒体 + 发布”众多功能于一身，非常适合探究式学习。

运行Jupyter无需IDE，只用到浏览器。Jupyter容易分块执行代码。Jupyter支持inline打印结果，直接将结果图片打印在分块代码下方。Jupyter还支持很多其他语言，如R和Julia。

使用Markdown文档编辑功能，可以在编程的同时写笔记，不必额外创建文档。在Jupyter中插入图片和视频链接都很方便，此外还可以插入LaTex公式。对于长文档，可以用边栏目录查找特定内容。

Jupyter发布功能很友好，方便输出为HTML、PDF等格式文件。

Jupyter也并不完美，目前尚待解决的问题有几个：

◀ Jupyter中代码调试不是特别方便。比如Jupyter没有variable explorer，不过我们可以在线打印数据，也可以将数据写到CSV或Excel文件中再打开。
◀ Matplotlib图像结果不具有交互性，如不能查看某个点的值或者旋转3D图形，此时可以考虑安装(Jupyter Matplotlib)。

注意，利用Altair或Plotly绘制的图像支持交互功能。对于自定义函数，目前没有快捷键直接跳转到其定义。但是，很多开发者针对这些问题正在开发或已经发布相应插件，请大家留意。

大家可以下载安装Anaconda，将JupyterLab、Spyder、PyCharm等常用工具，都集成在Anaconda中。下载Anaconda的地址为：

◀ https://www.anaconda.com/

JupyterLab探究式学习视频：

代码文件

本书的Python代码文件下载地址为：

同时也在如下GitHub地址备份更新：

◀ https://github.com/Visualize-ML

Python代码文件会不定期修改，请大家注意更新。图书原始创作版本PDF(未经审校和修订，内容和纸质版略有差异，方便移动终端碎片化学习以及对照代码)和纸质版本勘误也会上传到这个GitHub账户。因此，建议大家注册GitHub账户，给书稿文件夹标星 (Star) 或分支克隆 (Fork)。

考虑再三，作者还是决定不把代码全文印在纸质书中，以便减少篇幅，节约用纸。

本书编程实践例子中主要使用“鸢尾花数据集”，数据来源是Scikit-Learn库、Seaborn库。要是给“鸢尾花数学大系”起个昵称的话，作者乐见**“鸢尾花书”**。

学习指南

大家可以根据自己的偏好制定学习步骤，本书推荐如下步骤。

学完每章后，大家可以在社交媒体、技术论坛上发布自己的Jupyter笔记，进一步听取朋友们的意见，共同进步。这样做还可以提高自己学习的动力。

另外，建议大家采用纸质书和电子书配合阅读学习。学习主阵地在纸质书上，学习基础课程最重要的是沉下心来，认真阅读并记录笔记；电子书可以配合查看代码，相关实操性内容可以直接在电脑上开发、运行、感受，还可以同步记录Jupyter笔记。

强调一点：**学习过程中遇到困难，要尝试自行研究解决，不要第一时间就去寻求他人帮助。**

意见和建议

欢迎大家对“鸢尾花书”提意见和建议，丛书专属邮箱地址为：

◀ jiang.visualize.ml@gmail.com

也欢迎大家在B站视频下方留言互动。

Contents

目录

Introduction

绪论

图解 + 编程 + 实践 + 数学板块融合

0.1 本册在鸢尾花书的定位

首先祝贺大家完成“数学”板块的学习，同时欢迎大家来到“鸢尾花书”第三板块——实践。

在“实践”板块，我们将会把学到的编程、可视化，特别是数学工具应用到具体的数据科学、机器学习算法中，并在实践中加深对这些工具的理解。

“实践”板块有两本书：《数据有道》《机器学习》。

《数据有道》将以数据为视角，展开讲解数据处理、时间数据、图与网络。其中，图与网络是本册的一道“大菜”，占据超过一半的篇幅。

《机器学习》将着重介绍机器学习中最经典的四大类算法——回归、分类、降维、聚类。

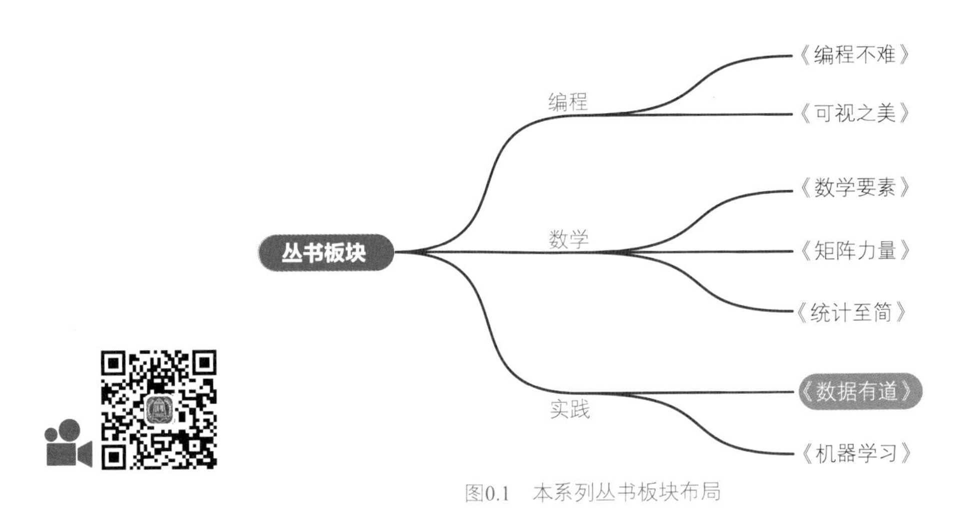

图0.1 本系列丛书板块布局

0.2 结构：六大板块

《数据有道》可以归纳为六大板块——数据处理、时间数据、图论基础、图的分析、图与矩阵、图论实践。这六大板块都紧紧围绕一个主题——数据！

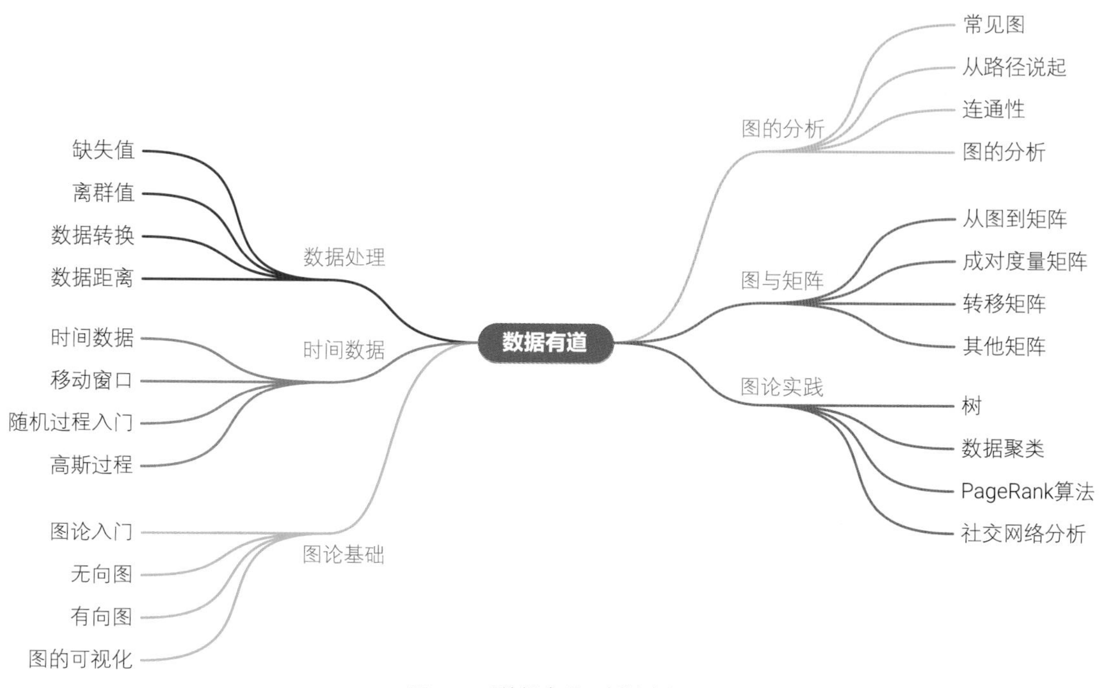

图0.2 《数据有道》板块布局

本册第1章不属于上述任何一个板块，这章相当于是本册“综述”，将鸟瞰数学、数据和机器学习算法之间的联系。

数据处理

这个板块主要介绍机器学习中的常见数据处理工具。

第2章讲解如何处理数据中的缺失值。

第3章介绍处理离群值的常用工具，这一章和机器学习算法联系紧密。

第4章讲解常用数据转换方法，本章也相当于是对统计知识的回顾；这章还特别介绍插值，请大家特别注意插值和回归的区别；另外，请大家注意《可视之美》中介绍的贝塞尔曲线和插值的联系。

第5章介绍数据距离，机器学习算法几乎都离不开距离度量。而距离度量丰富多彩，本章带大家回顾各种距离度量。特别地，这章还要从距离角度再聊协方差矩阵。“鸢尾花书”一而再再而三不厌其烦地从各个角度讲解协方差矩阵，这是因为协方差矩阵在机器学习算法中扮演太重要的角色。

时间数据

这个板块介绍一类特殊数据——具有时间戳的数据，也叫时间序列。

第6章讲解如何处理时间数据、发现数据的趋势、时间序列分解等内容。时间数据的特征随时间动态变化。

第7章中，大家会看到均值、标准差 (波动率)、相关性系数、回归系数、协方差矩阵都可以随移动窗口变化。此外，移动窗口内的数据权重也可以有变化，比如指数加权移动平均EWMA。

第8章是随机过程入门，介绍布朗运动、几何布朗运动，以及用几何布朗运动完成股价走势的蒙特卡罗模拟。这一章是《统计至简》第15章的延伸。

第9章介绍高斯过程。高斯过程可谓高斯分布、贝叶斯定理的集大成者。这一章相对来说难度较高，需要大家下一点功夫理解。《机器学习》还会介绍高斯过程，并且介绍如何用Scikit-Learn中高斯过程工具完成回归和分类。

本书最后四个板块都和图论有关。可以说，图是一种特别有趣的数据结构。而且，阅读这部分内容，大家会发现，图就是矩阵，矩阵就是图。这16章内容都会采用NetworkX库创作各种和理论紧密结合的实操实例，希望大家边学边练。

图论基础

第10章主要介绍了图论当中的无向图、有向图及相关概念，大家会发现其实图和网络无处不在。

第11章专门介绍无向图；第12章则讲解有向图。这两章结构类似，建议平行对比来读。

第13章讲解如何用NetworkX绘制图，特别是对节点、边、标注等元素的修饰。

图的分析

第14章结合NetworkX介绍图论中常见的几种图及特性。这章中的柏拉图图相当于《数学要素》中介绍的柏拉图立体的扩展。

第15章介绍了与路径有关的常见概念，并介绍了常见路径问题。

第16章介绍连通性。在图论中，连通性用来分析图中节点之间路径相互连接关系。它用于研究图的整体结构和网络中信息的传递，对于解决网络设计、路径规划等问题具有重要意义。请大家特别注意连通、不连通、连通图、非连通图、连通分量、桥、局部桥这几个概念。

第17章是这个板块比较有难度的一章；这章介绍了度分析、距离度量、中心性、图的社区这四个网络分析中常用的概念。特别在本书最后一章讲解社交网络分析时，将会大量使用本章概念。

图与矩阵

这个板块很有意思——把图和矩阵紧密联系在了一起。

图就是矩阵，矩阵就是图，这一点值得反复强调。

第18章主要介绍邻接矩阵和图之间的关系；这章还介绍了另外一种中心性度量——特征向量中心性。

第19章专门介绍了成对度量矩阵都可以看作是图。常见的成对度量矩阵有欧氏距离矩阵、相似度矩阵、协方差矩阵、相关性系数矩阵。它们都可以看作是特殊的邻接矩阵，也就对应不同的图。

第20章则把有向图、邻接矩阵、转移矩阵联系在一起，并引出了马尔可夫链；这实际上是《数学要素》中“鸡兔互变”的扩展。

第21章介绍更多和图有关的矩阵，比如关联矩阵、度矩阵、拉普拉斯矩阵等等；这一章会回顾特征值分解，然后介绍图论中特征值分解 (特别是谱分解) 的应用。

这4章也和大家一起回顾了《矩阵力量》介绍的重要线性代数工具。

图论实践

本书最后一个板块则是图论实践，一共设置了4个话题——树 (第22章)、数据聚类 (第23章)、PageRank算法 (第24章)、社交网络分析 (第25章)。

第22章介绍树这种特殊的图；这一章还会涉及决策树 (分类算法)、层次聚类 (聚类算法)，这是《机器学习》要展开讲解的两种重要算法。

第23章主要介绍数据聚类，一种基于图论的聚类算法；《机器学习》还会简单介绍这种算法。

第24章介绍的PageRank算法、拉普拉斯矩阵、特征值分解、马尔可夫链等概念有着密切关系。

第25章讲解社交网络分析。社交网络分析是网络结构的方法，通过分析个体 (节点) 之间的关系 (边) 来揭示信息流动、影响力分布和群体结构。本章大量用到本书第16、17章介绍的概念。

0.3 特点：以好奇心为驱动力

“鸢尾花书”前五本书分别介绍了编程、可视化、数学、线性代数、概率统计这五个板块。虽然每本书穿插了很多应用案例，但是“工具”还是“主”，“应用”则是“宾”。

打个比方，前五本书好像唠唠叨叨在告诉大家：“认真读，好好学，这些编程工具、可视化工具、数学工具以后有大用途。”

这可能也是课堂“被动”教学的弊端，包括数学在内的课堂学习都是发生在我们的实际生活、工作、探索世界的“需求”之前。先学着，好好学，以后可能用得着。至于什么时候用，怎么用，这都不是现在要操心的事情。

以奇异值分解为例，在《编程不难》中，我们仅仅介绍了NumPy中完成奇异值分解的Python函数。《可视之美》则利用几何变换展示奇异值分解背后的数学之美。而《矩阵力量》则花了两章内容专门讲解这个奇异值分解这个数据工具，然后又利用奇异值分解介绍了四个空间。

而《数据有道》试图做的就是逆转这种被动的“主宾”关系，以数据为名，以好奇心和疑问为驱动，主动探索使用“编程 + 可视化 + 数学”工具。

在《数据有道》中我们将会回顾“鸢尾花书”前五本主要的“编程 + 可视化 + 数学”工具，让大家对很多概念从似懂非懂变成如数家珍；同时，我们还会掌握更多工具，扩展大家的知识网络。

至于《数据有道》是否成功实现了这些目标，就要看大家阅读后学习体验了，希望本册不会辜负大家期待。

Section 01

综　述

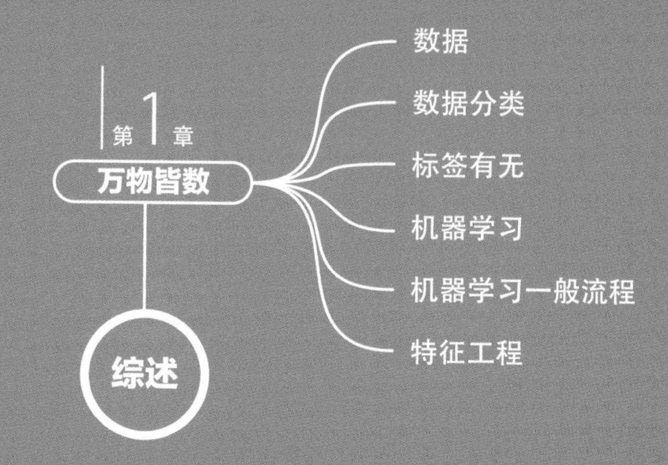

学习地图 | 第1板块

01 All Is Number
万物皆数
从数据分析、机器学习视角再看数字

但凡满足以下两个条件的理论，便可以称之为优质理论：基于几个有限的变量，准确描述大量观测值；能对未来观测值做出确定的预测。

A theory is a good theory if it satisfies two requirements: it must accurately describe a large class of observations on the basis of a model that contains only a few arbitrary elements, and it must make definite predictions about the results of future observations.

—— 史蒂芬 • 霍金 (Stephen Hawking) | 英国理论物理学家、宇宙学家 | 1942—2018年

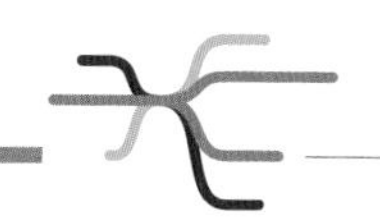

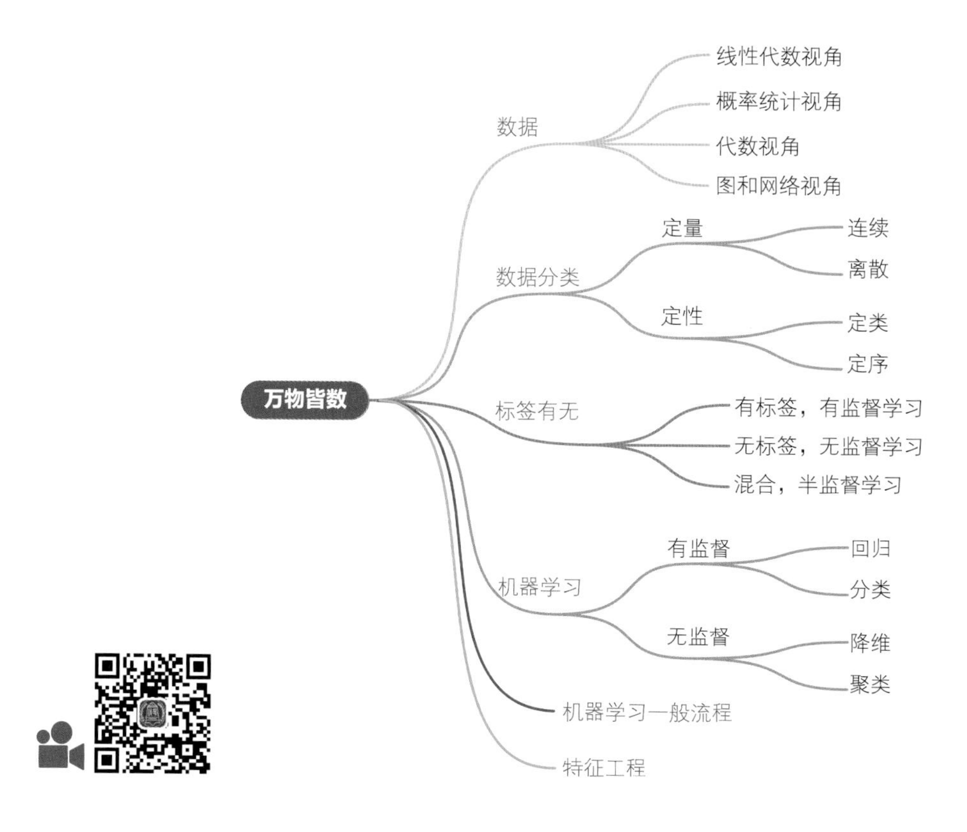

1.1 万物皆数：从矩阵说起

这是一个有关数字的故事，故事的开端便是形如图1.1所示表格数据。生活中大部分数据都可以用表格形式呈现、保存、运算、分析。

任何表格都可以看成是由**行** (row) 和**列** (column) 构成的。

从线性代数角度来看，我们将图1.1所示表格叫作矩阵。“鸢尾花书”中，“矩阵”这个数学概念无处不在。

《矩阵力量》介绍过，矩阵的每一行可以看成是一个**行向量** (row vector)，每一列可以看成是一个**列向量** (column vector)。

注意：在《机器学习》中，为了方便，$\boldsymbol{x}^{(1)}, \boldsymbol{x}^{(2)}, \cdots, \boldsymbol{x}^{(n)}$ 偶尔也会被视作列向量，到时候会具体说明。

我们将图1.1所示矩阵记作$\boldsymbol{X}$，这时$\boldsymbol{X}$可以写成一组列向量 $\boldsymbol{X} = [\boldsymbol{x}_1, \boldsymbol{x}_2, \cdots, \boldsymbol{x}_D]$。当然，$\boldsymbol{X}$也可以写成一组行向量 $\boldsymbol{X} = [\boldsymbol{x}^{(1)}, \boldsymbol{x}^{(2)}, \cdots, \boldsymbol{x}^{(n)}]^{\mathrm{T}}$。

从统计角度来看，表格的每一列还可以视作一个随机变量的样本数据。图1.1所示表格则代表D个随机变量 $(X_1, X_2, \cdots,$

X_D) 的样本数据。

随机变量$X_1, X_2, \cdots, X_D$可以构成D元随机变量列向量$\boldsymbol{\chi} = [X_1, X_2, \cdots, X_D]^{\mathrm{T}}$。

从代数角度来看，图1.1所示表格的每一列相当于变量 ($x_1, x_2, \cdots, x_D$) 的取值。比如，我们会在回归分析的解析式中看到这种记法 $y = b_0 + b_1x_1 + b_2x_2 + \cdots + b_Dx_D$。

图1.2所示为鸢尾花样本数据，这是“鸢尾花书”最常用的数据集，“鸢尾花书”也因此命名。表格中四列特征 (花萼长度、花萼宽度、花瓣长度、花瓣宽度) 就可以看成是一个矩阵。而表格最后一列为鸢尾花分类标签。

如图1.3所示，一幅照片本质上也是一个数据矩阵。

一个矩阵还可以衍生得到其他形式矩阵，具体如图1.4所示。

图1.5则总结了和数据矩阵$\boldsymbol{X}$有关的向量、矩阵、矩阵分解、空间等概念。

图1.1　多行、多列矩阵

这幅图的数据分为两个部分：第一部分以$\boldsymbol{X}$为核心，向量以$\boldsymbol{0}$为起点；第二部分是统计视角，以去均值数据$\boldsymbol{X}_c$为核心，向量以质心为起点。

一般情况下，$\boldsymbol{X}$为细高形矩阵，形状为$n \times D$，样本数n一般远大于特征数D。对$\boldsymbol{X}$进行奇异值分解 (SVD分解) 可以得到四个空间。

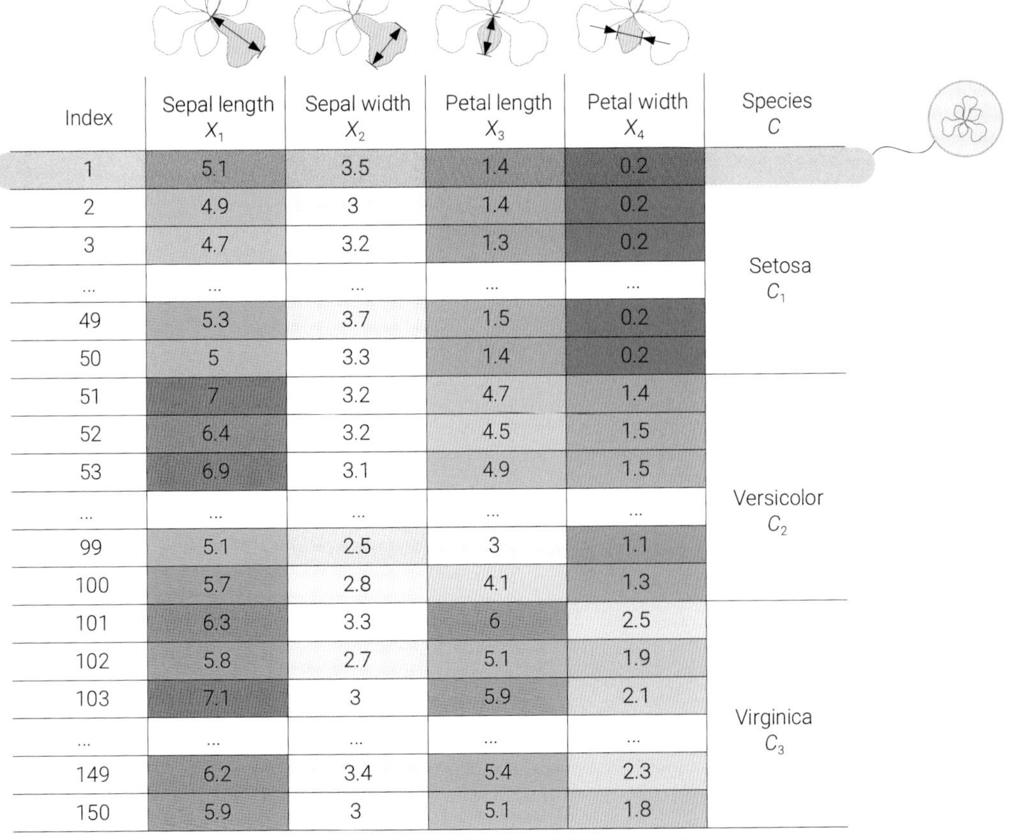

Index	Sepal length X_1	Sepal width X_2	Petal length X_3	Petal width X_4	Species C
1	5.1	3.5	1.4	0.2	Setosa C_1
2	4.9	3	1.4	0.2	
3	4.7	3.2	1.3	0.2	
...	...	...	...	...	
49	5.3	3.7	1.5	0.2	
50	5	3.3	1.4	0.2	
51	7	3.2	4.7	1.4	Versicolor C_2
52	6.4	3.2	4.5	1.5	
53	6.9	3.1	4.9	1.5	
...	...	...	...	...	
99	5.1	2.5	3	1.1	
100	5.7	2.8	4.1	1.3	
101	6.3	3.3	6	2.5	Virginica C_3
102	5.8	2.7	5.1	1.9	
103	7.1	3	5.9	2.1	
...	...	...	...	...	
149	6.2	3.4	5.4	2.3	
150	5.9	3	5.1	1.8	

图1.2　鸢尾花数据表格，特征数据单位为厘米 (cm)

图1.3　照片也是数据矩阵，图片来自《矩阵力量》

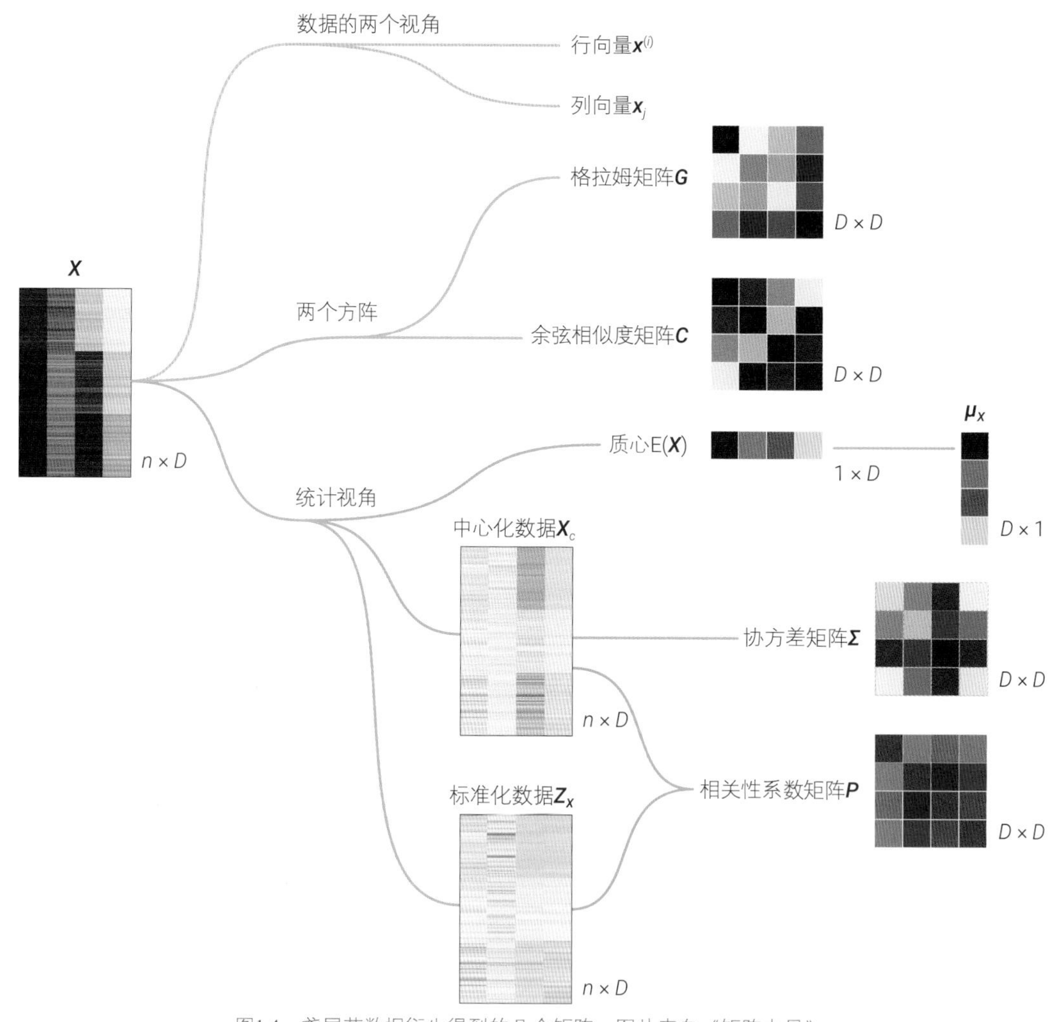

图1.4　鸢尾花数据衍生得到的几个矩阵，图片来自《矩阵力量》

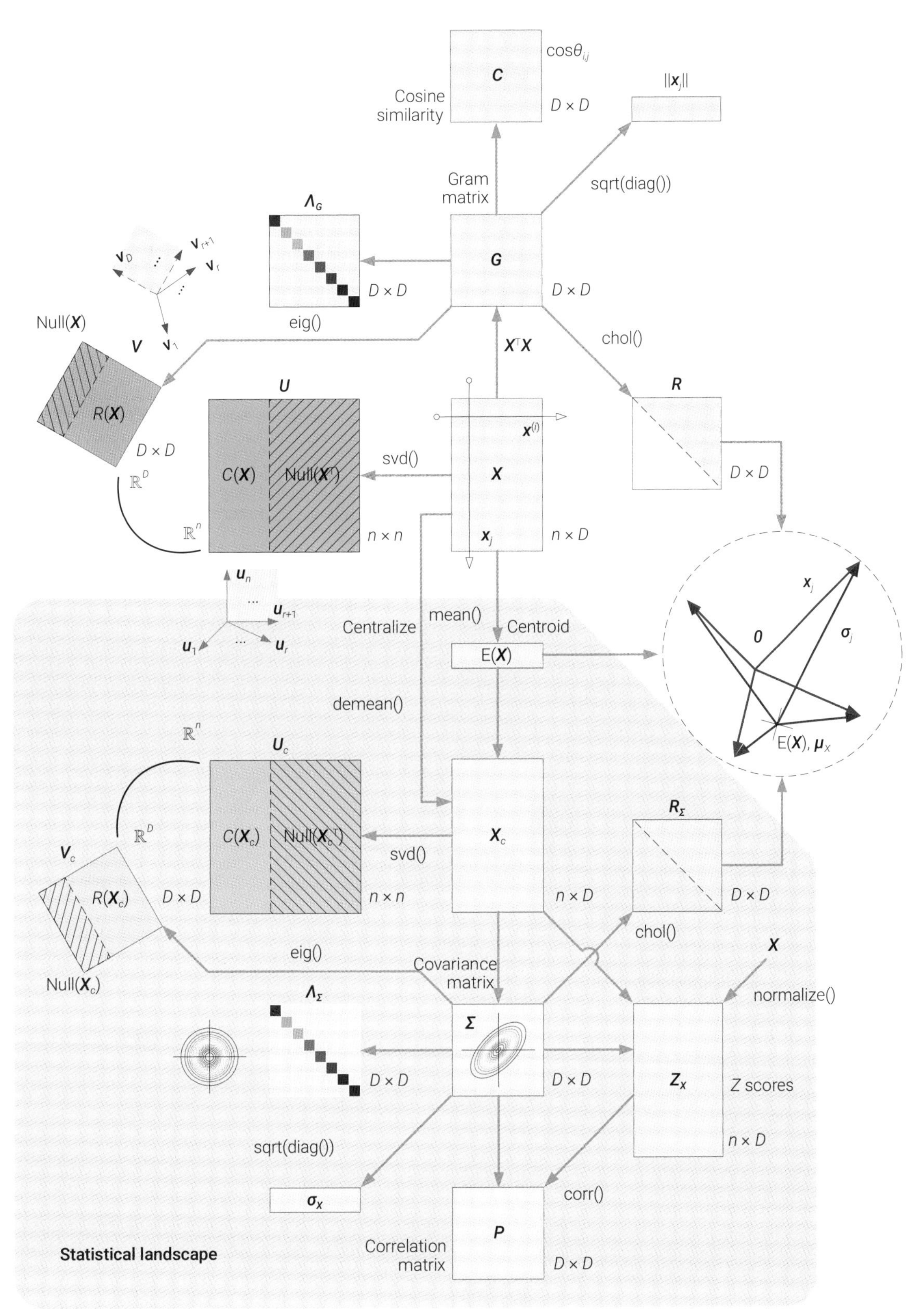

图1.5　矩阵、矩阵分解、空间，图片来自《矩阵力量》

格拉姆矩阵$\boldsymbol{G}$含有$\boldsymbol{X}$列向量模、向量夹角两类重要信息。而余弦相似度矩阵$\boldsymbol{C}$则仅仅含有向量夹角信息。对格拉姆矩阵$\boldsymbol{G}$进行特征值分解只能获得两个空间。而对格拉姆矩阵$\boldsymbol{G}$进行Cholesky分解可以得到上三角矩阵$\boldsymbol{R}$，$\boldsymbol{R}$可以“代表”$\boldsymbol{X}$列向量坐标。

在统计视角下，$\boldsymbol{X}$有两个重要信息——质心、协方差矩阵。质心确定数据中心位置，协方差矩阵描述数据分布。协方差矩阵$\boldsymbol{\Sigma}$同样含有“标准差向量”的模 (标准差大小)、向量夹角 (余弦值为相关性系数) 两类重要信息。相关性系数矩阵$\boldsymbol{P}$仅仅含有向量夹角 (相关性系数) 信息。

$\boldsymbol{X}_c$是中心化数据矩阵，即每一列数据都去均值。$\boldsymbol{Z}_X$是标准化数据矩阵，即$\boldsymbol{X}$的Z分数。在几何视角下，$\boldsymbol{X}$到$\boldsymbol{X}_c$相当于质心“平移”，$\boldsymbol{X}$到标准化数据$\boldsymbol{Z}_X$相当于“平移 + 缩放”。

协方差矩阵$\boldsymbol{\Sigma}$相当于$\boldsymbol{X}_c$的格拉姆矩阵。而相关性系数矩阵$\boldsymbol{P}$则相当于$\boldsymbol{Z}_X$的格拉姆矩阵。此外，注意样本数据缩放系数 $(n-1)$。$\boldsymbol{X}_c$进行SVD分解也可以得到四个空间。这四个空间因$\boldsymbol{X}_c$而生，一般情况下不同于$\boldsymbol{X}$的四个空间。图1.6则“鸟瞰”鸢尾花书，介绍各种有关矩阵的运算、分析、可视化工具。此外，本书要给鸢尾花数据矩阵增加一个全新视角——图！

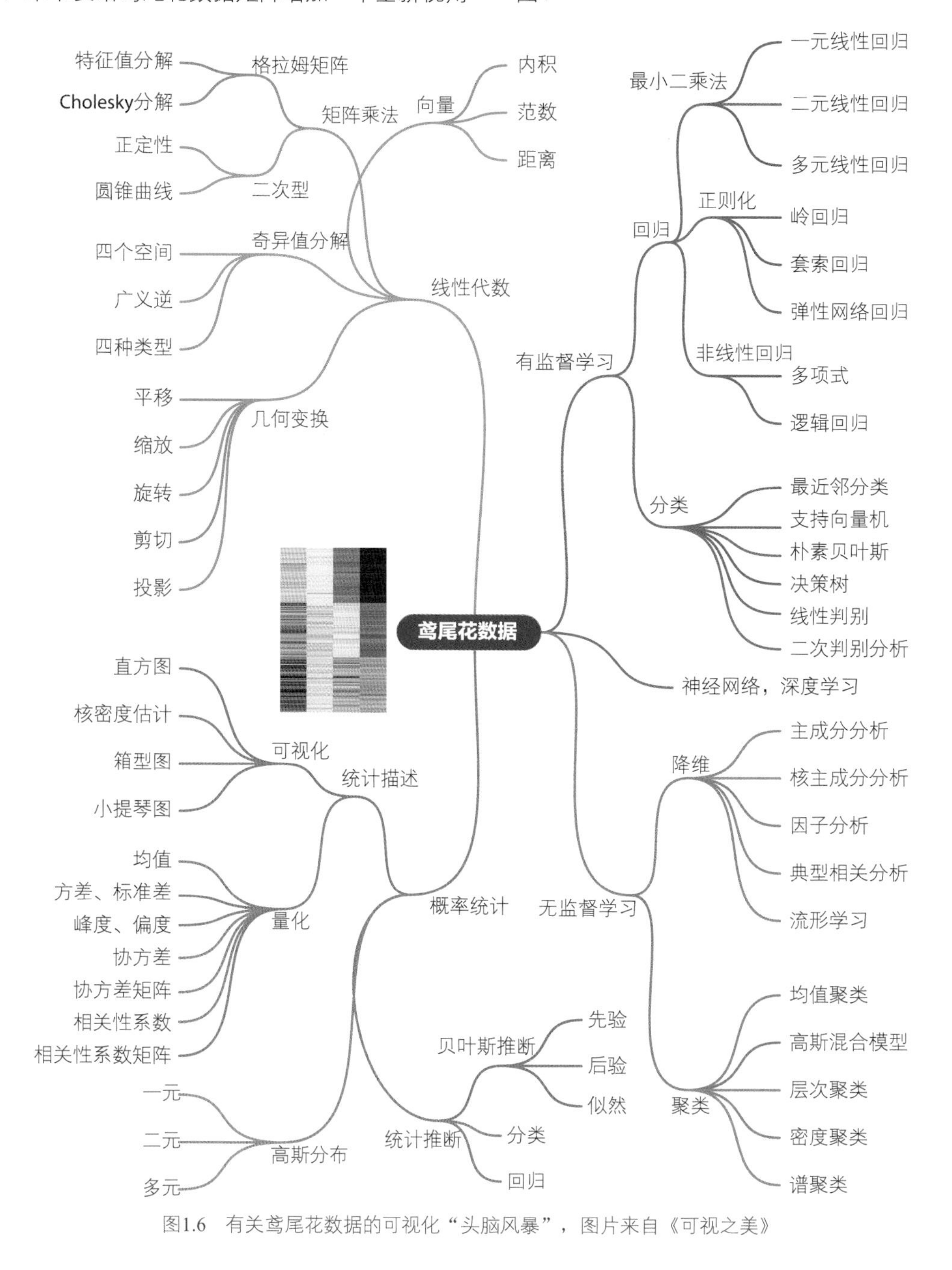

图1.6　有关鸢尾花数据的可视化“头脑风暴”，图片来自《可视之美》

简单来说，图是表示关系的节点和边的集合，如图1.7所示。节点是对应于对象的节点；边是连接对象之间的关系。图的边有时带有权重，表示节点之间连接的强度或其他属性。

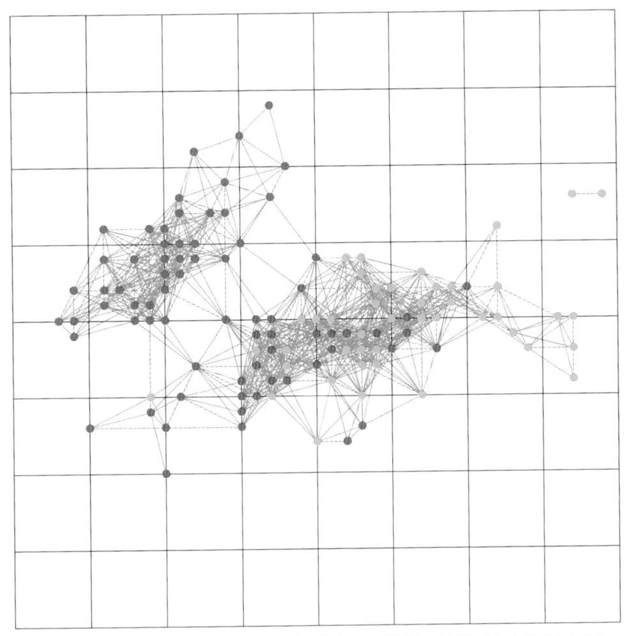

图1.7 根据鸢尾花数据前两个特征欧氏距离矩阵创建的无向图

图1.8所示无向图中，128个节点代表美国主要城市，节点大小代表人口数；而节点的位置为城市的真实相对地理位置。这幅图中节点之间的边代表邻近的两两城市距离。

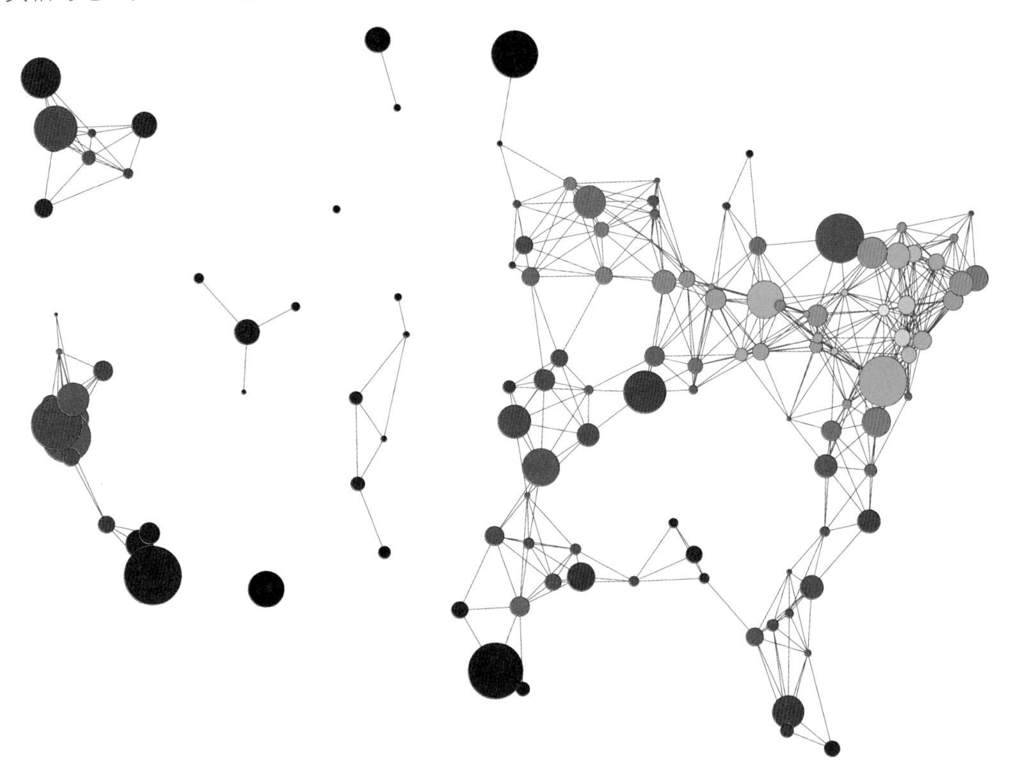

图1.8 128个美国城市人口和距离组成的无向图

再举个例子，我们可以使用图来模拟社交网络中的友谊关系，如图1.9所示。图的节点是人，而边表示友谊关系。图与物理对象和情境的对应关系意味着我们可以使用图来模拟各种各样的系统。

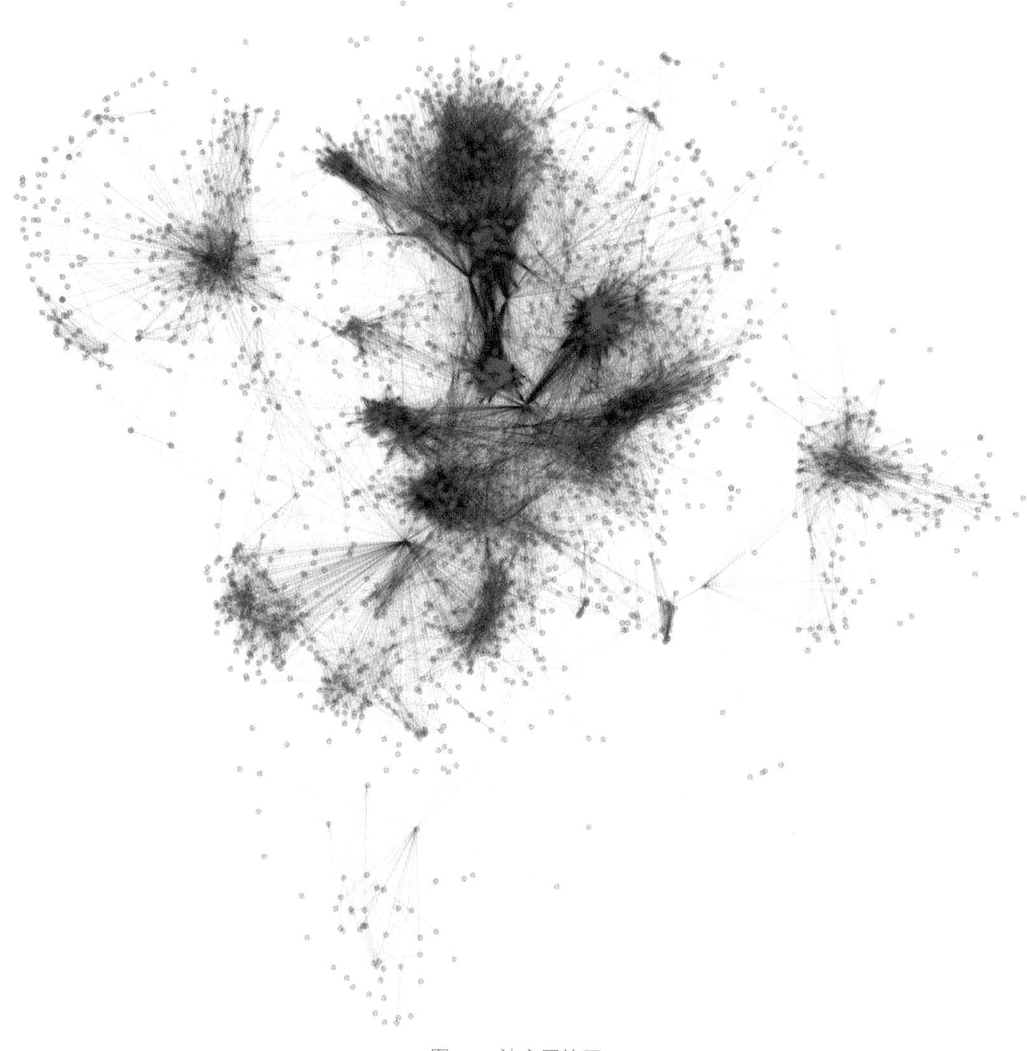

图1.9 社交网络图

1.2 数据分类：定量（连续、离散）、定性（定类、定序）

定量数据、定性数据

数据一般可以分为**定量数据**（quantitative data）和**定性数据**（qualitative data），具体分类如图1.10所示。

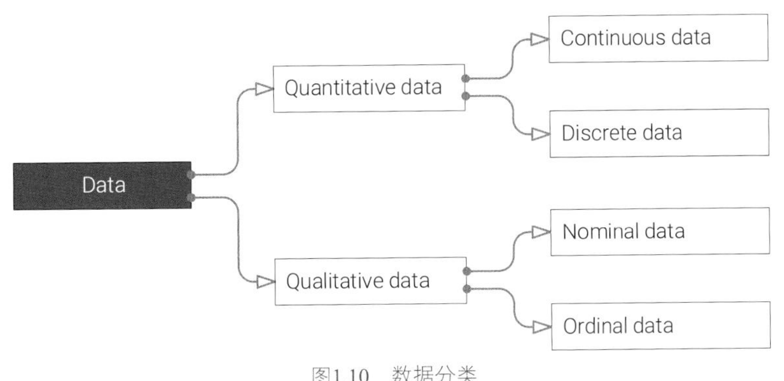

图1.10　数据分类

定量数据指的是，可以采用数值表达的数据，比如股票价格、人体高度、气温等等。

定性数据，也叫**类别数据** (categorical data)，指的是描述事物的特征、属性等文字或符号，比如姓名、颜色、国家、性别、五星评价等等。

连续数据、离散数据

定量数据，还可以进一步分为**连续数据** (continuous data) 和**离散数据** (discrete data)。

连续数据是指在一定区间内可以任意取值的数据，比如气温、GDP数据等等。离散数据只能采取特定值，比如个数 (整数)、一到五星好评、骰子点数等等。

一天24小时之内的温度数据不可能被持续记录，需要按一定时间频率采样。比如，每小时记录一个温度数值。图1.11所示为某国家GDP数据，是年度数据，当数据量足够大时，GDP增长曲线看上去是连续曲线；但是，当展开局部数据时，可以发现这条所谓的连续数据实际上是相邻点相连构成的“折线”。

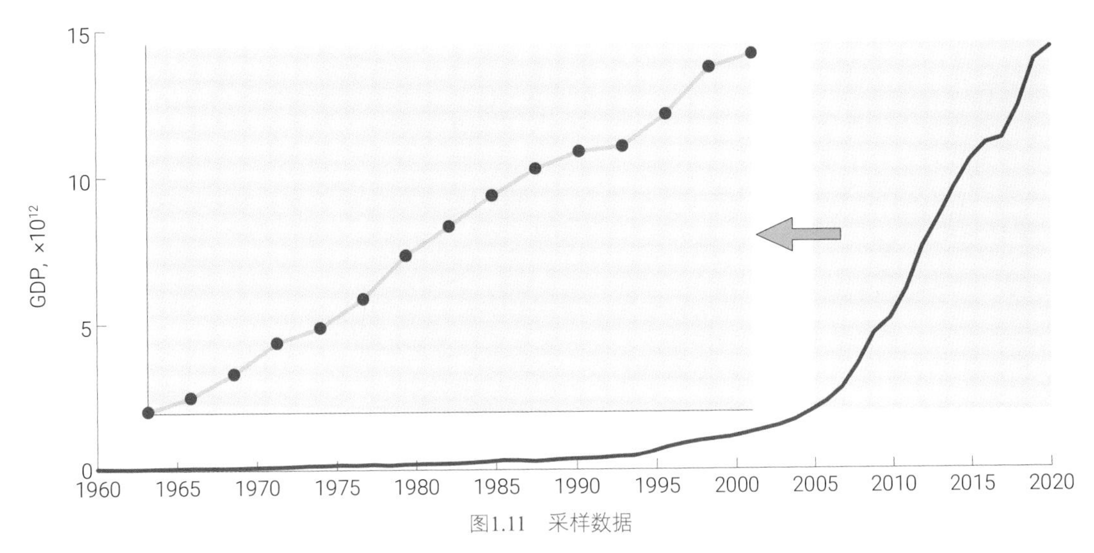

图1.11　采样数据

时间序列 (timeseries) 是指按照时间顺序排列的一系列数据点或观测值，通常是等时间间隔下的测量值，如每天、每小时、每分钟等。时间序列数据通常用于研究时间相关的现象和趋势，例如股票价格 (见图1.12)、气象数据、经济指标等。本书专门有一个板块介绍和时间序列相关内容。

图1.12　标普500数据，按年观察趋势

定类数据、定序数据

定性数据也可以分为**定类数据** (nominal data) 和**定序数据** (ordinal data)。简单来说，定类数据没有任何内在顺序或排序，而定序数据有内在顺序或排序。

定类数据，也叫名义数据，用来表征事物类别，比如血型A、B、AB和O。

定序数据，也叫有序数据，不仅能够代表事物的类别，还可以据此特征排序，比如学生成绩A、B、C和D。此外，**区间数据** (interval data) 也可以看作是一种定序数据，比如身高区间数据，160 cm以下 (包括160 cm)、160 cm到170 cm (包括170 cm) 、170 cm到180 cm (包括180 cm) 和 180 cm以上。

混合

很多时候，一个表格常常是各种数据的集合体。如图1.13所示，表格每一行代表一个学生的某些基本数据。表格第1列为学生姓名，表格第2列为性别 (定类数据)，表格第3列为身高 (连续定量数据)，第4列为成绩 (定序数据)，第5列为血型 (定类数据)。

Name	Gender	Height	Grade	Blood
James	Male	185	A	AB
Shawn	Male	178	A+	B
Mary	Female	165	A−	O
Alice	Female	175	A+	B
Bill	Male	171	B	A
Julia	Female	168	B+	A

图1.13　学生数据

大家已经很熟悉的鸢尾花数据也是混合数据表格。如图1.2所示，表格的第一列为序号，之后四列为花萼长度、花萼宽度、花瓣长度、花瓣宽度四个特征的连续数据。最后一列为鸢尾花分类标签。

1.3 机器学习：四大类算法

“鸢尾花书”不管是编程、可视化，还是数学工具、数据分析，都是为机器学习时间服务的。从机器学习算法角度来看，我们首先关心数据是否有标签。

有标签、无标签数据

根据输出值有无标签，如图1.14所示，数据可以分为**有标签数据** (labelled data) 和**无标签数据** (unlabelled data)。鸢尾花数据显然是有标签数据。而删去鸢尾花最后一列标签，我们便得到无标签数据。

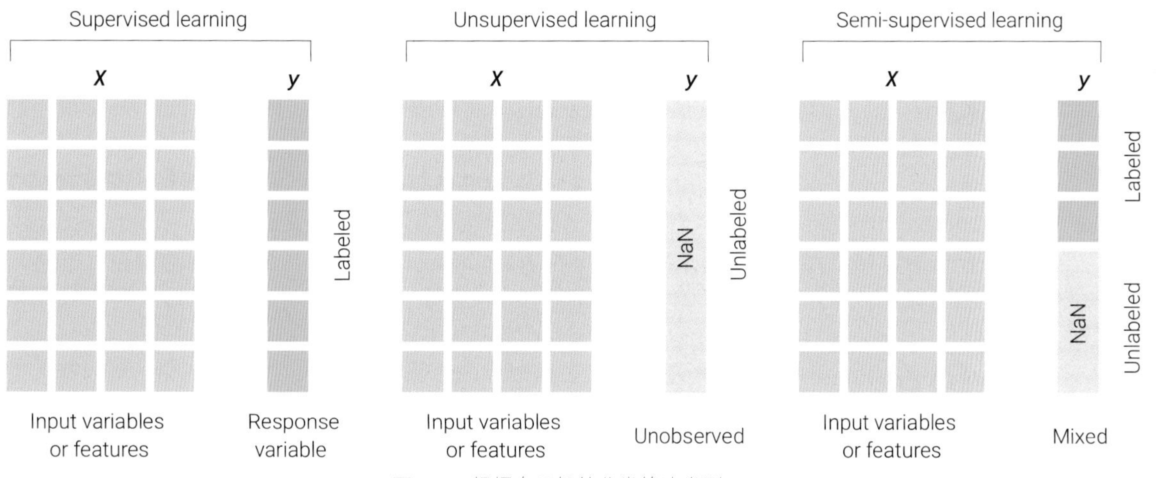

图1.14 根据有无标签分类算法类型

有标签数据和无标签数据是机器学习中常见的两种数据类型，它们在不同的应用场景中有不同的用途。

简单来说，**有标签数据**是指已经被人工或其他方式标注了类别或标签的数据。在有标签数据中，每个样本都有对应的标签或分类信息。如图1.15所示，每种动物可以以各种标签划分，比如冷血、温血。

图1.15　动物的一种标签：冷血、温血

有标签数据通常用于**监督学习** (supervised learning)，即机器学习模型可以利用已知的标签信息进行训练，并在后续的预测过程中使用这些信息进行分类或回归。

无标签数据是指没有标签或分类信息的数据。在无标签数据中，样本只有特征信息，而没有对应的标签信息。

无标签数据通常用于**无监督学习** (unsupervised learning)，即机器学习模型需要通过自己的学习过程，从数据中发现并学习出有意义的模式和结构。无监督学习通常包括聚类、降维、异常检测等任务。

在实际应用中，有标签数据和无标签数据往往同时存在。例如，在文本分类任务中，可以有大量已经标注好类别的文本数据 (有标签数据)，但同时还存在大量未分类的文本数据 (无标签数据)，可以利用这些无标签数据进行**半监督学习** (semi-supervised learning)。

有监督学习中，如果标签为连续数据，对应的问题为**回归** (regression)，如图1.16 (a) 所示。如果标签为分类数据，对应的问题则是**分类** (classification)，如图1.16 (c) 所示。

无监督学习中，样本数据没有标签。如果目标是寻找规律、简化数据，这类问题叫作**降维** (dimension reduction)，比如主成分分析目的之一就是找到数据中占据主导地位的成分，如图1.16 (b) 所示。如果模型的目标是根据数据特征将样本数据分成不同的**簇** (cluster)，这种问题叫作**聚类** (clustering)，如图1.16 (d) 所示。

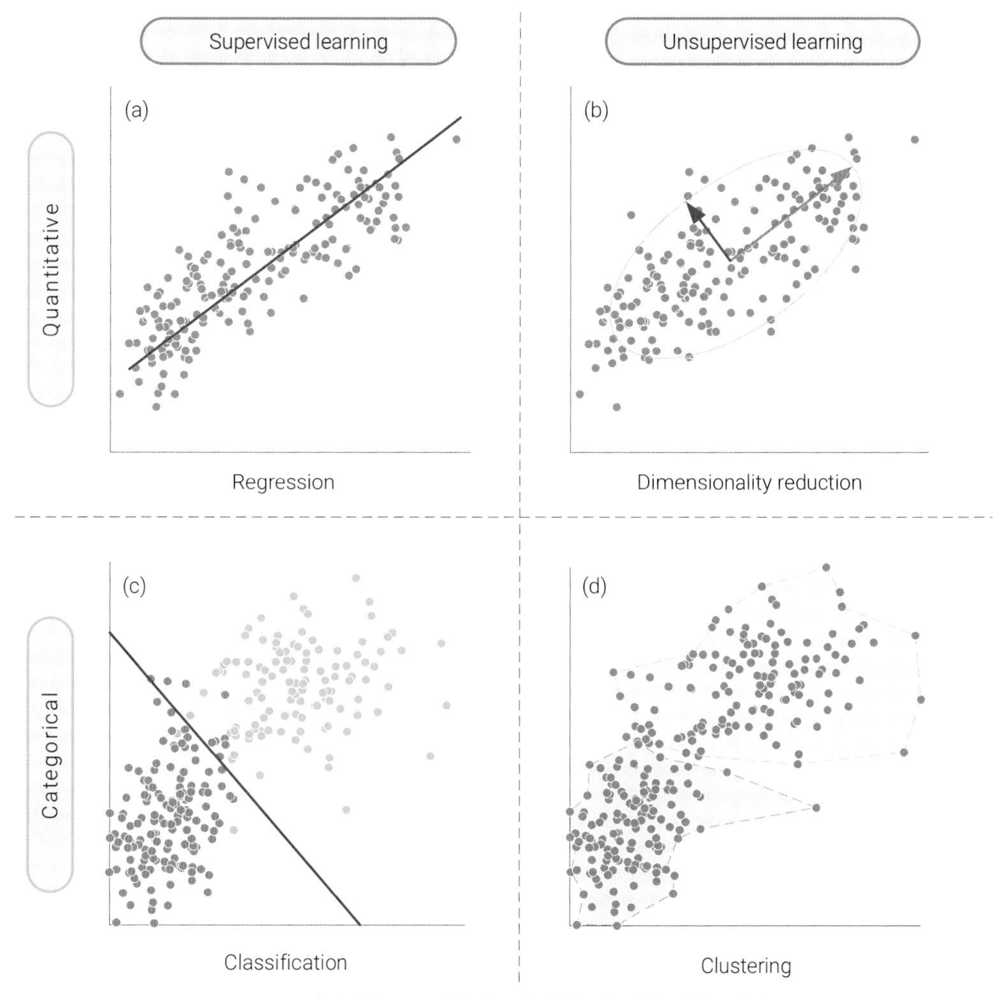

图1.16　根据数据是否有标签、标签类型细分机器学习算法

图1.17所示为机器学习的一般流程。具体分步流程通常包括以下步骤：

- **收集数据**：从数据源获取数据集，这可能包括数据清理、去除无效数据和处理缺失值等。
- **特征工程**：对数据进行预处理，包括数据转换、特征选择、特征提取和特征缩放等。
- **数据划分**：将数据集划分为训练集、验证集和测试集等。训练集用于训练模型，验证集用于选择模型并进行调参，测试集用于评估模型的性能。
- **选择模型**：选择合适的模型，例如线性回归、决策树、神经网络等。
- **训练模型**：使用训练集对模型进行训练，并对模型进行评估，可以使用交叉验证等方法进行模型选择和调优。
- **测试模型**：使用测试集评估模型的性能，并进行模型的调整和改进。
- **应用模型**：将模型应用到新数据中进行预测或分类等任务。
- **模型监控**：监控模型在实际应用中的性能，并进行调整和改进。

以上是机器学习的一般分步流程，不同的任务和应用场景可能会有一些变化和调整。此外，在实际应用中，还需要考虑数据的质量、模型的可解释性、模型的复杂度和可扩展性等问题。

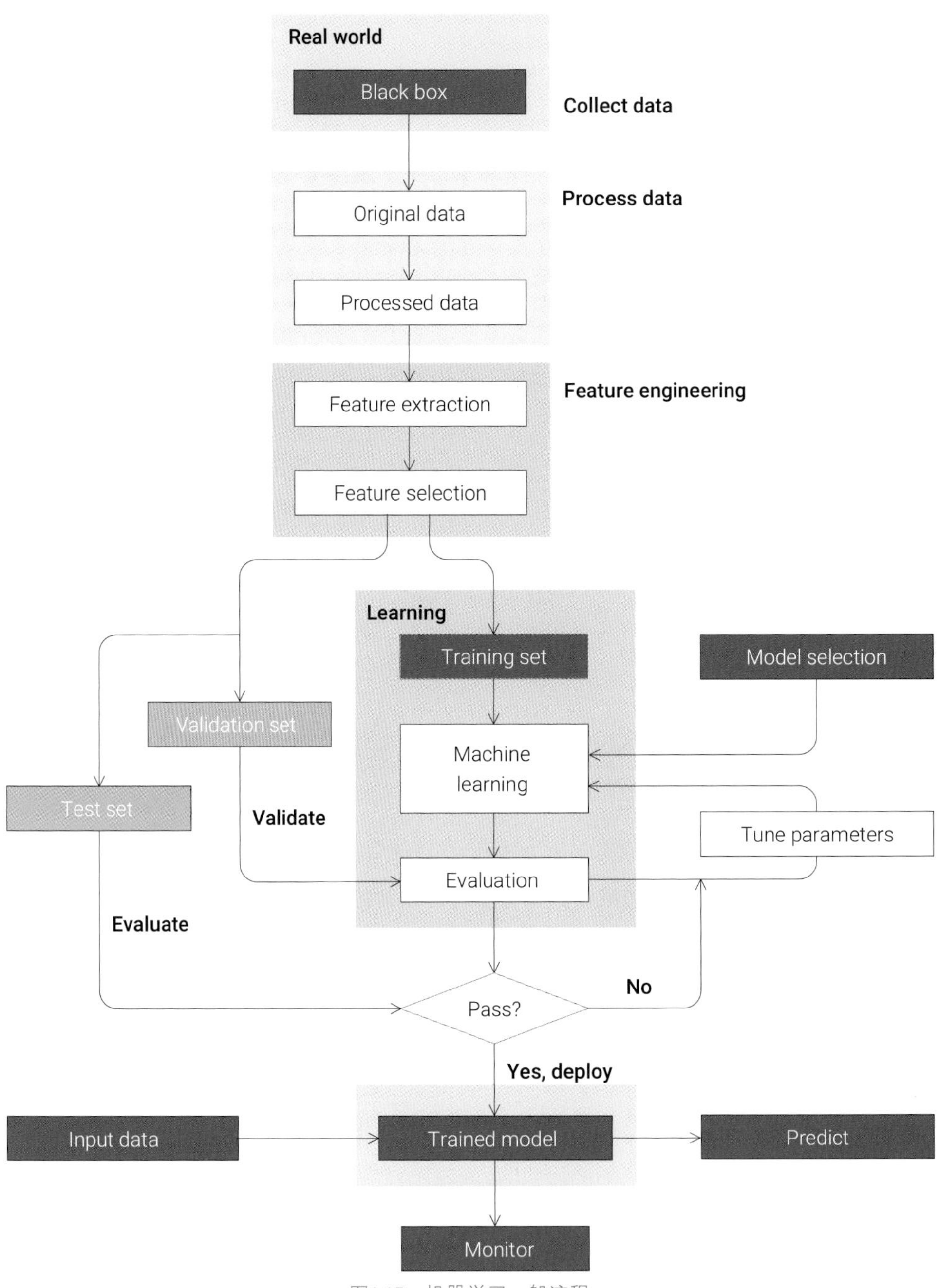

图1.17　机器学习一般流程

1.4 特征工程：提取、转换、构建数据

图1.17中提到了特征工程，下面展开聊聊这个话题。

从原始数据中最大化提取可用信息的过程就叫作**特征工程** (feature engineering)。特征很好理解，比如鸢尾花花萼长度宽度、花瓣长度宽度，人的性别、身体、体重等，都是特征。

特征工程是机器学习中非常重要的一个环节，指的是对原始数据进行特征提取、特征转换、特征选择和特征创造等一系列操作，以便更好地利用数据进行建模和预测。

具体来说，特征工程包括以下方法：

- **特征提取** (feature extraction)：将原始数据转换为可用于机器学习算法的特征向量。注意，这个特征向量不是特征值分解中的特征向量。
- **特征转换** (feature transformation)：对原始特征进行数值变换，使其更符合算法的假设。例如，在回归问题中，可以对数据进行对数转换或指数转换等。
- **特征选择** (feature selection)：选择最具有代表性和影响力的特征。例如，可以使用相关性分析、PCA等方法选择最相关或最重要的特征。
- **特征创造** (feature creation)：根据原始特征创造新的特征，比如特征相加减、相乘除等等运算。
- **特征缩放** (feature scaling)：将特征缩放到相同的尺度或范围内，以避免某些特征对模型训练的影响过大。

特征工程在机器学习中扮演着至关重要的角色，它可以提高模型的精度、泛化能力和效率。在实际应用中，需要根据具体问题选择合适的特征工程方法，并不断尝试和改进以达到最佳效果。

相信大家都听过“**垃圾进，垃圾出** (Garbage In, Garbage Out，GIGO)”。这句话的含义很简单，将错误的、无意义的数据输入计算机系统，计算机自然也一定会输出错误、无意义的结果。在数据科学、机器学习领域，很多时候数据扮演核心角色。以至于在数据分析建模时，大部分的精力都花在处理数据上。

特征工程很好地混合了专业知识、数学能力。虽然丛书不会专门讲解特征工程，但是本书的很多内容都可以用于特征工程。

本书下一板块中介绍的缺失值、离散值处理可以视作特征预处理。而缺失值、离散值也经常使用各种机器学习算法。而数据转换、插值、正则化、主成分分析、因子分析、典型性分析也都是特征工程的利器。此外，《统计至简》一册中的**统计描述**、**统计推断**，《机器学习》一册介绍的**线性判别分析** (linear discriminant analysis，LDA)、**聚类算法**等也都可以用于特征工程。

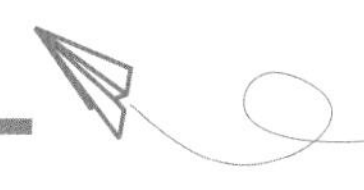

本章从矩阵说起，和大家聊了聊数据常见类型、机器学习四大类算法、特征工程等话题。

数据类型可以大致分为定量数据和定性数据。定量数据指的是可以通过计数或测量得到的数值数据，其进一步分为连续数据和离散数据。连续数据，如温度和时间，可以在任何范围内取无限多的值；而离散数据，如人数，只能取有限或可数的值。定性数据描述的是事物的属性或类别。

有标签数据含有明确的输出标签，适用于监督学习任务如分类和回归，其中模型通过输入和输出的对应关系学习。无标签数据不含输出标签，用于无监督学习如聚类和降维，模型需自行发现数据的结构和模式。这两种数据类型直接影响算法选择，以适应具体的学习任务和目标。

特征工程是在机器学习中优化模型性能的关键步骤，涉及从原始数据中选择、修改和创建新的特征。通过特征提取、选择、转换、创造和缩放等技术，它帮助改善模型的准确度和效率，使模型能更好地理解数据的复杂结构，从而做出更准确的预测。

下一章，我们将进入数据处理板块，聊聊缺失值、离群值、数据转换、数据距离等话题。

Section 02

数据处理

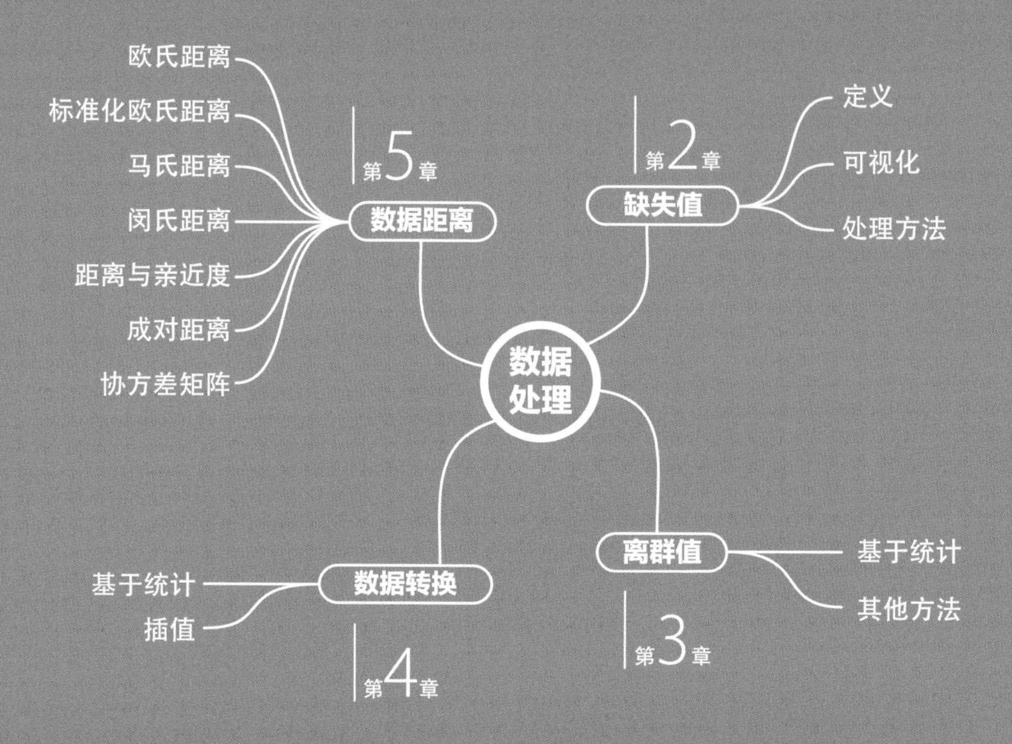

数据处理
第2章
缺失值
定义
可视化
处理方法
第3章
离群值
基于统计
其他方法
第4章
数据转换
基于统计
插值
第5章
数据距离
欧氏距离
标准化欧氏距离
马氏距离
闵氏距离
距离与亲近度
成对距离
协方差矩阵

学习地图 | 第2板块

Dealing with Missing Data

缺失值

用代数、统计、机器学习算法补齐缺失值

若上天再给一次机会，让我重新开始学业，我定会听从柏拉图，先学数学。

If I were again beginning my studies, I would follow the advice of Plato and start with mathematics.

—— 伽利略·伽利莱 (Galileo Galilei) | 意大利物理学家、数学家及哲学家 | 1564 — 1642年

- df.dropna(axis = 0, how = 'any') 中 axis = 0 为按行删除，设置 axis = 1表示按列删除。how = 'any'时，表示某行或列只要有一个缺失值，就删除该行或列；当how = 'all'，表示该行或列全部都为缺失值时，才删除该行或列
- df.isna() 判断Pandas数据帧是否为缺失值，是便用True占位，否便用False占位
- df.notna() 判断Pandas数据帧是否为非缺失值，是缺失值使用False占位，不是缺失值采用True占位
- missingno.matrix() 绘制缺失值热图
- numpy.NaN 产生NaN占位符
- numpy.random.uniform() 产生满足连续均匀分布的随机数
- seaborn.heatmap() 绘制热图
- seaborn.pairplot() 绘制成对特征分析图
- sklearn.impute.KNNImputer() 使用k近邻插补
- sklearn.impute.MissingIndicator() 将数据转换为相应的二进制矩阵 (True和False)，以指示数据中缺失值的存在位置
- sklearn.impute.SimpleImputer() 使用缺失值所在的行/列中的统计数据平均值 ('mean')、中位数 ('median') 或者众数 ('most_frequent') 来填充，也可以使用指定的常数 'constant'

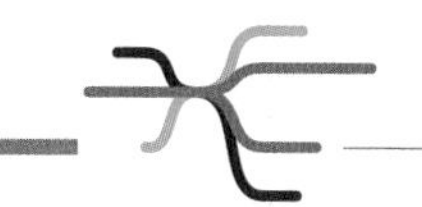

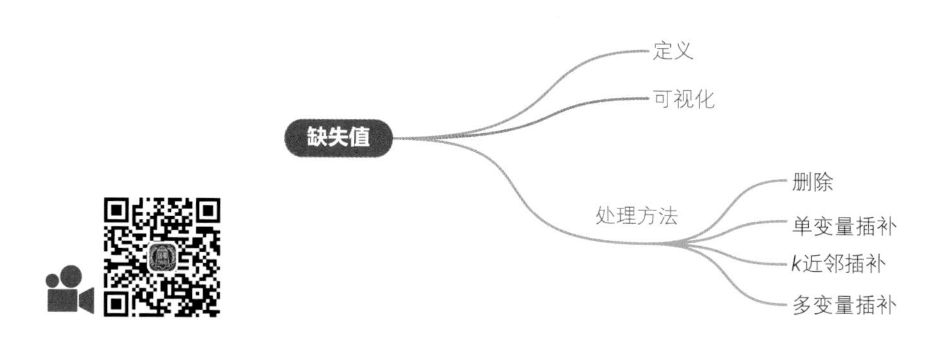

2.1 是不是缺了几个数?

由于各种原因，数据中产生缺失值是不可避免的。缺失值通常被编码为空白、NaN或其他占位符。处理缺失值是数据预处理中重要一环。示意图如图2.1所示。

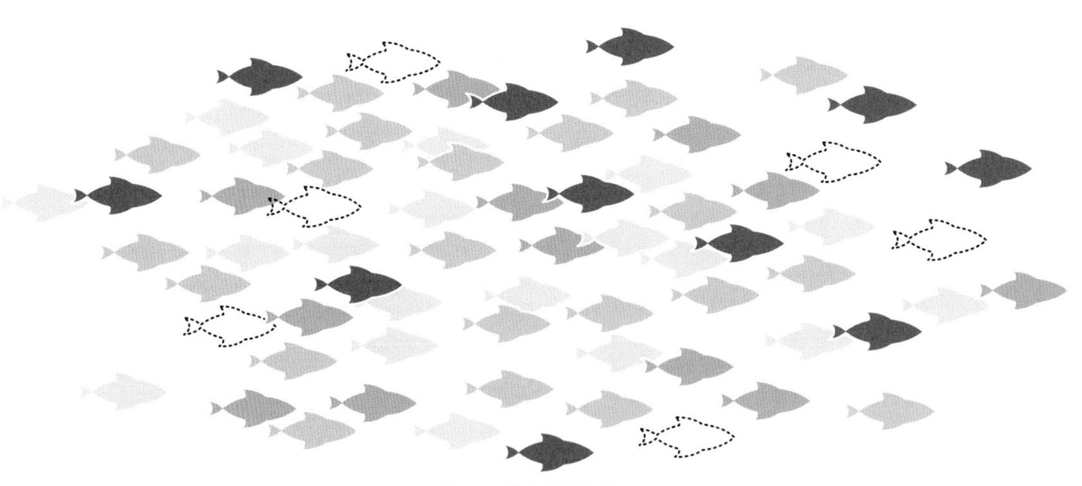

图2.1 缺失值示意图

数据中缺失值产生的原因有很多。比如，在数据采集阶段，人为失误、方法局限等等可以造成数据缺失。另外，数据存储阶段也可能引入缺失值，比如，数据存储失败、存储器故障等等。

三大类

缺失值大致分为三类：

- **完全随机缺失** (Missing Completely at Random，MCAR)：缺失值和自身值无关，且和其他任何变量无关。
- **随机缺失** (Missing at Random，MAR)：其他特征存在数据，但是某个特征缺失值和自身值无关。一个经典例子是，人们是否透露收入可能与性别、教育或职业等因素存在某种联系，而非收入高低。
- **非随机缺失** (Missing Not at Random，MNAR)：数据缺失可能与数据自身值存在一定关系，比如高收入群体不希望透露他们的收入。

NaN

NaN常用于表示缺失值。NaN是not a number的缩写，中文含义是“非数”。numpy.nan可以用来产生NaN。举个例子，如果想要在已知数据帧df中，增加用NaN做占位符一列，就可以用df['holder'] = np.nan，其中“holder”为这一列的**标题** (header)。

一些NumPy函数在统计计算时，遇到缺失值会报错。表2.1第二列NumPy函数在遇到缺失值NaN时，会直接报错。而表2.1第三列函数在计算时，会忽略NaN。

表2.1　比较Numpy函数处理缺失值差异

	遇到NaN，报错	**计算时，忽略NaN**
均值	numpy.mean()	numpy.nanmean()
中位数	numpy.median()	numpy.nanmedian()
最大值	numpy.max()	numpy.nanmax()
最小值	numpy.min()	numpy.nanmin()
方差	numpy.var()	numpy.nanvar()
标准差	numpy.std()	numpy.nanstd()
分位	numpy.quantile()	numpy.nanquantile()
百分位	numpy.percentile()	numpy.nanpercentile()

原始数据中缺失值的样式没有特定标准，利用Pandas读取数据时，可以设置缺失值样式。比如read_csv() 读取CSV文件时，可以利用 na_values 设置缺失值样式，比如na_values = 'Null'，再如 na_values = '?'，等等。在Pandas数据帧中，也用NaT表达缺失值。

以鸢尾花数据为例

本章以鸢尾花数据讲解如何处理缺失值。图2.2所示为完整的鸢尾花数据成对特征分析图，其中有150个数据点。

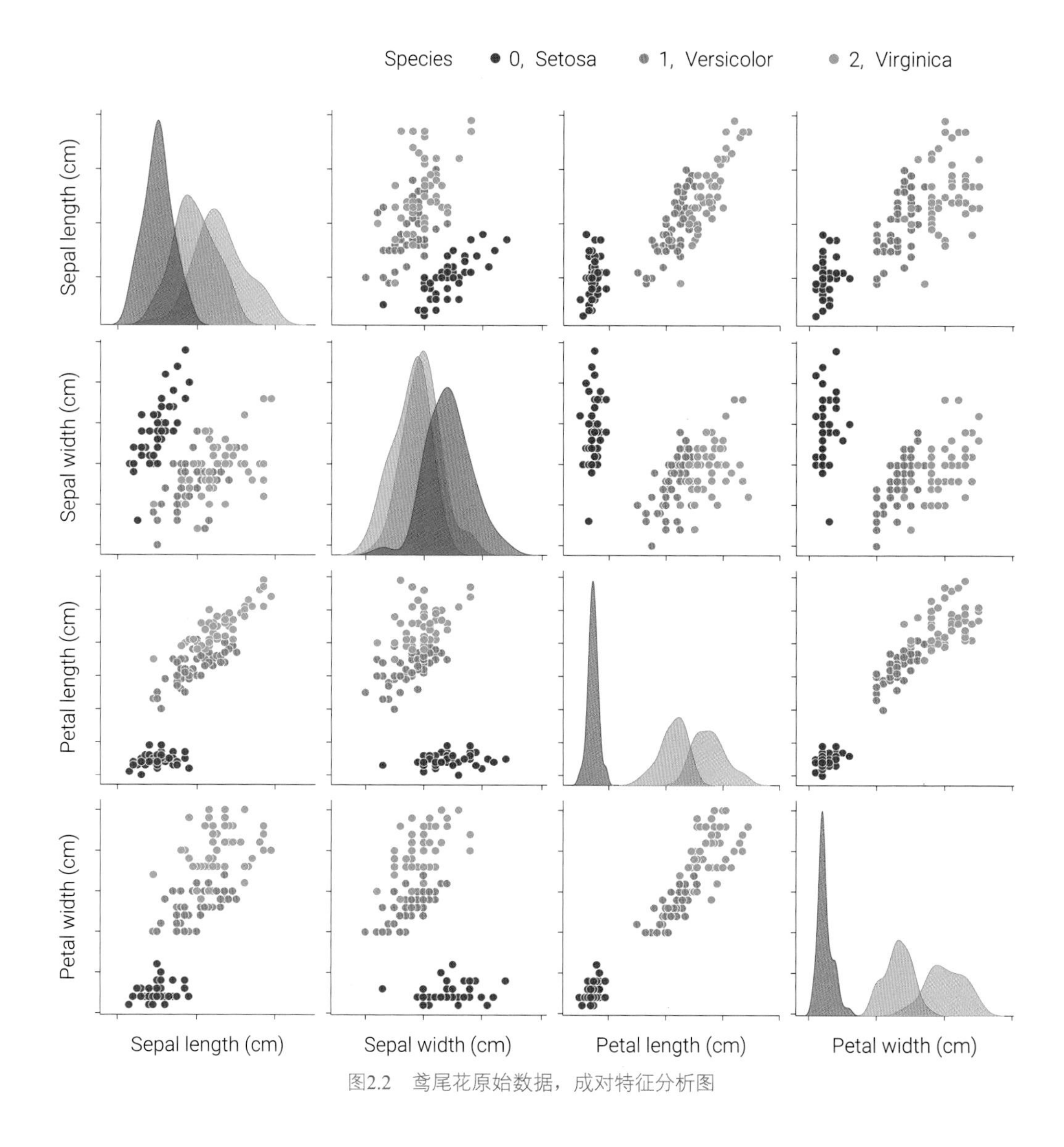

图2.2　鸢尾花原始数据，成对特征分析图

在鸢尾花原始数据中完全随机引入缺失值NaN，将数据存为iris_df_NaN，数据的形式如图2.3所示。图2.4所示为含有缺失值的鸢尾花可视化图像。

	sepal length(cm)	sepal width(cm)	petal length(cm)	petal width(cm)
0	5.1	NaN	NaN	0.2
1	NaN	NaN	1.4	0.2
2	4.7	3.2	1.3	0.2
3	NaN	NaN	NaN	NaN
4	NaN	NaN	1.4	NaN
...	...	...	...	...
145	6.7	NaN	5.2	2.3
146	6.3	2.5	5.0	NaN
147	6.5	3.0	5.2	NaN
148	6.2	NaN	NaN	2.3
149	5.9	3.0	NaN	1.8

图2.3　鸢尾花样本数据，随机引入缺失值

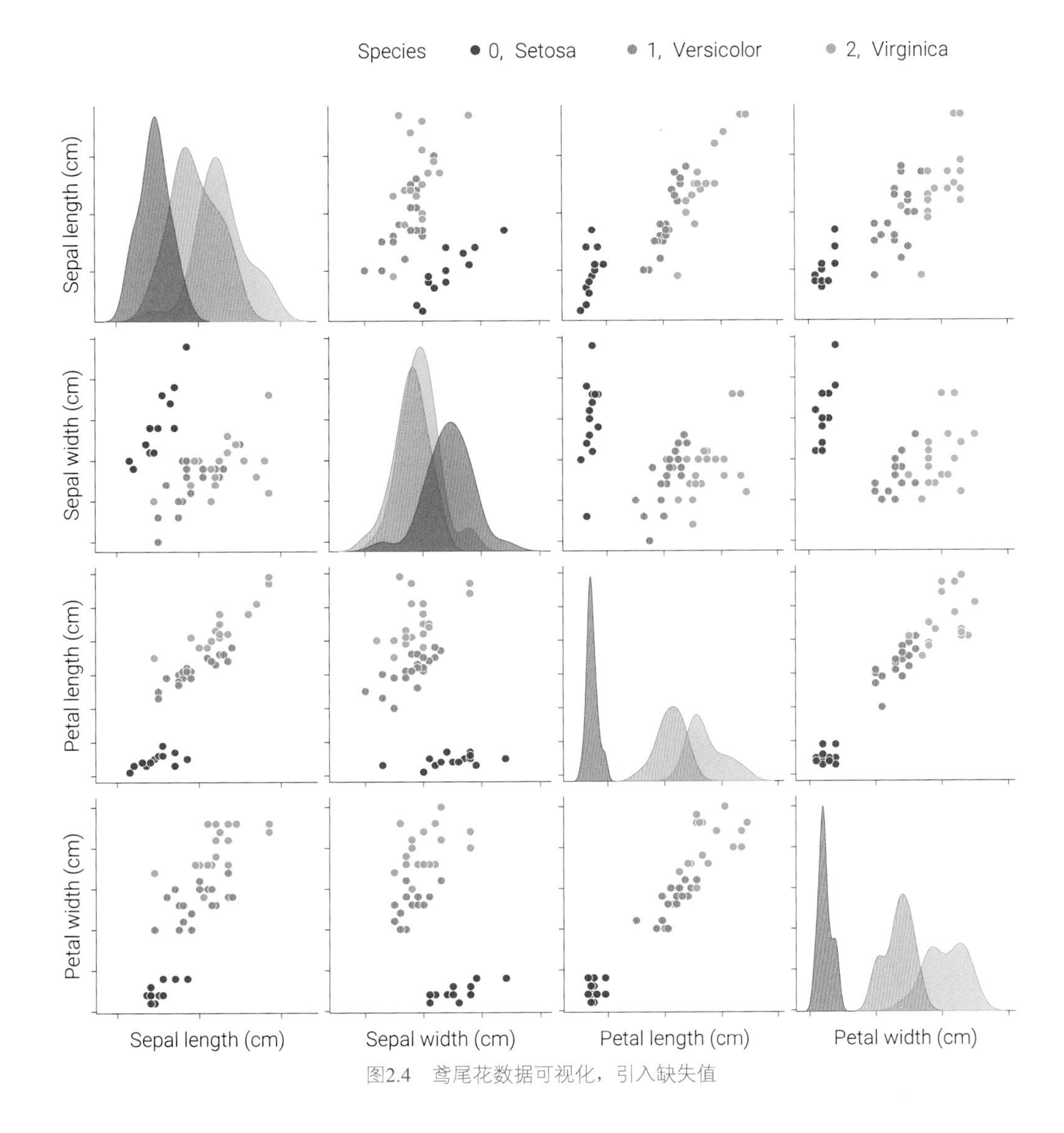

图2.4　鸢尾花数据可视化，引入缺失值

下面讲解代码2.1，这段代码在鸢尾花数据中随机插入了缺失值。

ⓐ使用sklearn.datasets.load_iris() 加载鸢尾花数据集，as_frame=True表示返回数据帧格式，return_X_y=True表示返回特征矩阵X和目标变量y。

ⓑ创建特征矩阵X的副本，存储在iris_df中。

ⓒ在数据帧中添加一列标签，表示鸢尾花的类别。

ⓓ使用Seaborn的pairplot函数绘制成对散点图，hue='species'表示按照鸢尾花类别标签着色，palette="bright"指定颜色主题为明亮色调。

ⓔ生成一个与X_NaN相同形状的随机矩阵，数值满足0~1之间均匀分布。

ⓕ将小于等于0.4的元素设为True，形成一个与X_NaN相同形状的布尔矩阵，用作mask。

ⓖ将X_NaN中对应True位置的元素设置为缺失值NaN。

代码2.1 在鸢尾花数据中随机引入缺失值 | Bk6_Ch02_01.ipynb

```
# 导入包
from sklearn.datasets import load_iris
import matplotlib.pyplot as plt
import numpy as np
import pandas as pd
import seaborn as sns

# 导入鸢尾花数据
X, y = load_iris(as_frame = True, return_X_y = True)
X.head()

# 副本
iris_df = X.copy()

# 增加一列标签
iris_df['species'] = y

# 用成对散点图可视化
sns.pairplot(iris_df, hue = 'species', palette = "bright")

# 随机引入缺失值
X_NaN = X.copy()
mask = np.random.uniform(0,1,size = X_NaN.shape)
mask = (mask <= 0.4)
X_NaN[mask] = np.NaN

# 再次用成对散点图可视化有缺失值的数据
iris_df_NaN = X_NaN.copy()
iris_df_NaN['species'] = y
sns.pairplot(iris_df_NaN, hue = 'species', palette = "bright")
```

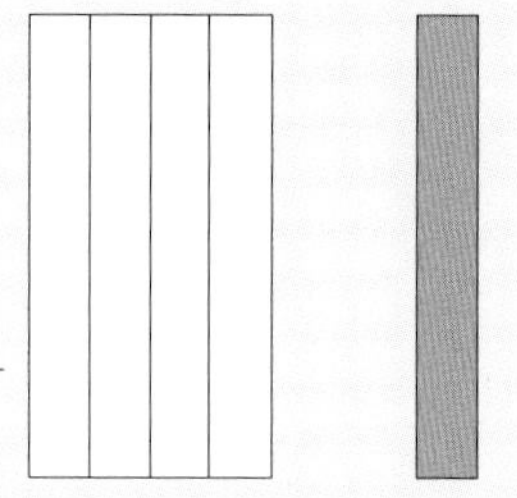

2.2 可视化缺失值位置

为了准确获取缺失值位置、数量等信息，对于Pandas数据帧数据可以采用isna() 或 notna() 方法。

查找缺失值

采用iris_df_NaN.isna()，返回具体位置数据是否为缺失值。数据缺失的话，为True；否则，为False。图2.5所示为iris_df_NaN.isna() 结果。

```
     sepal length(cm)  sepal width(cm)  ...  petal width(cm)  species
0               False             True  ...            False    False
1                True             True  ...            False    False
2               False            False  ...            False    False
3                True             True  ...             True    False
4                True             True  ...             True    False
...               ...              ...  ...              ...      ...
145             False             True  ...            False    False
146             False            False  ...             True    False
147             False            False  ...             True    False
148             False             True  ...            False    False
149             False            False  ...            False    False
```

图2.5 判断数据是否为缺失值

图2.6所示为采用seaborn.heatmap() 可视化数据缺失值，热图的每一条黑色条带代表一个缺失值。使用缺失值热图可以粗略观察到缺失值分布情况。

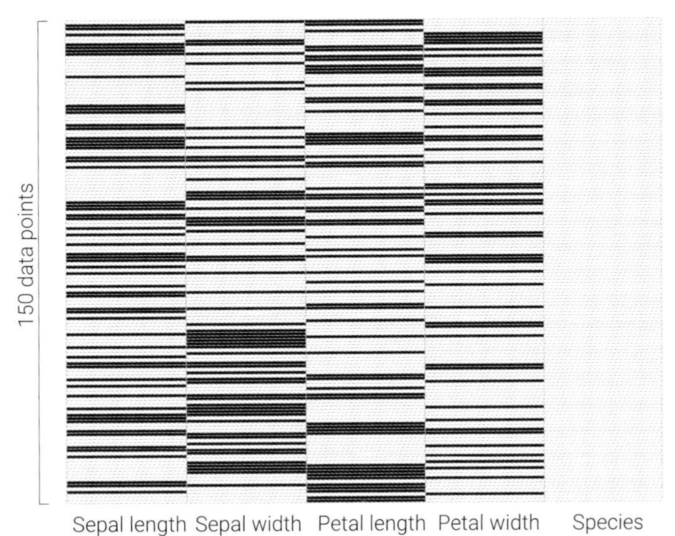

图2.6 缺失值可视化，每条黑带代表缺失值

查找非缺失值

方法notna()正好和isna()相反，iris_df_NaN.notna()判断数据是否为“非缺失值”。如果数据没有缺失，则为True；否则，为False。图2.7所示为iris_df_NaN.notna() 结果。

```
sepal length(cm)  sepal width(cm)  ...  petal width (cm)  species
0           True            False  ...              True     True
1          False            False  ...              True     True
2           True             True  ...              True     True
3          False            False  ...             False     True
4          False            False  ...             False     True
...          ...              ...  ...               ...      ...
145         True            False  ...              True     True
146         True             True  ...             False     True
147         True             True  ...             False     True
148         True            False  ...              True     True
149         True             True  ...              True     True
```

图2.7 判断数据是否为“非缺失值”

可视化数据缺失值如图2.8所示。

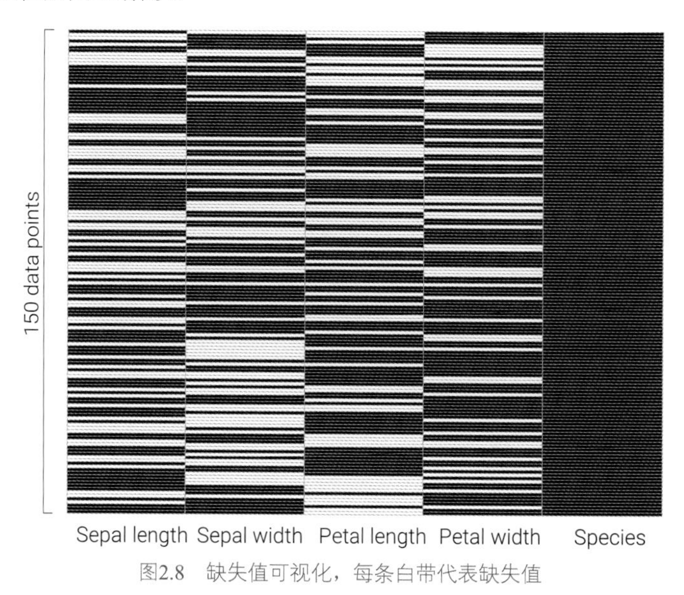

图2.8　缺失值可视化，每条白带代表缺失值

非缺失值变化线图

另外，可以安装missingno (pip install missingno)，并调用missingno.matrix() 绘制缺失值热图，具体如图2.9所示。

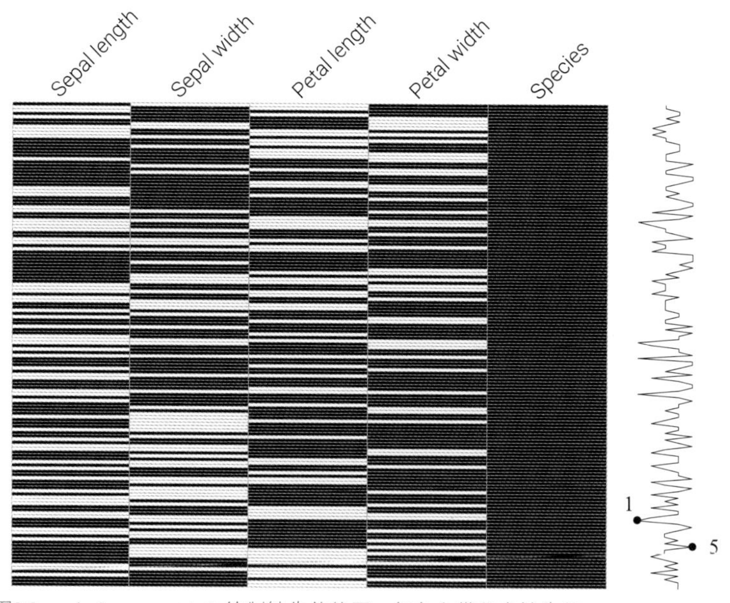

图2.9　missingno.matrix() 绘制缺失值热图，每条白带代表缺失值

这幅图最右侧还展示每行非缺失值数据数量的变化线图，线图最小取值为1，最大取值为5。取值为1时，每行只有一个非缺失值；取值为5时，该行不存在缺失值。观察这幅线图，可以帮助我们解读缺失值分布特征。

总结缺失值信息

对于Pandas数据帧，也可以采用info() 显示数据非缺失值数量和数据类型。图2.10所示为iris_df_NaN.info()结果。df.isnull().sum() * 100 / len(df)则计算每列缺失值的百分比。

也可以采用sklearn.impute.MissingIndicator() 函数将数据转换为相应的二进制矩阵 (True和False，相当于1和0)，以指示数据中缺失值的存在位置。

```
<class 'pandas.core.frame.DataFrame'>
RangeIndex: 150 entries, 0 to 149
Data columns (total 5 columns):
 #  Column                Non-Null Count   Dtype
---------                 --------------   -----
 0   sepal length (cm)     85 non-null     float64
 1   sepal width  (cm)     94 non-null     float64
 2   petal length (cm)     91 non-null     float64
 3   petal width  (cm)     84 non-null     float64
 4   species               150 non - nuint32
dtypes: float64(4), int32(1)
memory usage: 5.4 KB
```

图2.10 pd.info() 总结样本数据特征

接着前文代码，代码2.2可视化缺失值。下面讲解其中关键语句。

ⓐ使用isna()方法查找数据帧中缺失值。

ⓑ使用Seaborn的heatmap函数绘制缺失值位置。cmap='gray_r'代表颜色映射为灰度逆序；cbar=False代表隐藏颜色条。

ⓒ使用notna()方法查找数据帧中非缺失值。

ⓓ使用Seaborn的heatmap函数绘制非缺失值位置。

ⓔ使用missingno库的matrix()函数绘制缺失值的可视化矩阵。

ⓕ统计每列中缺失值的总数。

ⓖ计算每列中缺失值的百分比。

代码 2.2 可视化缺失值位置 | Bk6_Ch02_01.ipynb

```
# 用isna()方法查找缺失值
is_NaN = iris_df_NaN.isna()                # a
# print(is_NaN)

# 可视化缺失值位置
fig, ax = plt.subplots()
sns.heatmap(is_NaN,                         # b
            ax = ax,
            cmap = 'gray_r',
            cbar = False)

# 用notna()方法查找非缺失值
not_NaN = iris_df_NaN.notna()              # c
# sum_rows = not_NaN.sum(axis = 1)
# print(not_NaN)

# 可视化非缺失值位置
fig, ax = plt.subplots()
sns.heatmap(not_NaN,                        # d
            ax = ax,
            cmap = 'gray_r',
            cbar = False)

# 用missingno.matrix()可视化缺失值
import missingno as msno
```

```python
# missingno has to be installed first
# pip install missingno

msno.matrix(iris_df_NaN)

# 总结缺失值

print("\nCount total NaN at each column:\n" ,
      X_NaN.isnull().sum())

print("\nPercentage of NaN at each column:\n" ,
      X_NaN.isnull().sum()/len(X_NaN)*100)
```

2.3 处理缺失值：删除

图2.11总结了处理缺失值常用方法。

◀删除：可以删除缺失值所在的行、列，或者**成对删除** (pairwise deletion)。
◀**插补** (imputation)：采用插补时，要根据数据特点，采用合理的方法。

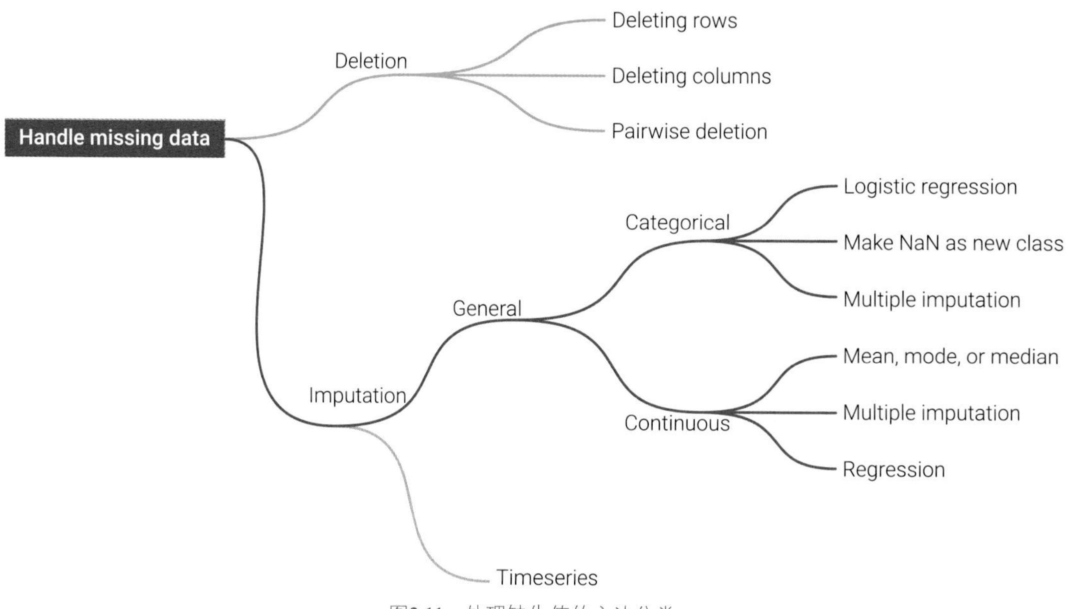

图2.11　处理缺失值的方法分类

对于表格数据，一般情况下，每一行代表一个样本数据，每一列代表一个特征。处理存在缺失值数据集的基本策略是舍弃包含缺失值的整行或整列。但是，这是以丢失可能有价值的数据为代价的。

更好的策略是估算缺失值，即从数据的已知部分推断出缺失值，这种方法统称插补。本章后续主要介绍连续数据的删除和插补方法。本书时间序列一章中将介绍时间序列数据的插补。

删除

下面简单介绍Pandas数据帧dropna() 方法。

对于某一个数据帧df，df.dropna(axis = 0, how = 'any') 中 axis = 0 为按行删除，设置 axis = 1表示按列删除。

参数how = 'any'时，表示某行或列只要有一个缺失值，就删除该行或列，如图2.12所示。

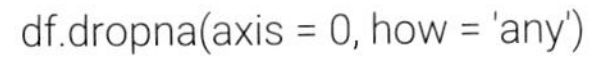

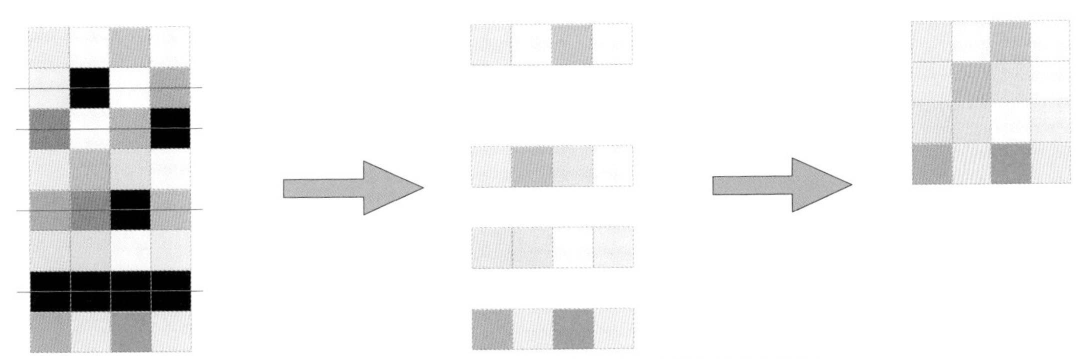

图2.12 Pandas数据帧中删除含有至少一个缺失值所在的行

如图2.13所示，当how = 'all'，表示该行或列全部都为缺失值时，才删除该行或列。dropna()方法默认设置为 axis = 0，how = 'any'。

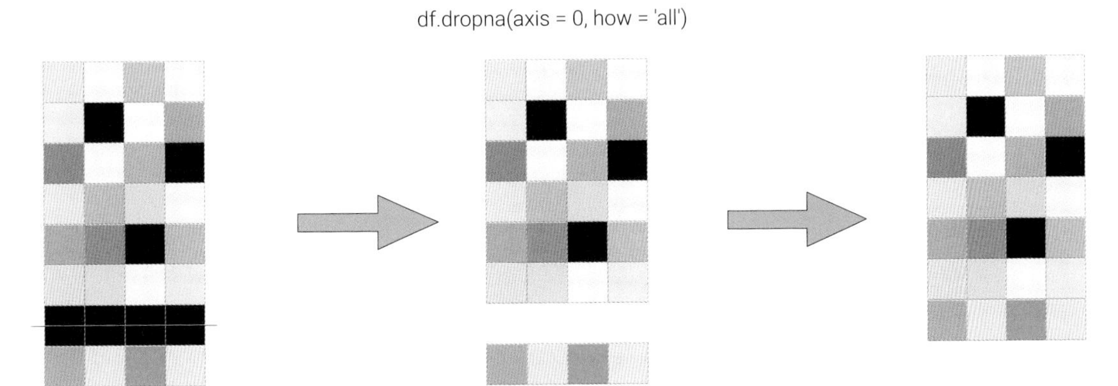

图2.13 Pandas数据帧中删除全为缺失值行

图2.14所示为删除缺失值后的鸢尾花数据，规则为删除含有至少一个缺失值所在的行。对比图2.4，可以发现非缺失数据点明显减小。图2.14中所剩数据便是图2.9中最右侧线图值为5对应的数据点。

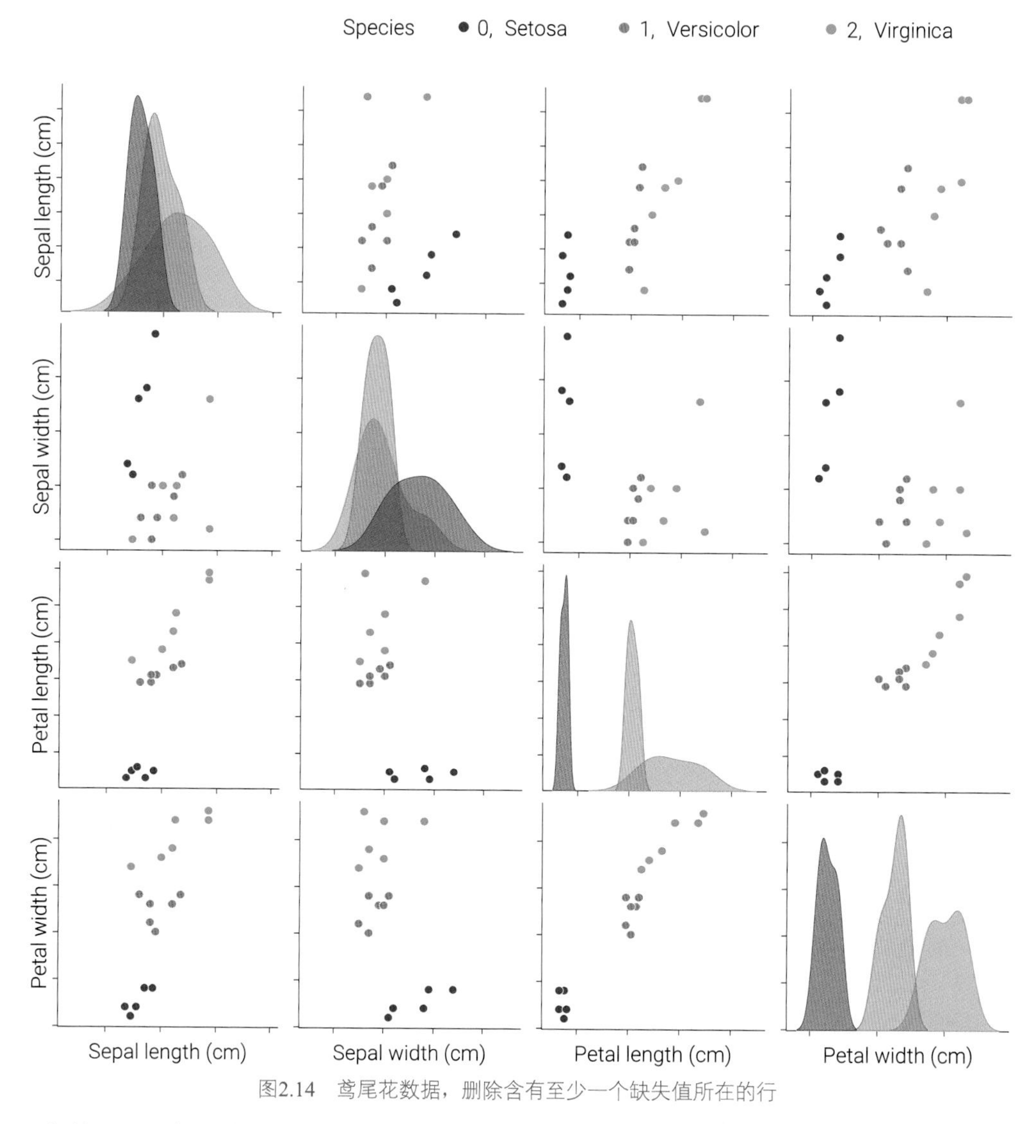

图2.14　鸢尾花数据，删除含有至少一个缺失值所在的行

一般情况下，每列数据代表一个特征，删除整列特征的情况也并不罕见。不管是删除缺失值所在的行或列，都会浪费大量有价值的信息。

成对删除

成对删除是一种特别的删除方式，进行多特征联立时，成对删除只删除掉需要执行运算特征包含的缺失数据；以估算方差协方差矩阵为例，如图2.15所示，计算X_1和X_3的相关性，只需要删除X_1和X_3中缺失值对应的数据点。

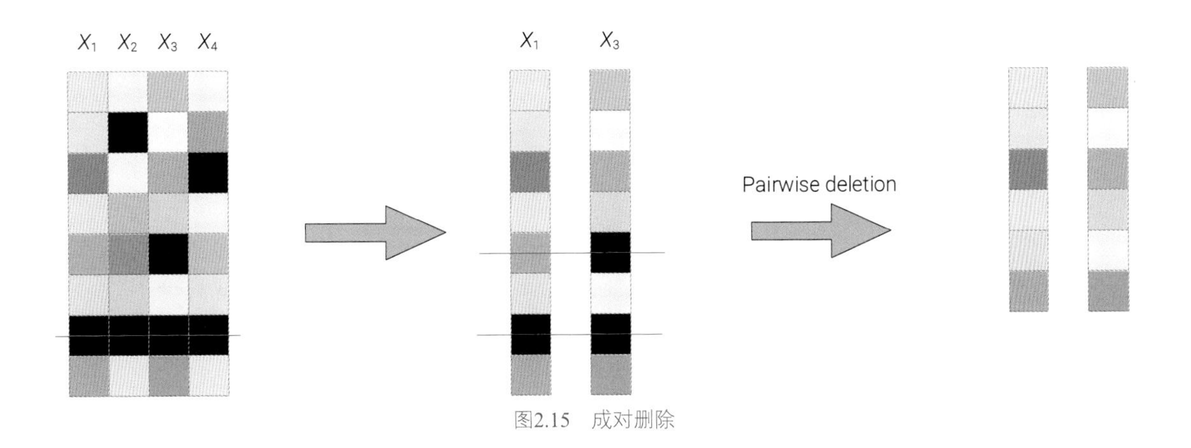

图2.15　成对删除

2.4 单变量插补

相对删除缺失值，更常用的方法是，采用一定的方法补全缺失值，我们称之为**插补** (imputation)。其中，分类数据和连续数据采用的方法也稍有差别。注意，采用插补方法时要格外小心，如果填充方法不合理，会引入数据噪声，并造成数据分析结果不准确。

时间数据采用的插补方法不同于一般数据。Pandas数据帧有基本插补功能，特别是对于时间数据，可以采用**插值** (interpolation)、向前填充、向后填充。这部分内容，我们将在本书插值和时间序列部分详细介绍。

单变量插补：统计插补

本节专门介绍单变量插补。单变量插补也称统计插补，仅使用第j个特征维度中的非缺失值插补该特征维度中的缺失值。本节采用的函数是sklearn.impute.SimpleImputer()。

SimpleImputer() 可以使用缺失值所在的行/列中的统计数据平均值 ('mean')、中位数 ('median') 或者众数 ('most_frequent') 来填充，也可以使用指定的常数 ('constant')。

如果某个特征是连续数据，可以利用其他所有非缺失值平均值或中位数来填充该缺失值。

如果某个特征是分类数据，则可以利用该特征非缺失值的众数，即出现频率最高的数值来补齐缺失值。

图2.16所示为采用中位数插补鸢尾花缺失值。观察图2.16，可以发现插补得到的数据形成“十字”图案。

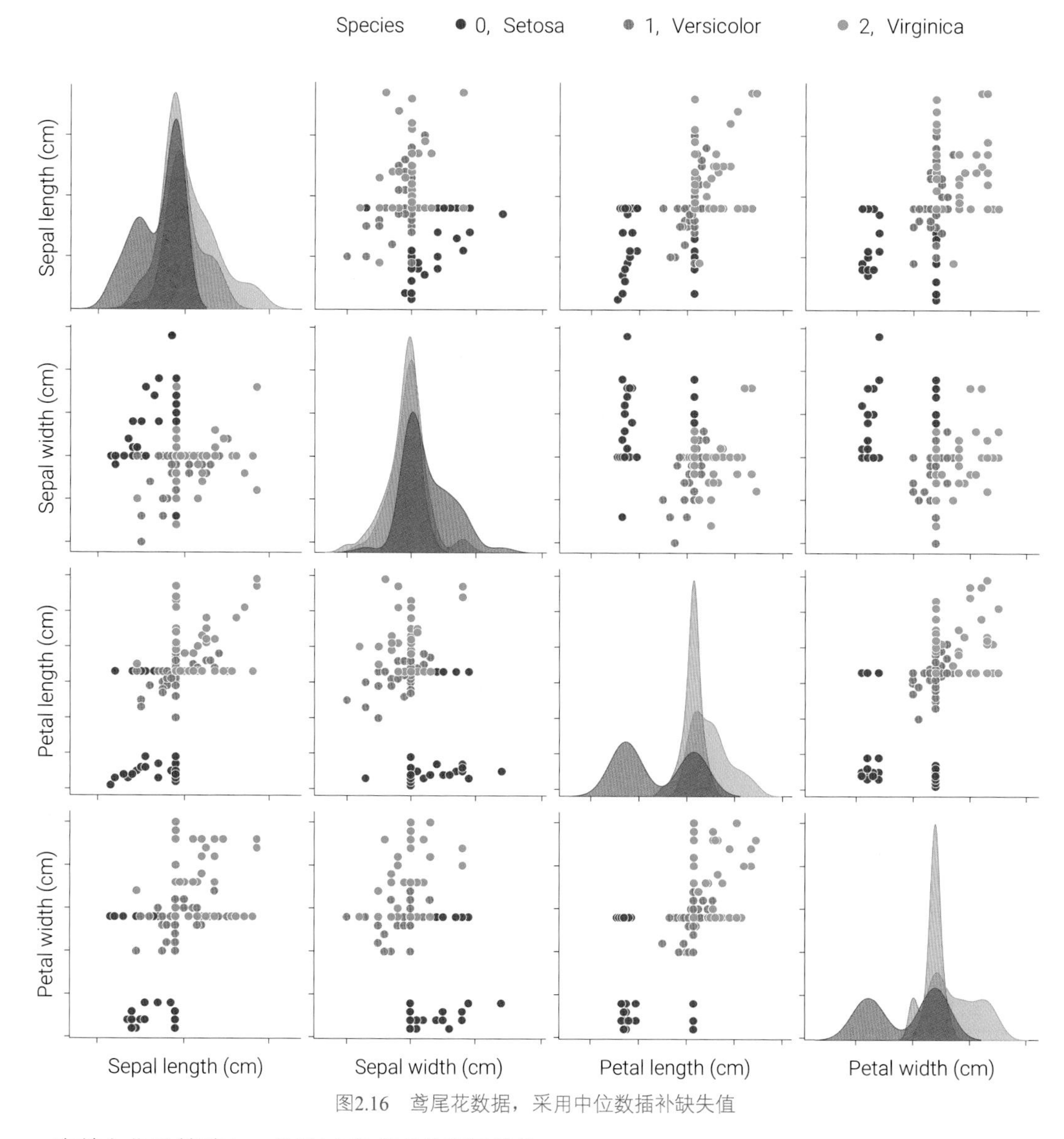

图2.16 鸢尾花数据，采用中位数插补缺失值

在前文代码基础上，代码2.3完成了单变量插补。

ⓐ调用sklearn.impute.SimpleImputer()完成单变量插补。

如果参数strategy选择“mean”，则用每列的均值替换缺失值。仅可用于数值数据。

如果选择“median”，则用每列的中位数替换缺失值。仅可用于数值数据。

如果选择“most_frequent”，则用每列的最频繁值替换缺失值。可用于字符串或数值数据。如果有多个最频繁值，则仅返回最小的一个。

如果选择“constant”，则用指定的fill_value替换缺失值。可用于字符串或数值数据。

ⓑ用fit_transform()完成单变量插补。

代码2.3 单变量插补 | Bk6_Ch02_01.ipynb

```
from sklearn.impute import SimpleImputer

si = SimpleImputer(strategy = 'median')  # a
# impute training data
X_NaN_median = si.fit_transform(X_NaN)  # b

iris_df_NaN_median  = pd.DataFrame(X_NaN_median,
                                  columns = X_NaN.columns,
                                  index = X_NaN.index)

iris_df_NaN_median['species'] = y
sns.pairplot(iris_df_NaN_median,
             hue = 'species', palette = "bright")
```

2.5 *k*近邻插补

本节介绍*k*近邻插补。***k*近邻算法** (*k*-nearest neighbors algorithm，*k*-NN) 是最基本监督学习方法之一，*k*-NN中的*k*指的是“近邻”的数量。简单来说，*k*-NN的思路就是“近朱者赤，近墨者黑”。

本节介绍*k*近邻插补的函数为sklearn.impute.KNNImputer()。利用KNNImputer插补缺失值时，先给定距离缺失值数据最近的*k*个样本，将这*k*个值等权重平均或加权平均来插补缺失值。图2.17所示为采用*k*近邻插补鸢尾花数据结果。

《机器学习》将专门介绍*k*近邻算法这种监督学习方法。

在前文代码基础上，代码2.4采用了最近邻插补。下面讲解其中关键语句。

代码先是从sklearn.impute库中导入KNNImputer类，该类用于使用KNN算法进行缺失值的插补。

ⓐ创建KNNImputer对象knni，并指定邻居数量为5。

ⓑ使用fit_transform方法对包含缺失值的数据X_NaN进行插补，得到插补后的数据X_NaN_kNN。

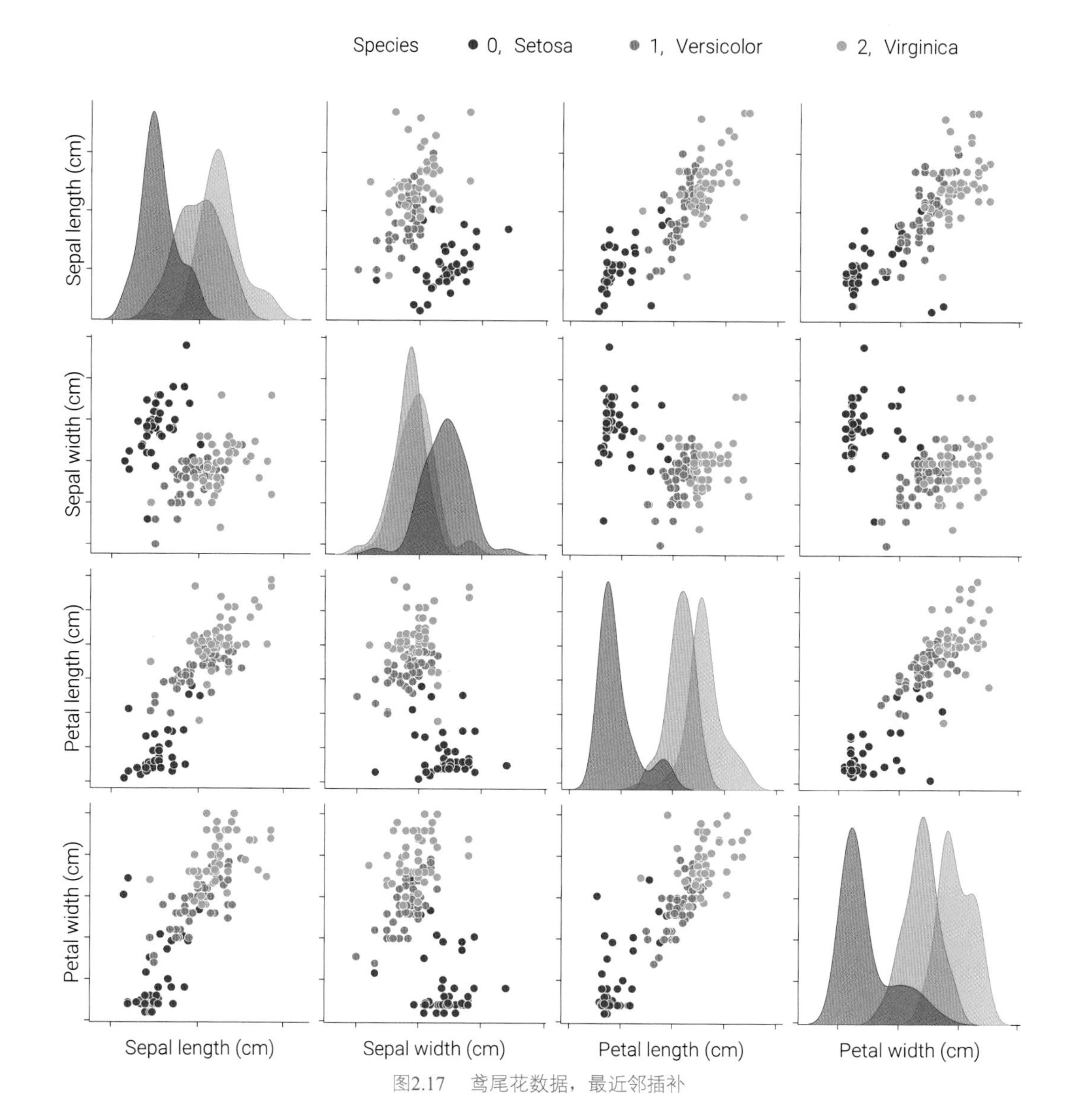

图2.17　鸢尾花数据，最近邻插补

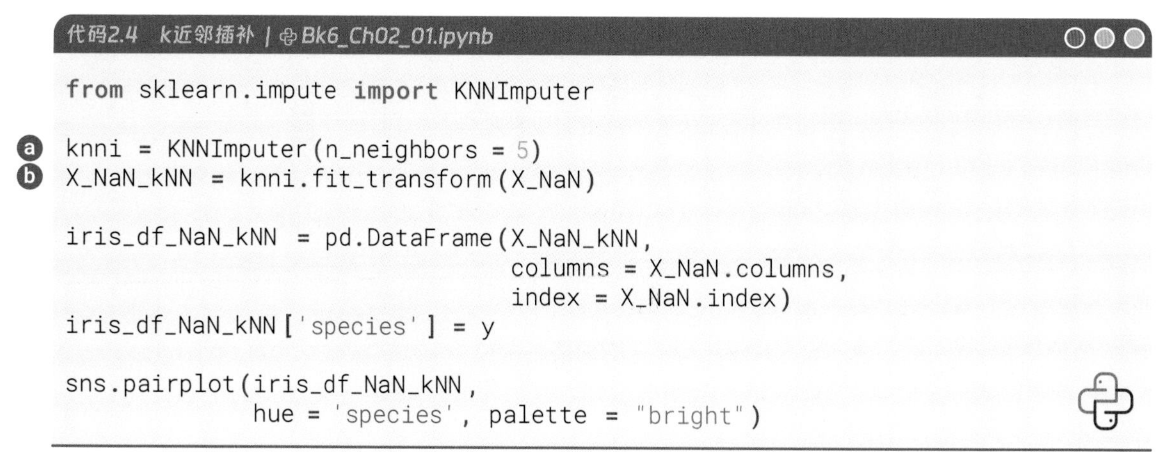

代码2.4　k近邻插补 | Bk6_Ch02_01.ipynb

```
from sklearn.impute import KNNImputer

knni = KNNImputer(n_neighbors = 5)
X_NaN_kNN = knni.fit_transform(X_NaN)

iris_df_NaN_kNN = pd.DataFrame(X_NaN_kNN,
                               columns = X_NaN.columns,
                               index = X_NaN.index)
iris_df_NaN_kNN['species'] = y

sns.pairplot(iris_df_NaN_kNN,
             hue = 'species', palette = "bright")
```

2.6 多变量插补

多变量插补，利用其他特征数据来填充某个特征内的缺失值。多变量插补将缺失值建模为其他特征的函数，用该函数估算合理的数值，以填充缺失值。整个过程可以用迭代循环方式进行。

单变量插补一般仅考虑单一特征进行插补，而多变量插补考虑不同特征数据的联系。

图2.18所示为采用sklearn.impute.IterativeImputer() 函数完成多变量插补，补齐鸢尾花数据中缺失值。

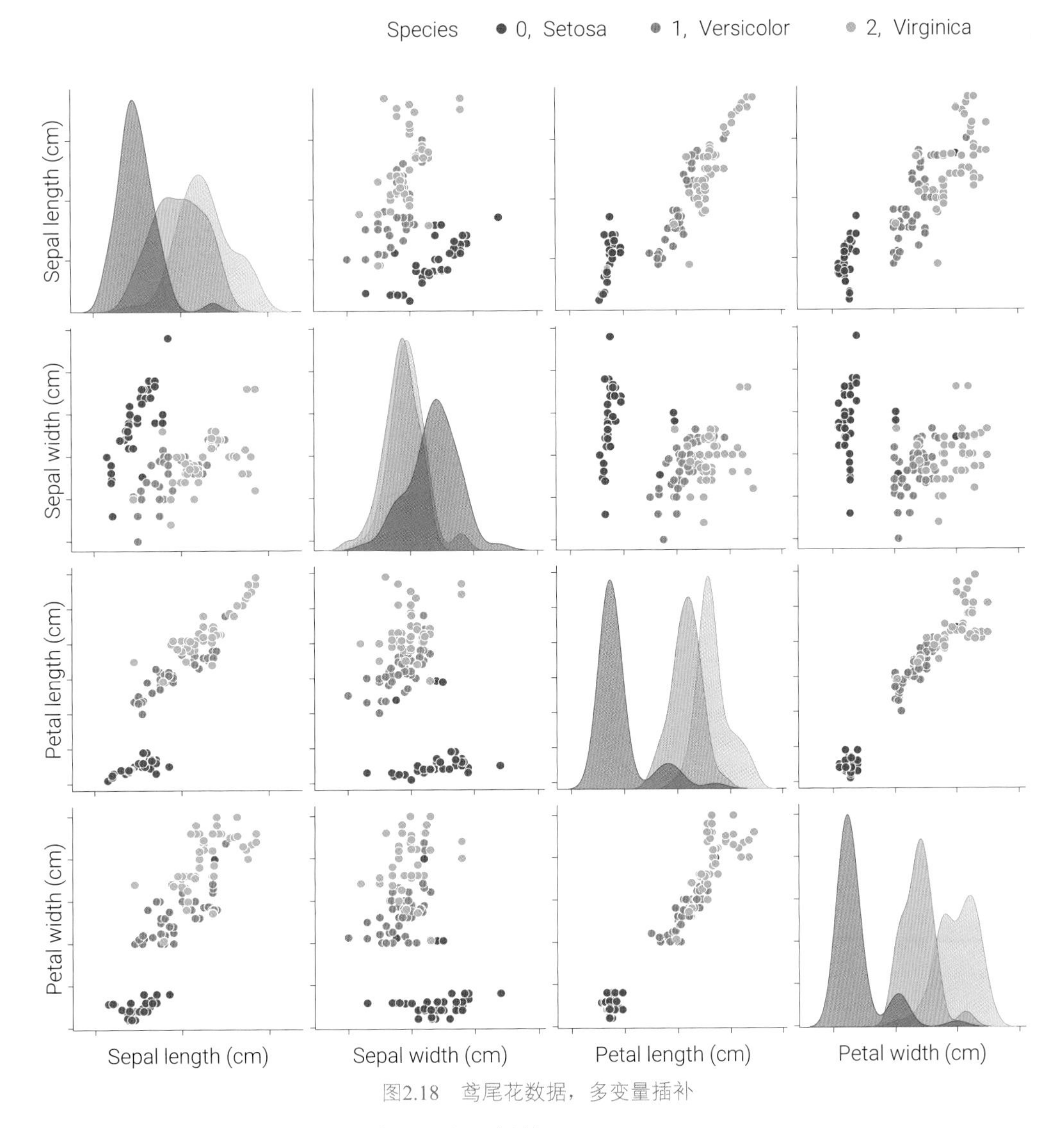

图2.18　鸢尾花数据，多变量插补

在前文代码基础上，代码2.5完成了多变量插补。

ⓐ创建IterativeImputer对象rf_imp，使用RandomForestRegressor作为估算器，并设置最大迭代次数为20。

ⓑ使用fit_transform方法对包含缺失值的数据X_NaN进行插补，得到插补后的数据X_NaN_RF。

代码2.5 多变量插补 | Bk6_Ch02_01.ipynb

```python
from sklearn.experimental import enable_iterative_imputer
from sklearn.impute import IterativeImputer
from sklearn.ensemble import RandomForestRegressor

rf_imp = IterativeImputer(estimator =
                          RandomForestRegressor(random_state = 0),
                          max_iter = 20)
X_NaN_RF = rf_imp.fit_transform(X_NaN)

iris_df_NaN_RF = pd.DataFrame(X_NaN_RF,
                              columns = X_NaN.columns,
                              index = X_NaN.index)
iris_df_NaN_RF['species'] = y
sns.pairplot(iris_df_NaN_RF, hue = 'species',
             palette = "bright")
```

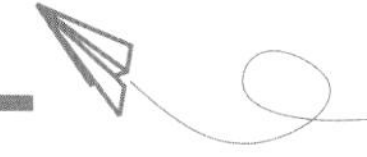

总结一下，缺失值指的是在数据集中某些观测或特征的数值缺失或未记录。缺失值在机器学习中可能导致各种各样问题，因为模型需要完整的数据来进行有效的训练和预测。而失值可能导致模型性能下降，因为模型可能无法准确学习缺失值对应的模式或关系。此外，缺失值还可能引入偏见，导致对特定子集的预测不准确。

处理缺失值的方法有几种。一种是删除包含缺失值的行或列，但这可能会损失大量信息。另一种是填充缺失值，可以用均值、中位数或其他统计量代替缺失值。还有一些先进的技术，如插值方法或使用机器学习模型来预测缺失值。选择哪种方法取决于数据的性质和缺失值的模式。

有关数据帧处理缺失值，请大家参考：

◀ https://pandas.pydata.org/pandas-docs/stable/user_guide/missing_data.html

sklearn.impute.IterativeImputer() 函数非常灵活，可以和各种估算器联合使用，比如决策树回归、贝叶斯岭回归等等。感兴趣的读者可以参考：

◀ https://scikit-learn.org/stable/modules/impute.html
◀ https://scikit-learn.org/stable/auto_examples/impute/plot_iterative_imputer_variants_comparison

Detecting Outliers

离群值

利用统计方法和机器学习算法筛出离群值

数学领域，提出问题比解决问题，更珍贵。

In mathematics the art of proposing a question must be held of higher value than solving it.

—— 格奥尔格·康托尔 (Georg Cantor) | 德国数学家 | 1845—1918年

- numpy.percentile() 计算百分位
- pandas.DataFrame() 构造Pandas数据帧
- seaborn.boxplot() 绘制箱型图
- seaborn.histplot() 绘制直方图
- seaborn.kdeplot() 绘制概率密度估计曲线
- seaborn.pairplot() 绘制成对分析图
- seaborn.rugplot() 绘制rug图像
- seaborn.scatterplot() 绘制散点图
- sklearn.covariance.EllipticEnvelope() 协方差椭圆法检测离群值
- sklearn.ensemble.IsolationForest() 孤立森林检测离群值
- sklearn.svm.OneClassSVM() 支持向量机检测离群值
- stats.probplot() 绘制QQ图

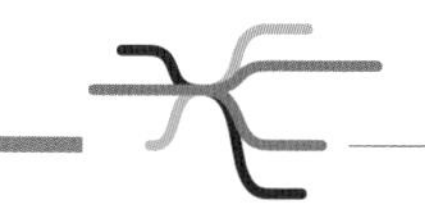

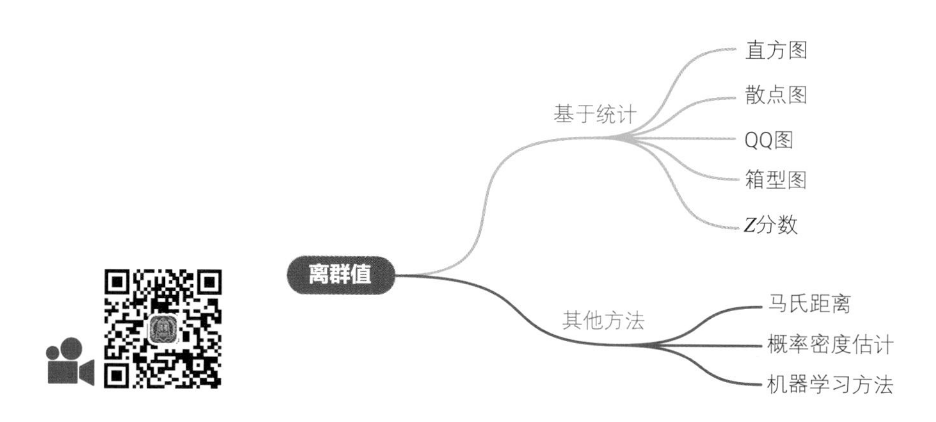

3.1 这几个数有点不合群？

离群值 (outlier)，又称逸出值，指的是样本数据中和其他数值差别较大的数值，也就是明显地偏大或偏小，如图3.1所示。

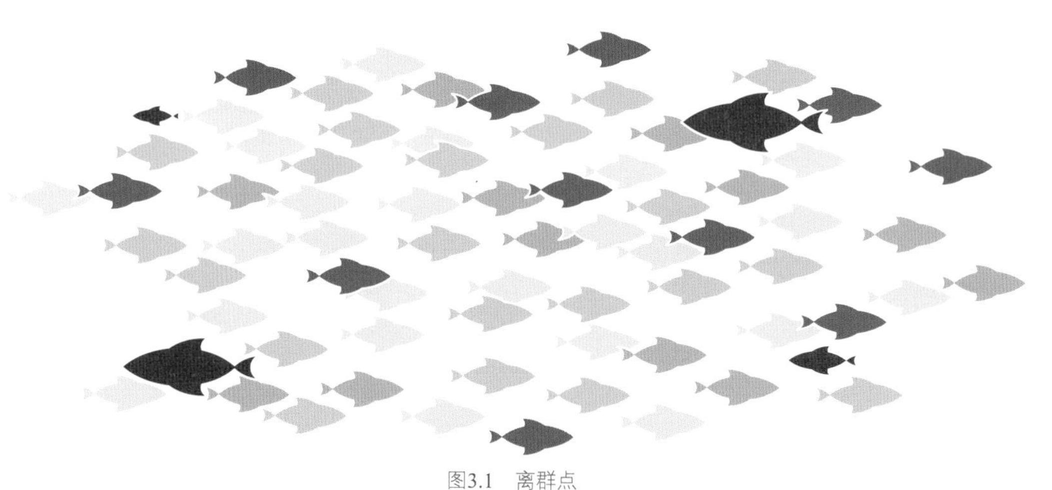

图3.1　离群点

离群值破坏力

离群值可以具有很强的破坏力。比如，离群值可能给最大值、最小值、取值范围、平均值、方差、标准差、分位等计算带来偏差。

图3.2所示为离群值对**线性回归** (linear regression) 的影响。再举个例子，实践中，大家会发现离群值对于时间序列相关性计算破坏力更大。这一章专门介绍各种发现离群值的工具。

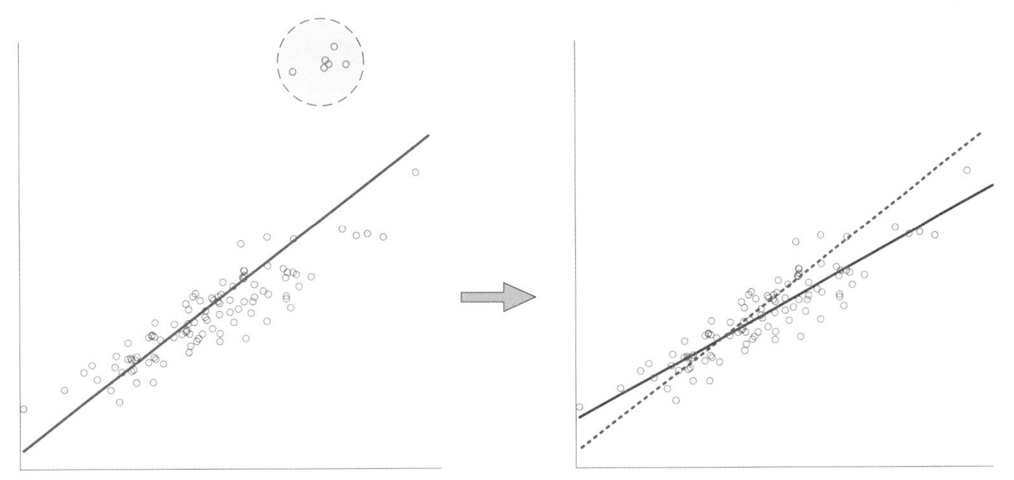

图3.2 离群点对回归分析的影响

工具

如图3.3所示，判断离群值的方法有很多。本章将围绕图3.3中主要方法展开。

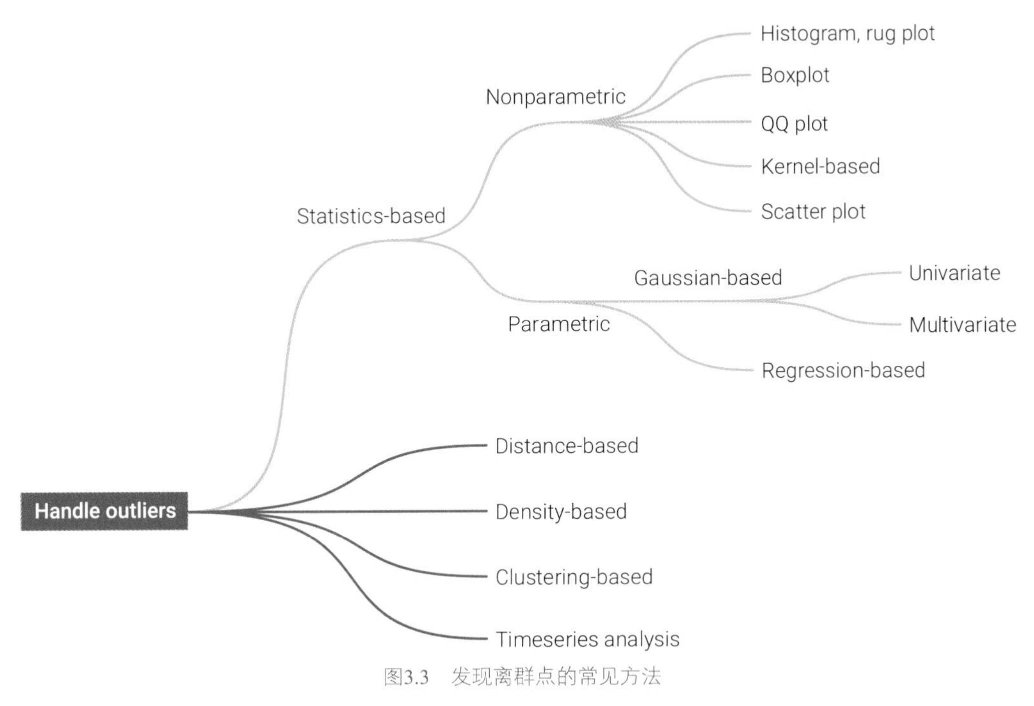

图3.3 发现离群点的常见方法

最简单的方法是，观察样本数据的最大值和最小值，根据生活常识或专业知识，判断取值范围是否合理。比如，鸢尾花数据集中，如果出现某个样本点的花萼长度为5.2 m，这显然是个离群点。再如，鸢尾花任何特征数值肯定不能是负数。

确定离群值之后，需要合理处理。常见的办法有，通过设其为NaN将其删除，或者填充。填充的方法很多，可以参考上一章内容。

3.2 直方图：单一特征分布

丛书《统计至简》一册专门介绍过**直方图** (histogram)。可以通过观察数据的直方图来初步判断单一特征的分布情况以及可能存在的离群值。

百分位

图3.4所示为鸢尾花四个特征数据的直方图。将数据顺序排列，离群值肯定出现在分布的两端。比如，在图3.4上，绘制1%和99%百分位所在位置。可以用1%和99%百分位来界定数据分布的“左尾”和“右尾”。

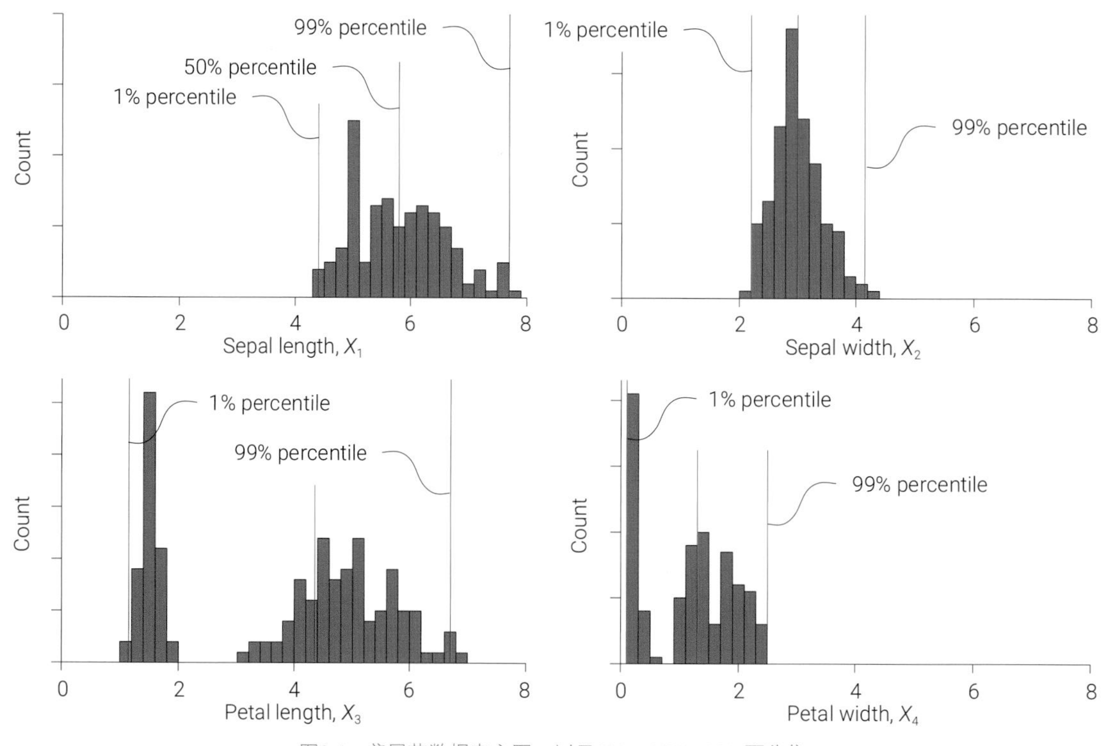

图3.4　鸢尾花数据直方图，以及1%、50%、99%百分位

另外，25%、50%和75%这三个百分位也同样重要，图3.5给出了鸢尾花四个特征的这三个百分位所在位置。下一节讲解箱型图时，将使用25%、50%和75%这三个百分位。

代码 3.1绘制了图3.4，下面讲解其中关键语句。

ⓐ使用Matplotlib创建一个包含2×2子图的图形对象，返回图形对象fig和包含轴对象的数组axes。

ⓑ使用Seaborn中的histplot()绘制直方图，其中data是数据集，x是当前特征的名称 (由feature_names[num]确定)，binwidth是直方图的箱宽，ax指定绘制的轴对象。

ⓒ用numpy.percentile()计算当前特征的百分位数，分别为1%、50%、99%。

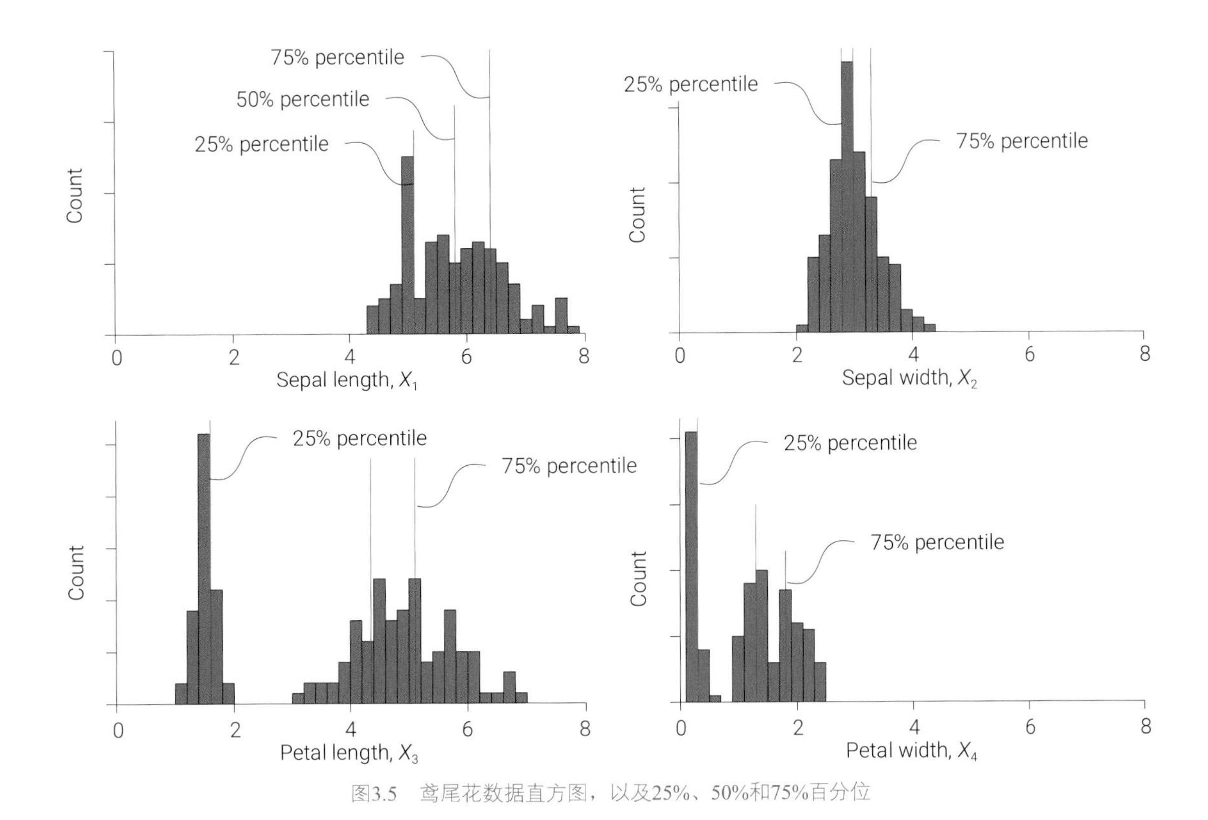

图3.5　鸢尾花数据直方图，以及25%、50%和75%百分位

代码3.1　绘制直方图及1%、50%、99%百分位 | Bk6_Ch03_01.ipynb

```
num = 0
fig, axes = plt.subplots(2,2)

for i in [0,1]:
    for j in [0,1]:

        sns.histplot(data = X_df,
                     x = feature_names[num],
                     binwidth = 0.2,
                     ax = axes[i][j])
        axes[i][j].set_xlim([0,8]);
        axes[i][j].set_ylim([0,40])

        q1, q50, q99 = np.percentile(X_df[feature_names[num]],
                                     [1,50,99])
        axes[i][j].axvline(x = q1, color = 'r')
        axes[i][j].axvline(x = q50, color = 'r')
        axes[i][j].axvline(x = q99, color = 'r')

        num = num + 1
```

山脊图

图3.6所示为采用joypy绘制的山脊图，其也可以用来发现分类数据中潜在离群值。

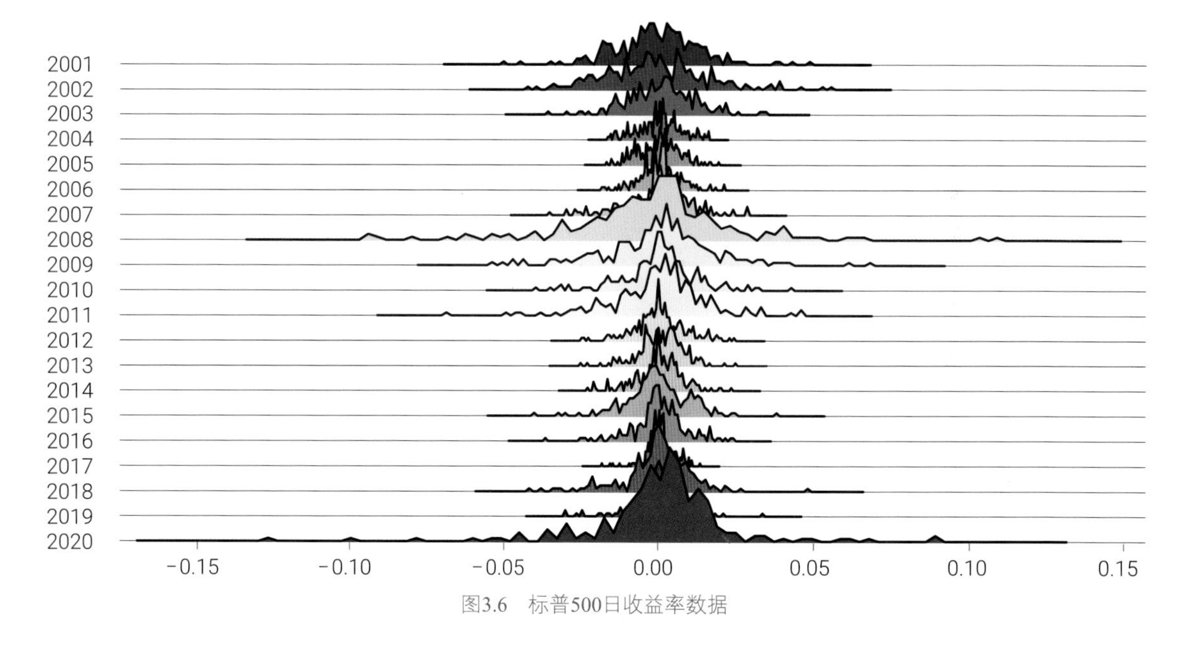

图3.6 标普500日收益率数据

概率密度估计 + rug图

概率密度估计图像也可以用来观察异常值。图3.7所示为KDE图像，叠加rug图。图上同样标出1%和99%百分位点位置。

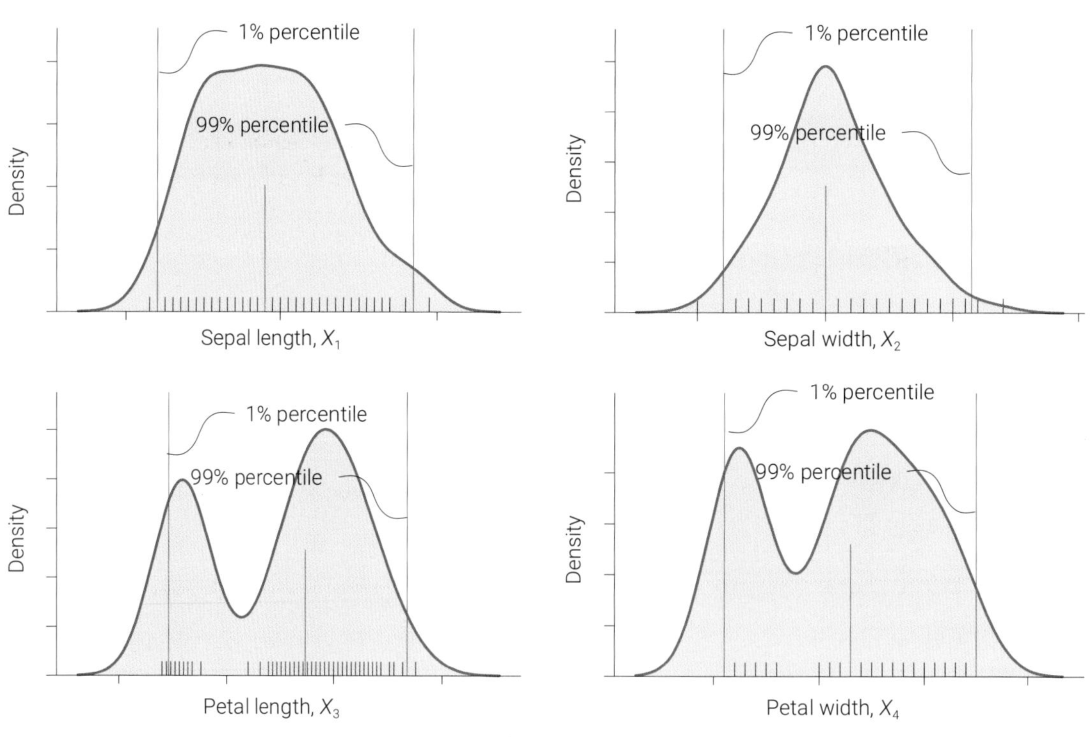

图3.7 KDE密度估计，叠加rug图

代码 3.2绘制了图3.7，下面讲解其中关键语句。

ⓐ使用Seaborn中的kdeplot()函数绘制当前特征的核密度估计图，data是数据集，x是当前特征的名称；ax指定绘制的轴对象，fill = True表示填充核密度估计图的区域。

ⓑ使用Seaborn中的rugplot()绘制当前特征的毯图，data是数据集，x是当前特征的名称，ax指定绘制的轴对象，color = 'k'表示使用黑色，height = .05表示毯图的高度。

代码3.2 绘制概率密度估计及1%、50%、99%百分位 | Bk6_Ch03_01.ipynb

```
num = 0
fig, axes = plt.subplots(2,2)

for i in [0,1]:
    for j in [0,1]:

        sns.kdeplot(data = X_df, x = feature_names[num],
                    ax = axes[i][j], fill = True)
        sns.rugplot(data = X_df, x = feature_names[num],
                    ax = axes[i][j], color = 'k', height = .05)

        q1, q50, q99 = np.percentile(X_df[feature_names[num]],
                                     [1,50,99])
        axes[i][j].axvline(x = q1, color = 'r')
        axes[i][j].axvline(x = q50, color = 'r')
        axes[i][j].axvline(x = q99, color = 'r')

        num = num + 1
```

缩尾调整

缩尾调整 (winsorize) 是将超出变量特定百分位范围的数值替换为其特定百分位数值的方法。请读者参考以下链接学习如何使用scipy.stats.mstats.winsorize() 函数进行缩尾调整：

◀ https://docs.scipy.org/doc/scipy/reference/generated/scipy.stats.mstats.winsorize.html

3.3 散点图：成对特征分布

本章前文所讲的可视化方案均用来发现单一特征可能存在的离群值。而采用散点图，可以发现成对特征数据可能存在的离散点。图3.8所示为鸢尾花数据花萼长度、花萼宽度散点图。图3.8中还绘制了单一特征的rug图。

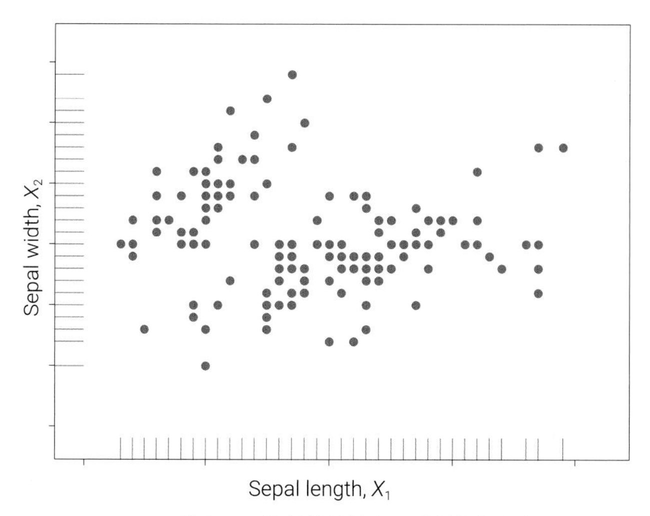

图3.8　散点图，横轴花萼长度，纵轴花萼宽度

此外，也可以使用成对特征数据来观察数据分布，以及可能存在的离群值，如图3.9所示。

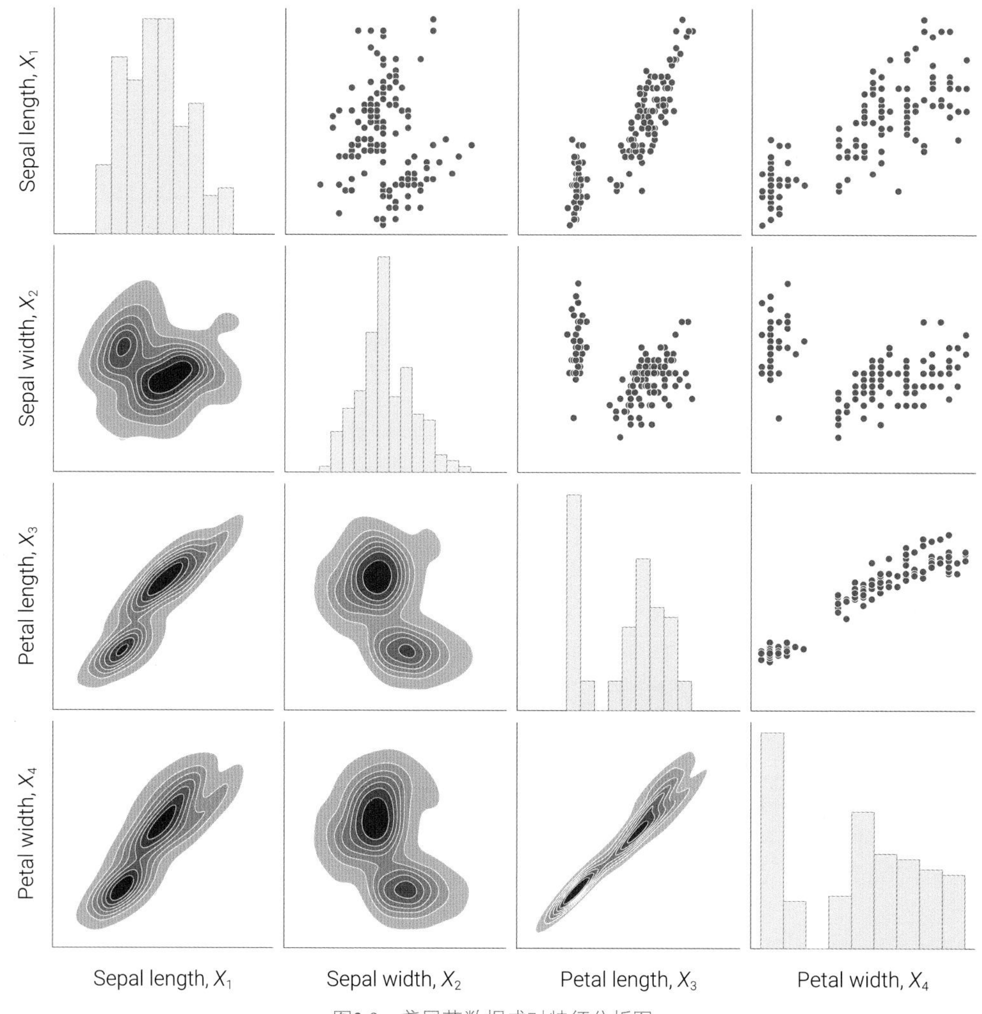

图3.9　鸢尾花数据成对特征分析图

代码 3.3绘制图3.9，下面讲解其中关键语句。

ⓐ使用Seaborn的 pairplot 函数创建一个散点图矩阵。每个散点图显示了数据集中两两特征之间的关系。g 是一个 PairGrid 对象，用于进一步自定义和修改图形。

ⓑ使用 map_upper 方法对散点图矩阵的上半部分 (对角线以上) 子图进行映射。在这里，映射的是散点图，color = 'b'表示散点的颜色为蓝色。

ⓒ使用 map_lower 方法对散点图矩阵的下半部分 (对角线以下) 子图进行映射。在这里，映射的是核密度估计图，levels = 8 表示密度估计的等高线级别，fill = True 表示填充密度估计图的区域，cmap = "Blues_r" 表示使用蓝色渐变颜色映射。

ⓓ使用 map_diag 方法对对角线上的单变量分布子图进行映射。在这里，映射的是直方图，kde = False 表示不显示核密度估计，color = 'b' 表示直方图的颜色为蓝色。

代码3.3 绘制成对特征分析图 | Bk6_Ch03_01.ipynb

```
ⓐ g = sns.pairplot(X_df)
  # 创建成对特征散点图

ⓑ g.map_upper(sns.scatterplot, color = 'b')
  # 对散点矩阵图对角线以上子图进行映射

ⓒ g.map_lower(sns.kdeplot, levels = 8,
              fill = True, cmap = "Blues_r")
  # 对散点矩阵图对角线以下子图进行映射

ⓓ g.map_diag(sns.histplot, kde = False, color = 'b')
  # 对散点矩阵图对角线上子图进行映射
```

3.4 QQ图：分位数-分位数

《统计至简》第9章介绍过QQ图。QQ图是散点图，也可以用来发现离群值。相信大家已经清楚，QQ图的横坐标是某一样本的分位数，纵坐标则是另一样本的分位数。QQ图的纵坐标一般是正态分布，当然也可以是其他分布。如果两分布相似，散点在QQ图上趋近于落在一条直线上。图3.10所示为QQ图原理，图中横轴为正态分布的分位数。

图3.11~图3.14分别给出了鸢尾花四个特征数据的直方图和QQ图。容易发现不同的数据分布，对应特定的QQ图分布特点。《统计至简》第9章介绍过如何通过QQ图形态判断原始数据分布特点，请大家自行回顾，本节不再重复。

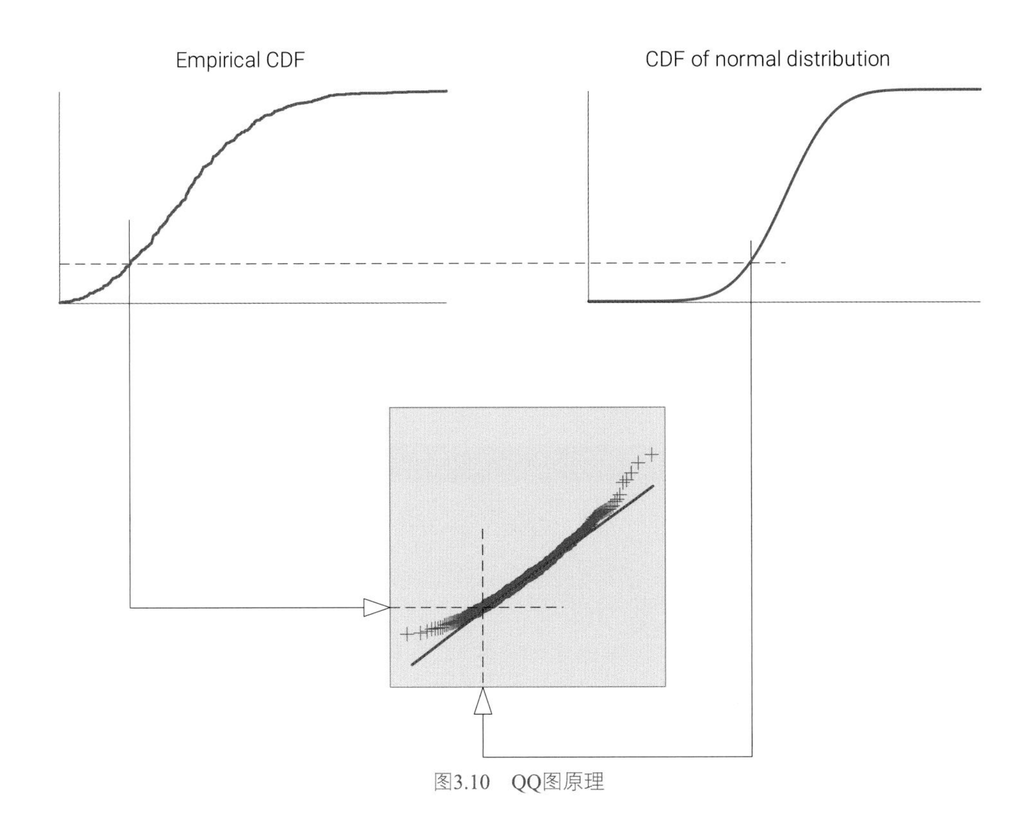

图3.10　QQ图原理

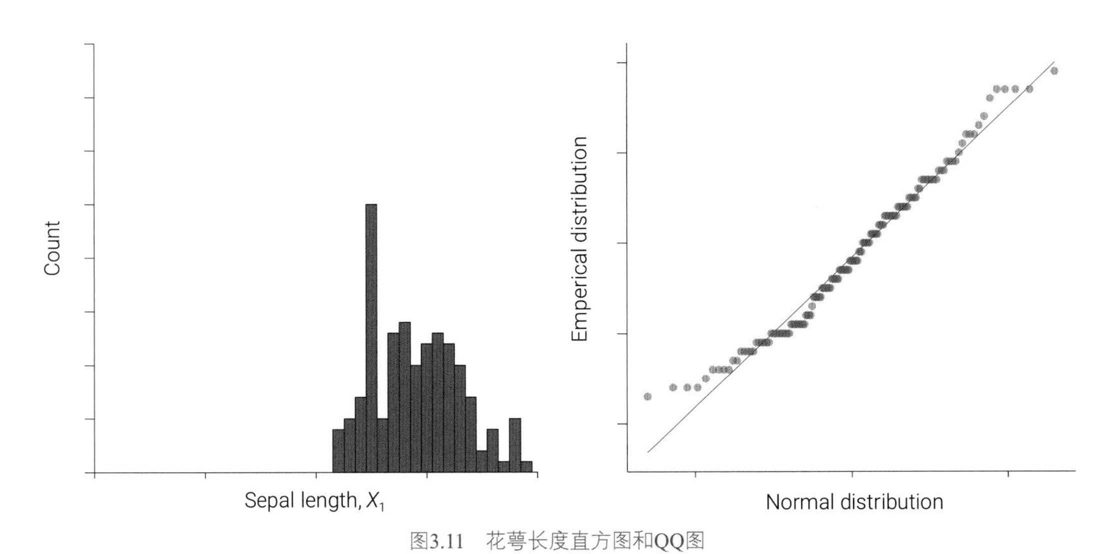

图3.11　花萼长度直方图和QQ图

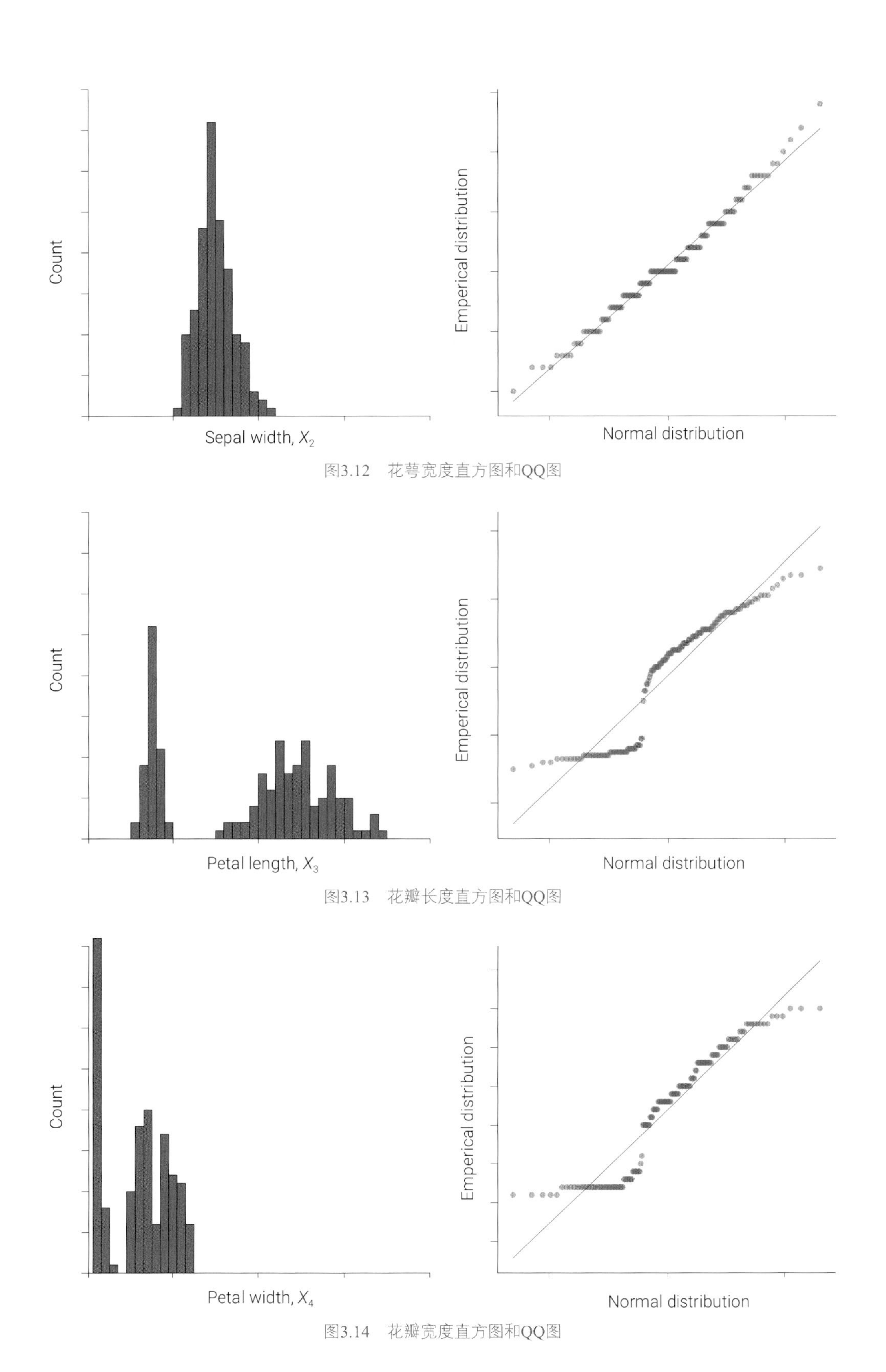

图3.12　花萼宽度直方图和QQ图

图3.13　花瓣长度直方图和QQ图

图3.14　花瓣宽度直方图和QQ图

3.5 箱型图：上界、下界之外样本

《统计至简》专门介绍过**箱型图** (box plot)，箱型图也可以用来分析离群点。图3.15所示为箱型图原理。箱型图利用第一 (Q_1)、第二 (Q_2) 和第三 (Q_3) 四分位数展示数据分散情况。Q_1也叫下四分位，Q_2也叫中位数，Q_3也叫上四分位。

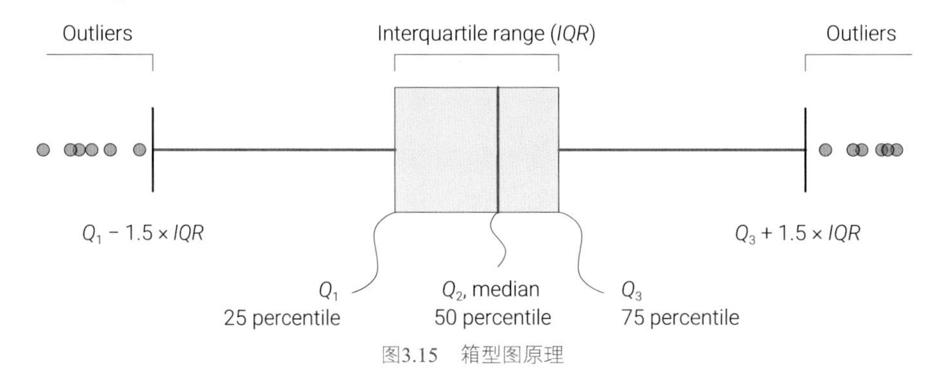

图3.15 箱型图原理

箱型图的**四分位间距** (interquartile range) 的定义为：

$$IQR = Q_3 - Q_1 \tag{3.1}$$

在 $[Q_1 - 1.5 \times IQR, Q_3 + 1.5 \times IQR]$ 之外的样本数据则可能是离群点。图3.16所示为鸢尾花数据的箱型图。$Q_3 + 1.5 \times IQR$也叫上界，$Q_1 - 1.5 \times IQR$也叫也下界。

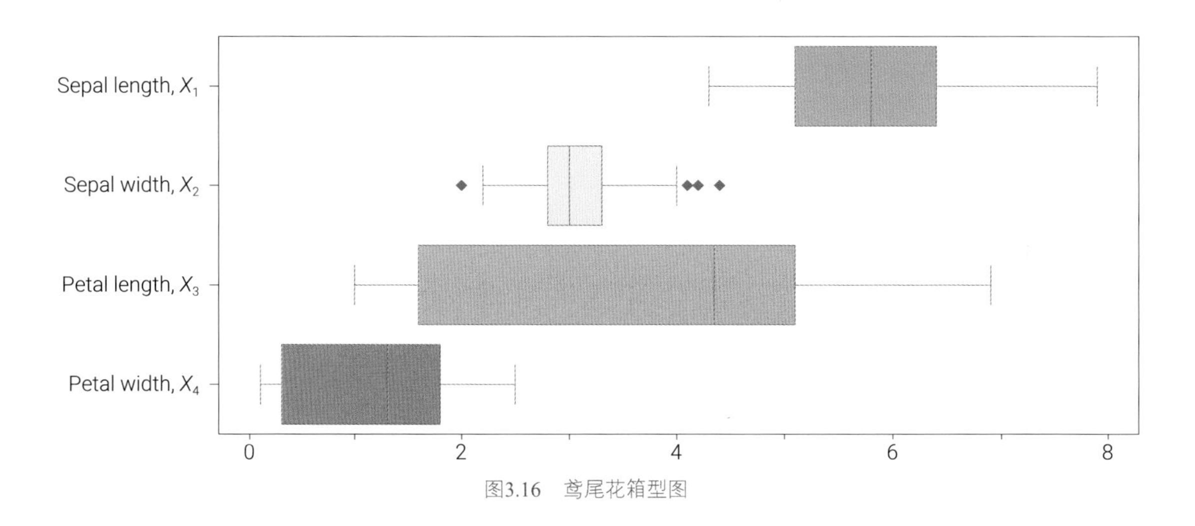

图3.16 鸢尾花箱型图

观察图3.16，我们会发现用Seaborn绘制的箱型图左须距离Q_1、右须距离Q_3宽度并不相同。这一点我们在《编程不难》曾经提过。根据Seaborn的技术文档，左须、右须延伸至该范围 $[Q_1 - 1.5 \times IQR, Q_3 + 1.5 \times IQR]$ 内最远的样本点，具体如图3.17所示。更为极端的样本会被标记为异常值。

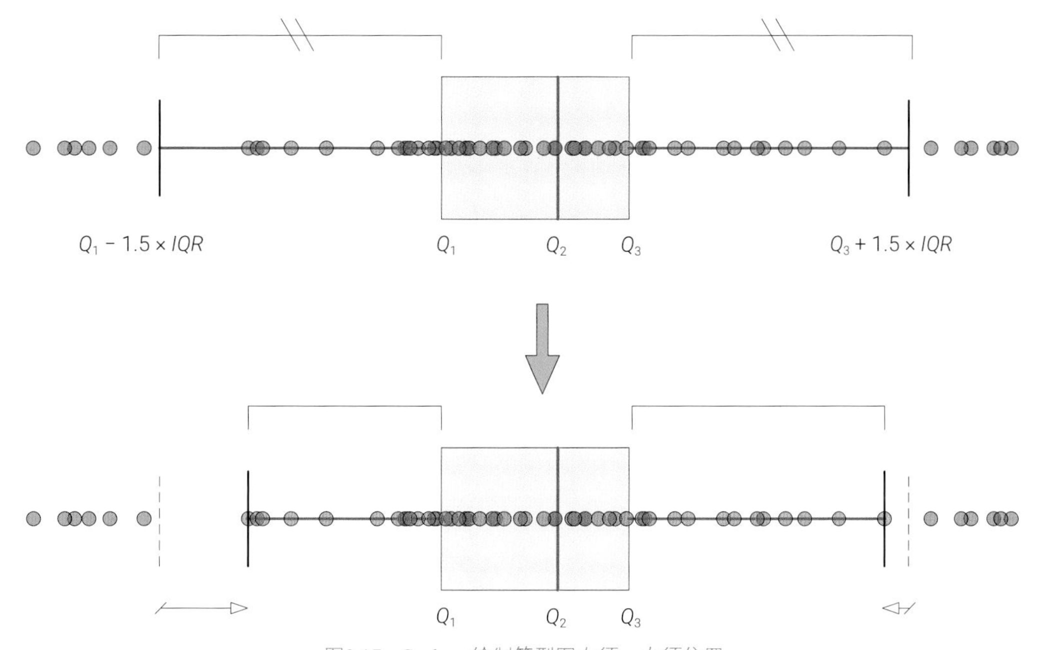

图3.17　Seaborn绘制箱型图左须、右须位置

3.6 Z分数：样本数据标准化

从大到小排列一组n个样本数据，离群值肯定出现在序列的两端。首先计算出数据的样本均值$\bar{x}$和样本标准差s。若任何数据点与均值的偏差绝对值大于三倍标准差，则可以判定数据点为离群点，即满足下式的x可能是离群值：

$$|x - \bar{x}| > 3s \tag{3.2}$$

此外，大家需要注意极大的离群值会“污染”样本均值。因此，实践中，也常用样本中位数作为基准。

采用三倍标准差 ($\pm 3s$) 相当于99.7%置信度，对应显著性水平$\alpha = 0.003$。此外，也可以采用两倍标准差 ($\pm 2s$)，这相当于95%置信度，即$\alpha = 0.05$。

图3.18展示了《统计至简》一册介绍的68–95–99.7法则，请大家回顾。

注意：图中并不区分总体标准差σ和样本标准差s，并假设均值为0。

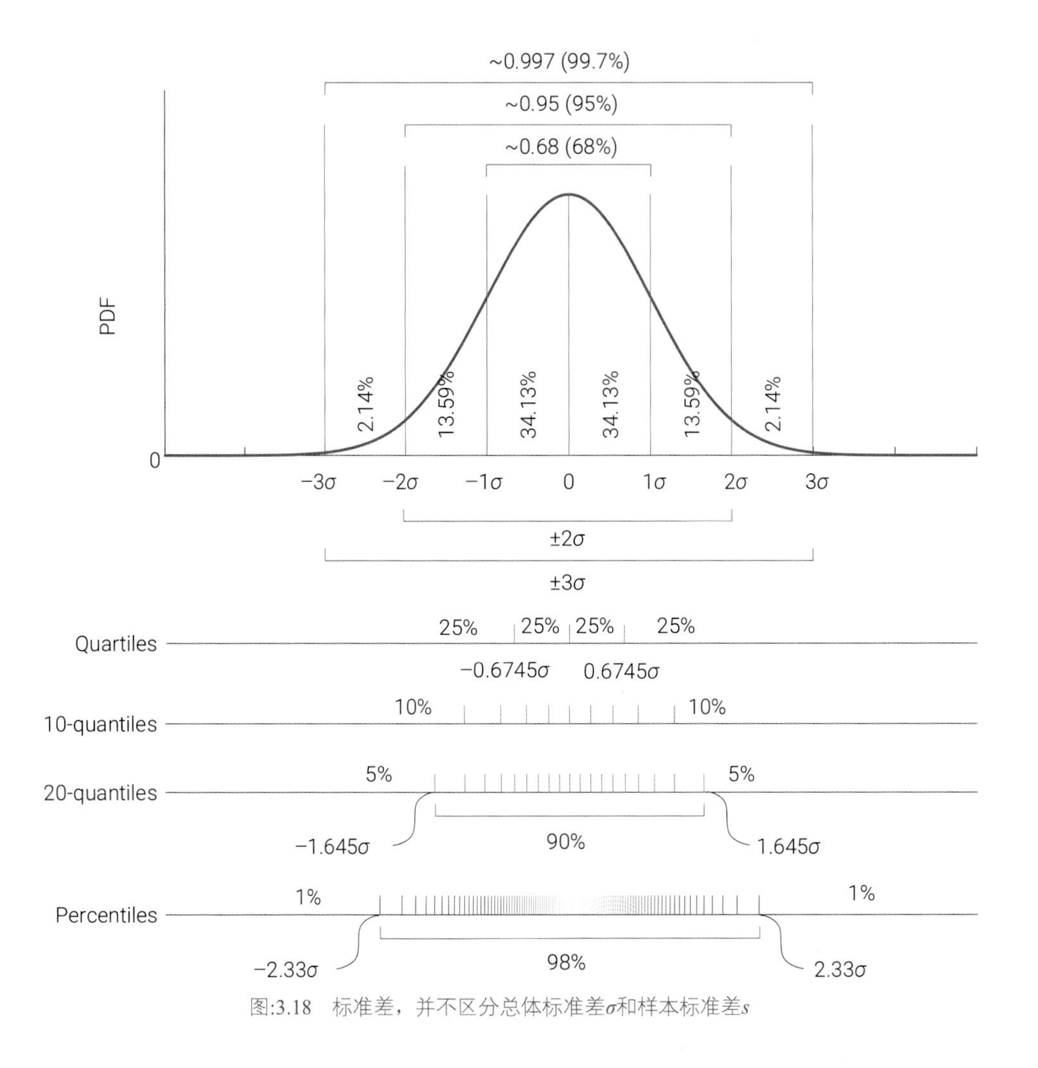

图:3.18　标准差，并不区分总体标准差σ和样本标准差s

Z分数

从Z分数角度，相当于：

$$z = \frac{|x - \bar{x}|}{s} > 3 \tag{3.3}$$

也就是任何数据点的Z分数绝对值大于3，即Z分数大于3或小于−3，可以判定数据点为离群点。图3.19所示为鸢尾花数据四个特征的Z分数。

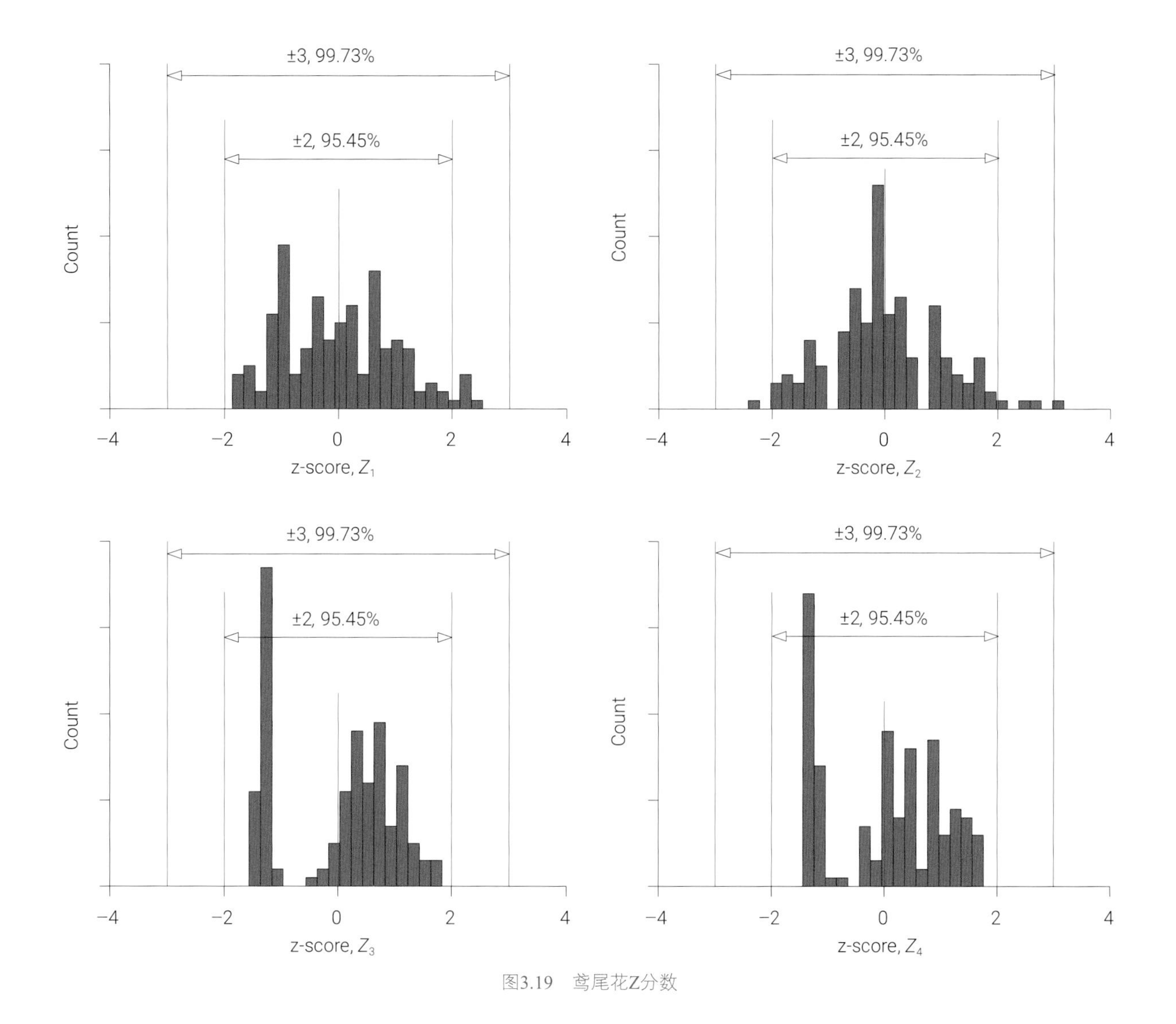

图3.19 鸢尾花Z分数

3.7 马氏距离和其他方法

对于二维乃至多维的情况，我们也可以使用Z分数。这个Z分数就是**马氏距离** (Mahalanobis distance)，《统计至简》一册专门讲解过马氏距离。具体定义如下：

$$d(\boldsymbol{x},\boldsymbol{q})=\sqrt{(\boldsymbol{x}-\boldsymbol{q})^{\mathrm{T}}\boldsymbol{\Sigma}^{-1}(\boldsymbol{x}-\boldsymbol{q})} \tag{3.4}$$

其中，$\boldsymbol{\Sigma}$为样本数矩阵$\boldsymbol{X}$方差协方差矩阵。

如果样本数据分布近似服从多元高斯分布，马氏距离则可以作为判定离群值的有效手段。如图3.20 (a) 所示，不同的马氏距离等高线对应不同的置信区间。而图3.20 (b) 所示为$\pm\sigma\sim\pm4\sigma$置信区间。

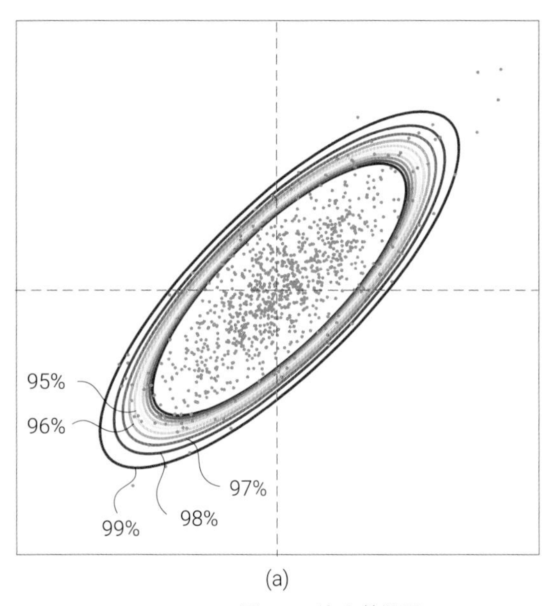

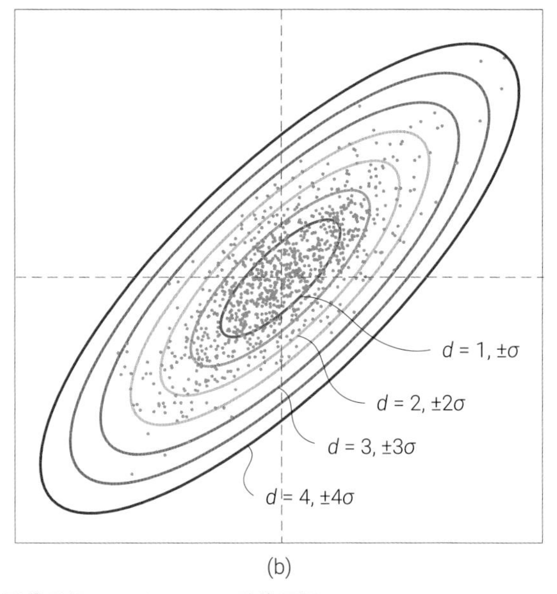

图3.20 协方差椭圆：(a) 95% ~ 99% 置信区间；(b) $\pm\sigma \sim \pm 4\sigma$置信区间

> 有关马氏距离、卡方分布、置信区间关系，请大家参考《统计至简》第23章。

Scikit-Learn提供一个 covariance.EllipticEnvelope 对象，它就是利用马氏距离椭圆来判断离群点。图3.21所示为鸢尾花花萼长度、花萼宽度的散点图和马氏距离为2的旋转椭圆。这个旋转椭圆之外的样本点可能是离群值。

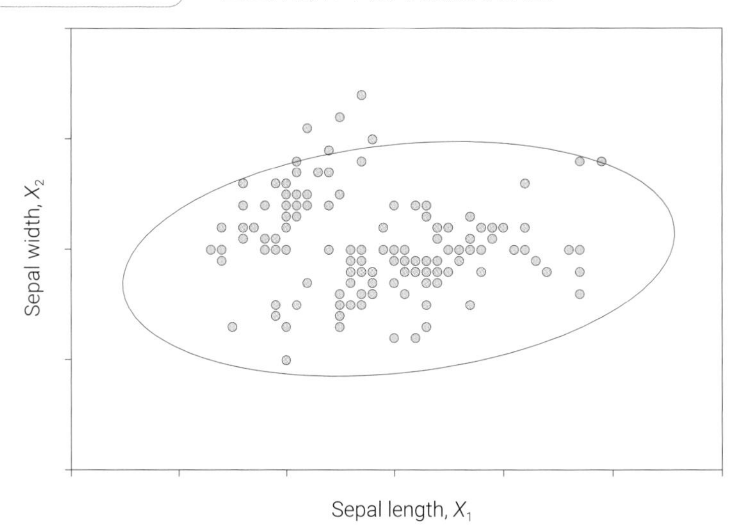

图3.21 鸢尾花数据前两个特征构造的协方差椭圆，马氏距离为2

代码 3.4绘制了图3.21，下面讲解其中关键语句。

ⓐ从Scikit-Learn库中导入EllipticEnvelope类，该类用于检测多变量数据中的异常值。

ⓑ创建EllipticEnvelope的实例clf，并通过contamination参数设置异常值的比例为5%。

ⓒ使用EllipticEnvelope拟合数据集的前两列X_df.values[:,:2]，以便检测异常值。

ⓓ使用decision_function方法计算在特征空间中每个点的异常分数。np.c_[xx.ravel(), yy.ravel()]将xx和yy的网格点展平并合并成一个二维数组。

ⓔ将一维数组Z重塑为与xx相同的二维数组。

ⓕ在轴对象上绘制等高线，表示异常分数为0的边界。这些边界将用红色线表示。

ⓖ在轴对象上绘制散点图，表示数据集中的点。且这些点用蓝色表示。

请大家思考如何将椭圆外侧的散点用红色渲染。

代码3.4 马氏距离 | Bk6_Ch03_01.ipynb

```
ⓐ from sklearn.covariance import EllipticEnvelope

ⓑ clf = EllipticEnvelope(contamination = 0.05)

  xx, yy = np.meshgrid(np.linspace(3, 9, 50), np.linspace(1, 5, 50))

ⓒ clf.fit(X_df.values[:,:2])
ⓓ Z = clf.decision_function(np.c_[xx.ravel(), yy.ravel()])
ⓔ Z = Z.reshape(xx.shape)

  fig, ax = plt.subplots()

ⓕ ax.contour(xx, yy, Z, levels = [0], linewidths = 2, colors = 'r')

ⓖ ax.scatter(X_df.values[:, 0], X_df.values[:, 1], color = 'b')

  ax.set_xlim((3,9))
  ax.set_ylim((0,6))

  ax.set_ylabel(feature_names[0]);
  ax.set_xlabel(feature_names[1]);
  ax.set_aspect('equal', adjustable = 'box')
```

概率密度估计检测离群值

马氏距离实际上假设数据服从多元正态分布。当多特征数据分布情况较大偏离多元正态分布，马氏距离就会失效。这时我们可以用概率密度估计来检测离群值。如图3.22所示，KDE概率密度估计没有预设数据分布假设。

有关KDE概率密度估计，大家可以回顾《统计至简》第17章。

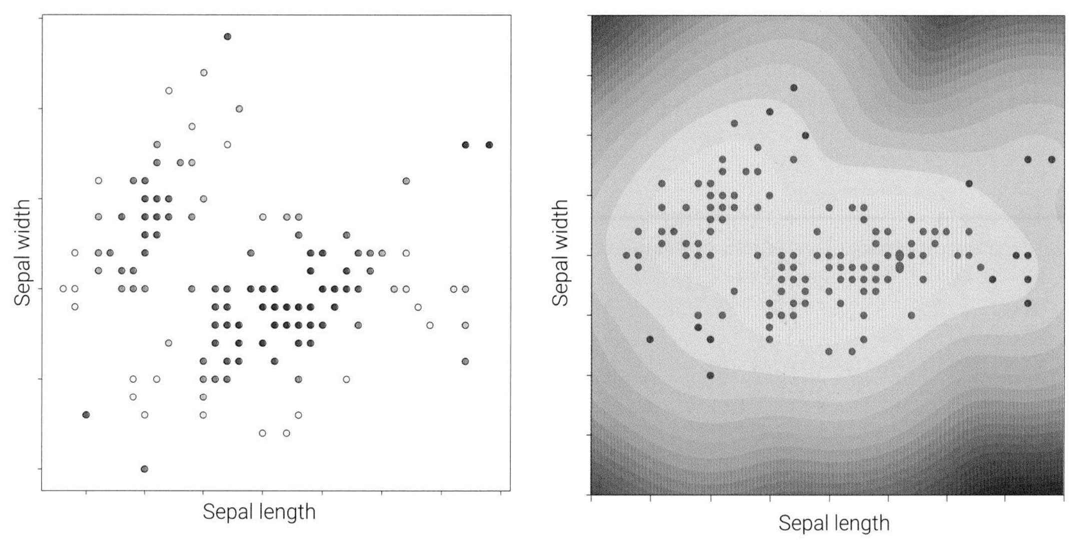

图3.22 概率密度估计判断离群值，左图散点颜色对应数据KDE概率密度估算值

代码 3.5绘制了图3.22，下面讲解其中关键语句。

ⓐ从Scikit-Learn库中导入KernelDensity类，该类用于估计概率密度。

ⓑ创建KernelDensity的实例kde，并通过bandwidth参数设置核密度估计的带宽。请大家参考《统计至简》第17章，回顾带宽如何影响核密度估计结果。

ⓒ使用KernelDensity拟合数据集的前两列。

ⓓ用score_samples方法计算数据集中每个点的对数概率密度值。所谓对数概率密度值就是对概率密度取对数。原因是概率密度值一般较小，取对数后可以保证数值运算稳定性。

ⓔ基于对数概率密度值，将前10%的点标记为异常值 (0)，其余标记为正常值 (1)。

ⓕ使用训练好的核密度估计模型计算在特征空间中每个点的对数概率密度值。

ⓖ使用训练好的核密度估计模型计算数据集中每个点的对数概率密度值。

ⓗ定义一个颜色字典，1对应蓝色，0对应红色。

ⓘ绘制核密度估计的轮廓线，并使用颜色填充轮廓线之间的区域。alpha设置透明度，levels设置轮廓线的数量。

ⓙ绘制散点图，异常值用红色表示，正常值用蓝表示。

代码3.5 概率密度估计判断离群值 | Bk6_Ch03_02.ipynb

```
from sklearn.neighbors import KernelDensity

kde = KernelDensity(bandwidth = 0.3)
kde.fit(X_df.values[:,:2])
pred = kde.score_samples(X_df.values[:,:2])

pred_1_0 = (pred > np.percentile(pred, 10)).astype(int)

dec = kde.score_samples(np.c_[xx.ravel(), yy.ravel()])

dens = kde.score_samples(X_df.values[:,:2])

plt.figure(figsize = (8,8))
plt.scatter(X_df.values[:,0], X_df.values[:,1], c = dens, cmap = 'RdYlBu')
plt.xlabel(feature_names[0])
plt.ylabel(feature_names[1])

X_df['pred_1_0'] = pred_1_0

plt.figure(figsize = (8,8))

colors = {1:'tab:blue', 0:'tab:red'}
plt.contourf(xx, yy, dec.reshape(xx.shape), alpha = .5, levels = 20)
plt.scatter(X_df.values[:,0], X_df.values[:,1],
            c = X_df['pred_1_0'].map(colors))

plt.xlabel(feature_names[0])
plt.ylabel(feature_names[1])
```

机器学习算法

机器学习中很多算法都可以用来判断离群值。图3.23所示为用支持向量机和孤立森林算法判断鸢尾花数据中可能存在的离群值。

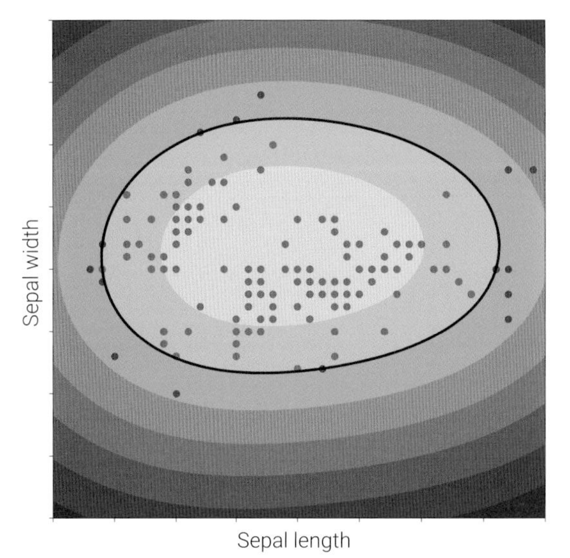

Sepal width
Sepal length

图3.23　支持向量机和孤立森林算法判定离群值

更多机器学习算法，请大家参考《机器学习》一书。

Bk6_Ch03_02.ipynb中绘制了图3.22和图3.23，请大家自行学习剩余代码。

总结一下，离群值是指在数据集中与大多数观测值显著不同的那些观测值。它们可能是由于测量错误、异常情况或者真实但罕见的事件引起的。在机器学习中，离群值可能对模型产生负面影响，离群值的影响包括可能导致模型的偏离、降低模型的准确性，并影响对模型的解释性。

本章介绍了发现离群值的几种常用方法，比如直方图、散点图、QQ图、箱型图、Z分数、马氏距离、机器学习方法等等。

处理离群值时，最简单的办法就是直接删除离群值。但要小心不要过度删除，以免损失重要信息。我们也可以将离群值截断为某个特定的阈值，使其不超过该阈值。此外，我们还可以使用中位数、均值或其他统计量替换离群值。还有，对数据进行转换，如取对数，可以减缓离群值对模型的影响。

Scikit-Learn中有更多利用机器学习方法检测离群值的方法，请参考：

◀ https://scikit-learn.org/stable/modules/outlier_detection.html

建议大家学完丛书《机器学习》一册内容，再回过头来自学这几个例子。

Data Transformations

数据转换

以便提高算法的效果和效率

> 没有数据，就得出结论，这是大错特错。
>
> ***It is a capital mistake to theorize before one has data.***
>
> —— 阿瑟·柯南·道尔 (Arthur Conan Doyle) | 英国小说作家、医生 | 1859—1930年

- matplotlib.pyplot.imshow() 绘制数据平面图像
- matplotlib.pyplot.pcolormesh() 绘制填充颜色网格数据
- numpy.random.exponential() 产生满足指数分布随机数
- pandas.plotting.parallel_coordinates() 绘制平行坐标图
- scipy.interpolate.griddata() 二维插值，散点化数据
- scipy.interpolate.interp1d() 一维插值
- scipy.interpolate.interp2d() 二维插值，网格化数据
- scipy.interpolate.lagrange() 拉格朗日多项式插值
- scipy.stats.boxcox() Box-Cox数据转换
- scipy.stats.probplot() 绘制QQ图
- scipy.stats.yeojohnson() Yeo-Johnson数据转换
- seaborn.distplot() 绘制概率直方图
- seaborn.heatmap() 绘制热图
- seaborn.jointplot() 绘制联合分布和边际分布
- seaborn.kdeplot() 绘制KDE核概率密度估计曲线
- seaborn.violinplot() 绘制数据小提琴图
- sklearn.preprocessing.MinMaxScaler() 归一化数据
- sklearn.preprocessing.PowerTransformer() 广义幂变换
- sklearn.preprocessing.StandardScaler() 标准化数据

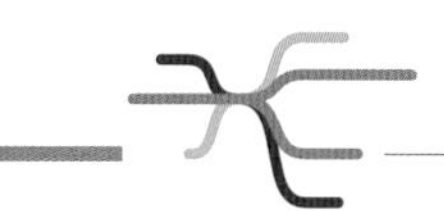

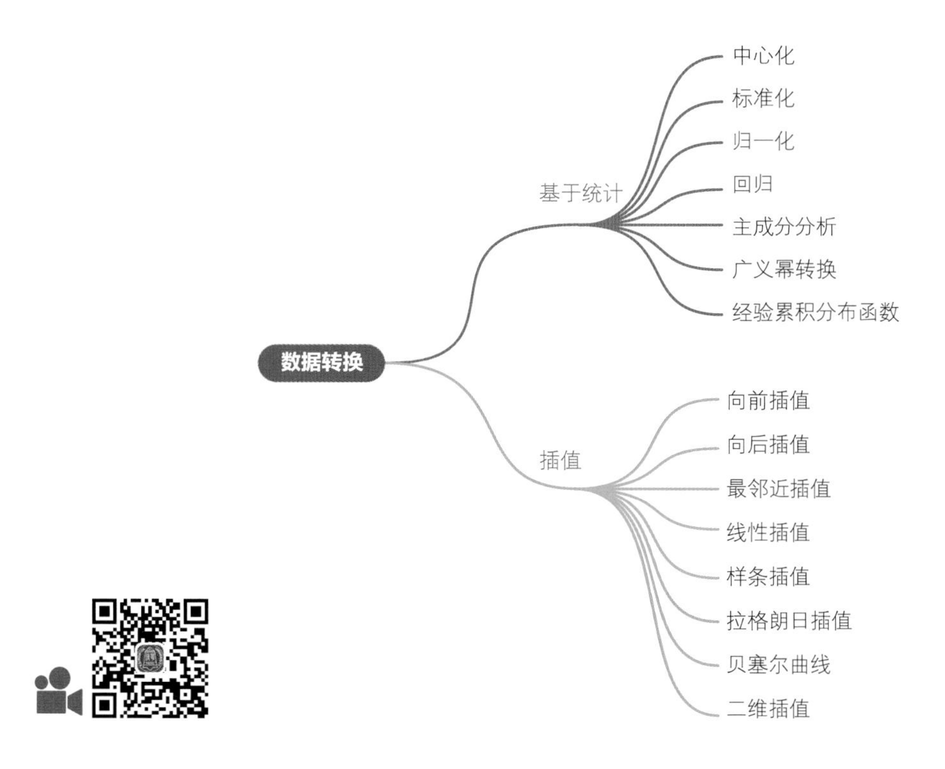

4.1 数据转换

本章介绍**数据转换** (data transformation) 的常见方法。数据转换是数据预处理的重要一环，用来转换要分析的数据集，使其更方便后续建模，比如回归分析、分类、聚类、降维。注意，数据预处理时，一般先处理缺失值、离群值，然后再进行数据转换。

数据转换的外延可以很广。函数 (比如指数函数、对数函数)、中心化、标准化、概率密度估计、插值、回归分析、主成分分析、时间序列分析、平滑降噪等，某种意义上都可以看作是数据转换。比如，经过主成分分析处理过的数据可以成为其他算法的输入。

图4.1总结了本章要介绍的几种常见数据转换方法。

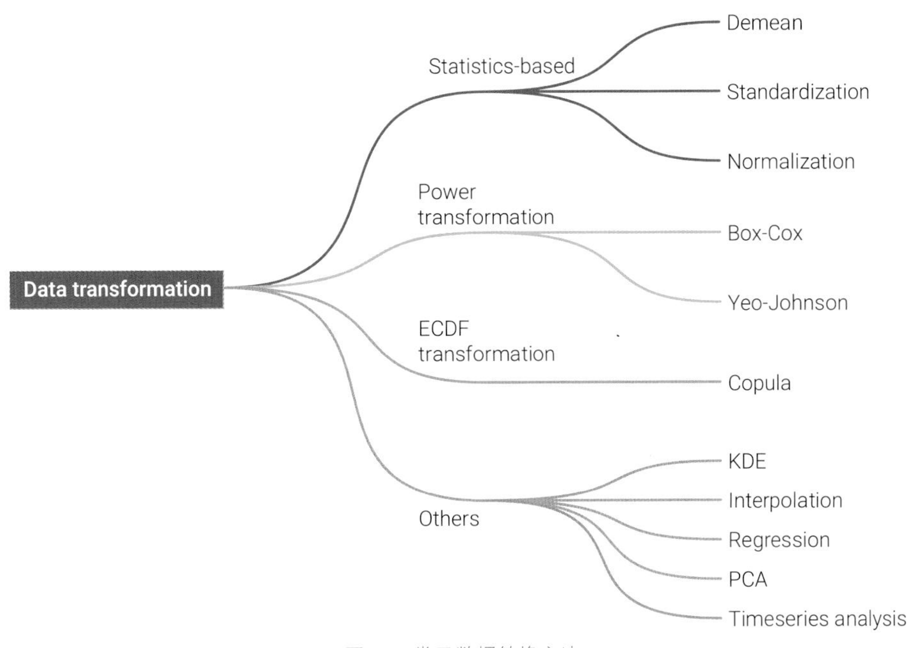

图4.1　常见数据转换方法

4.2 中心化：去均值

数据**中心化** (centralize或demean)，也叫去均值，是基于统计最基本的数据转换。

对于一个给定特征，**去均值数据** (demeaned data或centered data) 的定义为：

$$Y = X - \text{mean}(X) \tag{4.1}$$

其中，mean(*X*) 计算期望值或均值。

一般情况下，多特征数据每一列数据代表一个特征。多特征数据的中心化，相当于每一列数据分别去均值。对于均值几乎为0的数据，去均值处理效果肯定不明显。

原始数据

本节用四种可视化方案展示数据，它们分别是热图、KDE分布、小提琴图和平行坐标图。图4.2 ~ 图4.5所示为这四种可视化方案展示的四个鸢尾花原始特征数据。

相信丛书读者对前三种可视化方案应该很熟悉。这里简单介绍图4.5所示**平行坐标图** (parallel coordinate plot)。

一个正交坐标系可以用来展示二维或三维数据，但是对于高维多元数据，正交坐标系则显得无力。而平行坐标图，可以用来可视化多特征数据。平行坐标图采用多条平行且等间距的轴，以折线形式呈现数据。图4.5还用不同颜色折线代表分类标签。

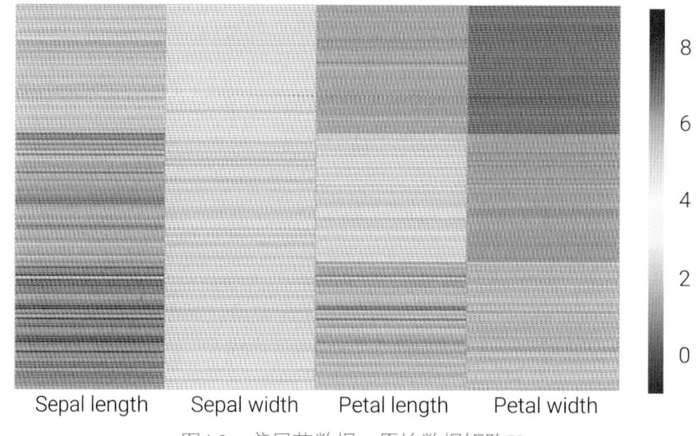

图4.2　鸢尾花数据，原始数据矩阵$\boldsymbol{X}$

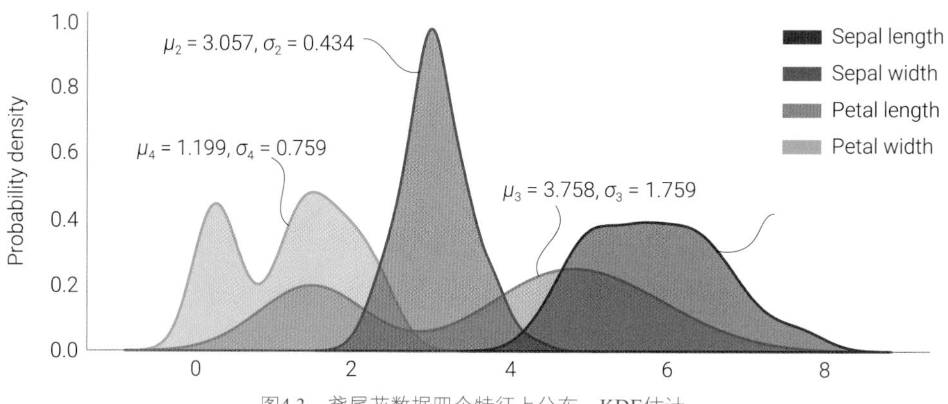

图4.3　鸢尾花数据四个特征上分布，KDE估计

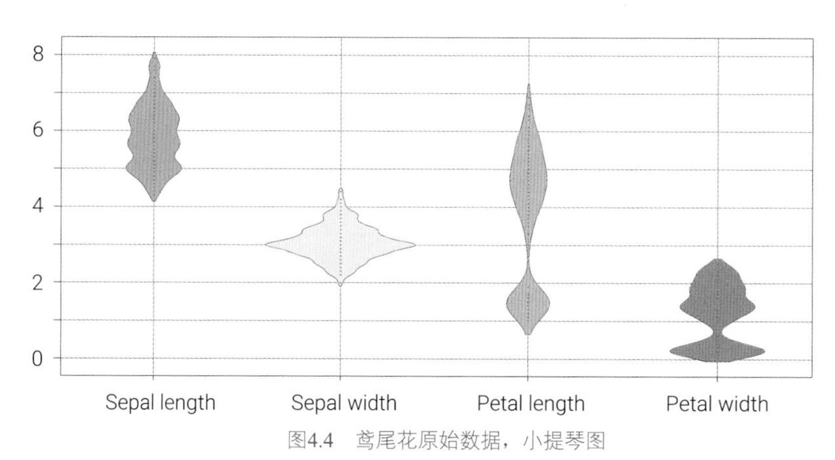

图4.4　鸢尾花原始数据，小提琴图

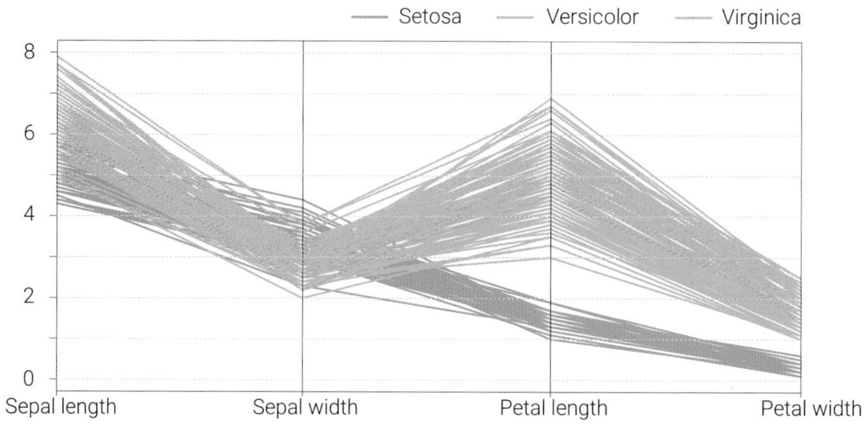

Setosa　Versicolor　Virginica

Sepal length　Sepal width　Petal length　Petal width

图4.5　鸢尾花数据，平行坐标图

代码 4.1绘制了图4.2 ~ 图4.5。下面讲解其中关键语句。

ⓐ使用Seaborn的heatmap函数绘制热图。参数包括数据X，颜色映射cmap为"Red-Yellow-Blue"反转 (RdYlBu_r)，x轴刻度标签为数据集X_df的列名，颜色条方向为垂直，颜色条的范围为-1~9。

ⓑ使用Seaborn的kdeplot函数绘制核密度估计图。参数包括数据X，设置填充为True，common_norm为False表示每个数据集的密度将在其自己的范围内进行标准化，alpha设置透明度，linewidth设置线宽度，palette设置颜色映射。

ⓒ使用Seaborn的violinplot函数绘制小提琴图。参数包括数据X_df，颜色映射palette为"Set3"，带宽bw为0.2，cut为1表示在每个小提琴的两端截断，linewidth设置线宽度，inner表示在小提琴内部显示的元素类型，orient为垂直方向。

ⓓ使用pandas的plotting.parallel_coordinates函数绘制平行坐标图。参数包括数据集iris_sns，指定类别变量'species'，颜色映射为"Set2"。

代码 4.1 四个可视化方案 | Bk6_Ch04_01.ipynb

```
sns.set_style("ticks")

# 绘制热图
fig, ax = plt.subplots()
sns.heatmap(X, ax = ax,                                    ⓐ
            cmap = 'RdYlBu_r',
            xticklabels = list(X_df.columns),
            cbar_kws = {"orientation": "vertical"},
             vmin = -1, vmax = 9)
plt.title('X')

# 绘制KDE
fig, ax = plt.subplots()
sns.kdeplot(data = X, fill = True, ax = ax,                ⓑ
            common_norm = False,
            alpha = .3, linewidth = 1,
            palette = "viridis")
plt.title('Distribution of X columns')

# 绘制小提琴图
fig, ax = plt.subplots()

sns.violinplot(data = X_df, palette = "Set3", bw = .2,     ⓒ
               cut = 1, linewidth = 0.25,ax = ax,
               inner = "points", orient = "v")
ax.grid(linestyle = '--', linewidth = 0.25, color = [0.5,0.5,0.5])

# 绘制平行坐标图
fig, ax = plt.subplots()
# Make the plot
pd.plotting.parallel_coordinates(iris_sns,                 ⓓ
                                 'species',
                                 colormap = plt.get_cmap("Set2"))
plt.show()
```

中心化数据

图4.6 ~ 图4.9则用这四种可视化方案展示了去均值后的鸢尾花数据。

《矩阵力量》介绍过，对于多特征数据，去均值相当于将数据质心移动到原点$\boldsymbol{0}$，但是对数据各个特征的离散度没有任何影响。

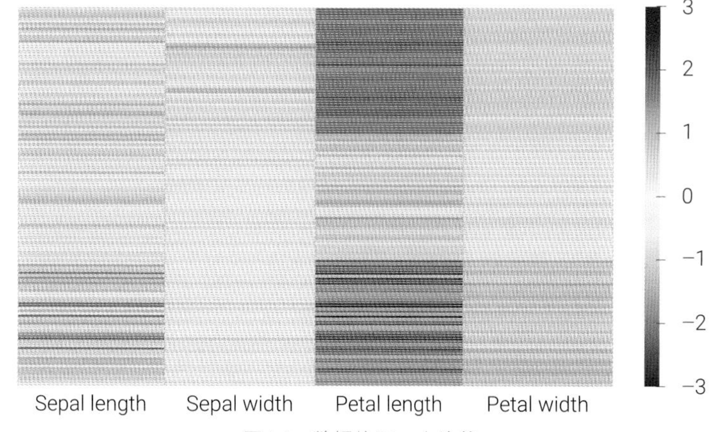

图4.6　数据热图，去均值

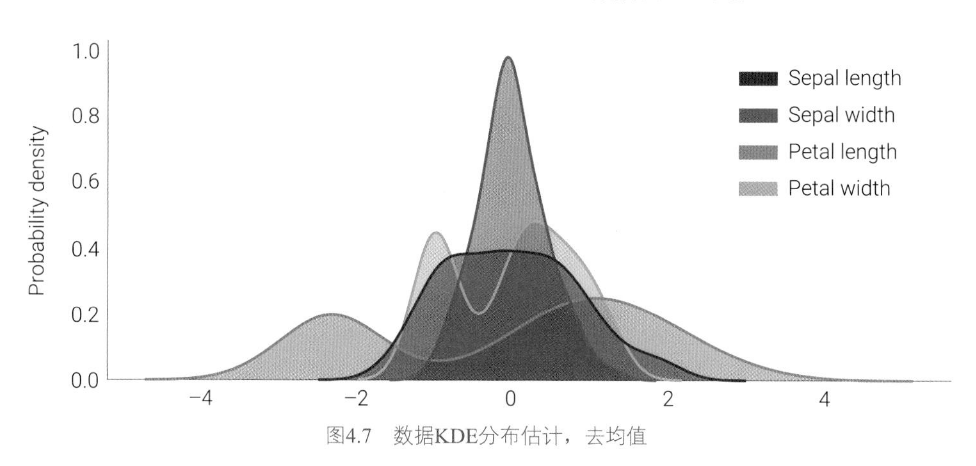

图4.7　数据KDE分布估计，去均值

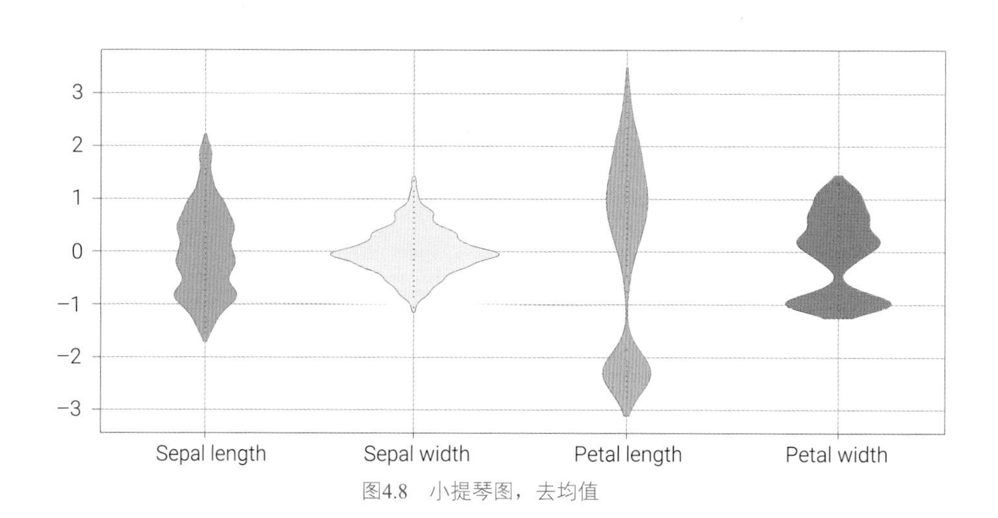

图4.8　小提琴图，去均值

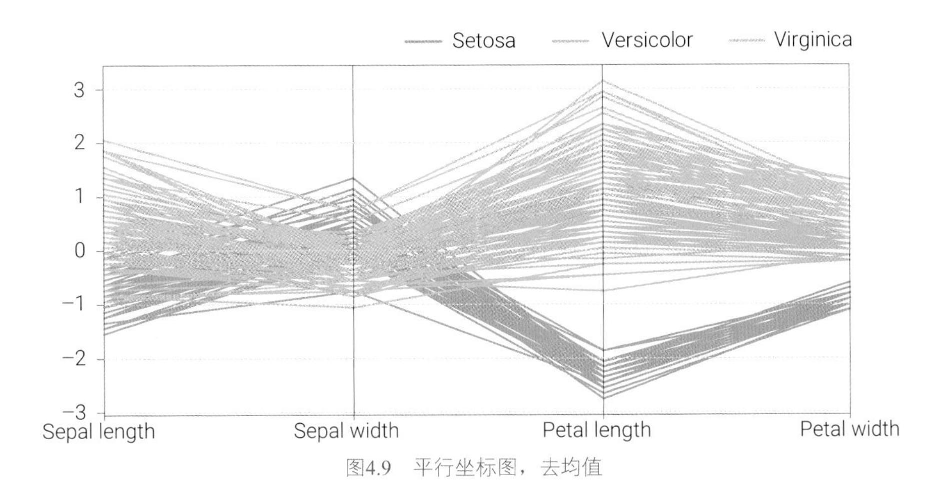

图4.9　平行坐标图，去均值

4.3 标准化：Z分数

标准化 (standardization) 对原始数据先去均值，然后再除以标准差：

$$Z = \frac{X - \mathrm{mean}(X)}{\mathrm{std}(X)} \tag{4.2}$$

处理得到的数值实际上是原始数据的Z分数，表达若干倍的标准差偏移。比如，某个数值处理后结果为3，这代表数据距离均值有3倍标准差偏移。

标准化通常是指将数据缩放到均值为0，标准差为1的标准正态分布上。标准化可以通过先减去均值，再除以标准差来实现。标准化可以使得不同特征之间的数值尺度相同，避免某些特征对模型的影响过大，从而提高模型的鲁棒性和稳定性。

> 注意：Z分数的正负代表偏离均值的方向。

归一化 (normalization) 通常是指将数据缩放到 [0,1] 或 [−1,1] 的区间上。归一化可以通过线性变换、MinMaxScaler等方法来实现。归一化可以使得不同特征的权重相同，避免某些特征对模型的影响过大，从而提高模型的准确性和泛化能力。

> 注意：很多文献混用standardization和normalization，大家注意区分。在机器学习中，standardization和normalization通常分别翻译为标准化和归一化。这两种预处理方法的主要区别在于对数据的缩放方式不同。

图4.10、图4.11和图4.12分别展示的是经过标准化处理的鸢尾花数据的热图、KDE分布曲线和平行坐标图。

> 《统计至简》一册讲过，**主成分分析** (Principal Component Analysis，PCA) 之前，一般会先对数据进行标准化。经过标准化后的数据，再求协方差矩阵，得到的实际上是原始数据的相关性系数矩阵。

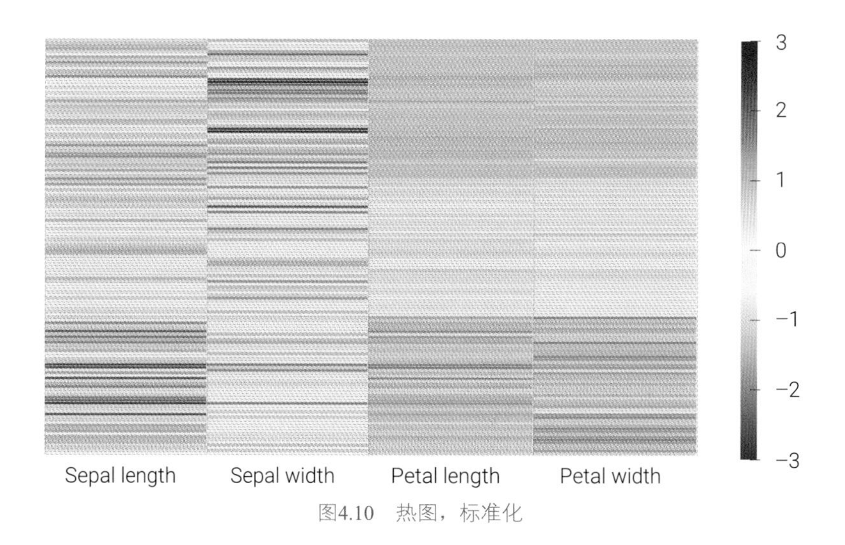

图4.10　热图，标准化

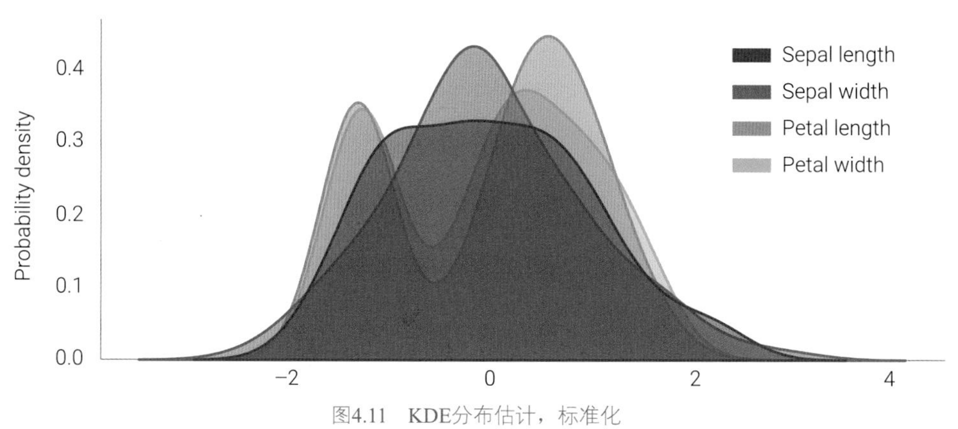

图4.11　KDE分布估计，标准化

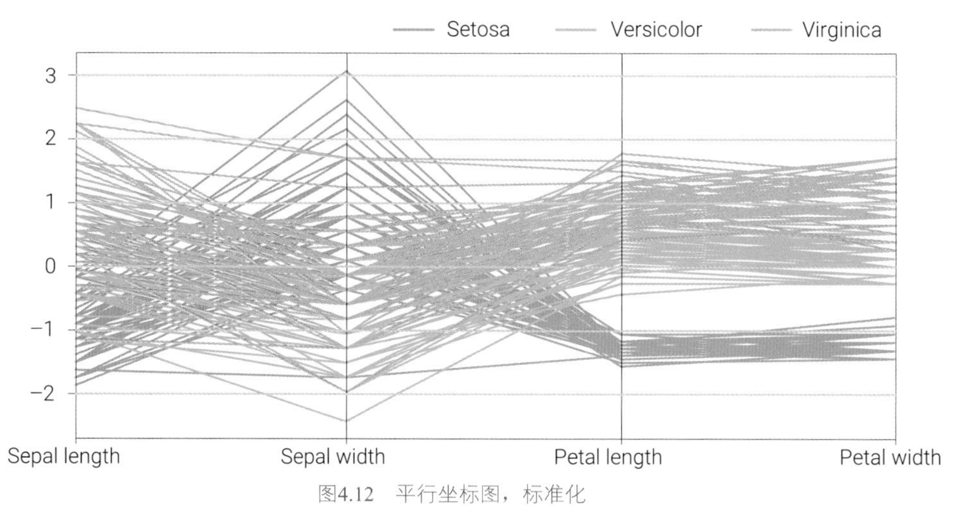

图4.12　平行坐标图，标准化

4.4 归一化：取值在0和1之间

归一化 (normalization) 常指先将数据减去其最小值，然后再除以range(*X*)，即max(*X*) – min(*X*)：

$$\frac{X-\min(X)}{\max(X)-\min(X)} \tag{4.3}$$

通过上式归一化得到的数据取值范围在 [0, 1] 之间。

图4.13、图4.14分别展示归一化鸢尾花数据的小提琴图和平行坐标图。

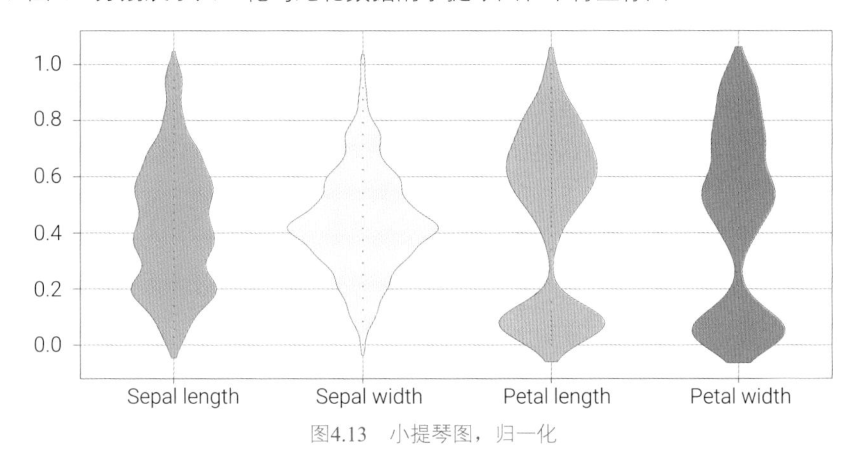

图4.13 小提琴图，归一化

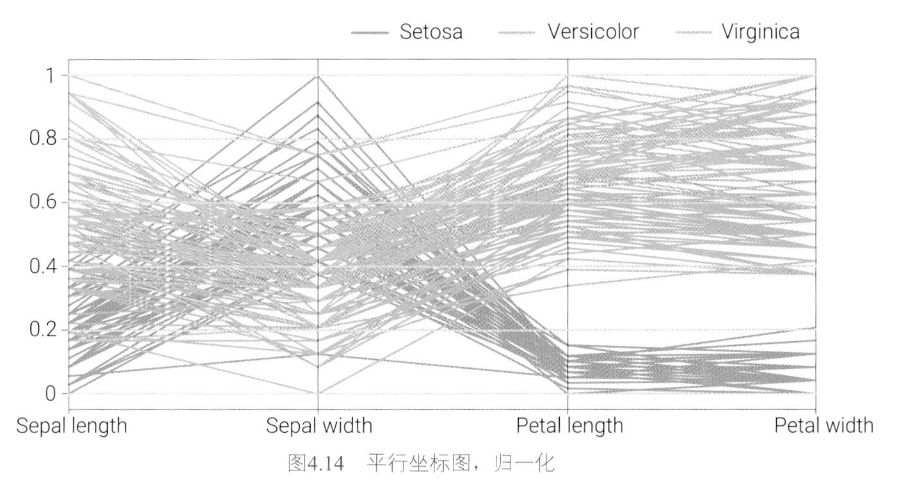

图4.14 平行坐标图，归一化

其他转换

另外一种类似归一化的数据转换方式是，先将数据减去均值，然后再除以range(*X*)：

$$\tilde{x}=\frac{x-\text{mean}(X)}{\max(X)-\min(X)} \tag{4.4}$$

这种数据处理的特点是，处理得到的数据取值范围约在 [−0.5, 0.5] 之间。

还有一种数据转换是，使用箱型图的**四分位间距** (interquartile range) 作为分母，来缩放数据：

$$\frac{X - \text{mean}(X)}{IQR(X)} \tag{4.5}$$

其中，$IQR = Q_3 - Q_1$。

Bk6_Ch04_01.ipynb中绘制了本章之前几乎所有图。

4.5 广义幂转换

广义幂转换 (power transform)，也称Box-Cox，是一种用于对非正态分布数据进行转换的方法。Box-Cox转换通过一系列参数λ的取值，将数据的概率密度函数进行幂函数变换，使得变换后的数据更加接近正态分布。

Box-Cox转换可以通过最大似然估计或数据探索的方式来确定最优的λ值。Box-Cox转换可以帮助我们改善非正态分布数据的统计性质，如方差齐性、线性关系和偏度等，从而提高模型的准确性和稳定性。Box-Cox转换广泛应用于回归分析、时间序列分析、贝叶斯分析等领域。

Box-Cox转换具体为：

$$x^{(\lambda)} = \begin{cases} \dfrac{x^{\lambda} - 1}{\lambda} & \lambda \neq 0 \\ \ln x & \lambda = 0 \end{cases} \tag{4.6}$$

注意：Box-Cox转换要求参与转换的数据为正数。

其中，x为原始数据，$x^{(\lambda)}$代表经过Box-Cox转换后的新数据，λ为转换参数。

在进行Box-Cox转换之前，需要确保数据都是正数。如果数据包含负数或零，可以先对数据进行平移或加上一个较小的正数，使得数据都变成正数，然后再进行Box-Cox转换。另外，如果数据中存在较小的负数或零，也可以考虑使用其他的转换方法，如Yeo-Johnson转换，它可以处理包含负数的数据。

实际上，Box-Cox转换代表一系列转换。其中，$\lambda = 0.5$时，叫平方根转换；$\lambda = 0$时，叫对数转换；$\lambda = -1$时，叫倒数转换。大家观察上式可以发现，它无非就是两个单调递增函数。

Box-Cox转换通过优化λ参数，让转换得到的新数据明显地展现出**正态性** (normality)。

正态性指的是一个随机变量服从高斯分布的特性。正态分布是一种常见的概率分布，其概率密度函数呈钟形曲线，具有单峰性、对称性和连续性。如果一个数据集或随机变量的分布近似于正态分布，那么它就具有正态性，也称为正态分布性。正态性在统计分析中非常重要，因为很多经典的统计方法，如t检验、方差分析等，都基于正态分布的假设。如果数据不服从正态分布，可能会影响模型的可靠性和精度，需要采取相应的数据预处理或选择适当的非参数方法。

Yeo-Johnson转换

前文提到Yeo-Johnson可以处理负值，具体数学工具为：

$$x^{(\lambda)}=\begin{cases}\dfrac{(x+1)^{\lambda}-1}{\lambda} & \lambda\neq 0,x\geqslant 0\\ \ln(x+1) & \lambda=0,x\geqslant 0\\ \dfrac{-\left((-x+1)^{2-\lambda}-1\right)}{2-\lambda} & \lambda\neq 2,x<0\\ -\ln(-x+1) & \lambda=2,x<0\end{cases}\tag{4.7}$$

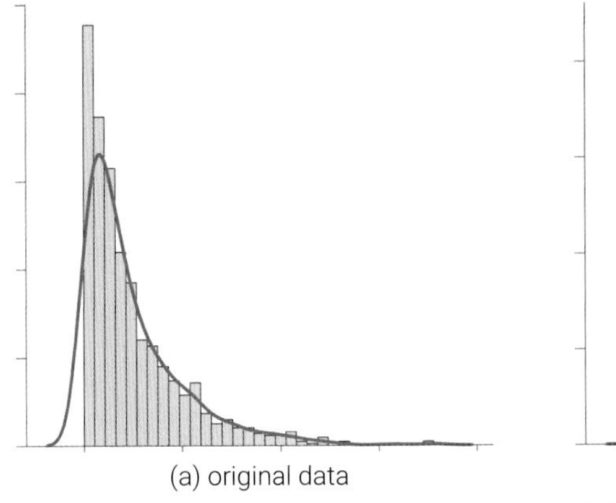

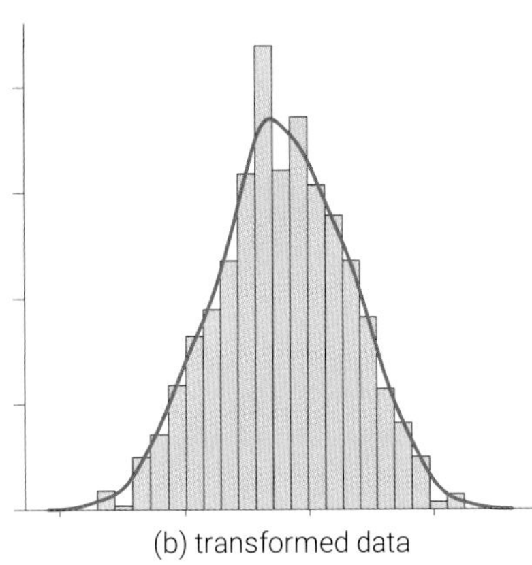

图4.15　原始数据和转换数据的直方图

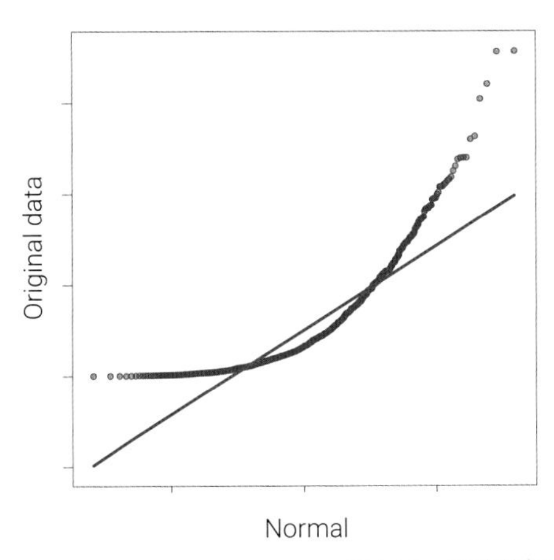

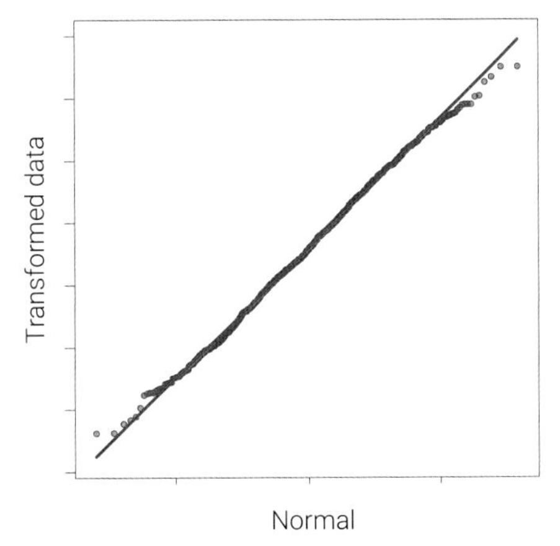

图4.16　原始数据和转换数据的QQ图

Bk6_Ch04_01.ipynb中绘制了图4.15和图4.16。sklearn.preprocessing.PowerTransformer() 函数同时支持“Yeo-Johnson”和“Box-Cox”两种方法。下面讲解Bk6_Ch04_01.ipynb中关键语句。

ⓐ用numpy.random.exponential() 生成一个包含1000个随机指数分布的数据样本，存储在original_X中。

ⓑscipy.stats中boxcox函数对original_X进行Box-Cox变换，将变换后的数据存储在new_X中，并返回变换的Lambda值 (fitted_lambda)，Lambda值用于标识Box-Cox变换中的幂。

ⓒ在第一个子图上绘制原始数据的直方图，包括核密度估计曲线。kde=True表示同时显示核密度估计，label="Original"用于图例标签。

ⓓ在第二个子图上绘制变换后的数据的直方图，也包括核密度估计曲线。

ⓔ用scipy.stats.probplot用于生成QQ图，dist=stats.norm表示使用正态分布作为比较对象，plot=ax[0]表示在第一个子图上绘制。

ⓕ在第二个子图上绘制变换后数据的QQ图。

代码4.2 广义幂转换 | Bk6_Ch04_02.ipynb

```
ⓐ original_X = np.random.exponential(size = 1000)

  # Box-Cox tpower transformation
ⓑ new_X, fitted_lambda = stats.boxcox(original_X)

  # 直方图
  fig, ax = plt.subplots(1, 2)

ⓒ sns.histplot(original_X,
               kde = True,
               label = "Original", ax = ax[0])

ⓓ sns.histplot(new_X,
               kde = True,
               label = "Original", ax = ax[1])

  # QQ图
  fig, ax = plt.subplots(1, 2)

ⓔ stats.probplot(original_X, dist = stats.norm, plot = ax[0])
  ax[0].set_xlabel('Normal')
  ax[0].set_ylabel('Original data')
  ax[0].set_title('')

ⓕ stats.probplot(new_X, dist = stats.norm, plot = ax[1])
  ax[1].set_xlabel('Normal')
  ax[1].set_ylabel('Transformed data')
  ax[1].set_title('')
```

4.6 经验累积分布函数

《统计至简》一册第9章提到，**经验累积分布函数**(Empirical Cumulative Distribution Function，ECDF)实际上也是一种重要的数据转换函数。ECDF是一种非参数的数据转换方法。

ECDF的特点是简单易懂，不需要对数据进行任何假设或参数估计，适用于任何类型的数据分布，包括连续型和离散型数据。通过将原始数据转换为概率分布函数，可以更好地理解数据的分布情况，并与理论分布进行比较，从而判断数据是否符合某种分布模型。

图4.17所示为样本数据和其经验累积分布的关系。

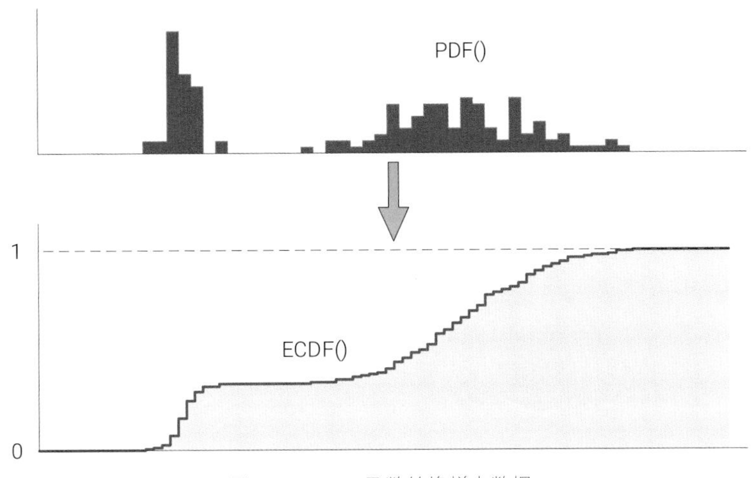

图4.17 ECDF函数转换样本数据

如图4.18所示，$u = \text{ECDF}(x)$ 代表经验累积分布函数；其中，x为原始样本数值，u为其ECDF值。u的取值范围为 [0, 1]。$u = \text{ECDF}(x)$具有单调递增特性。

$u = \text{ECDF}(x)$ 对应Scikit-Learn中的sklearn.preprocessing.QuantileTransformer() 函数。

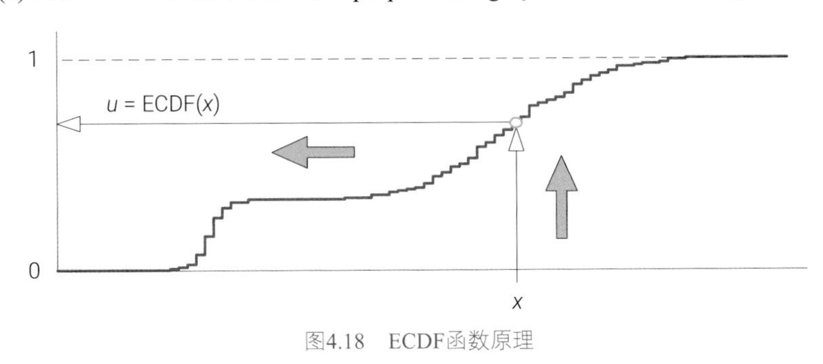

图4.18 ECDF函数原理

图4.19所示为鸢尾花数据四个特征的ECDF图像。

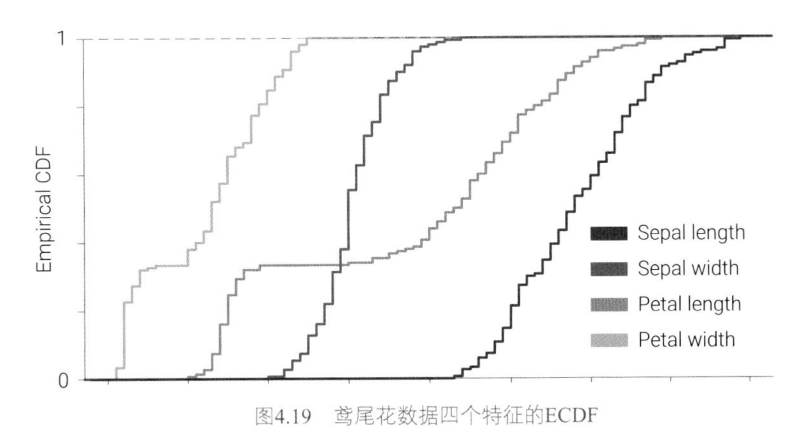

图4.19 鸢尾花数据四个特征的ECDF

散点图

如图4.19所示，经过ECDF转换，鸢尾花四个特征的样本数据都变成了 [0, 1] 区间的数据。而这组数据肯定也有自己的分布特点。

图4.20所示为花萼长度、花萼宽度ECDF散点图和概率密度等高线。

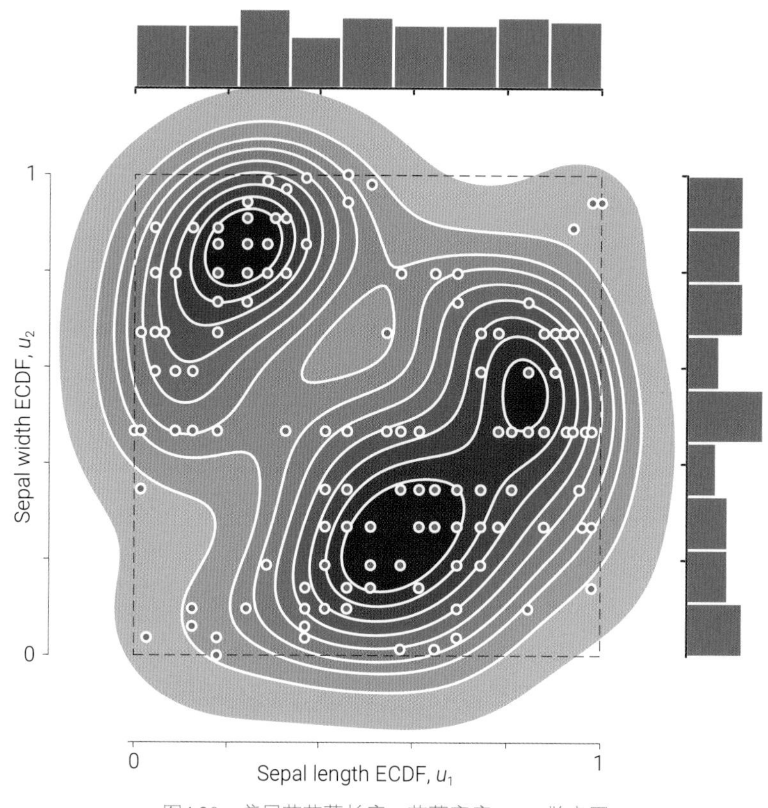

图4.20　鸢尾花花萼长度、花萼宽度ECDF散点图

图4.21所示为鸢尾花数据ECDF的成对特征图。

容易发现 parametric (theoretical) CDF 和empirical CDF的取值范围都是 [0, 1]，而且是一一对应关系，这就是我们反复提到过的，CDF曲线是很好的映射函数，可以将任意取值范围的数值映射到 (0, 1) 区间，而且得到的具体数值有明确的含义，即累积概率值，可以解释。

Bk6_Ch04_01.ipynb中绘制了图4.20和图4.21。下面讲解其中关键语句。

ⓐ从Scikit-Learn库中导入QuantileTransformer类，该类用于对数据进行分位数转换。

ⓑ创建QuantileTransformer的实例qt，并设置分位数的数量为数据集X_df的长度，random_state为0是为了保证可重复性。

ⓒ使用QuantileTransformer对数据集X_df进行拟合和转换，得到经过分位数转换的结果ecdf。

ⓓ将转换后的结果ecdf转换为DataFrame，列名保持与原始数据集X_df一致。

ⓔ使用Seaborn的jointplot函数创建一个二维联合图，其中横轴是feature_names[0]，纵轴是feature_names[1]，并限制轴的范围在[0,1]之间。

ⓕ在联合图上绘制核密度估计图，使用蓝色渐变颜色映射。zorder = 0表示将核密度估计放置在最底层，levels = 10表示绘制10个等高线，fill = True表示填充核密度估计图的区域。

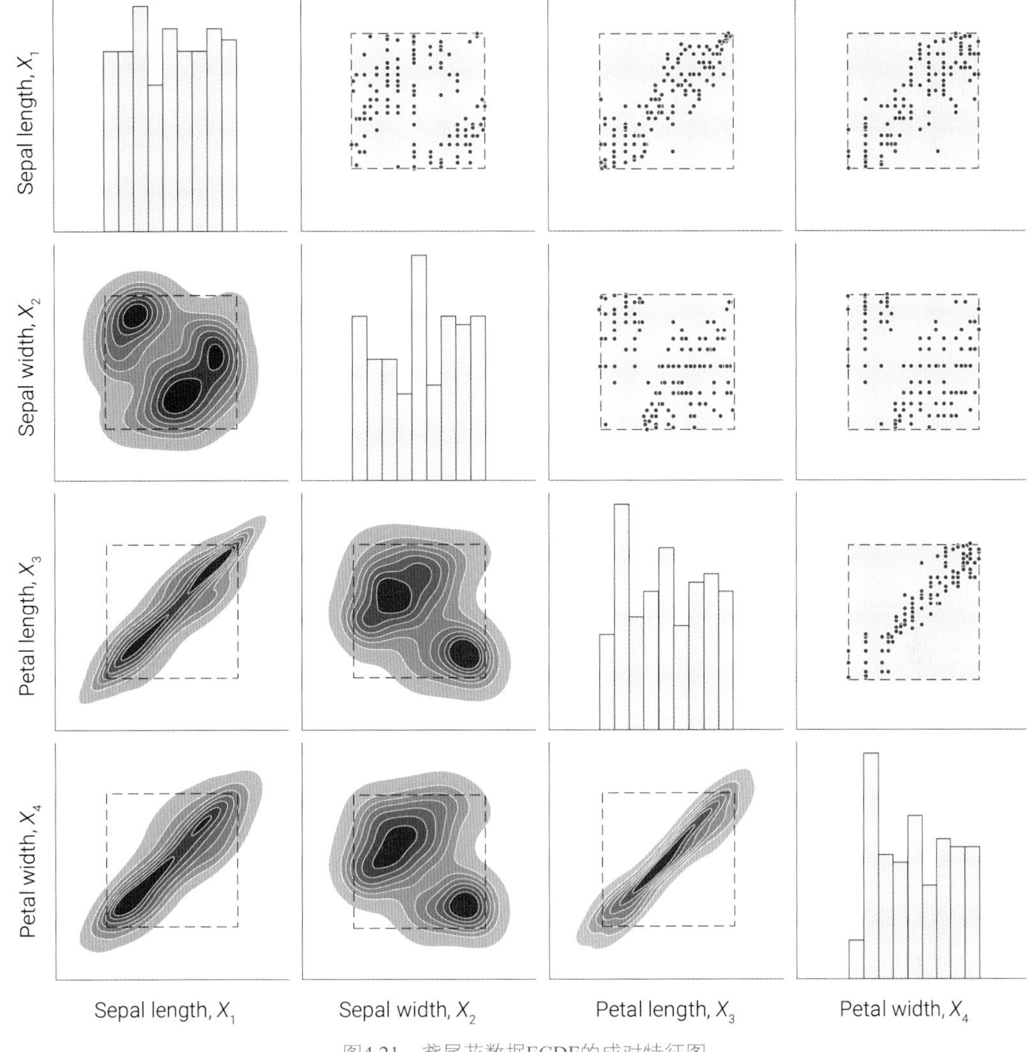

图4.21　鸢尾花数据ECDF的成对特征图

代码4.3　经验累积分布函数 | Bk6_Ch04_03.ipynb

```
a from sklearn.preprocessing import QuantileTransformer

b qt = QuantileTransformer(n_quantiles = len(X_df),
                           random_state = 0)
c ecdf = qt.fit_transform(X_df)
d ecdf_df = pd.DataFrame(ecdf,
                         columns = X_df.columns)


  # 可视化
e g = sns.jointplot(data = ecdf_df, x = feature_names[0],
                    y = feature_names[1],
                    xlim = [0,1],ylim = [0,1])
f g.plot_joint(sns.kdeplot, cmap = "Blues_r", zorder = 0,
               levels = 10, fill = True)
```

连接函数

大家肯定会问，有没有一种分布可以描述图4.20、图4.21所示概率分布？答案是肯定的！这就是**连接函数** (copula)。连接函数是一种描述**协同运动** (co-movement) 的方法。定义向量：

$$\begin{bmatrix} x_1 & x_2 & \cdots & x_D \end{bmatrix} \tag{4.8}$$

它们各自的边缘经验累积概率分布值可以构成以下向量：

$$\begin{bmatrix} u_1 & u_2 & \cdots & u_D \end{bmatrix} = \begin{bmatrix} \mathrm{ECDF}_1(x_1) & \mathrm{ECDF}_2(x_2) & \cdots & \mathrm{ECDF}_D(x_D) \end{bmatrix} \tag{4.9}$$

其中，$u_j = \mathrm{ECDF}_j(x_j)$ 为X_j的边缘累积概率分布函数，u_j的取值范围为 [0, 1]。

图4.22所示为以二元为例展示原数据和ECDF的关系。

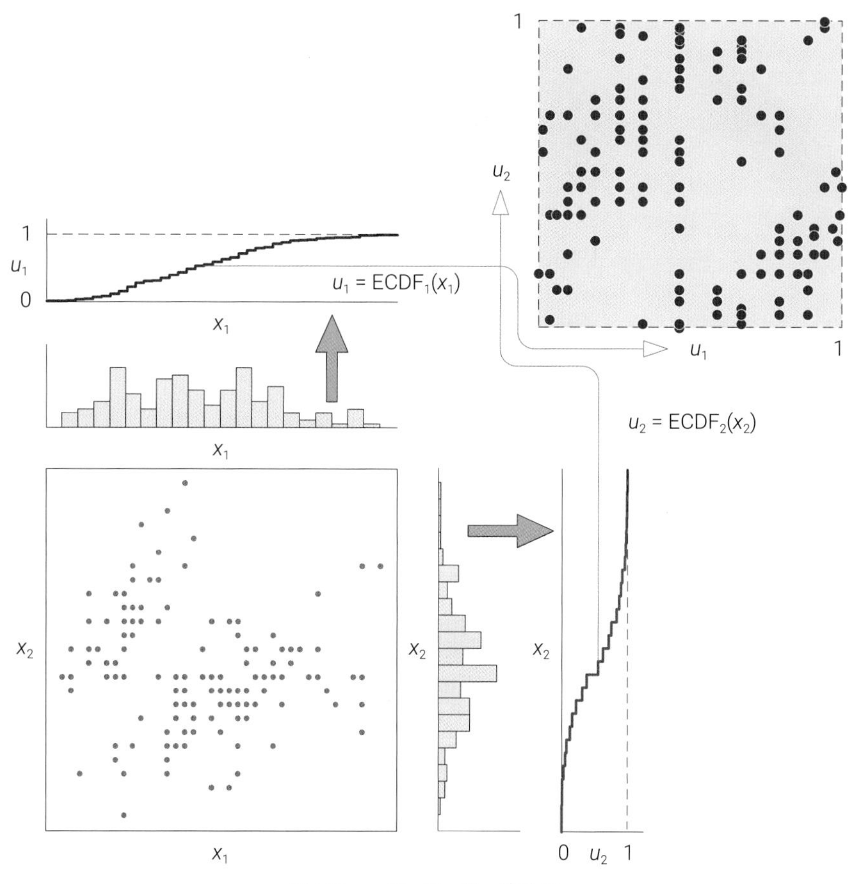

图4.22 x_1和x_2与u_1和u_2的关系

反方向来看：

$$\begin{bmatrix} x_1 & x_2 & \cdots & x_D \end{bmatrix} = \begin{bmatrix} \mathrm{ECDF}_1^{-1}(u_1) & \mathrm{ECDF}_2^{-1}(u_2) & \cdots & \mathrm{ECDF}_D^{-1}(u_D) \end{bmatrix} \tag{4.10}$$

其中，$x_j = \mathrm{ECDF}_j^{-1}(u_j)$为**逆累积概率分布函数** (inverse empirical cumulative distribution function)，也就是累积概率分布函数$u_j = \mathrm{ECDF}_j(x_j)$的反函数。

连接函数C可以被定义为：

$$C(u_1,u_2,\cdots,u_D) = \mathrm{ECDF}\left(\mathrm{ECDF}_1^{-1}(u_1),\mathrm{ECDF}_2^{-1}(u_2),\cdots,\mathrm{ECDF}_D^{-1}(u_D)\right) \tag{4.11}$$

连接函数的概率密度函数，也就是copula PDF可以通过下式求得：

$$c(u_1,u_2,\cdots,u_D) = \frac{\partial^D}{\partial u_1 \cdot \partial u_2 \cdot \cdots \cdot \partial u_D} C(u_1,u_2,\cdots,u_D) \tag{4.12}$$

图4.23展示的是几种常见连接函数，其中最常用的是**高斯连接函数** (Gaussian copula)。本书不做展开讲解，请感兴趣的读者自行学习。

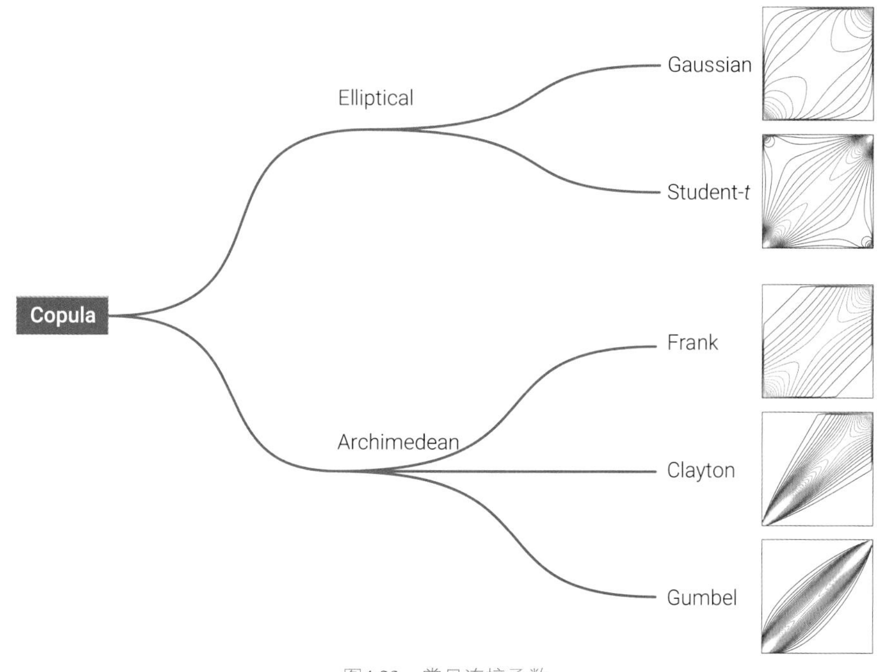

图4.23　常见连接函数

4.7 插值

插值根据有限的数据点，推断其他点处的近似值。给定如图4.24所示的蓝色点为已知数据点，插值就是根据这几个离散的数据点估算其他点对应的y值。

已知点数据范围内的插值叫作**内插** (interpolation)；数据外的插值叫作**外插** (extrapolation)。

此外，《可视之美》介绍的**贝塞尔曲线** (Bézier curve) 本质上也是一种插值。

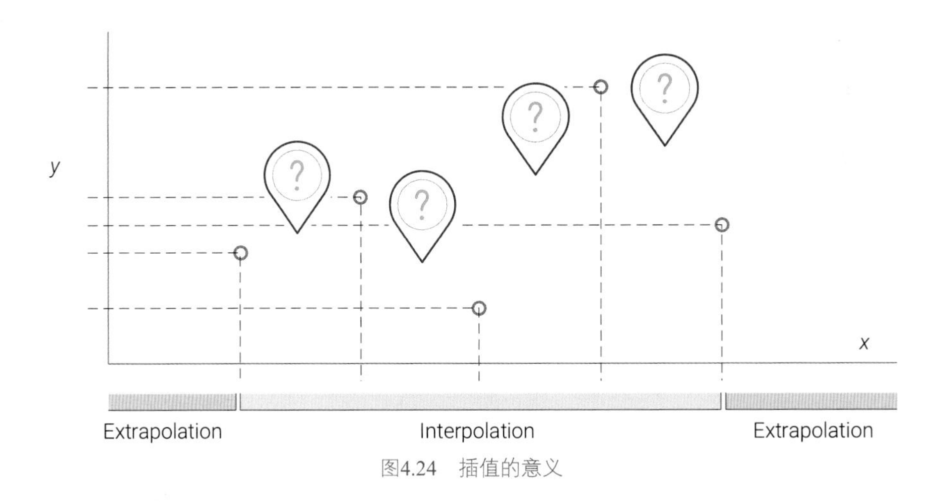

图4.24　插值的意义

常见插值方法

图4.25总结了常用的插值的算法。下面主要介绍以下几种方法：

◀ **常数插值** (constant interpolation)，比如**向前** (previous或forward)、**向后** (next或backward)、**最邻近** (nearest)；
◀ **线性插值** (linear interpolation)；
◀ **二次插值** (quadratic interpolation)，本章不做介绍；
◀ **三次插值** (cubic interpolation)；
◀ **拉格朗日插值** (Lagrange polynomial interpolation)。

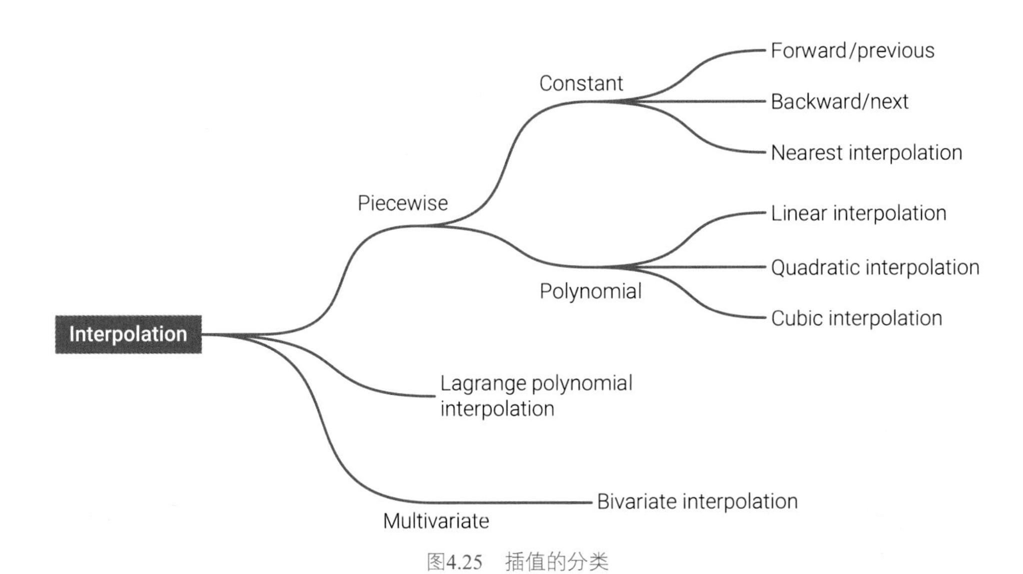

图4.25　插值的分类

此外，对于时间序列，处理缺失值或者获得颗粒度更高的数据，都可以使用插值。图4.26所示为利用线性插值插补时间序列数据中的缺失值。

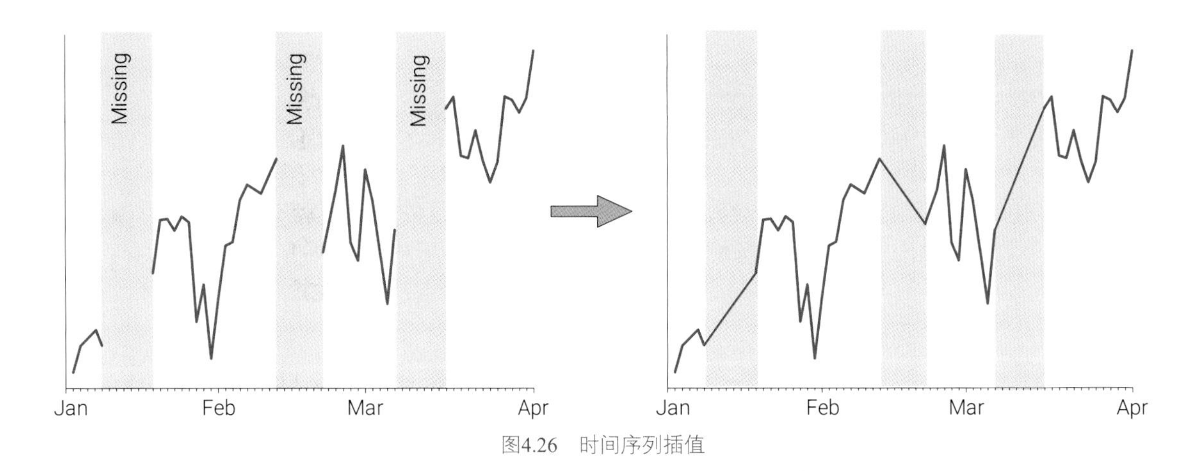

图4.26 时间序列插值

分段函数

虽然，一些插值分段函数构造得到的曲线整体看上去平滑。但是绝大多数情况下，插值函数是分段函数，因此插值也称**分段插值** (piecewise interpolation)。

《数学要素》第11章介绍过分段函数。对于一元函数$f(x)$，分段函数是指自变量x在不同取值范围对应不同解析式的函数。

每两个相邻的数据点之间便对应不同解析式：

$$f(x)=\begin{cases} f_1(x) & x^{(1)} \leqslant x < x^{(2)} \\ f_2(x) & x^{(2)} \leqslant x < x^{(3)} \\ \cdots & \cdots \\ f_{n-1}(x) & x^{(n-1)} \leqslant x < x^{(n)} \end{cases} \tag{4.13}$$

其中，n为已知点个数。注意，上式中$f_i(x)$ 代表一个特定解析式。分段函数虽然由一系列解析式构成，但是分段函数还是一个函数，而不是几个函数。

如图4.27所示，已知数据点一共有五个——$(x^{(1)}, y^{(1)})$、$(x^{(2)}, y^{(2)})$、$(x^{(3)}, y^{(3)})$、$(x^{(4)}, y^{(4)})$、$(x^{(5)}, y^{(5)})$。比如，分段函数$f(x)$ 在 $[x^{(1)}, x^{(2)}]$ 区间的解析式为$f_1(x)$。$f_1(x)$ 通过 $(x^{(1)}, y^{(1)})$、$(x^{(2)}, y^{(2)})$ 两个已知数据点。图4.27实际上就是线性插值。

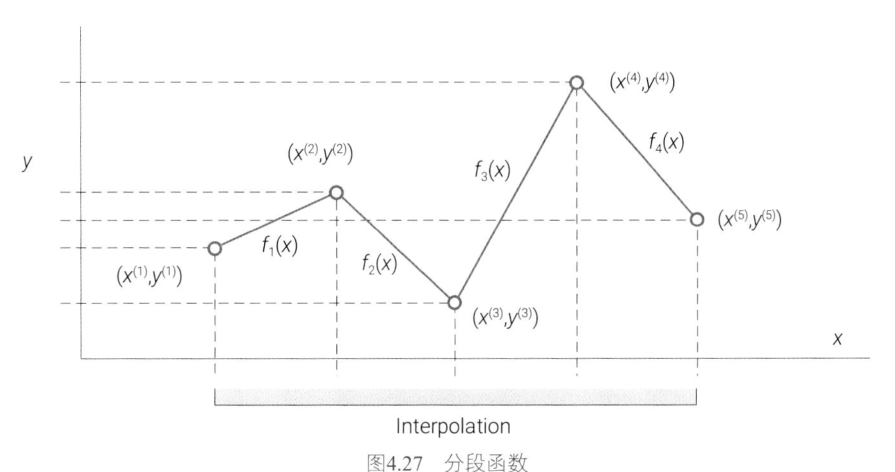

图4.27 分段函数

式(4.13) 还告诉我们，对于内插，n个已知点可以构成$n-1$个区间，即分段函数有$n-1$个解析式。

拟合、插值

大家经常混淆拟合和插值这两种方法。插值和拟合有一个相同之处，它们都是根据已知数据点，构造函数，从而推断得到更多数据点。

插值一般得到分段函数，而分段函数通过所有给定的数据点，如图4.28 (a)、(b) 所示。

拟合得到的函数一般只有一个解析式，这个函数尽可能靠近样本数据点，如图4.28 (c)、(d) 所示。

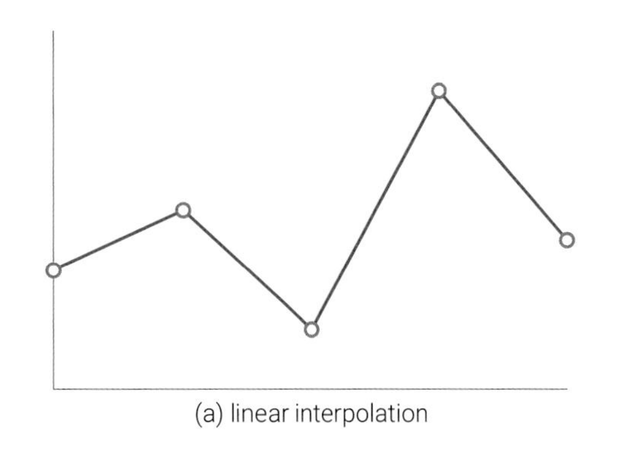

(a) linear interpolation

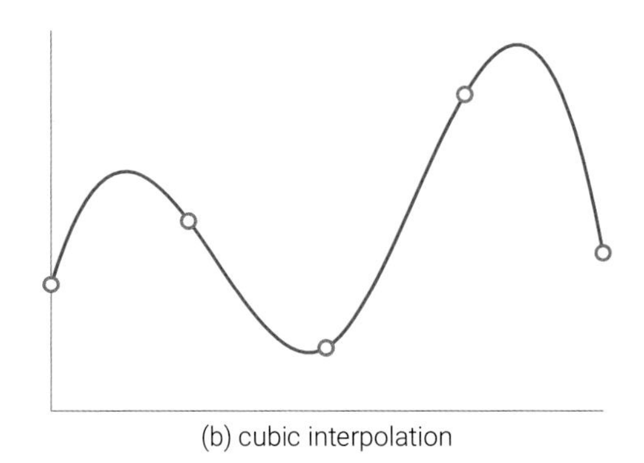

(b) cubic interpolation

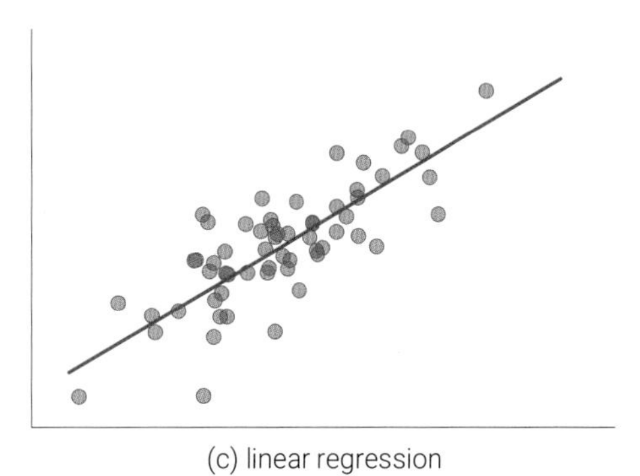

(c) linear regression

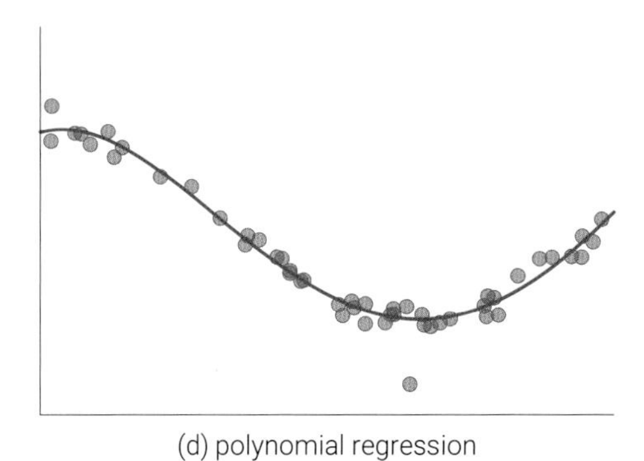

(d) polynomial regression

图4.28　比较一维插值和回归

图4.29比较了二维插值和二维回归。

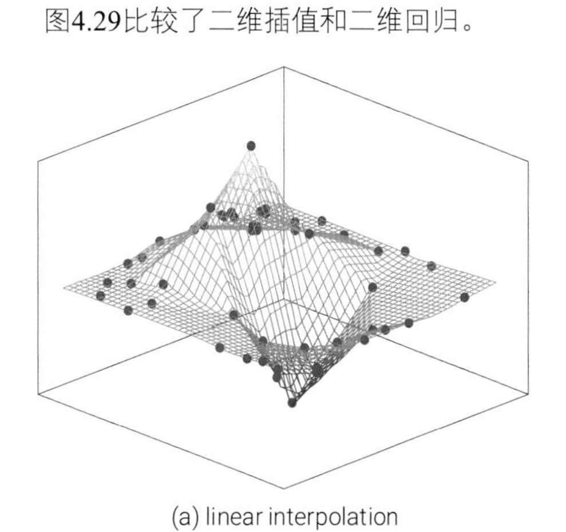

(a) linear interpolation

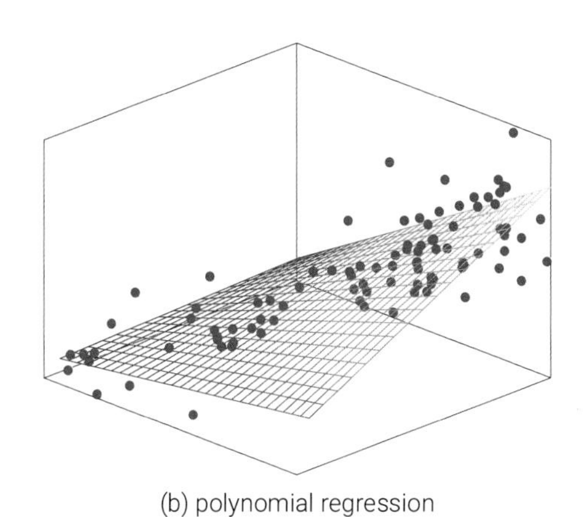

(b) polynomial regression

图4.29　比较二维插值和二维回归

常数插值：分段函数为阶梯状

向前常数插值对应的分段函数为：

$$f(x)=\begin{cases} f_1(x)=y^{(1)} & x^{(1)}\leqslant x<x^{(2)} \\ f_2(x)=y^{(2)} & x^{(2)}\leqslant x<x^{(3)} \\ \cdots & \cdots \\ f_{n-1}(x)=y^{(n-1)} & x^{(n-1)}\leqslant x<x^{(n)} \end{cases} \tag{4.14}$$

如图4.30所示，向前常数插值用区间 $[x^{(i)}, x^{(i+1)}]$ 左侧端点，即$x^{(i)}$，而对应的$y^{(i)}$，作为常数函数的取值。图4.30中红色画线为真实函数取值。

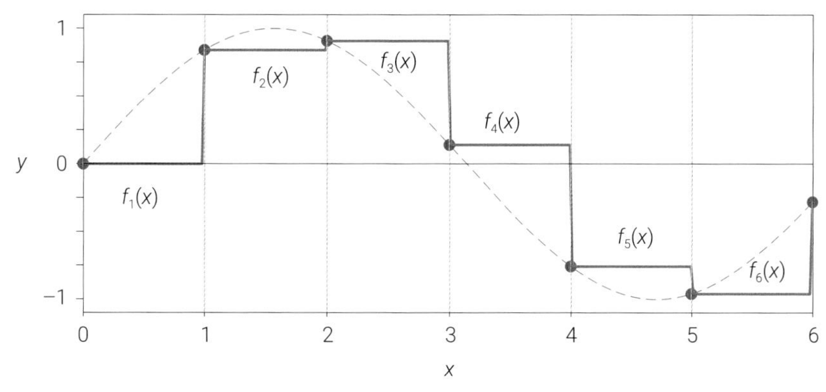

图4.30　向前常数插值

对于数据帧df，如果存在NaN的话，df.fillna(method = 'ffill') 便对应向前常数插补。

向后常数插值对应的分段函数为：

$$f(x)=\begin{cases} f_1(x)=y^{(2)} & x^{(1)}\leqslant x<x^{(2)} \\ f_2(x)=y^{(3)} & x^{(2)}\leqslant x<x^{(3)} \\ \cdots & \cdots \\ f_{n-1}(x)=y^{(n)} & x^{(n-1)}\leqslant x<x^{(n)} \end{cases} \tag{4.15}$$

如图4.31所示，向后常数插值和向前常数插值正好相反。

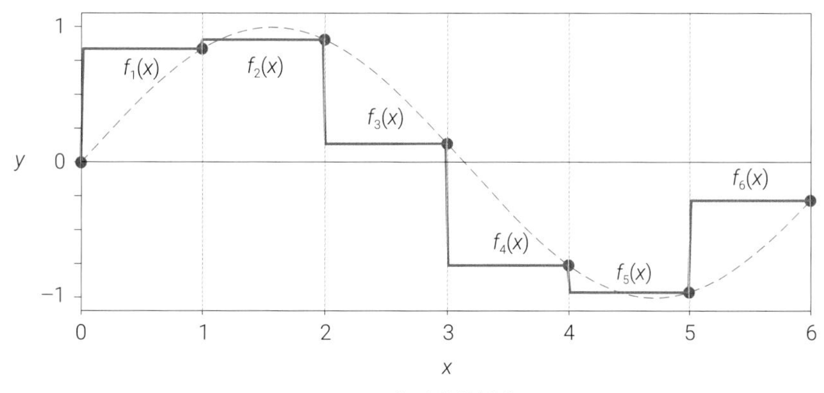

图4.31　向后常数插值

对于数据帧df，如果存在NaN的话，df.fillna(method = 'bfill') 对应向后常数插补。

最邻近插值的分段函数为：

$$f(x)=\begin{cases}f_1(x)=y^{(1)} & x^{(1)}\leqslant x<\dfrac{x^{(1)}+x^{(2)}}{2}\\ f_2(x)=y^{(2)} & \dfrac{x^{(1)}+x^{(2)}}{2}\leqslant x<\dfrac{x^{(2)}+x^{(3)}}{2}\\ \cdots & \cdots\\ f_n(x)=y^{(n)} & \dfrac{x^{(n-1)}+x^{(n)}}{2}\leqslant x<x^{(n)}\end{cases} \tag{4.16}$$

如图4.32所示，最邻近常数插值相当于“向前”和“向后”常数插值的“折中”。分段插值函数同样是阶梯状，只不过阶梯发生在两个相邻已知点中间处。

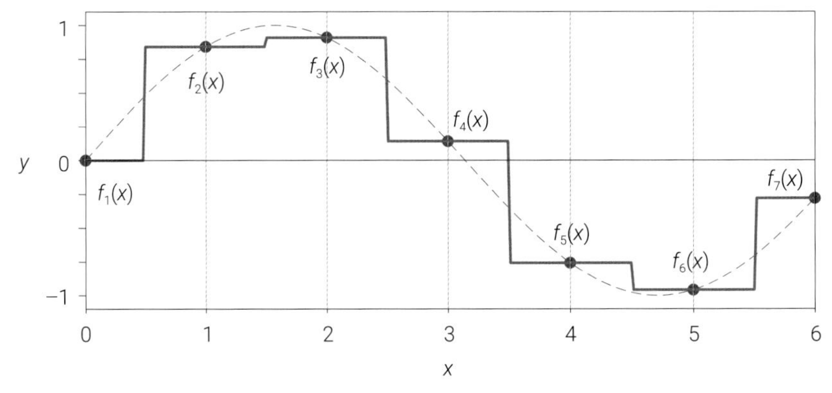

图4.32 最邻近常数插值

线性插值：分段函数为线段

对于线性插值，区间 $[x^{(i)}, x^{(i+1)}]$ 对应的解析式$f_i(x)$ 为：

$$f_i(x)=\underbrace{\left(\frac{y^{(i)}-y^{(i+1)}}{x^{(i)}-x^{(i+1)}}\right)}_{\text{slope}}\left(x-x^{(i+1)}\right)+y^{(i+1)} \tag{4.17}$$

容易发现，上式就是《数学要素》第11章介绍的一元函数的点斜式。

也就是说，不考虑区间的话，上式代表通过 $(x^{(i)}, y^{(i)})$、$(x^{(i+1)}, y^{(i+1)})$ 两点的一条直线。

图4.33所示为线性插值结果。通俗地说，线性插值就是用任意两个相邻已知点连接成的线段来估算其他未知点的值。

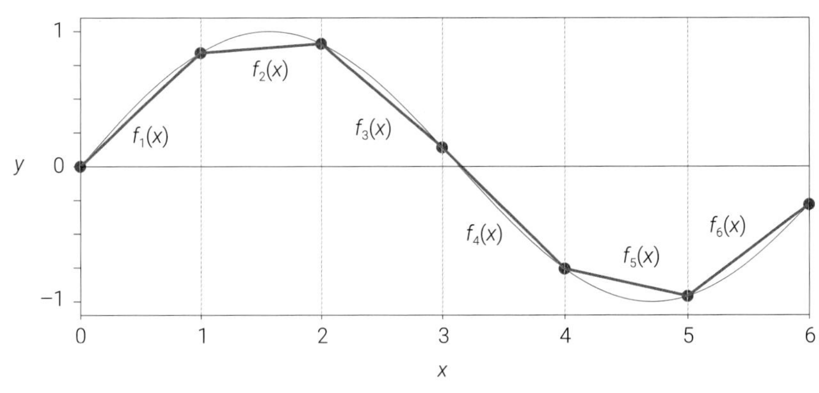

图4.33 线性插值

三次样条插值：光滑曲线拼接

图4.34所示为三次样条插值的结果。虽然整条曲线看上去连续、光滑，实际上它是由四个函数拼接起来的分段函数。

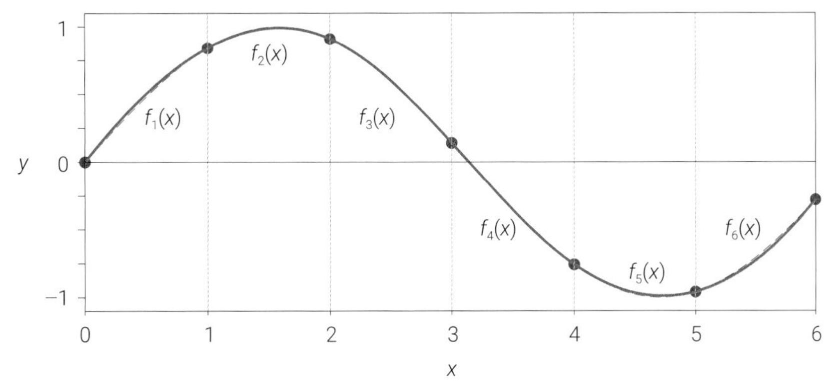

图4.34　三次样条插值

对于三次样条插值，每一段的分段函数是三次多项式：

$$f_i(x) = a_i x^3 + b_i x^2 + c_i x + d_i \tag{4.18}$$

其中，a_i、b_i、c_i、d_i为需要求解的系数。

为了求解系数，我们需要构造一系列等式。类似线性插值，每一段三次函数通过区间 $[x^{(i)}, x^{(i+1)}]$ 左右两点，即：

$$\begin{cases} f_i\left(x^{(i)}\right) = y^{(i)} & i = 1,2,\cdots,n-1 \\ f_i\left(x^{(i+1)}\right) = y^{(i+1)} & i = 1,2,\cdots,n-1 \end{cases} \tag{4.19}$$

曲线之所以看起来很平滑，是因为除两端样本数据点以外，内部数据点处，一阶和二阶导数等值：

$$\begin{cases} f_i'\left(x^{(i+1)}\right) = f_{i+1}'\left(x^{(i+1)}\right) & i = 1,2,\cdots,n-2 \\ f_i''\left(x^{(i+1)}\right) = f_{i+1}''\left(x^{(i+1)}\right) & i = 1,2,\cdots,n-2 \end{cases} \tag{4.20}$$

对于三次样条插值，一般还设定两端样本数据点处二阶导数为0：

$$\begin{cases} f_1''\left(x^{(1)}\right) = 0 \\ f_{n-1}''\left(x^{(n)}\right) = 0 \end{cases} \tag{4.21}$$

Bk6_Ch04_04.ipynb中完成了插值并绘制了图4.30 ~ 图4.34。Python中进行一维插值的函数为scipy.interpolate.interp1d()，二维插值的函数为scipy.interpolate.interp2d()。下面讲解其中关键语句。

ⓐ从SciPy库中导入interp1d类，该类用于进行一维插值。

ⓑ定义一个包含不同插值方法的列表。

ⓒ使用interp1d类创建插值函数f_prev，其中kind参数指定插值方法。

还有一句值得大家注意，plt.autoscale(enable = True, axis = 'x', tight = True) 可以自动调整x轴的刻度，使得数据点和曲线完全可见。

代码 4.4 几种常见插值方法 | Bk6_Ch04_04.ipynb

```
# 导入包
from scipy.interpolate import interp1d
import matplotlib.pyplot as plt
import numpy as np

# 构造数据
x_known = np.linspace(0, 6, num = 7, endpoint = True)
y_known = np.sin(x_known)

x_fine = np.linspace(0, 6, num = 300, endpoint = True)
y_fine = np.sin(x_fine)

# 不同插值方法
methods = ['previous', 'next', 'nearest', 'linear', 'cubic']

for kind in methods:

    f_prev = interp1d(x_known, y_known, kind = kind)

    fig, axs = plt.subplots()
    plt.plot(x_known,y_known, 'or')
    plt.plot(x_fine, y_fine, 'r--', linewidth = 0.25)
    plt.plot(x_fine, f_prev(x_fine), linewidth = 1.5)

    for xc in x_known:
        plt.axvline(x = xc, color = [0.6, 0.6, 0.6], linewidth = 0.25)

    plt.axhline(y = 0, color = 'k', linewidth = 0.25)
    plt.autoscale(enable = True, axis = 'x', tight = True)
    plt.autoscale(enable = True, axis = 'y', tight = True)
    plt.xlabel('x'); plt.ylabel('y')
    plt.ylim([-1.1,1.1])
```

拉格朗日插值

拉格朗日插值 (Lagrange interpolation) 不同于本章前文介绍的插值方法。前文介绍的插值方法得到的都是分段函数，而拉格朗日插值得到的是一个高次多项式函数$f(x)$。$f(x)$ 相当由若干多项式函数叠加而成：

$$f(x)=\sum_{i=1}^{n}f_i(x) \tag{4.22}$$

其中，

$$f_i(x) = y^{(i)} \cdot \prod_{k=1,k\neq i}^{n} \frac{x - x^{(k)}}{x^{(i)} - x^{(k)}} \tag{4.23}$$

$f_i(x)$ 展开来写：

$$f_i(x) = y^{(i)} \cdot \frac{\left(x - x^{(1)}\right)\left(x - x^{(2)}\right)\ldots\left(x - x^{(i-1)}\right)\left(x - x^{(i+1)}\right)\ldots\left(x - x^{(n)}\right)}{\left(x^{(i)} - x^{(1)}\right)\left(x^{(i)} - x^{(2)}\right)\ldots\left(x^{(i)} - x^{(i-1)}\right)\left(x^{(i)} - x^{(i+1)}\right)\ldots\left(x^{(i)} - x^{(n)}\right)} \tag{4.24}$$

比如，$f_1(x)$ 展开来写：

$$f_1(x) = y^{(1)} \cdot \frac{\left(x - x^{(2)}\right)\left(x - x^{(3)}\right)\ldots\left(x - x^{(n)}\right)}{\left(x^{(1)} - x^{(2)}\right)\left(x^{(1)} - x^{(3)}\right)\ldots\left(x^{(1)} - x^{(n)}\right)} \tag{4.25}$$

$f_2(x)$ 展开来写：

$$f_2(x) = y^{(2)} \cdot \frac{\left(x - x^{(1)}\right)\left(x - x^{(3)}\right)\ldots\left(x - x^{(n)}\right)}{\left(x^{(2)} - x^{(1)}\right)\left(x^{(2)} - x^{(3)}\right)\ldots\left(x^{(2)} - x^{(n)}\right)} \tag{4.26}$$

比如，$n = 3$，也就是有三个样本数据点 $\{(x^{(1)}, y^{(1)}), (x^{(2)}, y^{(2)}), (x^{(3)}, y^{(3)})\}$ 的时候，$f(x)$ 为：

$$f(x) = \underbrace{y^{(1)} \cdot \frac{\left(x - x^{(2)}\right)\left(x - x^{(3)}\right)}{\left(x^{(1)} - x^{(2)}\right)\left(x^{(1)} - x^{(3)}\right)}}_{f_1(x)} + \underbrace{y^{(2)} \cdot \frac{\left(x - x^{(1)}\right)\left(x - x^{(3)}\right)}{\left(x^{(2)} - x^{(1)}\right)\left(x^{(2)} - x^{(3)}\right)}}_{f_2(x)} + \underbrace{y^{(3)} \cdot \frac{\left(x - x^{(1)}\right)\left(x - x^{(2)}\right)}{\left(x^{(3)} - x^{(1)}\right)\left(x^{(3)} - x^{(2)}\right)}}_{f_3(x)} \tag{4.27}$$

观察上式，$f(x)$ 相当于三个二次函数叠加得到。
将三个数据点 $\{(x^{(1)}, y^{(1)}), (x^{(2)}, y^{(2)}), (x^{(3)}, y^{(3)})\}$ 逐一代入上式，可以得到：

$$f\left(x^{(1)}\right) = y^{(1)},\quad f\left(x^{(2)}\right) = y^{(2)},\quad f\left(x^{(3)}\right) = y^{(3)} \tag{4.28}$$

也就是说，多项式函数$f(x)$ 通过给定的已知点。
图4.35所示为拉格朗日插值结果。

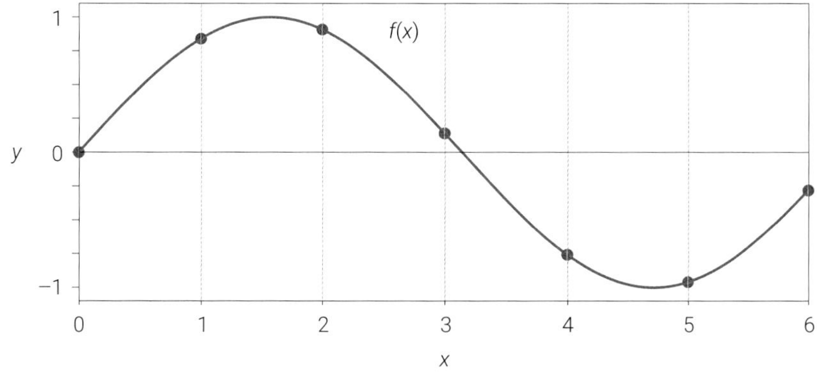

图4.35　拉格朗日插值

有一点需要大家注意的是，随着已知点数量n不断增大，拉格朗日插值函数多项式函数次数不断提高，但插值多项式的插值逼近效果未必好。如图4.36所示，插值多项式 (红色曲线) 区间边缘处出现振荡问题，这一现象叫作**龙格现象** (Runge's phenomenon)。

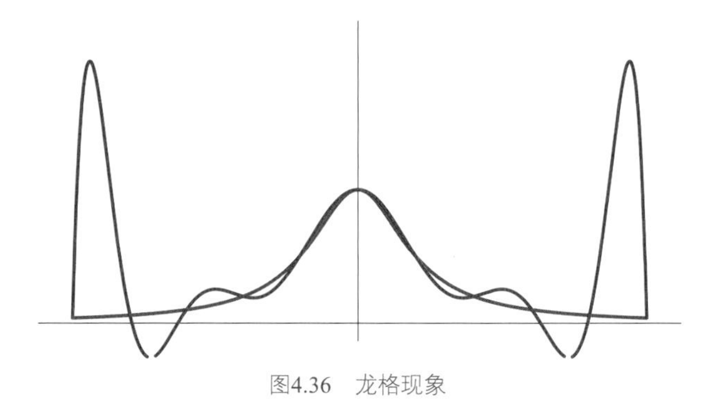

图4.36　龙格现象

Bk6_Ch04_05.ipynb中完成了拉格朗日插值，并绘制了图4.35。

贝塞尔曲线

《可视之美》介绍过，贝塞尔曲线是一种常用于计算机图形学的数学曲线。它由法国工程师**皮埃尔·贝塞尔** (Pierre Bézier) 在19世纪中叶发明。

本质上来讲，贝塞尔曲线就是一种插值方法。贝塞尔曲线可以是一阶曲线、二阶曲线、三阶曲线等，其阶数决定了曲线的平滑程度。

一阶曲线由两个控制点组成，形成一条直线。如图4.37所示，简单来说一阶贝塞尔曲线就是两点之间连线。图中t代表权重，取值范围为 [0, 1]。t越大，点$B(t)$ 距离P_0越近，如图中暖色 ×，相当于P_0对$B(t)$影响越大。相反，t越小，点$B(t)$ 距离P_1越近，如图中冷色 ×，相当于P_1对$B(t)$ 影响大。

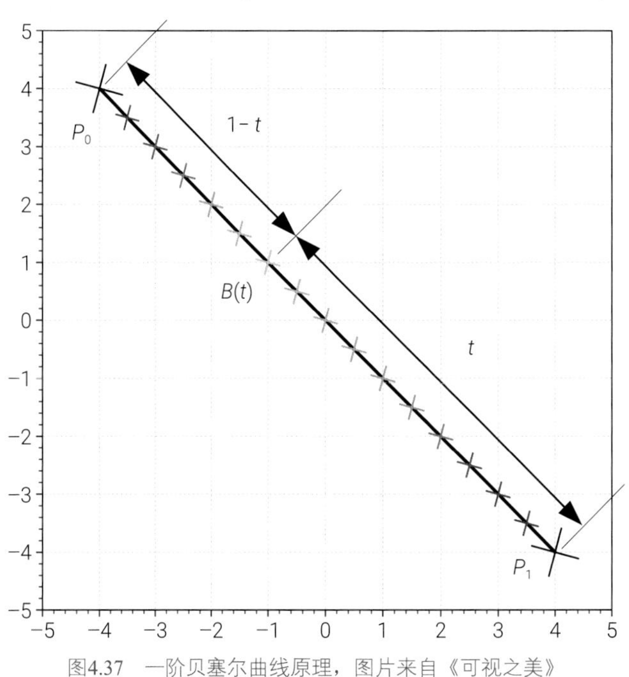

图4.37　一阶贝塞尔曲线原理，图片来自《可视之美》

二阶贝塞尔曲线由三个控制点组成，形成一条弯曲的曲线。如图4.38所示，P_0和P_2点控制了曲线(黑色线) 的两个端点，而P_1则决定的曲线的弯曲行为。实际上图4.38中黑色二阶贝塞尔曲线上的每一个点都是经历两组线性插值得到的。

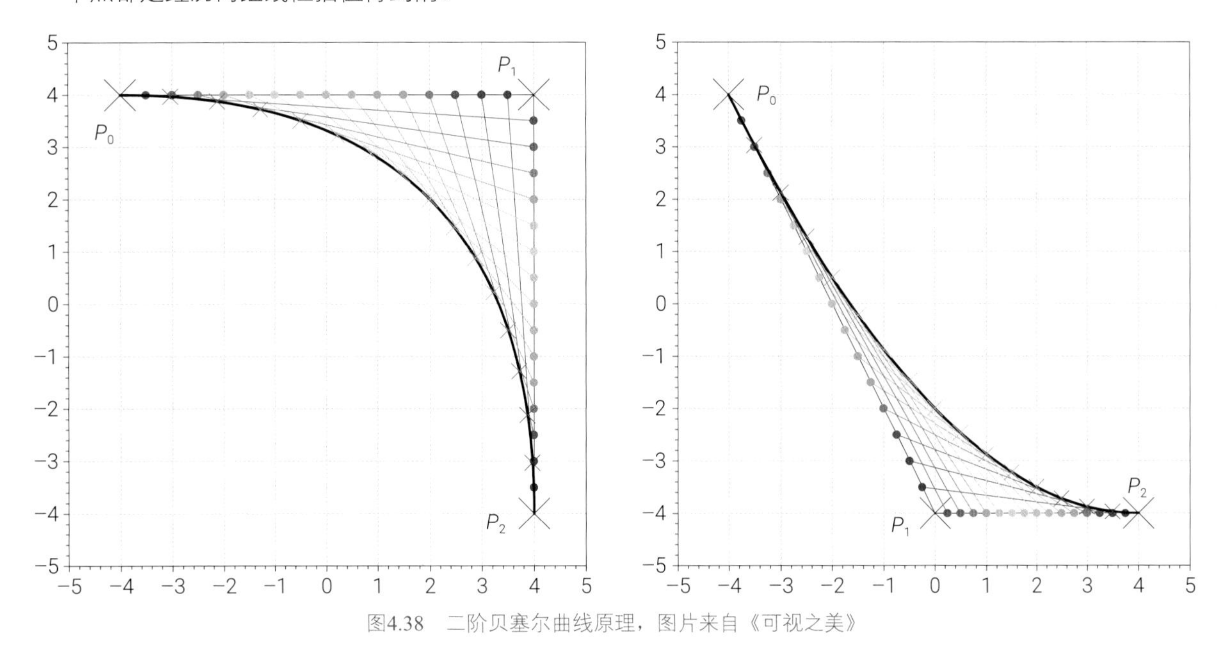

图4.38　二阶贝塞尔曲线原理，图片来自《可视之美》

在机器学习中，数据转换是将原始数据进行处理或转换，以更好地适应模型的需求。常用的数据转换方法包括中心化、标准化、归一化、对数转换、指数转换和广义幂转换等方法。这些方法可以根据数据的分布特点、度量单位、取值范围和变量之间的关系进行选择和应用。

正确的数据转换可以提高模型的预测精度，从而提高模型的应用效果。然而，不同的数据转换方法可能对同一数据集产生不同效果，需要进行比较和评估。

插值是一种通过已知数据点的数值推断未知位置的数值的方法。在机器学习中，插值通常用于处理数据集中的缺失值或生成平滑曲线。

一些常用的插值方法包括线性插值、样条插值、拉格朗日插值等等。插值方法的选择取决于数据的性质、插值的目的以及对计算复杂性的要求。在实践中，线性插值通常是最简单和最常用的方法之一，但对于更复杂的情况，其他插值方法可能更适合。

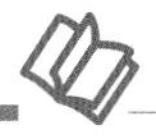

以下网页中专门介绍了Scikit-Learn预处理，请大家参考：

◀ https://scikit-learn.org/stable/modules/preprocessing.html

此外，Scikit-Learn有大量的数据转换函数，请大家学习以下两例：

◀ https://scikit-learn.org/stable/auto_examples/preprocessing/plot_all_scaling.html

◀ https://scikit-learn.org/stable/auto_examples/preprocessing/plot_map_data_to_normal.html

Statsmodels支持连接函数，请大家参考：

◀ https://www.statsmodels.org/dev/examples/notebooks/generated/copula.html

Distance Measures in Data
数据距离

距离不仅仅是两点之间的直线线段

当一匹马需要赶超马群时，它才能超越自己。

A horse never runs so fast as when he has other horses to catch up and outpace.

—— 奥维德 (Ovid) | 古罗马诗人 | 前43 —17/18 年

- ◀ scipy.spatial.distance.chebyshev() 计算切比雪夫距离
- ◀ scipy.spatial.distance.cityblock() 计算城市街区距离
- ◀ scipy.spatial.distance.euclidean() 计算欧氏距离
- ◀ scipy.spatial.distance.mahalanobis() 计算马氏距离
- ◀ scipy.spatial.distance.minkowski() 计算闵氏距离
- ◀ scipy.spatial.distance.seuclidean() 计算标准化欧氏距离
- ◀ seaborn.scatterplot() 绘制散点图
- ◀ sklearn.datasets.load_iris() 加载鸢尾花数据集
- ◀ sklearn.metrics.pairwise.euclidean_distances() 计算成对欧氏距离矩阵
- ◀ sklearn.metrics.pairwise_distances() 计算成对距离矩阵
- ◀ metrics.pairwise.linear_kernel() 计算线性核成对亲近度矩阵
- ◀ metrics.pairwise.manhattan_distances() 计算成对城市街区距离矩阵
- ◀ metrics.pairwise.paired_cosine_distances(X,Q) 计算X和Q样本数据矩阵成对余弦距离矩阵
- ◀ metrics.pairwise.paired_euclidean_distances(X,Q) 计算X和Q样本数据矩阵成对欧氏距离矩阵
- ◀ metrics.pairwise.paired_manhattan_distances(X,Q) 计算X和Q样本数据矩阵成对城市街区距离矩阵
- ◀ metrics.pairwise.polynomial_kernel() 计算多项式核成对亲近度矩阵
- ◀ metrics.pairwise.rbf_kernel() 计算RBF核成对亲近度矩阵
- ◀ metrics.pairwise.sigmoid_kernel() 计算sigmoid核成对亲近度矩阵

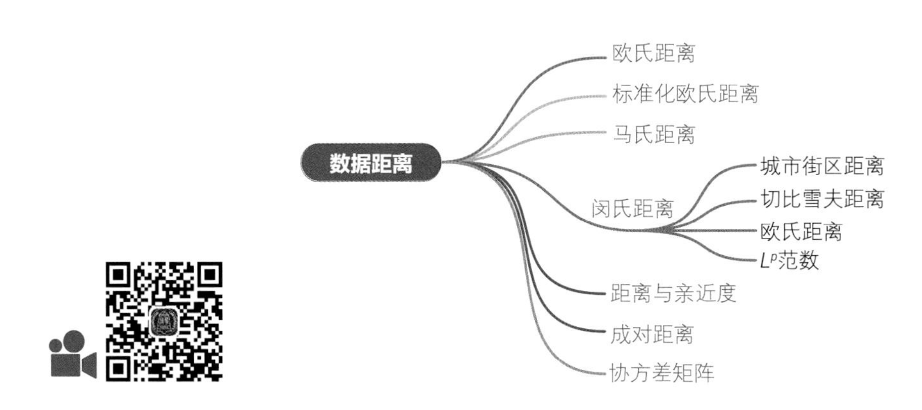

5.1 怎么又聊距离？

“鸢尾花书”似乎对距离特别“痴迷”，几乎每个分册都会聊到距离相关内容。一方面是因为距离这个概念本身的外延很广，很多数学工具都可以从距离这个几何视角来观察；此外，机器学习中大部分算法都离不开距离。

距离在机器学习中发挥着重要作用，通常用于衡量数据点之间的相似性或差异性。下面让我们一起举几个例子聊聊数据分析、机器学习中的距离。

如图5.1所示，从几何角度来看，一元线性回归就是在$\boldsymbol{1}$（全1列向量）和$\boldsymbol{x}$构成平面内找到$\boldsymbol{y}$的投影，使得$\boldsymbol{\varepsilon}$尽可能小。$\boldsymbol{\varepsilon}$本质上就是距离。

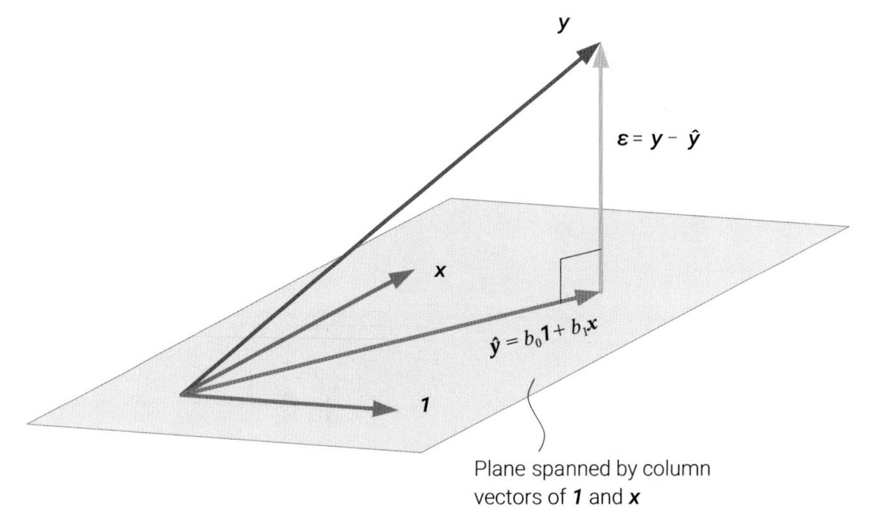

图5.1　几何角度解释一元线性回归最小二乘结果

如图5.2所示，**主成分分析** (Principal Component Analysis，PCA) 中，选取第一主成分$\boldsymbol{v}$的标准是——z方差最大化。方差可以看作一种距离，标准差也是距离；连Z分数也可以看成是一种距离。从这个角度来看，协方差矩阵就是距离的集合体。

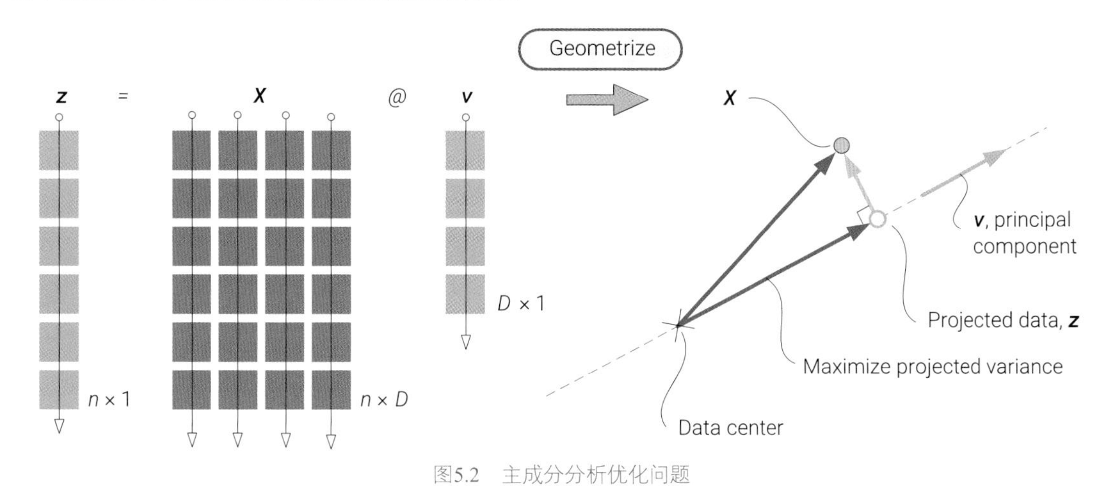

图5.2 主成分分析优化问题

如图5.3所示，**支持向量机** (Support Vector Machine，SVM) 算法中，我们则关心支持向量到决策平面的距离。

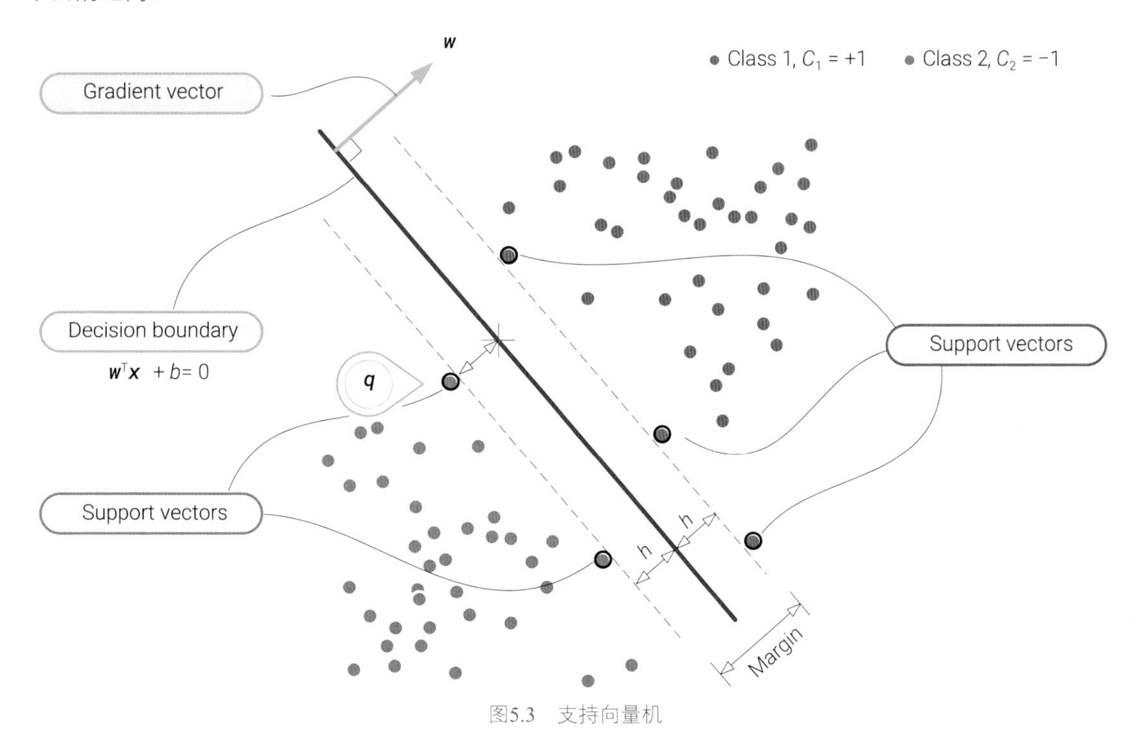

图5.3 支持向量机

如图5.4所示，**层次聚类** (hierarchical clustering) 中，我们不但关注数据点之间的距离，还需要计算簇间距离。

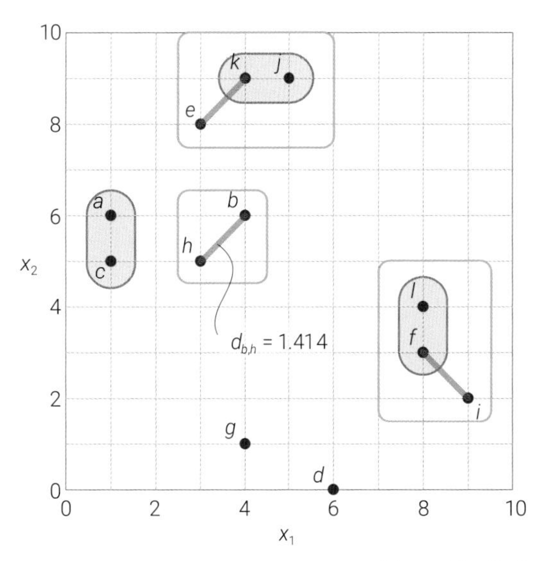

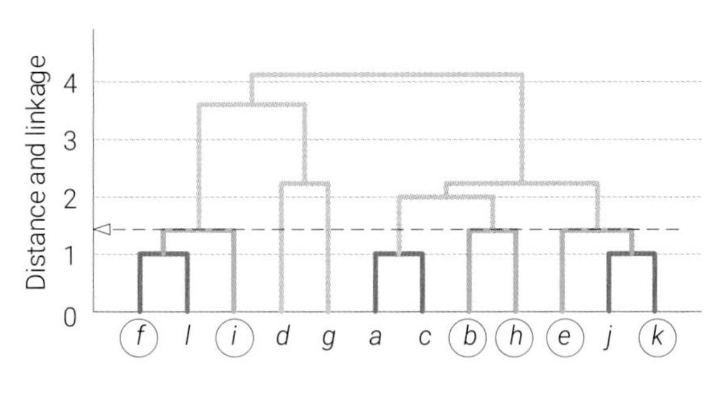

图5.4　层次聚类中构建树形图，第二层

大家对距离这个概念应该非常熟悉，我们从《数学要素》第7章开始就不断丰富“距离”的内涵。此外，我们在《矩阵力量》第3章专门介绍了基于L^p范数的几种距离度量，在《统计至简》第15章专门讲解了马氏距离。

本章后续专门总结并探讨常用的几个距离度量。

◀ **欧氏距离** (Euclidean distance)
◀ **标准化欧氏距离** (standardized Euclidean distance)
◀ **马氏距离** (Mahalanobis distance或Mahal distance)
◀ **城市街区距离** (city block distance)
◀ **切比雪夫距离** (Chebyshev distance)
◀ **闵氏距离** (Minkowski distance)
◀ **余弦距离** (cosine distance)
◀ **相关性距离** (correlation distance)

本章最后将在距离的视角下再看协方差矩阵。

5.2 欧氏距离：最常见的距离

欧几里得距离，也称**欧氏距离** (euclidean distance)。欧氏距离是机器学习中常用的一种距离度量方法，适用于处理连续特征的数据。其特点是简单易懂、计算效率高，但容易受到数据维度、特征尺度、特征量纲的影响。任意样本数据点$\boldsymbol{x}$和查询点$\boldsymbol{q}$之间的欧氏距离定义如下：

$$d(\boldsymbol{x},\boldsymbol{q}) = \|\boldsymbol{x}-\boldsymbol{q}\| = \sqrt{(\boldsymbol{x}-\boldsymbol{q})^{\mathrm{T}}(\boldsymbol{x}-\boldsymbol{q})} \tag{5.1}$$

其中，$\boldsymbol{x}$和$\boldsymbol{q}$为列向量。欧氏距离本质上就是$\boldsymbol{x}-\boldsymbol{q}$的$L^2$范数。从几何视角来看，二维欧氏距离可以

看作同心正圆，三维欧氏距离可以视作同心正球体，等等。

当特征数为D时，上式展开可以得到：

$$d(\boldsymbol{x},\boldsymbol{q})=\sqrt{(x_1-q_1)^2+(x_2-q_2)^2+\cdots+(x_D-q_D)^2} \tag{5.2}$$

特别地，当特征数量$D=2$时，$\boldsymbol{x}$和$\boldsymbol{q}$两点之间的欧氏距离定义为：

$$d(\boldsymbol{x},\boldsymbol{q})=\sqrt{(x_1-q_1)^2+(x_2-q_2)^2} \tag{5.3}$$

举个例子

如果查询点$\boldsymbol{q}$有两个特征，并位于原点，即：

$$\boldsymbol{q}=\begin{bmatrix}0\\0\end{bmatrix} \tag{5.4}$$

如图5.5所示，三个样本点$\boldsymbol{x}^{(1)}$、$\boldsymbol{x}^{(2)}$和$\boldsymbol{x}^{(3)}$的位置如下：

$$\boldsymbol{x}^{(1)}=\begin{bmatrix}-5 & 0\end{bmatrix},\quad \boldsymbol{x}^{(2)}=\begin{bmatrix}4 & 3\end{bmatrix},\quad \boldsymbol{x}^{(3)}=\begin{bmatrix}3 & -4\end{bmatrix} \tag{5.5}$$

根据式(5.1) 可以计算得到三个样本点$\boldsymbol{x}^{(1)}$、$\boldsymbol{x}^{(2)}$和$\boldsymbol{x}^{(3)}$与查询点$\boldsymbol{q}$之间的欧氏距离均为5：

$$\begin{cases}d_1=\sqrt{([0\quad 0]-[-5\quad 0])([0\quad 0]-[-5\quad 0])^{\mathrm{T}}}=\sqrt{[5\quad 0][5\quad 0]^{\mathrm{T}}}=\sqrt{25+0}=5\\ d_2=\sqrt{([0\quad 0]-[4\quad 3])([0\quad 0]-[4\quad 3])^{\mathrm{T}}}=\sqrt{[-4\quad -3][-4\quad -3]^{\mathrm{T}}}=\sqrt{16+9}=5\\ d_3=\sqrt{([0\quad 0]-[3\quad -4])([0\quad 0]-[3\quad -4])^{\mathrm{T}}}=\sqrt{[-3\quad 4][-3\quad 4]^{\mathrm{T}}}=\sqrt{9+16}=5\end{cases} \tag{5.6}$$

如图5.5所示，当d取定值时，上式相当于以 (q_1, q_2) 为圆心的正圆。

注意：行向量和列向量的转置关系，本章后续不再区分行、列向量。

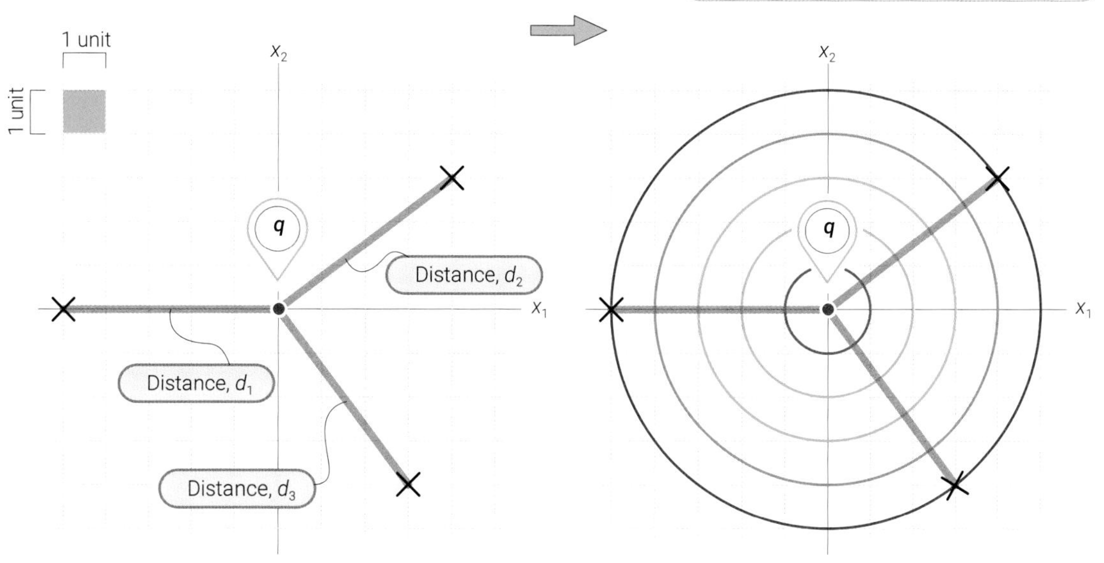

图5.5　2特征 ($D=2$) 欧几里得距离

代码Bk6_Ch05_01.ipynb中计算了两点欧氏距离。scipy.spatial.distance.euclidean()为计算欧氏距离的函数。

成对距离

如图5.5所示，三个样本点$\boldsymbol{x}^{(1)}$、$\boldsymbol{x}^{(2)}$和$\boldsymbol{x}^{(3)}$之间也存在两两距离，叫作**成对距离** (pairwise distance)。图5.6所示为平面上12个点的成对距离。成对距离结果一般以矩阵方式呈现。

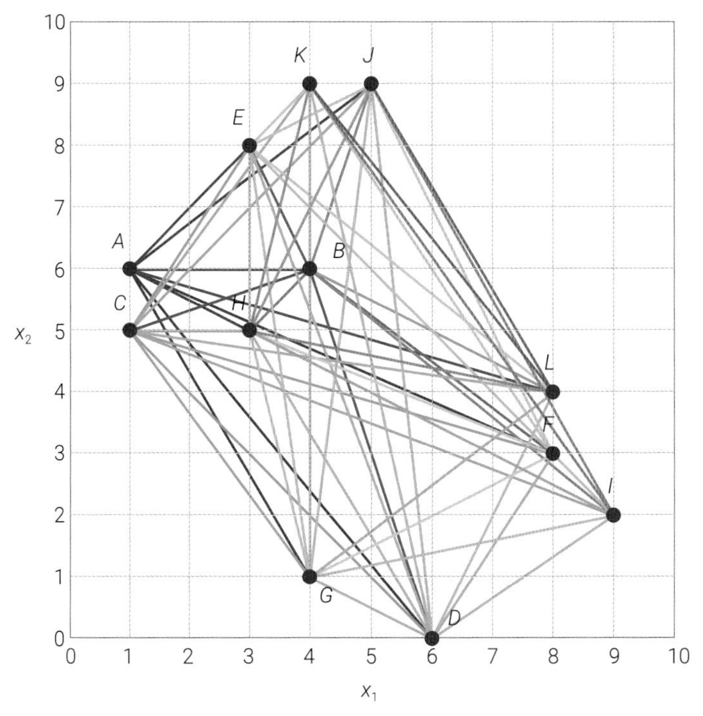

图5.6　平面上12个点，成对距离，来自鸢尾花书《数学要素》

代码Bk6_Ch05_02.ipynb中计算了图5.5中三个样本点之间的成对欧氏距离。

5.3 标准化欧氏距离：考虑标准差

标准化欧氏距离 (standardized Euclidean distance) 是一种将欧氏距离进行归一化处理的方法，适用于处理特征间尺度差异较大的数据。其特点是能够消除不同特征之间的度量单位和尺度差异，从而减少距离计算结果偏差。优点是比欧氏距离更具有鲁棒性和稳定性，缺点是对于一些特征较为稀疏的数据，可能存在一些计算上的困难。

定义

标准化欧氏距离定义如下：

$$d(\boldsymbol{x},\boldsymbol{q})=\sqrt{(\boldsymbol{x}-\boldsymbol{q})^{\mathrm{T}}\boldsymbol{D}^{-1}\boldsymbol{D}^{-1}(\boldsymbol{x}-\boldsymbol{q})} \tag{5.7}$$

其中，$\boldsymbol{D}$为对角方阵，对角线元素为标准差，运算如下：

$$\boldsymbol{D}=\operatorname{diag}\left(\operatorname{diag}(\boldsymbol{\Sigma})\right)^{\frac{1}{2}}=\operatorname{diag}\left(\operatorname{diag}\begin{bmatrix}\sigma_1^2 & \rho_{1,2}\sigma_1\sigma_2 & \cdots & \rho_{1,D}\sigma_1\sigma_D\\ \rho_{1,2}\sigma_1\sigma_2 & \sigma_2^2 & \cdots & \rho_{2,D}\sigma_2\sigma_D\\ \vdots & \vdots & \ddots & \vdots\\ \rho_{1,D}\sigma_1\sigma_D & \rho_{2,D}\sigma_2\sigma_D & \cdots & \sigma_D^2\end{bmatrix}\right)^{\frac{1}{2}}=\begin{bmatrix}\sigma_1 & & & \\ & \sigma_2 & & \\ & & \ddots & \\ & & & \sigma_D\end{bmatrix} \tag{5.8}$$

如果$\boldsymbol{A}$为方阵，diag($\boldsymbol{A}$) 函数提取对角线元素，结果为向量；如果$\boldsymbol{a}$为向量，diag($\boldsymbol{a}$) 函数将向量$\boldsymbol{a}$展开成对角方阵，方阵对角线元素为$\boldsymbol{a}$向量元素。NumPy中完成这一计算的函数为numpy.diag()。

> 《矩阵力量》介绍过iag()函数，请大家回顾。

将式(5.8) 代入式(5.7) 得到：

$$\begin{aligned}d(\boldsymbol{x},\boldsymbol{q})&=\sqrt{\begin{bmatrix}x_1-q_1 & x_2-q_2 & \cdots & x_D-q_D\end{bmatrix}\begin{bmatrix}\sigma_1^2 & & & \\ & \sigma_2^2 & & \\ & & \ddots & \\ & & & \sigma_D^2\end{bmatrix}^{-1}\begin{bmatrix}x_1-q_1 & x_2-q_2 & \cdots & x_D-q_D\end{bmatrix}^{\mathrm{T}}}\\ &=\sqrt{\frac{(x_1-q_1)^2}{\sigma_1^2}+\frac{(x_2-q_2)^2}{\sigma_2^2}+\cdots+\frac{(x_D-q_D)^2}{\sigma_D^2}}=\sqrt{\sum_{j=1}^{D}\left(\frac{x_j-q_j}{\sigma_j}\right)^2}\end{aligned} \tag{5.9}$$

式(5.9) 可以记作：

$$d(\boldsymbol{x},\boldsymbol{q})=\sqrt{z_1^2+z_2^2+\cdots+z_D^2}=\sqrt{\sum_{j=1}^{D}z_j^2} \tag{5.10}$$

其中，z_j为：

$$z_j=\frac{x_j-q_j}{\sigma_j} \tag{5.11}$$

上式本质上就是Z分数。

> 《统计至简》第9章专门介绍Z分数，请大家回顾。

正椭圆

对于$D=2$，两特征的情况，标准化欧氏距离平方可以写成：

$$d^2=\frac{(x_1-q_1)^2}{\sigma_1^2}+\frac{(x_2-q_2)^2}{\sigma_2^2} \tag{5.12}$$

可以发现，上式代表的形状是以 (q_1, q_2) 为中心的正椭圆。此外，**标准化欧氏距离引入数据每个**

特征标准差，但是没有考虑特征之间的相关性。如图5.7所示，网格的坐标已经转化为“标准差”，而**标准欧氏距离等距线为正椭圆**。

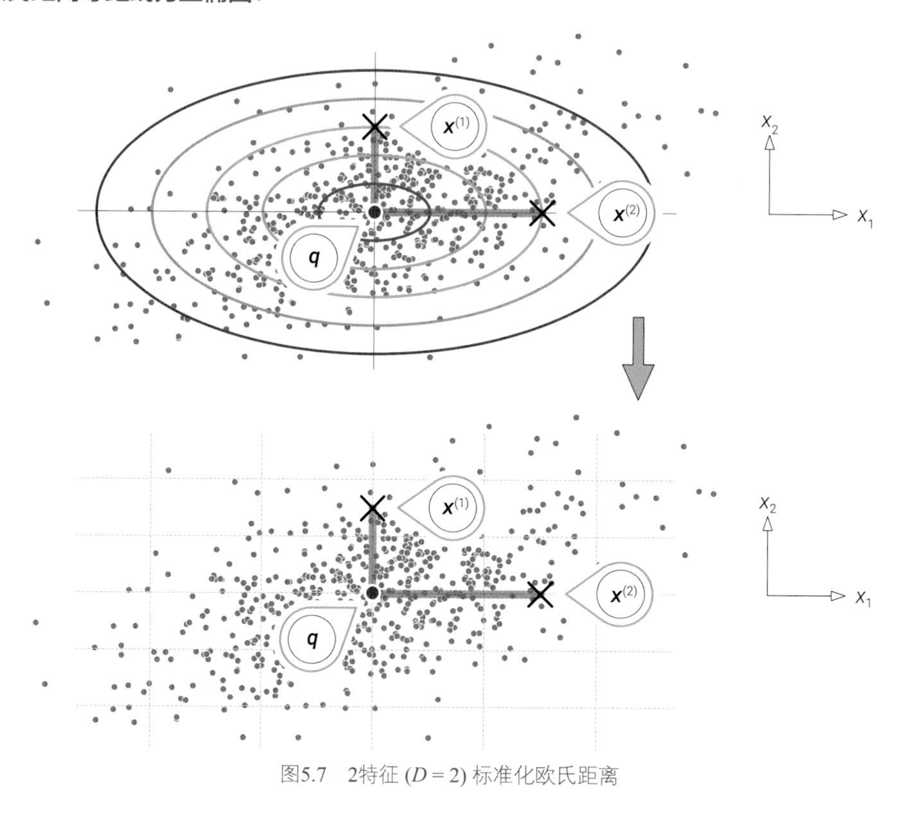

图5.7　2特征 ($D = 2$) 标准化欧氏距离

几何变换视角

如图5.8所示，从几何变换角度，标准化欧氏距离相当于对$\boldsymbol{X}$数据每个维度，首先**中心化** (centralize)，然后利用标准差进行**缩放** (scale)；但是，标准化欧氏距离没有旋转操作，也就是没有正交化。

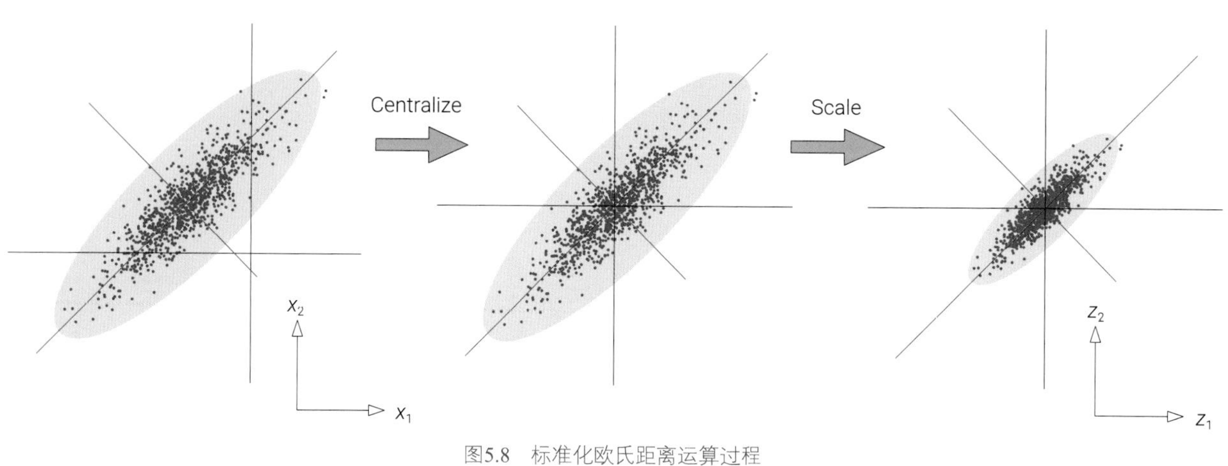

图5.8　标准化欧氏距离运算过程

计算标准化欧氏距离的函数为scipy.spatial.distance.seuclidean()。代码Bk6_Ch05_03.ipynb中计算了本节中的标准化欧氏距离。

5.4 马氏距离：考虑标准差和相关性

马氏距离 (mahalanobis distance或mahal distance)，又叫**马哈距离**，全称马哈拉诺比斯距离，是机器学习中常用的一种距离度量方法，适用于处理高维数据和特征之间存在相关性的情况。其特点是会考虑特征之间的相关性，从而在计算距离时可以更好地描述数据之间的相似程度。优点是能够提高模型的准确性，缺点是对于样本数较少的情况下容易过拟合，计算量较大，同时对数据的分布形式存在假设前提 (多元正态分布)。

《矩阵力量》和《统计至简》从不同角度讲过马氏距离，本节稍作回忆。

马氏距离定义如下：

$$d(\boldsymbol{x},\boldsymbol{q})=\sqrt{(\boldsymbol{x}-\boldsymbol{q})^{\mathrm{T}}\boldsymbol{\Sigma}^{-1}(\boldsymbol{x}-\boldsymbol{q})} \tag{5.13}$$

其中，$\boldsymbol{\Sigma}$为协方差矩阵，$\boldsymbol{q}$一般是样本数据的质心。

注意：马氏距离的单位是“标准差”。比如，马氏距离计算结果为3，应该称作3个标准差。

特征值分解：缩放 → 旋转 → 平移

$\boldsymbol{\Sigma}$谱分解得到：

$$\boldsymbol{\Sigma}=\boldsymbol{V}\boldsymbol{\Lambda}\boldsymbol{V}^{\mathrm{T}} \tag{5.14}$$

其中，$\boldsymbol{V}$为正交矩阵。

$\boldsymbol{\Sigma}^{-1}$的特征值分解可以写成：

$$\boldsymbol{\Sigma}^{-1}=\boldsymbol{V}\boldsymbol{\Lambda}^{-1}\boldsymbol{V}^{\mathrm{T}} \tag{5.15}$$

将式 (5.15) 代入式 (5.13) 得到：

$$d(\boldsymbol{x},\boldsymbol{\mu})=\left\|\underbrace{\boldsymbol{\Lambda}^{\frac{-1}{2}}}_{\text{Scale}}\underbrace{\boldsymbol{V}^{\mathrm{T}}}_{\text{Rotate}}\left(\underbrace{\boldsymbol{x}-\boldsymbol{\mu}}_{\text{Centralize}}\right)\right\| \tag{5.16}$$

其中，$\boldsymbol{\mu}$列向量完成**中心化** (centralize)，$\boldsymbol{V}$矩阵完成**旋转** (rotate)，$\boldsymbol{\Lambda}$矩阵完成**缩放** (scale)。

旋转椭圆

如图5.9所示，当$D=2$时，马氏距离的等距线为旋转椭圆。

大家如果对这部分内容感到陌生，请回顾《矩阵力量》第20章、《统计至简》第23章。

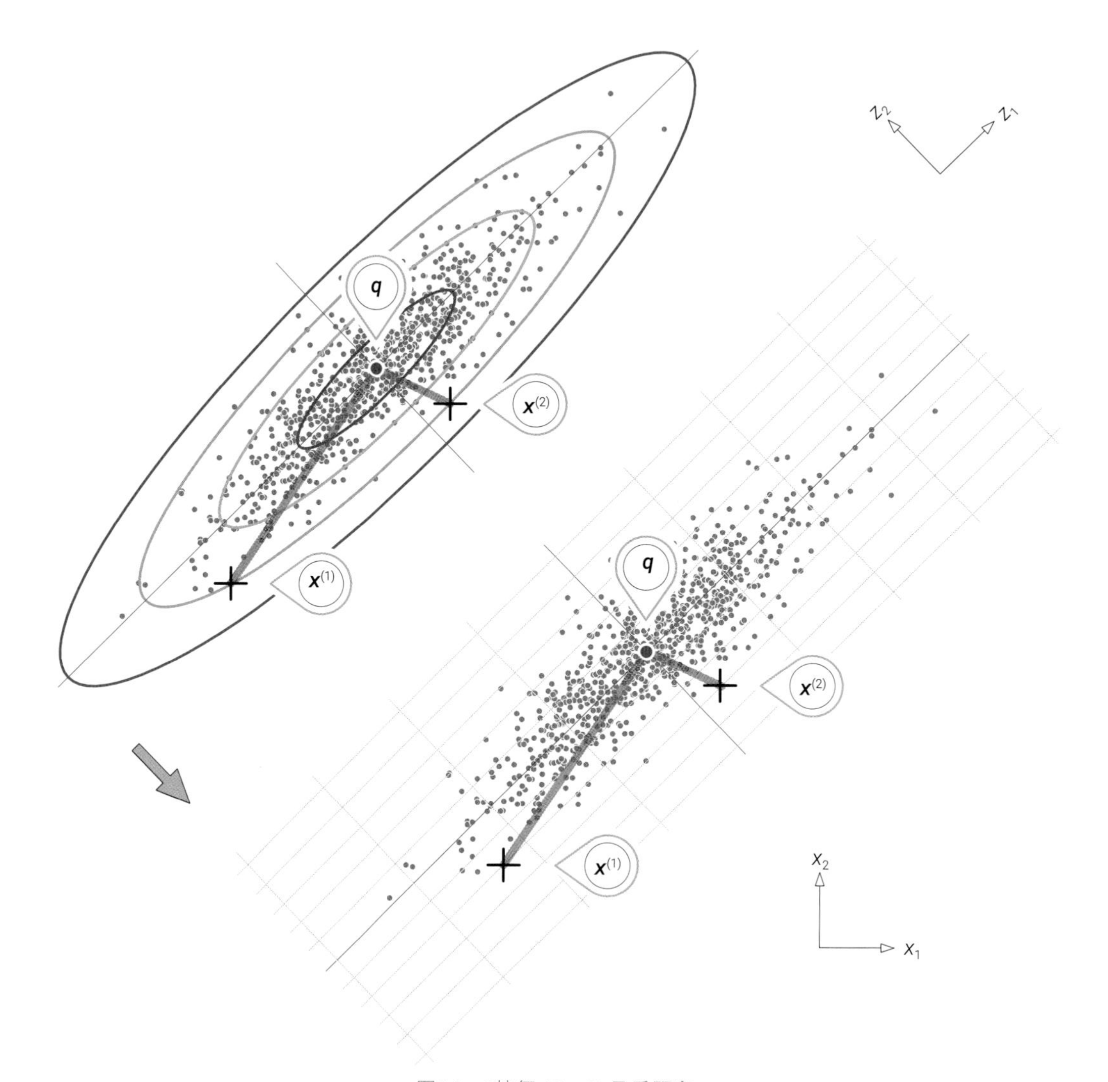

图5.9　2特征 ($D = 2$) 马氏距离

代码Bk6_Ch05_04.ipynb中计算了图5.9中两个点的马氏距离。

举例

下面，我们用具体数字举例讲解如何计算马氏距离。

给定质心$\boldsymbol{\mu} = [0, 0]^{\mathrm{T}}$。两个样本点的坐标分别为：

$$\boldsymbol{x}^{(1)} = \begin{bmatrix} -3.5 & -4 \end{bmatrix}^{\mathrm{T}}, \quad \boldsymbol{x}^{(2)} = \begin{bmatrix} 2.75 & -1.5 \end{bmatrix}^{\mathrm{T}} \tag{5.17}$$

计算得到$\boldsymbol{x}^{(1)}$和$\boldsymbol{x}^{(2)}$与$\boldsymbol{\mu}$之间的欧氏距离 (L^2范数) 分别为5.32和3.13。

假设方差协方差矩阵$\boldsymbol{\Sigma}$取值如下：

$$\boldsymbol{\Sigma}=\begin{bmatrix}2 & 1\\1 & 2\end{bmatrix} \tag{5.18}$$

观察如上矩阵，可以发现x_1和x_2特征各自的方差均为2，两者协方差为1；计算得到x_1和x_2特征相关性为0.5。根据$\boldsymbol{\Sigma}$计算$\boldsymbol{x}^{(1)}$和$\boldsymbol{x}^{(2)}$与$\boldsymbol{\mu}$之间的马氏距离为：

$$\begin{aligned}
d_1 &= \sqrt{\left(\begin{bmatrix}-3.5 & -4\end{bmatrix}-\begin{bmatrix}0 & 0\end{bmatrix}\right)\begin{bmatrix}2 & 1\\1 & 2\end{bmatrix}^{-1}\left(\begin{bmatrix}-3.5 & -4\end{bmatrix}-\begin{bmatrix}0 & 0\end{bmatrix}\right)^{\mathrm{T}}}\\
&= \sqrt{\begin{bmatrix}-3.5 & -4\end{bmatrix}\cdot\frac{1}{3}\cdot\begin{bmatrix}2 & -1\\-1 & 2\end{bmatrix}\begin{bmatrix}-3.5 & -4\end{bmatrix}^{\mathrm{T}}}=3.08\\
d_2 &= \sqrt{\left(\begin{bmatrix}2.75 & -1.5\end{bmatrix}-\begin{bmatrix}0 & 0\end{bmatrix}\right)\begin{bmatrix}2 & 1\\1 & 2\end{bmatrix}^{-1}\left(\begin{bmatrix}2.75 & -1.5\end{bmatrix}-\begin{bmatrix}0 & 0\end{bmatrix}\right)^{\mathrm{T}}}\\
&= \sqrt{\begin{bmatrix}2.75 & -1.5\end{bmatrix}\cdot\frac{1}{3}\cdot\begin{bmatrix}2 & -1\\-1 & 2\end{bmatrix}\begin{bmatrix}2.75 & -1.5\end{bmatrix}^{\mathrm{T}}}=3.05
\end{aligned} \tag{5.19}$$

可以发现，$\boldsymbol{x}^{(1)}$与$\boldsymbol{x}^{(2)}$与$\boldsymbol{\mu}$之间的马氏距离非常接近。

5.5 城市街区距离：L^1范数

城市街区距离 (city block distance)，也称**曼哈顿距离** (manhattan distance)，和欧氏距离本质上都是L^p范数。请大家注意区别两者等高线。

城市街区距离具体定义如下：

$$d(\boldsymbol{x},\boldsymbol{q})=\|\boldsymbol{x}-\boldsymbol{q}\|_1=\sum_{j=1}^{D}\left|x_j-q_j\right| \tag{5.20}$$

其中，j代表特征序号。

城市街区距离就是我们在《矩阵力量》第3章中介绍的L^1范数。

将式 (5.20) 展开得到下式：

$$d(\boldsymbol{x},\boldsymbol{q})=\left|x_1-q_1\right|+\left|x_2-q_2\right|+\cdots+\left|x_D-q_D\right| \tag{5.21}$$

特别地，当$D=2$时，城市街区距离为：

$$d(\boldsymbol{x},\boldsymbol{q})=\left|x_1-q_1\right|+\left|x_2-q_2\right| \tag{5.22}$$

旋转正方形

如图5.10所示，城市街区距离的等距线为旋转正方形。图中，$\boldsymbol{x}^{(1)}$、$\boldsymbol{x}^{(2)}$和$\boldsymbol{x}^{(3)}$ 与$\boldsymbol{q}$之间的欧氏距离均为5，但是城市街区距离分别为5、7和7。

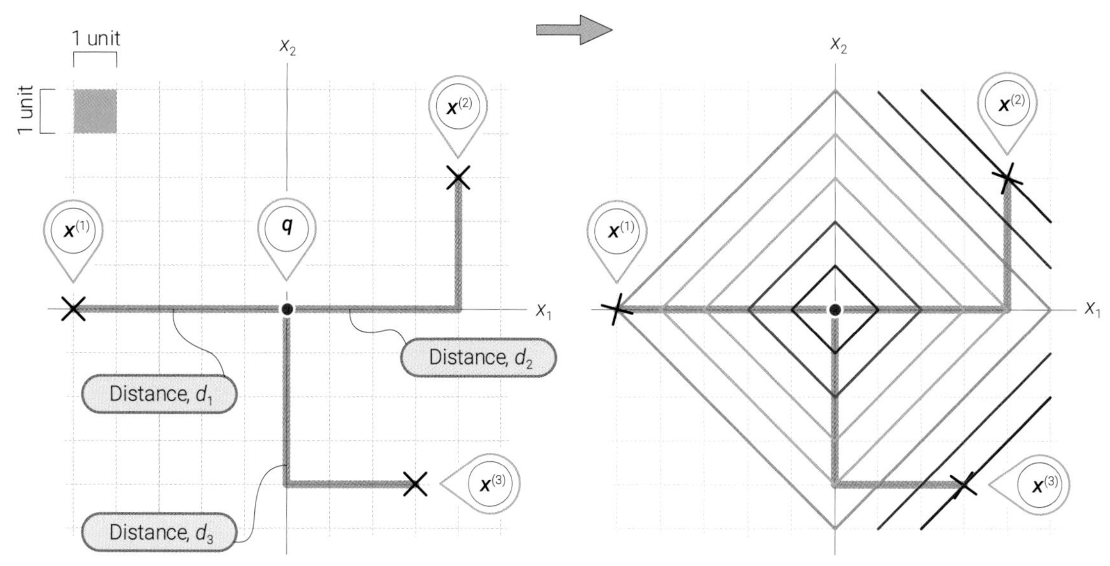

图5.10　2特征 ($D = 2$) 城市街区距离

代码Bk6_Ch05_05.ipynb中给出了两种方法计算得到图5.10所示城市街区距离。

5.6 切比雪夫距离：L^{∞}范数

切比雪夫距离 (chebyshev distance)，具体如下：

$$d(\boldsymbol{x},\boldsymbol{q}) = \|\boldsymbol{x}-\boldsymbol{q}\|_{\infty} = \max_{j}\left\{|x_j - q_j|\right\} \tag{5.23}$$

切比雪夫距离就是我们在《矩阵力量》第3章中介绍的L^{∞}范数。

将式(5.23) 展开得到下式：

$$d(\boldsymbol{x},\boldsymbol{q}) = \max\left\{|x_1 - q_1|,\ |x_2 - q_2|,\ \cdots,\ |x_D - q_D|\right\} \tag{5.24}$$

特别地，当$D = 2$时，切比雪夫距离为：

$$d(\boldsymbol{x},\boldsymbol{q}) = \max\left\{|x_1 - q_1|,\ |x_2 - q_2|\right\} \tag{5.25}$$

正方形

如图5.11所示，切比雪夫距离等距线为正方形。前文提到，$\boldsymbol{x}^{(1)}$、$\boldsymbol{x}^{(2)}$与$\boldsymbol{x}^{(3)}$与$\boldsymbol{q}$之间的欧氏距离相同，但是切比雪夫距离分别为5、4和4。

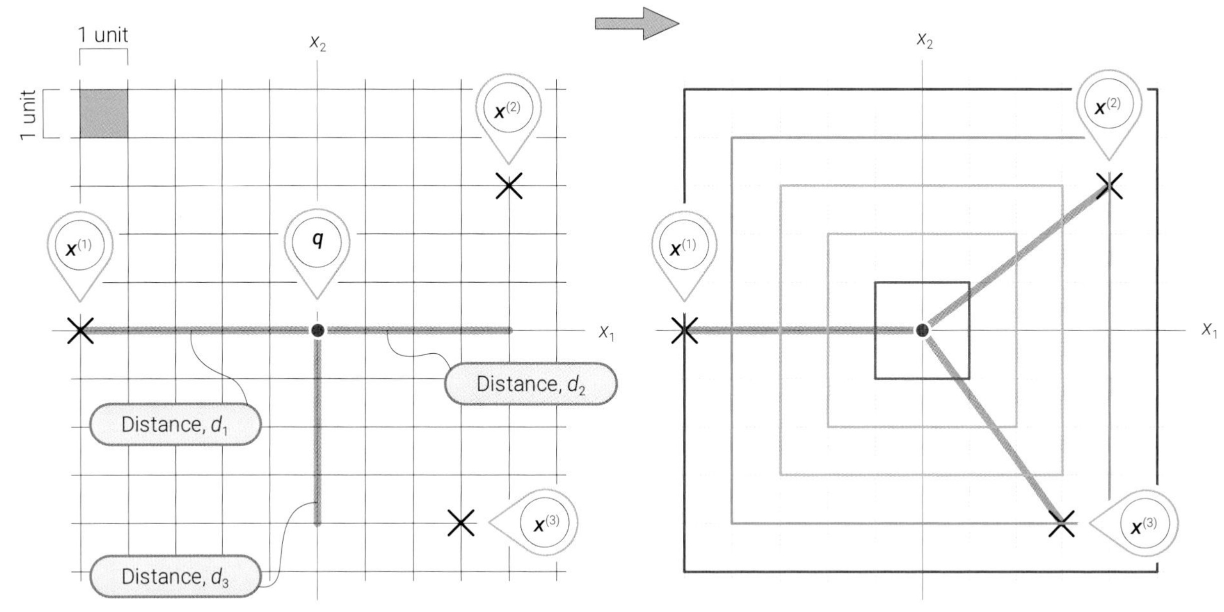

图5.11　2特征 ($D = 2$) 切比雪夫距离

代码Bk6_Ch05_06.ipynb中计算了图5.11所示切比雪夫距离。

5.7 闵氏距离：L^p范数

闵氏距离 (minkowski distance) 类似L^p范数，对应定义如下：

$$d(\boldsymbol{x},\boldsymbol{q}) = \|\boldsymbol{x}-\boldsymbol{q}\|_p = \left(\sum_{j=1}^{D}\left|x_j - q_j\right|^p\right)^{1/p} \tag{5.26}$$

计算闵氏距离的函数为scipy.spatial.distance.minkowski()。

图5.12所示为p取不同值时，闵氏距离等距线图。特别地，$p = 1$时，闵氏距离为城市街区距离；$p = 2$时，闵氏距离为欧氏距离；$p \to \infty$ 时，闵氏距离为切比雪夫距离。

注意：$p \geq 1$时，上式才叫向量范数。

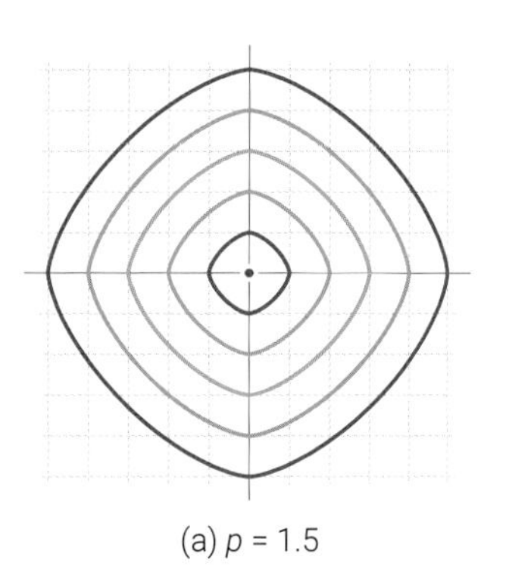

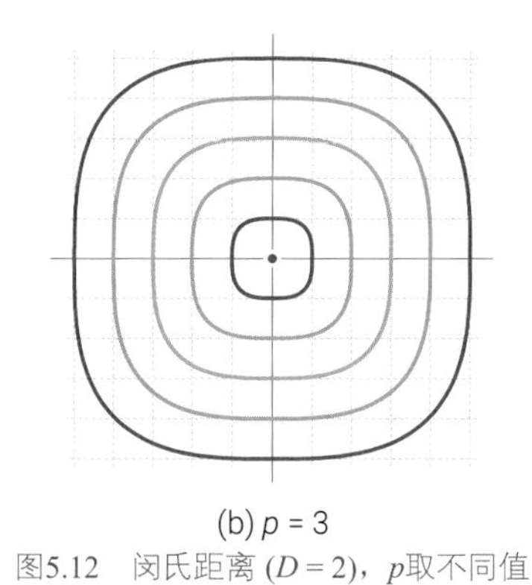

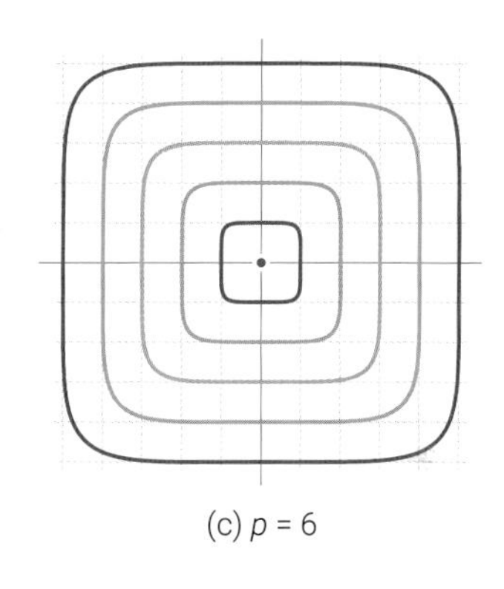

图5.12　闵氏距离 ($D = 2$)，p取不同值

5.8 距离与亲近度

本节介绍和距离相反的度量——**亲近度** (affinity)，也称**相似度** (similarity)。两个样本数据距离越远，两者亲近度越低；而当它们距离越近，则越高。

余弦相似度

《矩阵力量》第2章讲过，**余弦相似度** (cosine similarity) 是指用向量夹角的余弦值度量样本数据的相似性。$\boldsymbol{x}$和$\boldsymbol{q}$两个向量的余弦相似度具体定义如下：

$$k(\boldsymbol{x},\boldsymbol{q}) = \frac{\boldsymbol{x}^{\mathrm{T}}\boldsymbol{q}}{\|\boldsymbol{x}\|\|\boldsymbol{q}\|} = \frac{\boldsymbol{x}\cdot\boldsymbol{q}}{\|\boldsymbol{x}\|\|\boldsymbol{q}\|} \tag{5.27}$$

注意：余弦相似度和向量模无关，仅仅与两个向量夹角有关。

如图5.13所示，如果两个向量方向相同，则夹角 θ 余弦值 $\cos(\theta)$ 为1；如果，两个向量方向完全相反，夹角θ 余弦值 $\cos(\theta)$ 为 -1。因此余弦相似度取值范围在 $[-1,1]$ 之间。

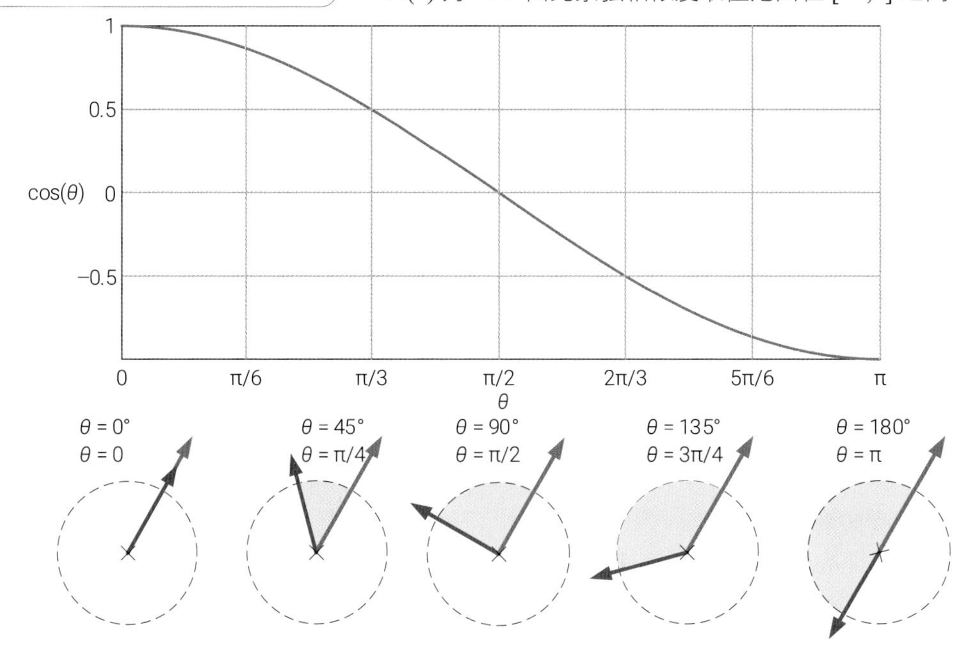

图5.13　余弦相似度

举个例子

给定以下两个向量具体值：

$$\boldsymbol{x}=\begin{bmatrix}8 & 2\end{bmatrix}^{\mathrm{T}},\quad \boldsymbol{q}=\begin{bmatrix}7 & 9\end{bmatrix}^{\mathrm{T}} \tag{5.28}$$

将式(5.28) 代入式(5.27) 得到：

$$k(\boldsymbol{x},\boldsymbol{q})=\frac{\boldsymbol{x}\cdot\boldsymbol{q}}{\|\boldsymbol{x}\|\|\boldsymbol{q}\|}=\frac{8\times7+2\times9}{\sqrt{8^2+2^2}\times\sqrt{7^2+9^2}}=\frac{74}{\sqrt{68}\times\sqrt{130}}\approx0.7871 \tag{5.29}$$

通过Bk6_Ch05_07.ipynb中的代码可以得到和式(5.29) 一致的结果。

余弦距离

余弦距离 (cosine distance) 的定义如下：

$$d(\boldsymbol{x},\boldsymbol{q})=1-k(\boldsymbol{x},\boldsymbol{q})=1-\frac{\boldsymbol{x}^{\mathrm{T}}\boldsymbol{q}}{\|\boldsymbol{x}\|\|\boldsymbol{q}\|}=1-\frac{\boldsymbol{x}\cdot\boldsymbol{q}}{\|\boldsymbol{x}\|\|\boldsymbol{q}\|} \tag{5.30}$$

余弦相似度的取值范围在 [−1, 1] 之间，因此余弦距离的取值范围为 [0, 2]。

Bk6_Ch05_08.ipynb中计算了式(5.28) 中两个向量的余弦距离，结果为0.2129。此外，也可以采用scipy.spatial.distance.pdist(X, 'cosine') 函数计算余弦距离。

相关系数相似度

相关系数相似度 (correlation similarity) 定义如下：

$$k(\boldsymbol{x},\boldsymbol{q})=\frac{(\boldsymbol{x}-\bar{x})^{\mathrm{T}}(\boldsymbol{q}-\bar{q})}{\|\boldsymbol{x}-\bar{x}\|\|\boldsymbol{q}-\bar{q}\|}=\frac{(\boldsymbol{x}-\bar{x})\cdot(\boldsymbol{q}-\bar{q})}{\|\boldsymbol{x}-\bar{x}\|\|\boldsymbol{q}-\bar{q}\|} \tag{5.31}$$

其中，$\bar{x}$ 为列向量 $\boldsymbol{x}$ 元素均值；$\bar{q}$ 为列向量 $\boldsymbol{q}$ 元素均值。

观察式(5.31)，发现相关系数相似度类似余弦相似度；稍有不同的是，相关系数相似度需要“中心化”向量。

还是以式 (5.28) 为例，计算$\boldsymbol{x}$和$\boldsymbol{q}$两个向量的相关系数相似度。将式(5.28) 代入式(5.31) 可以得到：

$$\begin{aligned}k(\boldsymbol{x},\boldsymbol{q})&=\frac{\left(\begin{bmatrix}8 & 2\end{bmatrix}^{\mathrm{T}}-\frac{8+2}{2}\right)\cdot\left(\begin{bmatrix}7 & 9\end{bmatrix}^{\mathrm{T}}-\frac{7+9}{2}\right)}{\|\boldsymbol{x}-\bar{\boldsymbol{x}}\|\|\boldsymbol{q}-\bar{\boldsymbol{q}}\|}\\&=\frac{\begin{bmatrix}3 & -3\end{bmatrix}^{\mathrm{T}}\cdot\begin{bmatrix}-1 & 1\end{bmatrix}^{\mathrm{T}}}{\left\|\begin{bmatrix}3 & -3\end{bmatrix}^{\mathrm{T}}\right\|\left\|\begin{bmatrix}-1 & 1\end{bmatrix}^{\mathrm{T}}\right\|}=\frac{-6}{6}=-1\end{aligned} \tag{5.32}$$

代码Bk6_Ch05_09.ipynb中计算得到两个向量的相关系数距离为2。也可以采用scipy.spatial.distance.pdist(X, 'correlation') 函数计算相关系数距离。

核函数亲近度

不考虑常数项，**线性核** (linear kernel) 亲近度定义如下：

$$\kappa(\boldsymbol{x},\boldsymbol{q}) = \boldsymbol{x}^{\mathrm{T}}\boldsymbol{q} = \boldsymbol{x}\cdot\boldsymbol{q} \tag{5.33}$$

对比式(5.27) 和式(5.33)，式(5.27) 分母上 $\|\boldsymbol{x}\|$ 和 $\|\boldsymbol{q}\|$ 分别对$\boldsymbol{x}$和$\boldsymbol{q}$归一化。

sklearn.metrics.pairwise.linear_kernel为Scikit-Learn工具箱中计算线性核亲近度的函数。

将式(5.28) 代入式(5.33)，得到线性核亲近度为：

$$\kappa(\boldsymbol{x},\boldsymbol{q}) = 8\times7+2\times9 = 74 \tag{5.34}$$

多项式核 (polynomial kernel) 亲近度定义如下：

$$\kappa(\boldsymbol{x},\boldsymbol{q}) = \left(\gamma\boldsymbol{x}^{\mathrm{T}}\boldsymbol{q}+r\right)^{d} = \left(\gamma\boldsymbol{x}\cdot\boldsymbol{q}+r\right)^{d} \tag{5.35}$$

其中，d为多项式核次数，γ为系数，r为常数。

多项式核亲近度函数为sklearn.metrics.pairwise.polynomial_kernel。

Sigmoid核 (sigmoid kernel) 亲近度定义如下：

$$\kappa(\boldsymbol{x},\boldsymbol{q}) = \tanh\left(\gamma\boldsymbol{x}^{\mathrm{T}}\boldsymbol{q}+r\right) = \tanh\left(\gamma\boldsymbol{x}\cdot\boldsymbol{q}+r\right) \tag{5.36}$$

Sigmoid核亲近度函数为sklearn.metrics.pairwise.sigmoid_kernel。

最常见的莫过于，**高斯核** (gaussian kernel) 亲近度，即**径向基核函数** (radial basis function kernel，RBF kernel)：

$$\kappa(\boldsymbol{x},\boldsymbol{q}) = \exp\left(-\gamma\|\boldsymbol{x}-\boldsymbol{q}\|^{2}\right) \tag{5.37}$$

式(5.37)中 $\|\boldsymbol{x}-\boldsymbol{q}\|^{2}$ 为欧氏距离的平方，也可以写作：

$$\kappa(\boldsymbol{x},\boldsymbol{q}) = \exp\left(-\gamma d^{2}\right) \tag{5.38}$$

其中，d为欧氏距离$\|\boldsymbol{x}-\boldsymbol{q}\|$。高斯核亲近度取值范围为 (0, 1]；距离值越小，亲近度越高。高斯核亲近度函数为sklearn.metrics.pairwise.rbf_kernel。

图5.14所示为，γ取不同值时，高斯核亲近度随着欧氏距离d变化。聚类算法经常采用高斯核亲近度。

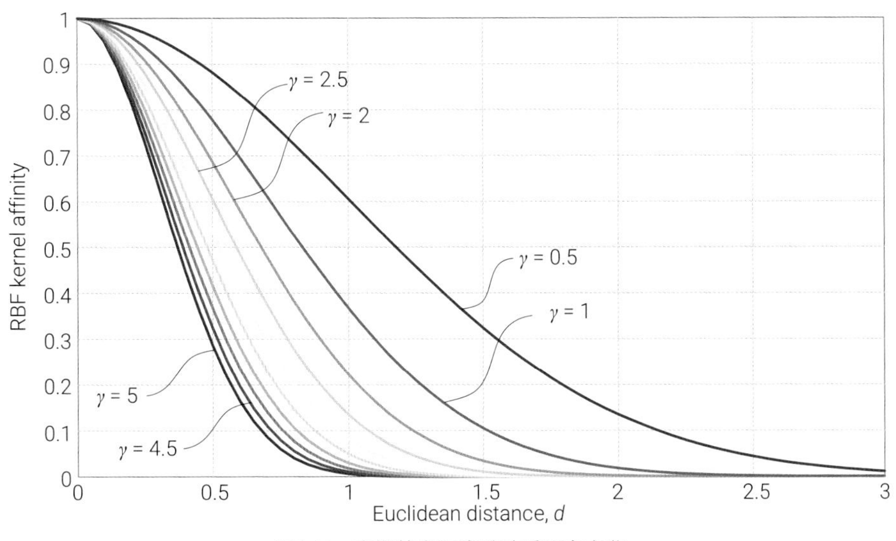

图5.14　高斯核亲近度随欧氏距离变化

从“距离 → 亲近度”转换角度来看，多元高斯分布分子中高斯函数完成的就是马氏距离d到概率密度 (亲近度) 的转化：

$$f_{\chi}(\boldsymbol{x})=\frac{\exp\left(-\frac{1}{2}(\boldsymbol{x}-\boldsymbol{\mu})^{\mathrm{T}}\boldsymbol{\Sigma}^{-1}(\boldsymbol{x}-\boldsymbol{\mu})\right)}{(2\pi)^{\frac{D}{2}}|\boldsymbol{\Sigma}|^{\frac{1}{2}}}=\frac{\exp\left(-\frac{1}{2}d^{2}\right)}{(2\pi)^{\frac{D}{2}}|\boldsymbol{\Sigma}|^{\frac{1}{2}}} \tag{5.39}$$

拉普拉斯核 (laplacian kernel) 亲近度，定义如下：

$$\kappa(\boldsymbol{x},\boldsymbol{q})=\exp\left(-\gamma\|\boldsymbol{x}-\boldsymbol{q}\|_{1}\right) \tag{5.40}$$

其中，$\|\boldsymbol{x}-\boldsymbol{q}\|_{1}$为城市街区距离。

图5.15所示为，γ取不同值时，拉普拉斯核亲近度随着城市街区距离d变化。拉普拉斯核亲近度对应函数为sklearn.metrics.pairwise.laplacian_kernel。

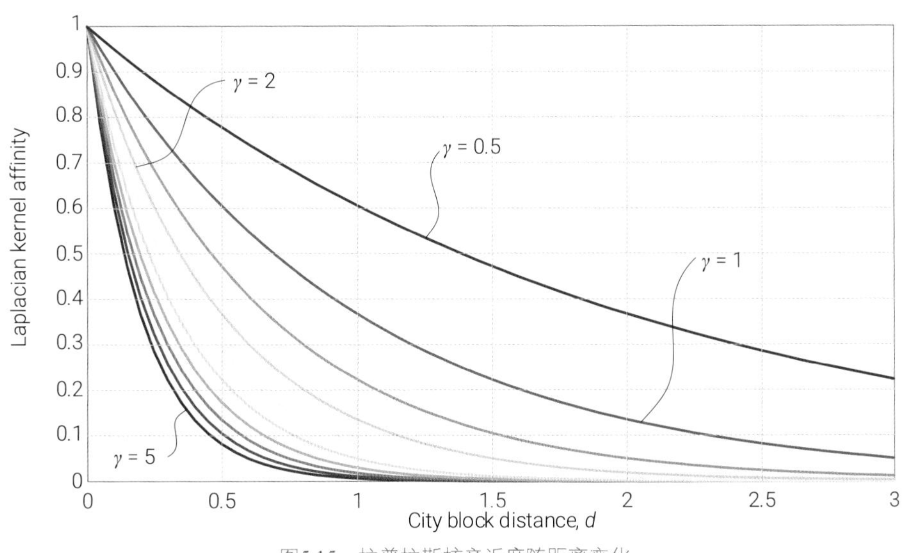

图5.15　拉普拉斯核亲近度随距离变化

5.9 成对距离、成对亲近度

《矩阵力量》反复强调，样本数据矩阵$\boldsymbol{X}$每一列代表一个特征，而每一行代表一个样本数据点，比如：

$$\boldsymbol{X}_{n\times D}=\begin{bmatrix}\boldsymbol{x}^{(1)}\\\boldsymbol{x}^{(2)}\\\vdots\\\boldsymbol{x}^{(n)}\end{bmatrix}\tag{5.41}$$

$\boldsymbol{X}$样本点之间距离构成的**成对距离矩阵** (pairwise distance matrix) 形式如下：

$$\boldsymbol{D}_{n\times n}=\begin{bmatrix}0 & d_{1,2} & d_{1,3} & \cdots & d_{1,n}\\d_{2,1} & 0 & d_{2,3} & \cdots & d_{2,n}\\d_{3,1} & d_{3,2} & 0 & \cdots & d_{3,n}\\\vdots & \vdots & \vdots & \ddots & \vdots\\d_{n,1} & d_{n,2} & d_{n,3} & \cdots & 0\end{bmatrix}\tag{5.42}$$

每个样本数据点和自身的距离为0，因此式(5.42) 主对角线为0。很显然矩阵$\boldsymbol{D}$为对称矩阵，即 $d_{i,j}$和 $d_{j,i}$相等。

图5.16给定了12个样本数据点坐标点。

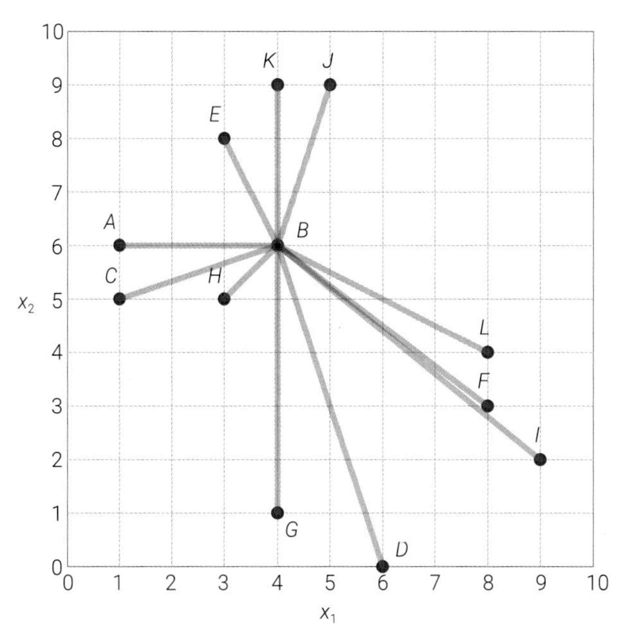

图5.16 样本数据散点图和成对距离

利用sklearn.metrics.pairwise.euclidean_distances，我们可以计算图5.16数据点的成对欧氏距离矩阵。图5.17所示为欧氏距离矩阵数据构造的热图。

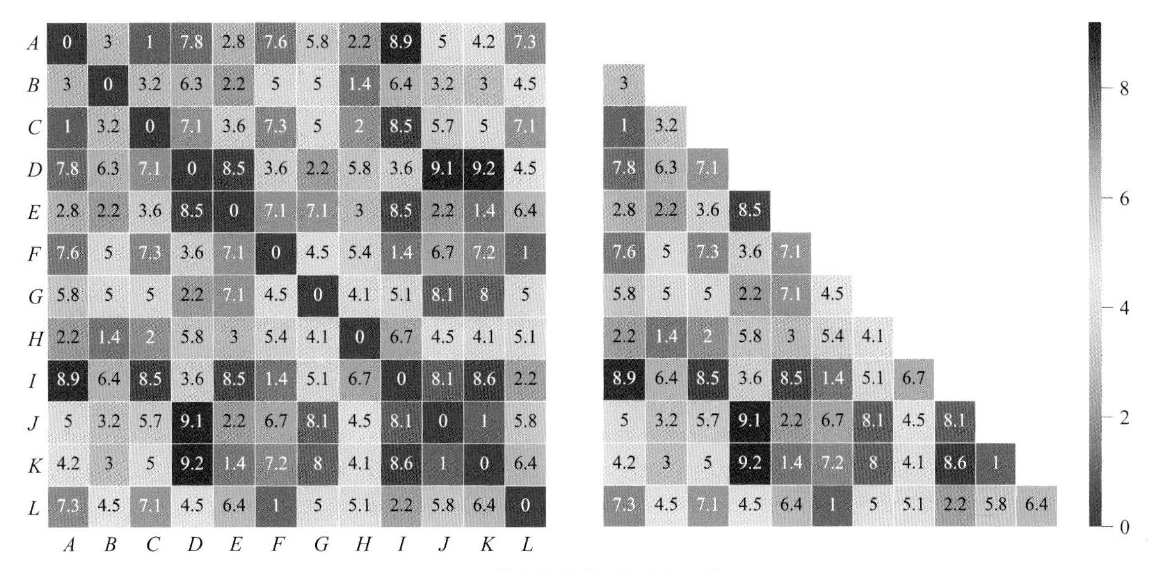

图5.17　样本数据成对距离矩阵热图

实际上，我们关心的成对距离个数为：

$$C_n^2 = \frac{n(n-1)}{2} \tag{5.43}$$

也就是说，式(5.42)中不含对角线的下三角矩阵包含的信息足够使用。

表5.1总结了计算成对距离、亲近度矩阵常用函数。

表5.1　计算成对距离/亲近度矩阵常见函数

函数	描述
metrics.pairwise.cosine_similarity()	计算余弦相似度成对矩阵
metrics.pairwise.cosine_distances()	计算成对余弦距离矩阵
metrics.pairwise.euclidean_distances()	计算成对欧氏距离矩阵
metrics.pairwise.laplacian_kernel()	计算拉普拉斯核成对亲近度矩阵
metrics.pairwise.linear_kernel()	计算线性核成对亲近度矩阵
metrics.pairwise.manhattan_distances()	计算成对城市街区距离矩阵
metrics.pairwise.polynomial_kernel()	计算多项式核成对亲近度矩阵
metrics.pairwise.rbf_kernel()	计算RBF核成对亲近度矩阵
metrics.pairwise.sigmoid_kernel()	计算sigmoid核成对亲近度矩阵
metrics.pairwise.paired_euclidean_distances(X,Q)	计算X和Q样本数据矩阵成对欧氏距离矩阵
metrics.pairwise.paired_manhattan_distances(X,Q)	计算X和Q样本数据矩阵成对城市街区距离矩阵
metrics.pairwise.paired_cosine_distances(X,Q)	计算X和Q样本数据矩阵成对余弦距离矩阵

Bk6_Ch05_10.ipynb中绘制了图5.16、图5.17。

5.10 协方差矩阵，为什么无处不在？

想要可视化一个n行D列的数据矩阵$\boldsymbol{X}$，成对散点图是个不错的选择。图5.18所示为用seaborn.pairplot() 绘制的成对散点图。这幅图有D行D列子图，其实也可以看成是个方阵。

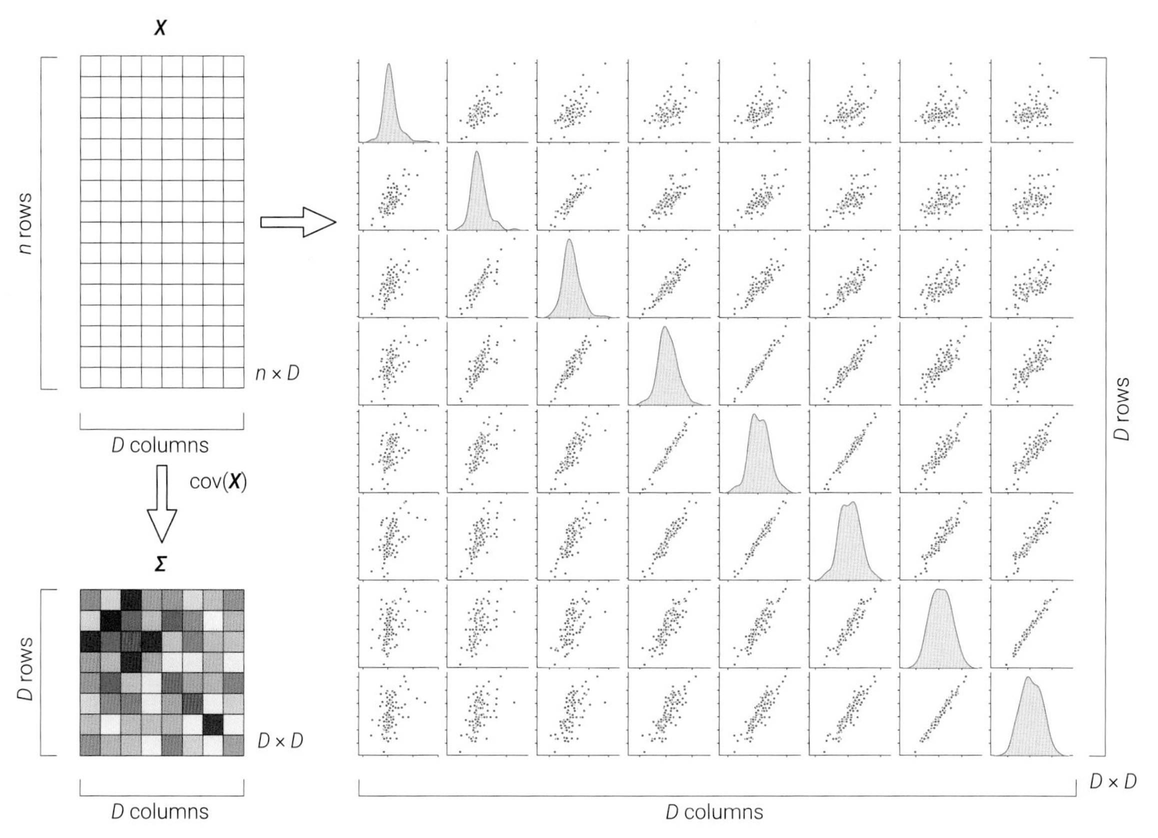

图5.18　成对散点图

对角线上的子图展示的是概率密度曲线，在这些图中我们可以看到不同特征有不同分布特点；非对角线子图展示的是成对散点图，这些子图中我们似乎看到某些散点子图有更强的正相关性。

那么问题来了，如何量化上述观察？

这时**协方差矩阵** (covariance matrix) 就派上了用场！

观察图5.18所示协方差矩阵$\boldsymbol{\Sigma}$，我们可以发现$\boldsymbol{\Sigma}$好像是个“浓缩”的成对散点图，它们的形状都是$D \times D$。也就是说，成对散点图的每个子图浓缩成了$\boldsymbol{\Sigma}$中的一个值。

如图5.19所示，协方差矩阵$\boldsymbol{\Sigma}$主对角线为**方差** (variance)，对应成对散点图中的主对角线子图，量化某个特定特征上样本数据分布离散情况。$D \times D$协方差矩阵有D个方差。本章前文提到过方差也相当于某种距离。

协方差矩阵$\boldsymbol{\Sigma}$非主对角线为**协方差** (covariance)，对应成对散点图中的非主对角线子图，量化成对特征的关系。$D \times D$协方差矩阵有$D^2 - D = D(D - 1)$ 个协方差。协方差度量特征之间相关性强度，某种程度上也可以视作“距离”。

更何况，协方差矩阵直接用在马氏距离计算中。

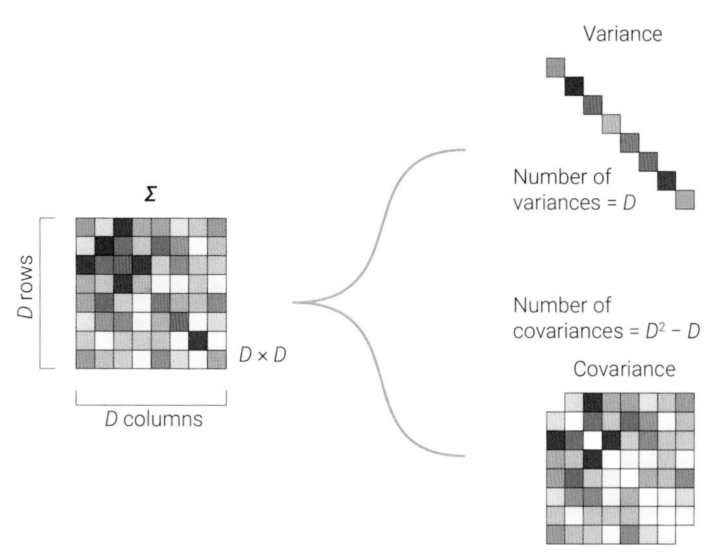

图5.19　协方差矩阵由方差和协方差组成

由于计算协方差矩阵时，每个特征上的数据都已经去均值，因此$\boldsymbol{\Sigma}$不含有$\boldsymbol{X}$的质心E($\boldsymbol{X}$) 具体信息。

对于“鸢尾花书”的读者，“协方差矩阵”这个词可能已经给大家的耳朵磨出茧子了。本书经常提到协方差矩阵，是因为机器学习很多算法都离不开协方差矩阵。

首先，协方差矩阵直接用在**多元高斯分布** (multivariate Gaussian distribution) PDF中。**马氏距离** (Mahal distance或Mahalanobis distance) 也离不开协方差矩阵；除了作为距离度量，马氏距离常常用来判断**离群值** (outlier)。

条件高斯分布 (conditional Gaussian distribution) 也离不开协方差矩阵的分块运算。而条件高斯分布常用在多输入多输出的线性回归中；此外，我们将会在**高斯过程** (Gaussian Process，GP) 中用到高斯条件概率。特别对于高斯过程算法，我们要用不同的核函数构造先验分布的协方差矩阵。

在**主成分分析** (Principal Component Analysis，PCA) 中，一般都是以特征值分解协方差矩阵为起点。PCA的主要思想是找到数据中的主成分，这些主成分是原始特征的线性组合。协方差矩阵用于计算数据的特征向量和特征值，特征向量构成了新的坐标系，而特征值表示了每个主成分的重要性。

在**高斯混合模型** (Gaussian Mixture Model，GMM) 中，每个混合成分都由一个高斯分布表示，而每个高斯分布都有一个协方差矩阵。协方差矩阵决定了每个混合成分在特征空间中的形状和方向。不同的协方差矩阵可以捕捉到不同方向上的数据变化。

高斯朴素贝叶斯 (Gaussian Naive Bayes) 算法中，每个类别的特征都被假设为服从高斯分布。协方差矩阵描述每个类别中不同特征之间关系。该方法假设每个类别下的协方差矩阵为对角阵，即特征之间的关系是条件独立的，因此被称为“朴素”。

高斯判别分析 (Gaussian Discriminant Analysis，GDA) 是一种监督学习算法，通常用于分类问题。GDA使用协方差矩阵来建模每个类别的特征分布。与高斯朴素贝叶斯不同，GDA中协方差矩阵未必假定是对角矩阵，因此能够捕捉到不同特征之间的相关性。

当然协方差矩阵也不是万能的！

协方差矩阵通常假设数据服从多元高斯分布。如果数据的分布不符合这个假设，协方差矩阵可能不是一个有效的描述统计关系的工具。如果数据分布呈现偏斜或非正态分布，协方差矩阵的解释力可能会受到影响。在这种情况下，可能需要考虑对数据进行转换或使用其他方法。

协方差矩阵受到特征的取值尺度、单位等影响。为了解决这个问题，我们可以采用相关性系数矩阵，即原始数据Z分数的协方差矩阵。

协方差受异常值的影响较大，如果数据中存在离群值，协方差矩阵可能不够稳健。

协方差矩阵主要用于捕捉线性关系，对于非线性关系，协方差矩阵可能无法提供很好的信息。在这种情况下，非线性方法或核方法可能更适用。

随着特征数量的增加，协方差矩阵的计算和存储成本会显著增加。当特征维度很高时，计算协方差矩阵可能变得非常耗时，并且需要更多的内存。

本章后文一边回顾“鸢尾花书”前五本书介绍的有关协方差的重要知识点，然后再扩展讲解一些新内容。

怎么计算数据的协方差矩阵?

相信大家已经很熟悉计算协方差矩阵$\boldsymbol{\Sigma}$的具体步骤，下面简单进行回顾。

如图5.20所示，对于原始数据矩阵$\boldsymbol{X}$，首先对其中心化得到$\boldsymbol{X}_c$。从几何角度来看，中心化相当于平移，将质心从E($\boldsymbol{X}$) 平移到原点。

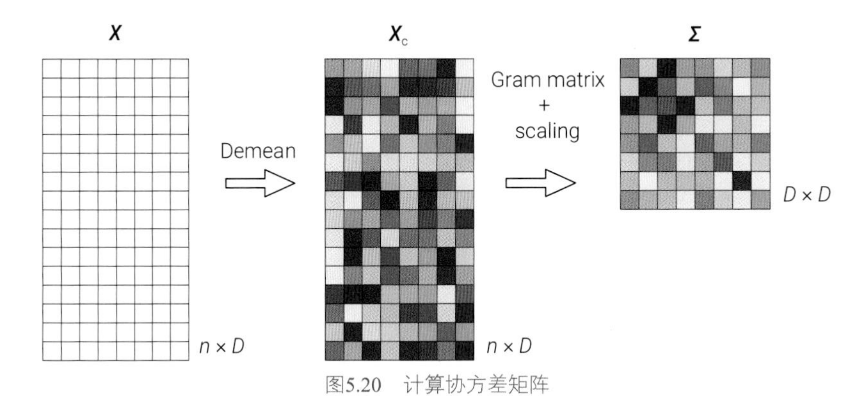

图5.20　计算协方差矩阵

然后计算$\boldsymbol{X}_c$的格拉姆矩阵$\boldsymbol{X}_c^{\mathrm{T}}\boldsymbol{X}_c$，并用$1/(n-1)$缩放。

$$\boldsymbol{\Sigma}=\frac{\boldsymbol{X}_c^{\mathrm{T}}\boldsymbol{X}_c}{n-1} \tag{5.44}$$

如果假设$\boldsymbol{X}$已经标准化，协方差矩阵可以简单写成$\boldsymbol{\Sigma}=\dfrac{\boldsymbol{X}^{\mathrm{T}}\boldsymbol{X}}{n-1}$；也就是说，协方差矩阵$\boldsymbol{\Sigma}$是一种特殊的矩阵。

很多时候，特别是对协方差矩阵$\boldsymbol{\Sigma}$特征值分解，我们甚至可以不考虑缩放系数$1/(n-1)$。如图5.20所示，如果将Demean改成Standardize (标准化)，我们得到的便是相关性系数矩阵$\boldsymbol{P}$。或者说，$\boldsymbol{X}$的Z分数矩阵的协方差矩阵就是$\boldsymbol{X}$的**相关性系数矩阵** (correlation matrix)。相关性系数矩阵的主对角线元素都为1，非主对角线元素为相关性系数。

相对于形状为$n\times D$的数据矩阵$\boldsymbol{X}$，一般情况下$n \gg D$，即n远大于D，一个$D\times D$的协方差矩阵$\boldsymbol{\Sigma}$则小巧轻便得多。$\boldsymbol{\Sigma}$不但包含$\boldsymbol{X}$每一列数据的方差，还包含$\boldsymbol{X}$任意两列数据的协方差。

矮胖矩阵的协方差矩阵

前文的数据矩阵形状都是细高的，即矩阵的行数n大于列数D。但是，实践中，我们也会经常碰到矮胖型的数据矩阵，即$n < D$。比如，2000 (D) 只股票在252 (n) 个交易日的数据。

如图5.21所示，对于矮胖数据矩阵的协方差矩阵，它的秩远小于D；可以肯定地说，这种协方差矩阵一定是半正定，即不能进行Cholesky分解。此外，对图5.21中协方差矩阵特征值分解时，我们会看到大量特征值为0，这会造成运算不稳定。这种情况下，我们可以将原始数据转置后再计算“细高”矩阵的协方差矩阵，然后再进行矩阵分解 (特征值分解、Cholesky分解等)。

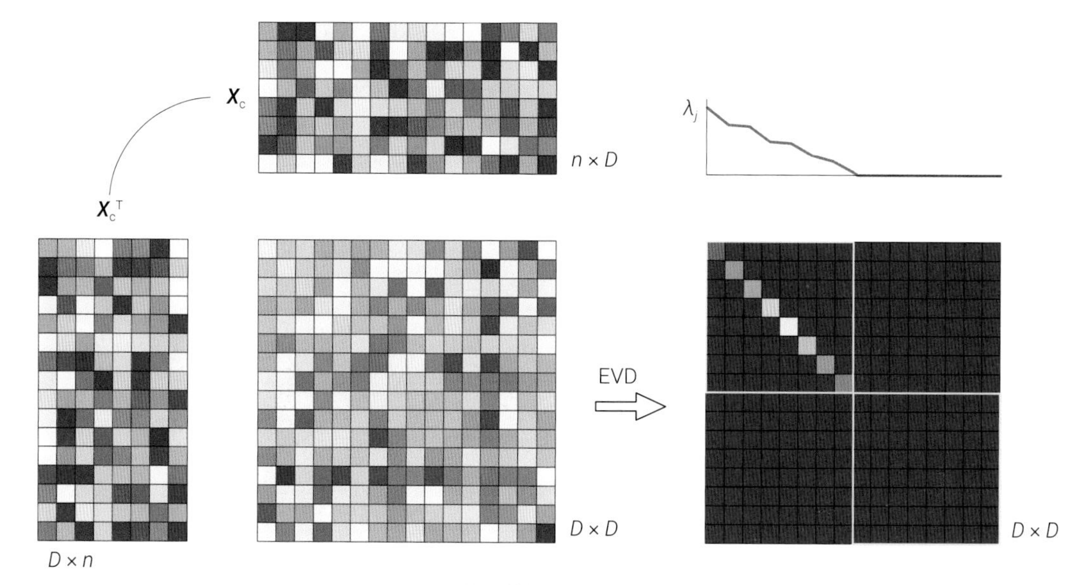

图5.21 协方差矩阵存在大量0特征值

矩阵乘法两个视角

下面用矩阵乘法两个视角来观察。

根据矩阵乘法第一视角，将X_c写成 $\begin{bmatrix} x_1 & x_2 & \cdots & x_D \end{bmatrix}$，可以展开写成：

$$\operatorname{var}(X) = \Sigma = \frac{1}{n-1}\begin{bmatrix} x_1^{\mathrm{T}}x_1 & x_1^{\mathrm{T}}x_2 & \cdots & x_1^{\mathrm{T}}x_D \\ x_2^{\mathrm{T}}x_1 & x_2^{\mathrm{T}}x_2 & \cdots & x_2^{\mathrm{T}}x_D \\ \vdots & \vdots & \ddots & \vdots \\ x_D^{\mathrm{T}}x_1 & x_D^{\mathrm{T}}x_2 & \cdots & x_D^{\mathrm{T}}x_D \end{bmatrix} = \frac{1}{n-1}\begin{bmatrix} \langle x_1, x_1\rangle & \langle x_1, x_2\rangle & \cdots & \langle x_1, x_D\rangle \\ \langle x_2, x_1\rangle & \langle x_2, x_2\rangle & \cdots & \langle x_2, x_D\rangle \\ \vdots & \vdots & \ddots & \vdots \\ \langle x_D, x_1\rangle & \langle x_D, x_2\rangle & \cdots & \langle x_D, x_D\rangle \end{bmatrix} \quad (5.45)$$

注意，上式中x_j ($j = 1, 2, \cdots, D$) 已经中心化，即去均值。

如图5.22所示，协方差矩阵的主对角线元素为$x_j^{\mathrm{T}}x_j$，相当于向量内积$<x_j, x_j>$，也相当于向量x_j的L2范数平方$\|x_j\|_2^2$。

如图5.23所示，协方差矩阵的非主对角线元素为$x_j^{\mathrm{T}}x_k$ ($j \neq k$)，相当于向量内积$<x_j, x_k>$。显然，$x_j^{\mathrm{T}}x_k = x_j^{\mathrm{T}}x_k$，即 $<x_j,x_k> = <x_k,x_j>$；也就是说，协方差矩阵为**对称矩阵** (symmetric matrix)。

正是因为协方差矩阵为对称矩阵，为了减少信息储存量，我们仅仅需要如图5.24所示的这部分矩阵 (方差 + 协方差) 的数据。不管是下三角矩阵还是上三角矩阵，我们都保留了D个方差、$D(D-1)/2$个协方差。也就是说，我们保留了$D(D+1)/2$个元素，剔除了$D(D-1)/2$个重复元素。而利用组合数，我们可以容易发现 $C_D^2 = \frac{D(D-1)}{2}$，表示在D个特征中任意取2个特征的组合数。

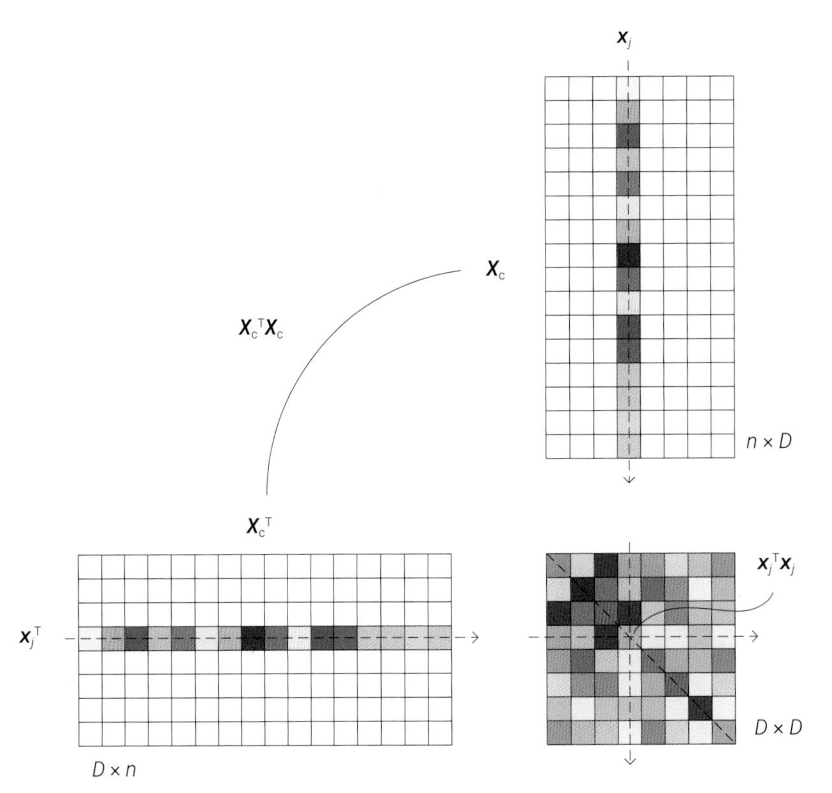

图5.22　协方差矩阵主对角线元素

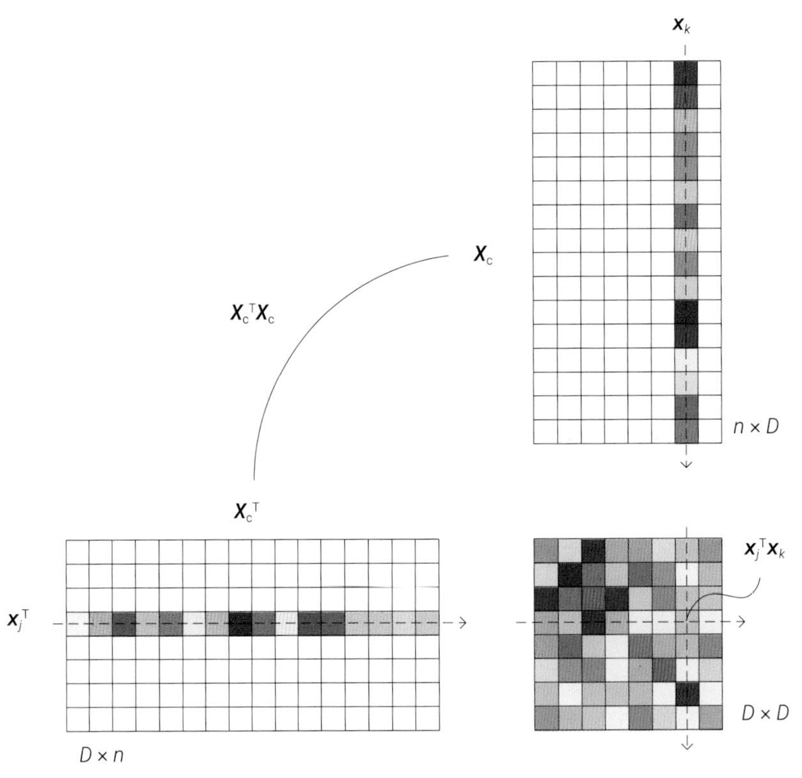

图5.23　协方差矩阵非主对角线元素

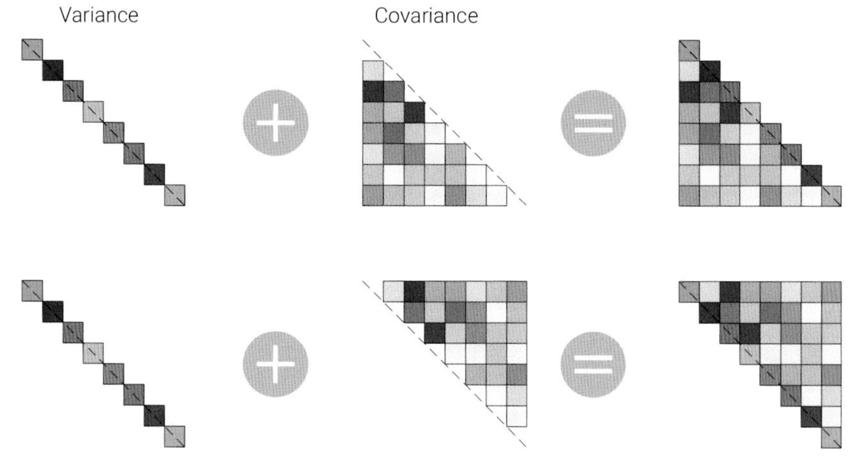

图5.24　剔除协方差矩阵中冗余元素

而根据方差非负这个形式，很容易证明对于非零向量$\boldsymbol{a}$，$\boldsymbol{a}^{\mathrm{T}}\boldsymbol{\Sigma}\boldsymbol{a} \geqslant 0$成立；这也意味着，协方差矩阵为**半正定** (Positive semidefinite，PSD)。

对协方差矩阵$\boldsymbol{\Sigma}$进行谱分解$\boldsymbol{\Sigma} = \boldsymbol{V\Lambda V}^{\mathrm{T}}$，如果得到的所有特征值$\lambda_j$均为正，则协方差矩阵正定；这也说明，数据矩阵满秩，即线性独立。如果协方差矩阵的特征值出现0，就意味着$\boldsymbol{\Sigma}$非满秩，也说明数据矩阵非满秩，存在线性相关。这一点值得我们注意，因为$\boldsymbol{\Sigma}$非满秩，则意味着$\boldsymbol{\Sigma}$不存在逆，行列式$|\boldsymbol{\Sigma}|$为0。多元高斯分布PDF函数中，$\boldsymbol{\Sigma}$必须为正定。

从上面这些分析，也可以联想到为什么我们常常把线性代数中的矩阵形状、秩、矩阵逆、行列式、正定性、特征值等概念联系起来。

根据矩阵乘法第二视角，将$\boldsymbol{X}_{\mathrm{c}}$写成$\begin{bmatrix} \boldsymbol{x}^{(1)} \\ \boldsymbol{x}^{(2)} \\ \vdots \\ \boldsymbol{x}^{(n)} \end{bmatrix}$，而式 (5.44) 可以展开写成$n$个秩一矩阵之和。

$$\boldsymbol{\Sigma} = \frac{1}{n-1}\left[\left(\boldsymbol{x}^{(1)}\right)^{\mathrm{T}}\boldsymbol{x}^{(1)} + \left(\boldsymbol{x}^{(2)}\right)^{\mathrm{T}}\boldsymbol{x}^{(2)} + \cdots + \left(\boldsymbol{x}^{(n)}\right)^{\mathrm{T}}\boldsymbol{x}^{(n)}\right] = \frac{1}{n-1}\sum_{i=1}^{n}\left(\boldsymbol{x}^{(i)}\right)^{\mathrm{T}}\boldsymbol{x}^{(i)} \tag{5.46}$$

其中，每个$\left(\boldsymbol{x}^{(i)}\right)^{\mathrm{T}}\boldsymbol{x}^{(i)}$均为**秩一矩阵** (rank-one matrix)，形状为$D \times D$，如图5.25所示。

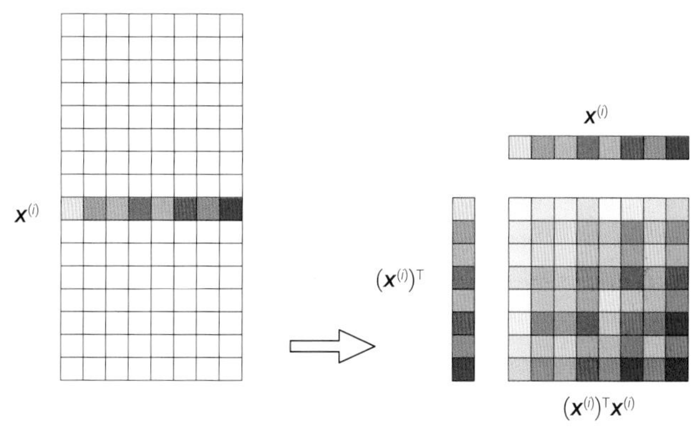

图5.25　协方差矩阵可以看成n个秩一矩阵之和

如图5.26所示，式(5.46) 相当于对n个$\left(\boldsymbol{x}^{(i)}\right)^{\mathrm{T}}\boldsymbol{x}^{(i)}$取均值；而且，每个样本点都有相同的权重$\frac{1}{n-1}$。

虽然$\left(\boldsymbol{x}^{(i)}\right)^{\mathrm{T}}\boldsymbol{x}^{(i)}$的秩为1，但是协方差矩阵$\boldsymbol{\Sigma}$的秩最大为$D$，$\mathrm{rank}(\boldsymbol{\Sigma})\leqslant D$。

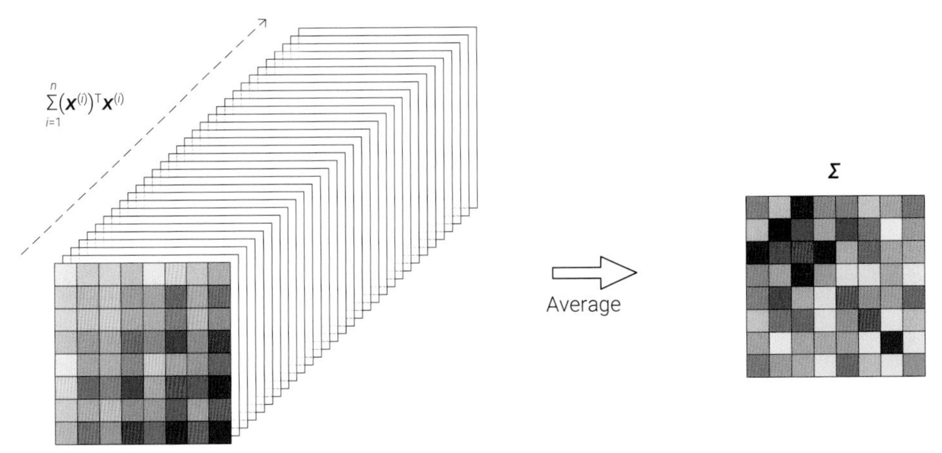

图5.26　协方差矩阵可以看成n个秩一矩阵取均值

几何视角：椭圆和椭球

如图5.27所示，任意2 × 2协方差矩阵可以看作是一个椭圆。椭圆的中心位于质心。

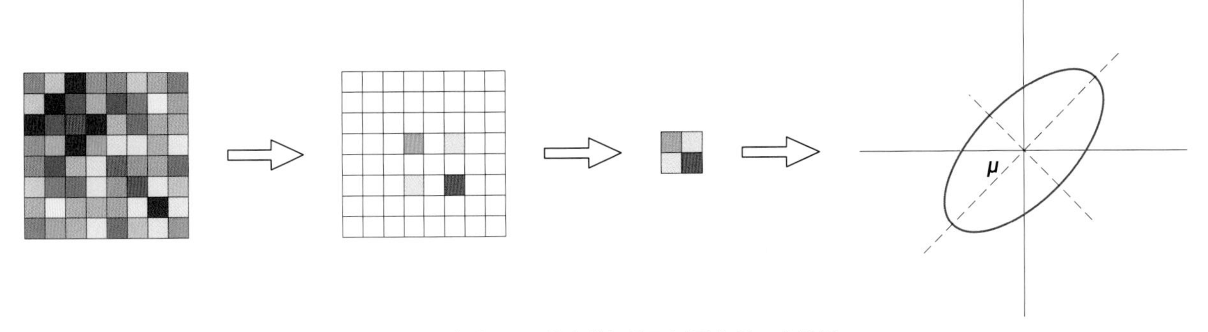

图5.27　任意2 × 2协方差矩阵可以看作是一个椭圆

如图5.28所示，这个椭圆的形状和旋转角度则由相关系数和方差比值共同决定。请大家注意，图5.28中旋转椭圆对应马氏距离都为1。《统计至简》还介绍了，条件高斯概率和这些图之间的关系，请大家自行回顾。

要想求得椭圆的长轴、短轴各自所在方向，我们需要特征值分解协方差矩阵。

对协方差进行特征值分解时，获得的特征值大小和半长轴、半短轴长度直接相关。这实际上也是利用特征值分解完成PCA的几何解释。《矩阵力量》和《统计至简》都从不同角度介绍过相关内容，这里不再重复。

图5.28　2 × 2协方差椭圆随相关性系数ρ、标准差比值σ_Y/σ_X变化

如图5.29所示，任意3 × 3协方差矩阵可以看作是一个椭球；这个椭球对应马氏距离也为1。如图5.30所示，将这个椭球投影到三个平面上，我们便得到了三个椭圆，它们对应马氏距离也为1。我们可以用这三个椭圆代表三个不同的2 × 2协方差矩阵。

仔细观察图5.30中这个旋转椭球，我们还看到了三个向量。这三个向量分别代表椭球三个主轴方向。类似地，对这个3 × 3协方差矩阵进行特征值分解便可以获得这三个方向。

在《矩阵力量》中，我们知道这三个方向也是一个正交基。如图5.31所示，顺着这三个方向，我们可以把椭球摆正！

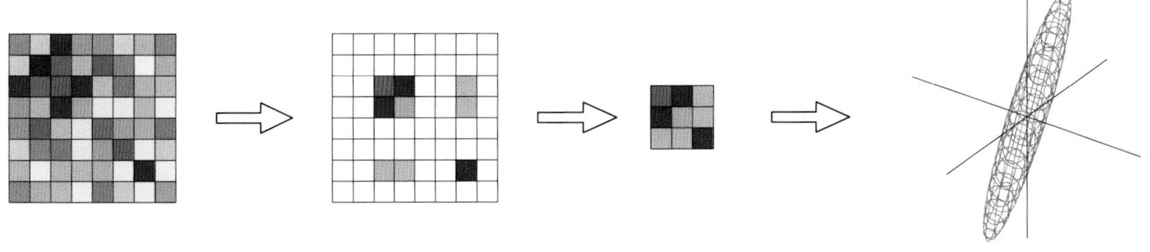

图5.29　任意3 × 3协方差矩阵可以看作是一个椭球

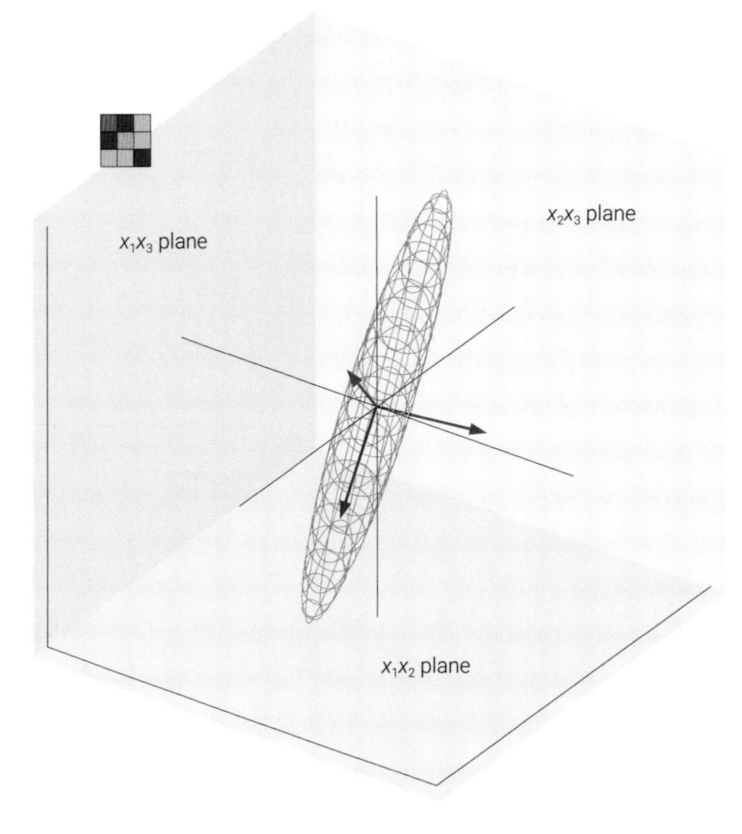

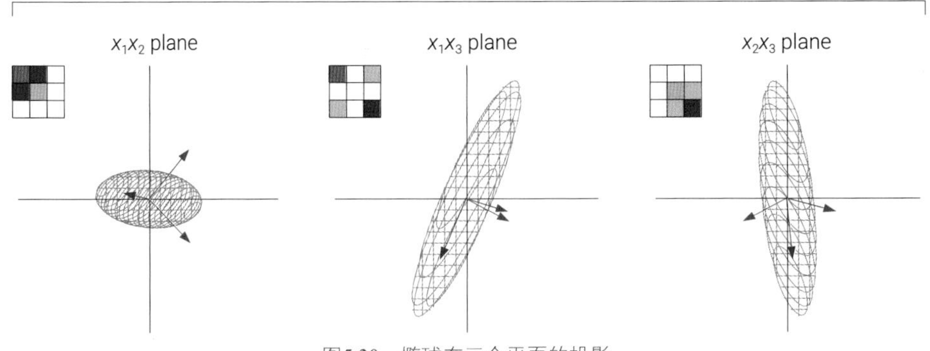

图5.30　椭球在三个平面的投影

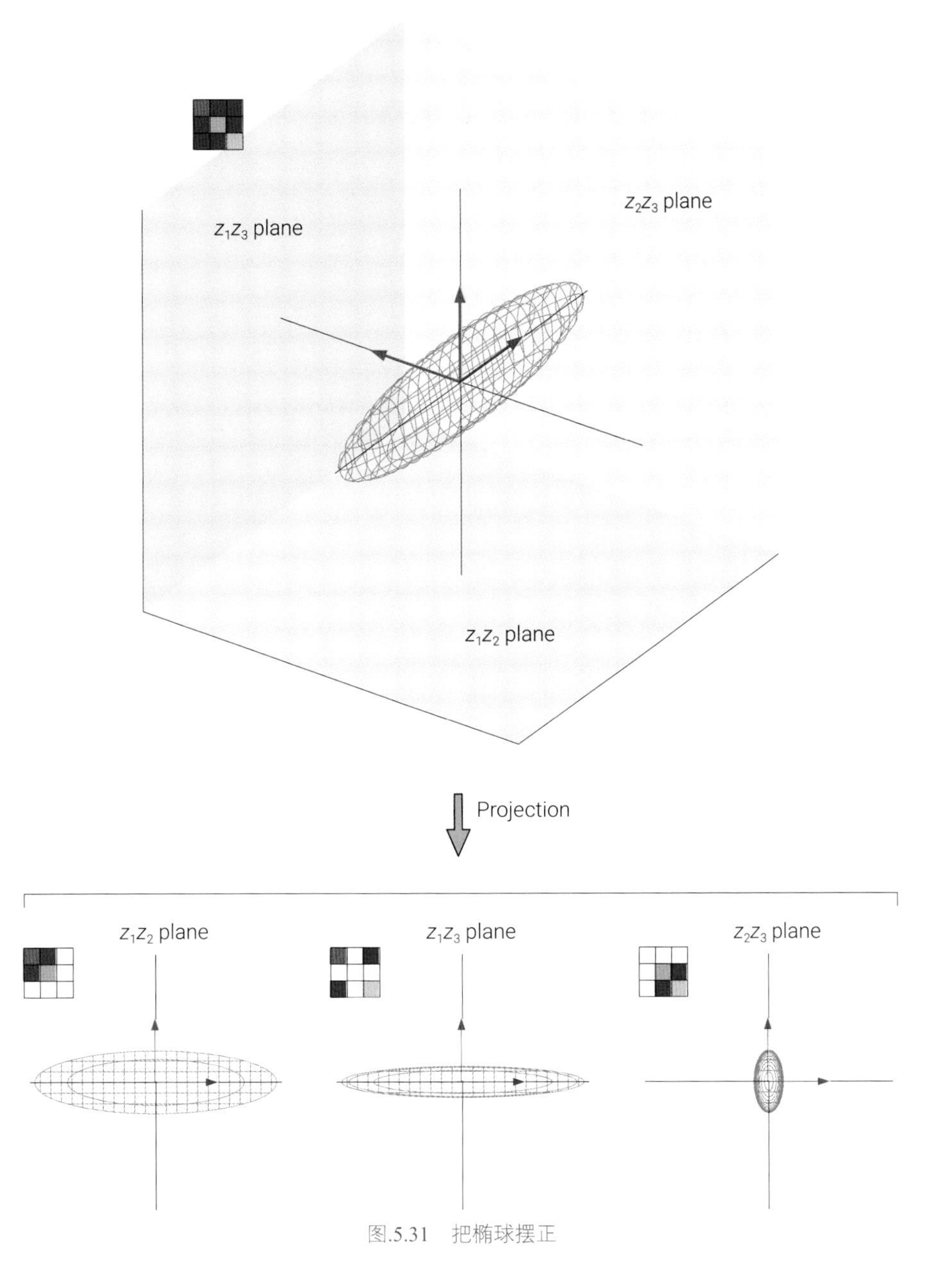

图.5.31　把椭球摆正

谱分解：特征值分解特例

图5.32所示为协方差矩阵的谱分解。注意，$\boldsymbol{V}$为正交矩阵，即满足$\boldsymbol{V}^{\mathrm{T}}\boldsymbol{V} = \boldsymbol{V}\boldsymbol{V}^{\mathrm{T}} = \boldsymbol{I}$。

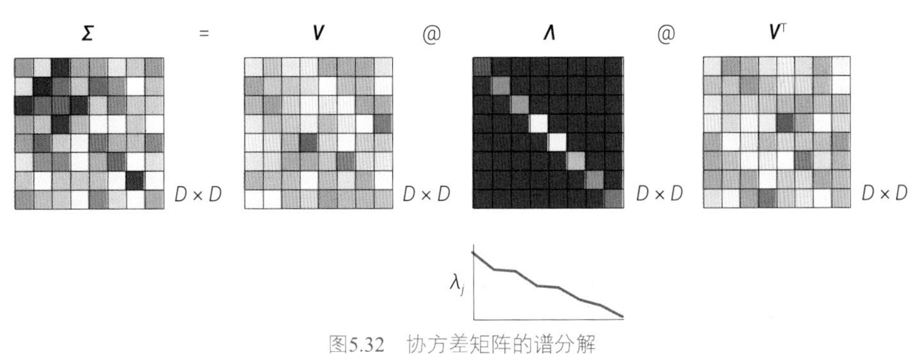

图5.32　协方差矩阵的谱分解

用类似方法，将谱分解结果$\boldsymbol{\Sigma} = \boldsymbol{V}\boldsymbol{\Lambda}\boldsymbol{V}^{\mathrm{T}}$展开为$D$个秩一矩阵相加。

$$\boldsymbol{\Sigma} = \lambda_1 \boldsymbol{v}_1 \boldsymbol{v}_1^{\mathrm{T}} + \lambda_2 \boldsymbol{v}_2 \boldsymbol{v}_2^{\mathrm{T}} + \cdots + \lambda_D \boldsymbol{v}_D \boldsymbol{v}_D^{\mathrm{T}} = \sum_{j=1}^{D} \lambda_j \boldsymbol{v}_j \boldsymbol{v}_j^{\mathrm{T}} \tag{5.47}$$

其中，$\lambda_1 \geqslant \lambda_2 \geqslant \cdots \geqslant \lambda_D$。$\lambda_j \boldsymbol{v}_j \boldsymbol{v}_j^{\mathrm{T}}$也都是秩一矩阵。

此外，$\mathrm{trace}(\boldsymbol{\Lambda}) = \mathrm{trace}(\boldsymbol{\Sigma})$，即$\sum_{j=1}^{D} \lambda_j = \sum_{j=1}^{D} \sigma_j^2$。

由于$\boldsymbol{V}$为正交矩阵，显然，当$j \neq k$时，$\boldsymbol{v}_j$和$\boldsymbol{v}_k$相互垂直，即$\boldsymbol{v}_j^{\mathrm{T}}\boldsymbol{v}_k = \boldsymbol{v}_j^{\mathrm{T}}\boldsymbol{v}_k = 0$，也就是说$<\boldsymbol{v}_j, \boldsymbol{x}_k> = <\boldsymbol{v}_k, \boldsymbol{v}_j> = 0$。而投影矩阵$\boldsymbol{v}_j \boldsymbol{v}_j^{\mathrm{T}}$和投影矩阵$\boldsymbol{v}_k \boldsymbol{v}_k^{\mathrm{T}}$的乘积为全0矩阵。

$$\boldsymbol{v}_j \boldsymbol{v}_j^{\mathrm{T}} @ \boldsymbol{v}_k \boldsymbol{v}_k^{\mathrm{T}} = \boldsymbol{O} \tag{5.48}$$

换个视角来看，图5.33相当于图5.26的简化。

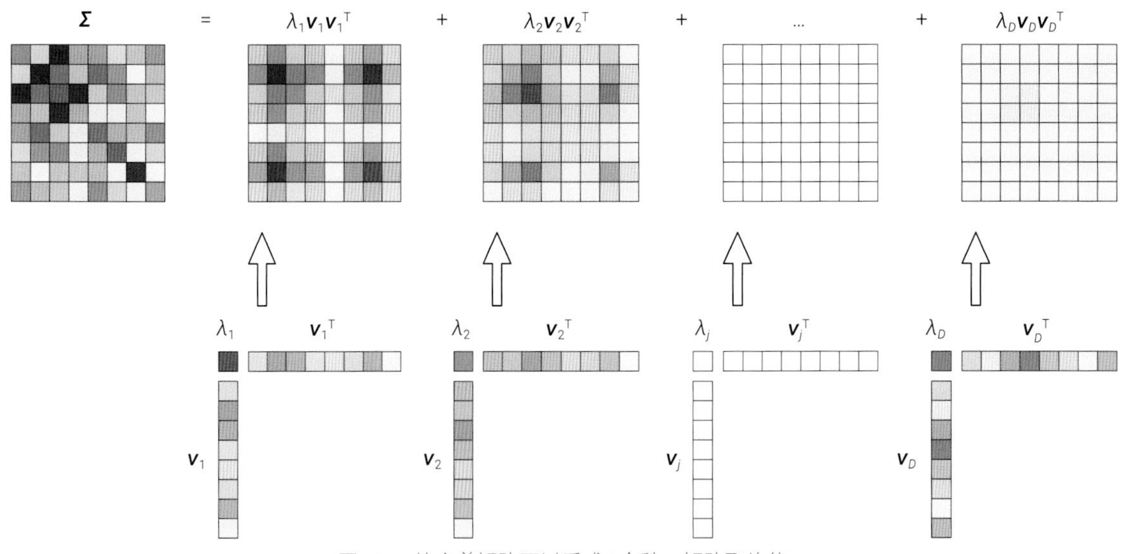

图5.33　协方差矩阵可以看成D个秩一矩阵取均值

特别地，如果协方差矩阵$\boldsymbol{\Sigma}$的秩为r ($r < D$)，则$\lambda_{r+1}, \cdots, \lambda_D$均为0。这种情况下，式(5.47) 可以写成$r$个秩一矩阵相加。

$$\boldsymbol{\Sigma} = \sum_{j=1}^{r} \lambda_j \boldsymbol{v}_j \boldsymbol{v}_j^{\mathrm{T}} + \underbrace{\sum_{j=r+1}^{D} \lambda_j \boldsymbol{v}_j \boldsymbol{v}_j^{\mathrm{T}}}_{0} = \sum_{j=1}^{r} \lambda_j \boldsymbol{v}_j \boldsymbol{v}_j^{\mathrm{T}} \tag{5.49}$$

如图5.34所示，$\boldsymbol{\Sigma} = \boldsymbol{V}\boldsymbol{\Lambda}\boldsymbol{V}^{\mathrm{T}}$可以写成$\boldsymbol{V}^{\mathrm{T}}\boldsymbol{\Sigma}\boldsymbol{V} = \boldsymbol{\Lambda}$，展开写成：

$$\begin{bmatrix} \boldsymbol{v}_1^{\mathrm{T}} \\ \boldsymbol{v}_2^{\mathrm{T}} \\ \vdots \\ \boldsymbol{v}_D^{\mathrm{T}} \end{bmatrix} \boldsymbol{\Sigma} \begin{bmatrix} \boldsymbol{v}_1 & \boldsymbol{v}_2 & \cdots & \boldsymbol{v}_D \end{bmatrix} = \begin{bmatrix} \boldsymbol{v}_1^{\mathrm{T}}\boldsymbol{\Sigma}\boldsymbol{v}_1 & \boldsymbol{v}_1^{\mathrm{T}}\boldsymbol{\Sigma}\boldsymbol{v}_2 & \cdots & \boldsymbol{v}_1^{\mathrm{T}}\boldsymbol{\Sigma}\boldsymbol{v}_D \\ \boldsymbol{v}_2^{\mathrm{T}}\boldsymbol{\Sigma}\boldsymbol{v}_1 & \boldsymbol{v}_2^{\mathrm{T}}\boldsymbol{\Sigma}\boldsymbol{v}_2 & \cdots & \boldsymbol{v}_2^{\mathrm{T}}\boldsymbol{\Sigma}\boldsymbol{v}_D \\ \vdots & \vdots & \ddots & \vdots \\ \boldsymbol{v}_D^{\mathrm{T}}\boldsymbol{\Sigma}\boldsymbol{v}_1 & \boldsymbol{v}_D^{\mathrm{T}}\boldsymbol{\Sigma}\boldsymbol{v}_2 & \cdots & \boldsymbol{v}_D^{\mathrm{T}}\boldsymbol{\Sigma}\boldsymbol{v}_D \end{bmatrix} = \begin{bmatrix} \lambda_1 & 0 & \cdots & 0 \\ 0 & \lambda_2 & \cdots & 0 \\ \vdots & \vdots & \ddots & \vdots \\ 0 & 0 & \cdots & \lambda_D \end{bmatrix} \tag{5.50}$$

也就是说$\boldsymbol{v}_j^{\mathrm{T}}\boldsymbol{\Sigma}\boldsymbol{v}_j = \lambda_j$；当$j \neq k$时，$\boldsymbol{v}_j^{\mathrm{T}}\boldsymbol{\Sigma}\boldsymbol{v}_k = 0$。

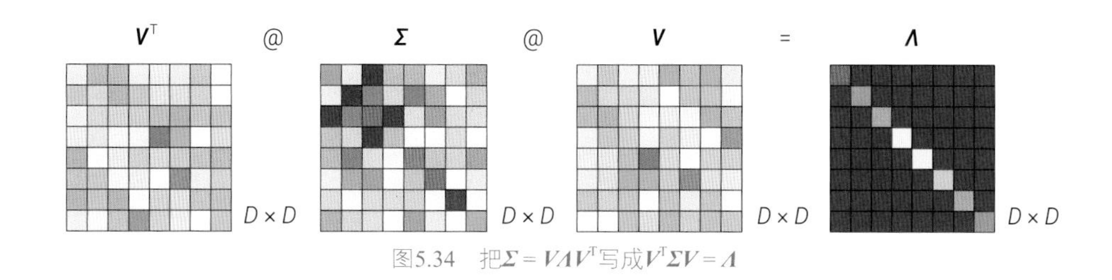

图5.34　把$\Sigma = V\Lambda V^T$写成$V^T\Sigma V = \Lambda$

平移 → 旋转 → 缩放

另外，请大家格外注意多元高斯分布、马氏距离定义蕴含的“平移 → 旋转 → 缩放”，具体如图5.35所示。

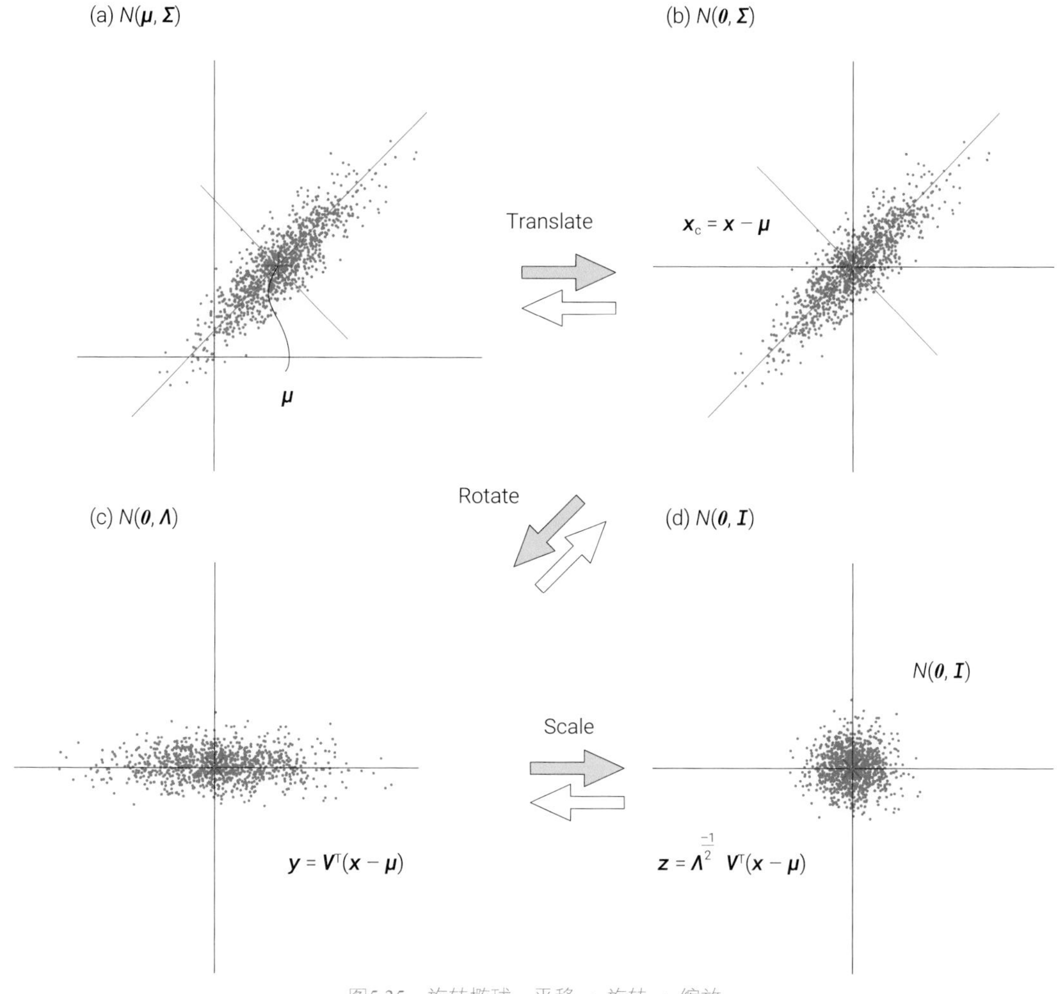

图5.35　旋转椭球，平移 → 旋转 → 缩放

反过来看，如图5.36所示，我们也可以通过“缩放 → 旋转 → 平移”将单位球体转化成中心位于任意位置的旋转椭球。

希望这两幅图能够帮助大家回忆仿射变换、椭圆、特征值分解、多元高斯分布、马氏距离、特征值分解、奇异值分解、主成分分析等等数学概念的联系。

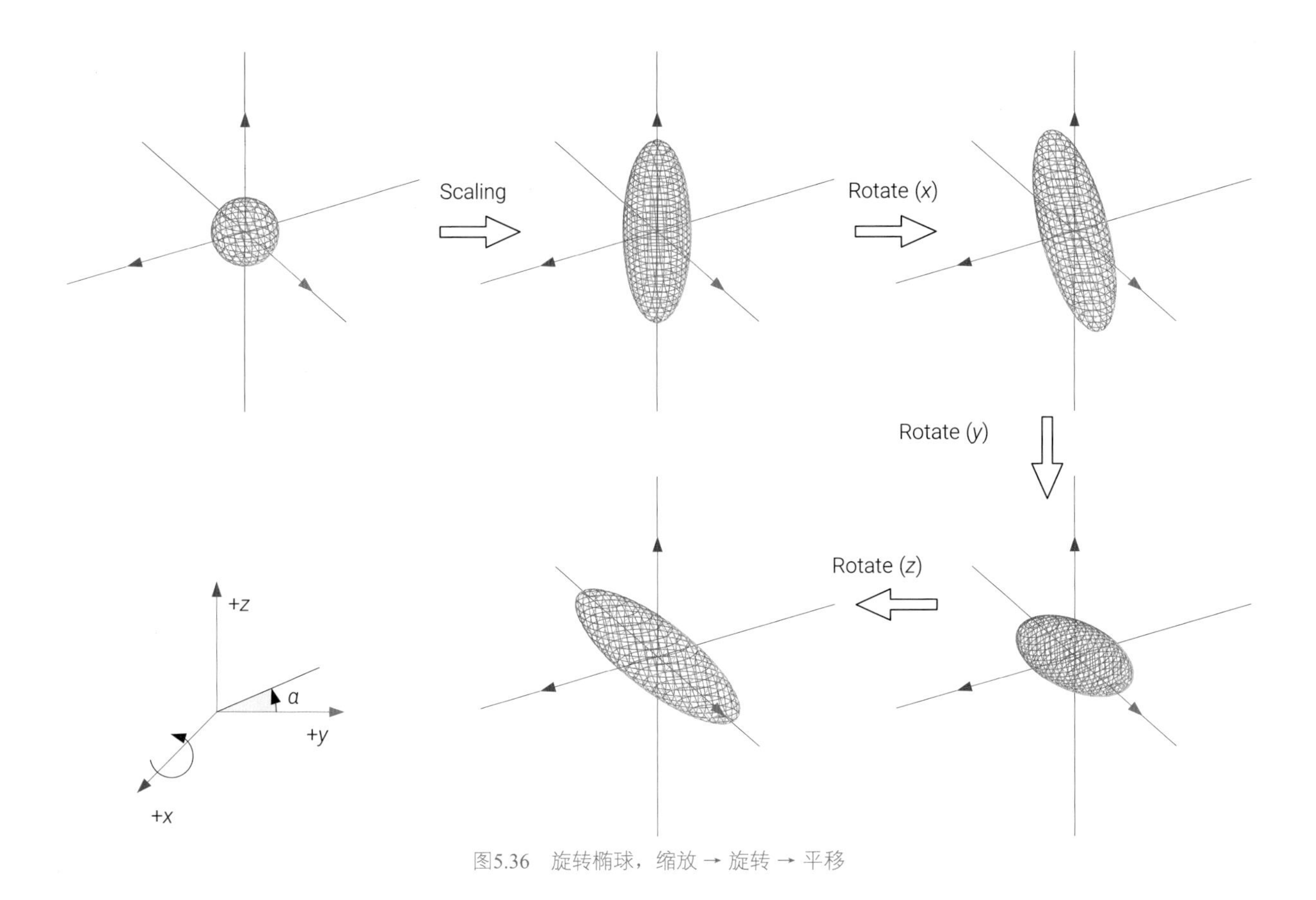

图5.36　旋转椭球，缩放 → 旋转 → 平移

线性组合

如图5.37所示，原始数据矩阵列向量的线性组合$\boldsymbol{y}_a = a_1\boldsymbol{x}_1 + a_2\boldsymbol{x}_2 + \cdots + a_D\boldsymbol{x}_D$，即

$$\boldsymbol{y}_a = \boldsymbol{X}\boldsymbol{a} \tag{5.51}$$

上述线性组合的结果$\boldsymbol{y}_a$是一个列向量，形状为$n \times 1$。

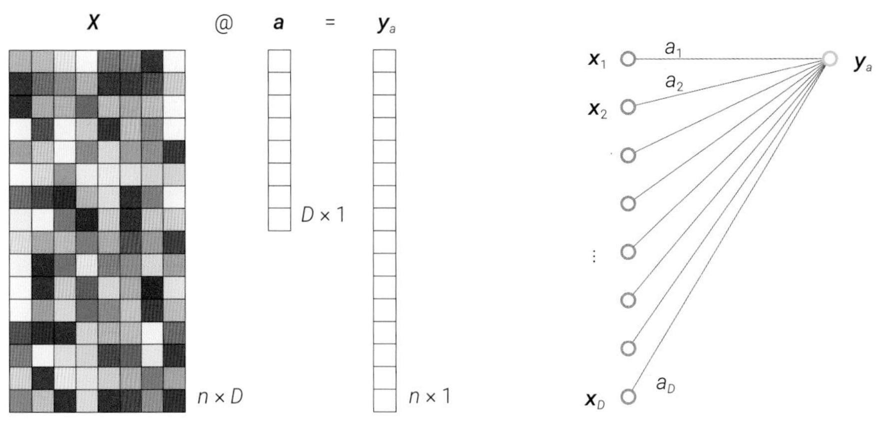

图5.37　原始数据列向量的线性组合

$\boldsymbol{y}_a$列向量是一组通过线性组合“人造”的数组，有$\boldsymbol{n}$个样本点。我们很容易计算$\boldsymbol{y}_a$均值。

$$\mathrm{E}\left(\boldsymbol{y}_a\right)=\mathrm{E}\left(\boldsymbol{X}\boldsymbol{a}\right)=\mathrm{E}\left(\boldsymbol{X}\right)\boldsymbol{a} \tag{5.52}$$

注意，上式中$\mathrm{E}(\boldsymbol{X})$为行向量，代表数据矩阵$\boldsymbol{X}$的质心。

$\boldsymbol{y}_a$的方差：

$$\operatorname{var}\left(\boldsymbol{y}_a\right)=\operatorname{var}\left(\boldsymbol{X}\boldsymbol{a}\right)=\boldsymbol{a}^{\mathrm{T}}\boldsymbol{\Sigma}\boldsymbol{a} \tag{5.53}$$

显然，上式为二次型。作为“鸢尾花书”的读者看到“二次型”这三个字，会让我们不禁联想到正定性、EVD、瑞利商、优化问题、标准型、旋转、缩放等等数学概念。

如图5.38所示，我们也可以获得原始数据$\boldsymbol{X}$列向量的第二个线性组合，即$\boldsymbol{y}_b=\boldsymbol{X}\boldsymbol{b}$。我们可以计算$\boldsymbol{y}_b$的均值$\mathrm{E}(\boldsymbol{y}_b)$和方差$\operatorname{var}(\boldsymbol{y}_b)$；我们也可以很容易计算得到$\boldsymbol{y}_a$和$\boldsymbol{y}_b$的协方差。

$$\operatorname{cov}\left(\boldsymbol{y}_a,\boldsymbol{y}_b\right)=\boldsymbol{a}^{\mathrm{T}}\boldsymbol{\Sigma}\boldsymbol{b}=\boldsymbol{b}^{\mathrm{T}}\boldsymbol{\Sigma}\boldsymbol{a}=\operatorname{cov}\left(\boldsymbol{y}_b,\boldsymbol{y}_a\right) \tag{5.54}$$

其实，也可以写成$\operatorname{cov}\left(\boldsymbol{y}_a,\boldsymbol{y}_a\right)$。

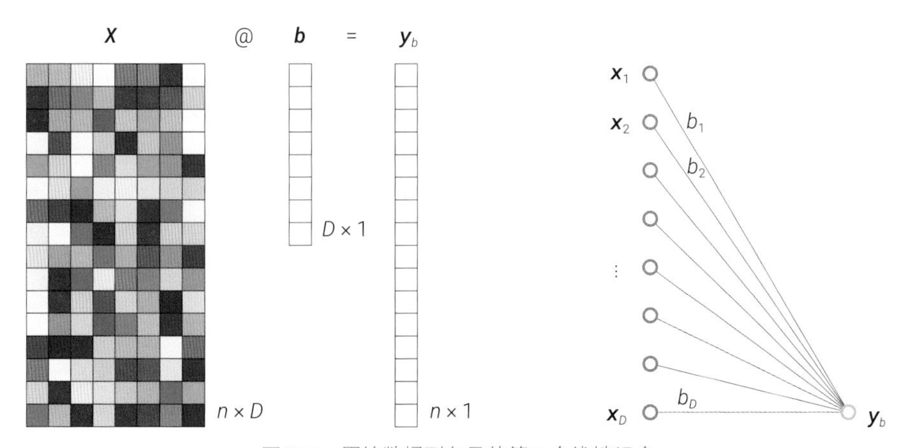

图5.38　原始数据列向量的第二个线性组合

将图5.37和图5.38结合起来，我们便得到了图5.39，对应$\boldsymbol{Y}=\boldsymbol{X}\boldsymbol{W}$；也就是$\boldsymbol{W}=[\boldsymbol{a},\boldsymbol{b}]$。

计算$\boldsymbol{Y}$的协方差矩阵：

$$\operatorname{var}\left(\boldsymbol{Y}\right)=\operatorname{var}\left(\boldsymbol{X}\boldsymbol{W}\right)=\boldsymbol{W}^{\mathrm{T}}\boldsymbol{\Sigma}\boldsymbol{W}=\begin{bmatrix}\boldsymbol{a}^{\mathrm{T}}\\ \boldsymbol{b}^{\mathrm{T}}\end{bmatrix}\boldsymbol{\Sigma}\begin{bmatrix}\boldsymbol{a} & \boldsymbol{b}\end{bmatrix}=\begin{bmatrix}\boldsymbol{a}^{\mathrm{T}}\boldsymbol{\Sigma}\boldsymbol{a} & \boldsymbol{a}^{\mathrm{T}}\boldsymbol{\Sigma}\boldsymbol{b}\\ \boldsymbol{b}^{\mathrm{T}}\boldsymbol{\Sigma}\boldsymbol{a} & \boldsymbol{b}^{\mathrm{T}}\boldsymbol{\Sigma}\boldsymbol{b}\end{bmatrix}=\begin{bmatrix}\operatorname{var}\left(\boldsymbol{y}_a\right) & \operatorname{cov}\left(\boldsymbol{y}_a,\boldsymbol{y}_b\right)\\ \operatorname{cov}\left(\boldsymbol{y}_b,\boldsymbol{y}_a\right) & \operatorname{var}\left(\boldsymbol{y}_b\right)\end{bmatrix} \tag{5.55}$$

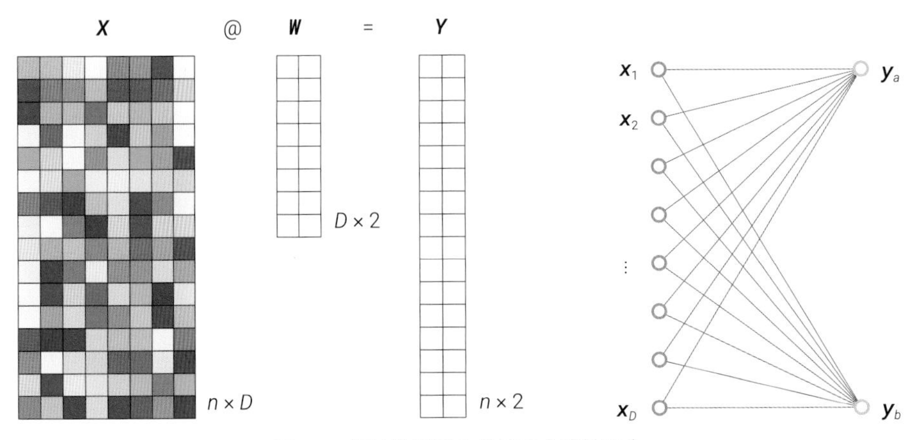

图5.39　原始数据列向量的两个线性组合

方差最大化

特别地，如果$\boldsymbol{v}$为单位向量，原始数据$\boldsymbol{X}$朝单位向量$\boldsymbol{v}$投影结果为$\boldsymbol{y}$，即$\boldsymbol{y} = \boldsymbol{X}\boldsymbol{v}$。$\boldsymbol{y}$的方差为：

$$\operatorname{var}(\boldsymbol{y}) = \operatorname{var}(\boldsymbol{X}\boldsymbol{v}) = \boldsymbol{v}^{\mathrm{T}} \boldsymbol{\Sigma} \boldsymbol{v} \tag{5.56}$$

如图5.40所示，以二维数据矩阵$\boldsymbol{X}$为例，我们可以发现单位向量$\boldsymbol{v}$方向不同时，$\boldsymbol{y}$的方差有大有小。

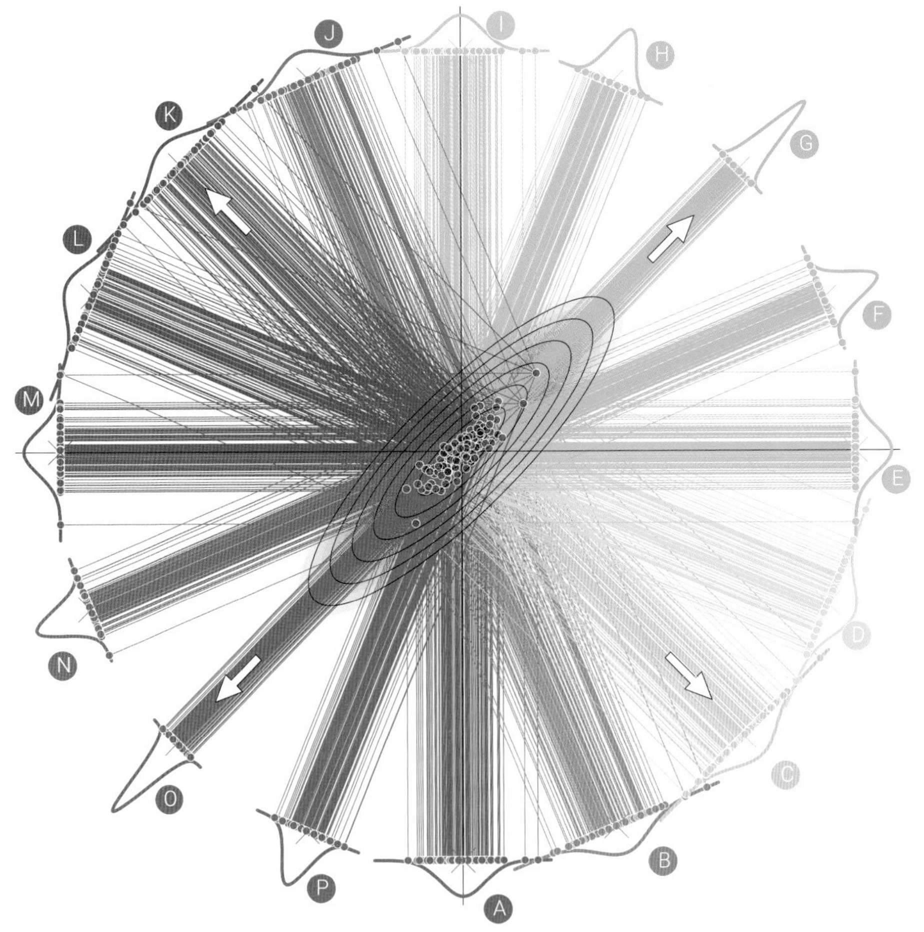

图5.40　$\boldsymbol{X}$分别朝16个不同单位向量投影，图片来自《编程不难》

而上式的最大值就是协方差矩阵$\boldsymbol{\Sigma}$的最大特征值λ_1；也就是说，$\boldsymbol{y}$的方差最大值为λ_1。图5.40也很好地从几何角度解释了主成分分析。除了特征值分解协方差矩阵，主成分分析还有其他技术路线，这是《机器学习》一册要介绍的内容。

如图5.41所示，将数据$\boldsymbol{X}$投影到$\boldsymbol{V}$空间，我们可以得到$\boldsymbol{Y}$，即$\boldsymbol{Y}=\boldsymbol{X}\boldsymbol{V}$。然后，我们可以很容易计算得到$\boldsymbol{Y}$的协方差矩阵：

$$
\begin{aligned}
\operatorname{var}(\boldsymbol{Y})=\operatorname{var}(\boldsymbol{X}\boldsymbol{V})=\boldsymbol{V}^{\mathrm{T}}\boldsymbol{\Sigma}\boldsymbol{V}&=\begin{bmatrix}\boldsymbol{v}_1{}^{\mathrm{T}}\\ \boldsymbol{v}_2{}^{\mathrm{T}}\\ \vdots\\ \boldsymbol{v}_D{}^{\mathrm{T}}\end{bmatrix}\boldsymbol{\Sigma}\begin{bmatrix}\boldsymbol{v}_1 & \boldsymbol{v}_2 & \cdots & \boldsymbol{v}_D\end{bmatrix}\\
&=\begin{bmatrix}\boldsymbol{v}_1{}^{\mathrm{T}}\boldsymbol{\Sigma}\boldsymbol{v}_1 & \boldsymbol{v}_1{}^{\mathrm{T}}\boldsymbol{\Sigma}\boldsymbol{v}_2 & \cdots & \boldsymbol{v}_1{}^{\mathrm{T}}\boldsymbol{\Sigma}\boldsymbol{v}_D\\ \boldsymbol{v}_2{}^{\mathrm{T}}\boldsymbol{\Sigma}\boldsymbol{v}_1 & \boldsymbol{v}_2{}^{\mathrm{T}}\boldsymbol{\Sigma}\boldsymbol{v}_2 & \cdots & \boldsymbol{v}_2{}^{\mathrm{T}}\boldsymbol{\Sigma}\boldsymbol{v}_D\\ \vdots & \vdots & \ddots & \vdots\\ \boldsymbol{v}_D{}^{\mathrm{T}}\boldsymbol{\Sigma}\boldsymbol{v}_1 & \boldsymbol{v}_D{}^{\mathrm{T}}\boldsymbol{\Sigma}\boldsymbol{v}_2 & \cdots & \boldsymbol{v}_D{}^{\mathrm{T}}\boldsymbol{\Sigma}\boldsymbol{v}_D\end{bmatrix}=\begin{bmatrix}\lambda_1 & 0 & \cdots & 0\\ 0 & \lambda_2 & \cdots & 0\\ \vdots & \vdots & \ddots & \vdots\\ 0 & 0 & \cdots & \lambda_D\end{bmatrix}
\end{aligned}
\tag{5.57}
$$

从几何角度来看，这就是“摆正”的椭圆或椭球。

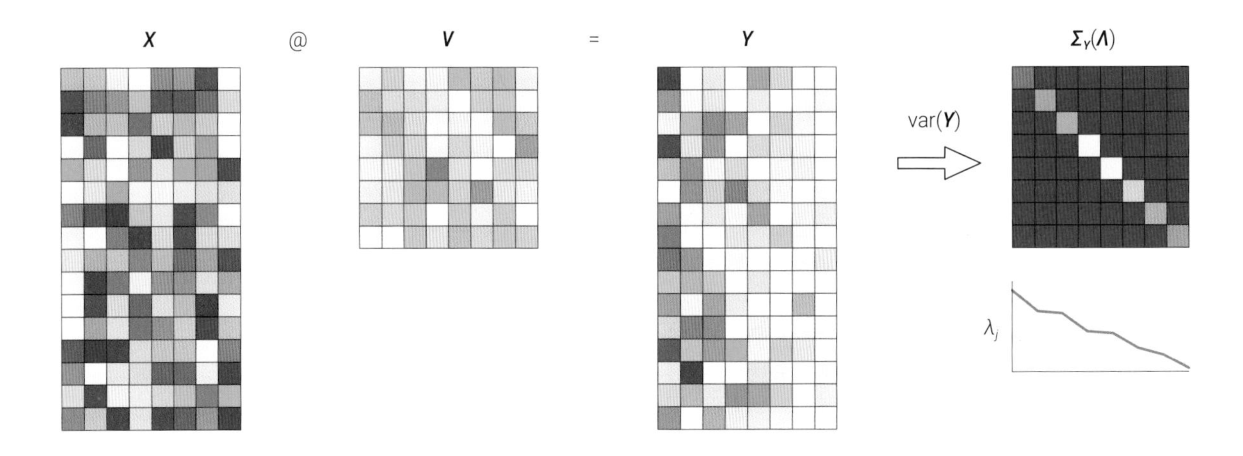

图5.41　$\boldsymbol{X}$投影到$\boldsymbol{V}$空间

在机器学习中，距离度量是衡量样本之间相似性或差异性的重要指标。在选择距离度量时，需要根据具体问题的性质和数据分布的特点来权衡各种度量的优劣，选择最适合任务的距离度量。

欧氏距离直观且易于理解，计算简单，但是没有考虑特征尺度，也没有考虑数据分布。标准化欧氏距离调整了尺度和单位差异。马氏距离考虑了数据的协方差结构，但是运算成本相对较高。欧氏距离、城市街区距离、切比雪夫距离都是特殊的闵氏距离。

本书后续介绍图论时，大家会看到距离的一种全新形态。

相信有了《矩阵力量》和《统计至简》这两本的铺垫，对于“鸢尾花书”读者来说，本章有关协方差矩阵的内容应该很容易读懂。

协方差矩阵是用于衡量多个随机变量之间关系的矩阵。请大家特别注意如何利用椭圆和椭球来理解协方差矩阵。协方差矩阵在机器学习中用途很广，但是协方差矩阵也有自身局限性，请大家注意。

此外，本书第7章会介绍用指数加权移动平均计算协方差矩阵；本书第9章在讲解高斯过程时，会介绍几种构造先验分布协方差矩阵的核函数。

03 Section 03 时间数据

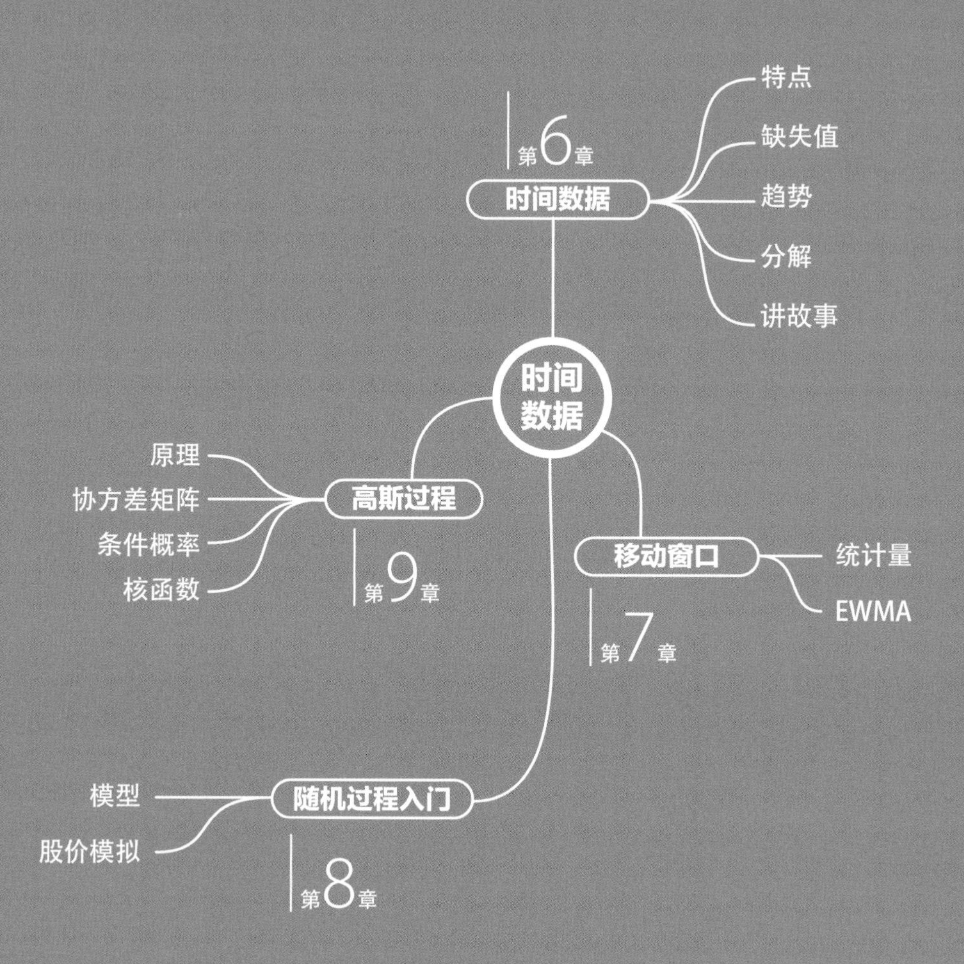

第6章
时间数据
特点
缺失值
趋势
分解
讲故事
时间
数据
原理
协方差矩阵
条件概率
核函数
高斯过程
第9章
移动窗口
统计量
EWMA
第7章
模型
股价模拟
随机过程入门
第8章

学习地图 | 第3板块

Time Data

时间数据

具有时间戳的数据序列

我们能看到有限长的未来，但是面对无限多的问题。

We can only see a short distance ahead, but we can see plenty there that needs to be done.

—— 艾伦·图灵 (Alan Turing) | 英国计算机科学家、数学家，人工智能之父 | 1912—1954年

- statsmodels.api.tsa.seasonal_decompose() 季节性调整
- numpy.random.uniform() 生成满足均匀分布的随机数
- df.ffill() 向前填充缺失值
- df.bfill() 向后填充缺失值
- df.interpolate() 插值法填充缺失值
- seaborn.boxplot() 绘制箱型图
- seaborn.lineplot() 绘制线图
- plotly.express.bar() 创建交互式柱状图
- plotly.express.box() 创建交互式箱型图
- plotly.express.pie() 创建交互式饼图
- plotly.express.scatter() 创建交互式散点图
- plotly.express.sunburst() 创建交互式太阳爆炸图

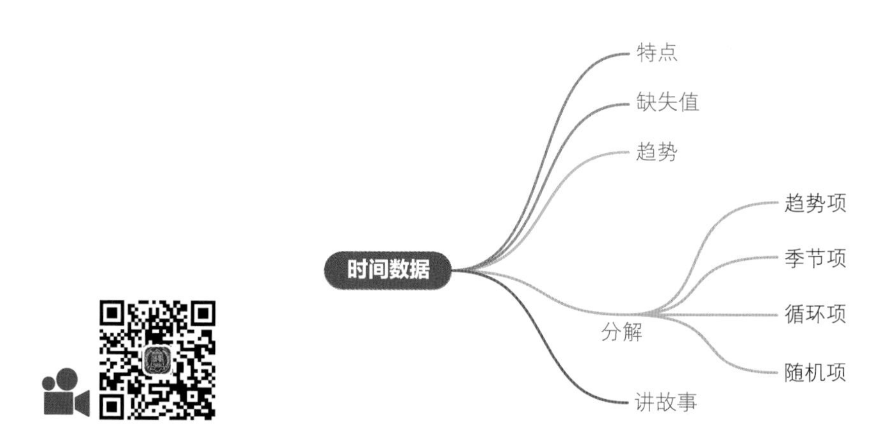

6.1 时间序列数据

时间序列是一种特殊的数据类型，它是某一特征在不同时间点上顺序观察值得到的序列。**时间戳** (timestamp) 可以精确到年份、月份、日期，甚至是小时、分、秒。如图6.1所示。

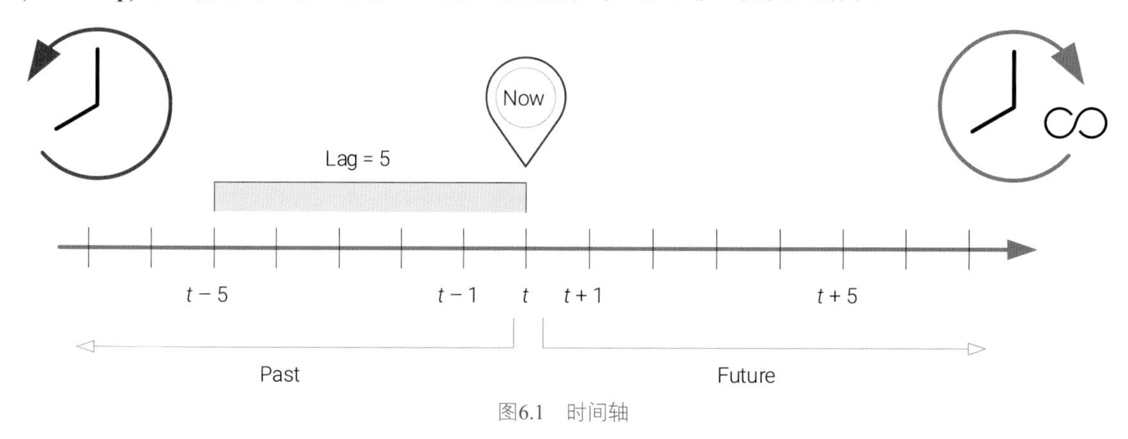

图6.1　时间轴

图6.2所示为2020年度9支股票的每个营业日股价数据。图6.2中数据共有253行，每行代表一个日期及当日股价水平；共有10列，第1列为时间戳，其余9列每列为股价数据。除去时间戳一列和表头，图6.2可以看成是一个矩阵。

Date	TSLA	TSM	COST	NVDA	FB	AMZN	AAPL	NFLX	GOOGL
2-Jan-2020	86.05	58.26	281.10	239.51	209.78	1898.01	74.33	329.81	1368.68
3-Jan-2020	88.60	56.34	281.33	235.68	208.67	1874.97	73.61	325.90	1361.52
6-Jan-2020	90.31	55.69	281.41	236.67	212.60	1902.88	74.20	335.83	1397.81
7-Jan-2020	93.81	56.60	280.97	239.53	213.06	1906.86	73.85	330.75	1395.11
8-Jan-2020	**98.43**	**57.01**	**284.19**	**239.98**	**215.22**	**1891.97**	**75.04**	**339.26**	**1405.04**
9-Jan-2020	96.27	57.48	288.75	242.62	218.30	1901.05	76.63	335.66	1419.79
...	...	...	...	...	...	...	...	...	...
21-Dec-2020	649.86	104.44	364.25	533.29	272.79	3206.18	128.04	528.91	1734.56
22-Dec-2020	640.34	103.55	361.32	531.13	267.09	3206.52	131.68	527.33	1720.22
23-Dec-2020	645.98	103.37	361.18	520.37	268.11	3185.27	130.76	514.48	1728.23
24-Dec-2020	661.77	105.57	363.86	519.75	267.40	3172.69	131.77	513.97	1734.16
28-Dec-2020	663.69	105.75	370.33	516.00	277.00	3283.96	136.49	519.12	1773.96
29-Dec-2020	665.99	105.16	371.99	517.73	276.78	3322.00	134.67	530.87	1757.76
30-Dec-2020	694.78	108.49	373.71	525.83	271.87	3285.85	133.52	524.59	1736.25
31-Dec-2020	705.67	108.63	376.04	522.20	273.16	3256.93	132.49	540.73	1752.64

图6.2　股票收盘股价数据

图6.3(a) 利用线图可视化的股票收盘股价走势。图6.3(b) 所示为初始股价归一化处理。

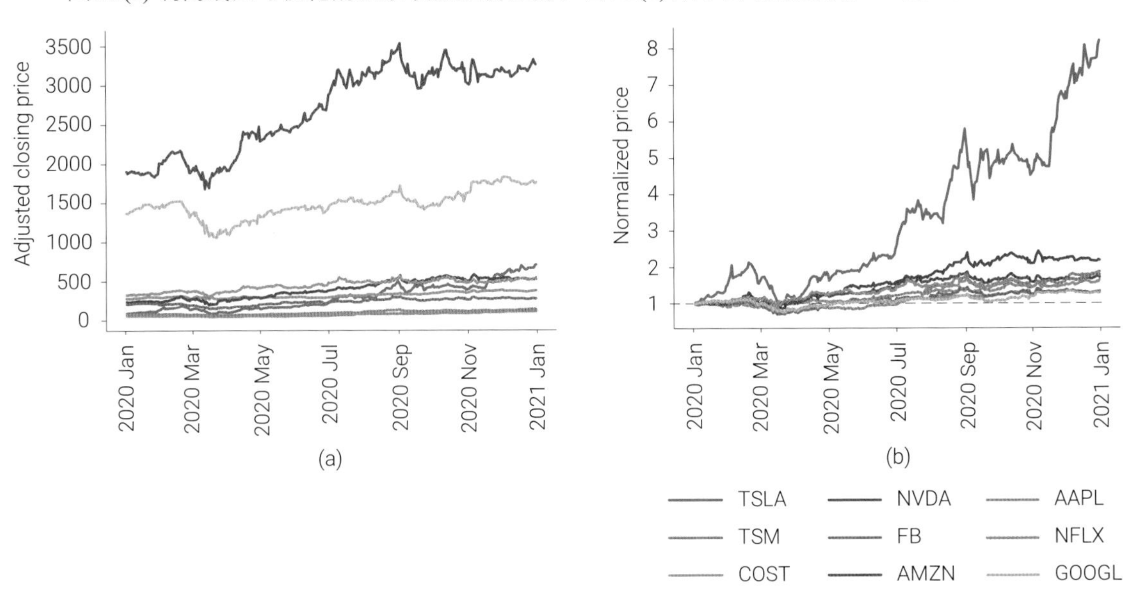

图6.3　股票收盘股价走势和初始值归一化，时间序列数据

本书后续会用到**收益率** (return) 这个概念。我们先介绍**损益** (Profit and Loss，PnL) 这个概念。如图6.4所示，只考虑收盘价S在t时刻和$t-1$时刻 (工作日) 的变动时，通过以下公式计算出t时刻的日损益：

$$\mathrm{PnL}_t = S_t - S_{t-1} \tag{6.1}$$

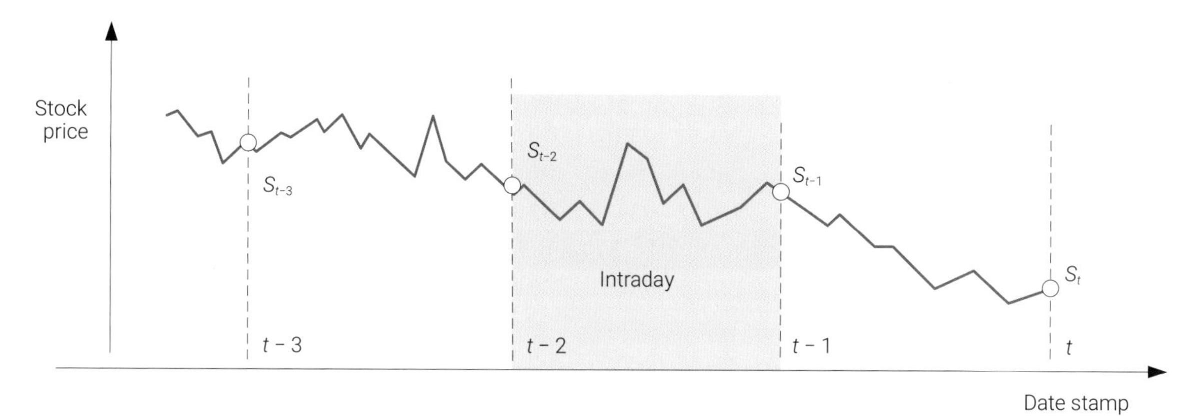

图6.4 某股票的价格变动

在不考虑**分红** (dividend) 的条件下，**单日简单回报率** (daily simple return) 可以这样计算：

$$r_t = \frac{S_t - S_{t-1}}{S_{t-1}} \tag{6.2}$$

金融分析还经常使用**日对数回报率** (daily log return)：

$$r_t = \ln\left(\frac{S_t}{S_{t-1}}\right) \tag{6.3}$$

本书后续将经常使用日对数收益率。

图6.5所示为一只股票在不同年份的日收益率分布，利用高斯分布估计样本分布，在多数情况下似乎是个不错的选择。图6.6所示为利用KDE估算得到的概率密度。大家可以发现数据的统计量 (均值、方差、均方差、偏度、峰度) 随着时间变化。

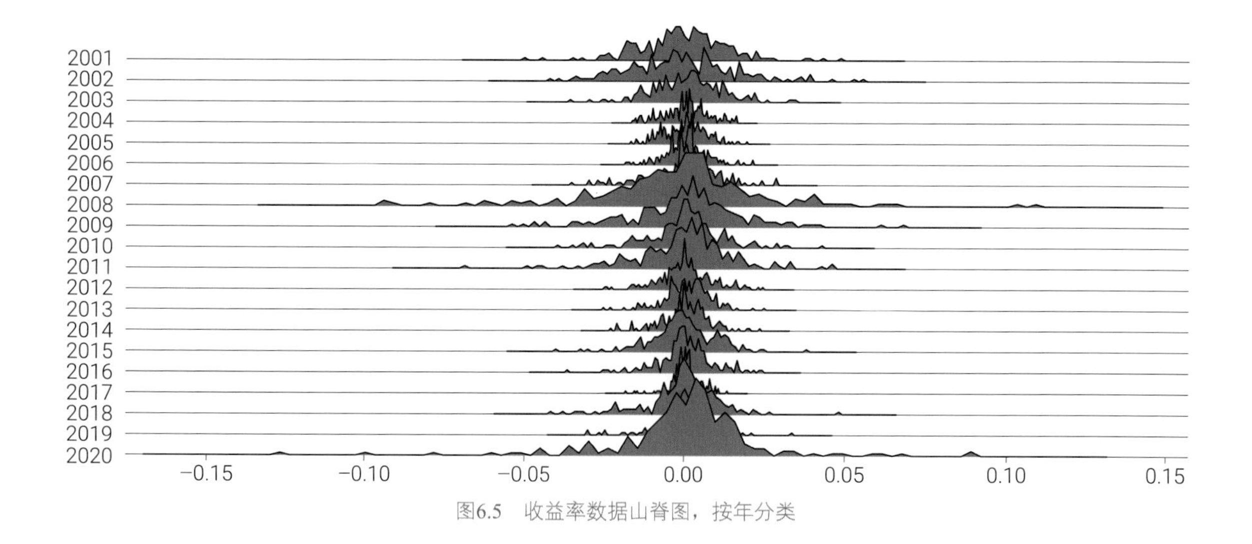

图6.5 收益率数据山脊图，按年分类

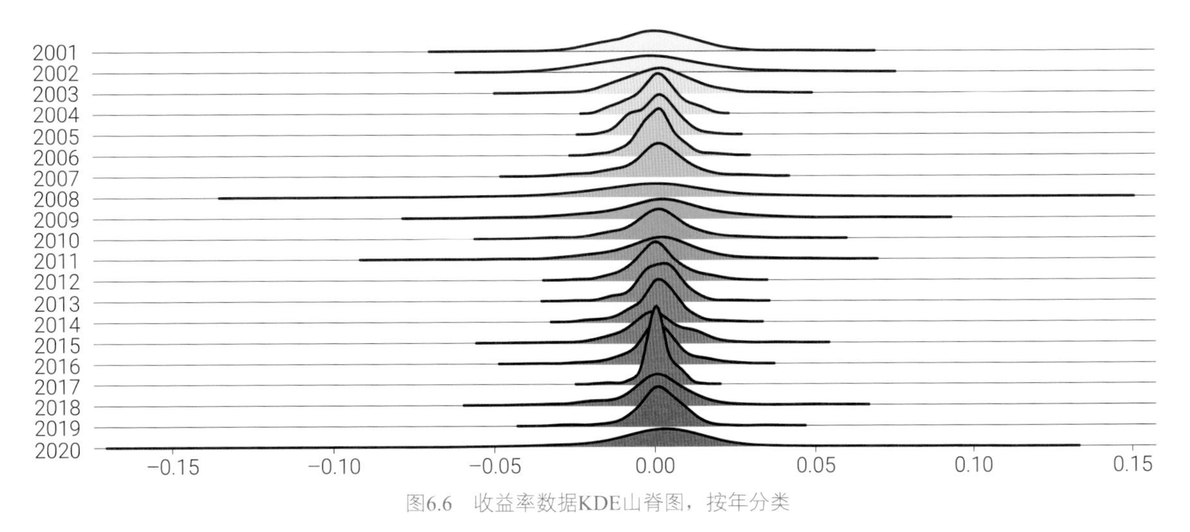

图6.6　收益率数据KDE山脊图，按年分类

对于鸢尾花数据，我们可以打乱数据的先后排列。但是时间序列是一个顺序序列，数据的先后顺序一般情况下是不允许打乱的。有些情况下，我们可以不考虑数据点的时间，比如图6.7所示回归分析。

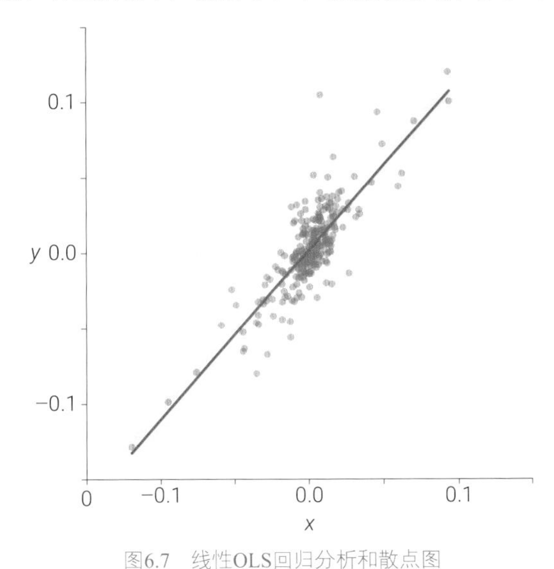

图6.7　线性OLS回归分析和散点图

本书第10、11章将介绍线性回归模型。

6.2 处理时间序列缺失值

对于时间数据序列，在分析建模之前，也需要注意数据中的缺失值和异常值处理。本书前文有专门章节介绍过如何处理缺失值和异常值。本节将从时间序列角度加以补充缺失值处理。

前文强调过，时间序列数据是顺序观察的数据；因此在处理缺失值时，有其特殊性。比如，时间序列数据可以采用均值、众数、中位数、插值等一般方法，也可以采用如向前、向后这种方法，如图6.8所示。

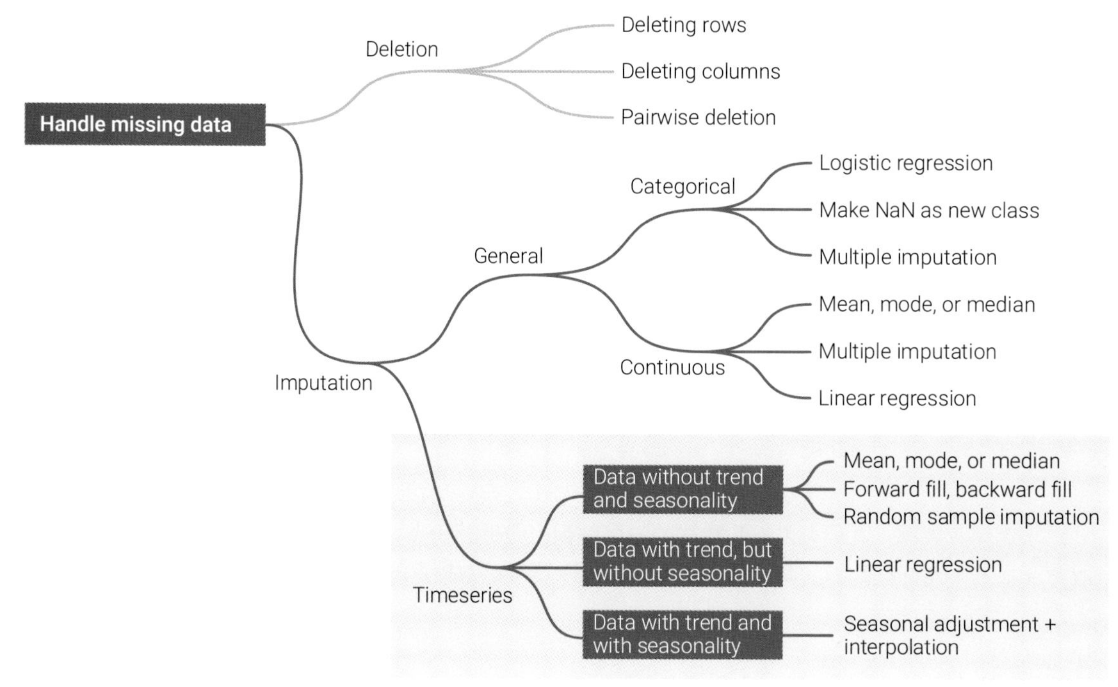

图6.8　处理缺失值

图6.9 ~ 图6.11所示为三种不同的处理时间序列缺失值的基本方法。

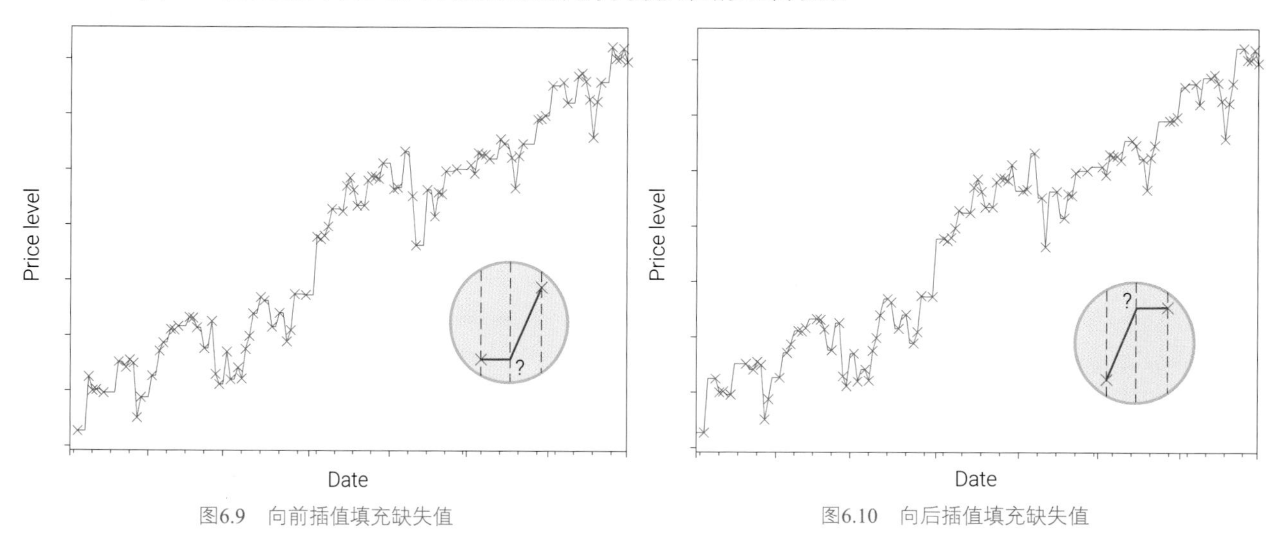

图6.9　向前插值填充缺失值　　图6.10　向后插值填充缺失值

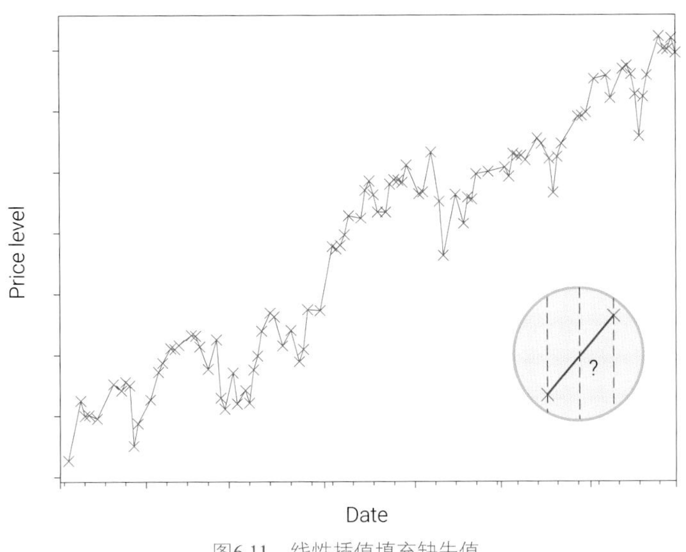

图6.11 线性插值填充缺失值

Bk6_Ch6_01.ipynb中绘制了图6.9 ~ 图6.11。

6.3 从时间数据中发现趋势

本节将利用美国失业率数据介绍如何从时间数据中发现趋势。图6.12所示为失业率的原始数据。数据从1950年开始到2021年结束，每月有一个数据点。

观察图6.12，虽然存在“噪声”，但是我们已经能够大致看到失业率按照年份的大致走势。下一章会介绍如何用移动平均的方法来消除“噪声”。

观察图6.12的局部图，我们还发现不同年份中一年内失业率存在某种特定的“模式”。也就是说，图中的“噪声”可能存在重要的价值！

图6.13所示为按月同比规律，即与历史同时期比较，例如2005年7月份与2004年7月份相比称其为同比。相比图6.12，图6.13更容易发现失业率变化规律。

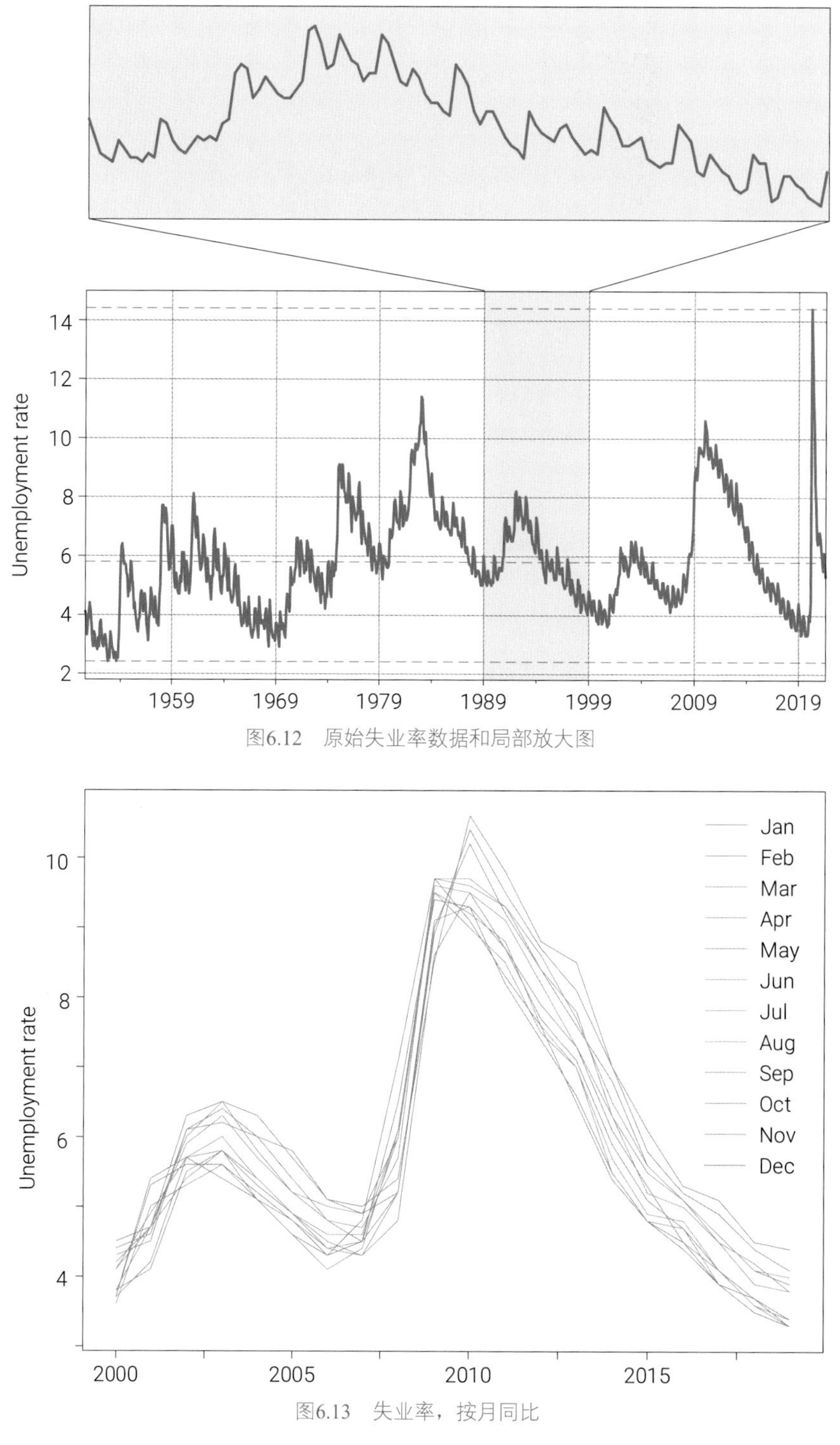

图6.12　原始失业率数据和局部放大图

图6.13　失业率，按月同比

图6.14所示为年内环比数据，即与上一统计段比较，例如2005年7月份与2005年6月份相比较称其为环比。我们似乎发现失业率存在某种年度周期规律。一年之内春天的失业率往往较低，这似乎和春天农业生产用工有关。而每一年的一月份的失业率显著提高，这可能和圣诞节、新年节庆之后用工下降有关。

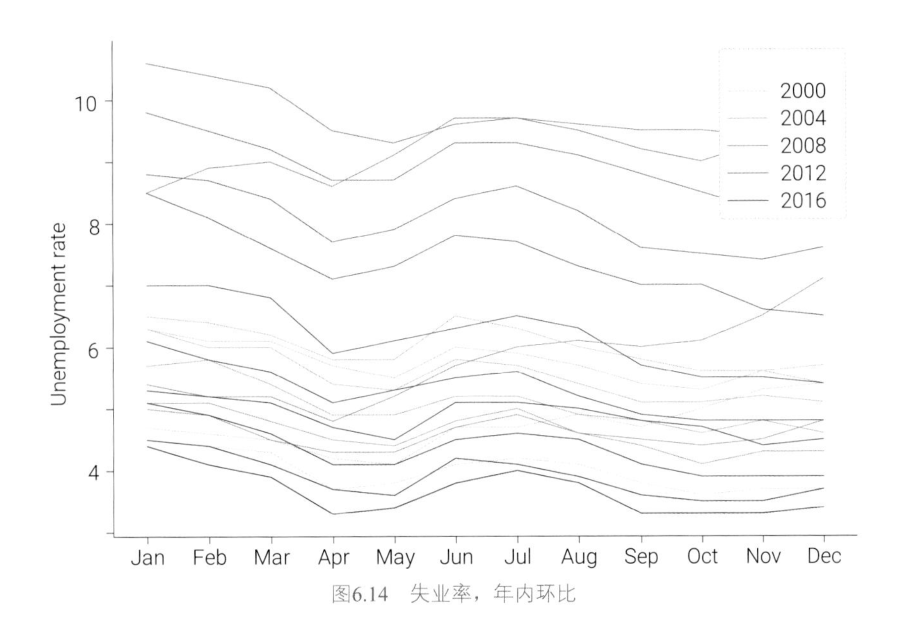

图6.14　失业率，年内环比

为了进一步看到失业率随年度变化，我们可以用箱型图对年内失业率数据加以归纳，如图6.15所示。箱型图的均值代表年度失业率的平均水平。箱型图的四分位间距IQR告诉我们年度失业率的变化幅度。显然，失业率在2020年出现“前所未闻”的大起大落。

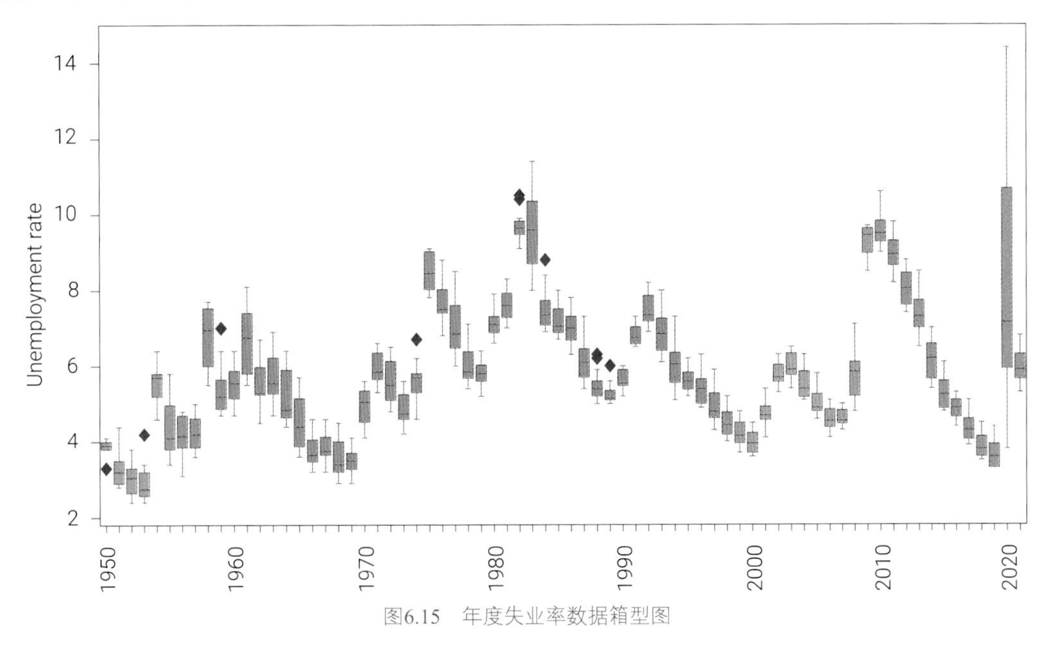

图6.15　年度失业率数据箱型图

图6.16所示为月份失业率箱型图。比较月份失业率的平均值变化，一月份的平均失业率确实陡然升高，这也印证了之前的猜测。下一节，我们就介绍如何将不同的成分从原始时间数据中分离出来。

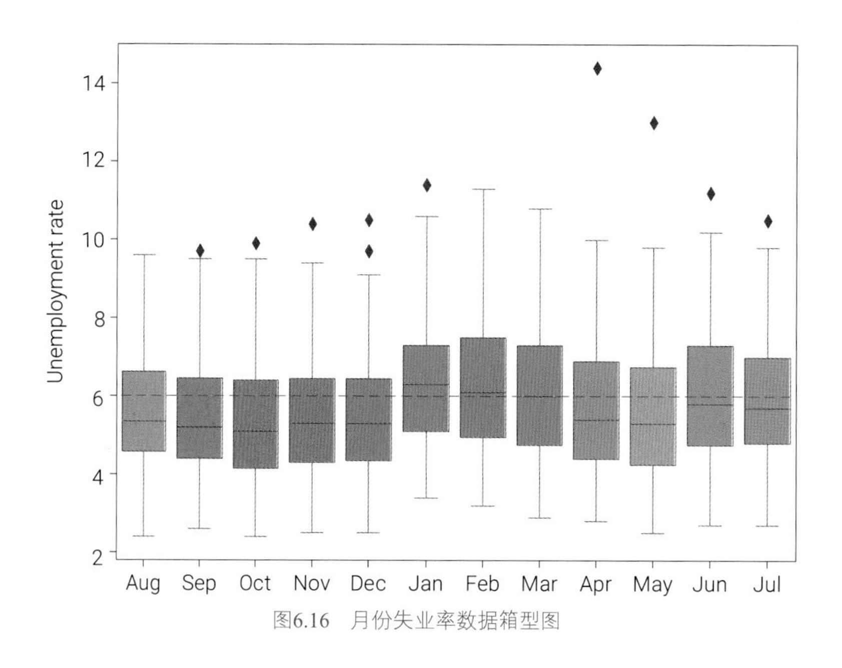

图6.16　月份失业率数据箱型图

Bk6_Ch6_02.ipynb中绘制了本节图像。

6.4 时间序列分解

时间序列有如图6.17所示的几种主要的组成部分。具体定义如下：

◀**趋势项** (trend component) $T(t)$：表征时间序列中确定性的非季节性长期总体趋势，通常呈现出线性或非线性的持续上升或者持续下降。当一个时间序列数据长期增长或者长期下降时，表示该序列有趋势。在某些场合，趋势代表着“转换方向”。例如从增长的趋势转换为下降趋势。

◀**季节项** (seasonal component) $S(t)$：表征时间序列中确定性的周期季节性成分，是在连续时间内 (例如连续几年内) 在相同时间段 (例如月或季度) 重复性的系统变化。当时间序列中的数据受到季节性因素（例如一年的时间或者一周的时间）的影响时，表示该序列具有季节性。季节性总是一个已知并且固定的频率。

◀**循环项** (long-run cycle component) $C(t)$：循环项代表周期相对更长 (例如几年或者十几年) 的重复性变化，但一般没有固定的平均周期，往往与大型经济体的经济周期息息相关。有时由于时间跨度较短，循环项很难体现出来，这时可能就被当作趋势项来分析了。当时间序列数据存在不固定频率的上升和下降时，表示该序列有周期性。这些波动经常由经济活动引起，并且与“商业周期”有关。周期波动通常至少持续两年。

◀**随机项** (stochastic component) $I(t)$：表征时间序列中随机的不规则成分，体现出一定的自相关性以及持续时间内无法预测的周期。该成分可以是噪声，但不一定是。往往认为随机项包含有与业务自身密切相关的信息。

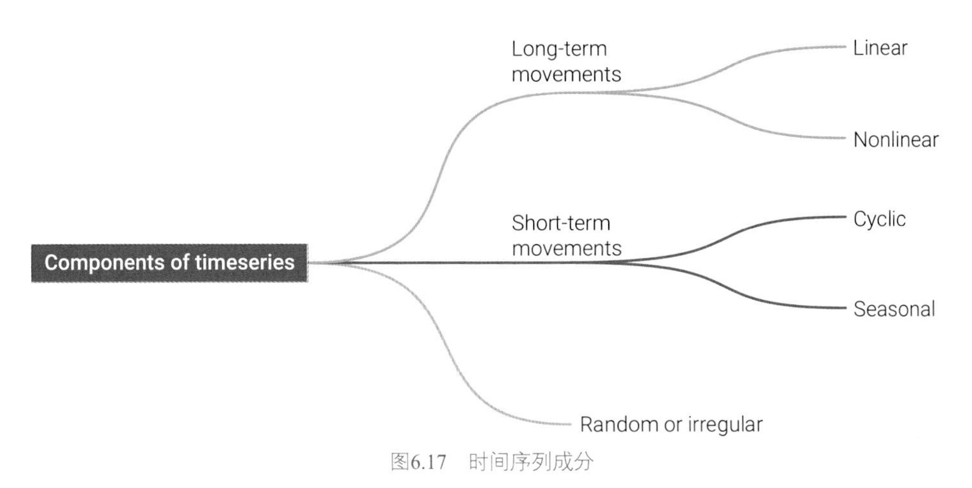

图6.17 时间序列成分

许多时间序列同时包含趋势、季节性以及周期性。基于以上的主要成分，一个时间序列可以有以下几种组合模型。

加法模型

加法模型 (additive model)，各个成分直接相加得到：

$$X(t)=T(t)+S(t)+C(t)+I(t) \tag{6.4}$$

这可能是最常用的时间序列分解方式。如图6.18所示，如果一个时间序列仅仅由趋势项 $T(t)$ 和随机项 $I(t)$ 构成：

$$X(t)=T(t)+I(t) \tag{6.5}$$

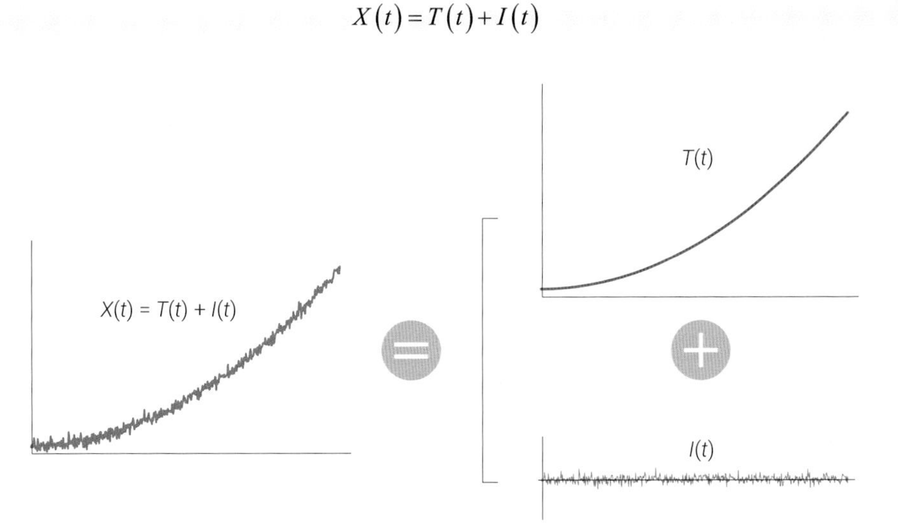

图6.18 累加分解，原始数据$X(t)$被分解为趋势成分$T(t)$和噪声成分$I(t)$

标普500指数长期来看随时间增长，按照经济周期涨跌，短期来看指数每天波动不止。长期趋势成分 $T(t)$ 就可以描述这种时间序列的长期行为，而不规则成分 $I(t)$ 描述的就是噪声成分，或者说是随机运动成分，如图6.19所示。

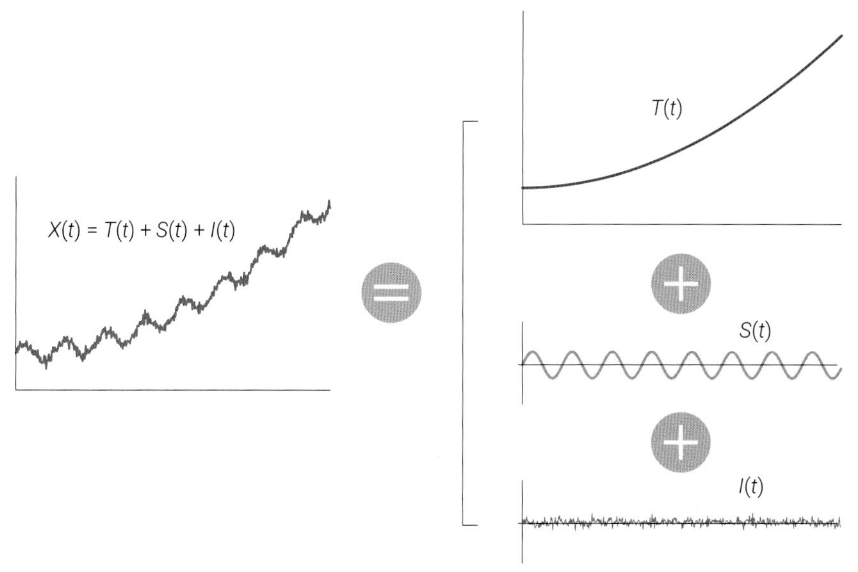

图6.19　累加分解，原始数据$X(t)$被分解为趋势成分$T(t)$、季节成分$S(t)$ 和噪声成分$I(t)$

乘法模型

乘法模型 (multiplicative model)，各个成分直接相乘得到：

$$X(t)=T(t)\cdot S(t)\cdot C(t)\cdot I(t) \tag{6.6}$$

如图6.20所示，如果只考虑趋势项 $T(t)$ 和随机项 $I(t)$：

$$X(t)=T(t)\cdot I(t) \tag{6.7}$$

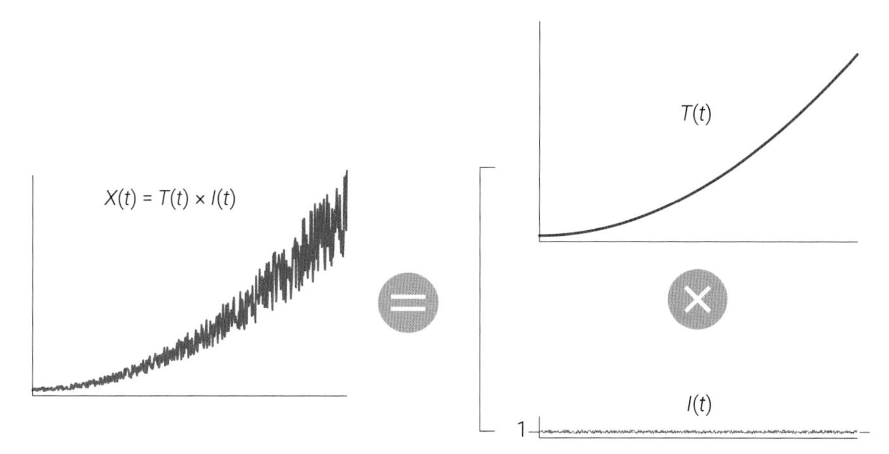

图6.20　累乘分解，原始数据$X(t)$被分解为趋势成分$T(t)$和噪声成分$I(t)$

如图6.21所示，考虑季节成分的乘法模型：

$$X(t)=T(t)\cdot S(t)\cdot I(t) \tag{6.8}$$

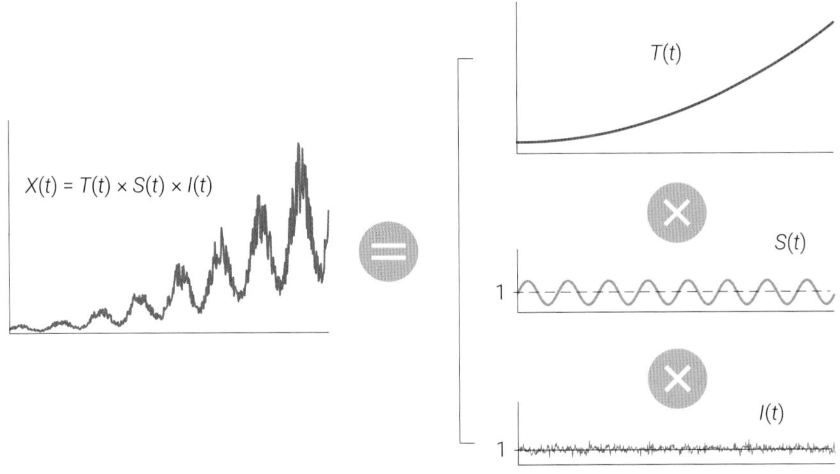

图6.21　累乘分解，原始数据$X(t)$被分解为趋势成分$T(t)$、季节成分$S(t)$和噪声成分$I(t)$

当然，时间序列还可以存在其他分解模型。比如**对数加法模型** (log-additive model)，时间序列取对数后由各个成分相加得到：

$$\ln X(t) = T(t) + S(t) + C(t) + I(t) \tag{6.9}$$

相当于对$X(t)$ 进行对数转换。对于更复杂的时间序列分解模型，本书不做介绍。

季节调整

本例利用scipy.stats.tsa.seasonal_decompose() 函数完成本章前文失业率数据的季节性调整。这个函数同时支持加法模型[seasonal_decompose(series, model='additive')]和乘法模型[seasonal_decompose(series, model='multiplicative')]。本节采用的是默认的加法模型。

图6.22所示为失业率数据的分解。图6.22(a) 为原始数据，图6.22(b) 为趋势成分，图6.22(c) 为季节成分，图6.22(d) 为噪声成分。注意，图6.22四幅子图的纵轴尺度完全不同。图6.23、图6.24、图6.25分别展示原始数据和三种成分。

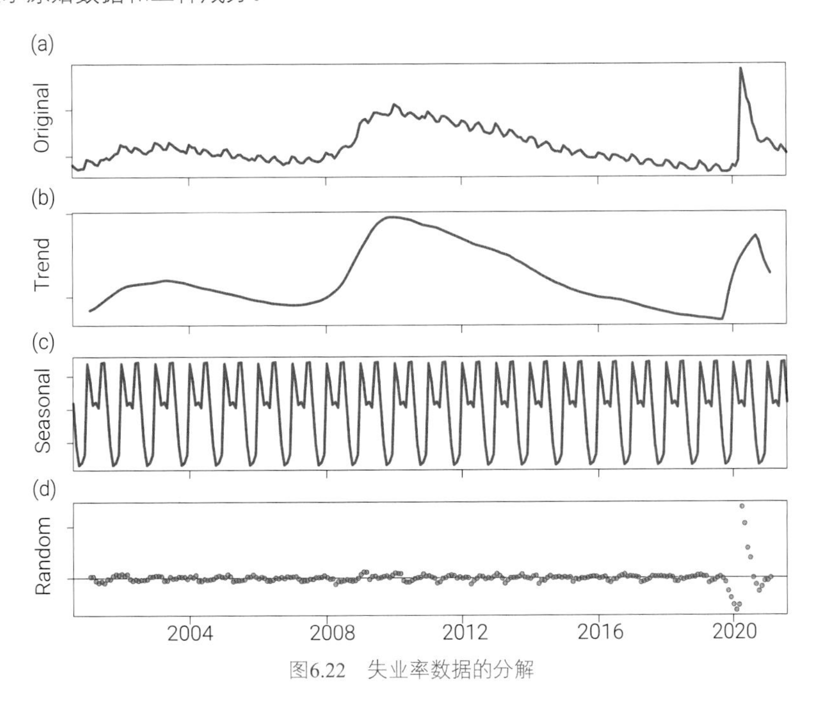

图6.22　失业率数据的分解

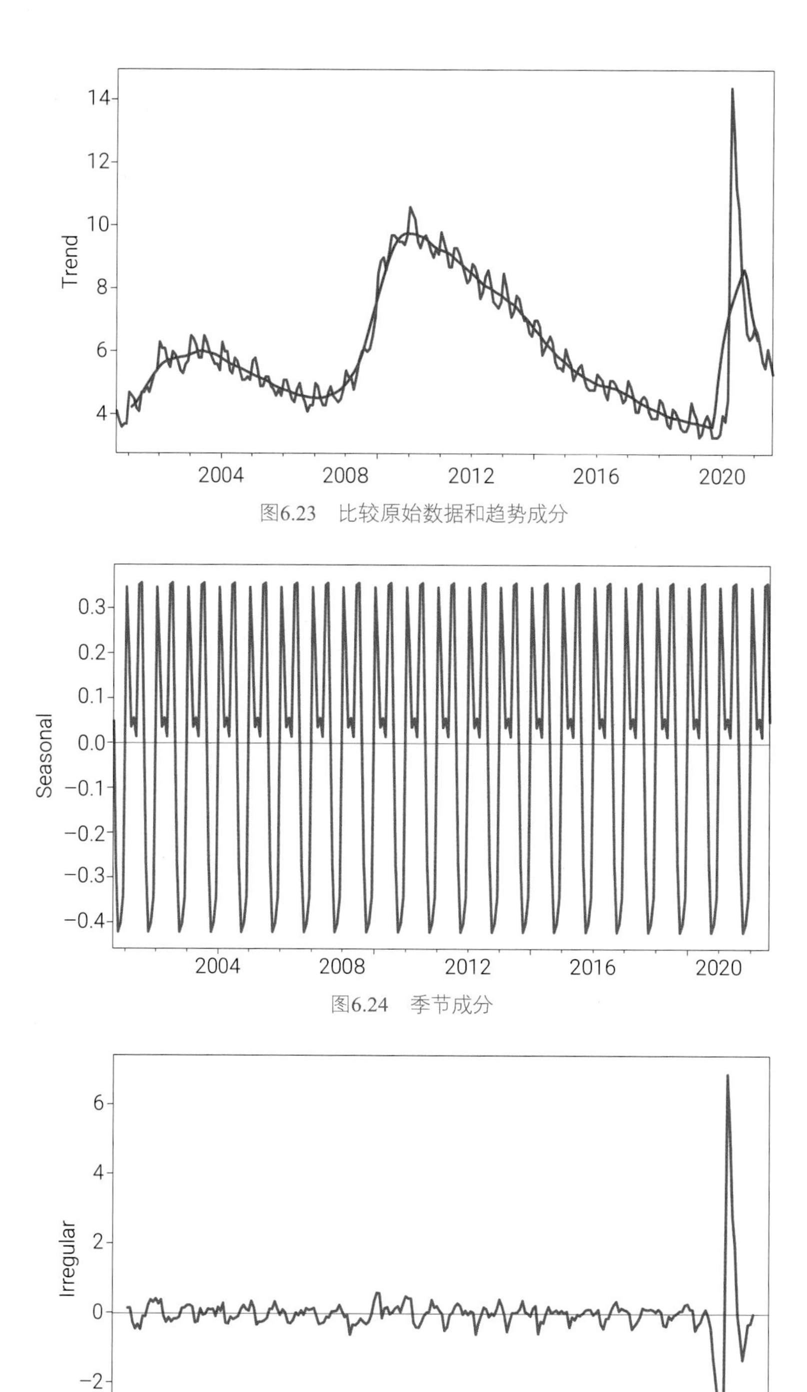

图6.23　比较原始数据和趋势成分

图6.24　季节成分

图6.25　噪声成分

scipy.stats.tsa.seasonal_decompose() 函数采用比较简单的卷积方法进行季节调整，对于更复杂的季节性调整，建议大家了解X11，本书不做展开。

Bk6_Ch6_03.ipynb中绘制了本节图像。

6.5 时间数据讲故事

《编程不难》介绍过如何采用“Pandas + Plotly”可视化数据讲故事，本节相当于是这个话题的延续。此外，本节内容也帮助大家复习Pandas数据处理和Plotly可视化方案。

本节采用的是Plotly提供的有关世界国家地区人口、预期寿命、人均GDP数据，这个数据集的导入方式为plotly.express.data.gapminder()。表6.1展示了数据集的前10行数据；其中，lifeExp代表预期寿命，pop代表人口数，gdpPercap代表人均GDP。需要注意的是表6.1中数据时间采样为5年，也就是说每5年一个数据点。

表6.1　Plotly中世界国家地区人口、预期寿命、人均GDP数据集 (前10行)

country_or_territory	continent	year	lifeExp	pop	gdpPercap	iso_alpha	iso_num
Afghanistan	Asia	1952	28.801	8425333	779.4453	AFG	4
Afghanistan	Asia	1957	30.332	9240934	820.853	AFG	4
Afghanistan	Asia	1962	31.997	10267083	853.1007	AFG	4
Afghanistan	Asia	1967	34.02	11537966	836.1971	AFG	4
Afghanistan	Asia	1972	36.088	13079460	739.9811	AFG	4
Afghanistan	Asia	1977	38.438	14880372	786.1134	AFG	4
Afghanistan	Asia	1982	39.854	12881816	978.0114	AFG	4
Afghanistan	Asia	1987	40.822	13867957	852.3959	AFG	4
Afghanistan	Asia	1992	41.674	16317921	649.3414	AFG	4
Afghanistan	Asia	1997	41.763	22227415	635.3414	AFG	4

人口

下面，让我们先完成人口相关的数据分析和可视化。

图6.26用堆积柱状图可视化各大洲人口数量随年份变化。Bk6_Ch6_04.ipynb中还给出了用线图完成相同数据的可视化。请大家回顾如何调整Plotly图像风格。

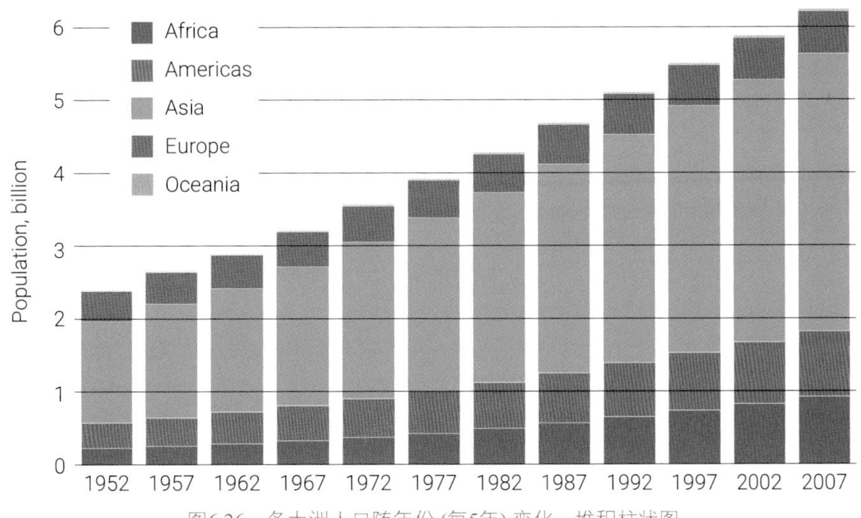

图6.26　各大洲人口随年份 (每5年) 变化，堆积柱状图

有些时候，我们还会关注各大洲人口占比，图6.27用堆积柱状图可视化人口占比随年份变化。Bk6_Ch6_04.ipynb中还给出了用面积图完成相同数据的可视化。

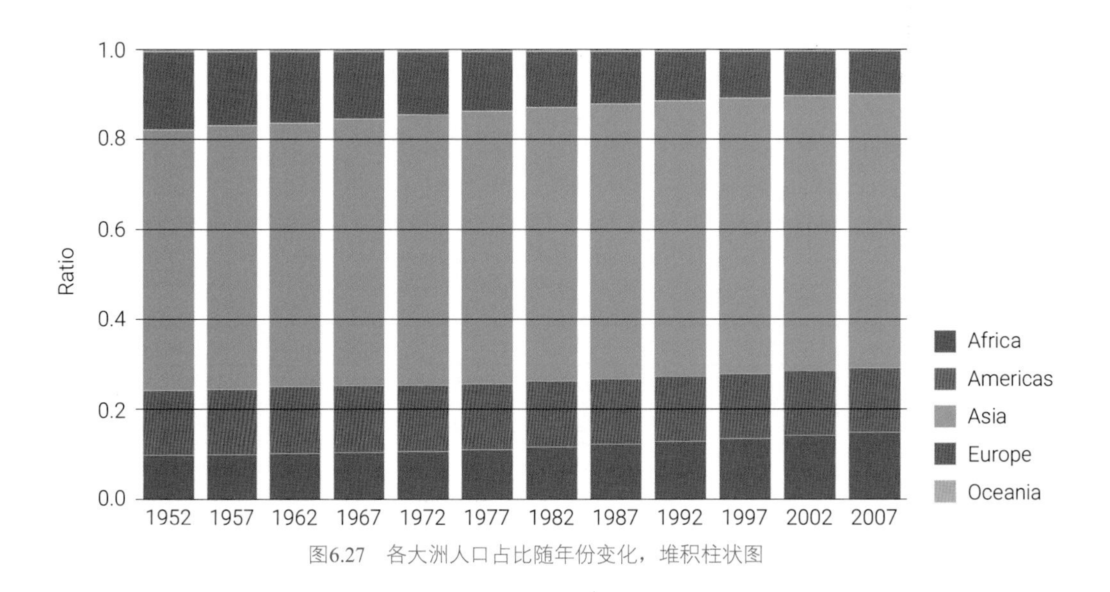

图6.27 各大洲人口占比随年份变化，堆积柱状图

为了看清各大洲人口占比随时间变化，我们还可以用图6.28所示线图进行可视化。

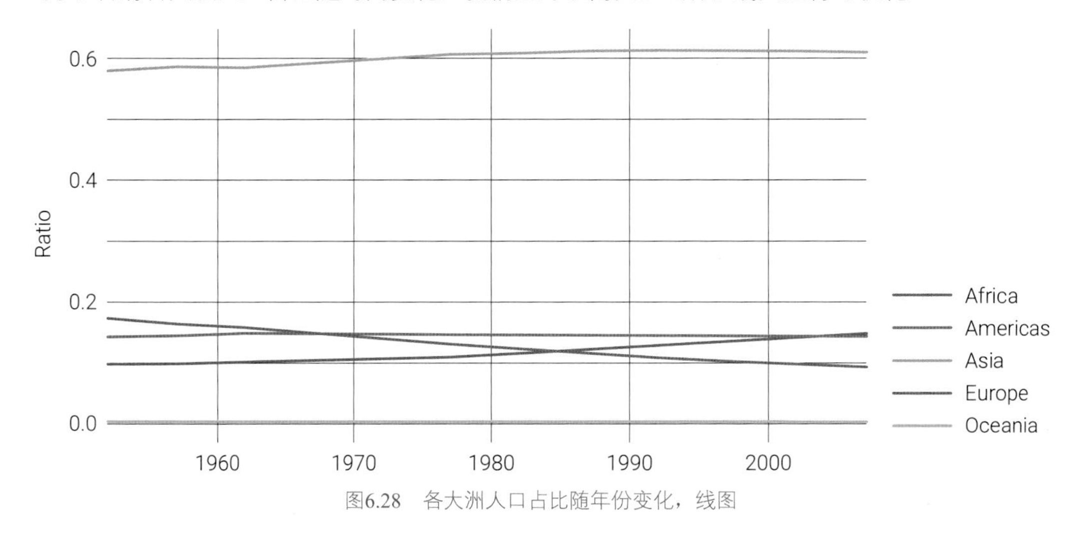

图6.28 各大洲人口占比随年份变化，线图

如果关注某年度的各大洲的人口占比，我们还可以用甜甜圈图 (饼图的变形)。图6.29所示为2007年各大洲人口占比的甜甜圈图。

除了饼图和甜甜圈图，我们还可以用太阳爆炸图展示更为复杂的占比钻取分析。图6.30所示为2007年世界各大洲和国家占比的太阳爆炸图。

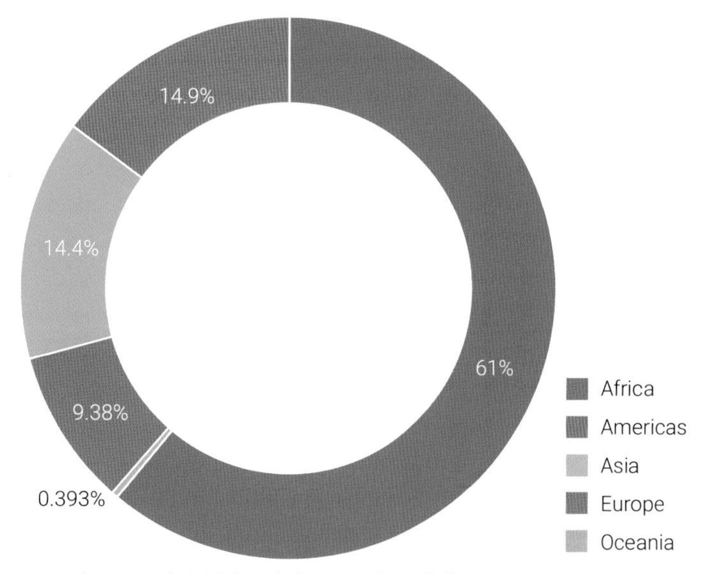

图6.29　各大洲人口占比，2007年，甜甜圈图

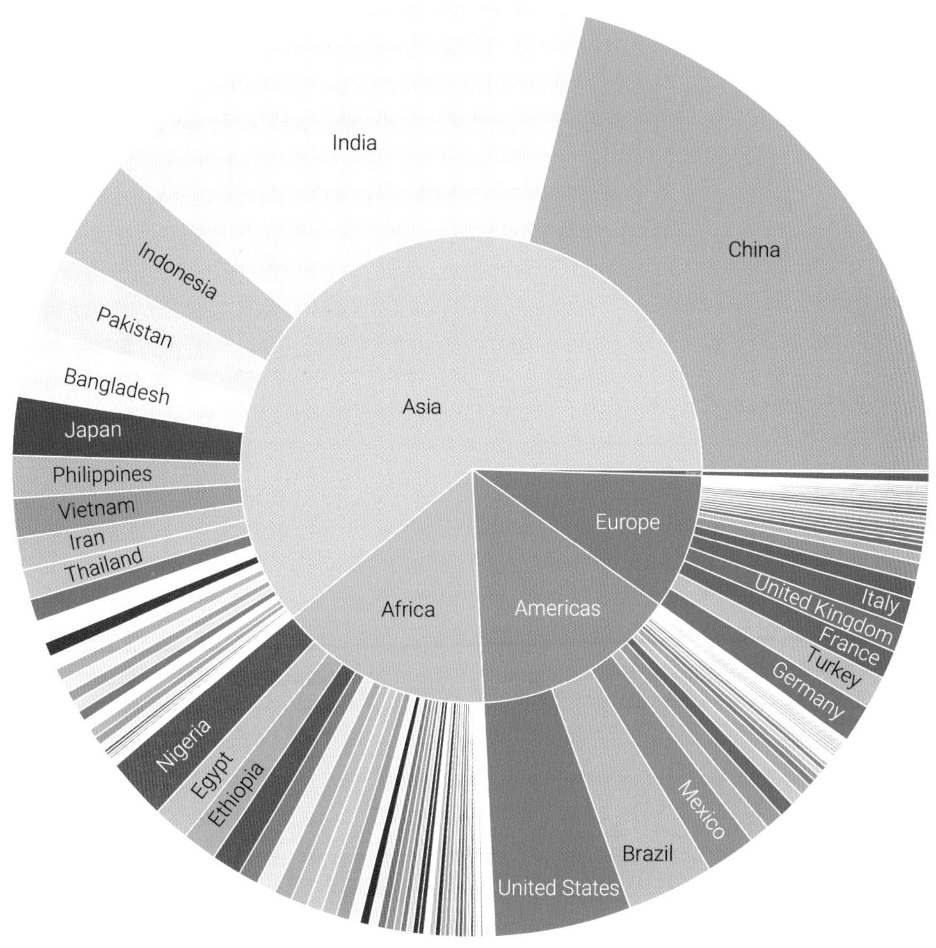

图6.30　各大洲及各国人口占比，2007年，太阳爆炸图

图6.31用柱状图展示2007年人口超过1亿国家的具体人口数值。Bk6_Ch6_04.ipyn中还用plotly.express.bar() 制作了动画，展示从1952年到2007年人口超过1亿国家及其人口数变化。

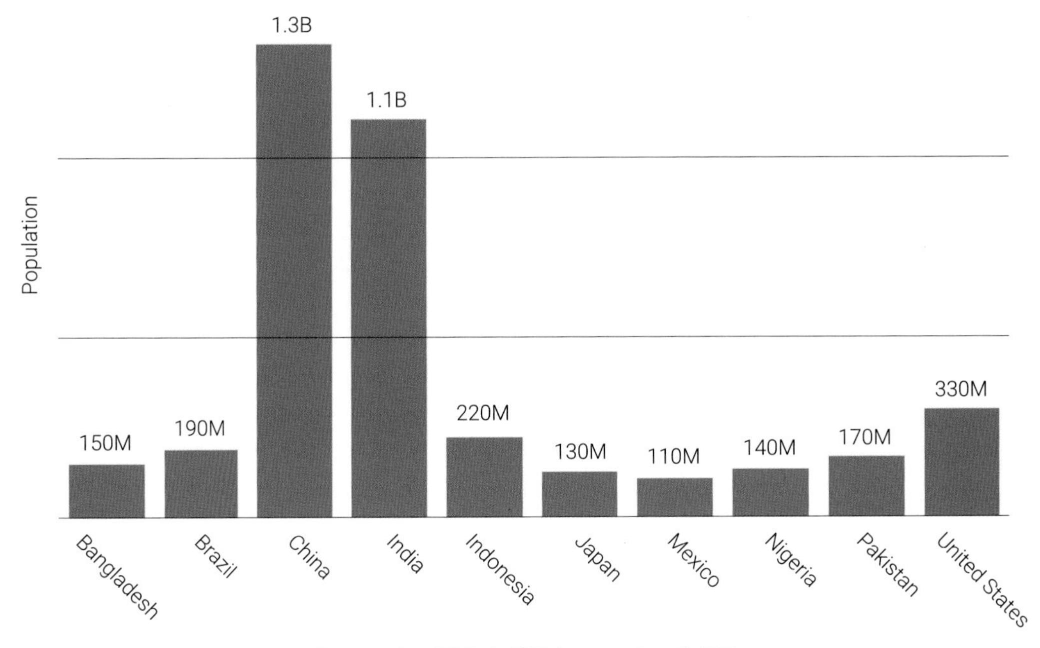

图6.31　人口超过1亿的国家，2007年，柱状图

如图6.32所示，全球及各大洲人口都在增长，但是除了非洲以外的各大洲人口增速似乎放缓。这幅图展示的是人口数值变化，而图6.33采用的是百分比变化。图6.33更方便展示相对增速。

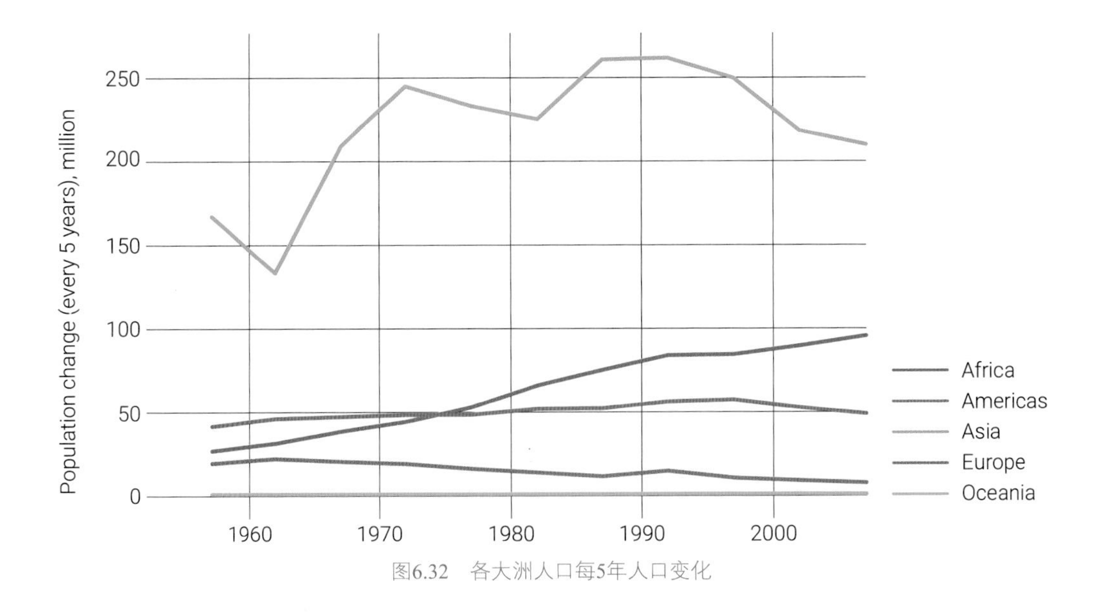

图6.32　各大洲人口每5年人口变化

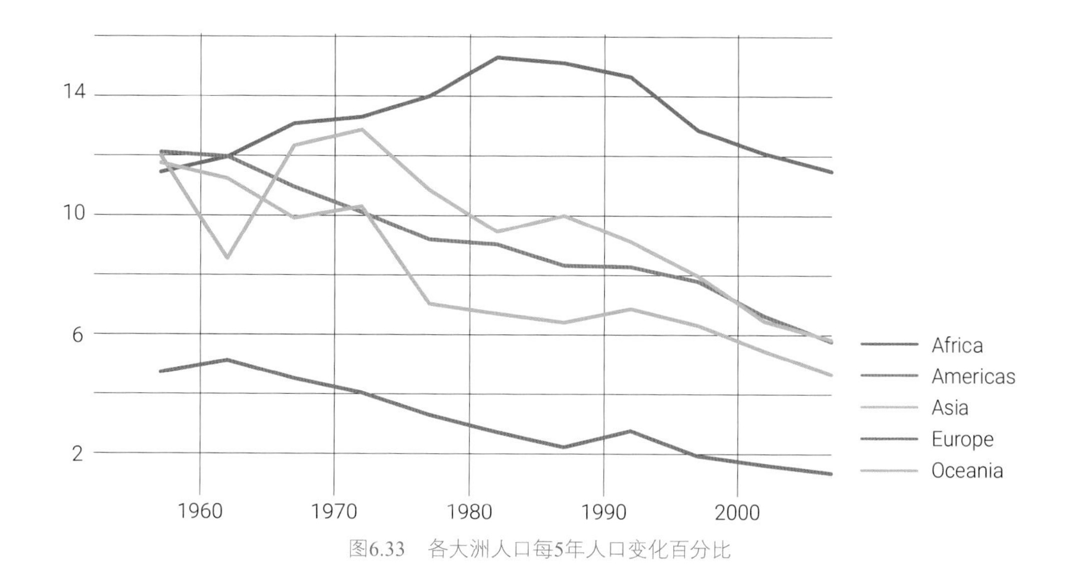

图6.33　各大洲人口每5年人口变化百分比

图6.34所示为人口异常变化 (5年百分比变化) 的国家年份。

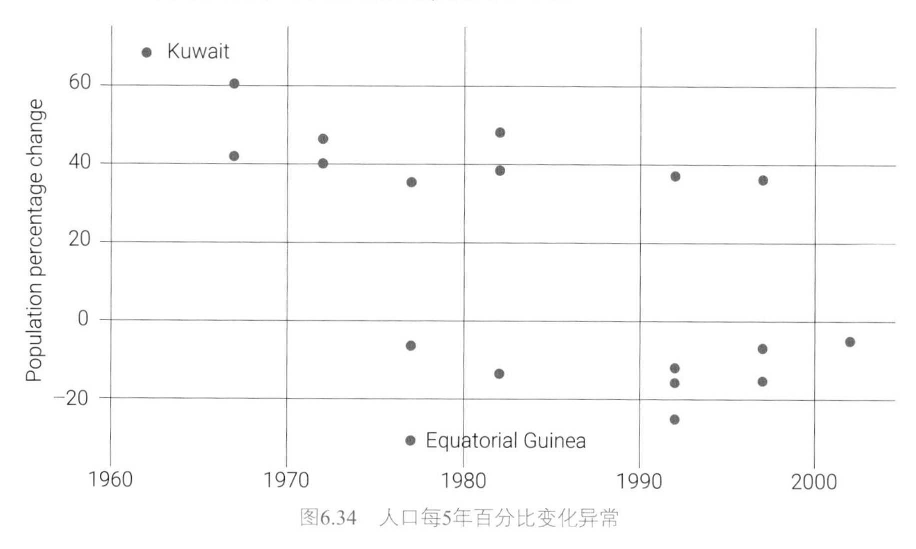

图6.34　人口每5年百分比变化异常

人均GDP

看完人口，再让我们看看人均GDP这列数据。

图6.35所示为全球各国人均GDP箱型图随年份变化；这幅图的纵轴为对数。

图6.36所示为各大洲人均GDP随年份变化，数值采用人口数量加权平均。

图6.37展示全球各国人均GDP每5年变化箱型图随年份变化。这幅图中我们已经发现了一些异常点，这些数据点都是值得挖掘的“故事”。

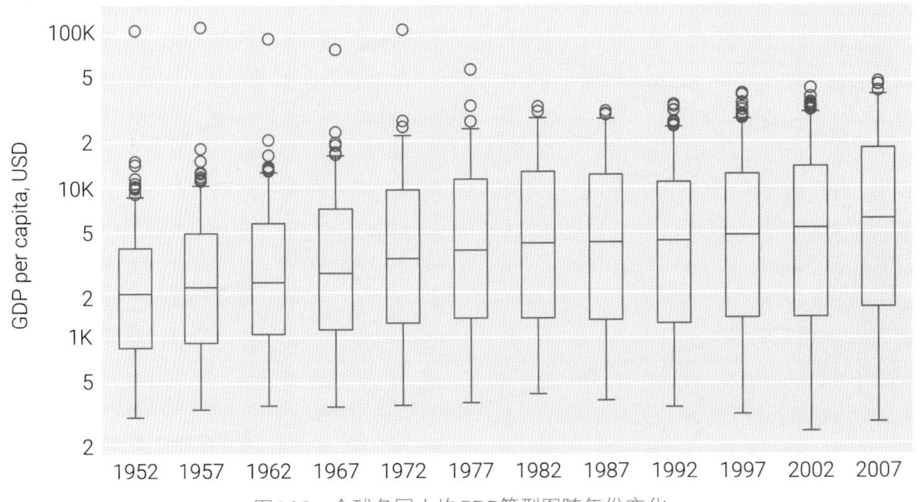

图6.35　全球各国人均GDP箱型图随年份变化

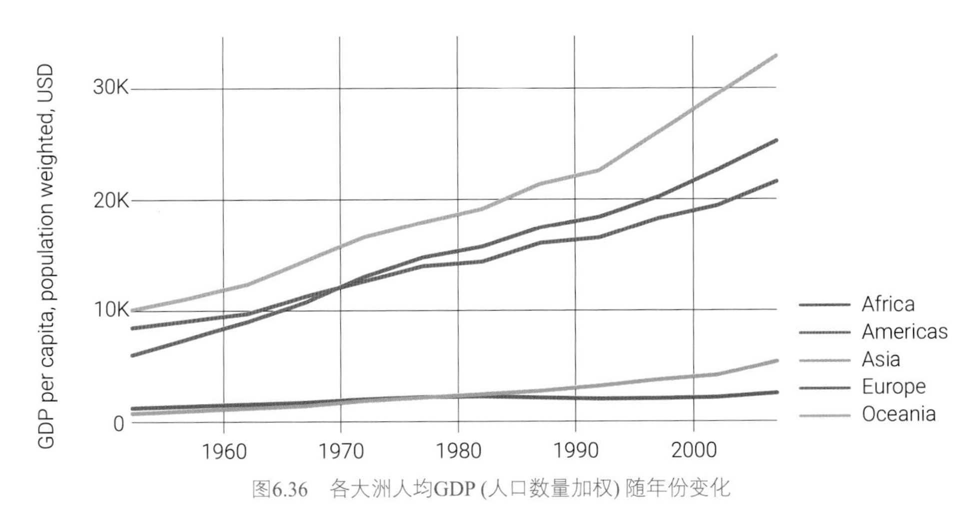

图6.36　各大洲人均GDP (人口数量加权) 随年份变化

图6.37　全球各国人均GDP每5年变化箱型图随年份变化

在图6.37基础上，图6.38用子图展示不同大洲的各国人均GDP每5年变化箱型图随年份变化。

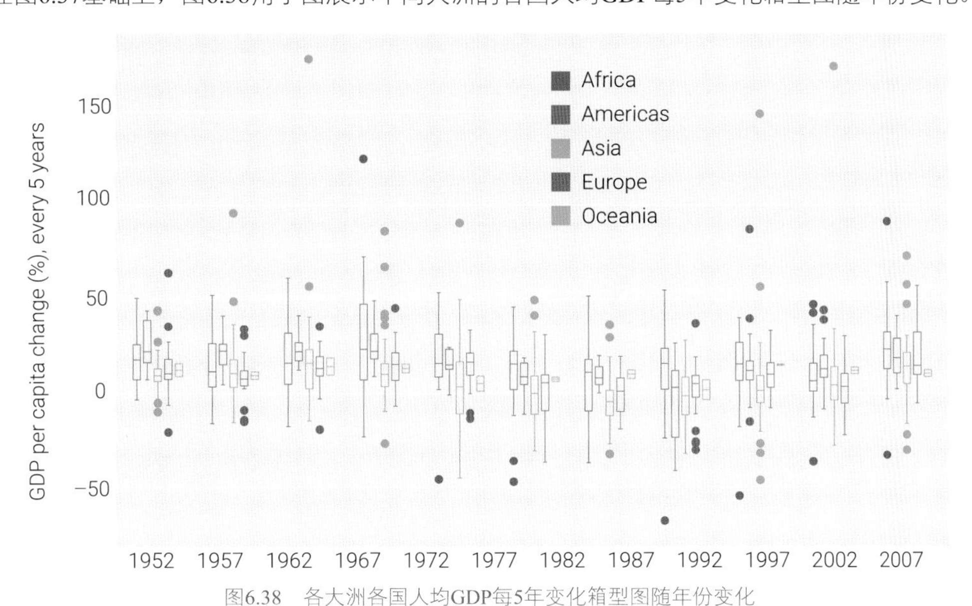

图6.38 各大洲各国人均GDP每5年变化箱型图随年份变化

类似图6.34，Bk6_Ch6_04.ipynb中还可视化了人均GDP变化异常的情况。

预期寿命

下面，让我们看看预期寿命这列数据，看看是否能发现一些有趣的趋势。

图6.39所示为全球各国预期寿命箱型图随年份变化，大家可能已经注意到1992年出现了似乎离群的数据点，请大家到配套代码中检查这个数据点。

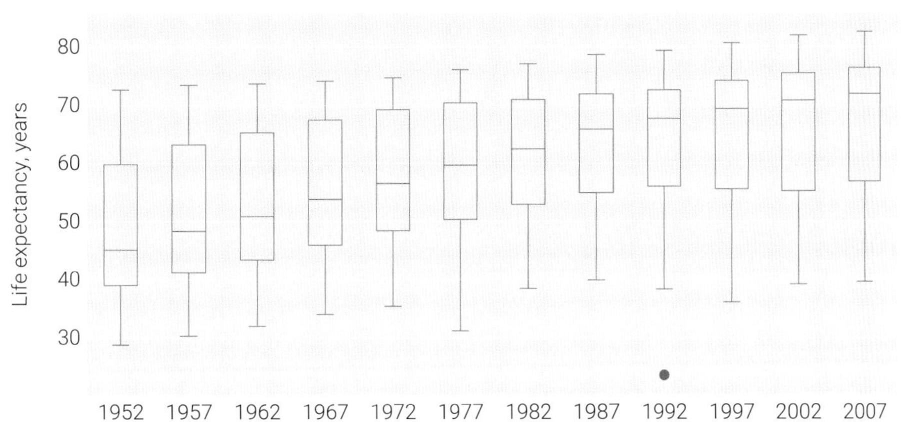

图6.39 全球各国预期寿命箱型图随年份变化

在图6.39基础上，图6.40用不同子图呈现了各大洲各国预期寿命箱型图。

图6.41展示了各大洲平均 (人口加权) 预期寿命随年份变化。

配套代码中，计算并可视化了预期寿命异常变化情况。

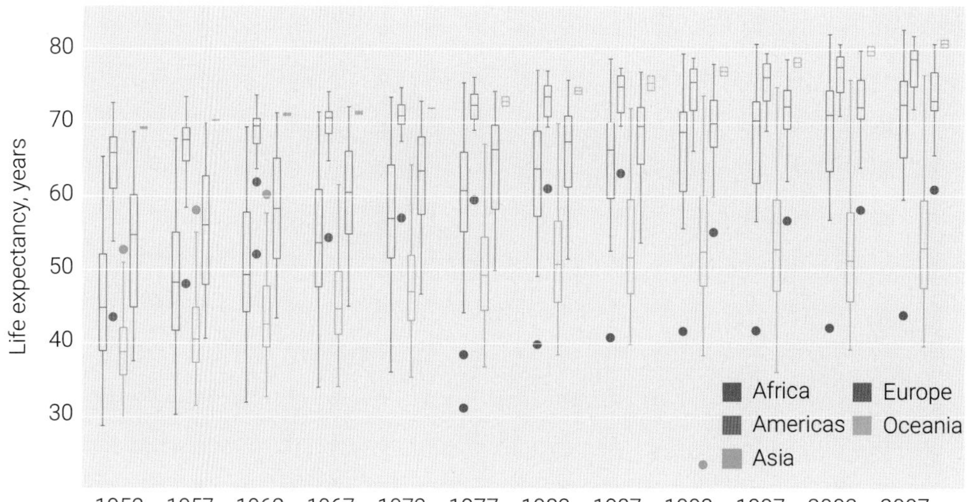

图6.40 各大洲各国预期寿命箱型图随年份变化

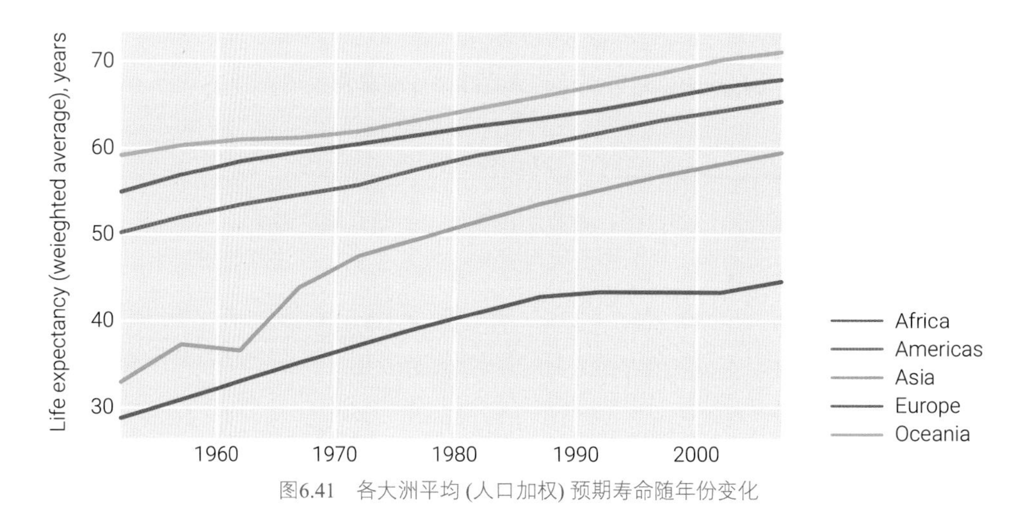

图6.41 各大洲平均 (人口加权) 预期寿命随年份变化

人均GDP和预期寿命存在的关系

最后，我们可以通过分析发现人均GDP和预期寿命之间存在有趣的关系。图6.42用散点图展示了2007年人均GDP和预期寿命之间的关系。容易发现这样一种趋势，人均GDP越高，预期寿命越长。当然，这幅散点图也有一些可能存在的“离群点”值得我们逐一分析。比如，人均GDP较低，但是预期寿命相对较高的国家；人均GDP较高，但是预期寿命相对较低的国家。这些都是需要进一步挖掘的数据点。

配套代码中，在图6.42基础上做了动画，展示了散点图随年份变化。

图6.43则是用不同子图展示了不同大洲人均GDP和预期寿命之间的关系，大家可以自行分析不同大洲之间在人均GDP和预期寿命上的异同。图6.44在散点图基础上还绘制了边际箱型图，这幅图更容易分析不同大洲的差异。

图6.45用气泡图 (散点图的变形) 在人均GDP和预期寿命平面上展示了2007年数据；再用散点大小展示了人口数量，用散点颜色展示了大洲。注意，图6.45横轴取了对数。本章配套代码中，还制作了动画展示这幅图随年份变化。

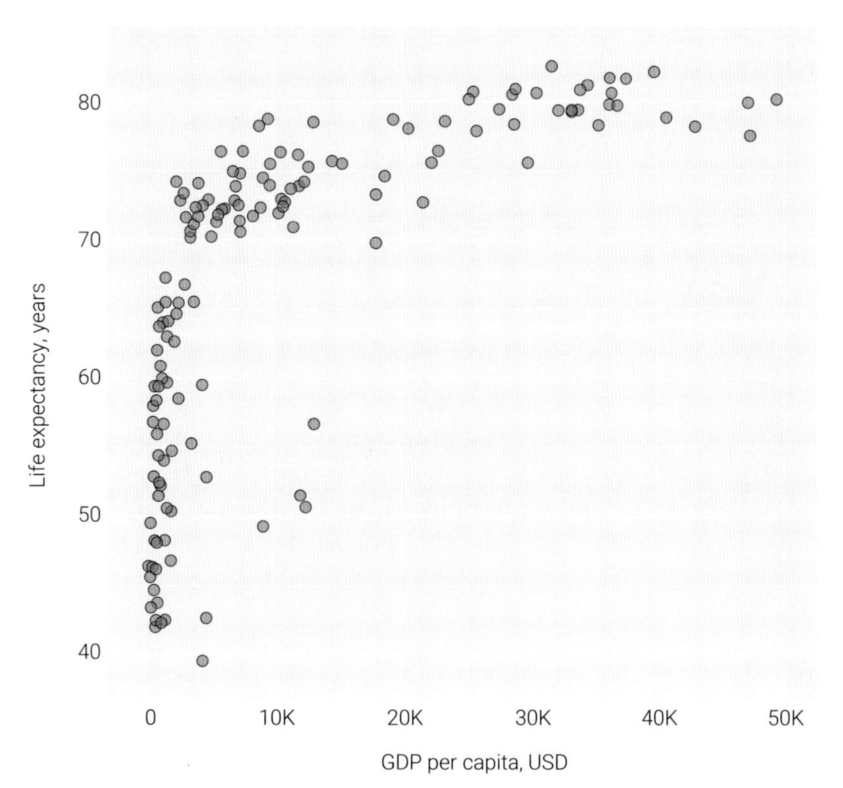

图6.42　人均GDP和预期寿命之间的关系，2007年

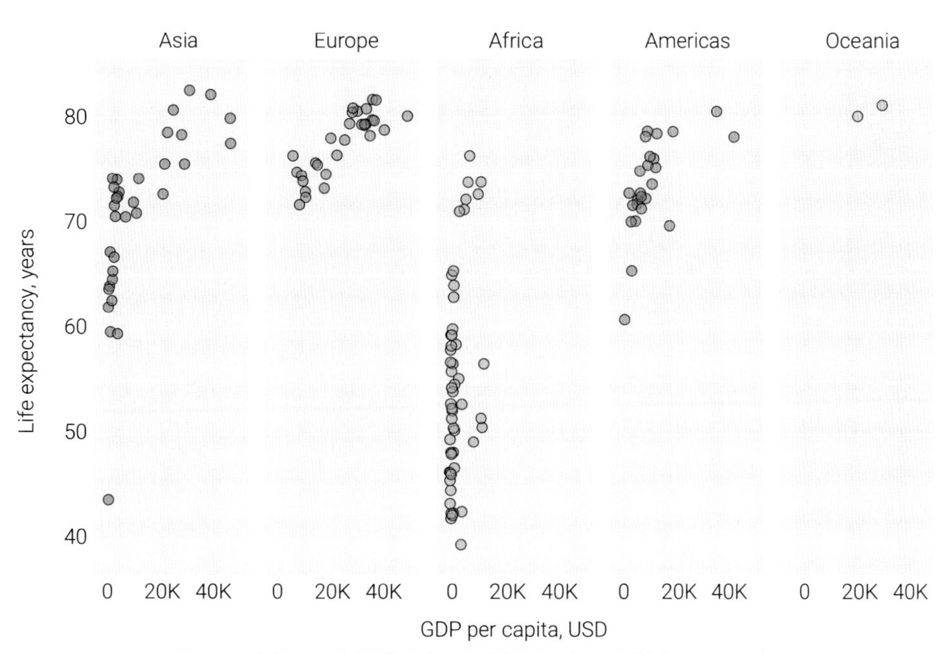

图6.43　人均GDP和预期寿命之间的关系，标记大洲分图，2007年

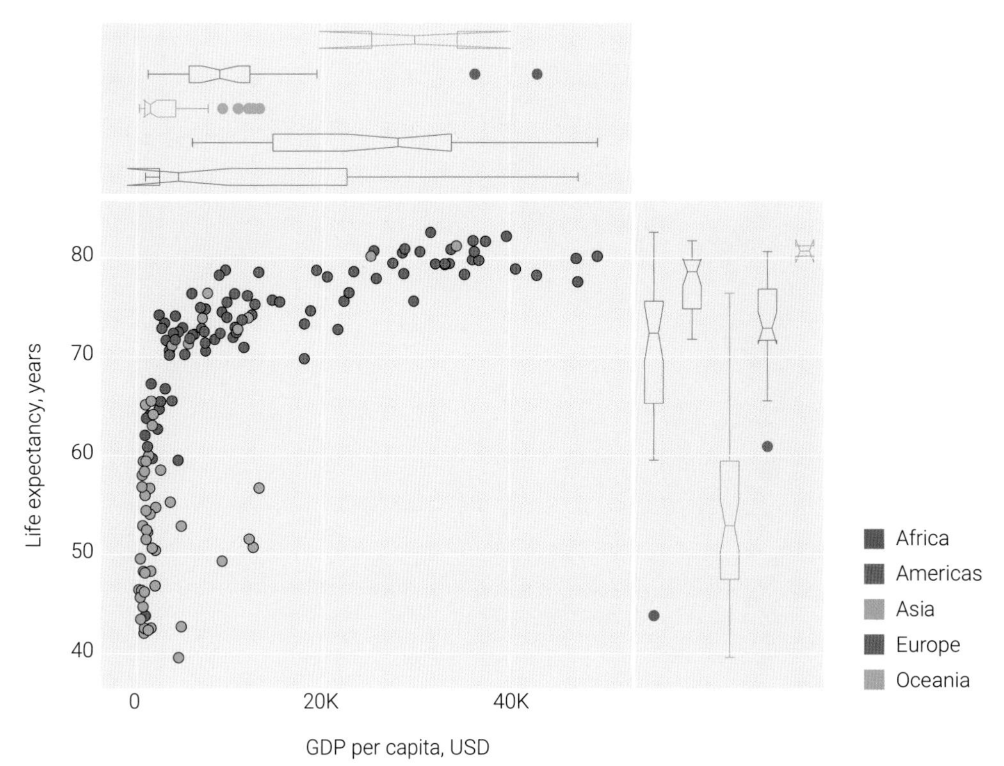

图6.44　人均GDP和预期寿命之间的关系，标记大洲，边际分布为箱型图，2007年

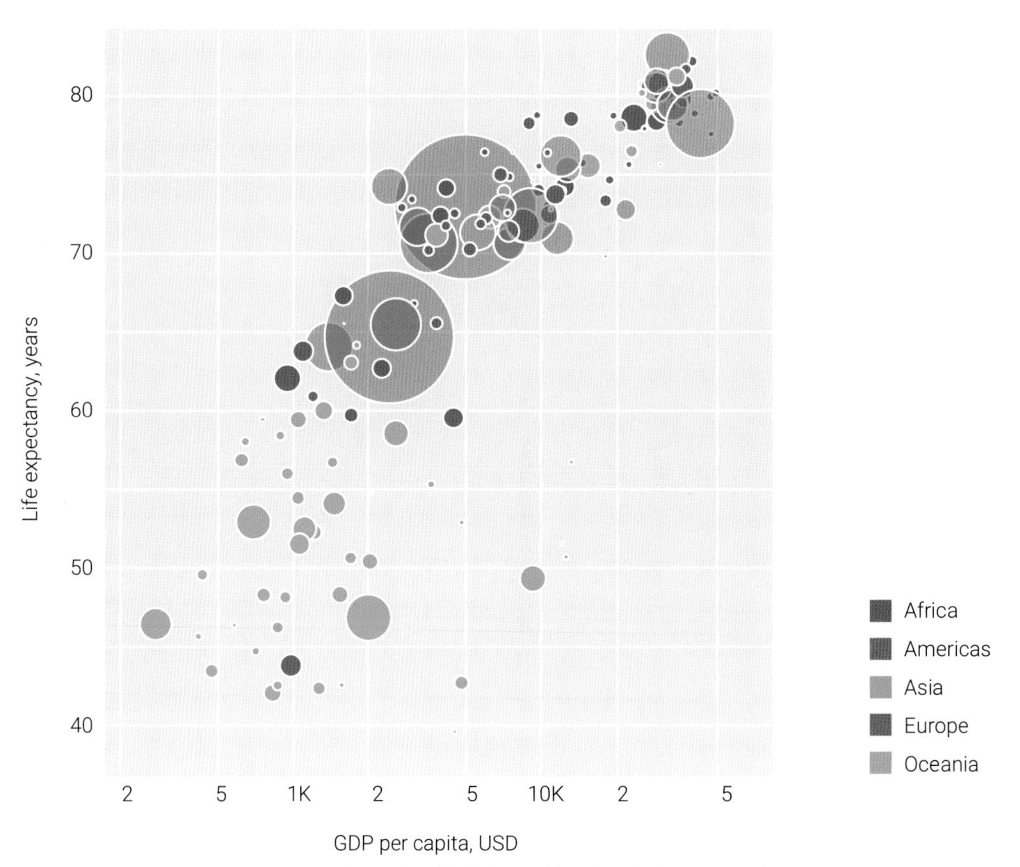

图6.45　人均GDP和预期寿命之间的关系，气泡图，2007年

如图6.46所示，三个国家在人均GDP、预期寿命平面上，随着时间变化，人均GDP和预期寿命都呈现上升趋势。而图6.47、图6.48却展现了截然不同的时间轨迹，请大家自行结合历史事件分析这两幅图像展现的轨迹。

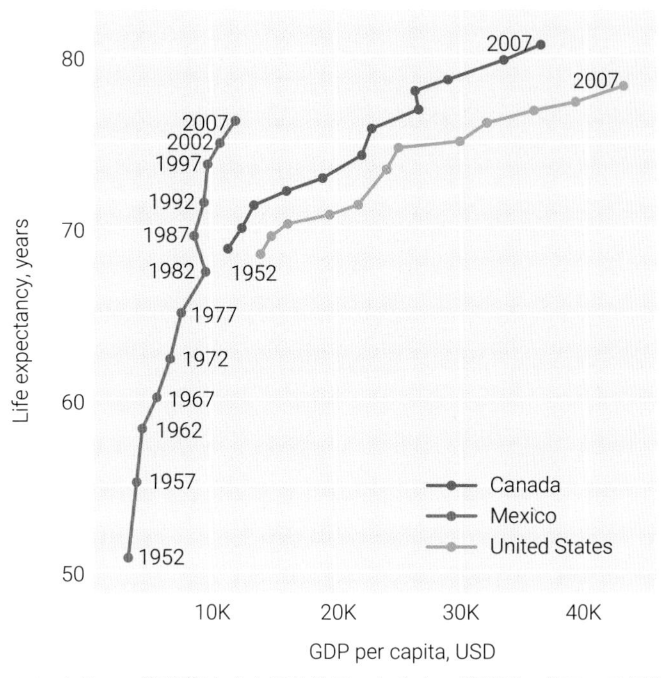

图6.46　人均GDP和预期寿命之间的关系，加拿大、墨西哥、美国，时间轨迹

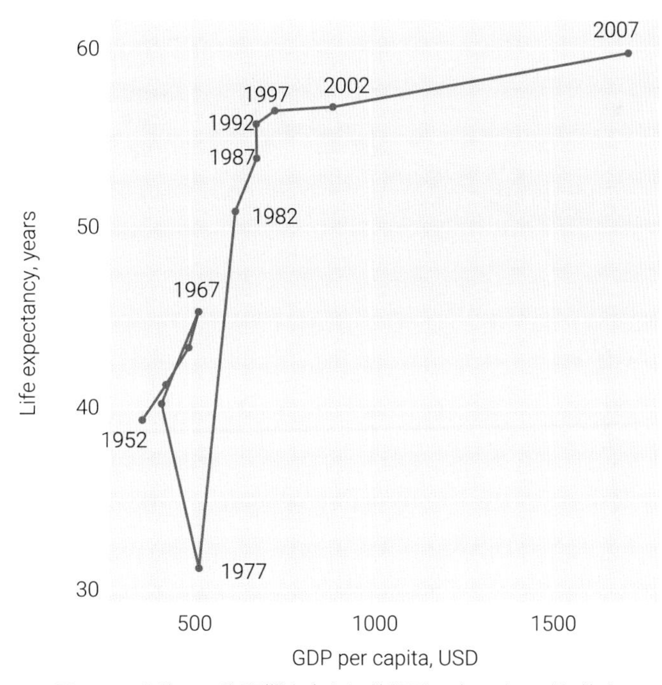

图6.47　人均GDP和预期寿命之间的关系，卢旺达，时间轨迹

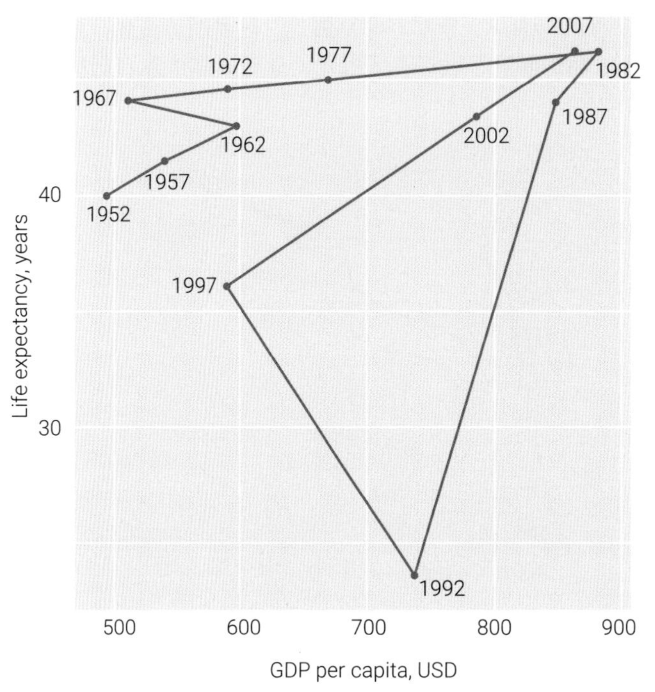

图6.48　人均GDP和预期寿命之间的关系，柬埔寨，时间轨迹

图6.49所示为人均GDP、预期寿命的非线性关系。图6.50所示为用非线性回归分析各大洲数据2007年数据；查看本章配套代码，大家可以发现横轴自变量数据先取对数后再进行回归分析。此外，图6.50有些子图中数据量不够回归分析，请大家采用所有年度数据 (而不仅仅是2007年数据) 再绘制类似图6.50散点图，并绘制趋势曲线。

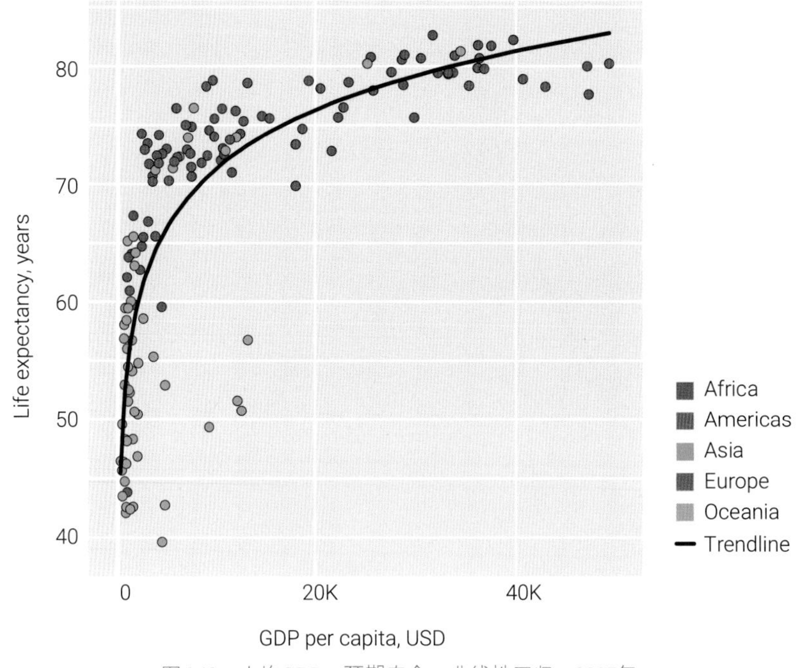

图6.49　人均GDP、预期寿命，非线性回归，2007年

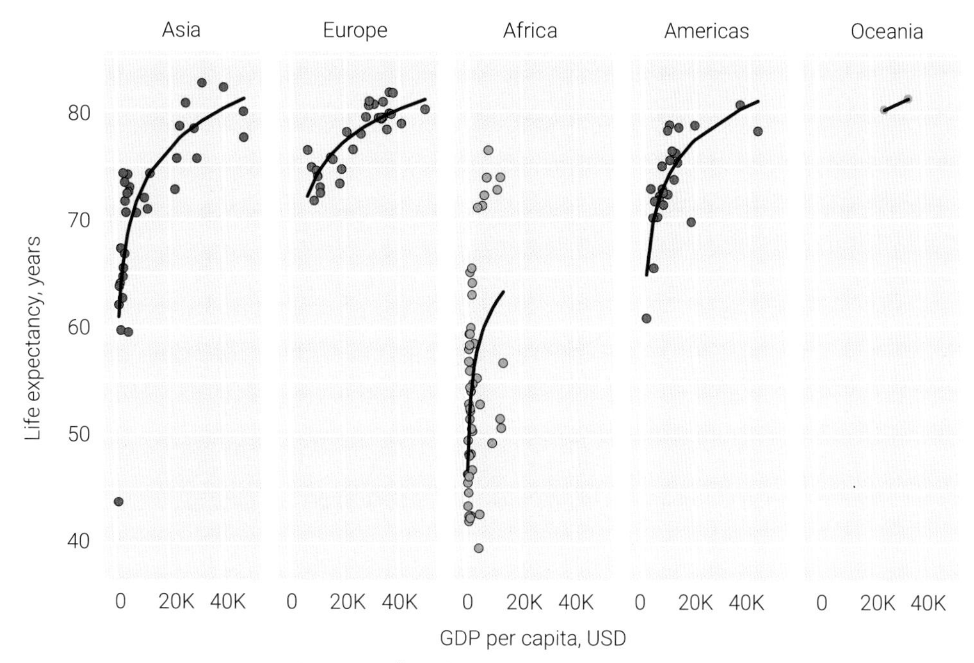

图6.50　人均GDP、预期寿命，非线性回归，各大洲子图，2007年

图6.51所示为在人均GDP、预期寿命平面上，根据样本数据位置用*k*-Means算法将它们聚类为6簇。*k*-Means算法是一种无监督学习方法，用于将数据集分成*k*个聚类，通过迭代优化聚类中心，以最小化每个点到其最近聚类中心的距离，实现数据的聚类分析。

《机器学习》将介绍包括*k*-Means在内的各种聚类算法。

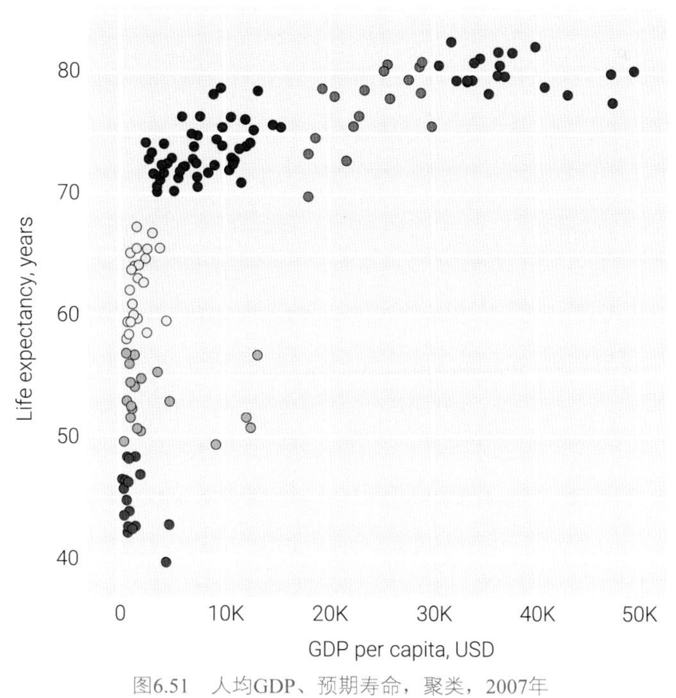

图6.51　人均GDP、预期寿命，聚类，2007年

时间序列是按照时间顺序排列的数据点序列，通常用于描述随时间变化的现象，如股价、气温、销售额等。时间序列分析可以揭示数据的趋势、季节性和其他周期性模式。

时间序列数据中常常会出现缺失值，可能是由于数据采集过程中的错误、设备故障或其他原因导致的。处理缺失值的方法包括插值或者直接删除包含缺失值的时间点。

时间序列的趋势成分是指数据在长期内呈现的整体上升或下降的变化趋势。趋势成分反映了数据的长期演变趋势，可以是线性的、非线性的、逐渐增长或减少的。

季节调整是为了消除时间序列中由于季节性变化引起的周期性模式。季节性通常是指在一年内某个固定时间范围内重复出现的模式，例如节假日、季节性销售高峰等。季节调整有助于更好地识别和理解时间序列中的趋势成分。处理时间序列数据时，常用的方法是时间序列分解，即将时间序列分解为趋势、季节性和残差等成分。这有助于更好地理解数据的结构，从而进行更准确的分析和预测。

本章最后还回顾了如何用“Pandas + Plotly”处理、可视化数据，并讲故事。

Rolling Window
移动窗口
捕捉和分析统计量随时间变化的趋势和模式

没有一种语言比数学更普遍、更简单、更没有错误、更不晦涩……更容易表达所有自然事物的不变关系。它用同一种语言解释所有现象，仿佛要证明宇宙计划的统一性和简单性，并使主导所有自然原因的不变秩序更加明显。

There cannot be a language more universal and more simple, more free from errors and obscurities...more worthy to express the invariable relations of all natural things than mathematics. It interprets all phenomena by the same language, as if to attest the unity and simplicity of the plan of the universe, and to make still more evident that unchangeable order which presides over all natural causes.

—— 约瑟夫·傅里叶 (Joseph Fourier) | 法国数学家、物理学家 | 1768—1830年

- ◀ `statsmodels.regression.rolling.RollingOLS()` 计算移动OLS线性回归系数
- ◀ `df.rolling().corr()` 计算数据帧df的移动相关性
- ◀ `df.ewm().std()` 计算数据帧df EWMA标准差/波动率
- ◀ `df.ewm().mean()` 计算数据帧df EWMA平均值
- ◀ `df.rolling().std()` 计算数据帧df MA平均值
- ◀ `df.rolling().quantile()` 计算数据帧df移动百分位值
- ◀ `df.rolling().skew()` 计算数据帧df移动偏度
- ◀ `df.rolling().kurt()` 计算数据帧df移动峰度
- ◀ `df.rolling().mean()` 计算数据帧df移动均值
- ◀ `df.rolling().max()` 计算数据帧df移动最大值
- ◀ `df.rolling().min()` 计算数据帧df移动最小值

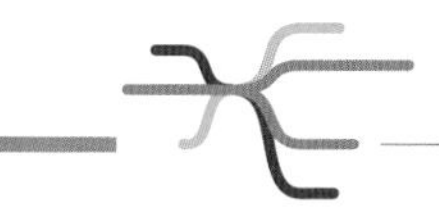

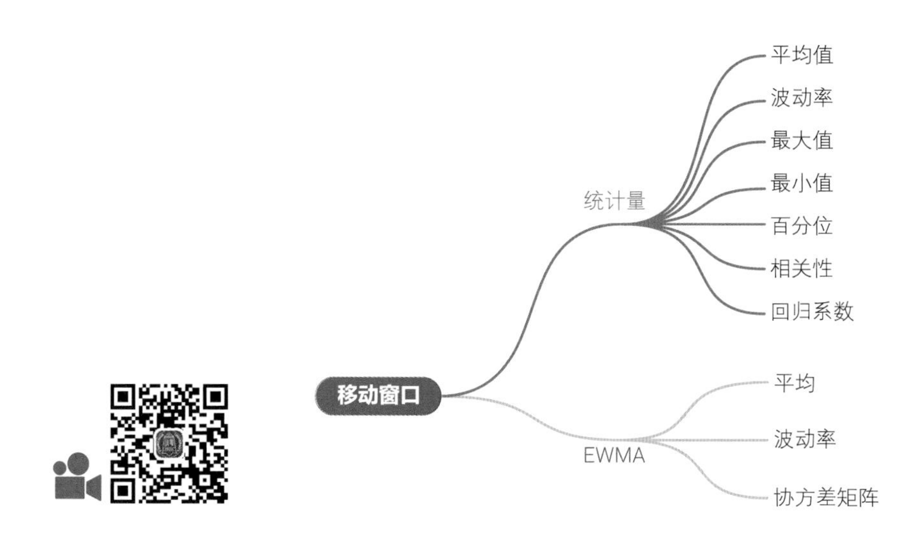

7.1 移动窗口

移动窗口 (rolling window或moving window) 是一种重要的时间序列统计计算方法，如图7.1所示。移动窗口的宽度叫作**回望窗口长度** (lookback window length)。

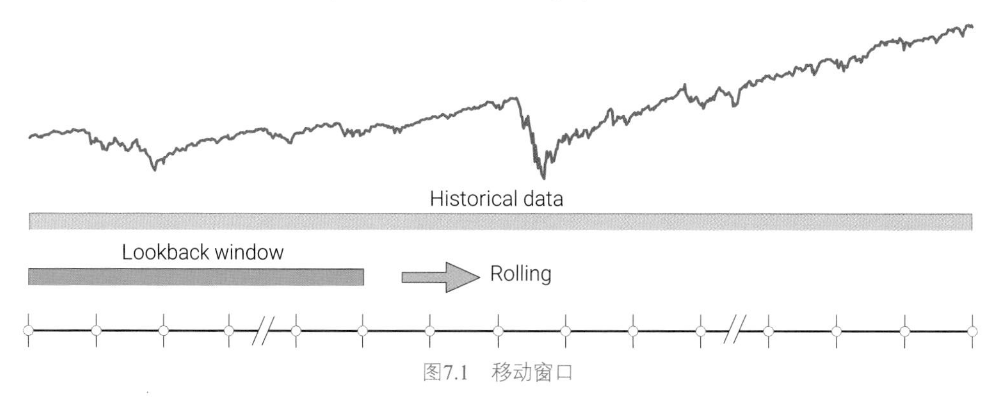

图7.1　移动窗口

如图7.2所示，移动窗口按照一定规律沿着历史数据移动，每一个位置都产生一个统计量，比如最大值、最小值、平均值、加权平均值、标准差等等。随着移动窗口不断移动，该统计量不断产生；因此，通过移动窗口得到的数据是序列数据，也就是时间序列。

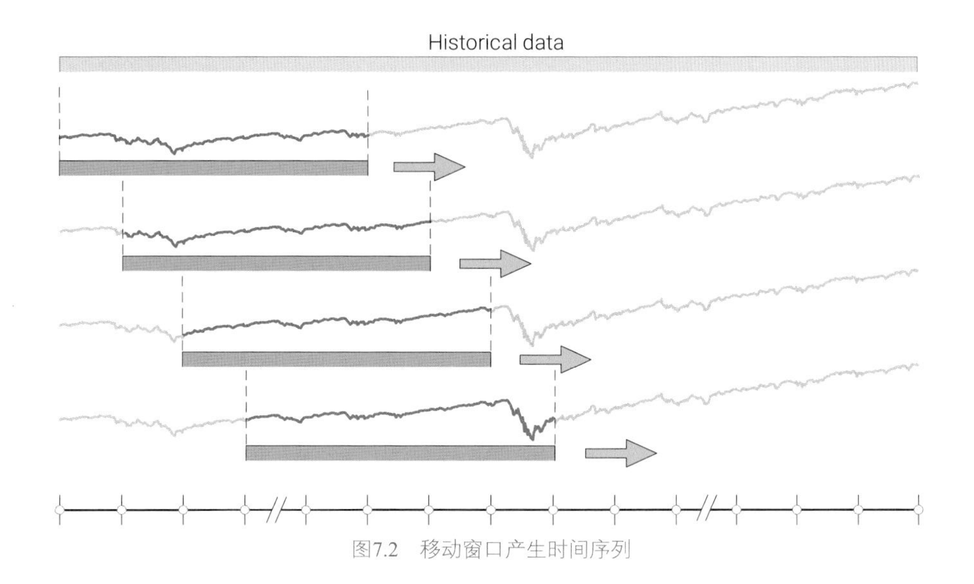

图7.2　移动窗口产生时间序列

最大值、最小值

如图7.3所示，利用长度为100的回望窗口，我们可以得到移动最大值 (橙色) 和移动最小值 (绿色) 曲线。随着移动窗口移动到每一个位置，便利用回望窗口内的数据产生一个最大值和最小值。当移动窗口最左端和历史数据的最左端对齐时，产生第一个数据；因此，移动窗口数据长度比历史数据长度短。对于某个数据帧数据df，移动最大值和最小值时间序列可以利用df.rolling().max() 和df.rolling().min() 两个函数计算得到。

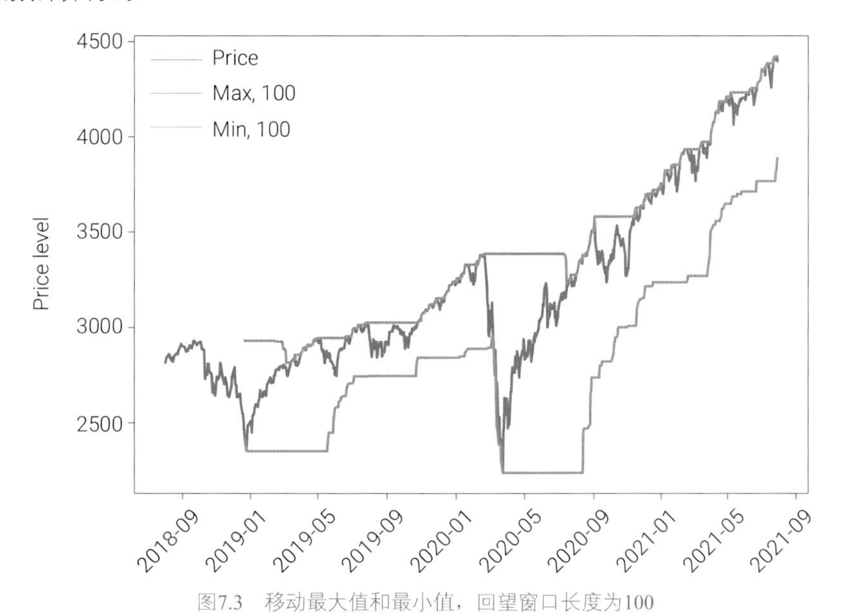

图7.3　移动最大值和最小值，回望窗口长度为100

简单移动平均

简单移动平均 (Simple Moving Average，SMA)，用来计算平均数的回望窗口内的每个样本的权重完全一致：

$$\begin{aligned}\bar{x}_{\text{SMA}\_k} &= \frac{x_{k-L+1} + x_{k-L+2} + \ldots + x_{k-2} + x_{k-1} + x_k}{L} \\ &= \frac{x_{(k-L)+1} + x_{(k-L)+2} + \ldots + x_{k-2} + x_{k-1} + x_k}{L} \\ &= \frac{1}{L}\sum_{i=1}^{L} x_{(k-L)+i}\end{aligned} \tag{7.1}$$

移动平均有助于消除短期波动带来的数据噪声，突出长期趋势。移动平均相当于一个滤波器；回望窗口长度影响着统计量数据平滑度，如图7.4所示。

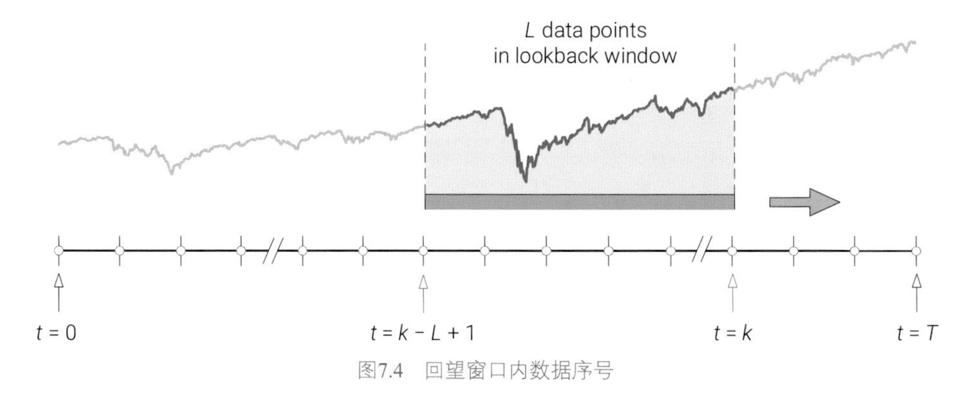

图7.4 回望窗口内数据序号

图7.5比较回望窗口分别为50、100和150三种情况的移动平均值。可以发现，回望窗口越长，得到的统计量时间序列看起来越平滑。

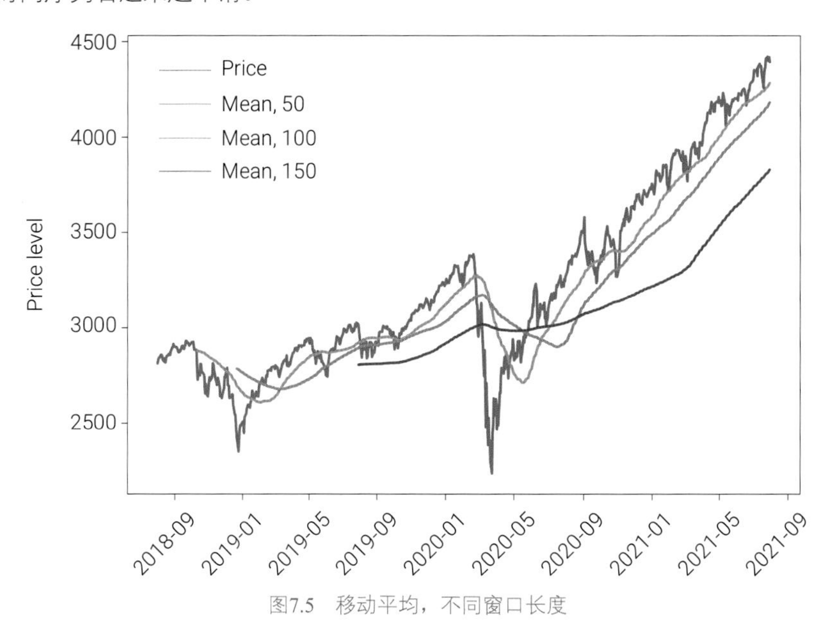

图7.5 移动平均，不同窗口长度

对于数据帧数据df，移动平均可以用df.rolling().mean() 计算得到。对于采样频率为营业日的数据，常见的移动窗口回望长度可以是5天 (一周)、10天 (两周)、20天 (一个月)、60天 (一个季度)、125/126天 (半年) 或 250/252天 (一年) 等等。

其他统计量

此外，移动窗口还可以帮助我们理解数据统计特点的动态特征。图7.6所示为日收益率的移动期望、波动率、偏度和峰度。**波动率** (volatility) 就是标准差。可以发现数据的统计特征随着时间移动不断改变。

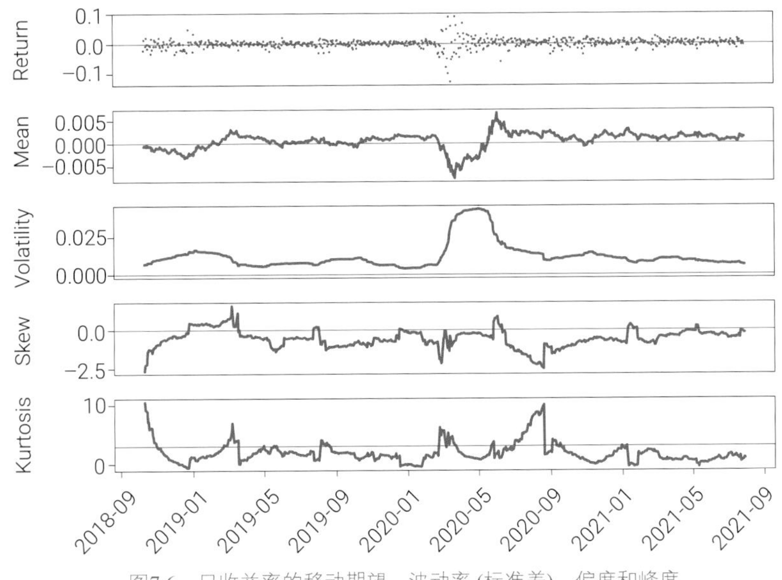

图7.6　日收益率的移动期望、波动率 (标准差)、偏度和峰度

对于数据帧数据df，df.rolling().std()、df.rolling().skew() 和df.rolling().kurt() 可以分别计算移动标准差、偏度和峰度。

请大家改变回望窗口长度比较结果。

类似地，图7.7所示为日收益率的95%和5%移动百分位变化。对于数据帧数据df，df.rolling().quantile() 计算移动百分位值。

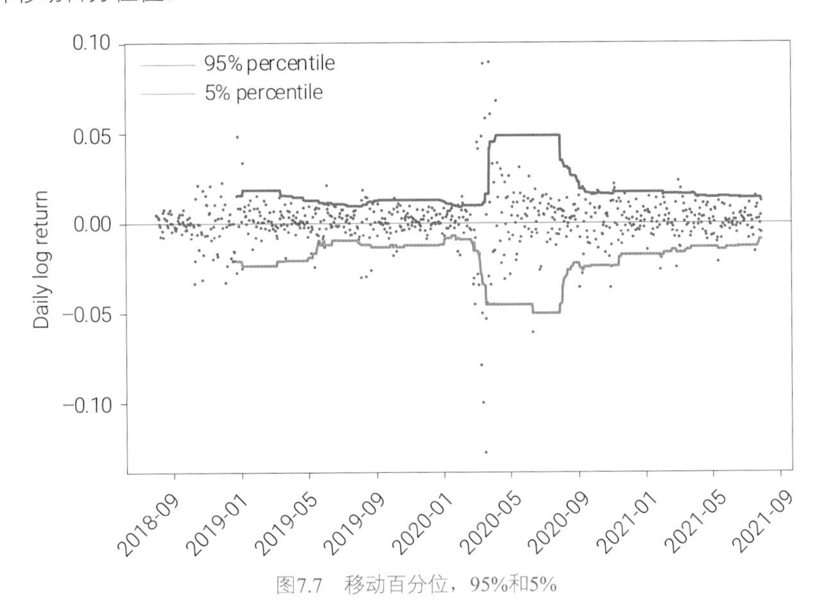

图7.7　移动百分位，95%和5%

《编程不难》介绍过，在使用pandas.DataFrame.rolling()计算移动窗口统计量时，我们还需注意参数center。如图7.8 (a) 所示，当设置center = False 时，移动窗口的标签将被设置为窗口索引的右边缘；

也就是说，窗口的标签与移动窗口的右边界对齐。这意味着移动窗口中的数据包括右边界，但不包括左边界。

如图7.8(b) 所示，当center = True时，移动窗口的标签将被设置为窗口索引的中心。也就是说，窗口的标签位于移动窗口的中间。这意味着移动窗口中的数据将包括左右两边的数据，并且标签位于窗口中央。

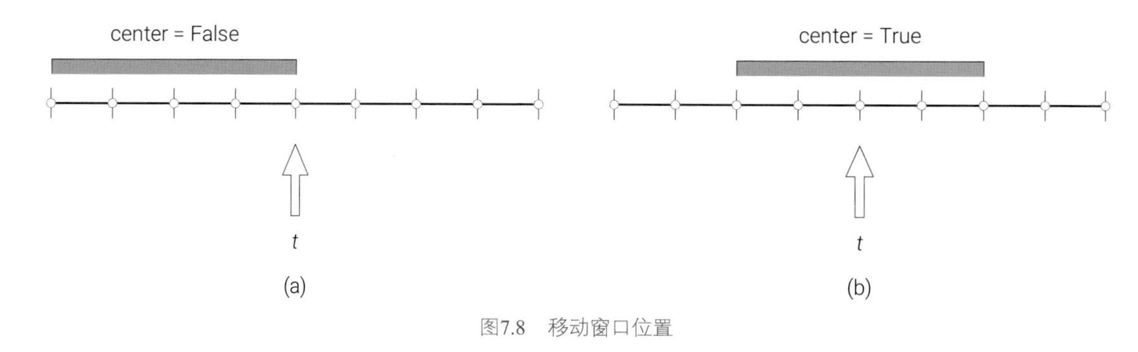

图7.8 移动窗口位置

7.2 移动波动率

回望窗口长度为L的条件下，时间序列x_i移动波动率/标准差为：

$$\sigma_{\text{daily}} = \sqrt{\frac{1}{L-1}}\sqrt{\sum_{i=1}^{L}\left(x_{(k-L)+i} - \mu\right)^2} \tag{7.2}$$

其中，μ为回望窗口内数据x_i的平均值。

当L足够大，且μ几乎为0时，式(7.2) 可以简化为：

$$\sigma_{\text{daily}} = \sqrt{\frac{\sum_{i=1}^{L}\left(x_{(k-L)+i}\right)^2}{L}} \tag{7.3}$$

观察式(7.3) 可以发现相当于对回望窗口内 $(x_i)^2$ 数据，施加完全相同的权重$1/L$。如图7.9所示。

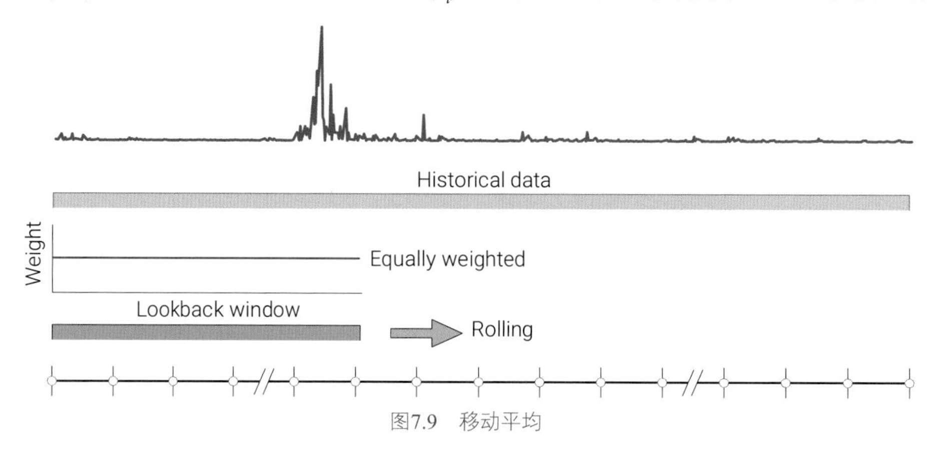

图7.9 移动平均

式(7.3) 常用来计算股票收益率的波动率。图7.10所示为不同窗口长度条件下得到的移动平均波动率。可以发现，窗口长度越长数据越平缓，但是对数据变化响应越缓慢。

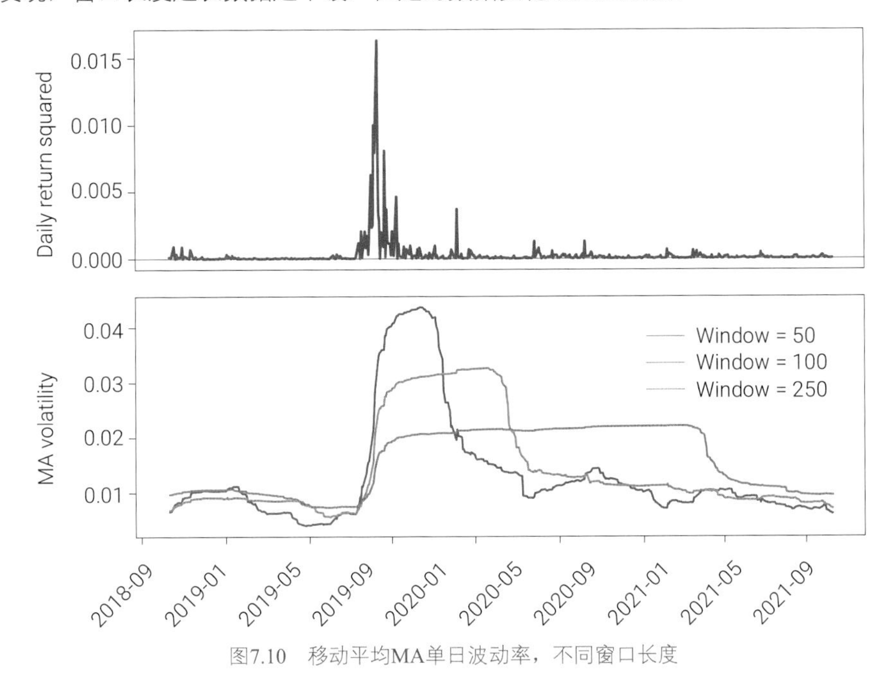

图7.10　移动平均MA单日波动率，不同窗口长度

通俗地说，回望窗口长度越长，窗口内相对更具影响力的“陈旧”数据越尾大不掉，代谢的周期越长，如图7.11所示。本章最后介绍的指数加权移动平均EWMA，便很好地解决这一问题；哪怕回望窗口越长，EWMA计算得到的波动率也能更快地跟踪数据变化规律。这是本章后文要介绍的内容。

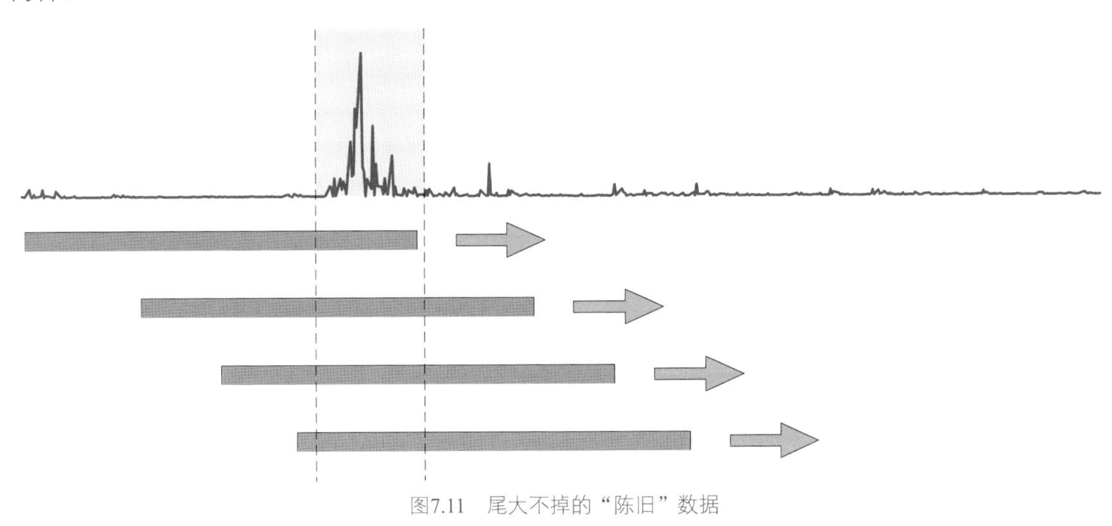

图7.11　尾大不掉的“陈旧”数据

此外，$\pm 2\sigma$波动率带宽常用来检测时间数据中可能存在的异常值。$+2\sigma$曲线被称为$+2\sigma$上轨，-2σ曲线常被称为-2σ下轨。图7.12 ~ 图7.14分别展示窗口长度为50天、100天和250天的$\pm 2\sigma$移动平均MA波动率带宽。

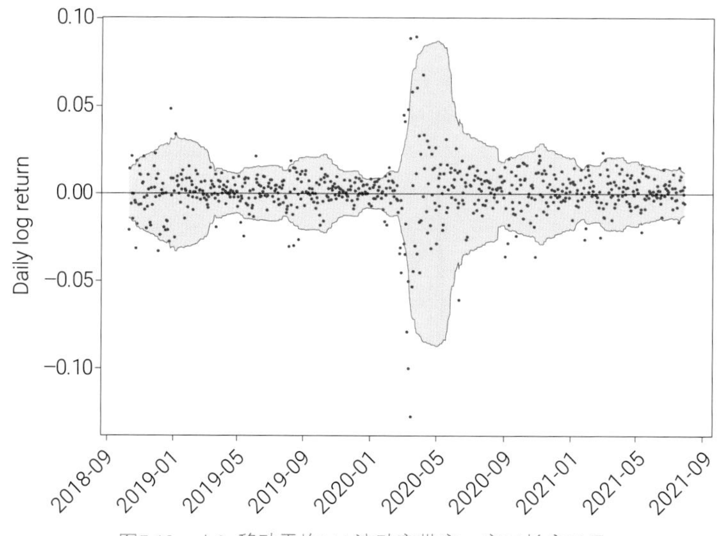

图7.12　±2σ移动平均MA波动率带宽，窗口长度50天

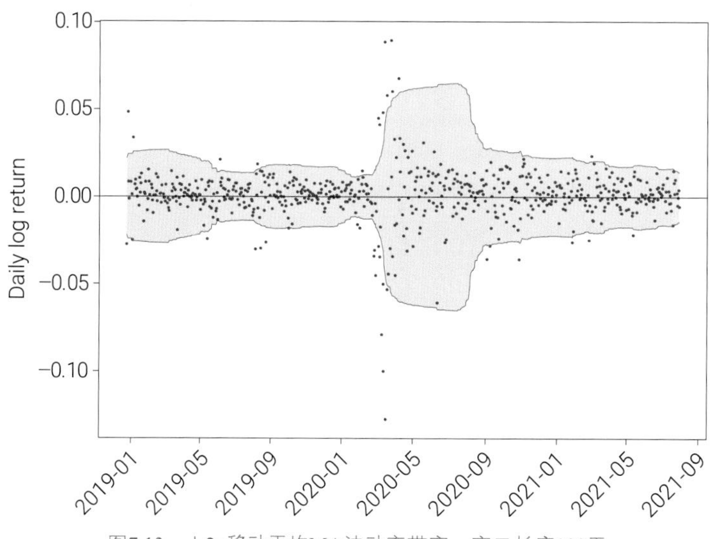

图7.13　±2σ移动平均MA波动率带宽，窗口长度100天

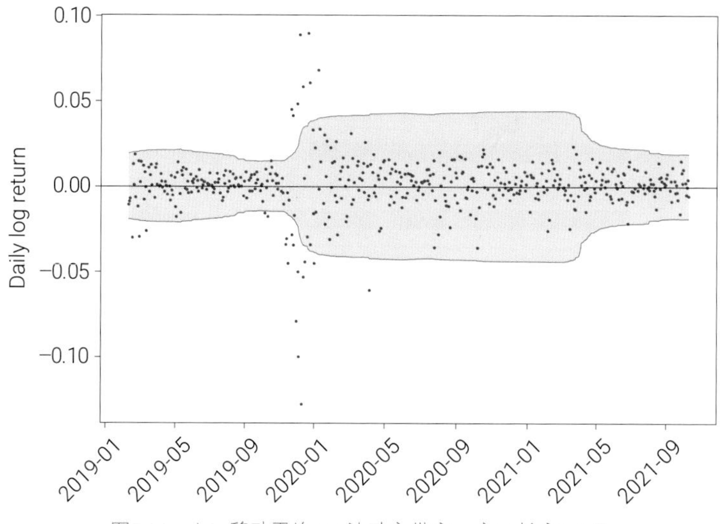

图7.14　±2σ移动平均MA波动率带宽，窗口长度250天

Bk6_Ch11_01.py中绘制了本节主要图像。

7.3 相关性

相关性系数也随着时间不断变化。df.rolling().corr() 可以计算数据帧df的移动相关性。图7.15所示为移动相关性。

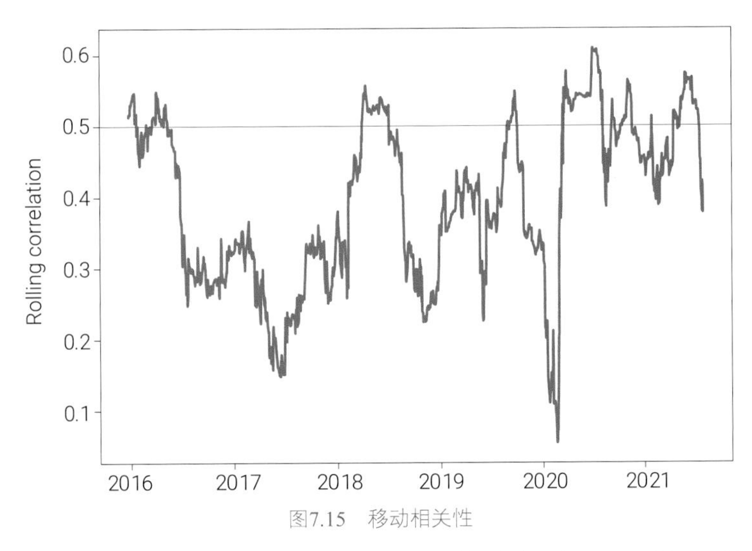

图7.15 移动相关性

《编程不难》还专门介绍过如何计算并处理成对相关性系数，如图7.16所示，请大家回顾学习。

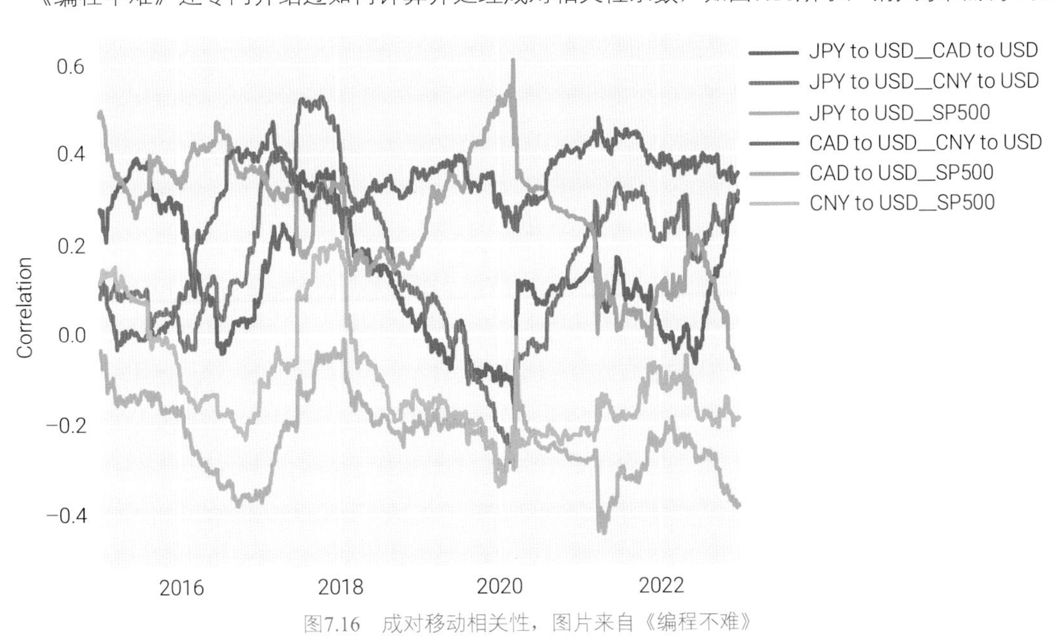

图7.16 成对移动相关性，图片来自《编程不难》

Bk6_Ch11_02.py中绘制了图7.15。

7.4 回归系数

类似地，回归系数也随着移动窗口数据不断变化。

本节利用statsmodels.regression.rolling.RollingOLS() 计算移动OLS线性回归系数。回归斜率系数如图7.17所示，回归截距系数如图7.18所示。

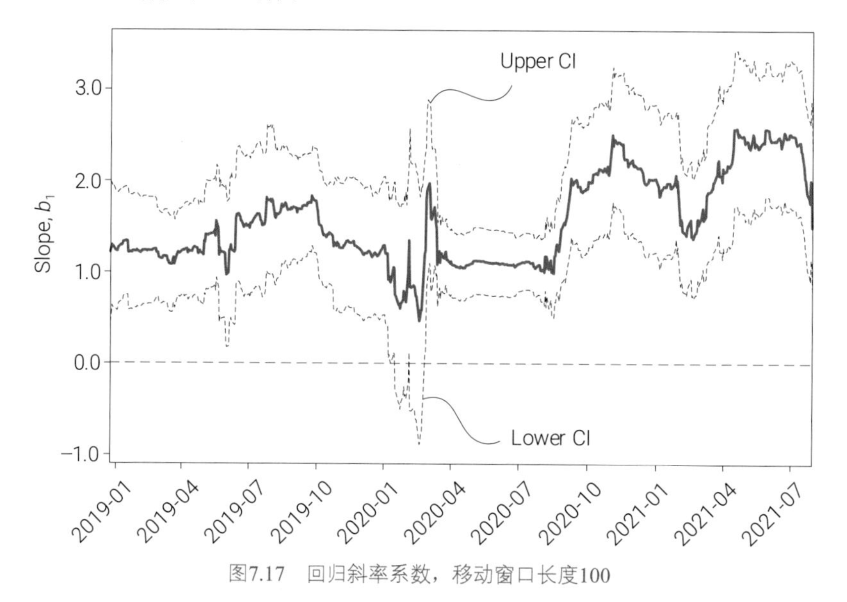

图7.17　回归斜率系数，移动窗口长度100

图7.18　回归截距系数，移动窗口长度100

Bk6_Ch11_03.py中绘制了图7.17和图7.18。

7.5 指数加权移动平均

指数加权移动平均 (Exponentially-Weighted Moving Average，EWMA) 可以用来计算平均值、标准差、方差、协方差和相关性等等。EWMA方法的特点是，对窗口内越近期的数据给予越高权重，越陈旧的数据越低权重。权重的衰减过程为指数衰减，如图7.19所示。

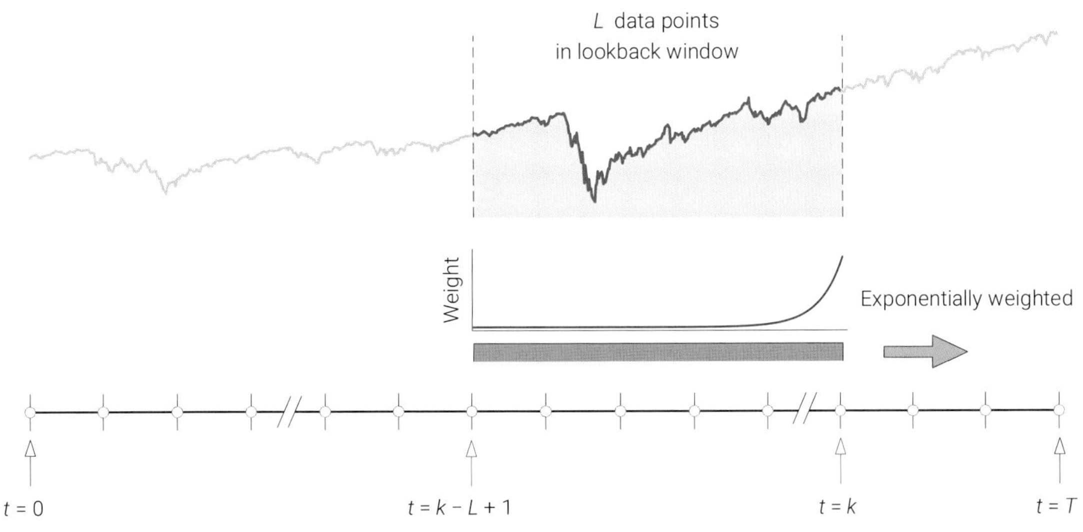

图7.19　回望窗口内数据指数加权移动平均

指数加权移动平均 可以通过以下公式计算：

$$\bar{x}_{\text{EWMA}} = \left(\frac{1-\lambda}{1-\lambda^{L}}\right)\left(x_{k-L+1}\lambda^{L-1} + x_{k-L+2}\lambda^{L-2} + \ldots + x_{k-2}\lambda^{2} + x_{k-1}\lambda^{1} + x_{k}\lambda^{0}\right) \tag{7.4}$$

其中，λ为**衰减系数** (decay factor)。

图7.20所示为EWMA权重随衰减系数的变化。

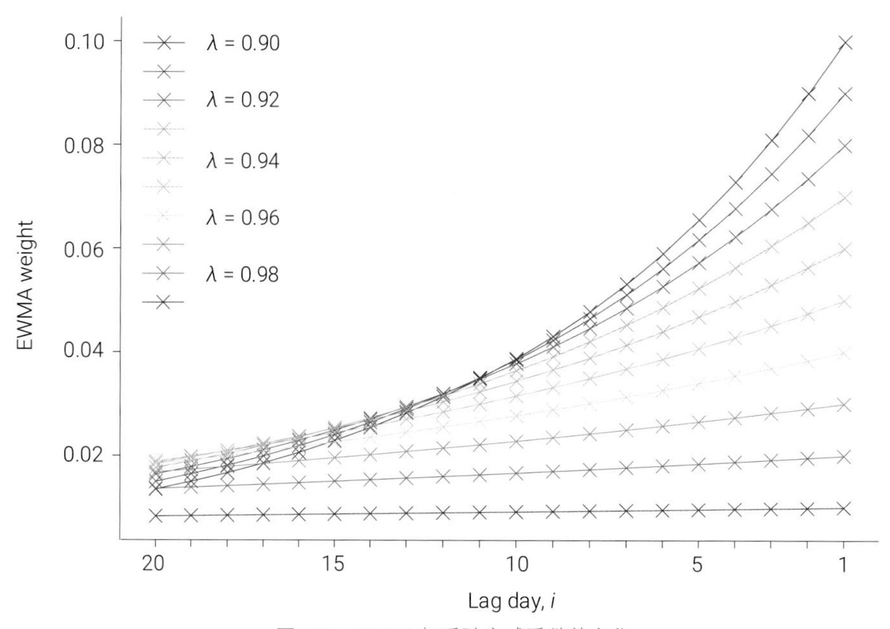

图7.20　EWMA权重随衰减系数的变化

EWMA的**半衰期** (Half Life，HL) 指的是权重衰减一半的时间，具体定义如下：

$$\lambda^{HL} = \frac{1}{2} \Leftrightarrow HL = \frac{\ln(1/2)}{\ln(\lambda)} \tag{7.5}$$

图7.21所示为半衰期随衰减系数的变化。

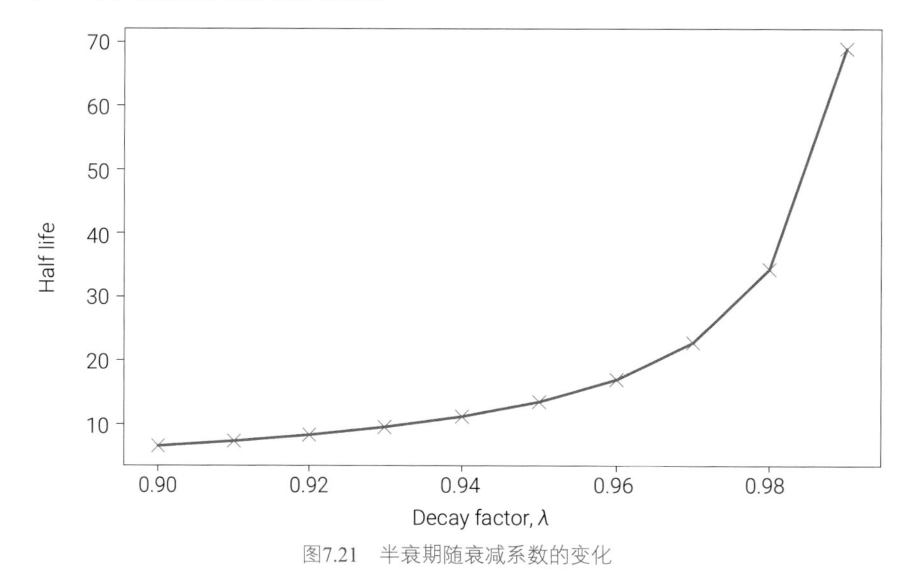

图7.21　半衰期随衰减系数的变化

图7.22所示为衰减因子不同条件下，EWMA平均值变化情况。

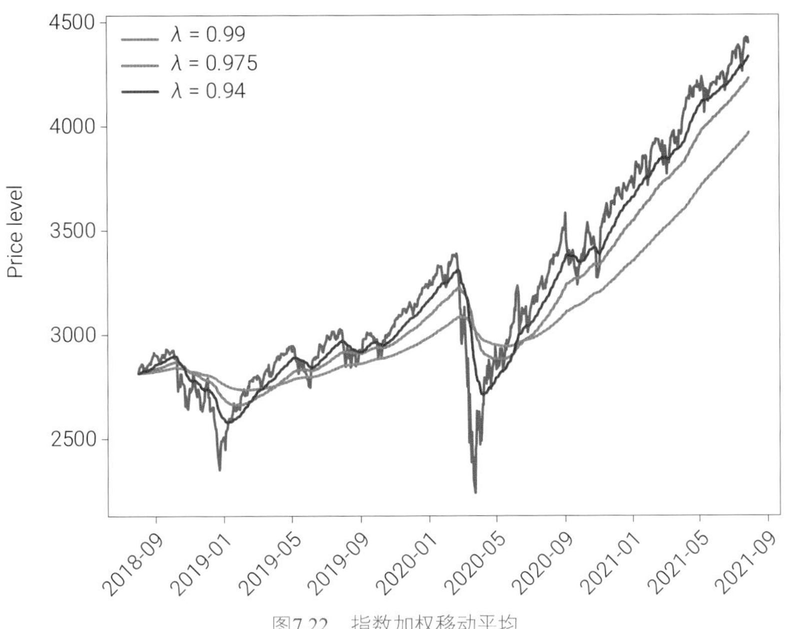

图7.22 指数加权移动平均

给定数据帧数据df，df.ewm().mean() 可以用来计算指数加权移动平均。这个函数可以使用平滑系数α。衰减因子λ与平滑系数α之间的关系如下：

$$\lambda = 1 - \alpha \tag{7.6}$$

可以得到α和半衰期HL之间的关系：

$$\alpha = 1 - \exp\left(\frac{\ln(0.5)}{HL}\right) \tag{7.7}$$

Bk6_Ch11_04.py中绘制了图7.20和图7.21。

7.6 EWMA波动率

用EWMA方法计算波动率时，常使用以下迭代公式：

$$\sigma_n^2 = \lambda\sigma_{n-1}^2 + (1-\lambda)r_{n-1}^2 \tag{7.8}$$

其中，λ为衰减因子；σ_n是当前时刻的波动率；σ_{n-1}是上一时刻的波动率；r_{n-1}是上一时刻的回报率。上式也可以看作是一种“贝叶斯推断”。σ_{n-1}^2代表“先验”，权重为λ；r_{n-1}^2代表“新数据”，权重为$1-\lambda$。

如下所示，列出四个时间点n、$n-1$、$n-2$和$n-3$的EWMA波动率计算式：

$$\begin{cases} \sigma_n^2 = \lambda\sigma_{n-1}^2 + (1-\lambda)r_{n-1}^2 \\ \sigma_{n-1}^2 = \lambda\sigma_{n-2}^2 + (1-\lambda)r_{n-2}^2 \\ \sigma_{n-2}^2 = \lambda\sigma_{n-3}^2 + (1-\lambda)r_{n-3}^2 \\ \sigma_{n-3}^2 = \lambda\sigma_{n-4}^2 + (1-\lambda)r_{n-4}^2 \end{cases} \tag{7.9}$$

将式(7.9) 几个算式依次迭代，可以得到：

$$\sigma_n^2 = (1-\lambda)\left(r_{n-1}^2 + \lambda r_{n-2}^2 + \lambda^2 r_{n-3}^2 + \lambda^3 r_{n-4}^2\right) + \lambda^4 \sigma_{n-4}^2 \tag{7.10}$$

如图7.23所示。

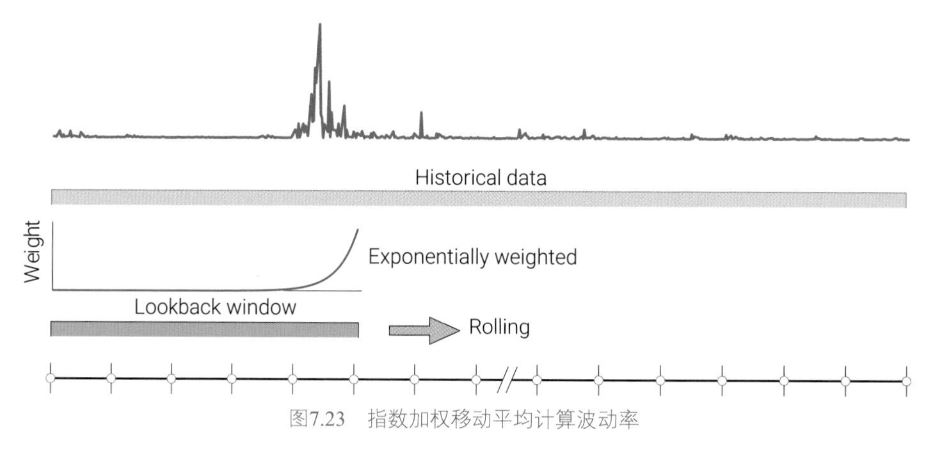

图7.23　指数加权移动平均计算波动率

图7.24所示为不同衰减因子条件下EWMA单日波动率。相比MA方法，EWMA可以更快地跟踪数据变化。衰减因子越小，跟踪速度越快。

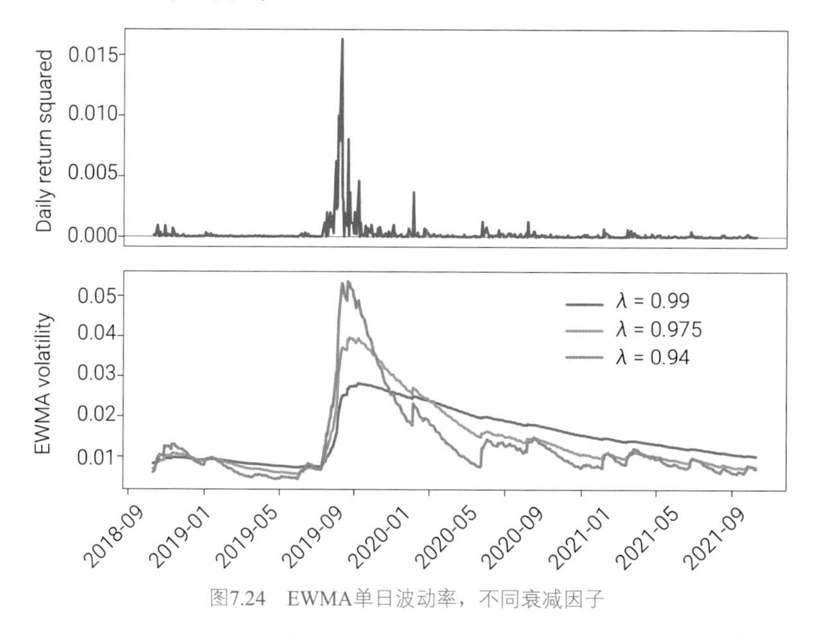

图7.24　EWMA单日波动率，不同衰减因子

图7.25 ~ 图7.27分别展示了衰减因子为0.99、0.975和0.94的$\pm 2\sigma$ EWMA波动率带宽。

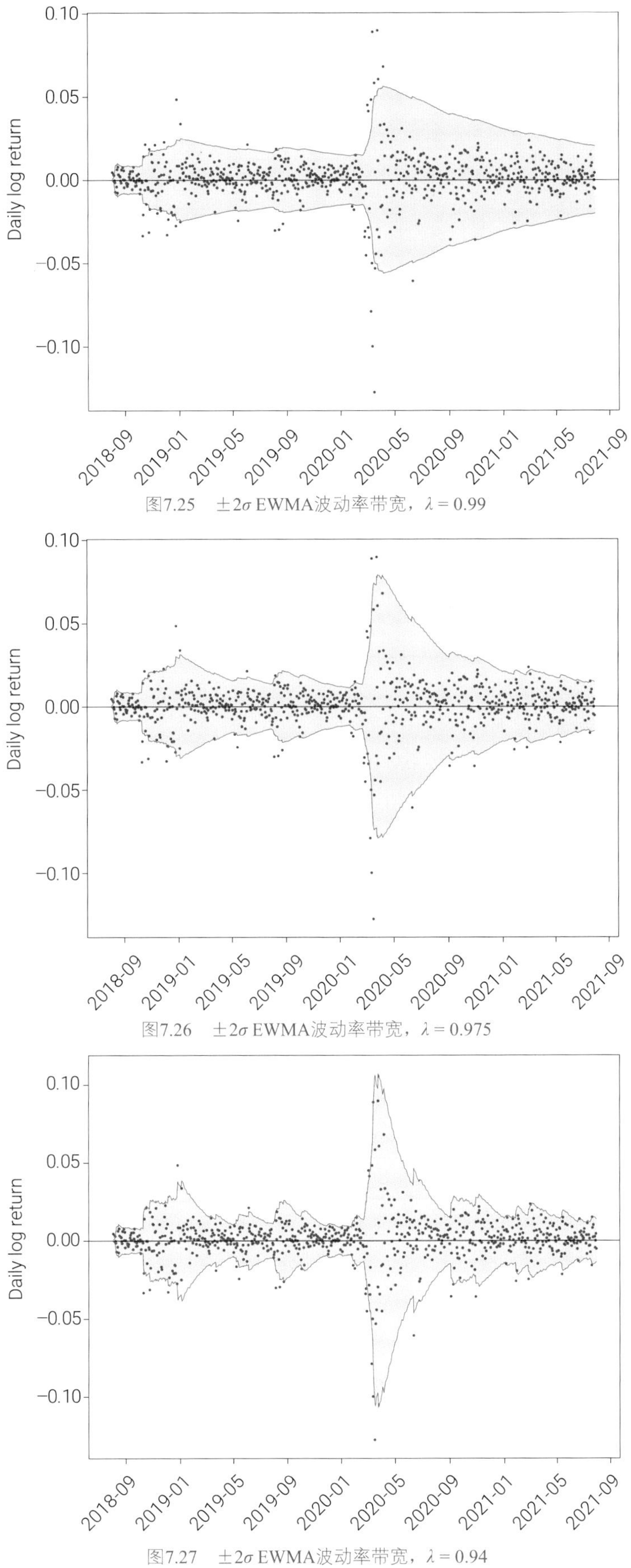

图7.25　$\pm 2\sigma$ EWMA波动率带宽，$\lambda = 0.99$

图7.26　$\pm 2\sigma$ EWMA波动率带宽，$\lambda = 0.975$

图7.27　$\pm 2\sigma$ EWMA波动率带宽，$\lambda = 0.94$

Bk6_Ch11_05.py中绘制了本节主要图像。

EWMA协方差矩阵

既然EWMA可以用来计算波动率，这种方法也必然可以计算EWMA协方差矩阵。

如果用$r_1, r_2, \cdots, r_D$代表D个特征，并假设移动窗口内一共有L个历史数据点 $r_j(1), r_j(2), \cdots, r_j(L)$。序号$i = 1, 2, \cdots, L$代表时间点，$r_j(L)$ 代表r_j最新数据点。

为了计算EWMA协方差矩阵，我们首先构造矩阵$\boldsymbol{R}$：

$$\boldsymbol{R} = \sqrt{\frac{1-\lambda}{1-\lambda^L}}\begin{bmatrix} r_1(L) & r_2(L) & \cdots & r_D(L) \\ \lambda^{\frac{1}{2}} r_1(L-1) & \lambda^{\frac{1}{2}} r_2(L-1) & \cdots & \lambda^{\frac{1}{2}} r_D(L-1) \\ \vdots & \vdots & \ddots & \vdots \\ \lambda^{\frac{L-1}{2}} r_1(1) & \lambda^{\frac{L-1}{2}} r_2(1) & \cdots & \lambda^{\frac{L-1}{2}} r_D(1) \end{bmatrix} \tag{7.11}$$

其中，λ的取值范围为$0 < \lambda < 1$。假设$r_j(i)$ 已经去均值。

EWMA协方差矩阵便可以通过下式计算得到：

$$\boldsymbol{\Sigma} = \boldsymbol{R}^{\mathrm{T}} \boldsymbol{R} \tag{7.12}$$

其中，

$$\operatorname{cov}(r_i, r_j) = \boldsymbol{\Sigma}_{i,j} = \left(\boldsymbol{R}^{\mathrm{T}} \boldsymbol{R}\right)_{i,j} = \frac{1-\lambda}{1-\lambda^L} \sum_{k=0}^{L-1} \lambda^k r_i(L-k) r_j(L-k) \tag{7.13}$$

计算EWMA协方差矩阵原理如图7.28所示。

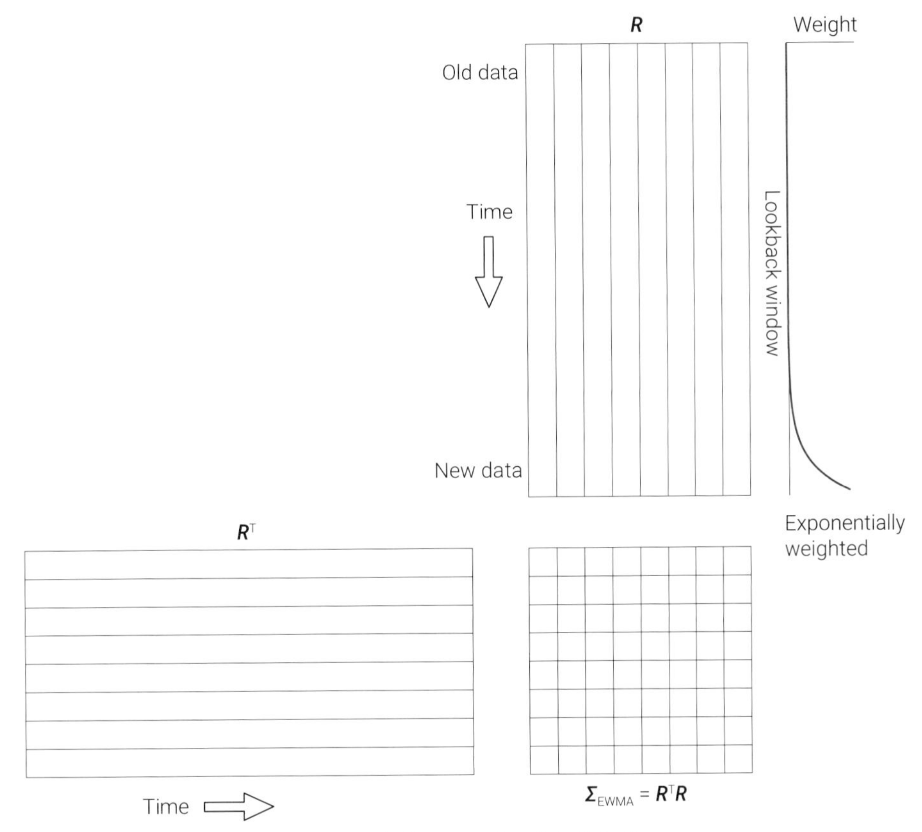

图7.28　计算EWMA协方差矩阵原理

特别地，当 λ 趋向于1时，

$$\lim_{\lambda \to 1} \frac{1-\lambda}{1-\lambda^L} = \frac{1}{L} \tag{7.14}$$

这便是一般的协方差矩阵中用到的等权重。

如图7.29所示，随着移动窗口不断移动，我们可以在每个时间点估计得到一个EWMA协方差矩阵；这也意味着，EWMA协方差矩阵随时间变化。

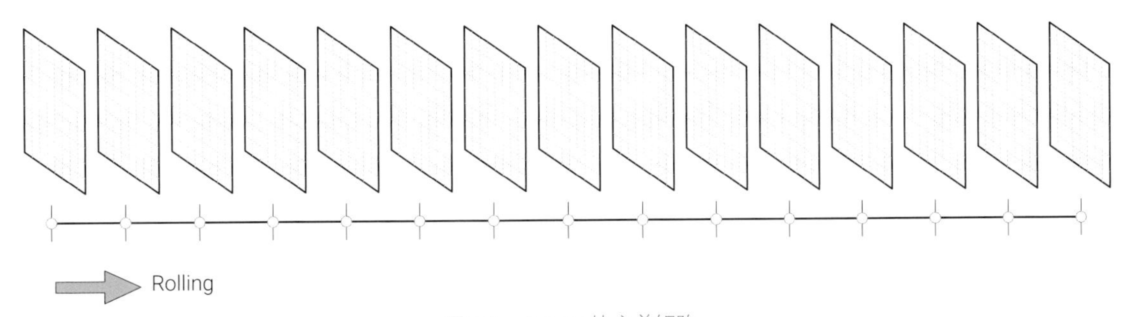

图7.29　EWMA协方差矩阵

这也很好理解，协方差矩阵的对角线元素为方差，非对角线元素为协方差。如果盯着图7.29中协方差矩阵某个位置元素看，这意味着我们看到的是方差或协方差随时间变化。同样的方法也适用于相关系数矩阵。图7.30所示为4个不同日期的EWMA相关性系数矩阵。

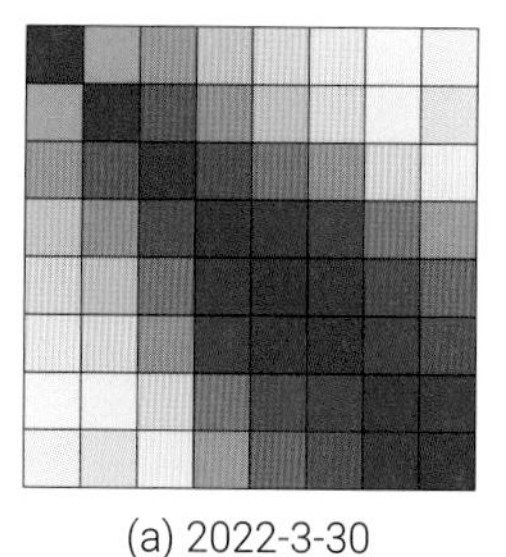

(a) 2022-3-30

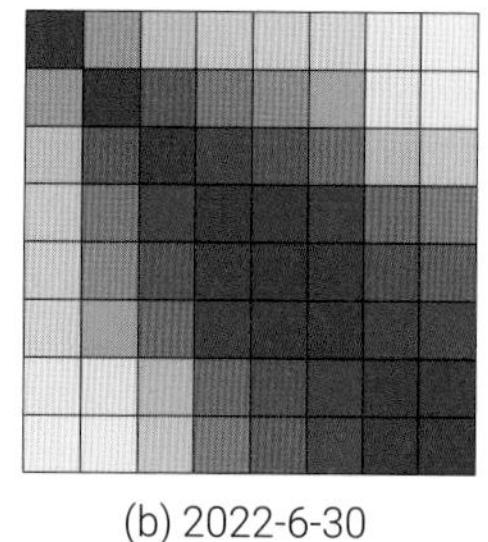

(b) 2022-6-30

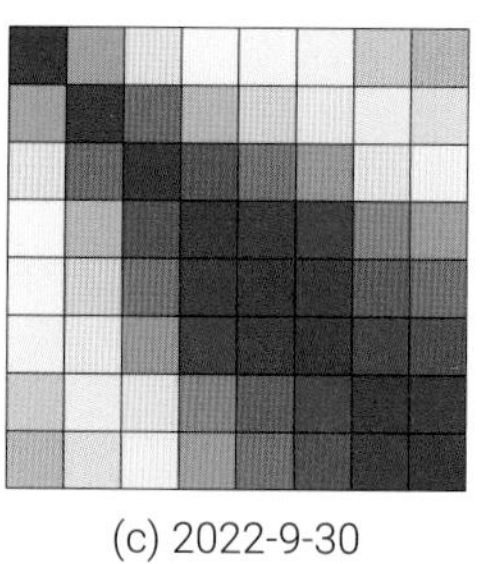

(c) 2022-9-30

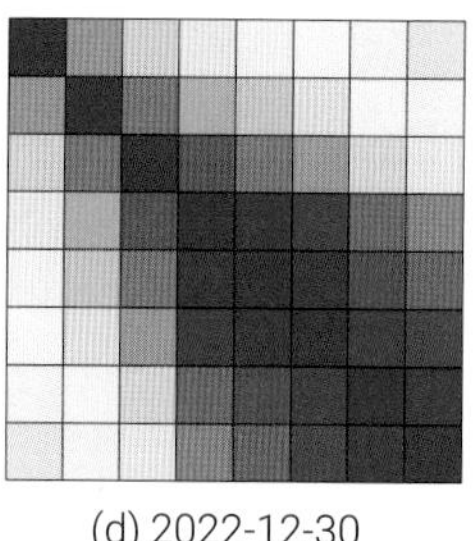

(d) 2022-12-30

图7.30　4个不同日期的EWMA相关性系数矩阵，衰减因子为0.97

在时间序列分析中，移动窗口是一种常见的技术，用于计算某种统计量或指标的移动值。

一般来说，移动窗口是在时间序列上滑动的固定大小的窗口，用于计算各种统计量或指标，如平均值、最大值、最小值等等。通过在时间序列上滑动窗口，可以观察到数据在不同时间点的变化趋势。

移动波动率是在时间序列中使用移动窗口计算的波动率。它通常用于衡量时间序列中波动的变化，并可以帮助识别波动的趋势。

移动相关性是通过在两个时间序列上使用移动窗口计算相关系数，以观察它们之间的变化关系。这有助于识别时间序列之间的动态关系。

在移动窗口内使用回归分析来计算回归系数，以观察自变量和因变量之间的关系如何随时间演变。这对于捕捉变化关系的趋势非常有用。

指数加权移动平均 (EWMA) 是一种移动平均的方法，对不同时间点的数据赋予不同的权重。较近期的数据点被赋予更高的权重，而较远期的数据点则权重更低。这有助于更敏感地捕捉数据的短期变化。

Fundamentals of Stochastic Processes
随机过程入门

分析和模拟随时间变化的随机现象

不断重复地观察这些运动给我极大的满足；它们并非来自水流，也不是源于水的蒸发，这些运动的源头是颗粒自发的行为。

These motions were such as to satisfy me, after frequently repeated observation, that they arose neither from currents in the fluid, nor from its gradual evaporation, but belonged to the particle itself.

—— 罗伯特·布朗 (Robert Brown) | 英国植物学家 | 1773 —1858年

- ◀ `np.random.normal()` 产生服从正态分布随机数
- ◀ `matplotlib.patches.Circle()` 绘制正圆
- ◀ `seaborn.distplot()` 绘制频率直方图和KDE曲线
- ◀ `numpy.flipud()` 上下翻转矩阵
- ◀ `numpy.cumsum()` 累加

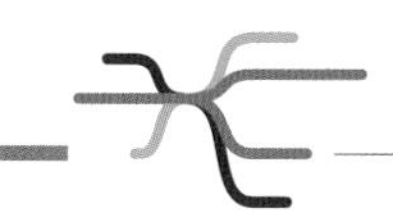

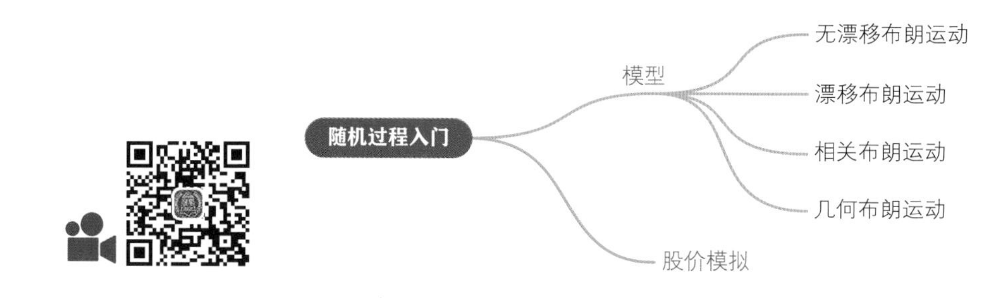

8.1 布朗运动：来自花粉颗粒无规则运动

1827年，英国著名植物学家罗伯特·布朗通过显微镜观察悬浮于水中的花粉，发现花粉颗粒迸裂出的微粒呈现出不规则的运动，后人称之为**布朗运动**(Brownian motion)，如图8.1所示。一个有趣的细节是，实际上花粉自身在水中并没有呈现出布朗运动，而是其迸裂出的微粒。爱因斯坦在1905年第一个解释了布朗运动现象。

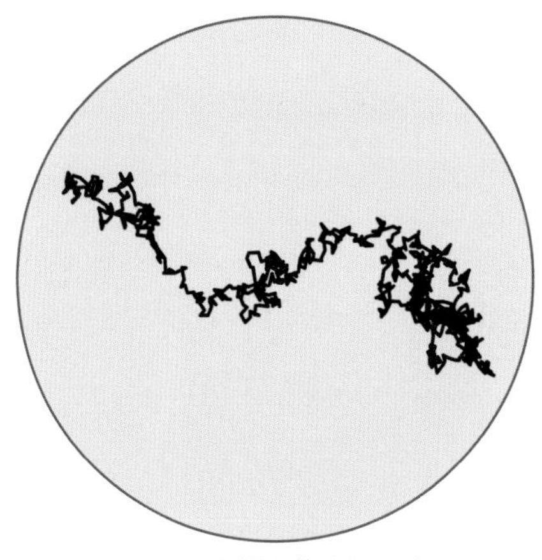

图8.1　平面上的随机运动

罗伯特·布朗 (Robert Brown)
英国植物学家 | 1773—1858年
丛书关键词·随机·布朗运动·几何布朗运动·蒙特卡罗模拟

布朗运动定义

如果一个过程满足以下三个性质，则称$X(t)$ 为**布朗运动**。
第一，过程初始值为0：

$$X(0)=0 \tag{8.1}$$

第二，$X(t)$ 几乎处处连续。
第三，$X(t)$ 对应平稳独立增量。对于所有$0 \leqslant s < t$，

$$X(t)-X(s) \sim N\left(0,(t-s)\sigma^2\right) \tag{8.2}$$

对于 $t>0$，$X(t)$ 是均值为0、方差为$\sigma^2 t$的正态随机变量。也就是说，$X(t)$ 的密度函数为：

$$f_{X(t)}(x)=\frac{1}{\sqrt{2\pi\sigma^2 t}}\exp\left(\frac{-x^2}{2\sigma^2 t}\right) \tag{8.3}$$

维纳过程

特别地，如果$\sigma = 1$，这个过程被称作**标准布朗运动过程** (standard Brownian motion process)，也叫作维纳过程，本章用大写B表示。**维纳过程** (Wiener process) 得名于**诺伯特·维纳** (Norbert Wiener)。

诺伯特·维纳 (Norbert Wiener)
美国数学家 | 1894—1964年
丛书关键词 · 维纳过程 · 蒙特卡罗模拟

假设$t = 0$时，$B(0) = 0$，微粒位置在原点处。在t时刻，如果x为微粒所在位置，对应的概率密度为：

$$f_{B(t)}(x)=\frac{1}{\sqrt{2\pi t}}\exp\left(\frac{-x^2}{2t}\right) \tag{8.4}$$

$B(t)$ 也可以描述为：

$$B(t) \sim N(0,t) \tag{8.5}$$

这说明 $B(t)$ 服从均值为0，方差为t的正态分布。如图8.2所示，这个正态分布的标准差随t变化。

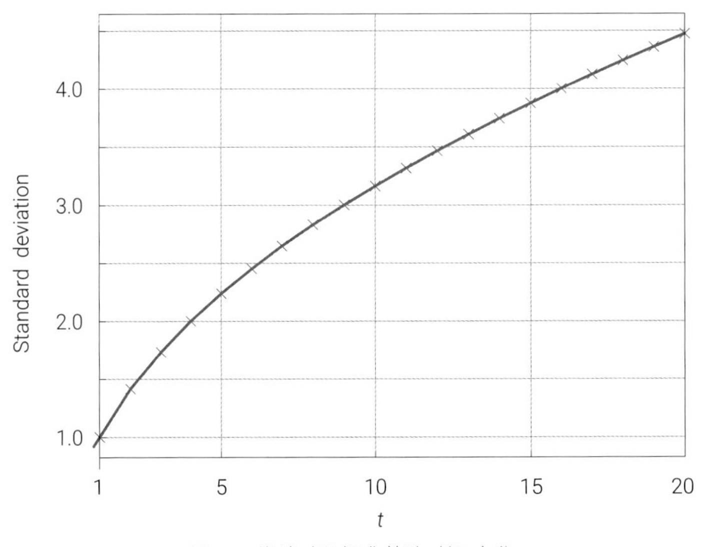

图8.2　维纳过程标准差随时间t变化

图8.3所示为式(8.4) 所示概率密度随x、t变化曲面，图中仅仅保留曲线随位置x变化曲线。可以这样理解图8.3中的曲线，随着时间不断推移，微粒的运动范围不断扩大。也就是说，随着t增大，微粒出现在远离原点的“偏远”位置的可能性增大。注意，图8.3的纵轴是概率密度，不是概率值；但是，概率密度也代表可能性。

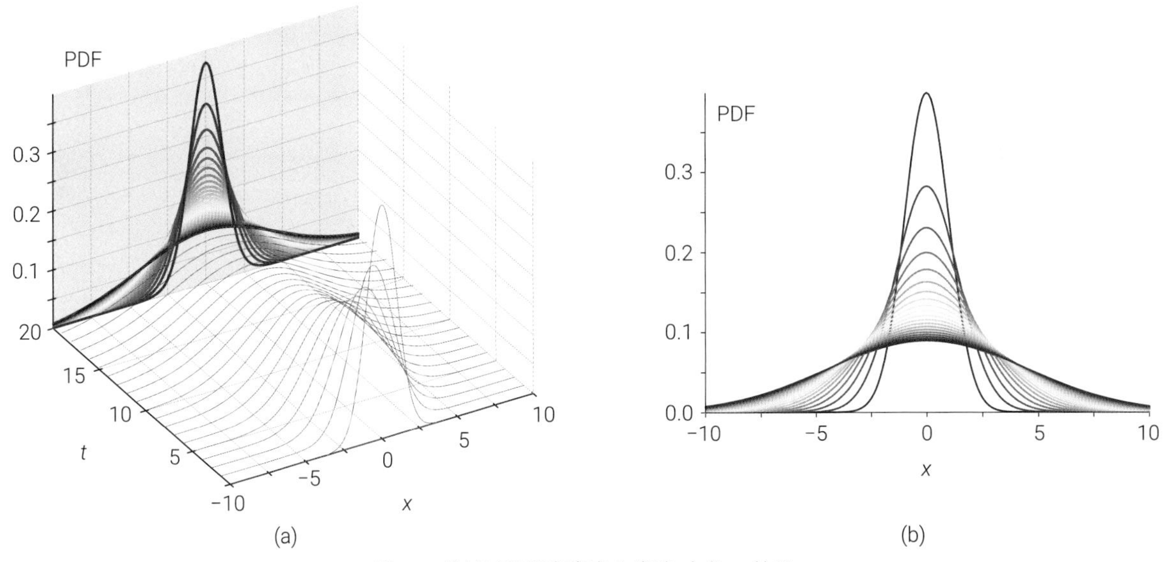

图8.3　维纳过程概率密度曲线随x变化，t快照

如果把视角换成时间t，我们得到图8.4。原点是微粒出发的位置，我们发现随着t增大，概率密度值不断减小。这说明微粒位于原点及其附近的可能性随着t增大而减小。而远离原点的位置，微粒出现的可能性却随着时间t增大而增大。介于其间的位置，概率密度先增大后减小，可以用“涟漪”形容这种现象，微粒从原点汹涌而至，而又倏忽散去，雨散云飞。

图8.5所示为维纳过程概率密度随x、t变化等高线。由于维纳过程概率密度函数期望值为0，大家可以发现当t为定值时，概率密度的最大值出现在$x = 0$处。这就是为什么图8.5(b) 的平面等高线关于$x = 0$对称。

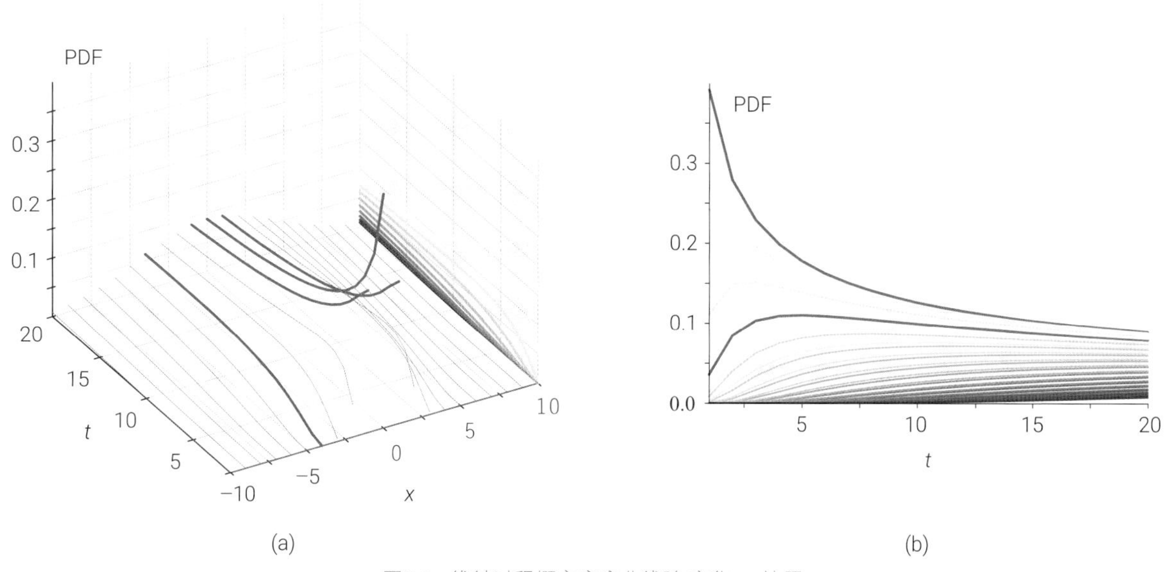

图8.4 维纳过程概率密度曲线随t变化，x快照

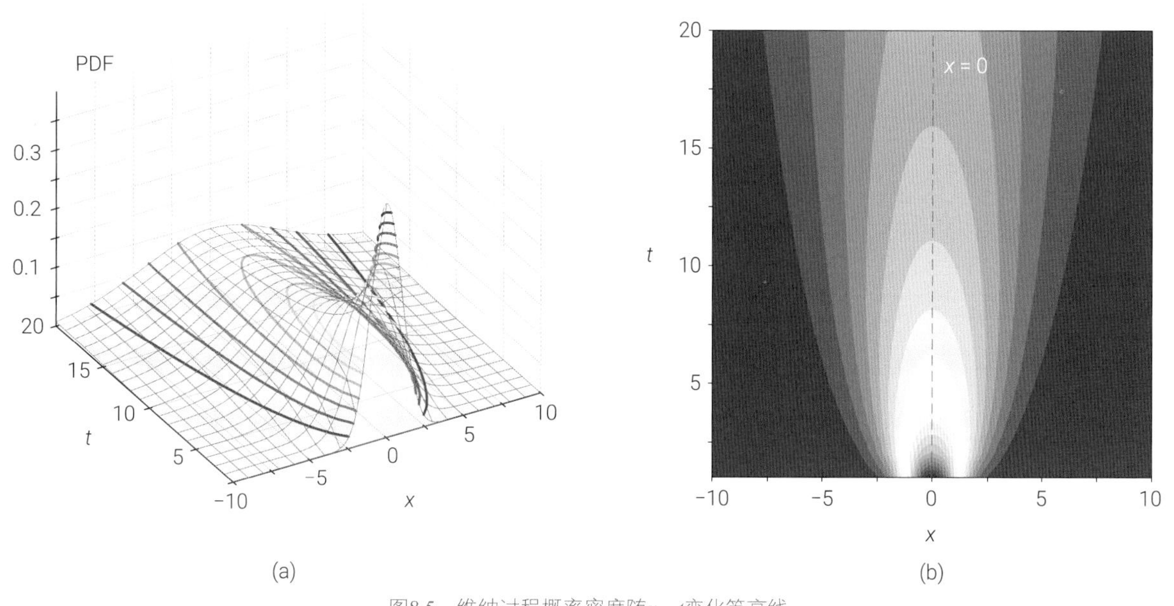

图8.5 维纳过程概率密度随x、t变化等高线

Bk6_Ch8_01.ipynb中绘制图8.2。请大家自行绘制本节其他图像。

8.2 无漂移布朗运动

一维

无漂移布朗运动和标准布朗运动的关系为：

$$X(t)=\sigma B(t) \tag{8.6}$$

ΔX为X在小段时间Δt内位置变化：

$$\Delta X=\varepsilon\sigma\sqrt{\Delta t} \tag{8.7}$$

其中，随机数ε服从标准正态分布$N(0, 1)$，这说明$X(t)\sim N(0,\sigma^2 t)$。

在$t_0 = 0$时刻，微粒的位移$X(t_0) = 0$。如图8.6所示，t_n时刻，微粒的位移为$X(t_n)$ 可以写成一系列微小移动之和：

$$\begin{aligned}X(t_n)&=X(t_{n-1})+\Delta X(t_{n-1})\\&=X(t_{n-1})+\varepsilon_n\sigma\sqrt{\Delta t}\\&=X(t_{n-2})+\varepsilon_{n-1}\sigma\sqrt{\Delta t}+\varepsilon_n\sigma\sqrt{\Delta t}\\&\cdots\cdots\\&=X(t_0)+\varepsilon_1\sigma\sqrt{\Delta t}+\varepsilon_2\sigma\sqrt{\Delta t}+\cdots+\varepsilon_{n-1}\sigma\sqrt{\Delta t}+\varepsilon_n\sigma\sqrt{\Delta t}\\&=\sigma\sqrt{\Delta t}\sum_{i=1}^{i=n}\varepsilon_i\end{aligned} \tag{8.8}$$

其中，$\sqrt{\Delta t}=t_n-t_{n-1}$。

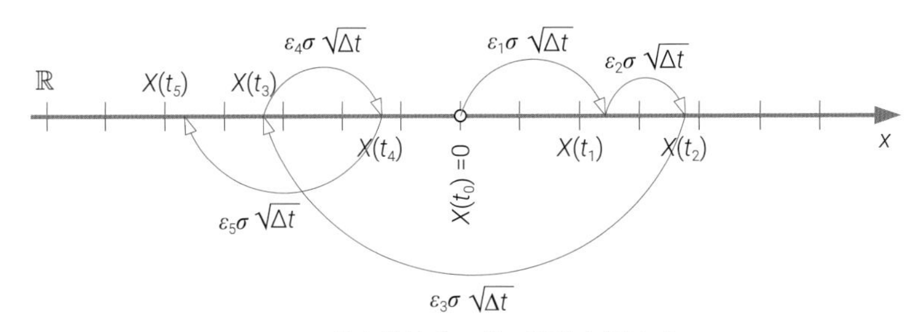

图8.6　某个微粒的一维无漂移布朗运动

图8.7给出的是100个微粒的200步无漂移布朗运动轨迹。这就好比在$t = 0$时刻，在数轴原点同时释放100个微粒，让它沿着x轴做无漂移布朗运动。图8.7右侧直方图为$t = 200$时刻，微粒在x轴上所处位置的分布。

同时图8.7也绘制出$\pm\sigma\sqrt{t}$和$\pm 2\sigma\sqrt{t}$这四条曲线。这里我们就可以用本书第9章讲过的68-95-99.7法则，请大家思考。

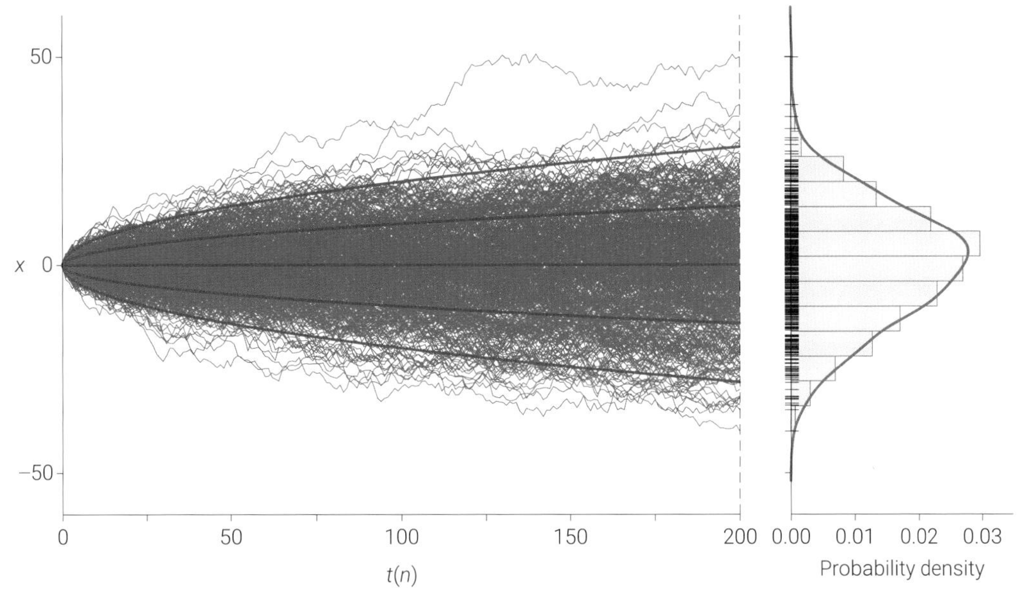

图8.7　100个微粒一维无漂移布朗运动轨迹和运动范围

图中的每一个微粒随机漫步的路径，都是不同的。换句话说，任意两个微粒的运动轨迹相同的概率几乎为零。

图8.8所示为微粒在不同t时x轴上分布的快照，图中我们也可以看到68-95-99.7法则。

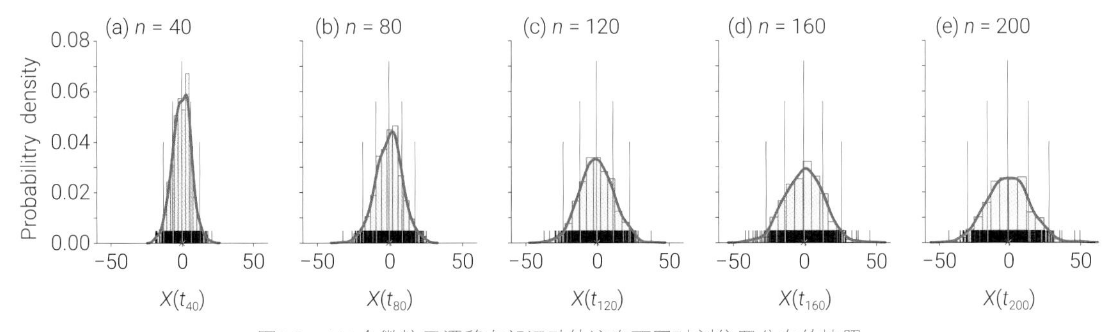

图8.8　100个微粒无漂移布朗运动轨迹在不同时刻位置分布的快照

Bk6_Ch8_02.ipynb中绘制了图8.7和图8.8。

二维

在二维平面里，微粒的随机漫步更像布朗运动中炸裂的花粉颗粒一样。在t_n时刻，$X(t_n)$ 为微粒的横坐标值，$Y(t_n)$ 为微粒的纵坐标值：

$$\begin{cases} X\left(t_n\right)=\sigma\sqrt{\Delta t}\sum_{i=1}^{i=n}\varepsilon_i \\ Y\left(t_n\right)=\sigma\sqrt{\Delta t}\sum_{j=1}^{j=n}\varepsilon_j \end{cases} \tag{8.9}$$

图8.9所示为某个微粒从原点出发做完全的二维无漂移布朗运动，运动过程显得“浑浑噩噩”“生无可恋”。

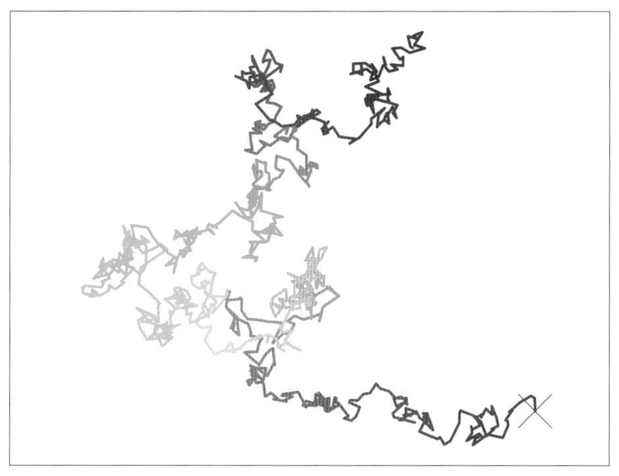

图8.9　平面二维无漂移随机漫步

Bk6_Ch8_03.ipynb中绘制了图8.9。

8.3 漂移布朗运动：确定 + 随机

前面介绍了零漂移布朗运动，微粒的运动只具有随机成分，而没有确定成分。如果在零漂移布朗运动基础上，引入确定成分，我们便得到**漂移布朗运动** (Brownian motion with drift)：

$$X(t)=\underbrace{\mu t}_{\text{Drift}}+\underbrace{\sigma B(t)}_{\text{Random}} \tag{8.10}$$

其中，μ 为漂移率，σ 为标准差。这说明 $X(t)\sim N\left(\mu t,\sigma^2 t\right)$。

如果把上式看作是物体直线运动的话，μt相当于是匀速运动部分，也就是漂移，确定的成分。如图8.10所示，漂移率μ可以为正，可以为负，当然也可以为0。

$\sigma B(t)$ 相当于随机漫步，可以理解为噪声，即随机成分，代表不确定性。

打个比方，μt就是浩浩汤汤的历史进程，大势所趋。$\sigma B(t)$ 就是时时刻刻的生活细节，琐碎繁杂。

图8.11所示为漂移布朗运动概率密度随x、t变化曲面。类似图8.3，图8.11中仅仅保留曲线随位置x变化曲线。类似无漂移布朗运动，随着时间不断推移，漂移布朗运动微粒的运动范围不断扩大。同时，我们能够看到概率密度的对称轴随着时间增大而移动。

图8.12所示为含漂移布朗运动概率密度曲线随t变化，在不同x点上的快照。

图8.13所示为含漂移布朗运动概率密度随x、t变化等高线，图中能够明显地看到式(8.10) 漂移项。

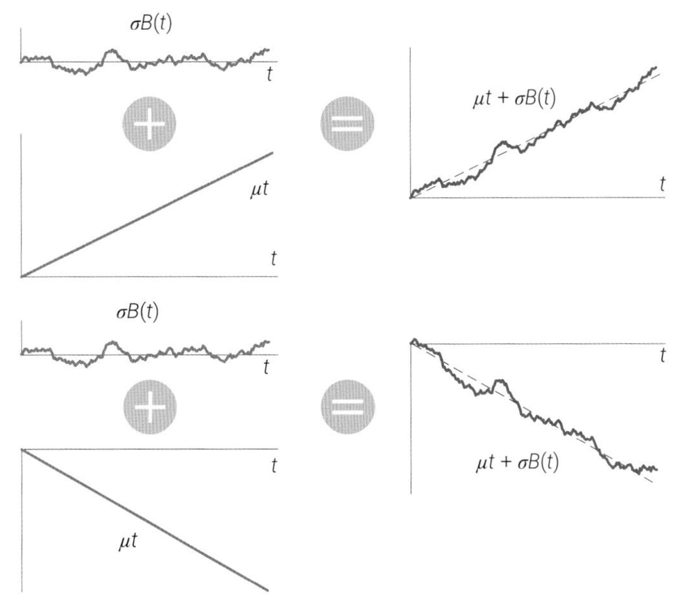

图8.10　解构定向漂移布朗运动

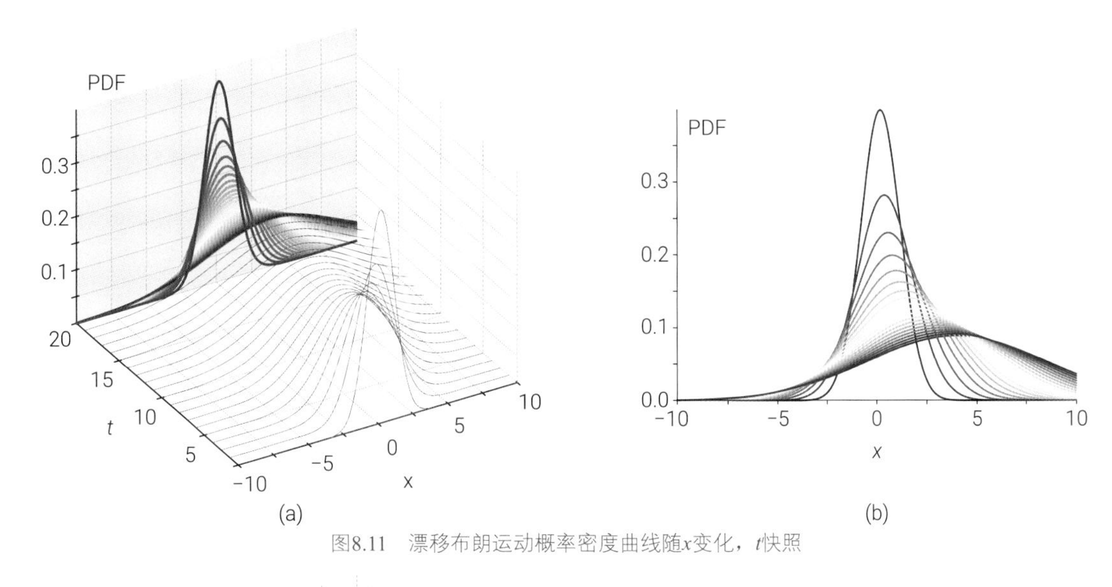

图8.11　漂移布朗运动概率密度曲线随x变化，t快照

图8.12　含漂移布朗运动概率密度曲线随t变化，x快照

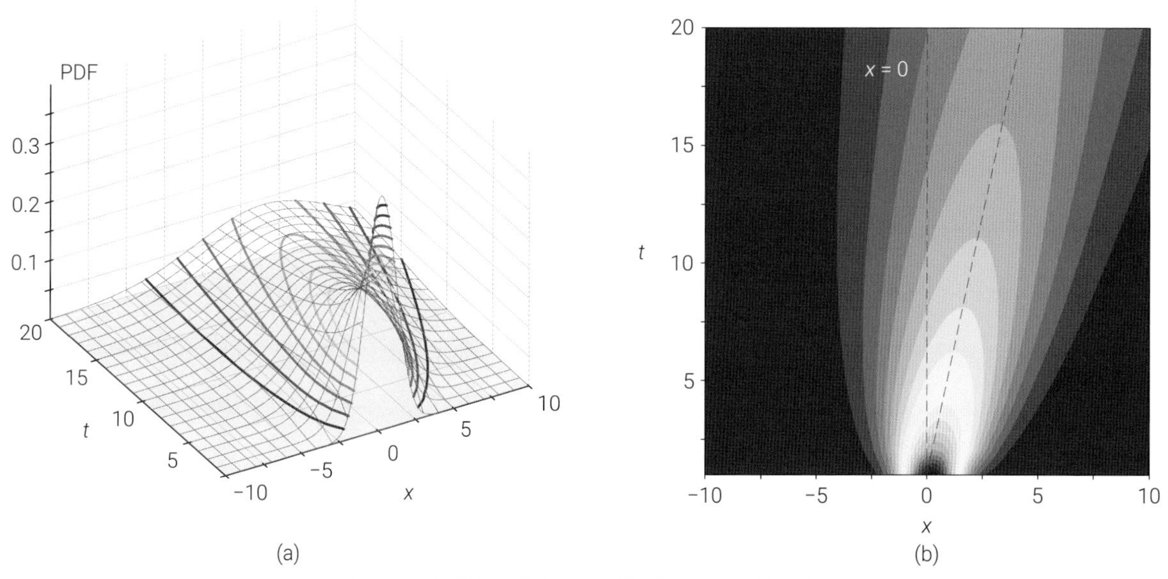

图8.13　含漂移布朗过程概率密度随x、t变化等高线

离散形式

为了方便蒙特卡罗模拟，我们也需要得到含漂移布朗过程的离散形式。

首先，写出式(8.10) 的微分形式：

$$\mathrm{d}X(t)=\mu\,\mathrm{d}t+\sigma\,\mathrm{d}B(t) \tag{8.11}$$

这样，式(8.10)的离散化形式可以写成：

$$\Delta X(t)=\Delta t\cdot\mu+\sigma\sqrt{\Delta t}\cdot\varepsilon \tag{8.12}$$

然后，把上式写成累加形式：

$$X(t_n)=\Delta t\cdot n\mu+\sigma\sqrt{\Delta t}\sum_{i=1}^{i=n}\varepsilon_i \tag{8.13}$$

图8.14给出的是100个微粒的200步含漂移布朗运动轨迹。能够明显地看到运动轨迹“整体”表现出“向上”的运动趋势，这来自于定向漂移成分μt。此外，这些轨迹在时间t处的期望值就是μt。图8.14右侧直方图为$t=200$时刻，微粒在x轴上所处位置的分布。

图8.14也绘制出$\mu t\pm\sigma\sqrt{t}$和$\mu t\pm 2\sigma\sqrt{t}$这四条曲线。图8.15所示为微粒在不同t时x轴上分布的快照，图中我们也可以看到68-95-99.7法则。

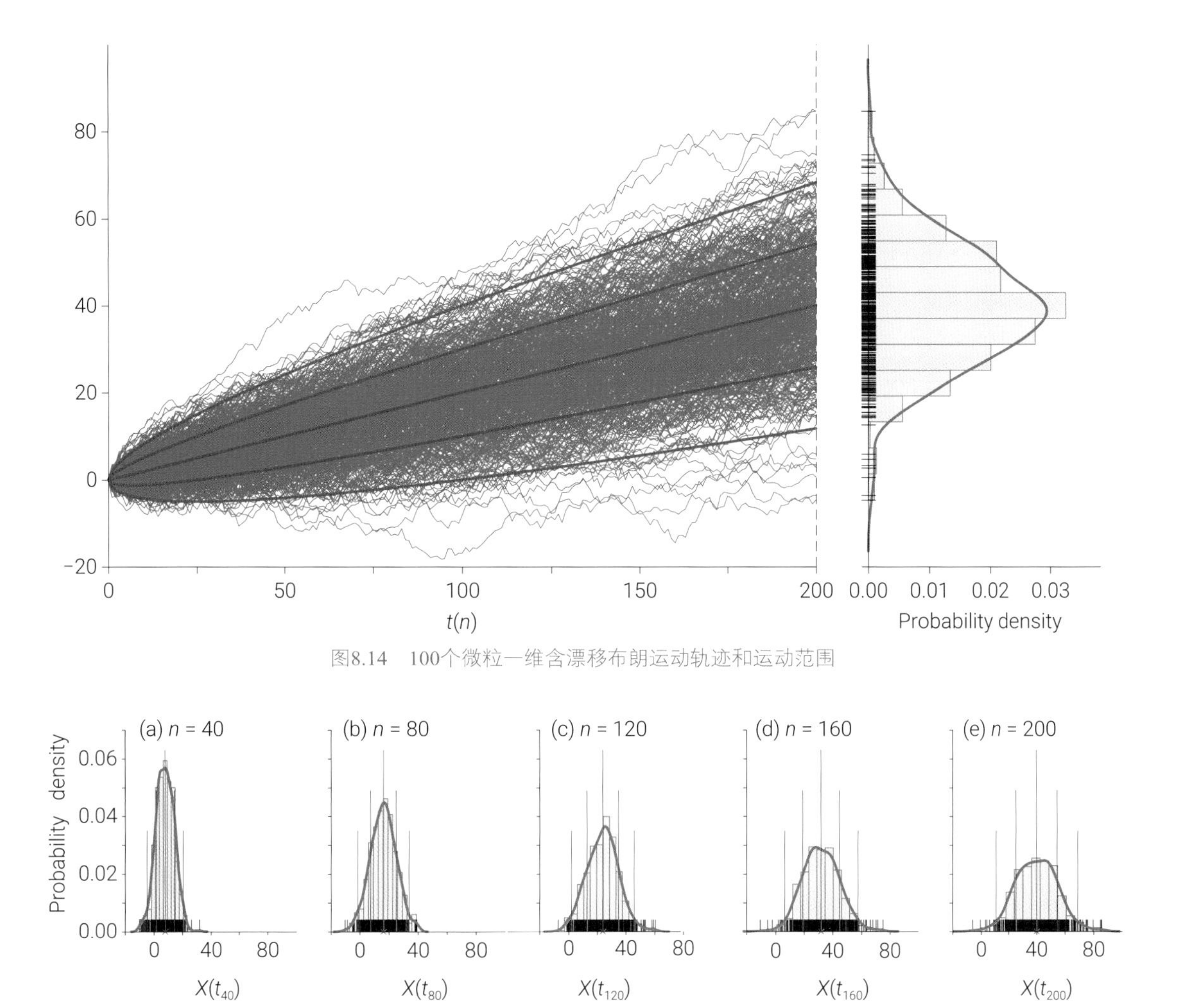

图8.14　100个微粒一维含漂移布朗运动轨迹和运动范围

图8.15　100个微粒含漂移布朗运动轨迹在不同时刻位置分布的快照

Bk6_Ch8_04.ipynb中绘制了图8.14和图8.15。

8.4 具有一定相关性的布朗运动

上一章介绍了如何产生具有一定相关性的随机数，本节将介绍如何据此产生满足一定相关性的布朗运动。

如图8.16所示，给定固定时间间隔 Δt，$\Delta \boldsymbol{X}(t)$ 为在 Δt 满足一定相关性布朗运动分步步长构成的矩阵：

$$\Delta \boldsymbol{X}(t) = \mathrm{E}(\boldsymbol{X})\Delta t + \boldsymbol{Z}\boldsymbol{R}\sqrt{\Delta t} \tag{8.14}$$

也就是说，$\boldsymbol{X}(t) \sim N\left(\mathrm{E}(\boldsymbol{X})t, \boldsymbol{\Sigma} t\right)$。$\boldsymbol{R}$是$\boldsymbol{\Sigma}$的Cholesky分解的三角矩阵。图8.16中，矩阵**Z**为随机数矩阵，服从$N(0, \boldsymbol{I})$。

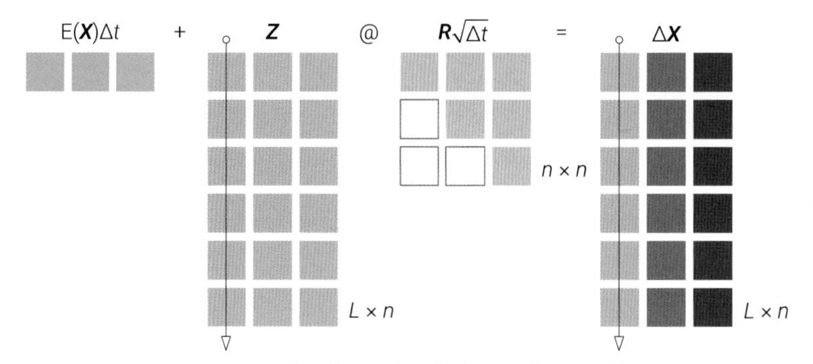

图8.16　计算具有一定相关性布朗运动矩阵运算

图8.17、图8.18所示为具有正相关的两条漂移布朗运动蒙特卡罗模拟结果。图8.19、图8.20所示为具有负相关的两条漂移布朗运动蒙特卡罗模拟结果。

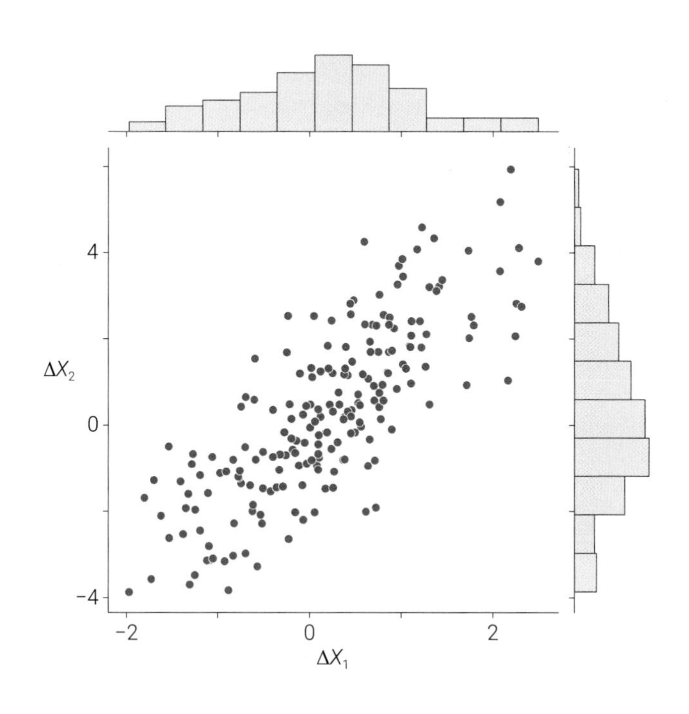

图8.17　分步步长的散点图，$\rho = 0.8$

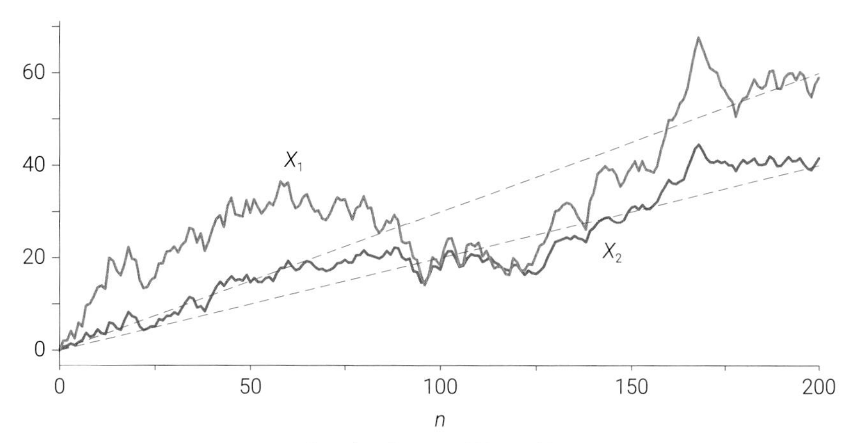

图8.18　两条具有正相关关系的行走轨迹，$\rho = 0.8$

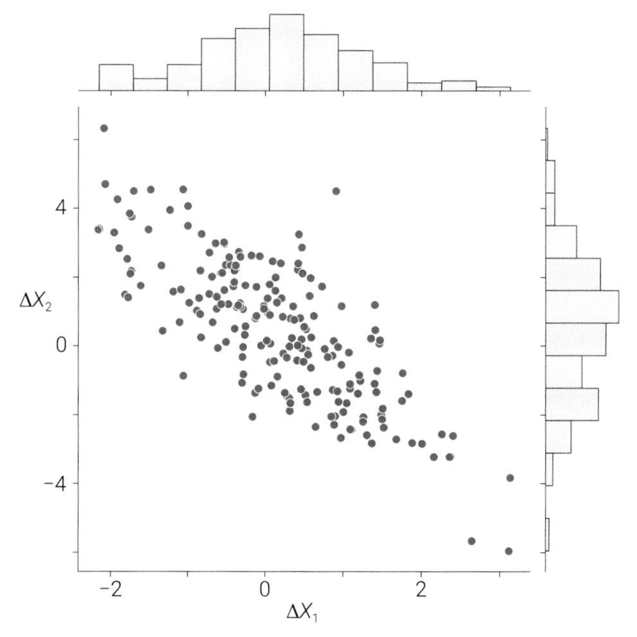

图8.19　分步步长的散点图，$\rho = -0.8$

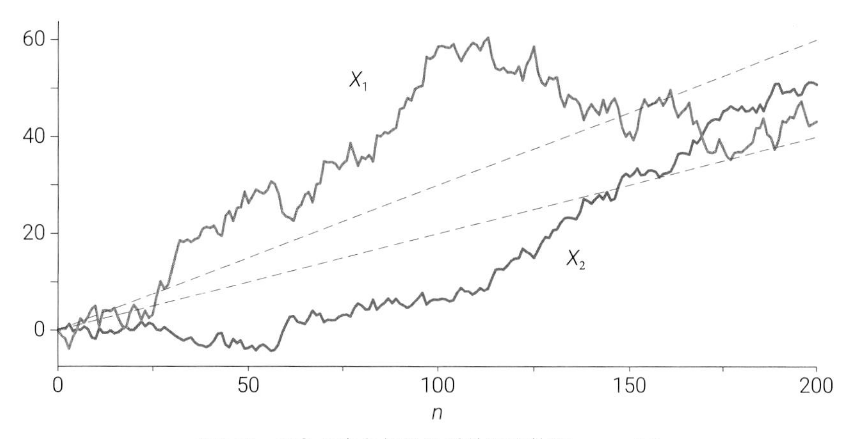

图8.20　两条具有负相关关系的行走轨迹，$\rho = -0.8$

Bk6_Ch8_05.ipynb中绘制了图8.17～图8.20。

8.5 几何布朗运动

满足下式的随机微分方程的过程，被称作**几何布朗运动** (Geometric Brownian Motion，GBM)：

$$\mathrm{d}X(t) = \mu X(t)\mathrm{d}t + \sigma X(t)\mathrm{d}B(t) \tag{8.15}$$

上式也可以写成：

$$\frac{\mathrm{d}X(t)}{X(t)} = \mu\mathrm{d}t + \sigma\mathrm{d}B(t) \tag{8.16}$$

利用**伊藤引理** (Ito’s Lemma)，求解得到$X(t)$：

$$X(t) = X(0)\exp\left(\left(\mu - \frac{\sigma^2}{2}\right)t + \sigma B(t)\right) \tag{8.17}$$

$X(t)$ 的期望值为：

$$\mathrm{E}\left(X(t)\right) = X(0)\exp(\mu t) \tag{8.18}$$

$X(t)$ 的方差为：

$$\operatorname{var}\left(X(t)\right) = X(0)^2\exp(2\mu t)\left(\exp\left(\sigma^2 t\right) - 1\right) \tag{8.19}$$

$X(t)$ 的标准差为：

$$\operatorname{std}\left(X(t)\right) = X(0)\exp(\mu t)\sqrt{\exp\left(\sigma^2 t\right) - 1} \tag{8.20}$$

对$X(t)$ 求对数得到：

$$\begin{aligned} \ln X(t) &= \ln\left(X(0)\exp\left(\left(\mu - \frac{\sigma^2}{2}\right)t + \sigma B(t)\right)\right) \\ &= \ln X(0) + \left(\mu - \frac{\sigma^2}{2}\right)t + \sigma B(t) \end{aligned} \tag{8.21}$$

可以发现$\ln X(t)$ 为布朗运动，也就是说$\ln X(t)$ 的概率密度服从高斯分布。

离散形式

式(8.21) 的离散形式为：

$$\ln\left(X\left(t+\Delta t\right)\right)-\ln\left(X\left(t\right)\right)=\left(\mu-\frac{\sigma^{2}}{2}\right)\Delta t+\sigma\varepsilon\sqrt{\Delta t} \tag{8.22}$$

有了上式，我们就可以进行蒙特卡罗模拟。图8.21所示为100个微粒几何布朗运动轨迹。图8.22所示为微粒在不同时刻位置分布的快照。

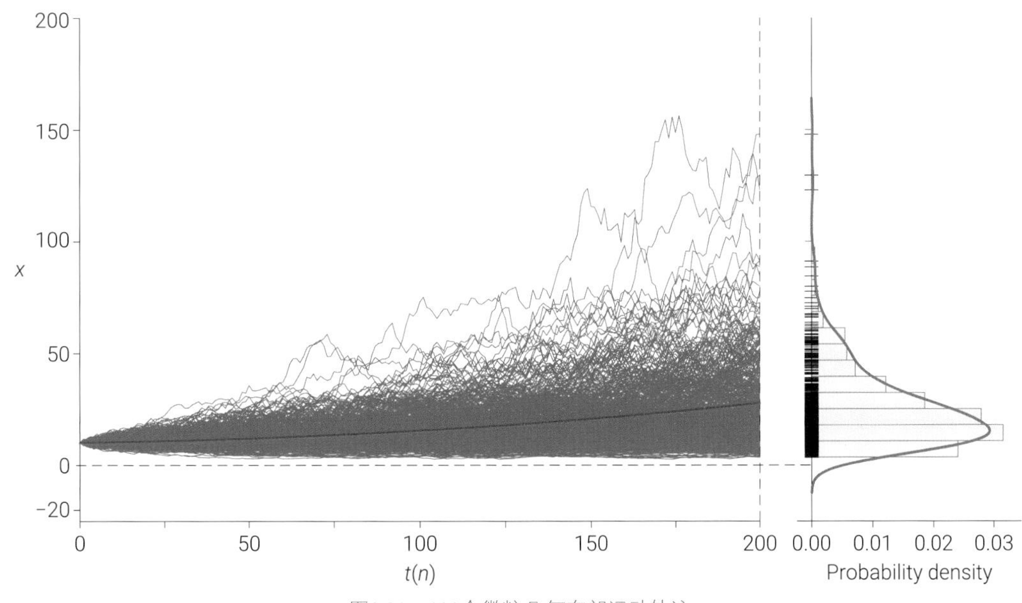

图8.21　100个微粒几何布朗运动轨迹

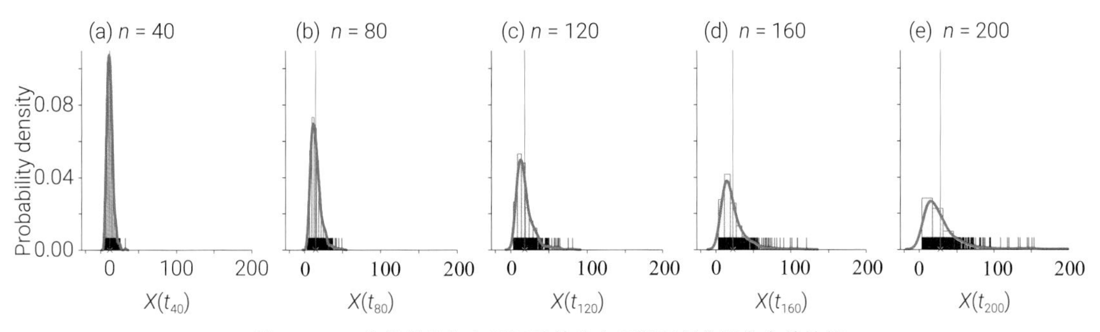

图8.22　100个微粒几何布朗运动轨迹在不同时刻位置分布的快照

Bk6_Ch8_06.ipynb中绘制了图8.21和图8.22。

模拟股票股价走势

实践中，几何布朗运动常用来模拟股票股价走势。如图8.23所示，长期观察股票股价，可以发现其走势，而且股价不能为负值。更重要的是，股价收益率分布可以用高斯分布来描述。

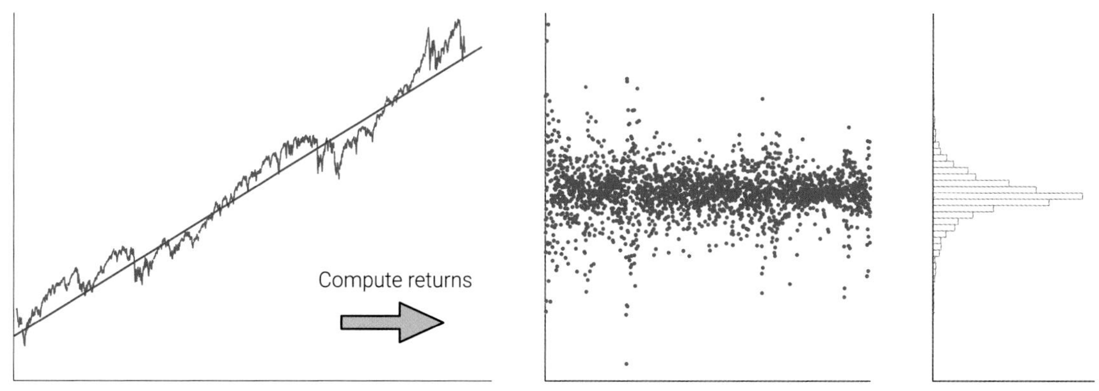

图8.23　某支股价走势、收益率

8.6 股价模拟

用**几何布朗运动** (Geometric Brownian Motion，GBM) 模拟股价S_t：

$$\mathrm{d}S_t = \mu S_t \,\mathrm{d}t + \sigma S_t \,\mathrm{d}W_t \tag{8.23}$$

其中，W_t为维纳过程，μ为收益率期望值，σ为收益率波动率。

股价S_t解析解为：

$$S_t = S_0 \exp\left(\left(\mu - \frac{\sigma^2}{2}\right)t + \sigma W_t\right) \tag{8.24}$$

S_0为初始股价，经过一小段时间Δt，股价变化为ΔS：

$$\Delta S = S_0 \exp\left(\left(\mu - \frac{\sigma^2}{2}\right)\Delta t + \sigma\varepsilon\sqrt{\Delta t}\right) \tag{8.25}$$

ε随机数服从标准正态分布。图8.24总结了整个蒙特卡罗模拟股价走势过程。历史数据用来校准模型。图8.25所示为S&P 500指数在一段时间内的走势。图8.26所示为其日对数回报率。图8.27给出了日对数回报率的分布情况，我们可以计算得到均值和方差，这些参数可以用来校准模型。图8.28所示为蒙特卡罗模拟结果。

这种方法缺陷很明显，历史数据未必能够代表未来趋势。此外，由于假设回报率服从正态分布，没有考虑到“厚尾”问题，也就是所谓的“黑天鹅”问题。

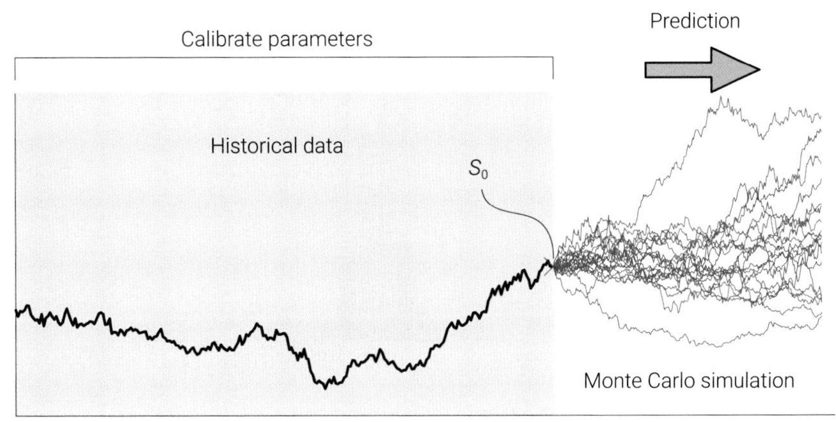

图8.24　基于历史数据估计参数和蒙特卡罗模拟预测未来股价可能走势

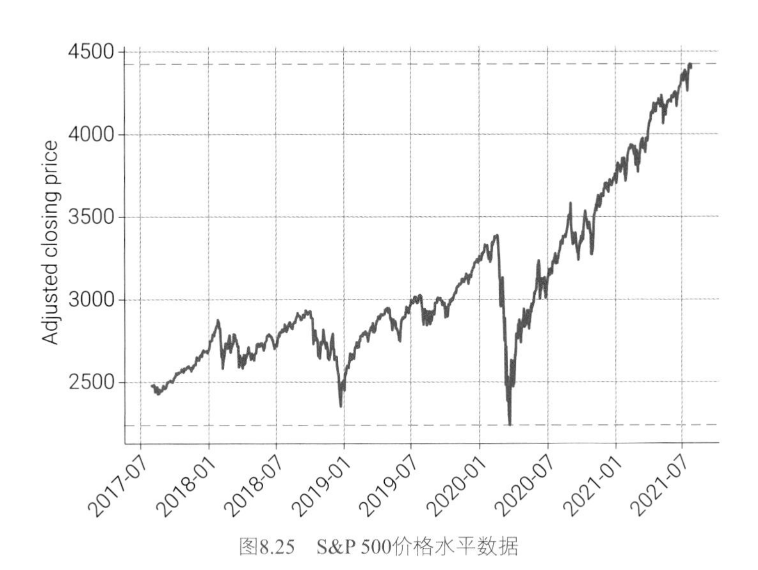

图8.25　S&P 500价格水平数据

图8.26　S&P 500日对数回报率

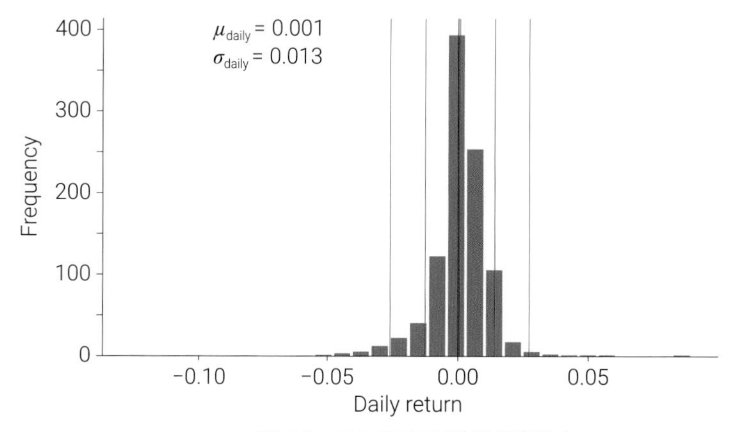

图8.27　S&P 500日对数回报率分布

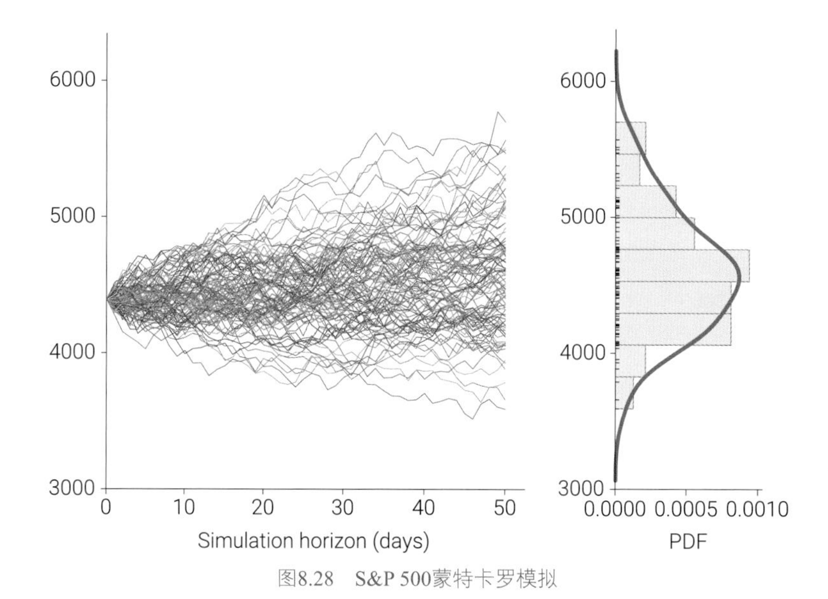

图8.28　S&P 500蒙特卡罗模拟

此外，图8.29所示的二叉树也可以用来模拟股票股价，本书不做展开。

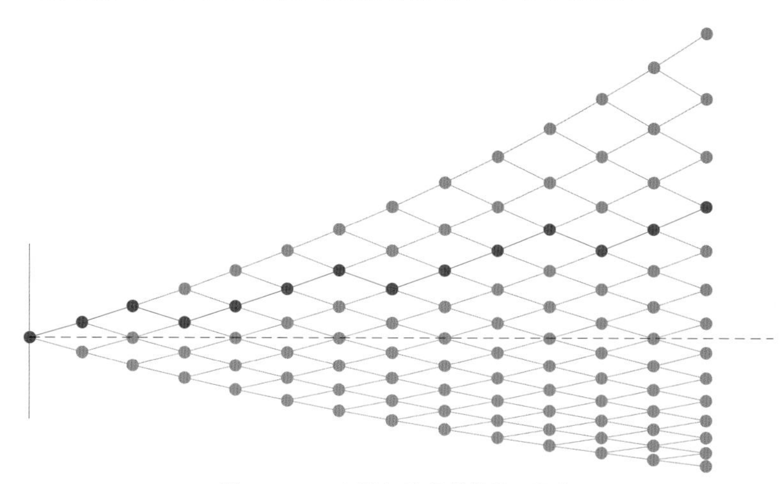

图8.29　二叉树随机路径模拟股票股价

Bk6_Ch8_07.ipynb中绘制了图8.25 ~ 图8.28。

8.7 相关股价模拟

当时间戳为列方向时，下式为几何布朗过程计算对数回报率矩阵$\boldsymbol{X}$矩阵运算式：

$$\boldsymbol{X} = \left(\boldsymbol{\mu} - \frac{\left(\text{diag}\left(\boldsymbol{\Sigma}\right)\right)^{\mathrm{T}}}{2} \right) \Delta t + \boldsymbol{Z}\boldsymbol{R}\sqrt{\Delta t} \tag{8.26}$$

图8.30所示为上式矩阵运算过程。$\boldsymbol{\mu}$为股价年化期望收益率行向量。$\boldsymbol{\Sigma}$为年化方差协方差矩阵。$\boldsymbol{Z}$是由随机数发生器产生的服从标准正态分布的线性无关随机数，$\boldsymbol{Z}$为列方向数据矩阵，每列代表一个变量；上三角矩阵$\boldsymbol{R}$是对$\boldsymbol{\Sigma}$进行Cholesky分解得到的。Δ t设定为1/252。

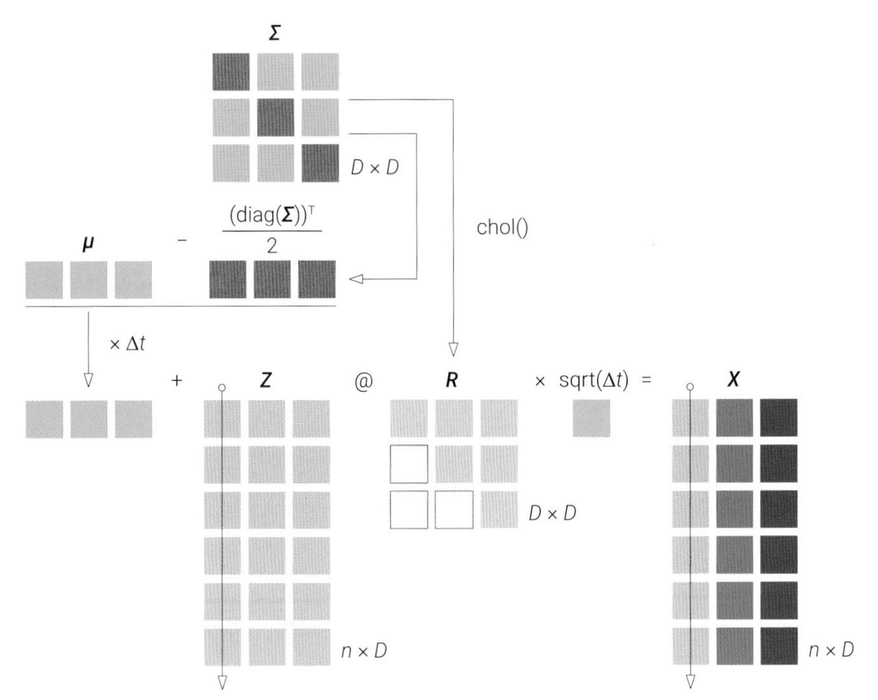

图8.30 几何布朗过程离散式的矩阵运算过程，列方向矩阵

模拟多路径相关股价走势具体矩阵运算过程如图8.31所示，其中矩阵$\boldsymbol{Z}$和矩阵$\boldsymbol{X}$的形状为 $n \times D \times n_{\text{paths}}$。$n_{\text{paths}}$为蒙特卡罗模拟轨迹的数量。

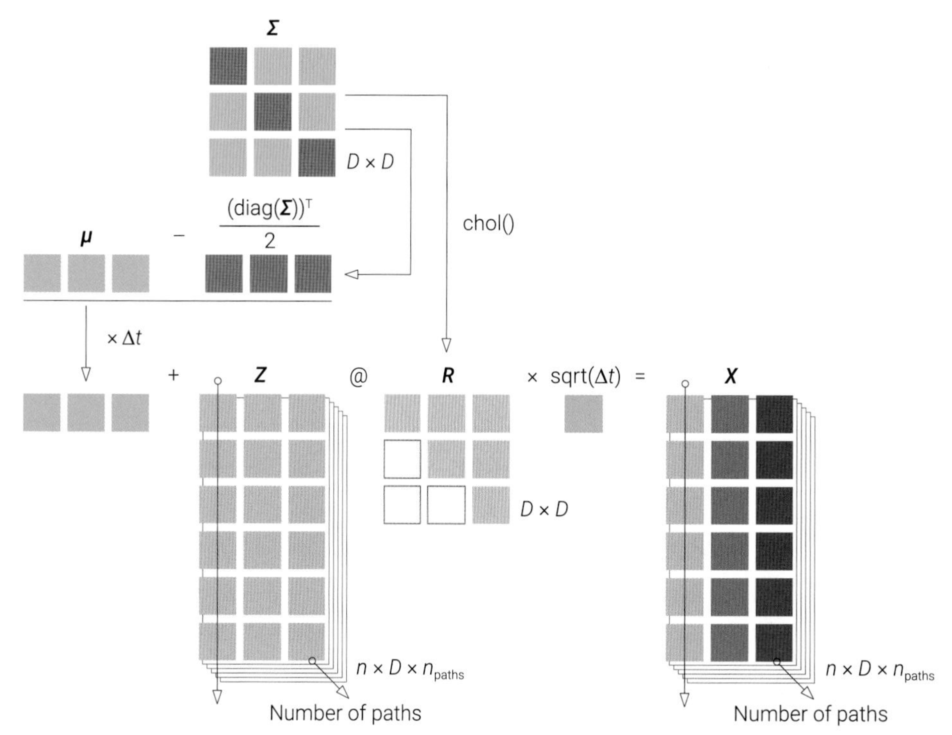

图8.31 几何布朗过程离散式的矩阵运算过程，多路径

图8.32所示为几支股票真实股价和归一化股价走势图。图8.33所示为日收益率的协方差矩阵、相关性系数矩阵。图8.34所示为协方差矩阵的Cholesky分解。图8.35所示为一组相关性股价的模拟。这种模拟方法的显著缺点是Cholesky分解，当协方差矩阵过大时，Cholesky分解可能会不稳定。此外，只有正定矩阵才能进行Cholesky分解。大家如果感兴趣可以搜索时，Benson-Zangari蒙特卡罗模拟，这种方法避免了Cholesky分解。

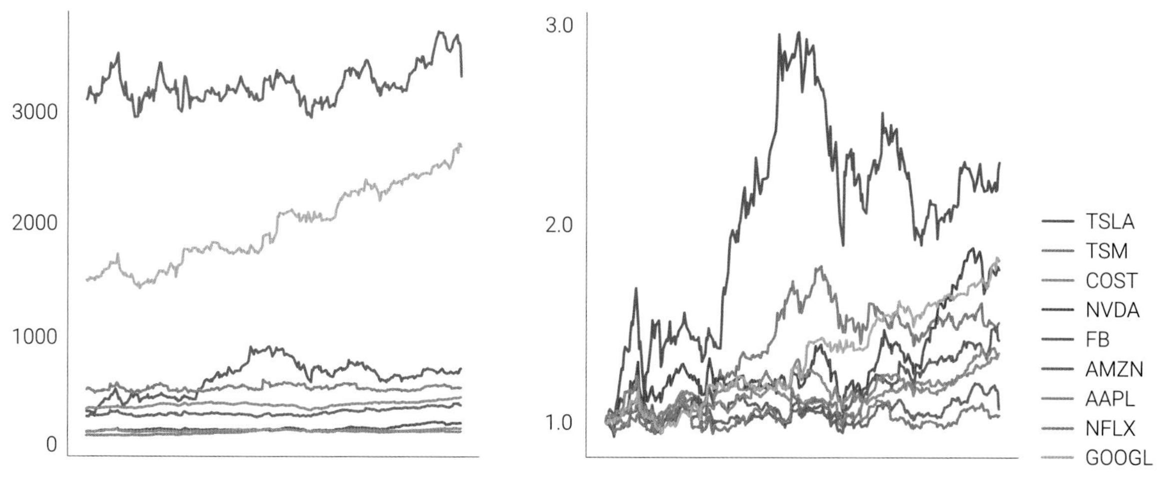

图8.32 几支股票走势和初值归一化股价

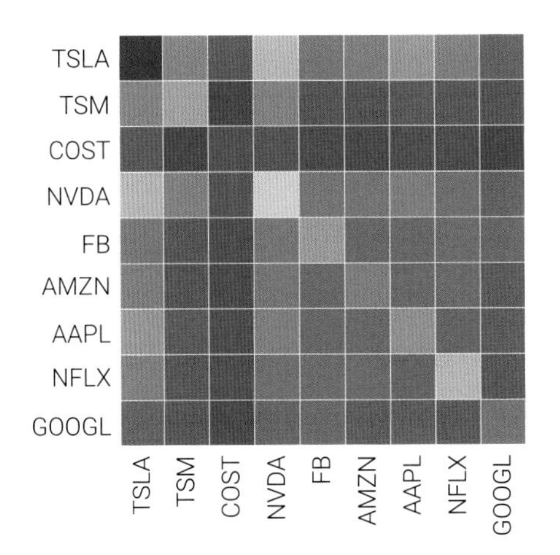

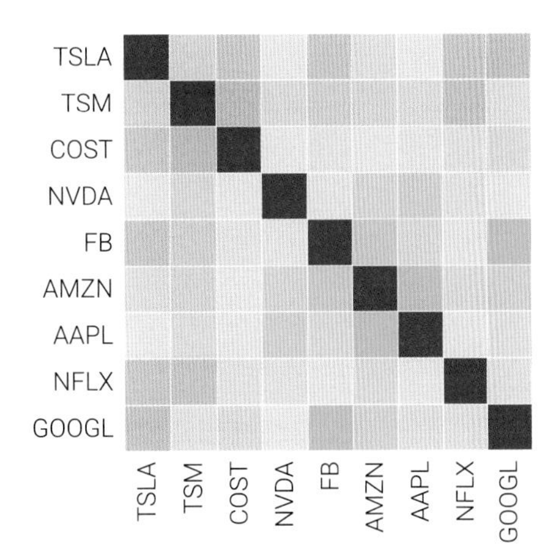

图8.33　协方差矩阵和相关性系数矩阵热图

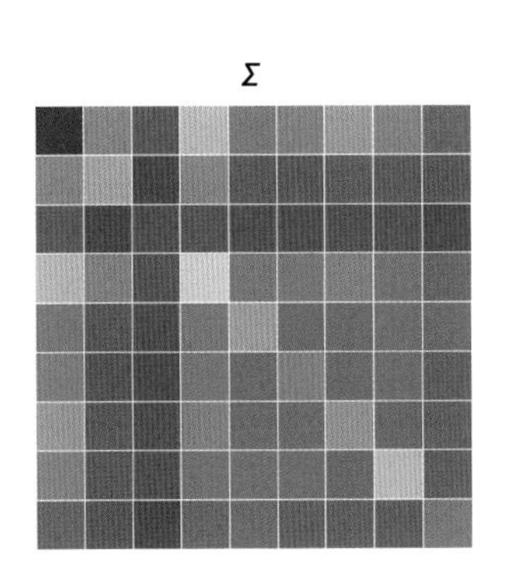

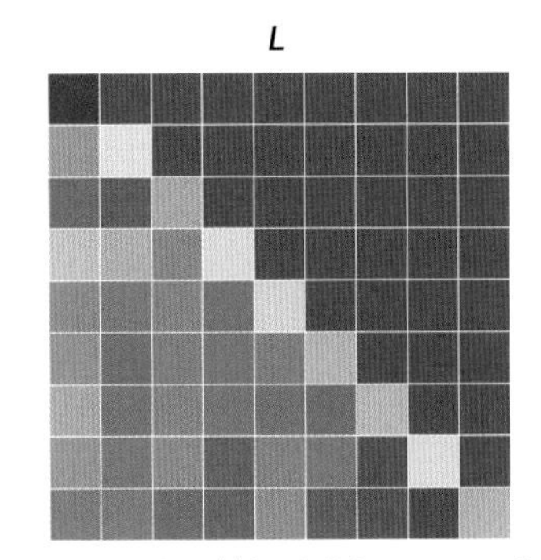

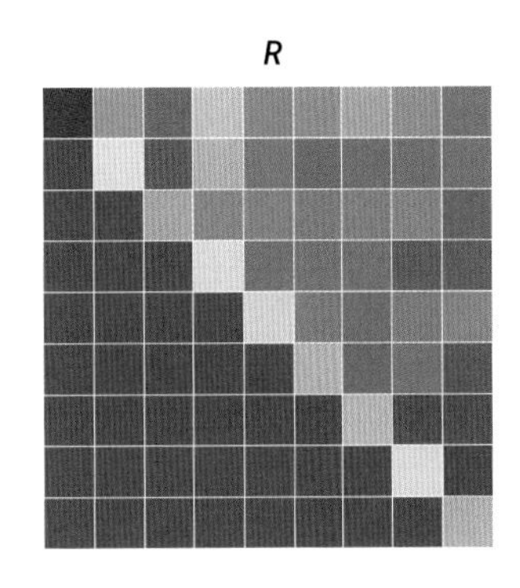

图8.34　对协方差矩阵进行Cholesky分解

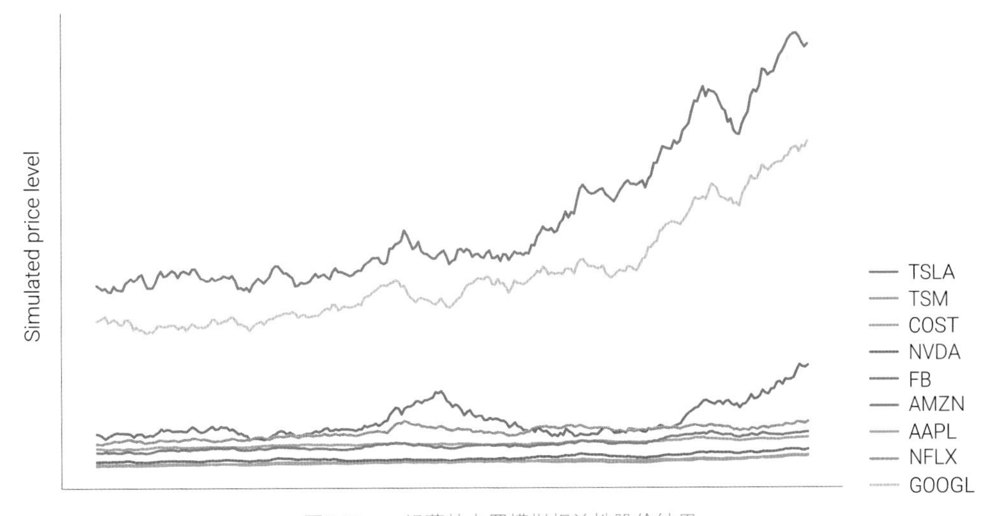

图8.35　一组蒙特卡罗模拟相关性股价结果

Bk6_Ch8_08.ipynb中完成了本节相关股价模型，请大家自行学习。

布朗运动是一种连续随机过程，最早由数学家罗伯特•布朗研究。它具有随机性质，其中随机变量在时间上的变化呈现出连续的、不可预测的特性。布朗运动在金融学和自然科学等领域中被广泛应用。对于有漂移布朗运动，除了随机波动，还存在一个漂移项，其导致整体的平移。这可以看作是布朗运动在整体上呈现上升或下降趋势。

当涉及多个布朗运动时，它们之间可能存在一定的相关性。这种相关性可以通过考虑多维布朗运动或使用随机过程中的协方差结构来建模。

几何布朗运动是布朗运动的一种形式，其关键特征是随机变化的比例是连续时间的指数函数。这使得几何布朗运动在金融学中被广泛用于建模股价。蒙特卡罗模拟是一种常见的股价模拟方法，利用布朗运动的随机性生成多个可能的未来路径。

Gaussian Process 高斯过程

用于机器学习中的非线性回归和分类

人类拥有海量史籍，但是不能操纵历史；
人类可能主宰未来，却对未来一无所知。

We may have knowledge of the past but cannot control it; we may control the future but have no knowledge of it.

—— 克劳德·香农 (Claude Shannon) | 美国数学家、工程师、密码学家 | 1916—2001年

◀ `sklearn.gaussian_process.GaussianProcessRegressor()` 高斯过程回归函数
◀ `sklearn.gaussian_process.kernels.RBF()` 高斯过程高斯核函数
◀ `sklearn.gaussian_process.GaussianProcessClassifier()` 高斯过程分类函数

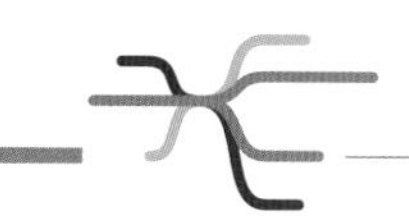

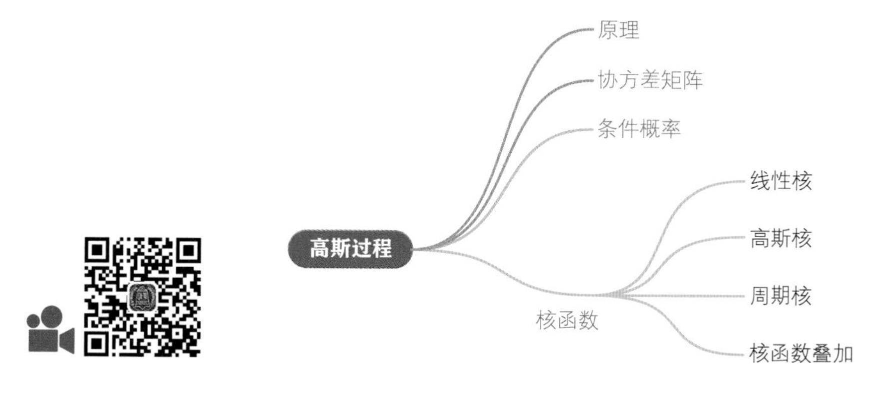

9.1 高斯过程原理

高斯过程 (Gaussian Process，GP) 是一种概率模型，用于建模连续函数或实数值变量的概率分布。在高斯过程中，任意一组数据点都可以被视为多元高斯分布的样本，该分布的均值和协方差矩阵由先验信息和数据点间的相似度计算而得。通过高斯过程，可以对函数进行预测并对其不确定性进行量化，这使得其在机器学习、优化和贝叶斯推断等领域中被广泛应用。

在使用高斯过程进行预测时，通常使用条件高斯分布来表示先验和后验分布。通过先验分布和数据点的观测，可以计算后验分布，并通过该分布来预测新数据点的值。在高斯过程中，协方差函数或核函数起着重要的作用，它定义了数据点间的相似性，不同的核函数也适用于不同的应用场景。一些常见的核函数包括线性核、多项式核、高斯核、拉普拉斯核等。

本章将首先以**高斯核** (Gaussian kernel) 为例，介绍如何理解高斯过程算法原理。注意，高斯核也叫**径向基核** (Radial Basis Function kernel，RBF kernel)。

先验

$\boldsymbol{x}_2$为一系列需要预测的点，$\boldsymbol{y}_2 = \mathrm{GP}(\boldsymbol{x}_2)$ 对应高斯过程预测结果。

高斯过程的先验为：

$$\boldsymbol{y}_2 \sim N\left(\boldsymbol{\mu}_2, \boldsymbol{K}_{22}\right) \tag{9.1}$$

其中，$\boldsymbol{\mu}_2$ 为高斯过程的均值 (通常默认为全0向量)，$\boldsymbol{K}_{22}$ 为协方差矩阵。之所以写成 $\boldsymbol{K}_{22}$ 这种形式，是因为高斯过程的协方差矩阵通过核函数定义。

在Scikit-Learn中，高斯核的定义为：

$$\kappa\left(x_i,x_j\right)=\operatorname{cov}\left(y_i,y_j\right)=\exp\left(-\frac{\left(x_i-x_j\right)^2}{2l^2}\right) \tag{9.2}$$

图9.1所示为$l=1$时先验协方差矩阵的热图。

为了保证形式上和协方差矩阵一致，图9.1纵轴上下调转。这个协方差矩阵显然是对称矩阵，它的主对角线是**方差** (variance)，非主对角线元素为**协方差** (covariance)。

回到式(9.2)，不难发现 $\kappa(x_i,x_j)$ 体现的是y_i和y_j的协方差 (即描述协同运动)，但是 $\kappa(x_i,x_j)$ 是通过x_i和x_j两个坐标点确定的。更确切地说，如图9.2所示，当l一定时，x_i和x_j间距绝对值 ($\Delta x = x_i - x_j$) 越大，$\kappa(x_i,x_j)$ 越小；反之，Δx越小，$\kappa(x_i,x_j)$ 越大。这一点后续将会反复提及。

此外，图9.2还展示了参数l对高斯函数的影响。

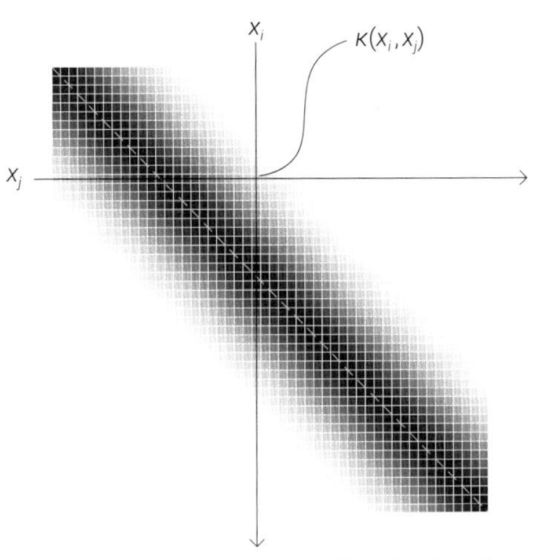

图9.1　高斯过程的先验协方差矩阵，高斯核

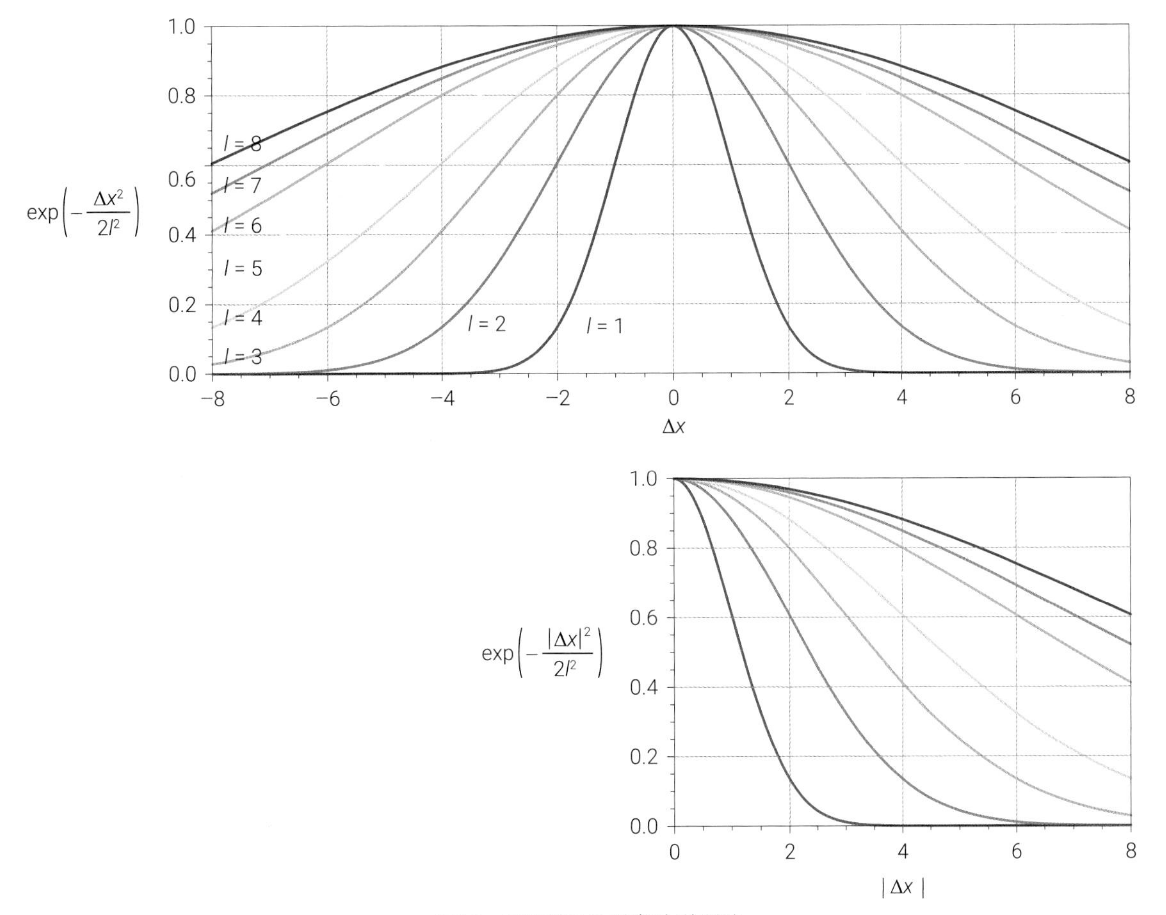

图9.2　高斯核函数受参数l的影响

如图9.3所示，每一条线都代表一个根据当前先验均值、先验协方差的函数采样。打个比方，在没有引入数据之前，图9.3的曲线可以看成是一捆没有扎紧的丝带，随着微风飘动。

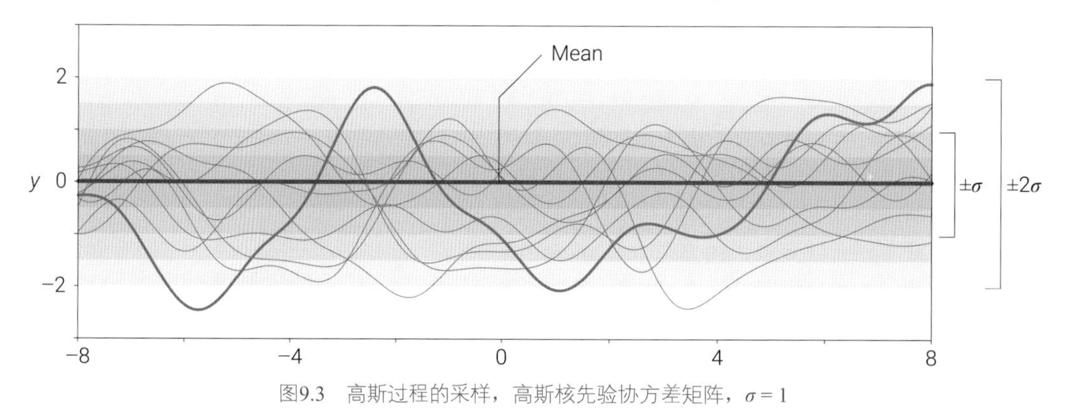

图9.3 高斯过程的采样，高斯核先验协方差矩阵，$\sigma = 1$

图9.3中的红线为高斯过程的先验均值，本章假设均值为0。本章接下来要解释为什么图9.3中曲线是这种形式。

样本数据

观测到的样本数据为 $(\boldsymbol{x}_1, \boldsymbol{y}_1)$。图9.4给出了5个样本点，大家很快就会发现这5个点相当于扎紧丝带的5个节点。下面，我们要用贝叶斯方法来帮我们整合"先验 + 数据"，并计算后验分布。

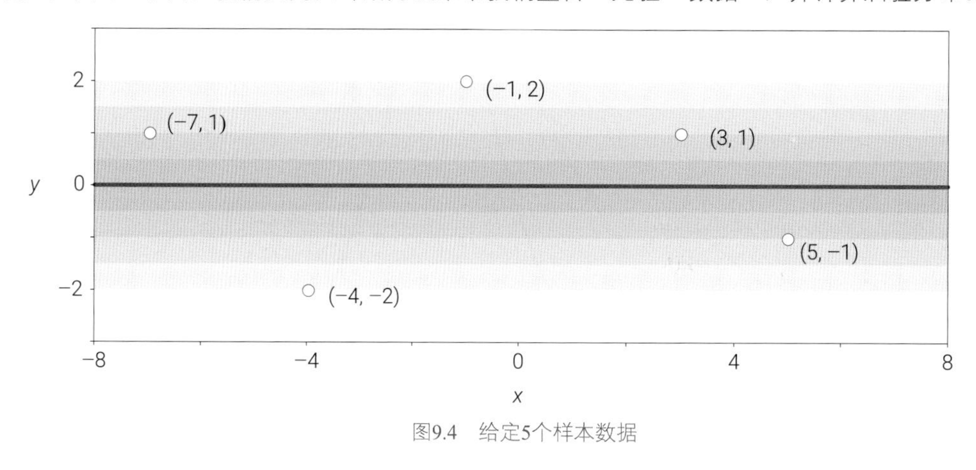

图9.4 给定5个样本数据

联合分布

假设样本数据$\boldsymbol{y}_1$和预测值$\boldsymbol{y}_2$服从联合高斯分布：

$$\begin{bmatrix} \boldsymbol{y}_1 \\ \boldsymbol{y}_2 \end{bmatrix} \sim N\left(\begin{bmatrix} \boldsymbol{\mu}_1 \\ \boldsymbol{\mu}_2 \end{bmatrix}, \begin{bmatrix} \boldsymbol{K}_{11} & \boldsymbol{K}_{12} \\ \boldsymbol{K}_{21} & \boldsymbol{K}_{22} \end{bmatrix} \right) \tag{9.3}$$

注意：一般假设$\boldsymbol{\mu}_1$、$\boldsymbol{\mu}_2$为全0向量。

简单来说，高斯过程对应的分布可以看成是无限多个随机变量的联合分布。图9.5中的协方差矩阵来自 $[\boldsymbol{x}_1, \boldsymbol{x}_2]$ 的核函数。本章后文会用实例具体展示如何计算上式中的协方差矩阵 $(\boldsymbol{K}_{11}, \boldsymbol{K}_{22})$ 和互协方差矩阵 $(\boldsymbol{K}_{12}, \boldsymbol{K}_{21})$。

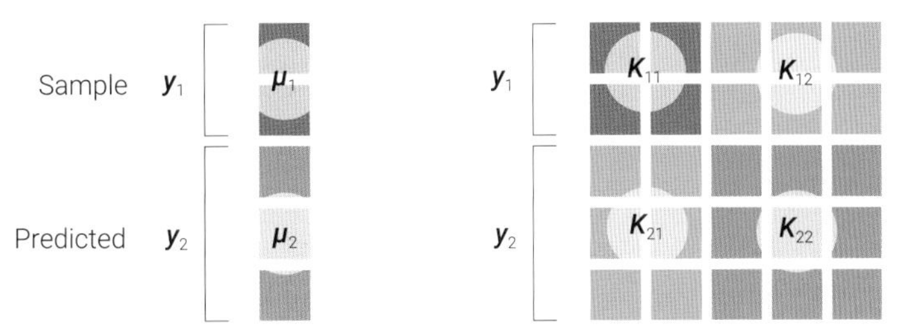

图9.5　样本数据y_1和预测值y_2服从联合高斯分布

后验分布

根据条件高斯分布，我们可以获得后验分布：

$$f\left(y_2 \mid y_1\right) \sim N\left(\underbrace{K_{21}K_{11}^{-1}\left(y_1-\mu_1\right)+\mu_2}_{\text{Expectation}}, \underbrace{K_{22}-K_{21}K_{11}^{-1}K_{12}}_{\text{Covariance matrix}}\right) \tag{9.4}$$

看到这个式子，特别是条件期望部分，大家是否想到了多元线性回归？

如图9.6所示，在5个样本点位置丝带被锁紧，而其余部分丝带仍然舞动。

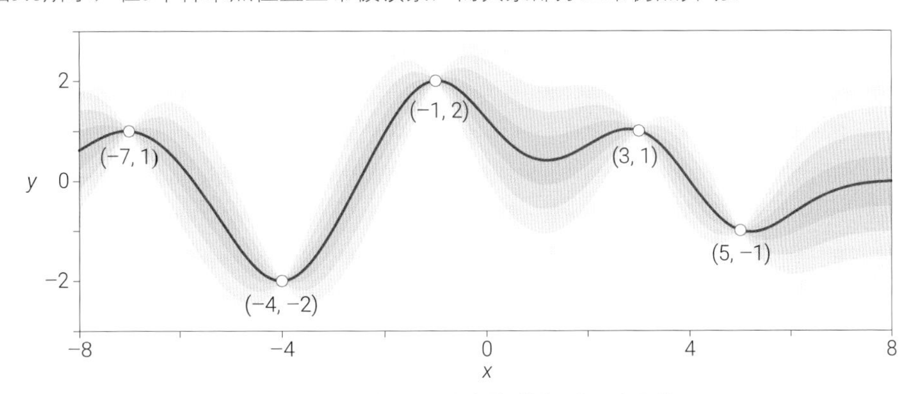

图9.6　高斯过程后验分布的采样函数，高斯核

图9.6中红色曲线对应后验分布的均值：

$$K_{21}K_{11}^{-1}\left(y_1-\mu_1\right)+\mu_2 \tag{9.5}$$

图9.6中带宽对应一系列标准差：

$$\operatorname{sqrt}\left(\operatorname{diag}\left(K_{22}-K_{21}K_{11}^{-1}K_{12}\right)\right) \tag{9.6}$$

其中，diag() 表示获取对角线元素；sqrt() 代表开平方得到一组标准差序列，代表纵轴位置的不确定性。

如图9.7所示，在高斯过程算法中，贝叶斯定理将先验和数据整合到一起得到后验。看到这里，大家如果还是不理解高斯过程原理，那也不要紧。下面，我们就用这个例子展开讲解高斯过程中的技术细节。

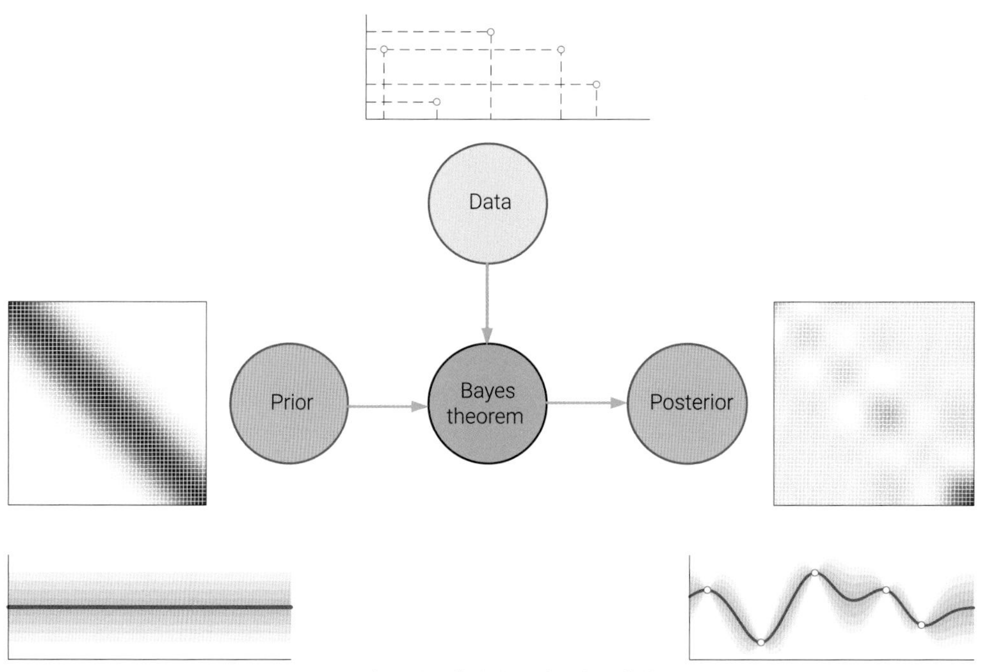

图9.7　高斯过程算法中贝叶斯定理的作用

9.2 协方差矩阵

基于高斯核的协方差矩阵相当于是一种“人造”的协方差矩阵。当然，这种“人造”协方差矩阵有它的独到之处，下面就近距离观察这个协方差矩阵。

以往，我们看到的协方差矩阵都是有限大小，通常用热图表示。高斯过程算法用到的协方差矩阵实际上是无限大。比如，如果x的取值范围为 [−8, 8]，在这个区间内满足条件的x值有无数个。

如图9.8所示，我们用三维网格图呈现这个无限大的协方差矩阵。和一般的协方差矩阵一样，这个协方差矩阵的主对角线元素为方差，非主对角线元素为协方差。

我们容易发现图9.8所示协方差矩阵特别像是一个二元函数。我们可以固定一个变量，看协方差值随另外一个变量变化。不难发现，图中的每条曲线都是一条高斯函数。

再次强调，x为预测点，我们关注的是高斯过程预测结果y = GP(x) 之间的关系。

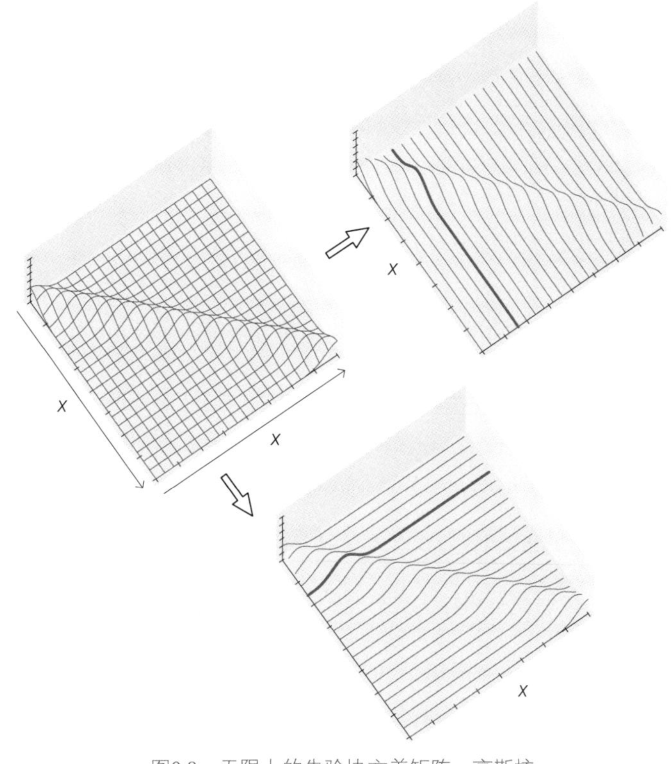

图9.8　无限大的先验协方差矩阵，高斯核

简单来说，x提供位置坐标，不同$y = \mathrm{GP}(x)$之间的协同运动用高斯核来描述。

为了方便可视化，同时为了和我们熟悉的协方差矩阵对照来看，我们选取 [−8, 8] 区间中50个点，并绘制如图9.9所示的协方差矩阵热图。下面，我们来观察图9.9中协方差矩阵的每一行。

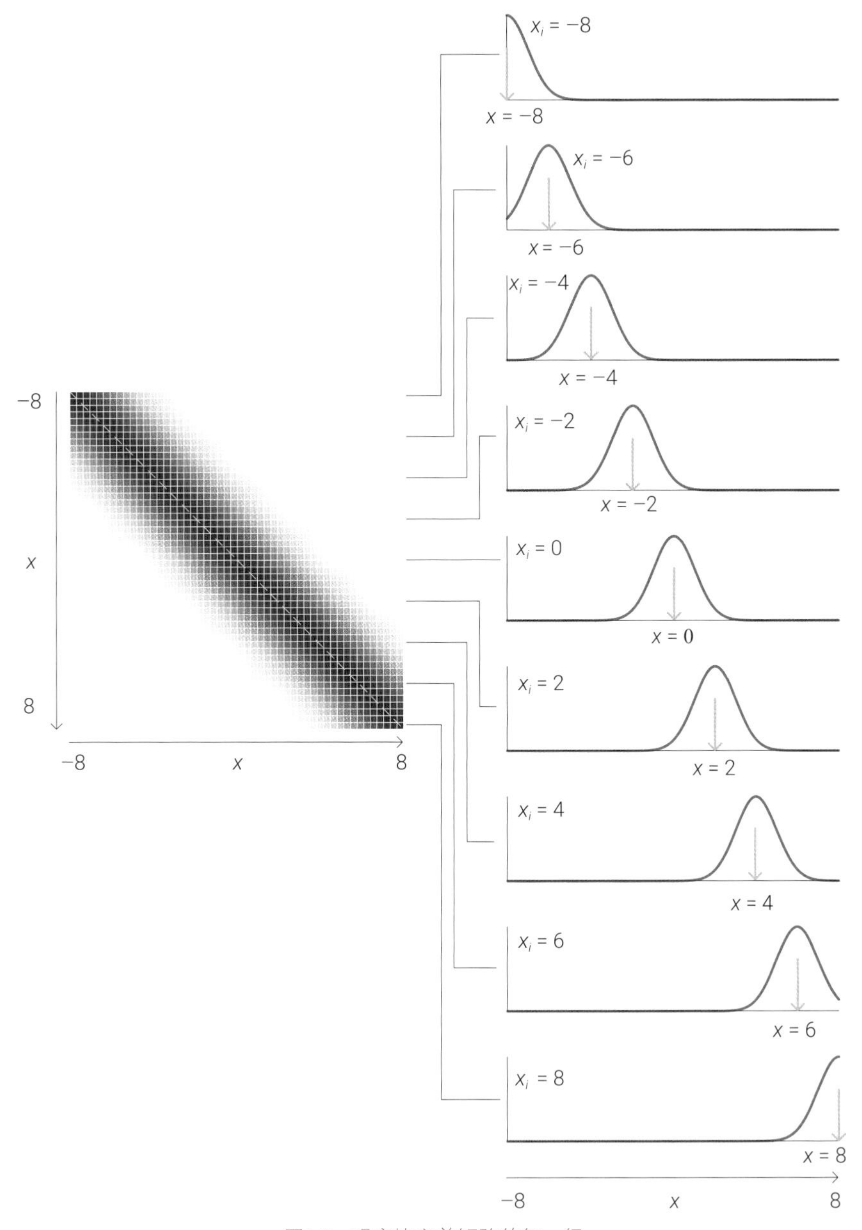

图9.9　观察协方差矩阵的每一行

当确定一个x_i取值后，比如$x_i = 0$，对于区间 [−8, 8] 上任意一点x，利用高斯核我们都可以计算得到一个协方差值：

$$\kappa\left(x_i, x\right) = \exp\left(-\frac{\left(x_i - x\right)^2}{2l^2}\right) \tag{9.7}$$

观察这个函数，我们可以发现，函数在$x = x_i$取得最大值。而随着x不断远离x_i，即$x_i - x$的绝对值增大，协方差值不断减小，不断靠近0。

对于式 (9.7)，$x = x_i$这一点又恰好是x_i位置处的y_i = GP(x_i) 方差，即 $\text{var}\left(y_i\right) = \kappa\left(x_i, x_i\right) = 1$ 。有了这一观察，我们可以发现图9.10中协方差主对角线元素都是1；也就是说，在给定均值为0，高斯核为先验函数的条件下，任何一点处x_i的y_i = GP(x_i) 具有相同的“不确定性”。这就是我们可以在图9.3中观察到的，“丝带”任何一点在一定范围内飘动。图9.3的每条“丝带”上的纵轴值服从多元高斯分布。

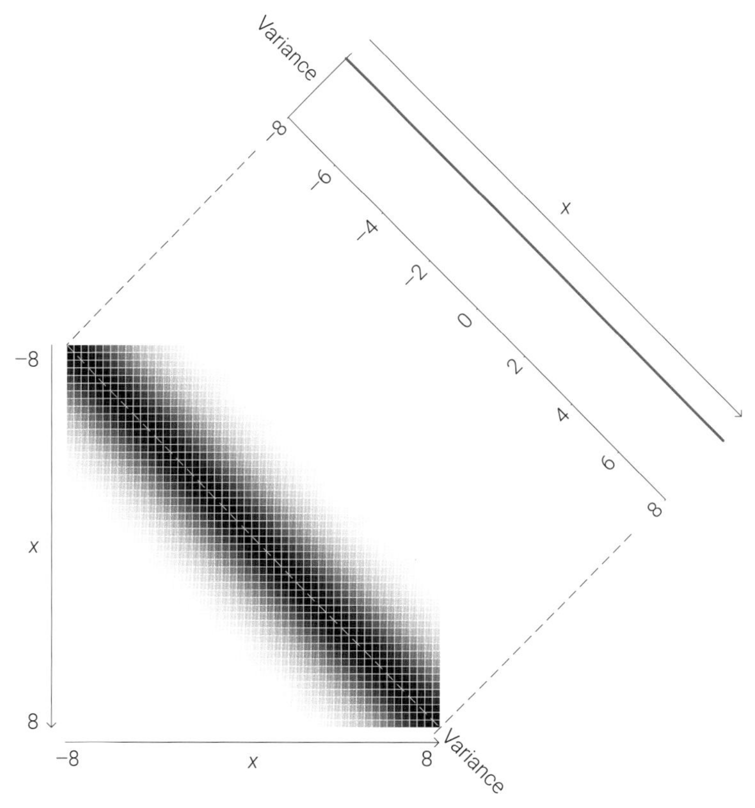

图9.10　高斯核协方差矩阵的方差 (对角元素)

但是观察图9.3，我们还发现同一条丝带看上去很“顺滑”，这又是为什么？

想要理解这一点，我们就要关注协方差矩阵中的协方差成分。

在给定式(9.2) 这种形式的高斯核条件下，对于点x_i，它和$x_i + \Delta x$的2 × 2协方差矩阵可以写成：

$$\begin{bmatrix} 1 & \exp\left(-\frac{\Delta x^2}{2l^2}\right) \\ \exp\left(-\frac{\Delta x^2}{2l^2}\right) & 1 \end{bmatrix} \tag{9.8}$$

我们已经知道，点x_i和点$x_i + \Delta x$的方差都是1，因此两者的相关性系数为 $\exp\left(-\frac{\Delta x^2}{2l^2}\right)$。

当l为定值时，Δx绝对值越大，即点$x_i + \Delta x$离x_i越远，两者的相关性越靠近0；相反，Δx绝对值越小，即点$x_i + \Delta x$离x_i越近，两者的相关性越靠近1。

如图9.11所示，当相关性系数 $\exp\left(-\frac{\Delta x^2}{2l^2}\right)$ (非负值) 为不同值时，代表2 × 2协方差矩阵式(9.8) 的椭圆不断变化。

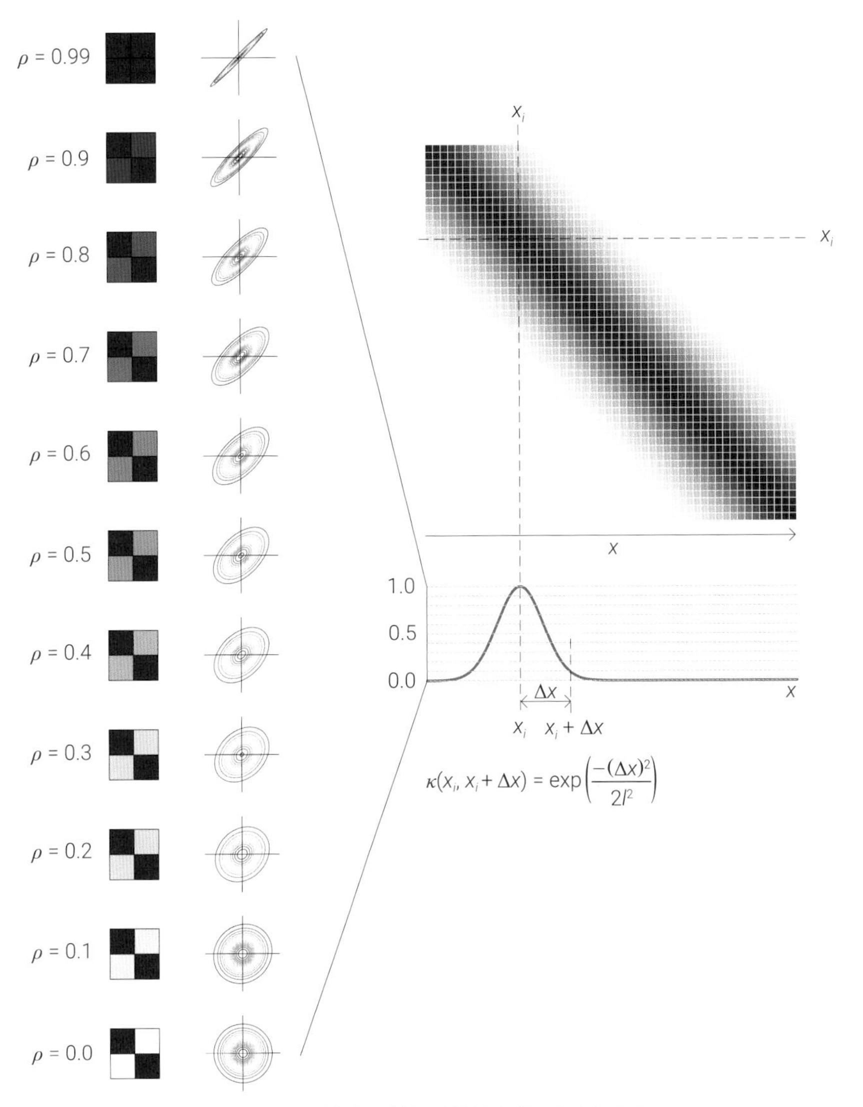

图9.11　高斯核协方差矩阵的协方差 (非对角元素)

这就是图9.3中每一条丝带看上去很顺滑的原因。越靠近丝带的任意一点，相关性越高，也就是说具有更高的协同运动；距离特定点越远，相关性越低，协同运动关系也就越差。

请大家注意，不限定取值范围时，x_i可以是实轴上任意一点；换个角度来看，x_i有无数个。

很多其他文献中，将高斯核定义为：

$$\kappa\left(x_i, x_j\right) = \sigma^2 \exp\left(-\frac{\left(x_i - x_j\right)^2}{2l^2}\right) \tag{9.9}$$

上式中先验协方差矩阵中的方差不再是1，而是σ^2。

大家可能会问既然这个高斯核协方差矩阵是“人造”的，我们可不可以创造其他形式的协方差矩阵？

答案是肯定的！本章最后将介绍高斯过程中常用的其他核函数。

9.3 分块协方差矩阵

根据式(9.3)，我们先将协方差矩阵分块，具体如图9.12所示。其中，$\boldsymbol{K}_{11}$是样本数据的协方差矩阵，$\boldsymbol{K}_{22}$是先验协方差矩阵。$\boldsymbol{K}_{12}$和$\boldsymbol{K}_{21}$都是**互协方差矩阵** (cross covariance matrix)，且互为转置。

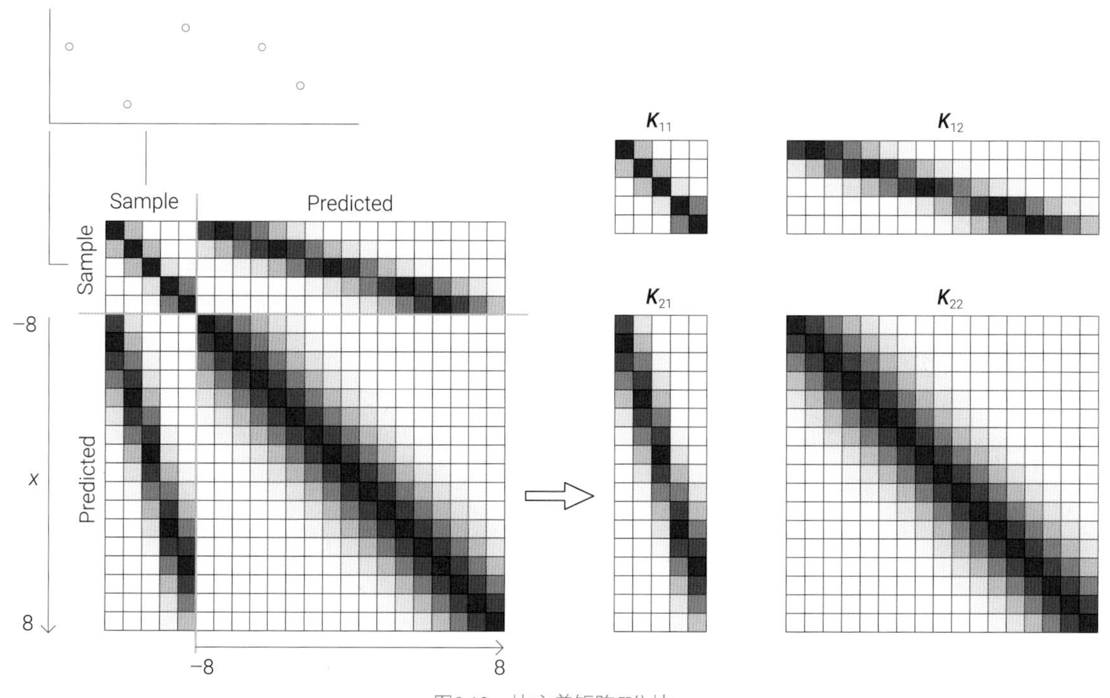

图9.12　协方差矩阵$\boldsymbol{K}$分块

9.4 后验

下面就利用式(9.4)，计算条件期望向量和条件协方差矩阵。

图9.13所示为计算条件期望向量 $\boldsymbol{K}_{21}\boldsymbol{K}_{11}^{-1}\left(\boldsymbol{y}_1-\boldsymbol{\mu}_1\right)+\boldsymbol{\mu}_2$ 的过程。

$\boldsymbol{y}_1$向量对应图9.4中5个红色点的y值序列。

默认，$\boldsymbol{\mu}_1$向量为全0向量，和$\boldsymbol{y}_1$形状相同。

图9.13中协方差矩阵$\boldsymbol{K}_{11}$则由图9.4中5个红色点的x序列 ($\boldsymbol{x}_1$) 采用式(9.2) 计算得到。图9.14所示为计算$\boldsymbol{K}_{11}$的示意图。再次强调 ($\boldsymbol{x}_1, \boldsymbol{y}_1$) 代表样本数据。

$\boldsymbol{K}_{21}$的行代表[−8, 8] 区间上顺序采样的一组数值，即预测点序列$\boldsymbol{x}_2$；$\boldsymbol{K}_{21}$的列代表5个红色点的x值序列。图9.15所示为计算互协方差矩阵$\boldsymbol{K}_{21}$的示意图。显然，$\boldsymbol{K}_{21}$是根据$\boldsymbol{x}_1$和$\boldsymbol{x}_2$计算得到的。

计算结果 $\boldsymbol{K}_{21}\boldsymbol{K}_{11}^{-1}\left(\boldsymbol{y}_1-\boldsymbol{\mu}_1\right)+\boldsymbol{\mu}_2$ 为列向量，对应图9.6中红色线y值序列。

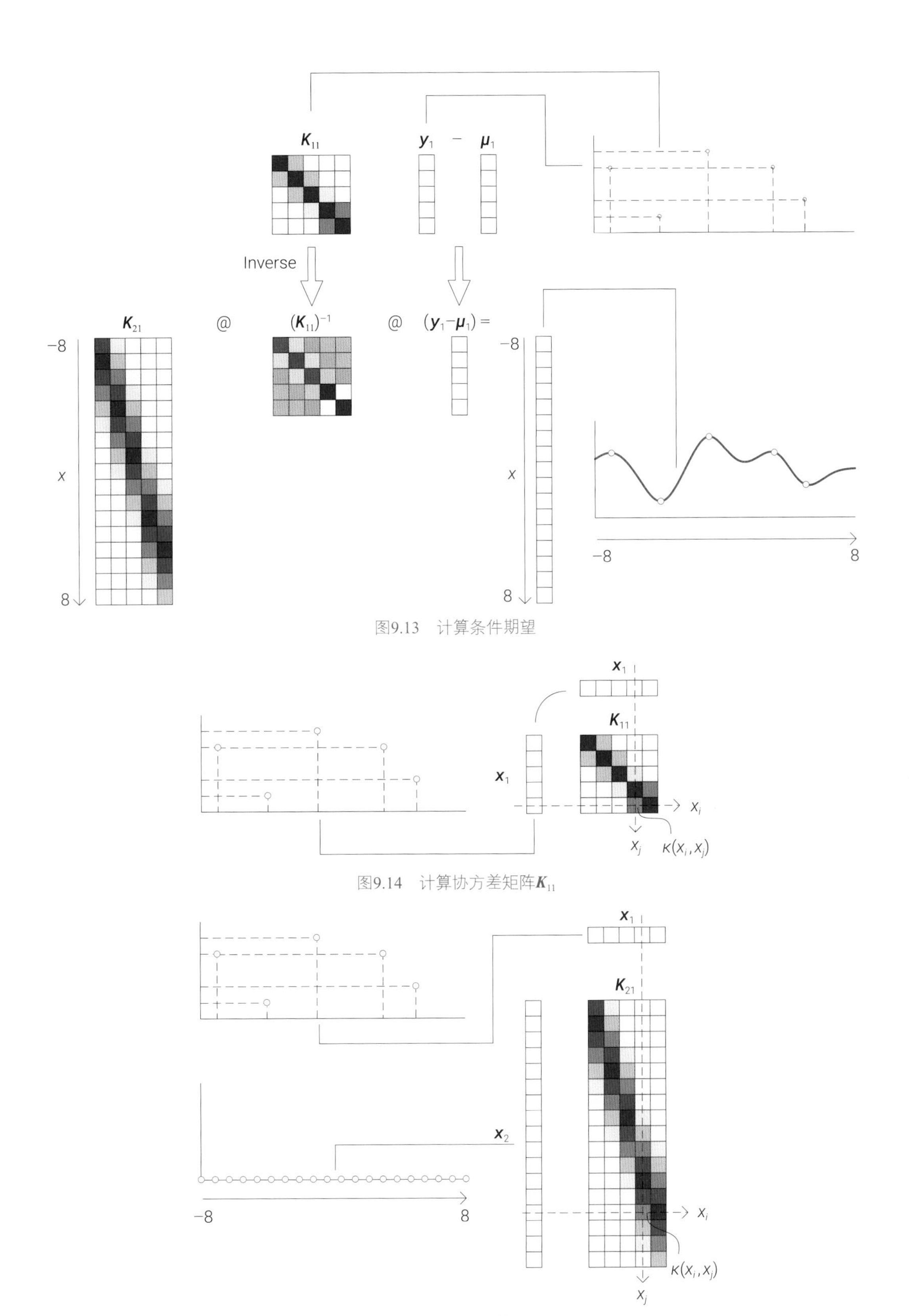

图9.13　计算条件期望

图9.14　计算协方差矩阵$\boldsymbol{K}_{11}$

图9.15　计算互协方差矩阵$\boldsymbol{K}_{21}$

图9.16所示为计算条件协方差 $\boldsymbol{K}_{22}-\boldsymbol{K}_{21}\boldsymbol{K}_{11}^{-1}\boldsymbol{K}_{12}$ 的过程。比较图9.15和图9.17，很容易发现$\boldsymbol{K}_{21}$和$\boldsymbol{K}_{12}$互为转置。图9.18所示为自己算协方差矩阵的示意图$\boldsymbol{K}_{22}$。

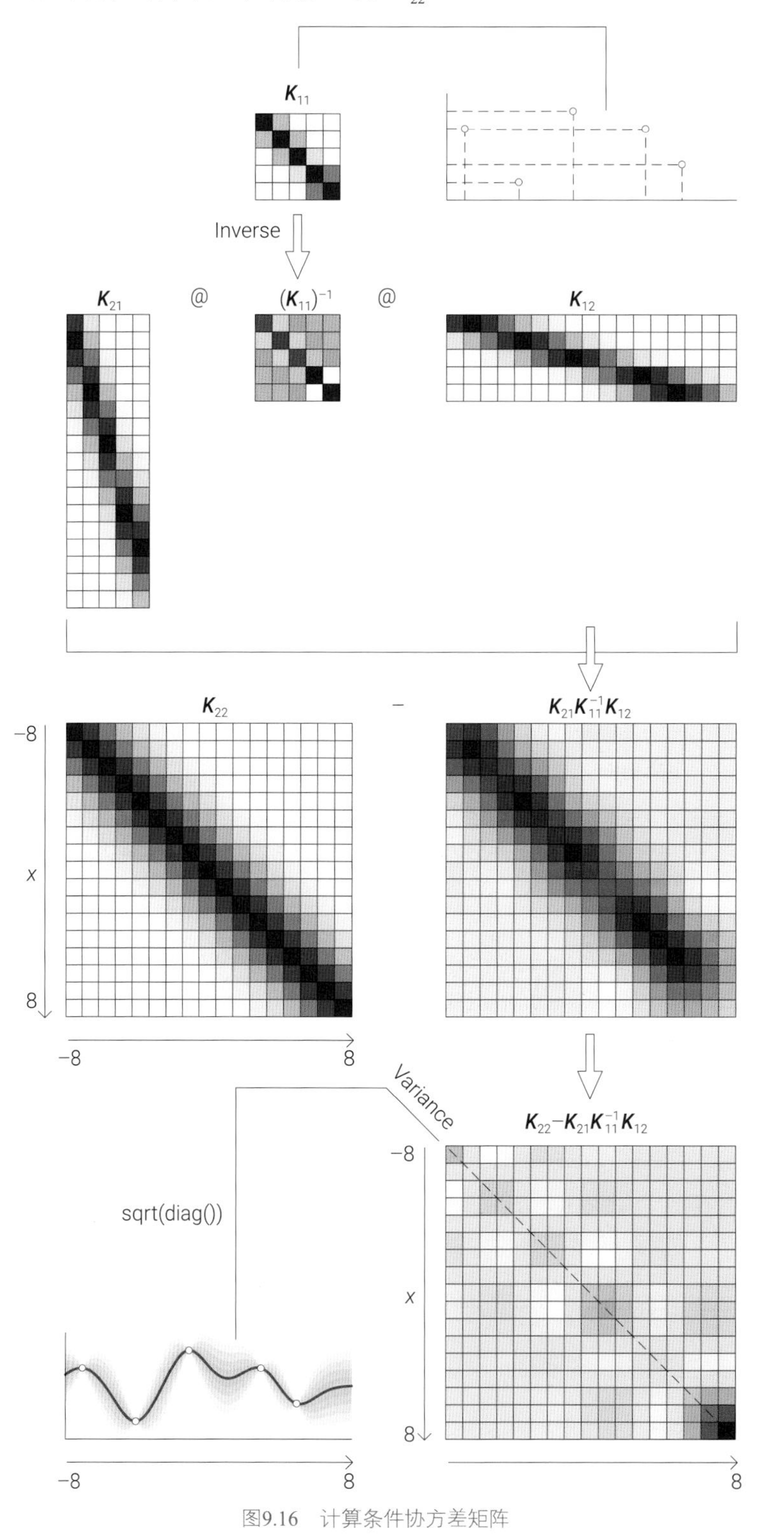

图9.16　计算条件协方差矩阵

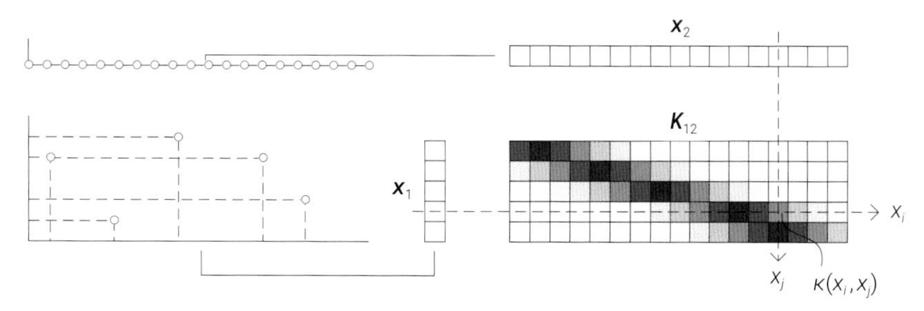
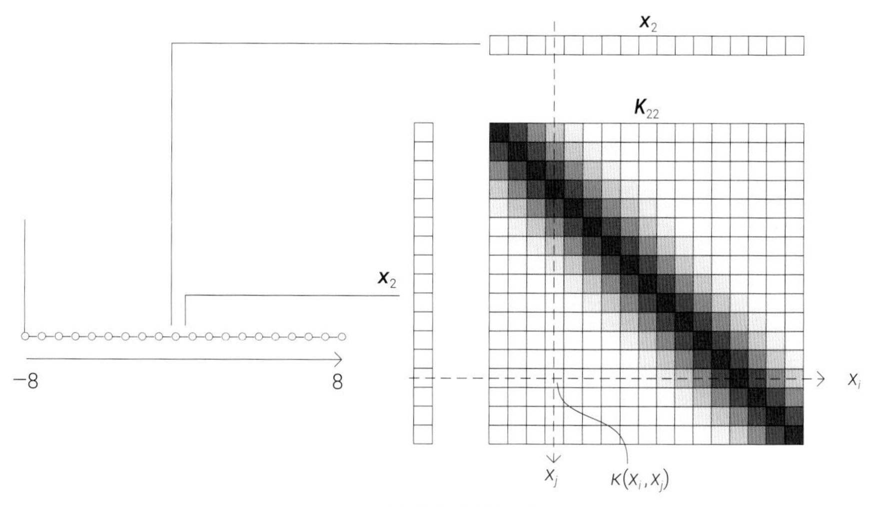

图9.17　计算互协方差矩阵$\boldsymbol{K}_{21}$

图9.18　计算协方差矩阵$\boldsymbol{K}_{22}$

图9.19所示为“无限大”的后验协方差矩阵曲面。和图9.8中先验协方差矩阵相比，我们可以发现在存在样本数据的位置，曲面发生了明显的塌陷。特别是在对角线上。

为了更清楚地看到这一点，我们特别绘制了图9.20。后验协方差矩阵$\boldsymbol{K}_{22}-\boldsymbol{K}_{21}\boldsymbol{K}_{11}^{-1}\boldsymbol{K}_{12}$的对角线元素为后验方差，体现了$\boldsymbol{x}_2$不同位置上$\boldsymbol{y}_2$值的不确定性。

图9.20中的后验标准差在5个数据点位置下降到0；也就是说，不确定性为0。这就解释了图9.6中5个“扎紧”的节点。

把图9.6和图9.20中的后验标准差放在同一张图上，我们便得到图9.21。图9.21更方便地展示了上述现象。

换个角度来看，这也说明模型样本数据不存在任何“噪声”。倘若“噪声”存在，我们就需要修正$\boldsymbol{K}_{11}$。这是下一节要介绍的内容。

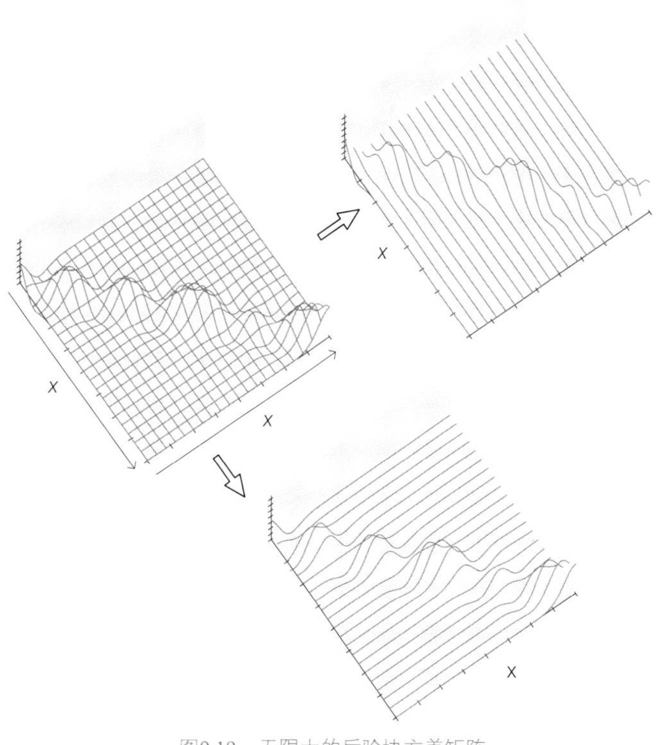

图9.19　无限大的后验协方差矩阵

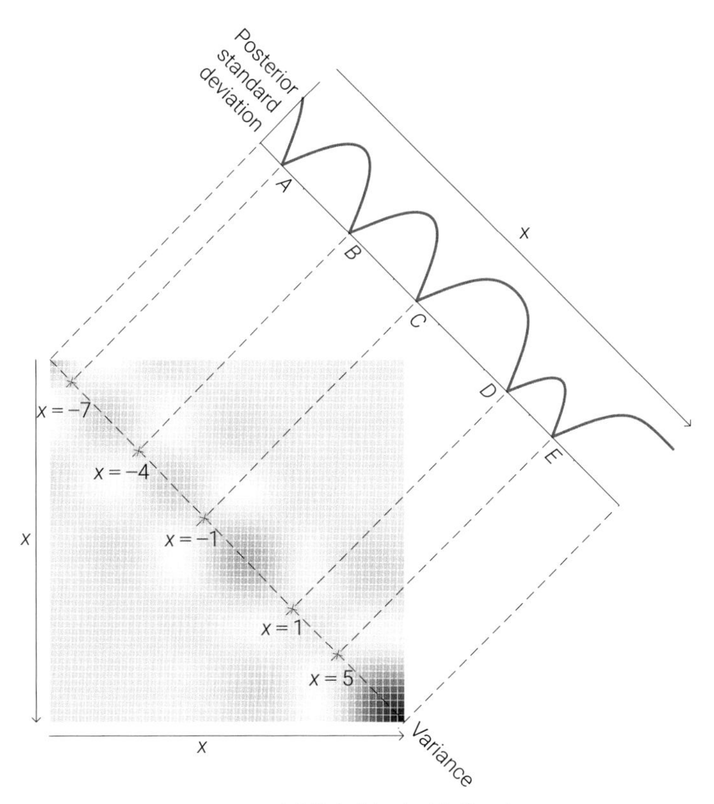

图9.20　后验协方差矩阵对角线元素

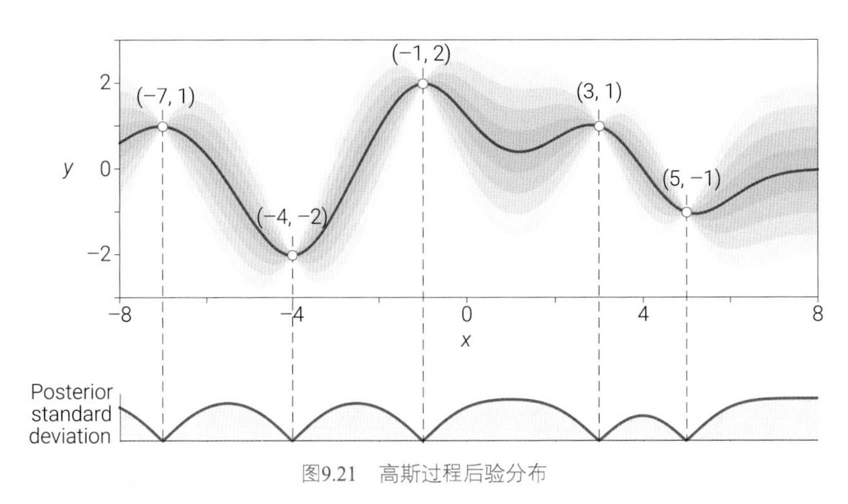

图9.21　高斯过程后验分布

9.5 噪声

上一节提到图9.20中给定数据点处后验方差降至0，这意味着数据不存在噪声。反之，数据存在噪声，意味着观测到的数据可能受到随机误差或不确定性的影响。

在高斯过程中处理带有噪声的数据的方式通常包括在模型中的$\boldsymbol{K}_{11}$中引入噪声项 (见图9.22)，以反映实际观测中的不确定性。图9.23所示为不同噪声水平对结果影响。

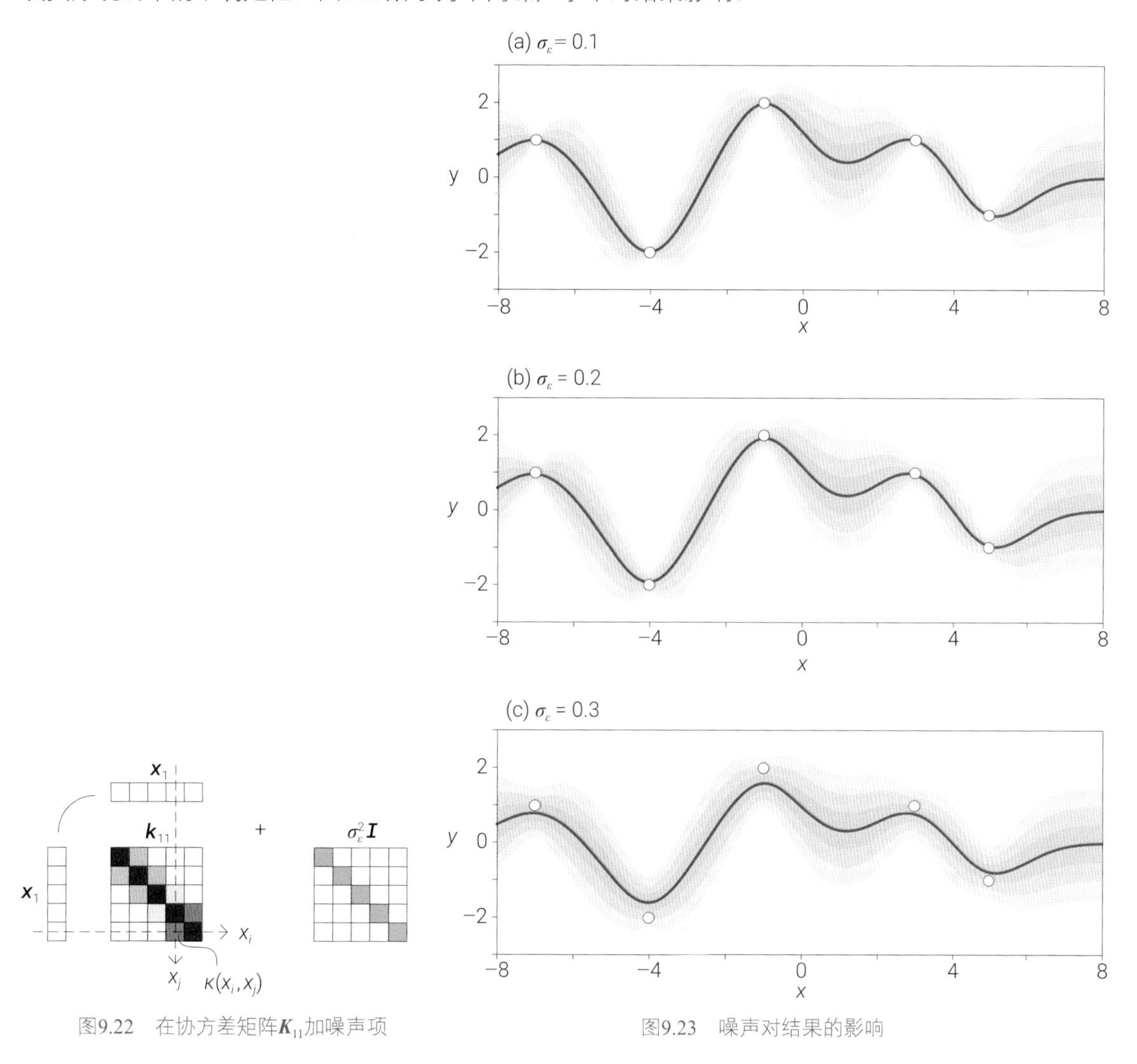

图9.22　在协方差矩阵$\boldsymbol{K}_{11}$加噪声项

图9.23　噪声对结果的影响

9.6 核函数

核函数 (kernel function) 是机器学习中一个常用概念。我们在**高斯过程** (Gaussian Process，GP)、**支持向量机** (Support Vector Machine，SVM)、**核主成分分析** (Kernel Principal Component Analysis，KPCA) 中都用到了核函数。本节则侧重高斯过程中的核函数。而《机器学习》将专门介绍支持向量机中的**核技巧** (kernel trick)，以及核主成分分析中的核函数。

经过本章前文的学习，大家已经清楚高斯过程是一种用于回归和分类的非参数模型，它通过对输入空间中数据点之间的相似性进行建模，从而实现对输出的推断。

核函数在高斯过程中的作用是定义输入空间中数据点之间的相似性或相关性。以前文介绍过的高斯核为例，核函数决定了在输出空间中，两个数据点对应的预测值之间的协方差。

如图9.24所示，如果两个数据点 (x_i, x_j) 在输入空间中相似，它们对应的输出值就有更高的协方差 (深蓝色)，反之则有较低的协方差 (浅蓝色)。注意，上述描述适用于高斯核协方差矩阵，但是并不能描述其他常见核函数。表9.1总结了高斯过程中常见的核函数。

下面，我们展开线性核、高斯核、周期核。本节最后还会介绍核函数叠加。

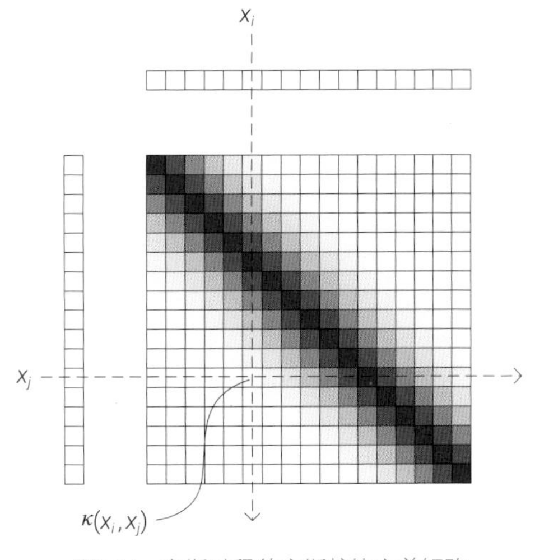

图9.24　高斯过程的高斯核协方差矩阵

表9.1　高斯过程中常用的核函数

核函数	常见形式	先验协方差矩阵
常数核 (constant kernel)	$\kappa(x_i, x_j) = c$	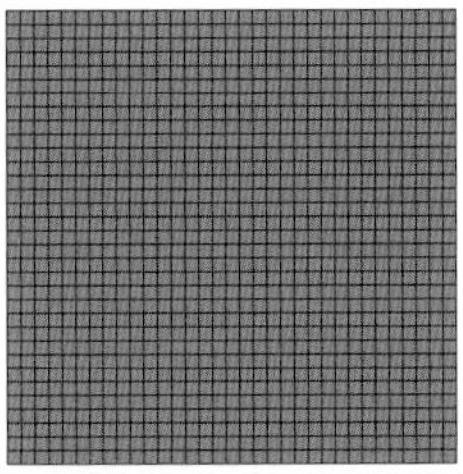
线性核 (linear kernel)	$\kappa(x_i, x_j) = \sigma^2 (x_i - c)(x_j - c)$ $\kappa(x_i, x_j) = \sigma_b^2 + \sigma^2 (x_i - c)(x_j - c)$	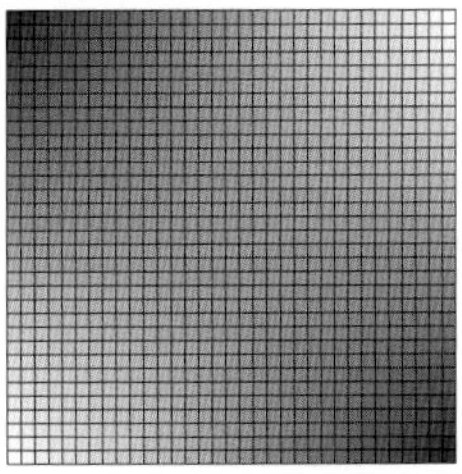
多项式核 (polynomial kernel)	$\kappa(x_i, x_j) = ((x_i - c)(x_j - c) + \text{offset})^d$ $\kappa(x_i, x_j) = (\sigma^2 (x_i - c)(x_j - c) + \text{offset})^d$	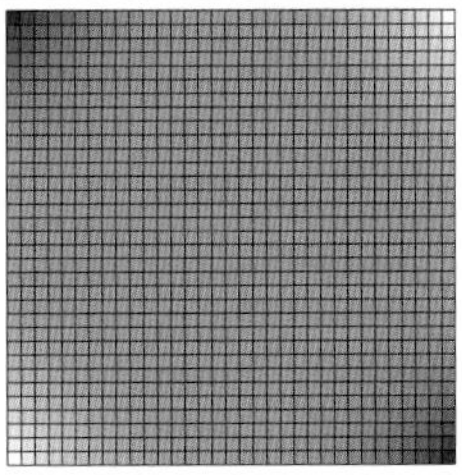
高斯核 (Gaussian kernel)	$\kappa(x_i, x_j) = \exp\left(-\frac{(x_i - x_j)^2}{2l^2}\right)$ $\kappa(x_i, x_j) = \sigma^2 \exp\left(-\frac{(x_i - x_j)^2}{2l^2}\right)$	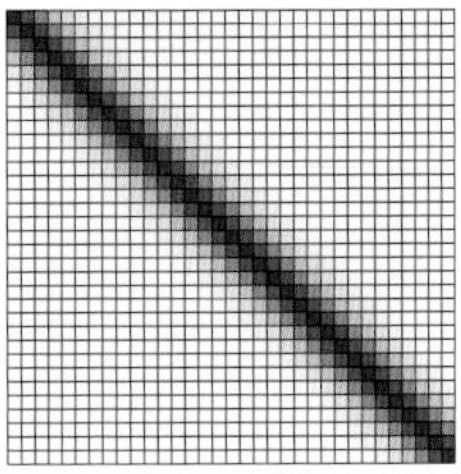

续表

核函数	常见形式	先验协方差矩阵
有理二次核 (rational quadratic kernel)	$\kappa\left(x_i,x_j\right)=\exp\left(1+\dfrac{\left(x_i-x_j\right)^2}{2\alpha l^2}\right)^{-\alpha}$ $\kappa\left(x_i,x_j\right)=\sigma^2\exp\left(1+\dfrac{\left(x_i-x_j\right)^2}{2\alpha l^2}\right)^{-\alpha}$	
周期核 (periodic kernel)	$\kappa\left(x_i,x_j\right)=\sigma^2\exp\left(-\dfrac{2\sin^2\left(\dfrac{\pi}{p}\left\|x_i-x_j\right\|\right)}{l^2}\right)$ $\kappa\left(x_i,x_j\right)=\sigma^2\exp\left(-\dfrac{\sin^2\left(\dfrac{\pi}{p}\left\|x_i-x_j\right\|\right)}{2l^2}\right)$	

线性核

线性核是高斯过程中的一种核函数，也称为线性相似性函数。它是一种用于衡量输入数据点之间线性关系的核函数。本节采用的线性核函数的表达式为：

$$\kappa\left(x_i,x_j\right)=\operatorname{cov}\left(y_i,y_j\right)=\sigma^2\left(x_i-c\right)\left(x_j-c\right) \tag{9.10}$$

其中，x_i和x_j分别是输入空间中的两个数据点。图9.25所示为线性核先验协方差矩阵的曲面。

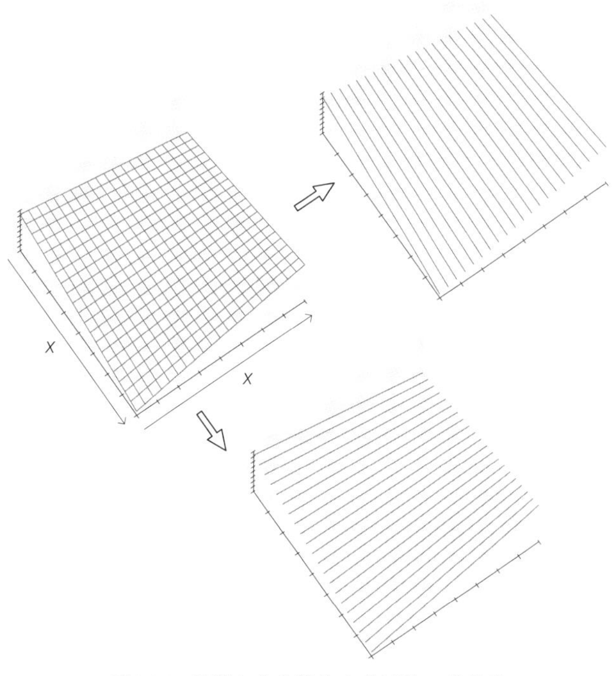

图9.25　无限大的先验协方差矩阵，线性核

图9.26所示为当 $c = 0$时，线性核参数σ对先验协方差和采样的影响。注意，图9.26中不同热图子图的颜色映射取值范围不同。

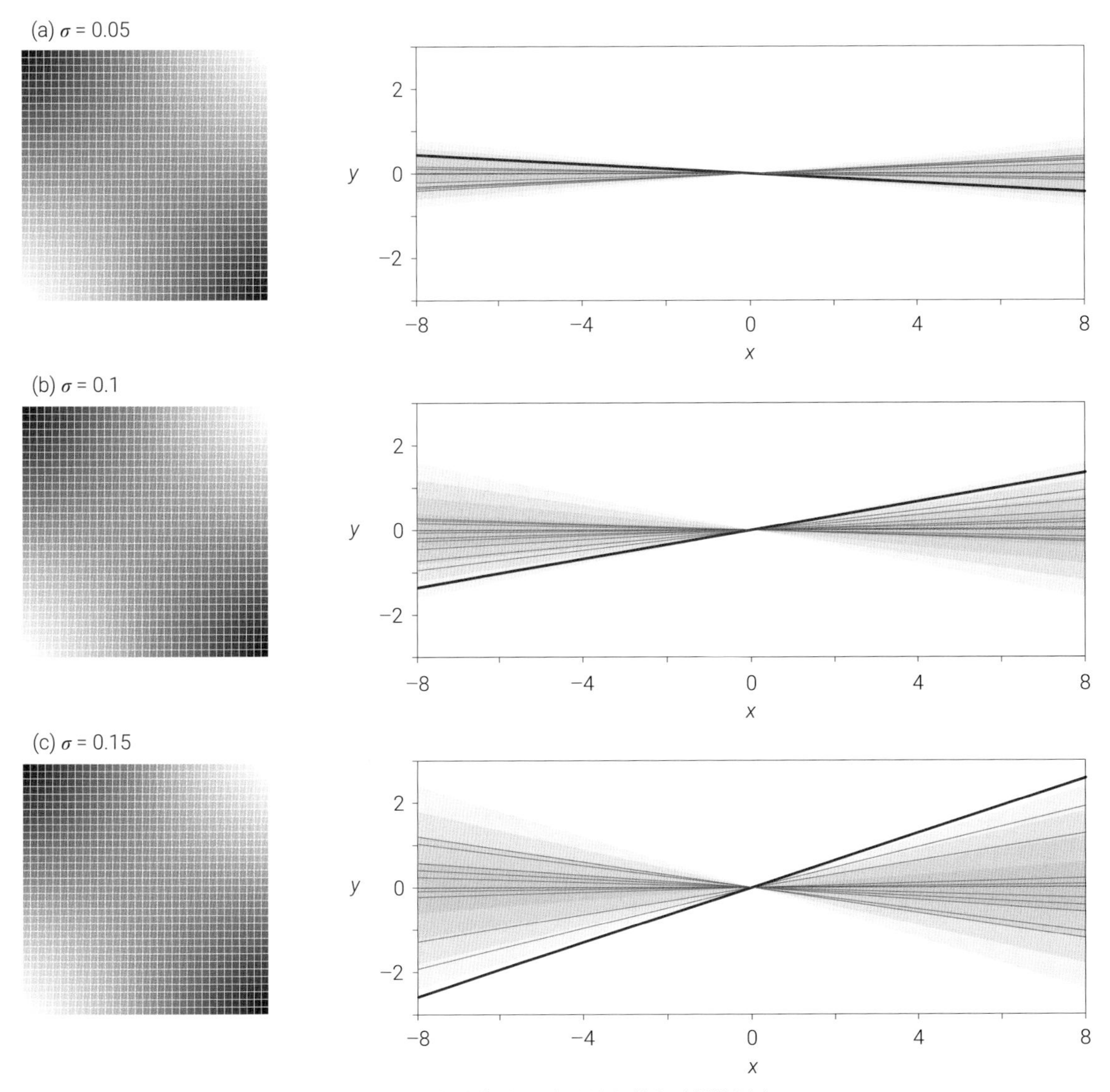

图9.26 线性核参数σ对先验协方差和采样的影响

线性核函数假设输入空间中的数据点之间存在线性关系，即输出值之间的相似性与输入数据点的线性组合有关。如果两个数据点在输入空间中更接近形成线性关系，它们对应的输出值在高斯过程中的协方差就较高。

线性核函数在某些问题中很有效，特别是当数据呈现线性关系时。然而，对于非线性关系的数据，其他核函数如高斯核函数可能更适用，因为它们能够处理更复杂的数据结构。

高斯核

高斯核是在高斯过程中常用的核函数之一，也称为**径向基函数** (Radial Basis Function，RBF) 或**指数二次核** (exponentiated quadratic kernel或squared exponential)。本节采用的高斯核的形式为：

$$\kappa\left(x_i,x_j\right)=\operatorname{cov}\left(y_i,y_j\right)=\sigma^2\exp\left(-\frac{\left(x_i-x_j\right)^2}{2l^2}\right) \tag{9.11}$$

其中，σ^2为协方差矩阵的方差；l是高斯核长度尺度度量参数。请大家翻阅前文查看高斯核的先验协方差曲面。

前文提过，高斯核函数的作用是衡量两个输入点之间的相似性，当两点距离较近时，核函数的值较大，表示它们在函数空间中具有相似的输出；反之，距离较远时，核函数的值较小，表示它们在输出上差异较大。

图9.27所示为当$\sigma = 1$时高斯核参数l对先验协方差和采样的影响。比较几幅子图，我们可以发现l越大，协方差矩阵中协方差相对更大 (临近点协同运动越强)，对应曲线越平滑。

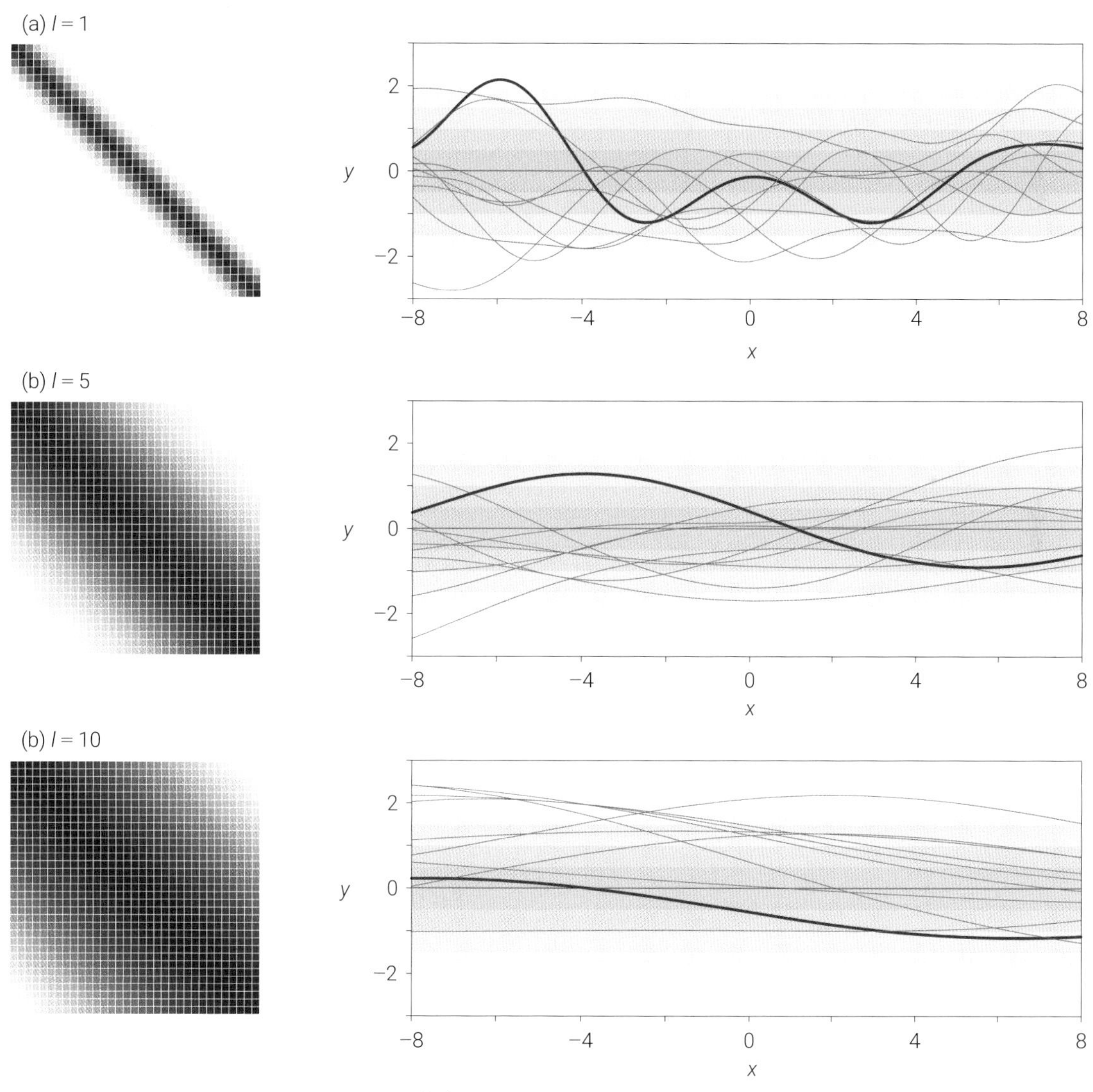

图9.27　高斯核参数l对先验协方差和采样的影响，$\sigma = 1$

对于式(9.11)，我们发现σ也是高斯核参数之一。图9.28所示为$l = 1$时高斯核参数σ对先验协方差和的采样的影响。

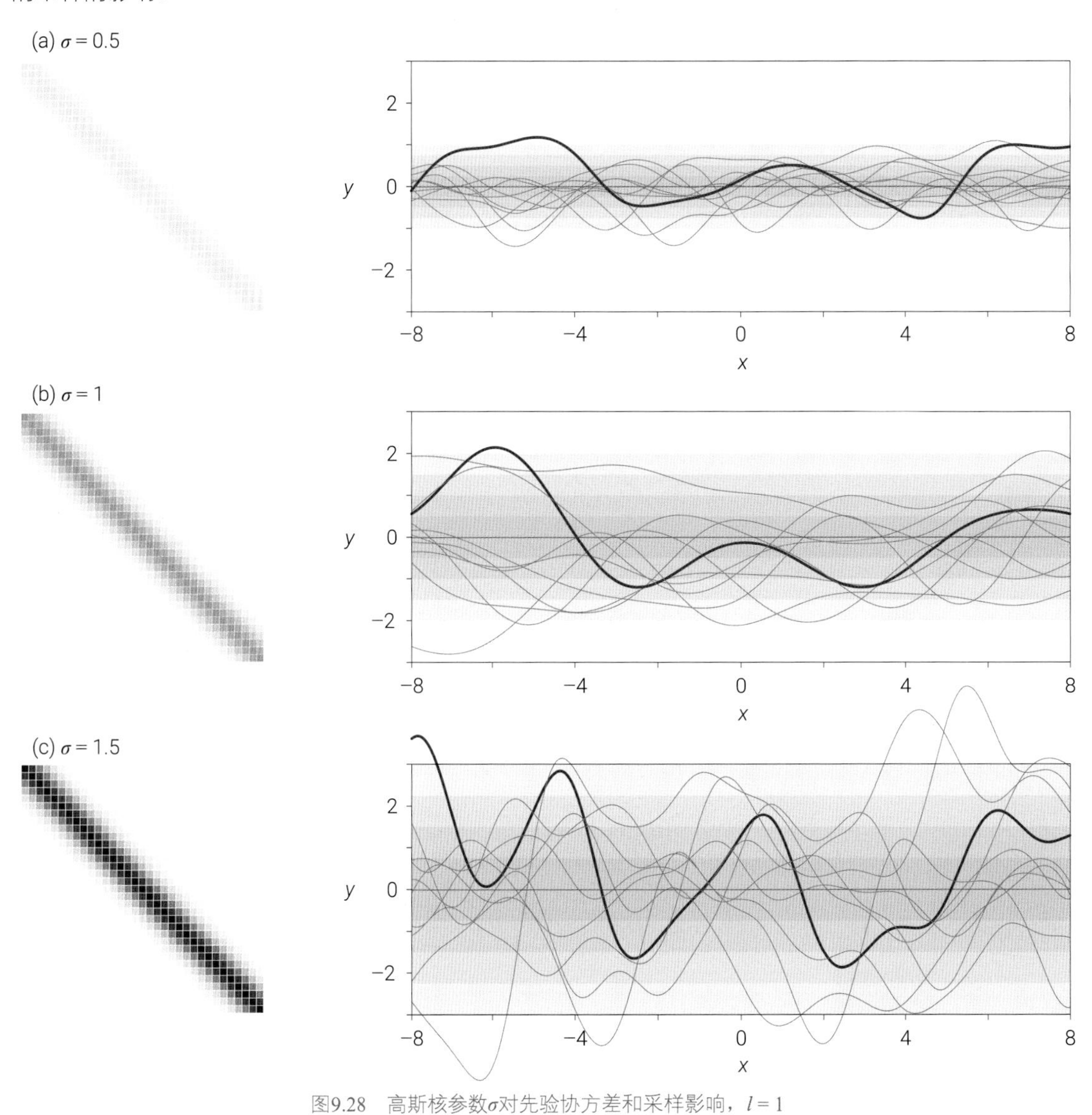

图9.28　高斯核参数σ对先验协方差和采样影响，$l = 1$

高斯核具有平滑性和无限可微性，这使其在建模各种复杂函数时表现出色。在高斯过程中，选择合适的核函数和参数是关键，它直接影响了模型对数据的拟合程度和泛化能力。

周期核

周期核是高斯过程中常用的核函数之一，它适用于描述具有周期性变化的数据。本节采用的周期核的形式为：

$$\kappa\left(x_i,x_j\right)=\operatorname{cov}\left(y_i,y_j\right)=\sigma^2\exp\left(-\frac{\sin^2\left(\frac{\pi}{p}\left|x_i-x_j\right|\right)}{2l^2}\right) \tag{9.12}$$

其中，p为影响周期核的周期，l是高斯核的长度尺度参数。参数l对周期核的影响类似高斯核。图9.29所示为周期核先验协方差曲面。

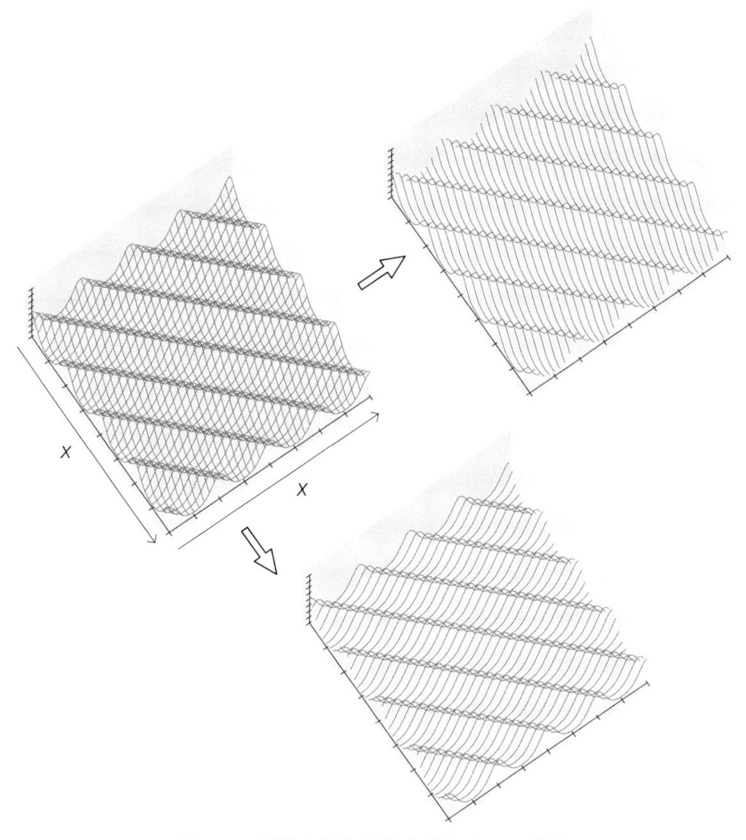

图9.29　无限大的先验协方差矩阵，周期核

下面着重介绍一下参数p对周期核的影响。

如图9.30所示，随着参数p增大，采样曲线的波动周期不断变长。

周期核的关键特点在于它引入了正弦函数，使得核函数对周期性变化非常敏感。当输入点在周期上相隔较短的距离时，核函数的值较大，表示这些点在函数空间中具有相似的输出。而当输入点在周期上相隔较远时，核函数的值较小，表示它们在输出上有较大的差异。

周期核常用于建模具有明显周期性结构的时间序列数据或周期性变化的信号。选择合适的周期和长度尺度参数是使用周期核的关键，这样可以使高斯过程模型更好地捕捉数据中的周期性模式。

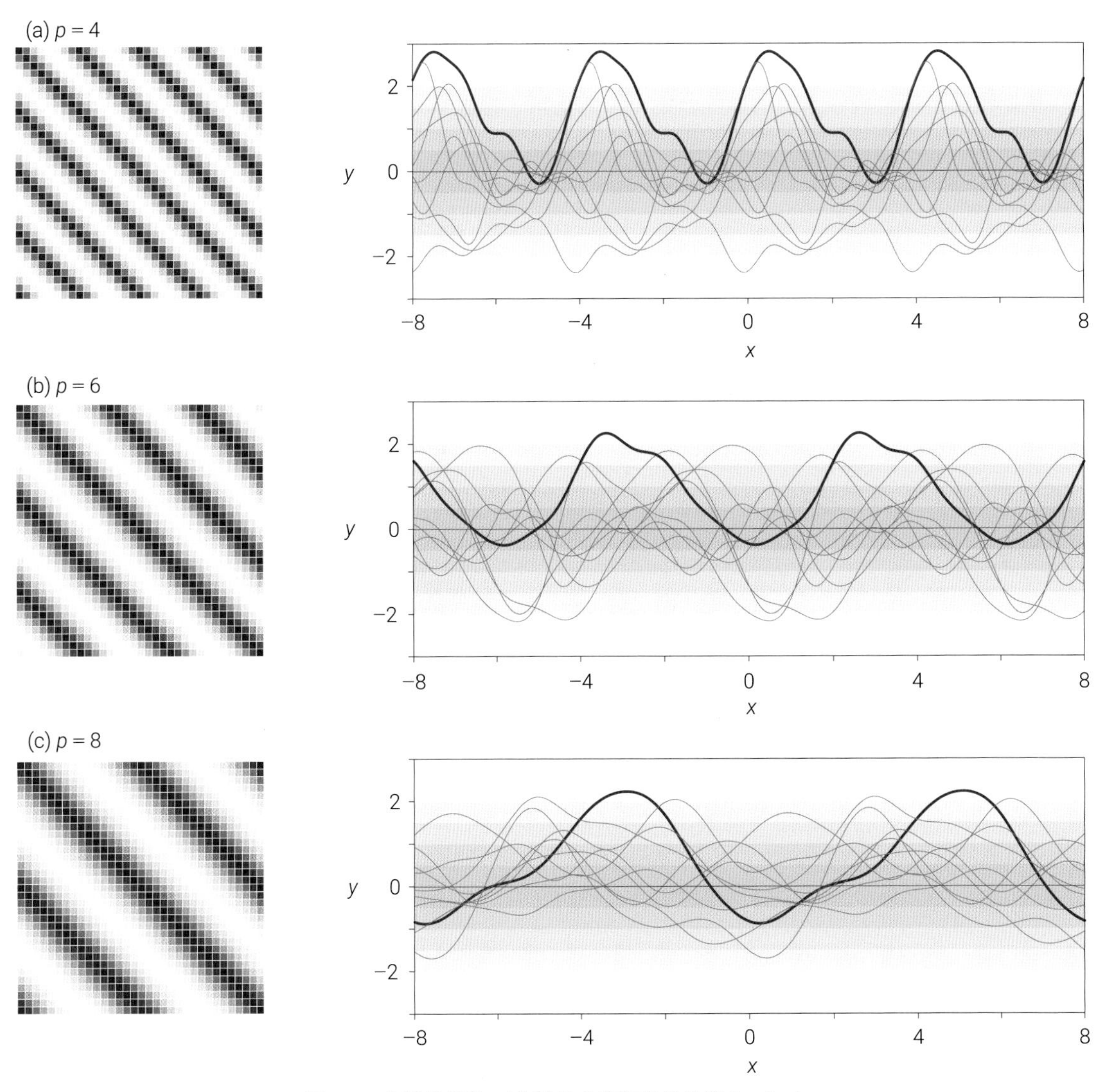

图9.30　高斯核参数σ对先验协方差和采样的影响，$l = 1$

核函数的组合

在高斯过程中，我们还可以通过加法或乘法叠加不同核函数以便构建更复杂、更灵活的核函数。这种方式使得高斯过程模型能够更好地适应不同类型的数据模式。

比如，通过乘法获得两个核函数的乘积：

$$\kappa\left(x_i, x_j\right) = \operatorname{cov}\left(y_i, y_j\right) = \kappa_1\left(x_i, x_j\right) \cdot \kappa_2\left(x_i, x_j\right) \tag{9.13}$$

这种方式常用于组合两个核函数的优点，例如结合具有周期性和长度尺度的核函数，以适应同时存在周期性和趋势性的数据。当然，我们也可以将更多不同类型的核函数通过乘积方式组合起来。

再比如，通过加法获得两个核函数的和：

$$\kappa\left(x_i, x_j\right) = \operatorname{cov}\left(y_i, y_j\right) = \kappa_1\left(x_i, x_j\right) + \kappa_2\left(x_i, x_j\right) \tag{9.14}$$

通过加法叠加，可以将两个核函数的特性相加，得到新的核函数。这种方式常用于处理数据中不同尺度的变化，例如同时存在高频和低频成分的数据。

下面举三个例子，用乘法组合两个不同的核函数。

图9.31所示为高斯核和线性核的乘积，即高斯核 × 线性核。图9.32所示为高斯核 × 线性核先验协方差矩阵及采样曲线。

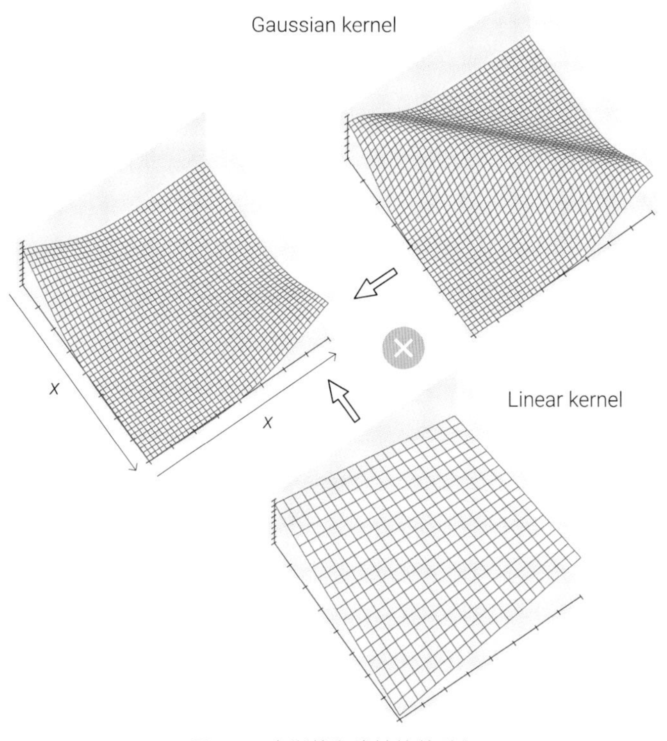

图9.31　高斯核和线性核的乘积

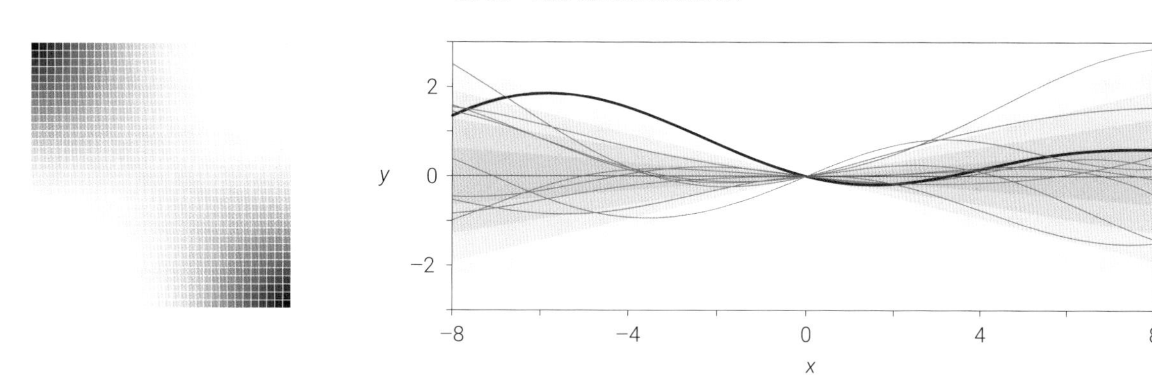

图9.32　高斯核和线性核的乘积，先验协方差矩阵和采样

线性核部分可以处理数据的线性趋势，而高斯核部分则引入了非线性特性，能够捕捉数据中的复杂模式和局部关系。在实际应用中，这种组合核函数常用于处理同时存在线性和非线性结构的数据。例如，当数据在整体上呈线性趋势，但在局部存在一些非线性的波动或变化时，使用线性核和高斯核的乘积可以更好地拟合数据。

图9.33所示为高斯核和周期核的乘积，即高斯核 × 周期核。图9.34所示为高斯核 × 周期核先验协方差矩阵及采样曲线。这样的组合核函数结合了周期性和非周期性的特性。周期核部分能够捕捉数据中的周期性结构，而高斯核部分引入了非周期性的平滑性，使模型对整体趋势有更好的拟合能力。

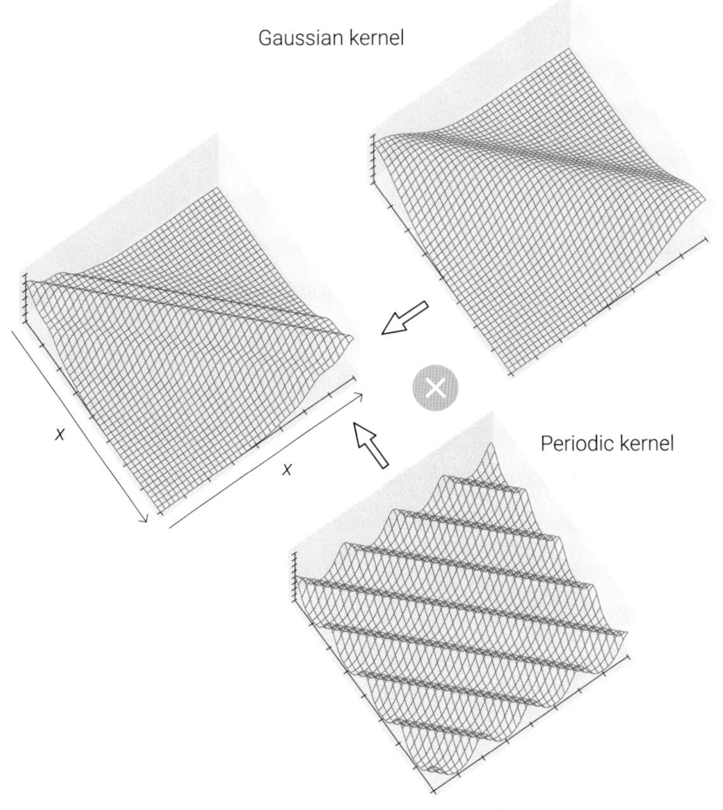

图9.33 高斯核和周期核的乘积

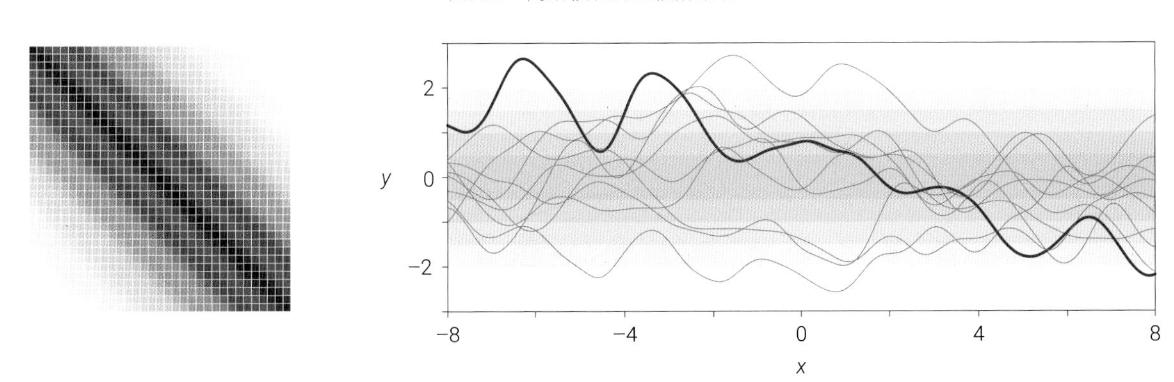

图9.34 高斯核和周期核的乘积，先验协方差矩阵和采样

在实际应用中，这种组合核函数常用于建模具有明显周期性变化，同时又包含一些噪声或非周期性成分的数据。例如，对于时间序列数据，可能存在明显的季节性变化 (周期性)，同时受到其他因素的影响 (非周期性)。通过将周期核和高斯核进行乘积，模型能够更全面地考虑这两种特性，提高对复杂数据模式的拟合能力。

图9.35所示为线性核和周期核的乘积，即线性核 × 周期核。图9.36所示为线性核 × 周期核先验协方差矩阵及采样曲线。这样的组合核函数同时包含了周期性和线性趋势的特性。周期核部分捕捉了数据中的周期性结构，而线性核部分用于处理数据的线性趋势。通过这种组合，模型可以更灵活地适应同时存在周期性和线性结构的数据。

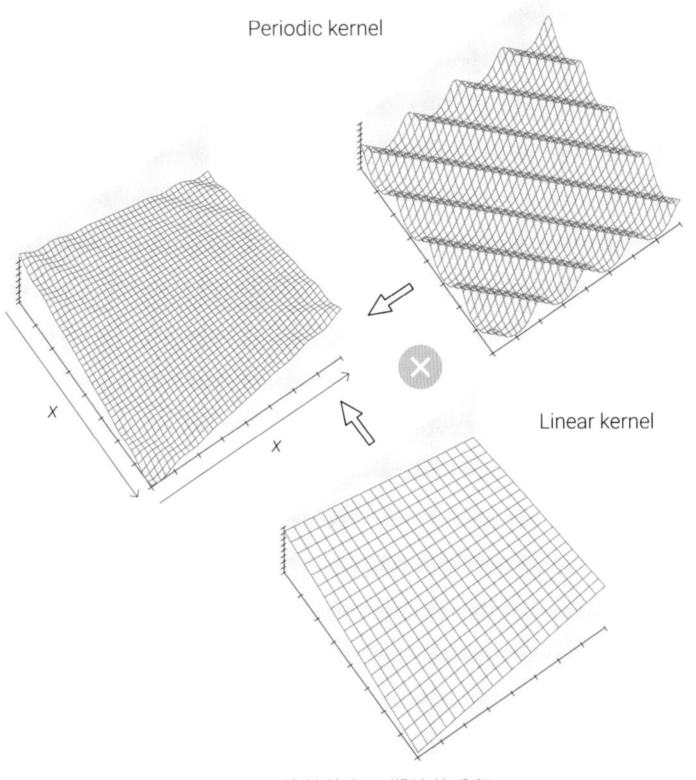

图9.35 线性核和周期核的乘积

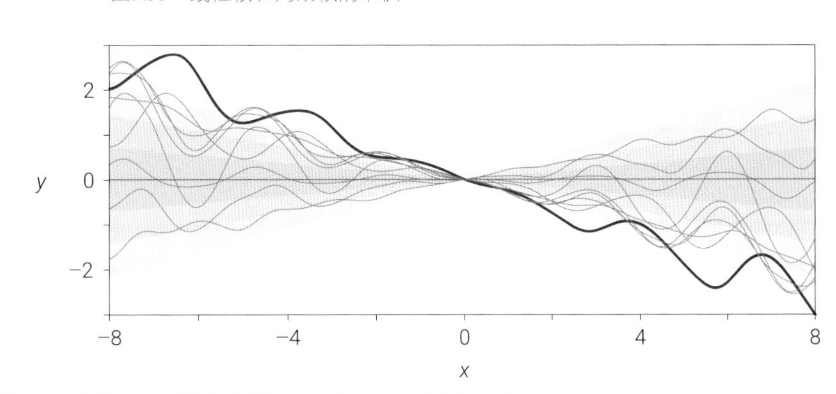

图9.36 线性核和周期核的乘积，先验协方差矩阵和采样

在实际应用中，这种组合核函数常用于处理同时具有周期性和整体线性趋势的数据，例如时间序列数据中同时存在季节性变化和总体趋势的情况。

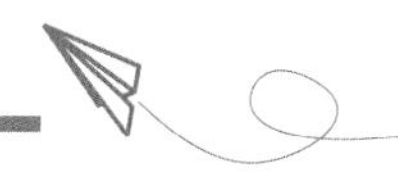

《机器学习》在讲解支持向量机核技巧时还会提到其他核函数。此外，《机器学习》还会介绍如何用Scikit-learn库中高斯过程工具完成回归和分类。

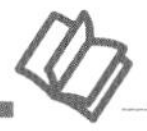

大家想要深入学习高斯过程，请参考开源图书*Gaussian Processes for Machine Learning*：

◀ https://gaussianprocess.org/gpml/

这篇博士论文中专门介绍了不同核函数的叠加：

◀ https://www.cs.toronto.edu/~duvenaud/thesis.pdf

作者认为下面这篇文章在解释高斯过程中做的交互设计最佳，且给了作者很多可视化方面的启发：

◀ https://distill.pub/2019/visual-exploration-gaussian-processes/

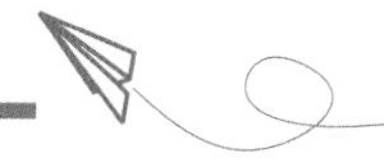

高斯过程可谓高斯分布和贝叶斯定理的完美结合体。本章的关键是理解高斯过程算法原理。希望大家学完这章后，能够掌握如何用高斯核函数构造协方差矩阵，并计算后验分布。本章最后介绍了高斯过程中可能用到的更多核函数。

此外，《机器学习》还会再介绍高斯过程，我们会用Scikit-learn中高斯过程工具完成回归和分类两种不同问题。

Section 04 图论基础

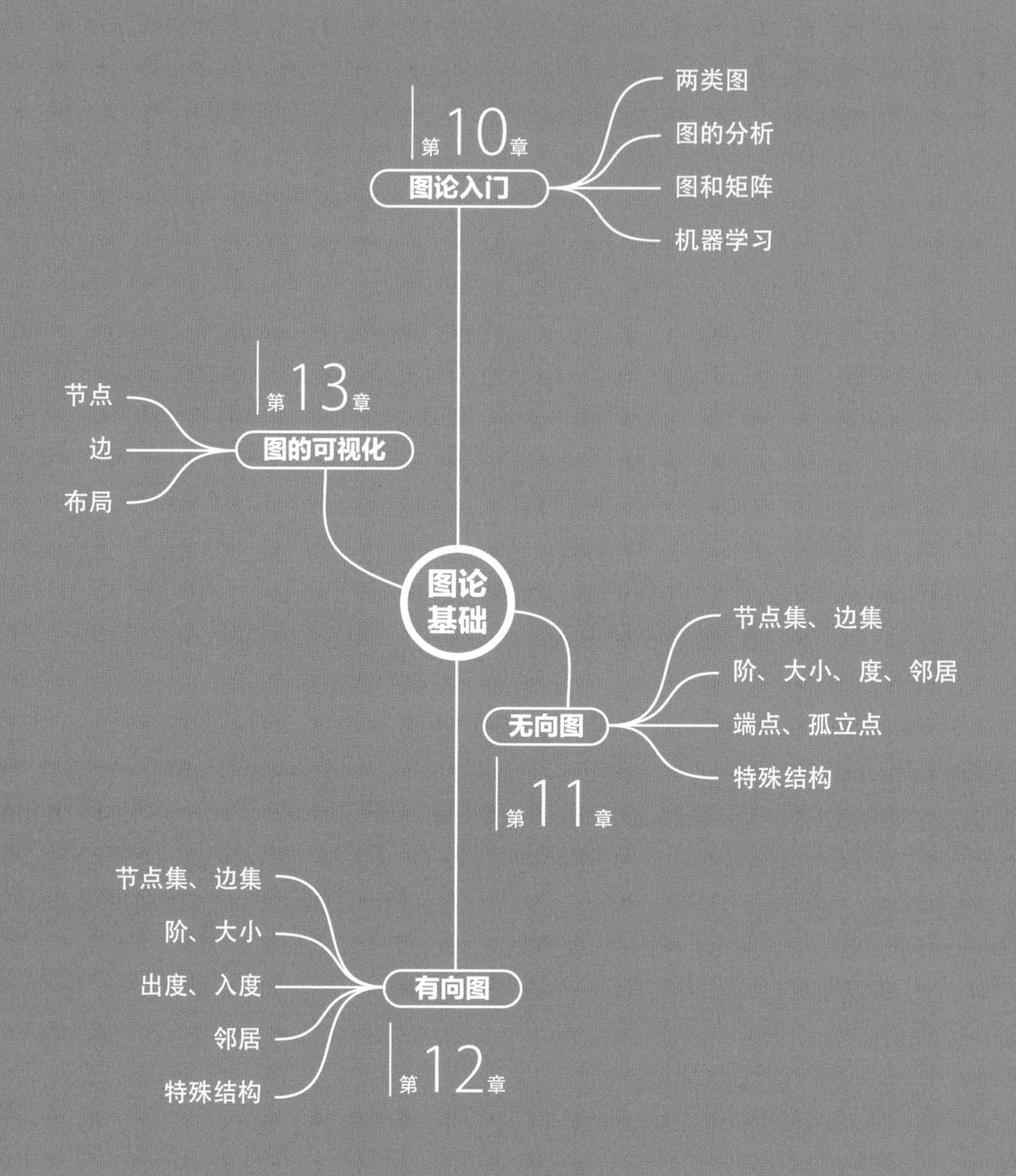
第10章
图论入门
两类图
图的分析
图和矩阵
机器学习
第13章
图的可视化
节点
边
布局
图论
基础
无向图
节点集、边集
阶、大小、度、邻居
端点、孤立点
特殊结构
第11章
有向图
节点集、边集
阶、大小
出度、入度
邻居
特殊结构
第12章

学习地图 | 第4板块

10 Fundamentals of Graph Theory
图论入门
世间万物关系都是网状

人们思考皆，浮皮潦草，泛泛而谈；现实世界却，盘根错节，千头万绪。

We think in generalities, but we live in details.

—— 阿尔弗雷德•怀特海 (Alfred Whitehead) | 英国数学家、哲学家 | 1861 —1947年

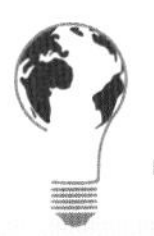

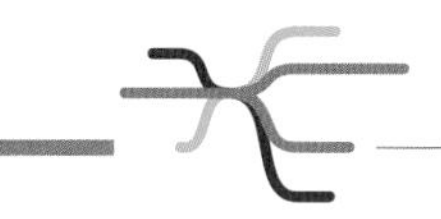

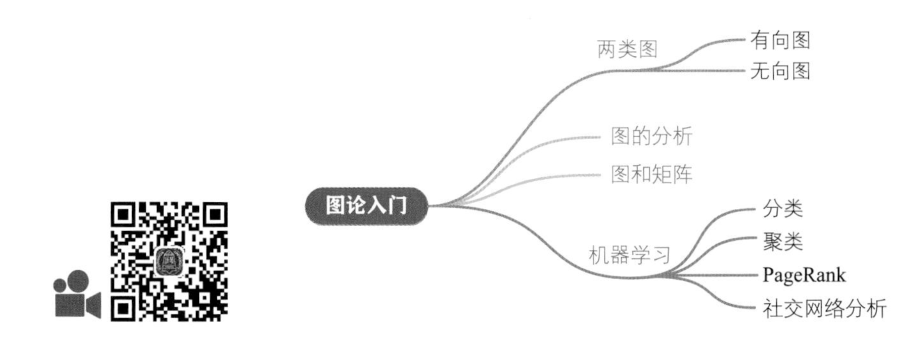

10.1 什么是图？

图论 (graph theory) 是数学的一个分支，研究的是图的性质和图之间的关系。图由节点和边组成，节点表示对象，边表示对象之间的关系。

历史上，图论起源于18世纪，数学家**欧拉** (Leonhard Euler) 最先提出了解决七桥问题 (见图10.1) 的数学方法，开创了图论的先河。

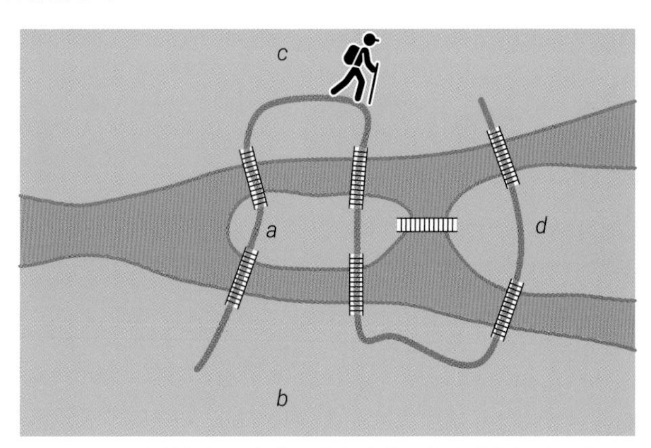

图10.1　七桥问题，走遍图中七座桥，每座桥只经过一次

柯尼斯堡七桥问题 (Seven Bridges of Königsberg)，简称七桥问题，其背景是**基尔岛** (Königsberg) 的**普雷格尔河** (Pregel River) 上有两座岛 (a、d)，有7座桥将两座岛和两岸 (b、c) 相连。问题是能否走遍这七座桥，且每座桥只经过一次，并最终回到起点。

欧拉解决这个问题的方法是抽象化。他将问题中的地理元素简化成由**节点** (nodes) 和**边** (edge) 组成的**图** (graph)。节点也称**顶点** (vertex)。

每座桥成为图中的一条边，每个岸上的土地成为一个节点，如图10.2所示。这样，问题就转变成了在这个图上找一条路径，经过每条边一次且仅一次。这就是所谓的“一笔画问题”，即Eulerian path。

注意：本书一般采用“节点”这一表达，目的是和NetworkX统一。

欧拉将问题抽象化，引入了图论的概念，奠定了图论这一数学分支的基础。他的方法和思想对后来图论和网络理论的发展产生了深远的影响。

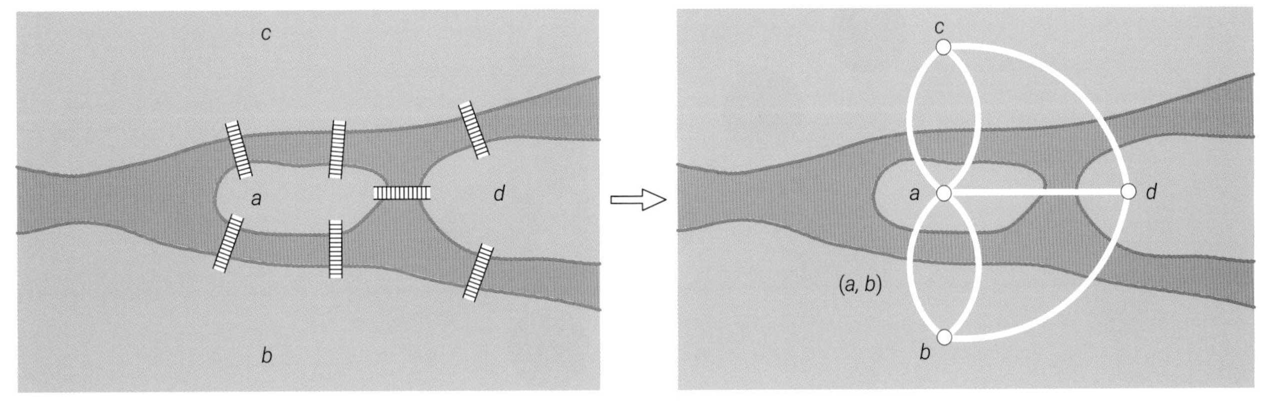

图10.2 七桥问题

无向图

无向图 (undirected graph) 是一种图，它的边没有方向。节点之间的连接是双向的，没有箭头指示方向。无向图常用于描述简单的关系，如社交网络中的朋友关系。

简单来说，无向图由节点集合和边集合构成，其中节点集合表示图中的元素，边集合定义了连接这些节点的关系。如图10.3所示，无向图就好比按特定方式布置的人行步道，任意两个节点并不限制通行方向。

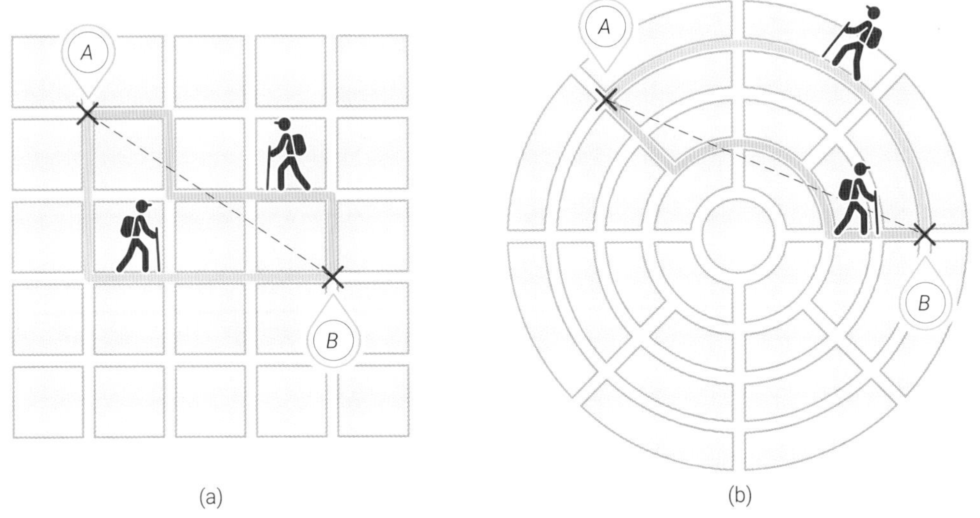

图10.3 不同方法布置的步道

在无向图中，边无权重意味着连接节点的边没有相关的数值信息。在无权重无向图中，通常使用 0 和 1 表示边的存在或不存在。具体而言，如果节点之间有边相连，则用 1 表示，否则用 0 表示。而有权重无向图的边有关联的数值，这些数值可以是距离、相似度、相关性系数等等。

如图10.4所示，5757个由5个字母组成的单词上生成一个无向图；如果两个单词在一个字母上不同，它们之间就会有一条边。

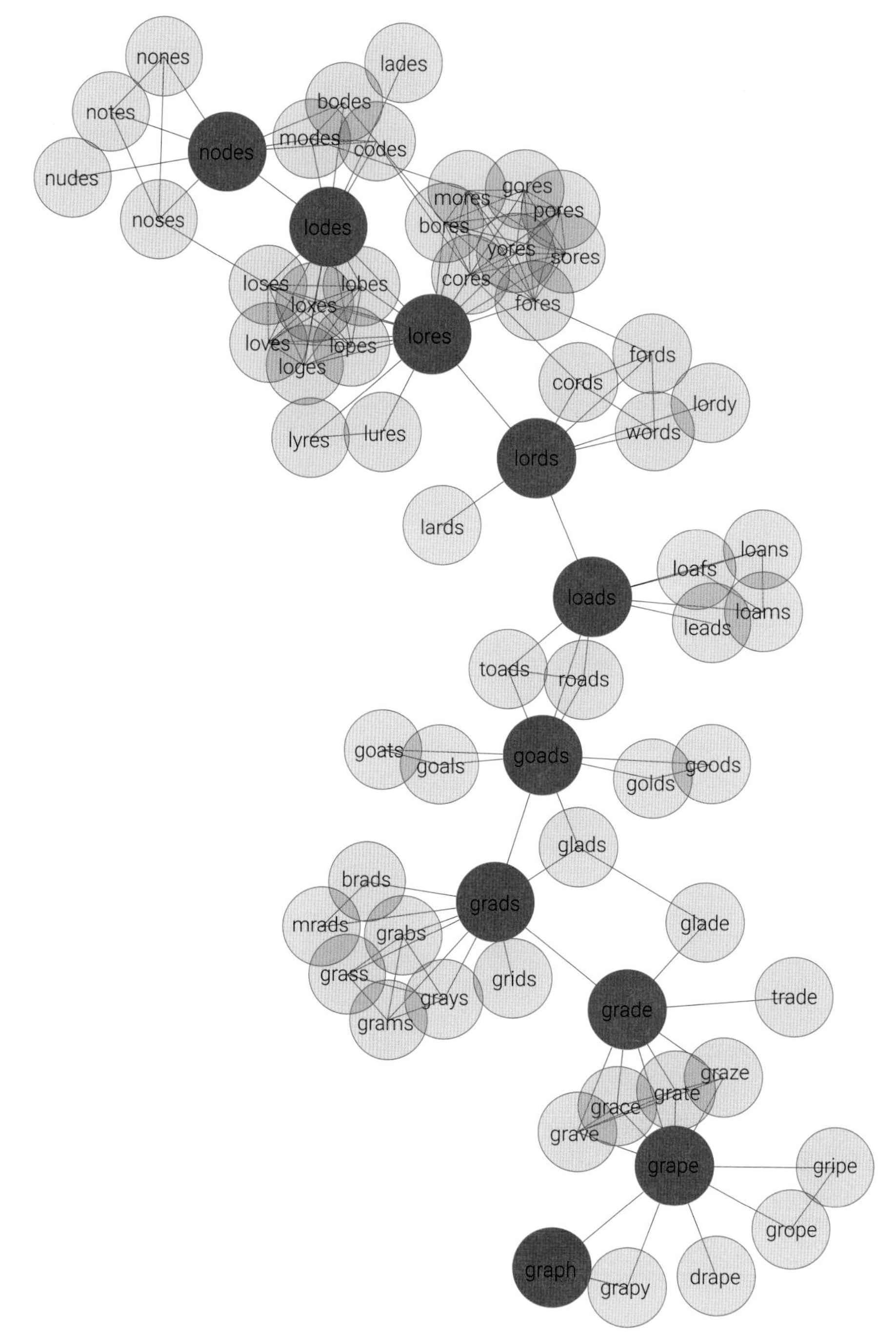

图10.4　5757个由5个字母组成的单词上生成一个无向图

无向图还可以用来呈现图10.5所示的这种**社交网络** (social network)。社交网络中的用户关系可以被建模成一个图，其中节点表示用户，边表示用户之间的连接。这种图结构有助于分析信息传播、社交网络分析等问题。

图10.5所示的是图论中一个经典数据集——空手道俱乐部人员关系图。

如图10.5(a) 所示，这个空手道俱乐部一共有34名成员，编号为0 ~ 33；图中每个节点代表一个成员。节点之间如果存在一条边 (黑色线)，就代表两个成员存在好友关系。

图10.5(a) 似乎已经告诉我们这个俱乐部存在两个“中心人物”——0和33。

将图10.5(a) 布置成图10.5(b)，并且想办法根据每个节点 (成员) 的“中心性”大小分配不同颜色。越偏向暖色系，说明该成员越居于中心；越偏向冷色系，说明该成员越居于边缘。

图10.5(b) 显然地告诉我们0和33是这个空手道俱乐部的“灵魂人物”。有意思的是，这个俱乐部后来因为这两个人的矛盾一分为二这，这也印证了起初的分析。

本书后文将介绍量化图10.5(b) 所示的这种“中心性”的不同方法。

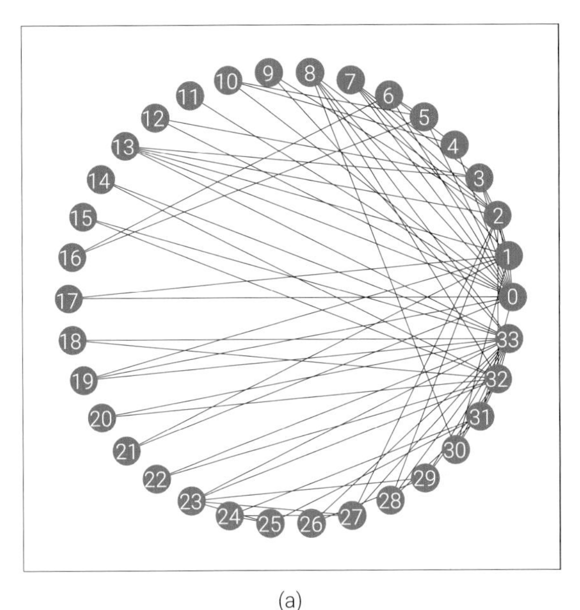

(a)

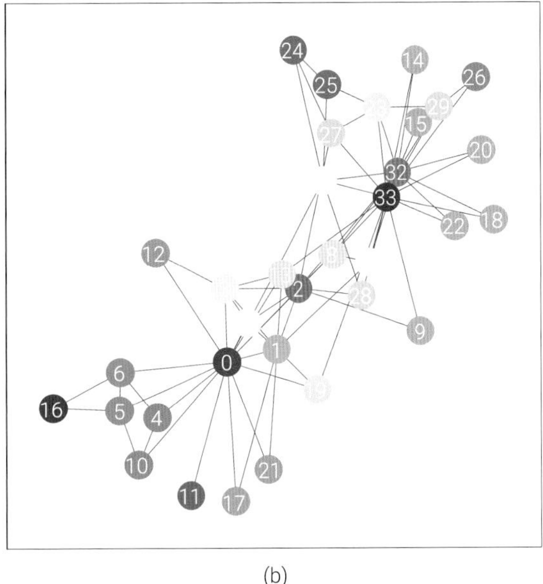

(b)

图10.5　空手道俱乐部人员关系图

有向图

有向图 (directed graph) 则是边有方向的图，每条边从一个节点指向另一个节点。有向图常用于描述有向关系，例如网页之间的链接、任务执行的顺序等。

顾名思义，边有方向的图就是**有向图** (directed graph或digraph)。在图10.3的步道中任意两个节点规定通行方向，我们便得到了有向图。

生活中，有向图无处不在。

图10.6所示的陆地物质能量流动链条就可以抽象成有向图。分析这幅图，我们可以知道陆地生物链的能量流动模式。

图10.7所示的多地之间航班信息也可以抽象为一幅有向图。有向图中节点代表城市，有向边代表航班。有向边权重 (颜色渲染) 代表航班载客量。分析这幅有向图，可以得到不同城市机场的重要性，并可以设计新航线，优化航班配置资源。

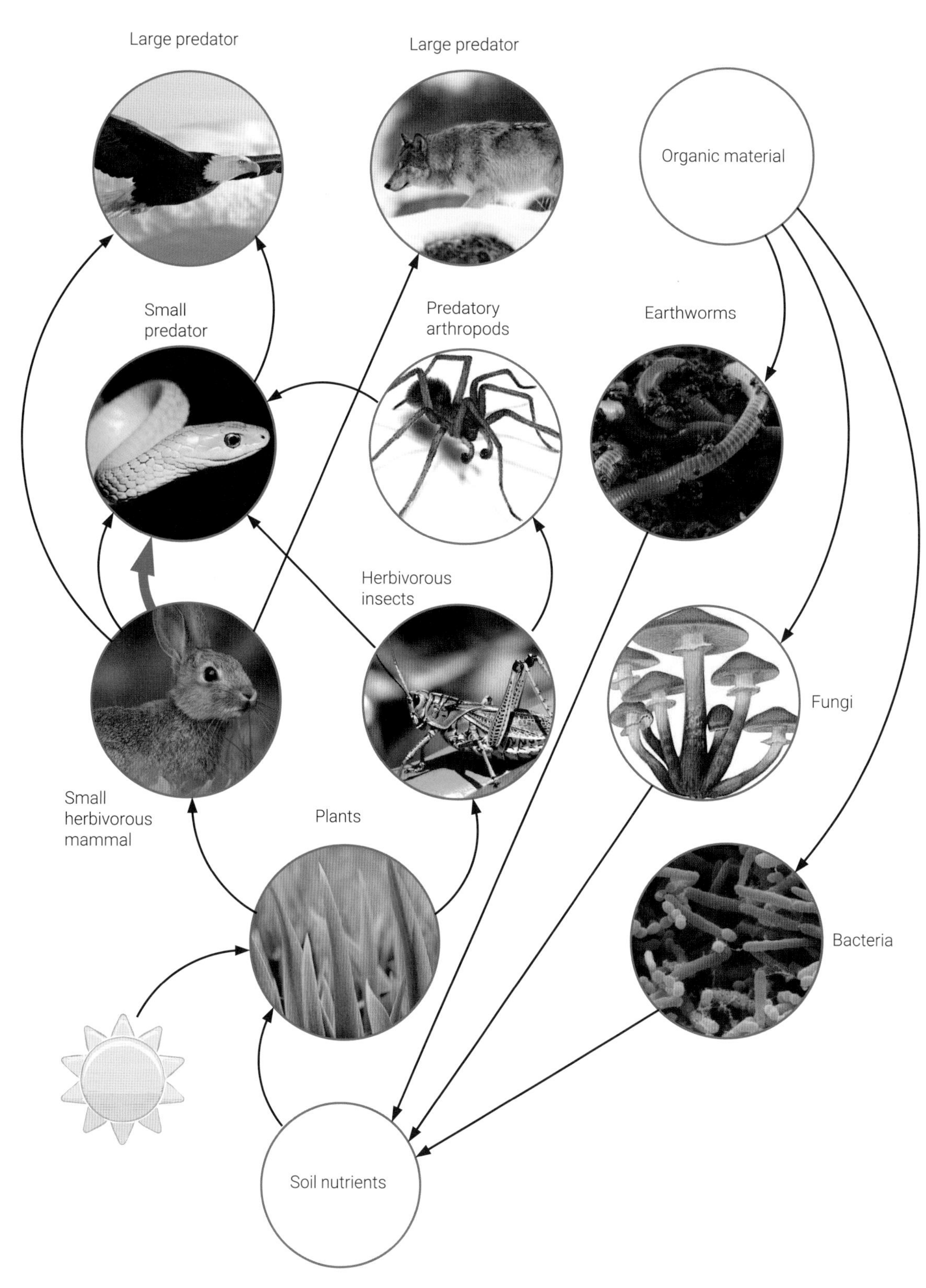

图10.6　食物链中物质能量流动链条具有方向性

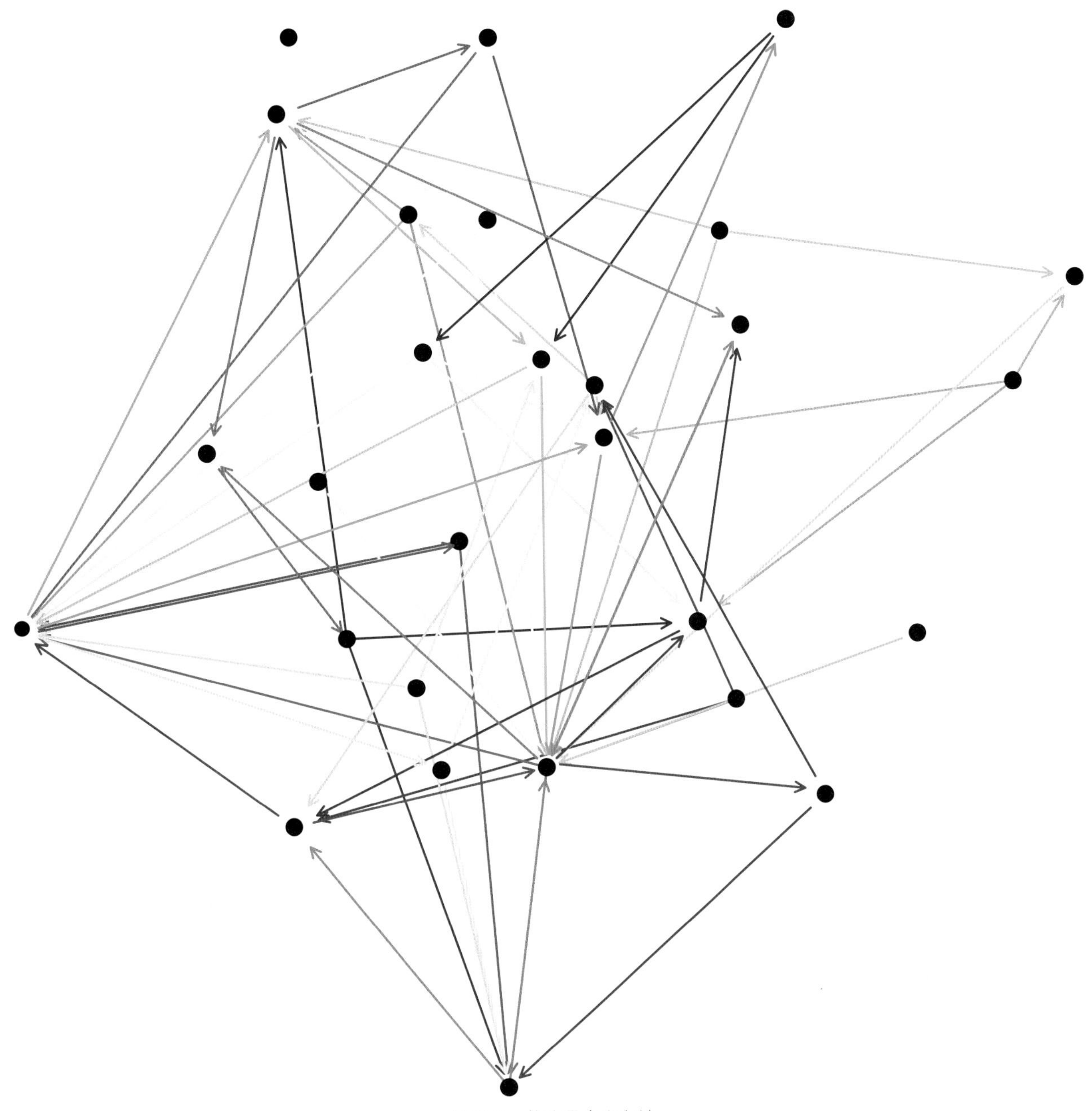

图10.7　航班具有方向性

图10.8用**桑基图** (Sankey diagram) 可视化未来能源流向。我们可以从图论和网络分析的角度理解这幅图。图中的节点代表能源系统中的各种实体，例如，能源来源、转换过程、最终消费者等，而边表示能源从一个实体流向另一个实体的路径。每条边都有一个与之关联的权重，这个权重代表能源流的大小或者比例。这种有向图的表达形式非常直观地揭示了能源如何在不同的实体之间转移和转化。

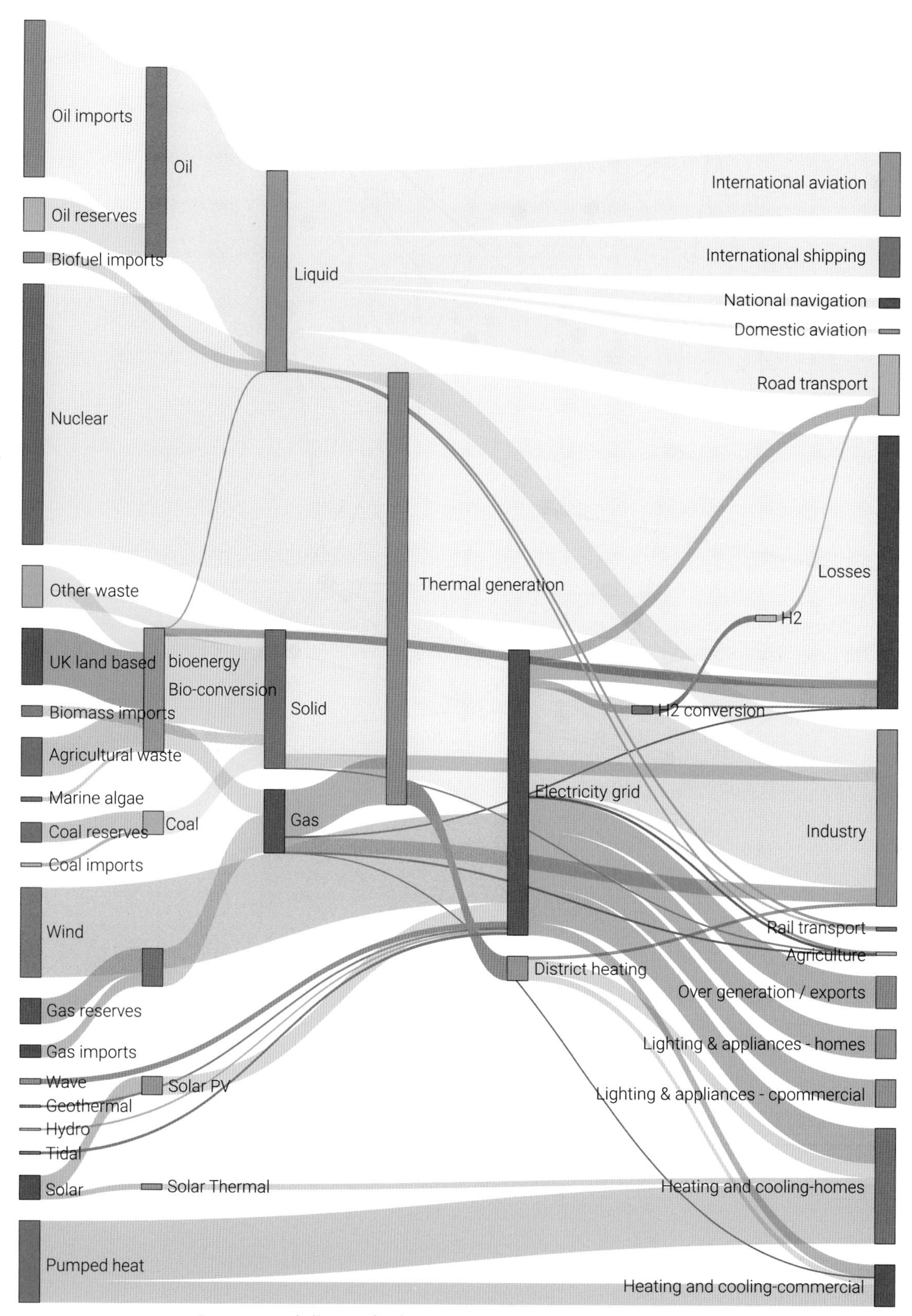

图10.8　2050年能源预测，来源https://plotly.com/python/sankey-diagram/

10.2 图和几何

图和几何的联系千丝万缕。首先，一幅图中的节点、边就自带几何属性。可以这样说，图这种数学思想就是典型的"几何化"思维。下面，让我们用几个例子让大家看到图和几何之间的联系。

《数学要素》介绍过的**柏拉图立体** (Platonic solid) 中的**正四面体** (tetrahedron) 就直接对应**正四面体图** (tetrahedral graph)，具体如图10.9所示。

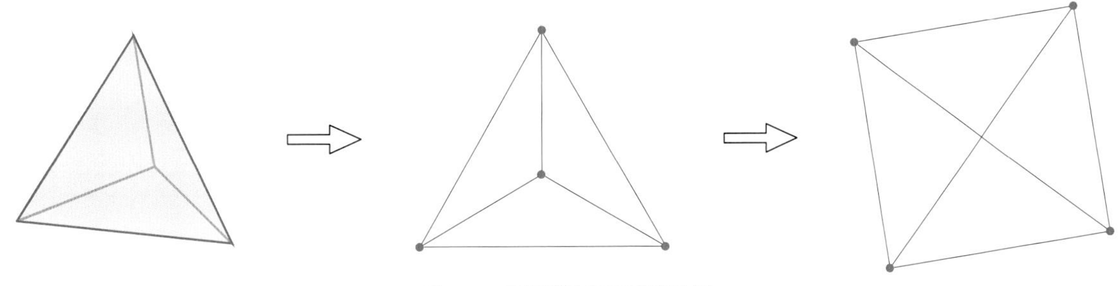

图10.9　正四面体和正四面体图

图10.10左侧散点图有12个点，共有66个成对距离。我们可以把它抽象成一个由12个节点、66条边构成的无向图。边的权重用对应的欧氏距离值表示。图10.10还利用颜色映射根据欧氏距离大小对边进行渲染。冷色系的边代表距离远，暖色系的边代表距离近。

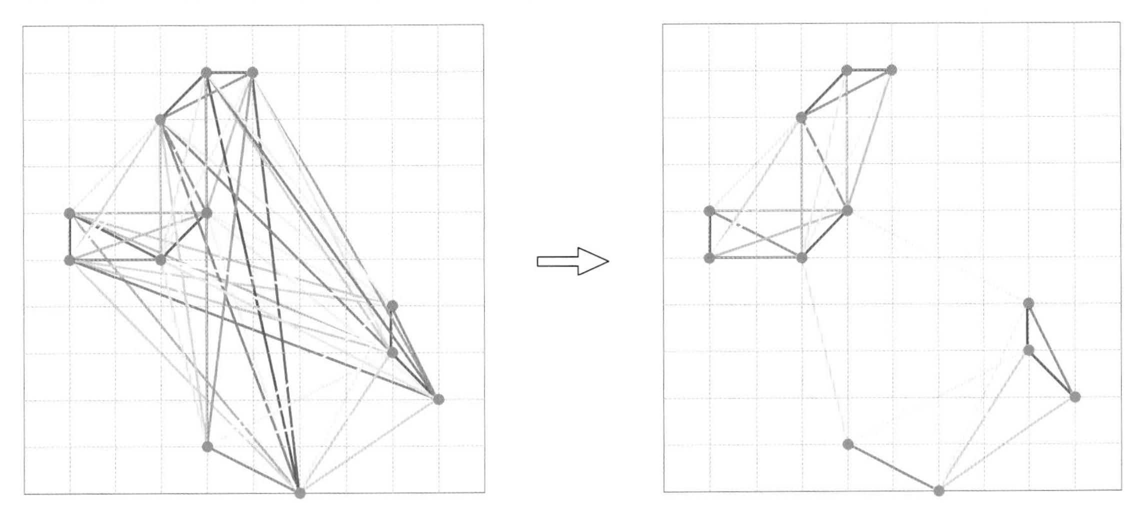

图10.10　散点两两欧氏距离

进一步观察，我们可以发现将偏冷色系的边删除，我们似乎可以把这12个散点分成两簇。这就是图论在机器学习领域另外一个重要应用——聚类。

图10.11所示的**推销员问题** (Traveling Salesman Problem，TSP) 是经典的路径问题之一。简单来说，给定一系列城市 (图10.11中蓝点) 和每对城市之间的距离 (图10.11中图的边长度)，推销员问题求解访问每一座城市一次并回到起始城市的最短回路。图10.11中红色回路就是我们要找的最优化解。如果图中的边权重代表两个城市飞机机票价格，推销员问题也可以求解访问所有城市路费最低的回路。

本书还会介绍其他几种常见的路径问题。

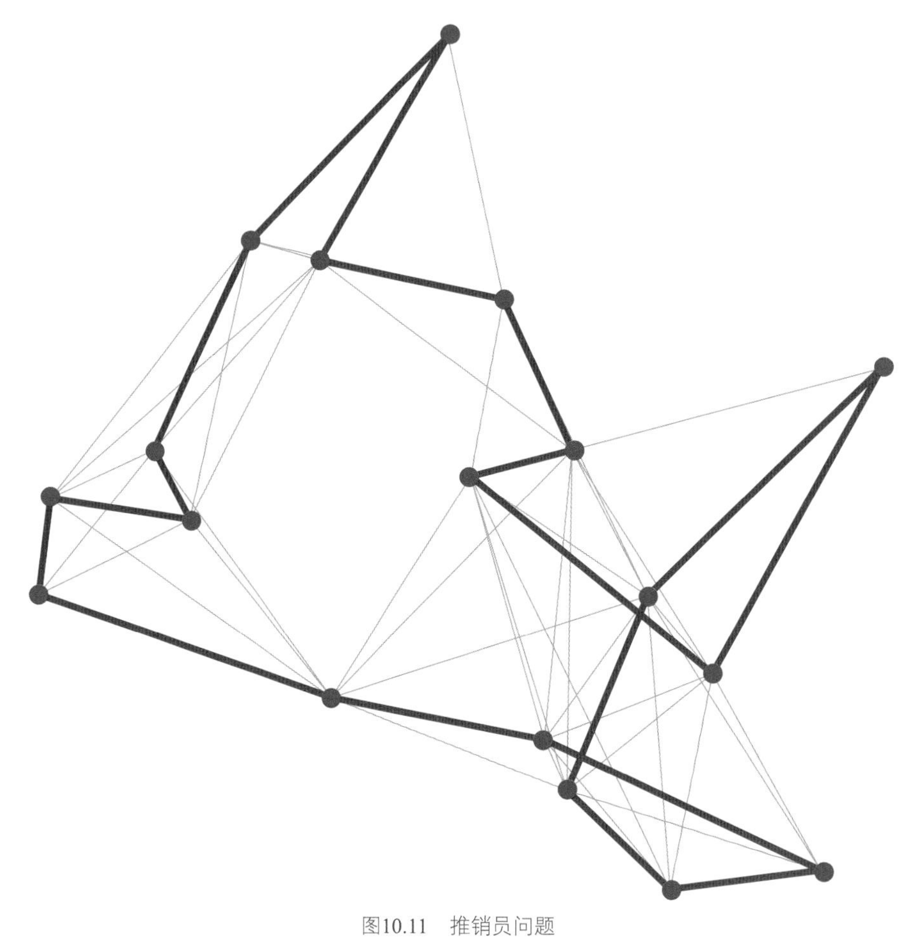

图10.11　推销员问题

10.3 图和矩阵

图就是矩阵，矩阵就是图！请大家在遇到任何一幅图，或者看到任何一个矩阵的时候，要多一层图和矩阵联系的思考。

图10.12所示的就是无向图和**邻接矩阵** (adjacency matrix) 之间的有趣关系。简单来说，对于简单图，如果两个节点之间有一条边，邻接矩阵相应位置就为1；如果不存在边的话，邻接矩阵相应位置便为0。

类似地，有向图也有对应的邻接矩阵 (见图10.13)，相关内容请大家参考本书第18章。

换个角度来看图10.10，图中散点之间的成对欧氏距离矩阵本身就是一幅图！

如图10.14所示，欧氏距离矩阵可以“抽象”为一幅无向图，反之亦然。

进一步拓展思维，我们可以发现成对亲近度矩阵、成对余弦距离、协方差矩阵、相关性系数矩阵等等都可以看成是图。

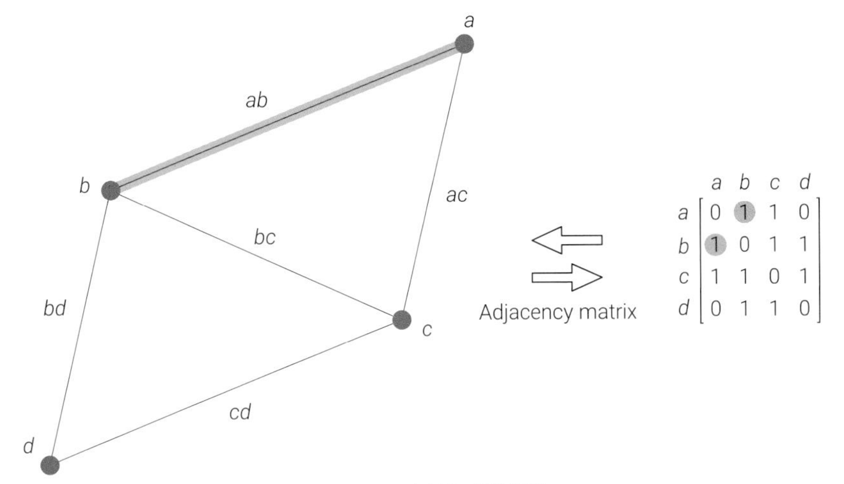

图10.12　无向图和邻接矩阵

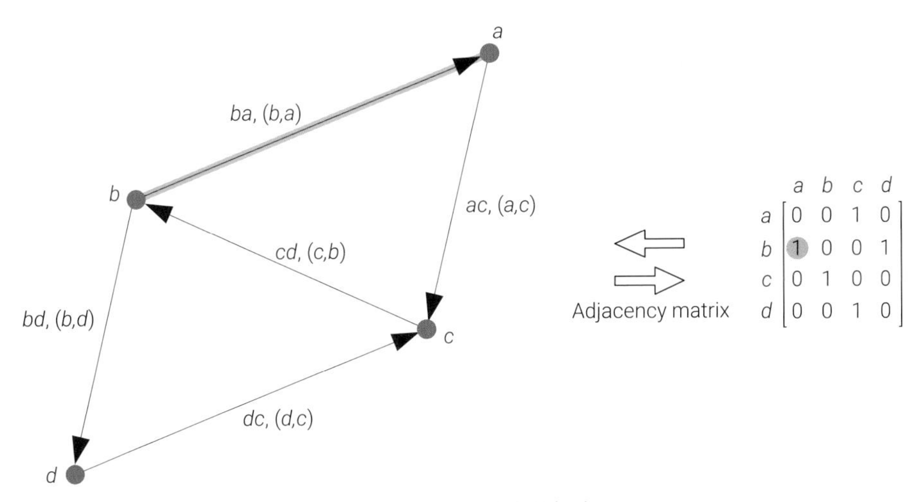

图10.13　有向图和邻接矩阵

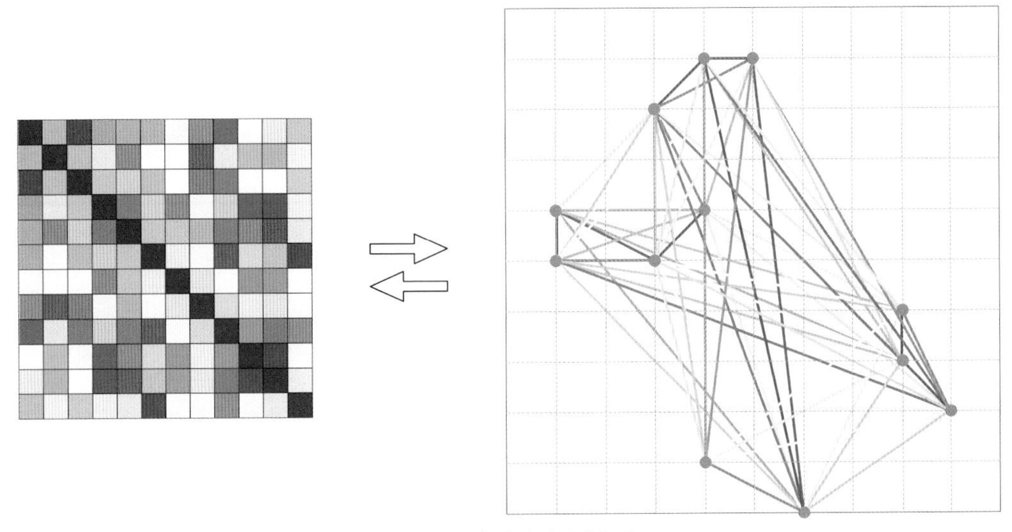

图10.14　成对欧氏距离矩阵

大家是否回忆起《数学要素》在最后介绍的鸡兔同笼三部曲中“鸡兔互变”？

图10.15左图实际上就是一幅有向图；而**转移矩阵** (transition matrix) $\boldsymbol{T}$，就是有向图的一种矩阵表达。这也告诉我们图、条件概率 (见图10.16)、马尔科夫链、随机过程这些数学板块之间的联系也盘根交错。

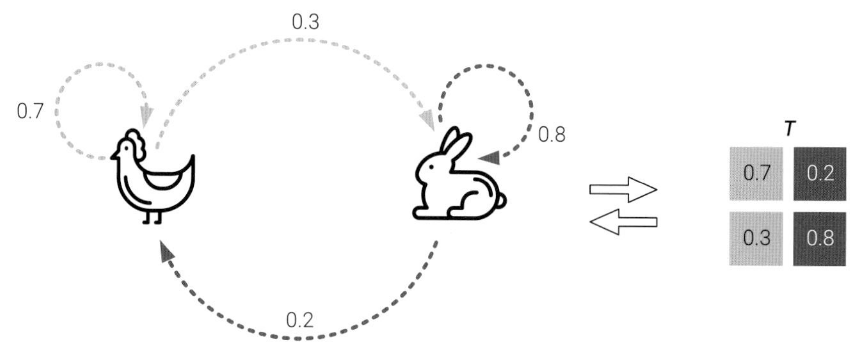

图10.15　鸡兔同笼三部曲中“鸡兔互变”，图片来自本系列丛书《数学要素》第25章

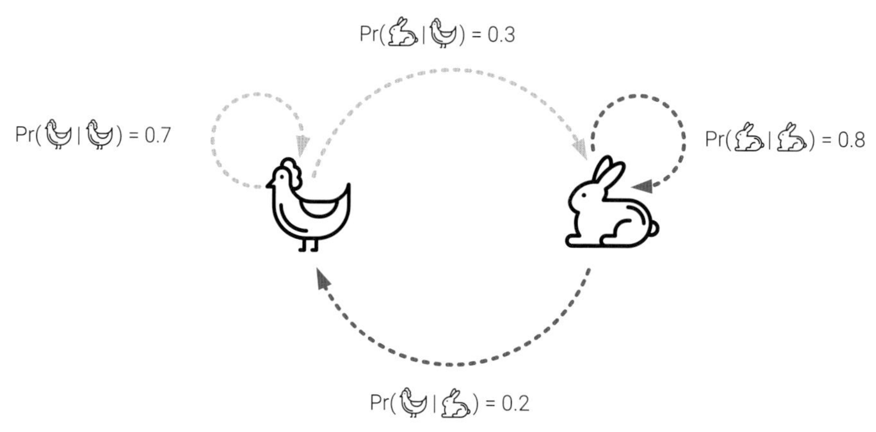

图10.16　“鸡兔互变”中的条件概率

图和矩阵的关系不止如此，在本书后文大家还会接触到**关联矩阵** (incidence matrix)、**度矩阵** (degree matrix)、**拉普拉斯矩阵** (Laplacian matrix) 等概念。

10.4 图和机器学习

在机器学习中，图论常用于表示和分析数据之间的关系。图模型可以用来建模复杂的关联关系，尤其在结构化数据和网络数据方面。

从具体算法分类角度来看，图论可以用来**分类** (classification)、**聚类** (clustering)。举几个例子，图的特殊形态——树——在机器学习算法中应用很多，比如**最近邻** (k-Nearest Neighbor，k-NN) 算法中的kd树、**决策树** (decision tree)、**层次聚类** (hierarchical clustering) 等等。

图10.17 ~ 图10.20所示为层次聚类用在股票的聚类。图10.17所示为17支股票日收益率的相关性系

数矩阵。图10.18所示为将相关性系数矩阵转化成的距离矩阵；简单来说，相关性系数越大，距离越近，越靠近0；反之，相关性系数越小，距离越远，越靠近1。

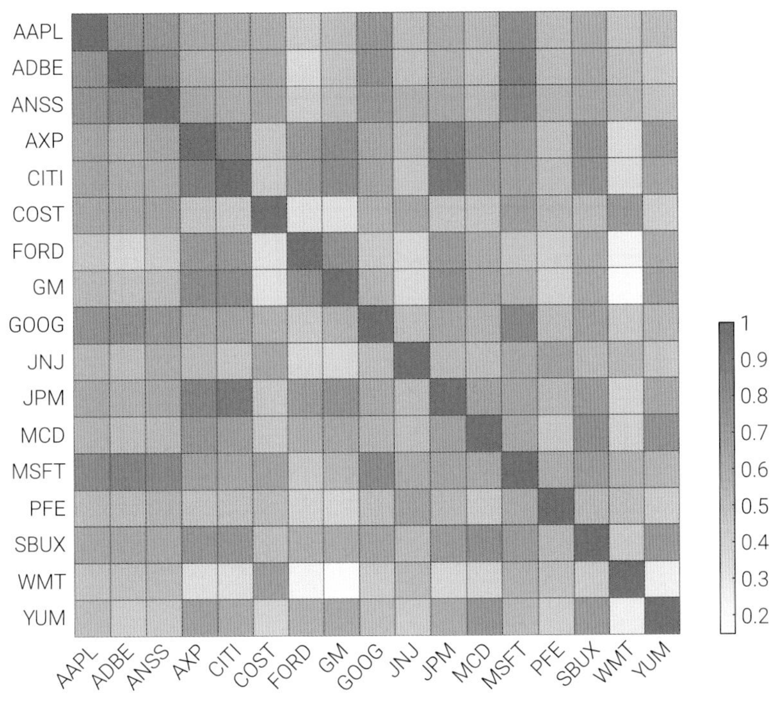

图10.17 相关性矩阵

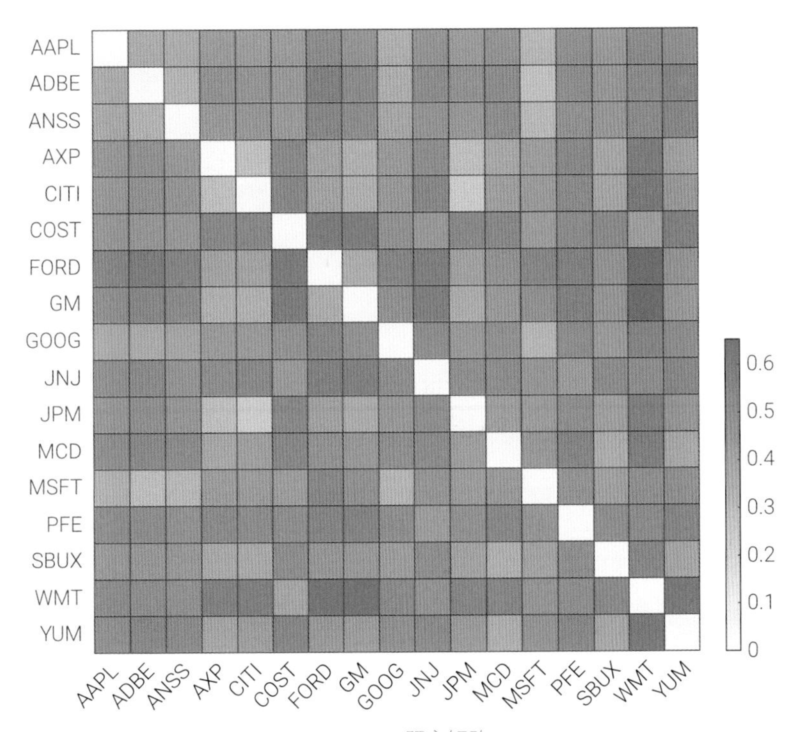

图10.18 距离矩阵

图10.19展示了图10.18样本数据的树形图。树形图横轴对应股票，纵轴对应数据点间距离和簇间距离。图10.20所示为根据层次聚类重新排布的相关性矩阵。容易发现，同一行业的个股距离很近，因此被分为一簇，比如这几簇：(CITI、JPM和AXP)，(FORD和GM)，(MCD、SBUX和YUM)，(AAPL、ADBE、MSFT、ANSS和GOOG)，(COST和WMT) 和 (JNJ和PFE)。

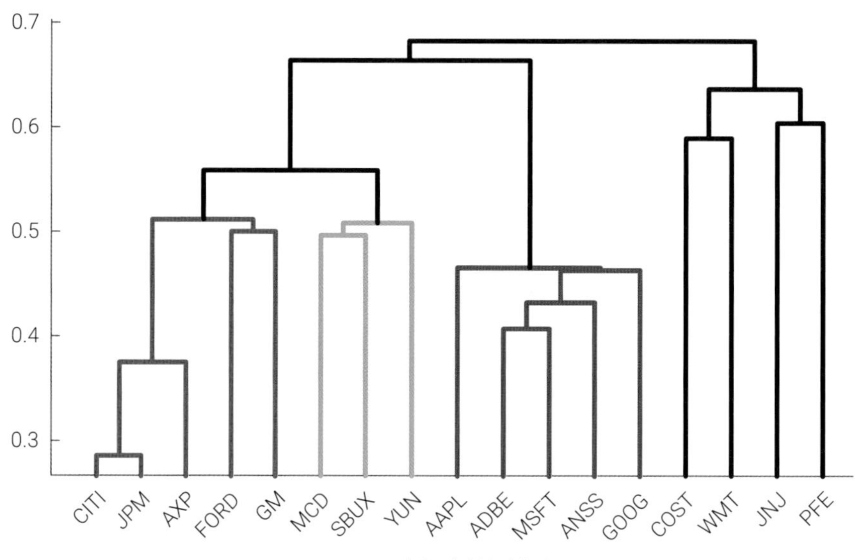

图10.19　距离矩阵数据树形图

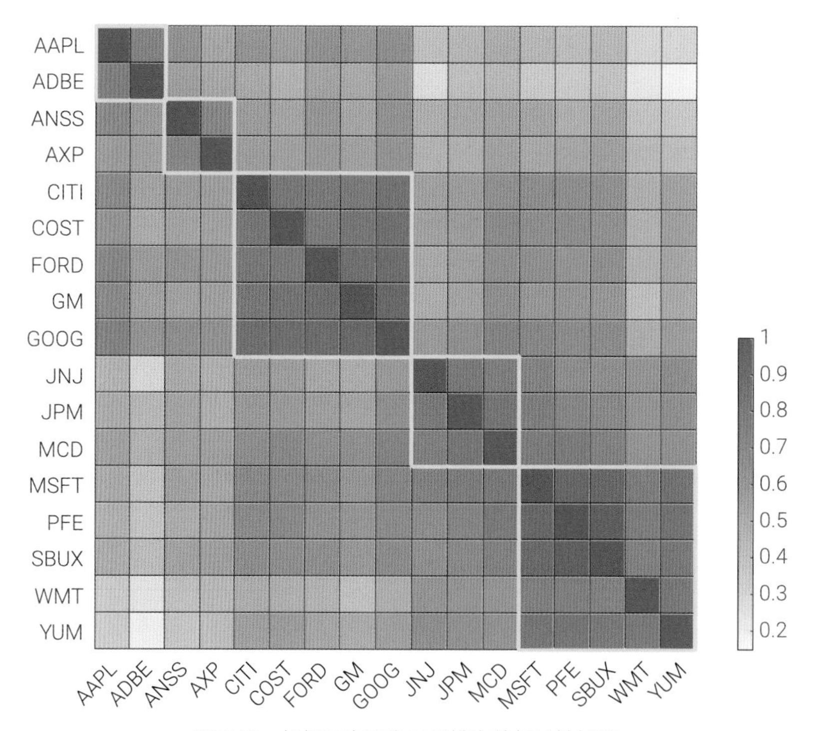

图10.20　根据层次聚类重新排布的相关性矩阵

本书后文还会介绍图论的其他几个应用，比如PageRank算法、**社交网络分析**（Social Network Analysis，SNA）。

生活中，我们会发现没有人是一座孤岛，世界是一张极其错综复杂的网络。简单来说，物以类聚，人以群分，通过分析社交网络关系，我们可以在网络中发现隐藏的组织结构、社区群体、信息流动等等信息。在图10.21所示社交网络中，我们可以很容易发现3个社区。

图10.21　社交网络中的社区

对于图10.22所示的社交网络，我们可以用社交网络分析发现其中“影响力”更大的节点（用户）。当然，我们也可以分析得到其中隐藏的社区结构，这是本书最后一章要介绍的案例。

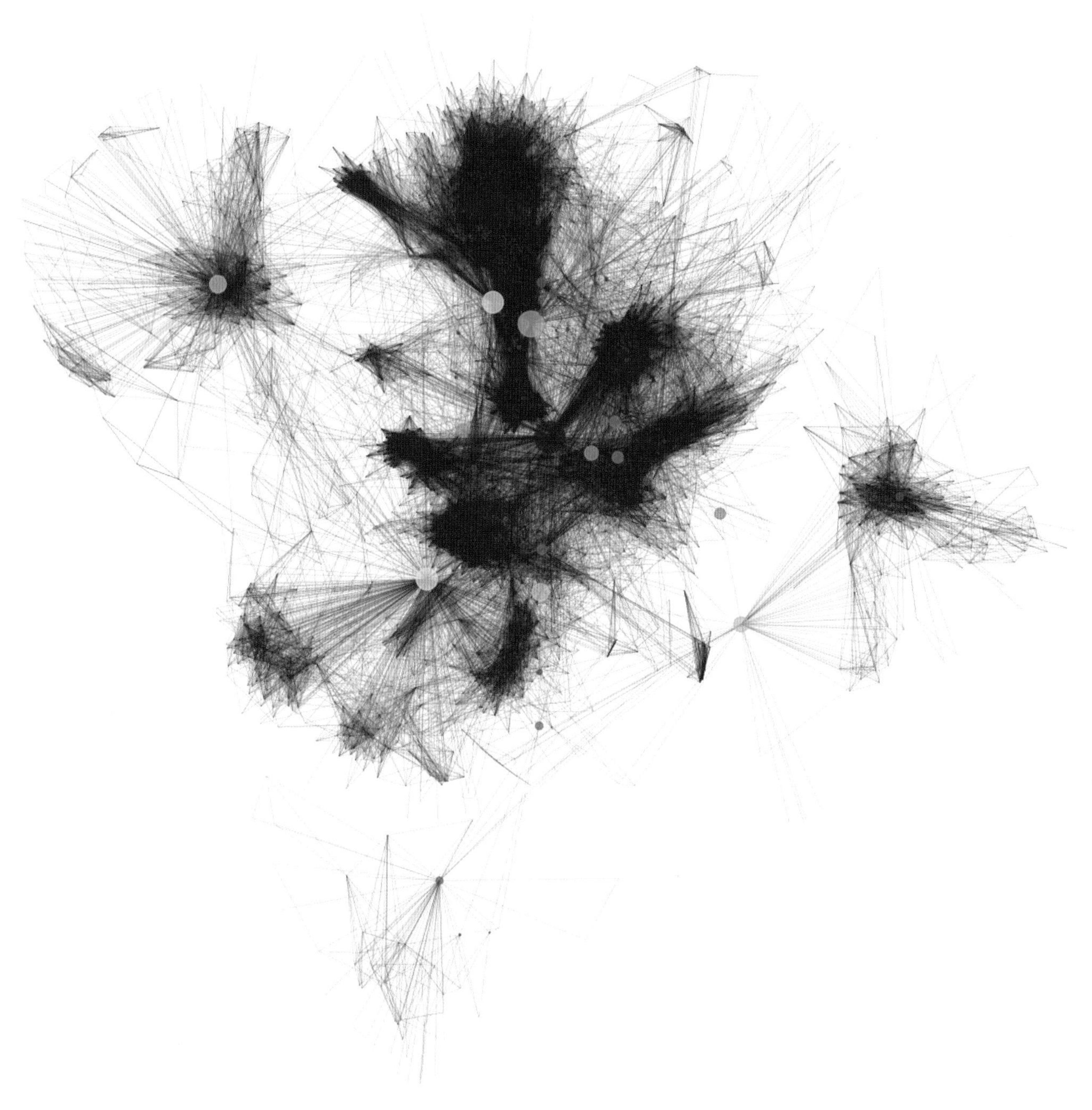

图10.22 社交网络图，发现其中“影响力”较大的节点

此外，在深度学习中，**图神经网络** (Graph Neural Networks，GNNs) 是图论的一种扩展，专门用于处理图结构数据。GNNs能够在图上进行节点和边的信息传递，使得模型能够理解节点之间的复杂关系。

至于**大语言模型** (Large Language Model，LLM)，图论在自然语言处理中的应用主要体现在语言结构的建模上。语言结构可以被视为一个图，其中单词或子词是节点，语法和语义关系则是边。通过图模型，大语言模型可以更好地理解语言的层次结构和关联关系，从而提高对文本理解和生成的能力。

10.5 NetworkX

NetworkX是一个用Python编写的图论和复杂网络分析的开源软件包。它提供了创建、操作和研究复杂网络结构的工具。以下是一些NetworkX的主要特点和用途。

NetworkX允许用户轻松创建各种类型的图，包括无向图、有向图、加权图等。它提供了丰富的图操作和算法，使用户能够对图进行修改、查询和分析。

NetworkX支持图的可视化，可以使用各种布局算法将图形绘制成可视化图形。这有助于直观地理解和展示复杂网络的结构。

NetworkX包含许多图算法，涵盖了图的各个方面，如最短路径、连通性、中心性度量等。用户可以利用这些算法来分析和研究图的特性。

除了基本的图操作和算法外，NetworkX还提供了用于复杂网络分析的工具。这包括社区检测、小世界网络、度分布等分析方法。

NetworkX支持从多种数据源导入图数据，并且也支持可以将图数据导出为不同的格式，如GML、GraphML、JSON等。

由于NetworkX是用Python编写的，因此具有很高的灵活性和可扩展性。用户可以方便地自定义算法和功能，以满足特定的需求。

本书下面会结合NetworkX介绍图论基础内容，并用NetworkX构造并求解一些和图论相关的常见数学问题。

NetworkX提供大量有趣的应用案例，本书会经常结合NetworkX案例扩展讲解图论中常用数学概念和工具。强烈推荐大家练习NetworkX给出的以下案例：

◀ https://networkx.org/documentation/stable/auto_examples/index.html

《可视之美》最后一章展示的很多网络可视化方案都会在本书展开讲解，也就是说，大家不但会知其然，也会知其所以然。

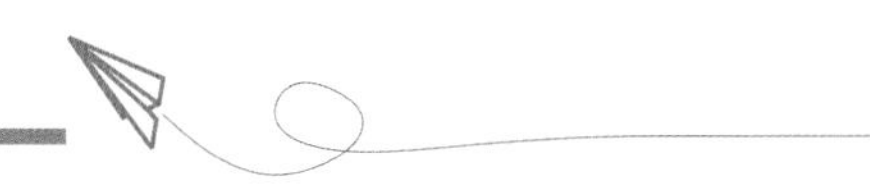

本册超过一半的内容和图论有关，但是请大家注意，本书毕竟不是一本图论教科书；因此，本书对图论体系不会面面俱到，更强调图论的理论结合实践。

本书图论相关内容如果能够帮读者达成以下学习目标，笔者便心满意足：①了解图论基础入门知识，同时不觉得图论无聊，甚至有兴趣继续深入学习；②将图论、矩阵、概率统计、几何、随机过程等数学板块联系起来，并且了解图论在机器学习算法中的应用；③用NetworkX完成常见图论问题的实践。

下面让我们一起开始本书图与网络之旅。

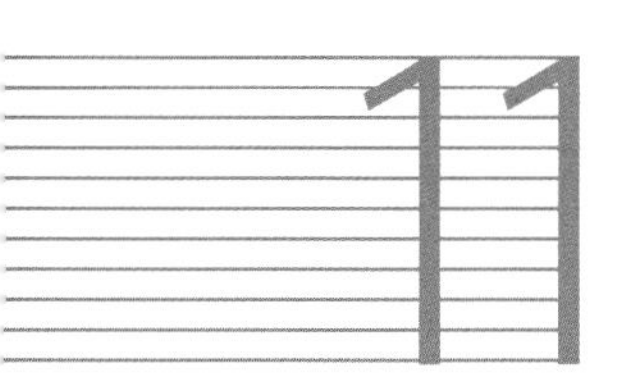

Undirected Graphs
无向图
由一组节点和连接节点的无向边组成结构

从某种意义上说，数学是逻辑思想的诗歌。

Mathematics is, in its way, the poetry of logical ideas.

—— 阿尔伯特·爱因斯坦 (Albert Einstein) | 理论物理学家 | 1879—1955年

- `networkx.DiGraph()` 创建有向图的类，用于表示节点和有向边的关系以进行图论分析
- `networkx.draw_networkx()` 用于绘制图的节点和边，可根据指定的布局将图可视化呈现在平面上
- `networkx.draw_networkx_edge_labels()` 用于在图可视化中绘制边的标签，显示边上的信息或权重
- `networkx.get_edge_attributes()` 用于获取图中边的特定属性的字典，其中键是边的标识，值是对应的属性值
- `networkx.Graph()` 创建无向图的类，用于表示节点和边的关系以进行图论分析
- `networkx.MultiGraph()` 创建允许多重边的无向图的类，可以表示同一对节点之间的多个关系
- `networkx.random_layout()` 用于生成图的随机布局，将节点随机放置在平面上，用于可视化分析
- `networkx.spring_layout()` 使用弹簧模型算法将图的节点布局在平面上，模拟节点间的弹簧力和斥力关系，用于可视化分析
- `networkx.to_numpy_matrix()` 用于将图表示转换为 NumPy 矩阵，方便在数值计算和线性代数操作中使用

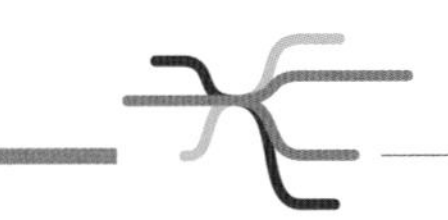

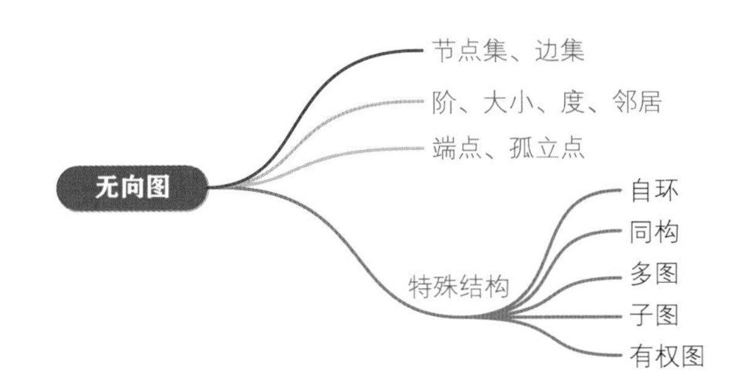

11.1 无向图：边没有方向

节点集、边集

将图11.1中的无向图记作G。一个图有两个重要集合：①节点集$V(G)$；②边集 $E(G)$。因此，G也常常被写成$G = (V, E)$。

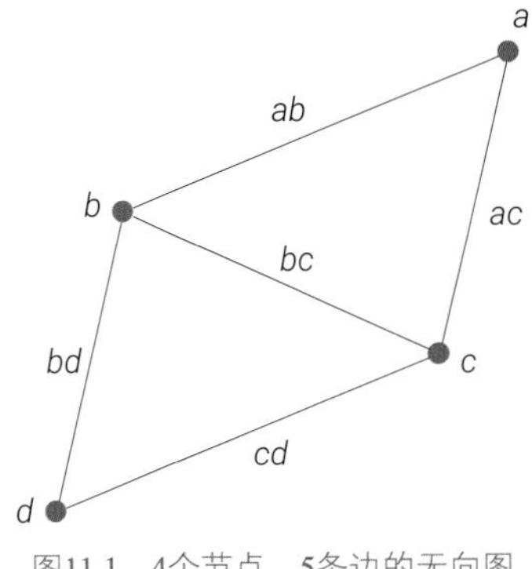

图11.1　4个节点，5条边的无向图

以图11.1的图G为例，G的节点集$V(G)$ 为：

$$V(G)=\{a,b,c,d\} \tag{11.1}$$

G的边集$E(G)$ 为：

$$E(G)=\{ab,bc,bd,cd,ca\}=\{(a,b),(b,c),(b,d),(c,d),(c,a)\} \tag{11.2}$$

上式的第二种集合记法是为了配合NetworkX语法。

由于图11.1中图G是无向图，因此节点a到节点b的边ab，和节点b到节点a的边ba，没有区别。但是，下一章介绍有向图时，我们就需要注意连接节点的先后顺序了。

图11.1是用NetworkX绘制的，下面讲解代码11.1。

代码11.1　用NetworkX绘制无向图 | Bk6_Ch14_01.ipynb

```
import matplotlib.pyplot as plt
import networkx as nx

undirected_G = nx.Graph()
# 创建无向图的实例

undirected_G.add_node('a')
# 添加单一节点

undirected_G.add_nodes_from(['b', 'c', 'd'])
# 添加多个节点

undirected_G.add_edge('a', 'b')
# 添加一条边

undirected_G.add_edges_from([('b','c'),
                             ('b','d'),
                             ('c','d'),
                             ('c','a')])
# 增加一组边

random_pos = nx.random_layout(undirected_G, seed = 188)
# 设定随机种子，保证每次绘图结果一致

pos = nx.spring_layout(undirected_G, pos = random_pos)
# 使用弹簧布局算法来排列图中的节点
# 使得节点之间的连接看起来更均匀自然

plt.figure(figsize = (6,6))
nx.draw_networkx(undirected_G, pos = pos,
                 node_size = 180)
plt.savefig('G_4节点_5边.svg')
```

ⓐ用networkx.Graph() 创建一个空的无向图对象实例。在这个实例中，我们可以添加节点和边，进行图的各种操作和分析。

ⓑ用add_node()方法增加单一节点a。

注意：只有一个节点的图叫做**平凡图** (trivial graph)。

ⓒ用add_nodes_from()方法增加另外三个节点，这三个节点以列表形式保存，即 ['b', 'c', 'd']。

ⓓ用 add_edge() 方法向图中添加一条连接节点 'a' 和 'b' 的无向边。

ⓔ用add_edges_from() 方法向图中添加一组无向边，连接 'b' 与 'c', 'b' 与 'd', 'c' 与 'd', 'c' 与 'a'。

ⓕ用networkx.random_layout()设定随机种子值，以确保每次可视化采用相同的布局。

ⓖ用networkx.spring_layout()弹簧布局算法来排列图中的节点。

ⓗ用networkx.draw_networkx()绘制无向图，传入图undirected_G、节点的位置信息 pos 、节点的大小 node_size。

图11.2所示为供大家在NetworkX练习的几个无向图，请大家注意对每个图用不同的命名。

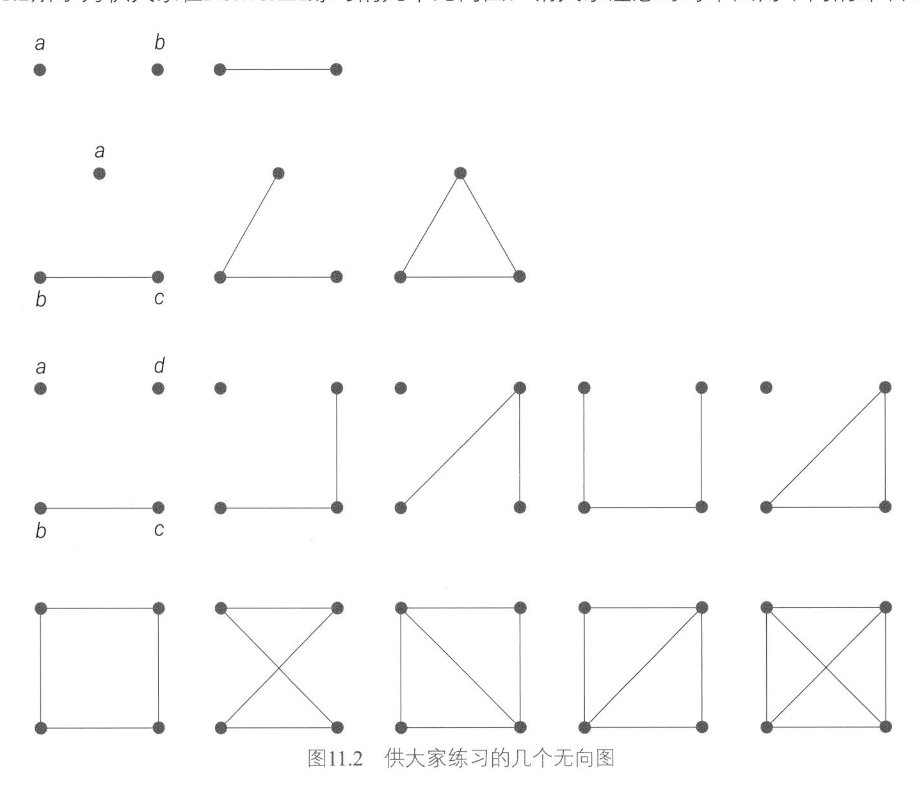

图11.2　供大家练习的几个无向图

空图

注意：有些学术文献中，空图是指节点集和边集都是空集的图。

一个没有边的图叫作**空图** (empty graph)。也就是说，一个非空图至少要有一条边。图11.3所示为三个空图。

本书空图的定义参考以下两个来源：

◀ https://mathworld.wolfram.com/EmptyGraph.html

◀ https://networkx.org/documentation/stable/reference/generated/networkx.generators.classic.empty_graph.html

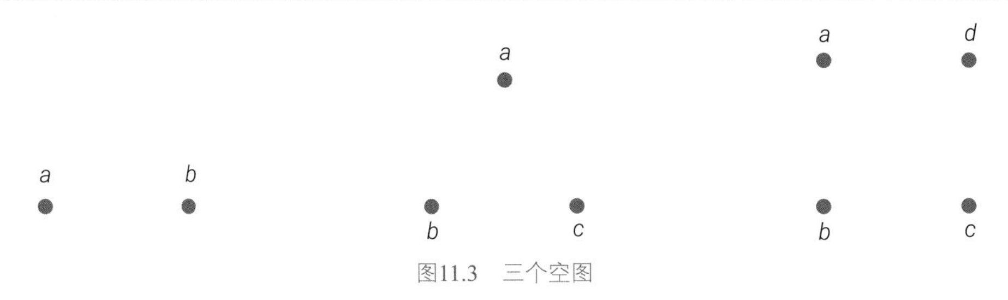

图11.3　三个空图

阶、大小、度、邻居

图G的节点数量叫作**阶** (order)，常用n表示。图11.1所示的图G的阶为4 (n = 4)，也就是说G为4阶图。

图G的边的数量叫作图的**大小** (size)，常用m表示。图11.1所示的图G的大小为5 ($m = 5$)。

对于无向图，一个节点的**度** (degree) 是与它相连的边的数量。

比如，如图11.4所示，图G中节点a的度为2，记作$\deg_G(a) = 2$。图G中节点b的度为3，记作$\deg_G(a) = 3$。

无向图中，给定一个节点的**邻居** (neighbors) 指的是与该节点通过一条边直接相连的其他节点。

简单来说，如果两个节点之间存在一条边，那么它们就互为邻居。

如图11.4所示，节点a有两个邻居——b、c。

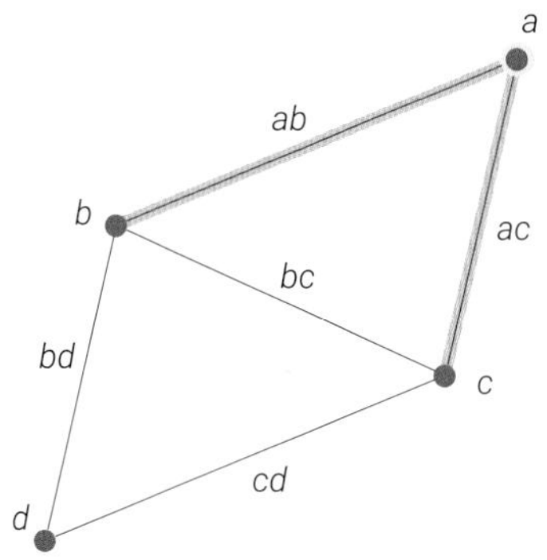

图11.4　节点a的度为2，有2个邻居

如果一个图有n个节点，那么其中任意节点最多有$n-1$个邻居，它的度最大值也是$n-1$。注意，这是在不考虑自环的情况下！本章马上介绍自环有关内容。

在代码11.1基础上，代码11.2计算了阶、大小、度、邻居等值。下面讲解这段代码。

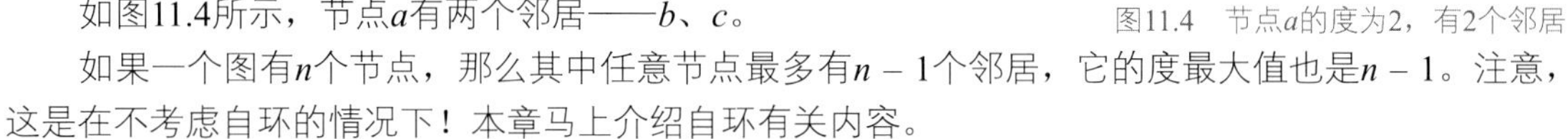

代码11.2　用NetworkX计算无向图的阶、大小、度、邻居 | Bk6_Ch14_01.ipynb

```
a undirected_G.order()
  # 图的阶

b undirected_G.number_of_nodes()
  # 图的节点数

c undirected_G.nodes
  # 列出图的节点

d undirected_G.size()
  # 图的大小

e undirected_G.edges
  # 列出图的边

f undirected_G.number_of_edges()
  # 图的边数

g undirected_G.has_edge('a', 'b')
  # 判断是否存在ab边
  # 结果为True

h undirected_G.has_edge('a', 'd')
  # 判断是否存在ad边
  # 结果为False

i undirected_G.degree()
  # 图的度

j list(undirected_G.neighbors('a'))
  # 邻居
```

ⓐ用order()方法计算无向图的阶，即图中节点总数。

b 用number_of_nodes()方法计算无向图中节点数量，结果与阶相同。
c 用nodes列出无向图所有节点。
d 用size()方法计算了图的大小，即无向图中边数总和。
e 用edges列出无向图所有的边。
f 用number_of_edges()方法计算了无向图的边数。
g 用has_edge()判断无向图中是否存在连接节点a和b的边，结果为True表示存在。
h 用has_edge()判断无向图中是否存在连接节点a和d的边，结果为False表示不存在。
i 用degree()方法计算无向图的度。结果列出所有节点的各自度。
用dict(undirected_G.degree())可以将结果转化为字典dict。
也可以用undirected_G.degree()计算某个特定节点的度，比如 undirected_G.degree('a')。
j 用neighbors()方法查找特定节点的邻居，结果是可迭代键值对；用list()将结果转化为列表。
请大家也计算图11.2中每幅图的阶、大小、度、邻居等值。

端点、孤立点

度数为1的节点叫**端点** (end vertex或end node)，如图11.5 (a) 所示。

我们可以用remove_edge() 方法删除*ac*这条边，比如undirected_G.remove_edge('c', 'a')。

度数为0的节点叫**孤立点** (isolated node或isolated vertex)，如图11.5 (b) 所示。

请大家指出图11.2中每幅图可能存在的端点和孤立点。

我们可以用undirected_G.remove_edges_from([('b','a'),('a','c')]) 方法删除两条边。

类似地，我们可以用undirected_G.remove_node('a') 从undirected_G图上删除一个节点；或者用undirected_G.remove_nodes_from(['b','a'])删除若干节点。

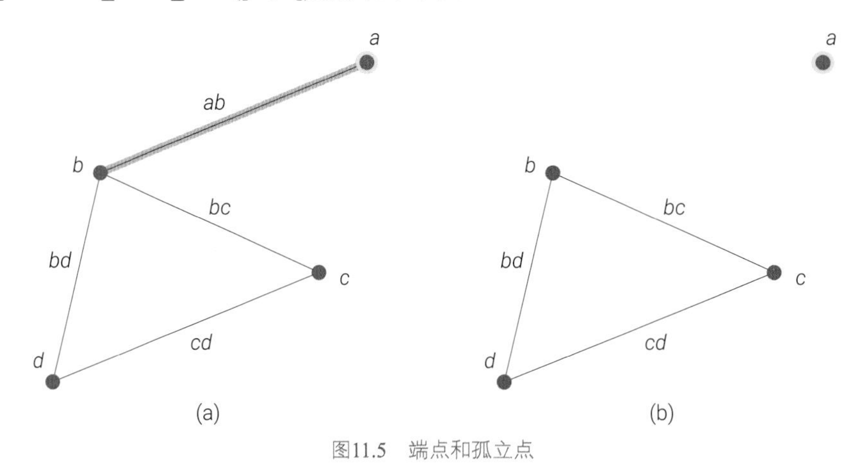

图11.5　端点和孤立点

11.2 自环：节点到自身的边

在图论中，一个节点到自身的边被称为**自环** (self-loop)，也叫自环边或圈。简单来说，如图11.6所示，自环就是图中节点*a*与它自己之间存在一条边。

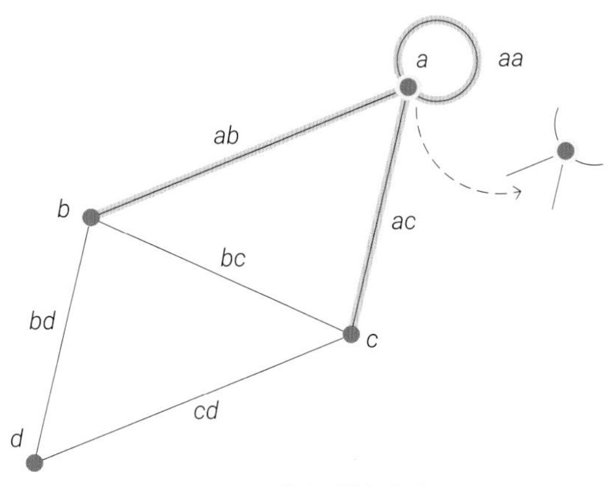

图11.6　节点a增加自环

这时候，图11.6的大小变为6；因为在原来5条边的基础上，又增加了一条边aa。

请大家特别注意，这时候节点a的度从2变成了4。当某个节点增加自环时，它的度将增加2，因为自环会导致节点与自己连接两次，每次连接都增加了节点的度。自环的存在使得节点的度增加了2，而不是1。

如图11.6所示，节点伸出了4根“触须”。

多了自环，节点a的邻居变成了3个——a、b、c。

也就是说，考虑自环的情况下，如果一个图有n个节点，那么其中任意节点最多有n个邻居，它的度最大值也是$n + 1$。

在前文代码基础上，代码11.3添加了节点a的自环，并计算大小、度、邻居具体值。请大家自行分析这段代码，并运行结果。

代码11.3　节点a增加自环后计算无向图的大小、度、邻居 | Bk6_Ch14_01.ipynb 

```
a undirected_G.add_edge('a', 'a')
  # 添加一条自环

b # 可视化
  plt.figure(figsize = (6,6))
  nx.draw_networkx(undirected_G, pos = pos,
c                  node_size = 180)
  plt.savefig('G_4顶点_5边_a自环.svg')

d undirected_G.size()
  # 图的大小

e undirected_G.edges
  # 列出图的边

f undirected_G.degree('a')
  # 节点a的度

g list(undirected_G.neighbors('a'))
  # 邻居
```

11.3 同构：具有等价关系的图

代码11.1在设定随机数种子时，pos已经固定下来；如果没有传入pos，每次运行可视化得到的图外观会随机变化 (但是图的基本性质不变)，具体如图11.7所示。

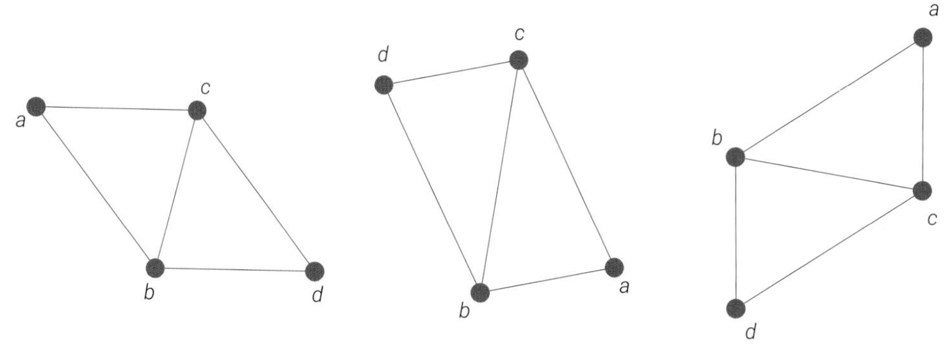

图11.7　图随机布局

图11.7也告诉我们，很多图外观看着大有不同，节点名称、边名称都不同，但是图的本质完全一致；这种图叫作**同构图** (isomorphic graphs)。图11.8所示四幅图看上去完全不同，但是本质上四幅图展示的连接关系完全一致；因此，这四幅图同构，也就是等价。

观察图11.8，我们会发现图中所有蓝色节点内部之间没有一条边；同样，所有黄色节点内部之间也没有一条边。所有的边都是介于蓝色、黄色节点之间。这种图叫作**二分图** (bipartite graph)，也叫二部图。

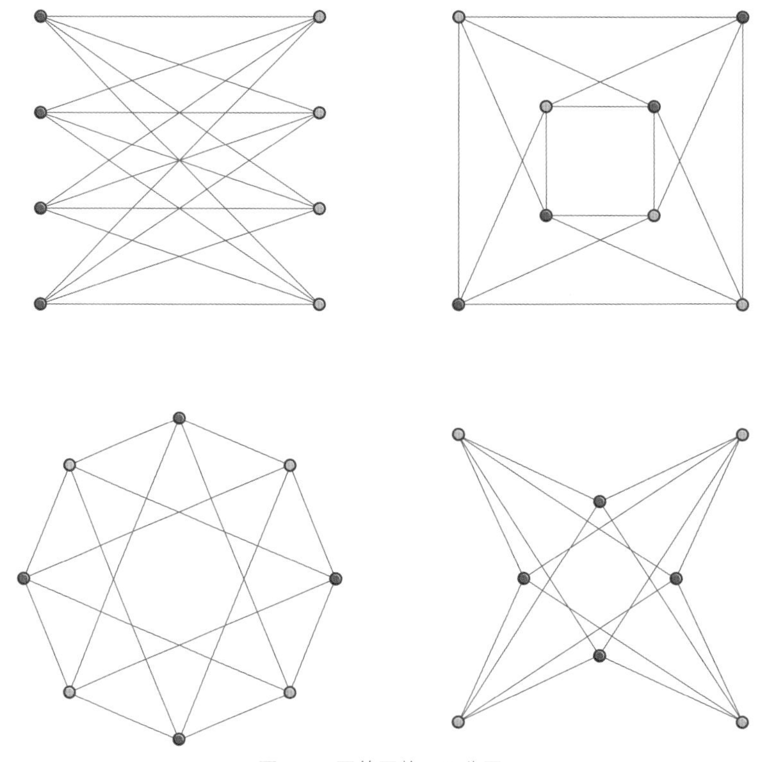

图11.8　图的同构，二分图

进一步仔细观察图11.8，我们会发现，每个蓝色节点和每个黄色节点都存在一条边，这种特殊的二分图叫做**完全二分图** (complete bipartite graph)。

本书后文会介绍包括二部图在内的各种常见图类型。

NetworkX有判断两个图是否同构的几个函数，请大家参考：

◀ https://networkx.org/documentation/stable/reference/algorithms/isomorphism.html

图11.9所示的一组图也同构。这组图也有自己的名字——**立方体图** (cubical graph)。顾名思义，立方体图和**立方体** (cube) 肯定有关。立方体，也称正六面体，是五种**柏拉图立体** (Platonic solid) 中的一种。类似地，立方体图也是**柏拉图图** (Platonic graph) 的一种。观察图11.9，我们还可以发现立方体图也是一种二分图，但不是完全二分图。

《数学要素》专门介绍过柏拉图立体，请大家回顾。

本书后文将专门介绍柏拉图图。

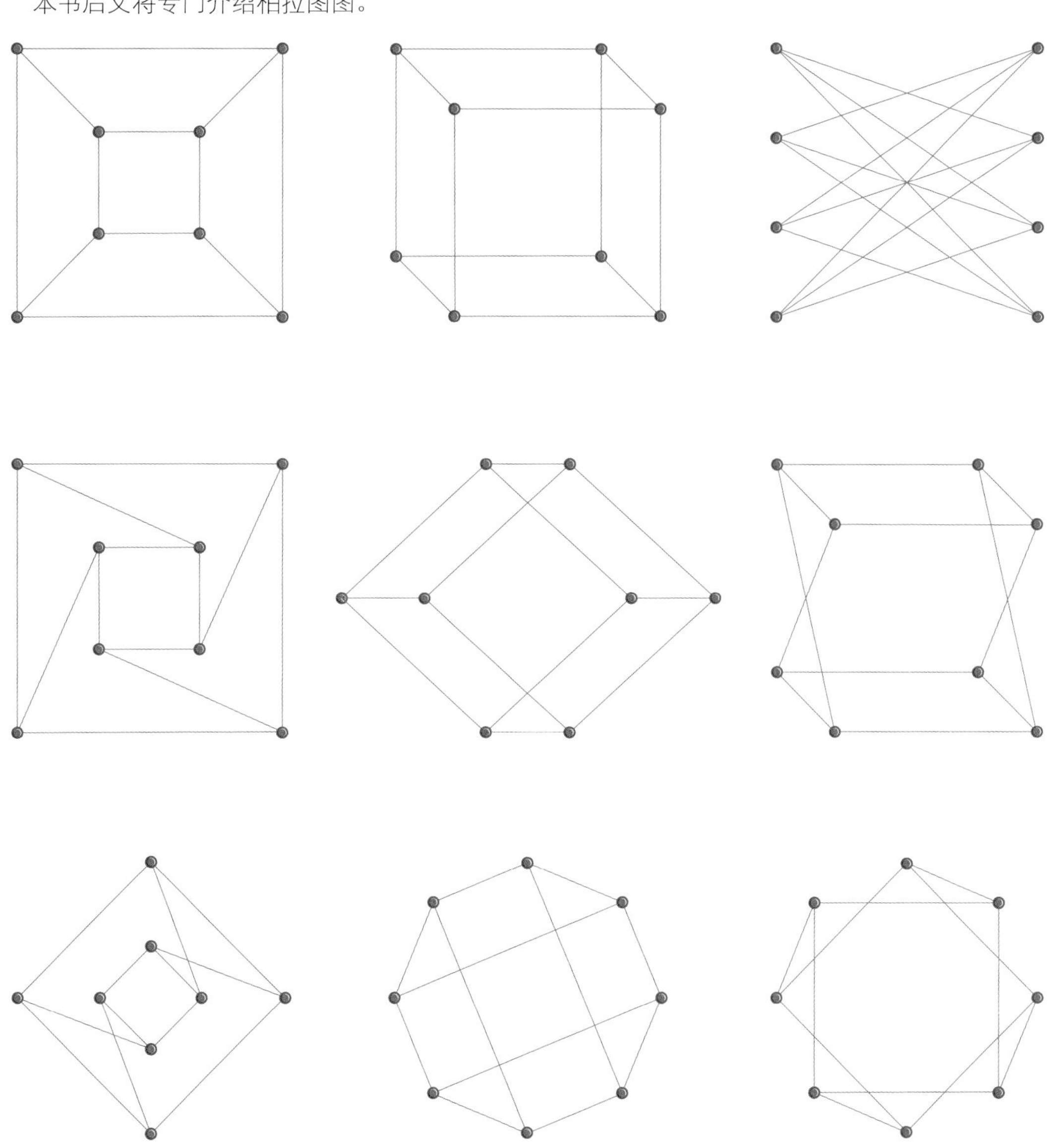

图11.9 图的同构，立方体图

代码11.4判断图11.10两幅图是否同构，下面讲解其中关键语句。

ⓐ用networkx.cubical_graph()生成立方体图。

ⓑ用add_edges_from() 方法添加12条无向边。

ⓒ用networkx.is_isomorphic() 判断两幅图是否同构。

ⓓ用networkx.vf2pp_isomorphism() 生成两幅同构图节点对应关系，其结果为字典。

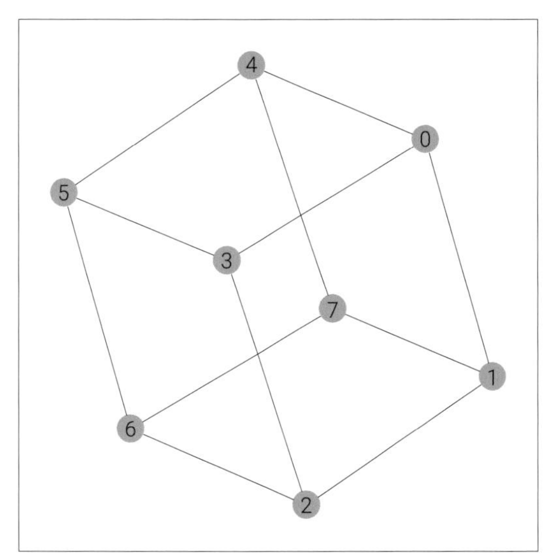

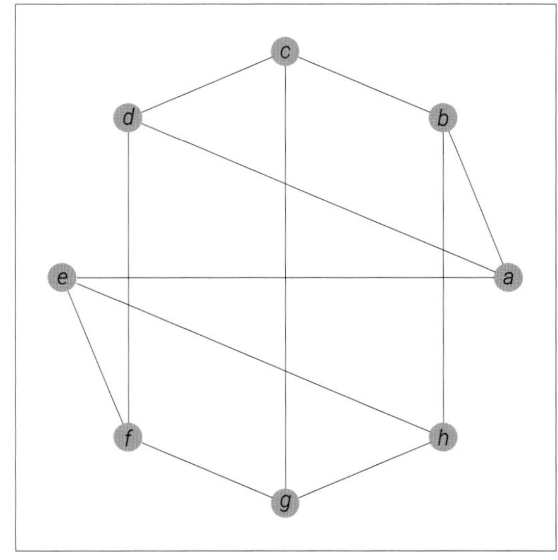

图11.10　判断两幅图是否同构

代码11.4　判断两幅图是否同构 | Bk6_Ch14_02.ipynb

```
import networkx as nx
import matplotlib.pyplot as plt

# 第一幅图
G = nx.cubical_graph()                                    ⓐ
# 立方体图

plt.figure(figsize = (6,6))

nx.draw_networkx(G,
                 pos = nx.spring_layout(G, seed = 8),
                 with_labels = True,
                 node_color = "c")
plt.savefig('图G.svg')

# 第二幅图
H = nx.Graph()
H.add_edges_from([('a','b'),('b','c'),                    ⓑ
                  ('c','d'),('e','f'),
                  ('f','g'),('g','h'),
                  ('b','h'),('c','g'),
                  ('d','a'),('e','h'),
                  ('e','a'),('d','f')])

plt.figure(figsize = (6,6))
```

```python
nx.draw_networkx(H,
                 pos = nx.circular_layout(H),
                 with_labels = True,
                 node_color = "orange")
plt.savefig('图H.svg')
```

c
```python
nx.is_isomorphic(G,H)
# 判断是否同构
```

d
```python
nx.vf2pp_isomorphism(G,H, node_label = "label")
# 节点对应关系
```

11.4 多图：同一对节点存在不止一条边

观察图11.11，我们会发现一个有趣的现象——连接两个节点的边可能不止一条！我们管这种图叫**多图** (multigraph)。

在图论中，一个多图是一种图的扩展形式，允许在同一对节点之间存在多条边。**简单图** (simple graph) 中，任意两个节点之间只能有一条边。换句话说，一个简单图是不含自环和重边的图。

多图的定义允许图中存在**平行边** (parallel edge)，也叫**重边**，即连接相同两个节点的多条边。

如图11.12所示，在多图中，两个节点之间可以有多条边，每条边可能具有不同的权重或其他属性。对于本书前文介绍的七桥问题，显然平行边代表不同位置的桥。

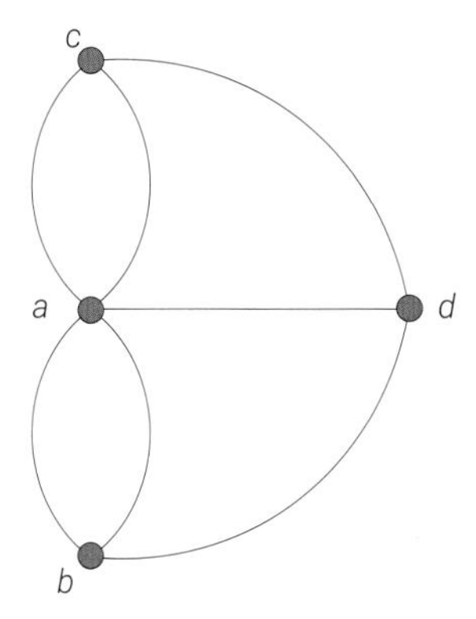

图11.11　七桥问题对应的无向图

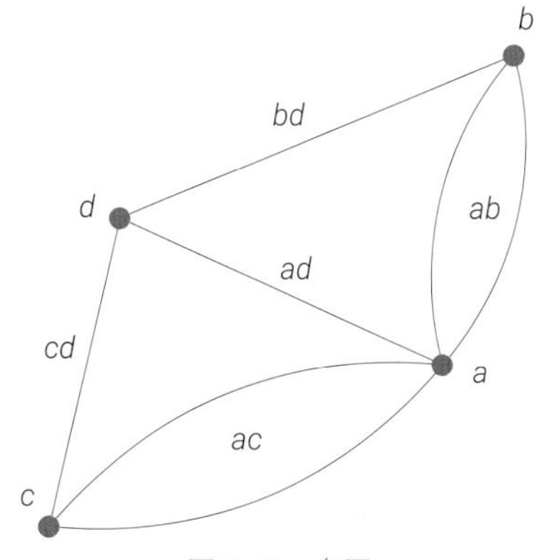

图11.12　多图

多图的概念对于某些应用很有用，例如网络建模、流量分析等。在多图中，我们可以更灵活地表示节点之间复杂的关系，以及在同一对节点之间可能存在不同类型或性质的连接。

很明显节点a、b之间的边数为2，节点a、c之间的边数也是2。

代码11.5定义并可视化多图。请大家自行分析这段代码。

值得注意的是目前networkx.draw_networkx()函数还不能很好地呈现多图中的平行边。图11.12中带有弧度的平行边是NetworkX出图后再处理的结果。在StackOverflow中可以找到几种解决方案，但都不是特别理想；希望NetworkX推出新版本时，能够解决这一问题。

代码11.5 定义并可视化多图 | Bk6_Ch14_03.ipynb

```
import numpy as np
import matplotlib.pyplot as plt
import networkx as nx

Multi_G = nx.MultiGraph()
# 多图对象实例

Multi_G.add_nodes_from(['a', 'b', 'c', 'd'])
# 添加多个节点

Multi_G.add_edges_from([('a','b'), # 平行边
                        ('a','b'),
                        ('a','c'), # 平行边
                        ('a','c'),
                        ('a','d'),
                        ('b','d'),
                        ('c','d')])
# 添加多条边

# 可视化
plt.figure(figsize = (6,6))
nx.draw_networkx(Multi_G, with_labels = True)

adjacency_matrix = nx.to_numpy_matrix(Multi_G)
# 获得邻接矩阵
```

11.5 子图：图的一部分

一个图的**子图** (subgraph) 是指原始图的一部分，它由图中的节点和边的子集组成。子图可以包含图中的部分节点和部分边，但这些节点和边的组合必须遵循原始图中存在的连接关系。

子图可以是原始图的任意子集。给定一个图$G = (V, E)$，其中 V 是节点集合，E 是边集合。如果$H = (V', E')$ 是 G 的子图，则V' 是 V的子集，E'是 E 的子集。

简单来说，子图是通过选择原始图中的一些节点和边而形成的一个图，保持了这些选定的节点之间的连接关系。这个过程并不创造新的节点，也不产生新的边。

图11.1中的图节点集合为$V(G) = \{a, b, c, d\}$，如果选取V的子集$\{a, b, c\}$作为一个G子图的节点，我们便得到图11.13右侧子图。

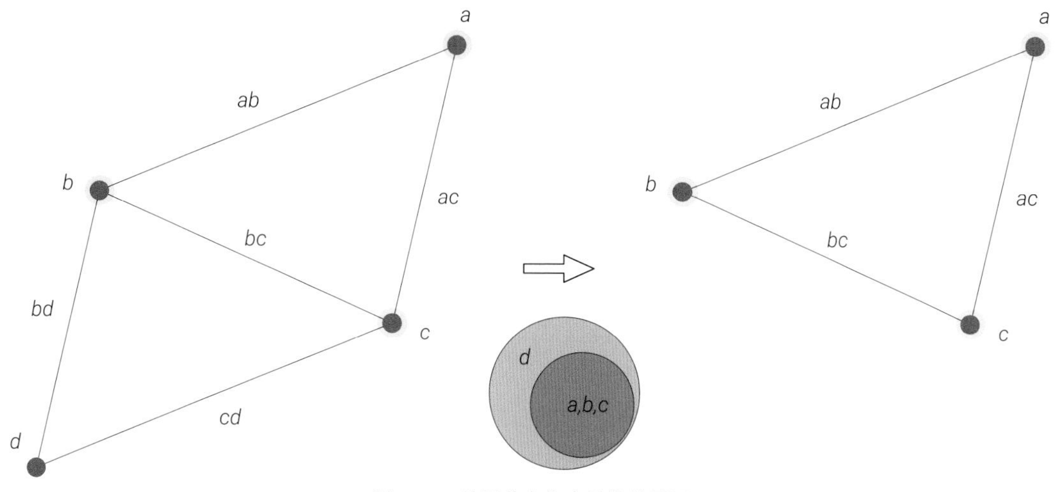

图11.13　基于节点集合子集的子图

此外，我们还可以利用图的边集合子集构造子图。图11.1中的图边集合为$E(G) = \{ab, ac, bc, bd, cd\}$，如果选取$E$的子集$\{ab, bc, cd\}$作为一个$G$子图的边，我们便得到图11.14右侧子图。

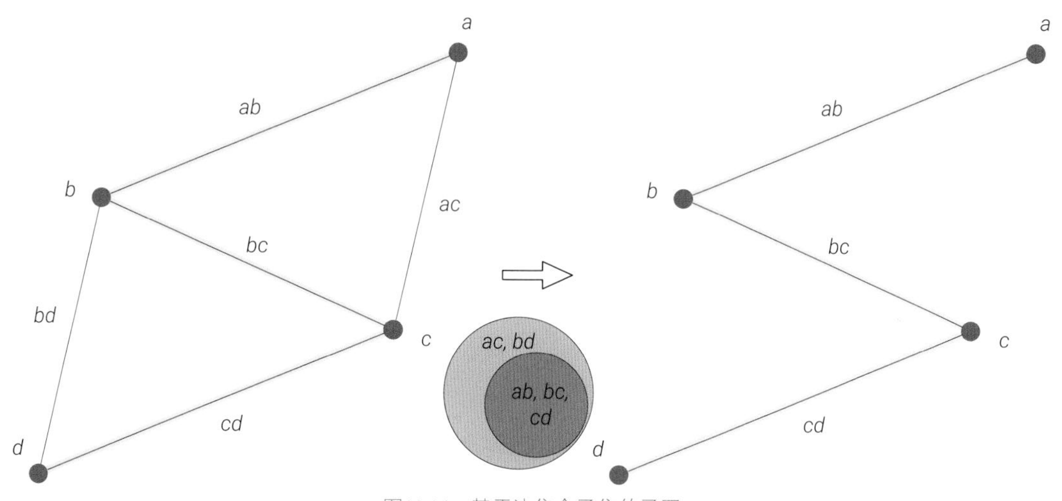

图11.14　基于边集合子集的子图

代码11.6展示如何用NetworkX创建子图。请大家注意以下几句。

ⓓ用subgraph()方法基于节点集合子集创建子图。

ⓔ计算原始图节点集合和子图节点集合之差。

ⓕ用edge_subgraph()方法基于边集合子集创建子图。

ⓖ计算原始图边集合和子图边集合之差。

代码11.6 创建子图 | Bk6_Ch14_04.ipynb

```
import matplotlib.pyplot as plt
import networkx as nx

G = nx.Graph()
# 创建无向图的实例

G.add_nodes_from(['a', 'b', 'c', 'd'])
# 添加多个节点

G.add_edges_from([('a','b'),
                  ('b','c'),
                  ('b','d'),
                  ('c','d'),
                  ('c','a')])
# 增加一组边

Sub_G_nodes = G.subgraph(['a','b','c'])
# 基于节点子集的子图

set(G.nodes) - set(Sub_G_nodes.nodes)
# 计算节点集合之差
# 结果为 {'d'}

Sub_G_edges = G.edge_subgraph([('a','b'),
                               ('b','c'),
                               ('c','d')])
# 基于边子集的子图

set(G.edges) - set(Sub_G_edges.edges)
# 计算边集合之差
# 结果为 {('a', 'c'), ('b', 'd')}
```

11.6 有权图：边自带权重

有权无向图 (weighted undirected graph) 是一种图论中的数据结构，基于无向图，但在每条边上附加了一个权重或值。这个权重表示了连接两个节点之间的某种度量，例如距离、成本、时间等。相对于有权无向图，不考虑边权重的图叫无权无向图。

每条边上的权重可以是实数或整数，用来表示相应边的重要性或其他度量。

在有权无向图中，通常通过在图的边上添有权值来模拟现实世界中的关系或约束。这种图结构在许多应用中都很有用，如网络规划、交通规划、社交网络分析等。在算法和问题解决中，有权无向图的引入使得我们能够更准确地建模和分析实际情况中的关系。

举个例子，图11.15可视化1886—1985年的所有685场世界国际象棋锦标赛比赛参赛者、赛事、成绩。边宽度代表对弈的数量，点的大小代表获胜棋局数量。

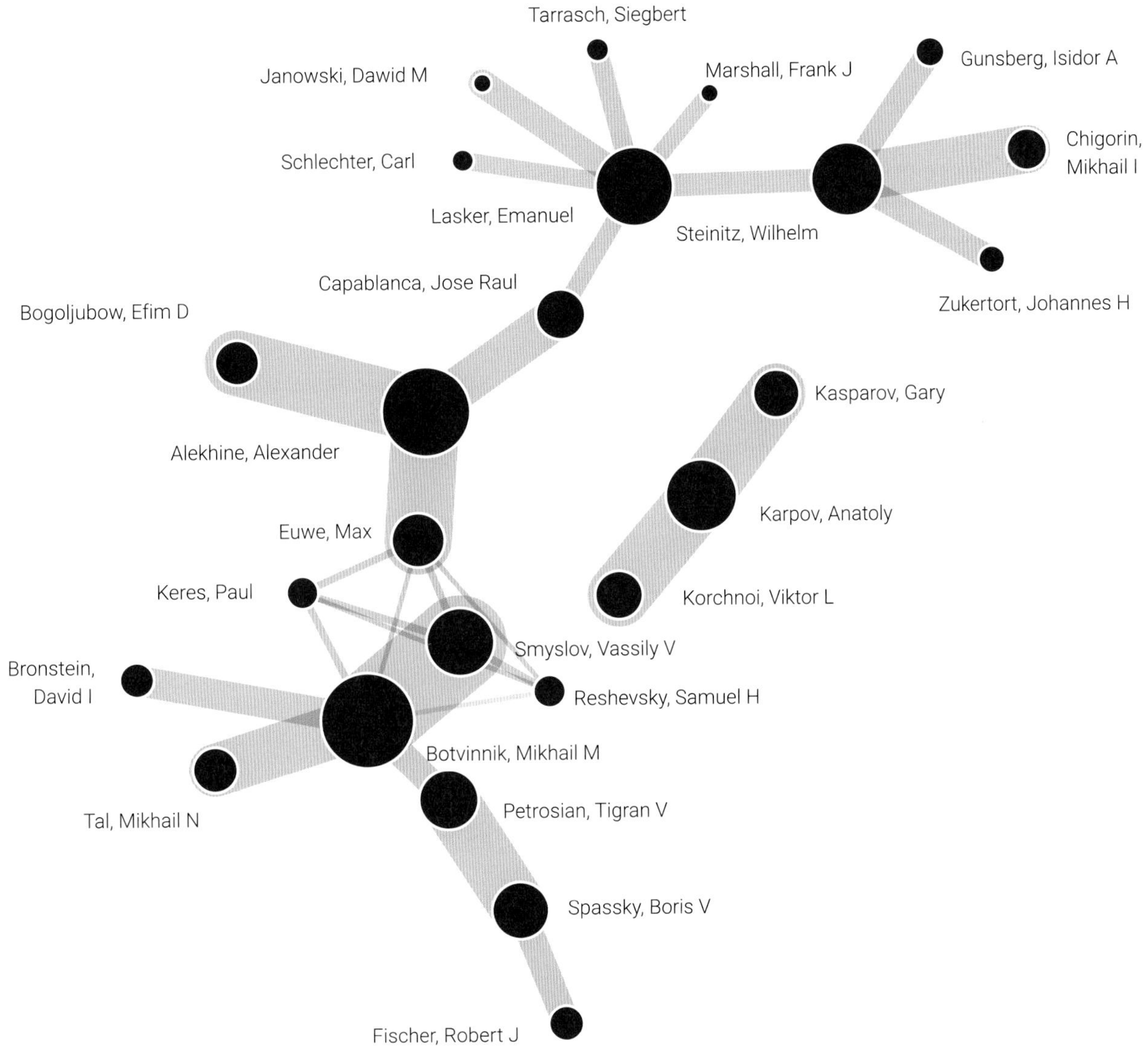

图11.15　可视化1886—1985年的所有685场世界国际象棋锦标赛比赛参赛者、赛事、成绩；图片来自《可视之美》

图11.15这个例子来自NetworkX官方示例，大家可以自己学习。

◀ https://networkx.org/documentation/stable/auto_examples/drawing/plot_chess_masters.html

此外，图11.15也告诉我们用NetworkX绘制图时，节点、边可以通过调整设计来展示更多有价值的信息。

大家应该对图11.16很熟悉了，上一章介绍过这个图。图11.16不同的是，图的每条边都有自己权重值。

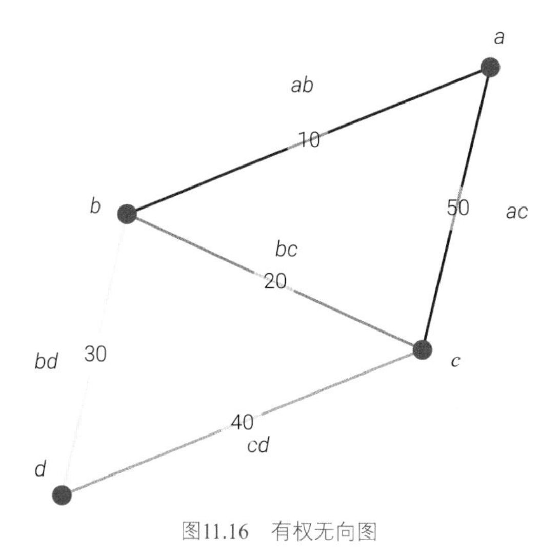

图11.16 有权无向图

下面讲解代码11.7如何用NetworkX绘制有权无向图。

ⓐ用networkx.Graph()创建无向图实例。

ⓑ用add_nodes_from()方法添加四个节点，节点的标签分别为 'a', 'b', 'c', 'd'。

ⓒ用add_edges_from()方法向图中添加多条边，每条边用一个包含起点、终点和权重的元组表示。这里的权重是使用字典形式的边属性进行设置。

ⓓ取出节点 'a' 的邻居，返回一个邻居节点的字典。

ⓔ取出节点 'a' 到 'b' 的边的属性，返回一个字典，包含边的所有属性。

ⓕ取出节点 'a' 到 'b' 的边的权重值。

ⓖ创建一个列表，包含图中所有边的权重。通过遍历图中所有的边，将每条边的权重添加到列表中。

ⓗ用networkx.get_edge_attributes() 获取图中所有边的权重作为字典。

ⓘ用networkx.spring_layout() 计算节点的布局位置，返回一个包含节点位置信息的字典。

ⓙ用networkx.draw_networkx() 绘制图，其中包括节点、边和边的权重。edge_color 参数用于指定边的颜色，根据权重值映射到plt.cm.RdYlBu。edge_vmin 和 edge_vmax 指定边颜色映射的范围。

ⓚ用networkx.draw_networkx_edge_labels() 在图上添加边的标签，这里是边的权重值。

代码11.7 绘制有权无向图 | ⊕ Bk6_Ch14_05.ipynb

```python
import matplotlib.pyplot as plt
import networkx as nx

weighted_G = nx.Graph()
# 创建无向图的实例

weighted_G.add_nodes_from(['a', 'b', 'c', 'd'])
# 添加多个节点

weighted_G.add_edges_from([('a','b', {'weight':10}),
                           ('b','c', {'weight':20}),
                           ('b','d', {'weight':30}),
                           ('c','d', {'weight':40}),
                           ('c','a', {'weight':50})])
# 增加一组边，并赋予权重

weighted_G['a']
# 取出节点a的邻居

weighted_G['a']['b']
# 取出ab边的权重，结果为字典

weighted_G['a']['b']['weight']
# 取出ab边的权重，结果为数值

edge_weights = [weighted_G[i][j]['weight'] for i, j in weighted_G.edges]
# 所有边的权重

edge_labels = nx.get_edge_attributes(weighted_G, "weight")
# 所有边的标签

plt.figure(figsize = (6,6))
pos = nx.spring_layout(weighted_G)
nx.draw_networkx(weighted_G,
                 pos = pos,
                 with_labels = True,
                 node_size = 180,
                 edge_color = edge_weights,
                 edge_cmap = plt.cm.RdYlBu,
                 edge_vmin = 10, edge_vmax = 50)

nx.draw_networkx_edge_labels(weighted_G,
                             pos = pos,
                             edge_labels = edge_labels,
                             font_color = 'k')

plt.savefig('有权无向图.svg')
```

图论是数学的一个分支，研究的是图的性质和结构以及与图相关的问题。图由节点和边组成，节点表示对象，边表示对象之间的关系。图论被广泛应用于计算机科学、网络分析、社交网络、电路设计等领域。在机器学习中，图论可以处理复杂的关系型数据，提取有用的信息，并为模型提供更深层次的理解。

本章主要介绍无向图，请大家注意这些概念——阶、大小、度、邻居、端点、孤立点、自环、同构、多图、子图、有权图。下一章将专门介绍有向图，请大家对比本章阅读。

12 Directed Graphs
有向图

由一组节点和连接节点的有向边组成的结构

没有人是一座孤岛，汪洋中自己独踞一隅；每个人都像一块小小陆地，连接成整片大陆。

No man is an island entire of itself; every man is a piece of the continent, a part of the main.

—— 约翰·邓恩 (John Donne) | 英国诗人 | 1572 — 1631年

- `networkx.DiGraph()` 创建有向图的类，用于表示节点和有向边的关系以进行图论分析
- `networkx.draw_networkx()` 用于绘制图的节点和边，可根据指定的布局将图可视化呈现在平面上
- `networkx.draw_networkx_edge_labels()` 用于在图可视化中绘制边的标签，显示边上的信息或权重
- `networkx.get_edge_attributes()` 用于获取图中边的特定属性的字典，其中键是边的标识，值是对应的属性值
- `networkx.Graph()` 创建无向图的类，用于表示节点和边的关系以进行图论分析
- `networkx.MultiGraph()` 创建允许多重边的无向图的类，可以表示同一对节点之间的多个关系
- `networkx.random_layout()` 用于生成图的随机布局，将节点随机放置在平面上，用于可视化分析
- `networkx.spring_layout()` 使用弹簧模型算法将图的节点布局在平面上，模拟节点间的弹簧力和斥力关系，用于可视化分析
- `networkx.to_numpy_matrix()` 用于将图表示转换为 NumPy 矩阵，方便在数值计算和线性代数操作中使用

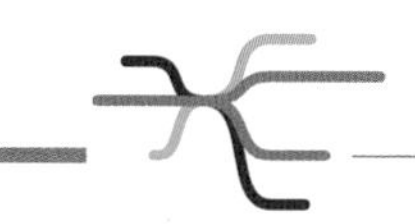

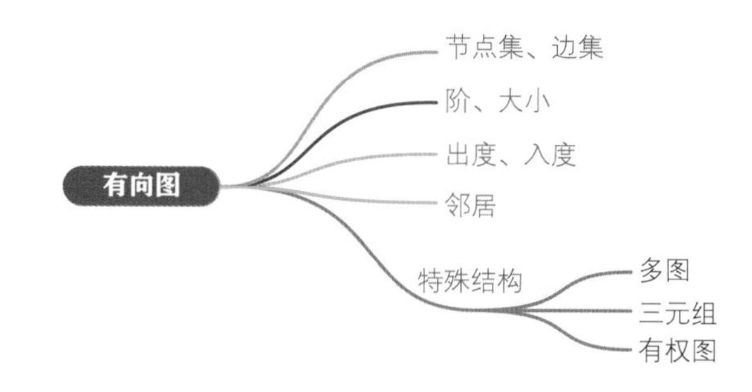

12.1 有向图：边有方向

将图12.1中的有向图记作G_D。有向图两个重要集合：①节点集$V(G_D)$；②有向边集 $A(G_D)$。因此，G_D也常常被写成$G_D = (V, A)$。

上一章提过，无向图中边集记作$E(G)$，E代表edge；而有向图中有向边集记作$A(G_D)$，它是**有向边** (directed edge) 的集合；其中，A代表**弧** (arc)，也叫arrows，本书叫它有向边。有向边是节点的有序对。下标D代表directed。

大家是否立刻想到“鸡兔互变”也可以抽象成一幅有向图，具体如图12.2所示。只不过图12.1的有向图无权，叫**无权有向图** (unweighted directed graph)；图12.2这幅有向图有权，叫**有权有向图** (weighted directed graph)。

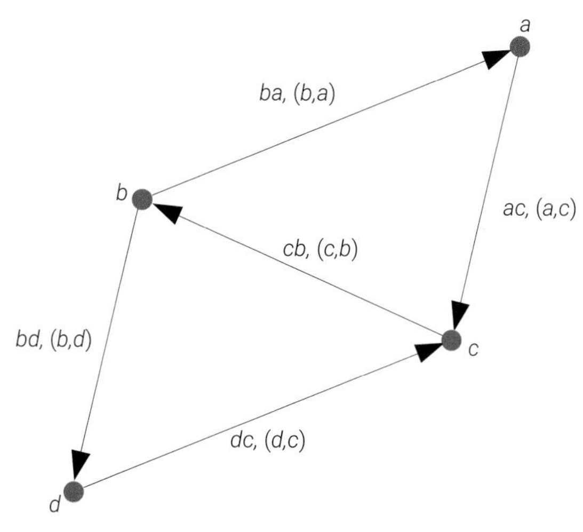

图12.1 4个节点，5条有向边的有向图

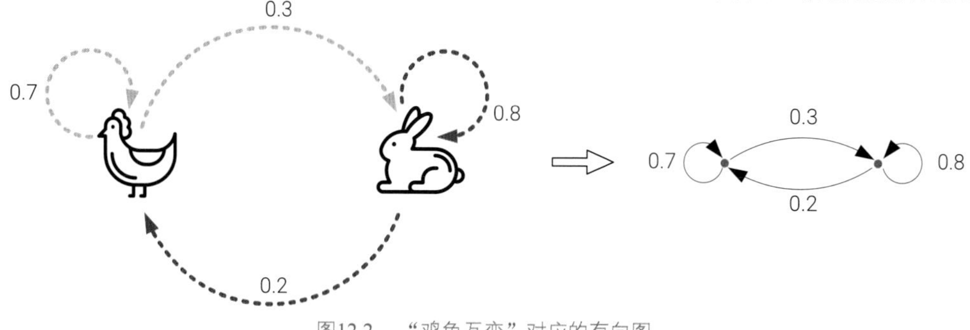

图12.2 “鸡兔互变”对应的有向图

为了和无向图对照学习，本章采用和本书前文无向图一样的结构，不同的是每条赋予了方向。

以图12.1的有向图G_D为例，G_D的节点集$V(G_D)$为：

$$V(G_D)=\{a,b,c,d\} \tag{12.1}$$

有向图G_D节点集和无向图并无差别。

G_D的有向边集$A(G_D)$为：

$$A(G_D)=\{ba,cb,bd,dc,ac\}=\{(b,a),(c,b),(b,d),(d,c),(a,c)\} \tag{12.2}$$

由于图12.1中图G_D是有向图，因此节点b到节点a的边ba，不同于节点a到节点b边ab。

有向边ab中a叫**头** (head)，b叫**尾** (tail)。

图12.1是用NetworkX绘制的，下面讲解代码12.1。

ⓐ用networkx.DiGraph() 创建一个空的有向图对象实例。在这个实例中，我们可以添加节点和边，进行图的各种操作和分析。

ⓑ用add_nodes_from()方法增加4个节点。当然，我们也可以用add_node()方法增加单一节点，这和无向图一致。

ⓒ用add_edges_from() 方法向图中添加一组有向边。注意，('a', 'b')不同于('b' ,'a')。

ⓓ用networkx.draw_networkx()绘制有向图，传入图directed_G、节点的位置信息 pos 、箭头大小 arrowsize、节点的大小 node_size。

代码12.1 用NetworkX绘制有向图 | Bk6_Ch12_01.ipynb

```
import matplotlib.pyplot as plt
import networkx as nx

directed_G = nx.DiGraph()        ⓐ
# 创建有向图的实例

directed_G.add_nodes_from(['a', 'b', 'c', 'd'])        ⓑ
# 添加多个节点

directed_G.add_edges_from([('b','a'),        ⓒ
                           ('c','b'),
                           ('b','d'),
                           ('d','c'),
                           ('a','c')])
# 增加一组有向边

random_pos = nx.random_layout(directed_G, seed = 188)
# 设定随机种子，保证每次绘图结果一致

pos = nx.spring_layout(directed_G, pos = random_pos)
# 使用弹簧布局算法来排列图中的节点
# 使得节点之间的连接看起来更均匀自然

plt.figure(figsize = (6,6))
nx.draw_networkx(directed_G, pos = pos,        ⓓ
                 arrowsize = 28,
                 node_size = 180)
plt.savefig('G_D_4顶点_5边.svg')
```

图12.3提供了几个供大家练习的有向图。

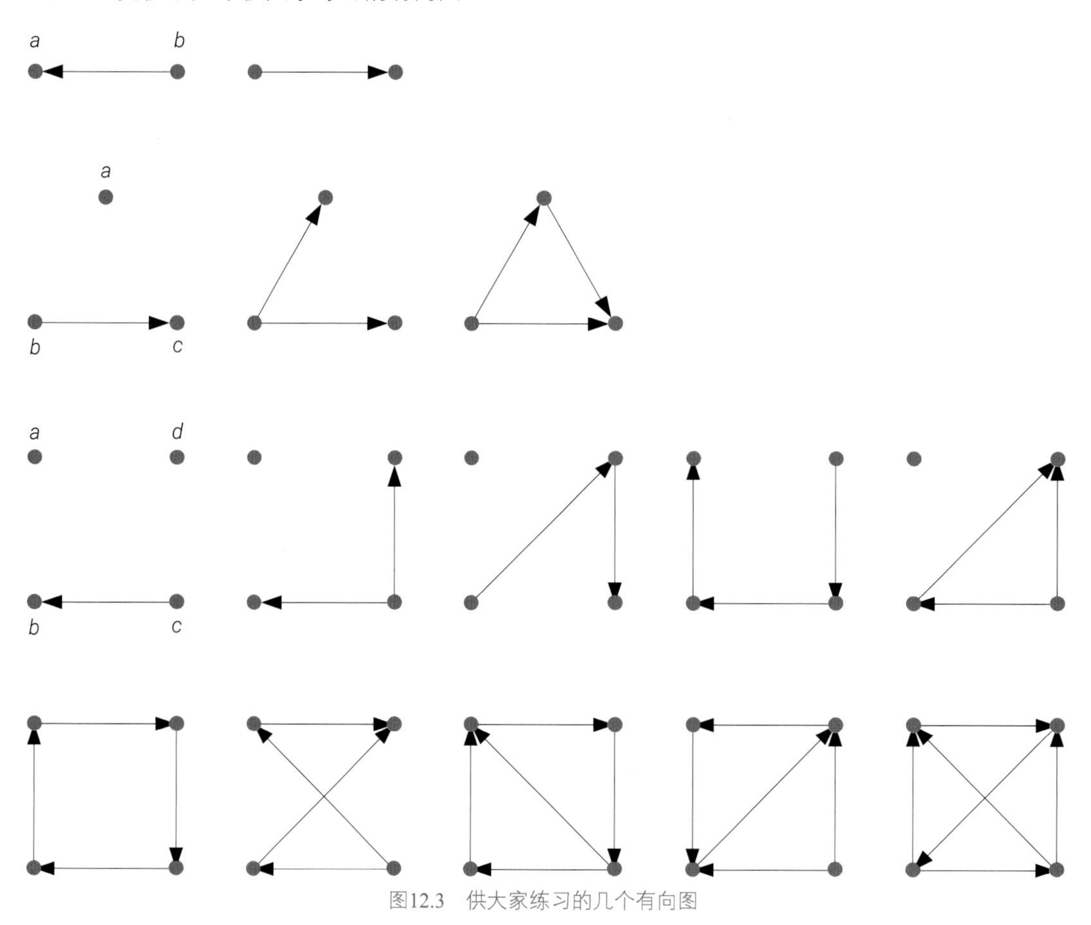

图12.3　供大家练习的几个有向图

阶、大小

和无向图一样，有向图G_D的节点数量叫作**阶** (order)，常用n表示。图12.1所示的有向图G_D的阶为4 ($n = 4$)，也就是说G_D为4阶图。

和无向图一样，图G_D的边的数量叫作图的**大小** (size)，常用m表示。图12.1所示的图G_D的大小为5 ($m = 5$)。

接着前文代码，代码12.2计算有向图的阶、大小等度量。请大家格外注意ⓐ和ⓑ。对于有向图实例，用has_edge() 判断边是否存在时，需要注意方向。

代码12.2　用NetworkX计算有向图的阶、大小 | Bk6_Ch12_01.ipynb

```
directed_G.order()
# 图的阶

directed_G.number_of_nodes()
# 图的节点数

directed_G.nodes
# 列出图的节点
```

```
directed_G.size()
# 图的大小

directed_G.edges
# 列出图的边

directed_G.number_of_edges()
# 图的边数

directed_G.has_edge('a', 'b')
# 判断是否存在ab有向边

directed_G.has_edge('b', 'a')
# 判断是否存在ba有向边
```

(a、b 为上述最后两行代码前的标注)

12.2 出度、入度

和无向图一样，有向图任意一个节点的**度** (degree) 是与它相连的边的数量。

但是，有向图中由于边有方向，我们更关心**入度** (indegree)、**出度** (outdegree) 这两个概念。

在有向图中，节点的**入度**是指指向该节点的边的数量，即从其他节点指向该节点的有向边的数量。而**出度**是指从该节点出发的边的数量，即从该节点指向其他节点的有向边的数量。这两个概念用于描述有向图中节点的连接性质，**入度**和**出度**的总和等于节点的**度数**。

比如，如图12.4所示，图G_D中节点a的度为2，记作$\deg_{G_D}(a)=2$。

而图G_D中节点a的入度为1，即有1条有向边“进入”节点a，记作$\deg_{G_D}^{+}(a)=1$。图G_D中节点a的出度为1，即有1条有向边“离开”节点a，记作$\deg_{G_D}^{-}(a)=1$。显然，节点a的入度和出度之和为其度数：

$$\deg_{G_D}(a)=\deg_{G_D}^{+}(a)+\deg_{G_D}^{-}(a) \tag{12.3}$$

从整个有向图角度来看，入度之和等于出度之和。

再看个例子，如图12.5所示，图G_D中节点b的度为3，记作$\deg_G(a)=3$。

而图G_D中节点b的入度为1，即有1条有向边“进入”节点b，记作$\deg_{G_D}^{+}(b)=1$。图G_D中节点b的出度为2，即有2条有向边“离开”节点b，记作$\deg_{G_D}^{-}(b)=2$。

同样，入度和出度之和为度数，即$\deg_{G_D}(b)=\deg_{G_D}^{+}(b)+\deg_{G_D}^{-}(b)$。

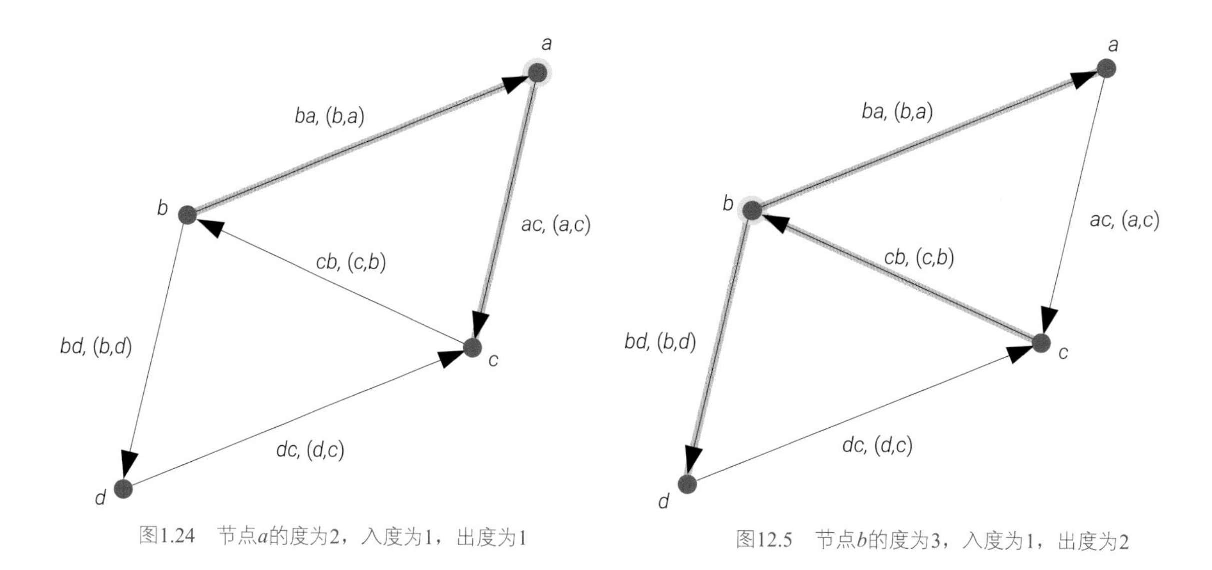

图1.24　节点a的度为2，入度为1，出度为1

图12.5　节点b的度为3，入度为1，出度为2

代码12.3　用NetworkX计算有向图的度、入度、出度 | Bk6_Ch12_01.ipynb

```
a  directed_G.degree()
   # 图的度

   dict(directed_G.degree())

b  directed_G.in_degree()
   # 有向图的入度

c  directed_G.out_degree()
   # 有向图的出度

d  directed_G.degree('a')
   # 节点a的度

e  directed_G.in_degree('a')
   # 节点a的入度

f  directed_G.out_degree('a')
   # 节点a的出度
```

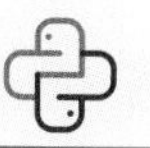

12.3 邻居：上家、下家

无向图中，给定特定节点的**邻居** (neighbors) 指的是与该节点直接相连的其他节点。简单来说，如果两个节点之间存在一条边，那么它们就互为邻居。

但是，在有向图中，邻居的定义则多了一层考虑——边的方向。

由于，对于任意节点的度分为入度、出度。据此，我们把邻居也分为——**入度邻居** (incoming neighbor 或 indegree neighbor)、**出度邻居** (outgoing neighbor或outdegree neighbor)。

入度邻居，可以理解为**上家** (predecessor)。如图12.6所示，对于节点a而言，入度邻居是所有指向节点a的节点，即节点b。

出度邻居，可以理解为**下家** (successor)。节点a的出度邻居是节点a指向的所有节点，即节点c。

请大家自行分析节点b的邻居有哪些？入度邻居、出度邻居分别是谁？

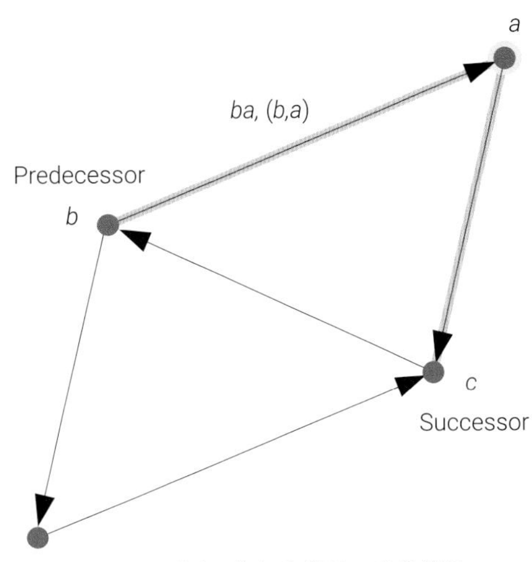

图12.6　节点a的入度邻居、出度邻居

接着前文代码，代码12.4计算有向图节点a的邻居、入度邻居、出度邻居。

ⓐ用networkx.all_neighbors()获取有向图中节点a所有的邻居，包括入度、出度。

ⓑ对有向图directed_G节点a用neighbors()方法只能获取其出度邻居。

ⓒ对有向图directed_G节点a也可以用successors()方法获取其出度邻居。

ⓓ对有向图directed_G节点a用predecessors()方法获取其入度邻居。

代码12.4　用NetworkX计算有向图的邻居、入度邻居、出度邻居 | ⊕ Bk6_Ch12_01.ipynb

```
a  list(nx.all_neighbors(directed_G, 'a'))
   # 节点a所有邻居

b  list(directed_G.neighbors('a'))
   # 节点a的(出度)邻居

c  list(directed_G.successors('a'))
   # 节点a的出度邻居

d  list(directed_G.predecessors('a'))
   # 节点a的入度邻居
```

12.4 有向多图：平行边

本书前文介绍过无向图的**多图** (multigraph)，即允许在同一对节点之间存在**平行边** (parallel edge)，也叫**重边**。

图12.7所示为用NetworkX绘制的有向多图。节点a和b之间有两条有向边，节点a和c之间也有两条有向边。

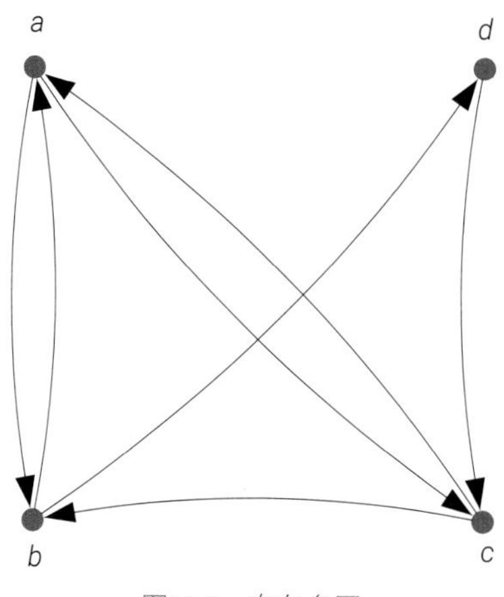

图12.7　有向多图

代码12.5绘制了图12.7。请大家格外注意ⓓ和ⓔ两句。ⓓ人为设定每个节点在平面上的坐标位置。ⓔ在使用networkx.draw_networkx() 绘图时，通过pos参数输入每个节点坐标，利用connectionstyle将有向边设为圆弧，并指定弧度。

代码12.5　用NetworkX绘制有向多图 | Bk6_Ch12_02.ipynb

```
import matplotlib.pyplot as plt
import networkx as nx

directed_G = nx.MultiDiGraph()
# 创建有向图的实例

directed_G.add_nodes_from(['a', 'b', 'c', 'd'])
# 添加多个节点

directed_G.add_edges_from([('b','a'),
                           ('a','b'),
                           ('c','b'),
                           ('b','d'),
                           ('d','c'),
                           ('a','c'),
                           ('c','a')])
# 增加一组有向边

# 人为设定节点位置
nodePosDict = {'b':[0, 0],
               'c':[1, 0],
               'd':[1, 1],
               'a':[0, 1]}

plt.figure(figsize = (6,6))
nx.draw_networkx(directed_G,
                 pos = nodePosDict,
                 arrowsize = 28,
                 connectionstyle = 'arc3, rad = 0.1',
                 node_size = 180)
plt.savefig('G_D_4节点_7边.svg')
```

12.5 三元组：三个节点的16种关系

图12.8所示为16种可能的**三元组** (triad)。三元组类型是指在社交网络或其他网络中，根据节点之间的连接关系，将节点组合成不同类型的三元组。三元组由三个节点组成，它们之间存在特定的连接模式。

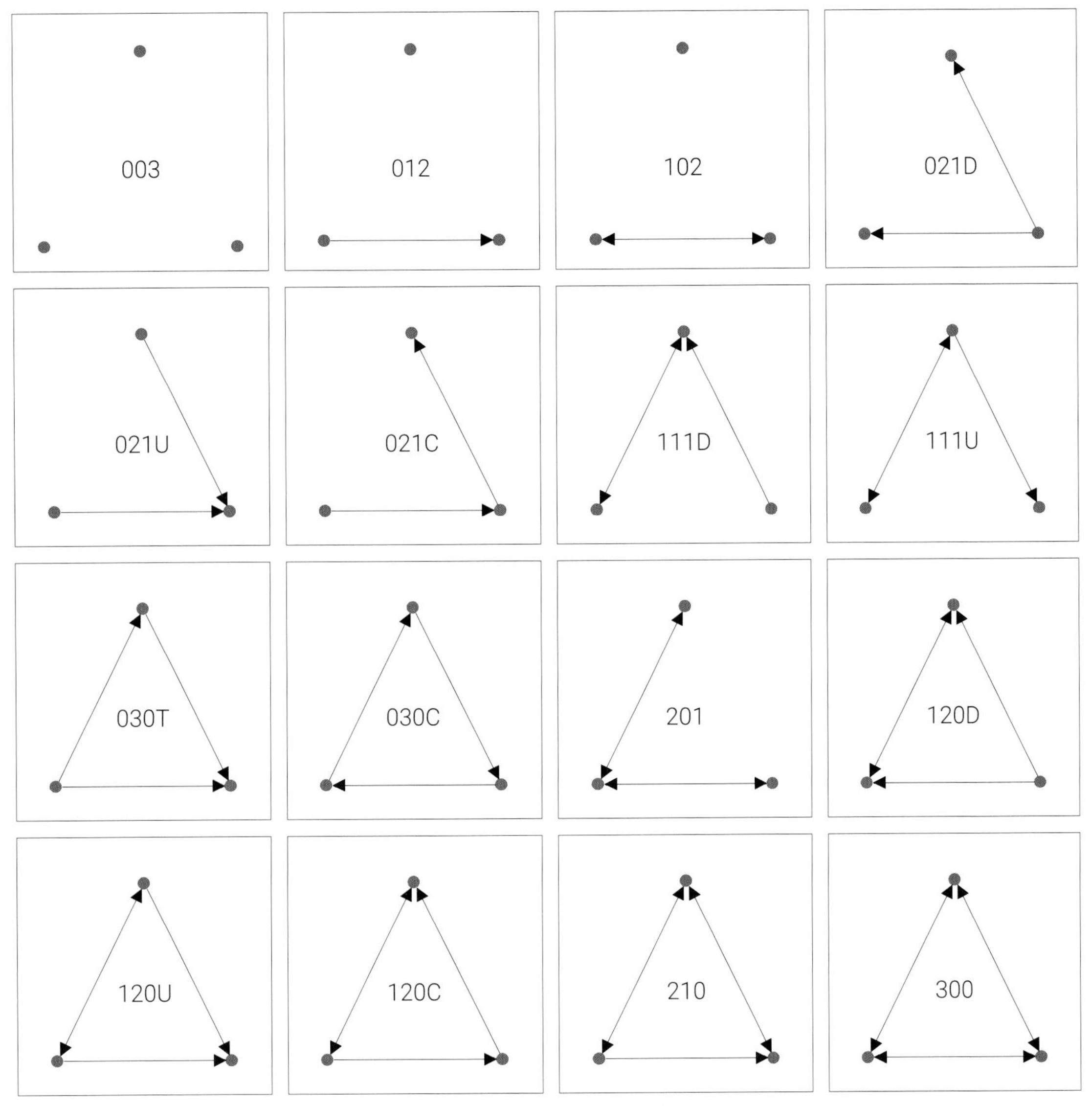

图12.8　16种三元组类型

图12.8中，每个三元组都有自己的标号。其中，标号的前三位数字分别表示相互、非对称、空值二元组 (即双向、单向、非连接边) 的数量；字母表示方向，分别是**向上** (up，U)、**向下** (down，D)、**循环** (cyclical，C) 或**传递** (transitive，T)。

三元组常用在社交网络分析中。对三元组感兴趣的读者可以参考：

◀ http://www.stats.ox.ac.uk/~snijders/Trans_Triads_ha.pdf

代码12.6绘制了图12.8，下面讲解其中关键语句。

ⓐ创建列表，其中为16种三元组代号的字符串。

ⓑ用networkx.triad_graph() 根据三元组代号创建图。

ⓒ用networkx.draw_networkx() 绘制图，节点位置用nx.planar_layout()生成。

ⓓ用text()方法在子图轴上添加三元组代号。字号为15 pt，字体为Roboto Light，水平居中对齐。

代码12.6　绘制16种三元组 | Bk6_Ch12_03.ipynb

```python
import networkx as nx
import matplotlib.pyplot as plt

# 16种三元组的名称
list_triads = ('003', '012', '102', '021D',
               '021U', '021C', '111D', '111U',
               '030T', '030C', '201', '120D',
               '120U', '120C', '210', '300')

# 可视化

fig, axes = plt.subplots(4, 4, figsize = (10, 10))

for triad_i, ax in zip(list_triads, axes.flatten()):
    G = nx.triad_graph(triad_i)
    # 根据代号创建三元组
    # 绘制三元组
    nx.draw_networkx(
        G,
        ax = ax,
        with_labels = False,
        node_size = 58,
        arrowsize = 20,
        width = 0.25,
        pos = nx.planar_layout(G))

    ax.set_xlim(val * 1.2 for val in ax.get_xlim())
    ax.set_ylim(val * 1.2 for val in ax.get_ylim())

    # 增加三元组名称
    ax.text(0,0,triad_i,
        fontsize = 15,
        font = 'Roboto',
        fontweight = "light",
        horizontalalignment = "center")
fig.tight_layout()
plt.savefig('16种三元组.svg')
plt.show()
```

图12.9显然不是三元组，因为节点数为4。但是这幅有向图却包含了4个三元组，具体如图12.10所示。

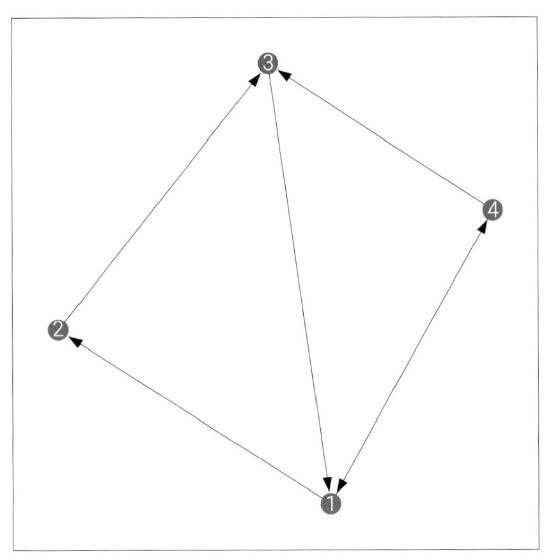

图12.9 图中包含若干三元组

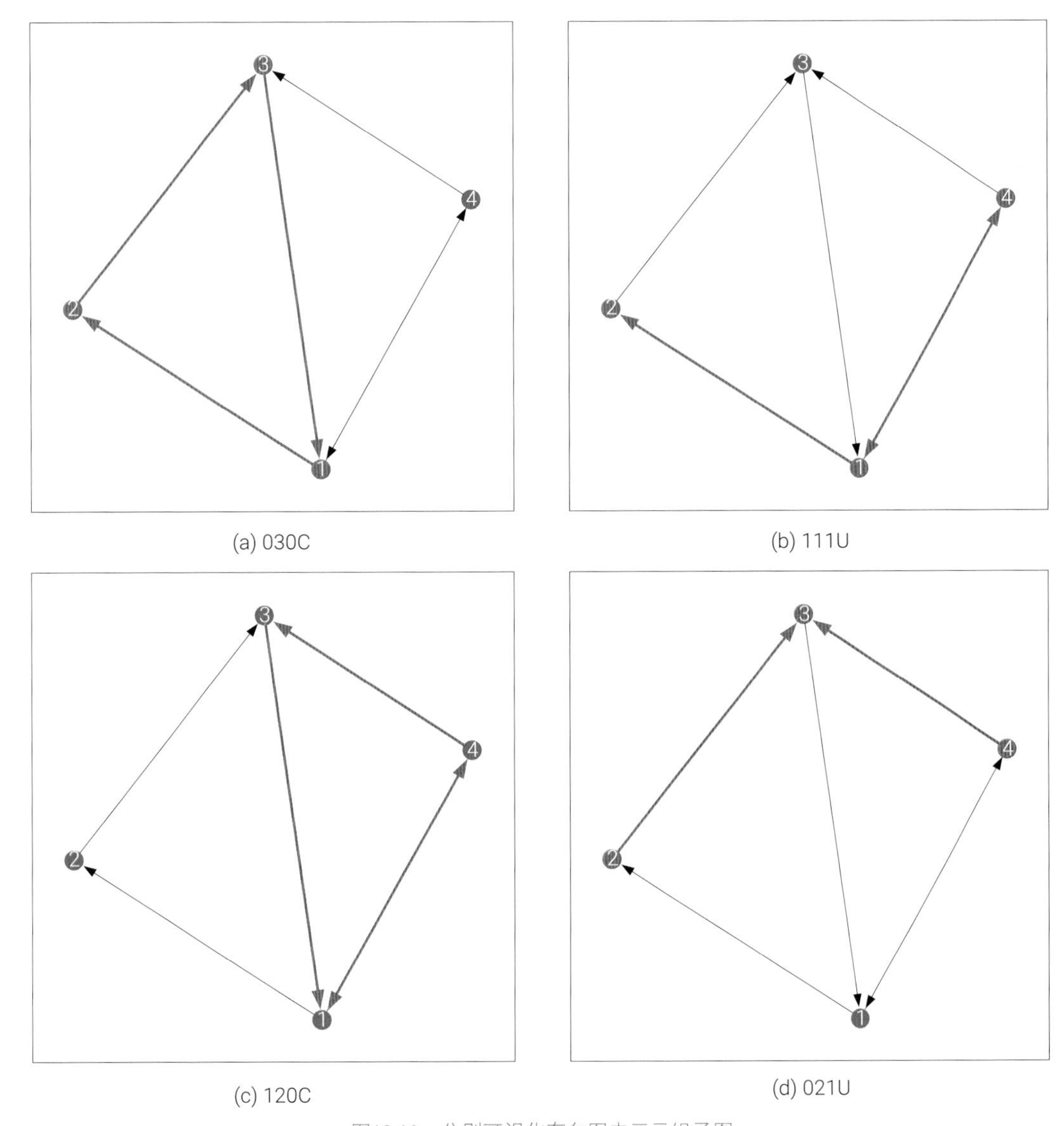

图12.10 分别可视化有向图中三元组子图

代码12.7绘制了图12.9和图12.10，下面讲解其中关键语句。

ⓐ用networkx.DiGraph() 创建有向图。

ⓑ用networkx.is_triad() 判断有向图是否为三元组。

ⓒfor循环中用networkx.all_triads()找到有向图中所有三元组子图。

ⓓ用networkx.draw_networkx_nodes() 绘制三元组子图的节点。

ⓔ用networkx.draw_networkx_edges() 绘制三元组子图的有向边。下一章会专门介绍ⓓ和ⓔ用到的可视化函数。

代码12.7 寻找图中三元组子图 | Bk6_Ch12_04.ipynb

```
import networkx as nx
import matplotlib.pyplot as plt

# 创建有向图
G = nx.DiGraph([(1, 2), (2, 3),
                (3, 1), (4, 3),
                (4, 1), (1, 4)])

pos = nx.spring_layout(G,seed = 68)

# 可视化
plt.figure(figsize = (8, 8))
nx.draw_networkx(G,
                 pos = pos,
                 with_labels = True)
plt.savefig('有向图.svg')

# 判断G是否为三元组triad
nx.is_triad(G)

# 寻找并可视化G中三元组子图

fig, axes = plt.subplots(2, 2,
                         figsize = (8,8))

axes = axes.flatten()

for triad_i, ax_i in zip(nx.all_triads(G),axes):

    nx.draw_networkx(G,
                     pos = pos,
                     ax = ax_i,
                     width = 0.25,
                     with_labels = False)

    # 绘制三元组子图
    nx.draw_networkx_nodes(G, nodelist = triad_i.nodes,
                           node_color = 'r',
                           ax = ax_i,
                           pos = pos)
```

```
    nx.draw_networkx_edges(G, edgelist = triad_i.edges,
                           edge_color = 'r',
                           width = 1,
                           ax = ax_i,
                           pos = pos)
    ax_i.set_title(nx.triad_type(triad_i))
plt.savefig('有向图中4个三元组子图.svg')
```

12.6 NetworkX创建图

NetworkX可以通过不同数据类型创建图，本节简单介绍常见的几种数据类型。

列表

图12.11所示为通过列表数据创建的无向图、有向图。

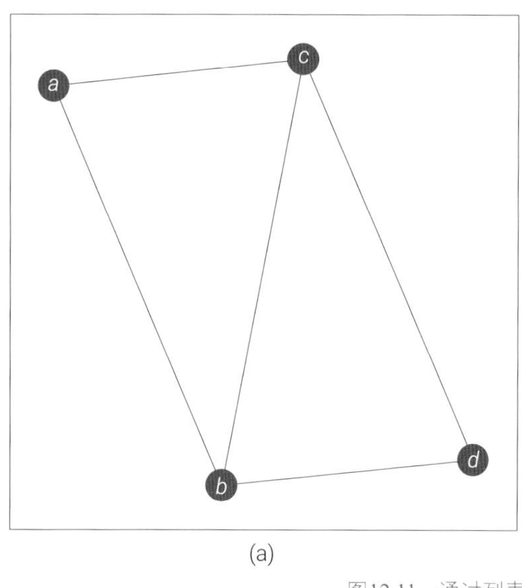

(a)

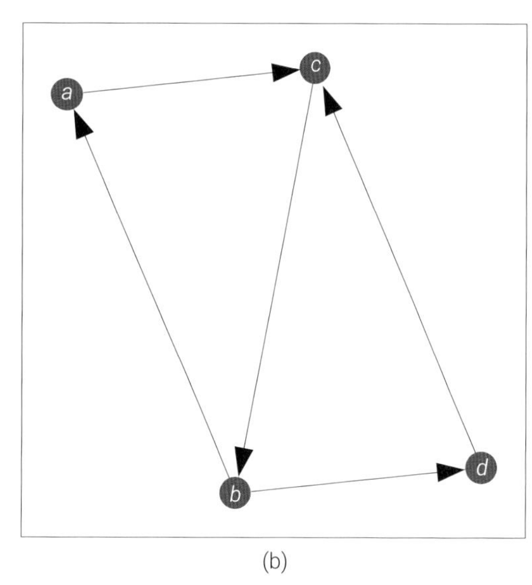

(b)

图12.11　通过列表创建的无向图、有向图

代码12.8绘制了图12.11，下面讲解其中关键语句。

ⓐ创建列表，列表元素为元组；元组中第一个字符表示始点，第二个字符表示终点。对于无向图，调转始点、终点无所谓。

ⓑ用networkx.from_edgelist() 从列表数据创建无向图；注意，需要通过create_using = nx.Graph() 指定图的类型为无向图。其他图的类型可以是nx.DiGraph()、nx.MultiGraph()、nx.MultiDiGraph()等。

ⓒ利用networkx.spring_layout() 布局节点位置。

ⓓ利用networkx.draw_networkx() 绘制无向图。参数pos控制节点位置，参数node_color指定节点颜色，with_labels = True展示节点标签，node_size指定节点大小。

ⓔ用networkx.from_edgelist() 从列表数据创建有向图，create_using = nx.DiGraph() 指定图的类型为有向图。

ⓕ同样利用networkx.draw_networkx() 绘制有向图。

代码12.8 利用列表数据创建图 | Bk6_Ch12_05.ipynb

```
import pandas as pd
import networkx as nx
import matplotlib.pyplot as plt

# 创建list
edgelist = [('b', 'a'),
            ('b', 'd'),
            ('d', 'c'),
            ('c', 'b'),
            ('a', 'c')]

# 创建无向图
G = nx.from_edgelist(edgelist,
                     create_using = nx.Graph())

# 可视化
plt.figure(figsize = (6,6))
pos = nx.spring_layout(G, seed = 88)
nx.draw_networkx(G,
                 pos = pos,
                 node_color = '#0058FF',
                 with_labels = True,
                 node_size = 188)

# 创建有向图
Di_G = nx.from_edgelist(edgelist,
                        create_using = nx.DiGraph())

# 可视化
plt.figure(figsize = (6,6))
nx.draw_networkx(Di_G,
                 pos = pos,
                 node_color = '#0058FF',
                 with_labels = True,
                 node_size = 188)
```

数据帧

图12.12所示为通过数据帧创建的无向图、有向图。这两幅图用表12.1所示的数据帧。这个数据帧有4列，第1、2列分别代表边的起点、终点 (当然，对于无向图，这两列数据被视作节点，并无差别)。第3列edge_key是边的名称，第4列weight是边的权重。

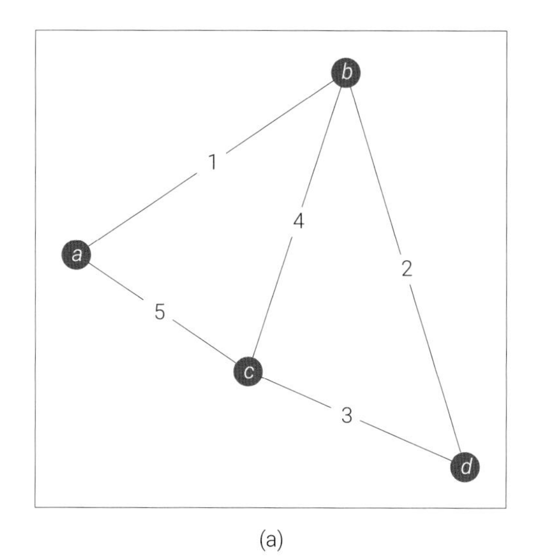

(a)

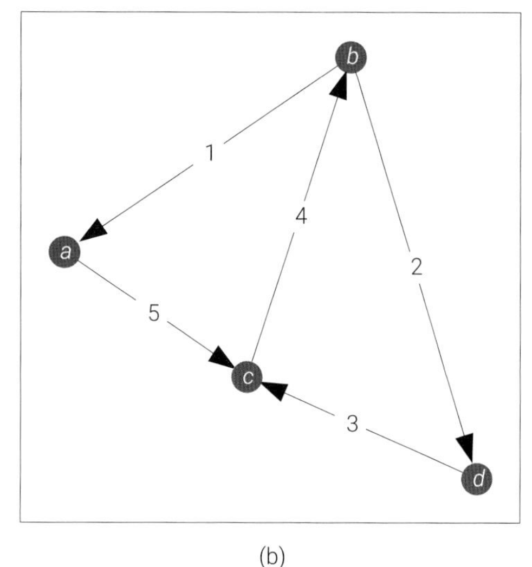

(b)

图12.12　通过数据帧创建的无向图、有向图

表12.1　用来创建无向图、有向图的数据帧

	source	target	edge_key	weight
0	*b*	*a*	*ba*	1
1	*b*	*d*	*bd*	2
2	*d*	*c*	*dc*	3
3	*c*	*b*	*cb*	4
4	*a*	*c*	*ac*	5

代码12.9绘制了图12.12，下面讲解其中关键语句。

ⓐ用pandas.DataFrame() 创建数据帧，4列5行。

ⓑ用networkx.from_pandas_edgelist() 从数据帧创建无向图。

参数source = "source"指定始点对应的列，参数target = "target"指定终点对应的列；对于无向图，始点、终点顺序不重要。

参数edge_key = "edge_key"指定边的标签对应的列，参数edge_attr = ["weight"] 指定边的权重。

参数create_using = nx.Graph() 确定创建的是无向图。

ⓒ用networkx.get_edge_attributes() 获取无向图G的边权重作为边标签。

ⓓ用networkx.draw_networkx()绘制无向图。大家可以尝试使用networkx.draw() 绘制图；此外，本书后文会介绍其他绘制无向图的方法。

ⓔ用networkx.draw_networkx_edge_labels()在图上增加边标签。

ⓕ用networkx.from_pandas_edgelist() 从数据帧创建有向图。

参数create_using = nx.DiGraph() 确定创建的是无向图。

代码12.9　利用数据帧数据创建图 | Bk6_Ch12_06.ipynb

```
import pandas as pd
import networkx as nx
import numpy as np
import matplotlib.pyplot as plt
# 创建数据帧
```

```
edges_df = pd.DataFrame({
    'source': ['b', 'b', 'd', 'c', 'a'],
    'target': ['a', 'd', 'c', 'b', 'c'],
    'edge_key': ['ba', 'bd', 'dc', 'cb', 'ac'],
    'weight': [1, 2, 3, 4, 5]})

# 创建无向图
G = nx.from_pandas_edgelist(
    edges_df,
    source = "source",
    target = "target",
    edge_key = "edge_key",
    edge_attr = ["weight"],
    create_using = nx.Graph())

# 边权重
G_edge_labels = nx.get_edge_attributes(G, "weight")

# 可视化
plt.figure(figsize = (6,6))
pos = nx.spring_layout(G, seed = 28)
nx.draw_networkx(G,
                 pos = pos,
                 node_color = '#0058FF',
                 with_labels = True,
                 node_size = 188)
nx.draw_networkx_edge_labels(G, pos,
                             G_edge_labels)
plt.savefig('无向图.svg')

# 创建有向图
Di_G = nx.from_pandas_edgelist(
    edges_df,
    source = "source",
    target = "target",
    edge_key = "edge_key",
    edge_attr = ["weight"],
    create_using = nx.DiGraph())

# 边权重
Di_G_edge_labels = nx.get_edge_attributes(Di_G, "weight")

# 可视化
plt.figure(figsize = (6,6))
nx.draw_networkx(Di_G,
                 pos = pos,
                 node_color = '#0058FF',
                 with_labels = True,
                 node_size = 188)
nx.draw_networkx_edge_labels(Di_G, pos,
                             Di_G_edge_labels)
plt.savefig('有向图.svg')
```

图12.12也同时告诉我们有向图也可以是有权图，即**有权有向图** (weighted directed graph)。图12.13比较了四种图——**无权无向图** (unweighted undirected graph)、**有权无向图** (weighted undirected graph)、**无权有向图** (unweighted directed graph)、**有权有向图** (weighted directed graph)。

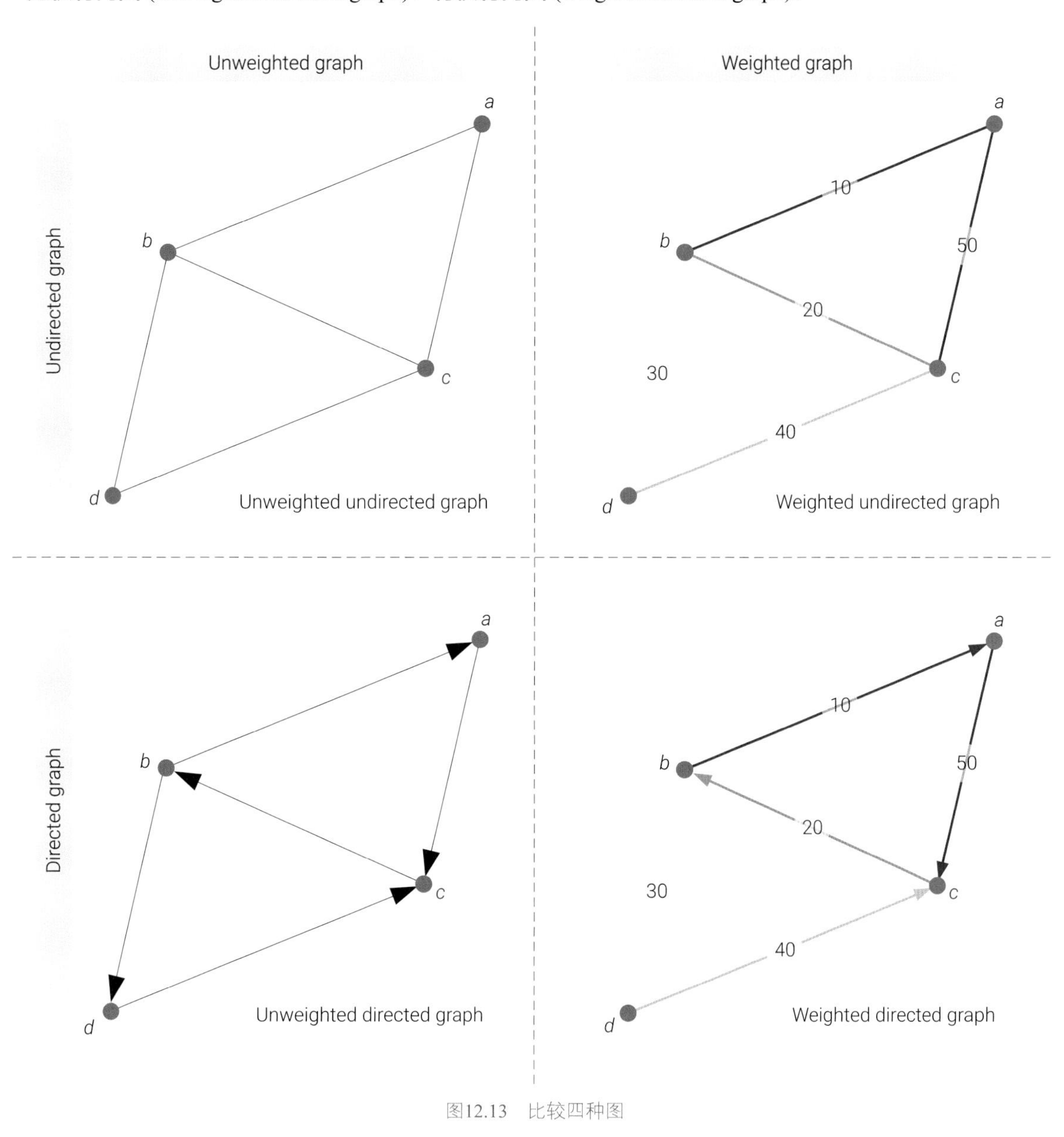

图12.13 比较四种图

无权无向图、无权有向图合称为**无权图** (unweighted graph)；有权无向图、有权有向图合称为**有权图** (weighted graph)。

NumPy数组

NetworkX也允许通过NumPy数组创建无向图、有向图；只不过相比前面介绍的两种创建图的方法，NumPy数组的结构显得“别有洞天”！

以下数据是用来构造图12.11 (a) 无向图的矩阵：

$$\begin{array}{c} \\ a \\ b \\ c \\ d \end{array}\begin{array}{c} \begin{matrix} a & b & c & d \end{matrix} \\ \begin{bmatrix} 0 & 1 & 1 & 0 \\ 1 & 0 & 1 & 1 \\ 1 & 1 & 0 & 1 \\ 0 & 1 & 1 & 0 \end{bmatrix} \end{array} \tag{12.4}$$

矩阵为4行4列矩阵的每行代表4个节点，a、b、c、d；矩阵的每列也代表4个节点，a、b、c、d。矩阵中1代表存在一条边，0代表不存在边。比如，矩阵中第1行、第2列元素为1，代表节点a、b之间存在一条边。

显然，式(12.4) 为对称矩阵；这是因为，无向图一条边的两个端点可以调换顺序。

以下数据是用来构造图12.11 (b) 有向图的矩阵：

$$\begin{array}{c} \\ a \\ b \\ c \\ d \end{array}\begin{array}{c} \begin{matrix} a & b & c & d \end{matrix} \\ \begin{bmatrix} 0 & 0 & 1 & 0 \\ 1 & 0 & 0 & 1 \\ 0 & 1 & 0 & 0 \\ 0 & 0 & 1 & 0 \end{bmatrix} \end{array} \tag{12.5}$$

图12.14的有向图有5条边，式(12.5) 矩阵有5个1。图12.14展示了式(12.5) 矩阵和有向图之间关系。请大家自行指出有向边cb对应哪个元素。

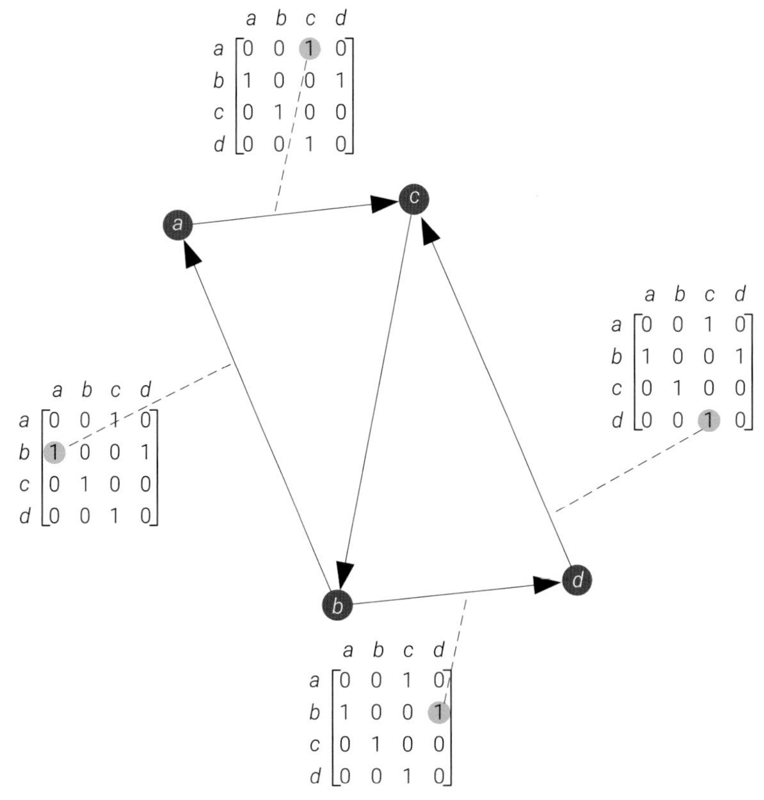

图12.14　通过邻接矩阵创建的有向图

很明显式(12.5) 这个矩阵不对称。

看到这里大家是否想到本书前文说过的一句话——图就是矩阵，矩阵就是图！

而式(12.4) 和式(12.5) 所示的矩阵有自己的名字——**邻接矩阵** (adjacency matrix)，这是本书后文要介绍的重要内容之一。

代码12.10利用NumPy数组 (邻接矩阵) 创建图12.11中无向图、有向图，下面讲解其中关键语句。

ⓐ用numpy.array() 创建NumPy数组，代表无向图的邻接矩阵。

ⓑ利用networkx.from_numpy_array() 根据邻接矩阵创建无向图，需要通过参数create_using = nx.Graph指定创建无向图。

ⓒ创建字典用于节点标签映射。无向图默认节点标签为由0开始的非负整数。

ⓓ用networkx.relabel_nodes() 修改无向图节点标签。

ⓔ用numpy.array() 创建NumPy数组，代表有向图的邻接矩阵。

ⓕ利用networkx.from_numpy_array() 根据邻接矩阵创建有向图，需要通过参数create_using = nx.DiGraph指定创建有向图。

ⓖ也用networkx.relabel_nodes() 修改有向图节点标签。

代码12.10　利用NumPy数组 (邻接矩阵) 创建图 | Bk6_Ch12_07.ipynb

```
import pandas as pd
import networkx as nx
import numpy as np
import matplotlib.pyplot as plt

matrix_G = np.array([[0, 1, 1, 0],
                     [1, 0, 1, 1],
                     [1, 1, 0, 1],
                     [0, 1, 1, 0]])
# 定义无向图邻接矩阵

# 用邻接矩阵创建无向图
G = nx.from_numpy_array(matrix_G,
                        create_using = nx.Graph)

# 修改节点标签
mapping = {0: "a", 1: "b", 2: "c", 3: "d"}
G = nx.relabel_nodes(G, mapping)

matrix_Di_G = np.array([[0, 0, 1, 0],
                        [1, 0, 0, 1],
                        [0, 1, 0, 0],
                        [0, 0, 1, 0]])
# 定义有向图邻接矩阵

# 用邻接矩阵创建有向图
Di_G = nx.from_numpy_array(matrix_Di_G,
                           create_using = nx.DiGraph)

# 修改节点标签
Di_G = nx.relabel_nodes(Di_G, mapping)
```

大家可能会好奇既然我们可以用所谓的邻接矩阵来表达图12.11的无权无向图、有向图，能不能也用类似的矩阵形式表达图12.12中有权无向图、有向图？答案是肯定的！

代码12.11便可以创建图12.12中有权无向图、有向图，请大家自行分析这段代码。

代码12.11　利用NumPy数组（邻接矩阵）创建有权图 | Bk6_Ch12_08.ipynb

```
import pandas as pd
import networkx as nx
import numpy as np
import matplotlib.pyplot as plt

a matrix_G = np.array([[0, 1, 5, 0],
                       [1, 0, 4, 2],
                       [5, 4, 0, 3],
                       [0, 2, 3, 0]])
# 定义无向图邻接矩阵

# 用邻接矩阵创建无向图
b G = nx.from_numpy_array(matrix_G,
                          create_using = nx.Graph)

# 修改节点标签
c mapping = {0: "a", 1: "b", 2: "c", 3: "d"}
d G = nx.relabel_nodes(G, mapping)

e matrix_Di_G = np.array([[0, 0, 5, 0],
                          [1, 0, 0, 2],
                          [0, 4, 0, 0],
                          [0, 0, 3, 0]])
# 定义有向图邻接矩阵

# 用邻接矩阵创建有向图
f Di_G = nx.from_numpy_array(matrix_Di_G,
                             create_using = nx.DiGraph)

# 修改节点标签
g Di_G = nx.relabel_nodes(Di_G, mapping)
```

在图论中，图可以分为无向图和有向图两种基本类型。无向图中的边没有方向，即连接两个节点的边不区分起点和终点。有向图中的边有方向，即连接两个节点的边有明确的起点和终点。

下一章将专门讲解用NetworkX可视化图。

13 Visualize Graphs Using NetworkX
图的可视化
用NetworkX可视化图

这些无限空间的永恒寂静，让我感到深深恐惧。

The eternal silence of these infinite spaces fills me with dread.

—— 布莱兹·帕斯卡 (Blaise Pascal) | 法国哲学家、科学家 | 1623 — 1662年

- `networkx.draw_networkx_nodes()` 绘制节点
- `networkx.draw_networkx_labels()` 添加节点标签
- `networkx.draw_networkx_edges()` 绘制边
- `networkx.draw_networkx_edge_labels()` 添加边标签
- `networkx.spring_layout()` 使用弹簧模型算法布局节点
- `networkx.complete_bipartite_graph()` 创建完全二分图
- `networkx.dodecahedral_graph()` 创建十二面体图
- `networkx.greedy_color()` 贪心着色算法
- `networkx.star_graph()` 绘制星型图
- `sklearn.datasets.load_iris()` 加载数据
- `sklearn.metrics.pairwise.euclidean_distances()` 计算成对欧氏距离矩阵

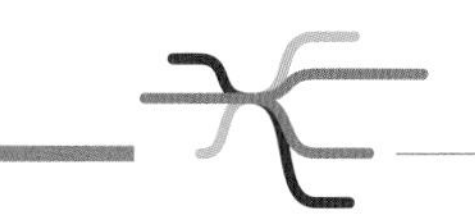

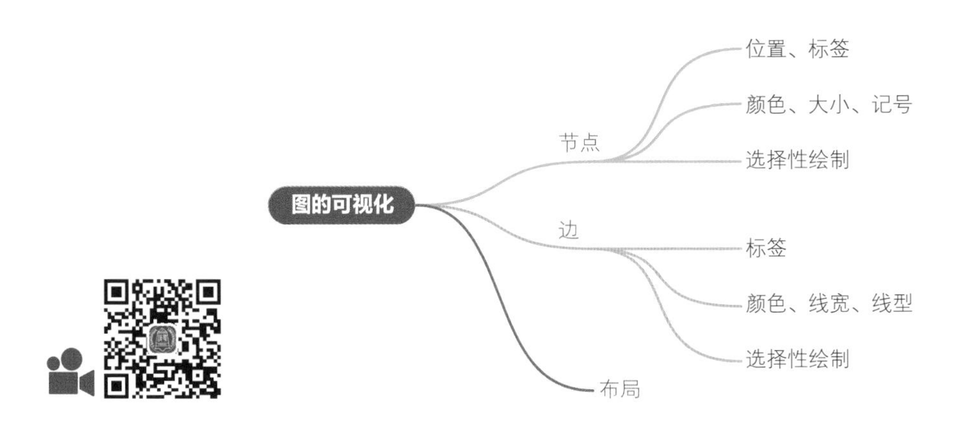

13.1 节点位置

本章专门介绍如何用NetworkX可视化图。本书前文，我们用networkx.draw_networkx() 绘制过有向图和无向图，本节简单回顾一下这个函数的基本用法。

用networkx.draw_networkx() 绘制图时，我们可以利用参数pos指定节点位置布局。图13.1(a) 利用networkx.spring_layout() 产生节点位置布局，这个函数使用弹簧模型算法将图的节点布局在平面上，模拟节点间的弹簧力和斥力关系。

图13.1 (b) 则直接输入节点位置坐标的字典。这些位置坐标由随机数发生器生成。

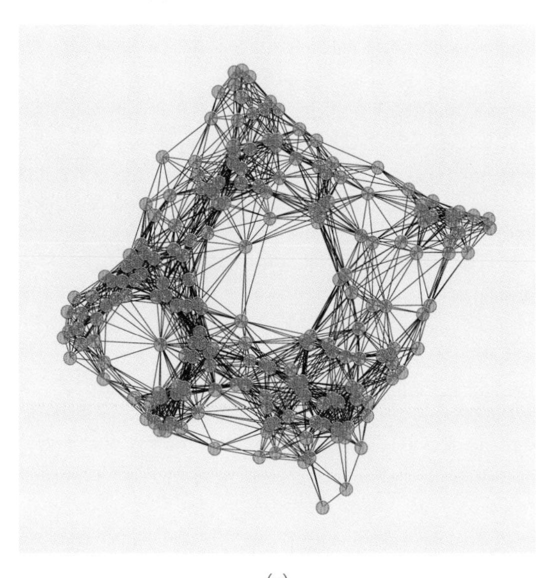

(a)

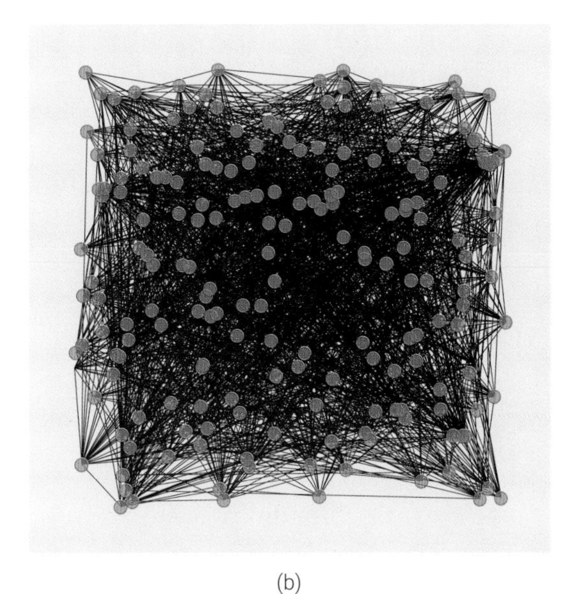

(b)

图13.1 使用networkx.draw_networkx() 绘制图，节点位置布局

代码13.1绘制了图13.1，下面讲解其中关键语句。

ⓐ用networkx.random_geometric_graph()创建无向图。第一个参数为节点数，第二个参数为半径大小。

ⓑ利用networkx.spring_layout() 产生节点位置布局。这个函数返回值是一个字典，包含了每个节点的序号 (key) 和平面坐标 (value)。

ⓒ用networkx.draw_networkx() 绘制图，如图13.1 (a) 所示。参数pos控制节点位置。

ⓓ用numpy.random.rand() 生成随机数作为节点坐标点。

ⓔ创建节点坐标字典。

ⓕ再次用networkx.draw_networkx() 绘制图，如图13.1 (b) 所示。参数pos为ⓔ创建的节点坐标字典。

代码13.1 用networkx.draw_networkx() 绘制图，布置节点 | Bk6_Ch13_01.ipynb

```python
import matplotlib.pyplot as plt
import networkx as nx
import numpy as np

# 创建无向图
G = nx.random_geometric_graph(200, 0.2, seed = 888)   # a

# 使用弹簧模型算法布局节点
pos = nx.spring_layout(G, seed = 888)   # b

# 可视化
plt.figure(figsize = (6,6))
nx.draw_networkx(G,   # c
                 pos = pos,
                 with_labels = False,
                 node_size = 68)
plt.savefig('节点布局，弹簧算法布局.svg')

# 自定义节点位置
data_loc = np.random.rand(200,2)   # d
# 随机数发生器生成节点平面坐标

# 创建节点位置坐标字典
pos_loc = {i: (data_loc[i, 0], data_loc[i, 1])   # e
           for i in range(len(data_loc))}

# 可视化
plt.figure(figsize = (6,6))
nx.draw_networkx(G,   # f
                 pos = pos_loc,
                 with_labels = False,
                 node_size = 68)
plt.savefig('节点布局，随机数.svg')
```

图13.2所示为利用networkx.draw_networkx() 绘制的**完全二分图** (complete bipartite graph)。绘制时，通过“节点-坐标”字典设置节点位置。Bk6_Ch13_02.ipynb中绘制了图13.2，代码相对简单，请大家自行学习。

完全二分图是一种特殊的图，下一章介绍相关内容。

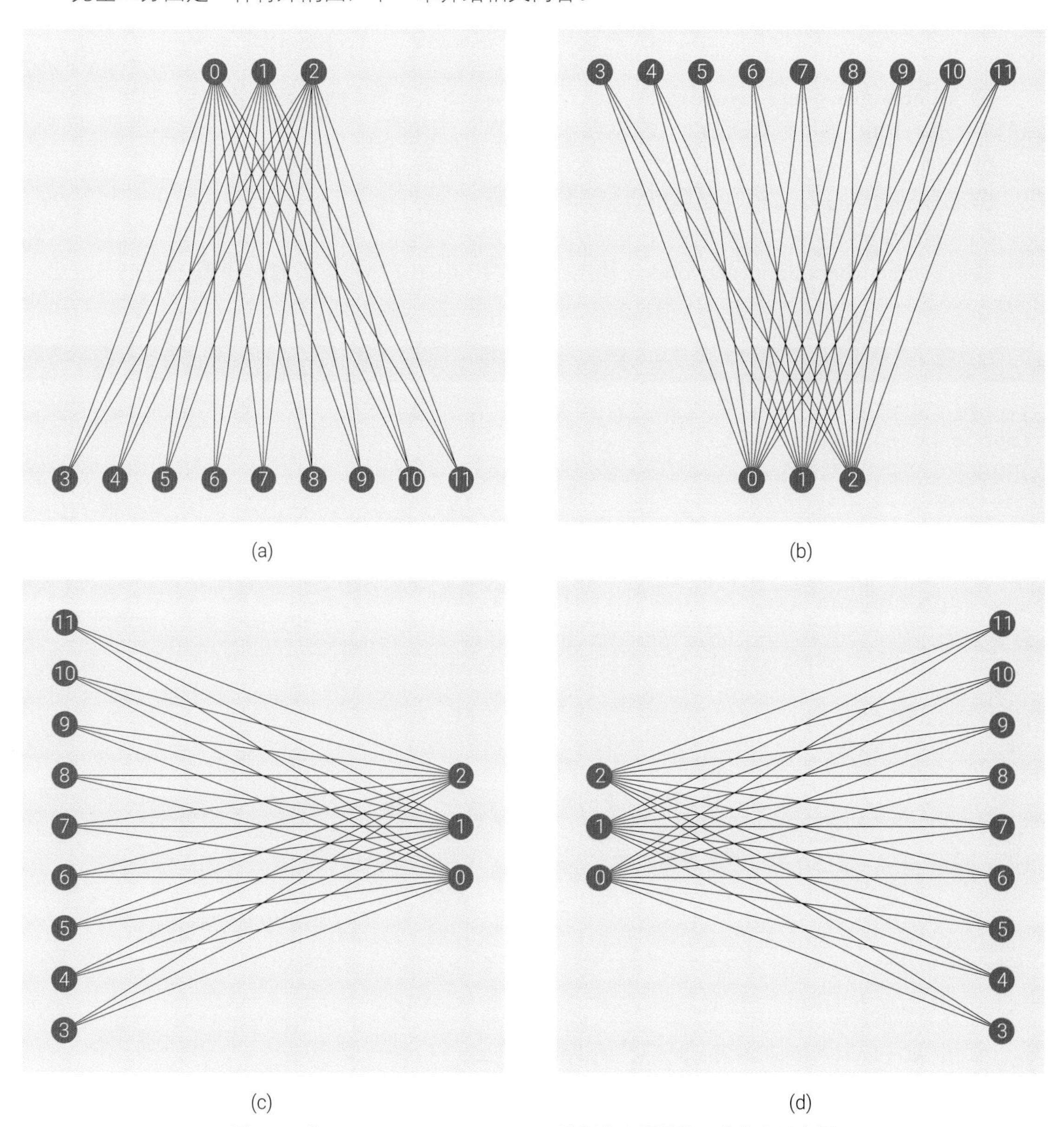

图13.2　使用networkx.draw_networkx() 绘制完全两分图，节点位置布局

类似networkx.spring_layout()，NetworkX还提供很多其他节点布局方案。图13.3所示为圆周布局和螺旋布局。请大家自行学习Bk6_Ch13_03.ipynb中的代码。

图13.4给出的这个例子，除了编号为5的节点之外，其余节点均为圆周布局。这个例子来自NetworkX，下面讲解其中关键语句。

ⓐ选定需要调整坐标位置节点编号，即编号为5的节点。

ⓑ获取剔除节点5的节点子集edge_nodes。

ⓒ首先用G.subgraph(edge_nodes)构造子图，然后再用networkx.circular_layout() 获取节点子集的圆周布局，结果为字典。

ⓓ在pos字典中增加节点5的坐标键值对。

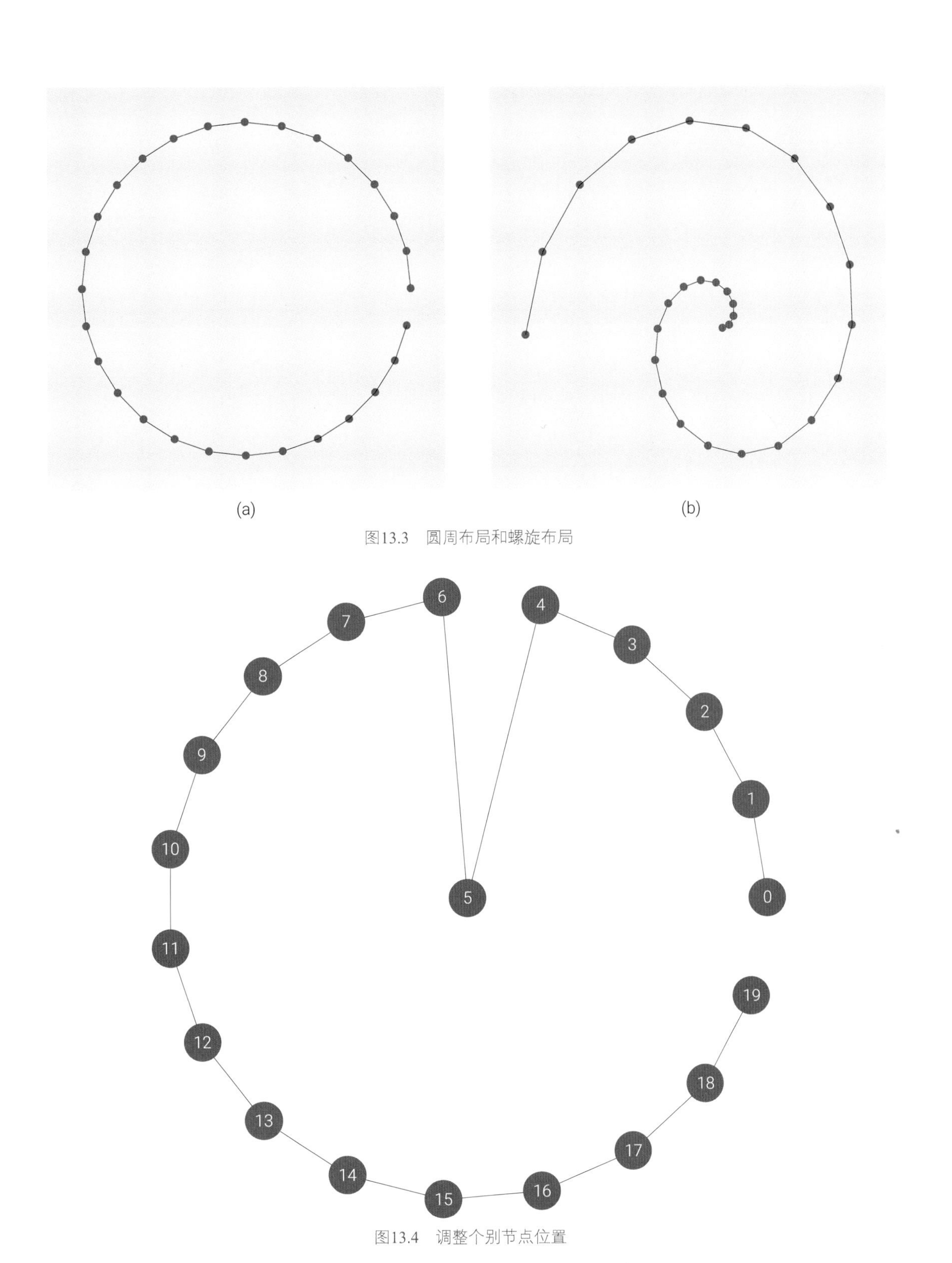

图13.3 圆周布局和螺旋布局

图13.4 调整个别节点位置

Bk6_Ch13_04.ipynb中还给出了另外一个调整节点坐标的方案，请大家对比学习。

代码13.2 调整个别节点位置 | Bk6_Ch13_04.ipynb

```
import networkx as nx
import numpy as np
import matplotlib.pyplot as plt

# 创建图
G = nx.path_graph(20)

# 需要调整位置的节点序号
center_node = 5  # a

# 剩余节点子集
edge_nodes = set(G) - {center_node}  # b
# {0, 1, 2, 3, 4,
# 6, 7, 8, 9, 10, 11, 12,
# 13, 14, 15, 16, 17, 18, 19}

# 圆周布局(除了节点5以外)
pos = nx.circular_layout(G.subgraph(edge_nodes))  # c

# 在字典中增加一个键值对，节点5的坐标
pos[center_node] = np.array([0, 0])  # d

# 可视化
plt.figure(figsize = (6,6))
nx.draw_networkx(G, pos, with_labels = True)
plt.savefig('调整节点位置.svg')
```

13.2 节点装饰

如图13.5所示，使用networkx.draw_networkx() 绘制图时对节点进行装饰。

图13.5(a) 没有显示节点标签，调整了节点大小和透明度。

图13.5(b) 调整了节点marker类型，修改了节点颜色。

图13.5(c) 用颜色映射 'RdYlBu_r' 渲染节点颜色。

图13.5(d) 调整了用颜色映射 'hsv' 渲染节点颜色，同时用随机数控制节点大小。

Bk6_Ch13_05.ipynb中绘制了图13.5，代码相对比较简单，请大家自行学习。

图13.6所示为**十二面体图** (dodecahedral graph)，有20个节点、30条边。《数学要素》介绍过**正十二面体** (dodecahedron) 是**柏拉图立体** (Platonic solid) 的一种；同理，十二面体图也是**柏拉图图** (Platonic graph) 的一种。

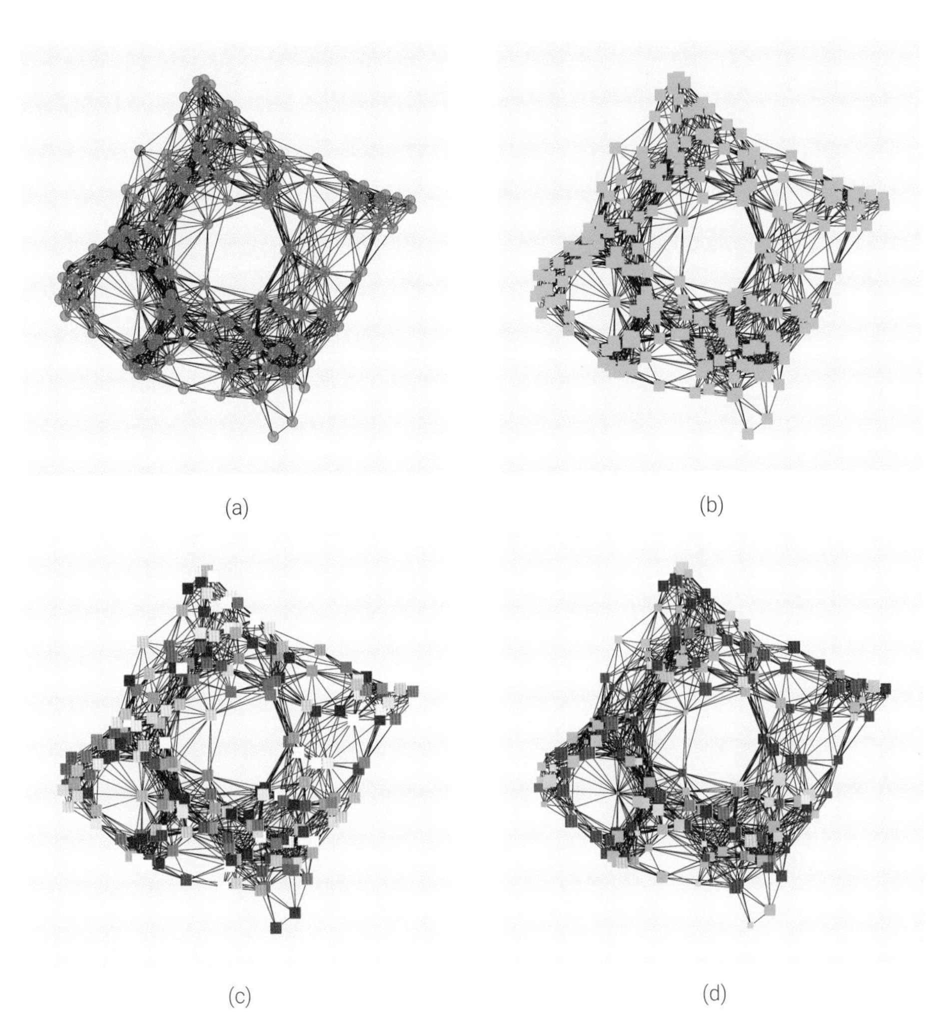

图13.5 使用networkx.draw_networkx() 绘制图，节点装饰

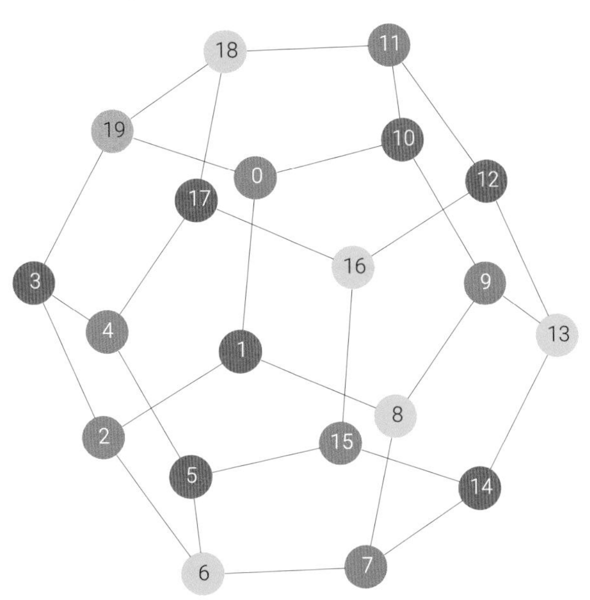

图13.6 使用networkx.draw_networkx() 绘制十二面体图，图着色问题

图13.6所示的十二面体图每两个相邻节点的着色不同；整幅图一共采用了4种不同颜色。这幅图展示的实际上是图着色问题。这个问题起源于地图着色，用不同的颜色为地图不同区域着色，要求相邻区域颜色不同，并且整张地图所用颜色种类最少。图13.6这个例子来自NetworkX官方，本书对其代码稍作修改。下面讲解代码13.3的关键语句。

ⓐ用networkx.dodecahedral_graph() 创建十二面体图。

ⓑ用networkx.greedy_color() 对十二面体图完成贪心算法着色。

ⓒ自定义颜色映射，0~3整数分别对应不同颜色。

ⓓ完成每个节点的颜色映射，结果为一个列表。

ⓔ用networkx.draw_networkx() 完成十二面体图的可视化。

代码13.3 用networkx.draw_networkx() 绘制十二面体图，图着色问题 | Bk6_Ch13_06.ipynb

```
import numpy as np
import networkx as nx
import matplotlib.pyplot as plt

# 创建十二面体图
G = nx.dodecahedral_graph()                                   # a

# 贪心着色算法
graph_color_code = nx.greedy_color(G)                         # b

# 特殊颜色，{0, 1, 2, 3}
unique_colors = set(graph_color_code.values())

# 颜色映射
color_mapping = {0: '#0099FF',                                # c
                 1: '#FF6600',
                 2: '#99FF33',
                 3: '#FF99FF'}

# 完成每个节点的颜色映射
node_colors = [color_mapping[graph_color_code[n]]             # d
               for n in G.nodes()]

# 节点位置布置
pos = nx.spring_layout(G, seed = 14)

# 可视化
fig, ax = plt.subplots(figsize = (6,6))
nx.draw_networkx(                                             # e
    G,
    pos,
    with_labels = True,
    node_size = 500,
    node_color = node_colors,
    edge_color = "grey",
    font_size = 12,
    font_color = "#333333",
    width = 2)
plt.savefig('十二面体图，着色问题.svg')
```

13.3 边装饰

如图13.7所示，在用networkx.draw_networkx() 绘制图时对边进行装饰。

图13.7 (a) 修改了边的颜色和线宽。请大家自己参考技术文档，修改边的线型。

图13.7 (b) 用颜色映射 'hsv' 渲染边的权重。

Bk6_Ch13_07.ipynbk中绘制了图13.7，代码相对比较简单，请大家自行学习。

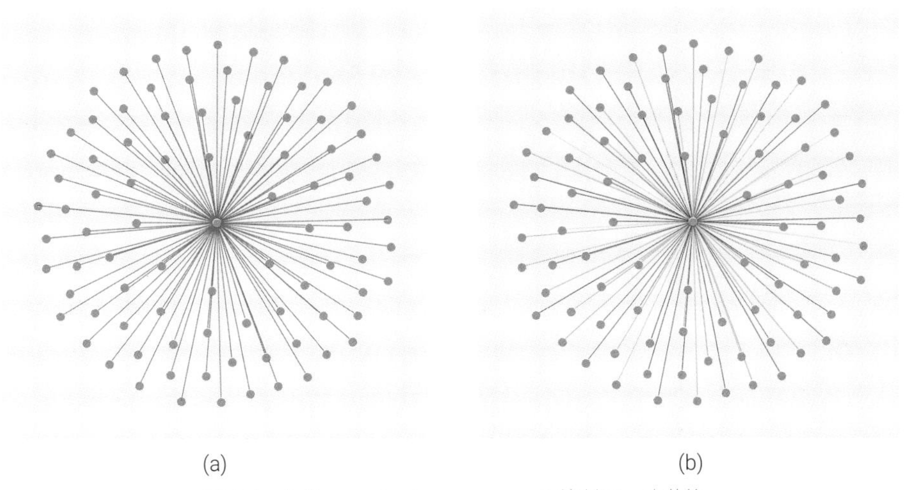

(a) (b)

图13.7　使用networkx.draw_networkx() 绘制图，边装饰

选择性绘制边

如图13.8所示，在用networkx.draw_networkx() 绘制图时选择性地绘制边。

图13.8 (a) 绘制了所有边，边的权重为两个节点之间的欧氏距离。欧氏距离大的边用暖色渲染，欧氏距离小的边用冷色渲染。图13.8 (b) 则仅仅保留部分边，欧氏距离大于0.5的边都被剔除了。

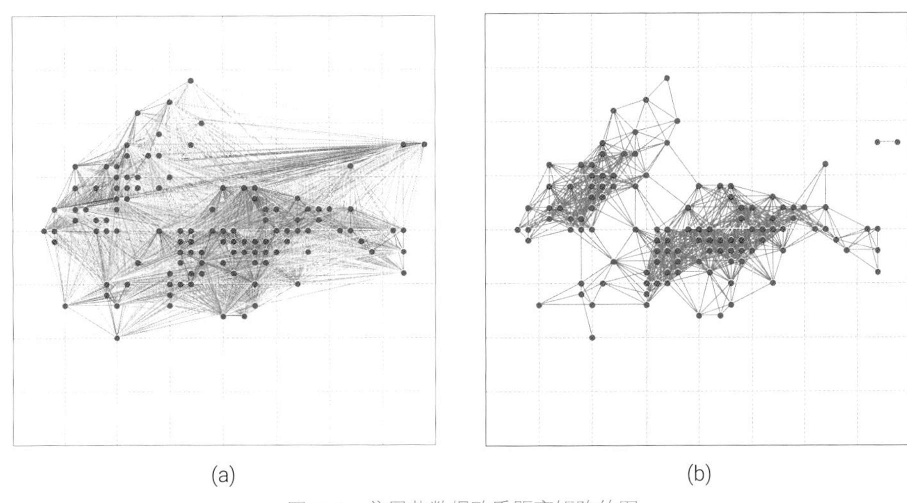

(a) (b)

图13.8　鸢尾花数据欧氏距离矩阵的图

图13.9 (a) 所示为鸢尾花数据前两个特征的成对欧氏距离矩阵。这个矩阵对应图13.8 (a)。图13.9 (b) 所示为欧氏距离的直方图。图13.9 (a) 这个欧氏距离矩阵行、列数都是150，一共有22500元素；而主对角线元素都是0，这是散点和自身距离。因此，真正有价值的距离值是剔除主对角线元素的上三角矩阵，或是剔除主对角线的下三角矩阵。而这部分元素一共有11135个，即150 × 149 / 2。

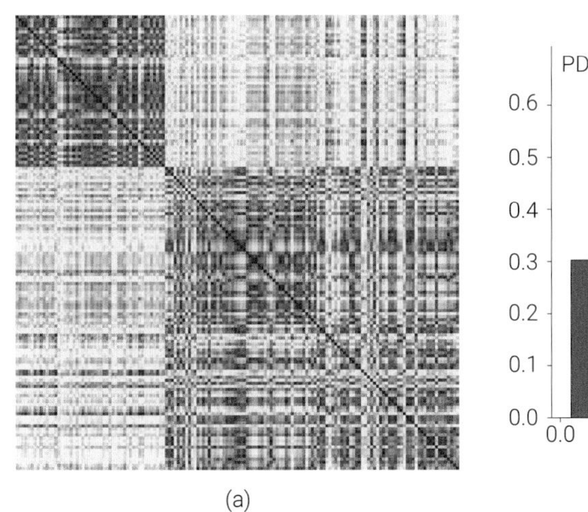

(a)

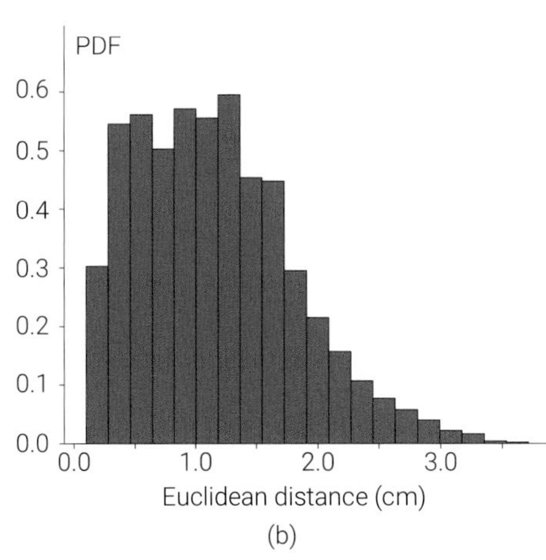

(b)

图13.9　欧氏距离矩阵热图，11135个欧氏距离的直方图

Bk6_Ch13_08.ipynb中绘制了图13.8和图13.9，下面讲解代码13.4中关键语句。

ⓐ利用sklearn.datasets.load_iris() 加载鸢尾花数据。

ⓑ取出鸢尾花数据集前两特征。

ⓒ利用sklearn.metrics.pairwise.euclidean_distances() 计算成对欧氏距离矩阵。

ⓓ用成对欧氏距离矩阵创建无向图，这是本书下一板块要重点介绍的内容。

ⓔ提取无向图边的权重，结果为list。这个list一共有11135个元素。

ⓕ利用鸢尾花样本点在平面上的位置信息创建字典，代表图中节点的位置。

ⓖ用networkx.draw_networkx() 绘制无向图。参数pos为节点位置字典；node_color = '0.28'设置节点灰度值；edge_color = edge_weights设置边颜色映射时用的权重值；edge_cmap = plt.cm.RdYlBu_r设定边颜色映射；linewidths = 0.2设定边宽度。

ⓗ选取需要保留的边，边的权重值 (欧氏距离) 超过0.5的都剔除。这句话的结果是一个列表list，列表元素是tuple；每个tuple有两个元素，代表一条边的两个节点。

ⓘ用networkx.draw_networkx() 绘制无向图，并通过设定edgelist保留特定边。

代码13.4　用networkx.draw_networkx() 绘制图，保留部分边 | Bk6_Ch13_08.ipynb

```
import networkx as nx
import matplotlib.pyplot as plt
import numpy as np
import seaborn as sns
from sklearn.datasets import load_iris
from sklearn.metrics.pairwise import euclidean_distances

# 加载鸢尾花数据集
ⓐ iris = load_iris()
ⓑ data = iris.data[:, :2]
```

```python
# 计算欧氏距离矩阵
D = euclidean_distances(data)
# 用成对距离矩阵可以构造无向图

# 创建无向图
G = nx.Graph(D, nodetype = int)

# 提取边的权重，即欧氏距离值
edge_weights = [G[i][j]['weight'] for i, j in G.edges]

# 使用鸢尾花数据的真实位置绘制图形
pos = {i: (data[i, 0], data[i, 1]) for i in range(len(data))}

# 绘制无向图，所有边
fig, ax = plt.subplots(figsize = (6,6))
nx.draw_networkx(G,
                 pos,
                 node_color = '0.28',
                 edge_color = edge_weights,
                 edge_cmap = plt.cm.RdYlBu_r,
                 linewidths = 0.2,
                 with_labels = False,
                 node_size = 18)

# 选择需要保留的边
edge_kept = [(u, v)
             for (u, v, d)
             in G.edges(data = True)
             if d["weight"] <= 0.5]

# 绘制无向图，剔除欧氏距离大于0.5的边
fig, ax = plt.subplots(figsize = (6,6))
nx.draw_networkx(G,
                 pos,
                 edgelist = edge_kept,
                 node_color = '0.28',
                 edge_color = '#3388FF',
                 linewidths = 0.2,
                 with_labels = False,
                 node_size = 18)
```

13.4 分别绘制节点和边

本节将介绍如何利用以下几个函数完成更复杂的图的可视化方案。

◀networkx.draw_networkx_nodes() 绘制节点；
◀networkx.draw_networkx_labels() 添加节点标签；
◀networkx.draw_networkx_edges() 绘制边；
◀networkx.draw_networkx_edge_labels() 添加边标签。

本节很多例子都参考了NetworkX范例，并且对代码稍作修改。

不同边权重，不同线型、颜色

图13.10所示无向图，对于权重小于0.5的边采用蓝色虚线，而权重大于0.5的边采用黑色实线。

图13.10这个例子来自NetworkX，下面让我们一起分析代码13.5。

ⓐ采用列表生成式，选出权重大于0.5的边。

ⓑ也是采用列表生成式，选出权重不大于0.5的边。这样，我们就把图的所有边分成两组。

ⓒ用networkx.draw_networkx_nodes() 绘制节点。

ⓓ用networkx.draw_networkx_labels() 添加节点标签。

ⓔ用networkx.draw_networkx_edges() 绘制第一组边 (权重大于0.5)，颜色 (黑色)、线型 (实线) 均为默认。

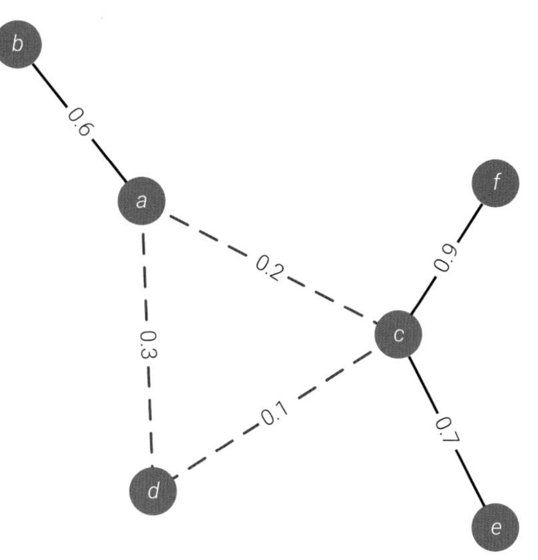

图13.10　不同边权重，不同线型、颜色

ⓕ用networkx.draw_networkx_edges() 绘制第二组边 (权重不大于0.5)，颜色修改为蓝色，线型为画线。

ⓖ用networkx.get_edge_attributes(G, "weight”) 提取图G所有边的权重。

ⓗ用networkx.draw_networkx_edge_labels() 添加边标签。

代码13.5　不同边权重，不同线型、颜色 | Bk6_Ch13_09.ipynb

```
import matplotlib.pyplot as plt
import networkx as nx

G = nx.Graph()

# 添加边
G.add_edge("a", "b", weight = 0.6)
G.add_edge("a", "c", weight = 0.2)
G.add_edge("c", "d", weight = 0.1)
G.add_edge("c", "e", weight = 0.7)
G.add_edge("c", "f", weight = 0.9)
G.add_edge("a", "d", weight = 0.3)

# 将边分成两组
# 第一组：边权重 > 0.5
```

```
elarge = [(u, v)
          for (u, v, d)
          in G.edges(data = True)
          if d["weight"] > 0.5]

# 第二组：边权重 <= 0.5
esmall = [(u, v)
          for (u, v, d)
          in G.edges(data = True)
          if d["weight"] <= 0.5]

# 节点布局
pos = nx.spring_layout(G, seed = 7)

# 可视化
plt.figure(figsize = (6,6))
# 绘制节点
nx.draw_networkx_nodes(G, pos, node_size = 700)

# 节点标签
nx.draw_networkx_labels(G, pos,
                        font_size = 20,
                        font_family = "sans-serif")
# 绘制第一组边
nx.draw_networkx_edges(G, pos,
                       edgelist = elarge,
                       width=1)
# 绘制第二组边
nx.draw_networkx_edges(G, pos,
                       edgelist = esmall,
                       width = 1,
                       alpha = 0.5, edge_color = "b",
                       style = "dashed")
# 边标签
edge_labels = nx.get_edge_attributes(G, "weight")
nx.draw_networkx_edge_labels(G, pos,
                             edge_labels)

plt.savefig('不同边权重，不同线型.svg')
```

展示鸢尾花不同类别

图13.11在图13.8 (b) 基础上还可视化了鸢尾花分类标签。

下面讲解代码13.6中关键语句。

ⓐ值得反复强调，这句用成对距离矩阵创建图。这就是本书开篇提到的那句话——图就是矩阵，矩阵就是图！这是本书后文要介绍的重要知识点之一。

ⓑ选择要保留的边，前文介绍过这句。

ⓒ构造字典用于鸢尾花标签到颜色的映射。

ⓓ完成每个节点的颜色映射。

ⓔ用networkx.draw_networkx_edges() 绘制保留下来的边。

ⓕ用networkx.draw_networkx_nodes() 绘制节点，参数node_color输入每个节点颜色的字典。

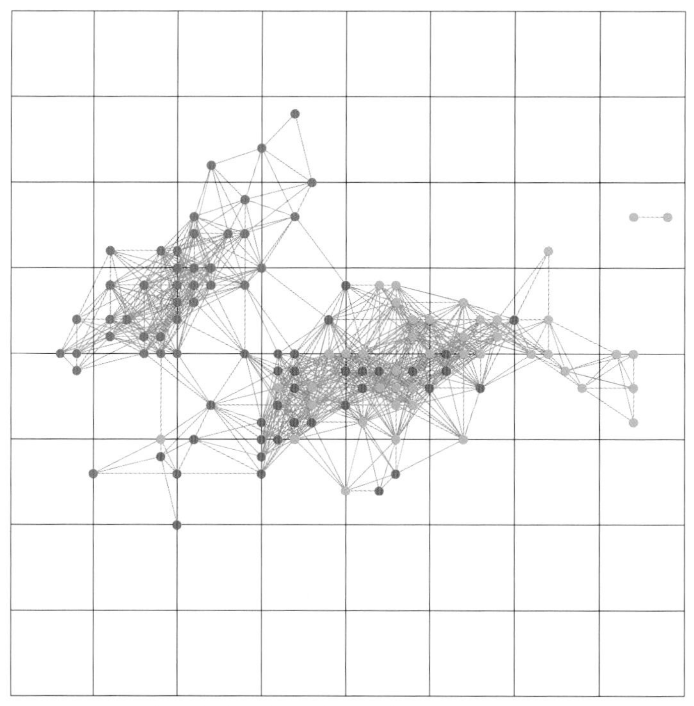

图13.11　鸢尾花数据欧氏距离矩阵的图，展示鸢尾花分类标签

代码13.6　展示鸢尾花分类 | Bk6_Ch13_10.ipynb

```
# 计算欧氏距离矩阵
D = euclidean_distances(data)
# 用成对距离矩阵可以构造无向图

# 创建无向图
G = nx.Graph(D, nodetype = int)

# 提取边的权重，即欧氏距离值
edge_weights = [G[i][j]['weight'] for i, j in G.edges]

# 使用鸢尾花数据的真实位置绘制图形
pos = {i: (data[i, 0], data[i, 1]) for i in range(len(data))}

# 选择需要保留的边

edge_kept = [(u, v)
             for (u, v, d)
             in G.edges(data = True)
             if d["weight"] <= 0.5]

# 节点颜色映射

color_mapping = {0: '#0099FF',
                 1: '#FF6600',
                 2: '#99FF33'}
```

```
# 完成每个节点的颜色映射
node_color = [color_mapping[label[n]]
              for n in G.nodes()]

# 绘制无向图，分别绘制边和节点

fig, ax = plt.subplots(figsize = (6,6))

nx.draw_networkx_edges(G, pos,
                       edgelist = edge_kept,
                       width = 0.2,
                       edge_color = '0.58')

nx.draw_networkx_nodes(G, pos, node_size = 18,
                       node_color = node_color)

ax.set_xlim(4,8)
ax.set_ylim(1,5)
ax.grid()
ax.set_aspect('equal', adjustable = 'box')
plt.savefig('鸢尾花_欧氏距离矩阵_无向图，展示分类标签.svg')
```

有向图

图13.12所示有向图案例来自NetworkX，图中节点和边都是分别绘制的；而且还增加了颜色条，用来展示。

请大家自行学习Bk6_Ch13_11.ipynb中的代码。

节点标签

图13.13所示案例也是来自NetworkX，图中每个节点都用networkx.draw_networkx_labels() 添加了自己独特的标签。

请大家自行学习Bk6_Ch13_12.ipynb中的代码。

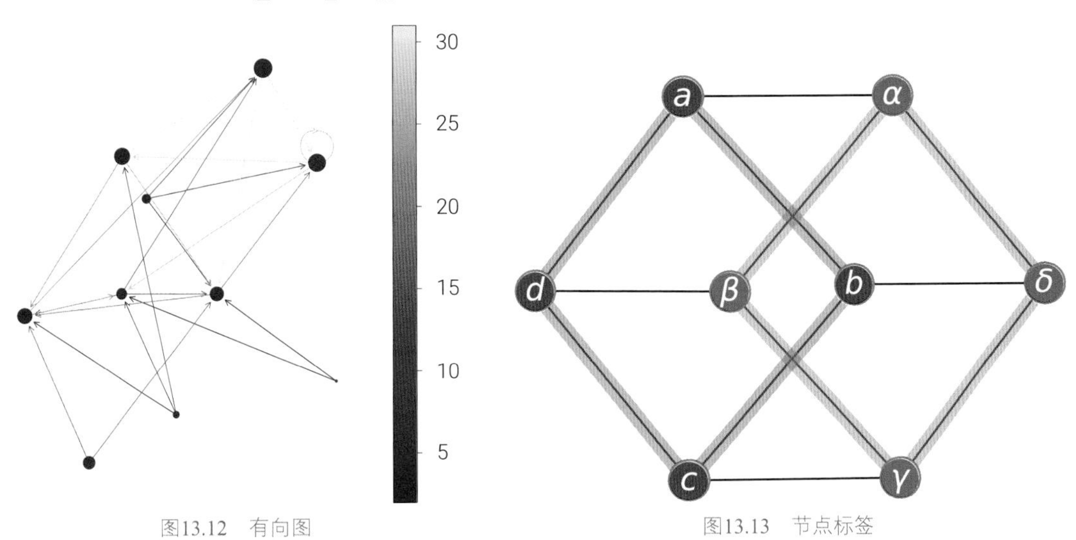

图13.12　有向图　　　图13.13　节点标签

如图13.14所示，根据度数大小用颜色映射渲染节点。

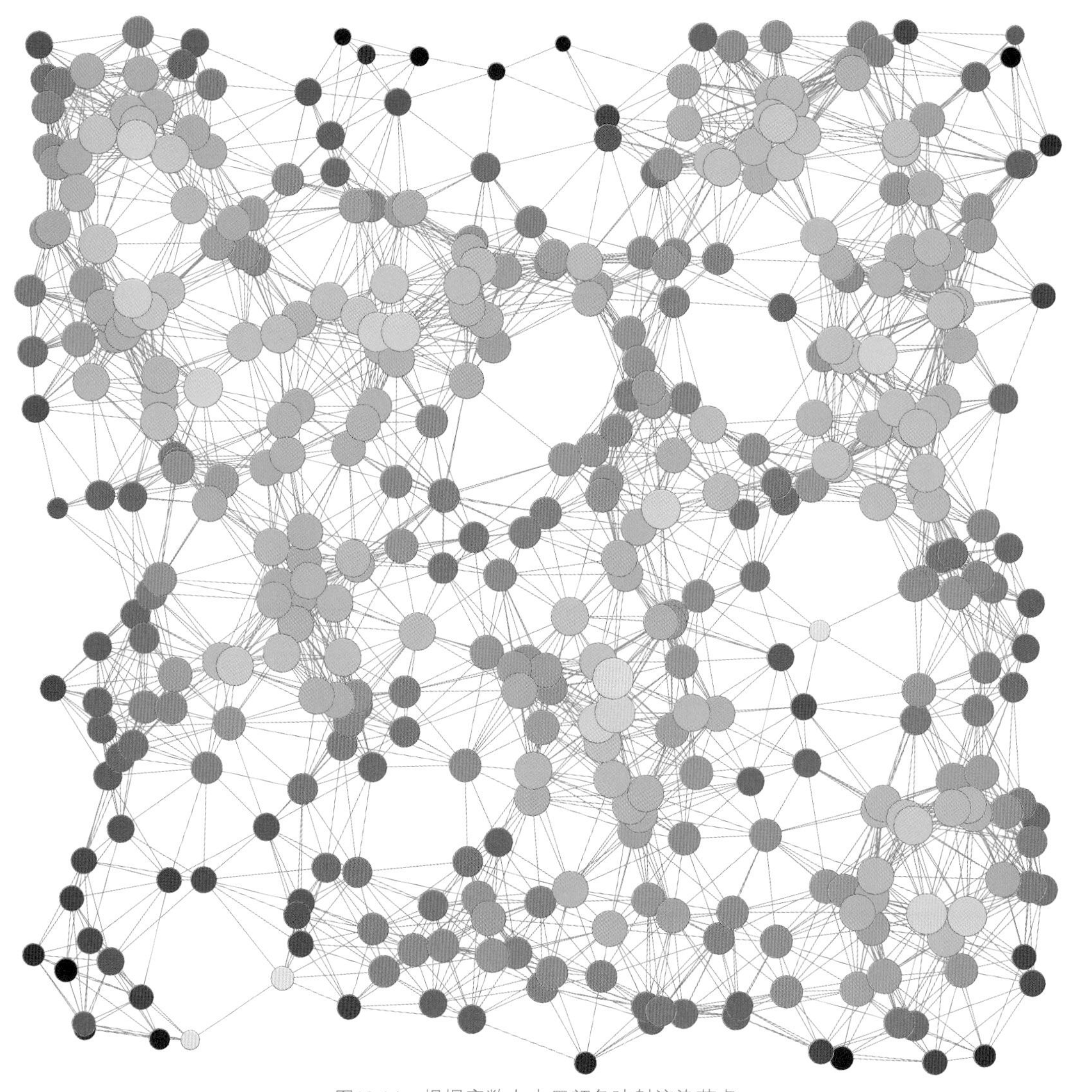

图13.14　根据度数大小用颜色映射渲染节点

代码13.7绘制了图13.14，下面讲解其中关键语句。

ⓐ用networkx.get_node_attributes(G, "pos") 获取图G的节点平面位置坐标信息。

ⓑ根据节点度数大小排序。

ⓒ将节点度数结果转化为字典。

ⓓ创建自定义函数，用来从字典中提取满足特定条件 (节点度数等于给定值) 的键值对。

ⓔ创建集合计算节点度数独特值。

ⓕ每个节点度数独特值对应颜色映射中的一个颜色。

ⓖ用networkx.draw_networkx_edges() 绘制图的边。

ⓗ中for循环每次绘制一组节点，这组节点满足特定节点度数。

ⓘ用networkx.draw_networkx_nodes() 绘制一组节点，节点大小、节点颜色都和节点度数直接相关。

代码13.7 根据度数大小用颜色映射渲染节点 | Bk6_Ch13_13.ipynb

```
import matplotlib.pyplot as plt
import networkx as nx
import numpy as np

# 产生随机图
G = nx.random_geometric_graph(400, 0.125)

# 提取节点平面坐标
pos = nx.get_node_attributes(G, "pos")                          ⓐ

# 度数大小排序
degree_sequence = sorted((d for n, d in G.degree()),            ⓑ
                         reverse = True)

# 将结果转为字典
dict_degree = dict(G.degree())                                  ⓒ

# 自定义函数，过滤dict
def filter_value(dict_, unique):                                ⓓ

    newDict = {}
    for (key, value) in dict_.items():
        if value == unique:
            newDict[key] = value

    return newDict

unique_deg = set(degree_sequence)                               ⓔ
# 取出节点度数独特值

colors = plt.cm.viridis(np.linspace(0, 1, len(unique_deg)))     ⓕ
# 独特值的颜色映射

# 可视化
plt.figure(figsize = (8, 8))
nx.draw_networkx_edges(G, pos, edge_color = '0.8')              ⓖ

# 根据度数大小渲染节点
for deg_i, color_i in zip(unique_deg,colors):                   ⓗ

    dict_i = filter_value(dict_degree,deg_i)                    ⓘ
    nx.draw_networkx_nodes(G, pos,
                           nodelist = list(dict_i.keys()),
                           node_size = deg_i*8,
                           node_color = color_i)
plt.axis("off")
plt.savefig('根据度数大小用颜色映射渲染节点.svg')
```

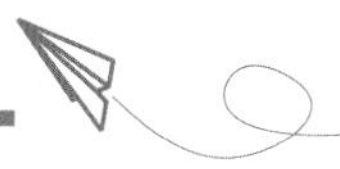

这章介绍了如何用NetworkX完成复杂图的可视化。

这章特别引入了一个有趣的知识点——基于欧氏距离矩阵的图！此外，也请大家试图理解这句话——图就是矩阵，矩阵就是图。

Section 05

图的分析

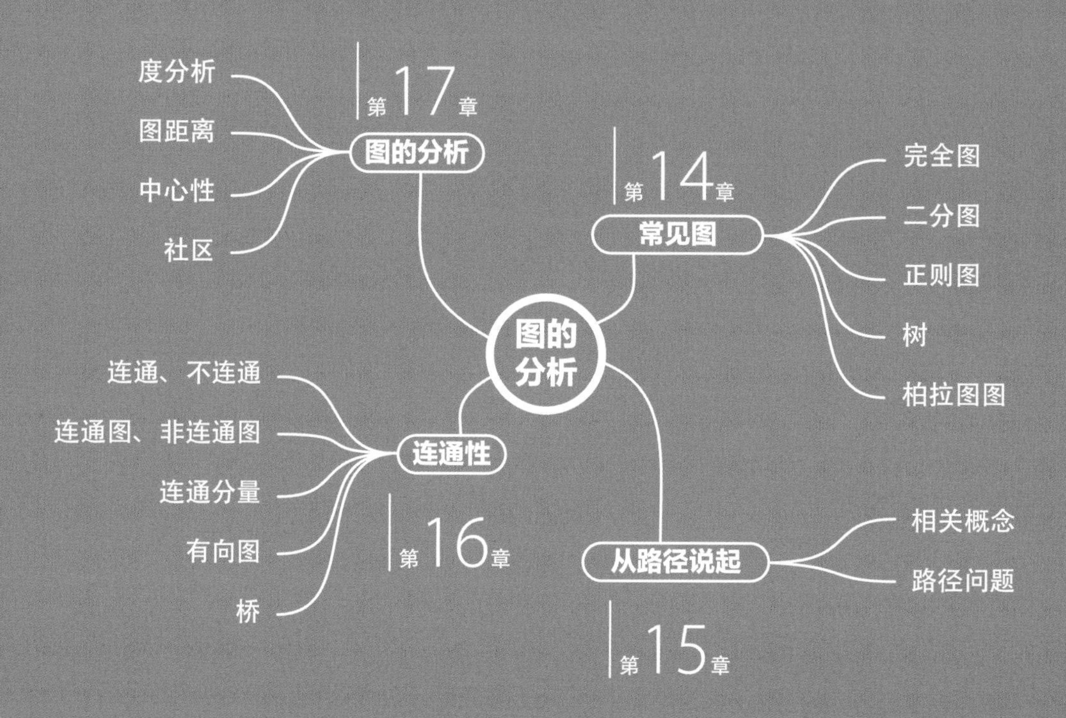
第17章
图的分析
度分析
图距离
中心性
社区
第14章
常见图
完全图
二分图
正则图
树
柏拉图图
图的分析
连通性
连通、不连通
连通图、非连通图
连通分量
有向图
桥
第16章
从路径说起
相关概念
路径问题
第15章

学习地图 | 第5板块

14 Types of Graphs 常见图

用NetworkX绘制常见图，并了解特性

今天，是别人的；我苦苦耕耘的未来，是我的。

The present is theirs; the future, for which I really worked, is mine.

—— 尼古拉・特斯拉 (Nikola Tesla) | 发明家、物理学家 | 1856 —1943年

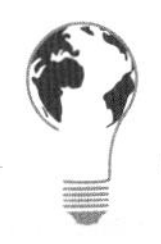

- networkx.balanced_tree() 创建平衡树图
- networkx.barbell_graph() 创建哑铃型图
- networkx.binomial_tree() 创建二叉图
- networkx.bipartite.gnmk_random_graph() 创建随机二分图
- networkx.bipartite_layout() 二分图布局
- networkx.circular_layout() 圆周布局
- networkx.complete_bipartite_graph() 创建完全二分图
- networkx.complete_graph() 创建完全图
- networkx.complete_multipartite_graph() 创建完全多向图
- networkx.cycle_graph() 创建循环图
- networkx.ladder_graph() 创建梯子图
- networkx.lollipop_graph() 创建棒棒糖型图
- networkx.multipartite_layout() 多向图布局
- networkx.path_graph() 创建路径图
- networkx.star_graph() 创建星型图
- networkx.wheel_graph() 创建轮型图

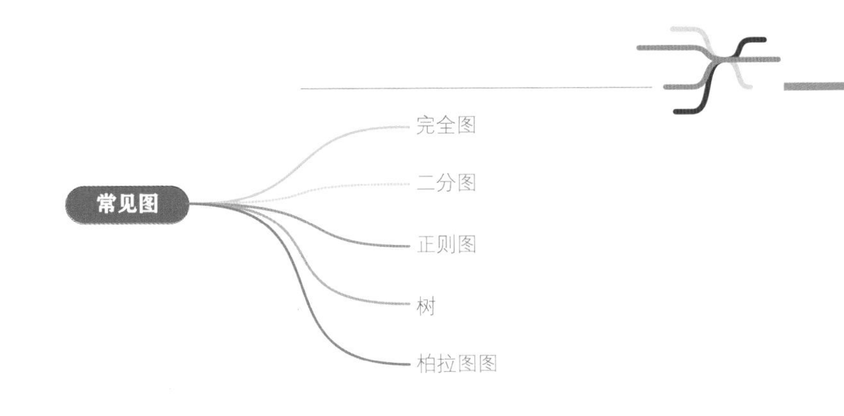

14.1 常见图类型

本书前文已经介绍了几种图，本章将用NetworkX可视化工具来帮助我们理解常用图类型及其基本性质。图14.1给出了几个用NetworkX绘制的图。下面让我们聊聊其中比较常用的几种图。

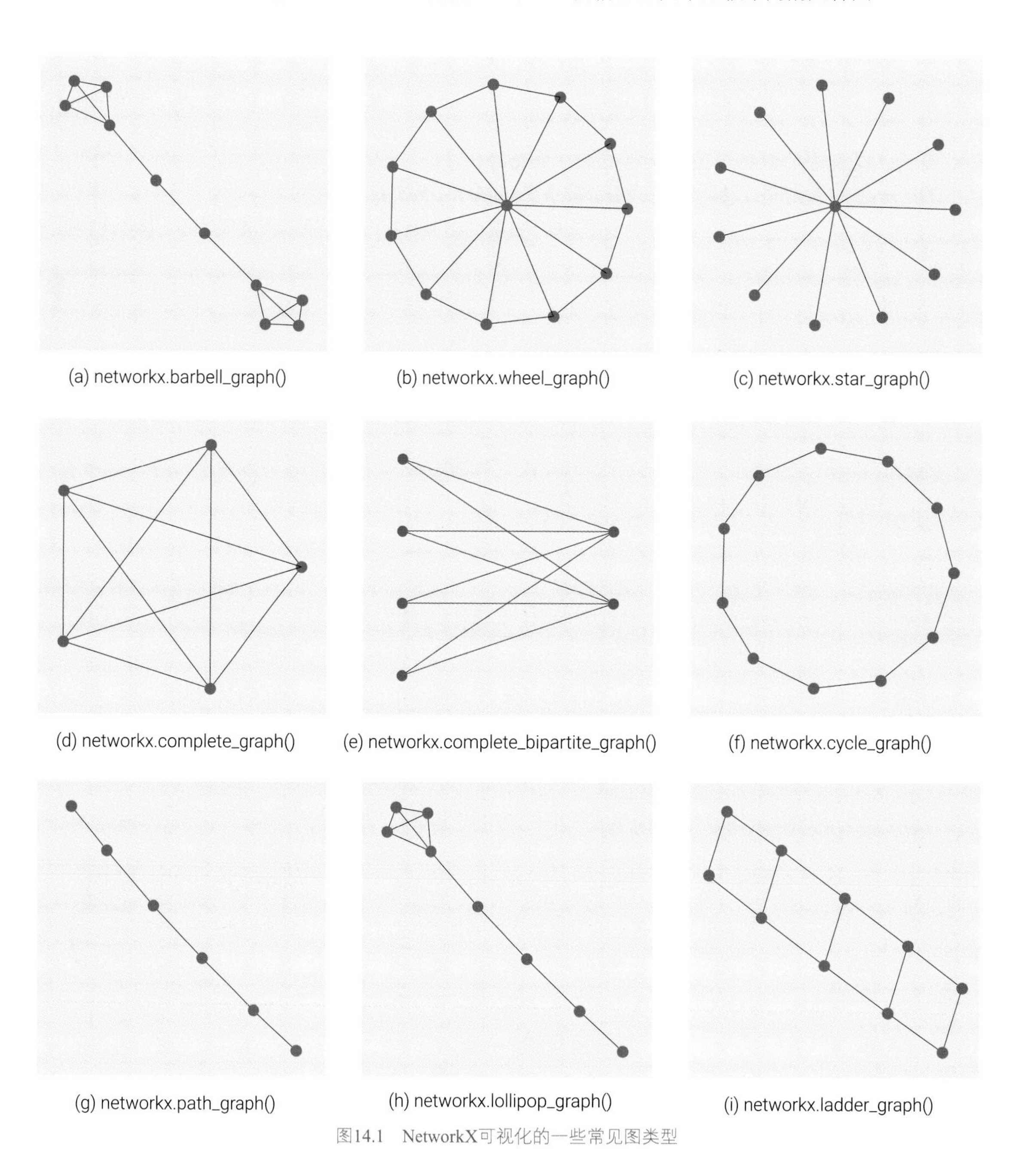

图14.1　NetworkX可视化的一些常见图类型

14.2 完全图

完全图 (complete graph) 是指每一对不同的节点都有一条边相连，形成了一个全连接的图。换句话说，如果一个无向图中的每两个节点之间都存在一条边，那么这个图就是一个完全图。

一个完全图有很多边，边的数量可以通过组合学的方式计算。如果一个完全图有 n 个节点，每个节点对应 $(n-1)$ 条边，那么这个完全图将有 $n(n-1)/2$ 条边。

比如，一个有 3 个节点的完全图，它包含 $3(3-1)/2=3$ 条边，每一对节点都有一条边连接。

图14.2所示为一组完全图；注意，这些图都是无向图。

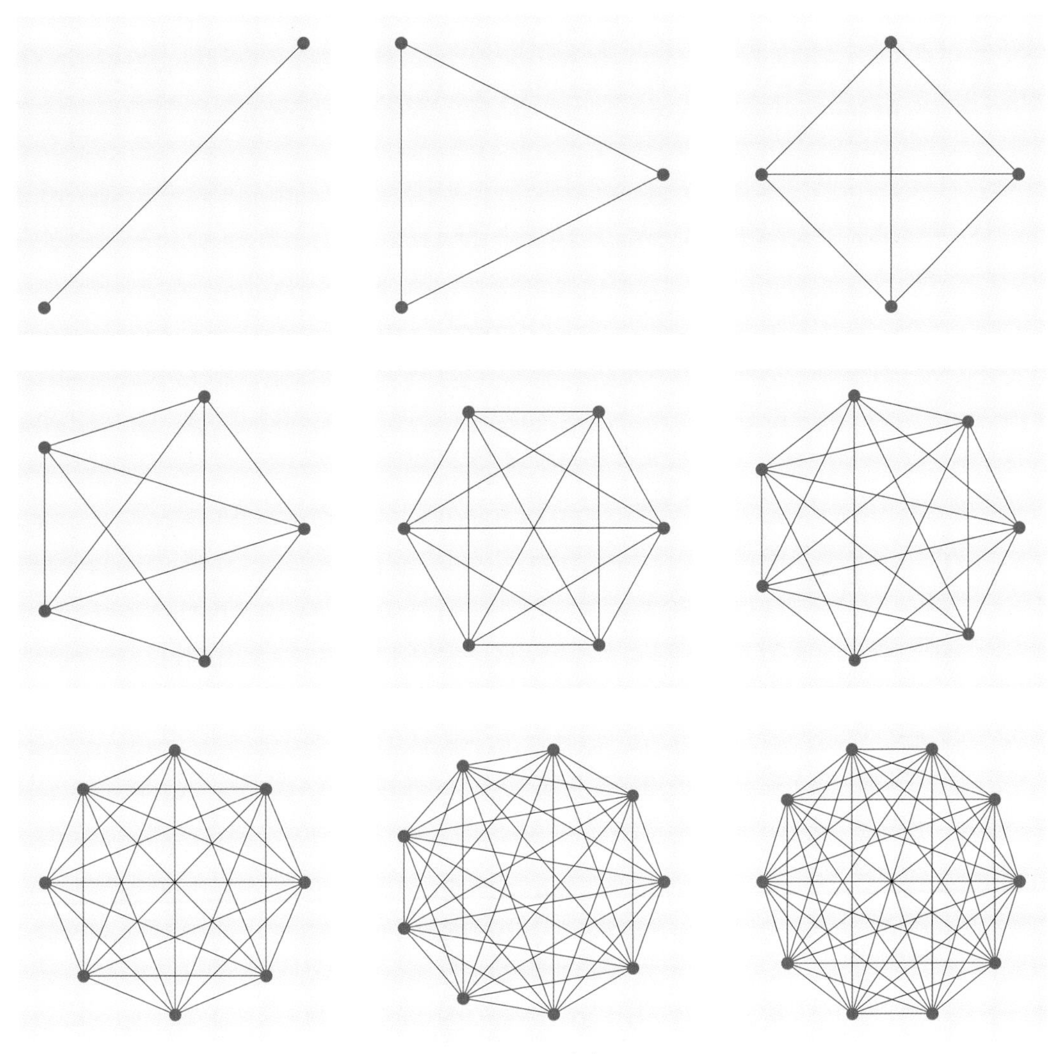

图14.2　一组完全图

代码14.1绘制了图14.2，下面讲解其中关键语句。

ⓐ用networkx.complete_graph() 创建完全图对象。

ⓑ用networkx.circular_layout() 构造环形布局位置，结果为字典。

ⓒ用networkx.draw_networkx() 绘制完全图。

代码14.1 绘制完全图 | Bk6_Ch14_01.ipynb

```
import networkx as nx
import matplotlib.pyplot as plt

# for循环，绘制9幅完全图
for num_nodes in range(2,11):

    # 创建完全图对象
    G_i = nx.complete_graph(num_nodes)    # a

    # 环形布局
    pos_i = nx.circular_layout(G_i)    # b

    # 可视化，请大家试着绘制 3 * 3 子图布局
    plt.figure(figsize = (6,6))
    nx.draw_networkx(G_i,    # c
                     pos = pos_i,
                     with_labels = False,
                     node_size = 28)
    plt.savefig(str(num_nodes) + '_完全图.svg')
```

图14.3所示为对完全图不同边分别着色的案例，请大家自行学习，链接如下：

◀ https://networkx.org/documentation/stable/auto_examples/drawing/plot_rainbow_coloring.html

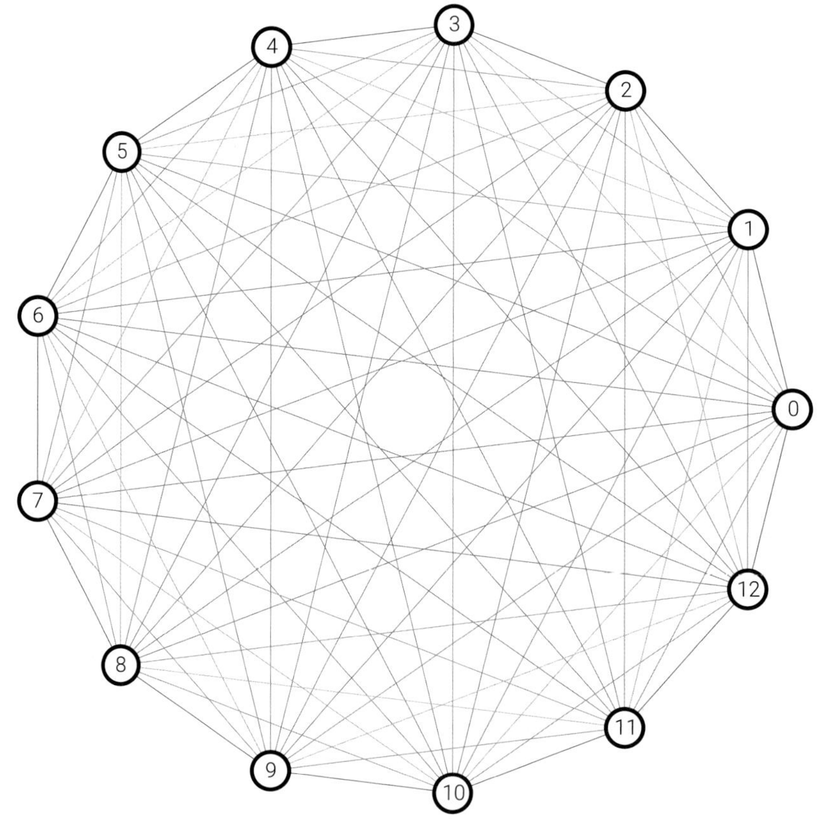

图14.3　对完全图边着色

有了完全图，我们就可以很容易定义简单图的**补图** (graph complement)。两幅图有相同节点，两者没有相同边，但是把两幅图的边结合起来是一幅完全图；这样我们就称两者互为补图。图G的补图记作 $\bar{G}$ 或G^C。图14.4展示了图、补图、完全图三者边的关系。如图14.5所示，用NetworkX计算并可视化了图和补图。

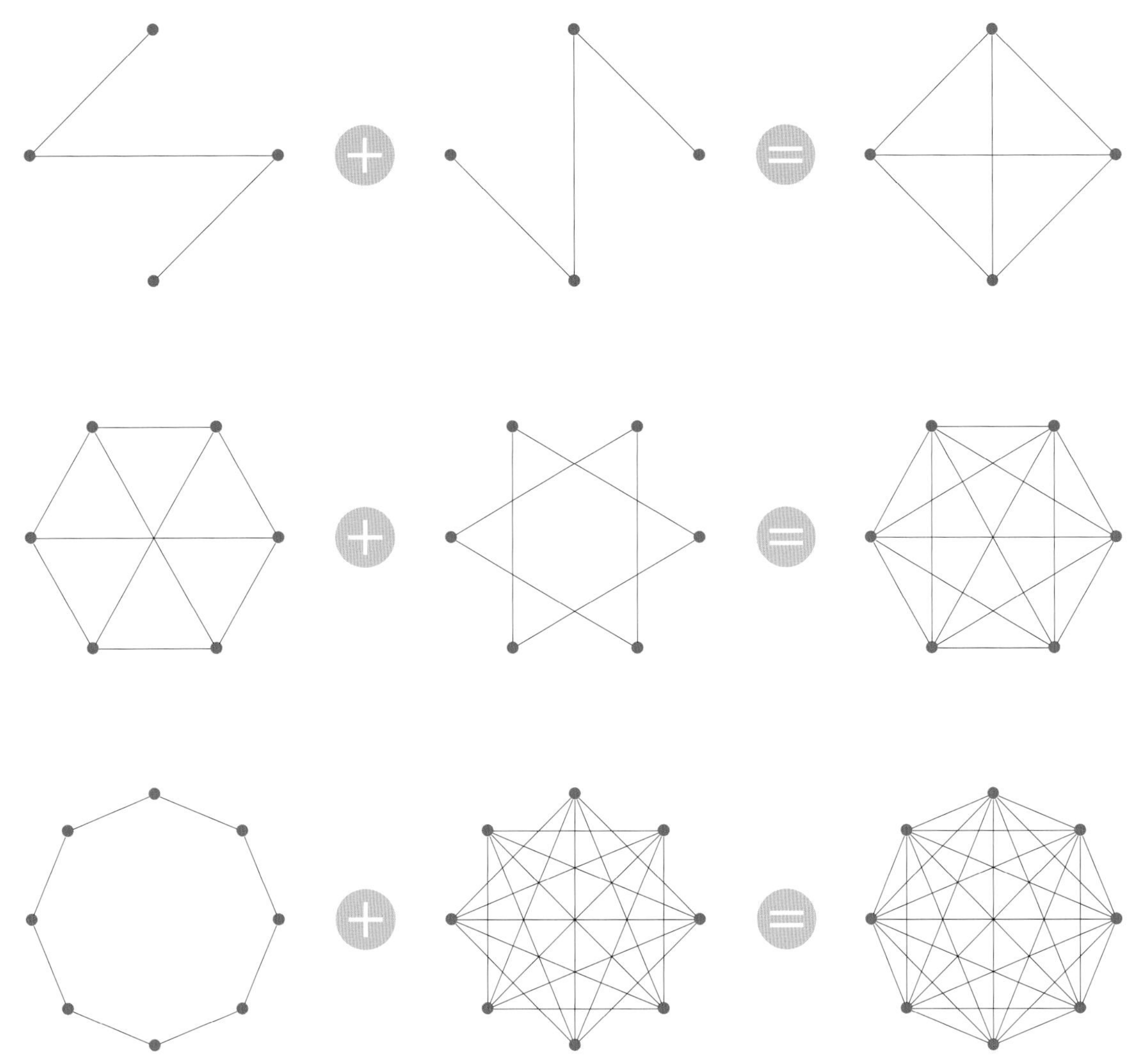

图14.4　图、补图、完全图三者关系，只考虑边的叠加

代码14.2绘制了图14.5，下面讲解其中关键语句。

ⓐ用random.sample()从由边构成的list中随机抽取18条边，这正好是9个节点完全图 (36条边) 边数的一半。

ⓑ将随机抽取的18条边删除。

ⓒ用networkx.complement()计算图G的补图。

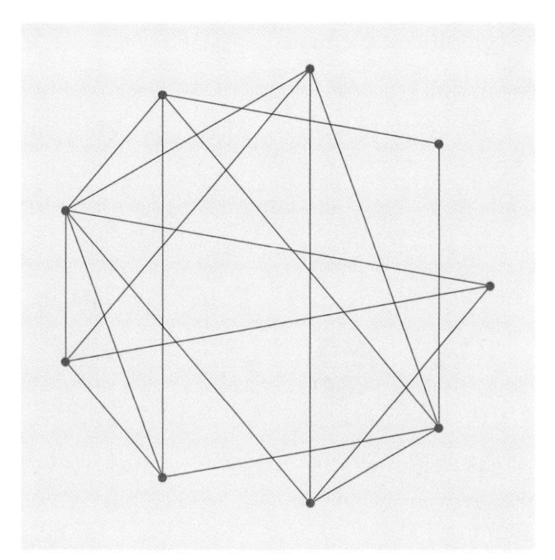
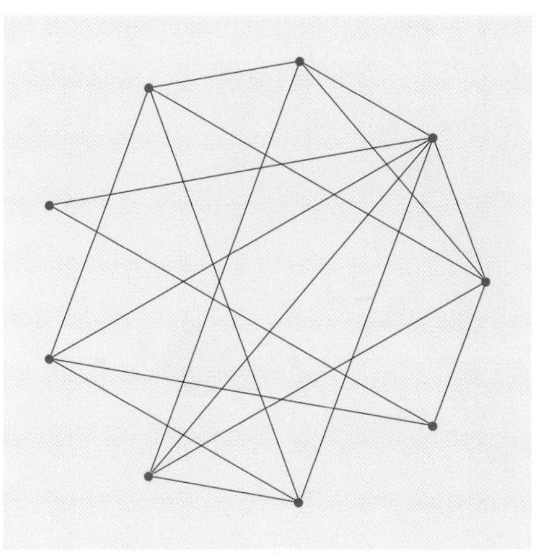

图14.5　用NetworkX计算并可视化图和补图

代码14.2　绘制图和补图 | Bk6_Ch14_02.ipynb

```
import networkx as nx
import matplotlib.pyplot as plt
import random

# 创建完全图
G = nx.complete_graph(9)
print(len(G.edges))

# 随机删除一半边
edges_removed = random.sample(list(G.edges), 18)
G.remove_edges_from(edges_removed)

# 环形布局
pos = nx.circular_layout(G)

plt.figure(figsize = (6,6))
nx.draw_networkx(G,
                 pos = pos,
                 with_labels = False,
                 node_size = 28)
plt.savefig('图.svg')

G_complement = nx.complement(G)
# 补图

# 可视化补图
plt.figure(figsize = (6,6))
nx.draw_networkx(G_complement,
                 pos = pos,
                 with_labels = False,
                 node_size = 28)
plt.savefig('补图.svg')
```

14.3 二分图

在无向图中，**二分图** (bipartite graph或biograph)，也叫二部图，是指可以将图的所有节点划分为两个互不相交的子集，使得图中的每条边都连接一对不同子集中的节点。

换句话说，如果一个无向图的节点集合 V 可以被分为两个子集 U 和 W，使得图中的每条边 (u, v) 都满足 u 属于 U，v 属于 W，或者反过来，即u 属于 W，v 属于 U，那么这个图就是一个二分图。

图14.6所示为二分图的例子。以图14.6 (a) 为例，这幅无向图的所有边都在蓝色节点和黄色节点之间。并且，蓝色节点之间不存在任何边；同样，黄色节点之间也不存在任何边。

图14.6 (c) 和 (d) 的这两幅二分图则显得有些不同；在这两幅无向图中，任意一对蓝色节点和黄色节点之间都存在一条边。我们管这类二分图叫作完全二分图。

二分图在实践中很常用。以图14.6为例，蓝色点可以代表若干人选，黄色点可以代表不同任务；边则代表人–任务的匹配关系。

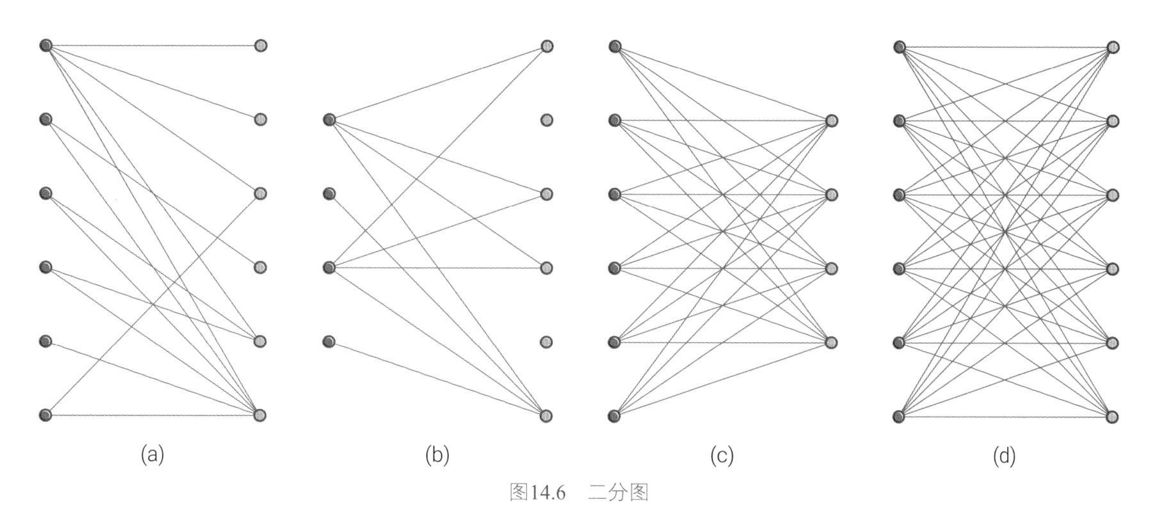

图14.6　二分图

完全二分图 (complete bipartite graph) 在二分图基础上更进一步，U中任意节点与W中任意节点均有且仅有唯一一条边相连。显然，U中任意两个节点之间不相连，W中任意两个节点之间也不相连。

代码14.3绘制了图14.7，节点和边都是手动设置。下面讲解其中关键语句。

ⓐ增加二分图第一节点集合中的节点。

ⓑ增加二分图第二节点集合中的节点。

ⓒ增加二分图边。

ⓓ用networkx.algorithms.is_bipartite() 判断图是否为二分图。

ⓔ用networkx.bipartite_layout() 设置二分图节点布局，输入中包含一个子集集合。

图14.6 (c) 和 (d) 两幅完全二分图则可以用networkx.complete_bipartite_graph() 创建，请大家自行学习使用这个函数。

代码14.3　绘制二分图，手动添加节点和边 | Bk6_Ch14_03.ipynb

```
import networkx as nx
import matplotlib.pyplot as plt
from networkx.algorithms import bipartite

G = nx.Graph()

# 增加节点
G.add_nodes_from(['u1','u2','u3','u4'],
                 bipartite = 0)

G.add_nodes_from(['v1','v2','v3'],
                 bipartite = 1)

# 增加边
G.add_edges_from([('u1', "v3"),
                  ('u1', "v2"),
                  ('u4', "v1"),
                  ('u2', "v1"),
                  ('u2', "v3"),
                  ('u3', "v1")])

# 判断是否是二分图
bipartite.is_bipartite(G)

# 可视化
pos = nx.bipartite_layout(G,
                          ['u1','u2','u3','u4'])
nx.draw_networkx(G, pos = pos, width = 2)
```

代码14.4绘制图14.8，下面讲解其中关键语句。

ⓐ用networkx.bipartite.gnmk_random_graph(6,8,16,seed = 88) 生成随机二分图。其中，6是二分图第一子集节点数，8是第二子集节点数，16为边数，seed设置随机数种子。

ⓑ用networkx.bipartite.sets(G)[0]取出二分图第一子集节点集合；同理，用networkx.bipartite.sets(G)[1] 取出二分图第二子集节点集合。

ⓒ用networkx.bipartite_layout() 生成二分图节点布局。

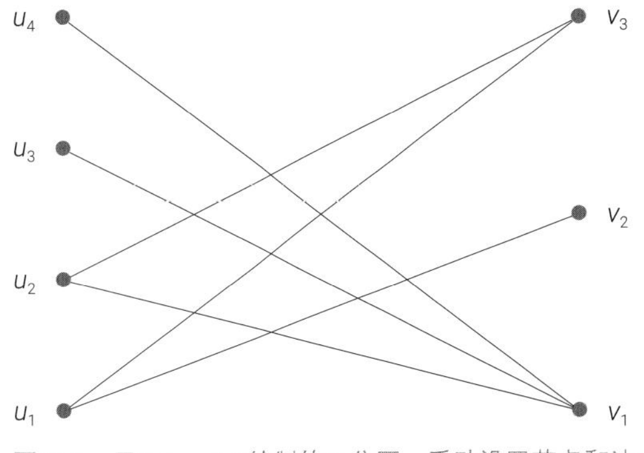

图14.7　用NetworkX绘制的二分图，手动设置节点和边

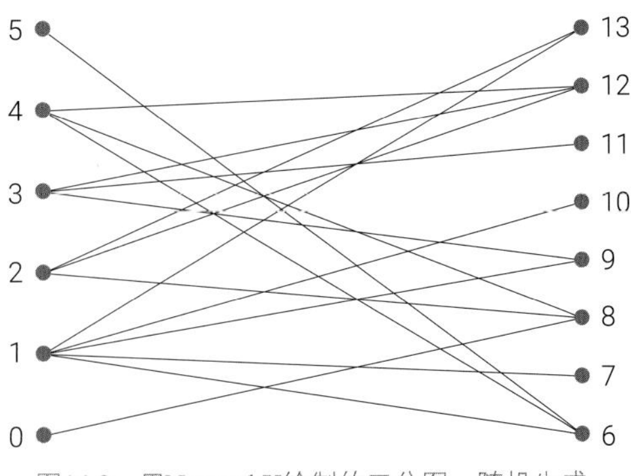

图14.8　用NetworkX绘制的二分图，随机生成

代码14.4 绘制二分图，随机生成 | Bk6_Ch14_04.ipynb

```python
import networkx as nx
import matplotlib.pyplot as plt
from networkx.algorithms import bipartite

G = nx.bipartite.gnmk_random_graph(6, 8, 16,
                                   seed = 88)

# 判断是否是二分图
bipartite.is_bipartite(G)

# 取出节点第一子集
left = nx.bipartite.sets(G)[0]
# {0, 1, 2, 3, 4, 5}

# 生成二分图布局
pos = nx.bipartite_layout(G, left)

# 可视化
nx.draw_networkx(G, pos = pos, width = 2)
```

二分图可以进一步推广得到**多分图** (multi-partite graph)；同样，完全二分图也可以推广到**完全多分图** (complete multi-partite graph)。

图14.9所示为用NetworkX绘制的多分图；准确来说，这是一幅三分图。从左到右三个节点子集的节点数分别为3、6、9。请大家自行学习Bk6_Ch14_05.ipynb中的代码，并试着绘制调整参数，绘制其他多分图。

图14.10所示为多图布置，并且对不同分层节点分别着色，请大家自行学习这个案例，链接如下：

◀ https://networkx.org/documentation/stable/auto_examples/drawing/plot_multipartite_graph.html

请大家注意，图14.10并不是严格意义的多分图。

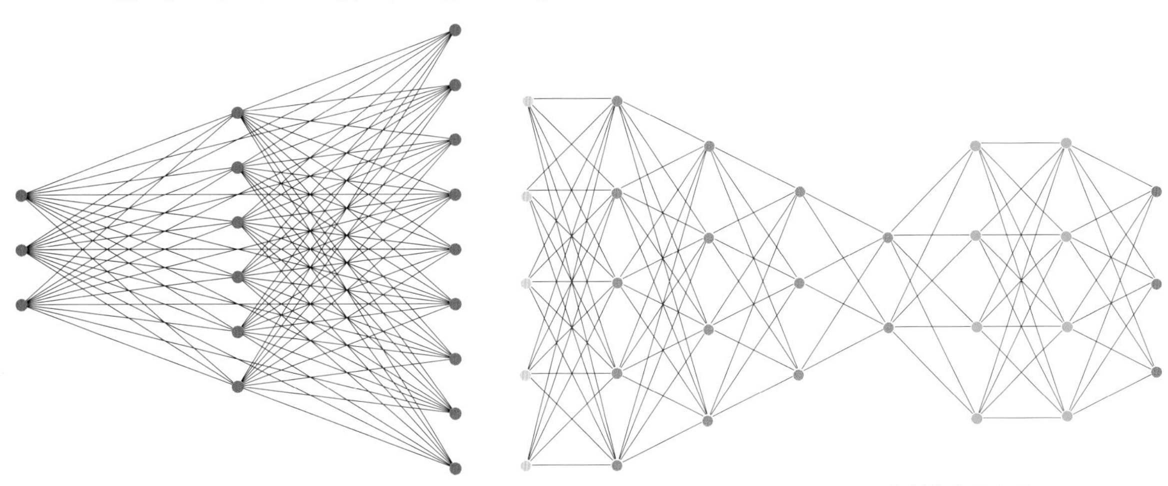

图14.9 用NetworkX绘制的多分图　　图14.10 用NetworkX绘制的多图布置

14.4 正则图

对于无向图，**正则图** (regular graph) 是指图中每个节点的度都相同的图。如果一个图是正则的，那么它被称为正则图，并且其度被称为图的正则度。图14.11所示为一组正则图。

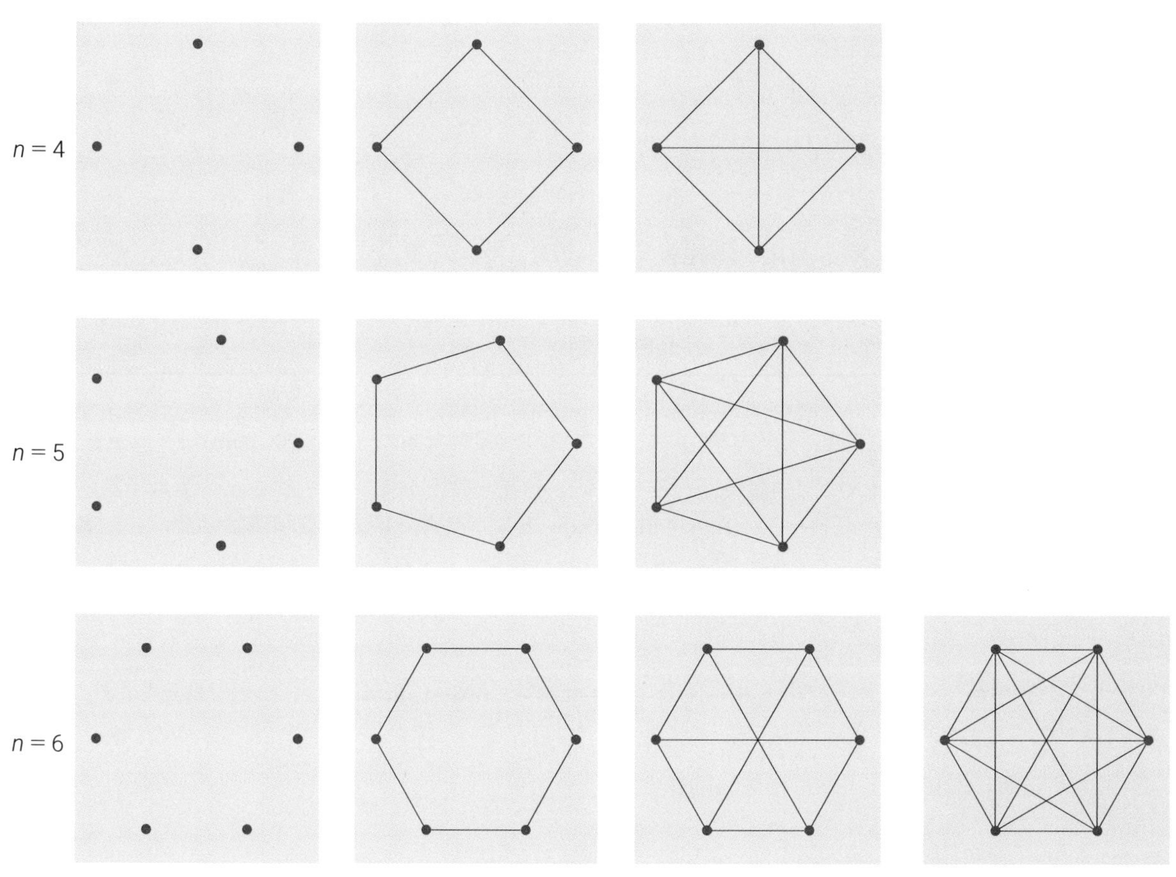

图14.11　一组正则图

正则图可以分为两种类型：

◀**正则图** (regular graph)：如果所有节点的度都相同，那么这个图被称为正则图。
◀***k*-正则图** (*k*-regular graph)：如果所有节点的度都是*k*，那么这个图被称为 *k*-正则图。

图14.12所示为用NetworkX生成的一组随机正则图，请大家自行学习Bk6_Ch14_06.ipynb中的代码。

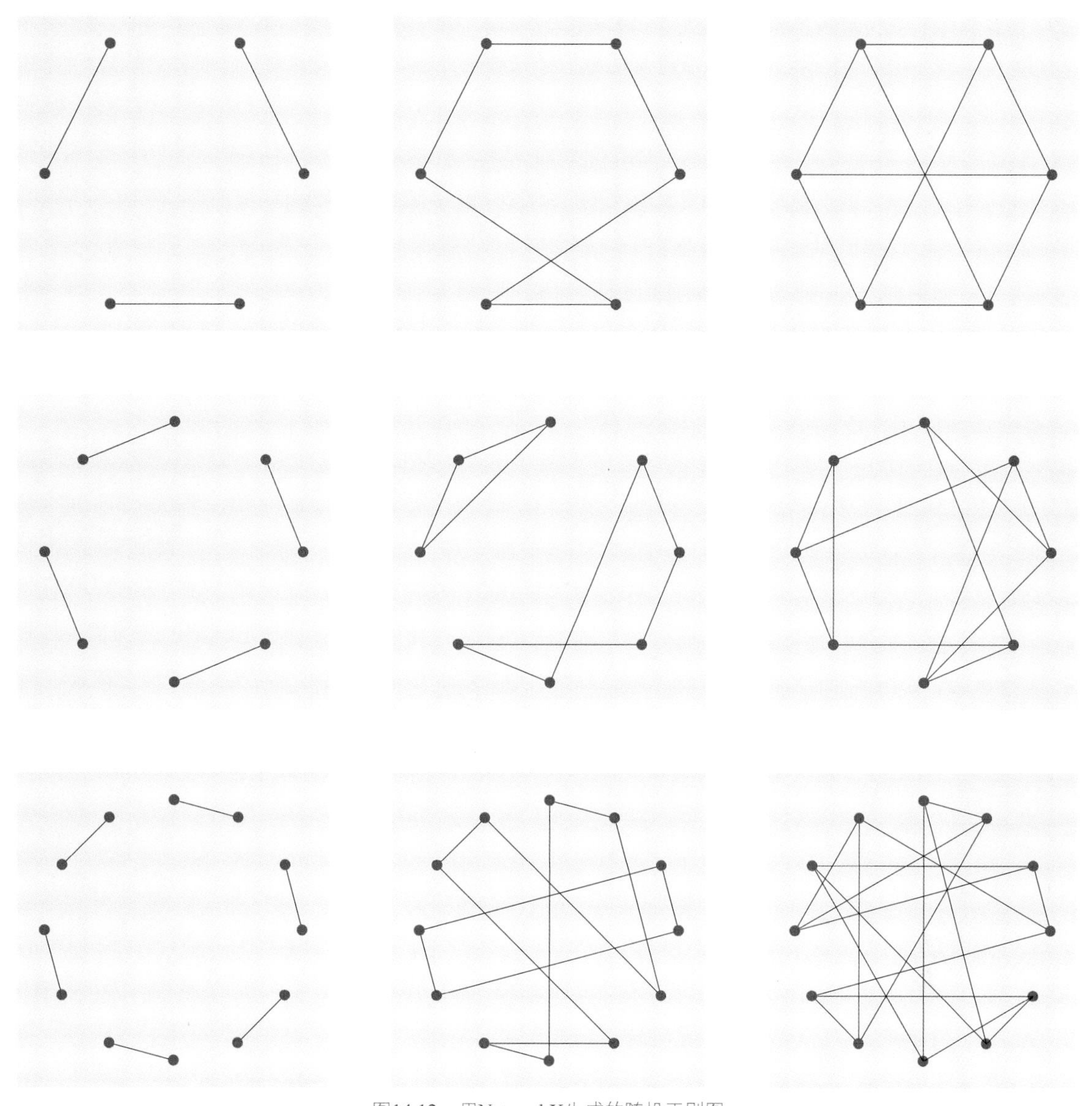

图14.12 用NetworkX生成的随机正则图

14.5 树

在无向图中，一个**树** (tree) 是一种特殊的无环连通图。换句话说，一个无向图是树，当且仅当图中的每两个节点之间存在唯一的路径，并且图是连通的，即从任意一个节点出发，都可以到达图中的任意其他节点。

树形数据再常见不过。地球物种分类树是一种用来组织和分类地球上生物多样性的树形结构。

这个树形结构基于物种的共同特征，将生物按照层次分类，从大类别 (域，domain) 到小类别 (物种，species)，如图14.13所示。这种分类系统有助于科学家理解生物之间的亲缘关系，以及它们是如何进化和演化的。

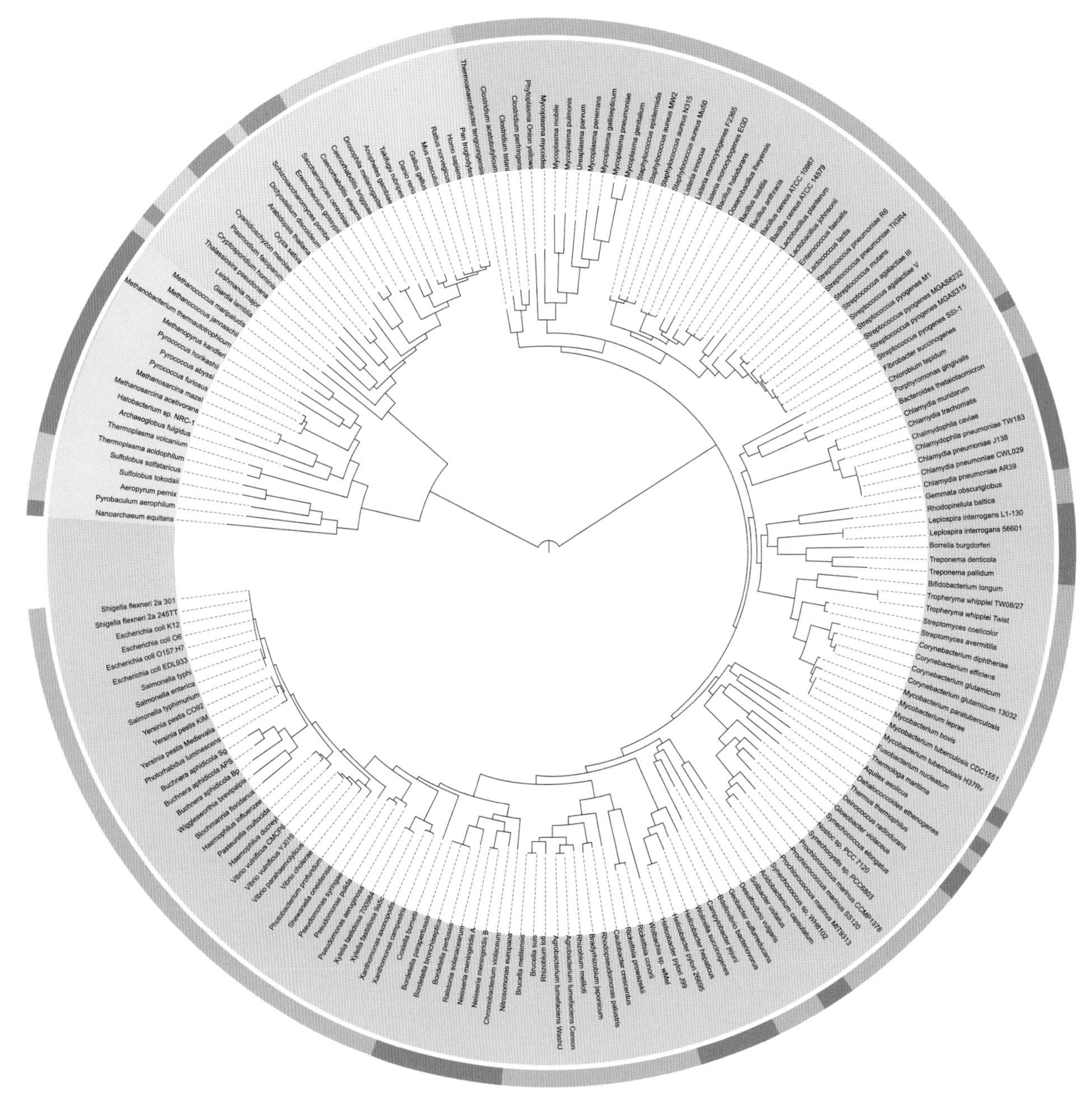

图14.13　生命之树，图片来自wikimedia.org

树在计算机科学和图论中有广泛应用，例如在数据结构中作为搜索树、在算法中作为树的遍历和操作等。特别是，无向树的每一对节点之间都有唯一的简单路径，这使得树结构具有一些良好的性质，方便在算法和数据结构中使用。

下一章将专门介绍树，特别是其在机器学习算法中的应用。

图14.14所示为环形布置的树。

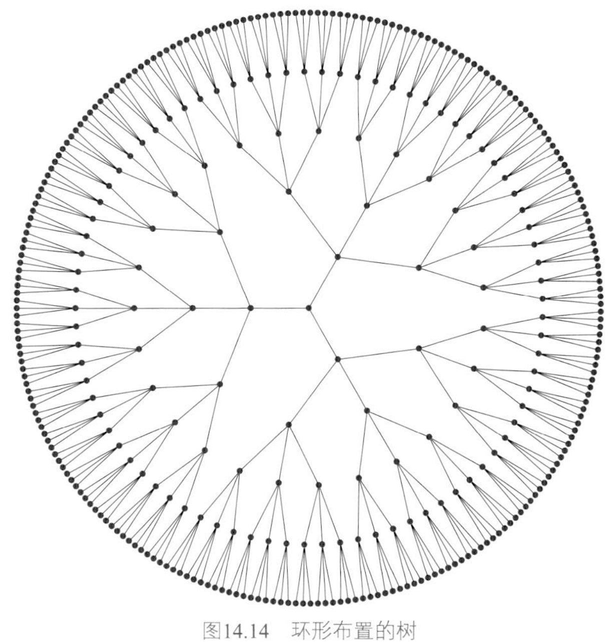

图14.14　环形布置的树

图14.15是用networkx.balanced_tree() 创建的平衡树，请大家自行学习Bk6_Ch14_07.ipynb中的代码。

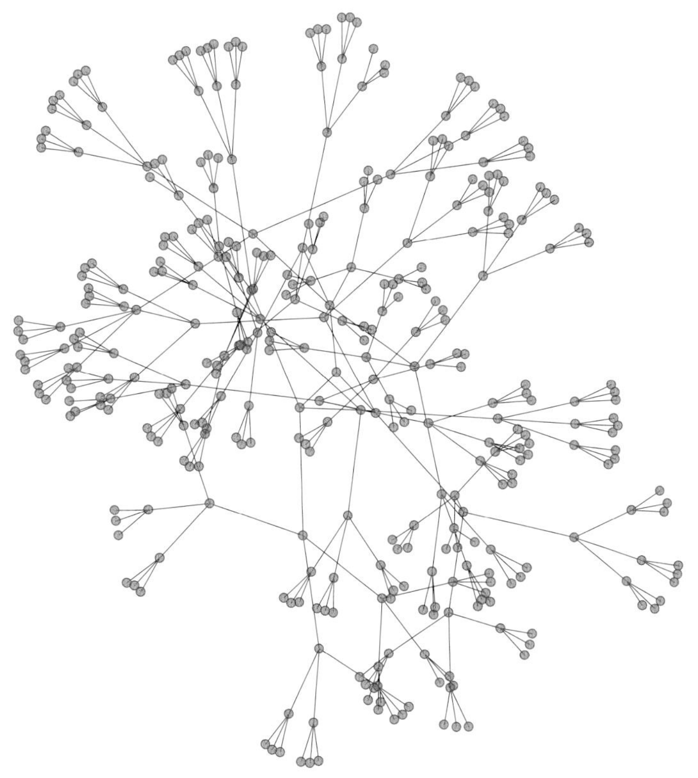

图14.15　平衡树，用networkx.balanced_tree() 创建

图14.16是用networkx.binomial_tree() 创建的二叉树，请大家自行学习Bk6_Ch14_08.ipynb中的代码。

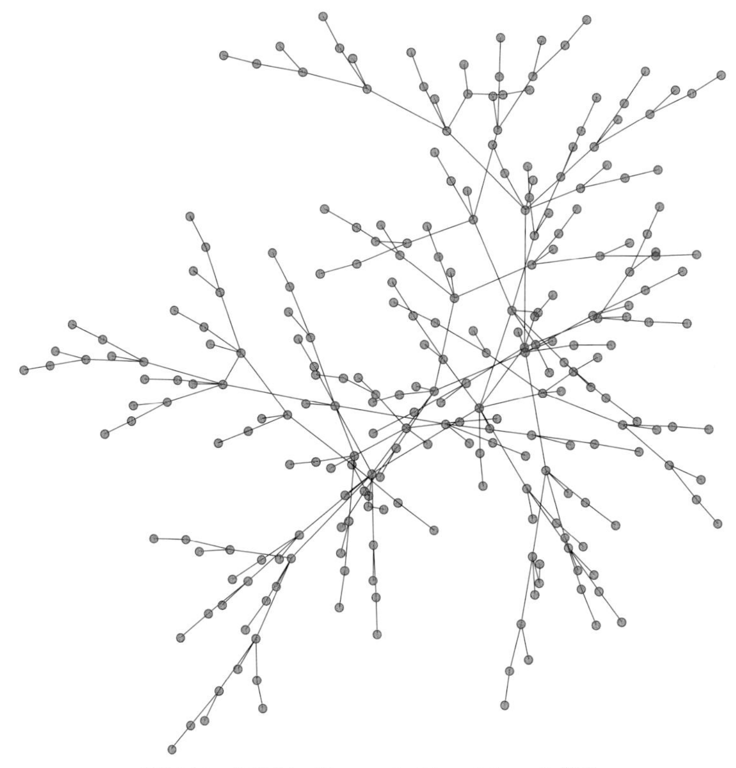

图14.16　二叉树，用networkx.binomial_tree() 创建

星图 (star graph) 相当于一种特殊的树，图14.17给出了一组示例。Bk6_Ch14_09.ipynb中绘制了图14.17，请大家自行学习。

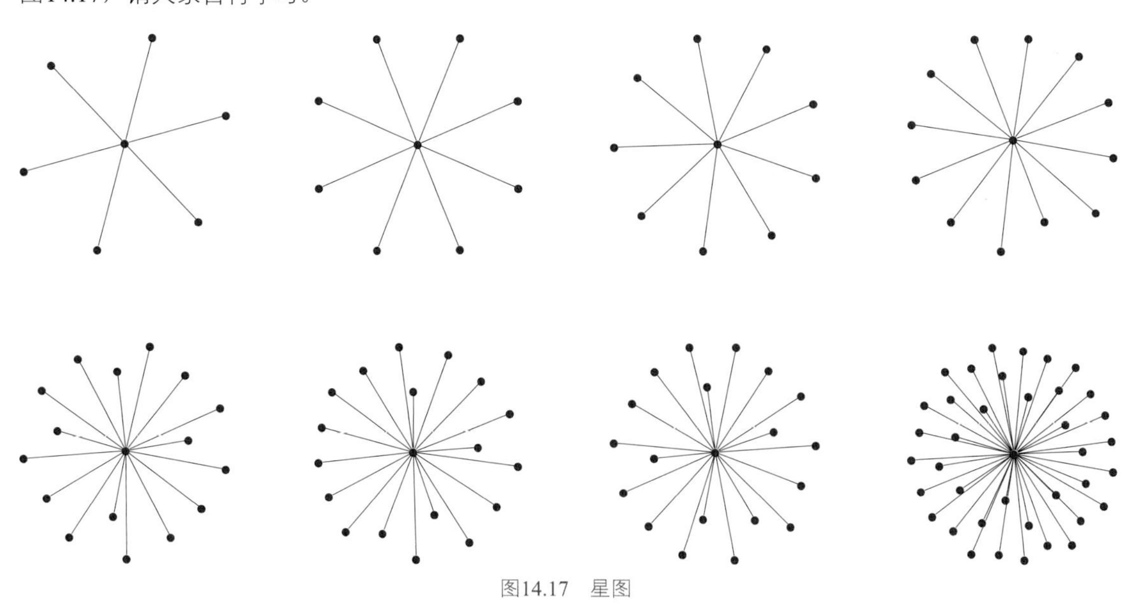

图14.17　星图

链图 (path graph) 也可以看成一种特殊的树，图14.18给出了一组示例。Bk6_Ch14_10.ipynb中绘制了图14.18，请大家自行学习。

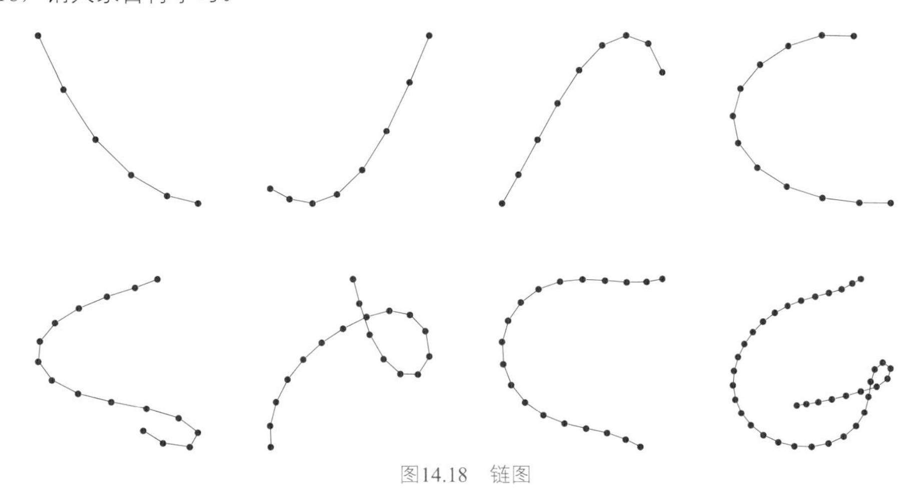

图14.18　链图

14.6 柏拉图图

《数学要素》介绍过**柏拉图立体** (Platonic solid)，也叫正多面体。正多面体的每个面全等，均为**正多边形** (regular polygons)。图14.19所示为五个柏拉图立体，包括**正四面体** (tetrahedron)、**正六面体** (cube)、**正八面体** (octahedron)、**正十二面体** (dodecahedron) 和**正二十面体** (icosahedron)。图14.20所示为五个正多面体展开得到的平面图形。

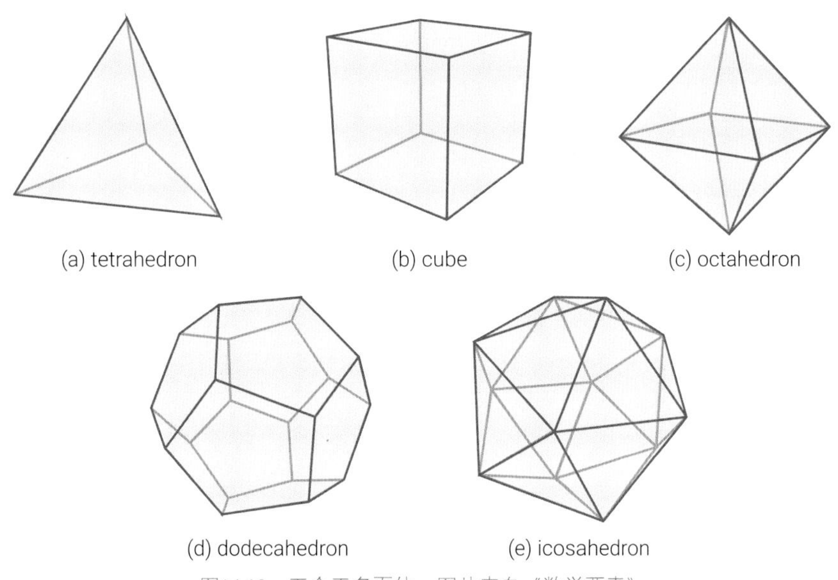

图14.19　五个正多面体，图片来自《数学要素》

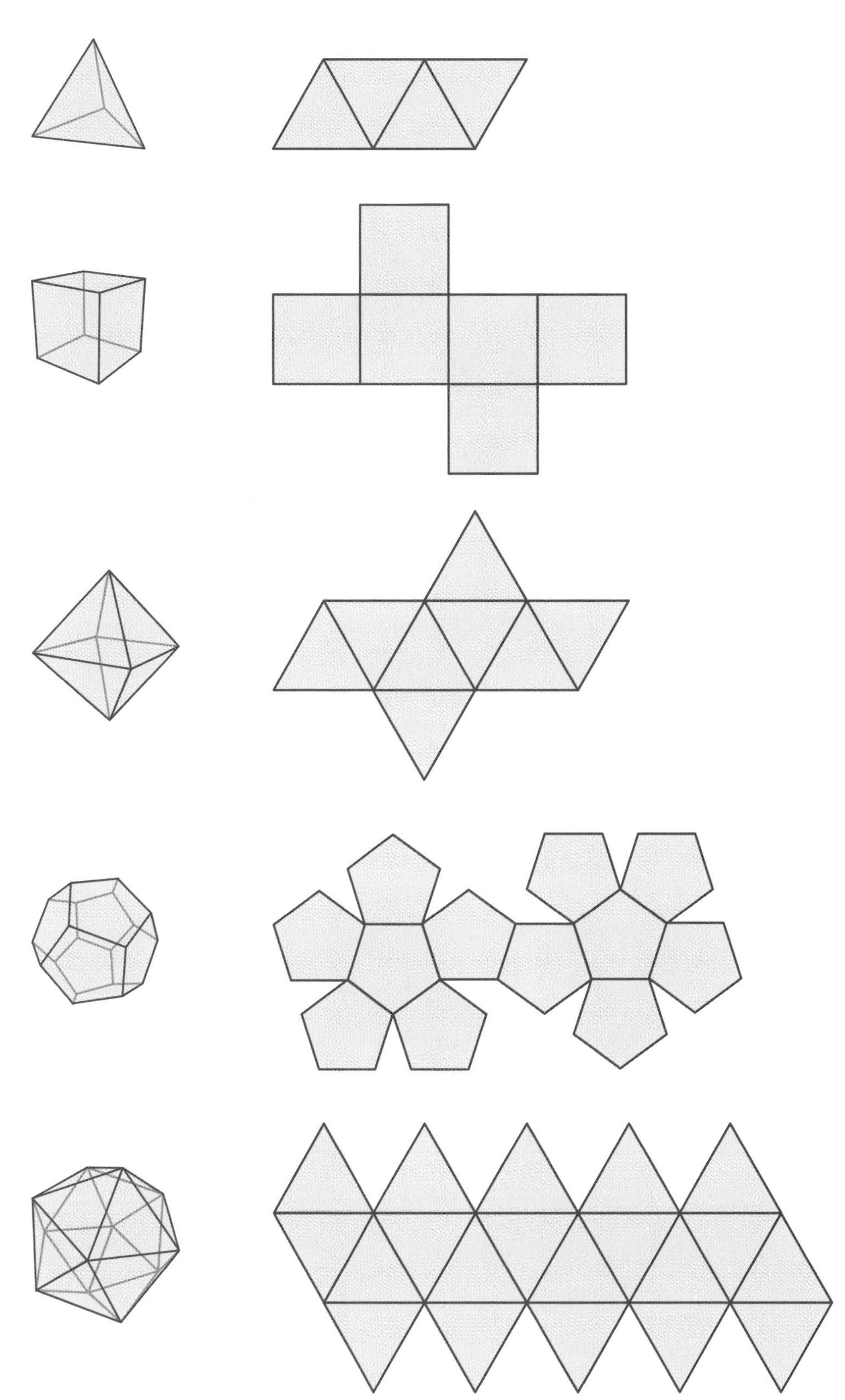

图14.20　五个正多面体展开得到的平面图形，图片来自《数学要素》

而本节要介绍的**柏拉图图** (Platonic graph) 就是基于柏拉图立体骨架的图。

图14.21展示了五种柏拉图图——**正四面体图** (tetrahedral graph)、**正六面体图** (cubical graph)、**正八面体图** (octahedral graph)、**正十二面体图** (dodecahedral graph) 和**正二十面体图** (icosahedral graph)。

图14.21所示为用NetworkX绘制的五个柏拉图图。表14.1总结了五个正多面体的结构特征。

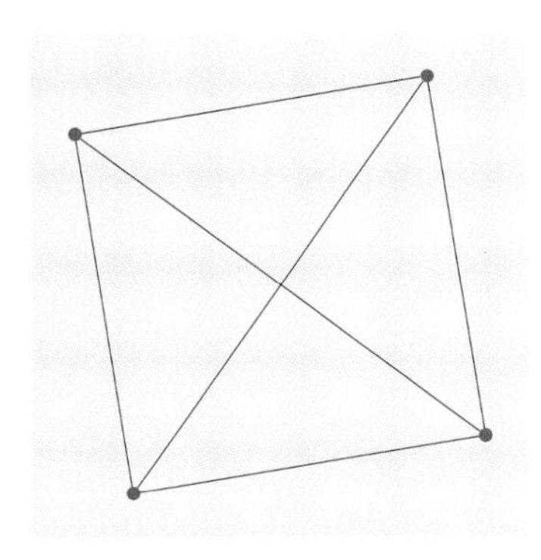

(a) tetrahedral graph

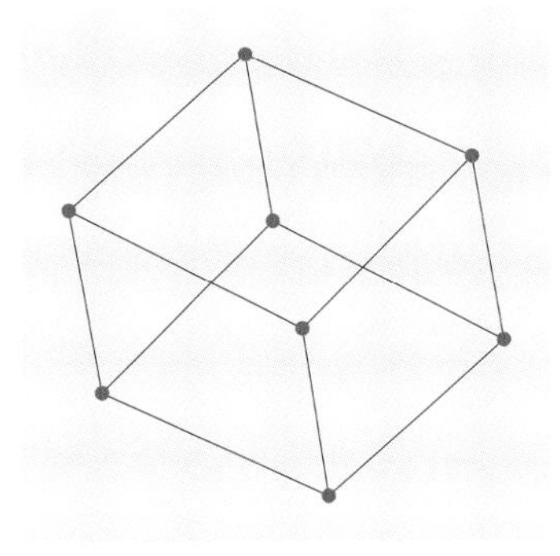

(b) cubical graph

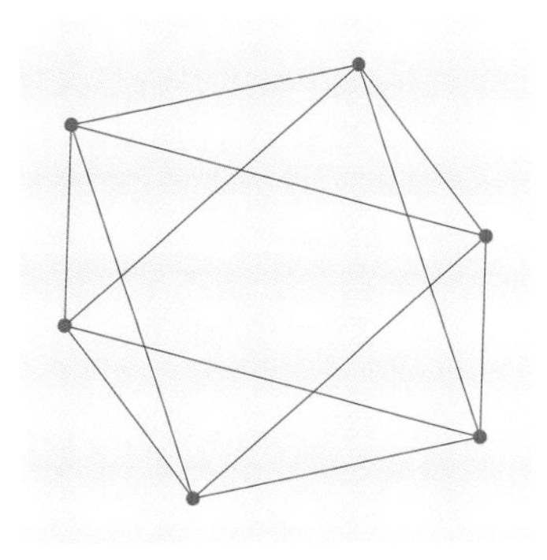

(c) octahedral graph

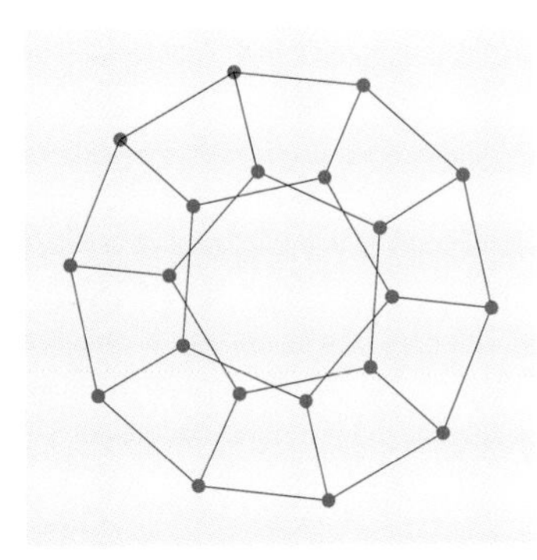

(d) dodecahedral graph

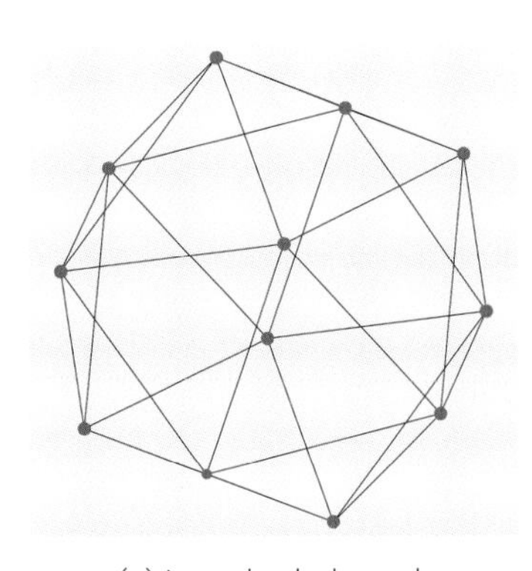

(e) icosahedral graph

图14.21　用NetworkX绘制的五个柏拉图图

表14.1　柏拉图图的特征

柏拉图图	柏拉图立体	节点数	边数
Tetrahedral graph	Tetrahedron	4	6
Cubical graph	Cube	8	12
Octahedral graph	Octahedron	6	12
Dodecahedral graph	Dodecahedron	20	30
Icosahedral graph	Icosahedron	12	30

代码14.5绘制了图14.21，下面讲解其中关键语句。

ⓐ用networkx.tetrahedral_graph()创建正四面体图。

ⓑ用networkx.cubical_graph()创建正六面体图。

ⓒ用networkx.octahedral_graph()创建正八面体图。

ⓓ用networkx.dodecahedral_graph()创建正十二面体图。

ⓔ用networkx.icosahedral_graph()创建正二十面体图。

代码14.5 创建并绘制柏拉图图 | Bk6_Ch14_11.ipynb

```
import networkx as nx
import matplotlib.pyplot as plt

# 自定义可视化函数
def visualize_G(G,fig_name):
    plt.figure(figsize = (6,6))
    nx.draw_networkx(G,
                     pos = nx.spring_layout(G),
                     with_labels = False,
                     node_size = 28)
    plt.savefig(fig_name + '.svg')

# 正四面体图
tetrahedral_graph = nx.tetrahedral_graph()   # a

# 可视化
visualize_G(tetrahedral_graph,
            'tetrahedral_graph')

# 正六面体图
cubical_graph = nx.cubical_graph()   # b

# 正八面体图
octahedral_graph = nx.octahedral_graph()   # c

# 正十二面体图
dodecahedral_graph = nx.dodecahedral_graph()   # d

# 正二十面体图
icosahedral_graph = nx.icosahedral_graph()   # e
```

平面化：任意两条不交叉

对于一个画在平面上的连通图，如果除在节点外，任意两边不交叉，这种图叫作**平面图** (planar graph)。

以这个标准看图14.21，这五幅柏拉图图似乎都不是平面图；但是，实际上，柏拉图图都是平面图。也就是说，它们都可以**平面化** (planar)，如图14.22和图14.23所示。请大家自行学习Bk6_Ch14_12.ipynb中的代码。

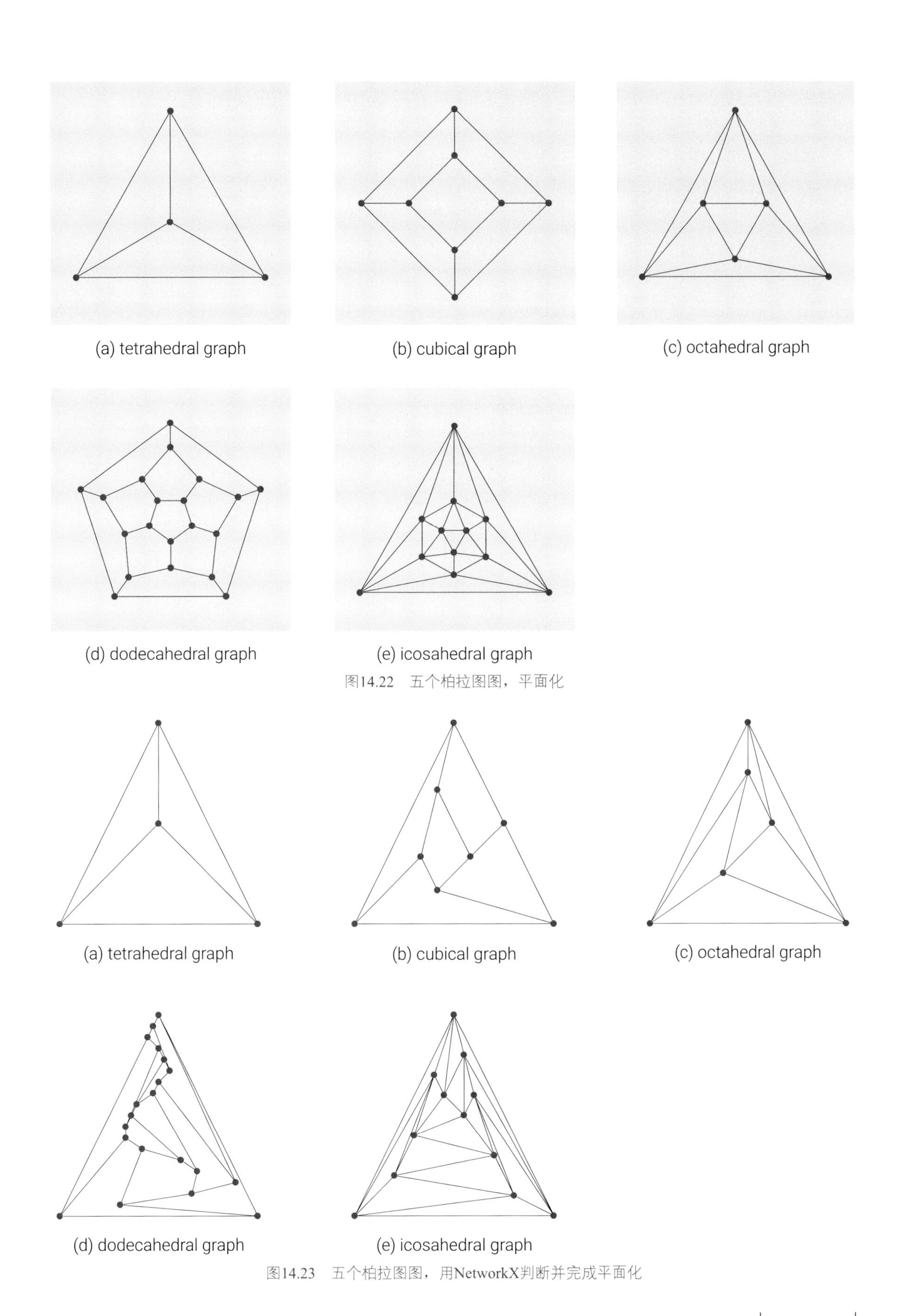

图14.22　五个柏拉图图，平面化

图14.23　五个柏拉图图，用NetworkX判断并完成平面化

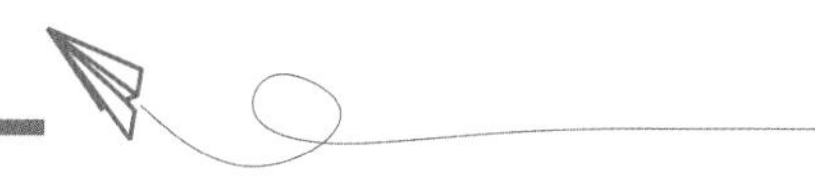

本章介绍了几种常见的图以及它们的性质，并且和大家探讨如何用NetworkX完成这些图的可视化。本书后文还将介绍树在机器学习算法中的应用案例。

Path and More

从路径说起

通道、迹、路径、回路、环，各种路径问题

只有那些没有任何实际目的而追求它的人才能获得科学发现和科学知识。

Scientific discovery and scientific knowledge have been achieved only by those who have gone in pursuit of it without any practical purpose whatsoever in view.

—— 马克斯·普朗克 (Max Planck) | 德国物理学家，量子力学的创始人 | 1858 — 1947年

- `networkx.algorithms.approximation.christofides()` 使用Christofides算法为加权图找到一个近似最短哈密顿回路的近似最短哈密尔顿回路的优化解
- `networkx.all_simple_edge_paths()` 查找图中两个节点之间所有简单路径，以边的形式返回
- `networkx.all_simple_paths()` 查找图中两个节点之间所有简单路径
- `networkx.complete_graph()` 生成一个完全图，图中每对不同的节点之间都有一条边
- `networkx.DiGraph()` 创建一个有向图
- `networkx.find_cycle()` 在图中查找一个环
- `networkx.get_node_attributes()` 获取图中所有节点的指定属性
- `networkx.has_path()` 检查图中是否存在从一个节点到另一个节点的路径
- `networkx.shortest_path()` 计算图中两个节点之间的最短路径
- `networkx.shortest_path_length()` 计算图中两个节点之间最短路径的长度
- `networkx.simple_cycles()` 查找有向图中所有简单环
- `networkx.utils.pairwise()` 生成一个节点对的迭代器，用于遍历图中相邻的节点对

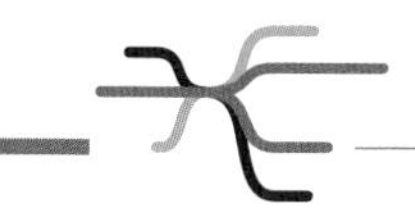

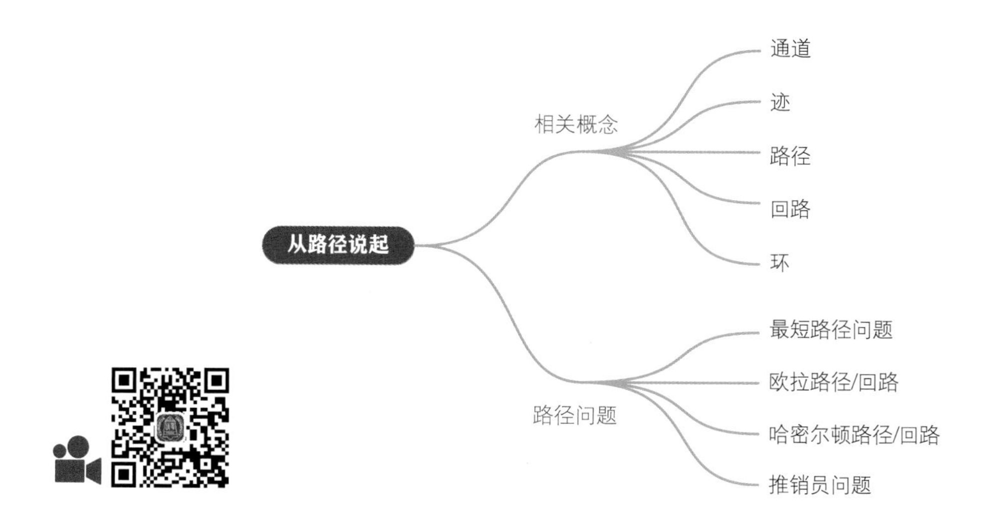

15.1 通道、迹、路径、回路、环

本章要涉及的话题都和路径有关；为了方便介绍路径，这一节先把通道、迹、路径、回路、环这几个相似概念放在一起对比来讲。

- **通道** (walk)：一个节点和边的交替序列，可以包含重复边或经过相同的节点。
- **迹** (trail)：无重复边的通道，但是可以允许重复节点。
- **路径** (path)：无重复节点、无重复边的通道；也就是说，一个路径中，每个节点和边最多只能经过一次。
- **回路** (circuit)：闭合的迹，即起点和终点形成闭环。回路中的节点可以重复，但是边不能重复。
- **环** (cycle)：没有重复节点的回路；环都是回路，但是回路不都是环。

大家可能已经发现，它们之间的区别主要涉及是否允许重复访问节点和边，以及首尾是否闭合。

通道

在图论中，**通道** (walk) 是指沿图的边依次经过一系列节点的序列。

通道的特点如下：

- **可能包含重复节点**：即同一个节点可以在通道中多次出现。
- **可能包含重复边**：即同一个边可以在通道中多次出现。

例如，在图15.1所示的一个简单的无向图中，$a \to b \to c \to a \to c \to d$就是一条通道。在这条通道中，节点$c$重复，无向边$ac$ (ca) 重复。

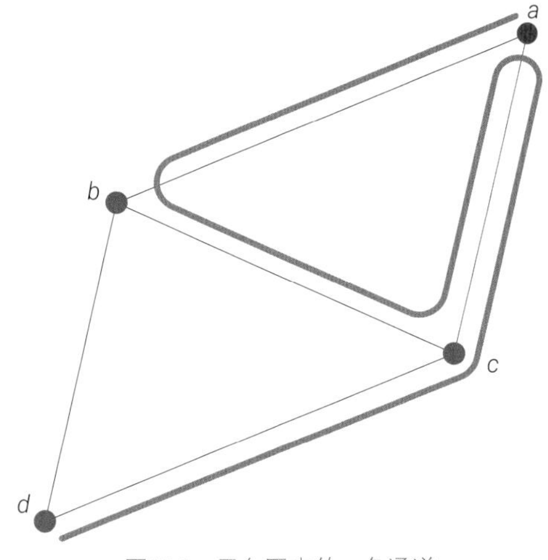

图15.1　无向图中的一条通道

通道的定义适用于有向图和无向图。在有向图中，通道考虑了边的方向；而在无向图中，通道只关注边的存在而不考虑方向。

迹：不含重复边的通道

在图论中，**迹** (trail) 描述了节点之间的连接，但边的序列中不允许出现重复的边，即每个边只能经过一次。迹是通道的一个特殊情况，限制了边的重复性。

迹的特点如下：

- **不含重复边**：迹是一条不含重复边的通道。
- **可以包含重复节点**：节点可以在迹中重复出现。

例如，在图15.2所示的一个简单的无向图中，$a \to b \to d \to a \to c$就是一条迹。在这条迹中，节点$a$重复，但是不存在任何重复无向边。

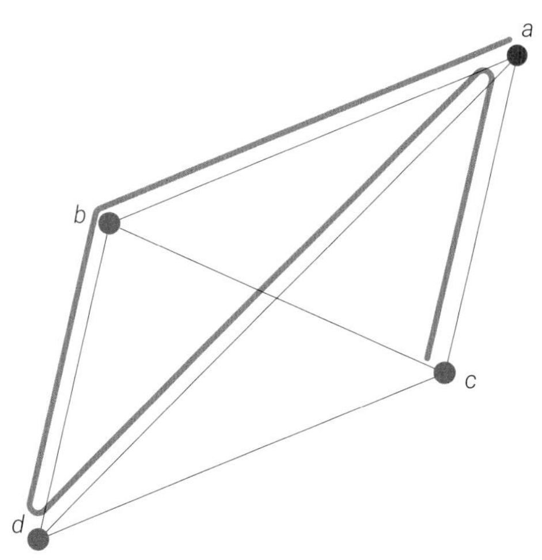

图15.2　无向图中的一条迹

迹的定义适用于有向图和无向图。在有向图中，迹考虑了边的方向，而在无向图中，迹只关注边的存在而不考虑方向。

路径：不含重复节点和不含重复边的通道

路径 (path) 是通道的一种特殊情况，它描述了图中节点之间的一条连接，并确保每个节点和每条边只经过一次。路径是图中两个节点之间的最简单的连接。

路径的特点如下：

- **不含重复节点**：路径是一条不含重复节点的通道。
- **不含重复边**：路径是一条不含重复边的通道。

例如，在图15.3所示的一个简单的无向图中，$a \to b \to c \to d$就是一条路径。这条路径连接了a、d节点，且不存在任何重复节点，也不存在任何重复边。

路径的定义适用于有向图和无向图。在有向图中，路径考虑了边的方向，而在无向图中，路径只关注边的存在而不考虑方向。

不考虑边的权重的话，两个节点之间的**路径长度** (path length) 是指路径上的边数。考虑权重的话，两个节点之间的路径长度表示从一个节点到另一个节点沿路径经过的边的权重之和。这适用于图中的边具有权重的情况，例如，道路网络中的距离、通信网络中的传输成本等。

下面，让我们看一个例子。如图15.4所示，我们要在这个5个节点完全图的0、3节点之间找到所有路径。

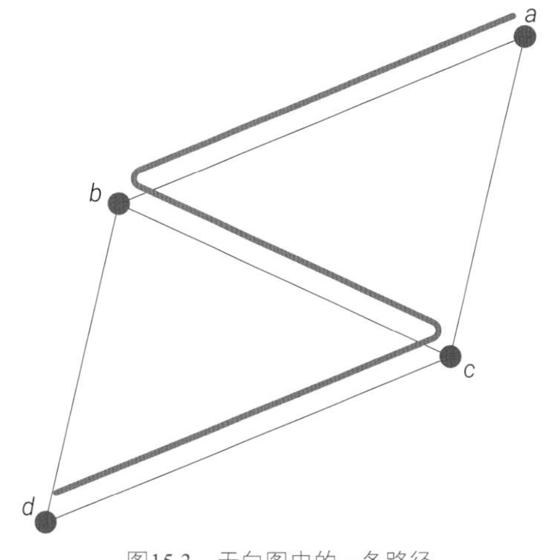

图15.3 无向图中的一条路径

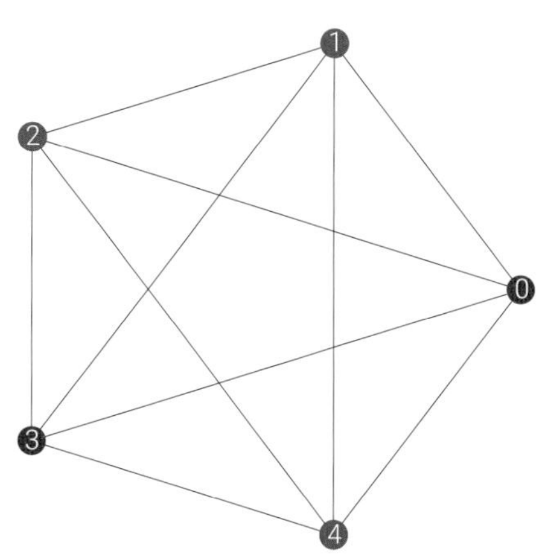

图15.4 5个节点的完全图，无向边

图15.5给出了答案，节点0、3之间一共存在16条路径。

图15.5 (a) 这条路径的长度为3。

显然，图15.5 (k) 这条路径最短，我们管这种路径叫作**最短路径** (shortest path)。最短路径是指在图中连接两个节点的路径中，具有最小长度 (无权图) 或最小权重 (有权图) 的路径。在图论中，寻找最短路径是一个重要的问题，下一章将介绍这个问题。

请大家注意，图15.5 (b)、(d)、(g)、(i)、(l)、(n) 这几幅子图给出的路径。我们发现它们都有个相同特征——路径经过图中所有节点。一个经过图中所有节点的路径被称为**哈密顿路径** (Hamiltonian path)。哈密顿路径是一种特殊的路径，它是穿过图中每个节点且仅经过一次的路径，但不一定经过每条边。本章后文还会介绍这种路径。

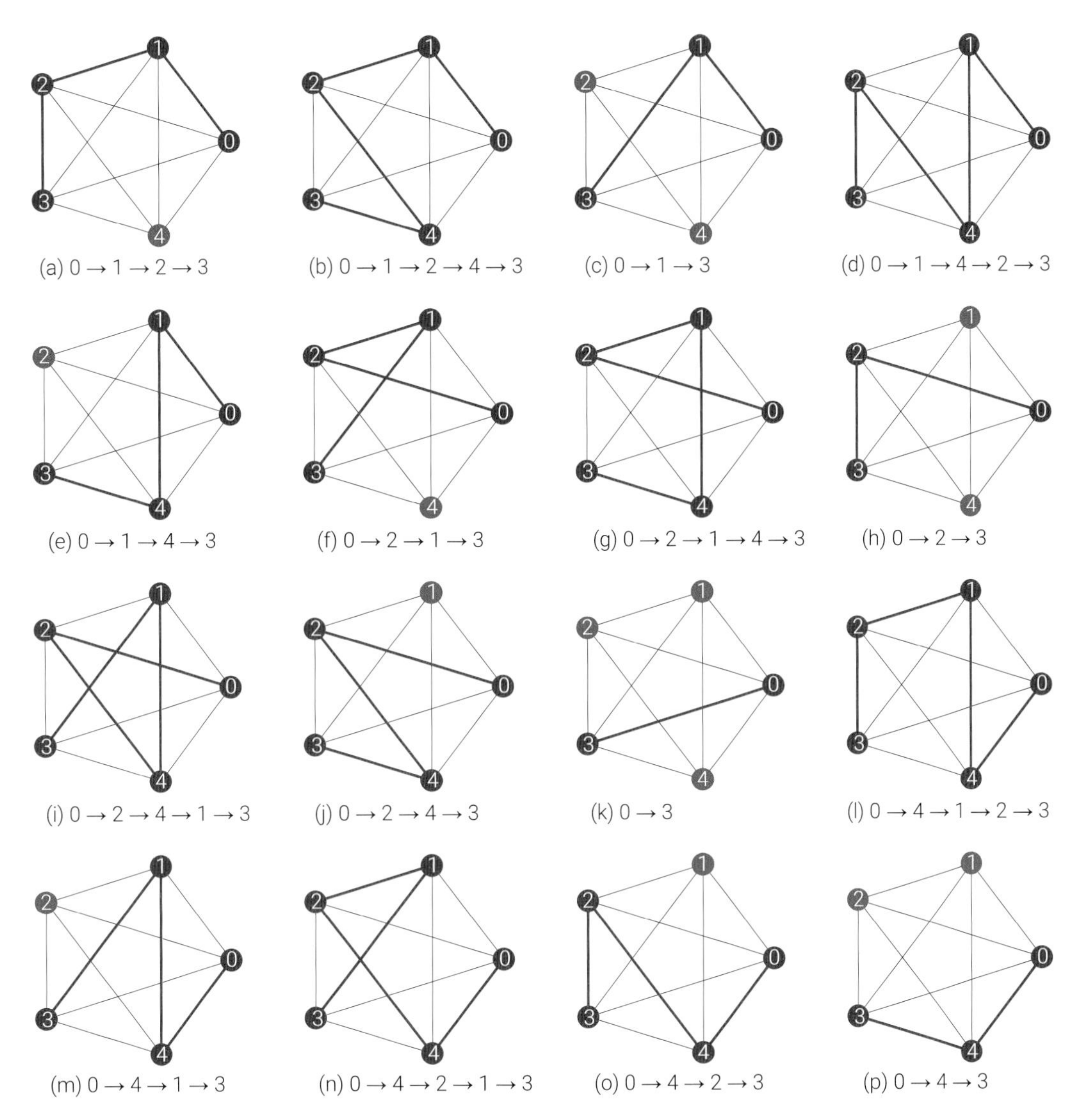

图15.5　节点0、3之间的路径

总的来说，路径是图论中描述两个节点之间连接的一种清晰、简单的通道。

ⓐ用networkx.complete_graph(5) 创建5节点完全图。

ⓑ用networkx.circular_layout() 生成节点的圆形布局。

ⓒ用networkx.all_simple_paths() 找到图中所有从源节点到终点的简单路径。该函数返回一个生成器对象，该生成器会产生所有从源节点到终点的简单路径，每个路径都表示为节点列表。参数source是源节点，参数target是终点；但是对于无向图，源节点和终点的顺序并不重要。

ⓓ用networkx.all_simple_edge_paths() 在给定的图中找到所有从源节点到终点的简单边路径。函数返回的是一个生成器，它会产生每一条路径。每条路径都表示为边的序列，其中每个边是一个表示起点和终点的元组。可以遍历这个生成器来访问所有找到的路径。

ⓔ用networkx.draw_networkx() 绘制无向图。

ⓕ用networkx.draw_networkx_nodes() 绘制图的节点。参数ax指定了图形绘制在哪个轴上。参数nodelist是一个节点列表，指定了哪些节点将被绘制。

参数node_size控制节点的大小。可以是单个数值，对所有节点应用相同的大小；也可以是一个节点大小的列表或字典，为每个节点指定不同的大小。

参数node_color指定节点的颜色。它可以是一个单独的颜色代码或颜色名称，应用于所有节点；也可以是一个颜色序列，为每个节点指定不同的颜色。

ⓖ用networkx.draw_networkx_edges() 绘制图的边。参数edgelist是一个边的列表，指定了哪些边将被绘制。参数edge_color指定边的颜色。它可以是一个单独的颜色代码或颜色名称，应用于所有边；也可以是一个颜色序列，为每条边指定不同的颜色。此外，还可以通过边的属性 (如边权重) 动态计算颜色。

ⓗ用networkx.shortest_path() 找到图中指定两个节点之间的最短路径。这个函数可以应用于无向图和有向图，并且能够处理有权重和无权重的边。参数source指定起点；参数target指定终点。

代码15.1 5个节点完全图中节点0、3之间的路径 | Bk6_Ch15_01.ipynb

```
import networkx as nx
import matplotlib.pyplot as plt

G = nx.complete_graph(5)                                      # a
# 完全图

# 可视化图
plt.figure(figsize = (6,6))
pos = nx.circular_layout(G)                                   # b
nx.draw_networkx(G,
                 pos = pos,
                 with_labels = True,
                 node_size = 188)
plt.savefig('完全图.svg')

# 节点0、3之间所有路径

all_paths_nodes = nx.all_simple_paths(G, source = 0, target = 3)        # c
# 节点0、3之间所有路径上的节点

all_paths_edges = nx.all_simple_edge_paths(G, source = 0, target = 3)   # d
# 节点0、3之间所有路径上的边

# 可视化
fig, axes = plt.subplots(4, 4, figsize = (8,8))

axes = axes.flatten()

for nodes_i, edges_i, ax_i in zip(all_paths_nodes, all_paths_edges, axes):

    nx.draw_networkx(G, pos = pos,                            # e
                     ax = ax_i, with_labels = True,
                     node_size = 88)

    nx.draw_networkx_nodes(G,pos = pos,                       # f
                           ax = ax_i,nodelist = nodes_i,
                           node_size = 88,node_color = 'r')
```

```
    nx.draw_networkx_edges(G, pos = pos,
                           ax = ax_i, edgelist = edges_i, edge_color = 'r')

    ax_i.set_title(' → '.join(str(node) for node in nodes_i))
    ax_i.axis('off')

plt.savefig('节点0、3之间所有路径.svg')

# 最短路径
print(nx.shortest_path(G, source=0, target=3))
```

下面再看一个有向图中路径的例子。在图15.4的基础上，我们随机地给每条无向边赋予方向，得到如图15.6所示的有向图。下面，让我们在这幅有向图中先找到节点0为始点、3为终点的路径；然后，再找节点3为始点、0为终点的路径。

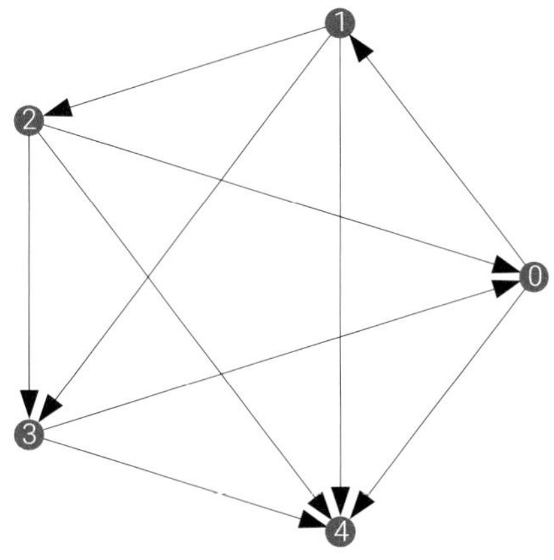

图15.6　5个节点有向图

图15.7所示为节点0为始点、节点3为终点的路径，存在两条。

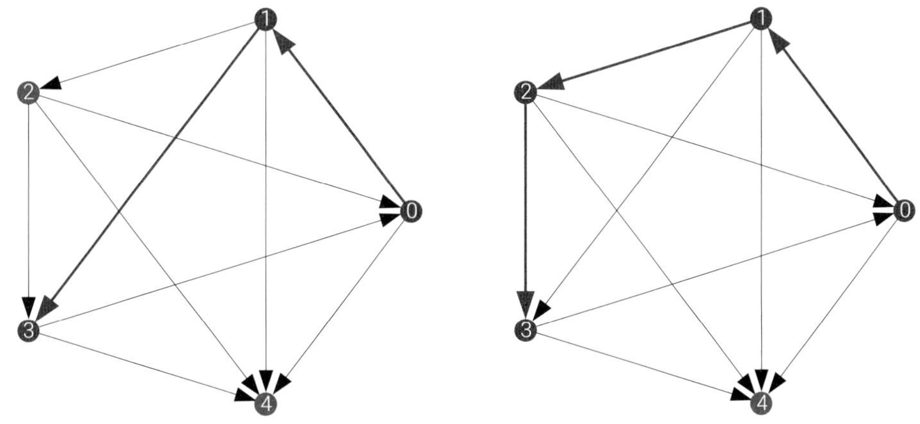

图15.7　节点0为始点、节点3为终点的路径，有向图

图15.8所示为节点3为始点、节点0为终点的路径，仅有一条。

代码15.2完成了图15.6、图15.7、图15.8相关计算，下面讲解其中关键语句。

ⓐ先用networkx.complete_graph(5) 绘制5个节点的完全图，这幅图为无向图。

ⓑ用networkx.DiGraph() 创建全新空的有向图。

❸从一个无向图G_undirected创建一个有向图G_directed。这段代码用for循环遍历无向图中的所有边，然后用random.choice() 以50%的概率决定边的方向，在新的有向图中用add_edge() 方法添加对应的有向边。

函数random.choice([True, False]) 将等概率地返回True或False，来决定边的方向。

如果随机选择的结果是True，则用G_directed.add_edge(u, v)在有向图G_directed中添加一条从u到v的有向边，即节点u指向节点v。

如果随机选择的结果是False，则用G_directed.add_edge(v, u) 在有向图G_directed中添加一条从v到u的有向边，即节点v指向节点u。

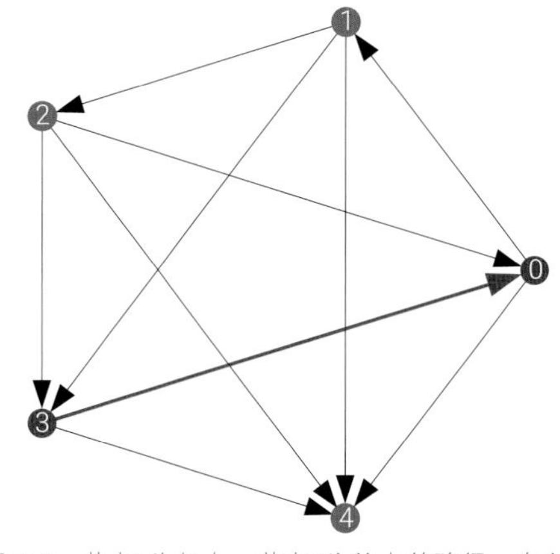

图15.8 节点3为起点、节点0为终点的路径，有向图

❹用networkx.all_simple_paths() 在有向图G_directed中找到从节点0 (source=0) 到节点3 (target=3) 的所有路径。函数返回一个迭代器，该迭代器生成从source节点到target节点的所有简单路径。每条路径都表示为节点列表，顺序表示路径上的移动。可以用list() 将迭代器转换为列表，查看每条路径中具体节点。

❺用networkx.all_simple_edge_paths() 在有向图G_directed中查找从起点 (source) 0到终点(target) 3 的所有路径。这个函数返回的是边的序列，而不是节点的序列。每条路径都表示为一系列边，其中每条边由其端点的元组 (起点, 终点) 表示。

代码15.2 有向图中节点0、3之间的路径 | Bk6_Ch15_02.ipynb

```
import matplotlib.pyplot as plt
import networkx as nx
import random

# 创建一个包含5个节点的无向完全图
G_undirected = nx.complete_graph(5)                                    # a

# 创建一个新的有向图
G_directed = nx.DiGraph()                                              # b

# 为每对节点随机选择方向
random.seed(8)
for u, v in G_undirected.edges():                                      # c
    if random.choice([True, False]):
        G_directed.add_edge(u, v)
    else:
        G_directed.add_edge(v, u)

# 节点0为起点、3为终点之间所有路径

all_paths_nodes = nx.all_simple_paths(G_directed, source=0, target=3)  # d
# 节点0为起点、3为终点所有路径上的节点

all_paths_edges = nx.all_simple_edge_paths(G_directed, source=0, target=3)  # e
# 节点0为起点、3为终点所有路径上的边

# 节点3为起点、0为终点之间所有路径
```

```
all_paths_nodes = nx.all_simple_paths(G_directed, source=3, target=0)
# 节点3为起点、0为终点所有路径上的节点

all_paths_edges = nx.all_simple_edge_paths(G_directed, source=3, target=0)
# 节点3为起点、0为终点所有路径上的边
```

回路：首尾闭合，可以重复节点，不允许重复边

在图论中，**回路** (circuit) 是一种首尾闭合的迹。

回路的特点如下：

- **闭合**：起点和终点相同，首尾闭合。
- **可以包含重复节点**：回路 (途中，不包括首尾节点) 可以包含重复的节点。
- **不含重复边**：回路不允许包含重复的边。

回路的定义适用于有向图和无向图。在有向图中，回路沿着有向边形成环路；在无向图中，回路沿着无向边形成环路，如图15.9所示。

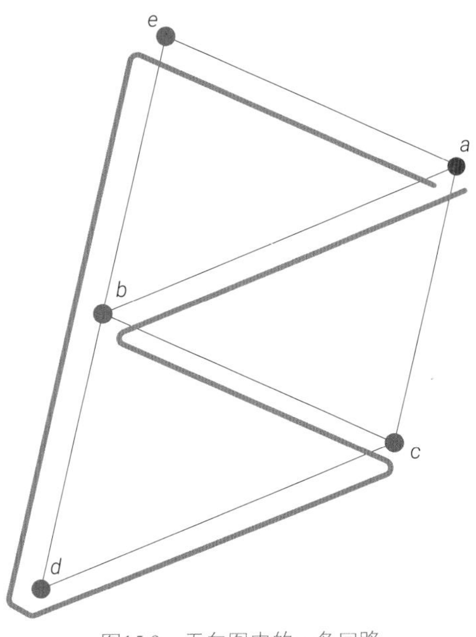

图15.9　无向图中的一条回路

环

在图论中，环是一种特殊回路；起点和终点之外的所有节点都不重复，当然环中边都不重复，如图15.10所示。这种环也叫**简单环** (simple cycle)。

环的特点如下：

- **闭合**：起点和终点相同，首尾闭合。这意味着可以从环上的任一节点出发，经过一系列边，最终回到同一节点。
- **途中不包含重复节点**：每个节点只能在环中出现一次，除了起点和终点。
- **不含重复边**：每条边只能在环中出现一次。

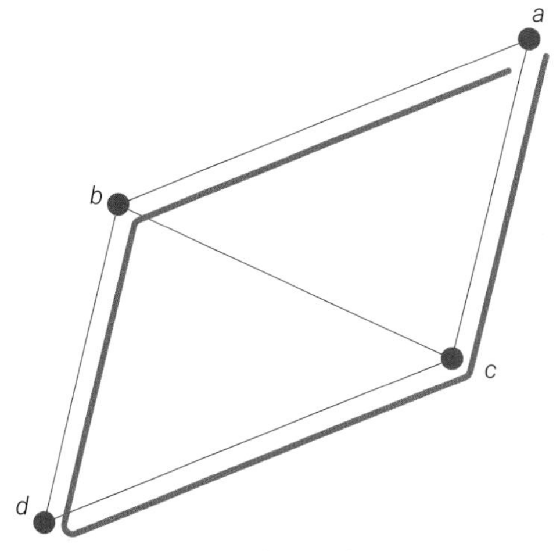

图15.10　无向图中的一个环

图15.11所示为图15.6有向图中找到的3个环。

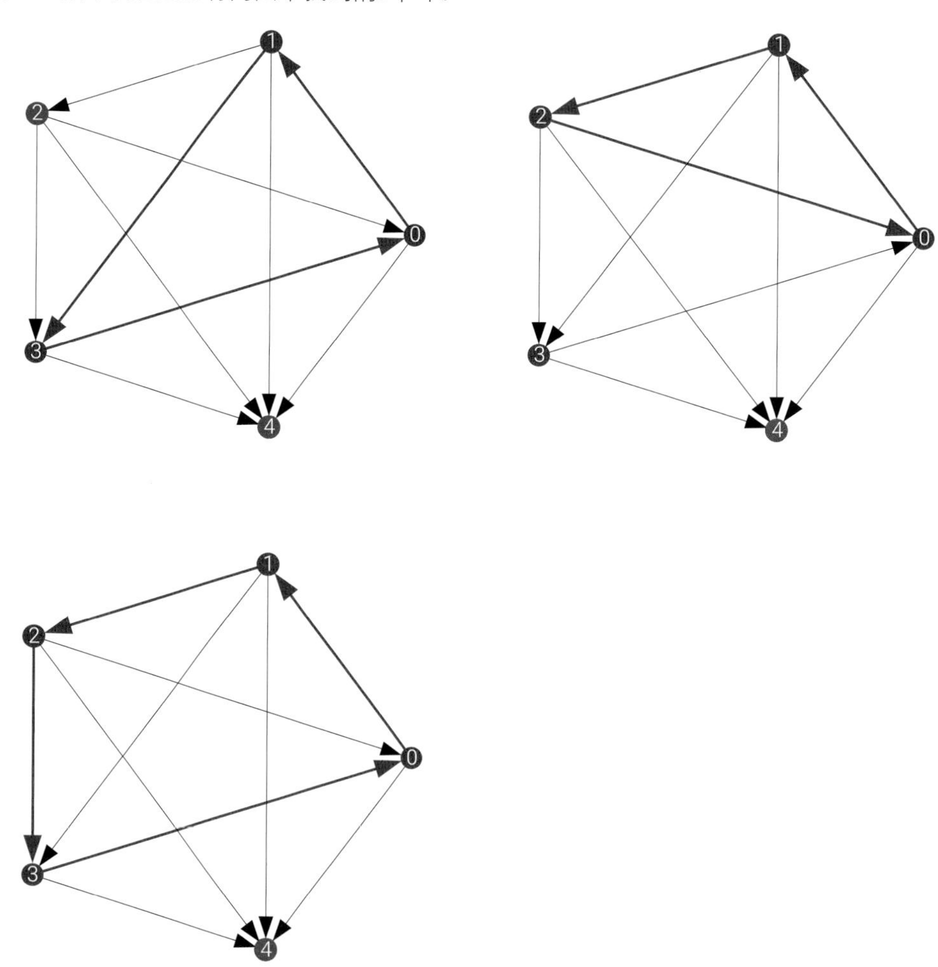

图15.11　有向图中的3个环

代码15.3找出图15.6有向图中所有环，并绘制图15.11。下面讲解其中关键语句。

ⓐ用networkx.find_cycle() 找到有向图中一个 (并不是所有) 环。参数orientation指定搜索环时边的方向性考虑方式，其中orientation="original"意味着函数在查找环时会考虑边的原始方向。函数返回一个环的列表，其中每个元素是表示边的元组，包括边的起点和终点。如果图中没有环，函数会抛出一个NetworkXNoCycle异常。

ⓑ先用networkx.simple_cycles(G_directed) 找到有向图G_directed中所有的简单环。然后，再用list()将生成器转换成嵌套列表。嵌套列表中每个元素是一个环中的顺序节点构成的列表。

ⓒ自定义函数将节点列表转化为一个环中边的列表。

ⓓ遍历节点列表，除了最后一个节点，为每对相邻的节点生成一个元组 (起点，终点)。这样得到的边列表list_edges包含了从第一个节点到最后一个节点的所有边，但没有形成一个闭环。

ⓔ创建了一个从列表中最后一个节点到第一个节点的边，这样做的目的是在节点的连接上形成一个闭环。

大家对ⓕ这句应该很熟悉了，它可视化有向图，并用红色着重强调环。

完整代码请查看Bk6_Ch15_03.ipynb。

代码15.3　查找有向图中的环 | Bk6_Ch15_03.ipynb

```
cycle = nx.find_cycle(G_directed, orientation = "original")
# 在有向图找到一个环，并不是所有环

list_cycles = list(nx.simple_cycles(G_directed))
# 找到有向图中所有环

# 自定义函数将节点序列转化为边序列(闭环)

def nodes_2_edges (node_list):

    # 使用列表生成式创建边的列表
    list_edges = [(node_list[i], node_list[i+1])
                  for i in range(len(node_list)-1)]

    # 加上一个额外的边从最后一个节点回到第一个节点 ，形成闭环
    closing_edge = [(node_list[-1], node_list[0])]
    list_edges = list_edges + closing_edge
    return  list_edges

# 可视化有向图中3个环

fig, axes = plt.subplots(1, 3, figsize = (9,3))

axes = axes.flatten()

for nodes_i, ax_i in zip(list_cycles, axes):

    edges_i = nodes_2_edges(nodes_i)

    nx.draw_networkx(G_directed, ax = ax_i,
                     pos = pos, with_labels = True, node_size = 88)

    nx.draw_networkx_nodes(G_directed, ax = ax_i,
                           nodelist = nodes_i, pos = pos,
                           node_size = 88, node_color = 'r')
```

```
        nx.draw_networkx_edges(G_directed, pos = pos,
                               ax = ax_i, edgelist = edges_i,
                               edge_color = 'r')

        ax_i.set_title(' → '.join(str(node) for node in nodes_i))
        ax_i.axis('off')

plt.savefig('有向图中所有cycles.svg')
```

表15.1总结比较了通道、迹、路径、回路、环之间的异同。请大家注意，如果通道的起点和终点相同，则称其**闭合** (close)；否则，称其**开放** (open)。

表15.1　比较通道、迹、路径、回路、环

类型	途中重复节点？	途中重复边？	首尾闭合？	示例
Walk (open)	Yes	Yes	No	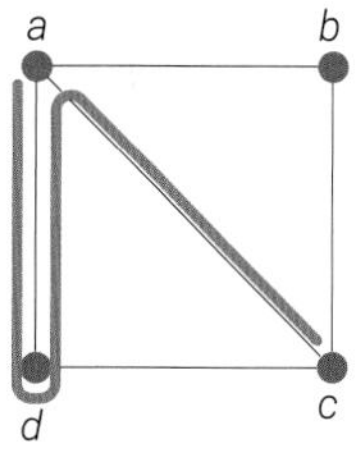 a → d → a → c
Walk (closed) Loop	Yes	Yes	Yes	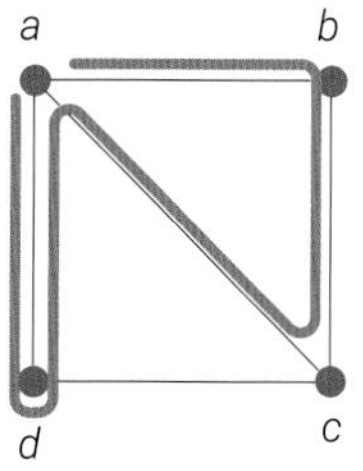 a → d → a → c → b → a
Trail	Yes	No	No	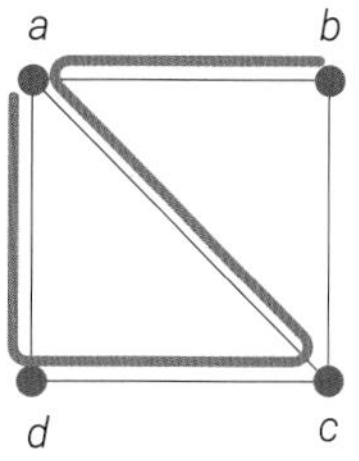 a → d → c → a → b
Circuit	Yes	No	Yes	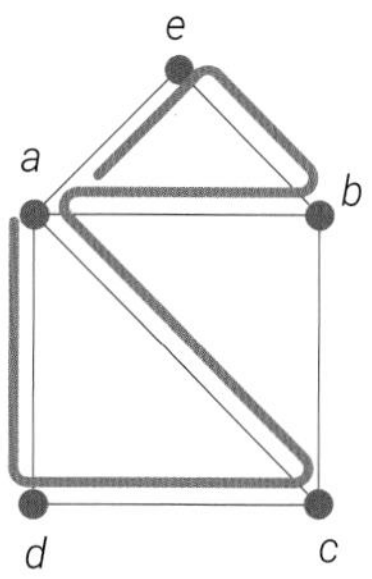 a → d → c → a → b → e → a

续表

类型	途中重复节点?	途中重复边?	首尾闭合?	示例	
Path	No	No	No	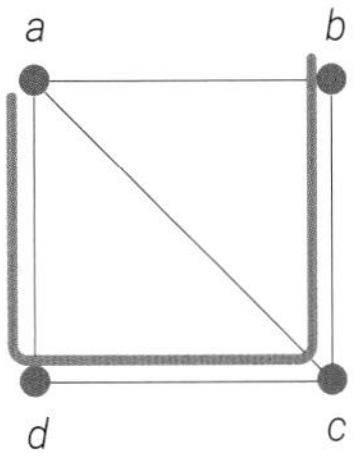	$a \to d \to c \to b$
Cycle	No	No	Yes	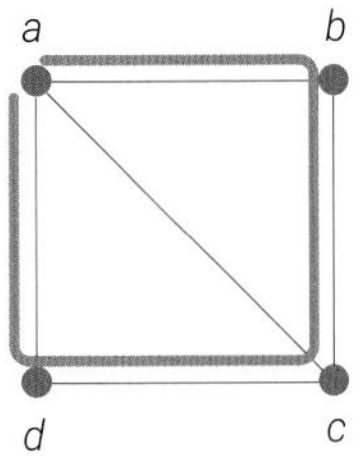	$a \to d \to c \to b \to a$

15.2 常见路径问题

常见路径问题总结如下：

- **最短路径问题** (shortest path problem)：在一个有向图或无向图中，特别是考虑权重条件下，找到两个指定节点的最短距离。
- **欧拉路径** (Eulerian path)：不重复地经过所有边，不要求最终回到起点。
- **欧拉回路** (Eulerian cycle)：不重复地经过所有边，并最终回到起点。欧拉回路也是所谓的七桥问题。
- **中国邮递员问题** (Chinese Postman Problem)：在一个有向图或无向图中，找到一条回路 (最终回到起点)，使得每条边都至少被经过一次，并最小化路径总长度 (考虑权重)。
- **哈密尔顿路径** (Hamiltonian path或Hamilton path)：不重复地经过所有节点，不要求最终回到起点。
- **哈密尔顿回路** (Hamiltonian cycle或Hamilton cycle)：不重复地经过 (途中) 所有节点，最终回到起点。
- **推销员问题** (Traveling Salesman Problem)：不重复地经过所有节点，最终回到起点，并最小化路径总长度 (考虑权重)。推销员问题是特殊的哈密尔顿回路。

表15.2比较了以上几种路径问题，本章后文介绍几个能够用NetworkX直接求解的路径问题。

表15.2 比较几种常见路径问题

问题	是否回到起点	节点要求	边要求	优化要求
最短路径问题	否	否	否	距离最短
欧拉路径	否	否	不重复地经过所有边	无
欧拉回路	是	否	不重复地经过所有边	无
中国邮递员问题	是	否	每条边至少经过一次	最小化路径长度
哈密尔顿路径	否	不重复地经过所有节点	每条边最多经过一次	无
哈密尔顿回路	是	不重复地经过所有节点	每条边最多经过一次	无
推销员问题	是	不重复地经过所有节点	每条边最多经过一次	最小化路径长度

15.3 最短路径问题

最短路径问题 (shortest path problem) 是图论中的一个经典问题，其目标是在图中找到两个节点之间的最短路径，即路径上各边权重之和最小的路径。**所有两节点最短路径问题** (all-pairs shortest path problem) 则更进一步找到任意两个节点的最短距离。

和最短路径问题相反的有**最长路径问题** (longest path problem)。这个问题是在有向无环图中，找到一条距离最长路径。

最短路径问题中，边上的权重可以代表实际的距离、时间、成本等因素，具体取决于问题的应用背景。解决最短路径问题的算法和技术对于网络设计、交通规划、路径规划等领域具有广泛的应用。

下面，我们分别举例讲解如何用NetworkX求解无向图、有向图中的最短路径问题。

无向图的最短路径问题，无所谓起点、终点；也就是说，起点、终点可以调换，如图15.12～图15.15所示。但是，在有向图中，起点、终点不能随意调换。

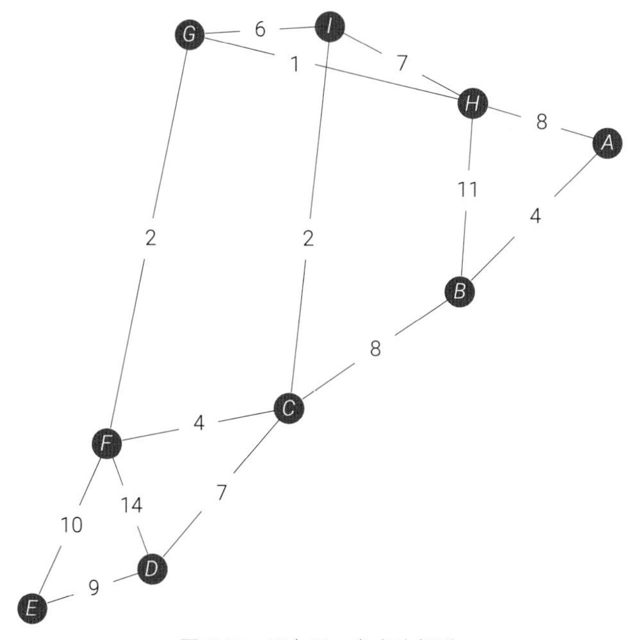

图15.12 无向图，考虑边权重

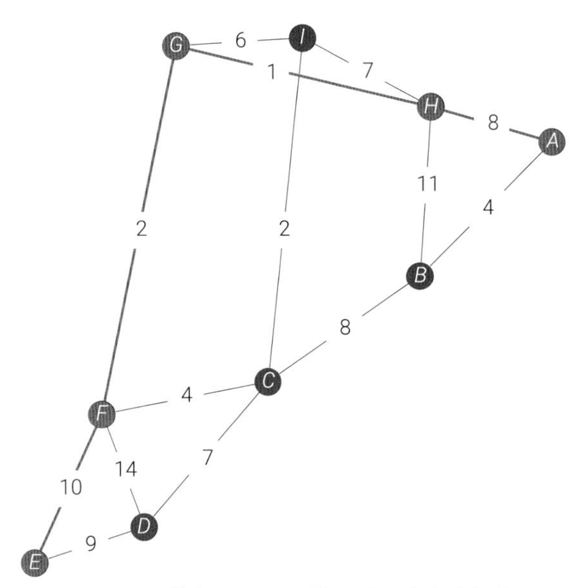

图15.13　节点A、E之间最短距离，考虑边权重

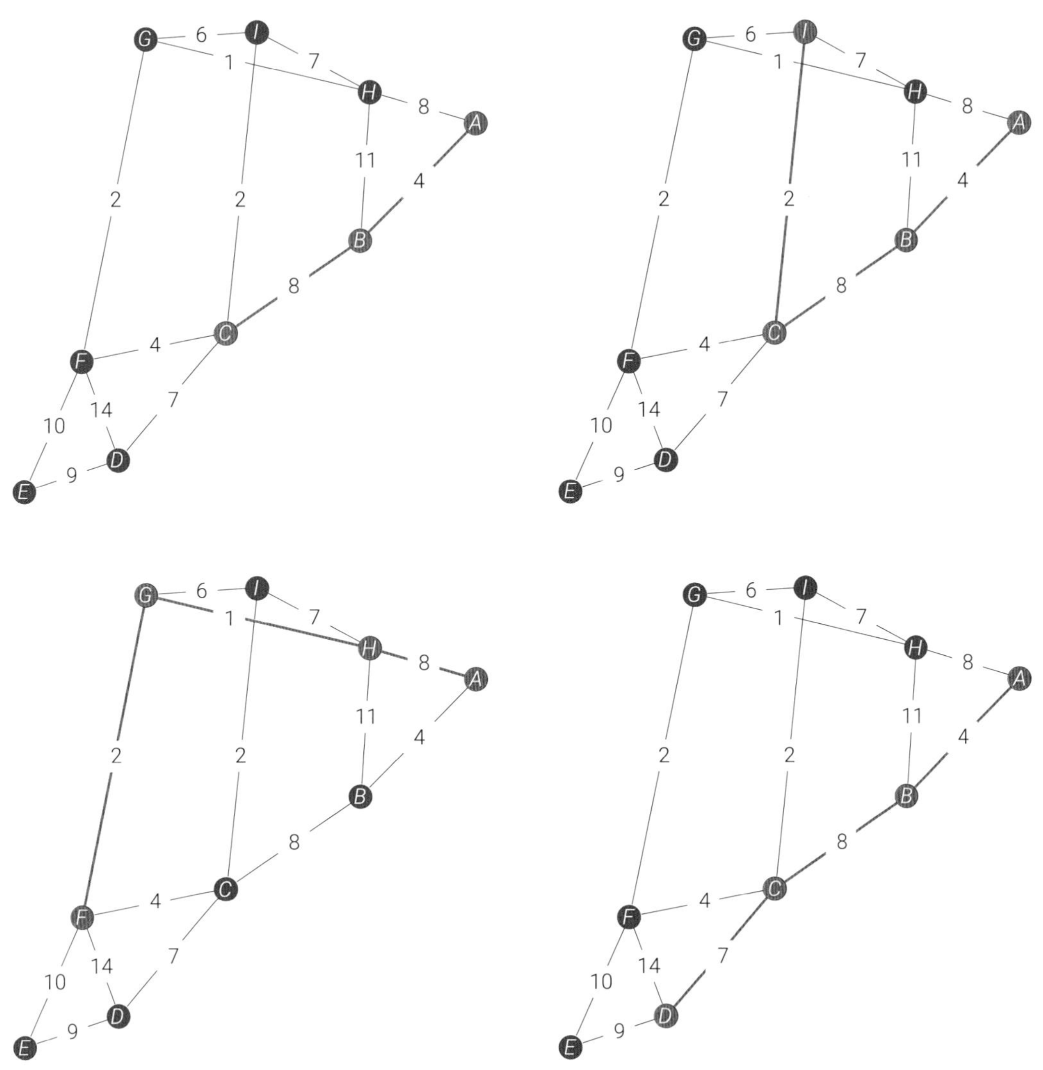

图15.14　节点A为起点的四条最短路径，考虑边权重

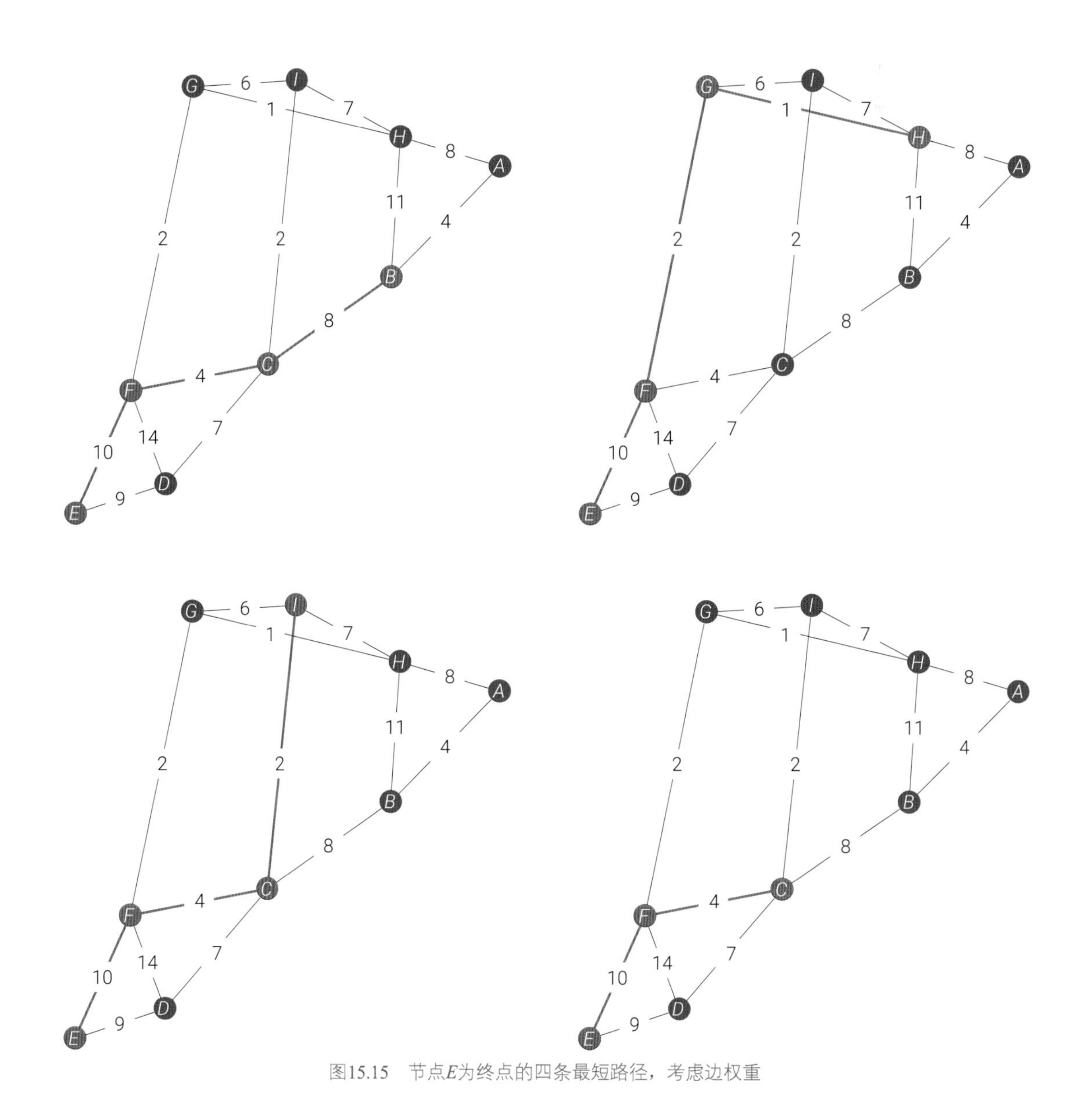

图15.15　节点E为终点的四条最短路径，考虑边权重

图15.16所示为一矩阵形式展示无向图中任意两个节点之间的最短路径距离。这个矩阵有自己的名字——图距离矩阵。本书后文将介绍这个概念。

	A	B	C	D	E	F	G	H	I
A	0	4	12	19	21	11	9	8	14
B	4	0	8	15	22	12	12	11	10
C	12	8	0	7	14	4	6	7	2
D	19	15	7	0	9	11	13	14	9
E	21	22	14	9	0	10	12	13	16
F	11	12	4	11	10	0	2	3	6
G	9	12	6	13	12	2	0	1	6
H	8	11	7	14	13	3	1	0	7
I	14	10	2	9	16	6	6	7	0

图15.16 无向图成对最短路径长度，矩阵形式

有向图中的最短路径问题

下面，让我们看一下图15.17所示有向图中的最短路径问题。以节点A为起点，还是以节点E为终点，我们无法找到一条路径。原因很简单，节点E的两条边均是离开E。想要解决这个问题，需要调转EF或者ED。

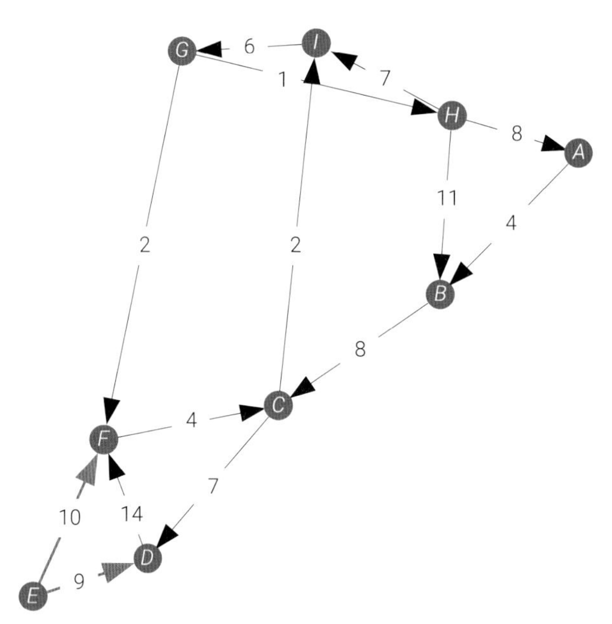

图15.17 有向图，考虑边权重

但是，如果以节点E为起点，以节点A为终点，我们倒是可以找到一条最短路径，如图15.18所示。这条路径的长度为31。矩阵形式如图15.19所示。

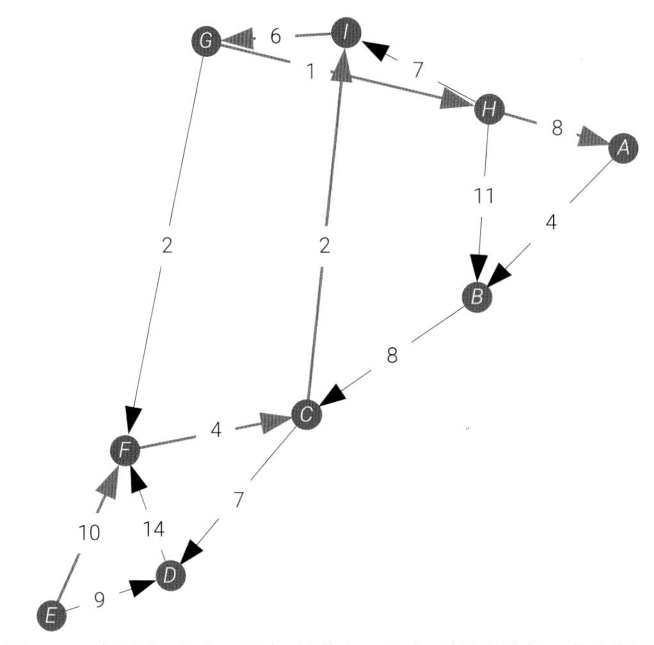

图15.18　有向图，节点E (起点) 到节点A (终点) 的最短路径，考虑边权重

	A	B	C	D	E	F	G	H	I
A	0	4	12	19		22	20	21	14
B	25	0	8	15		18	16	17	10
C	17	20	0	7		10	8	9	2
D	35	38	18	0		14	26	27	20
E	31	34	14	9	0	10	22	23	16
F	21	24	4	11		0	12	13	6
G	9	12	6	13		2	0	1	8
H	8	11	19	26		15	13	0	7
I	15	18	12	19		8	6	7	0

图15.19　有向图成对最短路径长度，矩阵形式

15.4 欧拉路径

欧拉路径 (Eulerian path) 是指在图中，通过图中的每一条边恰好一次且仅一次，并且路径的起点和终点不同的路径。

欧拉回路 (Eulerian cycle) 是图中的一个闭合路径，该路径通过图中的每一条边恰好一次且仅一次，并且路径的起点和终点是同一个节点。如果存在这样的回路，该图称为**欧拉图** (Eulerian graph或Euler graph)。五个柏拉图图中只有八面体图是欧拉回路，如图15.20所示。

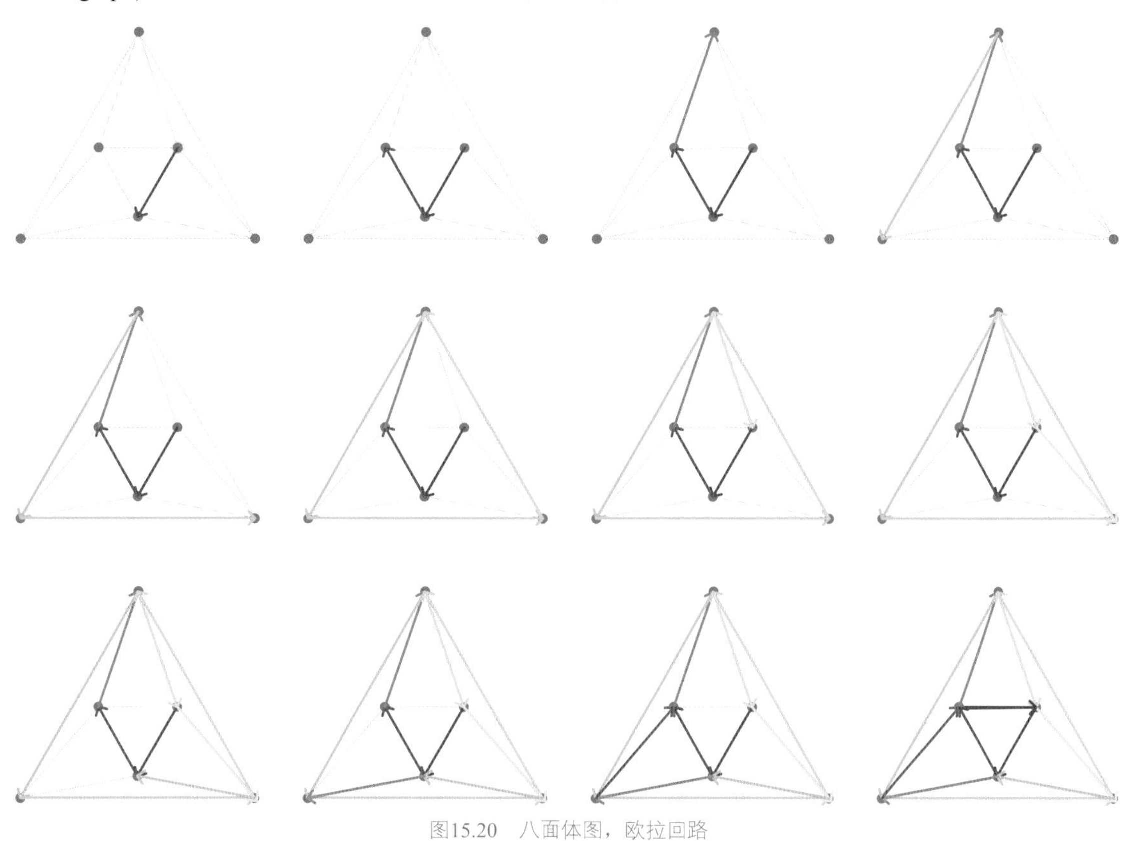

图15.20 八面体图，欧拉回路

15.5 哈密尔顿路径

哈密尔顿路径 (Hamiltonian path或Hamilton path) 是图论中的一个概念，指的是在一个图中，经过每个节点恰好一次且不重复的路径。具体来说，哈密尔顿路径是图中的一个节点序列，使得对于序列中的相邻两个节点，图中存在一条边直接连接它们，且路径中的每个节点都不重复。

一个图中可能有多个哈密尔顿路径，也可能没有哈密尔顿路径。如果存在哈密尔顿路径，那么这个图被称为哈密尔顿图。

与哈密尔顿路径相关的另一个概念是**哈密尔顿回路** (Hamiltonian cycle)，准确来说是哈密尔顿环(节点不重复)。哈密尔顿回路是一种哈密尔顿路径，其起点和终点相同。如果一个图中存在哈密尔顿回路，那么这个图被称为哈密尔顿回路图。

如图15.21所示，五个柏拉图图都是哈密尔顿回路。

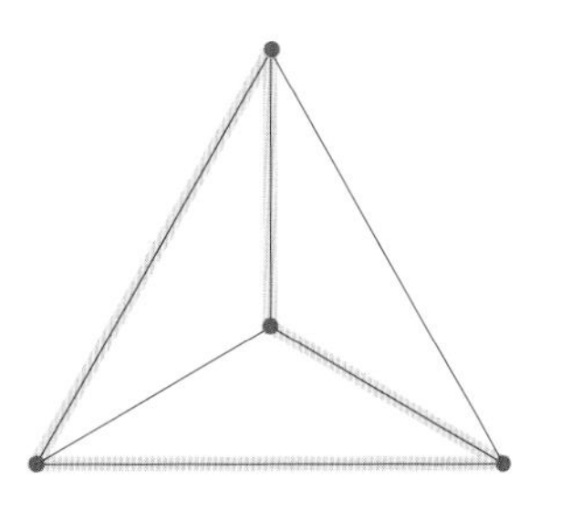

(a) tetrahedral graph

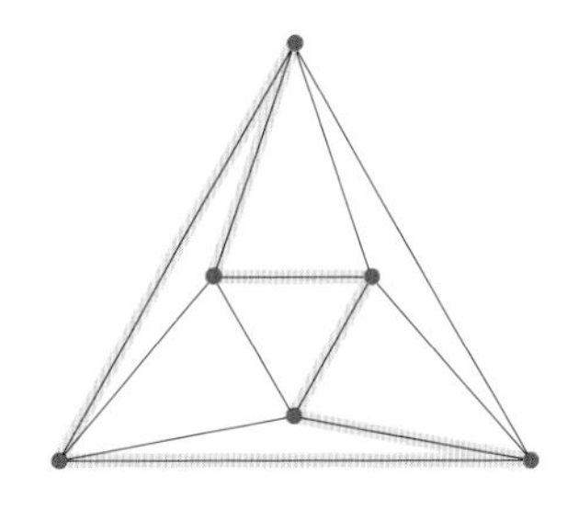

(b) cubical graph

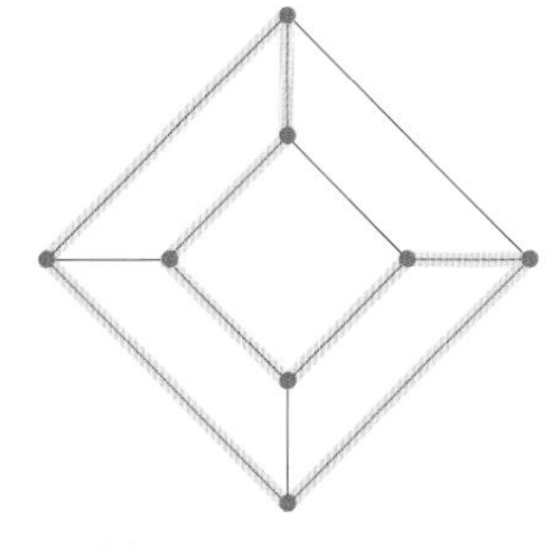

(c) octahedral graph

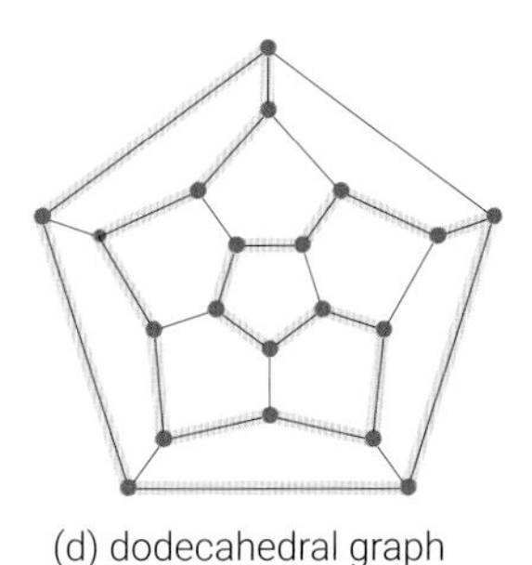

(d) dodecahedral graph

(e) icosahedral graph

图15.21　五个柏拉图图，都是哈密尔顿回路

15.6 推销员问题

推销员问题 (Traveling Salesman Problem，TSP) 和哈密尔顿路径问题有密切关系；实际上，推销员问题可以看作是哈密尔顿路径问题的一个特例。

推销员问题的描述是这样的，假设有一个推销员要拜访一组城市，并且他想找到一条最短的路径，使得他每个城市都拜访一次，最后回到起始城市，如图15.22所示。这个问题的目标是找到这条最短路径，使得总旅行距离最小。

将这个问题抽象成图论中的问题，每个城市可以看作图中的一个节点，城市之间的路径长度可以看作图中的边权重。推销员问题实际上就是在图中寻找一个哈密尔顿回路，即一个经过每个城市一次且最终回到起始城市的路径。

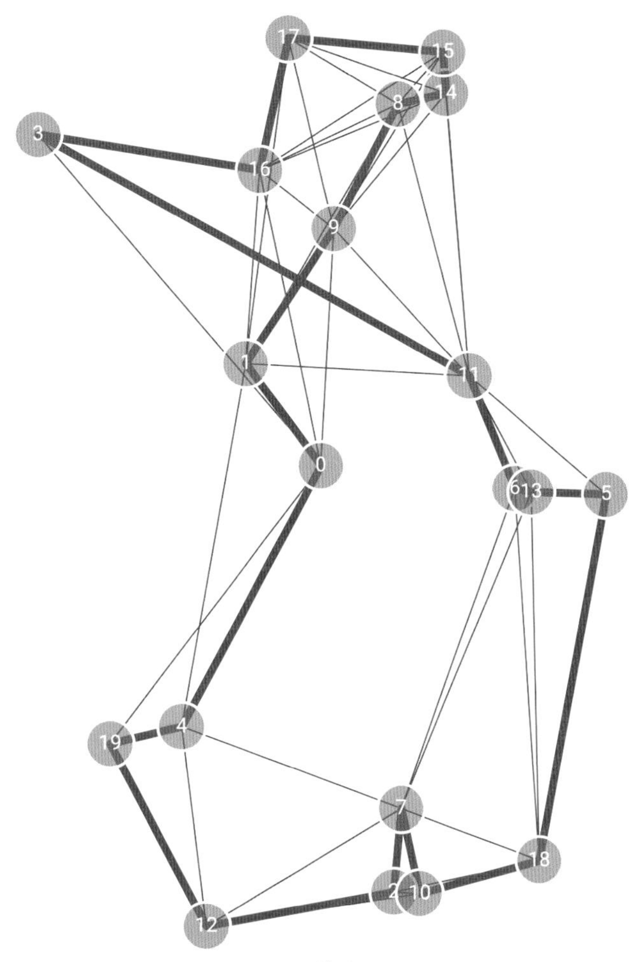

图15.22　销售员问题

一个路径中，每个节点和边最多只能经过一次。最短路径问题寻找两点间最短路径 (一般要考虑权重)，欧拉路径问题要求经过每条边恰好一次，哈密尔顿路径问题要求经过每个节点恰好一次，推销员问题则是在哈密尔顿回路基础上寻找最短的闭合回路，解决实际中的最优路径选择问题。

16 Connectivity 连通性

描述图中节点的可达性

柏拉图我至亲，而真理价更高。

Plato is dear to me, but dearer still is truth.

—— 亚里士多德 (Aristotle) | 古希腊哲学家 | 前384 — 前322年

- ◀ `networkx.bridges()` 生成图中所有桥的迭代器
- ◀ `networkx.complete_graph()` 生成一个完全图，图中的每对节点之间都有一条边
- ◀ `networkx.connected_components()` 生成图中所有连通分量的节点集
- ◀ `networkx.gnp_random_graph()` 生成一个具有n个节点和边概率p的随机图
- ◀ `networkx.has_bridges()` 检查图中是否存在桥
- ◀ `networkx.has_path()` 检查图中是否存在从一个节点到另一个节点的路径
- ◀ `networkx.is_connected()` 判断一个图是否连通
- ◀ `networkx.is_k_edge_connected()` 判断图是否是k边连通的
- ◀ `networkx.is_strongly_connected()` 判断有向图是否强连通
- ◀ `networkx.is_weakly_connected()` 判断有向图是否弱连通
- ◀ `networkx.k_edge_components()` 识别图中的最大k边连通分量
- ◀ `networkx.local_bridges()` 生成图中所有局部桥的迭代器
- ◀ `networkx.number_connected_components()` 返回图中连通分量的数量
- ◀ `networkx.shortest_path()` 寻找两个节点之间的最短路径

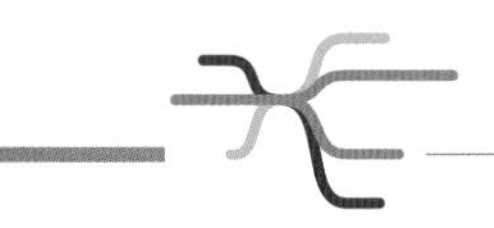

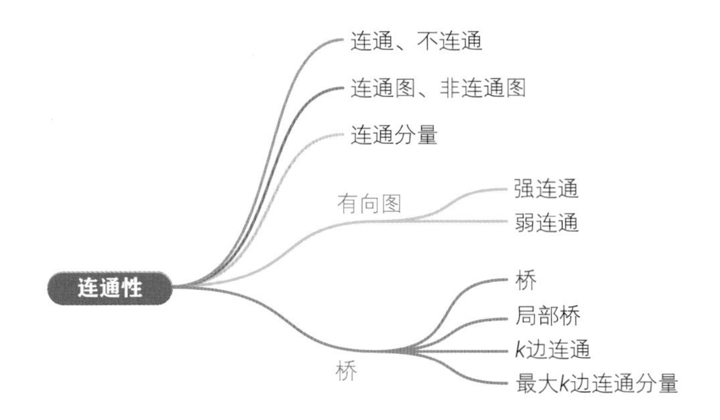

16.1 连通性

连通性 (connectivity) 在图论中是一个重要概念，它描述了图中节点之间的连接关系。本节介绍有关连通性的常用概念。

连通、不连通

在一个无向图G 中，如果图G 包含从节点 u 到节点 v 的路径，那么节点 u 和 v 被称为**连通** (connected)；否则，它们被称为**不连通** (disconnected)。节点与节点相连也叫**可达** (reachable)，节点与节点不相连也叫**不可达** (unreachable)。

除了节点与节点之间的连通，我们还会提到图的连通性。图的连通性考虑的是一幅图中任意一对节点是否可达。一个**连通图** (connected graph) 是指图中的每一对节点都是可达的。图的连通性考虑的是图的整体结构，强调图中没有被孤立的部分，即“孤岛”。这是本章后文要介绍的内容。

如图16.1所示，节点a和节点i显然相连。通过图中黄色高亮的路径，我们可以从节点a走到节点i，或者从节点i走到节点a。这条路径可以记作边的序列$w = (ac, cg, gi)$，也可以记作点的序列 (a, c, g, i)。

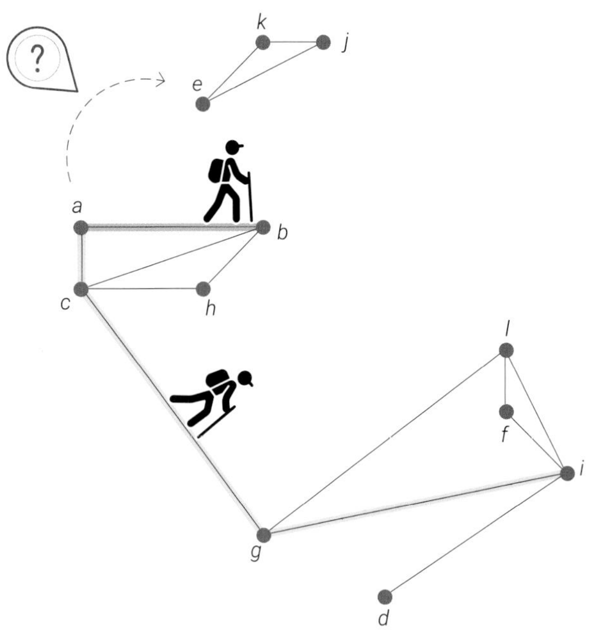

图16.1　节点之间的连接

如果图中两个节点还通过长度为1的路径相连，那么这两个节点为**邻接** (adjacent)。图16.1中，和节点a邻接的节点有b、c。也就是说，节点a可以走一步便到达节点b或节点c。

此外，节点a和节点e、k、j都不相连；也就是说，没有路径可以到达。

上一章介绍过，在无向图中，不考虑权重时，最短路径是指连接图中两个节点的路径中，具有最小边数的路径。路径的长度通常用边的数量来度量。最短路径可能有多条，但它们的长度相同，都是连接两个节点的最短路径。

注意，如果图中边有权重，则计算最短路径时，要计算路径的权重之和。而且有向图中，计算最短路径时还要考虑方向。

图16.2 (c) 给出的路径虽然绕了很多远路，但是我们发现这条路径穿越了所有节点。

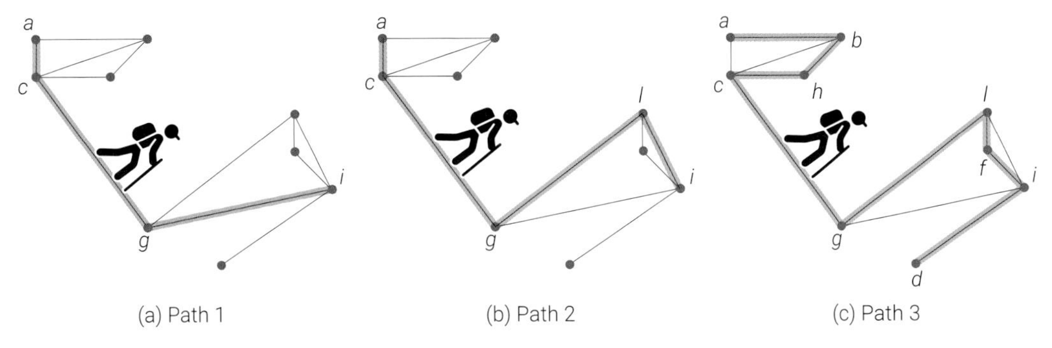

图16.2　最短路径

但是，当我们将节点11、0之间的边删除之后，节点11和节点18将不再连通。

代码16.1绘制了图16.3，下面讲解其中关键语句。

ⓐ用netwrokx.karate_club_graph() 导入空手道俱乐部会员关系图。

ⓑ用networkx.has_path() 检查在图G 中是否存在从节点 11 到节点 18 的路径。

ⓒ用networkx.shortest_path() 找出在图G 中从节点 11 到节点 18 的最短路径。这里的“最短”通常指的是路径上边的数量最少，但如果图中的边有权重，它也可以指的是路径的总权重最低。函数将返回一个列表，列表中包含了从起点到终点的最短路径上的所有节点，包括起始节点和目标节点。

ⓓ为自定义函数，接受一个节点列表node_list 作为输入，并通过列表生成式生成一个新列表list_edges，其中包含相邻节点对形成的边。然后，函数返回边的列表，实现了将一系列节点转换为它们之间相连的边的序列。ⓔ调用自定义函数。

ⓕ用remove_edge() 方法删除一条边。

代码16.1 检查节点之间的连通性 | Bk6_Ch16_01.ipynb

```
import networkx as nx
import matplotlib.pyplot as plt

G = nx.karate_club_graph()
# 空手道俱乐部图
pos = nx.spring_layout(G,seed = 2)

plt.figure(figsize = (6,6))

nx.draw_networkx(G, pos)
nx.draw_networkx_nodes(G,pos,
                       nodelist = [11,18],
                       node_color = 'r')
plt.savefig('空手道俱乐部图.svg')

nx.has_path(G, 11, 18)
# 检查两个节点是否连通

path_nodes = nx.shortest_path(G, 11, 18)
# 最短路径

# 自定义函数将节点序列转化为边序列
def nodes_2_edges(node_list):

    # 使用列表生成式创建边的列表
    list_edges = [(node_list[i], node_list[i+1])
                  for i in range(len(node_list)-1)]

    return list_edges

path_edges = nodes_2_edges(path_nodes)
# 将节点序列转化为边序列

plt.figure(figsize = (6,6))

nx.draw_networkx(G, pos)
nx.draw_networkx_nodes(G,pos,
                       nodelist = path_nodes,
                       node_color = 'r')
nx.draw_networkx_edges(G,pos,
                       edgelist = path_edges,
                       edge_color = 'r')
plt.savefig('空手道俱乐部图, 节点11、18最短路径.svg')

# 删除一条边
G.remove_edge(11,0)

nx.has_path(G, 11, 8)
# 再次检查两个节点是否连通
```

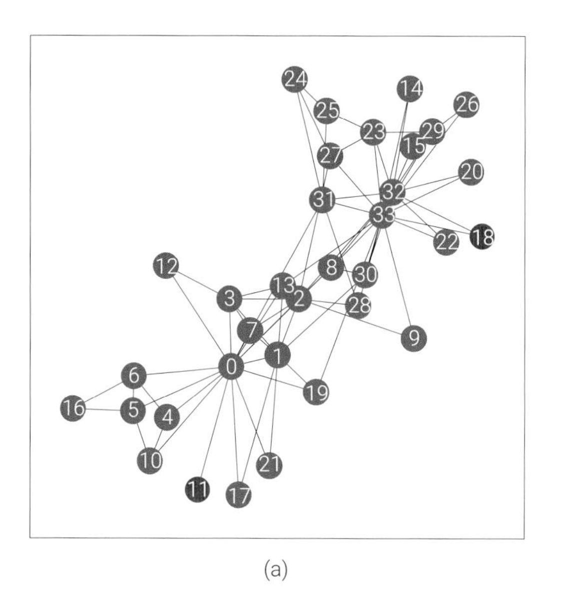

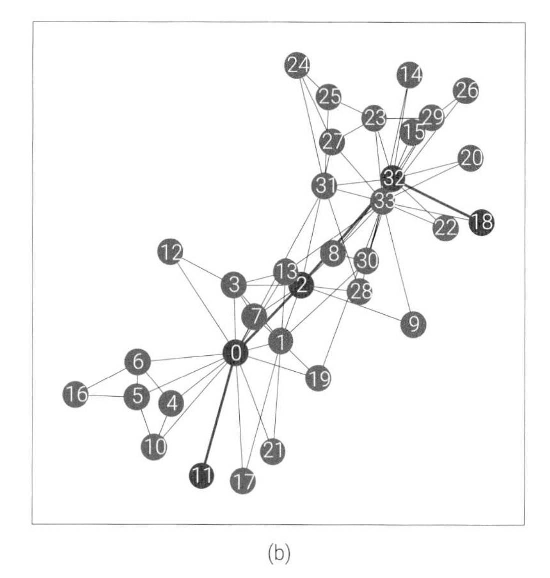

图16.3　空手道俱乐部会员关系图，节点11、节点18的连通性

连通图、非连通图

如果一个图叫**连通图** (connected graph)，则对于图中的任意一对节点 u 和 v，都存在一条 u 到 v 的路径。换句话说，从图中的任意一个节点出发，都可以到达图中的任意其他节点；即图中的任意两个节点之间都是可达的。如果一个图是连通图，那么它只有一个分量。图16.4给出了几个连通图的例子。

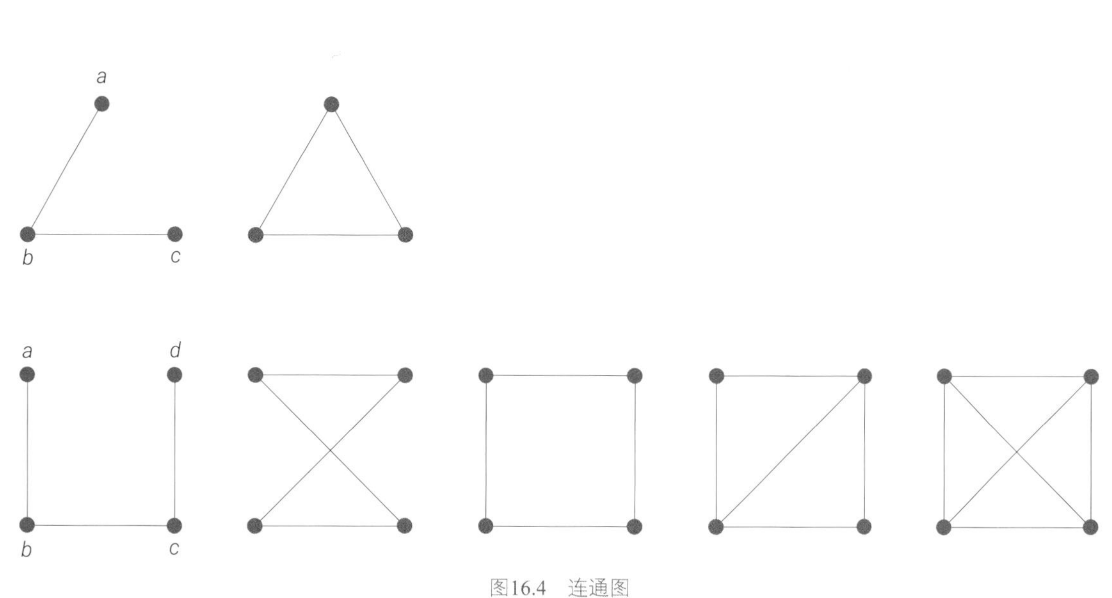

图16.4　连通图

相反，如果一个图存在至少一对节点，它们之间没有路径相连，则称为**非连通图** (disconnected graph)。一个非连通图可能由多个分量组成，每个分量本身都是一个连通图，但分量之间没有直接的路径。图16.5给出了几个非连通图的例子。

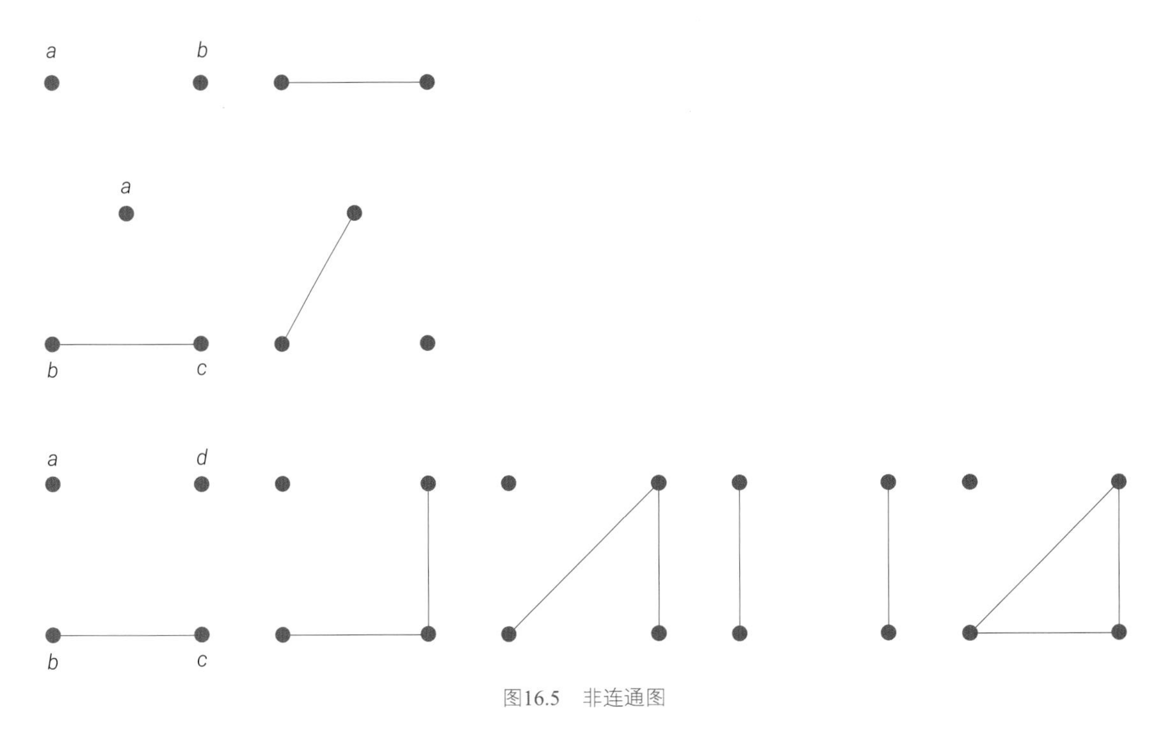

图16.5　非连通图

连通图与非连通图的对比如图16.6所示。

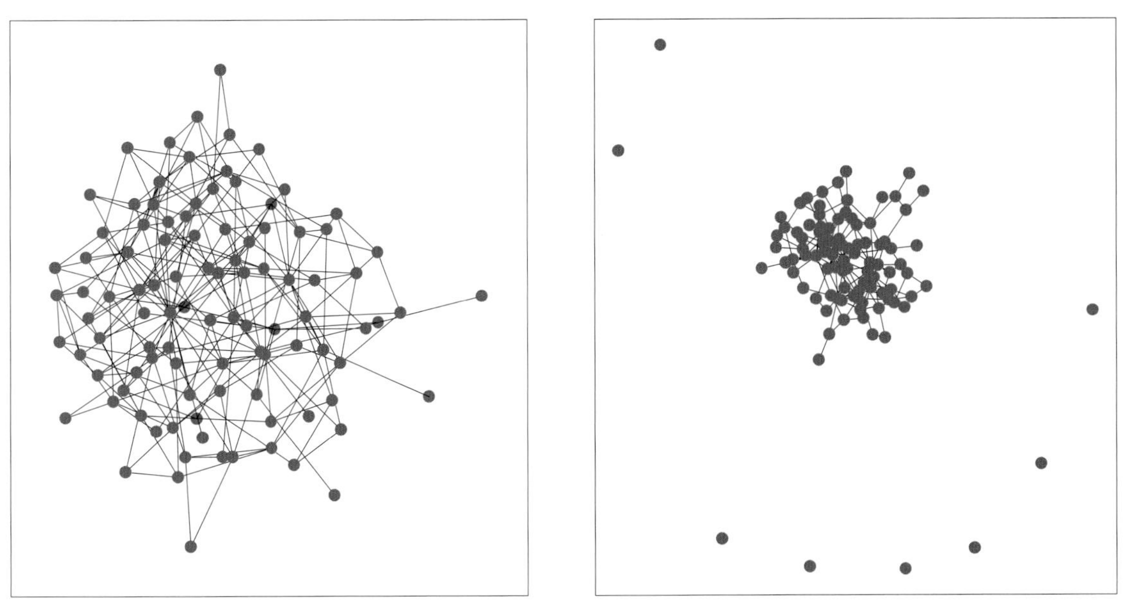
图16.6　比较连通图、非连通图

图16.7可视化了具有最多6个节点的所有连通图。这个例子来自NetworkX，请大家自行学习，链接如下：

◀ https://networkx.org/documentation/stable/auto_examples/graphviz_layout/plot_atlas.html

连通图是一个基本的图论概念，它强调了图中节点之间的连接性。在一些应用中，特别是网络和通信领域，连通图的概念非常重要，因为它表示着信息或者流量可以在图中的任意两个节点之间自由传递。

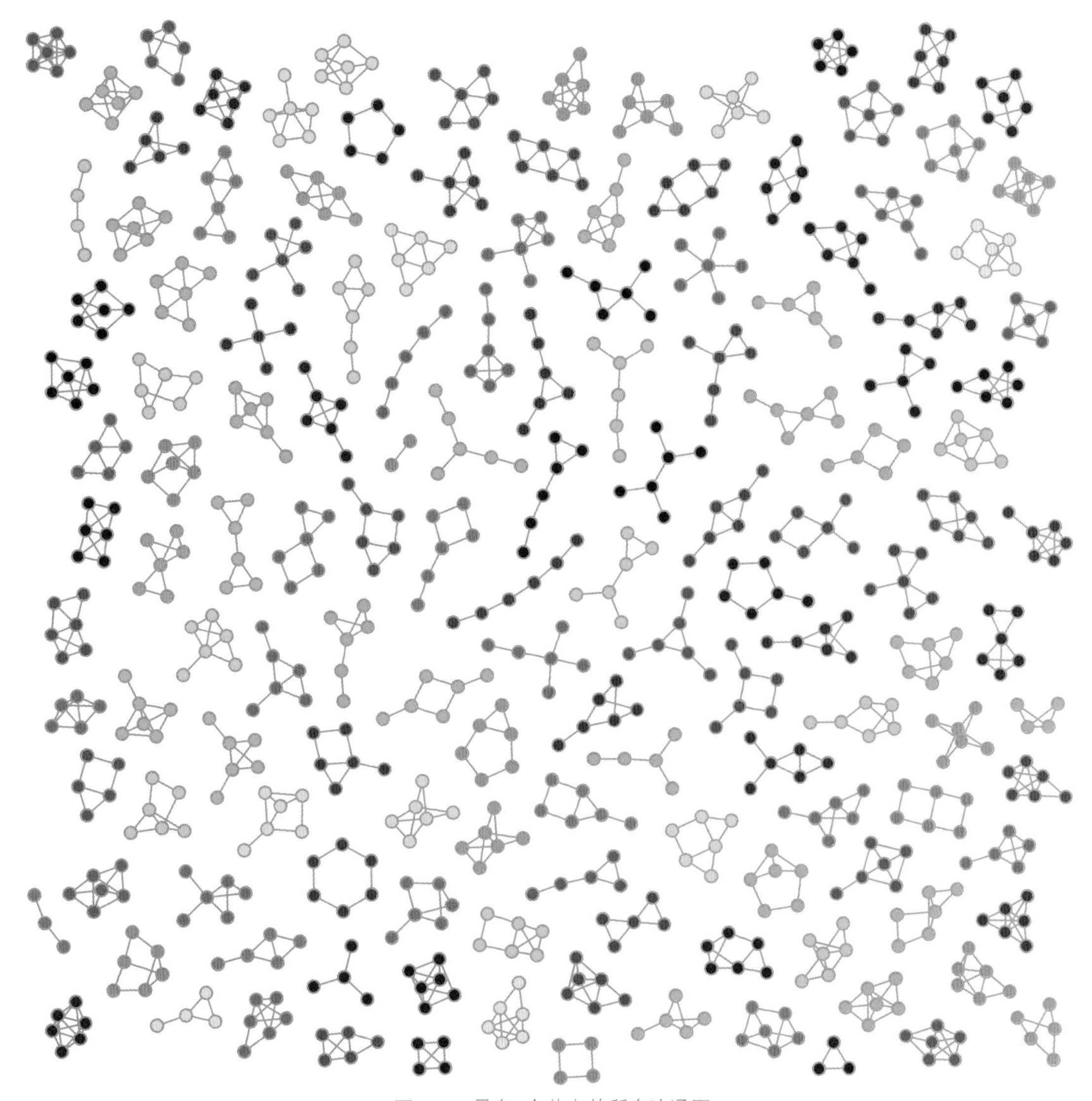

图16.7　最多6个节点的所有连通图

16.2 连通分量

进一步观察，我们可以发现节点e、k、j三个节点之间都相互连接；图16.8中剩余其他9个节点也都相互连接，哪怕有些节点之间路径可能稍远。这种情况下，这幅图包含了两个**连通分量** (connected components)，简称**分量** (components)，具体如图16.8所示。有些参考书把连通分量叫作连通组件。

简单来说，无向图中，连通分量是一个无向子图，在分量中的任何两个节点都可以经由该图上的边相互抵达；但是，一个分量没有任何一边可以连到其他分量中的任何节点。图16.8所示图可以看成由两个分量组成，节点e、k、j构成的分量像是一个“孤岛”。

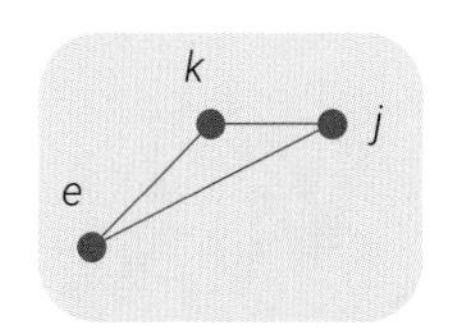

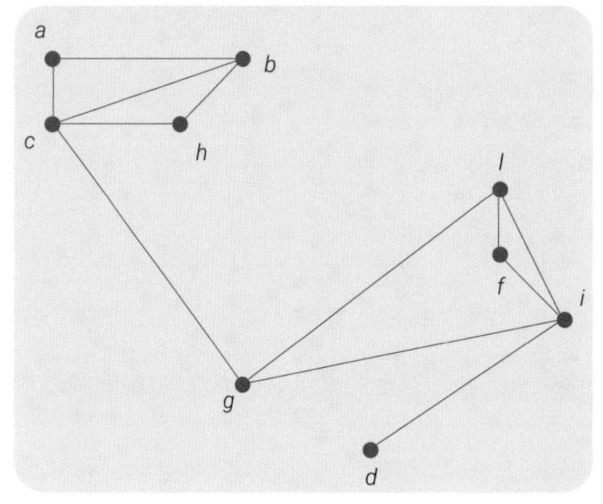

图16.8 图中有两个分量

代码16.2绘制了图16.9、图16.10，下面讲解其中关键语句。

ⓐ用networkx.is_connected(G) 检查无向图是否连通。回顾一下，在图论中，如果一个无向图被认为是连通的，图中每一对节点之间都存在至少一条路径相连，即从图中的任何一个节点都可以到达任何其他节点。

ⓑ用networkx.number_connected_components(G) 找出无向图G 连通分量的数量。

ⓒ用networkx.connected_components(G) 找出无向图G 中的所有连通分量。

ⓓ用sorted() 按照每个连通分量的大小 (即其中包含的节点数量) 进行排序。参数key = len 指定排序的依据，这里是每个连通分量的长度，即其中节点的数量。参数reverse = True 指定排序应该是降序的。也就是说，最大的连通分量会排在列表的最前面。

ⓔ用subgraph() 方法根据给定的节点集合创建原图的一个子图。

ⓕ从pos (存储图中每个节点的位置信息) 取出连通分量子图节点位置。

ⓖ用networkx.draw_networkx() 绘制连通分量子图。

代码16.2 无向图中的连通分量 | Bk6_Ch15_04.ipynb

```
import networkx as nx
import numpy as np
import matplotlib.pyplot as plt

G = nx.gnp_random_graph(100, 0.01, seed = 8)
# 创建随机图

plt.figure(figsize = (6,6))
pos = nx.spring_layout(G, seed = 8)
nx.draw_networkx(G, pos,
                 with_labels = False,
                 node_size = 20)
plt.savefig('全图.svg')
```

```
# 检查无向图是否连通
nx.is_connected(G)                                          ⓐ

# 连通分量的数量
nx.number_connected_components (G)                          ⓑ

# 连通分量
list_cc = nx.connected_components (G)                       ⓒ

# 根据节点数从大到小排列连通分量
list_cc = sorted(list_cc, key=len, reverse = True)          ⓓ

# 可视化前6大连通分量
fig, axes = plt.subplots(2,3,figsize = (9,6))
axes = axes.flatten()

for idx in range(6):
    Gcc_idx = G.subgraph(list_cc[idx])                      ⓔ

    pos_Gcc_idx = {k: pos[k] for k in list(Gcc_idx.nodes())}   ⓕ

    # 可视化连通分量

    nx.draw_networkx(Gcc_idx,                               ⓖ
                     pos_Gcc_idx,
                     ax = axes[idx],
                     with_labels = False,
                     node_size = 20)

plt.savefig('前6大连通分量.svg')
```

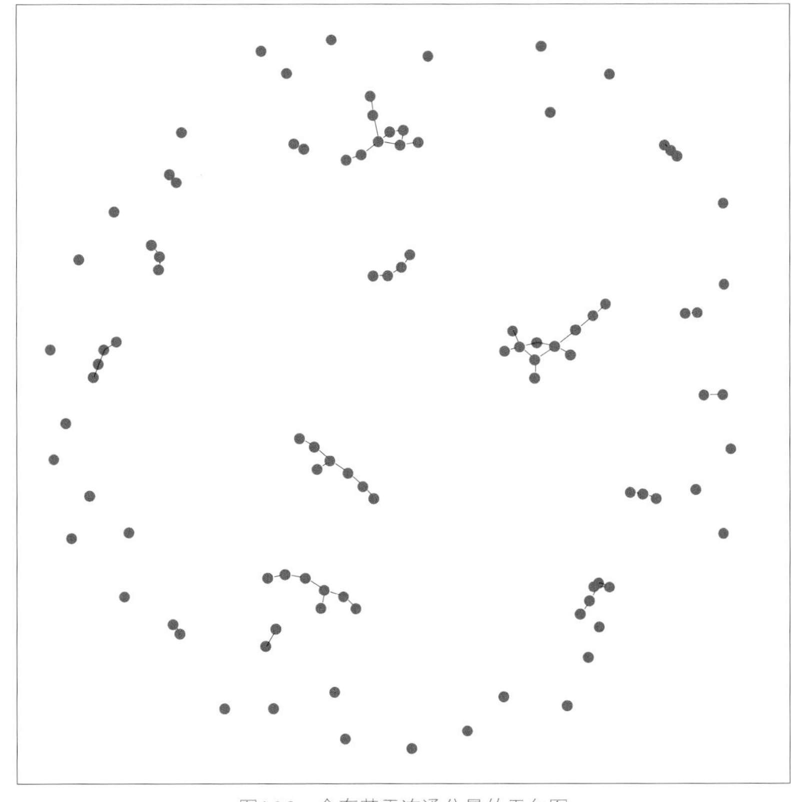

图16.9　含有若干连通分量的无向图

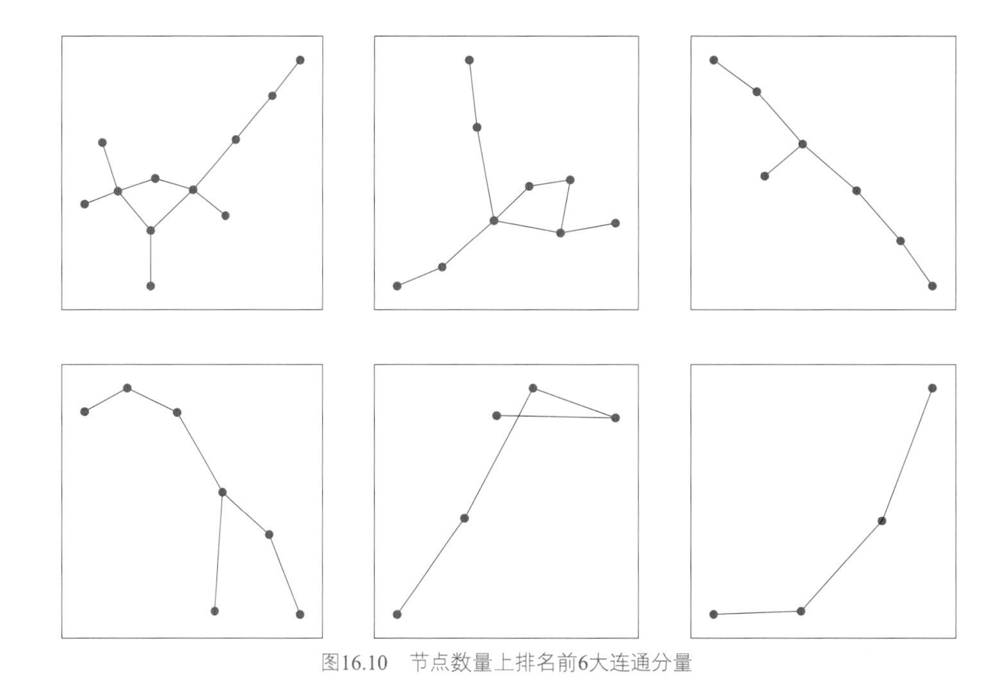

图16.10　节点数量上排名前6大连通分量

16.3 强连通、弱连通：有向图

在图论中，**强连通** (strongly connected) 和**弱连通** (weakly connected) 是用来描述有向图连通性质的两个不同概念。这些概念帮助我们理解和分析有向图中节点之间的可达性。

如果一个有向图被认为是强连通的，那么图中的每一对节点都是互相可达的。换句话说，对于图中的任意两个节点u和v，都存在从u到v的有向路径，同时也存在从v到u的有向路径，如图16.11所示。如果一个有向图的整个图是强连通的，则称这个图为强连通图。

在一个不完全强连通的有向图中，可以通过找出最大的强连通子图来识别强连通分量。每个强连通分量都是图中的一个最大连通子图，在这个子图中，任意两点都是相互可达的。

与强连通相对，如果一个有向图被认为是弱连通的，那么忽略掉边的方向之后，图中的任意两个节点都是连通的。也就是说，如果将有向图中的所有有向边替换为无向边，那么这个无向图应该是连通的。弱连通更容易满足，因为它不要求节点间的双向可达性。

在有向图中，弱连通分量是图的一个最大子图，其中的节点即使忽略边的方向，也是相互连通的。

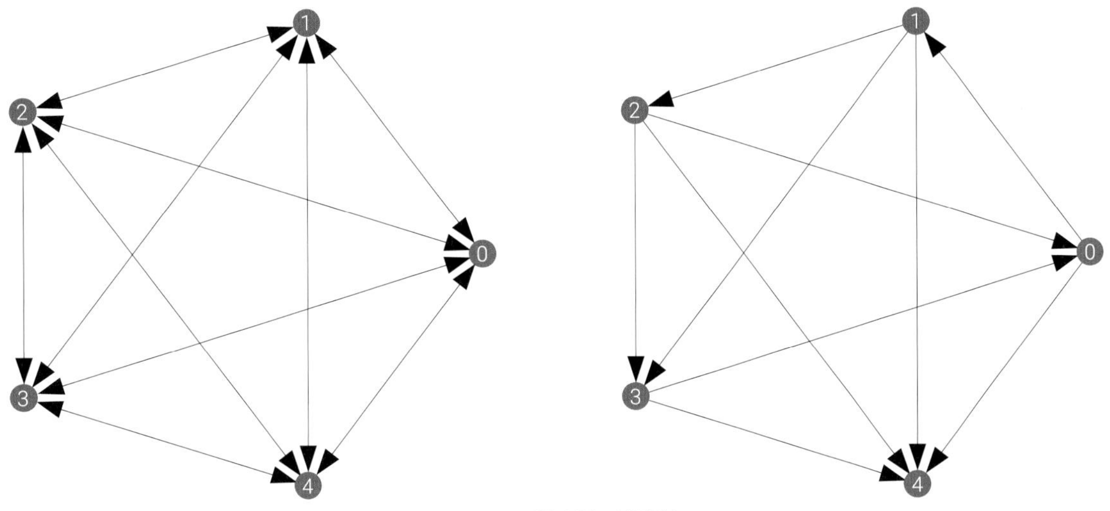

图16.11　强连通，弱连通

16.4 桥

桥

在图论中，**桥** (bridge) 是指连接图中两个不同连通分量的边。移除一个桥可能导致整个图分裂成两个或更多个不再连通的部分，如图16.12所示。因此，桥在图的连通性中具有特殊的作用。

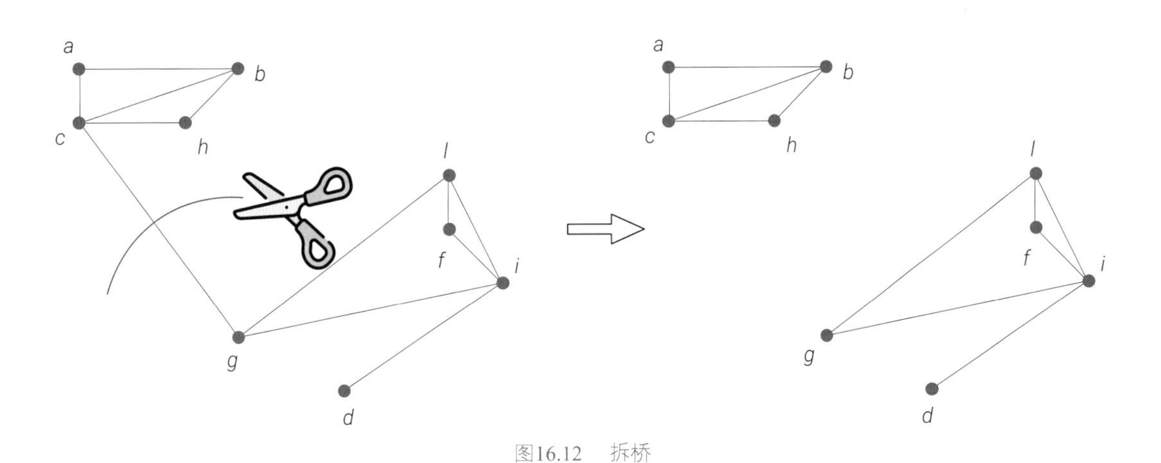

图16.12　拆桥

具体来说，一条边是桥的条件是：如果将这条边移除，图的连通性会减弱，也就是说，原本通过这条边连接的两个连通分量会变得不再连通，如图16.13所示。

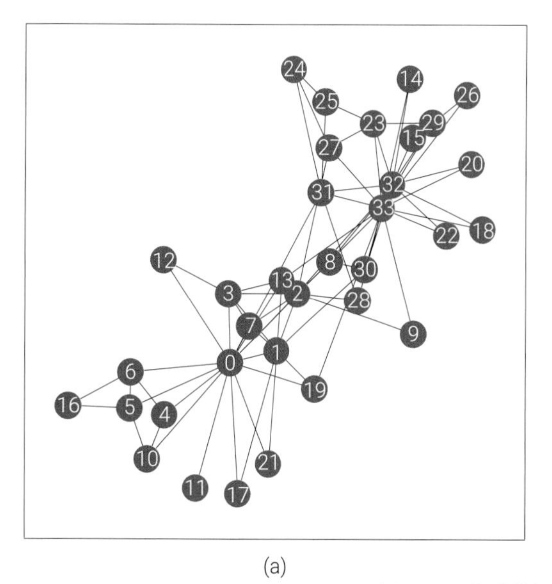

(a)

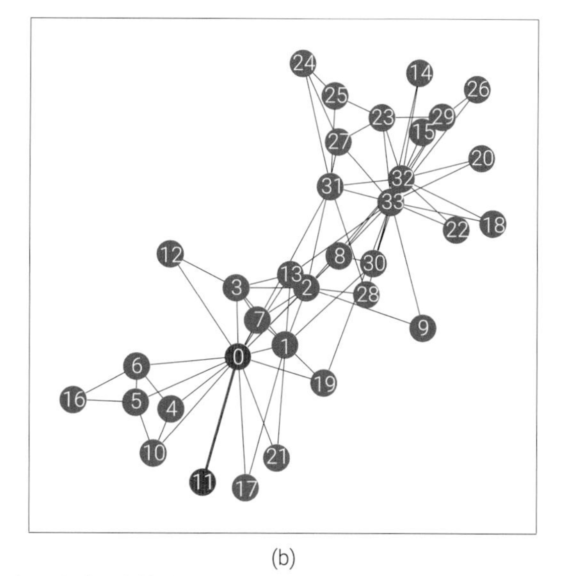

(b)

图16.13　空手道俱乐部会员关系图中的桥

局部桥

局部桥 (local bridge) 是指连接两个具有很高相似度的节点的边。具体来说，如果两个节点之间只有一条边，而这两个节点有许多共同的邻居，那么这条边就被称为局部桥。局部桥反映了节点之间在局部邻域内的相对独立性。局部桥主要关注节点之间的相似性，而不是整个图的连通性。

所有的桥都是局部桥。如果一条边是桥，那么它连接的两个节点之间没有其他的替代路径，即这两个节点只能通过这条边相互连接。因此，从局部的角度看，这条边就是连接了两个相对独立的节点，可以被称为局部桥，如图16.14所示。

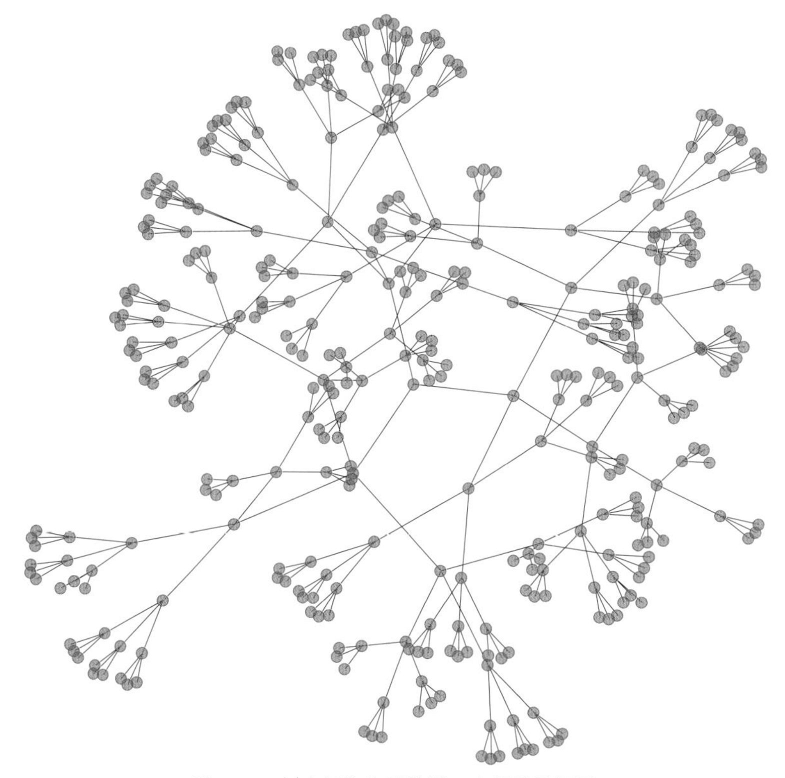

图16.14　树中每条边都是桥，也都是局部桥

但是局部桥未必是桥。局部桥是指连接两个相似性较高的节点的边，它们可能有许多共同的邻居。这种连接方式强调的是节点之间的相似性。然而，即使存在许多共同的邻居，这条边也可能不是图的桥，因为可能存在其他路径连接这两个节点，如图16.15所示。

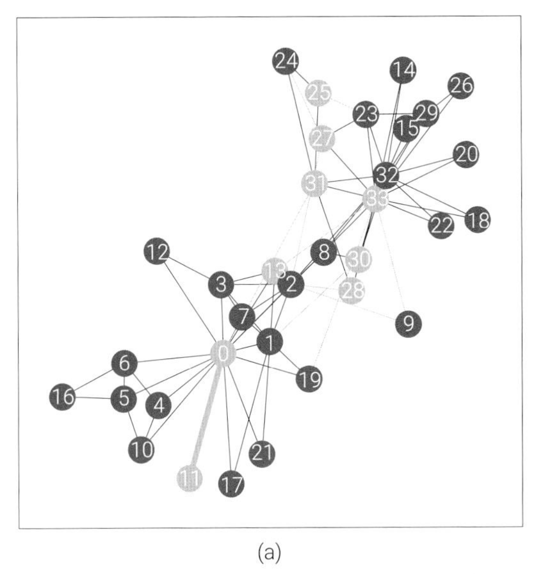

(a)

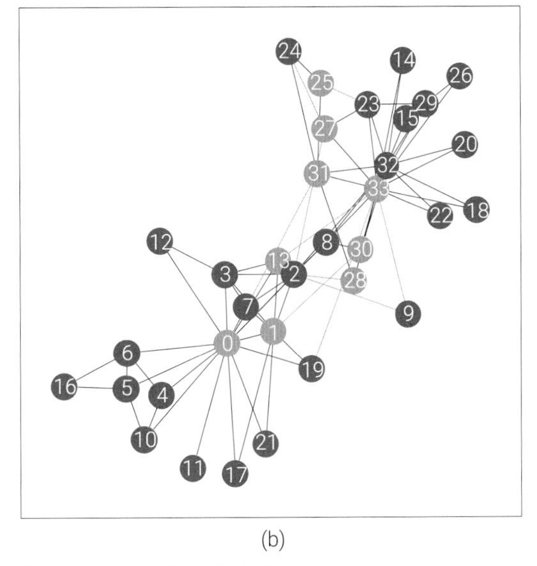

(b)

图16.15　空手道俱乐部会员关系图中的局部桥，局部桥中的非桥

k边连通

在图论中，k边连通是用来衡量无向图连通性强度的一个概念。如果一个无向图被认为是k边连通的，那么它至少需要移除k条边才能变成非连通图。换句话说，即使图中任意少于k条边被移除，图仍然能保持连通，如图16.16所示。这个属性是图的连通性和鲁棒性的一个重要指标，特别是在网络设计和网络分析领域。

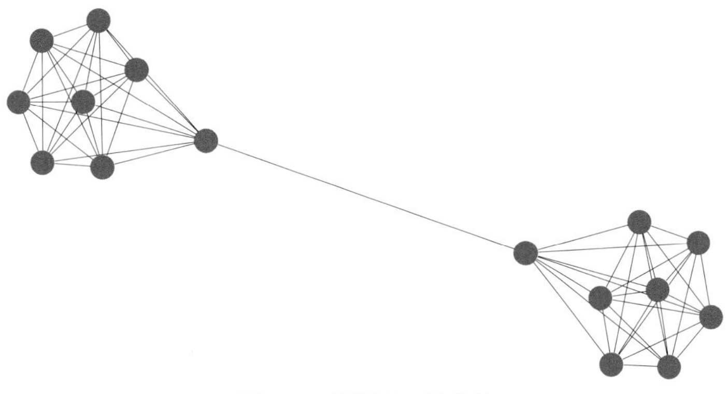

图16.16　哑铃图，1边连通

最大*k*边连通分量

最大*k*边连通分量 (maximal k-edge-connected component) 是图中的一个子图，其中任何两个节点至少可以通过*k*条边互相独立的路径相连。这意味着在这个组件内部，即使删除了最多$k-1$条边，任意两个节点之间仍然至少存在一条路径，使它们保持连通，如图16.17所示。

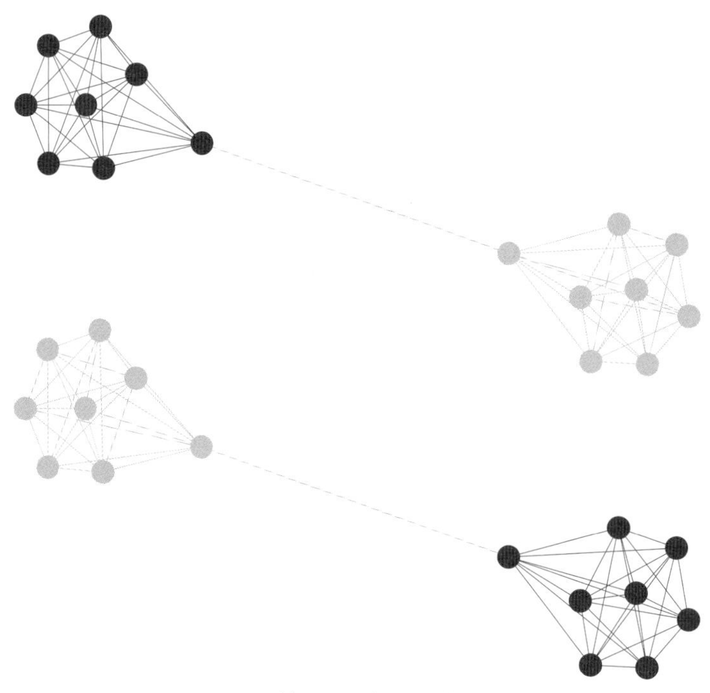

图16.17　哑铃图，两个最大2边连通分量

连通性是图论中描述图的节点如何通过边相连的概念。连通图中任意两点间都有路径相连；非连通图中存在至少一对节点间无路径相连。连通分量是无向图中最大的连通子图。有向图的强连通意味着任意两点间存在双向路径，弱连通则至少通过将所有边视为无向边才可实现连通。桥是图中移除后会增加连通分量数量的边，局部桥是除非两端直接相连外，不属于任何才其他更小的循环的边。

Analysis of Graphs 图的分析

度分析、图距离、中心性、社区

游迹国家全域，您可以走御道，条条大路任由百姓选择；但是，几何学习只有一条成功之路。

For traveling over the country, there are royal road and roads for common citizens, but in geometry there is one road for all.

—— 梅内克谬斯 (Menaechmus) | 古希腊数学家 | 前380 — 前320 年

- networkx.algorithms.community.centrality.girvan_newman() Girvan-Newman 算法划分社区
- networkx.betweenness_centrality() 计算介数中心性
- networkx.center() 找出图的中心节点，即离心率等于图半径的所有节点
- networkx.closeness_centrality() 计算紧密中心性
- networkx.connected_components() 计算图中连通分量
- networkx.degree_centrality() 计算度中心性
- networkx.diameter() 计算图的直径，即图中所有节点离心率的最大值
- networkx.eccentricity() 计算图中每个节点的离心率，即该节点图距离的最大值
- networkx.eigenvector_centrality() 计算特征向量中心性
- networkx.periphery() 找出图的边缘节点，即离心率等于图直径的所有节点
- networkx.radius() 计算图的半径，即图中所有节点的离心率的最小值
- networkx.shortest_path() 寻找两个节点之间的最短路径
- networkx.shortest_path_length() 计算在图中两个节点之间的最短路径的长度
- numpy.tril() 生成一个数组的下三角矩阵，其余部分填充为零
- numpy.tril_indices() 返回一个数组下三角矩阵的索引
- numpy.unique() 找出数组中所有唯一值并返回已排序的结果

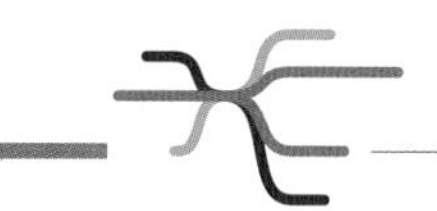

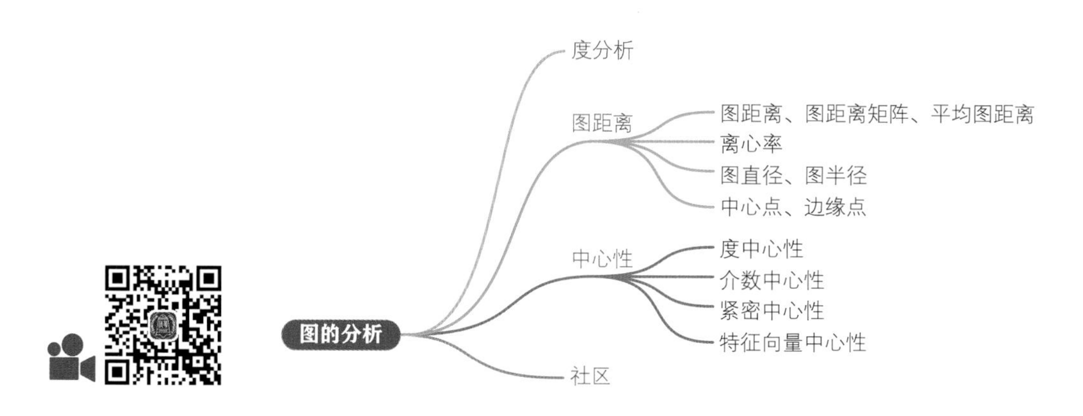

17.1 度分析

简单来说，**度分析** (degree analysis) 就是使用图的节点度数帮助我们分析图的连通性。

首先对空手道俱乐部图(见图17.1 (a)) 进行度分析。如图17.1 (b) 所示，根据节点度数值大小用颜色映射渲染节点；暖色表示节点度数高，冷色代表节点度数低。显然，节点0、33、32在所有节点中度数相对较高。

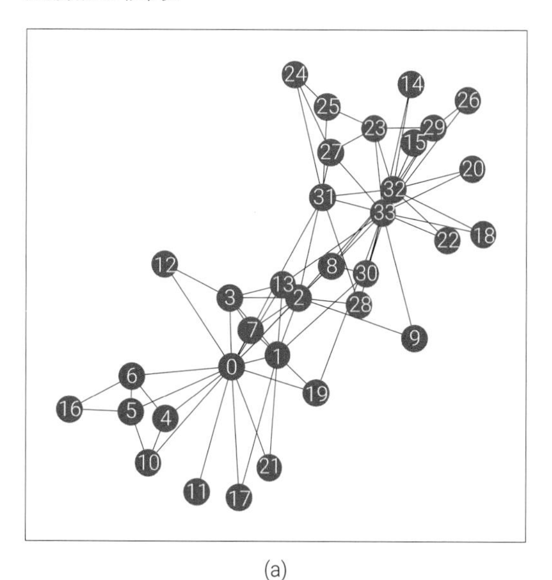

(a)

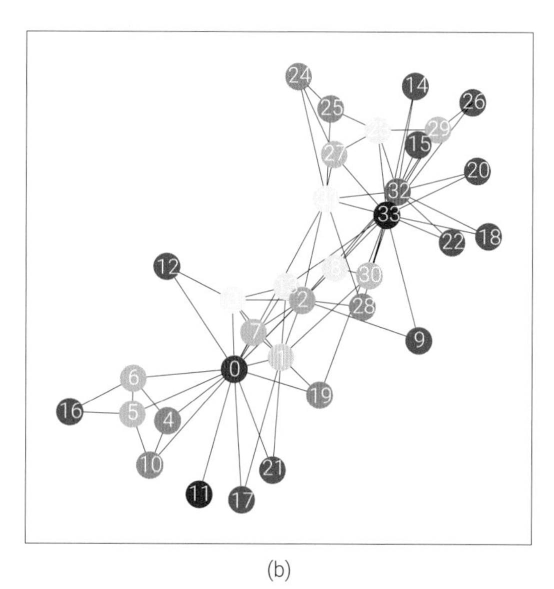

(b)

图17.1　空手道俱乐部会员关系图，根据节点度数渲染节点

图17.2用柱状图展示所有节点度数，显然所有节点中34的度数最高，0紧随其后，32的度数也不低。为了方便看到度数排序，我们还可以采用图17.3 (a) 这种可视化方案；此外，图17.3 (b) 还用柱状

图展示节点度数分布情况。

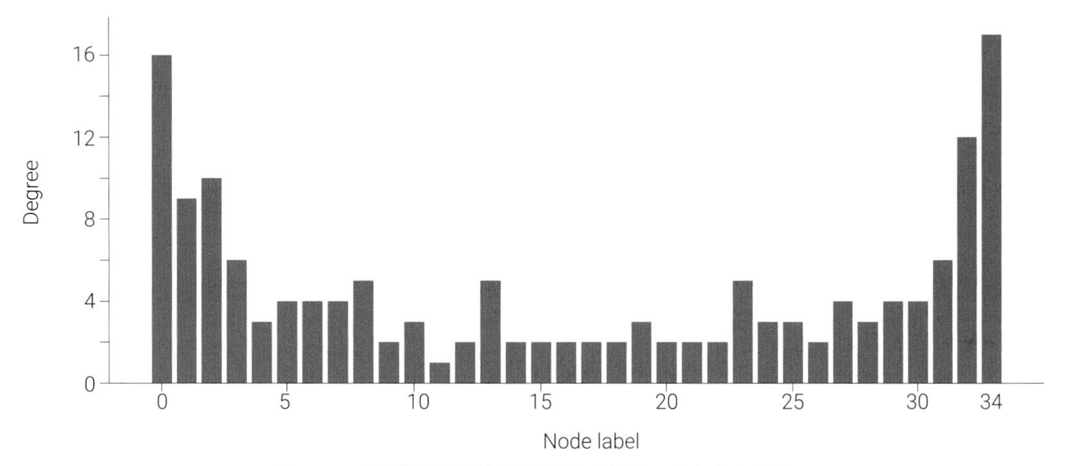

图17.2　空手道俱乐部会员关系图度分析，各个节点度数

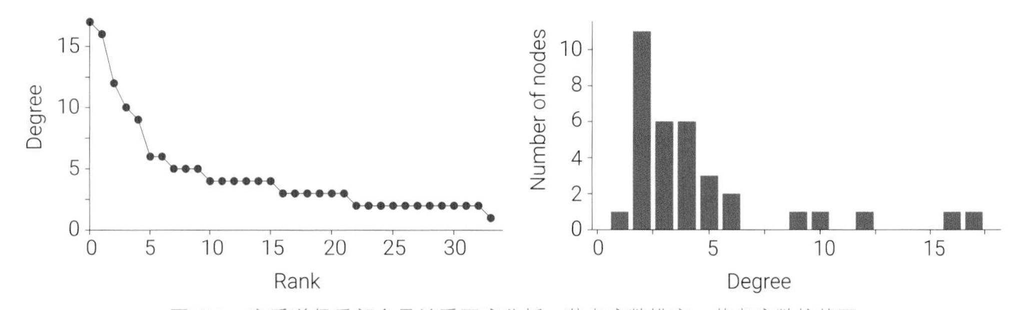

图17.3　空手道俱乐部会员关系图度分析，节点度数排序、节点度数柱状图

Bk6_Ch17_01.ipynb中完成了空手道俱乐部会员关系图度分析，并绘制图17.1 ~ 图17.3。Bk6_Ch17_01.ipynb和Bk6_Ch17_03.ipynb类似，本节只讲Bk6_Ch17_03.ipynb。

Bk6_Ch17_03.ipynb用来完成更复杂图的度分析。

图17.4 (a) 是一幅有100个节点的图，图17.4 (b) 绘制了其中最大连通分量。

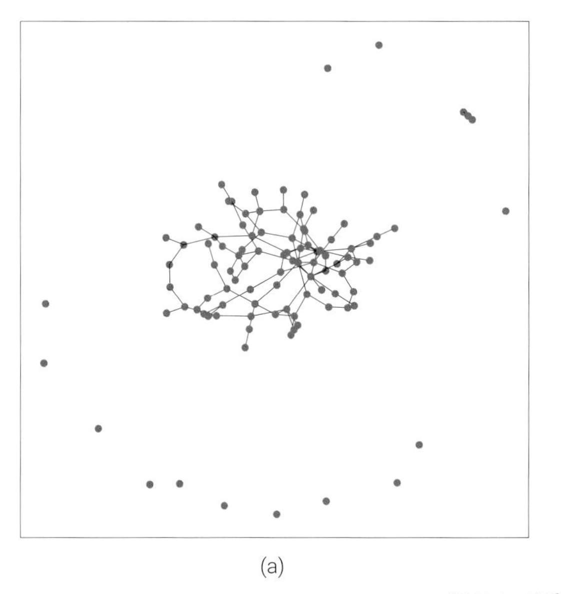
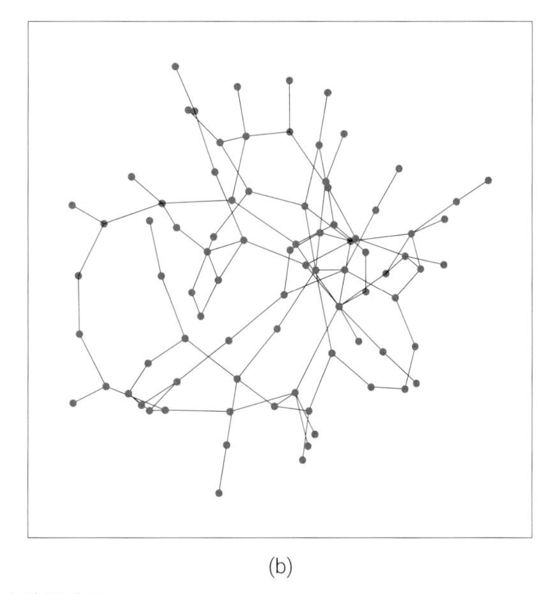

(a)　(b)

图17.4　图和最大连通分量

代码17.1绘制了图17.4 (b)，下面讲解其中关键语句。注意，为了节省篇幅代码17.1仅仅给出部分代码，完整代码请大家参考配套文件Bk6_Ch17_03.ipynb。

ⓐ用networkx.gnp_random_graph() 创建图，有100个节点。

ⓑ先用networkx.connected_components(G) 取出图G的连通分量，然后用sorted()根据连通分量节点数多少排序，再取出节点数最多的连通分量。最后，用subgraph()方法创建子图。

ⓒ取出子图的节点坐标，保证图17.4 (a) 和图17.4 (b) 同一子图坐标一致。

ⓓ用networkx.draw_networkx() 绘制子图。

代码17.1 连通分量 | Bk6_Ch17_03.ipynb

```
import networkx as nx
import numpy as np
import matplotlib.pyplot as plt

G = nx.gnp_random_graph(100, 0.02, seed = 8)
# 创建随机图

# 连通分量 (节点数最多)
Gcc = G.subgraph(sorted(nx.connected_components(G),
                        key = len, reverse = True)[0])

pos_Gcc = {k: pos[k] for k in list(Gcc.nodes())}
# 取出子图节点坐标

# 可视化
plt.figure(figsize = (6,6))
nx.draw_networkx(Gcc, pos_Gcc,
                 with_labels = False,
                 node_size = 20)
plt.savefig('最大连通分量.svg')
```

图17.5展示的是图17.4 (a) 节点度数排序和柱状图。

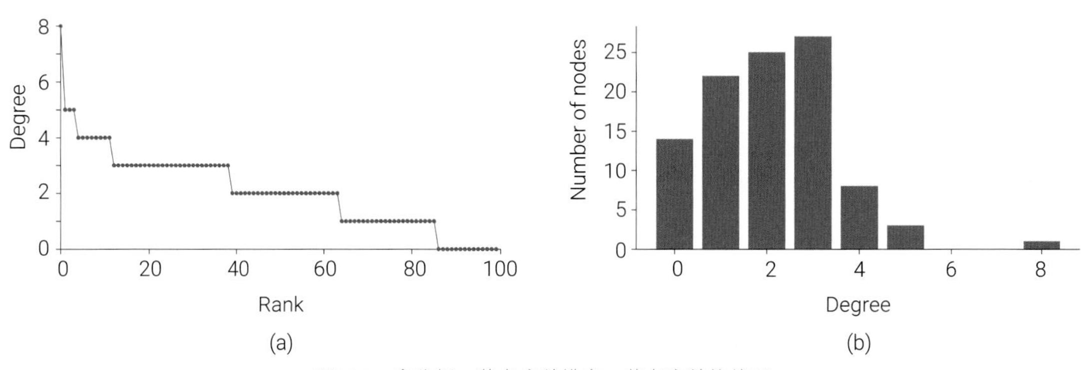

图17.5 度分析，节点度数排序、节点度数柱状图

接着前文代码，代码17.2对图进行度分析，下面讲解其中关键语句。

ⓐ将图G各个节点度数取出，并从大到小排序。

ⓑ将图G各个节点度数取出，结果转化为字典。

ⓒ绘制线图展示从大到小排序的节点度数，如图17.5 (a) 所示。

ⓓ绘制柱状图可视化节点度数分布，如图17.5 (b) 所示。

代码17.2 度分析 | Bk6_Ch17_03.ipynb

```
# 度分析
degree_sequence = sorted((d for n, d in G.degree()),
                         reverse = True)
# 度数大小排序

dict_degree = dict(G.degree())
# 将结果转为字典

# 可视化度分析
fig, ax = plt.subplots(figsize = (6,3))
ax.plot(degree_sequence , "b-", marker = "o")
ax.set_ylabel("Degree")
ax.set_xlabel("Rank")
ax.set_xlim(0,100)
ax.set_ylim(0,8)
plt.savefig('度数等级图.svg')

fig, ax = plt.subplots(figsize = (6,3))
ax.bar(*np.unique(degree_sequence , return_counts = True))
ax.set_xlabel("Degree")
ax.set_ylabel("Number of Nodes" )
plt.savefig('度数柱状图.svg')
```

图17.6所示为根据度数渲染节点。

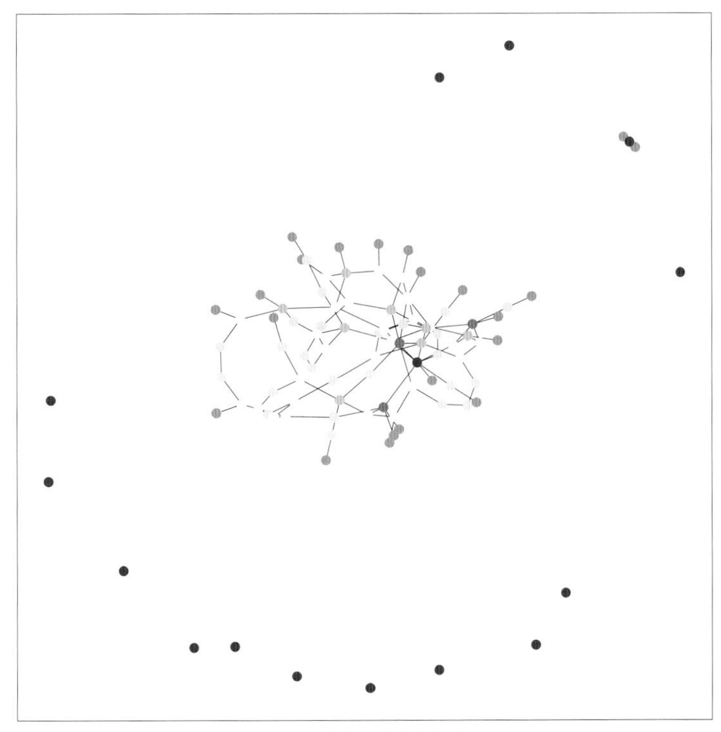

图17.6 根据度数渲染节点

接着前文代码，代码17.3绘制图17.6，下面讲解其中关键语句。

ⓐ自定义函数，用来从字典中提取value满足特定要求的部分，结果还是一个字典。请大家尝试用filter()函数重写这个函数。

ⓑ用集合运算提取节点度数的独特值。

ⓒ节点度数独特值的颜色映射；度数高用暖色调，度数低用冷色调。

ⓓ用networkx.draw_networkx_edges()绘制图的边。

ⓔ创建for循环根据节点度数大小分批绘制节点。为了避开这个for循环，大家可以尝试生成一个节点颜色映射list。这样只需要调用networkx.draw_networkx_nodes()一次。

代码17.3 根据度数渲染节点 | Bk6_Ch17_03.ipynb

```python
# 自定义函数，过滤dict
def filter_value(dict_, unique):

    newDict = {}
    for (key, value) in dict_.items():
        if value == unique:
            newDict[key] = value

    return newDict

# 根据度数大小渲染节点
unique_deg = set(degree_sequence)
# 取出节点度数独特值

colors = plt.cm.RdYlBu_r(np.linspace(0, 1, len(unique_deg)))
# 独特值的颜色映射

plt.figure(figsize = (6,6))
nx.draw_networkx_edges(G, pos)
# 绘制图的边

# 分别绘制不同度数节点
for deg_i, color_i in zip(unique_deg,colors):

    dict_i = filter_value(dict_degree,deg_i)
    nx.draw_networkx_nodes(G, pos,
                           nodelist = list(dict_i.keys()),
                           node_size = 20,
                           node_color = color_i)
plt.savefig('根据度数大小渲染节点.svg')
```

17.2 距离度量

图距离

在图论中，**图距离** (graph distance) 是指两个节点之间的最短路径的长度。在无权图中，图距离表示两个节点之间的最短路径的边数。如图17.7 (a) 所示，节点u、v之间的距离为1。

在有权图中，图距离表示两个节点之间的最短路径的权重之和。

图距离用于衡量图中节点之间的距离或相似性，是图的基本性质之一。

图距离的计算对于许多图论和网络分析的任务非常重要。例如，社交网络中的两个用户之间的图距离可能表示它们之间的关系强度；而在交通网络中，两个地点之间的图距离可能表示最短行车路径的长度。图距离的计算也在路由算法、网络可达性分析等领域发挥着关键作用。

如图17.7 (b)所示，节点u、v的距离为2，两者之间可以有多个最短路径。如果没有连接两个节点的路径，则距离通常定义为无穷大。

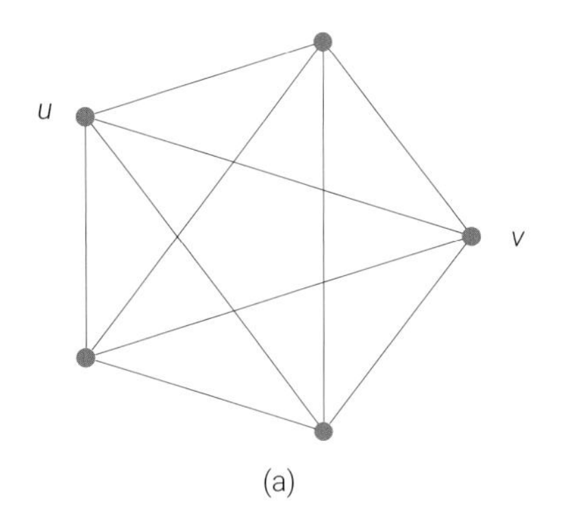

(a)

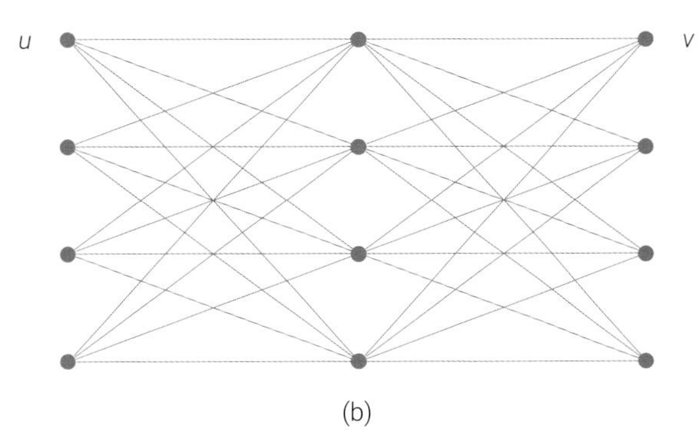

(b)

图17.7　图距离

图17.8所示为空手道俱乐部会员关系图(不考虑权重) 中，节点15、16之间的图距离$d_{15,16}$ = 5。大家是否立刻想到任意两个节点之间都有图距离。

代码17.4绘制了图17.8，下面讲解其中关键语句。

ⓐ用networkx.shortest_path() 找到图中两节点之间最短路径。

ⓑ用networkx.utils.pairwise() 在路径节点序列中获取相邻元素的配对获得路径的边序列；参数cyclic = False时为默认，当参数cyclic = True时生成首尾闭合路径边序列。

ⓒ用networkx.draw_networkx_nodes() 绘制最短路径节点，节点颜色为红色。

ⓓ用networkx.draw_networkx_edges() 绘制最短路径边，边颜色为红色。

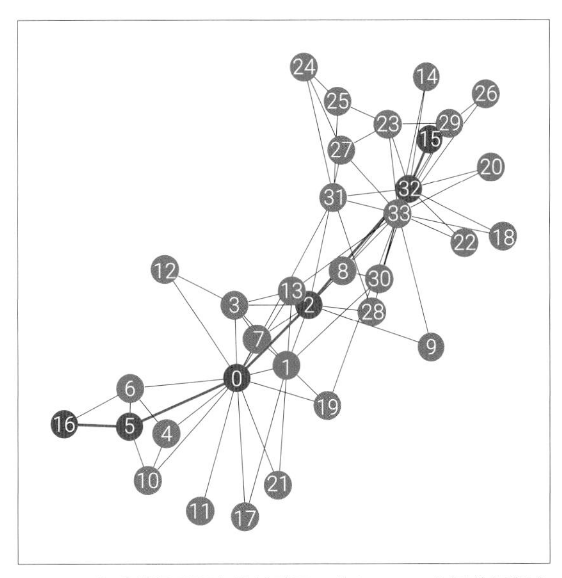

图17.8　空手道俱乐部会员关系图，节点15、16之间的图距离

代码17.4 图距离 | Bk6_Ch17_02.ipynb

```
import networkx as nx
import numpy as np
import matplotlib.pyplot as plt
import seaborn as sns

G = nx.karate_club_graph()
# 空手道俱乐部图
pos = nx.spring_layout(G,seed = 2)

a path_nodes = nx.shortest_path(G, 15, 16)
# 节点15、16之间最短路径

b path_edges = list(nx.utils.pairwise(path_nodes))
# 路径节点序列转化为边序列(不封闭)

plt.figure(figsize = (6,6))

nx.draw_networkx(G, pos)
c nx.draw_networkx_nodes(G,pos,
                         nodelist = path_nodes,
                         node_color = 'r')
d nx.draw_networkx_edges(G,pos,
                         edgelist = path_edges,
                         edge_color = 'r')
plt.savefig('空手道俱乐部图，15、16最短路径.svg')
```

图距离矩阵

图17.9所示为图中所有成对距离构成的柱状图，纵轴为频数。而成对距离矩阵就是呈现这些图距离的最好方法!

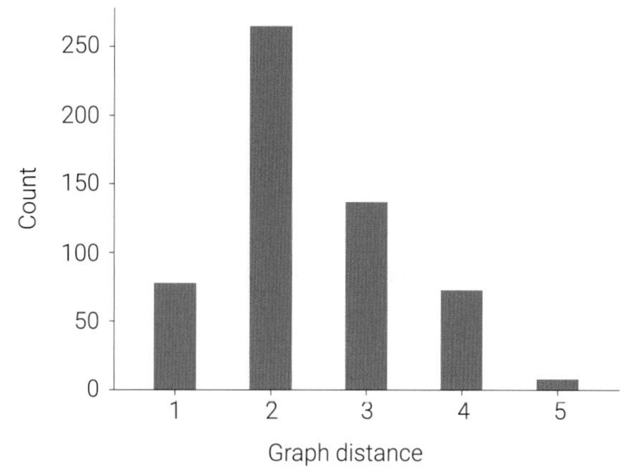

图17.9 空手道俱乐部会员关系图，成对图距离柱状图

图距离矩阵 (graph distance matrix或all-pairs shortest path matrix) 就是一张图每一对节点之间的图距离构造的矩阵。该矩阵提供了图中节点之间的所有可能路径的距离信息，对于图的全局结构和节点间的关系有着重要的信息。

图距离矩阵中的元素 $d_{i,j}$ 表示从节点 i 到节点 j 的最短路径长度。如果节点 i 和 j 之间没有直接的路径，那么 $d_{i,j}$ 可以被设定为无穷大。

图17.10所示为空手道俱乐部会员关系图对应的图距离矩阵。图中对角线元素均为0，代表节点到自身图距离。

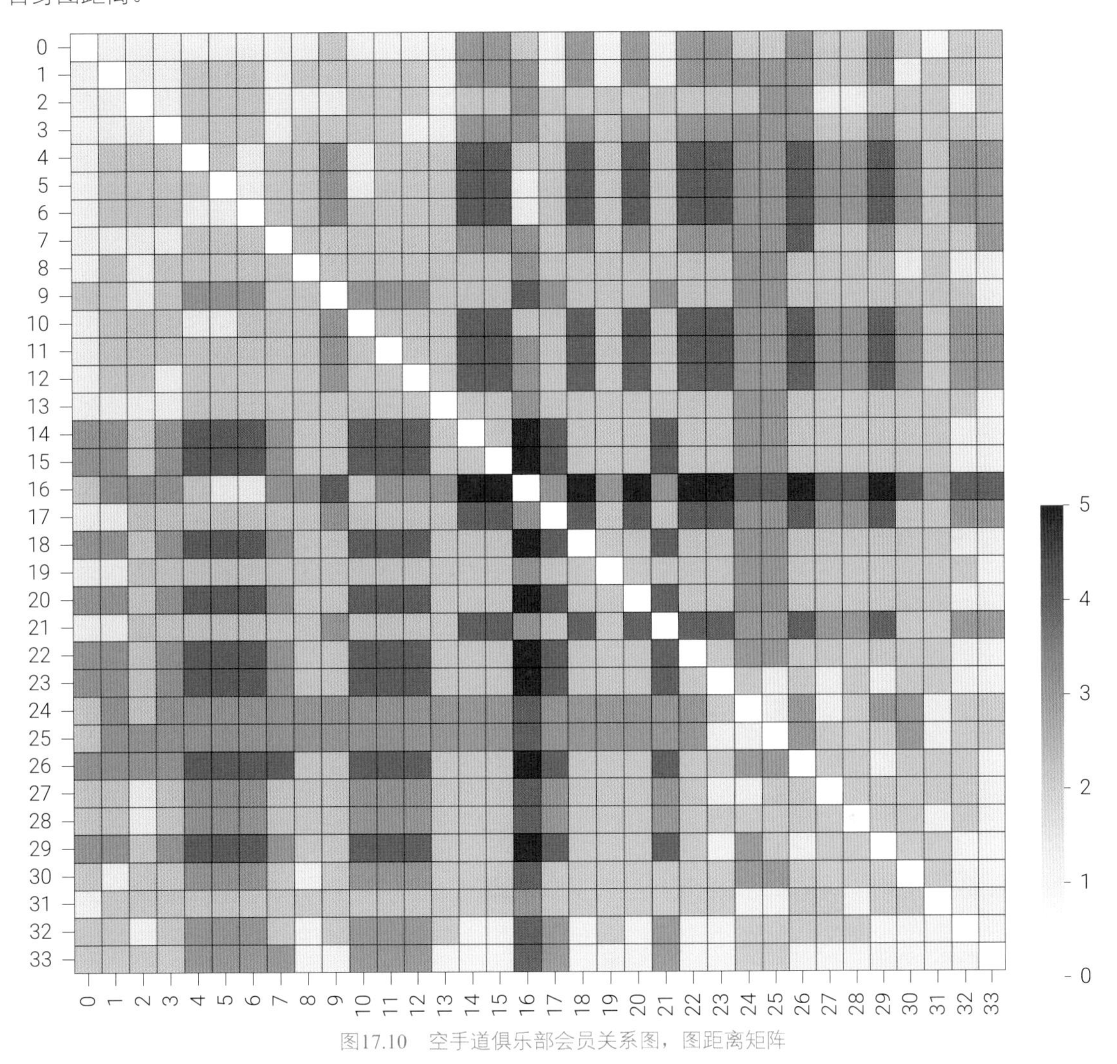

图17.10　空手道俱乐部会员关系图，图距离矩阵

图17.10也告诉我们任意节点和其他节点都存在图距离；对于任意节点，我们可以计算这些距离的平均值，叫作节点**平均图距离** (average graph distance)。

从图17.10来看，就是每行或每列所有元素 (对角线以外) 取均值。图17.11所示为空手道俱乐部会员关系图各个节点平均图距离。图17.11中水平红色画线为整幅图距离平均值，即所有节点平均图距离的平均值。直方图如图17.12所示。

图17.13所示为根据节点平均图距离渲染节点。暖色系节点代表节点平均图距离较大，也就说这些节点更“边缘”；相反冷色系代表节点平均图距离更小，即这群节点更“中心”。本章后文还会介绍其他度量节点更中心或更边缘的度量。

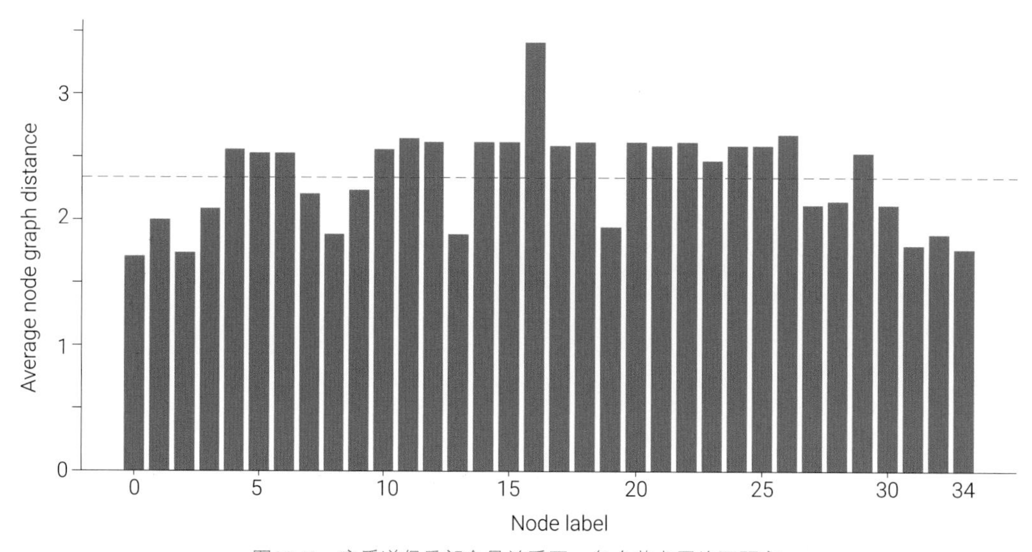

图17.11 空手道俱乐部会员关系图，各个节点平均图距离

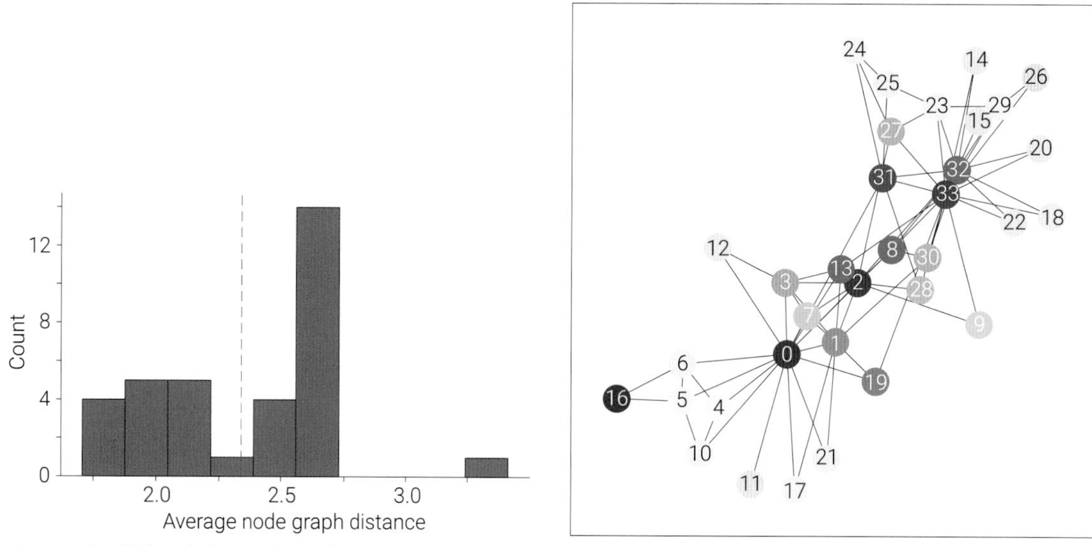

图17.12 空手道俱乐部会员关系图，节点平均图距离直方图

图17.13 空手道俱乐部会员关系图，用节点平均图距离渲染节点

节点平均图距离是一个有用的度量，它反映了一个节点与图中所有其他节点之间的平均距离。这个度量可以帮助我们理解一个节点在整个网络中的位置以及它与其他节点的相对接近度。在图论和网络分析中，节点平均图距离提供了对网络连通性和结构特性的洞察。

平均图距离较小的节点通常在网络中处于更中心的位置，表明它们可能在信息传播或网络流动中起着关键作用。整个网络的平均图距离，可以反映网络的整体效率和紧密度。

数值较小意味着网络中的节点相互之间更容易到达，表明网络具有较高的传播效率。通过比较不同节点或不同网络的平均图距离，可以揭示网络结构的特性和潜在的结构变化。

代码17.5绘制了图17.9和图17.10，下面讲解其中关键语句。

ⓐnetworkx.shortest_path_length(G) 用来计算图G中所有成对节点之间最短路径长度 (图距离)。如果没有指定source和target，函数返回一个字典，其中键是源节点，值是另一个字典，该字典的键是目标节点，值是从源节点到目标节点的最短路径长度。下文代码会把这个嵌套字典转化为二维数组。

ⓑ用嵌套for循环将嵌套字典转换为图距离矩阵，下面讲解其中细节。第一个for循环遍历list_nodes列表中的所有节点，相当于始点。第二层for循环相当于遍历所有终点。

ⓒ用 try ... except ... 处理可能不存在路径的情况。

ⓓ用seaborn.heatmap() 绘制热图可视化图距离矩阵。

ⓔ使用numpy.tril() 获取下三角矩阵，并排除对角线元素。

ⓕ获取下三角矩阵 (不含对角线) 的索引。

ⓖ使用索引从原矩阵中取出对应的元素，这是因为图距离为对称矩阵，节点成对距离 (非对角线元素) 重复。

ⓗ使用numpy.unique() 函数获取图距离独特值及其出现次数。

代码17.5 图距离矩阵 | Bk6_Ch17_02.ipynb 

```
# 成对最短距离值 (图距离)
distances_all = dict(nx.shortest_path_length(G))   # ⓐ

# 创建图距离矩阵
list_nodes = list(G.nodes())
Shortest_D_matrix = np.full((len(G.nodes()),
                             len(G.nodes())), np.nan)

for i,i_node in enumerate(list_nodes):             # ⓑ
    for j,j_node in enumerate(list_nodes):
        try:                                       # ⓒ
            d_ij = distances_all[i_node][j_node]
            Shortest_D_matrix[i][j] = d_ij
        except KeyError:
            print(i_node + ' to ' + j_node + ': no path')

Shortest_D_matrix.max()
# 图距离最大值

# 用热图可视化图距离矩阵
sns.heatmap(Shortest_D_matrix, cmap = 'Blues',     # ⓓ
            annot = False,
            xticklabels = list(G.nodes),
            yticklabels = list(G.nodes),
            linecolor = 'k', square = True,
            cbar = True,
            linewidths = 0.2)
plt.savefig('图距离矩阵，无权图.svg')

# 取出图距离矩阵中所有成对图距离(不含对角线下三角元素)

# 使用numpy.tril获取下三角矩阵，并排除对角线元素
lower_tri_wo_diag = np.tril(Shortest_D_matrix, k = -1)   # ⓔ
```

```python
# 获取下三角矩阵（不含对角线）的索引
rows, cols = np.tril_indices(Shortest_D_matrix.shape[0], k = -1)

# 使用索引从原矩阵中取出对应的元素
list_shortest_distances = Shortest_D_matrix[rows, cols]

# 使用numpy.unique函数获取唯一值及其出现次数
unique_values, counts = np.unique(list_shortest_distances,
                                  return_counts = True)

# 绘制柱状图
plt.bar(unique_values, counts)
plt.xlabel('Graph distance')
plt.ylabel('Count')
plt.savefig('图距离柱状图.svg')
```

离心率

图中任意节点v的**离心率** (eccentricity) 就是图中离v图距离的最大值。

图17.14所示为空手道俱乐部会员关系图所有节点的离心率具体值；图17.15所示为该图离心率分布。

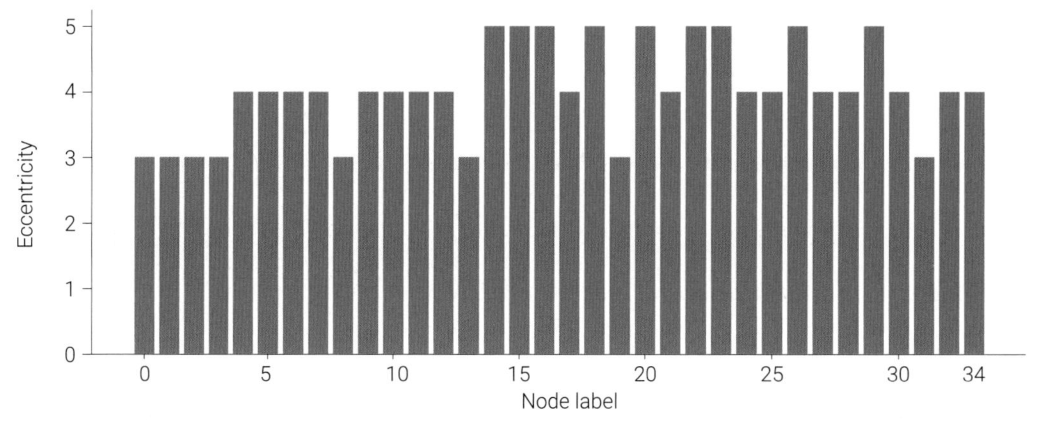

图17.14　空手道俱乐部会员关系图，各个节点离心率

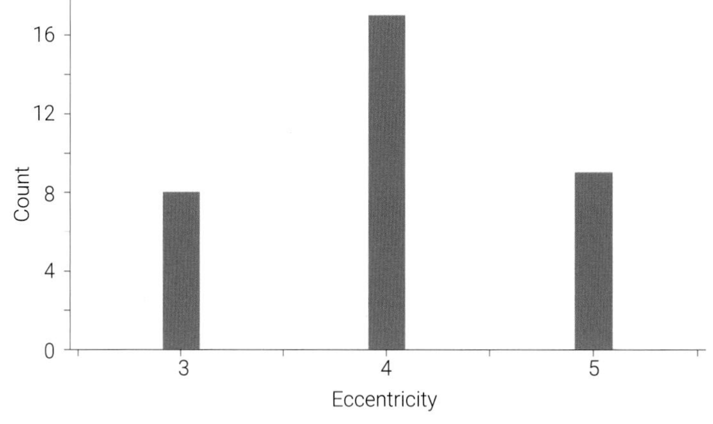

图17.15　空手道俱乐部会员关系图，离心率柱状图

如图17.16所示，根据离心率大小渲染节点，图中红色节点的离心率为3，黄色节点的离心率为4，蓝色对应离心率是5。容易发现，节点越居于“中心”，对应的离心率越小；通俗地说，这个节点更“合群”，和其他节点距离都近，要么是朋友关系，要么通过朋友的朋友就可以相互认识。而节点越位于“边缘”，对应的离心率越大；也就是说在这个社会关系里，离心率越高的节点在网络中越“不合群”。

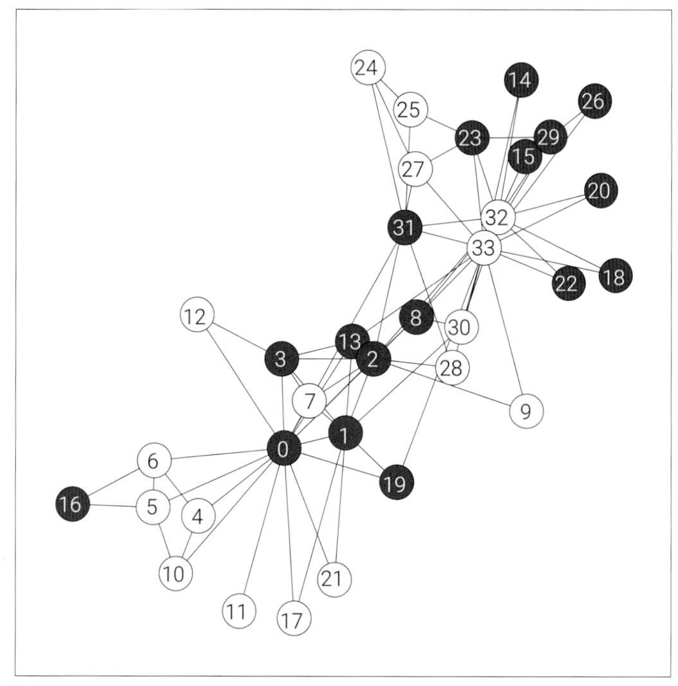

图17.16　空手道俱乐部会员关系图，根据节点离心率渲染节点

代码17.6绘制了图17.14、图17.15、图17.16，下面讲解其中关键语句。

ⓐ用networkx.eccentricity(G) 计算每个节点的离心率。

ⓑ取出节点离心率独特值。

ⓒ独特值的颜色映射。

ⓓ绘制不同离心率节点，用不同颜色渲染节点。

ⓔ获取离心率独特值以及其出现的次数。

代码17.6　离心率 | Bk6_Ch17_02.ipynb 

```
ⓐ eccentricity = nx.eccentricity(G)
  # 计算每个节点离心率
  eccentricity_list = list(eccentricity.values())

  # 根据离心率大小渲染节点

ⓑ unique_ecc = set(eccentricity_list)
  # 取出节点离心率独特值
```

```python
colors = plt.cm.RdYlBu(np.linspace(0, 1, len(unique_ecc)))
# 独特值的颜色映射

plt.figure(figsize = (6,6))
nx.draw_networkx_edges(G, pos)
# 绘制图的边

# 分别绘制不同离心率节点
for deg_i, color_i in zip(unique_ecc,colors):

    dict_i = filter_value(eccentricity,deg_i)
    nx.draw_networkx_nodes(G, pos,
                           nodelist = list(dict_i.keys()),
                           node_color = color_i)
plt.savefig('根据离心率大小渲染节点.svg')

# 每个节点的具体离心率
plt.bar(G.nodes(),eccentricity_list)
plt.xlabel('Node label')
plt.ylabel('Eccentricity')
plt.savefig('节点离心率.svg')

# 使用numpy.unique函数获取离心率独特值及其出现次数
unique_values, counts = np.unique(eccentricity_list,
                                  return_counts = True)

# 绘制柱状图
plt.bar(unique_values, counts)
plt.xlabel('Eccentricity')
plt.ylabel('Frequency')
plt.savefig('图离心率柱状图.svg')
```

图直径

图距离矩阵所有元素最大值叫作**图直径** (graph diameter)，也就是longest shortest path。非连通图的直径无穷大。显然，所有节点离心率的最大值就是图直径。

根据这个定义，图17.15便告诉我们空手道俱乐部会员关系图的图直径为5。

直观地说，图直径是一个衡量图的大小和稀疏程度的指标。图直径提供了对图整体大小和节点之间最远距离的感知。图直径的大小反映了图的大致尺寸。一幅图如果直径较大，这说明图中存在一些较为疏远的节点。在一些网络分析和图算法中，图直径被用作衡量图的全局性质的一个指标。

图半径

所有节点离心率的最小值叫**图半径** (graph radius)。图半径可以用来描述图的“紧凑性”。半径越小，表示网络中任意两点之间的最远距离越短，网络越紧凑。在网络设计和网络分析中，了解网络的图半径可以帮助设计更有效的网络结构，比如提高网络的传输效率，减少延迟，等等。在社交网络分析中，图半径可以用来衡量信息传播的最大延迟，或者找到网络中的关键人物。

根据这个定义，图17.15同时告诉我们空手道俱乐部会员关系图的图半径为3。

中心点

图中节点v要是**中心点** (center) 的话，v的离心率等于图半径；也就是v在所有节点中离心率最小。一幅图中中心点不止一个。如图17.17所示，红色节点都是这幅图的中心点。**图中心** (graph center) 就是图的中心点构成的集合。

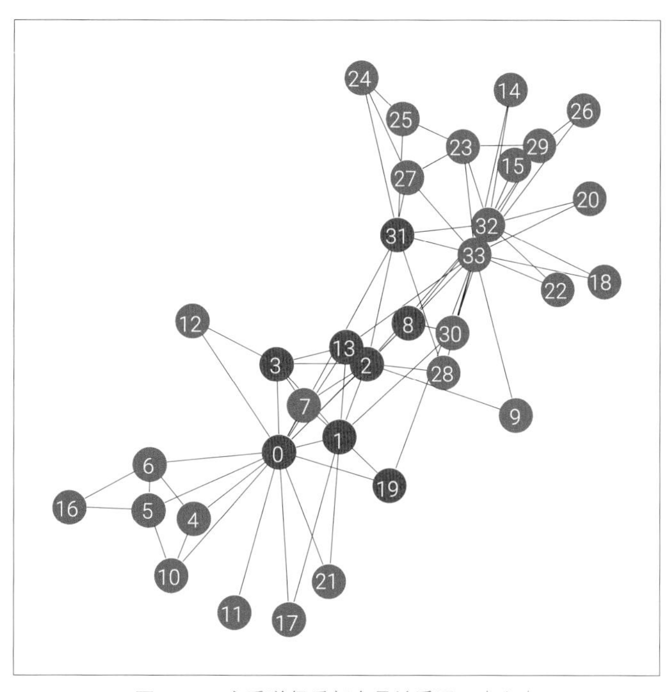

图17.17　空手道俱乐部会员关系图，中心点

代码17.7绘制了图17.17，其中networkx.center() 计算图的中心点。

代码17.7　中心点 | Bk6_Ch17_02.ipynb

```
a list_centers = list(nx.center(G))
  # 获取图的中心点

  plt.figure(figsize = (6,6))

  nx.draw_networkx(G, pos)
  nx.draw_networkx_nodes(G,pos,
                         nodelist = list_centers,
                         node_color = 'r')
  plt.savefig('空手道俱乐部图，中心点.svg')
```

边缘点

和中心点相对，一幅图的**边缘点** (peripheral point) 是离心率为图直径的点。也就是说，这些节点的离心率最大。同样，一幅图中边缘点不止一个。如图17.18所示，红色节点都是这幅图的边缘点。一幅图的边缘点构成的子图叫作**图边缘** (graph periphery)。

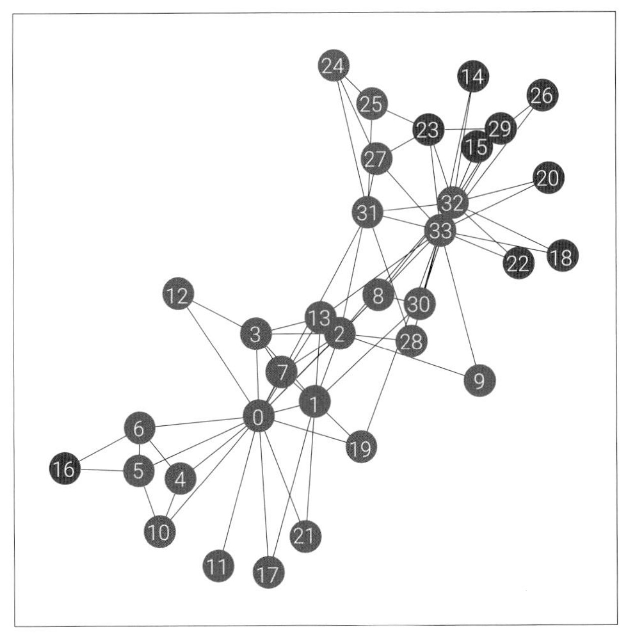

图17.18　空手道俱乐部会员关系图，边缘点

代码17.8绘制了图17.18，其中networkx.periphery() 计算图的边缘点。

代码17.8　边缘点 | Bk6_Ch17_02.ipynb

```
list_periphery = list(nx.periphery(G))
# 获取图的边缘点

plt.figure(figsize = (6,6))

nx.draw_networkx(G, pos)
nx.draw_networkx_nodes(G,pos,
                       nodelist = list_periphery,
                       node_color = 'r')
plt.savefig('空手道俱乐部图，边缘点.svg')
```

17.3 中心性

中心性 (centrality) 用来描述节点在图有多“中心”，本节介绍三个常用的中心性度量。

度中心性

度中心性 (degree centrality) 用节点的度数描述其“中心性”。简单来说，一个节点度数越大就意味着这个节点的度中心性越高，该节点在网络中就越重要。我们可以通过本章前文介绍的度分析来计算整个图的最大度、最小度、平均度来衡量整个图的中心性。

对于无向图，节点a的度中心可以通过下式计算：

$$\frac{\deg_G(a)}{n-1} \tag{17.1}$$

$\deg_G(a)$ 表示节点a的度数，n代表图的节点个数。上式的好处是通过归一化，方便不同图之间比较。当然，对于多重边的图，度中心可能大于1。

以图17.19为例，节点a、b、c、d、e的度数分别是1、2、2、2、1，无向图的节点数$n = 5$。各个节点度数除以4 ($n-1=4$)，得到五个节点度中心性度量值分别为0.25、0.5、0.5、0.5、0.25。

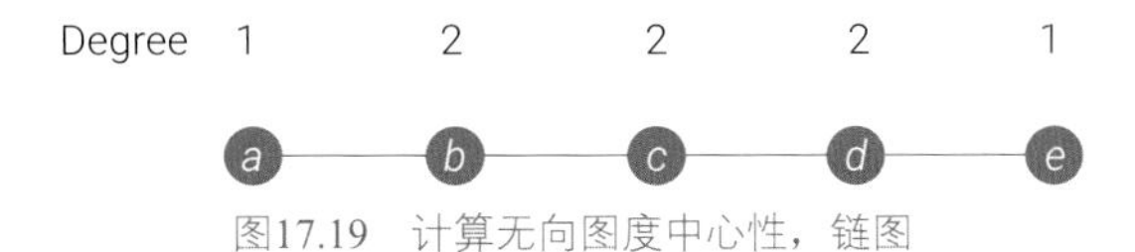

图17.19 计算无向图度中心性，链图

NetworkX中，我们可以用networkx.degree_centrality() 计算度中心性。

对于有向图G_D，我们可以分别分析节点a的入度中心性、出度中心性：

$$\begin{gathered}\frac{\deg^+_{G_D}(a)}{n-1} \\ \frac{\deg^-_{G_D}(a)}{n-1}\end{gathered} \tag{17.2}$$

NetworkX中，我们可以用networkx.in_degree_centrality()、networkx.out_degree_centrality() 计算入度中心性、出度中心性。

图17.20所示为空手道俱乐部会员关系图，以及对应的度中心性度量值。图17.20 (a) 用直方图可视化了度中心性度量值的分布情况。图17.20 (b) 则根据度中心性度量值大小渲染节点，采用的颜色映射为viridis。

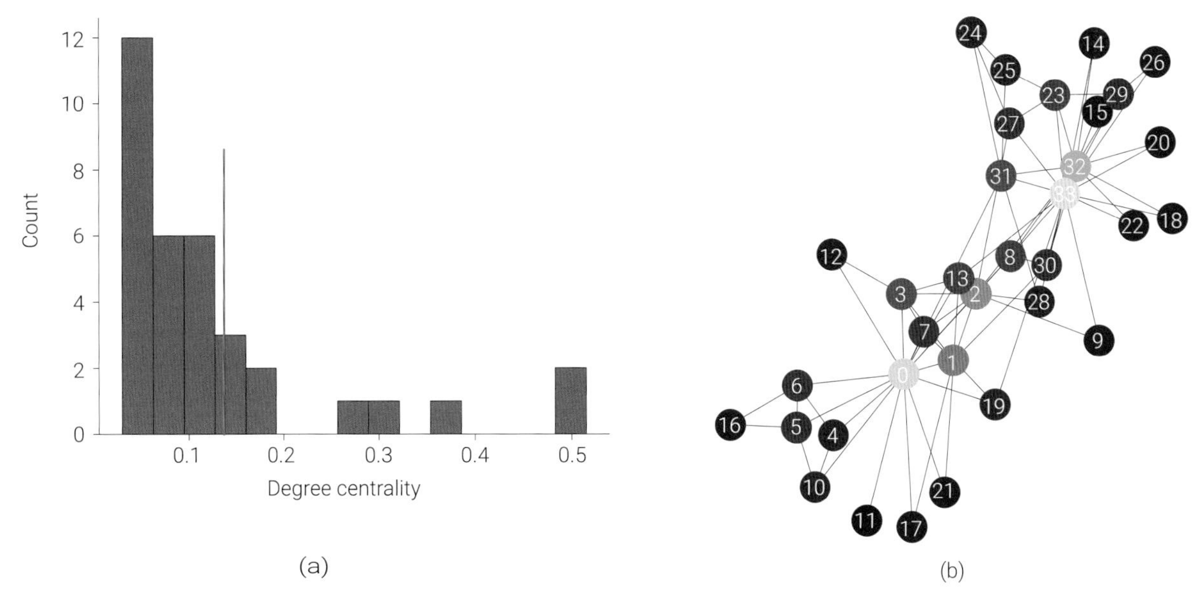

图17.20 度中心性，空手道俱乐部会员关系图

Bk6_Ch17_04.ipynb中完成了本节空手道俱乐部会员关系图的中心性计算，下面先讲解代码 17.9 中的关键语句。

ⓐ自定义可视化函数，子图左右布置；左侧子图为度中心性度量的直方图，右侧子图可视化无向图，节点颜色根据中心性度量值大小渲染。

ⓑ用matplotlib.pyplot.hist()绘制直方图。

ⓒ先将中心性度量值转换成NumPy数组，然后再计算均值。

ⓓ用matplotlib.pyplot.axvline() 绘制均值竖线。

ⓔ用networkx.draw_networkx()，显示节点标签，节点颜色根据中心性度量值渲染。

ⓕ用networkx.karate_club_graph() 加载空手道俱乐部会员关系图数据。

ⓖ用networkx.degree_centrality() 计算度中心性。

代码17.9 度中心性度量 | Bk6_Ch17_04.ipynb

```python
import numpy as np
import pandas as pd
import matplotlib.pyplot as plt
import networkx as nx

# 自定义可视化函数
def visualize(x_cent, xlabel):

    fig, axes = plt.subplots(1,2,figsize = (12,6))

    # 中心性度量值直方图
    axes[0].hist(x_cent.values(),bins = 15, ec = 'k')
    # 中心性度量值均值
    mean_cent = np.array(list(x_cent.values())).mean()
    axes[0].axvline(x = mean_cent, c = 'r')
    axes[0].set_xlabel(xlabel)
    axes[0].set_ylabel('Count')

    degree_colors = [x_cent[i] for i in range(0,34)]

    # 可视化图，用中心性度量值渲染节点颜色
    nx.draw_networkx(G, pos,
                     ax = axes[1],
                     with_labels = True,
                     node_color = degree_colors)

    plt.savefig(xlabel + '.svg')

G = nx.karate_club_graph()
# 加载空手道俱乐部数据

pos = nx.spring_layout(G,seed = 2)

degree_cent = nx.degree_centrality(G)
# 计算度中心性

# 可视化
visualize(degree_cent, 'Degree centrality')
```

介数中心性

介数中心性 (betweenness centrality) 量化节点在图中承担“桥梁”程度。

具体来说，某个节点v介数中心性计算v出现在其他任意两个节点对 (s,t) 之间的最短路径的次数，本书采用NetworkX的定义，具体如下：

$$\sum_{s,t\in V}\frac{\sigma(s,t\mid v)}{\sigma(s,t)} \tag{17.3}$$

V是无向图节点集合。(s,t) 是无向图中任意一对节点。

上式分母 $\sigma(s,t)$ 代表无向图中节点对 (s,t) 最短路径的总数。特别地，如果$s = t$，$\sigma(s,t) = 1$。

上式分子 $\sigma(s,t\mid v)$ 代表无向图中所有最短路径中 (排除首尾s和t) 含有v的数量。

这个中心性度量设计成式(17.3) 这种分数的形式是因为节点对 (s,t) 最短路径可能不止一个。

也就是说，如果v在任意两个节点间充当“桥梁”的次数越多，那么v的介数中心性就越大。

对于图17.19所示链图，图17.21给出在$s \neq t$条件下，所有最短路径。绿色点代表节点充当“桥梁”的情况。

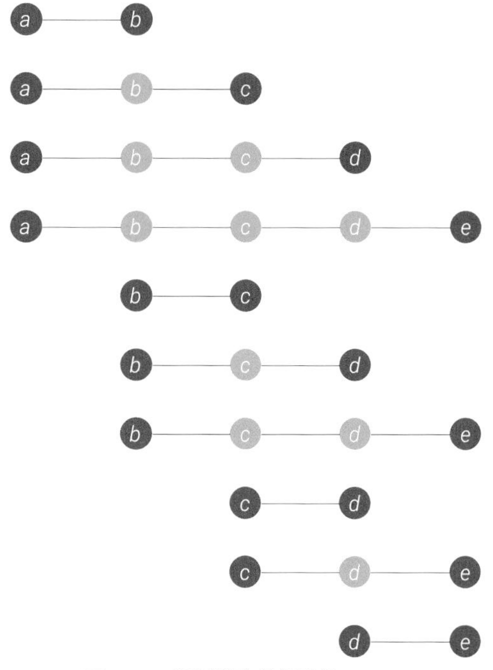

图17.21　链图所有最短路径，$s \neq t$

我们可以发现节点a、b、c、d、e充当“桥梁”的情况数量分别为0、3、4、3、0，即介数中心性度量值大小。

用networkx.betweenness_centrality(G, normalized = False) 计算图G的介数中心性会得出上述结果，参数normalized = False表示不归一化。

默认情况下，normalized = True，networkx.betweenness_centrality(G) 计算结果就是**归一化介数中心性** (normalized betweenness centrality)。

NetworkX中对于无向图，归一化的乘数为$\dfrac{2}{(n-1)(n-2)}$；其中n是图的节点数。这样对于图17.19链图归一化乘数为$\dfrac{2}{4\times3}=\dfrac{1}{6}$，节点$a$、$b$、$c$、$d$、$e$的归一化介数中心性度量值分别为0、0.5 (3/6)、2/3 (4/6)、0.5 (3/6)、0。

图17.22 (a) 用直方图可视化归一化介数中心性度量值的分布情况。图17.22 (b) 则根据归一化介数中心性度量值大小渲染节点。

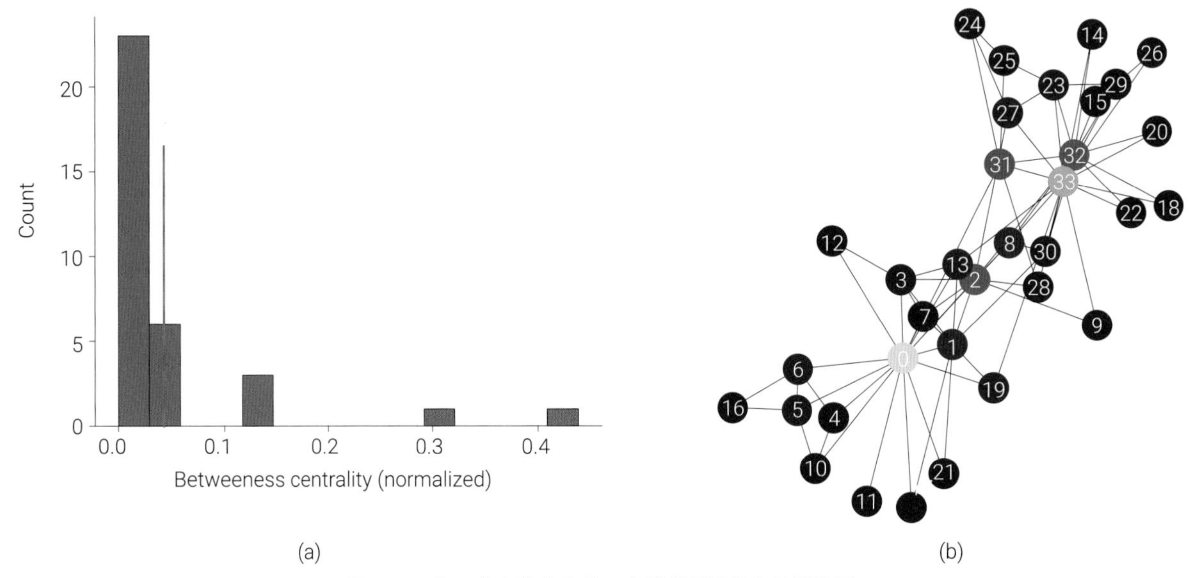

图17.22　归一化介数中心性，空手道俱乐部会员关系图

代码17.10计算介数中心性，下面简单讲解以下两句。

ⓐ用networkx.betweenness_centrality(G, normalized = False) 计算介数中心性度量值。

ⓑ用networkx.betweenness_centrality(G) 计算归一化介数中心性度量值，默认参数normalized = True。请大家自行比较两句结果。

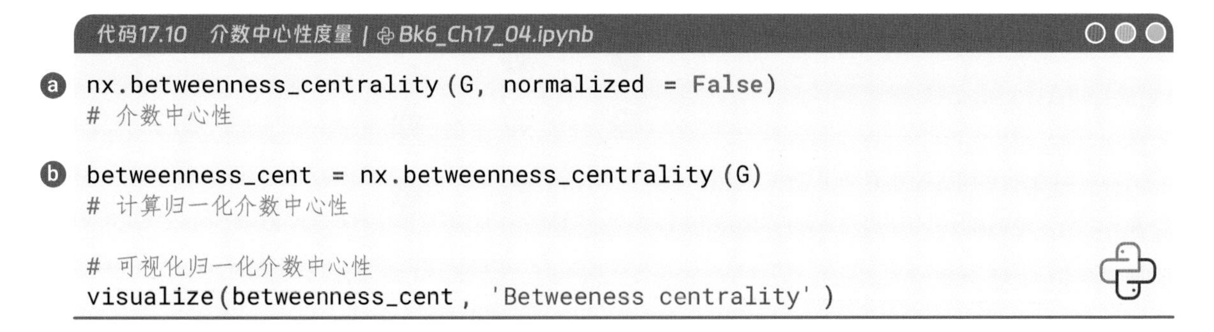

代码17.10　介数中心性度量 | Bk6_Ch17_04.ipynb

```
ⓐ nx.betweenness_centrality(G, normalized = False)
  # 介数中心性

ⓑ betweenness_cent = nx.betweenness_centrality(G)
  # 计算归一化介数中心性

  # 可视化归一化介数中心性
  visualize(betweenness_cent, 'Betweeness centrality')
```

图17.23展示了基因之间的介数中心性，它使用了WormNet v.3-GS数据来测量基因之间的正向功能关联。WormNet是一个用于研究**秀丽隐杆线虫** (Caenorhabditis elegans) 基因功能网络的资源。

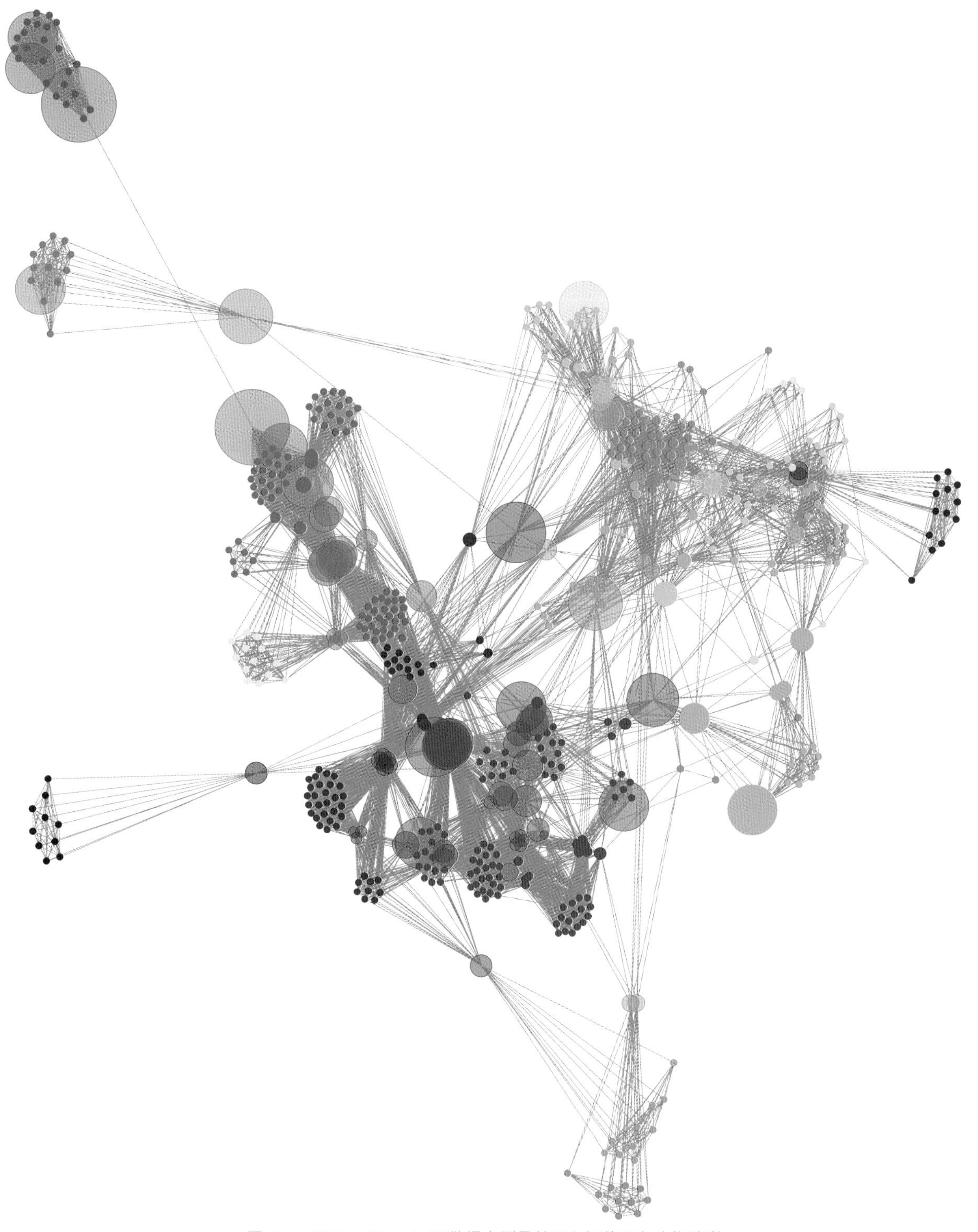

图17.3 用WormNet v.3-GS数据来测量基因之间的正向功能关联

请大家自行学习：

◀ https://networkx.org/documentation/stable/auto_examples/algorithms/plot_betweenness_centrality.html

紧密中心性

对于节点a，其**紧密中心性** (closeness centrality) 具体定义如下：

$$\frac{k-1}{\sum_{v=1}^{k-1} d(a,v)} \tag{17.4}$$

其中，$d(a, v)$ 是节点a和v最短距离，$k-1$代表节点a可达节点的数量；也就是说k为包含节点自身的可达节点数量。

将上式写成：

$$\frac{1}{\frac{\sum_{v=1}^{k-1} d(a,v)}{k-1}} \tag{17.5}$$

我们可以发现，分母是节点a和可达节点之间平均最短距离。

这说明，平均最短距离越大，越远离中心；取倒数的话，紧密中心性 (平均最短距离倒数) 越大，节点越靠近中心。

以链图中节点a为例，如图17.24所示，节点a可到达的节点 (包含自身) 为$k=5$，$k-1=4$。

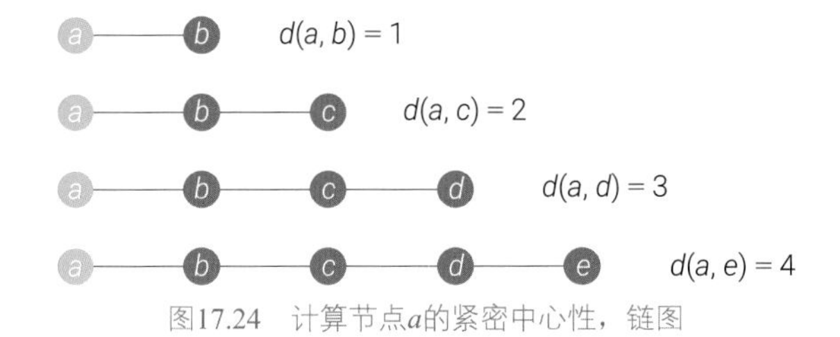

图17.24　计算节点a的紧密中心性，链图

$\sum_{v=1}^{k-1} d(a,v)$ 的值为图17.24中所有距离之和，即10。这样的话，节点a的紧密中心性度量值为0.4 (4/10 = 0.4)。

再来计算节点b的紧密中心性度量值，具体如图17.25所示。节点b可到达的节点 (包含自身) 也是$k=5$，$k-1=4$。$\sum_{v=1}^{k-1} d(b,v)$ 的值为图17.25中所有距离之和，即7。这样的话，节点b的紧密中心性度量值为4/7。

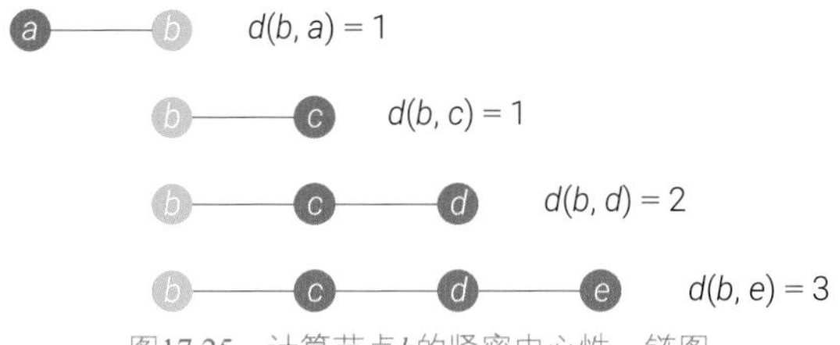

图17.25　计算节点b的紧密中心性，链图

请大家计算链图中剩余其他节点的紧密中心性度量值。

图17.26 (a) 用直方图可视化紧密中心性度量值的分布情况。图17.26 (b) 则根据紧密中心性度量值大小渲染节点。Bk6_Ch17_04.ipynb中利用networkx.closeness_centrality() 计算紧密中心性。

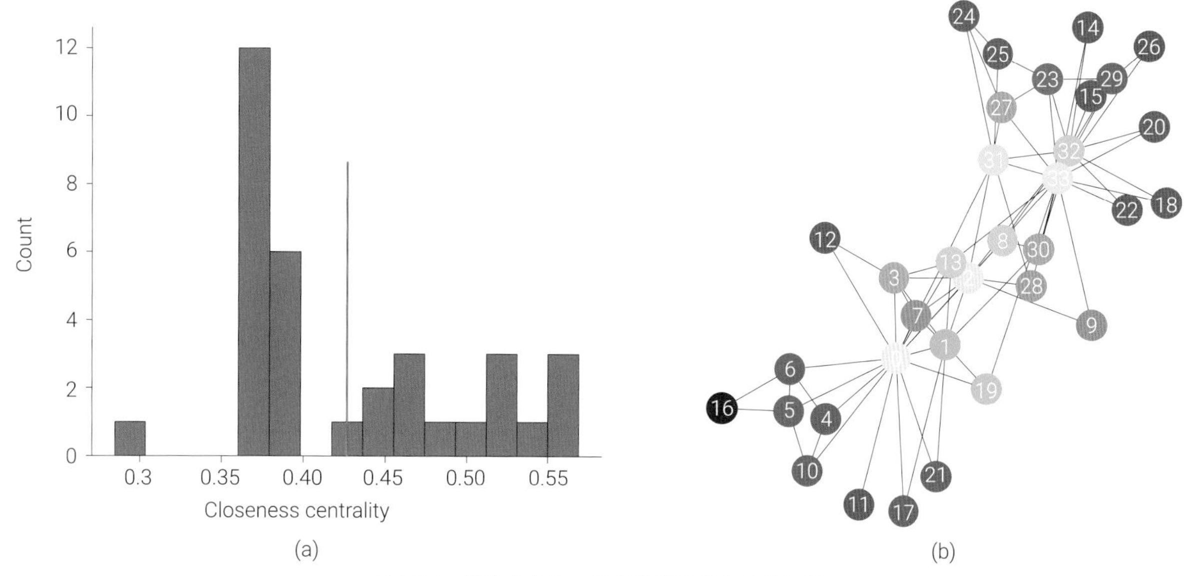

图17.26　紧密中心性，空手道俱乐部会员关系图

对于有向图，我们可以分别计算入度紧密中心性、出度紧密中心性。

此外，Bk6_Ch17_04.ipynb中还计算了如图17.27所示的**特征向量中心性** (eigenvector centrality)；这个中心度量要用到无向图的邻接矩阵、特征值分解等线性代数工具，这是本书后文要讲解的内容。

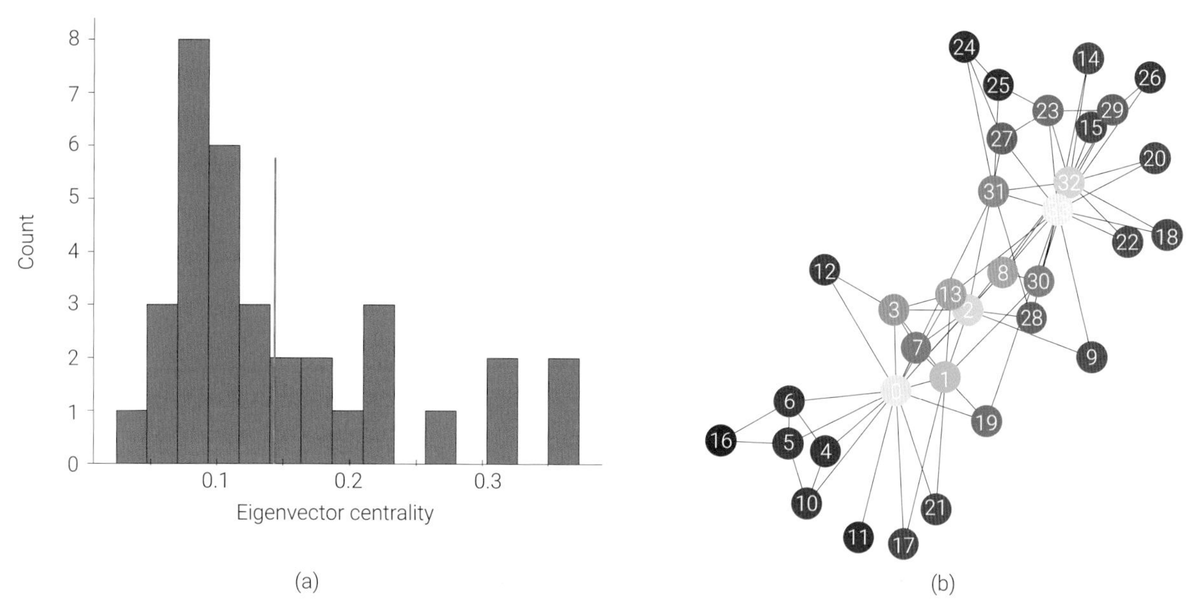

图17.27　特征向量中心性，空手道俱乐部会员关系图

17.4 图的社区

图中的一个**社区** (community) 可以这样理解，紧密连接的节点集合，这些节点间有较多的内部连接，而相对较少的外部连接，如图17.28所示。社区划分的应用有很多。比如，在蛋白质网络中，社区检测有助于发现相似生物学功能的蛋白质；在企业网络中，可以通过研究公司的内部关系将员工分组为社区；在在线平台社交网络中，具有共同兴趣或共同朋友的用户可能是同一个社区的成员。

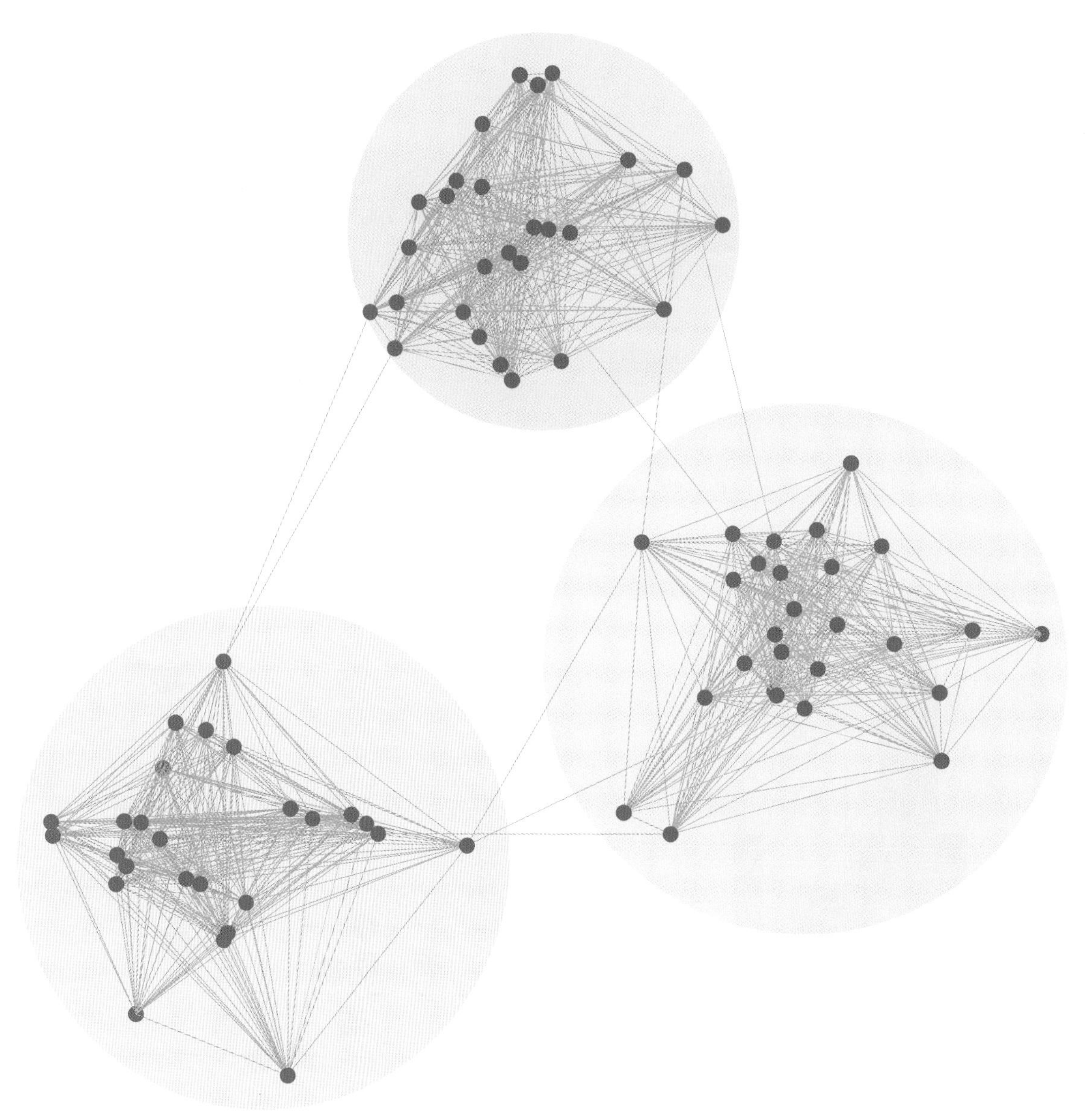

图17.28　一幅图中的三个社区，空手道俱乐部会员关系图

如图17.29所示，仅靠图的结构化关系，可以比较合理地将空手道俱乐部会员进行切分，即规划至各自的社区。

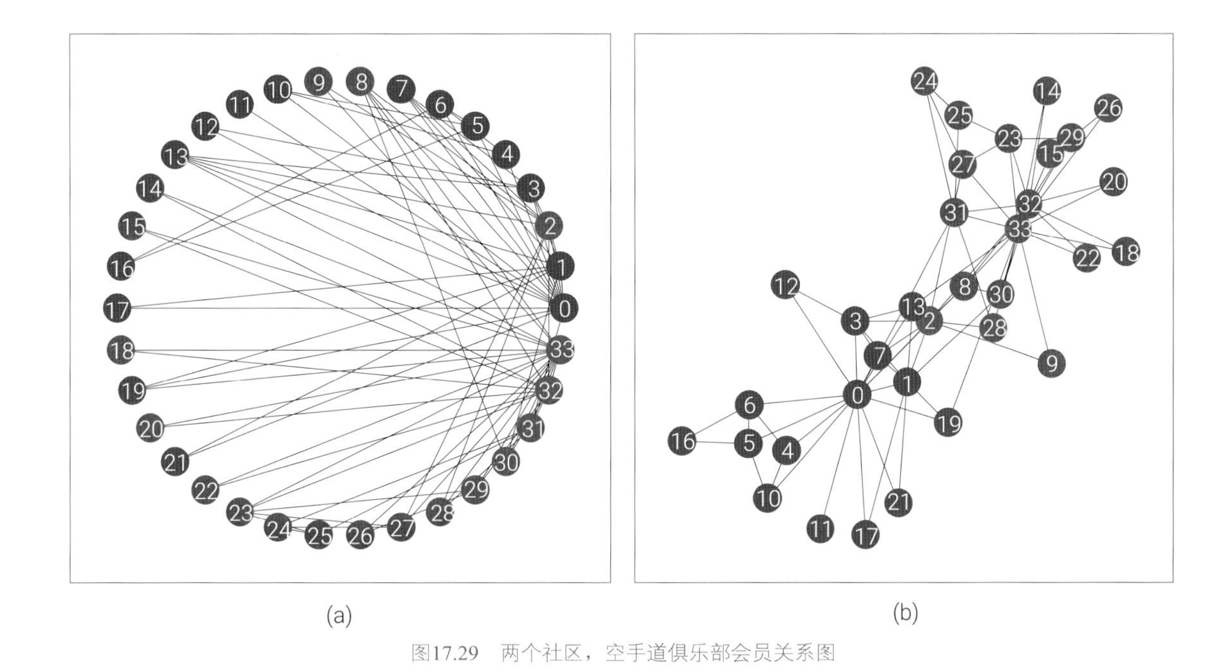

图17.29　两个社区，空手道俱乐部会员关系图

Bk6_Ch17_05.ipynb中完成了空手道俱乐部会员关系图社区划分，并绘制了图17.29；代码比较简单，请大家自行学习。

图的分析通过多个维度揭示网络结构的特性。

度分析关注节点度数来揭示最活跃或最重要的节点。

图距离是图中两节点间最短路径的长度。图距离矩阵记录了所有节点对间的图距离，是分析图结构的重要工具，便于快速查询任意两点间的最短距离。离心率是节点到图中所有其他节点最短路径长度的最大值，用以衡量节点的边缘性。图直径是所有节点对离心率的最大值；图半径是所有节点的离心率中的最小值。中心点是离心率等于图半径的所有节点，表明这些点在结构上最为核心。边缘点是离心率等于图直径的节点，位置最边缘，通常在网络的外围。这些概念在网络分析、优化路径、社交网络分析等领域中有广泛应用，帮助揭示网络的结构特性和关键节点。

中心性衡量节点在图中的重要性。度中心性通过连接数，介数中心性通过节点在最短路径上的出现频率，紧密中心性则考量节点到所有其他节点的平均最短路径长度，来识别关键节点。本书后文还要介绍特征向量中心性，请大家将这四种中心性度量放在一起比较。

社区发现旨在识别图中的紧密连接的节点群体，揭示网络中的模块结构或集团，帮助理解图的大规模结构特性。这些方法为理解和分析复杂网络提供了强有力的工具。

本章介绍的内容将用于本书后文的路径问题和社交网络分析。

06 Section 06 图与矩阵

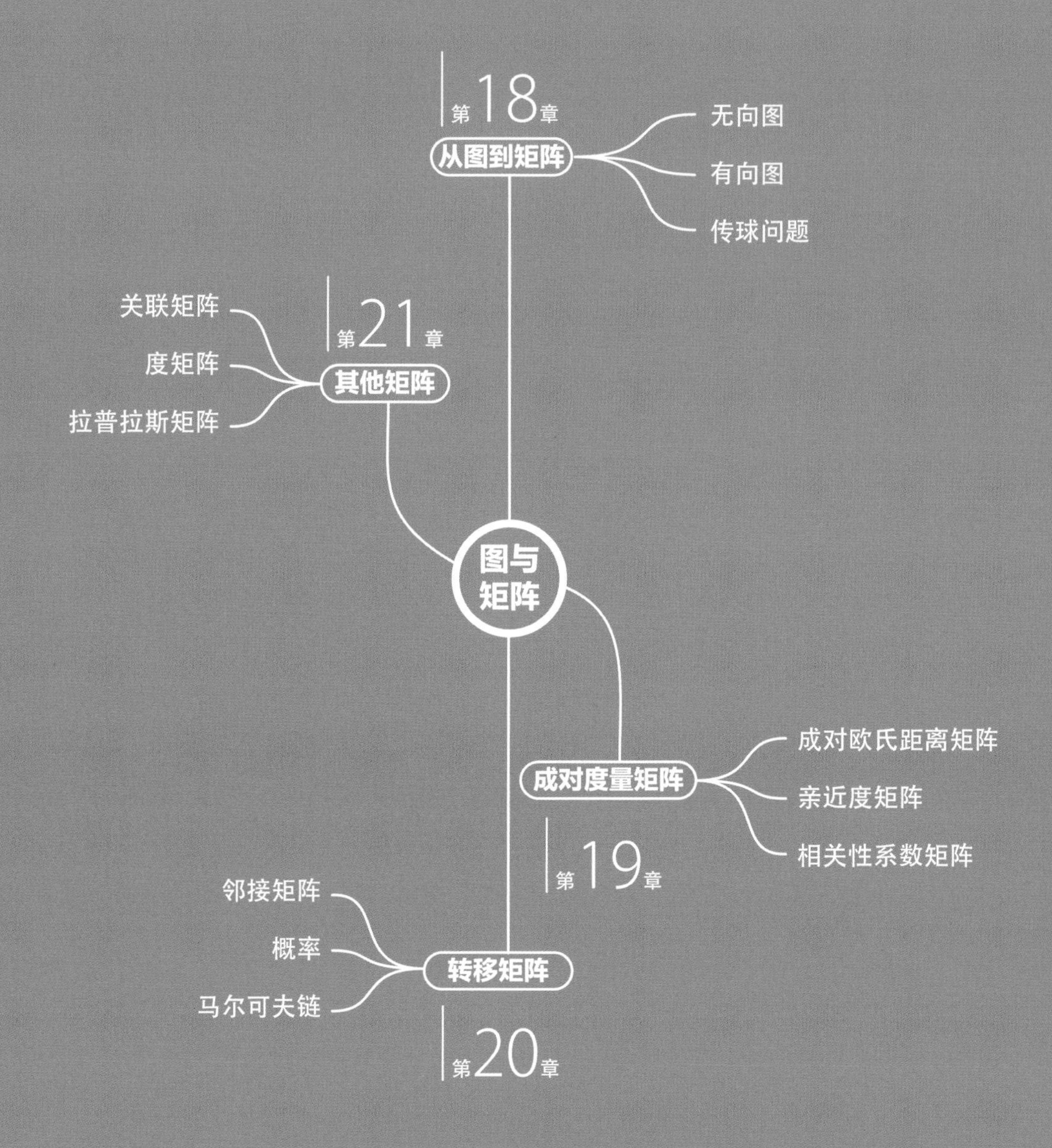
第18章
从图到矩阵
无向图
有向图
传球问题
第21章
其他矩阵
关联矩阵
度矩阵
拉普拉斯矩阵
图与矩阵
成对度量矩阵
成对欧氏距离矩阵
亲近度矩阵
相关性系数矩阵
第19章
转移矩阵
邻接矩阵
概率
马尔可夫链
第20章

学习地图 | 第6板块

从图到矩阵

图就是矩阵，矩阵就是图

如果我在沉睡一千年后醒来，我的第一个问题是：黎曼猜想被证明了吗？

If I were to awaken after having slept for a thousand years, my first question would be: has the Riemann Hypothesis been proven?

—— 大卫·希尔伯特 (David Hilbert) | 德国数学家 | 1862 — 1943年

- networkx.circular_layout() 节点圆周布局
- networkx.DiGraph() 创建有向图的类，用于表示节点和有向边的关系以进行图论分析
- networkx.draw_networkx() 用于绘制图的节点和边，可根据指定的布局将图可视化呈现在平面上
- networkx.get_edge_attributes() 获取图中边的特定属性的字典
- networkx.get_node_attributes() 获取图中节点的特定属性的字典
- networkx.Graph() 创建无向图的类，用于表示节点和边的关系以进行图论分析
- networkx.relabel_nodes() 对节点重命名
- networkx.to_numpy_matrix() 用于将图表示转换为 NumPy 矩阵，方便在数值计算和线性代数操作中使用
- numpy.linalg.norm() 计算范数

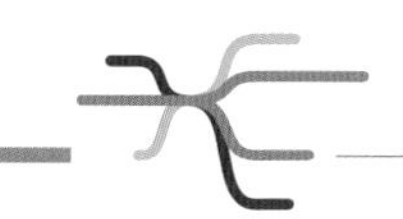

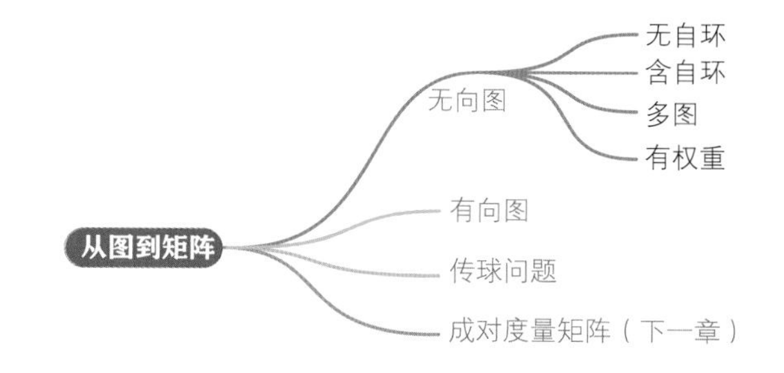

18.1 无向图到邻接矩阵

请大家记住一句话，矩阵就是图，图就是矩阵。

大家可能好奇，图怎么和矩阵扯上关系？本章就试着回答这个问题。

在图论中，**邻接矩阵** (adjacency matrix) 是一种用于表示图的矩阵。

对于无向图，邻接矩阵是一个对称矩阵，其中行和列的数量等于图中的节点数量，矩阵的元素表示节点之间是否存在边。

不考虑权重的条件下，对于一个无向图G，其邻接矩阵$\boldsymbol{A}$的定义如下：

如果节点 i 和节点 j 之间存在边，则$a_{i,j}$和$a_{j,i}$的值为1；

如果节点 i 和节点 j 之间不存在边，则$a_{i,j}$和$a_{j,i}$的值为0。

根据无向图邻接矩阵定义，上述矩阵$\boldsymbol{A}$一定是**对称矩阵** (symmetric matrix)。

邻接矩阵的优势之一是它提供了一种紧凑的方式来表示图中的连接关系，并且对于某些图算法，邻接矩阵的形式更易于处理。

下面，我们通过实例具体讨论不同类型无向图对应的邻接矩阵。

无自环

首先我们先看一下如何用邻接矩阵来表达无自环无向图。

相信大家已经很熟悉图18.1所示无自环无向图，我们在本书前文经常用这幅图做例子。图18.1还给出了这幅图对应的邻接矩阵$\boldsymbol{A}$：

$$\boldsymbol{A}=\begin{bmatrix}0&1&1&0\\1&0&1&1\\1&1&0&1\\0&1&1&0\end{bmatrix}\tag{18.1}$$

由于无向图的邻接矩阵为对称矩阵，因此我们仅仅需要存储上三角或下三角部分数据。

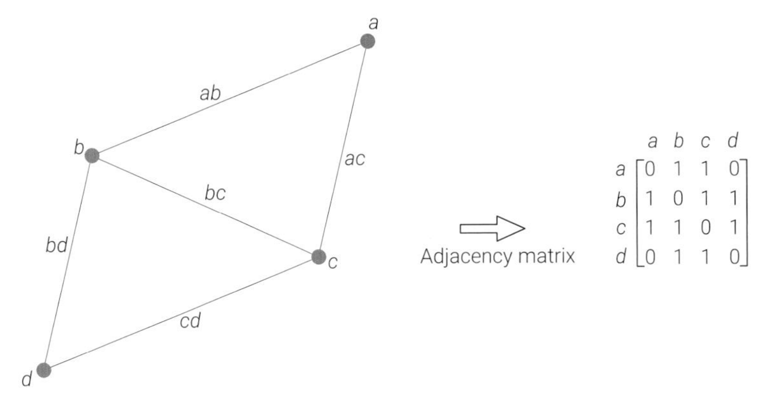

图18.1 从无向图到邻接矩阵，无自环

由于图18.1所示无向图有4个节点 (a、b、c、d)。因此，邻接矩阵$\boldsymbol{A}$的形状为4 × 4。邻接矩阵$\boldsymbol{A}$的4行从上到下分别代表4个节点——a、b、c、d。同样，邻接矩阵$\boldsymbol{A}$的4列从左到右也分别代表这4个节点。

图18.2逐个元素解释了无自环无向图和邻接矩阵之间的关系。

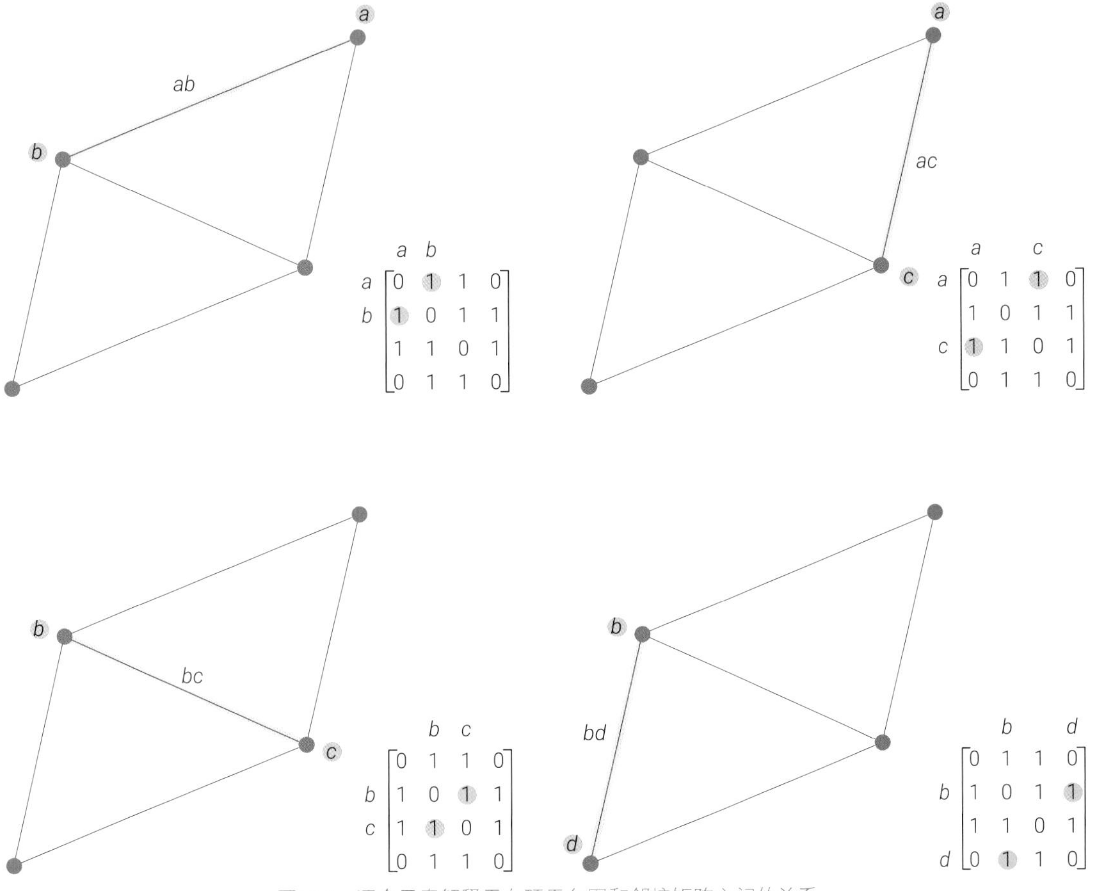

图18.2 逐个元素解释无自环无向图和邻接矩阵之间的关系

举个例子，由于节点a、b之间存在一条无向边ab，因此邻接矩阵$\boldsymbol{A}$中$a_{1,2}$和$a_{2,1}$元素都为1。显然，$a_{1,2}$和$a_{2,1}$关于主对角线对称，这也解释了为什么无向图的邻接矩阵$\boldsymbol{A}$为对称矩阵。

看到对称矩阵，大家是否眼前一亮？是否联想到了特征值分解和谱分解？矩阵分解和对称矩阵又能碰撞出怎样的火花？这是本书后文要介绍的内容。

由于图18.2所示无向图不含自环，矩阵$\boldsymbol{A}$对角线元素为0。

请大家自己分析图18.2剩余子图。

此外，矩阵$\boldsymbol{A}$沿列求和可以得到每个节点的度。比如，沿列求和：

$$\boldsymbol{I}^{\mathrm{T}}\boldsymbol{A}=\begin{bmatrix}1 & 1 & 1 & 1\end{bmatrix}\begin{bmatrix}0 & 1 & 1 & 0\\ 1 & 0 & 1 & 1\\ 1 & 1 & 0 & 1\\ 0 & 1 & 1 & 0\end{bmatrix}=\begin{bmatrix}2 & 3 & 3 & 2\end{bmatrix} \tag{18.2}$$

同样，对于无向图，矩阵$\boldsymbol{A}$沿行求和也可以得到每个节点的度：

$$\boldsymbol{A}\boldsymbol{I}=\begin{bmatrix}0 & 1 & 1 & 0\\ 1 & 0 & 1 & 1\\ 1 & 1 & 0 & 1\\ 0 & 1 & 1 & 0\end{bmatrix}\begin{bmatrix}1\\ 1\\ 1\\ 1\end{bmatrix}=\begin{bmatrix}2\\ 3\\ 3\\ 2\end{bmatrix} \tag{18.3}$$

式(18.2) 和式(18.3) 结果互为转置。

表18.1展示了4个节点构造的几种 (不含自环、不加权) 无向图和它们的邻接矩阵。建议大家做两个练习。第一个练习，遮住邻接矩阵，将无向图写成邻接矩阵；第二个练习，遮住无向图，根据邻接矩阵绘制无向图。

这两个练习也告诉我们，我们可以将无向图和邻接矩阵相互转换。而NetworkX就有相应工具完成这种转换。

表18.1　4个节点构造的几种无向图及邻接矩阵，不含自环，不加权

无向图	邻接矩阵	无向图	邻接矩阵
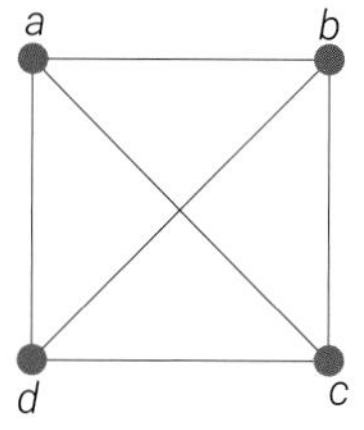 a b d c	$\begin{bmatrix}0 & 1 & 1 & 1\\ 1 & 0 & 1 & 1\\ 1 & 1 & 0 & 1\\ 1 & 1 & 1 & 0\end{bmatrix}$	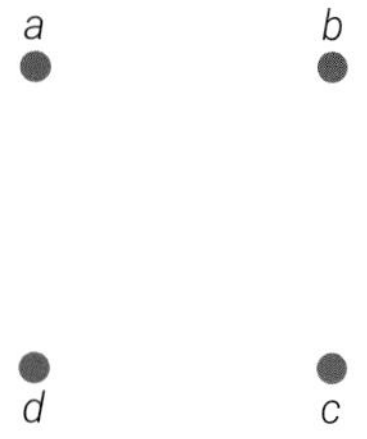 a b d c	$\begin{bmatrix}0 & 0 & 0 & 0\\ 0 & 0 & 0 & 0\\ 0 & 0 & 0 & 0\\ 0 & 0 & 0 & 0\end{bmatrix}$
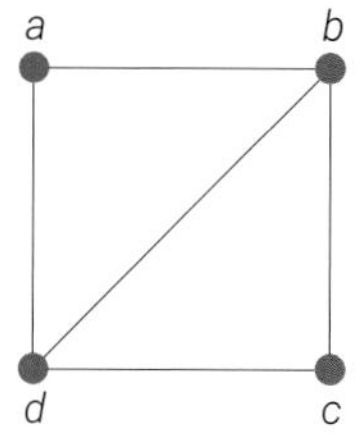 a b d c	$\begin{bmatrix}0 & 1 & 0 & 1\\ 1 & 0 & 1 & 1\\ 0 & 1 & 0 & 1\\ 1 & 1 & 1 & 0\end{bmatrix}$	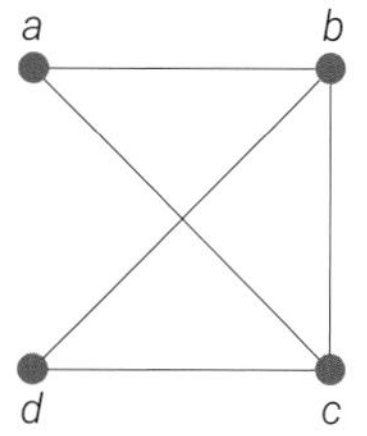 a b d c	$\begin{bmatrix}0 & 1 & 1 & 0\\ 1 & 0 & 1 & 1\\ 1 & 1 & 0 & 1\\ 0 & 1 & 1 & 0\end{bmatrix}$
a b d c	$\begin{bmatrix}0 & 1 & 0 & 1\\ 1 & 0 & 1 & 0\\ 0 & 1 & 0 & 1\\ 1 & 0 & 1 & 0\end{bmatrix}$	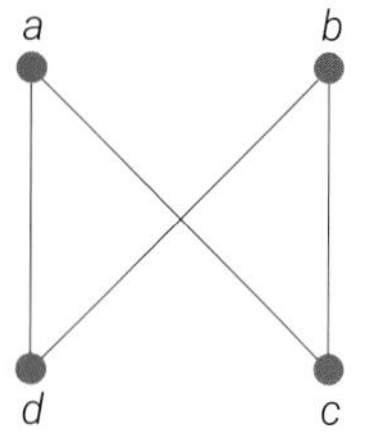 a b d c	$\begin{bmatrix}0 & 0 & 1 & 1\\ 0 & 0 & 1 & 1\\ 1 & 1 & 0 & 0\\ 1 & 1 & 0 & 0\end{bmatrix}$

续表

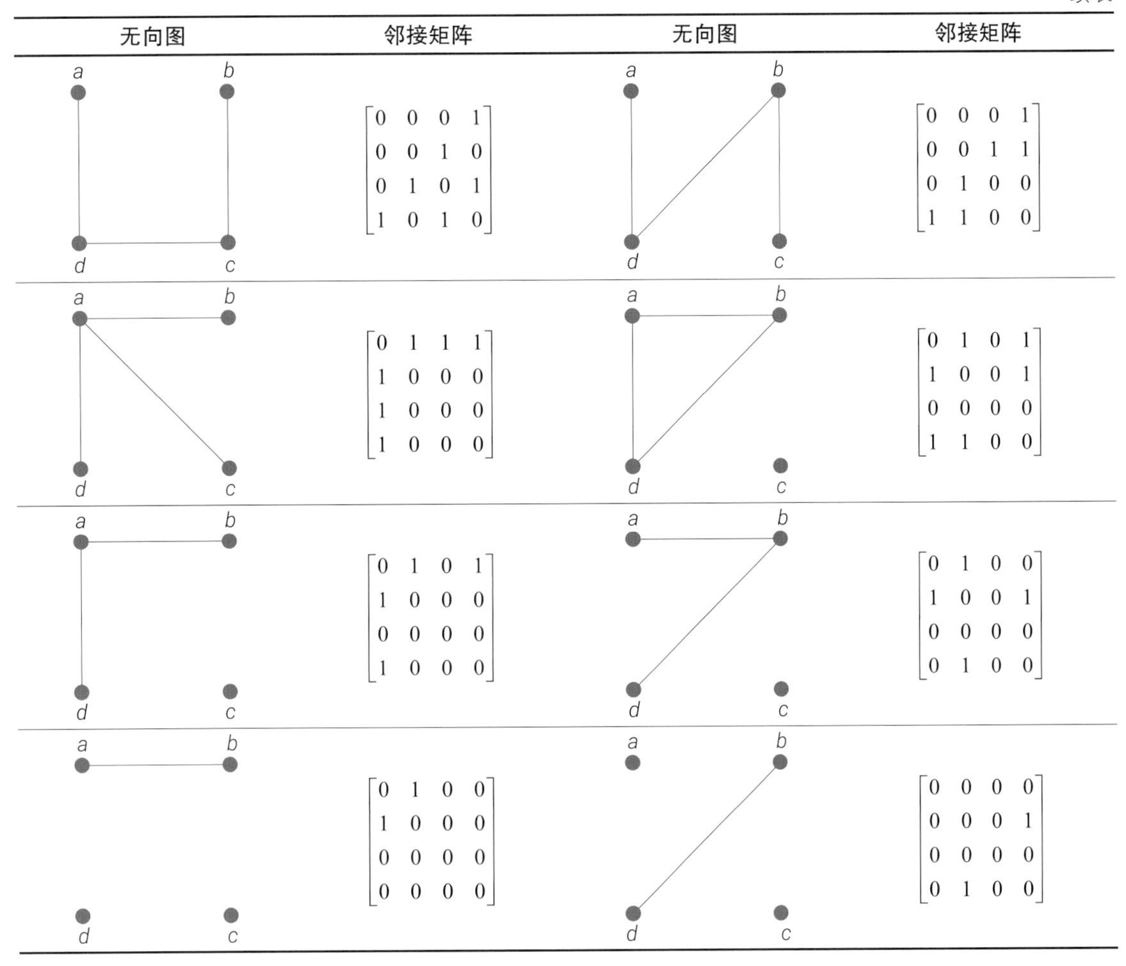

无向图	邻接矩阵	无向图	邻接矩阵
	$\begin{bmatrix} 0 & 0 & 0 & 1 \\ 0 & 0 & 1 & 0 \\ 0 & 1 & 0 & 1 \\ 1 & 0 & 1 & 0 \end{bmatrix}$		$\begin{bmatrix} 0 & 0 & 0 & 1 \\ 0 & 0 & 1 & 1 \\ 0 & 1 & 0 & 0 \\ 1 & 1 & 0 & 0 \end{bmatrix}$
	$\begin{bmatrix} 0 & 1 & 1 & 1 \\ 1 & 0 & 0 & 0 \\ 1 & 0 & 0 & 0 \\ 1 & 0 & 0 & 0 \end{bmatrix}$		$\begin{bmatrix} 0 & 1 & 0 & 1 \\ 1 & 0 & 0 & 1 \\ 0 & 0 & 0 & 0 \\ 1 & 1 & 0 & 0 \end{bmatrix}$
	$\begin{bmatrix} 0 & 1 & 0 & 1 \\ 1 & 0 & 0 & 0 \\ 0 & 0 & 0 & 0 \\ 1 & 0 & 0 & 0 \end{bmatrix}$		$\begin{bmatrix} 0 & 1 & 0 & 0 \\ 1 & 0 & 0 & 1 \\ 0 & 0 & 0 & 0 \\ 0 & 1 & 0 & 0 \end{bmatrix}$
	$\begin{bmatrix} 0 & 1 & 0 & 0 \\ 1 & 0 & 0 & 0 \\ 0 & 0 & 0 & 0 \\ 0 & 0 & 0 & 0 \end{bmatrix}$		$\begin{bmatrix} 0 & 0 & 0 & 0 \\ 0 & 0 & 0 & 1 \\ 0 & 0 & 0 & 0 \\ 0 & 1 & 0 & 0 \end{bmatrix}$

代码18.1利用NetworkX工具将无向图转化为邻接矩阵。请大家注意ⓓ中to_numpy_matrix() 方法。请大家按照代码18.1思路完成表18.1中几个无向图到邻接矩阵的转化。

代码18.1 将无向图转换为邻接矩阵 | Bk6_Ch18_01.ipynb

```
import matplotlib.pyplot as plt
import networkx as nx

ⓐ undirected_G = nx.Graph()
  # 创建无向图的实例

ⓑ undirected_G.add_nodes_from(['a', 'b', 'c', 'd'])
  # 添加多个节点

ⓒ undirected_G.add_edges_from([('a','b'),
                               ('b','c'),
                               ('b','d'),
                               ('c','d'),
                               ('c','a')])
  # 增加一组边

ⓓ adjacency_matrix = nx.to_numpy_matrix(undirected_G)
  # 将无向图转换为邻接矩阵
```

图18.3 (a) 所示为空手道俱乐部人员关系无向图；图18.3 (b) 所示为邻接矩阵热图。

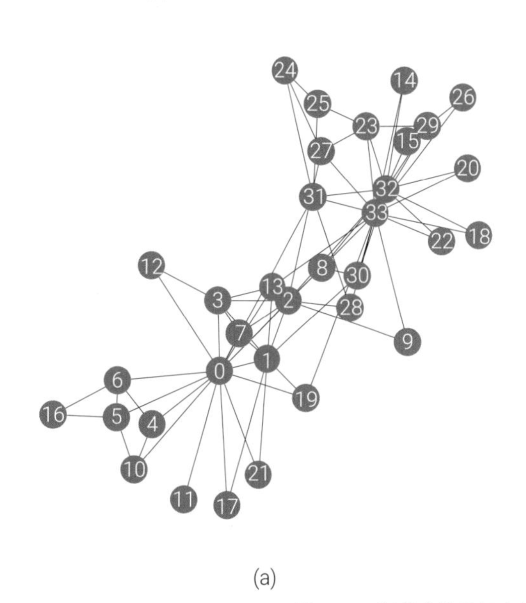

(a)

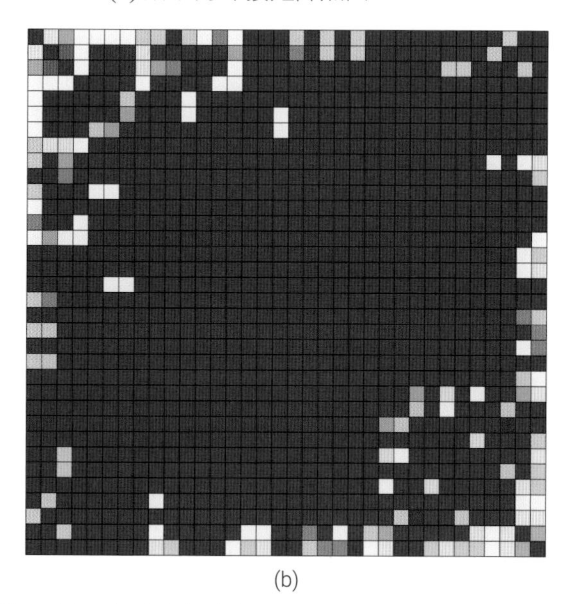
(b)

图18.3　空手道俱乐部人员关系图，以及对应邻接矩阵热图

代码18.2绘制了图18.3，代码相对简单，下面讲解其中关键语句。

ⓐ用networkx.karate_club_graph() 加载空手道俱乐部数据。

ⓑ用networkx.adjacency_matrix() 计算空手道俱乐部图的邻接矩阵。

ⓒ用seaborn.heatmap() 以热图的形式呈现邻接矩阵，颜色映射采用'RdYlBu_r'。

代码18.2　将空手道俱乐部无向图转换为邻接矩阵 | Bk6_Ch18_01.ipynb

```
ⓐ G_karate = nx.karate_club_graph()
  # 空手道俱乐部图
  pos = nx.spring_layout(G_karate,seed = 2)

  plt.figure(figsize = (6,6))
  nx.draw_networkx(G_karate,
                   pos = pos)
  plt.savefig('空手道俱乐部图.svg')

ⓑ A_karate = nx.adjacency_matrix(G_karate).todense()
  # 邻接矩阵

ⓒ sns.heatmap(A_karate,cmap = 'RdYlBu_r',
              square = True,
              xticklabels = [], yticklabels = [])
  plt.savefig('A邻接矩阵.svg')
```

代码18.3将邻接矩阵转化为无向图。注意，ⓒ是一个字典生成式，它用于创建一个将图中节点索引映射到小写英文字母的字典。ord('a') + i 计算出对应的ASCII值，然后chr() 函数将这个ASCII值转换为对应的字符，即小写英文字母。

在绘制图时使用 labels = node_labels 参数，图中的节点将被标记为小写英文字母而不是默认的数字索引。这有助于提高图的可读性。

代码18.3 将邻接矩阵转换为无向图 | ⊕ Bk6_Ch18_02.ipynb

```
import numpy as np
import matplotlib.pyplot as plt
import networkx as nx

adjacency_matrix = np.array([[0, 1, 1, 0],
                             [1, 0, 1, 1],
                             [1, 1, 0, 1],
                             [0, 1, 1, 0]])
# 定义邻接矩阵

G = nx.Graph(adjacency_matrix, nodetype = int)
# 用邻接矩阵创建无向图

node_labels = {i: chr(ord('a') + i) for i in range(len(G.nodes))}
# 创建字典，可视化时用作节点标签
# {0: 'a', 1: 'b', 2: 'c', 3: 'd'}

# 可视化
plt.figure(figsize = (6,6))
nx.draw_networkx(G, with_labels = True, labels = node_labels)
```

含自环

图18.4中节点a增加自环后，图的邻接矩阵就变成了：

$$
\boldsymbol{A}=\begin{bmatrix}2&1&1&0\\1&0&1&1\\1&1&0&1\\0&1&1&0\end{bmatrix} \tag{18.4}
$$

简单来说，如果节点有自我连接产生的自环，则在矩阵的主对角线上会有非零的值；如果没有自环，则主对角线上全部是0。

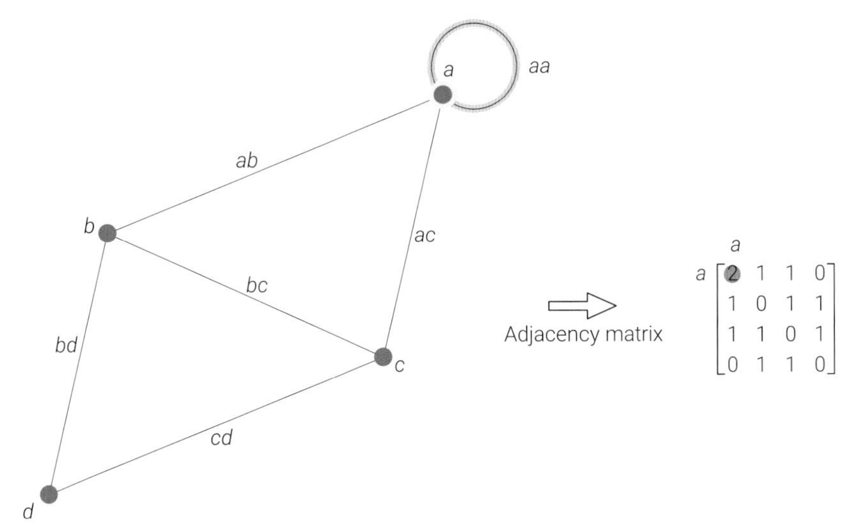

图18.4　节点a增加自环，转换成邻接矩阵

多图

本书前文提过，多图允许在同一对节点之间存在多条边。
图18.5的多图对应的邻接矩阵为

$$\boldsymbol{A}=\begin{bmatrix}0&2&2&1\\2&0&0&1\\2&0&0&1\\1&1&1&0\end{bmatrix} \tag{18.5}$$

很明显节点a、b之间的边数为2，节点a、c之间的边数也是2。

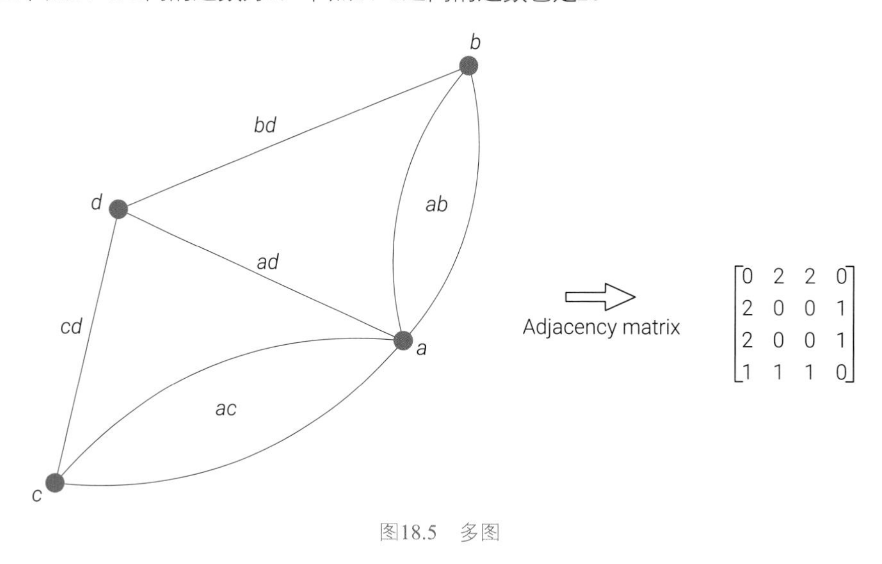

图18.5　多图

补图

简单图G补图$\bar{G}$的邻接矩阵$\bar{\boldsymbol{A}}$可以通过下式求得：

$$\bar{\boldsymbol{A}}=\boldsymbol{J}-\boldsymbol{I}-\boldsymbol{A} \tag{18.6}$$

其中，$\boldsymbol{A}$是图G的邻接矩阵，$\boldsymbol{J}$是全1方阵，$\boldsymbol{I}$是单位矩阵。
也就是说，

$$\bar{\boldsymbol{A}}+\boldsymbol{A}=\boldsymbol{J}-\boldsymbol{I} \tag{18.7}$$

结果$\boldsymbol{J}-\boldsymbol{I}$为方阵，主对角线元素为0，其余元素均为1。而式 (18.7) 正是和图G节点数相同的完全图的邻接矩阵。
图18.6给出的示例展示的就是图、补图、完全图三者的图和邻接矩阵之间的关系。

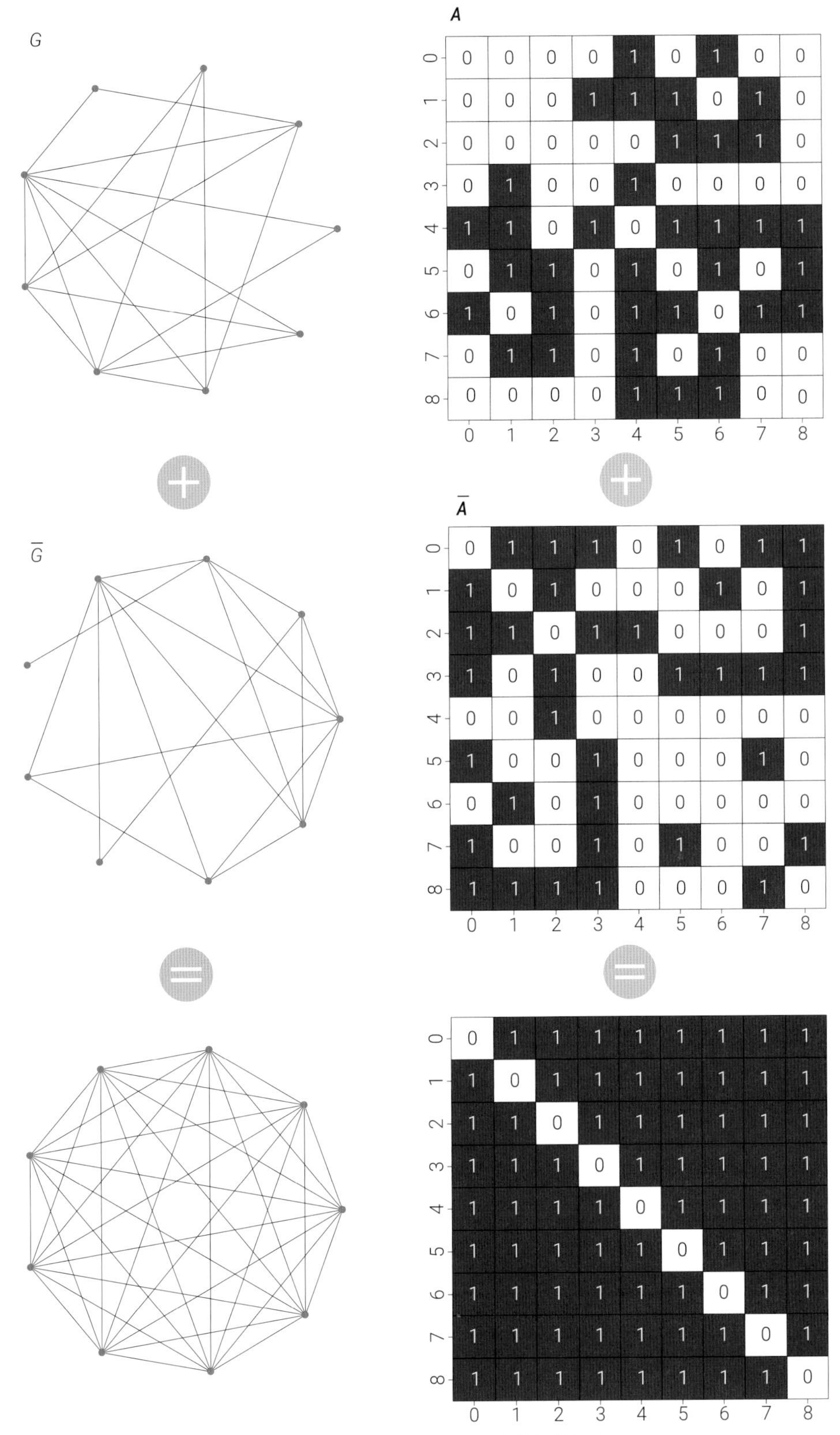

图18.6　图、补图、完全图三者的邻接矩阵

代码18.4绘制了图18.6，下面讲解其中关键语句。

ⓐ自定义可视化函数，绘制1行2列子图布局图像；左子图为图，右子图为邻接矩阵热图。

ⓑ在左子图用network.draw_networkx() 绘制图。参数ax指定子图的轴。

ⓒ用networkx.adjacency_matrix()计算图的邻接矩阵。

ⓓ在右子图用seaborn.heatmap()绘制邻接矩阵热图。

ⓔ用networkx.complete_graph()创建9个节点的完全图。

ⓕ用copy()方法获得图的副本，非视图。

ⓖ用remove_edges_from() 方法随机删去18条边创建子图G。

ⓗ用networkx.complement()创建子图G的补图。

代码18.4 图、补图、完全图三者的邻接矩阵 | Bk6_Ch18_03.ipynb

```python
import networkx as nx
import matplotlib.pyplot as plt
import random
import seaborn as sns

def visualize(G,fig_title):
    fig, axs = plt.subplots(nrows = 1, ncols = 2,
                            figsize = (12,6))
    pos = nx.circular_layout(G)
    # 左子图
    nx.draw_networkx(G,
                     ax = axs[0],pos = pos,
                     with_labels = False,node_size = 28)
    axs[0].set_aspect('equal', adjustable = 'box')
    axs[0].axis('off')

    # 邻接矩阵
    A = nx.adjacency_matrix(G).todense()

    # 右子图
    sns.heatmap(A, cmap = 'Blues',
                ax = axs[1],annot = True, fmt = '.0f',
                xticklabels = list(G.nodes), yticklabels = list(G.nodes),
                linecolor = 'k', square = True, linewidths = 0.2, cbar = False)

    plt.savefig(fig_title + '.svg')

# 创建完全图
G_complete = nx.complete_graph(9)

# 可视化完全图
visualize(G_complete,'完全图')

# 创建图G，随机删除完全图中一半边
G = G_complete.copy(as_view = False)
# 副本，非视图
random.seed(8)
edges_removed = random.sample(list(G.edges), 18)
G.remove_edges_from(edges_removed)

visualize(G,'图G')

G_complement = nx.complement(G)
# 补图

visualize(G_complement,'图G补图')
```

有权重

对于有权重无向图，其邻接矩阵$\boldsymbol{A}$的每个元素直接换成边的权重值即可。比如，图18.7所示加权无向图对应的邻接矩阵为：

$$\boldsymbol{A}=\begin{bmatrix} 0 & 10 & 50 & 0 \\ 10 & 0 & 20 & 30 \\ 50 & 20 & 0 & 40 \\ 0 & 30 & 40 & 0 \end{bmatrix} \tag{18.8}$$

阅读完本章后文，大家会发现成对距离矩阵、成对亲近度矩阵、协方差矩阵等都可以看成是邻接矩阵；这也意味着这些矩阵都可以看成是图。

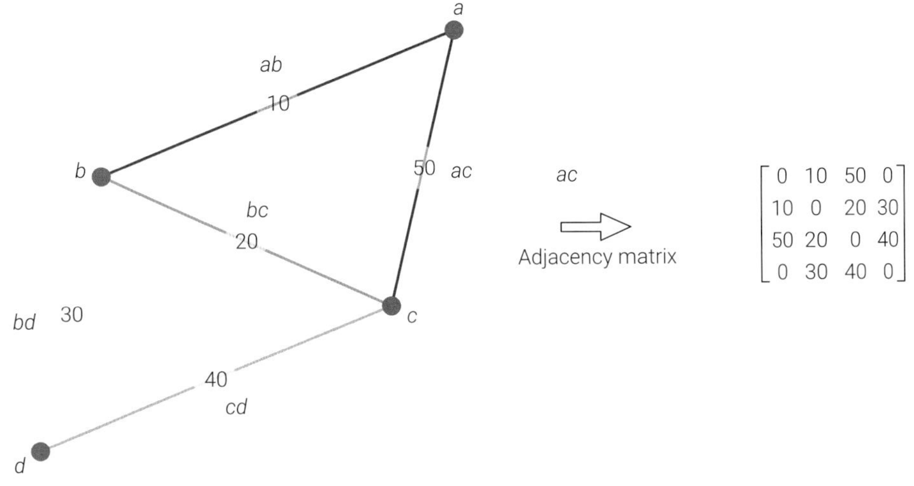

图18.7　加权无向图

特殊图的邻接矩阵

本书前文介绍了一些特殊的图，表18.2总结了常见图及其邻接矩阵，请大家注意分析邻接矩阵展现出来的规律。Bk6_Ch18_04.ipynb中绘制了表18.2，请大家自行学习。

表18.2　常见图及其邻接矩阵

常见图	图	邻接矩阵
完全图		

续表

常见图	图	邻接矩阵
完全二分图	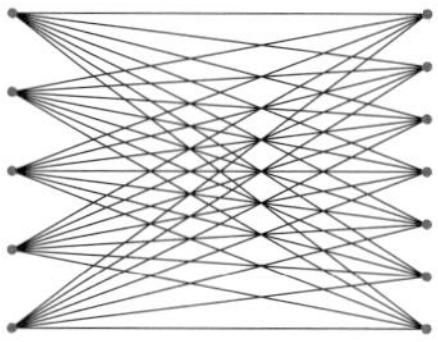	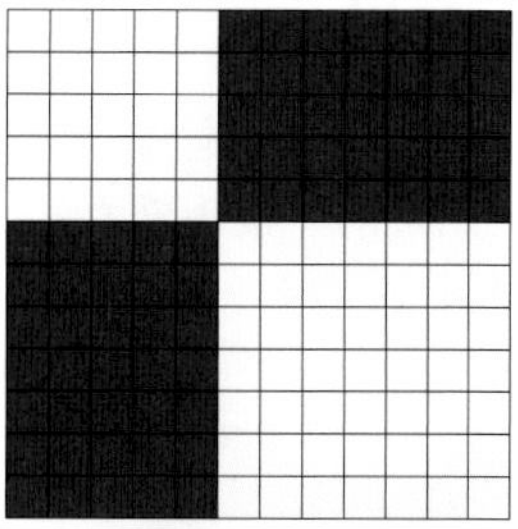
正四面体图	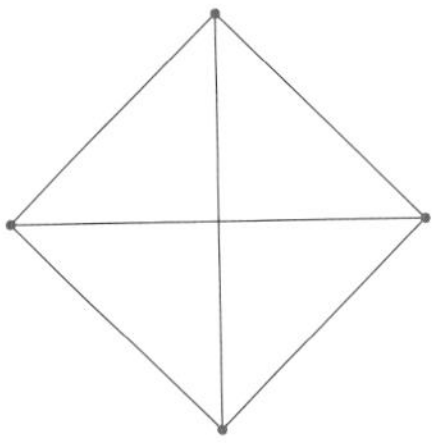	
正六面体图	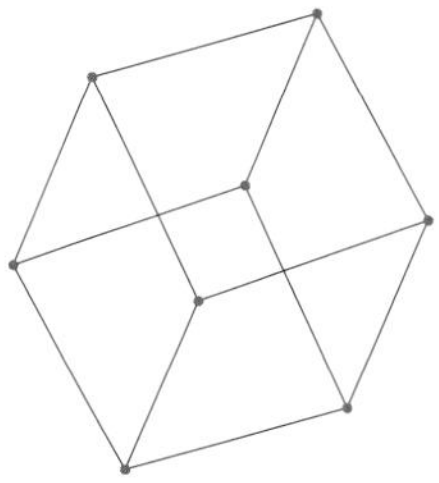	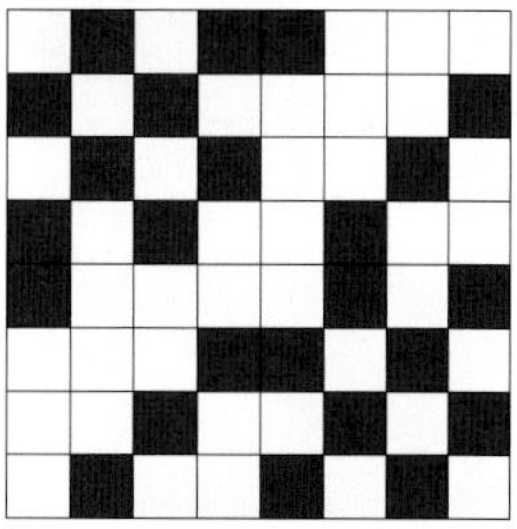
正八面体图	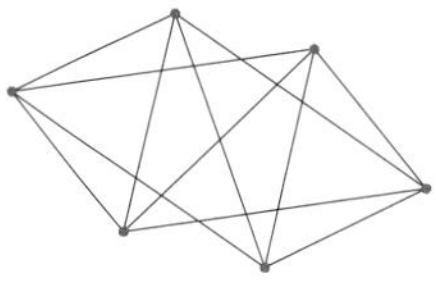	
正十二面体图	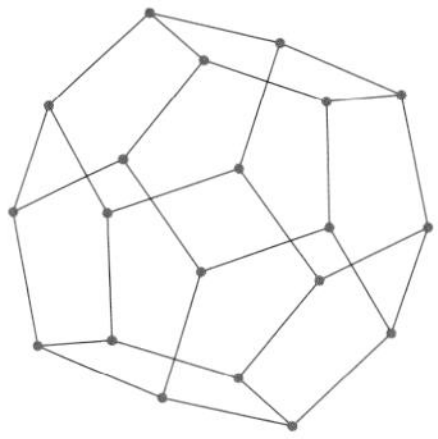	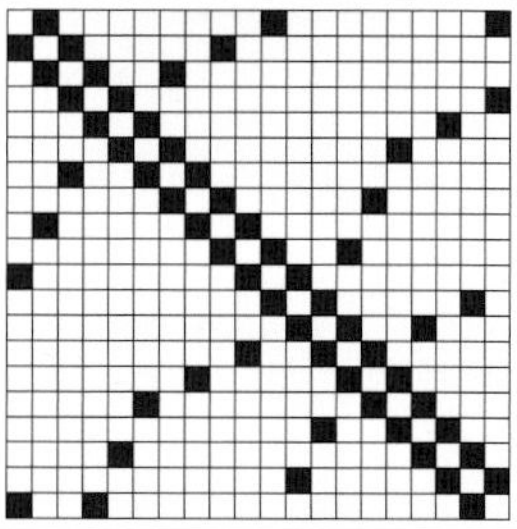
正二十面体图	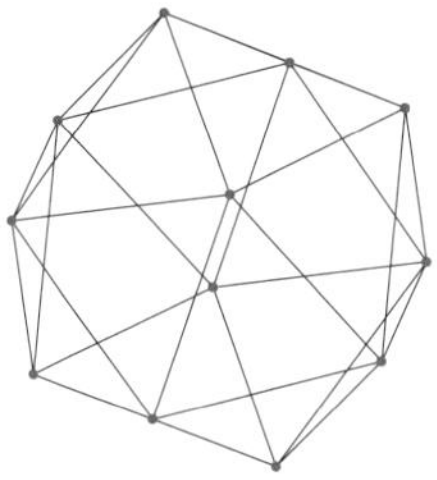	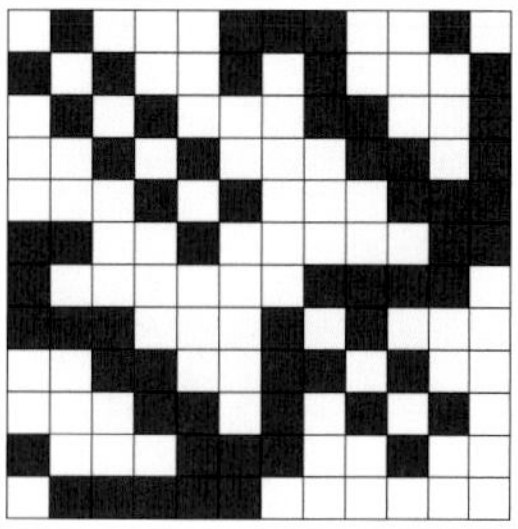

续表

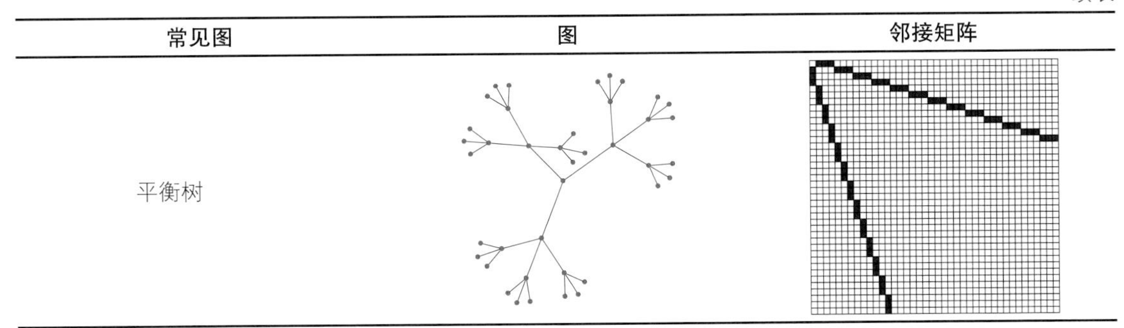

常见图	图	邻接矩阵
平衡树		

18.2 有向图到邻接矩阵

理解了如何将无向图转换成邻接矩阵，就很容易掌握如何将有向图转换成邻接矩阵。

不考虑权重的条件下，对于一个有向图G_D，其邻接矩阵$\boldsymbol{A}$的定义如下：

如果存在节点i到节点j之间有向边ij，则$a_{i,j}$的值为1；

如果不存在节点i到节点j之间有向边ij，则$a_{i,j}$的值为0。

请大家格外注意节点i到节点j的先后顺序。

有向图的邻接矩阵$\boldsymbol{A}$一般不是对称矩阵。

图18.8所示的有向图对应的邻接矩阵为：

$$\boldsymbol{A}=\begin{bmatrix}0&0&1&0\\1&0&0&1\\0&1&0&0\\0&0&1&0\end{bmatrix} \tag{18.9}$$

由于图18.8所示有向图有4个节点，因此其邻接矩阵的形状也是4 × 4。和无向图一致，邻接矩阵$\boldsymbol{A}$的4行从上到下分别代表4个节点——a、b、c、d。邻接矩阵$\boldsymbol{A}$的4列从左到右也分别代表这4个节点。

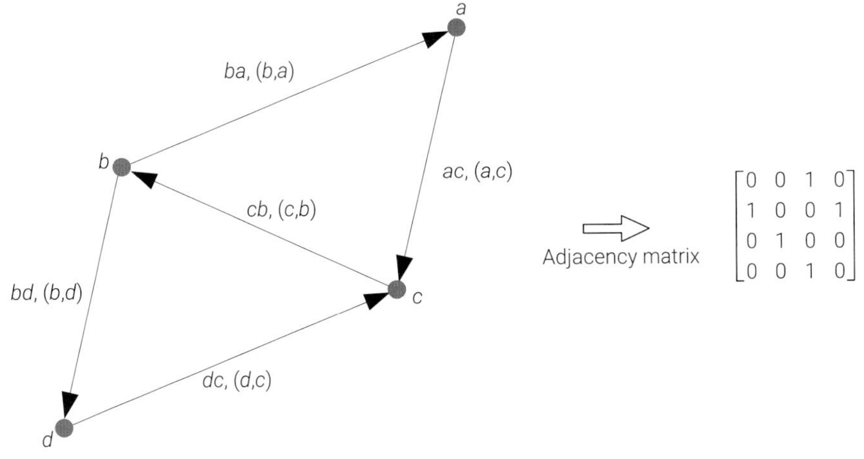

图18.8　从有向图到邻接矩阵，无自环

图18.9逐个元素解释了有向图和邻接矩阵之间的关系。

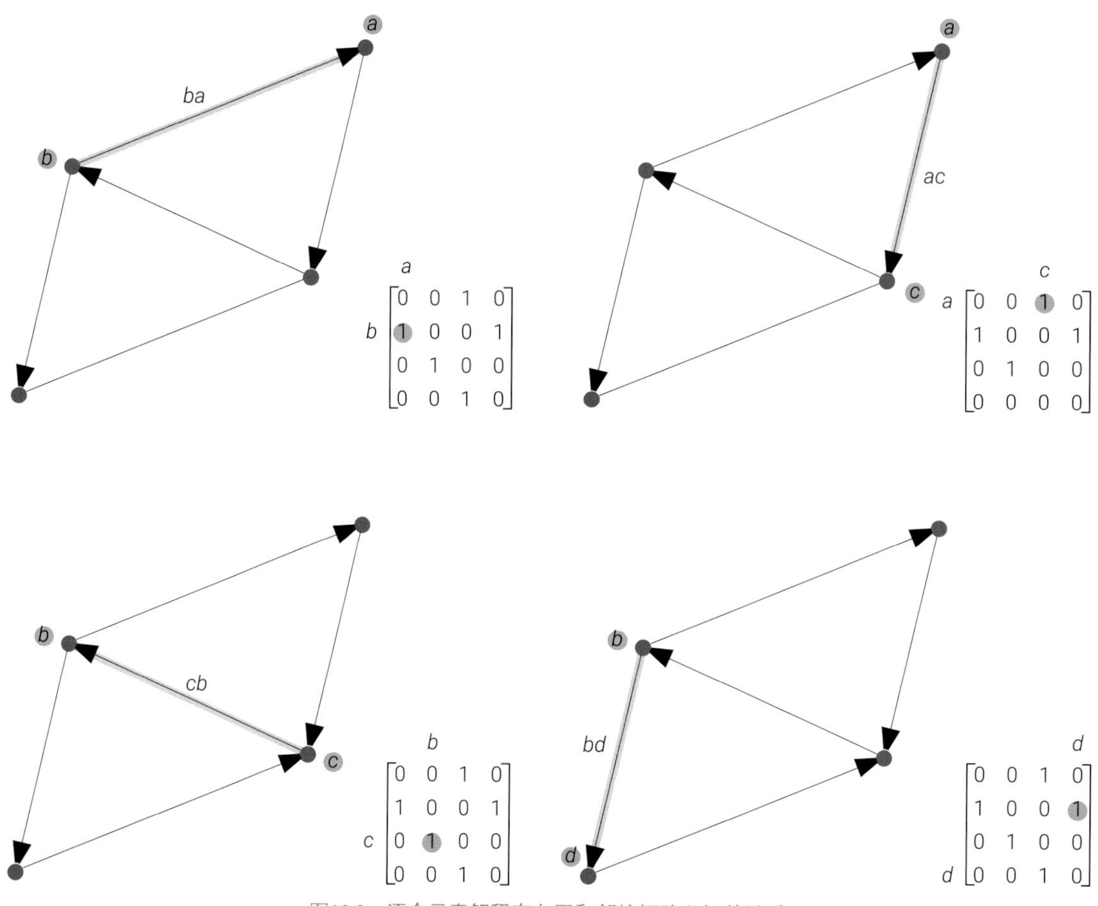

图18.9　逐个元素解释有向图和邻接矩阵之间的关系

举个例子，存在节点b到节点a的有向边ba，因此邻接矩阵$\boldsymbol{A}$中$a_{2,1}$元素为1。反过来，由于不存在节点a到节点b的有向边ab，因此邻接矩阵$\boldsymbol{A}$中$a_{1,2}$元素为0。请大家自行分析图18.9剩余几幅子图。

有向图的邻接矩阵$\boldsymbol{A}$沿列方向求和为各个节点入度：

$$\begin{bmatrix} 1 & 1 & 2 & 1 \end{bmatrix} \tag{18.10}$$

有向图的邻接矩阵$\boldsymbol{A}$沿行方向求和为各个节点出度：

$$\begin{bmatrix} 1 \\ 2 \\ 1 \\ 1 \end{bmatrix} \tag{18.11}$$

请大家自行学习Bk6_Ch18_05.ipynb中的代码。

18.3 传球问题

邻接矩阵可以用来解决很多有趣的数学问题，本节举个例子。

有a、b、c、d、e、f六名同学相互之间传一只球。规则是，某个人每次传球可以传给其他任何人，但是不能传给自己。从a开始传球，传球4次，球最终回到a的手中，请大家计算一共有多少种传法。

图18.10所示为一种传法，传球路线为$a \to f \to e \to b \to a$。

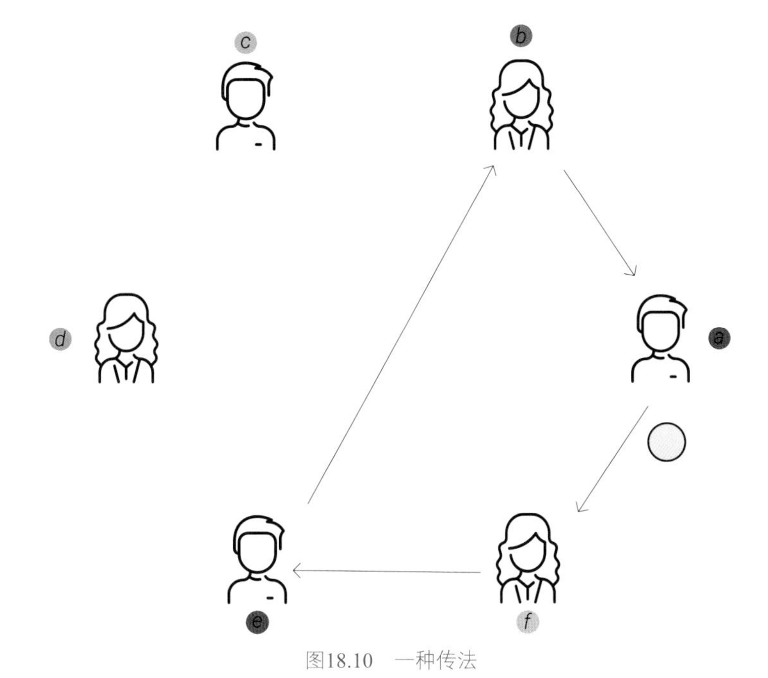

图18.10　一种传法

而图18.11展示的是回答传球问题的所有路径，下面的任务就是想办法完成计算。

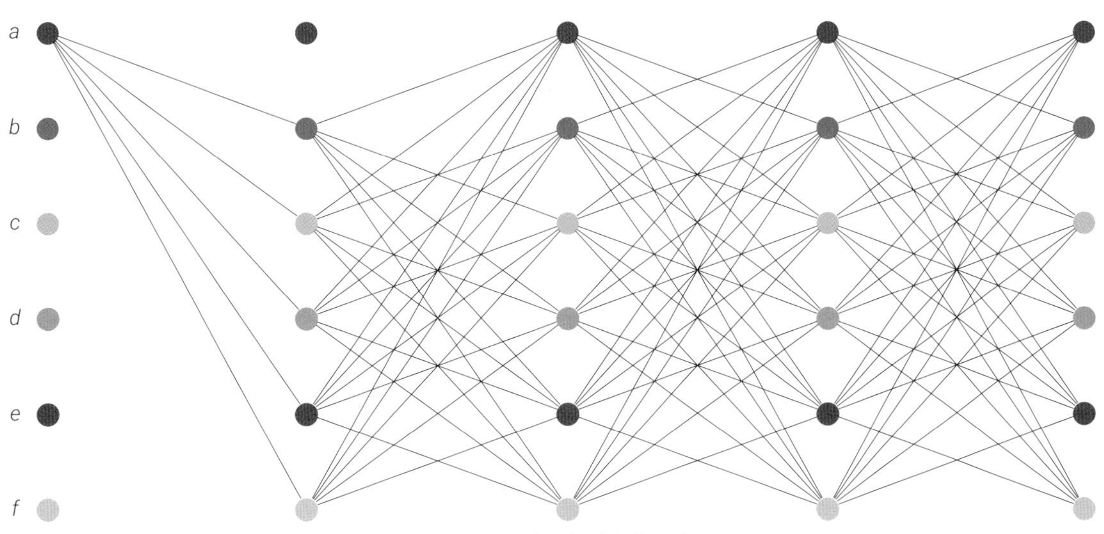

图18.11　所有可能路径的网络

把a、b、c、d、e、f六名同学看成是六个节点的话，他们之间的传球关系可以抽象成图18.12所示有向图。而这幅有向图的邻接矩阵$\boldsymbol{A}$为：

$$\boldsymbol{A}=\begin{bmatrix}0&1&1&1&1&1\\1&0&1&1&1&1\\1&1&0&1&1&1\\1&1&1&0&1&1\\1&1&1&1&0&1\\1&1&1&1&1&0\end{bmatrix} \tag{18.12}$$

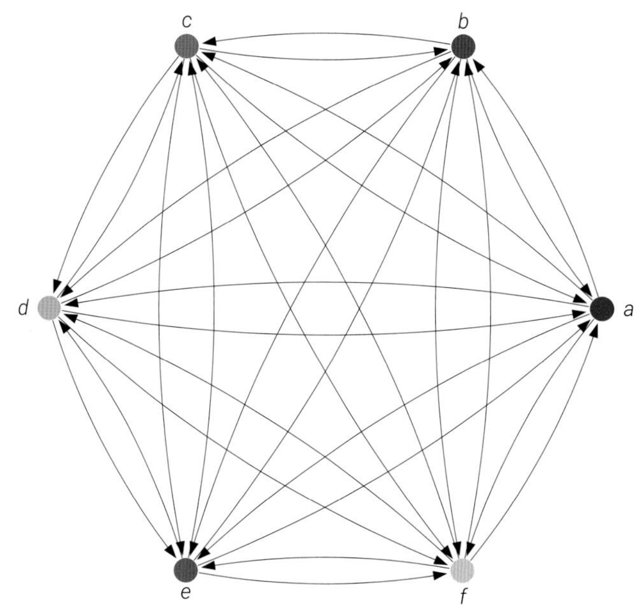

图18.12　代表传球问题的有向图

下面聊聊如何利用邻接矩阵$\boldsymbol{A}$求解这个传球问题。

第1次传球

球最开始在a同学手里，将这个状态写成$\boldsymbol{x}_0$：

$$\boldsymbol{x}_0=\begin{bmatrix}1\\0\\0\\0\\0\\0\end{bmatrix} \tag{18.13}$$

而矩阵乘法$\boldsymbol{A}\boldsymbol{x}_0$代表，$a$同学手里的球在第1次传球后几种路径，具体结果为

$$\boldsymbol{x}_1=\boldsymbol{A}\boldsymbol{x}_0=\begin{bmatrix}0&1&1&1&1&1\\1&0&1&1&1&1\\1&1&0&1&1&1\\1&1&1&0&1&1\\1&1&1&1&0&1\\1&1&1&1&1&0\end{bmatrix}@\begin{bmatrix}1\\0\\0\\0\\0\\0\end{bmatrix}=\begin{bmatrix}0\\1\\1\\1\\1\\1\end{bmatrix} \tag{18.14}$$

如图18.13所示，这个结果表示，经过一次传球后，球可以在除了a之外的另外五名同学手上，也就是5种路径。这也是第2次传球的起点。

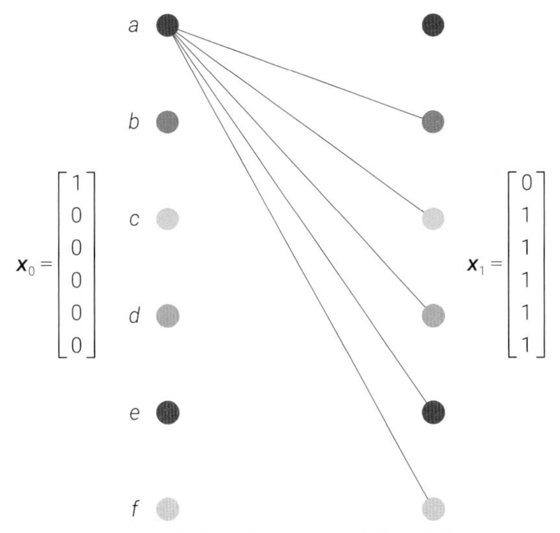

图18.13　矩阵乘法$\boldsymbol{x}_1=\boldsymbol{A}\boldsymbol{x}_0$代表的具体含义

将向量$\boldsymbol{x}_1$的所有元素求和结果为5。这个5实际上代表了5^1，相当于一次传球后“一生五”。

看到式(18.14)，大家是否觉得“似曾相识”？我们在《数学要素》最后一章虚构“鸡兔互变”介绍马尔科夫链时也见过类似的矩阵乘法结构；而当时用到的方阵是**转移矩阵** (transition matrix)，如图18.14所示。本书后文会深入探讨邻接矩阵和转移矩阵之间的联系。

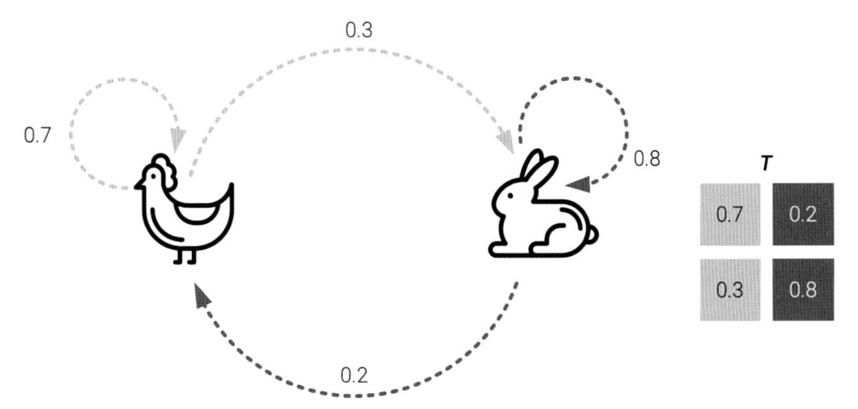

图18.14　鸡兔同笼三部曲中“鸡兔互变”，图片来自本系列丛书《数学要素》第25章

矩阵$\boldsymbol{A}$所有元素求和的结果为30，即6 × 5 (6代表6个节点，5代表每个节点有5条路径)。图18.15展示了这30条路径。

第2次传球

如图18.16所示，矩阵乘法$\boldsymbol{A}\boldsymbol{x}_1$代表，$a$同学手里的球在第2次传球后几种路径，具体结果为：

$$\boldsymbol{x}_2 = \boldsymbol{A}\boldsymbol{x}_1 = \boldsymbol{A}\boldsymbol{A}\boldsymbol{x}_0 = \begin{bmatrix} 0 & 1 & 1 & 1 & 1 & 1 \\ 1 & 0 & 1 & 1 & 1 & 1 \\ 1 & 1 & 0 & 1 & 1 & 1 \\ 1 & 1 & 1 & 0 & 1 & 1 \\ 1 & 1 & 1 & 1 & 0 & 1 \\ 1 & 1 & 1 & 1 & 1 & 0 \end{bmatrix} @ \begin{bmatrix} 0 \\ 1 \\ 1 \\ 1 \\ 1 \\ 1 \end{bmatrix} = \begin{bmatrix} 5 \\ 4 \\ 4 \\ 4 \\ 4 \\ 4 \end{bmatrix} \tag{18.15}$$

举个例子，向量$\boldsymbol{x}_2$的第1个元素为5，这代表着2次传球后球回到a手上有5条路径。类似地，向量$\boldsymbol{x}_2$的第2个元素为4，这代表着2次传球后球回到b手上有4条路径。

向量$\boldsymbol{x}_2$的所有元素求和结果为25，代表了5^2，相当于2次传球后“一生五、五生二十五”。

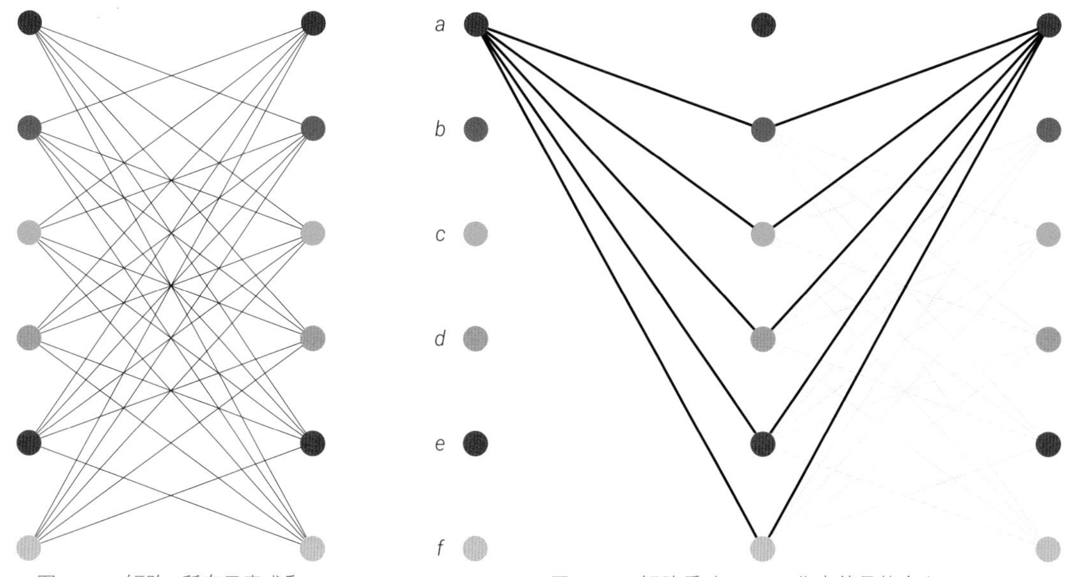

图18.15　矩阵$\boldsymbol{A}$所有元素求和

图18.16　矩阵乘法$\boldsymbol{x}_2 = \boldsymbol{A}\boldsymbol{x}_1$代表的具体含义

细心的读者可能已经发现，式(18.15) 中核心运算是方阵$\boldsymbol{A}$的幂，即$\boldsymbol{A}^2$。而$\boldsymbol{A}^2$的结果具体为：

$$\boldsymbol{A}^2 = \boldsymbol{A}\boldsymbol{A} = \begin{bmatrix} 5 & 4 & 4 & 4 & 4 & 4 \\ 4 & 5 & 4 & 4 & 4 & 4 \\ 4 & 4 & 5 & 4 & 4 & 4 \\ 4 & 4 & 4 & 5 & 4 & 4 \\ 4 & 4 & 4 & 4 & 5 & 4 \\ 4 & 4 & 4 & 4 & 4 & 5 \end{bmatrix} \tag{18.16}$$

而式(18.15) 仅仅是取出$\boldsymbol{A}^2$结果的第1列。

换个角度，如果修改本节题目，将初始持球者换成其他同学，我们仅仅需要修改初始状态向量$\boldsymbol{x}_0$：

$$\boldsymbol{x}_0=\begin{bmatrix}1\\0\\0\\0\\0\\0\end{bmatrix},\begin{bmatrix}0\\1\\0\\0\\0\\0\end{bmatrix},\begin{bmatrix}0\\0\\1\\0\\0\\0\end{bmatrix},\begin{bmatrix}0\\0\\0\\1\\0\\0\end{bmatrix},\begin{bmatrix}0\\0\\0\\0\\1\\0\end{bmatrix},\begin{bmatrix}0\\0\\0\\0\\0\\1\end{bmatrix} \tag{18.17}$$

而对于不同初始状态向量$\boldsymbol{x}_0$，$\boldsymbol{A}^2\boldsymbol{x}_0$运算结果就是提取$\boldsymbol{A}^2$的不同列。

$\boldsymbol{A}^2$结果也很值得细看！

$\boldsymbol{A}^2$的主对角线都是5，这代表着经过两次传球，从某位同学手中再回到本人的路径。

除了主对角线元素之外，$\boldsymbol{A}^2$其他元素都是4。出现这个结果也不意外。举个例子，开始时如果球在a手中，两次传球后球在b手中有4种路径。由于b不能传给自己，这刨除1条路径。此外，a不能传给自己，然后再传给b，这又刨除了1条路径，如图18.17所示。实际上，这是利用组合数求解这个问题的内核。

而$\boldsymbol{A}^2$的所有元素之和为150，即6 × 5 × 5。

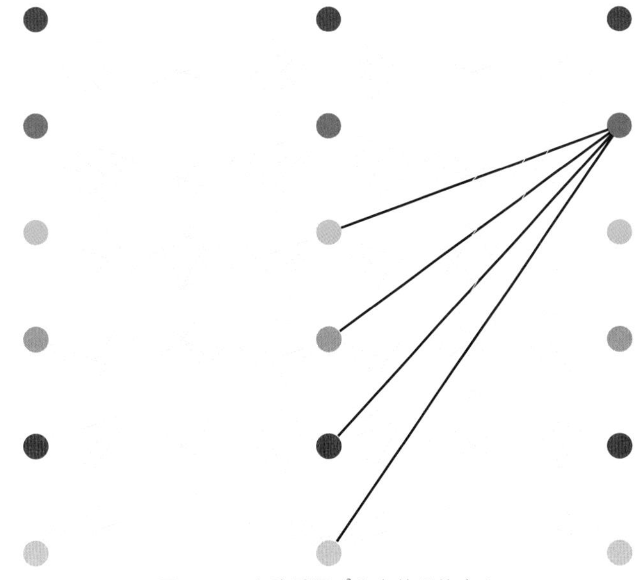

图18.17　方阵乘幂$\boldsymbol{A}^2$代表的具体含义

第3次传球

如图18.18所示，矩阵乘法$\boldsymbol{A}\boldsymbol{x}_2$代表，$a$同学手里的球在第3次传球后几种路径，具体结果为：

$$\boldsymbol{x}_3=\boldsymbol{A}\boldsymbol{x}_2=\boldsymbol{A}\boldsymbol{A}\boldsymbol{A}\boldsymbol{x}_0=\begin{bmatrix}0&1&1&1&1&1\\1&0&1&1&1&1\\1&1&0&1&1&1\\1&1&1&0&1&1\\1&1&1&1&0&1\\1&1&1&1&1&0\end{bmatrix}@\begin{bmatrix}5\\4\\4\\4\\4\\4\end{bmatrix}=\begin{bmatrix}20\\21\\21\\21\\21\\21\end{bmatrix} \tag{18.18}$$

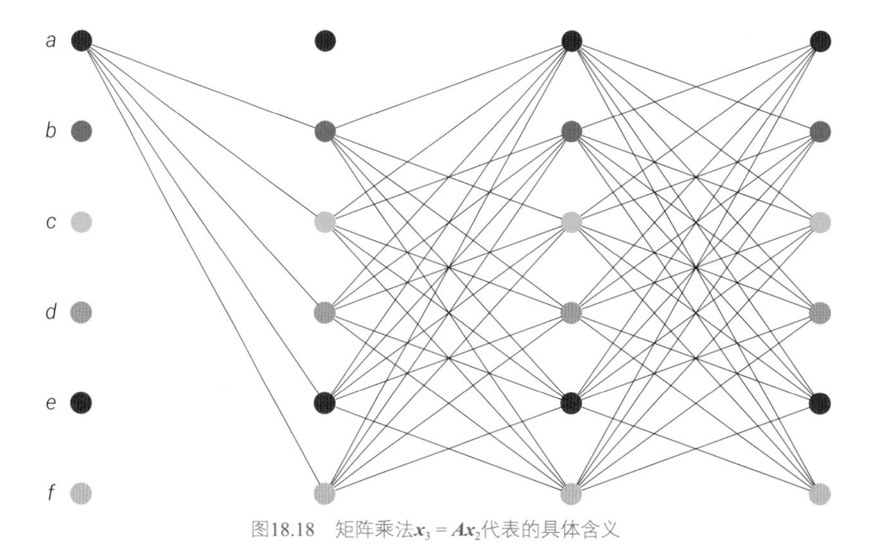

图18.18 矩阵乘法$x_3 = Ax_2$代表的具体含义

而A^3的结果具体为：

$$A^3 = AAA = \begin{bmatrix} 20 & 21 & 21 & 21 & 21 & 21 \\ 21 & 20 & 21 & 21 & 21 & 21 \\ 21 & 21 & 20 & 21 & 21 & 21 \\ 21 & 21 & 21 & 20 & 21 & 21 \\ 21 & 21 & 21 & 21 & 20 & 21 \\ 21 & 21 & 21 & 21 & 21 & 20 \end{bmatrix} \tag{18.19}$$

式(18.18) 相当于取出式(18.19) 的第1列。

请大家自行分析为什么A^3的主对角线元素为20，而其他元素为21。

第4次传球

矩阵乘法Ax_3代表，a同学手里的球在第4次传球后几种路径，具体结果为：

$$x_4 = Ax_3 = A^4 x_0 = \begin{bmatrix} 105 \\ 104 \\ 104 \\ 104 \\ 104 \\ 104 \end{bmatrix} \tag{18.20}$$

上式告诉我们本节最开始提出的问题答案为105。

而A^4的结果具体为：

$$A^4 = \begin{bmatrix} 105 & 104 & 104 & 104 & 104 & 104 \\ 104 & 105 & 104 & 104 & 104 & 104 \\ 104 & 104 & 105 & 104 & 104 & 104 \\ 104 & 104 & 104 & 105 & 104 & 104 \\ 104 & 104 & 104 & 104 & 105 & 104 \\ 104 & 104 & 104 & 104 & 104 & 105 \end{bmatrix} \tag{18.21}$$

请大家思考，如果传球4次，从a开始传球，球最终回到f手中，共有多少种传法。此外，请大家自行思考如何用组合数求解这个问题。最后，如果修改传球规则，允许将球传给自己，这对有向图和邻接矩阵有何影响。

Bk6_Ch18_04.ipynb中完成了本节传球问题的具体编程实践，下面讲解其中关键语句。

ⓐ用networkx.complete_graph()生成有向完全图。

ⓑ定义字典，用来替换默认节点名称。

ⓒ定义列表，其中包含节点颜色名称。

ⓓ用networkx.relabel_nodes()重新定义节点名称，输入中用到了前面定义的映射字典。

ⓔ用networkx.circular_layout()创建圆周布局位置坐标。

ⓕ绘制有向图，其中用参数connectionstyle规定了用弧线方式展示有向边。

ⓖ生成有向图的邻接矩阵。

ⓗ定义初始向量，代表球在a同学手中。

Bk6_Ch18_04.ipynb中还给出了用组合数求解传球问题的方法。

代码18.5 传球问题 | Bk6_Ch18_06.ipynb 

```
import matplotlib.pyplot as plt
import networkx as nx
import numpy as np

G = nx.complete_graph(6, nx.DiGraph())                                   # a

mapping = {0: 'a', 1: 'b', 2: 'c', 3: 'd', 4: 'e', 5: 'f'}               # b
node_color = ['purple', 'blue', 'green', 'orange', 'red', 'pink']        # c
G = nx.relabel_nodes(G, mapping)                                         # d
pos = nx.circular_layout(G)                                              # e

# 可视化
plt.figure(figsize = (6,6))
nx.draw_networkx(G,                                                      # f
                 pos = pos,
                 connectionstyle = 'arc3, rad = 0.1',
                 node_color = node_color,

# 邻接矩阵
A = nx.adjacency_matrix(G).todense()                                     # g

# 球在a手里
x0 = np.array([[1,0,0,0,0,0]]).T                                         # h

# 第1次传球
x1 = A @ x0

# 第2次传球
x2 = A @ x1

# 第3次传球
x3 = A @ x2

# 第4次传球
x4 = A @ x3

# 矩阵A的4次幂
A@A@A@A
```

18.4 邻接矩阵的矩阵乘法

有向图的邻接矩阵乘法蕴含很多关于图的信息，本节简单总结一下。

本节用到的有向图如图18.19所示。这幅有向图中，节点a、b和节点b、c之间各有一对方向相反的有向边。

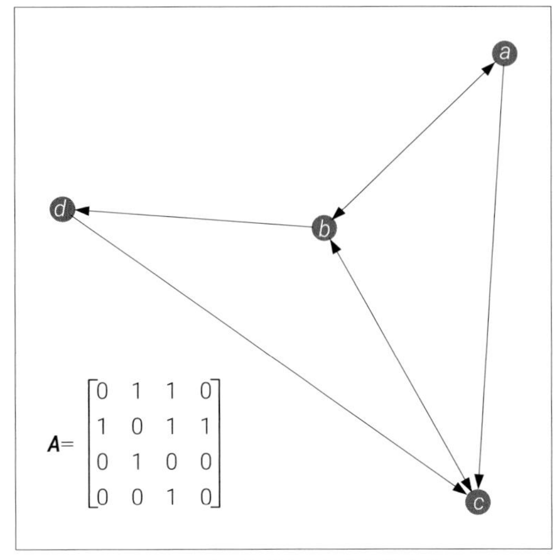

图18.19　展示邻接矩阵乘法的有向图

A^2

通过上节传球的例子，我们已经知道邻接矩阵的平方A^2可以表示节点之间长度为2的路径。图18.19中有向图的邻接矩阵的平方为：

$$A^2 = \begin{bmatrix} 1 & 1 & 1 & 1 \\ 0 & 2 & 2 & 0 \\ 1 & 0 & 1 & 1 \\ 0 & 1 & 0 & 0 \end{bmatrix} \tag{18.22}$$

比如上述矩阵第2行第3列元素代表从b到c长度为2的路径数量有2条，如图18.20所示。

同理，A^3可以表示节点之间长度为3的路径；A^n(n为正整数) 表示节点之间长度为n的路径。

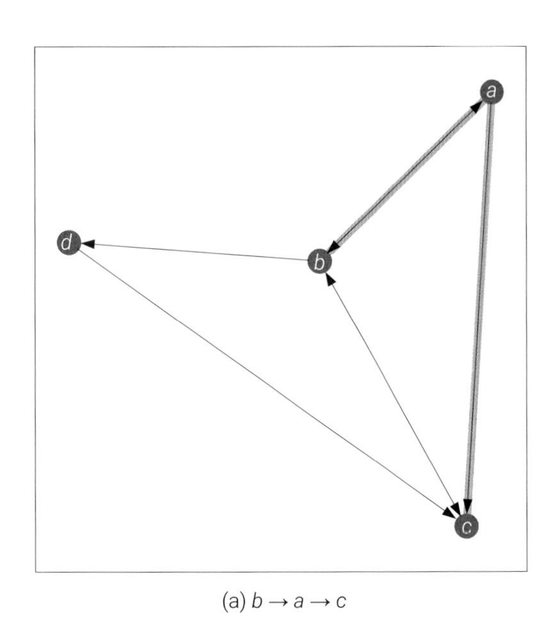

(a) $b \to a \to c$

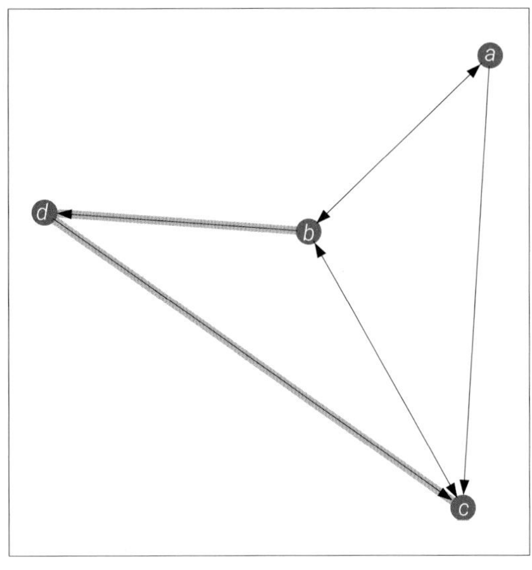

(b) $b \to d \to c$

图18.20　从b到c长度为2的路径数量有2条

A @ A^T

邻接矩阵A乘自身转置A^T的结果为：

$$
A @ A^{T}=\begin{bmatrix} 2 & 1 & 1 & 1 \\ 1 & 3 & 0 & 1 \\ 1 & 0 & 1 & 0 \\ 1 & 1 & 0 & 1 \end{bmatrix} \tag{18.23}
$$

显然，A @ A^T为对称矩阵，因为A @ A^T是格拉姆矩阵。

A @ A^T的对角线元素为节点的出度；比如，节点a的出度为2，节点b的出度为3，具体如图18.21所示。

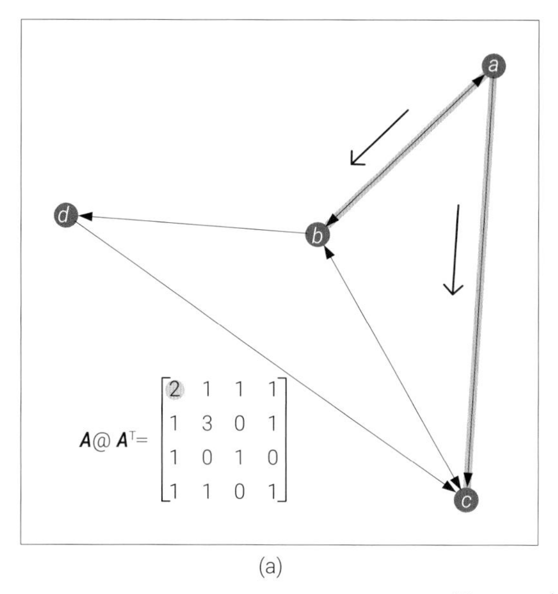

(a)

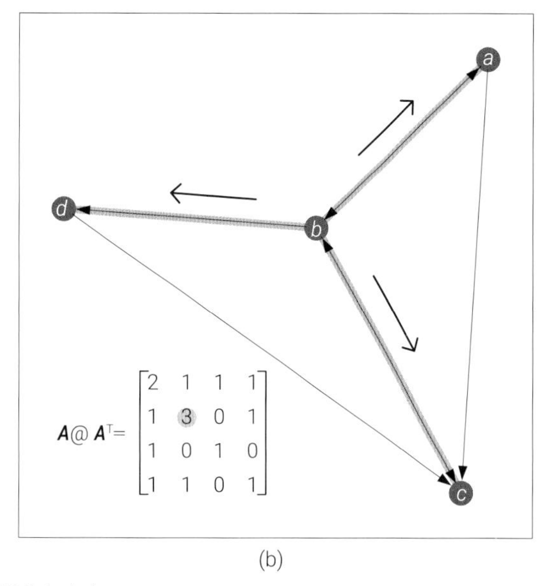

(b)

图18.21　有向图节点出度

A @ A^T的非对角线元素代表某对节点引出指向同一节点的节点数。

比如，节点a、b都有一条指向节点c的有向边，具体如图18.22 (a) 所示。

图18.22 (b) 则展示节点b、d都有一条指向节点c的有向边。

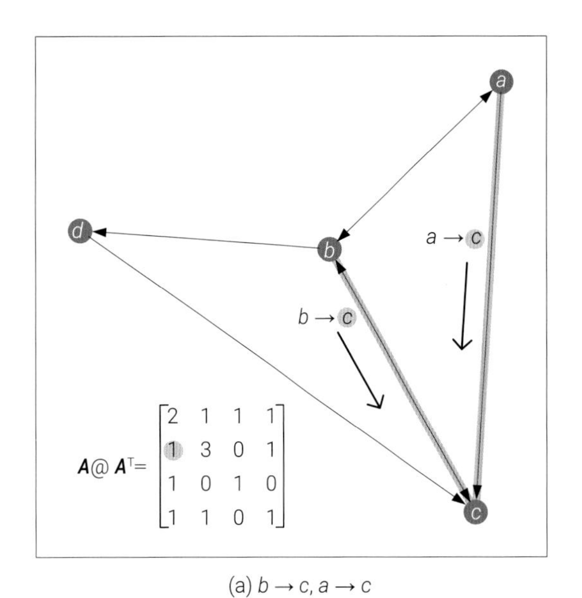

(a) $b \to c, a \to c$

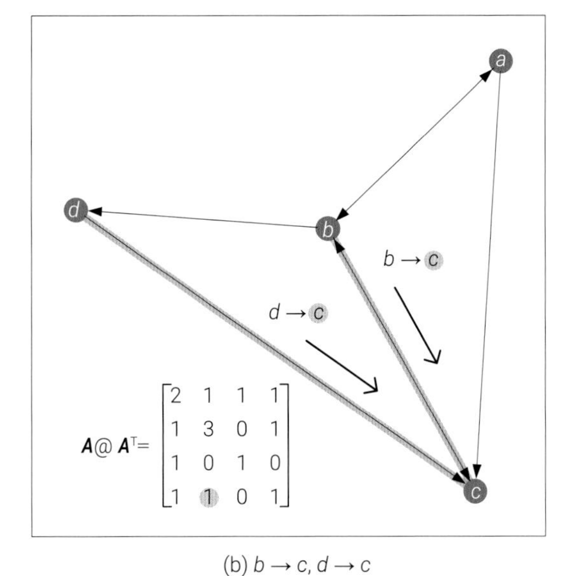

(b) $b \to c, d \to c$

图18.22 节点a、b都有一条指向节点c的有向边，节点b、d都有一条指向节点c的有向边

A^T @ A

邻接矩阵转置A^T乘自身A的结果为：

$$A^T @ A = \begin{bmatrix} 1 & 0 & 1 & 1 \\ 0 & 2 & 1 & 0 \\ 1 & 1 & 3 & 1 \\ 1 & 0 & 1 & 1 \end{bmatrix} \tag{18.24}$$

A^T @ A也是格拉姆矩阵；因此，A^T @ A是对称矩阵。

A^T @ A的对角线元素为节点的入度；比如，节点a的入度为1，节点b的入度为2，具体如图18.23所示。

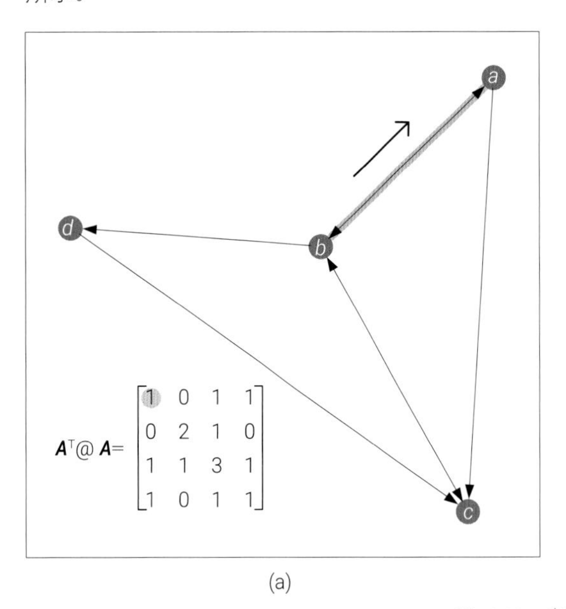

(a)

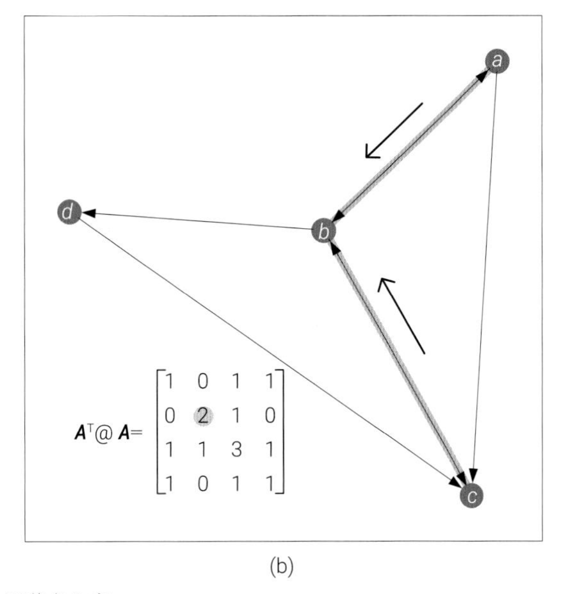

(b)

图18.23 有向图节点入度

和$\boldsymbol{A}$ @ $\boldsymbol{A}^{\mathrm{T}}$相反，$\boldsymbol{A}^{\mathrm{T}}$ @ $\boldsymbol{A}$的非对角线元素代表同时指向特定节点的节点数。

比如，节点b有两条分别指向节点a、c的有向边，具体如图18.24 (a) 所示。

图18.24 (b) 则展示节点b有两条分别指向节点c、d的有向边。

本节相关运算都在Bk6_Ch18_07.ipynb，请大家自行学习。

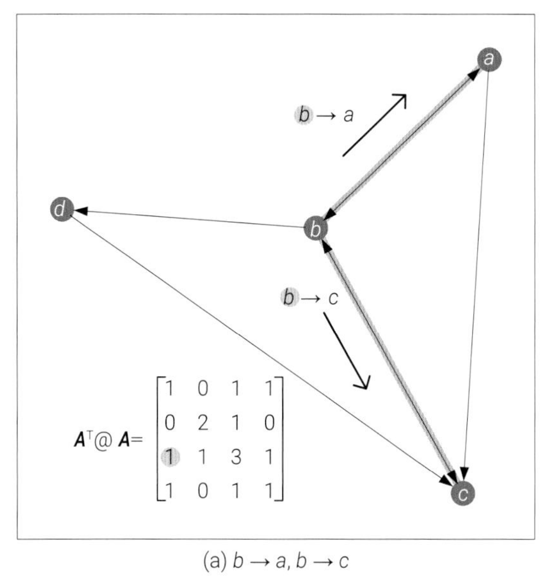

(a) $b \to a, b \to c$

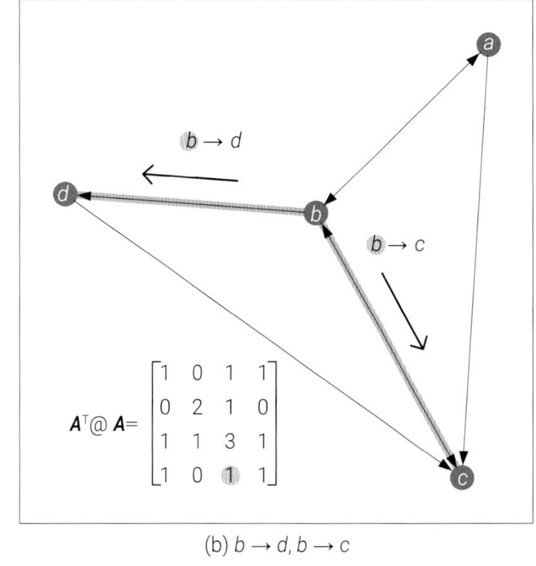

(b) $b \to d, b \to c$

图18.24　节点b有两条分别指向节点a、c的有向边，节点b有两条分别指向节点c、d的有向边

18.5 特征向量中心性

本书前文介绍了几种**中心性度量** (centrality measure)：

- **度中心性** (degree centrality)：用节点的度数描述其“中心性”。
- **介数中心性** (betweenness centrality)：用于衡量一个节点在图中承担“桥梁”角色的程度。
- **紧密中心性** (clones centrality)：节点平均最短距离的倒数。

本节再介绍一种基于邻接矩阵的中心度——**特征向量中心性** (eigenvector centrality)。

Bk6_Ch18_08.ipynb中用空手道俱乐部人员关系图为例，用networkx.eigenvector_centrality()计算每个节点的特征向量中心性度量值；并且根据度量值大小渲染无向图节点。如图18.25 (b) 所示，暖色代表特征向量中心性度量值大，冷色则相反。显然，节点0、33的中心性度量值最高。这个与本书前文提到的其他中心性度量值结论一致。

Bk6_Ch18_08.ipynb中还给出了图18.26这个更复杂的图例，节点颜色、大小都是根据特征向量中心性值大小决定的。图18.27所示为特征向量中心性度量值的分布。

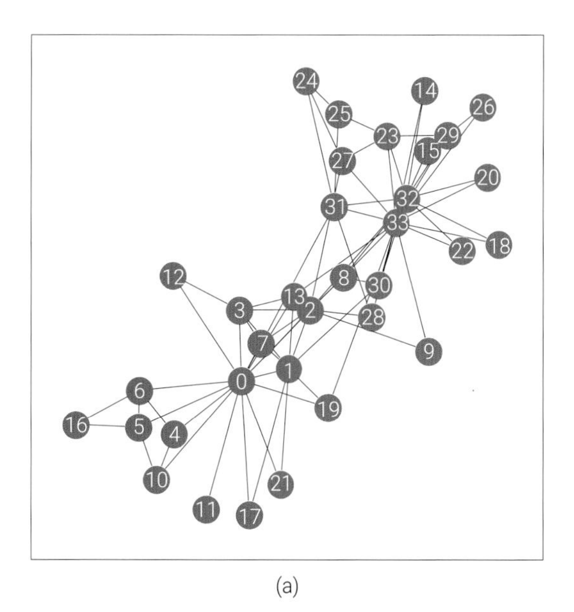

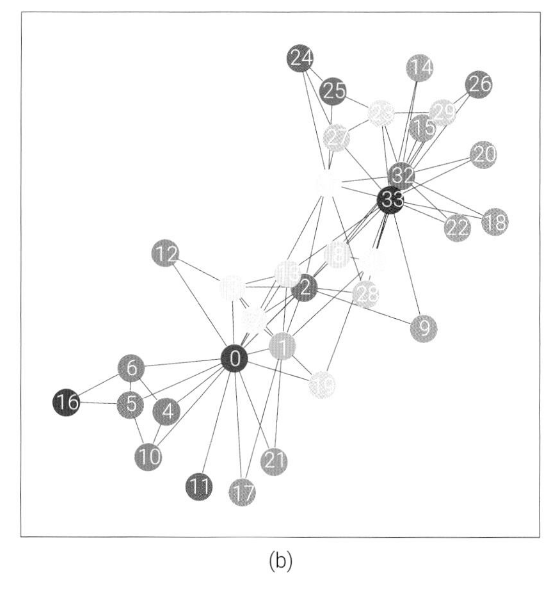

图18.25　空手道俱乐部人员关系图，根据特征向量中心性度量值渲染节点

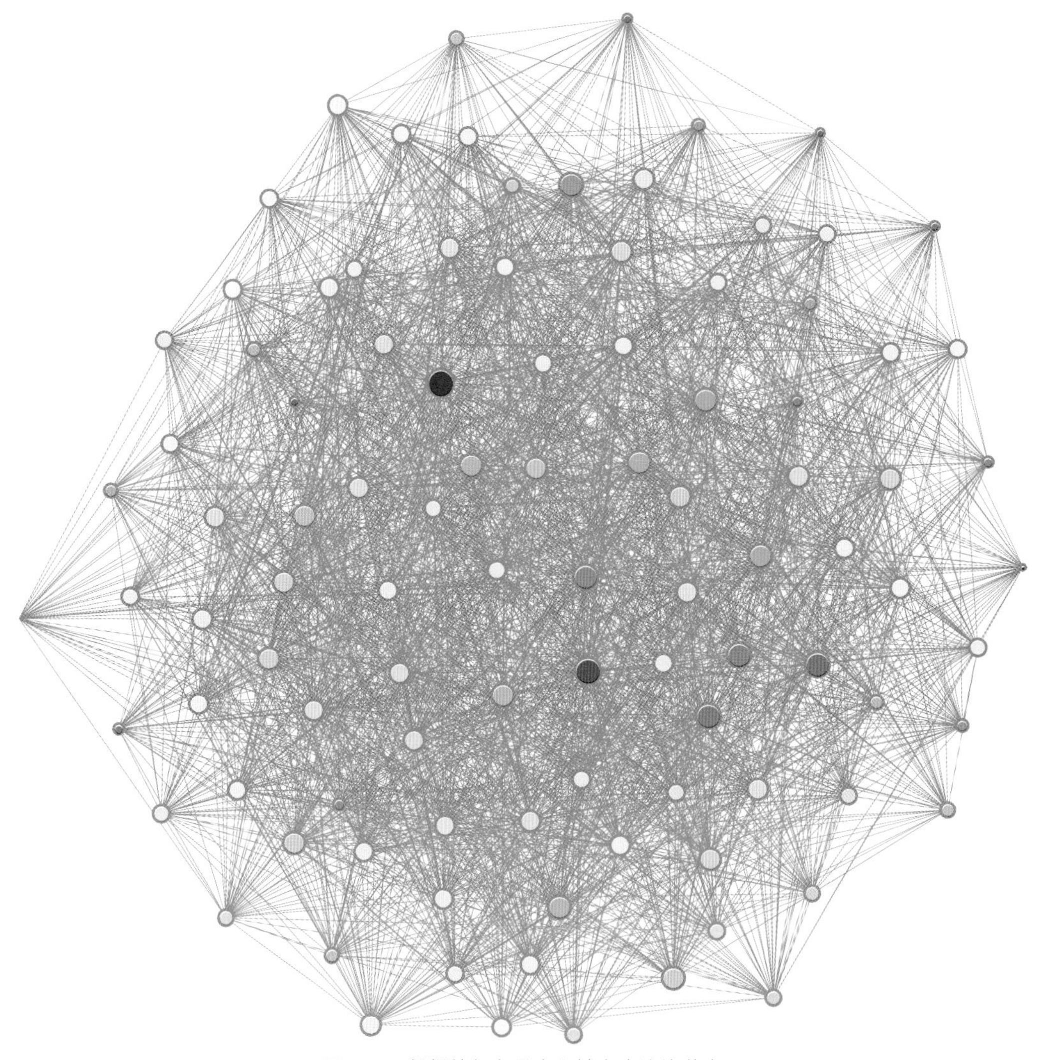

图18.26　根据特征向量中心性大小渲染节点

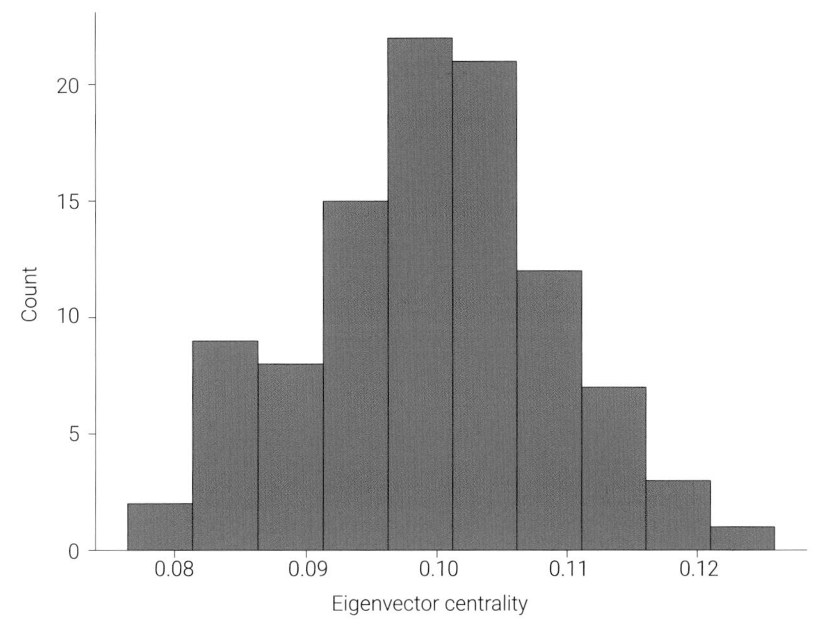

图18.27　特征向量中心性的分布

图论中的邻接矩阵是一种表示图中各节点之间相互连接关系的矩阵。对于一个有n个节点的图，邻接矩阵是一个$n \times n$的矩阵，其中的元素定义了节点间是否存在边。对于无向图，邻接矩阵是对称的。简单图的邻接矩阵中的元素通常是0或1，其中1表示两个节点之间存在边，而0表示不存在边。在加权图中，邻接矩阵元素代表边的权重。

下一章，大家会发现成对距离矩阵、亲近度矩阵、协方差矩阵、相关性系数矩阵等等都可以看作是邻接矩阵；也就是说，这些矩阵都可以看作是图！

“鸢尾花书”的读者应该还记得贯穿《矩阵力量》始终的这几句话。

有数据的地方，必有矩阵！

有矩阵的地方，更有向量！

有向量的地方，就有几何！

有几何的地方，皆有空间！

有数据的地方，定有统计！

学完本书后，我们还要再加上一句：

图就是矩阵，矩阵就是图。

Matrices of Pairwise Measures
成对度量矩阵

成对距离矩阵、亲近度矩阵、相关性系数矩阵，都是图

吸取昨天的教训，为今天而活，为明天的希望。重要的是不要停止提问。

Learn from yesterday, live for today, hope for tomorrow. The important thing is to not stop questioning.

—— 阿尔伯特·爱因斯坦 (Albert Einstein) | 理论物理学家 | 1879—1955年

- sklearn.metrics.pairwise.euclidean_distances() 计算成对欧氏距离矩阵
- sklearn.metrics.pairwise_distances() 计算成对距离矩阵
- metrics.pairwise.linear_kernel() 计算线性核成对亲近度矩阵
- metrics.pairwise.manhattan_distances() 计算成对城市街区距离矩阵
- metrics.pairwise.paired_cosine_distances(X,Q) 计算X和Q样本数据矩阵成对余弦距离矩阵
- metrics.pairwise.paired_euclidean_distances(X,Q) 计算X和Q样本数据矩阵成对欧氏距离矩阵
- metrics.pairwise.paired_manhattan_distances(X,Q) 计算X和Q样本数据矩阵成对城市街区距离矩阵
- metrics.pairwise.polynomial_kernel() 计算多项式核成对亲近度矩阵
- metrics.pairwise.rbf_kernel() 计算RBF核成对亲近度矩阵
- metrics.pairwise.sigmoid_kernel() 计算sigmoid核成对亲近度矩阵

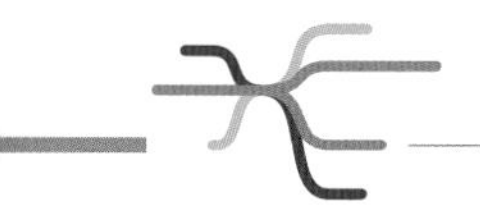

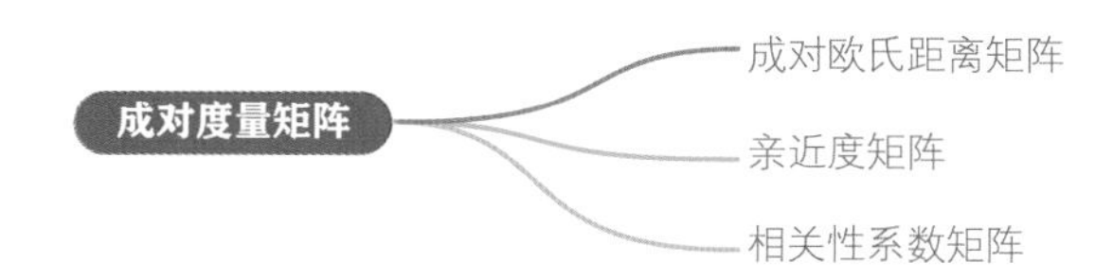

19.1 成对距离矩阵

看了上一章的内容，大家是否想到成对距离矩阵就可以看作是一个邻接矩阵？

完全图

图19.1给出12个样本数据在平面上的位置。相信大家还记得**成对距离矩阵** (pairwise distance matrix) 这个概念。图19.2所示为12个样本数据成对欧氏距离矩阵的热图。图19.3展示如何计算欧氏距离矩阵。

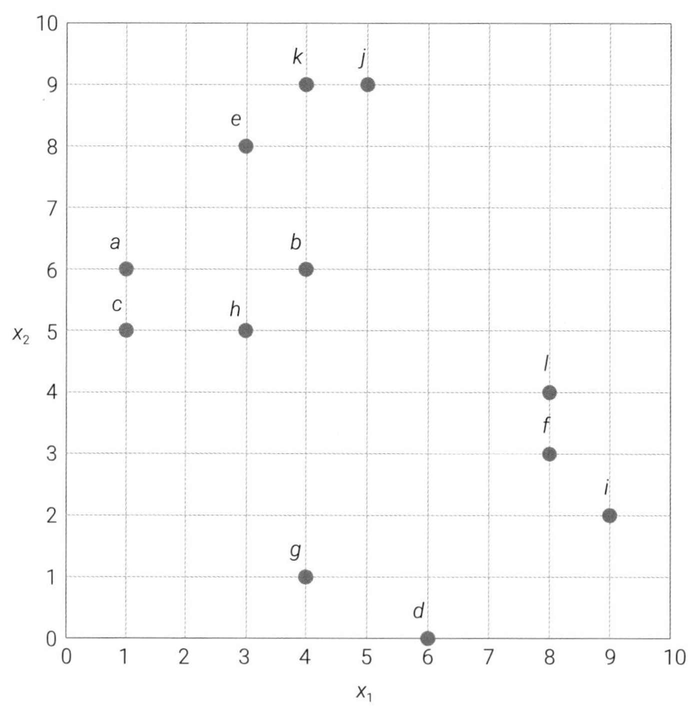

图19.1　12个样本数据

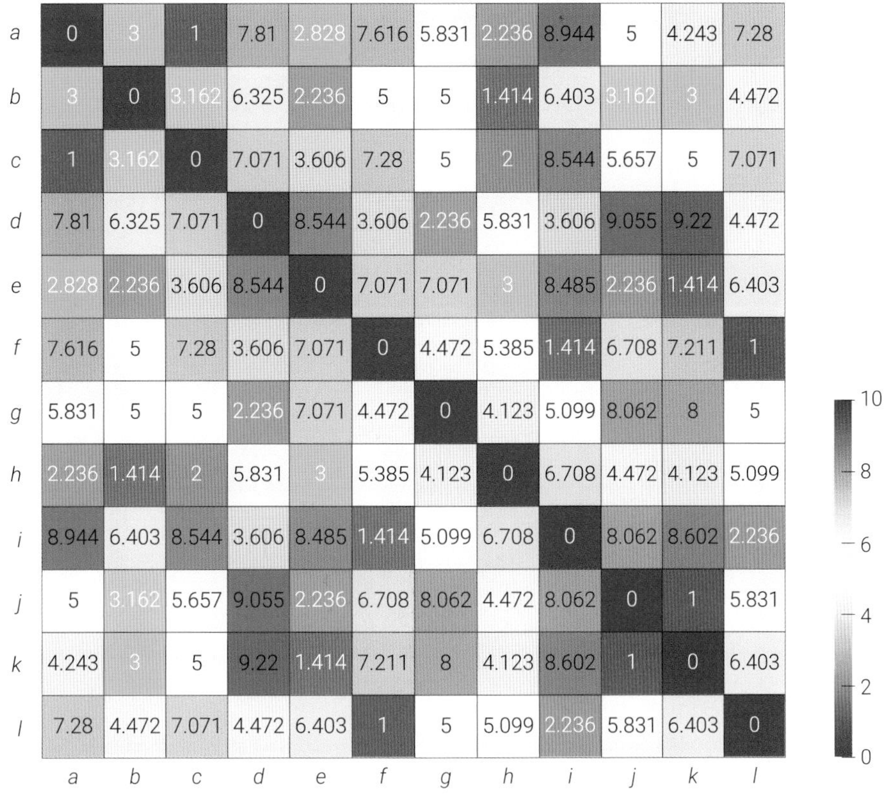

图19.2　12个样本数据成对距离构成的方阵热图

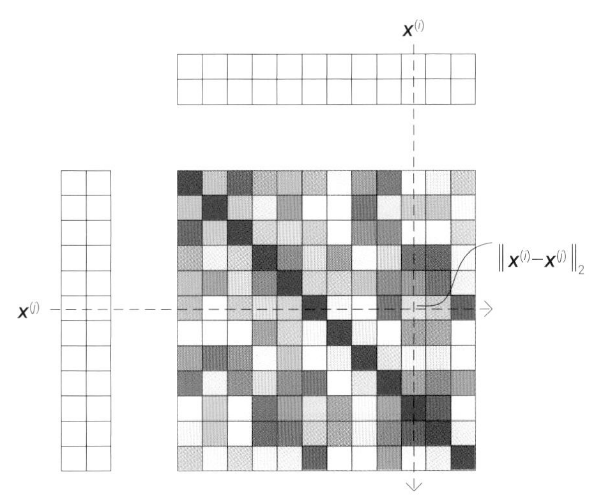

图19.3　计算成对欧氏距离矩阵

这个欧氏距离矩阵为一个对称矩阵。主对角线上元素为某点和自身的距离，显然距离为0；非主对角线元素为成对距离。

图19.4所示为基于图19.2的无向图。而这个无向图还是一个**完全图** (complete graph)。本书前文介绍过，一个完全图是指每一对不同的节点都有一条边相连，形成了一个全连接的图。换句话说，如果一个无向图中的每两个节点之间都存在一条边，那么这个图就是一个完全图。

下面让我们仔细观察图19.4所示无向图。

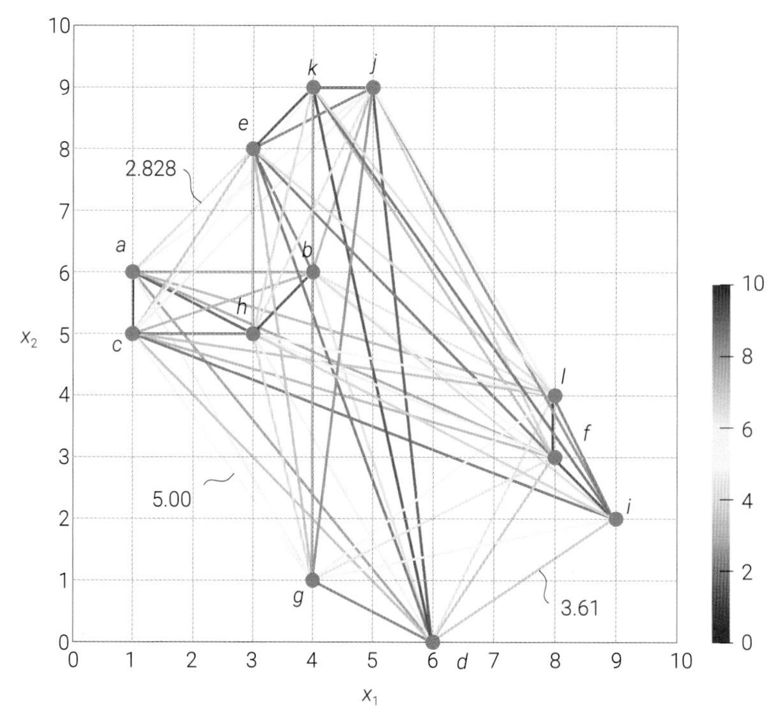

图19.4　基于成对距离矩阵的无向图，完全图

图19.4中所有边根据欧氏距离大小用红黄蓝颜色映射渲染。红色表示两点距离近，蓝色表示两点距离远。这幅图还标记了几个成对距离值。

代码 19.1绘制了图19.4，下面讲解其中关键语句。

ⓐ利用广播原则和numpy.linalg.norm()计算欧氏距离。大家也可以试着使用以下两个函数：scipy.spatial.distance.pdist()和sklearn.metrics.pairwise_distances()。

ⓑ用seaborn.heatmap()绘制成对距离矩阵热图。

ⓒ创建无向图实例。

ⓓ利用两层for循环来添加节点、边。请大家思考如何简化这段代码。

ⓔ用networkx.get_node_attributes()获取节点的属性，比如本例中的位置信息。

ⓕ创建字典，将节点的整数索引标签转换为小写字母。

ⓖ创建节点索引对(i,j)表示图的一条边，值是格式化的字符串，表示节点之间距离。

ⓗ创建列表包含图中所有边的权重。

ⓘ用networkx.draw_networkx()绘制图。其中，pos包含节点位置信息。

with_labels = True表示在绘图中显示节点标签。

labels = labels是一个字典，指定每个节点的标签。它将节点索引与相应的小写字母关联起来。

edge_vmin = 0 和 edge_vmax = 10参数定义了边的颜色的最小和最大值。在这种情况下，边的颜色基于 edge_weights 的值。

edge_cmap = plt.cm.RdYlBu指定用于边缘着色的颜色映射。

代码19.1　将成对距离矩阵转化为完全图 | ⊕ Bk6_Ch19_01.ipynb

```python
import numpy as np
import networkx as nx
import matplotlib.pyplot as plt
import seaborn as sns
```

```python
# 12个坐标点
points = np.array([[1,6],[4,6],[1,5],[6,0],
                   [3,8],[8,3],[4,1],[3,5],
                   [9,2],[5,9],[4,9],[8,4]])

# 可视化散点
fig, ax = plt.subplots(figsize = (6,6))

plt.scatter(points[:,0],points[:,1])
ax.set_xlim(0,10); ax.set_ylim(0,10); ax.grid()
ax.set_aspect('equal', adjustable='box')

# 计算成对距离矩阵
D = np.linalg.norm(points[:, np.newaxis, :] - points, axis = 2)    # a
# 请尝试使用
# scipy.spatial.distance.pdist()
# sklearn.metrics.pairwise_distances()

# 可视化成对距离矩阵
plt.figure(figsize = (8,8))
sns.heatmap(D, square = True,    # b
            cmap = 'RdYlBu', vmin = 0, vmax = 10,
            xticklabels = [], yticklabels = [])

# 创建无向图
G = nx.Graph()    # c

# 添加节点和边
for i in range(12):    # d
    G.add_node(i, pos = (points[i, 0], points[i, 1]))
    # 使用pos属性保存节点的坐标信息
    for j in range(i + 1, 12):
        G.add_edge(i, j, weight = D[i, j])
        # 将距离作为边的权重
# 请思考如何避免使用for循环

# 增加节点/边属性
pos = nx.get_node_attributes(G, 'pos')    # e
labels = {i: chr(ord('a') + i) for i in range(len(G.nodes))}    # f
edge_labels = {(i, j): f'{D[i, j]:.2f}' for i, j in G.edges}    # g
edge_weights = [G[i][j]['weight'] for i, j in G.edges]    # h

# 可视化图
fig, ax = plt.subplots(figsize = (6,6))
nx.draw_networkx(G, pos, with_labels = True,    # i
                 labels = labels, node_size = 100,
                 node_color = 'grey', font_color = 'black',
                 edge_vmin = 0, edge_vmax = 10,
                 edge_cmap = plt.cm.RdYlBu,
                 edge_color = edge_weights, width = 1, alpha = 0.7)

ax.set_xlim(0,10); ax.set_ylim(0,10); ax.grid()
ax.set_aspect('equal', adjustable = 'box')
```

设定阈值

图19.4这幅图的12个散点似乎可以分为两簇 (cluster)。而欧氏距离大小就可以帮我们“切割”！

如图19.5所示为欧氏距离截断阈值设置为6的图；也就是说，超过6的边全部删除，保留不超过6的边。这幅图中两簇散点似乎还有点“藕断丝连”。图19.6所示为截断阈值对邻接矩阵的影响。

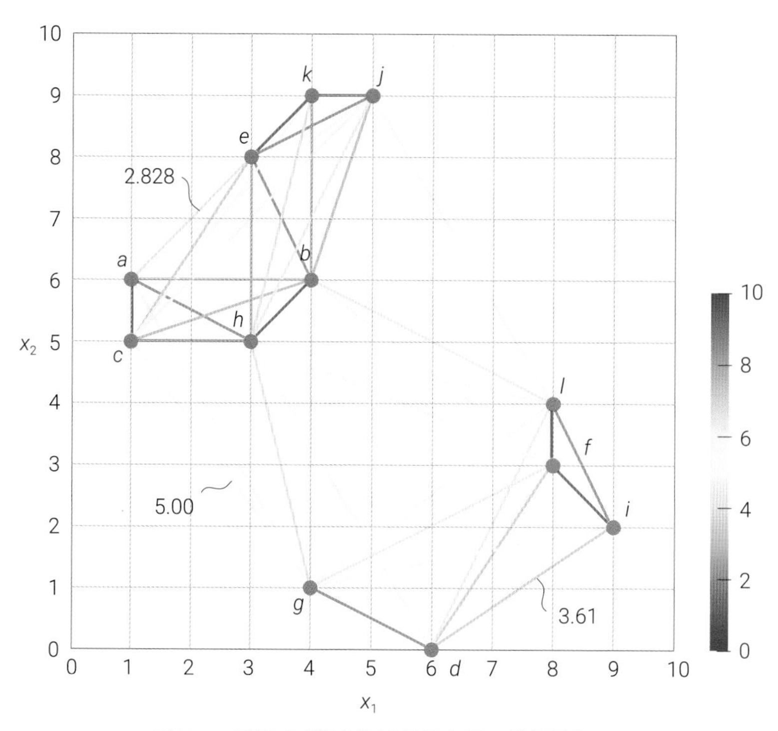

图19.5　基于成对距离矩阵的无向图，截断阈值 = 6

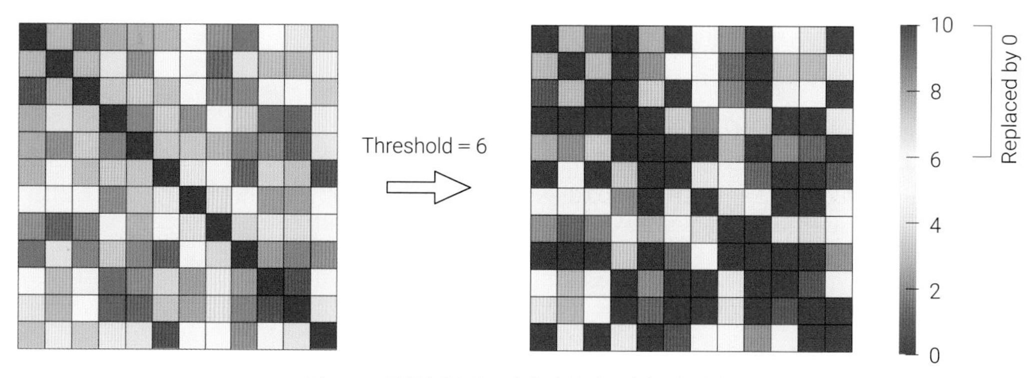

图19.6　截断阈值为6对成对欧氏距离矩阵影响

进一步将截断阈值收缩到4，我们便得到图19.7。这幅图中数据被分割成两簇。

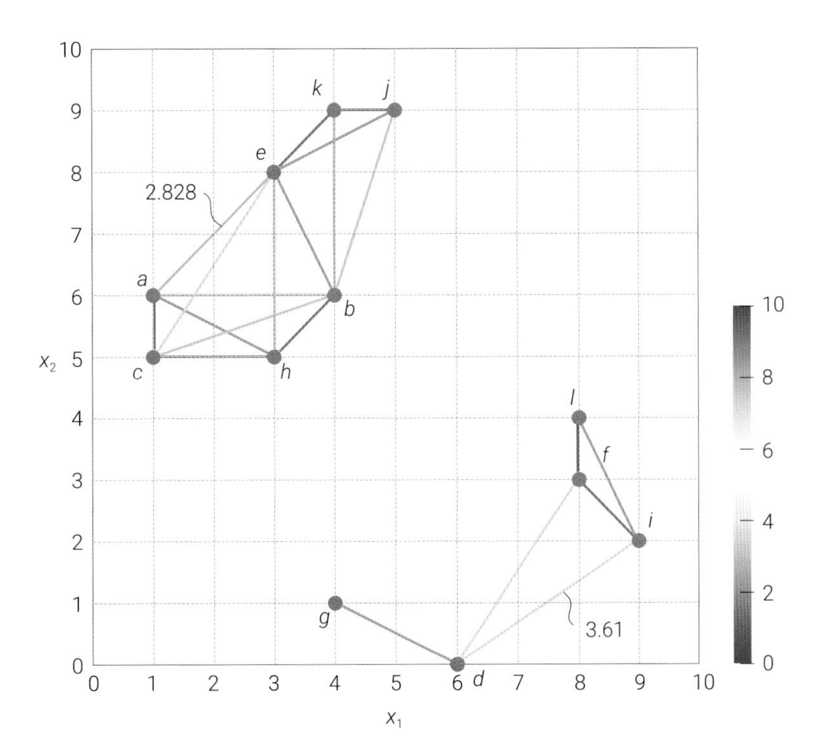

图19.7 基于成对距离矩阵的无向图，截断阈值 = 4

代码19.2对代码19.1稍微改进，请大家自行比较异同。

代码19.2 成对距离矩阵设定阈值 | Bk6_Ch19_02.ipynb

```
# 计算成对距离矩阵
D = np.linalg.norm(points[:, np.newaxis, :] - points, axis = 2)

# 设定阈值
threshold = 6
D_threshold = D
D_threshold[D_threshold > threshold] = 0
# 超过阈值置零

# 创建无向图
G_threshold = nx.Graph(D_threshold, nodetype = int)
# 用邻接矩阵创建无向图

# 添加节点和边
for i in range(12):
    G_threshold.add_node(i, pos = (points[i, 0], points[i, 1]))

# 取出节点位置
pos = nx.get_node_attributes(G_threshold, 'pos')

# 增加节点属性
node_labels = {i: chr(ord('a') + i) for i in range(len(G_threshold.nodes))}
edge_weights = [G_threshold[i][j]['weight'] for i, j in G_threshold.edges]
```

19.2 亲近度矩阵：高斯核函数

通过高斯核函数，我们可以很容易地把距离转化为“亲近度”：

$$\exp\left(-\frac{d_{i,j}^2}{2\sigma^2}\right)=\exp\left(-\frac{\left\|\boldsymbol{x}^{(i)}-\boldsymbol{x}^{(j)}\right\|_2^2}{2\sigma^2}\right) \tag{19.1}$$

图19.8所示为参数σ对高斯核函数的影响。

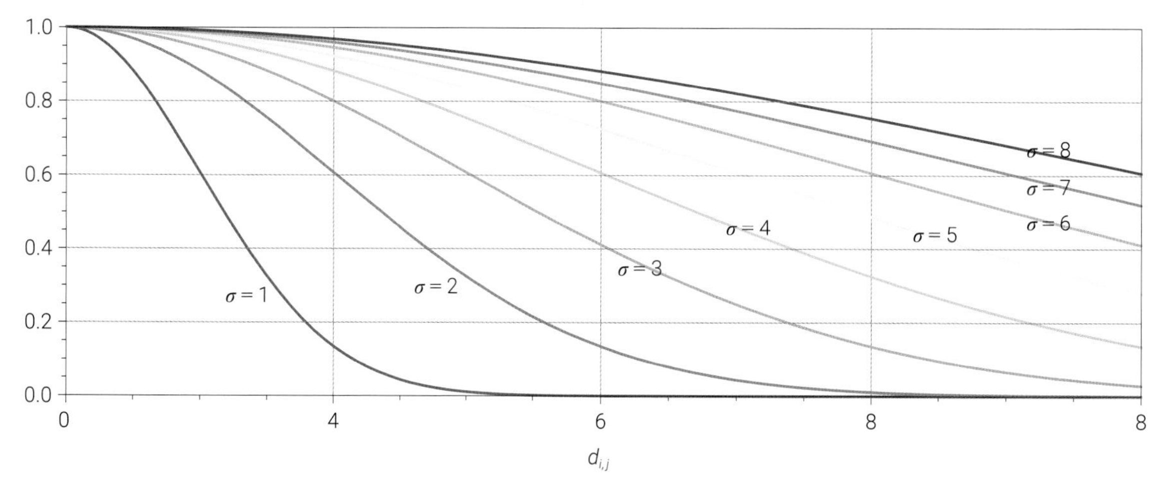

图19.8　将欧氏距离转化为亲近度

如图19.9所示，利用高斯核函数将成对欧氏距离矩阵转化为亲近度矩阵。而这个亲近度矩阵可以作为创建无向图的邻接矩阵。

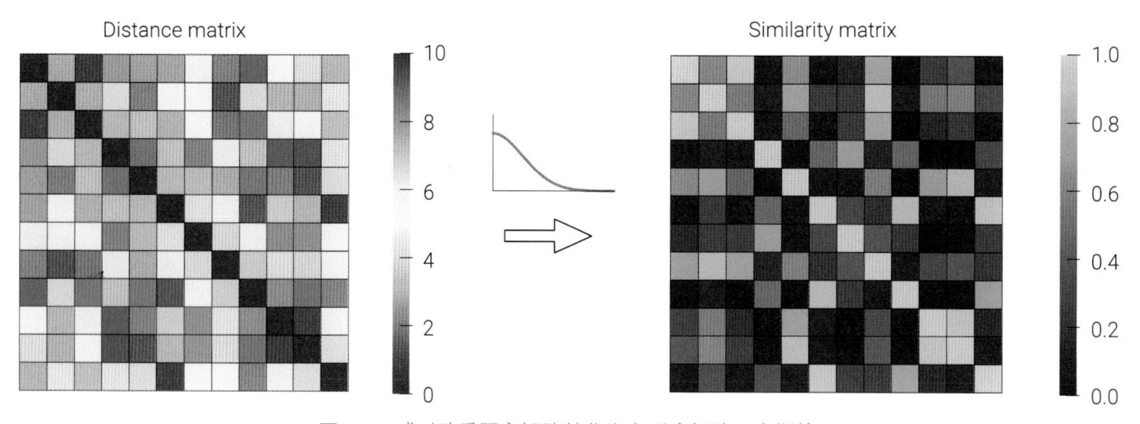

图19.9　成对欧氏距离矩阵转化为亲近度矩阵，高斯核

本例中，我们不绘制自环，因此将亲近度矩阵的对角线元素设置为0，具体如图19.10所示。

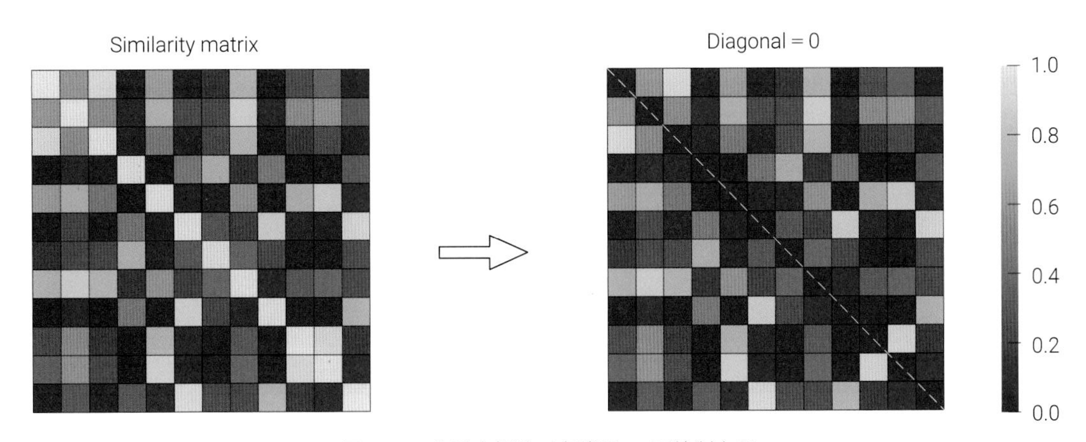

图19.10 亲近度矩阵对角线置0，不绘制自环

图19.11所以为基于亲近度矩阵绘制的无向图。这幅图中，我们用不同的颜色映射渲染，代表边的权重。

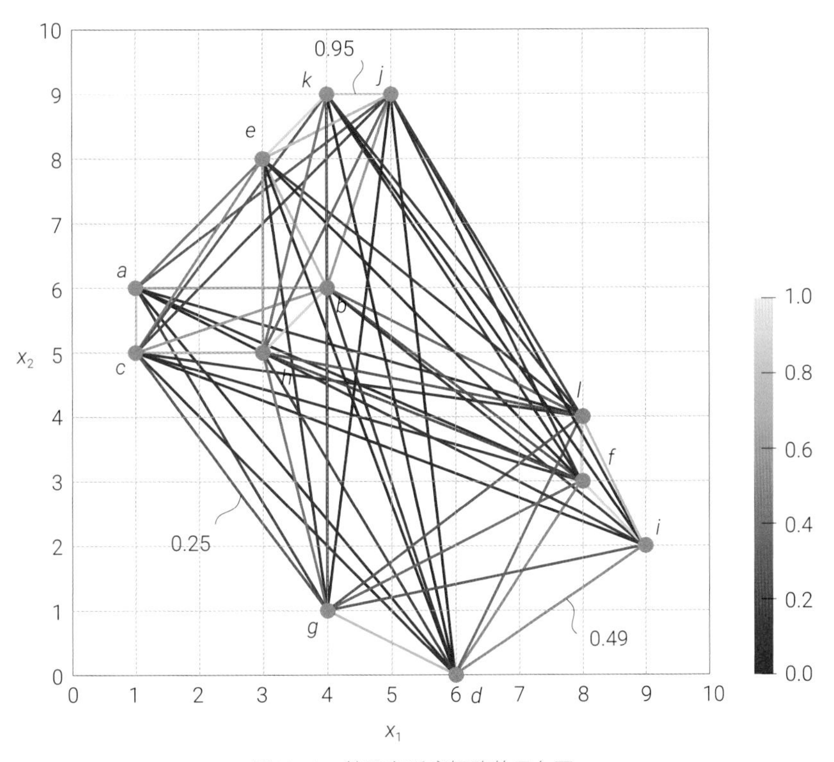

图19.11 基于亲近度矩阵的无向图

类似上一节，通过设定阈值，我们可以利用亲近度矩阵来“分割”数据点，具体如图19.12和图19.13所示。

这也告诉我们类似成对距离矩阵、亲近度矩阵、协方差矩阵、相关性系数矩阵，都可以看做是无向图的邻接矩阵。请大家特别注意这一观察矩阵的全新视角。

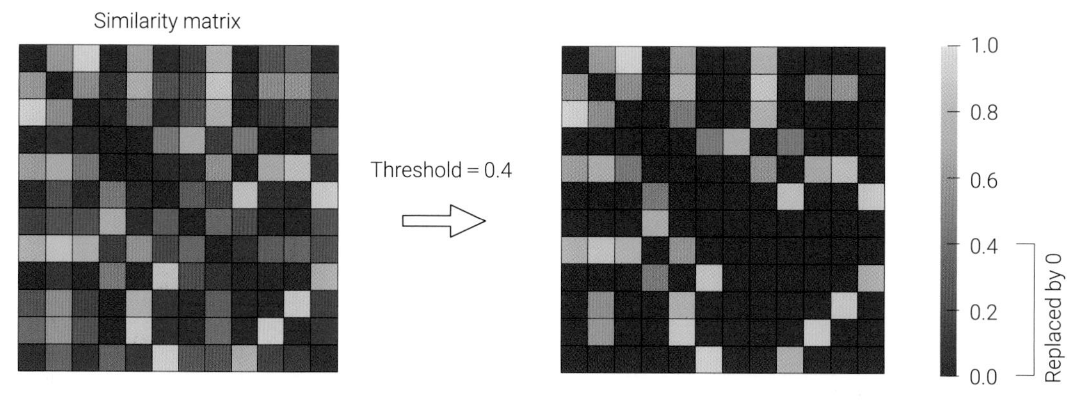

图19.12　阈值0.4对亲近度矩阵影响

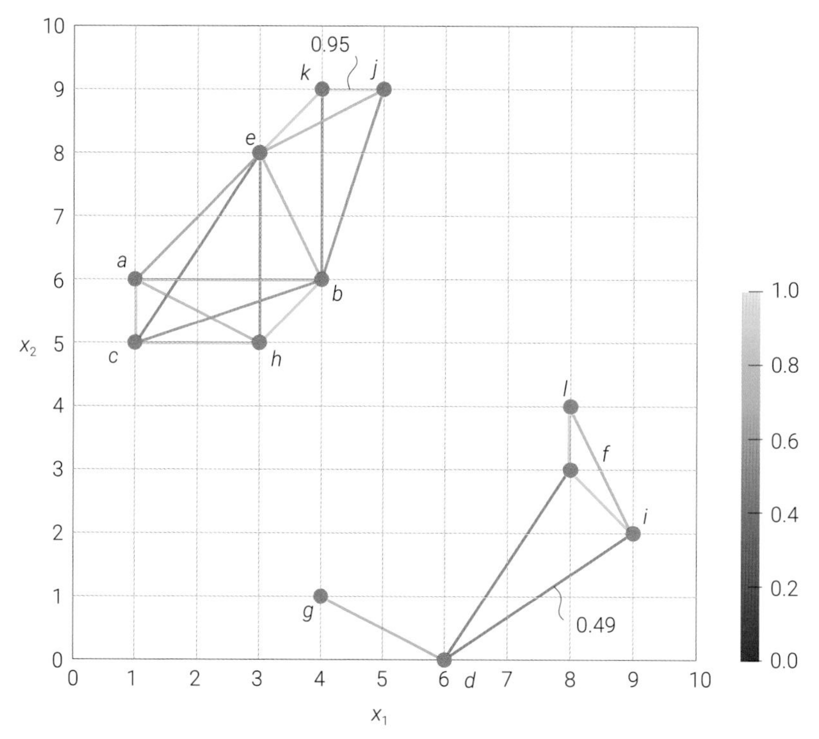

图19.13　基于亲近度矩阵的无向图，设置亲近度阈值为0.4

Bk6_Ch19_03.ipynb完成本节示例，下面讲解代码19.3中关键语句。

ⓐ定义了高斯核函数，sigma的默认值为1。

ⓑ利用自定义高斯核函数将欧氏距离矩阵转换为亲近度矩阵。

ⓒ利用numpy.fill_diagonal()将亲近度矩阵对角线元素置0，因为不需要自环。

ⓓ利用add_node()增加节点。

ⓔ提取节点位置信息。

ⓕ用numpy.copy()创建亲近度矩阵副本。

ⓖ亲近度矩阵中低于阈值的元素置0。这和上节示例相反，请大家注意。

ⓗ基于以上亲近度矩阵 (邻接矩阵) 创建无向图。

代码19.3 基于亲近度矩阵的无向图 | ⊕ Bk6_Ch19_03.ipynb

```
# 自定义高斯核函数
def gaussian_kernel(distance, sigma=1.0):
    return np.exp(- (distance ** 2) / (2 * sigma ** 2))

# 计算成对距离矩阵
D = np.linalg.norm(points[:, np.newaxis, :] - points, axis = 2)

# 距离矩阵转化为亲近度矩阵，高斯核
K = gaussian_kernel(D,3)
# 参数sigma设为3

np.fill_diagonal(K, 0)
# 将对角线元素置0，不画自环

# 创建无向图
G = nx.Graph(K, nodetype = int)
# 用邻接矩阵创建无向图

# 添加节点和边
for i in range(12):
    G.add_node(i, pos = (points[i, 0], points[i, 1]))

# 取出节点位置
pos = nx.get_node_attributes(G, 'pos')

# 增加节点属性
node_labels = {i: chr(ord('a') + i) for i in range(len(G.nodes))}
edge_weights = [G[i][j]['weight'] for i, j in G.edges]
edge_labels = {(i, j): f'{K[i, j]:.2f}' for i, j in G.edges}

# 设定高斯核阈值
threshold = 0.4
K_threshold = np.copy(K)
# 副本，非视图
K_threshold[K_threshold < threshold] = 0
# 低于阈值置0，改为小于号

# 创建无向图
G_threshold = nx.Graph(K_threshold, nodetype = int)
# 用邻接矩阵创建无向图

# 添加节点和边
for i in range(12):
    G_threshold.add_node(i, pos=(points[i, 0], points[i, 1]))

# 取出节点位置
pos = nx.get_node_attributes(G_threshold, 'pos')

# 增加节点属性
node_labels = {i: chr(ord('a') + i) for i in
range(len(G_threshold.nodes))}
edge_weights = [G_threshold[i][j]['weight'] for i, j in G_threshold.edges]
edge_labels = {(i,j):f'{K_threshold[i,j]:.2f}' for i,j in G_threshold.edges}
```

利用同样的思路，根据亲近度矩阵，我们可以把鸢尾花数据 (前两特征，不考虑标签) 大致划分成两簇，结果如图19.14所示。请大家自行学习Bk6_Ch19_04.ipynb中的代码。

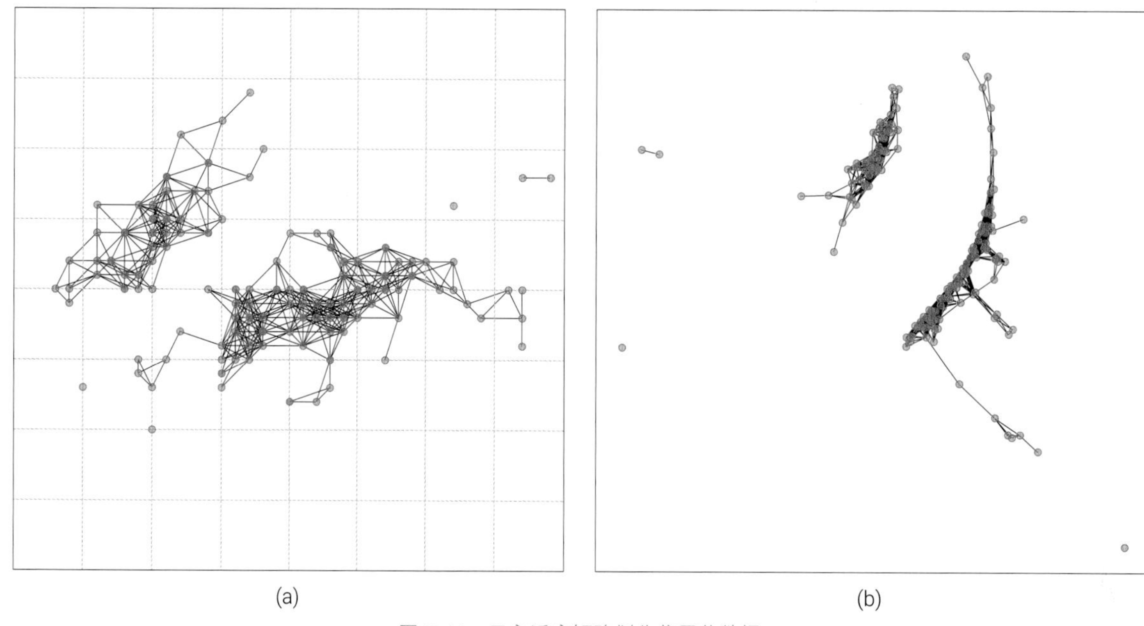

图19.14　用亲近度矩阵划分鸢尾花数据

19.3 相关性系数矩阵

受到前文内容启发，大家是否发现协方差矩阵 (见图19.15)、相关性系数矩阵都可以看作邻接矩阵；也就是说，每个协方差矩阵、每个相关性系数矩阵，都是一幅图！

而协方差矩阵、相关性系数矩阵都是特殊的格拉姆矩阵；推而广之，格拉姆矩阵也都可以看作是邻接矩阵，进而从图的视角来观察分析。

本节和大家讨论如何用相关性矩阵构造无向图。

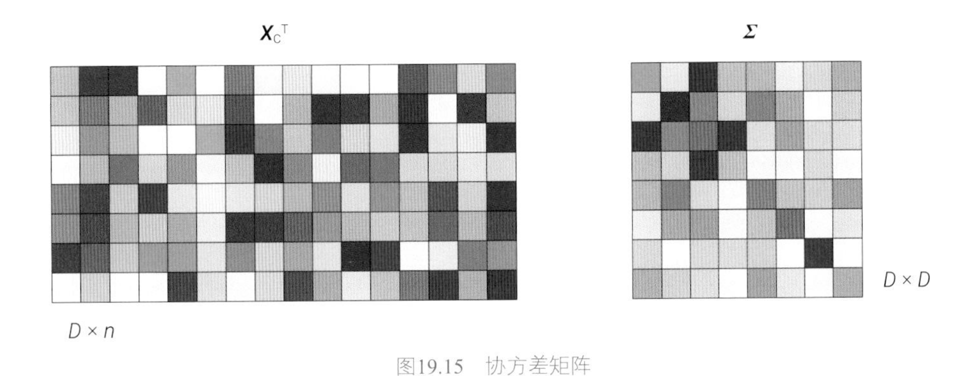

图19.15　协方差矩阵

本节采用的将相关性系数矩阵转换为邻接矩阵的规则很简单；举个例子，给定以下相关性系数矩阵：

$$\begin{bmatrix} 1 & 0.7 & 0.9 & 0.85 \\ 0.7 & 1 & 0.65 & 0.5 \\ 0.9 & 0.65 & 1 & 0.92 \\ 0.85 & 0.5 & 0.92 & 1 \end{bmatrix} \tag{19.2}$$

设定阈值为0.8；如果相关性系数小于0.8，邻接矩阵对应位置置0；如果相关性系数不小于0.8，邻接矩阵相应位置置1。由于不绘制自环，邻接矩阵对角线元素置0。因此，对应的邻接矩阵为：

$$\begin{bmatrix} 0 & 0 & 1 & 1 \\ 0 & 0 & 0 & 0 \\ 1 & 0 & 0 & 1 \\ 1 & 0 & 1 & 0 \end{bmatrix} \tag{19.3}$$

我们很容易根据上述邻接矩阵绘制对应的无向图。

Bk6_Ch19_05.ipynb中加载428个有效股价数据；因此，邻接矩阵的大小为428 × 428。

图19.16 (a) 所示为基于相关性系数矩阵创建的无向图；图19.16 (b) 展示其中最大分量子图。

图19.17则展示其中前4大社区；这也相当于对股票的聚类。

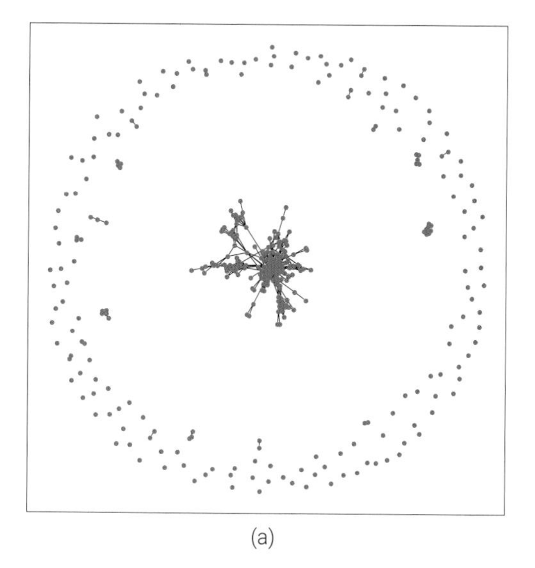

(a)

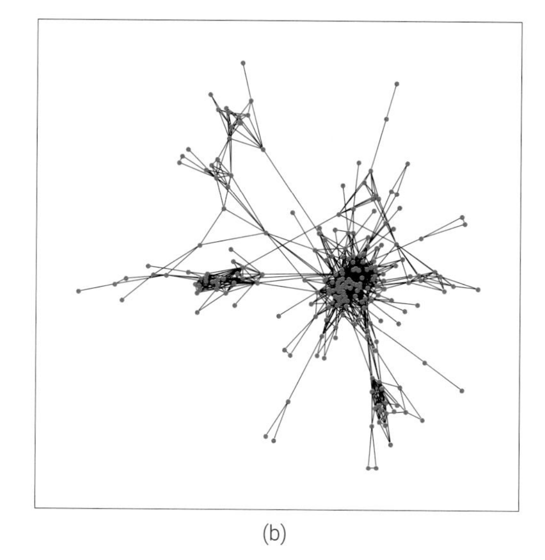

(b)

图19.16　基于相关性系数矩阵创建的无向图，阈值为0.8

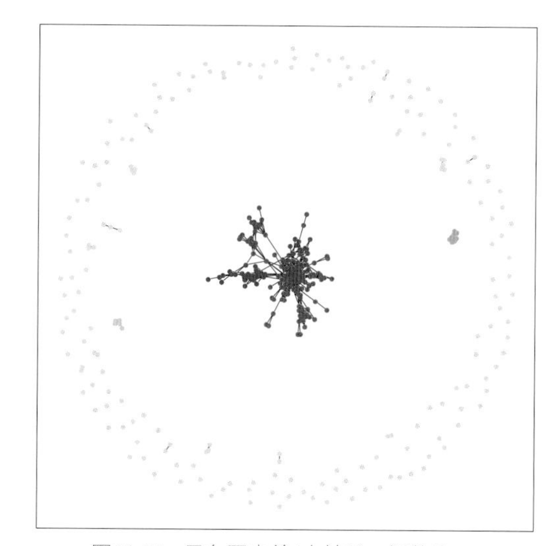

图19.17　无向图中前4大社区，阈值为0.8

Bk6_Ch19_05.ipynb中有完整运算代码，下面仅仅讲解代码19.4中关键语句。

ⓐ用pandas.read_pickle()加载.pkl数据，本书之前也用过这个数据集。

ⓑ用pct_change()方法计算股票收盘价日收益率。

ⓒ用dropna() 方法将整列、整行都为NaN的删除。

ⓓ用corr() 方法计算日收益率的相关性系数矩阵。

ⓔ按前文介绍的映射规则，将相关性系数矩阵转化为邻接矩阵。

ⓕ将邻接矩阵对角线元素置0，不画自环。

ⓖ用networkx.from_numpy_array() 基于邻接矩阵创建无向图。

ⓗ用networkx.relabel_nodes() 将非负整数的节点名称修改为股票代码。

ⓘ用networkx.connected_components() 提取无向图中连通分量，将其中最大连通分量取出；然后用subgraph() 方法构造子图。

ⓙ用networkx.algorithms.community.centrality.girvan_newman() 将图划分成社区。

ⓚ取出各个社区的节点，结果为嵌套列表，子列表元素为社区节点。

ⓛ根据子列表长度由大到小 (社区由大到小) 排列嵌套列表元素。

Bk6_Ch19_05.ipynb中有可视化函数，请大家自行学习。此外，请大家修改相关性系数阈值 (比如0.7、0.9) 并观察无向图变化。

代码19.4 基于相关性系数矩阵创建的无向图 | Bk6_Ch19_04.ipynb

```
# 加载数据
df = pd.read_pickle('stock_levels_df_2020.pkl')

# 计算日收益率
returns_df = df['Adj Close'].pct_change()

# 整列、整行都为NaN的删除
returns_df.dropna(axis = 1,how='all', inplace = True)
returns_df.dropna(axis = 0,how='all', inplace = True)

# 计算相关性系数矩阵
corr = returns_df.corr()

# 将相关性系数矩阵转换为邻接矩阵
A = corr.copy()

# 设定阈值
threshold = 0.7
# 低于阈值，置0
A[A < threshold] = 0
# 超过阈值，置1
A[A >= threshold] = 1

A = A - np.identity(len(A))
# 将对角线元素置0，不画自环

# 创建图
G = nx.from_numpy_array(A.to_numpy())

# 修改节点名称
G = nx.relabel_nodes(G, dict(enumerate(A.columns)))

# 最大连通分量
Gcc = G.subgraph(sorted(nx.connected_components(G),
                        key=len, reverse=True)[0])


pos_Gcc = {k: pos[k] for k in list(Gcc.nodes())}
# 取出子图节点坐标

# 划分社区
communities = girvan_newman(G)
node_groups = []
for com in next(communities):
    node_groups.append(list(com))

# 按子列表长度 (社区) 由大到小排列
node_groups.sort(key=len, reverse = True)
```

成对距离矩阵、协方差矩阵、相关性系数矩阵可以看作无向图的邻接矩阵，其中邻接矩阵中的元素表示图中节点之间的关系。成对距离矩阵反映节点间的距离或相似度；协方差矩阵描述变量间的线性依赖性；相关性系数矩阵进一步衡量变量间的关系强度和方向。这些矩阵通过节点间的关系强度，映射出无向图的结构，揭示数据间的内在联系。

矩阵就是图，图就是矩阵！

相信读了这章内容，大家更能领会到这句话的精髓。此外，本书后文将介绍更多和图有关的矩阵。

20 Transition Matrix 转移矩阵

图、线性代数、概率统计、马尔科夫链的合体

人，生而自由；但枷锁无处不在。

Man was born free, and he is everywhere in chains

—— 让-雅克·卢梭 (Jean-Jacques Rousseau) | 法国思想家 | 1712—1778年

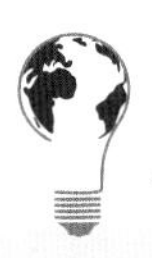

- `networkx.adjacency_matrix()` 将图转化为邻接矩阵
- `networkx.DiGraph()` 创建一个空的有向图
- `networkx.from_numpy_array()` 从NumPy数组创建图，数组视为邻接矩阵
- `networkx.Graph()` 创建一个空的无向图
- `networkx.relabel_nodes()` 改变图中节点的标签
- `numpy.cumsum()` 计算给定数组的累积和
- `numpy.linalg.eig()` 特征值分解
- `numpy.matrix()` 构造矩阵
- `numpy.random.choice()` 从给定的一维数组中随机采样
- `seaborn.heatmap()` 绘制热图

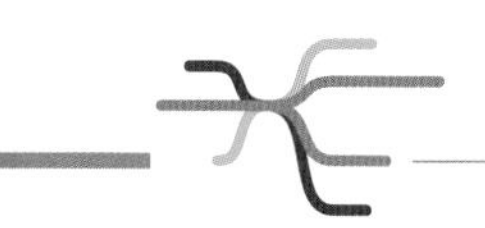

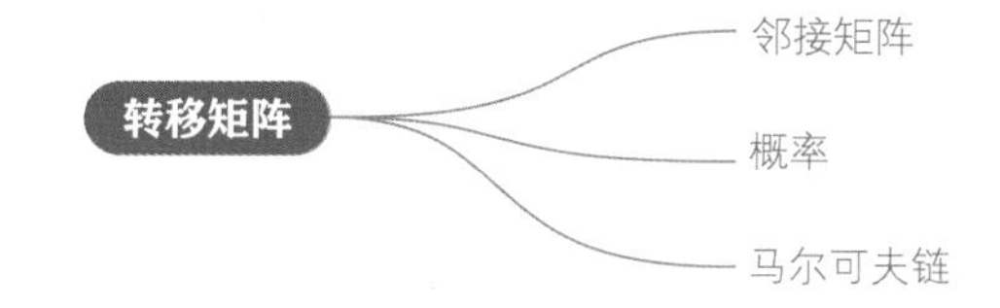

20.1 再看邻接矩阵

图20.1所示为连接6个城市的路线图，一个人徒步从a城市出发前往f城市。

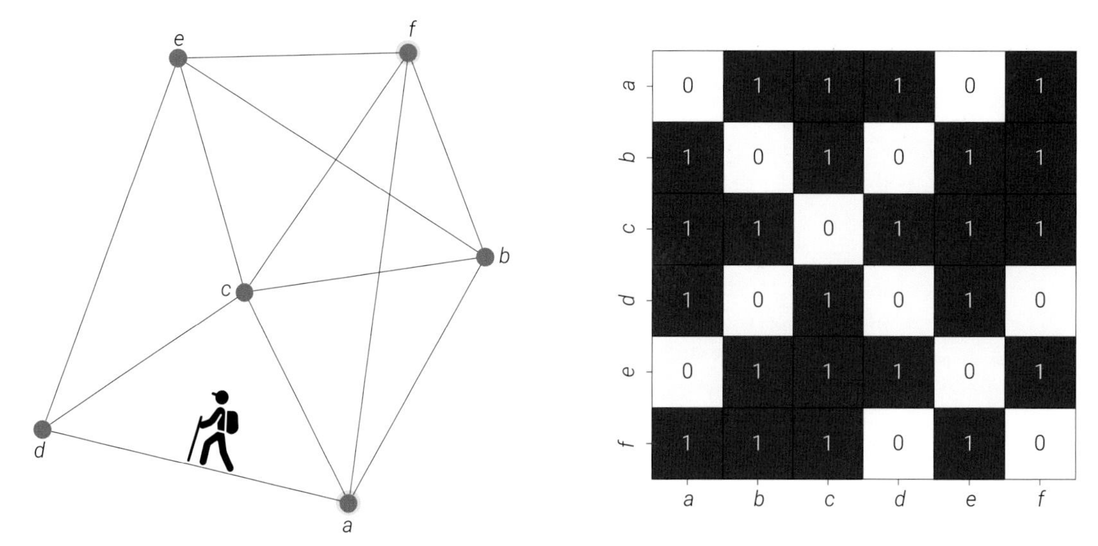

	a	b	c	d	e	f
a	0	1	1	1	0	1
b	1	0	1	0	1	1
c	1	1	0	1	1	1
d	1	0	1	0	1	0
e	0	1	1	1	0	1
f	1	1	1	0	1	0

图20.1　连接6个城市的路线图，无向图和邻接矩阵

无向图

图20.1显然可以看作无向图，且边无权重。将其转化为邻接矩阵：

$$
\begin{array}{c} \\ \boldsymbol{A} = \end{array}
\begin{array}{c} \\ a \\ b \\ c \\ d \\ e \\ f \end{array}
\begin{array}{c} \begin{matrix} a & b & c & d & e & f \end{matrix} \\
\begin{bmatrix} 0 & 1 & 1 & 1 & 0 & 1 \\ 1 & 0 & 1 & 0 & 1 & 1 \\ 1 & 1 & 0 & 1 & 1 & 1 \\ 1 & 0 & 1 & 0 & 1 & 0 \\ 0 & 1 & 1 & 1 & 0 & 1 \\ 1 & 1 & 1 & 0 & 1 & 0 \end{bmatrix} \end{array}
\tag{20.1}
$$

直达

如图20.2所示，从a直达f只有一条路；直达表示不途经任何一座城市。

在邻接矩阵中，我们可以看到$a_{6,1} = a_{1,6} = 1$。

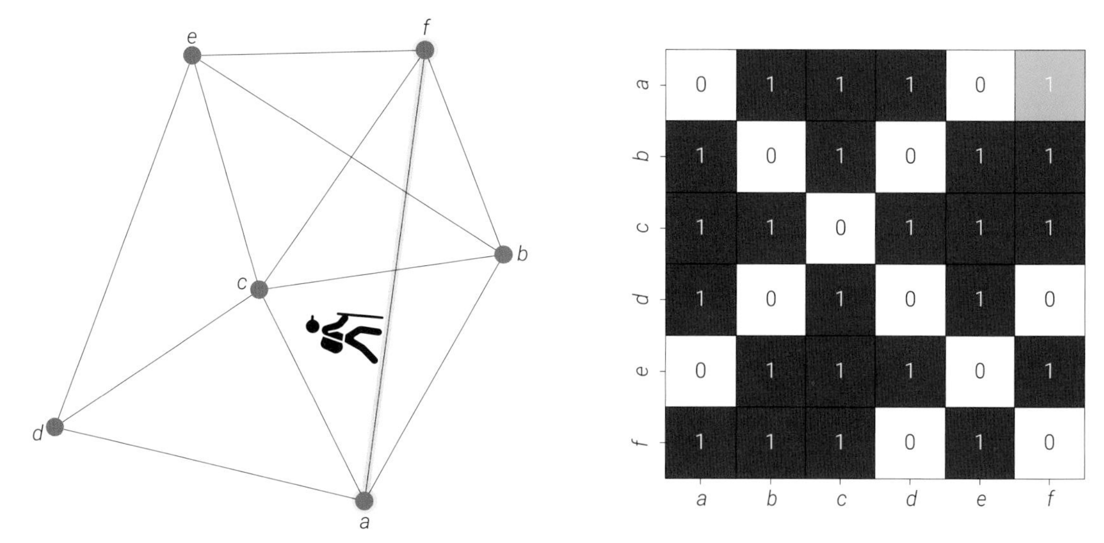

图20.2　无向图，从a直达f只有一条路

类似本书前文的“传球问题”，我们可以很容易利用矩阵乘法理解上述结果。比如下式告诉我们从a出发，直达的城市有哪些：

$$
\boldsymbol{A}@\begin{bmatrix}1\\0\\0\\0\\0\\0\end{bmatrix}=\begin{bmatrix}0&1&1&1&0&1\\1&0&1&0&1&1\\1&1&0&1&1&1\\1&0&1&0&1&0\\0&1&1&1&0&1\\1&1&1&0&1&0\end{bmatrix}\begin{bmatrix}1\\0\\0\\0\\0\\0\end{bmatrix}=\begin{bmatrix}0\\1\\1\\1\\0\\1\end{bmatrix} \tag{20.2}
$$

如图20.3所示，从a出发直达城市有4个——b、c、d、f。

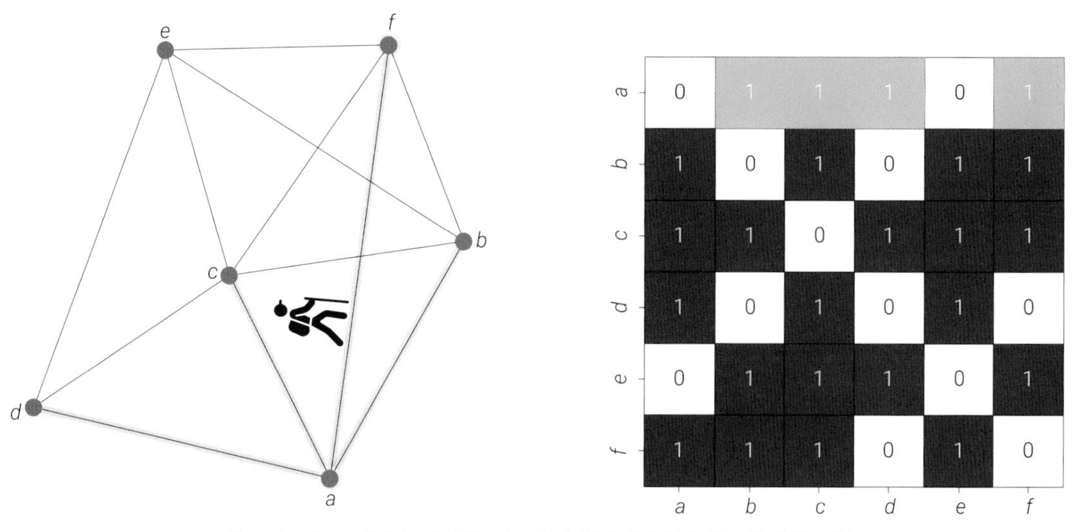

图20.3　从a出发直达城市有4个，无向图的邻接矩阵行向量角度来看

由于邻接矩阵为对称矩阵，我们从邻接矩阵列向量角度去看，结论一致，如图20.4所示。对应的矩阵乘法：

$$
\begin{bmatrix}1 & 0 & 0 & 0 & 0 & 0\end{bmatrix} @ \boldsymbol{A} = \begin{bmatrix}1 & 0 & 0 & 0 & 0 & 0\end{bmatrix} @ \begin{bmatrix}0 & 1 & 1 & 1 & 0 & 1\\ 1 & 0 & 1 & 0 & 1 & 1\\ 1 & 1 & 0 & 1 & 1 & 1\\ 1 & 0 & 1 & 0 & 1 & 0\\ 0 & 1 & 1 & 1 & 0 & 1\\ 1 & 1 & 1 & 0 & 1 & 0\end{bmatrix} = \begin{bmatrix}0 & 1 & 1 & 1 & 0 & 1\end{bmatrix} \tag{20.3}
$$

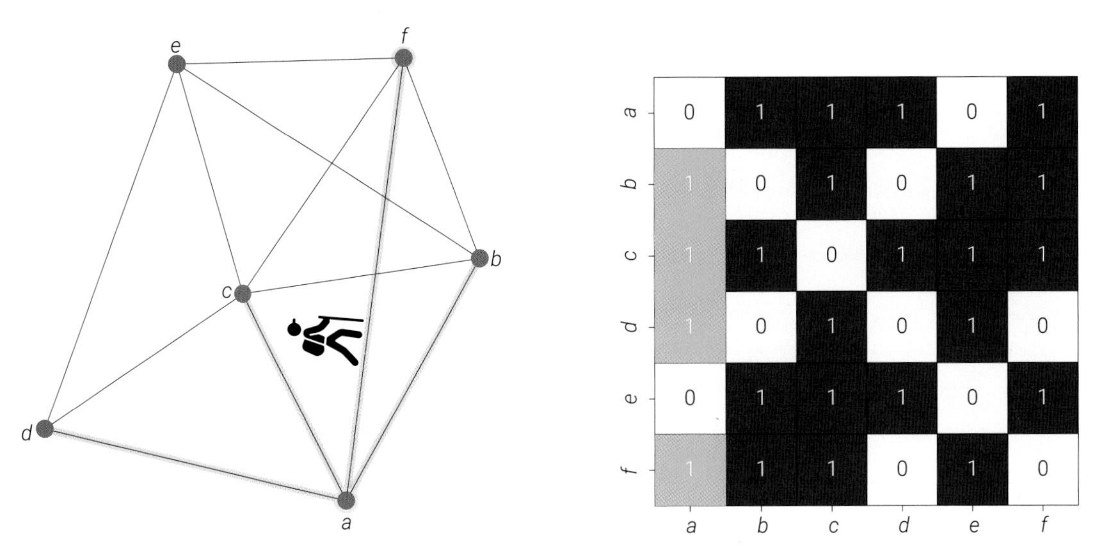

图20.4　从a出发直达城市有4个，无向图的邻接矩阵列向量角度来看

再次强调，无向图的邻接矩阵为对称矩阵，才存在上述两个视角；而有向图的邻接矩阵一般都不是对称矩阵，这需要大家格外注意。

途经一座城

从a到f，要知道中间途经一座城市有几种走法，可以通过计算$\boldsymbol{A}^2$得到：

$$
\boldsymbol{A} @ \boldsymbol{A} = \begin{bmatrix}4 & 2 & 3 & 1 & 4 & 2\\ 2 & 4 & 3 & 3 & 2 & 3\\ 3 & 3 & 5 & 2 & 3 & 3\\ 1 & 3 & 2 & 3 & 1 & 3\\ 4 & 2 & 3 & 1 & 4 & 2\\ 2 & 3 & 3 & 3 & 2 & 4\end{bmatrix} \tag{20.4}
$$

$\boldsymbol{A}^2$显然也是对称矩阵。

如图20.5所示，中间途经一座城市有两种走法。用以下矩阵乘法很容解释结果：

$$
A@A@\begin{bmatrix}1\\0\\0\\0\\0\\0\end{bmatrix}=\begin{bmatrix}0&1&1&1&0&1\\1&0&1&0&1&1\\1&1&0&1&1&1\\1&0&1&0&1&0\\0&1&1&1&0&1\\1&1&1&0&1&0\end{bmatrix}\begin{bmatrix}0&1&1&1&0&1\\1&0&1&0&1&1\\1&1&0&1&1&1\\1&0&1&0&1&0\\0&1&1&1&0&1\\1&1&1&0&1&0\end{bmatrix}\begin{bmatrix}1\\0\\0\\0\\0\\0\end{bmatrix}=\begin{bmatrix}0&1&1&1&0&1\\1&0&1&0&1&1\\1&1&0&1&1&1\\1&0&1&0&1&0\\0&1&1&1&0&1\\1&1&1&0&1&0\end{bmatrix}\begin{bmatrix}0\\1\\1\\1\\0\\1\end{bmatrix}=\begin{bmatrix}4\\2\\3\\1\\4\\2\end{bmatrix} \quad (20.5)
$$

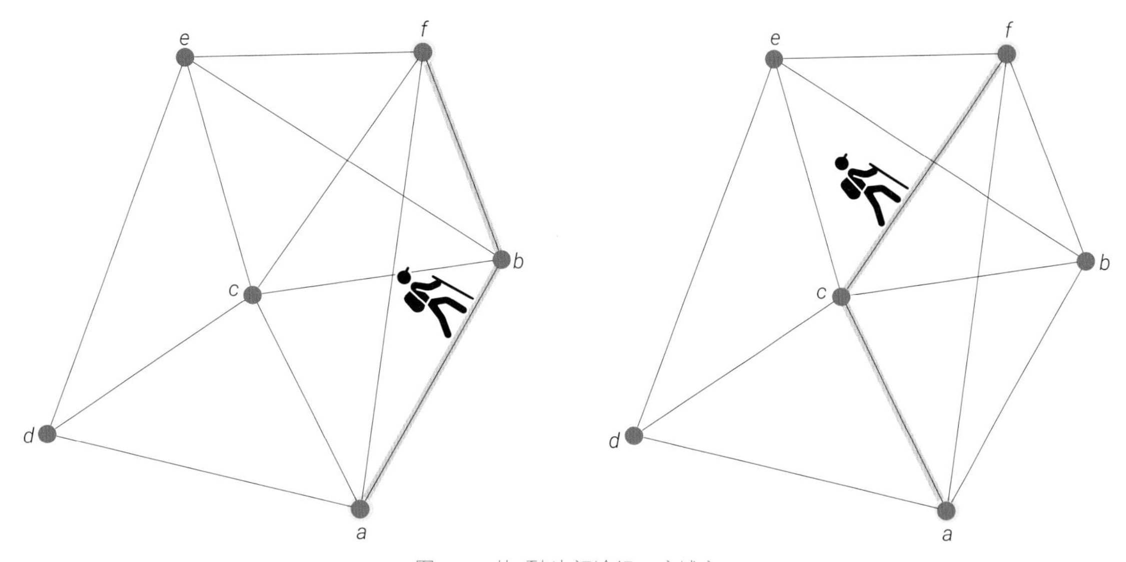

图20.5　从a到f中间途经一座城市

下面让我们再看看A^2矩阵中第1行第1列元素$a_{1,1}=4$，它代表从a出发经过一座城市，再回到a的路径数量为4，即aba、aca、ada、afa。

途经两座城

从a到f，要知道中间途经两座城市有几种走法，可以通过计算A^3得到：

$$
A@A@A=\begin{bmatrix}8&13&13&11&8&13\\13&10&14&7&13&11\\13&14&14&11&13&14\\11&7&11&4&11&7\\8&13&13&11&8&13\\13&11&14&7&13&10\end{bmatrix} \quad (20.6)
$$

上述结果 ($a_{6,1}=a_{1,6}=13$) 告诉我们竟然有13条走法。我们把它们一一画出来，具体如图20.6所示。

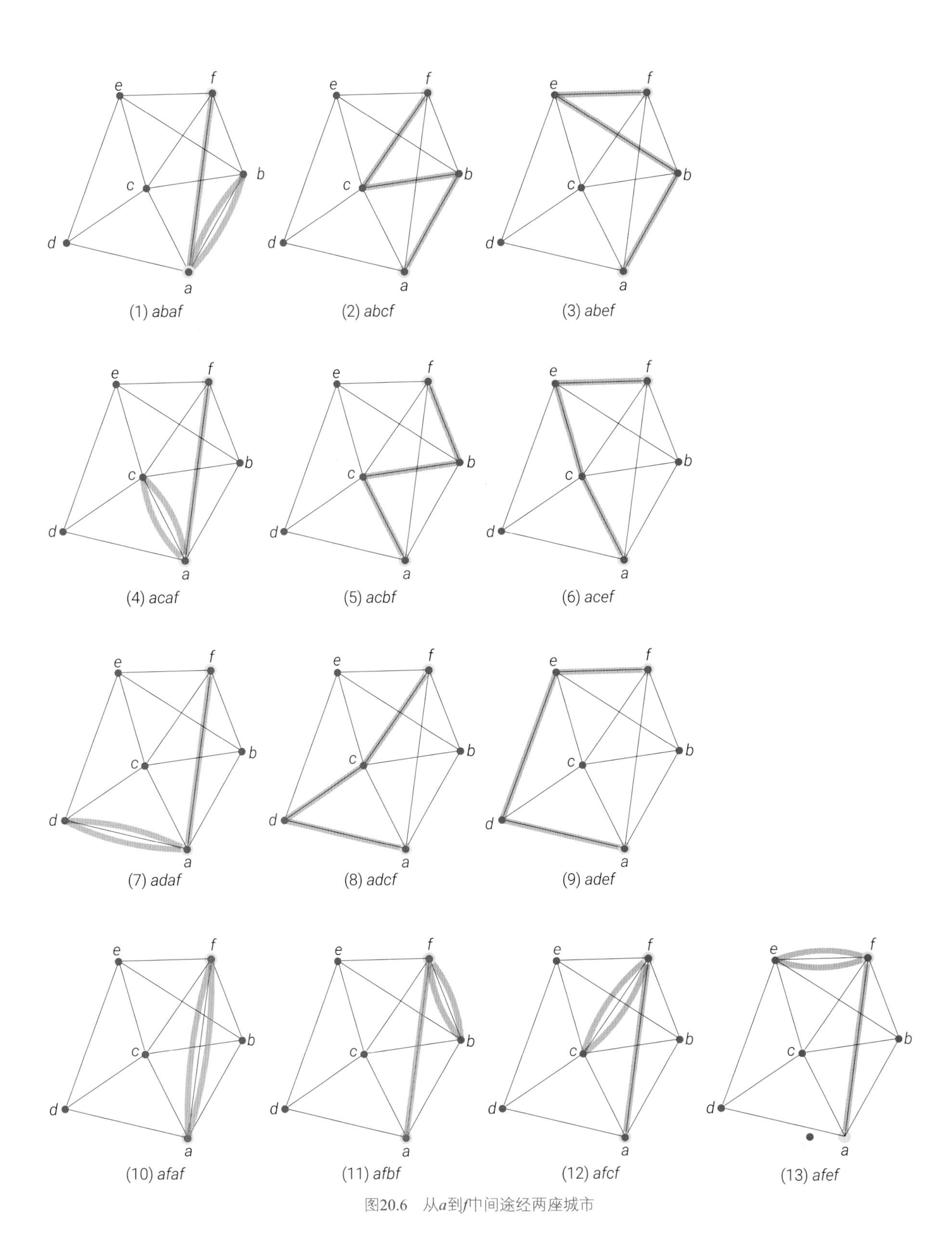

图20.6　从a到f中间途经两座城市

途经不超过两座城市

如果要计算，从a到f途经不超过两座城市的路径数量，我们可以利用如下矩阵运算：

$$
\begin{aligned}
\boldsymbol{A}+\boldsymbol{A}@\boldsymbol{A}+\boldsymbol{A}@\boldsymbol{A}@\boldsymbol{A} &= \begin{bmatrix} 0 & 1 & 1 & 1 & 0 & 1 \\ 1 & 0 & 1 & 0 & 1 & 1 \\ 1 & 1 & 0 & 1 & 1 & 1 \\ 1 & 0 & 1 & 0 & 1 & 0 \\ 0 & 1 & 1 & 1 & 0 & 1 \\ 1 & 1 & 1 & 0 & 1 & 0 \end{bmatrix} + \begin{bmatrix} 4 & 2 & 3 & 1 & 4 & 2 \\ 2 & 4 & 3 & 3 & 2 & 3 \\ 3 & 3 & 5 & 2 & 3 & 3 \\ 1 & 3 & 2 & 3 & 1 & 3 \\ 4 & 2 & 3 & 1 & 4 & 2 \\ 2 & 3 & 3 & 3 & 2 & 4 \end{bmatrix} + \begin{bmatrix} 8 & 13 & 13 & 11 & 8 & 13 \\ 13 & 10 & 14 & 7 & 13 & 11 \\ 13 & 14 & 14 & 11 & 13 & 14 \\ 11 & 7 & 11 & 4 & 11 & 7 \\ 8 & 13 & 13 & 11 & 8 & 13 \\ 13 & 11 & 14 & 7 & 13 & 10 \end{bmatrix} \\
&= \begin{bmatrix} 12 & 16 & 17 & 13 & 12 & 16 \\ 16 & 14 & 18 & 10 & 16 & 15 \\ 17 & 18 & 19 & 14 & 17 & 18 \\ 13 & 10 & 14 & 7 & 13 & 10 \\ 12 & 16 & 17 & 13 & 12 & 16 \\ 16 & 15 & 18 & 10 & 16 & 14 \end{bmatrix}
\end{aligned} \tag{20.7}
$$

这实际上是把本章前文的几种情况放在一起来考虑。

Bk6_Ch20_01.ipynb完成本节所有矩阵运算，请大家自行学习。

20.2 转移矩阵：可能性

下面，我们把本章前文问题稍作修改。从a出发，到达b、c、d、f的可能性相同，均为1/4。这相当于式(20.1) 中邻接矩阵$\boldsymbol{A}$的第1列元素分别除以该列元素之和。类似地，从b出发，到达a、c、e、f的可能也相同，均为1/4。如图20.7所示。

请大家务必注意，这个无向图的邻接矩阵为对称矩阵；对称矩阵的转置为本身。

这样我们便得到如下矩阵：

$$
\boldsymbol{T} = \begin{bmatrix} 0 & 1/4 & 1/5 & 1/3 & 0 & 1/4 \\ 1/4 & 0 & 1/5 & 0 & 1/4 & 1/4 \\ 1/4 & 1/4 & 0 & 1/3 & 1/4 & 1/4 \\ 1/4 & 0 & 1/5 & 0 & 1/4 & 0 \\ 0 & 1/4 & 1/5 & 1/3 & 0 & 1/4 \\ 1/4 & 1/4 & 1/5 & 0 & 1/4 & 0 \end{bmatrix} \tag{20.8}
$$

这个矩阵的每列元素和都是1。

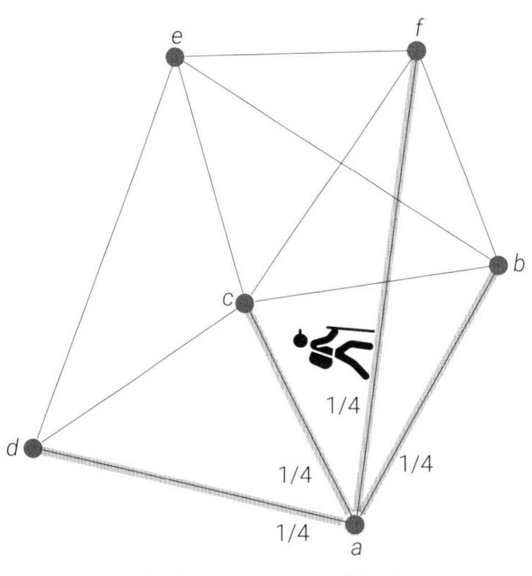

图20.7　从a出发到达b、c、d、f的可能性均为1/4

这是否让大家想到了**转移矩阵** (transition matrix)？这样我们便建立了 (无向图) 邻接矩阵和转移矩阵的直接联系。

从a出发，到达其他城市的可能性可以通过以下乘法得到结果：

$$\boldsymbol{T}@\begin{bmatrix}1\\0\\0\\0\\0\\0\end{bmatrix}=\begin{bmatrix}0&1/4&1/5&1/3&0&1/4\\1/4&0&1/5&0&1/4&1/4\\1/4&1/4&0&1/3&1/4&1/4\\1/4&0&1/5&0&1/4&0\\0&1/4&1/5&1/3&0&1/4\\1/4&1/4&1/5&0&1/4&0\end{bmatrix}\begin{bmatrix}1\\0\\0\\0\\0\\0\end{bmatrix}=\begin{bmatrix}0\\1/4\\1/4\\1/4\\0\\1/4\end{bmatrix} \tag{20.9}$$

上式相当于取出了转移矩阵$\boldsymbol{T}$的第1列。

式(20.9) 转置得到

$$\begin{bmatrix}1&0&0&0&0&0\end{bmatrix}@\boldsymbol{T}_A^{\mathrm{T}}=\begin{bmatrix}1&0&0&0&0&0\end{bmatrix}\begin{bmatrix}0&1/4&1/4&1/4&0&1/4\\1/4&0&1/4&0&1/4&1/4\\1/5&1/5&0&1/5&1/5&1/5\\1/3&0&1/3&0&1/3&0\\0&1/4&1/4&1/4&0&1/4\\1/4&1/4&1/4&0&1/4&0\end{bmatrix}=\begin{bmatrix}0&1/4&1/4&1/4&0&1/4\end{bmatrix} \tag{20.10}$$

$\boldsymbol{T}$转置矩阵的每行元素求和为1，上式相当于取出$\boldsymbol{T}$转置的第1行。

注意，有些文献中转移矩阵会采用式(20.10) 这种形式。

20.3 有向图

再看鸡兔互变

如图20.8所示，“鸡兔互变”也可以看作是一幅有向图，有向边的权重便是概率值。

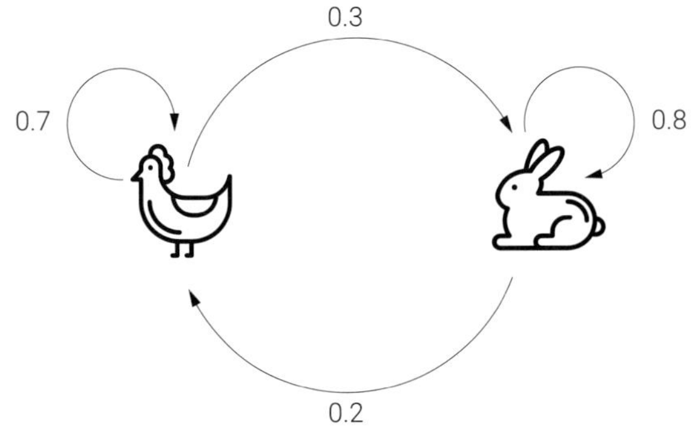

图20.8　“鸡兔互变”的有向图

鸡兔互变的有向图对应的邻接矩阵为：

$$A = \begin{bmatrix} 0.7 & 0.3 \\ 0.2 & 0.8 \end{bmatrix} \tag{20.11}$$

值得注意的是，上述邻接矩阵的每行元素之和为1。

而《数学要素》常用的转移矩阵形式为：

$$T = \begin{bmatrix} 0.7 & 0.2 \\ 0.3 & 0.8 \end{bmatrix} \tag{20.12}$$

我们发现式(20.11) 这个邻接矩阵是我们常用的转移矩阵的转置，即$A = T^{\mathrm{T}}$，如图20.9所示。

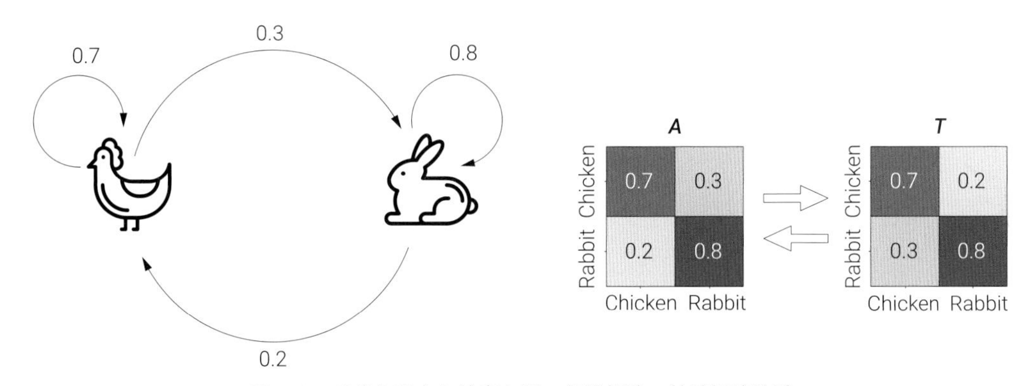

图20.9　“鸡兔互变”的有向图，邻接矩阵、转移矩阵关系

如果采用式(20.11) 邻接矩阵这种形式，现在是一只鸡，鸡兔互变对应的矩阵乘法为：

$$\begin{bmatrix} 1 & 0 \end{bmatrix} \underbrace{\begin{bmatrix} 0.7 & 0.3 \\ 0.2 & 0.8 \end{bmatrix}}_{A} = \begin{bmatrix} 0.7 & 0.3 \end{bmatrix} \tag{20.13}$$

图20.10所示为上式的示意图。

这相当于取出邻接矩阵的第1行。

如果采用式(20.12) 转移矩阵这种形式，上式可以写成：

$$\underbrace{\begin{bmatrix} 0.7 & 0.2 \\ 0.3 & 0.8 \end{bmatrix}}_{T} \begin{bmatrix} 1 \\ 0 \end{bmatrix} = \begin{bmatrix} 0.7 \\ 0.3 \end{bmatrix} \tag{20.14}$$

这相当于取出转移矩阵的第1列。

而式(20.13) 和式(20.14) 为转置关系。实际上，一些参考文献也会采用式(20.13) 这种转移矩阵形式。

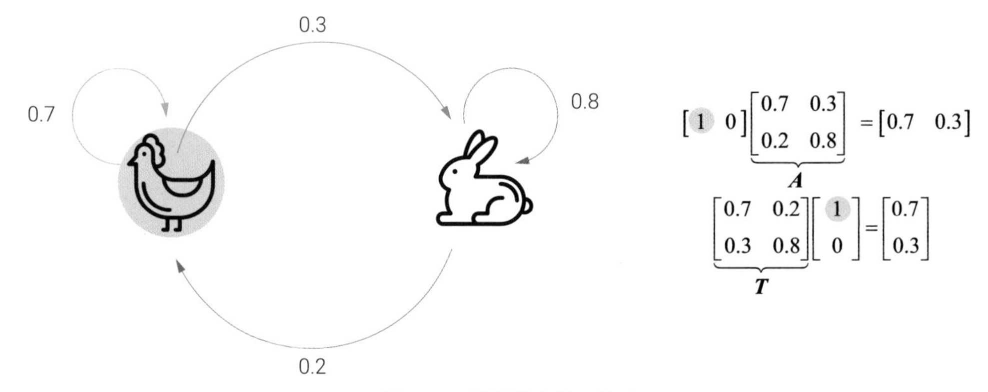

图20.10 当前状态是一只鸡

如果采用式(20.11) 邻接矩阵这种形式，现在是一只兔，鸡兔互变对应的矩阵乘法为：

$$\begin{bmatrix} 0 & 1 \end{bmatrix} \underbrace{\begin{bmatrix} 0.7 & 0.3 \\ 0.2 & 0.8 \end{bmatrix}}_{A} = \begin{bmatrix} 0.2 & 0.8 \end{bmatrix} \tag{20.15}$$

这相当于取出邻接矩阵的第2行。图20.11所示为上式的示意图。

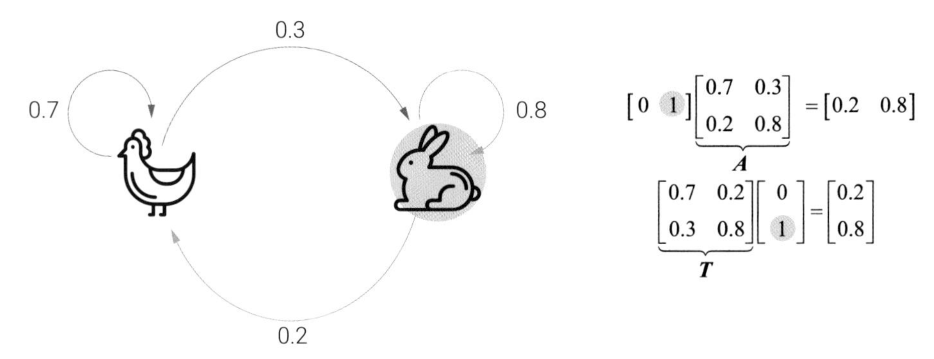

图20.11 当前状态是一只兔

如果采用式(20.12) 转移矩阵这种形式，上式可以写成：

$$\underbrace{\begin{bmatrix} 0.7 & 0.2 \\ 0.3 & 0.8 \end{bmatrix}}_{T} \begin{bmatrix} 0 \\ 1 \end{bmatrix} = \begin{bmatrix} 0.2 \\ 0.8 \end{bmatrix} \tag{20.16}$$

这相当于取出转移矩阵的第2列。上两式的矩阵乘法互为转置。

航班

对前文的无向图的每条边增加方向，我们便得到图20.12。

打个比方，图20.1的无向图中的无向边相当于“双向车道”，而图20.12的有向图的有向边相当于的“航班”。

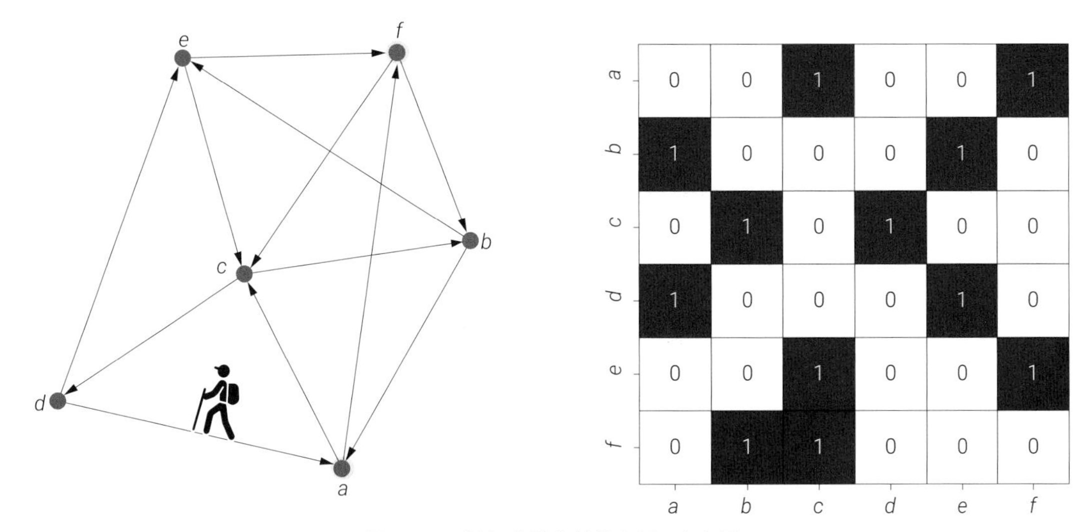

图20.12　连接6个城市的航班图，有向图

图20.12这个有向图的邻接矩阵为：

$$
\boldsymbol{A} = \begin{matrix} \\ a \\ b \\ c \\ d \\ e \\ f \end{matrix}
\begin{matrix} \begin{matrix} a & b & c & d & e & f \end{matrix} \\
\begin{bmatrix}
0 & 0 & 1 & 0 & 0 & 1 \\
1 & 0 & 0 & 0 & 1 & 0 \\
0 & 1 & 0 & 1 & 0 & 0 \\
1 & 0 & 0 & 0 & 1 & 0 \\
0 & 0 & 1 & 0 & 0 & 1 \\
0 & 1 & 1 & 0 & 0 & 0
\end{bmatrix} \end{matrix}
\tag{20.17}
$$

显然这个邻接矩阵不是对称矩阵。

还是看a、f这两个城市之间的“航班”，从邻接矩阵$\boldsymbol{A}$中，我们知道存在直达航班，如图20.13所示。

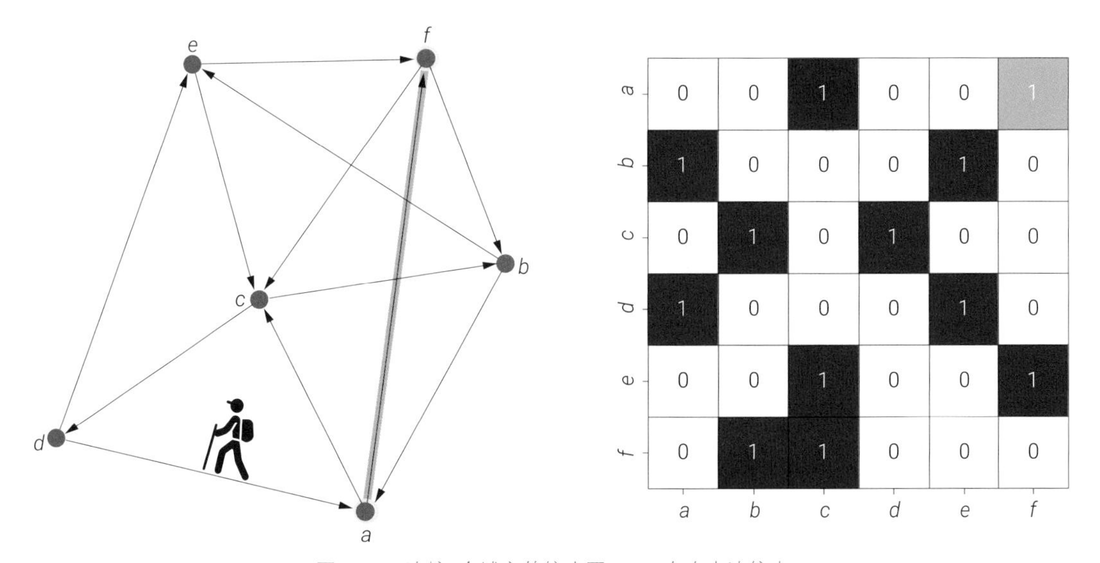

图20.13　连接6个城市的航班图，a、f存在直达航班

计算式(20.17) 中邻接矩阵的平方$\boldsymbol{A}^2$，结果为：

$$\boldsymbol{A}^2=\begin{bmatrix}0&2&1&1&0&0\\0&0&2&0&0&2\\2&0&0&0&2&0\\0&0&2&0&0&2\\0&2&1&1&0&0\\1&1&0&1&1&0\end{bmatrix} \tag{20.18}$$

看到$\boldsymbol{A}^2$这个结果，我们可以得出结论不存在从a到f经停1站的航班线路。

下面假设，从任何城市出发去其他城市乘坐航班的概率均等，如图20.14所示。

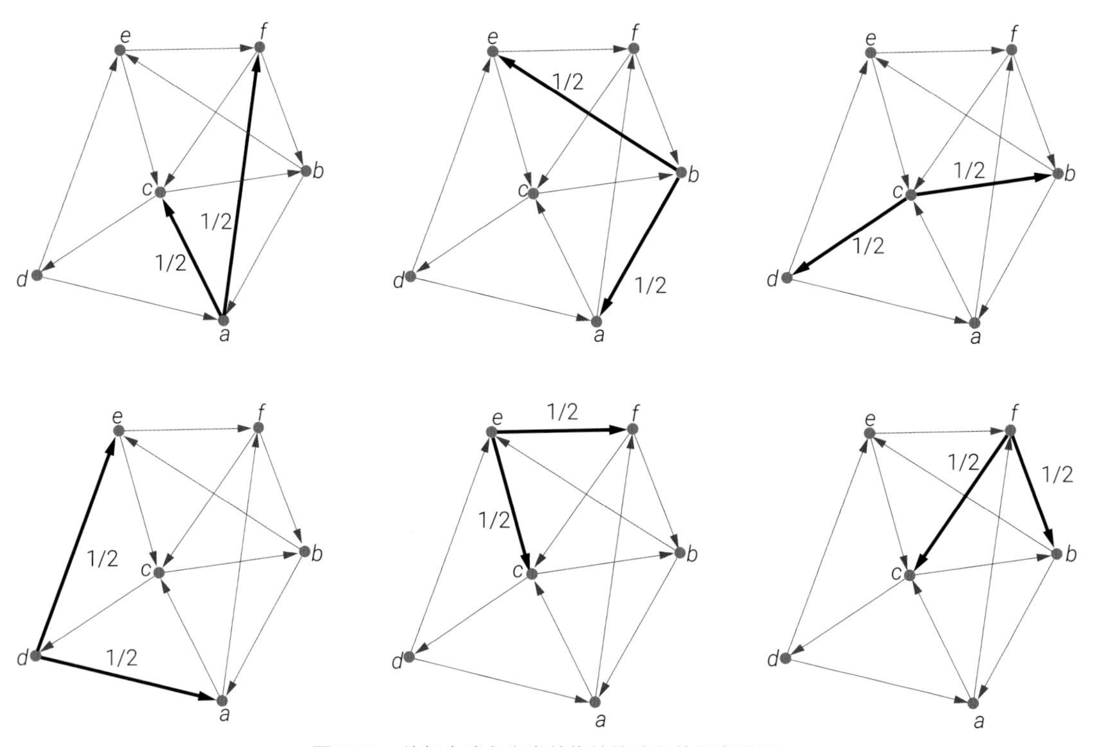

图20.14　从每个城市出发前往其他城市的概率均等

这样，我们得到有向图的邻接矩阵：

$$\begin{bmatrix}0&0&1/2&0&0&1/2\\1/2&0&0&0&1/2&0\\0&1/2&0&1/2&0&0\\1/2&0&0&0&1/2&0\\0&0&1/2&0&0&1/2\\0&1/2&1/2&0&0&0\end{bmatrix} \tag{20.19}$$

每行元素之和为1。

如图20.15所示，如果从节点a出发，有1/2概率到达c，有1/2概率到达f，对应以下矩阵乘法：

$$
\begin{bmatrix} 1 & 0 & 0 & 0 & 0 & 0 \end{bmatrix}
\begin{bmatrix}
0 & 0 & 1/2 & 0 & 0 & 1/2 \\
1/2 & 0 & 0 & 0 & 1/2 & 0 \\
0 & 1/2 & 0 & 1/2 & 0 & 0 \\
1/2 & 0 & 0 & 0 & 1/2 & 0 \\
0 & 0 & 1/2 & 0 & 0 & 1/2 \\
0 & 1/2 & 1/2 & 0 & 0 & 0
\end{bmatrix}
= \begin{bmatrix} 0 & 0 & 1/2 & 0 & 0 & 1/2 \end{bmatrix} \tag{20.20}
$$

将式(20.19) 转置便得到，转移矩阵的常用形式：

$$
\begin{bmatrix}
0 & 1/2 & 0 & 1/2 & 0 & 0 \\
0 & 0 & 1/2 & 0 & 0 & 1/2 \\
1/2 & 0 & 0 & 0 & 1/2 & 1/2 \\
0 & 0 & 1/2 & 0 & 0 & 0 \\
0 & 1/2 & 0 & 1/2 & 0 & 0 \\
1/2 & 0 & 0 & 0 & 1/2 & 0
\end{bmatrix} \tag{20.21}
$$

还是从节点a出发，利用式(20.21) 转移矩阵，我们可以得到以下矩阵乘法：

$$
\begin{bmatrix}
0 & 1/2 & 0 & 1/2 & 0 & 0 \\
0 & 0 & 1/2 & 0 & 0 & 1/2 \\
1/2 & 0 & 0 & 0 & 1/2 & 1/2 \\
0 & 0 & 1/2 & 0 & 0 & 0 \\
0 & 1/2 & 0 & 1/2 & 0 & 0 \\
1/2 & 0 & 0 & 0 & 1/2 & 0
\end{bmatrix}
\begin{bmatrix} 1 \\ 0 \\ 0 \\ 0 \\ 0 \\ 0 \end{bmatrix}
= \begin{bmatrix} 0 \\ 0 \\ 1/2 \\ 0 \\ 0 \\ 1/2 \end{bmatrix} \tag{20.22}
$$

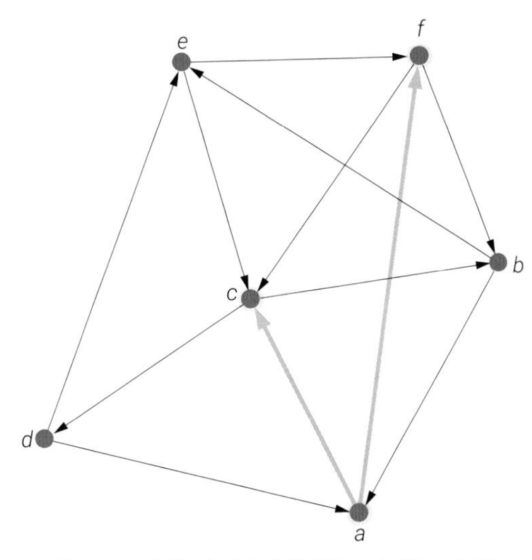

图20.15　连接6个城市的航班图，从节点a出发

20.4 马尔可夫链

有了转移矩阵，我们就可以聊聊马尔可夫过程。马尔可夫过程可以具备离散状态或者连续状态。具备离散状态的马尔可夫过程，通常被称为**马尔可夫链** (Markov chain)。

若$X(t)$ 代表一个离散随机变量，那么马尔可夫链的表达式为：

$$\Pr\left(X_{n+1}=x \mid X_1=x_1, X_2=x_2, \cdots, X_n=x_n\right)=\Pr\left(X_{n+1}=x \mid X_n=x_n\right) \tag{20.23}$$

这个式子很不好理解，下面还是以“鸡兔互变”为例来聊聊。

如图20.16所示，“鸡兔互变”这个马尔可夫链中具体概率值本质上是条件概率。

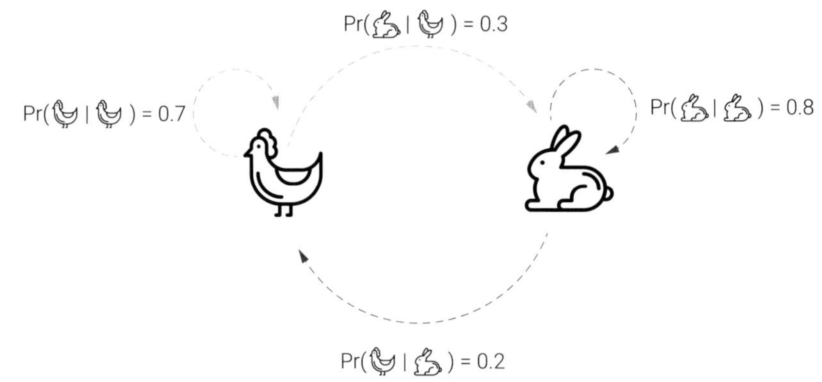

图20.16 “鸡兔互变”中的条件概率

一只动物的12夜变化过程如图20.17所示；根据式(20.23)，马尔可夫过程描述具有“无记忆”性质的系统的状态转换过程。所谓“无记忆”性质，意味着系统的下一状态只依赖于当前状态 (兔)，而与之前的状态或是如何到达当前状态无关。这种“无记忆”性质也被称为马尔可夫性质。

图20.17 一只动物12次变化

状态空间是马尔可夫链可能处于的所有状态的集合。例如，“鸡兔互变”的状态空间为 {鸡，兔}。在一些情况下，随着时间的推移，系统到达每个状态的概率将达到一个固定的分布，这称为稳态分布或平稳分布。马尔可夫链可能不存在稳态分布，也可能存在多个稳态分布。只有具有**不可约** (irreducible)、**非周期** (aperiodic) 和**正常返** (positive recurrent) 性质的马尔可夫链才具有唯一的稳态分布。下面让我们分别介绍这三个概念。

不可约性

如果在状态空间中的任何两个状态之间都存在从一个状态到另一个状态的正概率路径，则称该马尔可夫链是不可约的。这意味着理论上从任何一个状态出发，都有可能经过一定的步数到达任何其他状态。

相反情况便是可约性。如果存在至少一个状态对，使得从一个状态到另一个状态的转移概率为零(即无法直接或间接到达)，则该链被称为可约的。

如果图中存在不相连的分量，比如图20.18 (a) 这个图显然可约。

此外，如图20.18 (b) 所示，状态到达b后，就在这个状态“自循环”，不能再回到a、c。因此，图20.18 (b) 这个图也是可约。

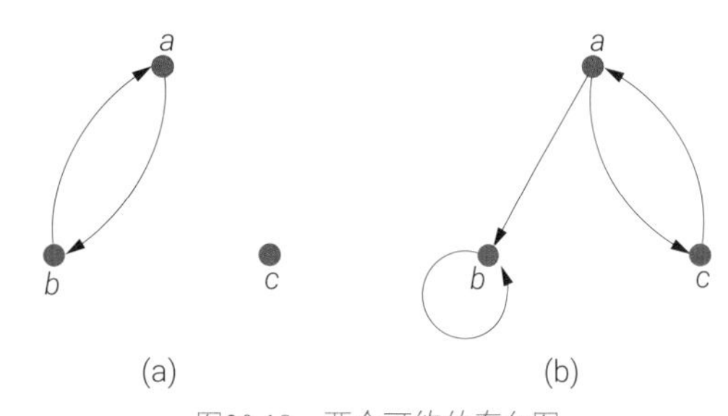

图20.18　两个可约的有向图

不可约这个性质保证了无论我们从哪个状态开始，马尔可夫链都有可能探索到整个状态空间。如果一个马尔可夫链是可约的，那么它可能被分割成两个或更多彼此不可达的子集，这样就不能保证存在唯一的稳态分布，因为不同的子集可能有自己的稳态分布。

非周期性

一个状态是非周期的，如果从该状态出发，返回到该状态的步数不构成一个大于 1 的最大公约数。如果每个状态都是非周期的，则整个马尔可夫链是非周期的。这意味着从任何状态出发，返回到该状态的可能步数不会有固定的模式或周期。

非周期性确保了马尔可夫链不会陷入一个循环中，其中它只能在特定的时间步内访问某些状态。图20.19所示的图便具有特定的周期。

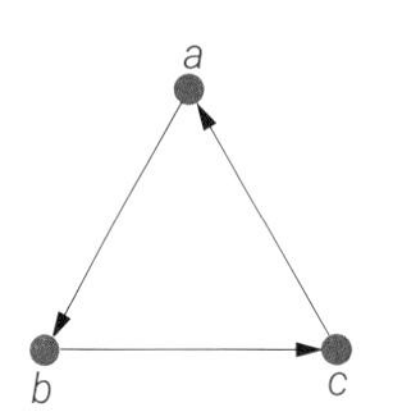

图20.19　具有周期性的有向图

这个周期图展示了一个简单的闭环结构，其中包含三个节点，形成了一个周期。每个节点只能通过两步返回到自己，没有直接的自环，表明这个图的周期性。这个矩阵反映了周期图的特点：每个节点都通过恰好两步返回到自己，没有更短的路径，这表明每个节点的周期是 3。

正常返

一个状态是正常返的，如果从该状态出发，预期返回到该状态的时间是有限的。更准确地说，如果状态 i 是正常返的，那么从 i 出发，返回到 i 的平均首次返回时间是有限的。

这意味着，长期来看，马尔可夫链将无限次返回到这个状态。正常返性质对于确保稳态分布的存在和唯一性至关重要。如图20.20所示，从节点a出发，如果到了d，则无法再返回a。如果从该状态出发，返回到该状态的概率小于1，则称该状态为**暂态** (transient)。

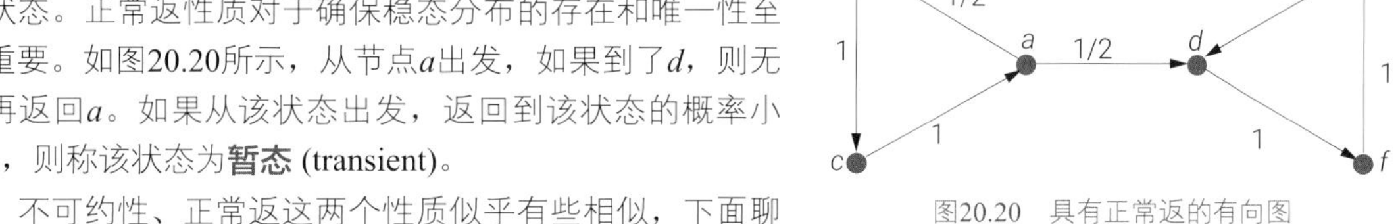

图20.20　具有正常返的有向图

不可约性、正常返这两个性质似乎有些相似，下面聊聊两者的异同。

不可约性是关于马尔可夫链的状态空间的全局属性，强调的是状态之间的可达性。如果一个链是不可约的，那么理论上从任何一个状态出发，都可以通过一系列转移到达任何其他状态。

正常返则是关于单个状态的行为，特别是关于长期访问该状态的频率。一个状态是正常返的，意味着长期来看，它会被反复访问，且平均每次访问之间的时间间隔是有限的。

三个天气状态

如图20.21所示，某一个地区的天气只有三种状态——晴天、阴天和雨天，即可能输出状态有限。图20.21描述了下一天天气状态和上一天天气状态之间的概率关系，这幅图显然可以看作是有向图；请大家用NetworkX构造这幅图的有向图，并且产生其有向图。

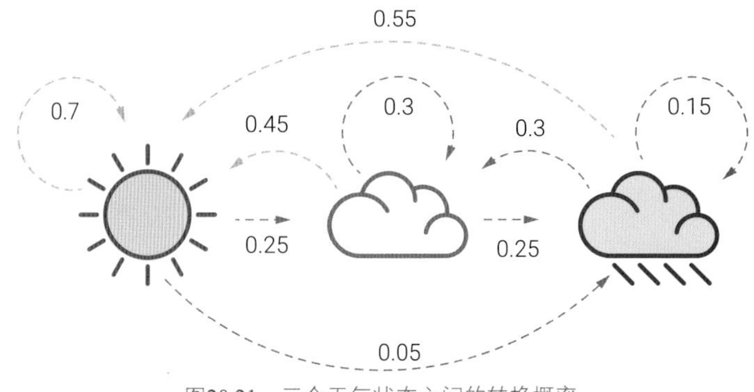

图20.21 三个天气状态之间的转换概率

用**状态向量** (state vector) $\boldsymbol{x}_i$表示当前天气，$\boldsymbol{x}_{i+1}$表示下一天天气。

根据马尔可夫过程性质，下一天天气状态仅仅依赖于当前天气：

◀ 如果当前为晴天，下一天70%可能性为晴天，25%可能性为阴天，5%可能性为雨天；将这一转化写成向量运算，如图20.22所示。

◀ 如果当前为阴天，下一天45%可能性为晴天，30%可能性还是阴天，25%可能性为雨天；阴天到其他三种天气的转换，如图20.23所示。

◀ 如果当前为雨天，下一天55%可能性为晴天，30%可能性为阴天，15%可能性还是雨天。雨天到其他三种天气转换，如图20.24所示。

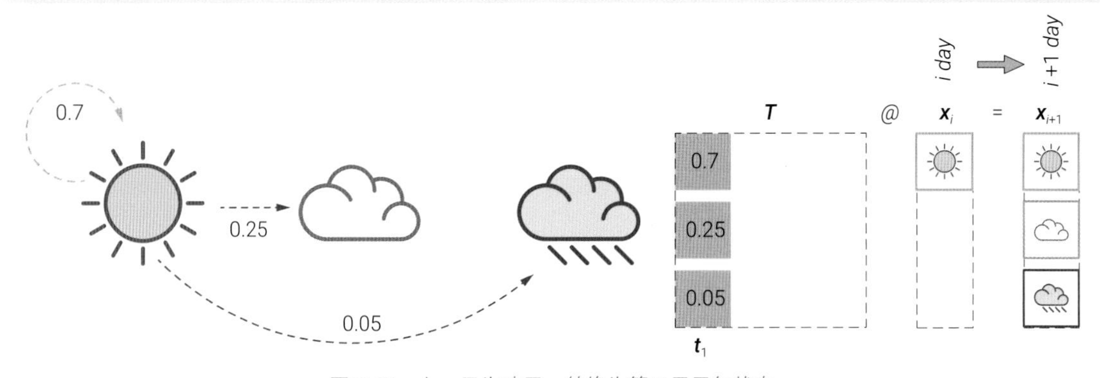

图20.22 上一天为晴天，转换为第二天天气状态

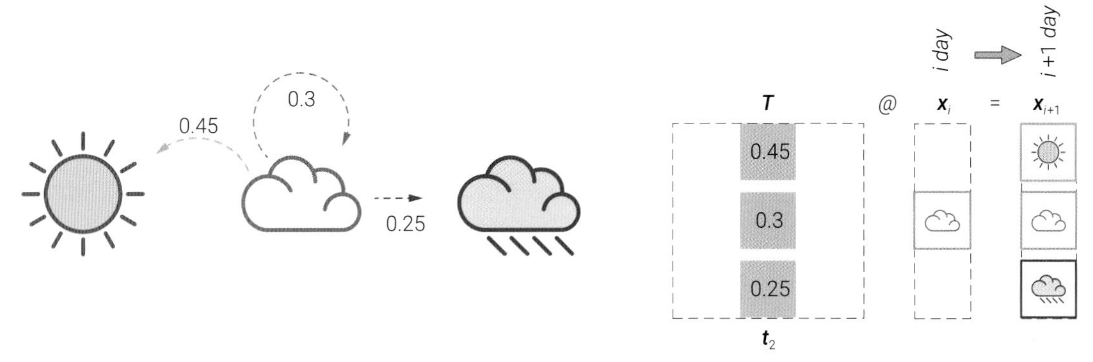

图20.23 上一天为阴天，转换为第二天天气状态

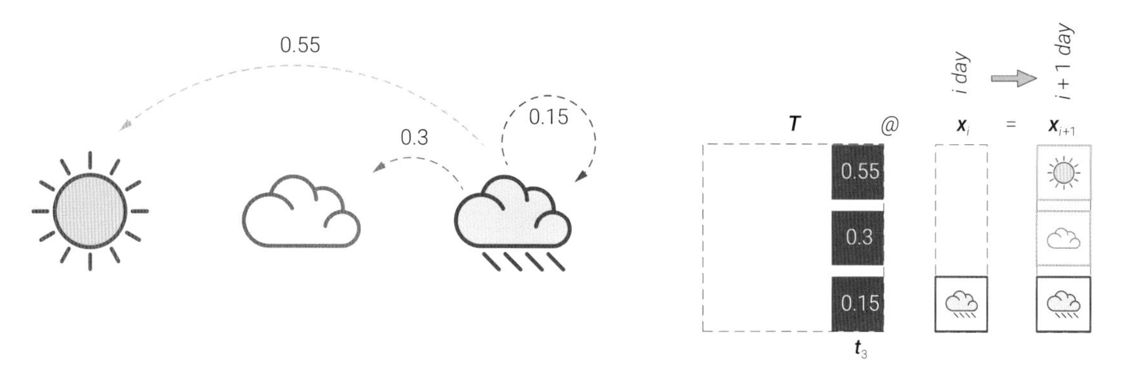

图20.24　上一天为雨天，转换为第二天天气状态

将图20.22、图20.23和图20.24中矩阵整合得到转移矩阵，如图20.25所示。转移矩阵$\boldsymbol{T}$、当前天气状态$\boldsymbol{x}_i$和下一天天气状态$\boldsymbol{x}_{i+1}$三者关系如下所示：

$$\boldsymbol{x}_{i+1} = \boldsymbol{T}\boldsymbol{x}_i \tag{20.24}$$

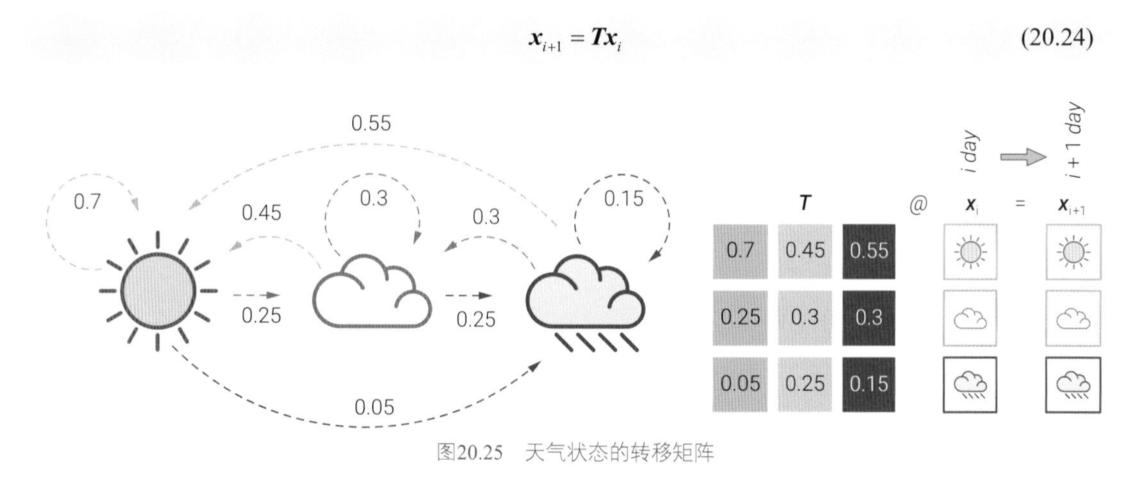

图20.25　天气状态的转移矩阵

从行向量角度看转移矩阵$\boldsymbol{T}$，我们可以得到图20.26、图20.27和图20.28三幅图像，请大家自行分析这三个矩阵乘法。

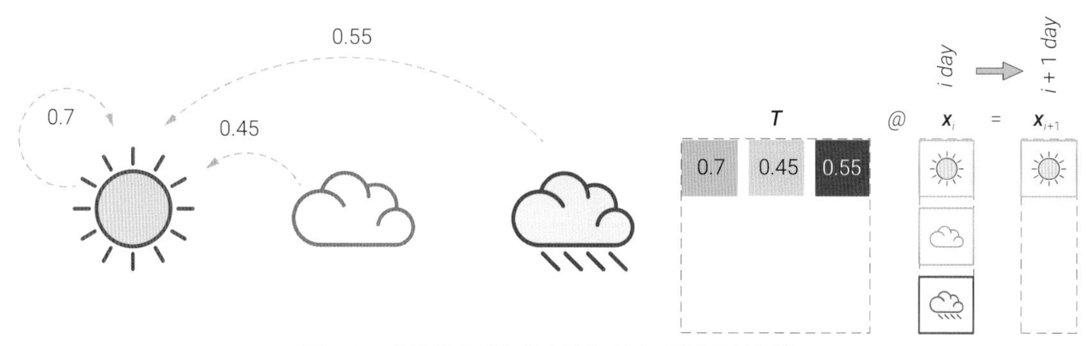

图20.26　当前三种天气状态转换成下一天晴天的运算

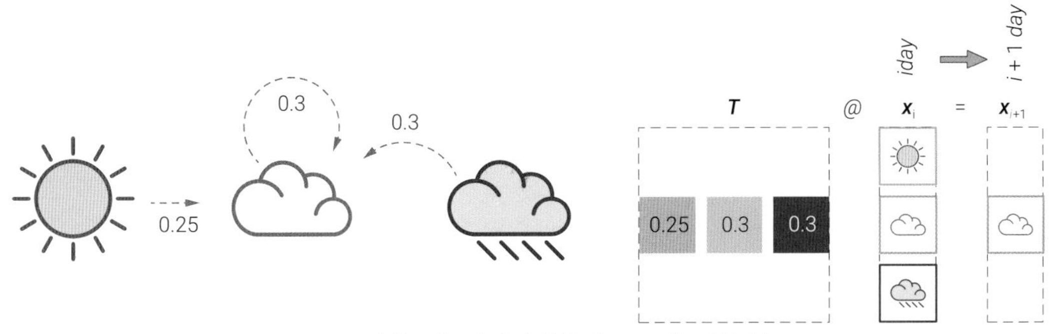

图20.27　当前三种天气状态转换成下一天阴天的运算

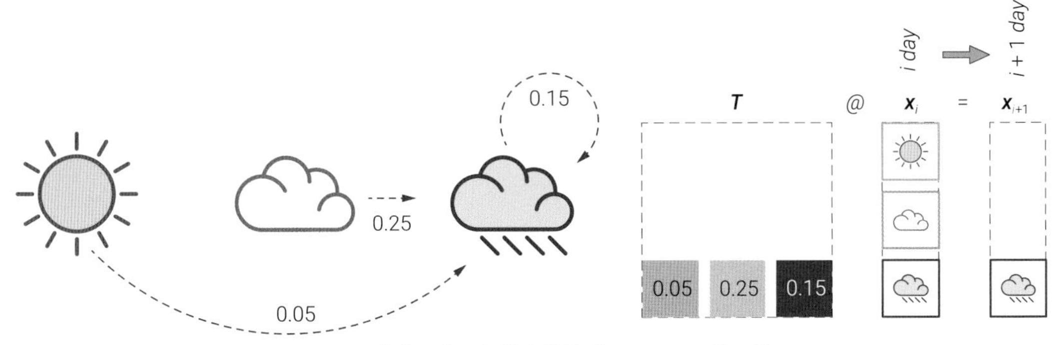

图20.28　当前三种天气状态转换成下一天雨天的运算

图20.29、图20.30、图20.31所示为不同初始状态开始得到相同的稳态。

图20.32所示为 {晴天，阴天，雨天} 这三个状态的马尔可夫链随机行走。图20.33所示为累积概率随时间变化，容易发现这个马尔可夫过程随机行走最后也趋于稳态。图20.34所示的最终概率结果接近前文计算得到的稳态结果。

Bk6_Ch20_02.ipynb中绘制了图20.29、图20.30、图20.31。

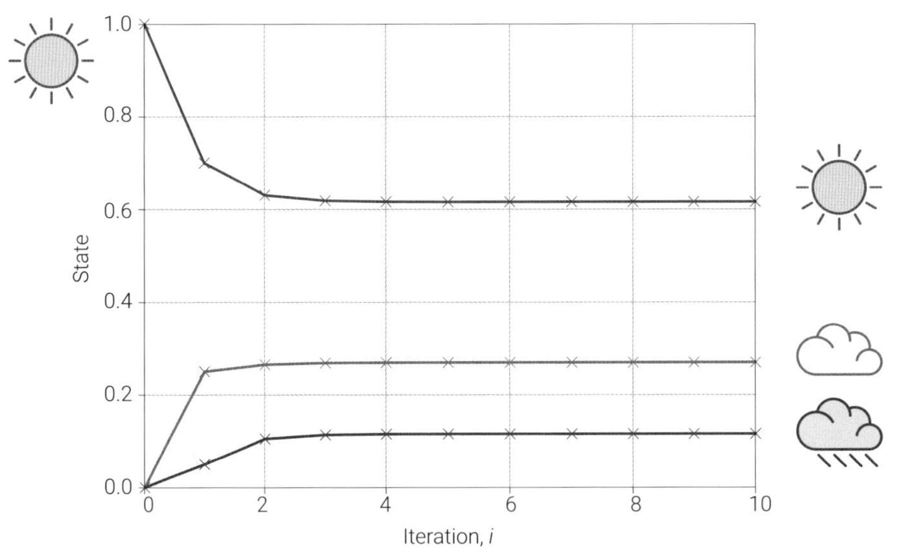

图20.29　从晴天经过转移矩阵变换得到的稳态

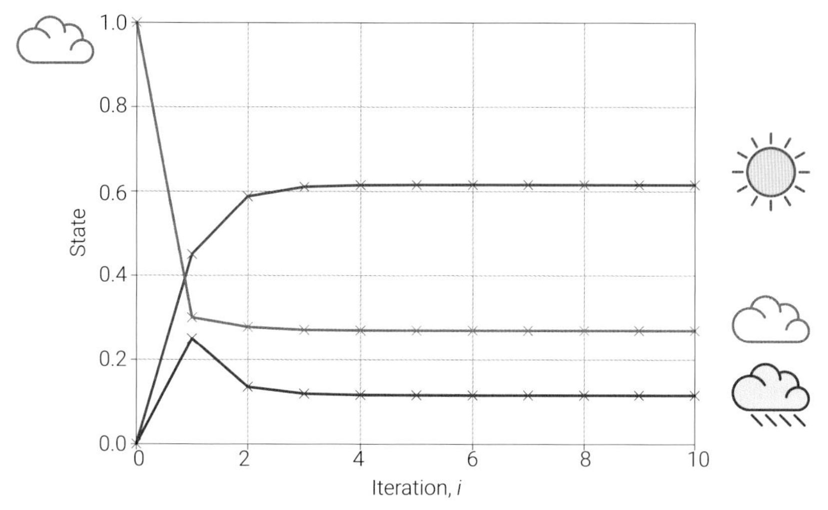

图20.30　从阴天经过转移矩阵变换得到的稳态

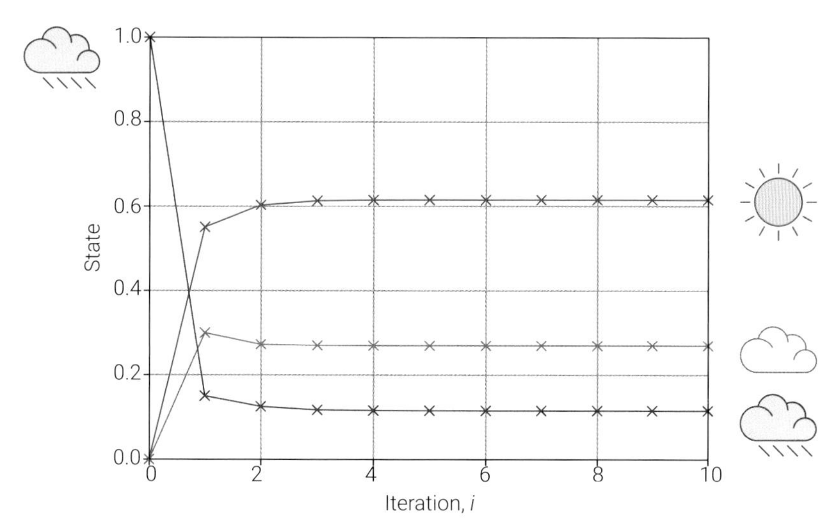

图20.31　从雨天经过转移矩阵变换得到的稳态

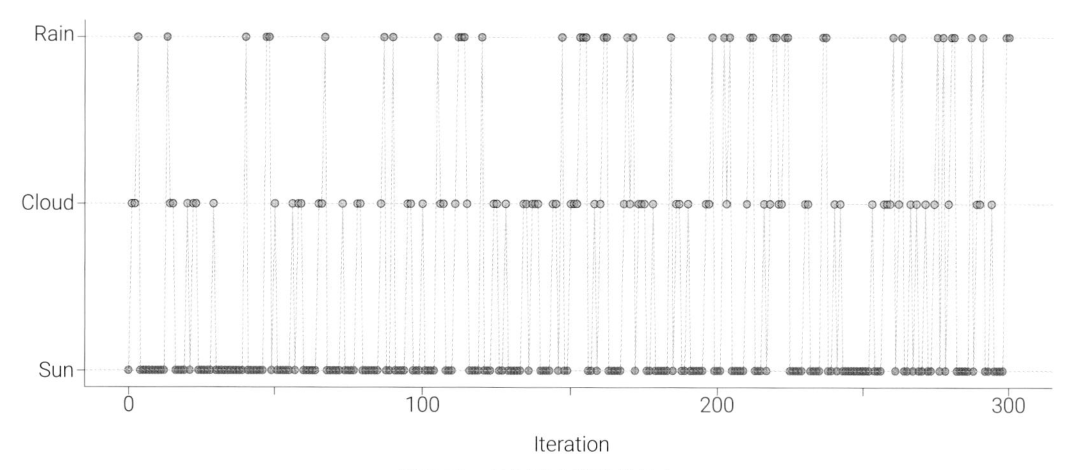

图20.32　马尔可夫链随机行走

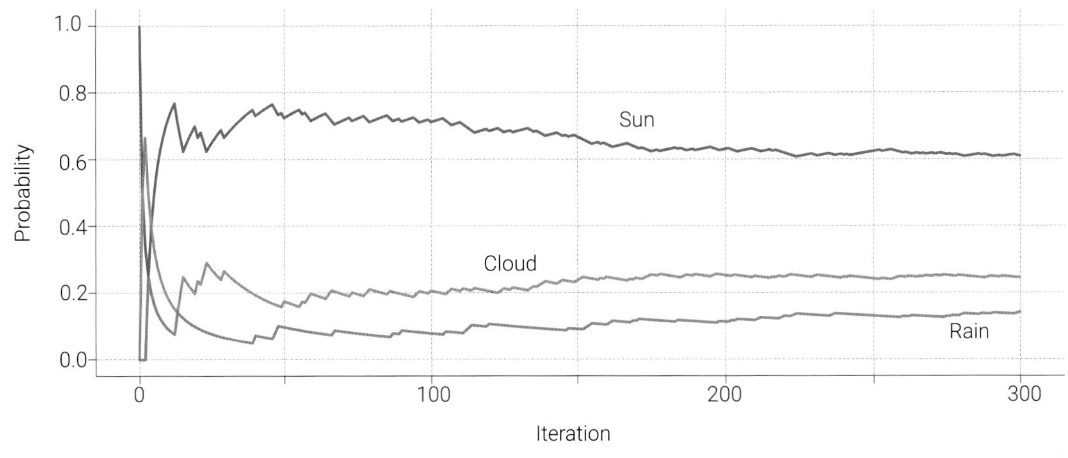

图20.33　累积概率变化

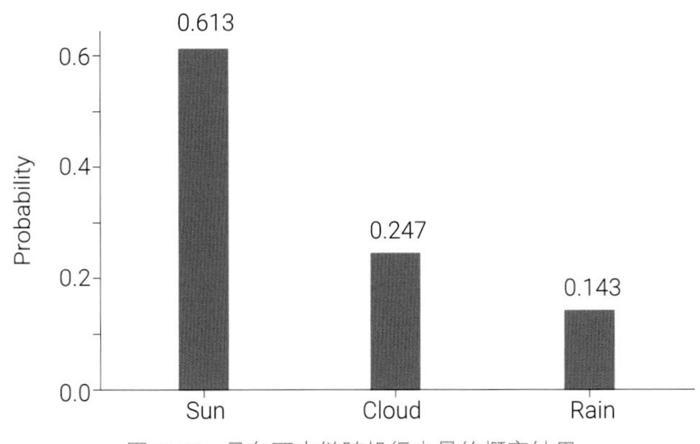

图20.34　马尔可夫链随机行走最终概率结果

本章将代表图的邻接矩阵和马尔可夫链中的转移矩阵联系起来了。

在图论中，转移矩阵用于表示图中节点间的转移概率，常见于马尔可夫链。无向图和有向图的邻接矩阵表示节点间是否直接相连，而转移矩阵则进一步表示从一个节点转移到另一个节点的概率。请大家注意，无向图的邻接矩阵为对称矩阵；有向图的邻接矩阵多数为不对称矩阵。

在马尔可夫链中，转移矩阵用于预测系统随时间演进的状态变化。稳态是系统状态经过足够多次转移后趋于稳定的分布。不可约性、非周期性和正常返这三个概念描述了马尔可夫链的长期行为和结构特性。不可约和非周期性通常是确定马尔可夫链是否收敛到一个唯一的平稳分布的关键条件。正常返状态保证了马尔可夫链将不断地返回到这些状态。转移矩阵的特征值分解可用于计算稳态。

21 Other Matrices Used in Graph
其他矩阵
关联矩阵、度矩阵、拉普拉斯矩阵等等

一切真理都经过三个阶段：首先，被讥讽嘲笑；然后，被强烈反对；最后，它被认为是不言而喻，不辩自明。

All truth passes through three stages: First, it is ridiculed; Second, it is violently opposed; Third, it is accepted as self-evident.

—— 阿图尔·叔本华 (Arthur Schopenhauer) | 德国哲学家 | 1788 — 1860年

- `networkx.adjacency_matrix()` 计算图的邻接矩阵
- `networkx.incidence_matrix()` 计算图的关联矩阵
- `networkx.line_graph()` 将无向图转换为线图
- `networkx.laplacian_matrix()` 计算无向图的拉普拉斯矩阵
- `networkx.normalized_laplacian_matrix()` 计算无向图的归一化拉普拉斯矩阵
- `networkx.laplacian_spectrum()` 无向图的拉普拉斯矩阵谱分析
- `networkx.normalized_laplacian_spectrum()` 无向图的归一化拉普拉斯矩阵谱分析

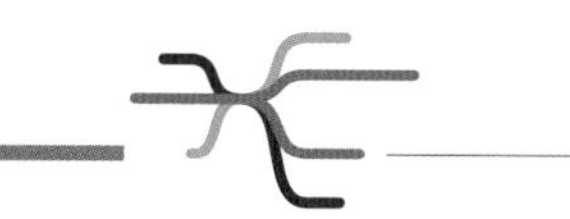

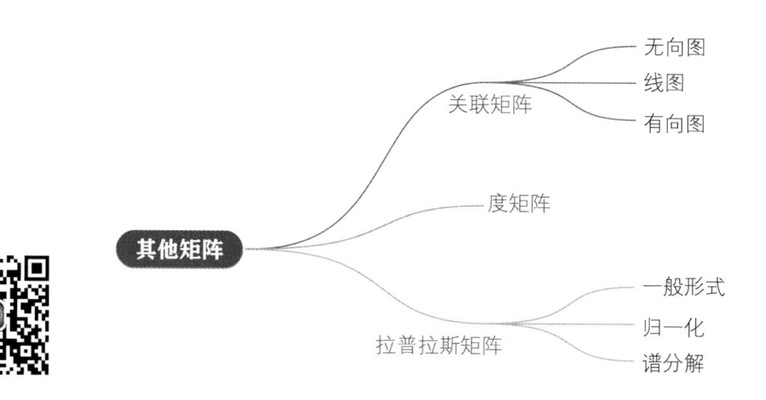

21.1 图中常见矩阵

前文介绍了和图直接相关的**邻接矩阵** (adjacency matrix)，本章则介绍以下几个和图相关的矩阵：

- **关联矩阵** (incidence matrix)：关联矩阵是另一种表示图的矩阵方式，它描述了图中节点和边之间的关系。如果图有n个节点和m条边，那么关联矩阵的大小为$n \times m$。矩阵中的元素$a_{i,j}$表示节点i和边j之间的关系。
- **度矩阵** (degree matrix)：度矩阵是一个对角矩阵，其对角元素表示每个节点的度数。
- **拉普拉斯矩阵** (Laplacian matrix)：一般值得的是度矩阵和邻接矩阵之差。

我们可以利用线性代数方法研究这些矩阵，进而解决图论中的问题，使得图的分析更加形式化和简化。

21.2 关联矩阵

在图论中，关联矩阵是一种表示图结构的矩阵。这个矩阵的行对应于图的节点集合，列对应于图的边集合。对于一个有V个节点和E条边的图，关联矩阵的大小为$V \times E$。

对于无向图，矩阵中的元素表示节点和边之间的关系，通常使用0和1表示。具体而言，如果无向图中节点和边相关联，则对应的矩阵元素为1；否则为0。

对于有向图，那么关联矩阵的元素可能取值为−1、0和1，正负号表示边的方向。

无向图

图21.1中这幅无自环无向图已经出现过很多次了，下面首先回顾它的邻接矩阵。

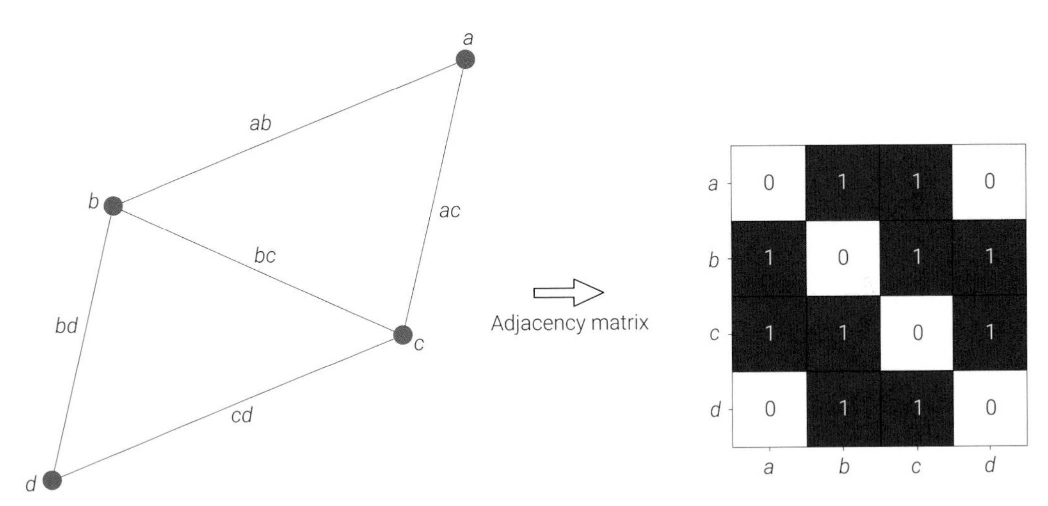

图21.1 无向图到邻接矩阵热图

这幅无向图的关联矩阵$\boldsymbol{C}$为：

$$\boldsymbol{C}=\begin{bmatrix}1 & 1 & 0 & 0 & 0\\1 & 0 & 1 & 1 & 0\\0 & 1 & 1 & 0 & 1\\0 & 0 & 0 & 1 & 1\end{bmatrix} \tag{21.1}$$

如图21.2所示，这幅图有4个节点、5条边，因此其关联矩阵$\boldsymbol{C}$的形状为4 × 5。关联矩阵$\boldsymbol{C}$的4行从上到下分别代表4个节点——a、b、c、d。$\boldsymbol{C}$的5列从左到右分别代表5条边——ab、ac、bc、bd、cd。

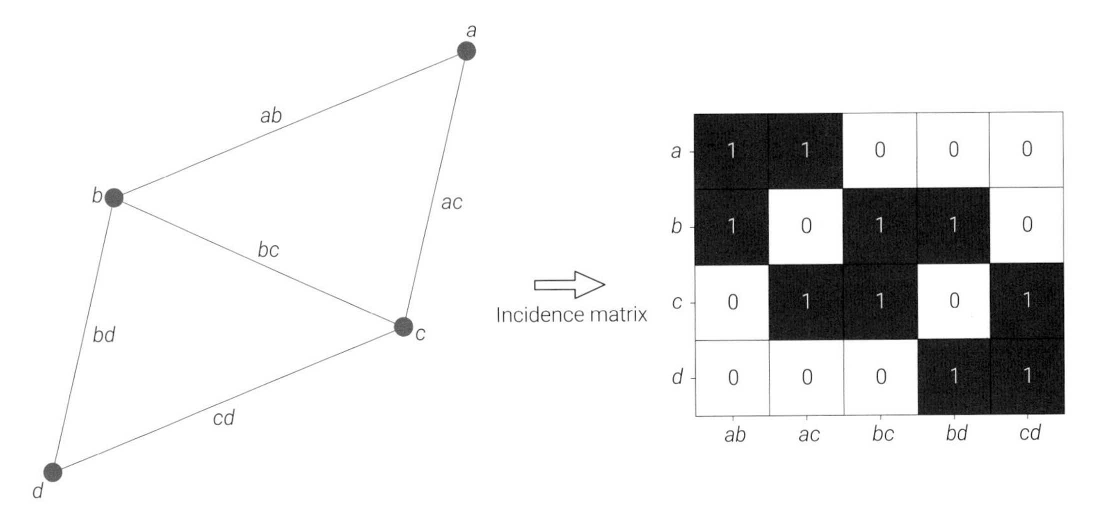

图21.2 从无向图到关联矩阵热图

对于无自环无向图，不考虑权重、不考虑多图的话，关联矩阵$\boldsymbol{C}$每列元素之和为2，式(21.1)中关联矩阵列元素之和为以下向量：

$$\begin{bmatrix} 2 & 2 & 2 & 2 & 2 \end{bmatrix} \tag{21.2}$$

中关联矩阵行元素之和则是每个节点的度：

$$\begin{bmatrix} 2 \\ 3 \\ 3 \\ 2 \end{bmatrix} \tag{21.3}$$

图21.3逐个元素解释了无自环无向图和关联矩阵之间的关系。比如，关联矩阵$\boldsymbol{C}$的第1行代表和节点a有关的边，即ab、ac；因此，$c_{1,1}$和$c_{1,2}$元素均为1。

请大家自己分析图21.3剩余子图。

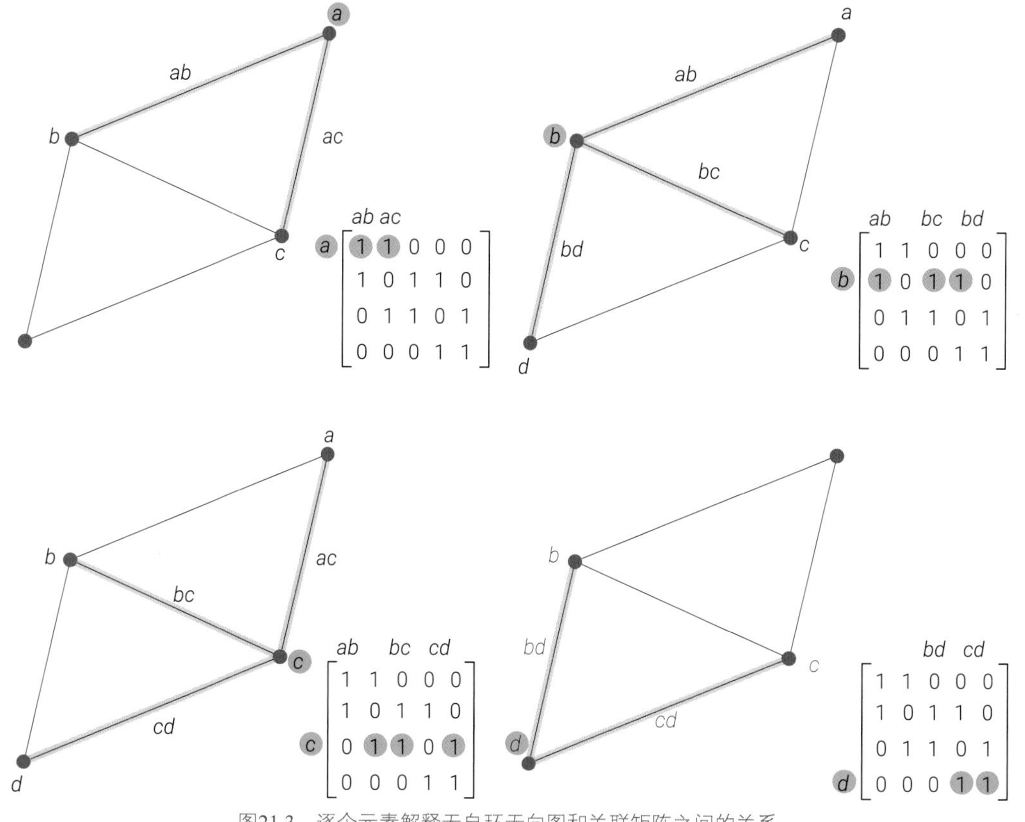

图21.3　逐个元素解释无自环无向图和关联矩阵之间的关系

代码21.1计算了图的邻接矩阵、关联矩阵，并绘了图21.1和图21.2中热图。下面讲解其中关键语句。

ⓐ用networkx.adjancency_matrix() 计算图的邻接矩阵。

ⓑ用seaborn.heatmap() 可视化邻接矩阵。纵轴刻度标签yticklabels和横轴刻度标签xticklabels都是无向图的节点，即list(G.nodes)。

ⓒ用networkx.incidence_matrix() 计算图的关联矩阵。

ⓓ用seaborn.heatmap() 可视化关联矩阵。纵轴刻度标签yticklabels为无向图的节点，即list(G.nodes)；横轴刻度标签xticklabels则是无向图的边，即list(G.edges)。

表21.1给出几幅图和它们对应的关联矩阵供大家在NetworkX中练习。请大家注意表中不同关联矩阵列代表的边不同。

代码21.1 图的邻接矩阵和关联矩阵 | Bk6_Ch21_01.ipynb

```
import matplotlib.pyplot as plt
import networkx as nx
import numpy as np
import seaborn as sns

G = nx.Graph()
# 创建无向图的实例

G.add_nodes_from(['a', 'b', 'c', 'd'])
# 添加多个顶点

G.add_edges_from([('a','b'),('b','c'),
                  ('b','d'),('c','d'),
                  ('c','a')])
# 增加一组边

# 邻接矩阵
A = nx.adjacency_matrix(G).todense()          # a

# 可视化
sns.heatmap(A, cmap = 'Blues',                # b
            annot = True, fmt = '.0f',
            xticklabels = list(G.nodes),
            yticklabels = list(G.nodes),
            linecolor = 'k', square = True,
            linewidths = 0.2)
plt.savefig('邻接矩阵.svg')

C = nx.incidence_matrix(G).todense()          # c
# 关联矩阵

# 可视化
sns.heatmap(C, cmap = 'Blues',                # d
            annot = True, fmt = '.0f',
            yticklabels = list(G.nodes),
            xticklabels = list(G.edges),
            linecolor = 'k', square = True,
            linewidths = 0.2)
plt.savefig('关联矩阵.svg')
```

Bk6_Ch21_01.ipynb中还绘制空手道俱乐部人员关系图的关联矩阵热图，具体如图21.4所示。

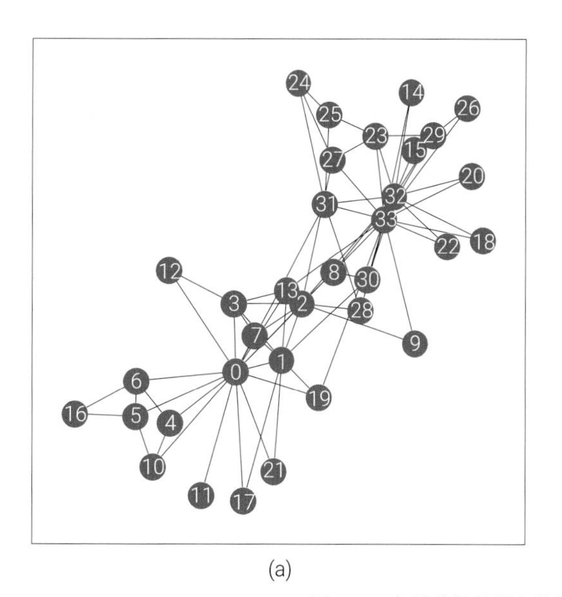

(a)

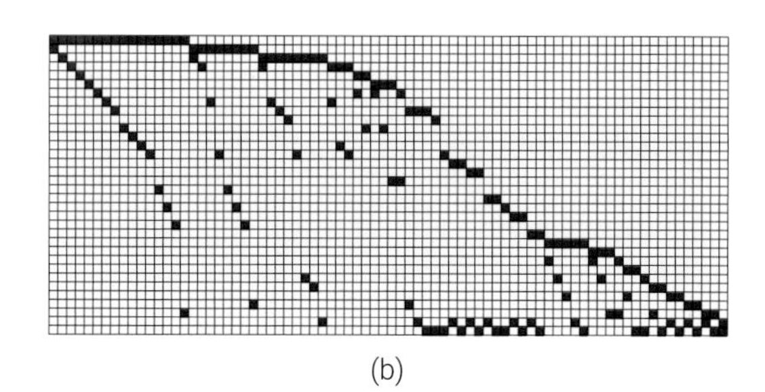

(b)

图21.4　空手道俱乐部人员关系图，以及对应关联矩阵热图

表21.1　4个节点构造的几种无向图及关联矩阵，不含自环，不加权

无向图	关联矩阵	无向图	关联矩阵
	$\begin{bmatrix} 1 & 1 & 1 & 0 & 0 & 0 \\ 1 & 0 & 0 & 1 & 1 & 0 \\ 0 & 0 & 1 & 1 & 0 & 1 \\ 0 & 1 & 0 & 0 & 1 & 1 \end{bmatrix}$		NA
	$\begin{bmatrix} 1 & 1 & 0 & 0 & 0 \\ 1 & 0 & 1 & 1 & 0 \\ 0 & 0 & 1 & 0 & 1 \\ 0 & 1 & 0 & 1 & 1 \end{bmatrix}$		$\begin{bmatrix} 1 & 1 & 0 & 0 & 0 \\ 1 & 0 & 1 & 1 & 0 \\ 0 & 1 & 1 & 0 & 1 \\ 0 & 0 & 0 & 1 & 1 \end{bmatrix}$
	$\begin{bmatrix} 1 & 1 & 0 & 0 \\ 1 & 0 & 1 & 0 \\ 0 & 0 & 1 & 1 \\ 0 & 1 & 0 & 1 \end{bmatrix}$		$\begin{bmatrix} 1 & 1 & 0 & 0 \\ 0 & 0 & 1 & 1 \\ 0 & 1 & 1 & 0 \\ 1 & 0 & 0 & 1 \end{bmatrix}$
	$\begin{bmatrix} 1 & 0 & 0 \\ 0 & 1 & 0 \\ 0 & 1 & 1 \\ 1 & 0 & 1 \end{bmatrix}$		$\begin{bmatrix} 1 & 0 & 0 \\ 0 & 1 & 1 \\ 0 & 1 & 0 \\ 1 & 0 & 1 \end{bmatrix}$

续表

无向图	关联矩阵	无向图	关联矩阵
	$\begin{bmatrix}1&1&1\\1&0&0\\0&0&1\\0&1&0\end{bmatrix}$		$\begin{bmatrix}1&1&0\\1&0&1\\0&0&0\\0&1&1\end{bmatrix}$
	$\begin{bmatrix}1&1\\1&0\\0&0\\0&1\end{bmatrix}$		$\begin{bmatrix}1&0\\1&1\\0&0\\0&1\end{bmatrix}$
	$\begin{bmatrix}1\\1\\0\\0\end{bmatrix}$		$\begin{bmatrix}0\\1\\0\\1\end{bmatrix}$

线图

下面，让我们聊聊一幅图的孪生兄弟——**线图** (line graph)，如图21.5所示。

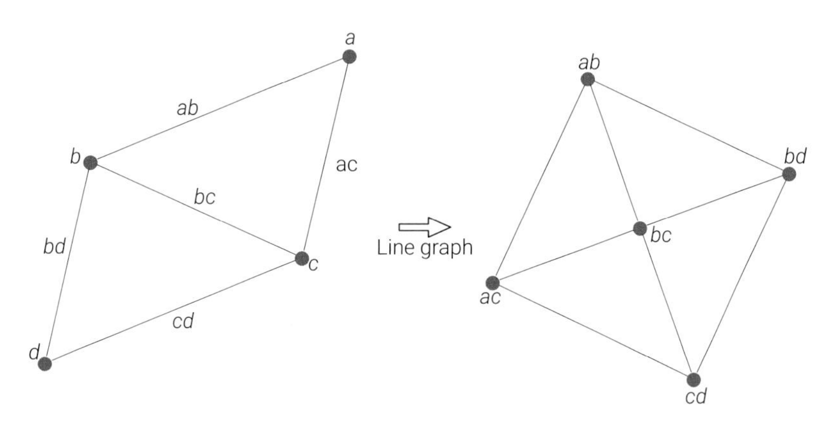

图21.5　无向图与其线图

图G自身的线图$L(G)$是一张能够反映G各边邻接性的图，$L(G)$具体定义如下：

◀$L(G)$ 的节点对应G的边。
◀$L(G)$ 的节点相连，仅当它们在G中有公共节点。

通俗地说，图G的边变成了线图$L(G)$ 的节点；如果，两条边在图G通过公共节点相连，则它们在线图$L(G)$ 中有一条边相连。

显然，$L(G)$ 也有自己的邻接矩阵$\boldsymbol{A}_L$，如图21.6所示。

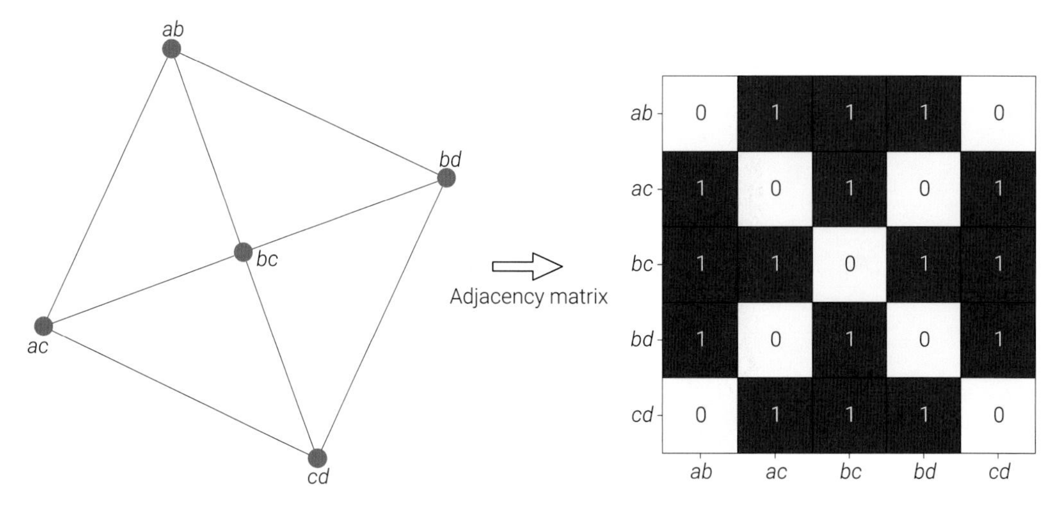

图21.6　线图的邻接矩阵

G的线图邻接矩阵$\boldsymbol{A}_L$和G的关联矩阵$\boldsymbol{C}$存在以下关系：

$$\boldsymbol{A}_L = \boldsymbol{C}^{\mathrm{T}}\boldsymbol{C} - 2\boldsymbol{I} \tag{21.4}$$

其中，$\boldsymbol{I}$为单位矩阵，行、列数为图G的边数。具体计算过程如图21.7所示。

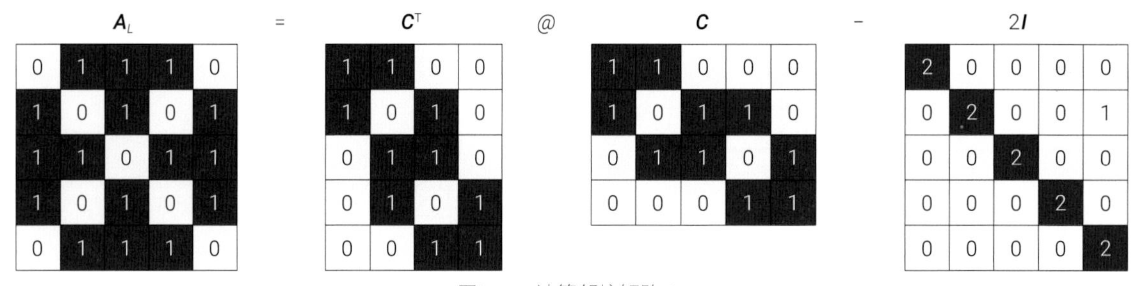

图21.7　计算邻接矩阵$\boldsymbol{A}_L$

代码21.2将有向图转换为线图，并且验证式(21.4) 给出的关系。下面讲解代码中关键语句。

ⓐ用edges()方法获取无向图边的排序，然后将其转换为列表；这个列表之后会用来重新排序关联矩阵的列。

ⓑ用networkx.line_graph() 将无向图转换为线图。

ⓒ用networkx.draw_networkx() 绘制线图。再次强调，线图也是一种图；只不过线图的节点是原始图的边。

ⓓ用networkx.adjacency_matrix() 获取线图的邻接矩阵。

参数nodelist = sequence_edges_G保证，线图邻接矩阵和关联矩阵的列对齐。

ⓔ用networkx.incidence_matrix() 获取原始图的关联矩阵。

ⓕ给出的矩阵运算用来验证。

代码21.2 图线图 | Bk6_Ch21_02.ipynb

```python
import matplotlib.pyplot as plt
import networkx as nx
import numpy as np
import seaborn as sns

undirected_G = nx.Graph()
# 创建无向图的实例

undirected_G.add_nodes_from(['a', 'b', 'c', 'd'])
# 添加多个节点

undirected_G.add_edges_from([('a','b'),
                             ('b','c'),
                             ('b','d'),
                             ('c','d'),
                             ('c','a')])
# 增加一组边

sequence_edges_G = list(undirected_G.edges())      # a
# 获取无向图边的序列，用于关联矩阵列排序

# 转换成线图
L_G = nx.line_graph(undirected_G)                  # b

# 可视化线图
plt.figure(figsize = (6,6))
nx.draw_networkx(L_G, pos = nx.spring_layout(L_G),  # c
                 node_size = 180)
plt.savefig('线图.svg')

# 线图的链接矩阵
# 调整列顺序，对齐列，这样方便后续矩阵运算
A_LG = nx.adjacency_matrix(L_G,                     # d
             nodelist = sequence_edges_G).todense()

# 图的关联矩阵
C = nx.incidence_matrix(undirected_G).todense()     # e

# 验证矩阵关系
# A_LG = C.T @ C - 2*I
C.T @ C - 2 * np.identity(5)                        # f
```

表21.2总结了一些图及其线图。

表21.2 一些图G及其线图$L(G)$; 参考https://mathworld.wolfram.com/LineGraph.html

Graph G		Line graph $L(G)$	
claw graph $K_{1,3}$		triangle graph C_3	

Graph G		Line graph $L(G)$	
complete bipartite graph $K_{2,3}$	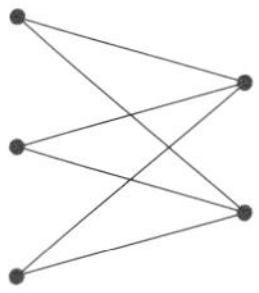	prism graph Y_3	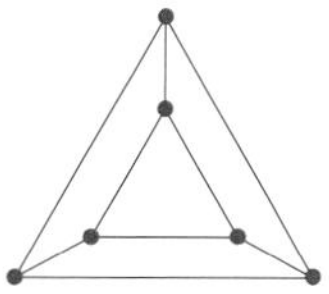
cubical graph	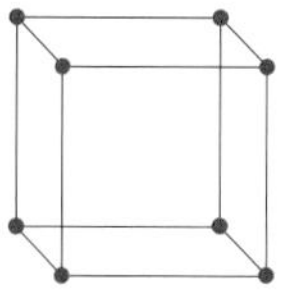	cuboctahedral graph	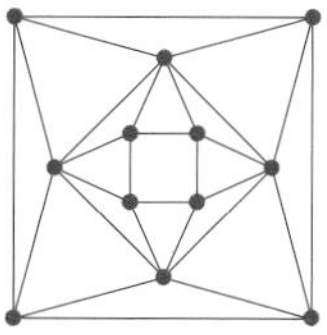
cycle graph C_n	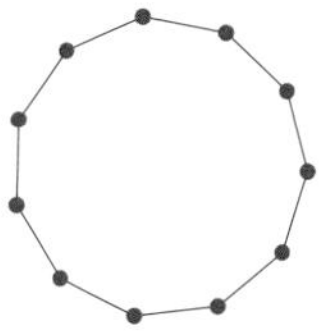	cycle graph C_n	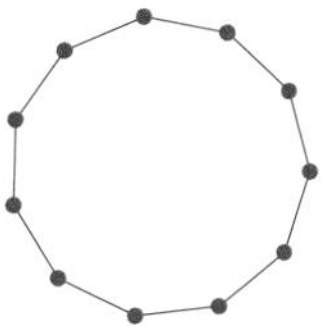
path graph P_2		singleton graph K_1	
path graph P_n		path graph P_{n-1}	
square graph C_4		square graph C_4	
star graph S_5	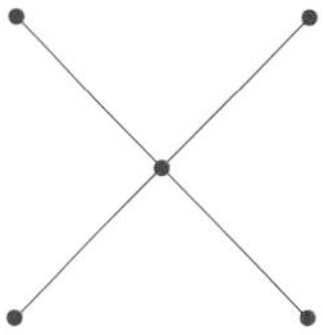	tetrahedral graph K_4	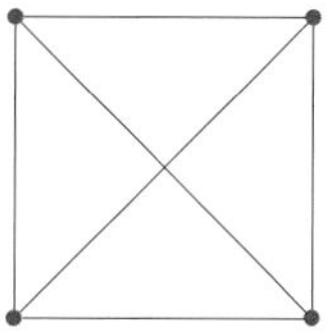
star graph S_n	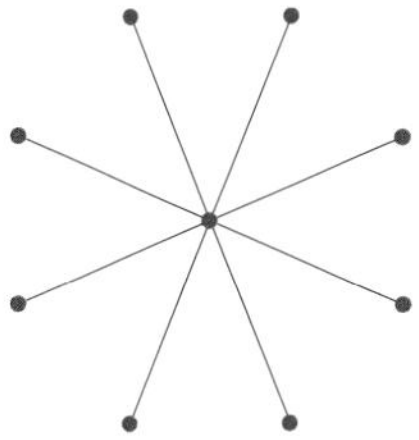	complete graph K_{n-1}	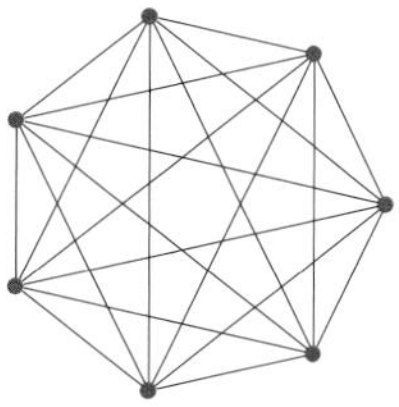
tetrahedral graph K_4	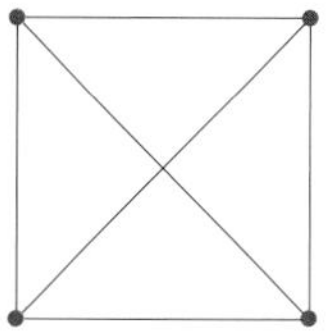	octahedral graph	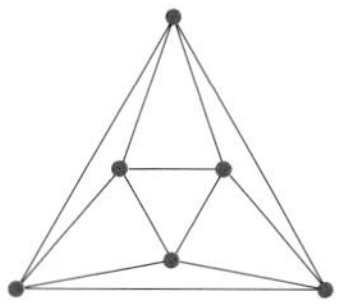
triangle graph C_3	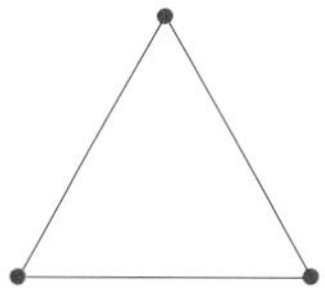	triangle graph C_3	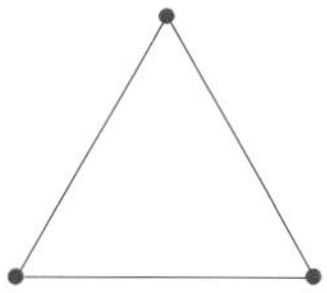

常见图的关联矩阵

表21.3总结了常见图及其关联矩阵，请大家自行分析关联矩阵的特征，并对比前文相同图的邻接矩阵。Bk6_Ch21_04.ipynb中绘制了表21.3中图和关联矩阵热图，请大家自行学习。

表21.3　常见图及其关联矩阵

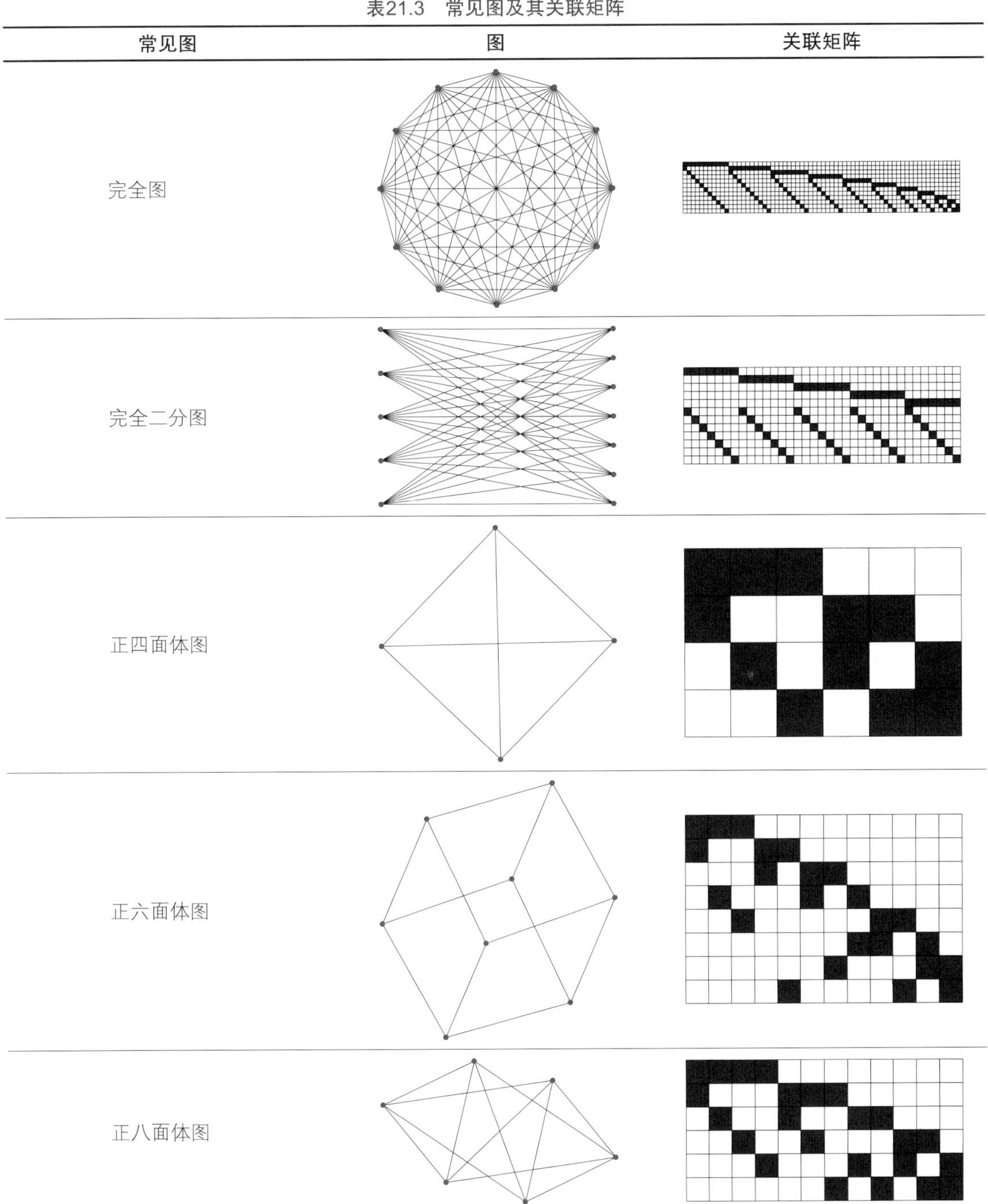

常见图	图	关联矩阵
完全图		
完全二分图		
正四面体图		
正六面体图		
正八面体图		

续表

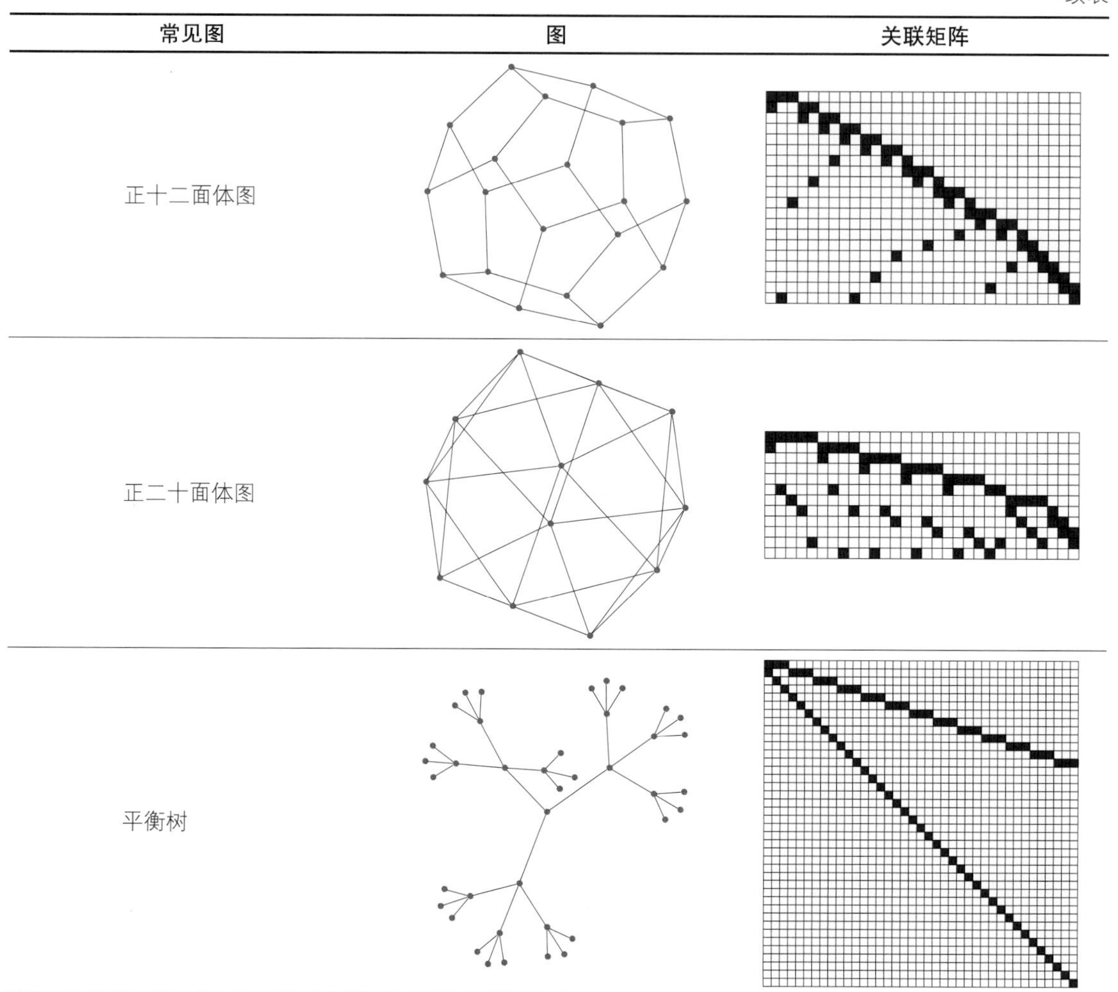

常见图	图	关联矩阵
正十二面体图		
正二十面体图		
平衡树		

有向图

图21.8回顾了前文介绍的有向图和邻接矩阵关系。

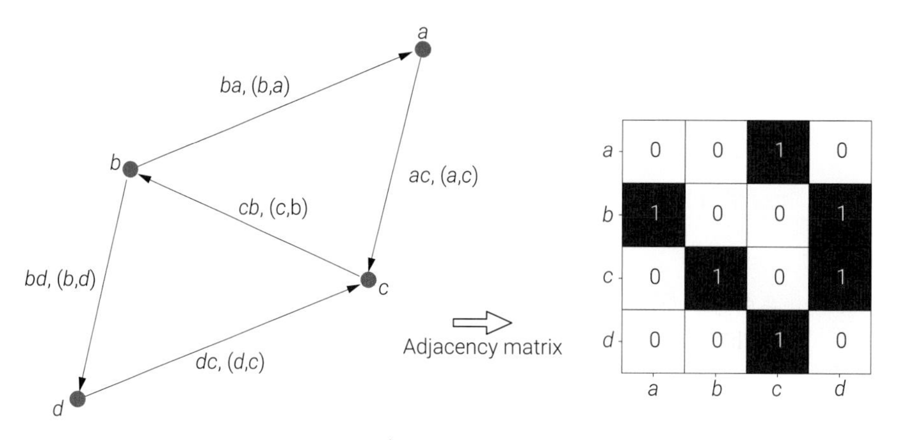

图21.8　从有向图到邻接矩阵热图

图21.8这幅有向图对应的关联矩阵为：

$$
\boldsymbol{C}=\begin{bmatrix} -1 & 1 & 0 & 0 & 0 \\ 0 & -1 & -1 & 1 & 0 \\ 1 & 0 & 0 & -1 & 1 \\ 0 & 0 & 1 & 0 & -1 \end{bmatrix} \tag{21.5}
$$

图21.9所示为从有向图到关联矩阵热图：

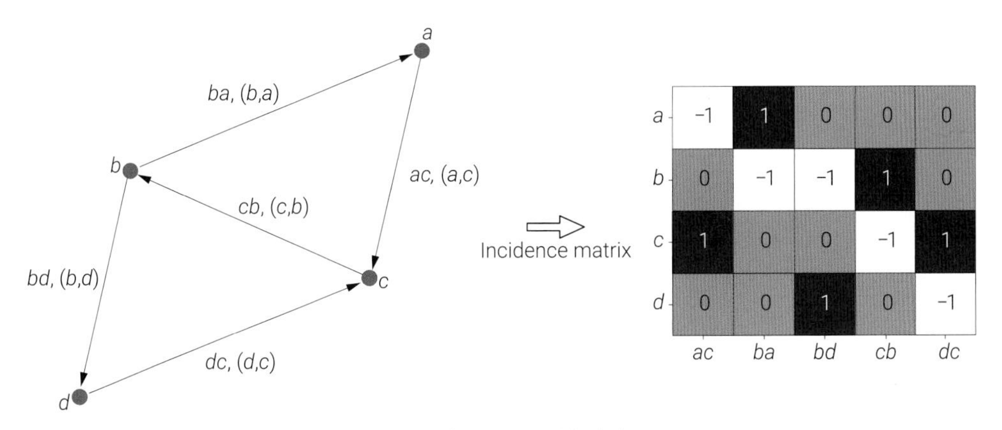

图21.9　从有向图到关联矩阵热图

式(21.5) 中关联矩阵列元素之和均为0，具体为：

$$
\begin{bmatrix} 0 & 0 & 0 & 0 & 0 \end{bmatrix} \tag{21.6}
$$

这也不难理解，有向图的每一列代表一条有向边。不考虑自环、不考虑多图，有向边有入 (+1)、有出 (−1)。

式(21.5) 中关联矩阵每行“+1”元素求和为节点的入度：

$$
\begin{bmatrix} 1 \\ 1 \\ 2 \\ 1 \end{bmatrix} \tag{21.7}
$$

式(21.5) 中关联矩阵每行“−1”元素求和取正为节点的出度：

$$
\begin{bmatrix} 1 \\ 2 \\ 1 \\ 1 \end{bmatrix} \tag{21.8}
$$

图21.10逐个元素解释了有向图和关联矩阵之间的关系，请大家自行分析四幅子图。

大家可以在Bk6_Ch21_05.ipynb中找到相关计算。

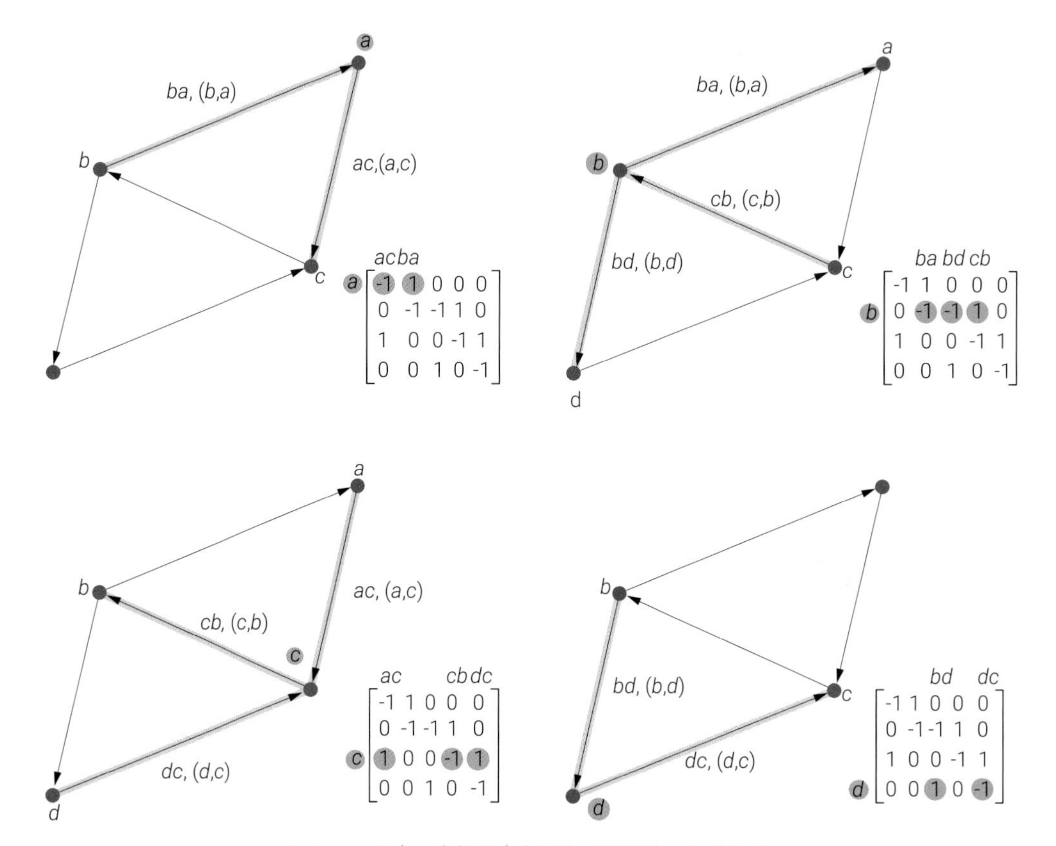

图21.10　逐个元素解释有向图和关联矩阵之间的关系

21.3 度矩阵

本书前文已经介绍过**度** (degree) 这个概念，本节将其扩展到**度矩阵** (degree matrix) 这个概念。

简单来说，度矩阵是一个与图的节点相关的矩阵，用于表示每个节点的度。对于一个图G，其度矩阵$\boldsymbol{D}$是一个$n \times n$的矩阵，n表示图中节点的数量。

如果G中的节点i的度为d_i，那么度矩阵$\boldsymbol{D}$的第i行第i列的元素为d_i；度矩阵$\boldsymbol{D}$非主对角线上其他元素为0。

本书前文介绍过，对于无向图，其邻接矩阵$\boldsymbol{A}$沿列或行求和可以得到每个节点的度构成的向量。再将这个向量转换成对角矩阵，我们便得到度矩阵$\boldsymbol{D}$：

$$\boldsymbol{D} = \operatorname{diag}\left(\boldsymbol{I}^{\mathrm{T}} \boldsymbol{A}\right) \tag{21.9}$$

图21.11所示为无向图G的度矩阵。度矩阵的对角线元素表示每个节点的度，而非对角线元素均为0。显然，度矩阵$\boldsymbol{D}$是对角方阵。

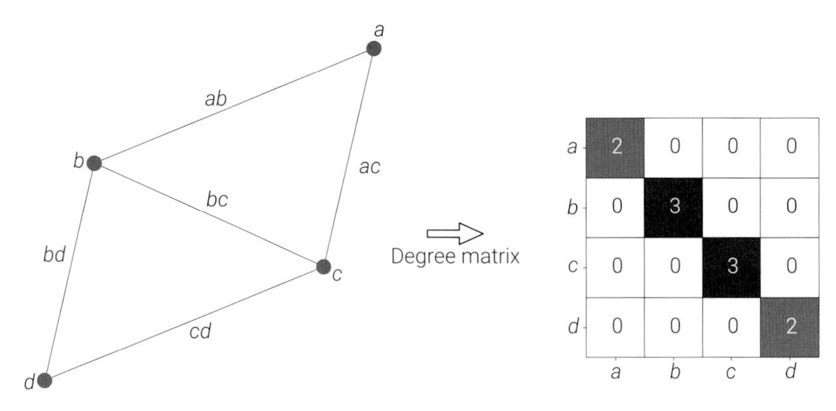

图21.11　无向图到度矩阵

Bk6_Ch21_05ipynb中绘制了图21.11，还绘制了图21.12。图21.12是空手道俱乐部人员关系图对应的度矩阵热图。Bk6_Ch21_05.ipynb这段代码很简单，请大家自行学习。

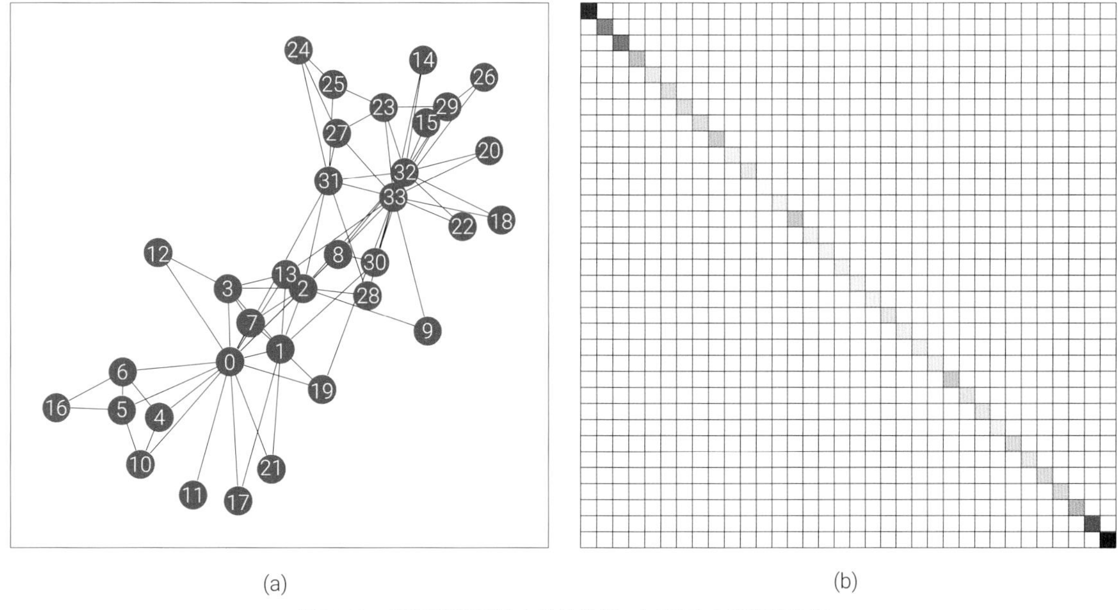

图21.12　空手道俱乐部人员关系图，以及对应度矩阵热图

度矩阵可以用于分析网络的结构，识别中心节点，研究节点的重要性，等等。度矩阵是计算图的拉普拉斯矩阵的基础，这是下一节要介绍的内容。

对于有向图，我们可以分别得到它的**入度矩阵** (in-degree matrix) 和**出度矩阵** (out-degree matrix)。

Bk6_Ch21_06.ipynb中绘制了图21.13两幅热图，代码很简单，请大家自行学习。

请大家复习本书前文介绍的**度分析** (degree analysis)。

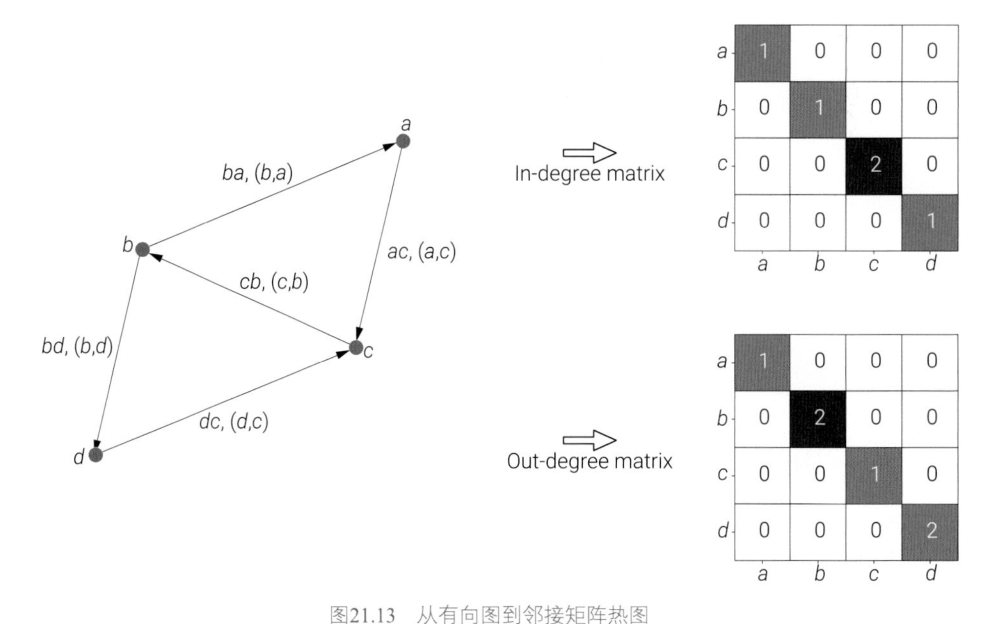

图21.13　从有向图到邻接矩阵热图

21.4 拉普拉斯矩阵

拉普拉斯矩阵 (Laplacian matrix) 是图论中的一个重要概念，通常用于表示图的结构和连接关系。在聚类问题中，拉普拉斯矩阵可以用来描述数据点之间的相似性，并通过对其进行**谱分解** (spectral decomposition) 来实现聚类。这是本书后文要介绍的一个话题。

图21.14所示为从无向图到拉普拉斯矩阵的转换。

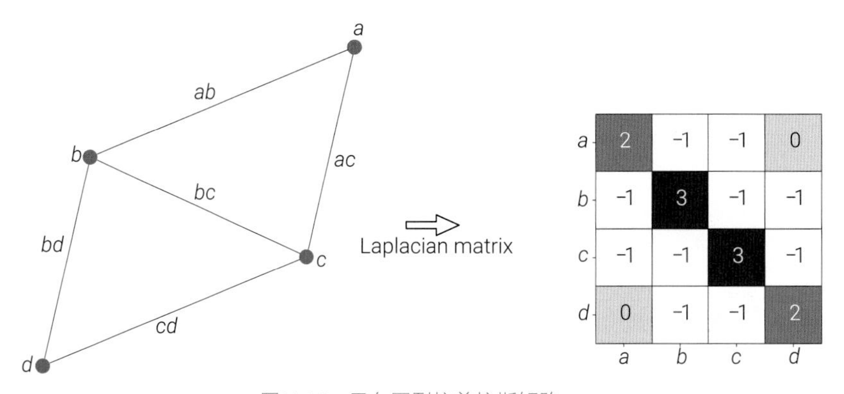

图21.14　无向图到拉普拉斯矩阵

对于无向图，拉普拉斯矩阵有几种不同的定义，其中最常见定义如下：

$$\boldsymbol{L}=\boldsymbol{D}-\boldsymbol{A} \tag{21.10}$$

其中，$\boldsymbol{D}$是无向图的度矩阵，$\boldsymbol{A}$是无向图的邻接矩阵，如图21.15所示。

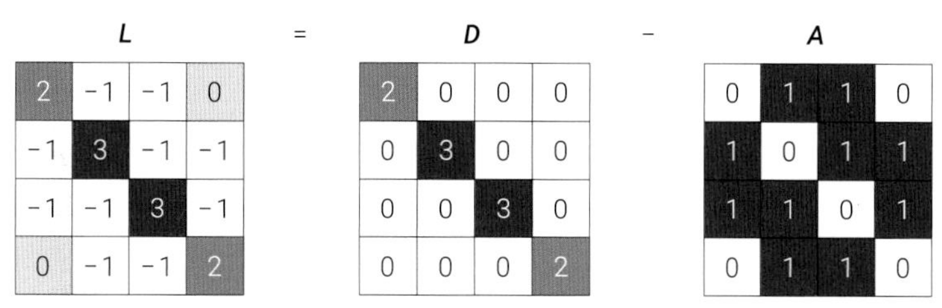

2	-1	-1	0
-1	3	-1	-1
-1	-1	3	-1
0	-1	-1	2

2	0	0	0
0	3	0	0
0	0	3	0
0	0	0	2

0	1	1	0
1	0	1	1
1	1	0	1
0	1	1	0

图21.15 计算拉普拉斯矩阵

归一化拉普拉斯矩阵

对于无向图，**归一化拉普拉斯矩阵** (normalized Laplacian matrix) 定义如下：

$$\boldsymbol{L}_n = \boldsymbol{D}^{-1/2}\left(\boldsymbol{D}-\boldsymbol{A}\right)\boldsymbol{D}^{-1/2} \tag{21.11}$$

也叫**归一化对称拉普拉斯矩阵** (normalized symmetric Laplacian matrix)。

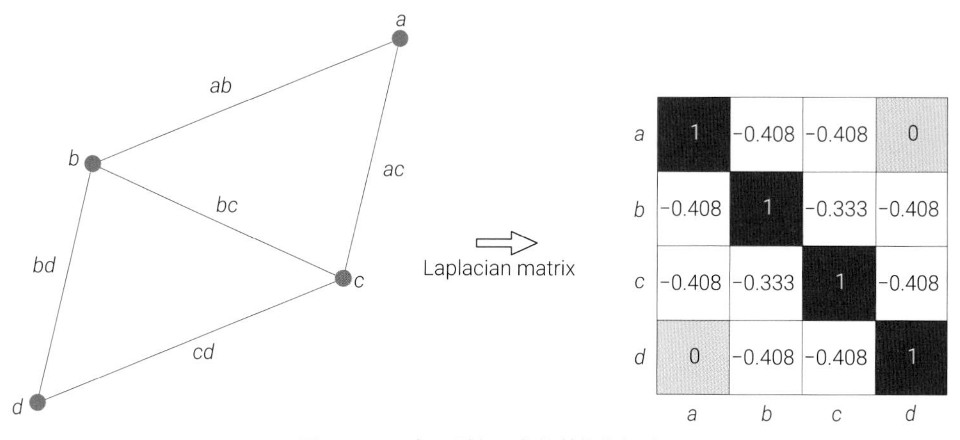

	a	b	c	d
a	1	-0.408	-0.408	0
b	-0.408	1	-0.333	-0.408
c	-0.408	-0.333	1	-0.408
d	0	-0.408	-0.408	1

图21.16 无向图到归一化拉普拉斯矩阵

Bk6_Ch21_07.ipynb中绘制了图21.14和图21.16，并验证两个拉普拉斯矩阵计算过程，下面讲解其中关键语句。

ⓐ用networkx.laplacian_matrix() 获取无向图的拉普拉斯矩阵。

ⓑ用networkx.adjacency_matrix() 计算无向图的邻接矩阵。

ⓒ计算无向图的度矩阵。

ⓓ验证拉普拉斯矩阵。

ⓔ用networkx.normalized_laplacian_matrix() 计算无向图的归一化拉普拉斯矩阵。

ⓕ验证归一化拉普拉斯矩阵。

表21.4总结了常见图的归一化拉普拉斯矩阵，请大家自己寻找规律；Bk6_Ch21_08.ipynb中绘制了表21.4图和热图，请大家自行学习。

代码21.3 拉普拉斯矩阵 | Bk6_Ch21_06.ipynb

```python
import matplotlib.pyplot as plt
import networkx as nx
import numpy as np
import seaborn as sns

G = nx.Graph()
# 创建无向图的实例

G.add_nodes_from(['a', 'b', 'c', 'd'])
# 添加多个节点

G.add_edges_from([('a','b'),('b','c'),
                  ('b','d'),('c','d'),
                  ('c','a')])
# 增加一组边

# 计算拉普拉斯矩阵
L = nx.laplacian_matrix(G).toarray()

A = nx.adjacency_matrix(G).todense()
# 邻接矩阵

D = A.sum(axis = 0)
D = np.diag(D)
# 度矩阵

# 验证拉普拉斯矩阵
D - A

# 归一化 (对称) 拉普拉斯矩阵
L_N = nx.normalized_laplacian_matrix (G).todense()

# 验证归一化拉普拉斯矩阵
D_sqrt_inv = np.diag(1/np.sqrt(A.sum(axis = 0)))
D_sqrt_inv @ L @ D_sqrt_inv
```

表21.4 常见图及其归一化拉普拉斯矩阵

常见图	图	归一化拉普拉斯矩阵
完全图	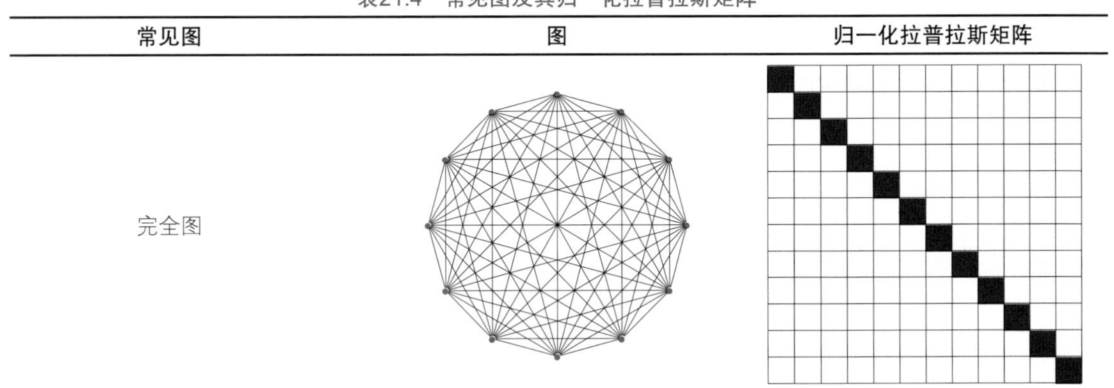	

续表

常见图	图	归一化拉普拉斯矩阵
完全二分图		
正四面体图		
正六面体图		
正八面体图		

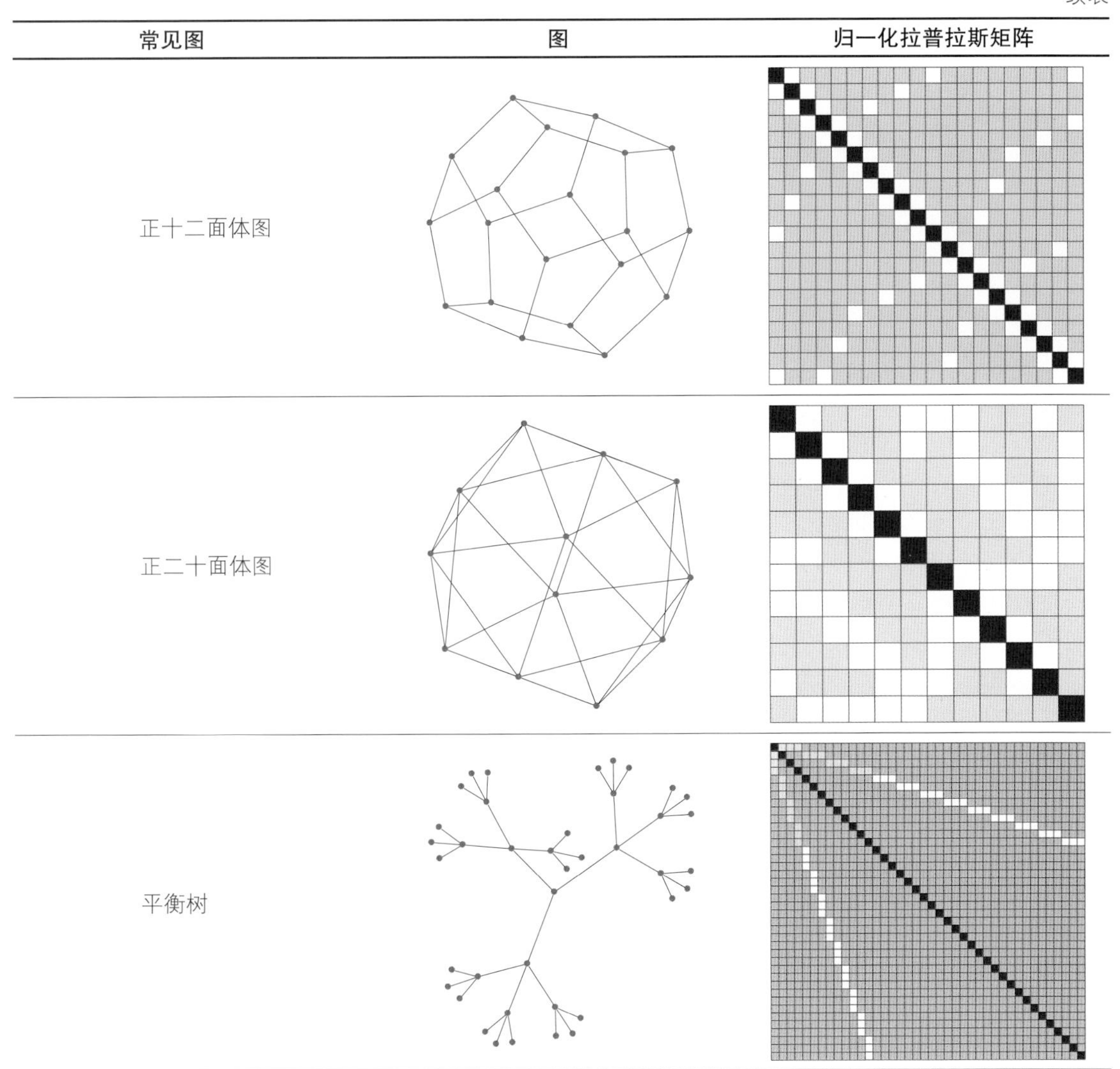

续表

常见图	图	归一化拉普拉斯矩阵
正十二面体图		
正二十面体图		
平衡树		

拉普拉斯矩阵谱分解

拉普拉斯矩阵的谱分解将图的结构信息编码到其特征值和特征向量中。通过对拉普拉斯矩阵进行谱分解，可以得到一组特征向量，这些特征向量对应于图的不同谱分量。这些特征向量可以用于聚类，因为相似的节点在谱空间中通常会被映射到相似的位置，如图21.17所示。

谱排序 (spectral ordering) 是一种基于图的谱性质的节点排序方法。谱排序的基本思想是，通过对图的拉普拉斯矩阵的特征向量进行排序，得到的排序顺序将具有一定的图结构信息。通常，这种排序方法可以用于提取图的特征，发现图中的模式或社区结构。

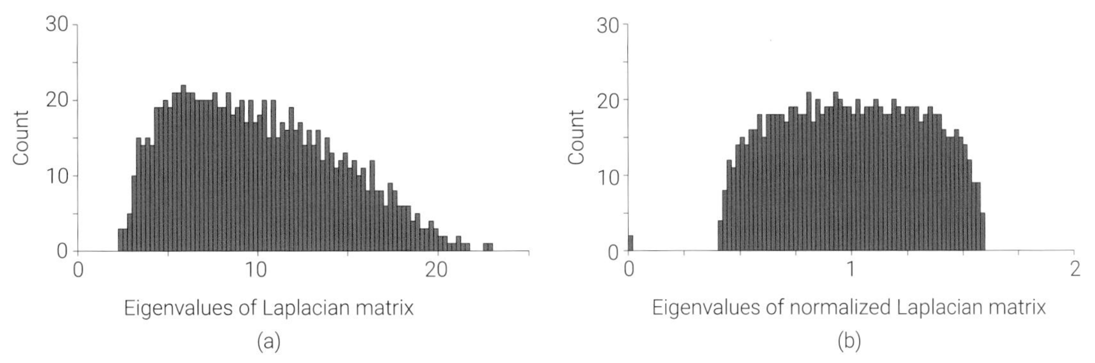

图21.17 拉普拉斯矩阵谱分解结果

下面讲解代码21.4中关键语句。

ⓐ用networkx.gnm_random_graph() 创建图。

ⓑ用networkx.laplacian_spectrum(G) 完成无向图G的拉普拉斯矩阵的谱分解。

ⓒ被注释掉的这两句用来验证拉普拉斯矩阵谱分解结果。先用networkx.laplacian_matrix() 计算拉普拉斯矩阵，然后再用numpy.linalg.eigvals() 计算拉普拉斯矩阵特征值。

ⓓ用matplotlib.pyplot.hist() 绘制拉普拉斯特征值直方图。

ⓔ用networkx.normalized_laplacian_spectrum(G) 完成无向图G的归一化拉普拉斯矩阵的谱分解。

ⓕ同样是用来验证归一化拉普拉斯矩阵谱分解结果。

ⓖ也是用matplotlib.pyplot.hist() 绘制归一化拉普拉斯特征值直方图。

代码21.4 拉普拉斯矩阵的谱分解 | Bk6_Ch21_09.ipynb

```
import matplotlib.pyplot as plt
import networkx as nx
import numpy.linalg

n = 1000   # 1000 nodes
m = 5000   # 5000 edges
G = nx.gnm_random_graph(n, m, seed=8)    # ⓐ
# 创建图

# 拉普拉斯矩阵谱分解
eig_values_L = nx.laplacian_spectrum(G)    # ⓑ

# 验证
# L = nx.laplacian_matrix(G)    # ⓒ
# numpy.linalg.eigvals(L.toarray())
print("Largest eigenvalue:", max(eig_values_L))
print("Smallest eigenvalue:", min(eig_values_L))

# 可视化
fig, ax = plt.subplots(figsize = (6,3))
ax.hist(eig_values_L, bins = 100,    # ⓓ
        ec = 'k', range = [0,25])
ax.set_ylabel("Count")
ax.set_xlabel("Eigenvalues of Laplacian matrix")
ax.set_xlim(0,25)
ax.set_ylim(0,30)
plt.savefig('拉普拉斯矩阵谱.svg')
```

```
# 归一化拉普拉斯矩阵谱分解
eig_values_L_N = nx.normalized_laplacian_spectrum (G)

# L_N = nx.normalized_laplacian_matrix(G)
# numpy.linalg.eigvals(L_N.toarray())

print("Largest eigenvalue:" , max(eig_values_L_N ))
print("Smallest eigenvalue:" , min(eig_values_L_N ))

# 可视化
fig, ax = plt.subplots(figsize = (6,3))
ax.hist(eig_values_L_N , bins = 100,
        ec = 'k', range = [0,2])
ax.set_ylabel ("Count")
ax.set_xlabel ("Eigenvalues of normalized Laplacian matrix")
ax.set_xlim(0,2)
ax.set_ylim(0,20)
plt.savefig('归一化拉普拉斯矩阵谱 .svg')
```

下面我们以空手道俱乐部数据为例简单介绍如何用谱分解拉普拉斯矩阵完成聚类。

图21.18 (a) 展示空手道俱乐部人员关系图；图21.18 (b) 用热图可视化其拉普拉斯矩阵。

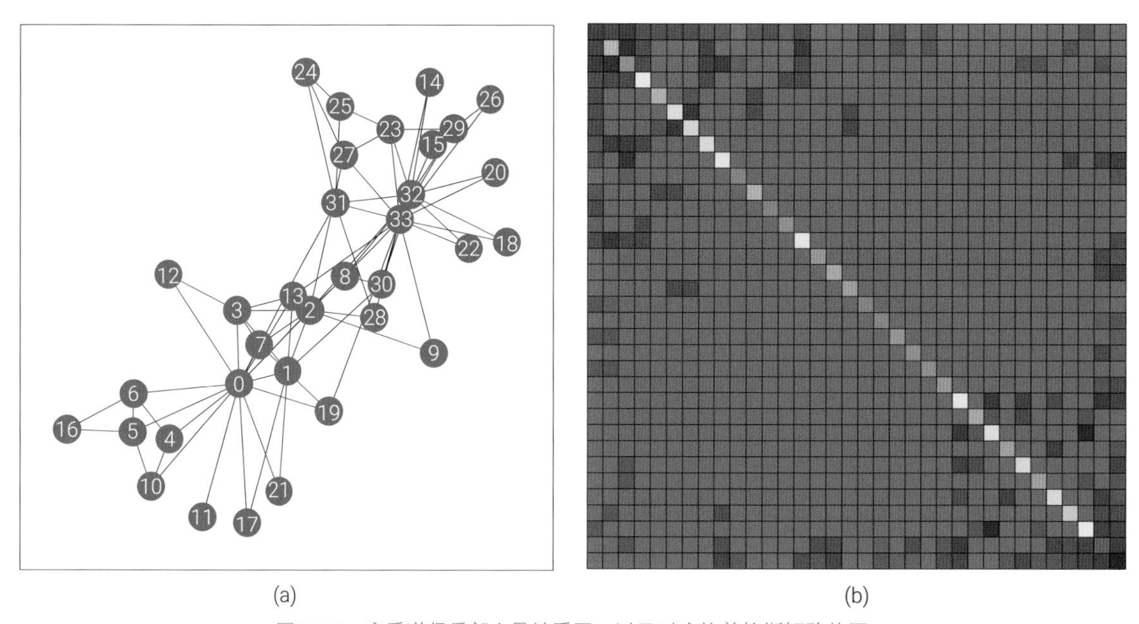

图21.18　空手道俱乐部人员关系图，以及对应拉普拉斯矩阵热图

然后利用特征值分解 (准确来说是谱分解，因为拉普拉斯矩阵为对称矩阵) 拉普拉斯矩阵。图21.19 (a) 所示为特征向量构成的矩阵，特征向量从左到右根据特征值从小到大排序。图21.19 (b) 对角方阵的对角线元素为特征值。图21.19 (c) 为特征值从小到大的线图。

图21.20所示为前两个特征向量对应的散点图；很容易发现，沿着$y = 0$切一刀，节点就可以分成两簇，对应结果如图21.21所示。

本书后文在介绍**谱聚类** (spectral clustering) 时，还会用到拉普拉斯矩阵的谱分解。

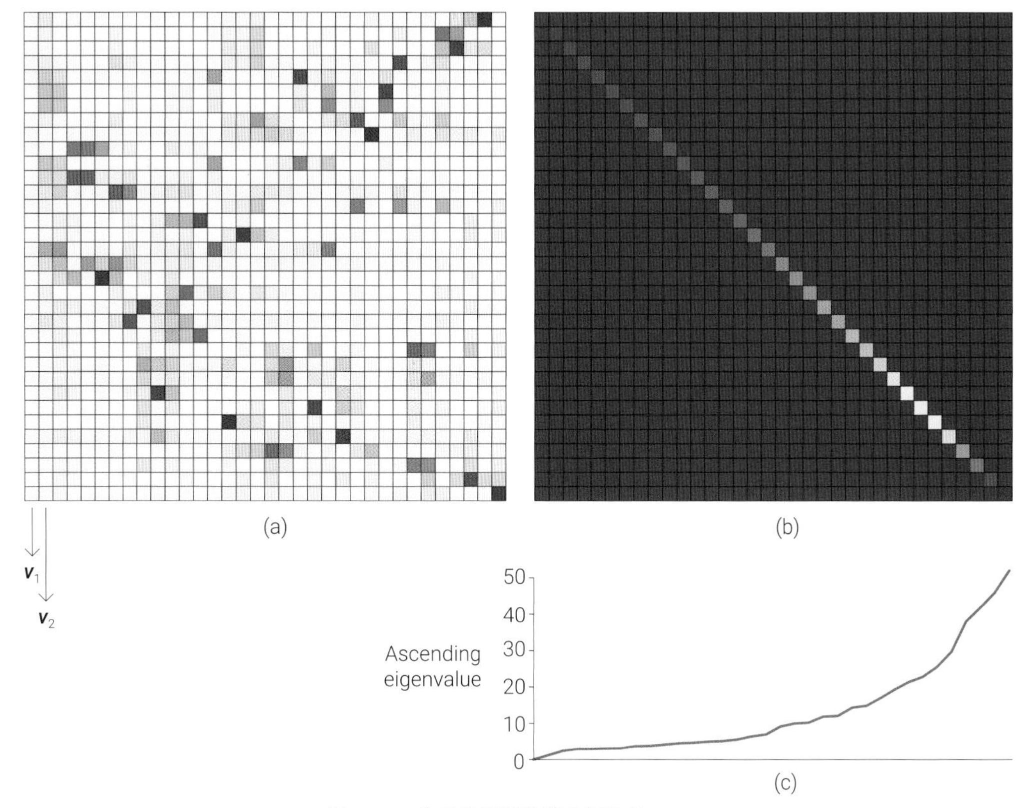

图21.19　拉普拉斯矩阵谱分解结果

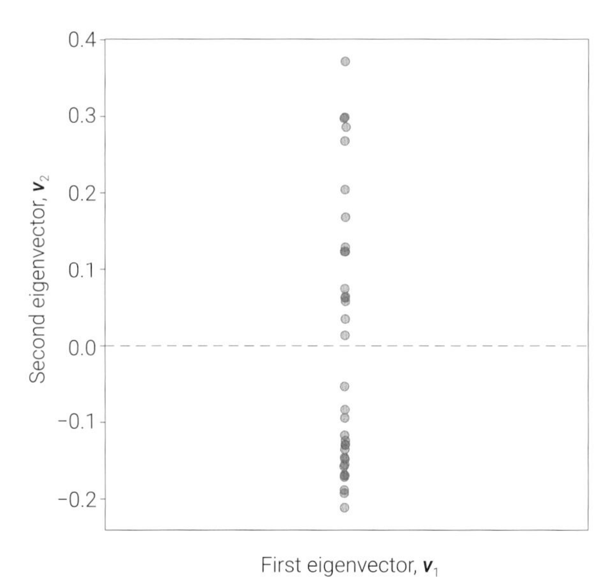

图21.20　前两个特征向量散点图

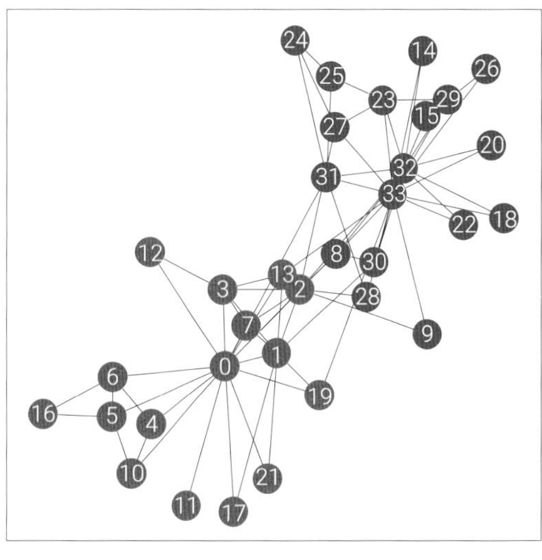

图21.21　根据前两个特征向量绘制的散点图完成聚类

代码21.5完成上述运算，下面讲解其中关键语句。

ⓐ用networkx.karate_club_graph() 加载空手道俱乐部数据。

ⓑ用networkx.laplacian_matrix(G) 计算图G的拉普拉斯矩阵。

ⓒ用numpy.linalg.eig() 对拉普拉斯矩阵特征值分解 (谱分解)。

ⓓ根据特征值从小到大排序特征向量。

ⓔ对于第2特征向量，以0为界，分别用不同颜色标记节点。

代码21.5 谱分解拉普拉斯矩阵用来聚类 | Bk6_Ch21_10.ipynb

```
import numpy as np
import pandas as pd
import matplotlib.pyplot as plt
import networkx as nx
import seaborn as sns

G = nx.karate_club_graph()                          # ⓐ
# 空手道俱乐部图
pos = nx.spring_layout(G,seed = 2)

L = nx.laplacian_matrix(G).todense()                # ⓑ
# 拉普拉斯矩阵

lambdas,V = np.linalg.eig(L)                        # ⓒ
# 特征值分解

# 按特征值有小到大排列
lambdas_sorted = np.sort(lambdas)                   # ⓓ
V_sorted = V[:, lambdas.argsort()]

# 聚类标签
colors = [ "r" for i in range(0,34)]                # ⓔ
for i in range(0,34):
    if (V_sorted[i,1] < 0):
        colors[i] = "b"

plt.figure(figsize = (6,6))
nx.draw_networkx(G,pos,
                 # with_labels = False,
                 node_color = colors)
plt.savefig('图节点聚类.svg')
```

总结来说，关联矩阵是一种紧凑的方式来表示图结构、分析图的性质，尤其是在计算机算法和图论算法中。在网络分析中，关联矩阵常用于表示社交网络、交通网络等，并通过矩阵运算来研究网络的性质。关联矩阵可以用于建模和求解一些优化问题。

谱排序在一些图分析和图算法中有应用，例如在图划分、社区检测和图可视化等领域。然而，具体的谱排序方法可能因应用场景而异，因此在具体使用时需要注意选择适当的特征向量和排序策略。

有向图的拉普拉斯矩阵，请大家参考：

◀ https://networkx.org/documentation/stable/reference/generated/networkx.linalg.laplacianmatrix.directed_laplacian_matrix.html

07
Section 07
图论实践

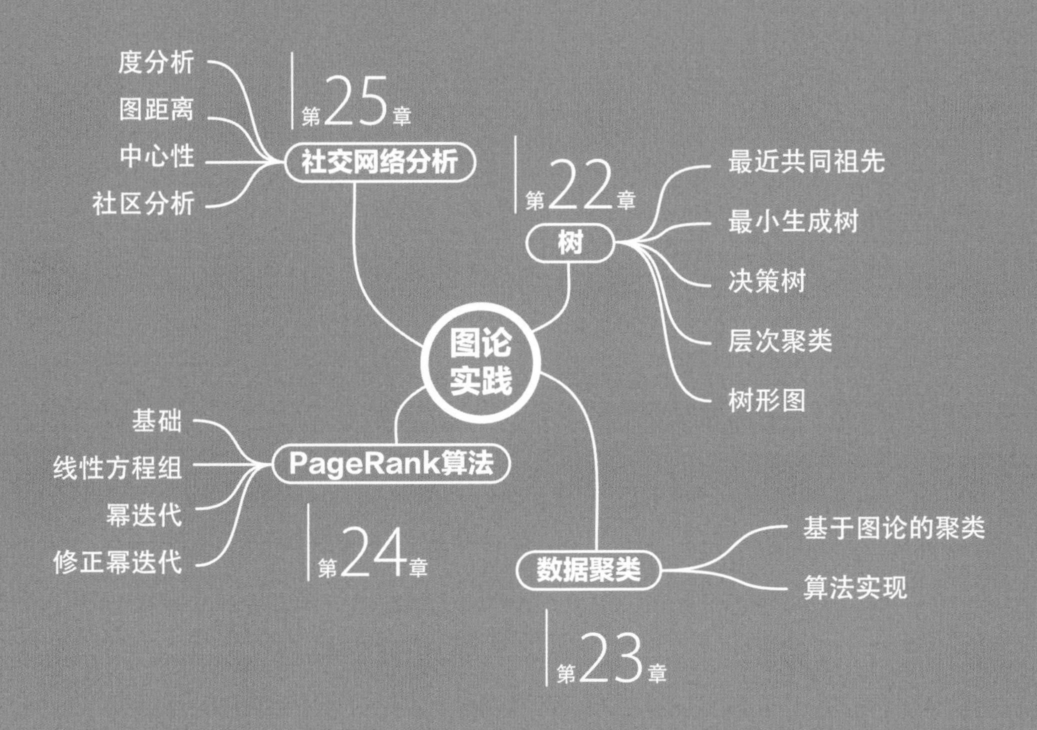
度分析
图距离
中心性
社区分析
第25章
社交网络分析
第22章
树
最近共同祖先
最小生成树
决策树
层次聚类
树形图
图论
实践
基础
线性方程组
幂迭代
修正幂迭代
PageRank算法
第24章
数据聚类
基于图论的聚类
算法实现
第23章

学习地图 | 第7板块

Tree 树

没有闭合回路的图

人类的历史，本质上是思想的历史。

Human history is, in essence, a history of ideas.

—— 赫伯特·乔治·威尔斯 (Herbert George Wells) | 英国小说家和历史学家 | 1866—1946年

- ◀ networkx.all_pairs_lowest_common_ancestor() 寻找最近共同祖先
- ◀ networkx.draw_networkx_edge_labels() 绘制边标签
- ◀ networkx.draw_networkx_edges() 绘制图边
- ◀ networkx.draw_networkx_labels() 绘制节点标签
- ◀ networkx.draw_networkx_nodes() 绘制图节点
- ◀ networkx.minimum_spanning_tree() 计算最小生成树
- ◀ seaborn.clustermap() 绘制热图树形图
- ◀ seaborn.heatmap() 绘制热图

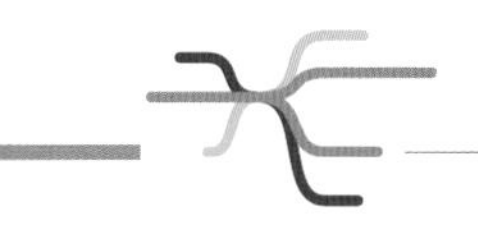

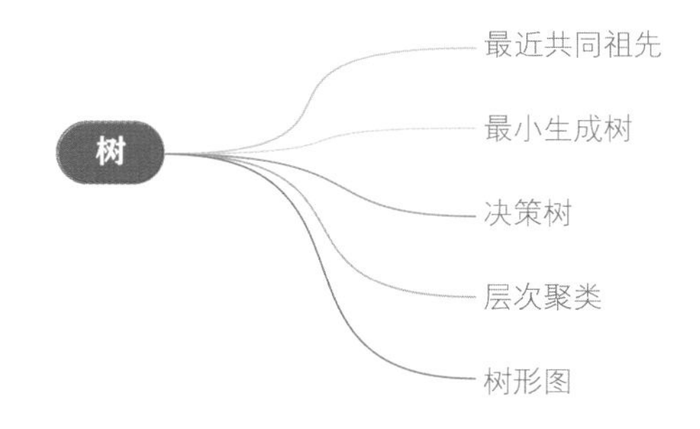

22.1 树

上一章提过，在图论中，树是一种特殊的无向图，它树是一个没有闭合回路的图，其中任意两个节点之间都有唯一的路径。树有以下性质：

- **连通性**：一棵树是连通的，即任意两个节点之间都存在路径。一个树有 n 个节点时，它具有 $n-1$ 条边。这确保了树的连接性。
- **无环性**：树是无环的，不存在任何形式的回路或环。
- **唯一路径性**：任意两个节点之间只有唯一的简单路径。

图22.1所示的互联网上的路由网络是树形结构。这个例子来自NetworkX，请大家自行学习，链接如下：

- https://networkx.org/documentation/stable/auto_examples/graphviz_layout/plot_lanl_routes.html

图22.2所示动物分类也是采用的树形结构。

表22.1展示的数据列出了猫科动物的分类，从**科** (family) 开始到**亚科** (subfamily)、**属** (genus)、**亚种** (subspecies)，然后是常用名，最后一列是灭绝的危险等级。例如，**猎豹** (cheetah) 被分类为Felidae科，Acinonychinae亚科，Acinonyx属，其学名为Acinonyx jubatus。

图22.3用环形树状图可视化这些数据，这幅图可以帮助我们理解不同猫科动物之间的关系和它们的分类体系。图22.4用水平树形图展示表22.1数据。

注意：这两幅图和数据都来自https://www.rawgraphs.io/，非常推荐大家尝试使用这个网站提供的可视化工具。

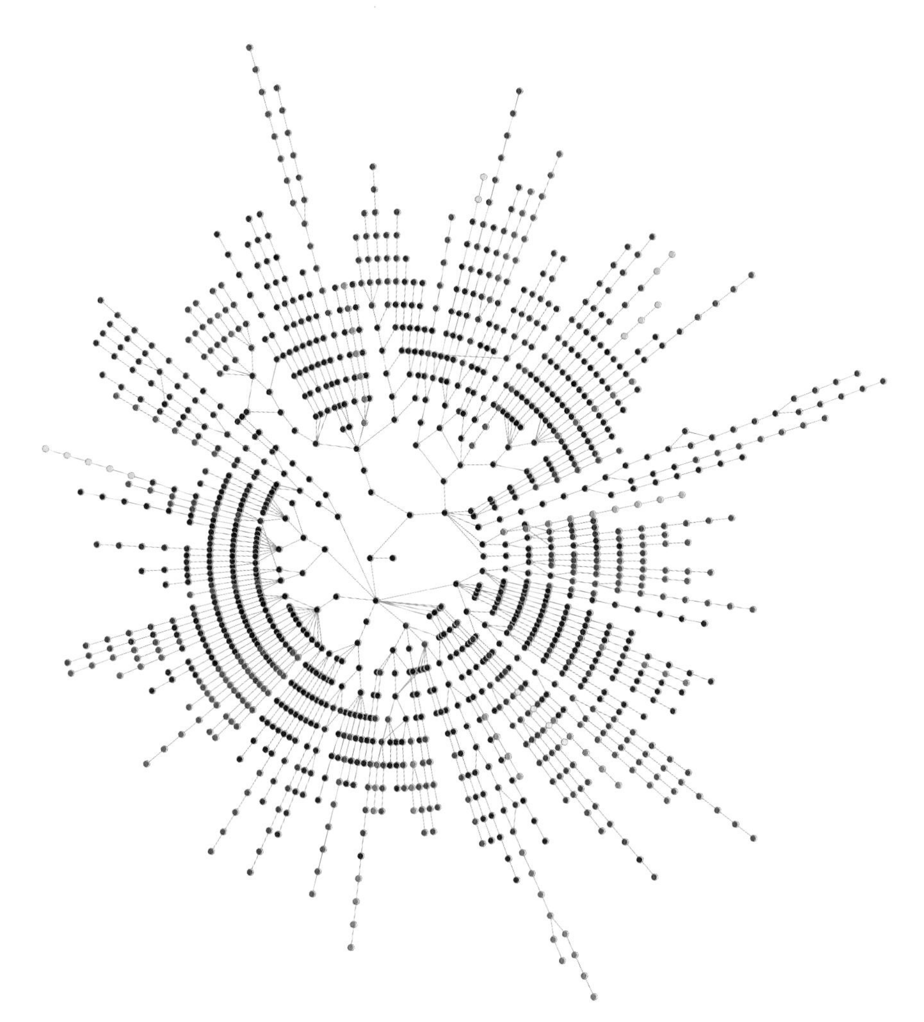

图22.1　可视化互联网上的186个站点到洛斯阿拉莫斯国家实验室的路由LANL Routes信息

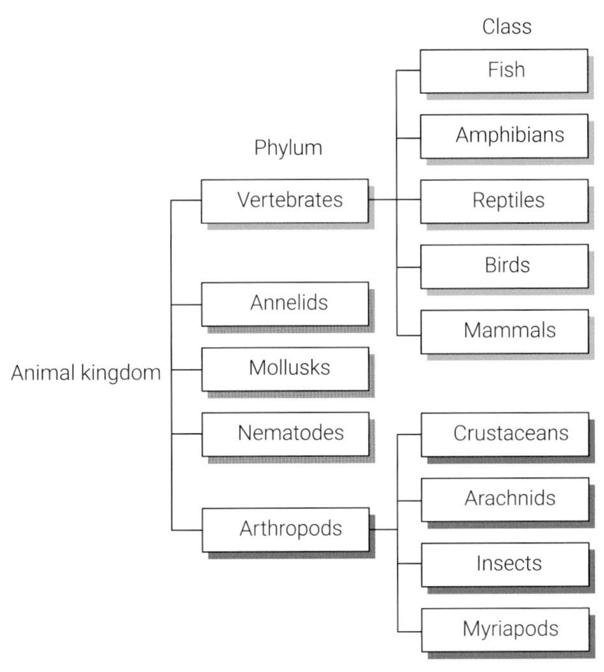

图22.2　动物分类

表22.1　猫科动物分类，部分数据；数据来自https://www.rawgraphs.io/

Family	Subfamily	Genus	Subspecies	Name	Risk of Extinction
Felidae	Acinonychinae	Acinonyx	Acinonyx jubatus	cheetah	4
Felidae	Felinae	Catopuma	Catopuma badia	bay cat	5
Felidae	Felinae	Catopuma	Catopuma temminckii	Asiatic golden cat	3
Felidae	Felinae	Felis	Felis catus	domestic cat	1
Felidae	Felinae	Felis	Felis chaus	jungle cat	2
Felidae	Felinae	Leopardus	Leopardus colocolo	Colocolo	3
Felidae	Felinae	Leopardus	Leopardus geoffroyi	Geoffroy's cat	2
Felidae	Felinae	Leptailurus	Leptailurus serval	serval	2
Felidae	Felinae	Lynx	Lynx canadensis	Canada lynx	2
Felidae	Felinae	Lynx	Lynx lynx	Eurasian lynx	2
Felidae	Felinae	Lynx	Lynx pardinus	Spanish lynx	5
Felidae	Felinae	Lynx	Lynx rufus	bobcat	2
Felidae	Felinae	Otocolobus	Otocolobus manul	Pallas's cat	2
Felidae	Felinae	Prionailurus	Prionailurus bengalensis	leopard cat	2
Felidae	Felinae	Profelis	Profelis aurata	African golden cat	4
Felidae	Felinae	Puma	Puma concolor	puma	2
Felidae	Felinae	Puma	Puma yagouaroundi	jaguarundi	2
Felidae	Pantherinae	Neofelis	Neofelis diardi	Sunda clouded leopard	4
Felidae	Pantherinae	Neofelis	Neofelis nebulosa	Clouded leopard	4
Felidae	Pantherinae	Panthera	Panthera leo	lion	4
Felidae	Pantherinae	Panthera	Panthera onca	jaguar	3
Felidae	Pantherinae	Pardofelis	Pardofelis marmorata	marbled cat	3

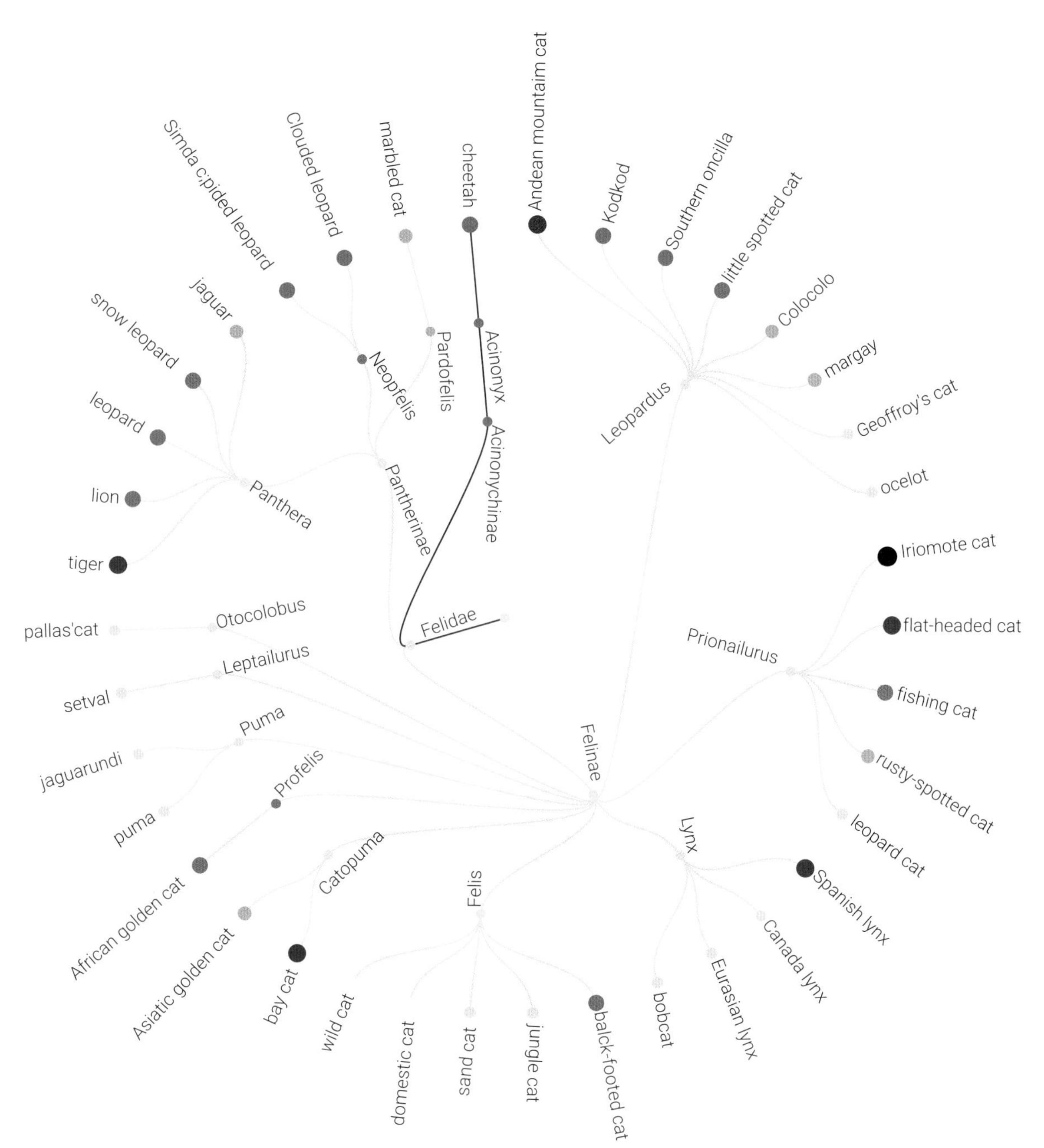

图22.3 环形树形图，来源：https://www.rawgraphs.io/

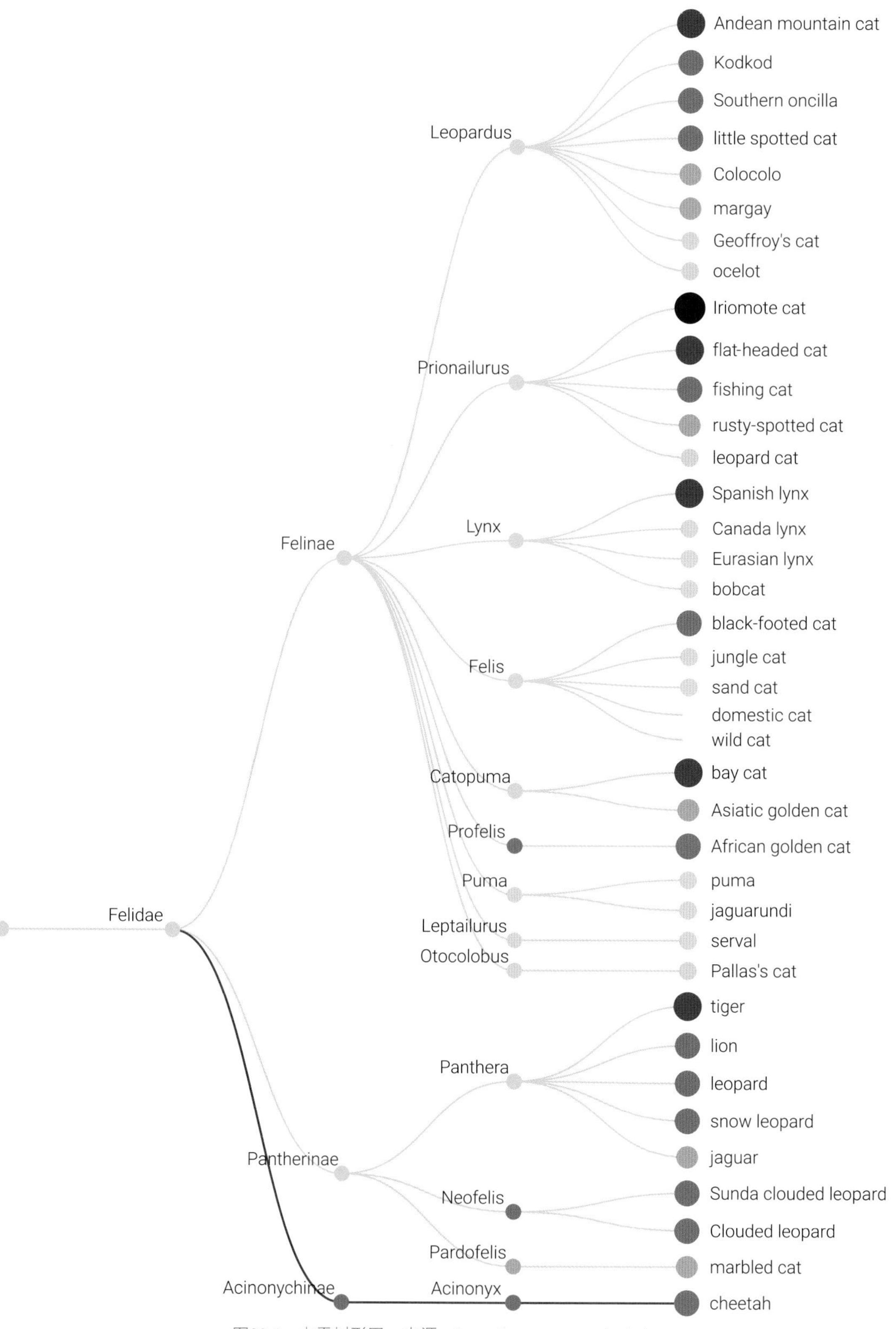

图22.4　水平树形图，来源：https://www.rawgraphs.io/

图22.5所示的太阳爆炸图也可以看作是一种树形图。

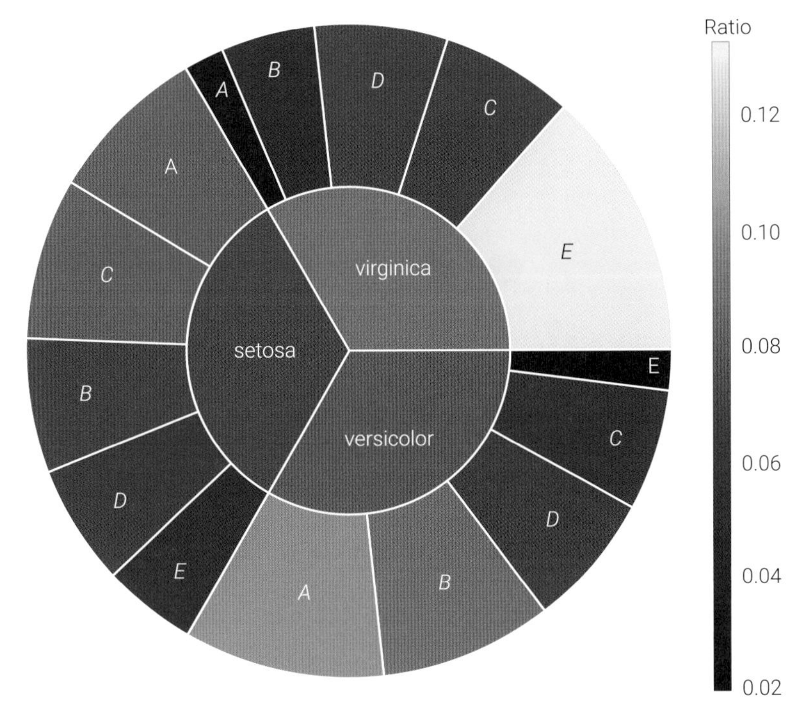

图22.5　太阳爆炸图本质上也是树状图，图片来自《编程不难》

表22.2所示为26个英文字母的莫尔斯电码，图22.6所示为根据电码规则绘制的树图。这个示例也是来自NetworkX，请大家自行学习，链接如下：

◀ https://networkx.org/documentation/stable/auto_examples/graph/plot_morse_trie.html

表22.2　英文字母的莫尔斯电码

字母	莫尔斯电码	字母	莫尔斯电码
A	.-	N	-.
B	-...	O	---
C	-.-.	P	.--.
D	-..	Q	--.-
E	.	R	.-.
F	..-.	S	...
G	--.	T	-
H	....	U	..-
I	..	V	...-
J	.---	W	.--
K	-.-	X	-..-
L	.-..	Y	-.--
M	--	Z	--..

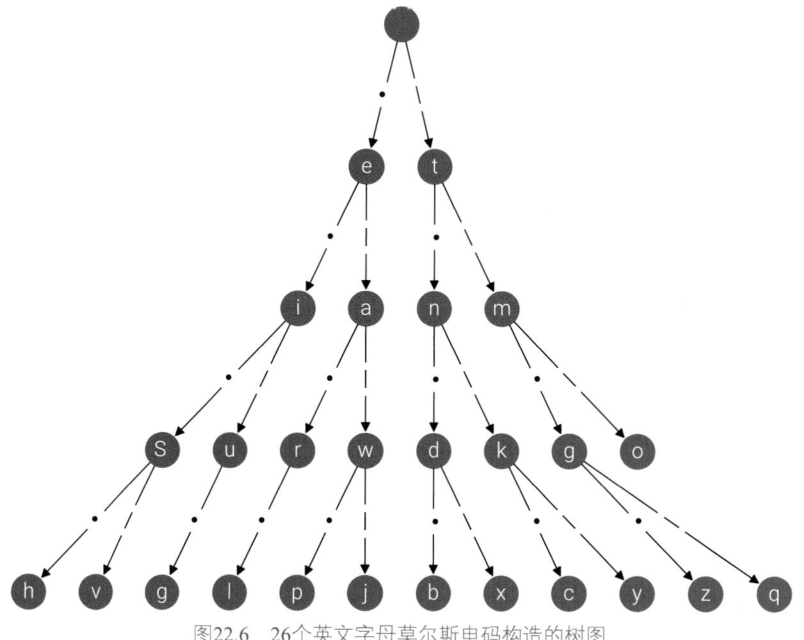

图22.6　26个英文字母莫尔斯电码构造的树图

在机器学习算法中，树有很多应用案例：

- 树可以用于搜索算法，解决最短路径问题。
- 决策树是一种机器学习模型，它使用树结构来表示决策规则。决策树在分类和回归问题中都有广泛的应用。
- 层次聚类算法使用树结构来表示数据点之间的相似性关系。这种树形结构有助于理解数据的层次性结构，并可视化聚类结果。
- 随机森林是一种集成学习方法，它包括多个决策树，并通过投票或平均来提高预测性能。树的集成有助于减少过拟合，提高模型的鲁棒性。
- 在神经网络中，树状结构被用于表示网络的分层结构。这种分层结构有助于提取输入数据的层次性特征。

总结来说，树是一种基本的数据结构，具有一些重要的性质和用途；本章就专门聊聊树这种图。

22.2 最近共同祖先

最近共同祖先 (Lowest Common Ancestor，LCA) 是指在一个树状结构中，两个节点最低的共同祖先节点。在树中，每个节点都有一个父节点 (除了根节点)，而根节点是没有父节点的节点。

考虑一个树状结构，例如家谱 (认祖归宗) 或计算机科学中的树数据结构，每个节点代表一个个体或对象，而边表示父子关系。如图22.7所示，给定树中的两个节点 (a和b)，它们的最低共同祖先是指在树中向上移动，直到找到两个节点的最小的共同祖先节点c。请大家自己找到图22.7树中节点d、e的共同祖先。

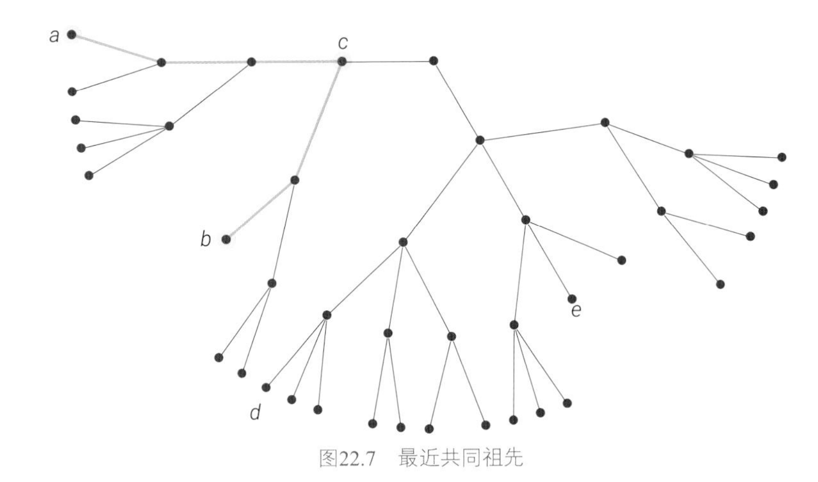

图22.7　最近共同祖先

在计算机科学中，可以在一个文件系统的目录结构中使用LCA算法来确定两个文件的共同祖先目录。

下面，让我们看看NetworkX给出的一个示例，如图22.8所示。

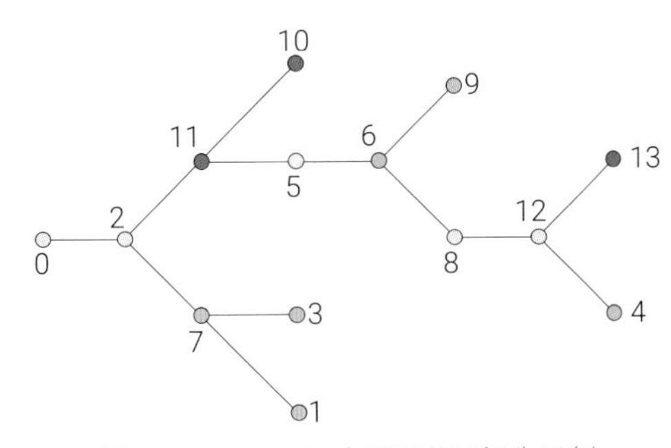

图22.8　NetworkX中最近共同祖先示例

代码中利用networkx.all_pairs_lowest_common_ancestor(G, ((1, 3), (4, 9), (13, 10))) 找到：

- 节点1和3的LCA为节点7；
- 节点4和9的LCA为节点6；
- 节点10和13的LCA为节点11。

请大家自行学习以下示例：

- https://networkx.org/documentation/stable/auto_examples/algorithms/plot_lca.html

22.3 最小生成树

在图论中，**最小生成树** (Minimum Spanning Tree，MST) 是一个连通无向图中的一棵生成树。生成树是一个无环的连通子图，它包含图中的所有节点；但是只包含足够的边，使得这棵树是连通的且权重之和最小。

简单来说，对有n个节点的图遍历，遍历后的子图包含原图中所有的点且保持图连通，最后的结构一定是一个具有 $n-1$ 条边的树，这个子图叫**生成树** (spanning tree)。

如图22.9上图所示，这幅图有9个节点，图中每条边都有自己的权重。我们可以很容易找到一个树 (图22.9下图)，连通所有的节点；这棵树就是所谓生成树，有8条边。

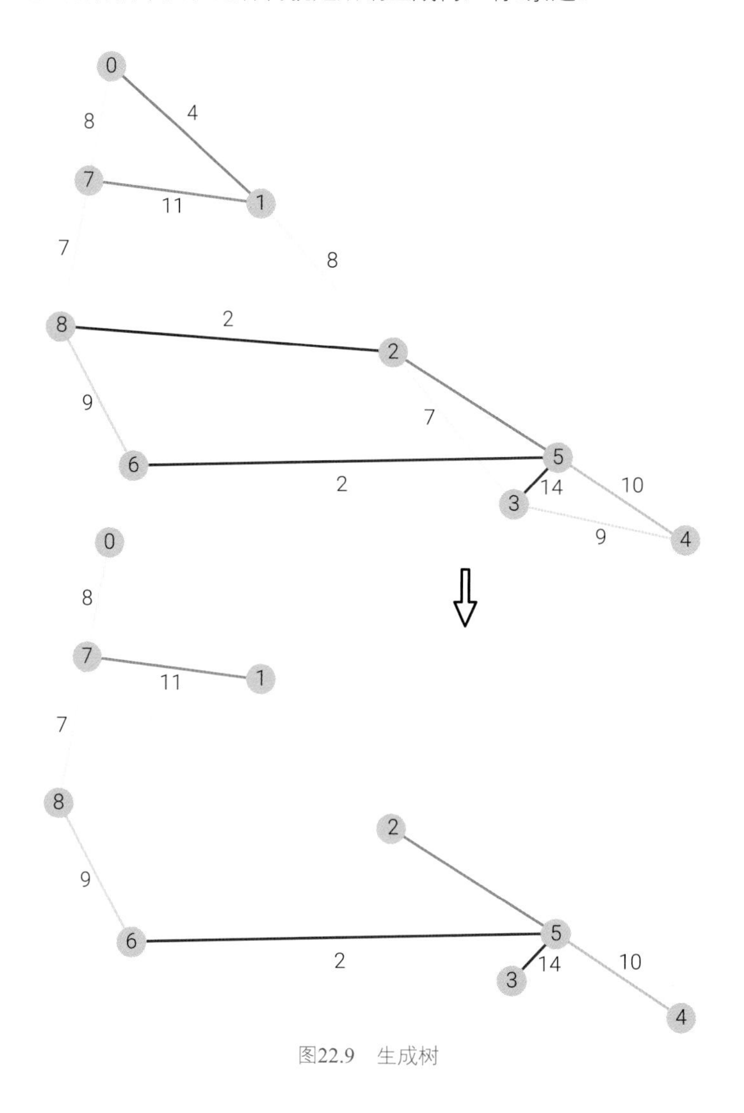

图22.9　生成树

“最小”生成树就是在所有可能的生成树中，边的权重之和最小的那棵树。图22.10所示为找到的最小生成树。Bk6_Ch22_01.ipynb中完成了本例，这段代码参考了NetworkX官方示例。

最小生成树的应用非常广泛。比如，在设计通信网络时，连接各个节点的成本可能不同。通过找到最小生成树，可以以最小的总成本连接所有节点，确保网络的高效性和经济性。再如，在电路设计中，节点可以表示电路中的元件，边的权重可以表示连接这些元件的成本或电阻。找到最小生成树可以帮助设计出成本最低或电阻最小的电路。

还有，在城市规划中，道路或铁路的建设成本不同。通过最小生成树算法，可以找到以最小的总成本连接城市中各个区域的交通网络。在电力网络设计中，连接不同发电站和消费站的输电线路的成本可能不同。而最小生成树可以用于确定最经济的电力传输网络。

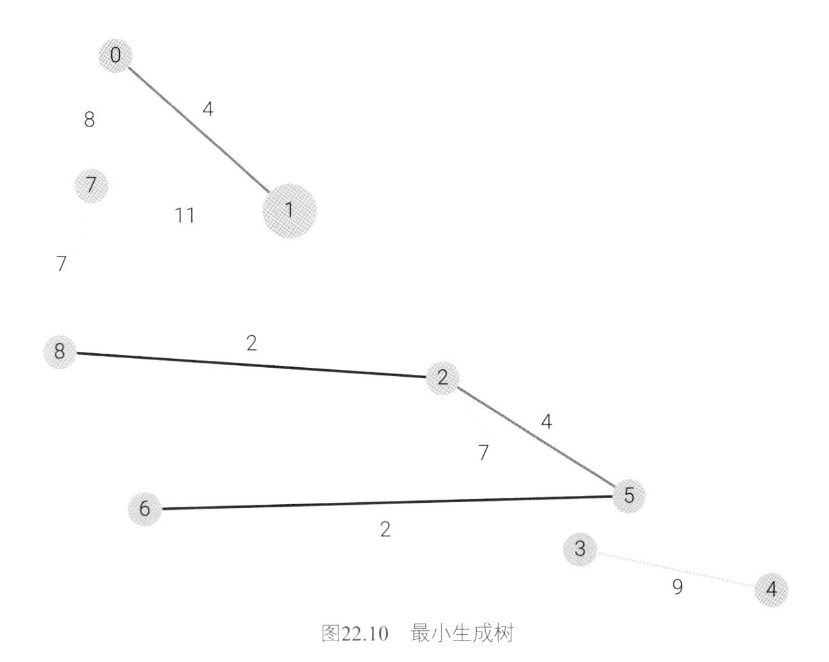

图22.10　最小生成树

22.4 决策树：分类算法

决策树 (decision tree) 是机器学习中常用的分类算法。如图22.11所示，决策树树形结构主要由**节点** (node) 和**子树** (branch) 构成。节点又分为**根节点** (root node)、**内部节点** (internal node) 和**叶节点** (leaf node)。每一个根节点和内部节点一般都是二叉树，向下构造**左子树** (left branch) 和**右子树** (right branch)，构造子树的过程也是将节点数据划分为两个子集的过程。

以包含两个特征的样本点$x = (x_1, x_2)$ 的分类过程为例。图22.12展示了决策树的第一步划分，首先判断第一个特征x_1。当样本数据中$x_1 \geqslant a$时，x被划分到右子树；而当样本数据$x_1 < a$时，x被划分到左子树。经过第一步二叉树划分，原始数据被划分为A和B两个区域。

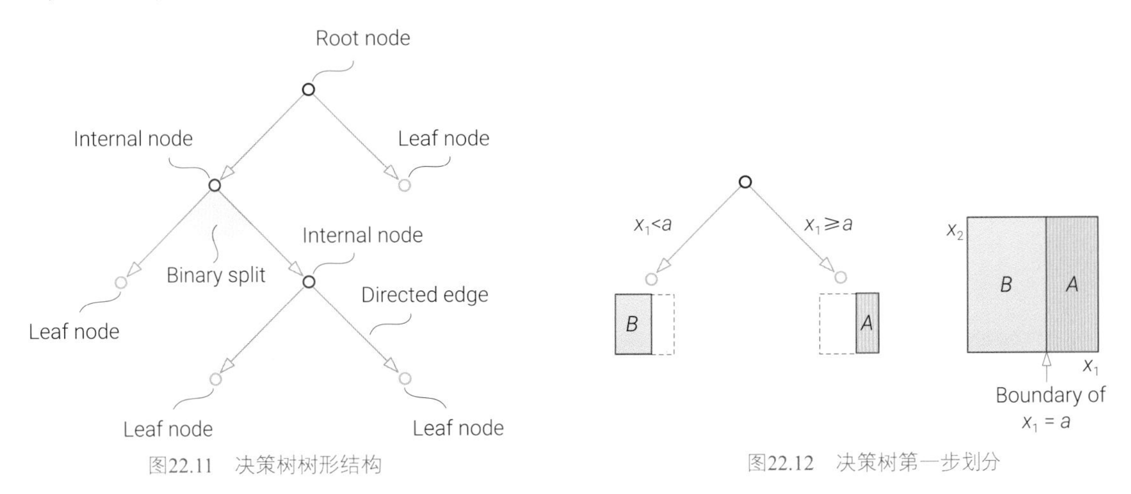

图22.11　决策树树形结构

图22.12　决策树第一步划分

接下来，图22.13展示了决策树的第二步划分，为图22.12左子树内部结点衍生出一个新的二叉树，对第二个特征x_2进行判断。当样本数据中$x_2 \geqslant b$时，x被划分到右子树，而当样本数据中$x_2 < b$时，x被划分到左子树。经过第二步二叉树划分，原本的B数据区域被划分为C和D两个部分。

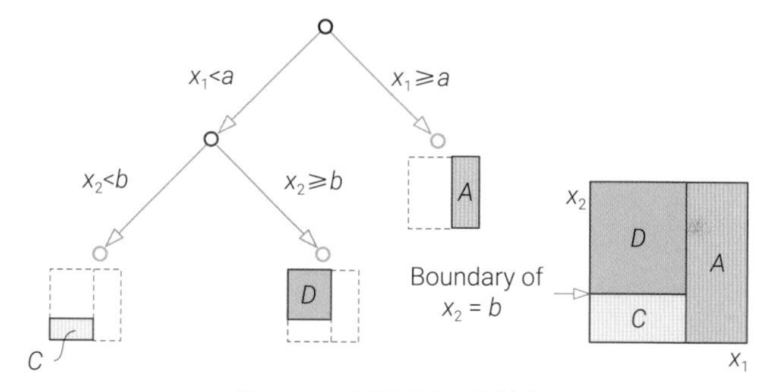

图22.13　决策树第二步划分

图22.14展示了决策树的第三步划分，为图22.13右子树内部结点衍生出又一个新的二叉树。此时，再回到第一个特征x_1来进行判断。当样本数据中$x_1 \geqslant c$时，x被划分到右子树；样本数据中$x_1 < c$，x被划分到左子树。经过第三步二叉树划分，原本的D数据区域被划分为E和F两个区域。

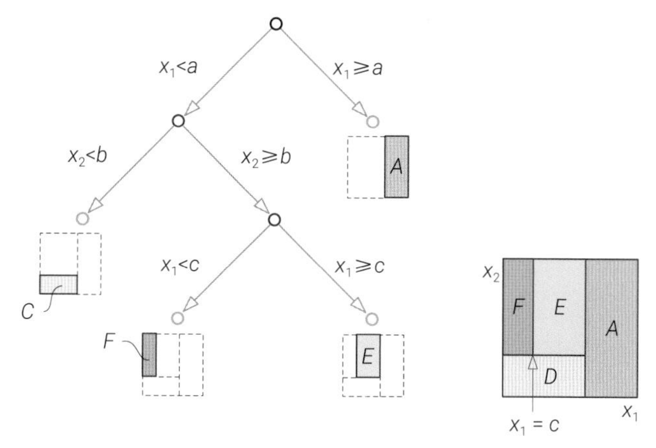

图22.14　决策树第三步划分

下面看个实例。图22.15给出的样本数据有两个特征：个人收入 (x_1) 和信用评分 (x_2)；样本数据有两个分类：优质贷款 (C_1) 和劣质贷款 (C_2)。根据图22.15数据，可以直观判断，当个人收入和信用评分两者越高，则贷款质量越高，越不容易出现劣质贷款。下面介绍借助决策树分类方法获得判断好坏贷款的决策边界。

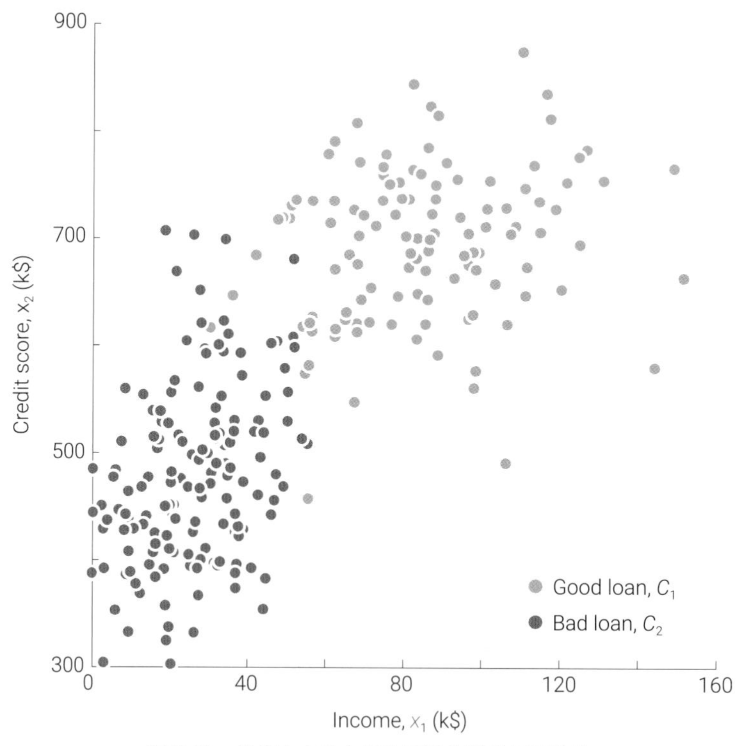

图22.15　根据个人收入和信用评分判断好坏贷款

图22.16 ~ 图22.19分别展示了整个分类过程中各步的具体划分。图22.20将图22.16 ~ 图22.19集中在一起，展示了整个决策树。

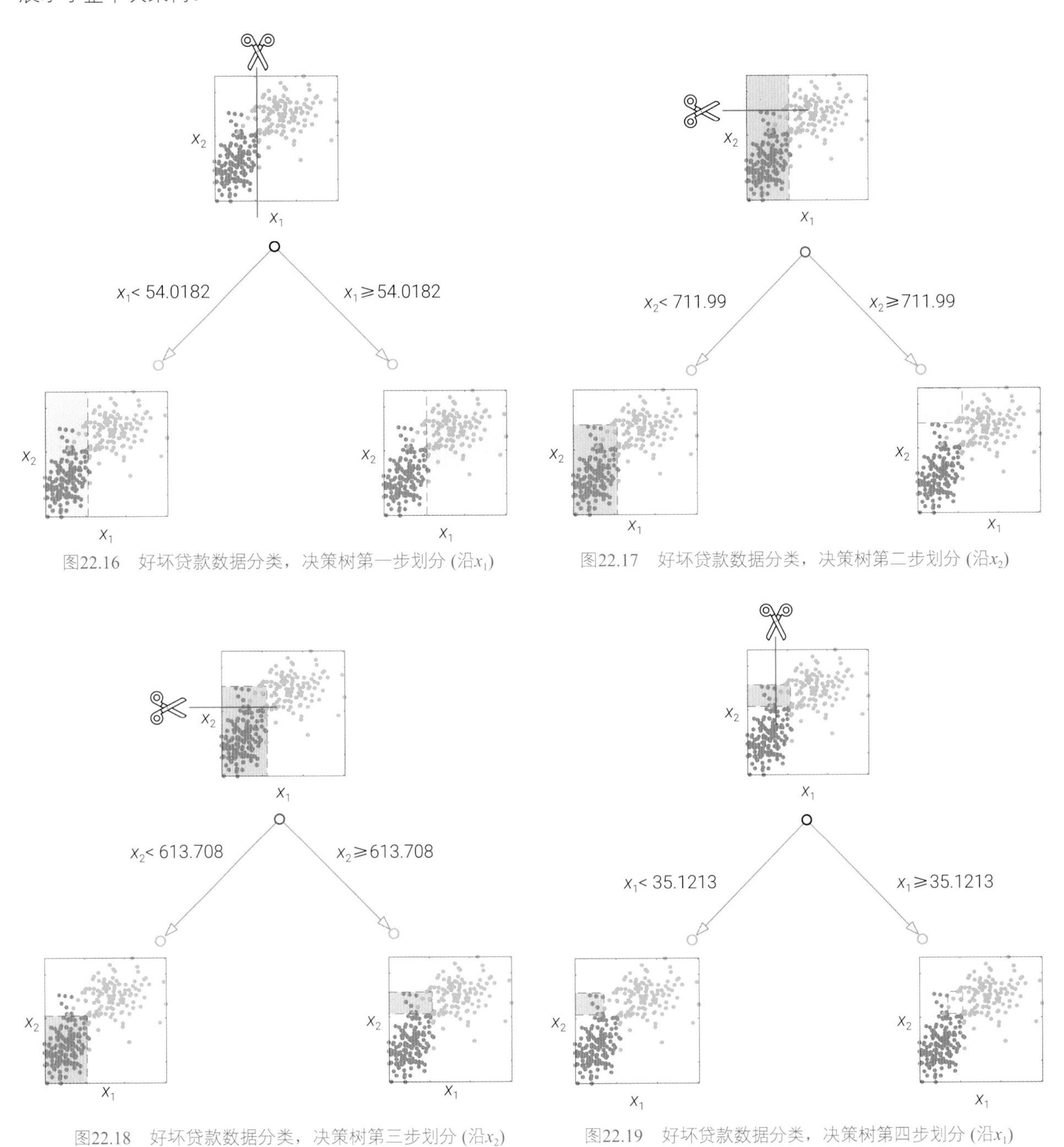

图22.16　好坏贷款数据分类，决策树第一步划分 (沿x_1)

图22.17　好坏贷款数据分类，决策树第二步划分 (沿x_2)

图22.18　好坏贷款数据分类，决策树第三步划分 (沿x_2)

图22.19　好坏贷款数据分类，决策树第四步划分 (沿x_1)

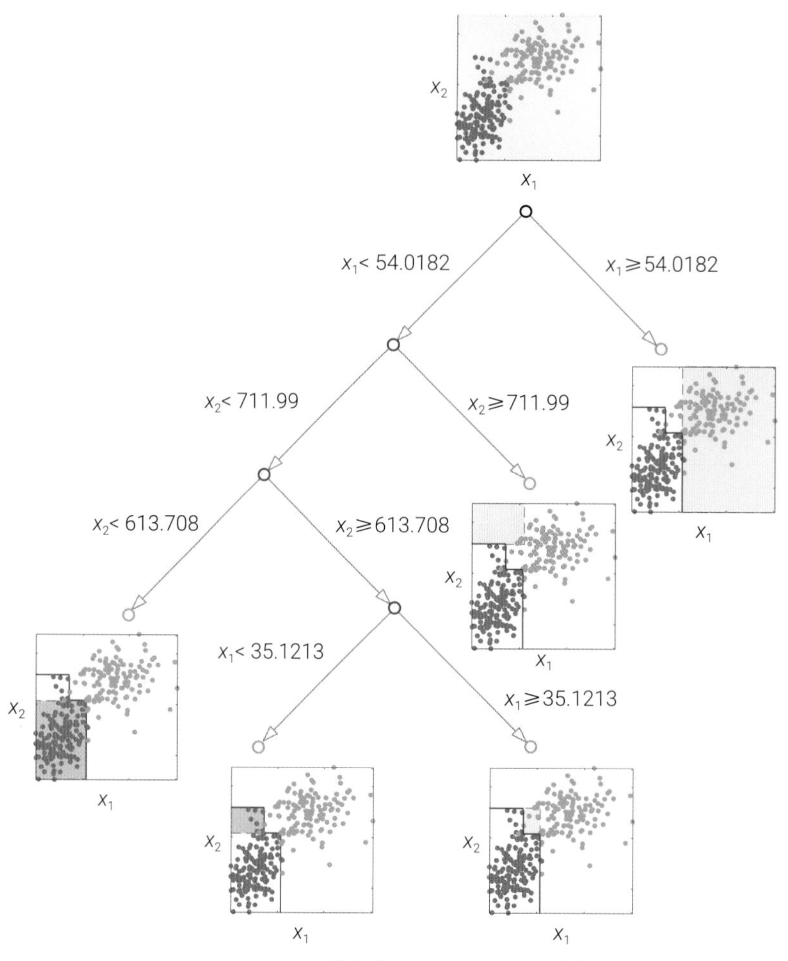

图22.20　好坏贷款数据分类，整个决策树

决策树分类算法有自己独特的优势。决策树的每个节点可以生长成一棵二叉树，这种基于某一特征的二分法很容易解释。

那么问题来了，如何在决策树的每一步中选择哪个特征进行判断，比如本例中x_1或x_2？对于x_1或x_2，如何找到最佳位置划分呢？这是鸢尾花书《机器学习》要回答的问题。

22.5 层次聚类

层次聚类 (hierarchical clustering) 算法是一种聚类算法。层次聚类依据数据之间的距离远近，或者亲近度大小，将样本数据划分为簇。层次聚类可以通过**自下而上** (agglomerative) 合并，或者**自上而下** (divisive) 分割来构造分层结构聚类。

*注意：层次聚类算法为***非归纳聚类** (non-inductive clustering)。

图22.21所示为根据鸢尾花样本数据前两个特征——花萼长度和宽度——获得的层次聚类**树形图**(dendrogram)。

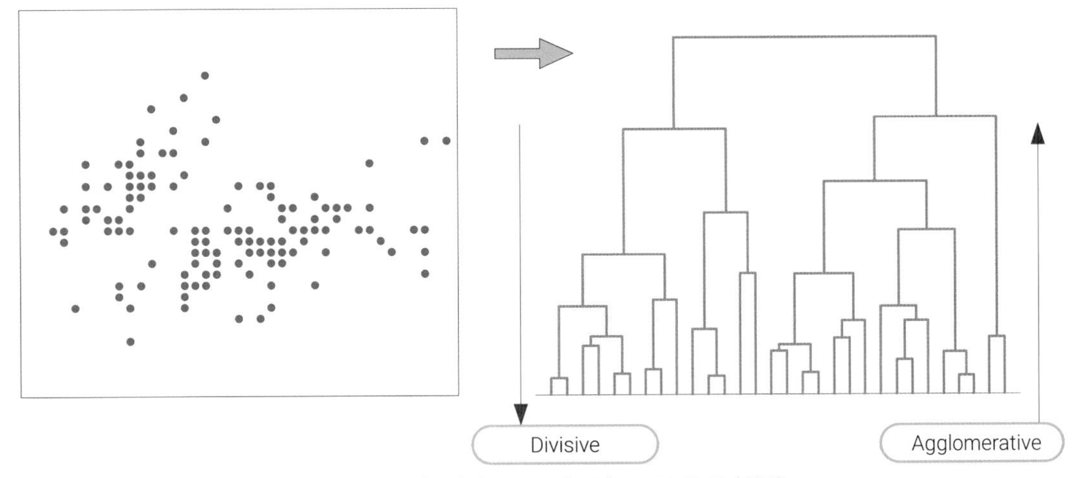

图22.21　区分“自上而下”和“自下而上”层次聚类

这一节采用图22.22样本数据讲解自下而上层次聚类。首先计算样本数据两两欧氏距离。图22.23展示图22.22数据两两距离的方阵构成的热图。请注意图22.23中用不同颜色圆圈○标记欧氏距离，下文构造树形图时将会用到这些结果。

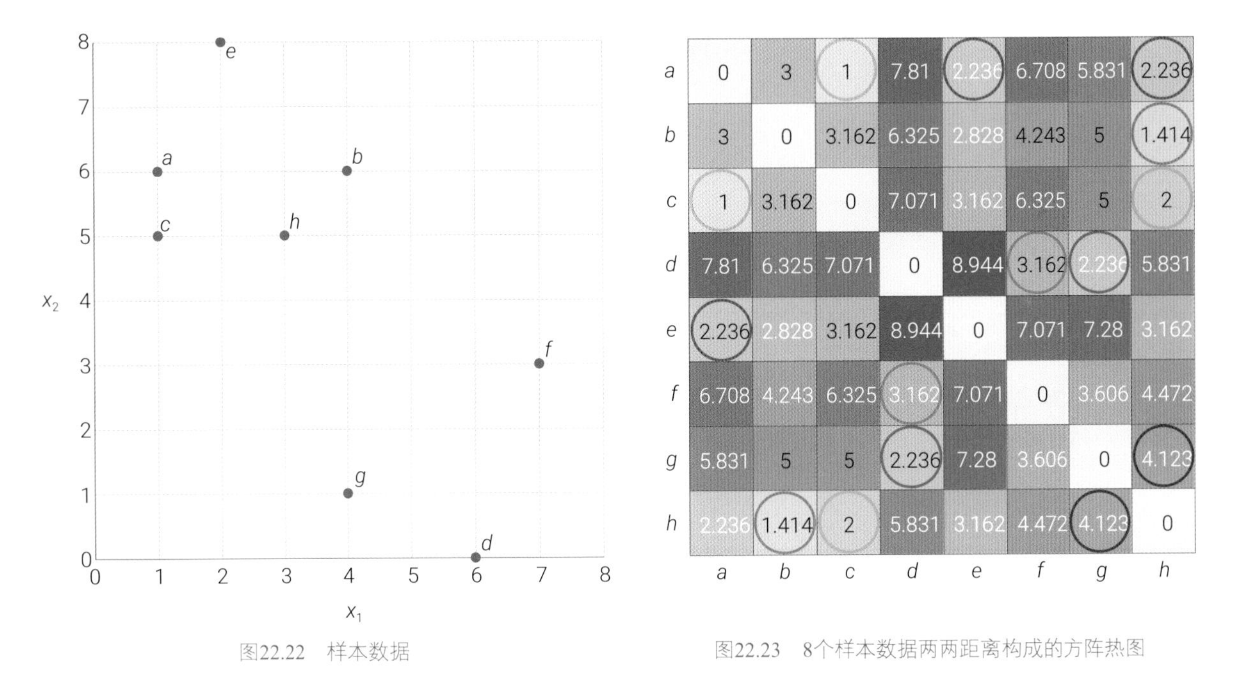

图22.22　样本数据

图22.23　8个样本数据两两距离构成的方阵热图

图22.24展示了图22.22样本数据的树形图。树形图横轴对应样本数据编号，纵轴对应数据点间距离和簇间距离。

通过观察图22.23，容易发现点a和c的欧氏距离为1，为两两距离中最短距离；点a和c可以构成最底层C_1簇，如图22.25所示。图22.23中，点b和h的欧氏距离为1.414，为两两距离中第二短；如图22.26所示，点b和h构成C_2簇。

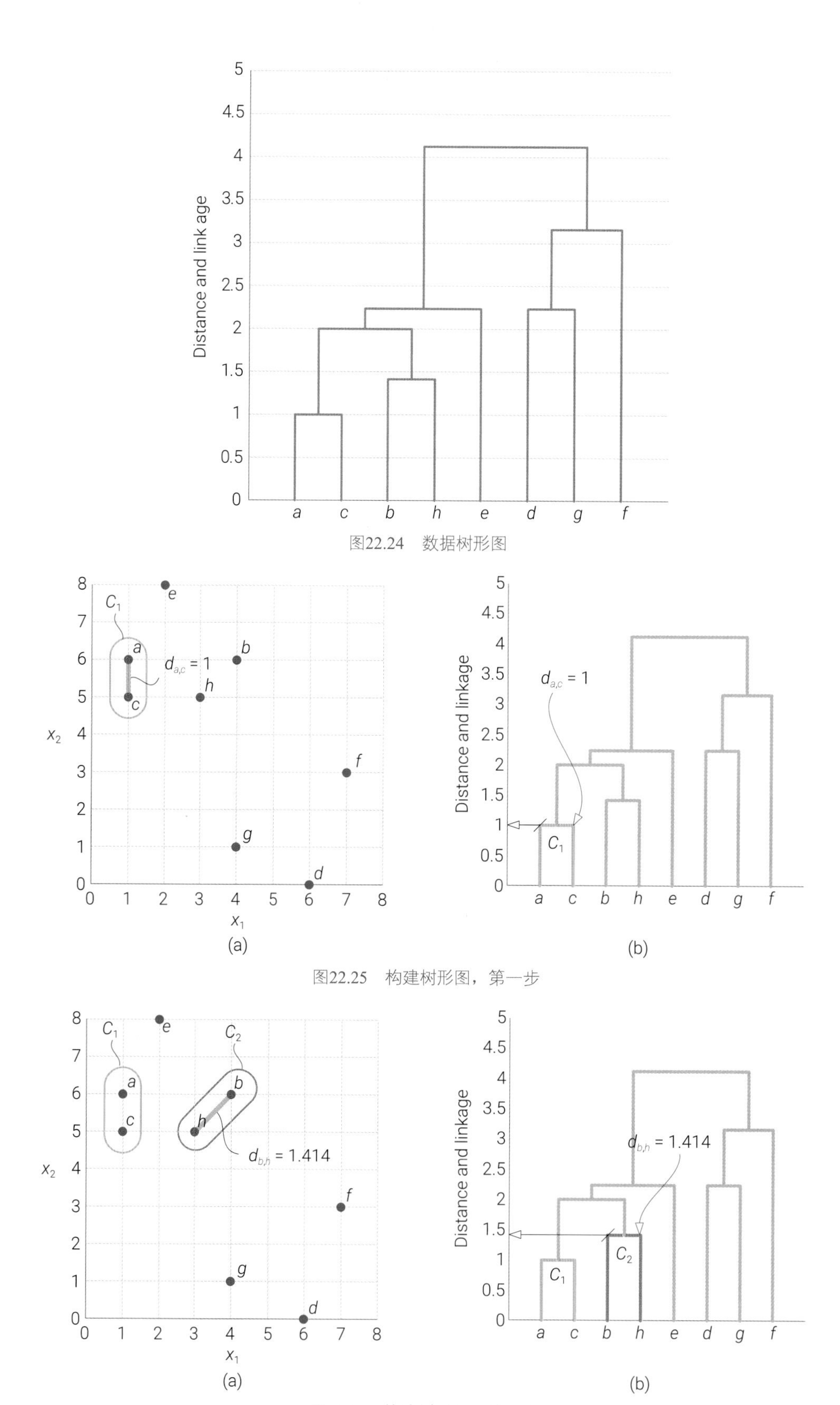

图22.24　数据树形图

图22.25　构建树形图，第一步

图22.26　构建树形图，第二步

下一步计算两个簇之间的**距离值** (linkage distance或linkage)，这里用l表示。图22.27展示的常用的四种簇间距离。本例中采用的是图22.27 (a) 所示的**最近点距离** (single linkage或nearest neighbor)。这种距离指的是两个簇样本数据两两距离最近值。《机器学习》会介绍图22.27所有的簇间距离度量方法。

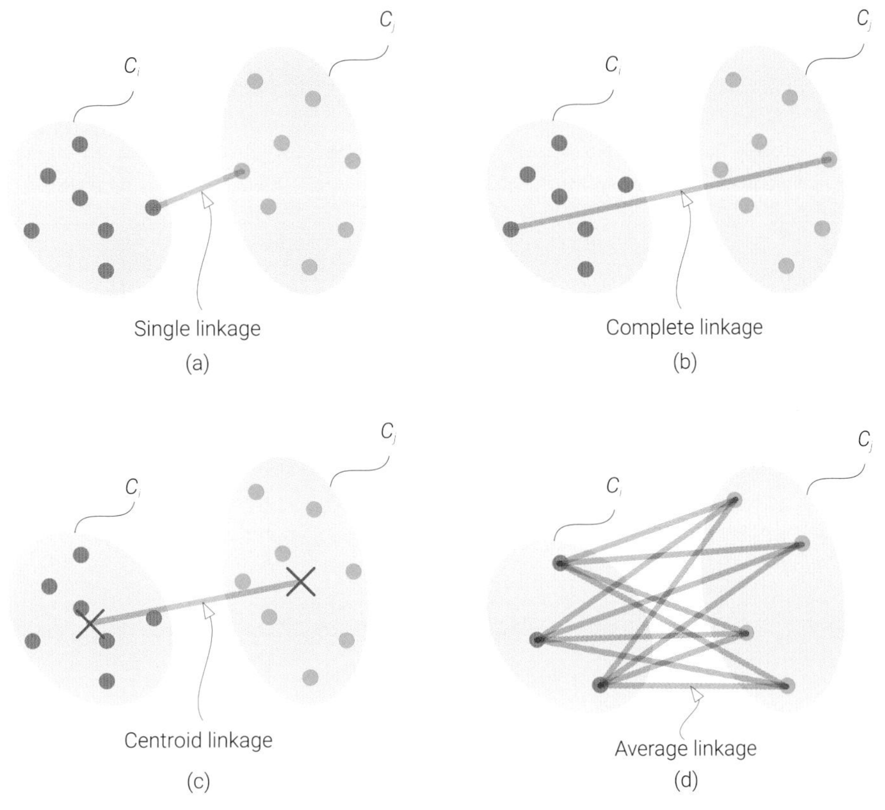

图22.27 簇间距离四种定义

观察图22.28可以发现，C_1和C_2簇间最近点距离为点c和h之间距离，即$l(C_1, C_2) = 2$；C_1和C_2簇构成C_3。

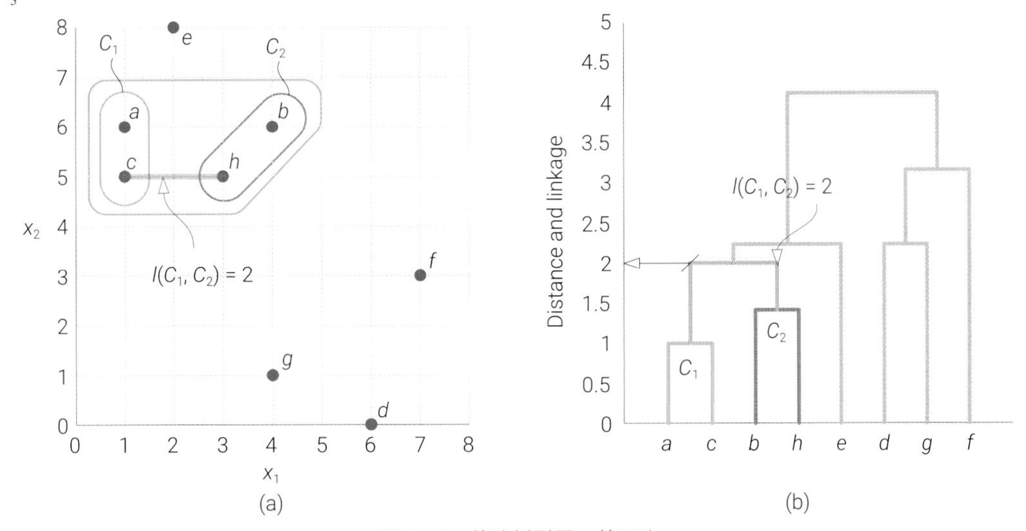

图22.28 构建树形图，第三步

如图22.29所示，e点被视作簇，C_3和e簇间最近点距离为$l(C_3, e) = 2.236$；同样距离的还有，点d和g之间的欧式距离$d_{d,g} = 2.236$；点d和g构成簇C_5。

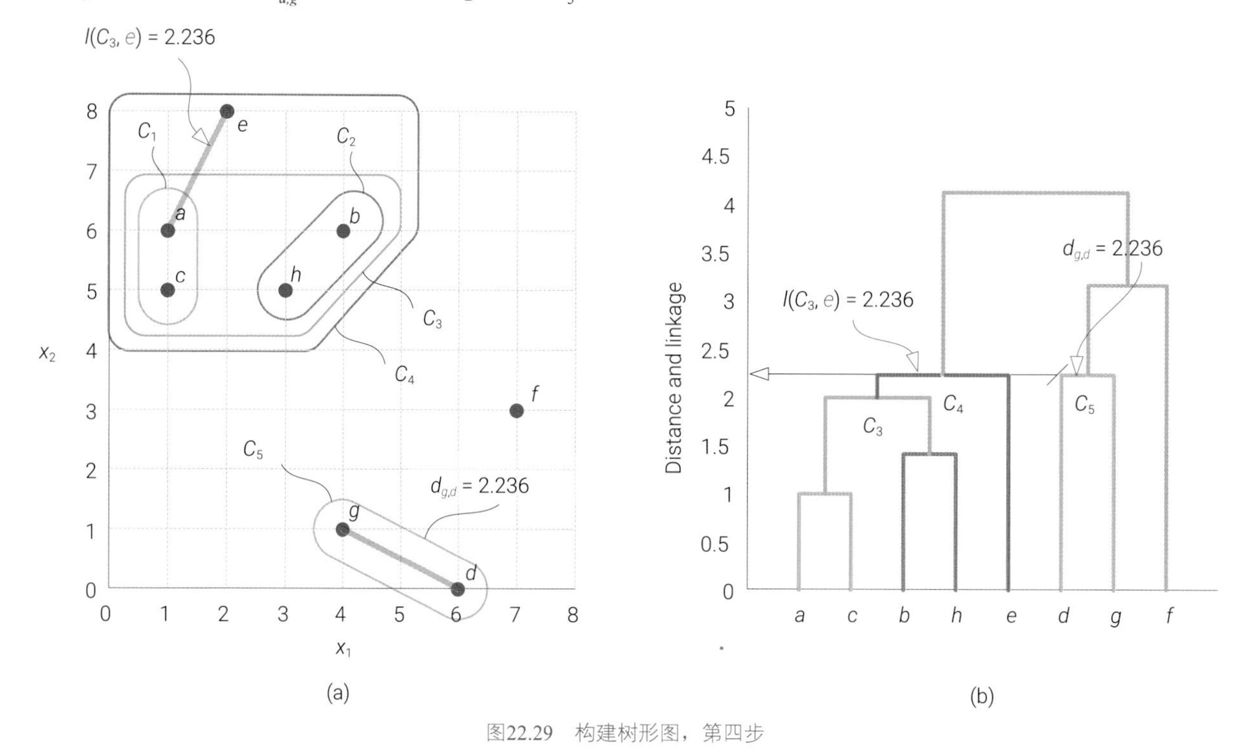

图22.29　构建树形图，第四步

然后，如图22.30所示，点f被视作簇，点f和C_5簇间最近点距离为$l(C_5, f) = 2$；C_5和f簇构成C_3。最后，如图22.31所示，簇C_4和C_6包含所有样本数据，两者簇间最近点距离为点h到g的距离，即$l(C_4, C_6) = d_{h,g} = 4.123$。

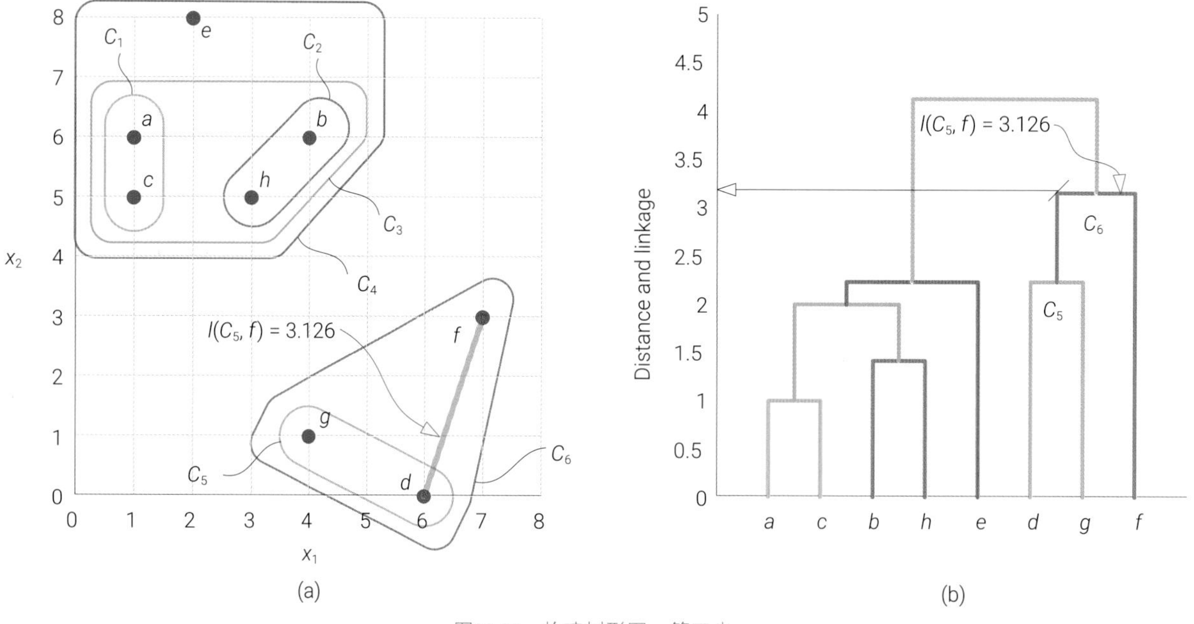

图22.30　构建树形图，第五步

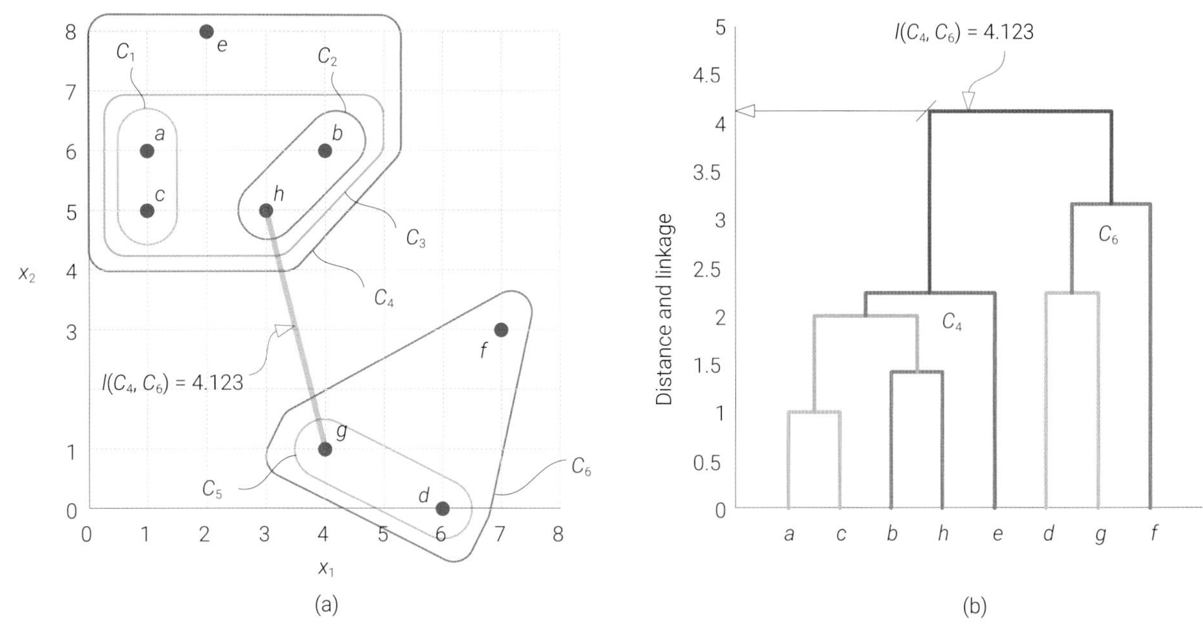

图22.31　构建树形图，第六步

通过在特定层次切割树形图，可以得到相应的簇划分结果。比如在簇间最近点距离3.126和4.123之间切割树形图，可以得到2个聚类簇，具体如图22.32(a) 所示。根据图22.32(b) 可知，在簇间最近点距离3.126和2.236之间切割树形图，可以得到3个聚类簇。

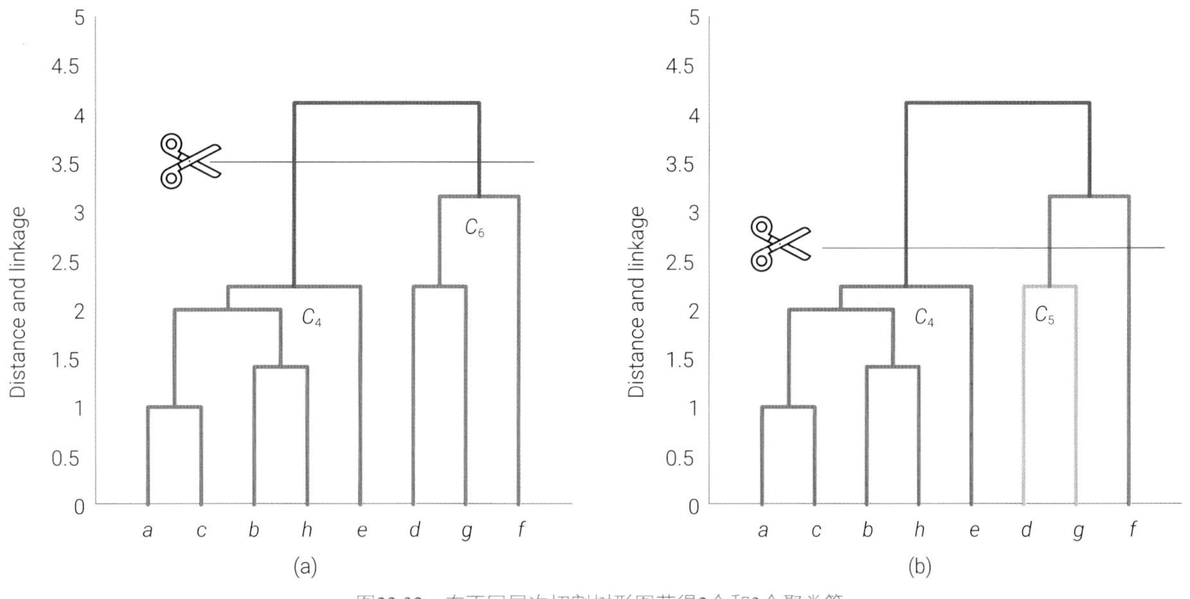

图22.32　在不同层次切割树形图获得2个和3个聚类簇

22.6 树形图：聚类算法

这一节介绍如何用**树形图** (dendrogram) 完成**聚类** (clustering)。树形图依托上一节介绍的**层次聚类**算法；简单总结一下，层次聚类算法依据数据之间的距离远近，或者亲近度大小，将样本数据划分为簇。

下载12支股票历史股价，初值归一走势如图22.33所示。计算日对数回报率，然后估算相关性系数矩阵，如图22.34热图所示。相关性系数相当于亲近度，相关性系数越高，说明股票涨跌趋势越相似。利用树形图，我们可以清楚看到各种股票之间的关联。

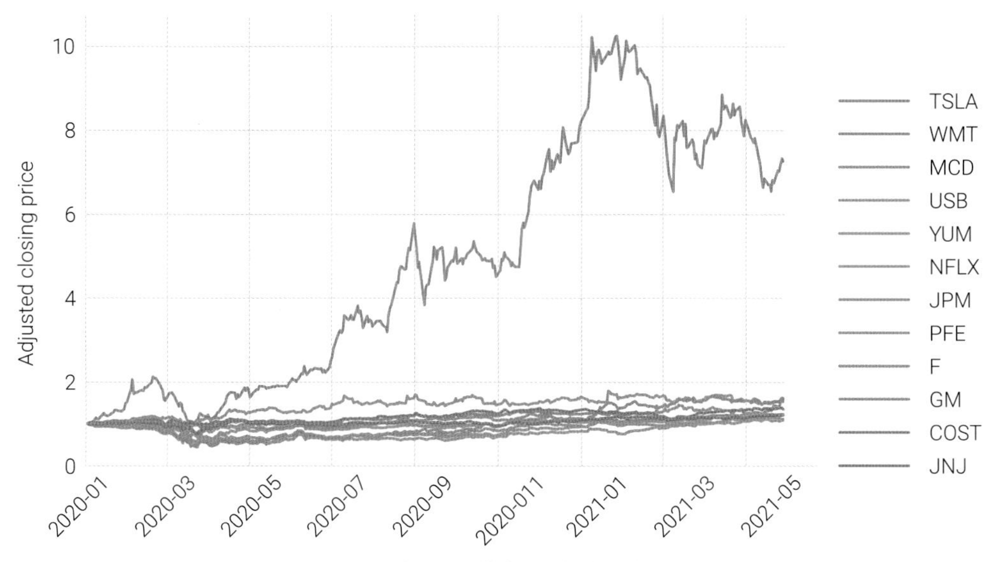

图22.33　12支股票股价水平，初始股价归一化

PFE和JNJ同属医疗，WMT和COST同属零售，F和GM同属汽车，USB和JPM同属金融，MCD和YUM同属餐饮；因此，它们之间相关性高并不足为奇。但是，本应该离汽车更近的TSLA，却展现出和NFLX更高的相似性。

图22.35给出的树形图，直观地表达样本数据之间的距离/亲密度关系。树形图纵坐标高度表达不同数据之间的距离。

USB和JPM之间相关性系数最高，因此USB和JPM距离最近，所以在树形图中首先将这两个节点相连，形成一个新的节点。然后，MCD和YUM形成一个节点，F和GM形成一个节点……依据这种方式，树形自下而上不断聚拢。

图22.35树形图将股票按照相似度重新排列顺序。图22.35热图发生有意思的变化，热图中出现一个个色彩相近“方块”。每一个“方块”实际上代表着一类相似的数据点。因此，树形图很好地揭示了股票之间的相似性关系，这便是**聚类** (clustering) 算法的一种思路。

	TSLA	NFLX	MCD	YUM	USB	JPM	F	GM	WMT	COST	PFE	JNJ
TSLA	1	0.18	0.42	0.21	0.35	0.39	0.27	0.15	0.32	0.32	0.32	0.18
WMT	0.18	1	0.34	0.29	0.21	0.4	0.31	0.42	0.17	0.16	0.37	0.55
MCD	0.42	0.34	1	0.59	0.79	0.31	0.64	0.4	0.61	0.64	0.46	0.53
USB	0.21	0.29	0.59	1	0.53	0.1	0.91	0.48	0.63	0.67	0.33	0.51
YUM	0.35	0.21	0.79	0.53	1	0.16	0.61	0.39	0.62	0.64	0.34	0.5
NFLX	0.39	0.4	0.31	0.1	0.16	1	0.15	0.18	0.1	0.16	0.48	0.24
JPM	0.27	0.31	0.64	0.91	0.61	0.15	1	0.52	0.67	0.71	0.37	0.54
PFE	0.15	0.42	0.4	0.48	0.39	0.18	0.52	1	0.32	0.32	0.48	0.7
F	0.32	0.17	0.61	0.63	0.62	0.1	0.67	0.32	1	0.78	0.23	0.36
GM	0.32	0.16	0.64	0.67	0.64	0.16	0.71	0.32	0.78	1	0.25	0.38
COST	0.32	0.73	0.46	0.33	0.34	0.48	0.37	0.48	0.23	0.25	1	0.6
JNJ	0.18	0.55	0.53	0.51	0.5	0.24	0.54	0.7	0.36	0.38	0.6	1

图22.34 12支股票相关性热图

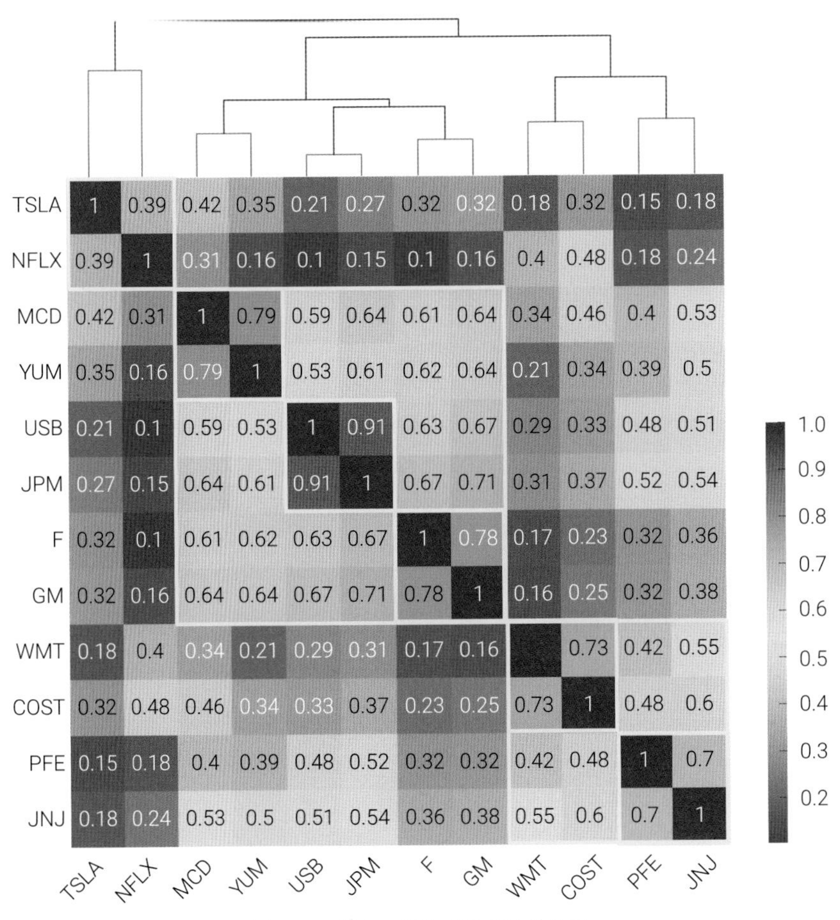

图22.35　根据树形图重组相关性热图

Bk6_Ch22_02.ipynb中绘制了图22.33、图22.34和图22.35。

本章介绍了一种特殊的图——树。请大家务必记住树的几个特点。本章后文还聊了聊几种和树有关的算法，最近共同祖先、最小生成树、决策树、树形图。

决策树是一种常用的分类算法，树形图则依托层次聚类算法，《机器学习》将专门介绍这两种算法。

Spectral Clustering

数据聚类

用谱聚类完成数据聚类

如果冬天来了，春天还会远吗？

If Winter comes, can Spring be far behind.

—— 雪莱 (Percy Bysshe Shelley) | 英国诗人 | 1792—1822年

- `sklearn.cluster.SpectralClustering()` 谱聚类算法
- `sklearn.datasets.make_circles()` 创建环形样本数据
- `sklearn.preprocessing.StandardScaler().fit_transform()` 标准化数据；通过减去均值然后除以标准差，处理后数据符合标准正态分布

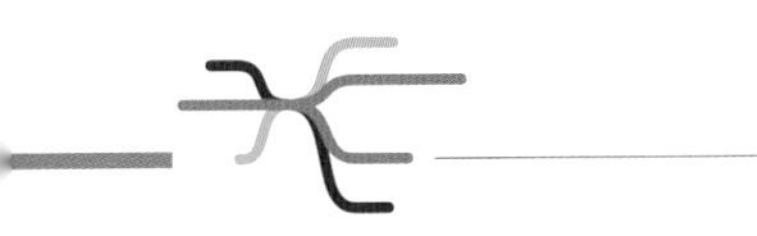

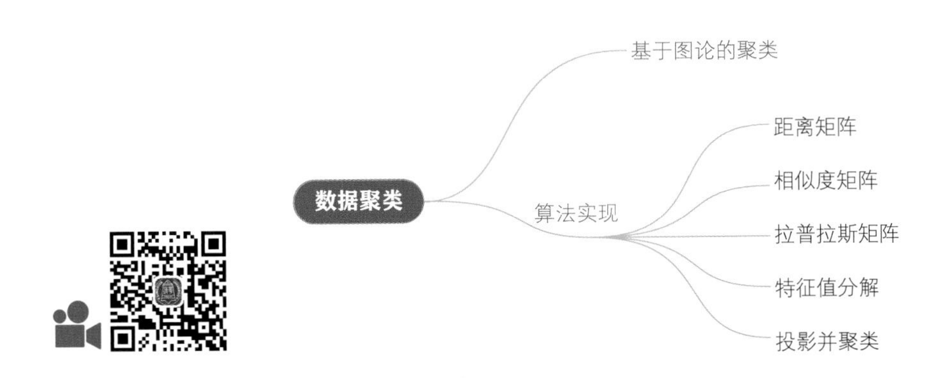

23.1 数据聚类

本章将介绍如何用图论完成**聚类** (clustering)。聚类是**无监督学习** (unsupervised learning) 中的一类问题。简单来说，聚类是指将数据集中相似的数据分为一类的过程，以便更好地分析和理解数据。

如图23.1所示，删除鸢尾花数据集的标签，即target，仅仅根据鸢尾花**花萼长度** (sepal length)、**花萼宽度** (sepal width) 这两个特征上样本数据分布情况，我们可以将数据分成两**簇** (clusters)。

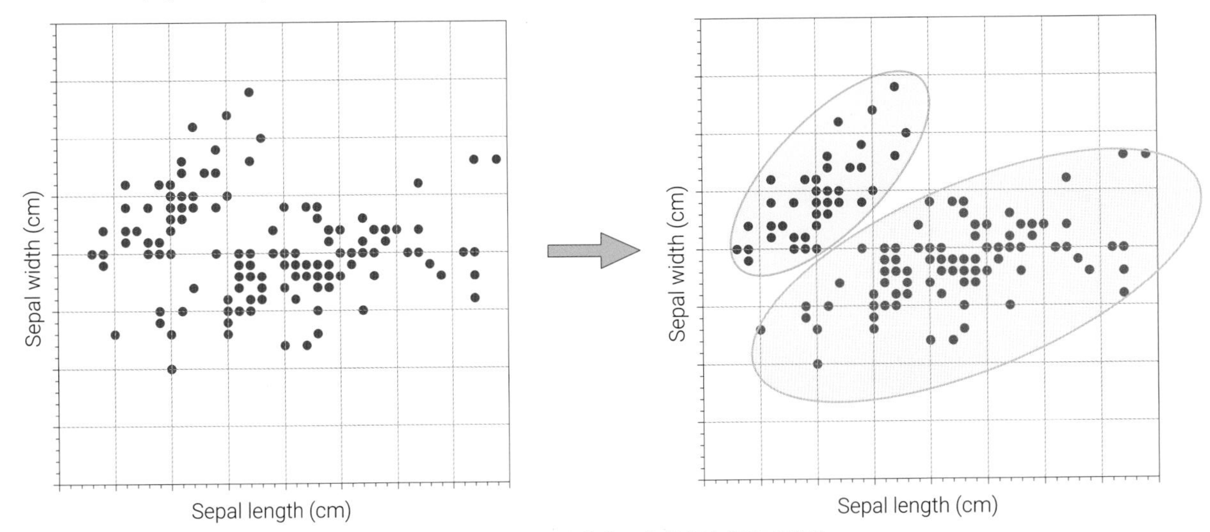

图23.1　用删除标签的鸢尾花数据介绍聚类算法

聚类算法有很多，下面要介绍的是**谱聚类** (spectral clustering)，它是一种基于无向图的聚类算法。

用无向图聚类思路很简单，切断无向图中权重值低的边，得到一系列子图。子图内部节点之间边的权重尽可能高，子图之间边权重尽可能低。

谱聚类算法流程如下：

◀ 首先，需要计算数据矩阵$\boldsymbol{X}$内点与点的成对距离，并构造成距离矩阵$\boldsymbol{D}$。
◀ 然后，将距离转换成权重值，即**相似度** (similarity)，构造**相似度矩阵** (similarity matrix) $\boldsymbol{S}$，利用$\boldsymbol{S}$可以绘制无向图。
◀ 之后，将相似度矩阵转化成**拉普拉斯矩阵** (Laplacian matrix) $\boldsymbol{L}$。
◀ 最后，**特征值分解** (eigen decomposition) $\boldsymbol{L}$，相当于将$\boldsymbol{L}$投影在一个低维度正交空间。

在这个低维度空间中，用简单聚类方法对投影数据进行聚类，并得到原始数据聚类。

图23.2所示为谱聚类的算法流程。

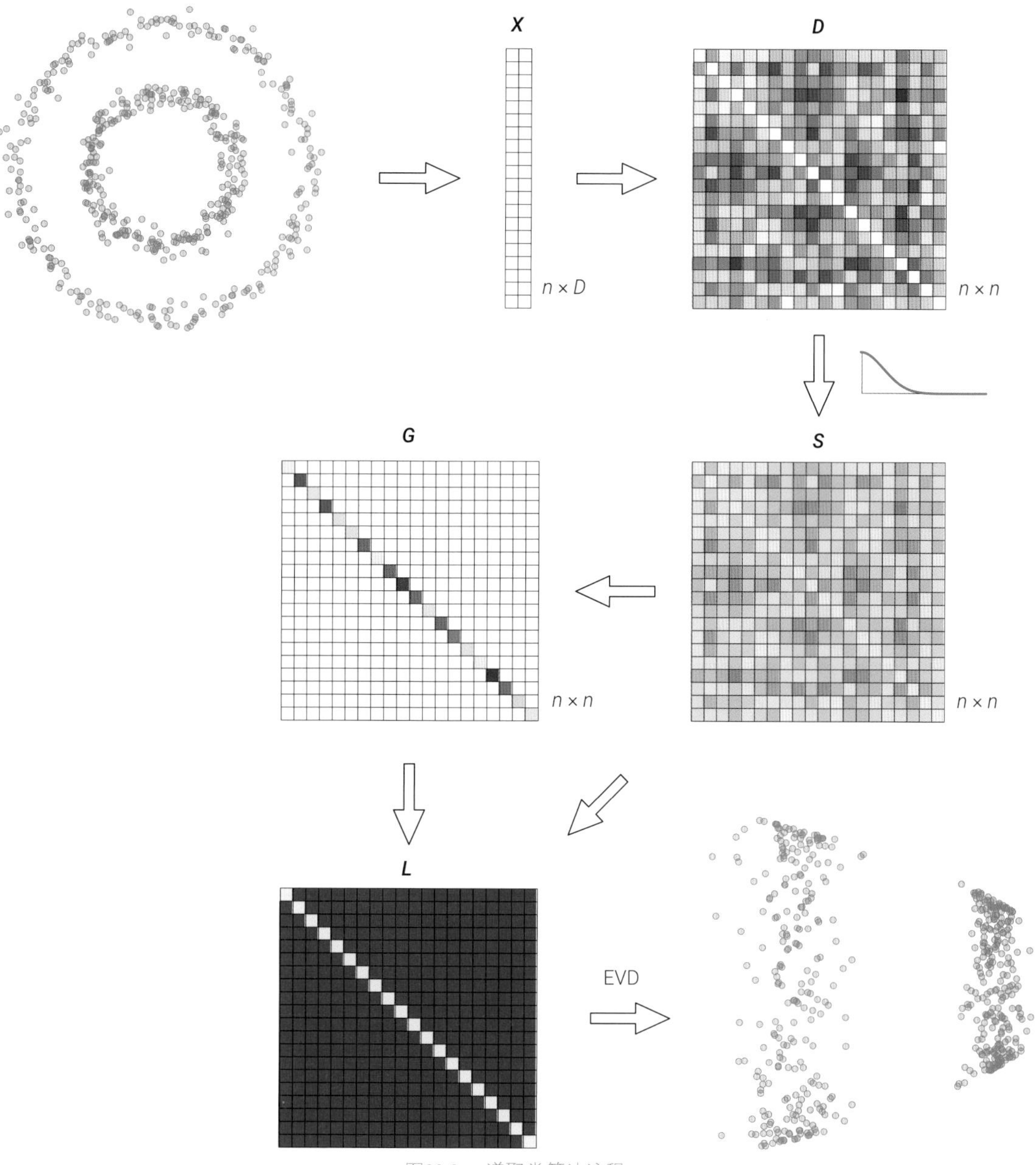

图23.2　谱聚类算法流程

下面通过实例，我们一一讨论谱聚类这些步骤所涉及的技术细节。

23.2 距离矩阵

图23.3所示为样本数据（500个数据点）在平面上位置，我们可以发现这组数据有两个环；谱聚类要做的就是尽量把大环、小环的数据分别聚成两簇。

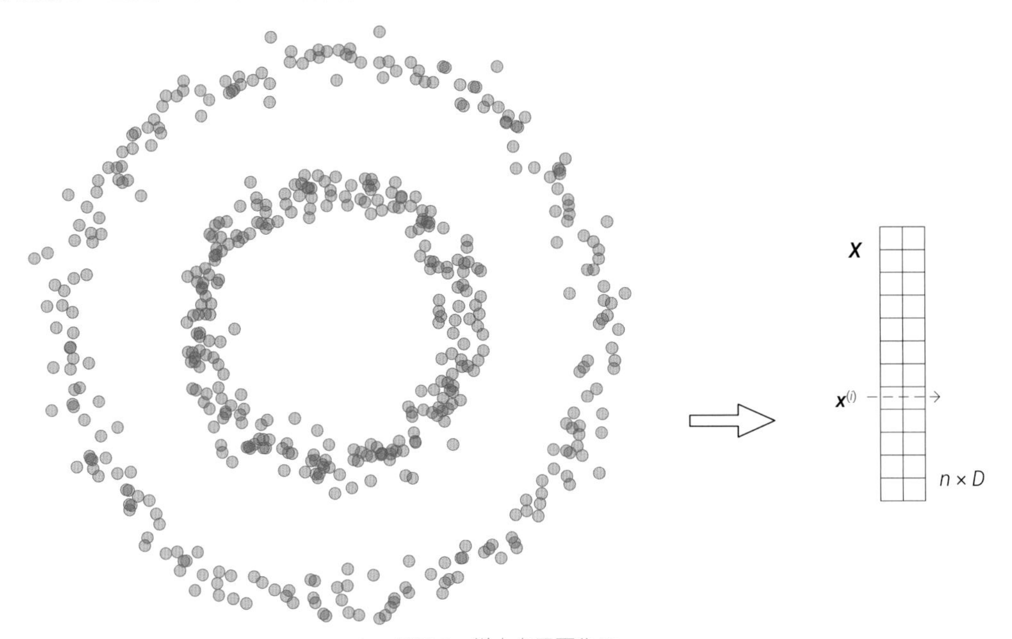

图23.3　样本点平面位置

代码23.1绘制了图23.3散点图，下面讲解其中关键语句。

ⓐ设定随机数种子，保证结果可复刻。

ⓑ用sklearn.datasets.make_circles() 生成环形数据。

ⓒ用sklearn.preprocessing.StandardScaler.fit_transform() 标准化特征数据。

ⓓ用matplotlib.pyplot.scatter() 绘制散点图。

代码23.1　生成样本数据 | Bk6_Ch23_01.ipynb

```
import numpy as np
import networkx as nx
import matplotlib.pyplot as plt
import seaborn as sns
from sklearn import datasets
from sklearn.preprocessing import StandardScaler
from scipy.linalg import sqrtm as sqrtm

# 生成样本数据
np.random.seed(0)   # a

n_samples = 500;
# 样本数据的数量
```

```python
ⓑ dataset = datasets.make_circles(n_samples = n_samples,
                                  factor = .5,noise = .05)
  # 生成环形数据

  X, y = dataset
  # X特征数据，y标签数据
ⓒ X = StandardScaler().fit_transform(X)
  # 标准化数据集

  # 可视化散点
  fig, ax = plt.subplots(figsize = (6,6))

ⓓ plt.scatter(X[:,0],X[:,1])
  ax.set_aspect('equal', adjustable = 'box')
  plt.savefig('散点图.svg')
```

下面计算数据的成对距离矩阵$\boldsymbol{D}$。色块颜色越浅，说明距离越近；色块颜色越深，说明距离越远。注意，为了方便可视化，图23.4热图仅仅展示一个20 × 20距离矩阵。

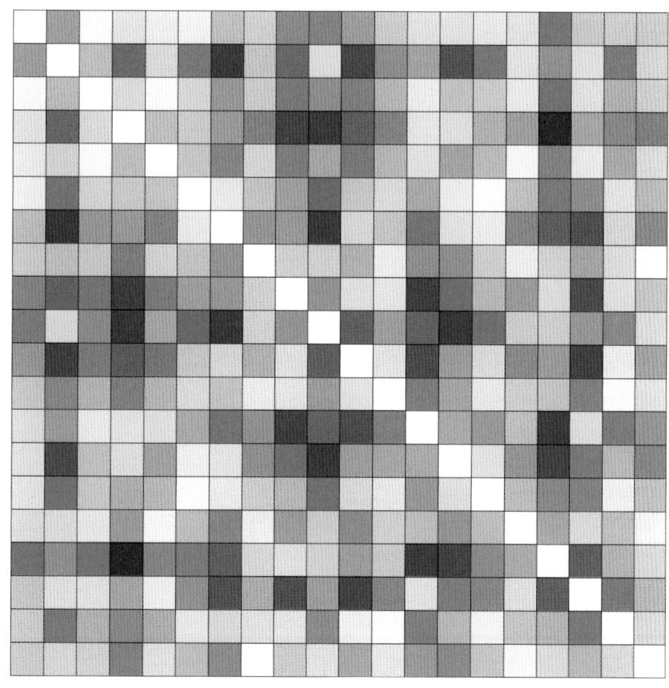

图23.4　成对欧氏距离矩阵$\boldsymbol{D}$

代码23.2绘制了图23.4，下面讲解其中关键语句。

ⓐ用numpy.linalg.norm()计算成对距离矩阵。其中，numpy.newaxis()增加一个维度，这样相减时可以利用广播原则得到成对行向量之差。参数axis = 2保证计算范数时结果为二维数组。

大家也可以用scipy.spatial.distance_matrix() 或 sklearn.metrics.pairwise_distances() 计算成对欧氏距离矩阵。

ⓑ用seaorn.heatmap() 绘制成对欧氏距离矩阵热图。

代码23.2 成对欧氏距离矩阵 | Bk6_Ch23_01.ipynb

```
# 计算成对距离矩阵
D = np.linalg.norm(X[:, np.newaxis, :] - X, axis = 2)
# 请尝试使用
# scipy.spatial.distance_matrix()
# sklearn.metrics.pairwise_distances()

# 可视化成对距离矩阵
plt.figure(figsize = (8,8))
sns.heatmap(D, square = True,
            cmap = 'Blues',
            # annot = True, fmt = ".3f",
            xticklabels = [],
            yticklabels = [])
# plt.savefig('成对距离矩阵_heatmap.svg')
```

23.3 相似度

然后利用$d_{i,j}$计算i和j两点的相似度$s_{i,j}$，“距离 → 相似度”的转换采用高斯核函数：

$$s_{i,j} = \exp\left(-\left(\frac{d_{i,j}}{\sigma}\right)^2\right) \tag{23.1}$$

相似度取值区间为 (0, 1]。

两个点距离越近，它们的相似性越高，越靠近1；反之，距离越远，相似度越低，越靠近0。任意点和自身的距离为0，因此对应的相似度为1。

参数σ可调节，图23.5所示为参数σ对式 (23.1) 高斯函数的影响。

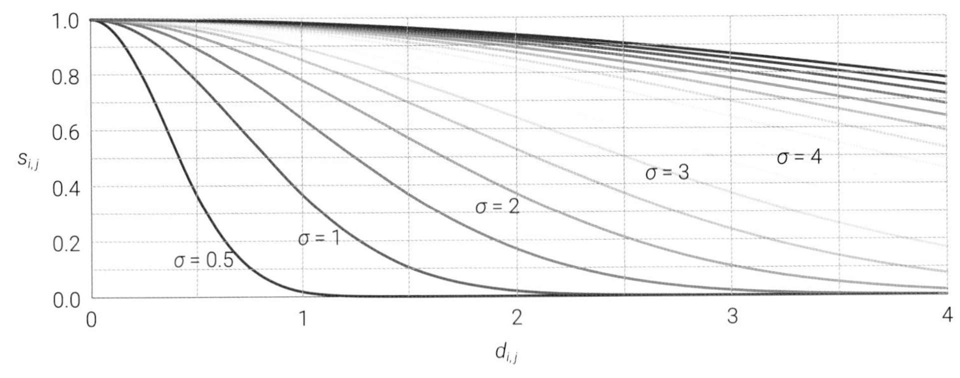

图23.5 参数σ对高斯函数的影响

图23.4所示成对距离矩阵转化为图23.6所示**相似度矩阵** (similarity matrix) $\boldsymbol{S}$；如果用相似度矩阵构造无向图的话，那么矩阵$\boldsymbol{S}$就是**邻接矩阵** (adjacency matrix)。

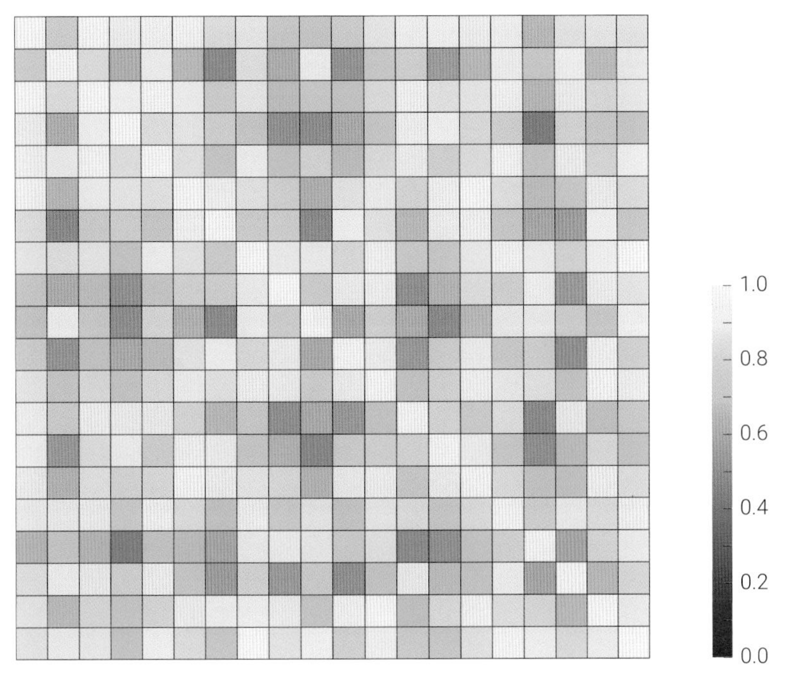

图23.6　成对相似度矩阵S

代码23.3将欧氏距离矩阵转化成相似度矩阵，这个矩阵用作无向图的邻接矩阵。下面讲解其中关键语句。

ⓐ自定义函数通过高斯函数将欧氏距离矩阵转化为相似度矩阵。

ⓑ调用函数，并将sigma设为3 (默认值为1)。

代码23.3　相似度矩阵 (用作无向图的邻接矩阵) | Bk6_Ch23_01.ipynb

```
# 自定义高斯核函数
def gaussian_kernel(distance, sigma = 1.0):
    return np.exp(- (distance ** 2) / (2 * sigma ** 2))

S = gaussian_kernel(D,3)
# 参数sigma设为3

# 可视化亲近度矩阵
plt.figure(figsize = (8,8))
sns.heatmap(S, square = True,
            cmap = 'viridis', vmin = 0, vmax = 1,
            # annot = True, fmt = ".3f",
            xticklabels = [], yticklabels = [])
# plt.savefig('亲近度矩阵_heatmap.svg')
```

23.4 无向图

图23.7为相似度矩阵***S***无向图。图中边的颜色越偏黄，说明两点之间的相似度越高，也就是两点距离越近。为了方便可视化，图中仅仅保留了80个节点和它们之间的边。

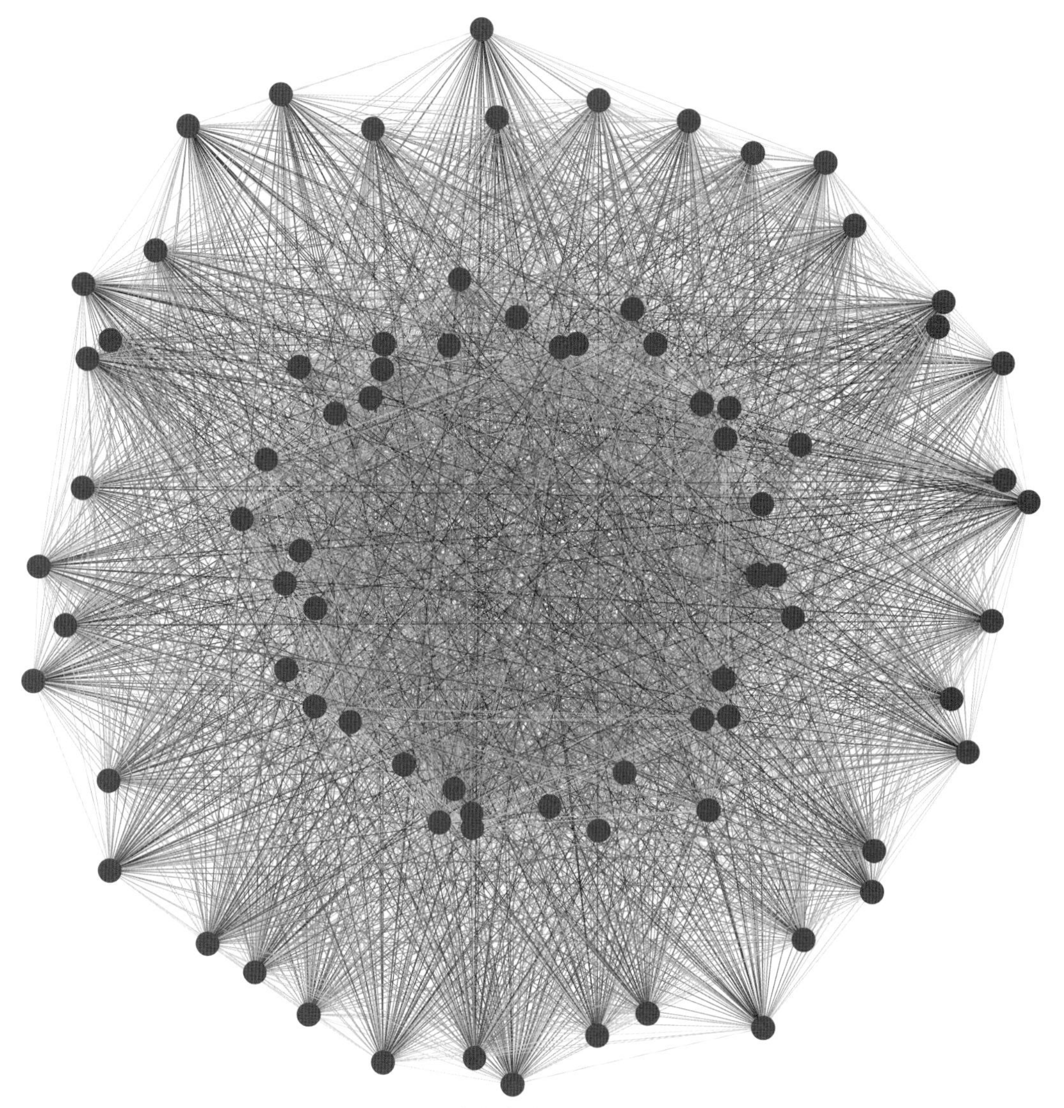

图23.7　相似度对称矩阵*S*无向图

代码23.4根据相似度矩阵创建无向图。

ⓐ用numpy.copy() 创建相似度矩阵副本 (不是视图)。

ⓑ用numpy.fill_diagonal() 将相似度对角线元素置0，不绘制自环。

ⓒ用networkx.Graph() 基于相似度矩阵创建无向图。

ⓓ用add_node() 方法增加节点位置信息。

ⓔ用networkx.get_node_attributes(G, 'pos') 将节点位置信息取出。

ⓕ用networkx.draw_networkx() 绘制无向图。根据边的权重值大小用颜色映射viridis渲染边。

代码23.4　创建无向图 | Bk6_Ch23_01.ipynb

```
# 创建无向图
S_copy = np.copy(S)
np.fill_diagonal(S_copy, 0)
G = nx.Graph(S_copy, nodetype = int)
# 用邻接矩阵创建无向图

# 添加节点和边
for i in range(len(X)):
    G.add_node(i, pos = (X[i, 0], X[i, 1]))

# 取出节点位置
pos = nx.get_node_attributes(G, 'pos')

# 增加节点属性
node_labels = {i: chr(ord('a') + i) for i in range(len(G.nodes))}
edge_weights = [G[i][j]['weight'] for i, j in G.edges]

# 可视化图
fig, ax = plt.subplots(figsize = (6,6))
nx.draw_networkx(G, pos, with_labels = False,
                 node_size = 38,
                 node_color = 'blue',
                 font_color = 'black',
                 edge_cmap = plt.cm.viridis,
                 edge_color = edge_weights,
                 width = 1, alpha = 0.5)

ax.set_aspect('equal', adjustable = 'box')
ax.axis('off')
plt.savefig('成对距离矩阵_无向图.svg')
```

23.5 拉普拉斯矩阵

为了计算拉普拉斯矩阵，我们首先计算度矩阵。如图23.8所示，**度矩阵** (degree matrix) $\boldsymbol{G}$是一个对角阵。注意，为了和成对距离矩阵$\boldsymbol{D}$区分，本章度矩阵记作$\boldsymbol{G}$。

$\boldsymbol{G}$的对角线元素是对应相似度矩阵$\boldsymbol{S}$对应列元素之和，即：

$$\boldsymbol{G}_{i,i} = \sum_{j=1}^{n} s_{i,j} \tag{23.2}$$

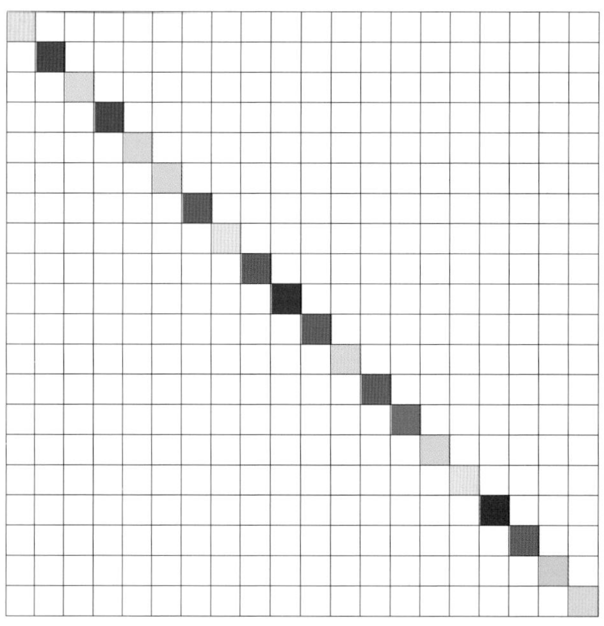

图23.8　度矩阵$\boldsymbol{G}$

然后构造**拉普拉斯矩阵** (Laplacian matrix) $\boldsymbol{L}$。

本章采用的是**归一化对称拉普拉斯矩阵** (normalized symmetric Laplacian matrix)，也叫作Ng-Jordan-Weiss矩阵，具体如下：

$$\boldsymbol{L}_s = \boldsymbol{G}^{-1/2}\left(\boldsymbol{G}-\boldsymbol{S}\right)\boldsymbol{G}^{-1/2} \tag{23.3}$$

结果如图23.9所示。

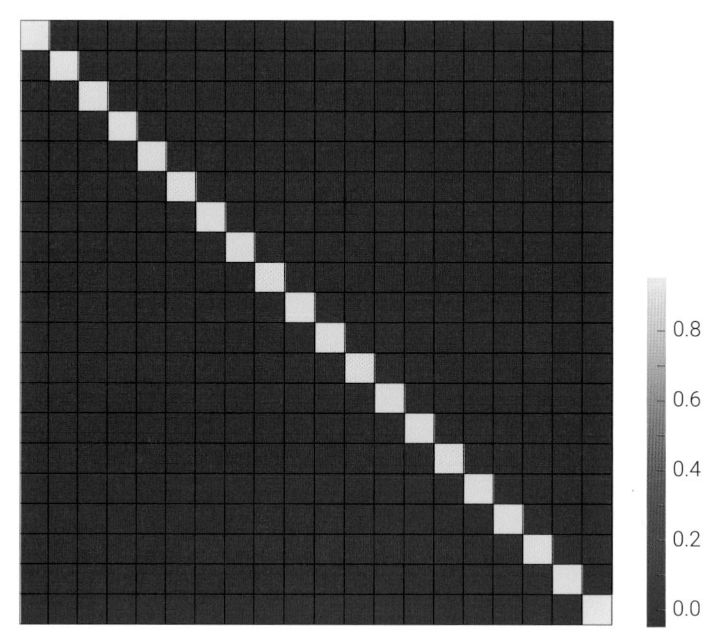

图23.9　归一化拉普拉斯矩阵$\boldsymbol{L}_s$

代码23.5计算度矩阵和归一化拉普拉斯矩阵，下面讲解其中关键语句。

ⓐ邻接矩阵 (相似度矩阵) 列方向求和得到节点度数，然后再用numpy.diag() 将其展成度矩阵 (对角方阵)。

ⓑ先用numpy.linalg.inv() 对度矩阵求逆，然后再用scipy.linalg.sqrtm() 开平方。

ⓒ计算归一化拉普拉斯矩阵。大家也可以用networkx.normalized_laplacian_matrix() 计算归一化拉普拉斯矩阵，并比较结果。

代码23.5 计算度矩阵和归一化拉普拉斯矩阵 | Bk6_Ch23_01.ipynb

```
G = np.diag(S.sum(axis = 1))
# 度矩阵

# 可视化度矩阵
plt.figure(figsize=(8,8))
sns.heatmap(G, square = True,
            cmap = 'viridis',
            # linecolor = 'k',
            # linewidths = 0.05,
            mask = 1-np.identity(len(G)),
            vmin = S.sum(axis = 1).min(),
            vmax = S.sum(axis = 1).max(),
            # annot = True, fmt = ".3f",
            xticklabels = [], yticklabels = [])
# plt.savefig('度矩阵_heatmap.svg')

G_inv_sqr = sqrtm(np.linalg.inv(G))
L_s = G_inv_sqr @ (G - S) @ G_inv_sqr
# 计算归一化 (对称) 拉普拉斯矩阵

# 可视化拉普拉斯矩阵
plt.figure(figsize=(8,8))
sns.heatmap(L_s, square = True,
            cmap = 'plasma',
            # annot = True, fmt = ".3f",
            xticklabels = [], yticklabels = [])
# plt.savefig('拉普拉斯矩阵_heatmap.svg')
```

23.6 特征值分解

对拉普拉斯矩阵$\boldsymbol{L}$进行特征值分解：

$$\boldsymbol{L} = \boldsymbol{V}\boldsymbol{\Lambda}\boldsymbol{V}^{-1} \tag{23.4}$$

其中

$$\boldsymbol{\Lambda}=\begin{bmatrix}\lambda_1 & & & \\ & \lambda_2 & & \\ & & \ddots & \\ & & & \lambda_{12}\end{bmatrix},\quad \boldsymbol{V}=\begin{bmatrix}\boldsymbol{v}_1 & \boldsymbol{v}_2 & \dots & \boldsymbol{v}_n\end{bmatrix} \tag{23.5}$$

图23.10所示为拉普拉斯矩阵$\boldsymbol{L}$特征值分解得到的前50个特征值从小到大排序。

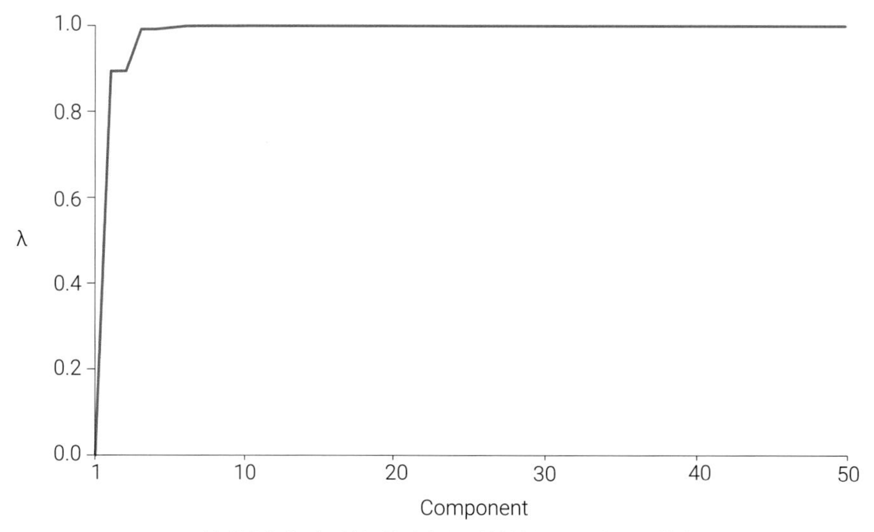

图23.10　拉普拉斯矩阵$\boldsymbol{L}$特征值分解得到的特征值从小到大排序，前50

图23.11所示为前两个特征向量构成的散点图，容易发现大环、小环已经分成两簇。

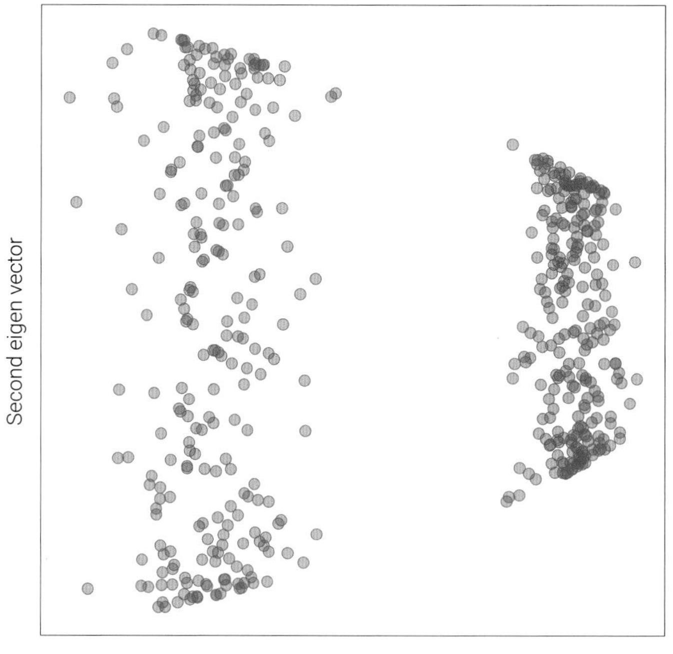

图23.11　前两个特征向量构成的散点图，特征值从小到大排序

代码23.6对归一化拉普拉斯矩阵进行特征值分解 (谱分解)，下面讲解其中关键语句。

ⓐ用numpy.linalg.eigh() 对归一化拉普拉斯矩阵进行特征值分解。

ⓑ按特征值从小到大排序得到排序索引。

ⓒ对特征值从小到大排序。

ⓓ对特征向量按对应特征值从小到大顺序排序。

ⓔ取出前两个特征向量绘制散点图。

代码23.6 特征值分解 | Bk6_Ch23_01.ipynb 

```
a  eigenValues_s , eigenVectors_s  = np.linalg.eigh(L_s)
   # 特征值分解

   # 按特征值从小到大排序
b  idx_s = eigenValues_s.argsort() # [::-1]
c  eigenValues_s = eigenValues_s[idx_s]
d  eigenVectors_s = eigenVectors_s[:,idx_s]

   # 前两个特征向量的散点图
   fig, ax = plt.subplots(figsize = (6,6))

e  plt.scatter(eigenVectors_s[:,0], eigenVectors_s[:,1])
   plt.savefig('散点图, 投影后.svg')
```

本章介绍了一种基于图论的聚类方法——谱聚类。谱聚类用到了本书前文介绍的很多图论概念，比如邻接矩阵、无向图、度矩阵、拉普拉斯矩阵等等。

谱聚类将数据点视作图中的节点，通过相似度函数构造图的边，形成相似度矩阵。接着，基于这个矩阵计算拉普拉斯矩阵，并对其进行特征分解，选取代表数据结构最重要特性的几个特征向量。最后，用这些特征向量的值作为新的特征空间，对数据点在这个空间中进行传统的聚类算法，以达到聚类目的。《机器学习》还会回顾这种聚类方法。

PageRank Algorithm

PageRank算法

用网络图中页面之间链接关系，以衡量其重要性和排名

远离那些试图贬低你的雄心壮志的人。小人物总是这样做，但真正伟大的人会让你相信你也可以变得伟大。

Keep away from those who try to belittle your ambitions. Small people always do that, but the really great make you believe that you too can become great.

—— 马克·吐温 (Mark Twain) | 美国作家 | 1835—1910年

- networkx.adjacency_matrix() 计算邻接矩阵
- networkx.circular_layout() 节点圆周布局
- networkx.DiGraph() 创建有向图的类，用于表示节点和有向边的关系以进行图论分析
- networkx.draw_networkx() 用于绘制图的节点和边，可根据指定的布局将图可视化呈现在平面上
- networkx.to_numpy_matrix() 用于将图表示转换为 NumPy 矩阵，方便在数值计算和线性代数操作中使用
- numpy.linalg.eig() 特征值分解
- numpy.linalg.norm() 计算范数
- numpy.ones() 按指定形状生成全1矩阵

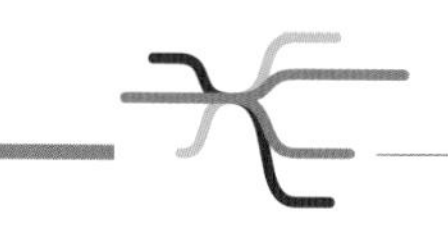

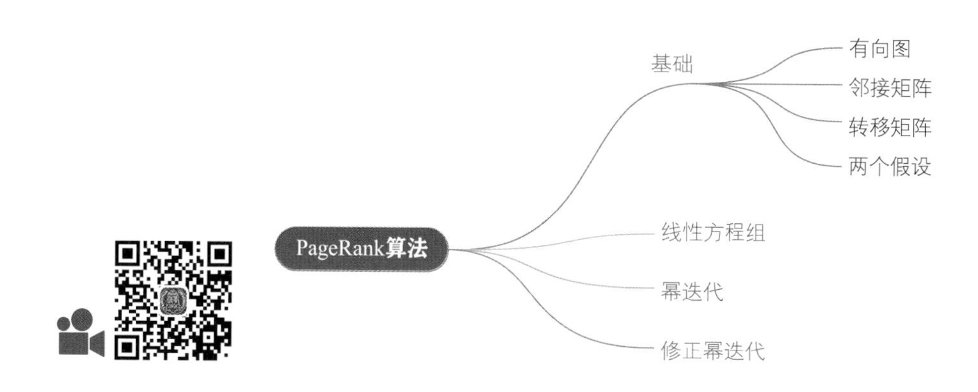

24.1 PageRank算法

互联网、社交网络都可以看作是图。

PageRank算法，即网页排名，是由谷歌公司创始人**拉里·佩奇** (Larry Page) 和**谢尔盖·布林** (Sergey Brin) 于1996年提出的，是一种用于评估网页重要性的算法。

PageRank算法最初是为了优化搜索引擎结果而设计的。通过分析网页之间的链接结构，搜索引擎可以更好地确定哪些网页更重要，从而为用户提供更相关和有质量的搜索结果。

简单来说，PageRank算法通过分析网页之间的链接关系，为每个网页赋予一个权重值，从而确定搜索结果的排名顺序。我们可以把PageRank算法看作是有向图。

以图24.1为例，6个网页之间存在相互链接关系。网页被越多的其他网页链接，就越重要。一个网页的重要性可以通过其被其他网页链接的数量来衡量。比如，有5个网页都有指向网页e的链接，显然网页e很重要。

根据这个思路，由于网页数量有限，我们已经可以给这些网页做个排名。但是，全球互联网的网页数量已经以10亿计，显然我们需要量化手段来帮助排名。

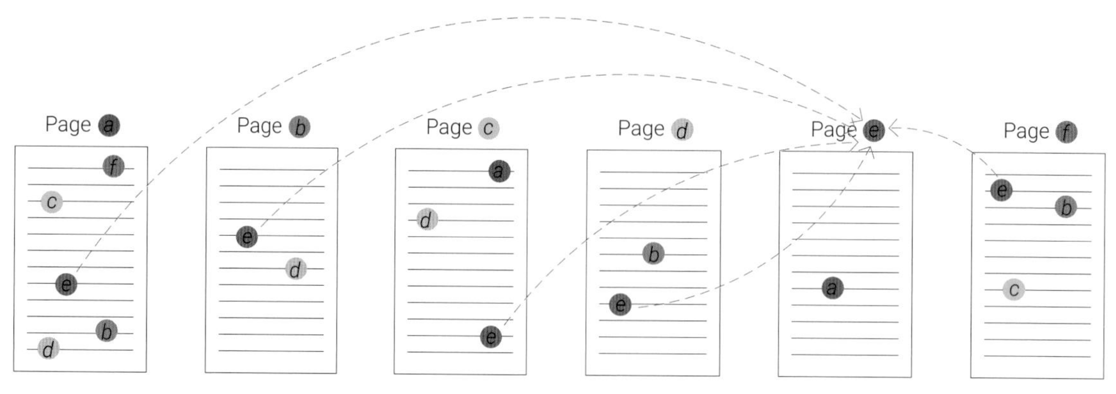

图24.1　6个网页之间的链接关系

有向图

图24.1这种关系显然可以用有向图来表示，具体如图24.2所示。这幅有向图有6个节点，节点之间存在16条有向边。

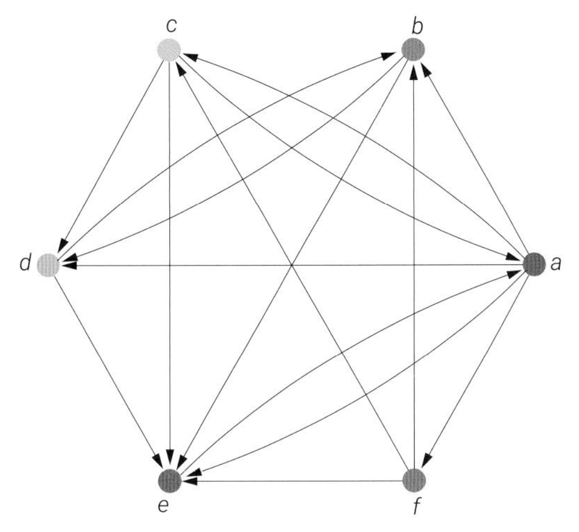

图24.2　6个网页之间的有向图

邻接矩阵

图24.2这幅有向图的邻接矩阵为：

$$A=\begin{bmatrix}0&1&1&1&1&1\\0&0&0&1&1&0\\1&0&0&1&1&0\\0&1&0&0&1&0\\1&0&0&0&0&0\\0&1&1&0&1&0\end{bmatrix} \tag{24.1}$$

图24.3所示为邻接矩阵热图。

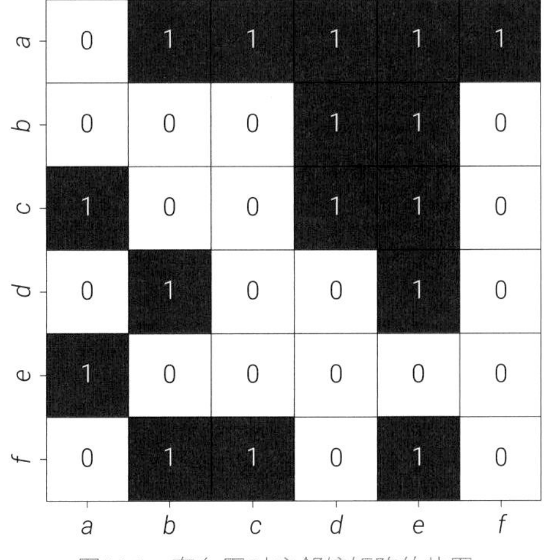

图24.3　有向图对应邻接矩阵的热图

代码24.1创建了图24.2，并计算了有向图对应的邻接矩阵，下面讲解其中关键语句。

ⓐ用networkx.DiGraph() 创建有向图对象。

ⓑ用add_nodes_from() 在有向图对象中增加节点。

ⓒ用add_edges_from() 在有向图对象中增加几组有向边，节点有先后顺序。

ⓓ用networkx.circular_layout() 创建节点在平面上的圆形布局。

ⓔ创建节点颜色的列表，用在networkx.draw_networkx() 的参数node_color。

ⓕ用于生成有向图的邻接矩阵，并通过调用.todense() 将这个邻接矩阵转换为一个密集矩阵形式。

代码24.1 创建网页关系的有向图 | Bk6_Ch24_01.ipynb

```
import matplotlib.pyplot as plt
import networkx as nx
import numpy as np
import seaborn as sns

directed_G = nx.DiGraph()                                    # ⓐ
# 创建有向图的实例

directed_G.add_nodes_from(['a', 'b', 'c', 'd', 'e', 'f'])   # ⓑ
# 添加多个节点

# 添加几组有向边
directed_G.add_edges_from([('a','b'),('a','c'),('a','d'),   # ⓒ
                           ('a','e'),('a','f')])
directed_G.add_edges_from([('b','d'),('b','e')])
directed_G.add_edges_from([('c','a'),('c','d'),('c','e')])
directed_G.add_edges_from([('d','b'),('d','e')])
directed_G.add_edges_from([('e','a')])
directed_G.add_edges_from([('f','b'),('f','c'),('f','e')])

pos = nx.circular_layout(directed_G)                          # ⓓ
node_color = ['purple', 'blue', 'green', 'orange', 'red', 'pink']   # ⓔ

# 可视化
plt.figure(figsize = (6,6))
nx.draw_networkx(directed_G,
                 pos = pos,
                 node_color = node_color,
                 node_size = 180)
plt.savefig('网页之间关系的有向图.svg')

# 邻接矩阵
A = nx.adjacency_matrix(directed_G).todense()                # ⓕ

sns.heatmap(A, cmap = 'Blues',
            annot = True, fmt = '.0f',
            xticklabels = list(directed_G.nodes),
            yticklabels = list(directed_G.nodes),
            linecolor = 'k', square = True,
            linewidths = 0.2)
plt.savefig('邻接矩阵.svg')
```

转移矩阵

把邻接矩阵转化为转移矩阵$\boldsymbol{T}$：

$$
\boldsymbol{T}=\begin{bmatrix} 0 & 0 & 1/3 & 0 & 1 & 0 \\ 1/5 & 0 & 0 & 1/2 & 0 & 1/3 \\ 1/5 & 0 & 0 & 0 & 0 & 1/3 \\ 1/5 & 1/2 & 1/3 & 0 & 0 & 0 \\ 1/5 & 1/2 & 1/3 & 1/2 & 0 & 1/3 \\ 1/5 & 0 & 0 & 0 & 0 & 0 \end{bmatrix} \tag{24.2}
$$

图24.4所示为转移矩阵热图。大家应该还记得本书前文讲过，邻接矩阵$\boldsymbol{A}$每行求和便得到有向图节点的出度；矩阵$\boldsymbol{A}$每行除以对应出度结果再转置便得到上述转移矩阵。图24.5所示为从邻接矩阵到转移矩阵的计算过程。

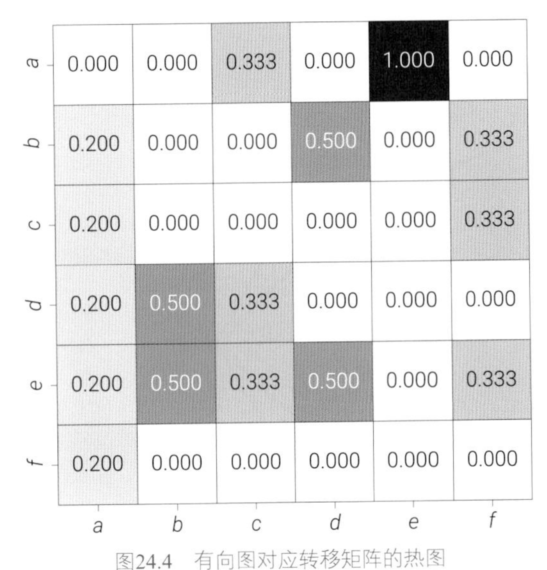

图24.4　有向图对应转移矩阵的热图

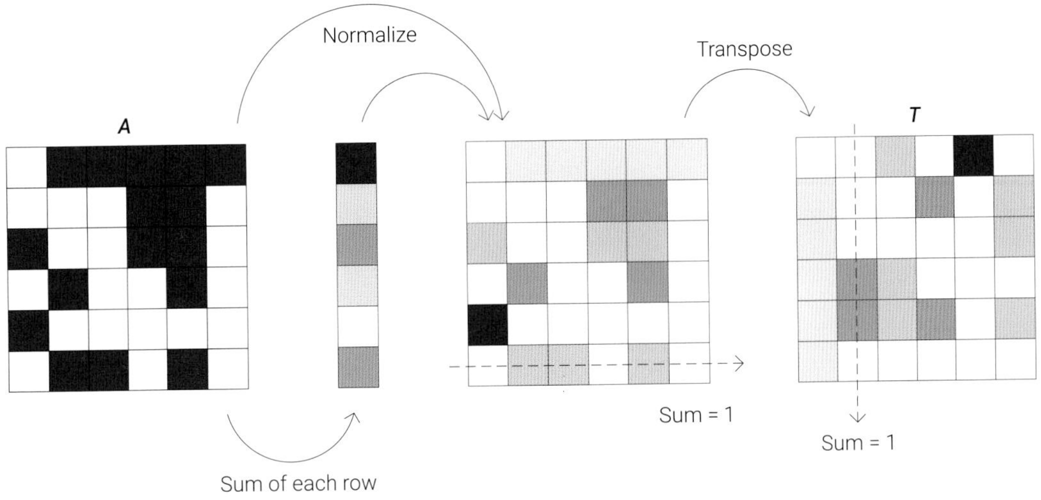

图24.5　从邻接矩阵到转移矩阵的计算过程

矩阵乘法角度理解转移矩阵

下面聊聊在PageRank算法的语境下几个不同角度下对转移矩阵$\boldsymbol{T}$的理解。

首先来看转移矩阵$\boldsymbol{T}$的第1列，这一列有5个非零元素，值都是1/5。如图24.6所示，网页a指向其他5个网页。节点a的出度为5，取倒数得到1/5，这样转移矩阵$\boldsymbol{T}$的第1列元素之和为1。

换个角度来看，从网页a出发有1/5可能性到达其他5个节点：

$$\begin{bmatrix} 0 & 0 & 1/3 & 0 & 1 & 0 \\ 1/5 & 0 & 0 & 1/2 & 0 & 1/3 \\ 1/5 & 0 & 0 & 0 & 0 & 1/3 \\ 1/5 & 1/2 & 1/3 & 0 & 0 & 0 \\ 1/5 & 1/2 & 1/3 & 1/2 & 0 & 1/3 \\ 1/5 & 0 & 0 & 0 & 0 & 0 \end{bmatrix} \begin{bmatrix} 1 \\ 0 \\ 0 \\ 0 \\ 0 \\ 0 \end{bmatrix} = \begin{bmatrix} 0 \\ 1/5 \\ 1/5 \\ 1/5 \\ 1/5 \\ 1/5 \end{bmatrix} \tag{24.3}$$

也就是说，如果网页a的影响力为1，它将影响力均分为5份，每份1/5，分别给b、c、d、e、f这5个网页。

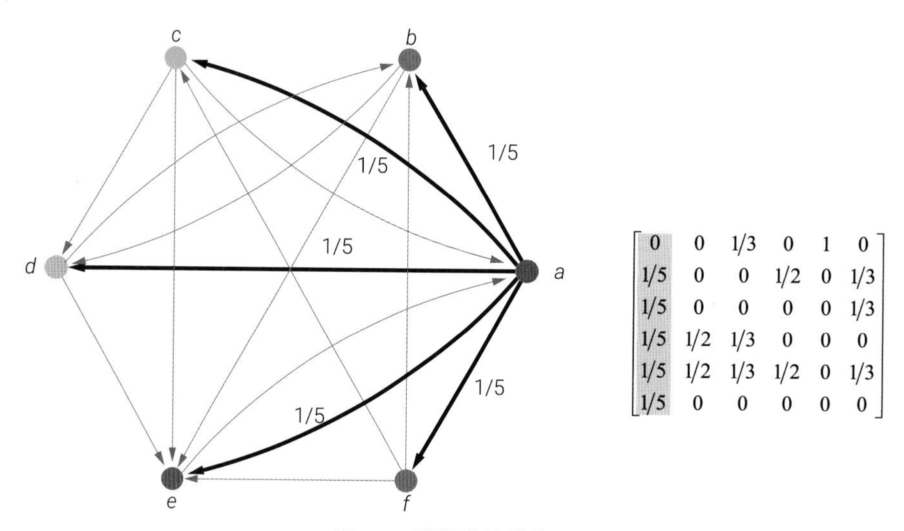

图24.6 网页a指向其他网页

转移矩阵$\boldsymbol{T}$的第2列有2个非零元素，值都是1/2，对应图24.7。对于节点b，它指向2个网页（d、e）。从出度角度来看，节点b的出度为2，取倒数结果为1/2。

从网页b出发，到达其他网页的可能性为：

$$\begin{bmatrix} 0 & 0 & 1/3 & 0 & 1 & 0 \\ 1/5 & 0 & 0 & 1/2 & 0 & 1/3 \\ 1/5 & 0 & 0 & 0 & 0 & 1/3 \\ 1/5 & 1/2 & 1/3 & 0 & 0 & 0 \\ 1/5 & 1/2 & 1/3 & 1/2 & 0 & 1/3 \\ 1/5 & 0 & 0 & 0 & 0 & 0 \end{bmatrix} \begin{bmatrix} 0 \\ 1 \\ 0 \\ 0 \\ 0 \\ 0 \end{bmatrix} = \begin{bmatrix} 0 \\ 0 \\ 0 \\ 1/2 \\ 1/2 \\ 0 \end{bmatrix} \tag{24.4}$$

如果网页b的影响力为1，它将影响力均分为2份，每份1/2，分别给d、e这2个网页。

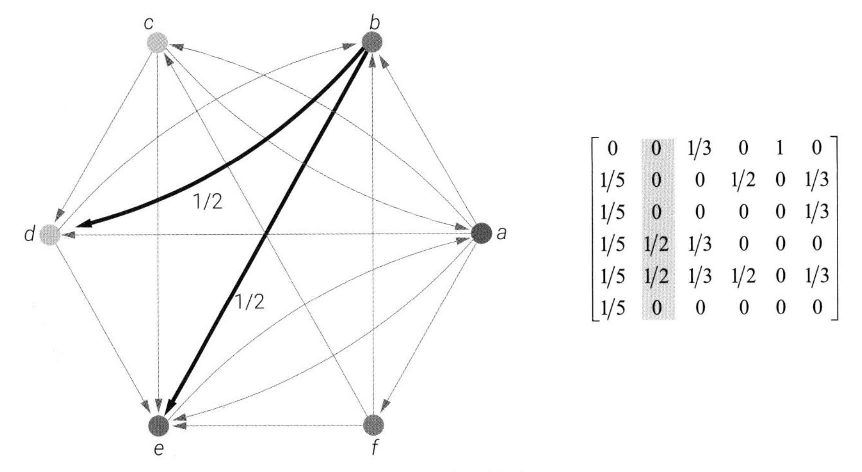

图24.7 网页b指向其他网页

图24.8对应以下矩阵乘法：

$$
\begin{bmatrix} 0 & 0 & 1/3 & 0 & 1 & 0 \\ 1/5 & 0 & 0 & 1/2 & 0 & 1/3 \\ 1/5 & 0 & 0 & 0 & 0 & 1/3 \\ 1/5 & 1/2 & 1/3 & 0 & 0 & 0 \\ 1/5 & 1/2 & 1/3 & 1/2 & 0 & 1/3 \\ 1/5 & 0 & 0 & 0 & 0 & 0 \end{bmatrix} \begin{bmatrix} 0 \\ 0 \\ 1 \\ 0 \\ 0 \\ 0 \end{bmatrix} = \begin{bmatrix} 1/3 \\ 0 \\ 0 \\ 1/3 \\ 1/3 \\ 0 \end{bmatrix} \tag{24.5}
$$

如果网页c的影响力为1，它将影响力均分为3份，每份1/3，分别给a、d、e这3个网页。

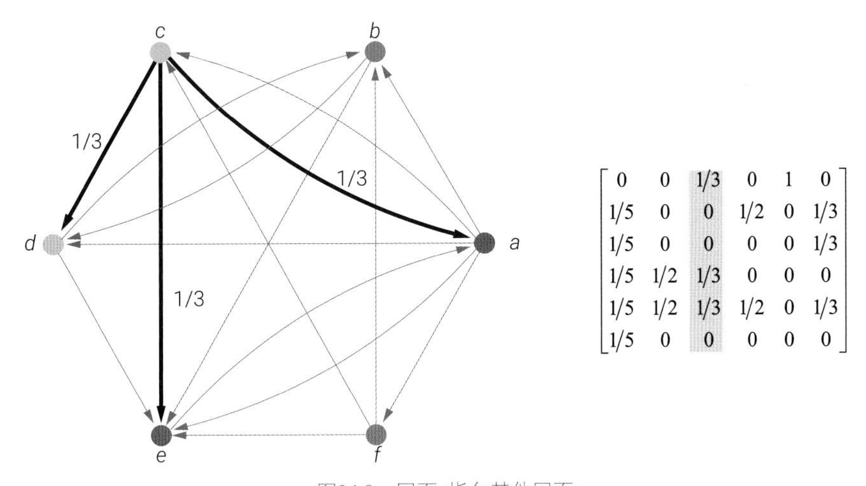

图24.8 网页c指向其他网页

图24.9对应以下矩阵乘法：

$$
\begin{bmatrix} 0 & 0 & 1/3 & 0 & 1 & 0 \\ 1/5 & 0 & 0 & 1/2 & 0 & 1/3 \\ 1/5 & 0 & 0 & 0 & 0 & 1/3 \\ 1/5 & 1/2 & 1/3 & 0 & 0 & 0 \\ 1/5 & 1/2 & 1/3 & 1/2 & 0 & 1/3 \\ 1/5 & 0 & 0 & 0 & 0 & 0 \end{bmatrix} \begin{bmatrix} 0 \\ 0 \\ 0 \\ 1 \\ 0 \\ 0 \end{bmatrix} = \begin{bmatrix} 0 \\ 1/2 \\ 0 \\ 0 \\ 1/2 \\ 0 \end{bmatrix} \tag{24.6}
$$

如果网页d的影响力为1，它将影响力均分为2份，每份1/2，分别给b、e这2个网页。

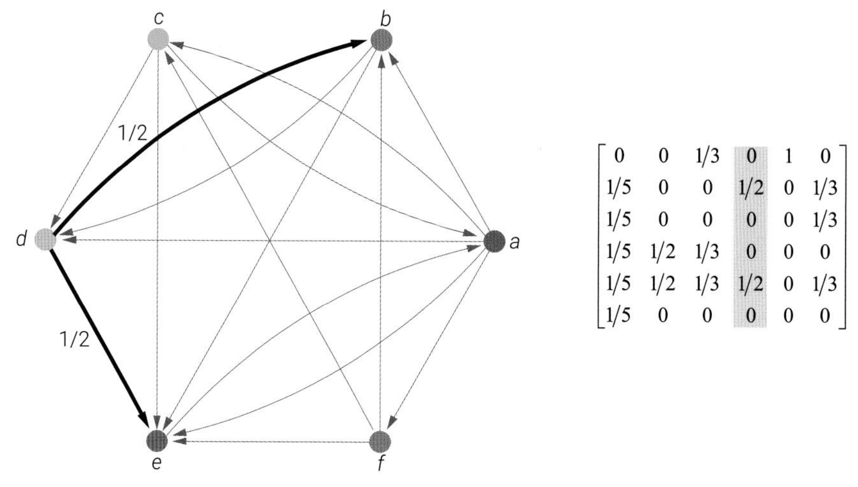

图24.9 网页d指向其他网页

图24.10对应以下矩阵乘法：

$$\begin{bmatrix} 0 & 0 & 1/3 & 0 & 1 & 0 \\ 1/5 & 0 & 0 & 1/2 & 0 & 1/3 \\ 1/5 & 0 & 0 & 0 & 0 & 1/3 \\ 1/5 & 1/2 & 1/3 & 0 & 0 & 0 \\ 1/5 & 1/2 & 1/3 & 1/2 & 0 & 1/3 \\ 1/5 & 0 & 0 & 0 & 0 & 0 \end{bmatrix} \begin{bmatrix} 0 \\ 0 \\ 0 \\ 0 \\ 1 \\ 0 \end{bmatrix} = \begin{bmatrix} 1 \\ 0 \\ 0 \\ 0 \\ 0 \\ 0 \end{bmatrix} \tag{24.7}$$

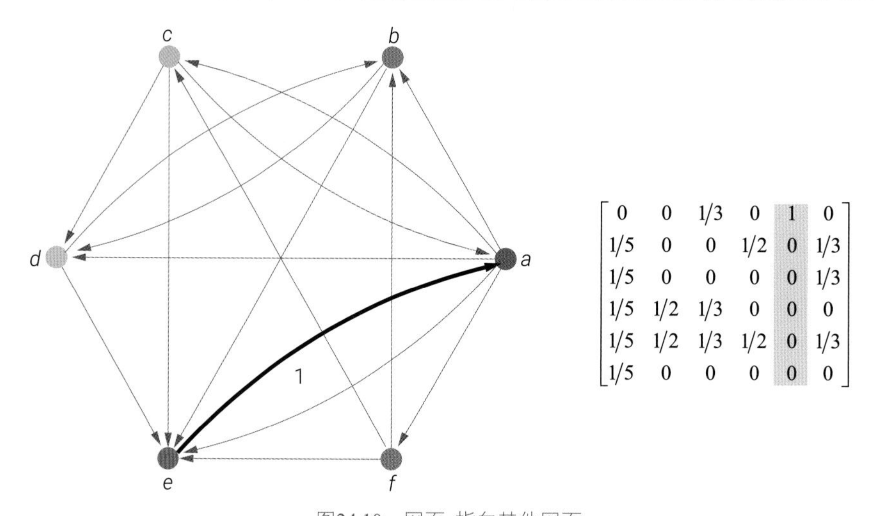

图24.10 网页e指向其他网页

图24.11对应以下矩阵乘法：

$$
\begin{bmatrix} 0 & 0 & 1/3 & 0 & 1 & 0 \\ 1/5 & 0 & 0 & 1/2 & 0 & 1/3 \\ 1/5 & 0 & 0 & 0 & 0 & 1/3 \\ 1/5 & 1/2 & 1/3 & 0 & 0 & 0 \\ 1/5 & 1/2 & 1/3 & 1/2 & 0 & 1/3 \\ 1/5 & 0 & 0 & 0 & 0 & 0 \end{bmatrix} \begin{bmatrix} 0 \\ 0 \\ 0 \\ 0 \\ 0 \\ 1 \end{bmatrix} = \begin{bmatrix} 0 \\ 1/3 \\ 1/3 \\ 0 \\ 1/3 \\ 0 \end{bmatrix} \tag{24.8}
$$

请大家从矩阵乘法、出度、影响力传递角度自行仔细分析图24.7 ~ 图24.11。

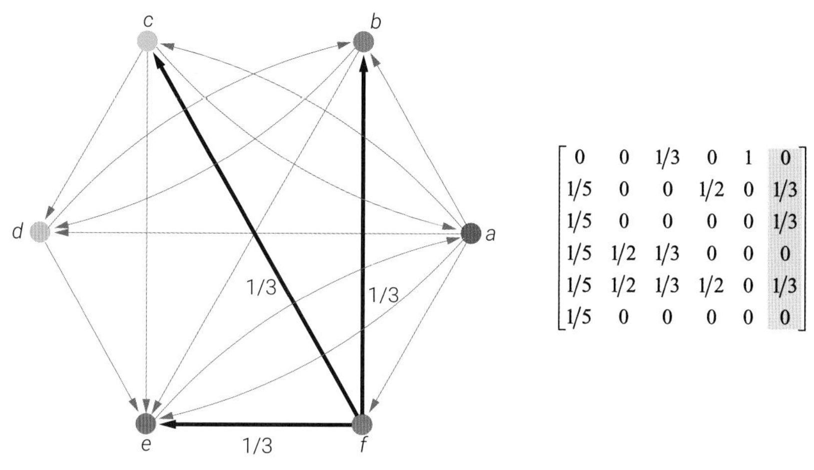

图24.11　网页*f*指向其他网页

代码24.2将邻接矩阵转化成转移矩阵，下面讲解其中关键语句。

ⓐA.sum(axis = 1)计算 A 中每一行的元素和。参数 axis = 1 表示沿着行的方向进行求和。在图的邻接矩阵中，这等价于计算每个节点的出度，即从该节点出发的边的数量。

[:, np.newaxis] 将前面步骤得到的一维数组转换成二维数组的形式，具体来说，是增加了一个新的轴，使得原本的一维数组变成了列向量。np.newaxis 用于在指定位置增加一个轴，这里是将一维数组变形为列向量，即把原本的形状 (n,) 转换为 (n, 1)，其中 n 是节点的数量。这样，deg_out 就变成了一个列向量，其每一行的元素代表对应节点的出度。

ⓑ利用广播原则在行方向归一化邻接矩阵，结果每一行元素之和为1。这个结果也是一个转移矩阵，只不过转置之后才能得到本书常用的转移矩阵形式，即ⓒ。

代码24.2　计算转移矩阵 | Bk6_Ch24_01.ipynb 

```
ⓐ deg_out = A.sum(axis=1)[:, np.newaxis]
  # 节点出度

ⓑ T_T = A / deg_out
  # 邻接矩阵的行归一化

ⓒ T = T_T.T
  # 转置获得转移矩阵
```

```
sns.heatmap(T, cmap = 'Blues',
            annot = True, fmt = '.3f',
            xticklabels = list(directed_G.nodes),
            yticklabels = list(directed_G.nodes),
            linecolor = 'k', square = True,
            linewidths = 0.2)
plt.savefig('转移矩阵.svg')
```

24.2 线性方程组

直觉告诉我们，一个被高排名网页指向的网页肯定也很重要。这便引出PageRank算法的两个基本假设：

◀**数量假设**：如果一个页面节点接收到的其他网页指向的入链数量越多，那么这个页面越重要。
◀**质量假设**：质量高 (影响力大) 的页面会通过链接向其他页面传递更多的权重。也就是说，质量高的页面指向某个页面，则该页面越重要。

下面，我们需要做的就是想办法量化排名。

通过前文有关转移矩阵内容的学习，大家应该知道，在一定条件下，如果网页之间的影响力相互传递存在稳态的话，各个节点的稳态概率就是PageRank值。

假设，最终计算得到网页a、b、c、d、e、f的PageRank值分别为r_a、r_b、r_c、r_d、r_e、r_f，我们可以构造以下向量$\boldsymbol{r}$

$$\boldsymbol{r}=\begin{bmatrix} r_a \\ r_b \\ r_c \\ r_d \\ r_e \\ r_f \end{bmatrix} \tag{24.9}$$

稳态存在的话，$\boldsymbol{Tr}=\boldsymbol{r}$，即：

$$\boldsymbol{Tr}=\begin{bmatrix} 0 & 0 & 1/3 & 0 & 1 & 0 \\ 1/5 & 0 & 0 & 1/2 & 0 & 1/3 \\ 1/5 & 0 & 0 & 0 & 0 & 1/3 \\ 1/5 & 1/2 & 1/3 & 0 & 0 & 0 \\ 1/5 & 1/2 & 1/3 & 1/2 & 0 & 1/3 \\ 1/5 & 0 & 0 & 0 & 0 & 0 \end{bmatrix}\begin{bmatrix} r_a \\ r_b \\ r_c \\ r_d \\ r_e \\ r_f \end{bmatrix}=\begin{bmatrix} r_a \\ r_b \\ r_c \\ r_d \\ r_e \\ r_f \end{bmatrix}=\boldsymbol{r} \tag{24.10}$$

将上述矩阵乘法展开得到以下线性方程组：

$$
\begin{cases}
1/3r_c + r_e = r_a \\
1/5r_a + 1/2r_d + 1/3r_f = r_b \\
1/5r_a + 1/3r_f = r_c \\
1/5r_a + 1/2r_b + 1/3r_c = r_d \\
1/5r_a + 1/2r_b + 1/3r_c + 1/2r_d + 1/3r_f = r_e \\
1/5r_a = r_f
\end{cases}
\tag{24.11}
$$

显然，我们可以求解上述方程组。

但是我们并不急着求解结果，理解方程组每个等式的意义更重要。

理解6个等式

首先，让我们看式 (24.11) 的第1个等式：

$$
1/3r_c + r_e = r_a \tag{24.12}
$$

由于排名r_a相当于网页a的“影响力”，而网页a的影响力来自于网页c、e传递来的权重，分别为$1/3r_c$、r_e，具体如图24.12所示。特别地，网页e把自己所有的影响力都传递给了a。

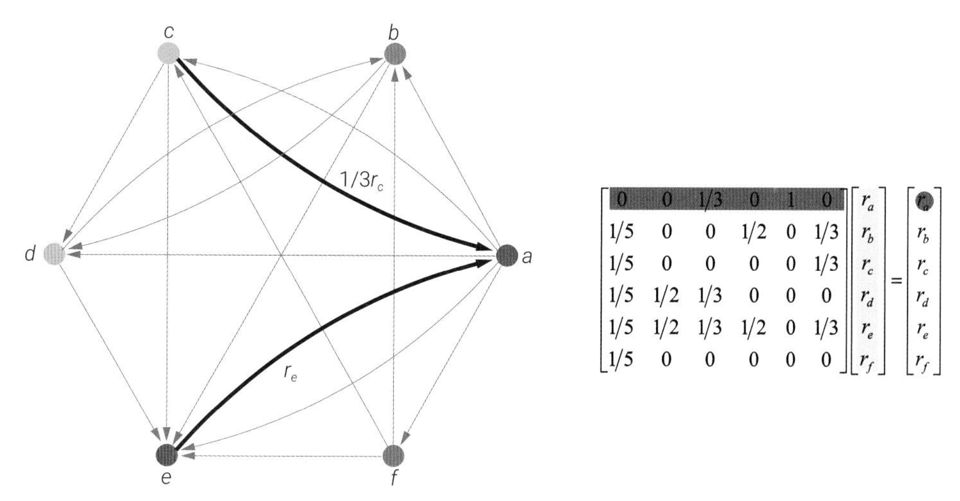

图24.12　网页a接受其他网页传递来的权重

下式是式(24.11) 的第2个等式：

$$
1/5r_a + 1/2r_d + 1/3r_f = r_b \tag{24.13}
$$

这意味着，网页b的影响力来自3个网页 (a、d、f)，如图24.13所示。

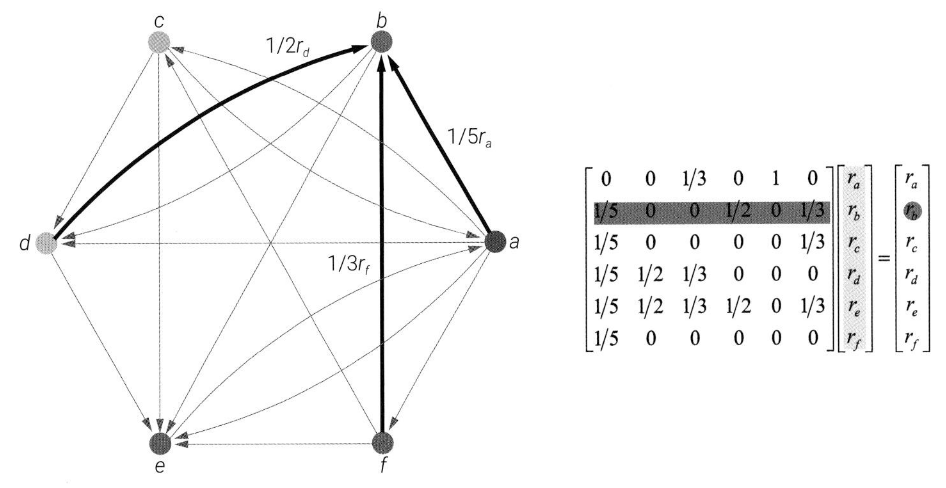

$$\begin{bmatrix} 0 & 0 & 1/3 & 0 & 1 & 0 \\ 1/5 & 0 & 0 & 1/2 & 0 & 1/3 \\ 1/5 & 0 & 0 & 0 & 0 & 1/3 \\ 1/5 & 1/2 & 1/3 & 0 & 0 & 0 \\ 1/5 & 1/2 & 1/3 & 1/2 & 0 & 1/3 \\ 1/5 & 0 & 0 & 0 & 0 & 0 \end{bmatrix} \begin{bmatrix} r_a \\ r_b \\ r_c \\ r_d \\ r_e \\ r_f \end{bmatrix} = \begin{bmatrix} r_a \\ r_b \\ r_c \\ r_d \\ r_e \\ r_f \end{bmatrix}$$

图24.13　网页b接受其他网页传递来的权重

如图24.14所示，网页c的影响力来自a、f：

$$1/5\,r_a + 1/3\,r_f = r_c \tag{24.14}$$

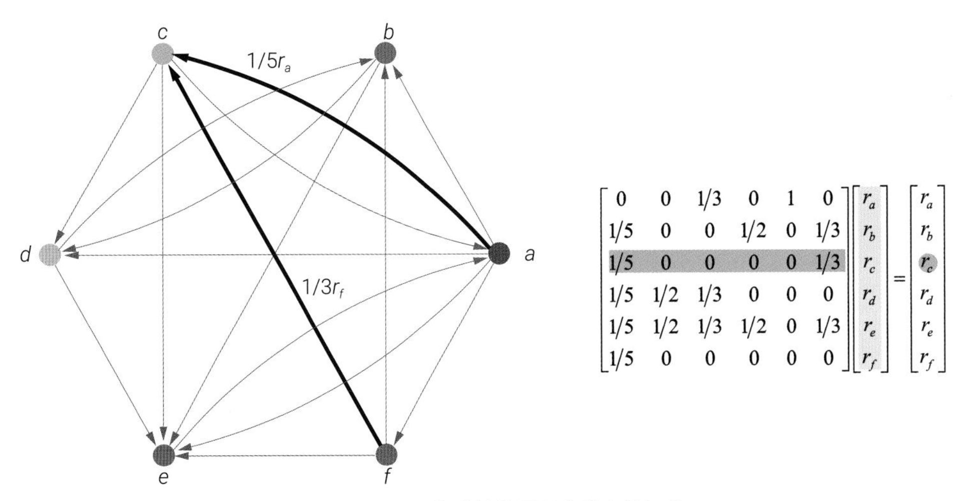

$$\begin{bmatrix} 0 & 0 & 1/3 & 0 & 1 & 0 \\ 1/5 & 0 & 0 & 1/2 & 0 & 1/3 \\ 1/5 & 0 & 0 & 0 & 0 & 1/3 \\ 1/5 & 1/2 & 1/3 & 0 & 0 & 0 \\ 1/5 & 1/2 & 1/3 & 1/2 & 0 & 1/3 \\ 1/5 & 0 & 0 & 0 & 0 & 0 \end{bmatrix} \begin{bmatrix} r_a \\ r_b \\ r_c \\ r_d \\ r_e \\ r_f \end{bmatrix} = \begin{bmatrix} r_a \\ r_b \\ r_c \\ r_d \\ r_e \\ r_f \end{bmatrix}$$

图24.14　网页c接受其他网页传递来的权重

如图24.15所示，网页d的影响力来自a、b、c：

$$1/5\,r_a + 1/2\,r_b + 1/3\,r_c = r_d \tag{24.15}$$

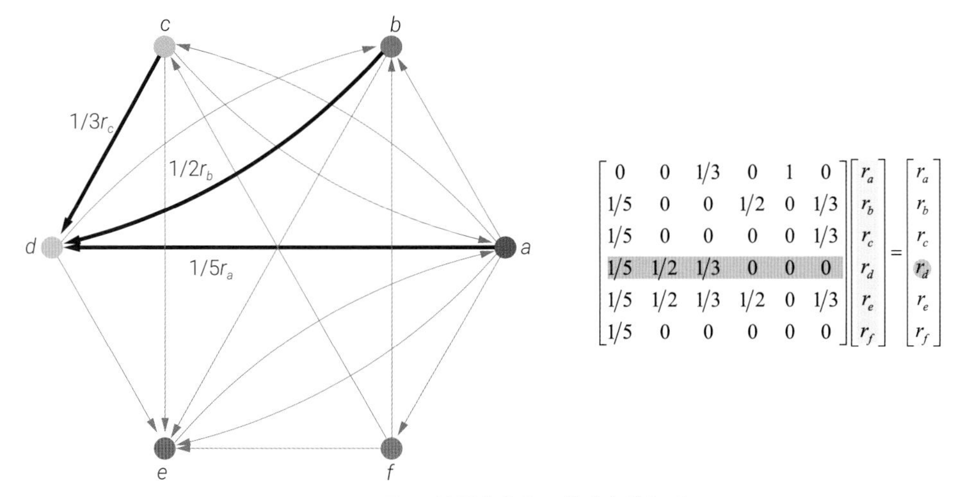

图24.15　网页d接受其他网页传递来的权重

如图24.16所示，网页e的影响力构成最为复杂：

$$1/5\,r_a + 1/2\,r_b + 1/3\,r_c + 1/2\,r_d + 1/3\,r_f = r_e \tag{24.16}$$

指向网页e的网页很多，显然网页e很重要；但是网页e又显得很“吝啬”，爱惜羽毛，仅仅指向网页a。

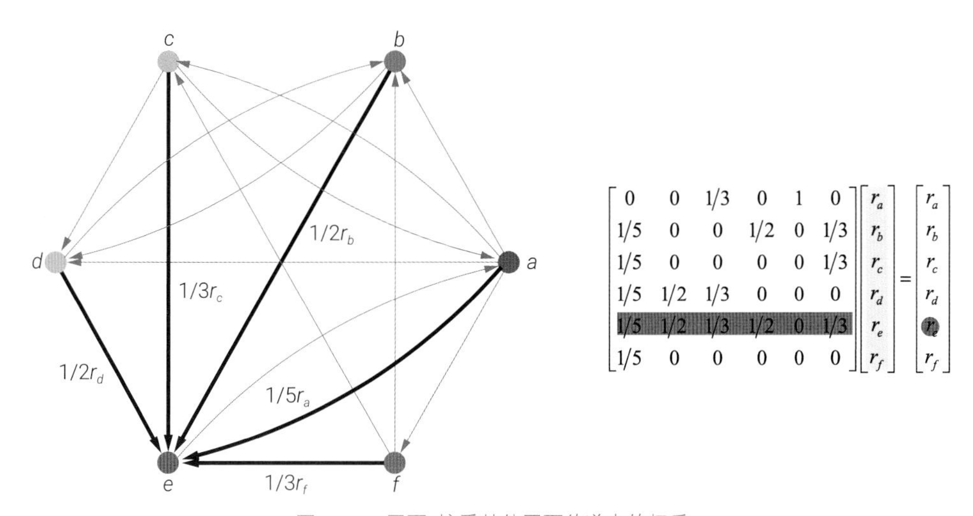

图24.16　网页e接受其他网页传递来的权重

图24.17对应的等式为：

$$1/5\,r_a = r_f \tag{24.17}$$

网页f的影响力仅仅来自a；即便网页a的PageRank值大，也就是说排名很高，网页f的PageRank值也未必高。

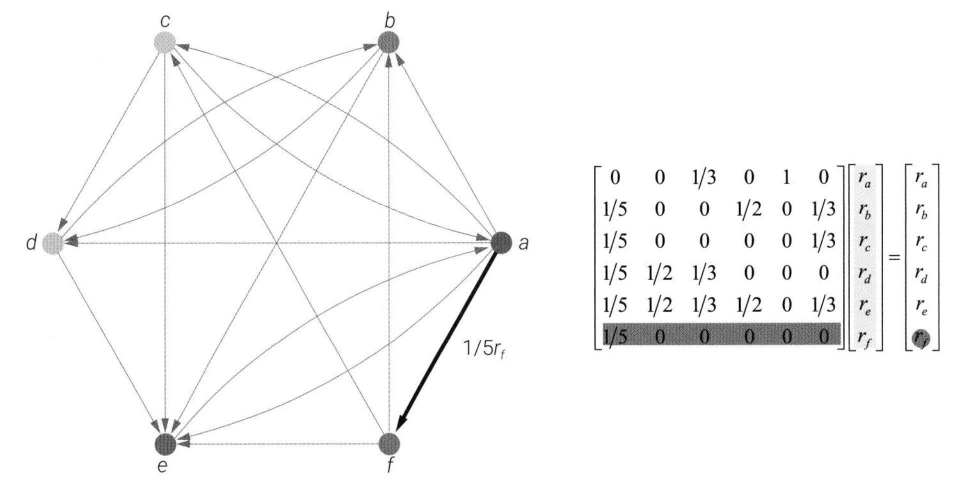

图24.17　网页f接受其他网页传递来的权重

读完本节和上一节，大家可能已经发现我们用的分析方法本质上就是矩阵乘法的不同视角。

24.3 幂迭代

PageRank本质上是基于有向图的随机漫步，数学模型可以抽象为一阶马尔可夫链。如果马尔可夫链满足特定条件，这个随机漫步最终会收敛到一个平稳分布。在这个平稳分布中，每个节点被访问的概率便是对应网页的PageRank值。

幂迭代 (Power Iteration) 是计算PageRank的一种常用方法，其基本思想是通过迭代计算，找到PageRank向量的稳定分布。

幂迭代的基本思想是通过迭代调整每个网页的PageRank值，使其趋于稳定。在实际计算中，通常会对PageRank向量进行归一化，这样可以更好地体现网页的相对重要性。

幂迭代算法的计算过程可以分为以下几个步骤：

- **初始化**：为每个网页分配一个初始的PageRank值。通常，所有网页的PageRank值之和为1。
- **迭代计算**：通过多次迭代计算，不断更新每个网页的PageRank值。每次迭代都会考虑网页之间的链接关系，根据链接数量和质量来调整PageRank值。
- **收敛检测**：在每次迭代后，检查PageRank值是否趋于稳定，即是否收敛。如果收敛，算法停止；否则，继续迭代。
- **计算结果**：当算法收敛时，每个网页的PageRank值就是其最终的权重，可以根据这些值对网页进行排序。

图24.18所示为利用幂迭代求解本章前文网页排名问题的结果。当然，我们也可以使用特征值分解求解这个问题，本章配套代码给出相关实践。

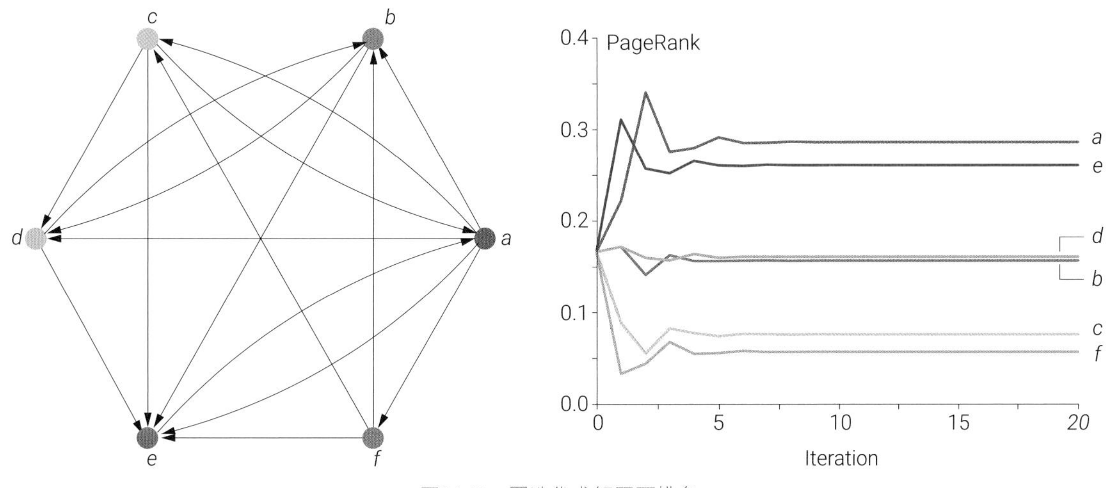

图24.18　幂迭代求解网页排名

图24.18这个排名也符合前文的分析。

先看前两名。

首先网页e的排名肯定不低，因为有5个网页指向网页e。

而网页e的唯一引出网页指向了a，而网页a在收到网页e的所有影响力基础上又叠加了来自网页c的部分影响力；因此，不难理解网页a的得分略高于e。

再分析后两名。

网页a影响力的1/5分给了网页f，这是f接受的唯一影响力，因此网页f排名垫底。

网页c也接受了网页a分给的1/5影响力，但是也有来自网页f的1/3影响力；因此，网页c排名略高于网页f。

中间b、d两个网页排名差距不大；两者都是“3进2出”。

b影响力来自于a、d、f。

d影响力来自于a、b、c。两者都有来自a的等量影响力，这个因素排除。它们相互接受对方的影响力，这起到的是均衡作用；也就是说，因为这对有向边的存在，排名高的变低些，排名低的拉高些。因此，造成两者排名的因素就落在f、c上了。恰好，f、c分别贡献给b、d各自的1/3影响力。f、c的排名则直接影响了b、d排名。

代码24.3 幂迭代 | Bk6_Ch24_01.ipynb

```python
# 自定义函数幂迭代
def power_iteration(T_, num_iterations: int, L2_norm = False):

    # 初始状态
    r_k = np.ones((len(T_),1))/len(T_)
    r_k_iter = r_k

    for _ in range(num_iterations):

        # 矩阵乘法T@r
        r_k1 = T_ @ r_k

        if L2_norm:
            # 计算L2范数
            r_k1_norm = np.linalg.norm(r_k1)

            # L2范数单位化
            r_k = r_k1 / r_k1_norm
        else:
            # 归一化
            r_k = r_k1 / r_k1.sum()

        # 记录迭代过程结果
        r_k_iter = np.column_stack((r_k_iter,r_k))

    return r_k,r_k_iter

# 调用自行函数完成幂迭代
r_k,r_k_iter = power_iteration(T, 20)

# 可视化幂迭代过程

fig, ax = plt.subplots()
for i,node_i in zip(range(len(node_color)),list(directed_G.nodes)):
    ax.plot(r_k_iter[i,:], color = node_color[i], label = node_i)
ax.set_xlim(0,20)
ax.set_ylim(0,0.4)
ax.set_xlabel('Iteration')
ax.set_ylabel('PageRank')
ax.legend(loc = 'upper right')
plt.savefig('幂迭代.svg')
```

修正幂迭代

PageRank算法中使用的幂迭代方法可能会失效，主要是在下列情况之一发生时：

- **陷阱**：在图中，陷阱或悬挂节点是指没有出链接的节点。这些节点会导致PageRank的流失，因为算法是基于概率分配的，而悬挂节点没有出链接来分配这些概率值。这会导致迭代过程中概率分配的不一致，使得算法难以收敛。将图24.2中有向边*ea*删除后，我们得到图24.19这幅有向图。我们发现，*e*没有出链接，*e*像是一个陷阱。
- **排他性循环**：如果图形成了一个完全封闭的循环，其中所有的PageRank值在循环内的节点之间传递，但没有足够的机制将其分配给循环外的节点，这可能导致幂迭代过程无法达到一个全局一致的PageRank值分配。
- **分隔的子图**：如果图中存在不相连的子图，即图不是完全连通的，那么PageRank算法可能会在各个分隔的子图中独立收敛，但无法在整个图范围内达到一致的PageRank值。这是因为分隔的子图之间没有链接，导致PageRank值无法在它们之间传递。

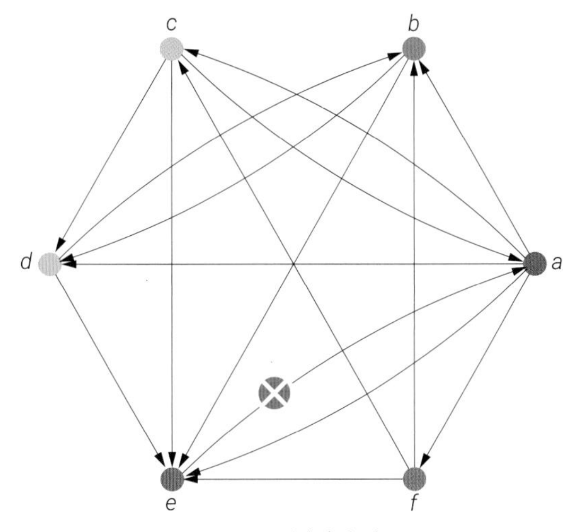

图24.19 删除有向边*ea*

对应邻接矩阵和转移矩阵的热图，如图24.20、图24.21所示。

	a	b	c	d	e	f
a	0	1	1	1	1	1
b	0	0	0	1	1	0
c	1	0	0	1	1	0
d	0	1	0	0	1	0
e	0	0	0	0	0	0
f	0	1	1	0	1	0

图24.20 有向图对应邻接矩阵的热图，删除有向边*ea*

	a	b	c	d	e	f
a	0.000	0.000	0.333	0.000	0.000	0.000
b	0.200	0.000	0.000	0.500	0.000	0.333
c	0.200	0.000	0.000	0.000	0.000	0.333
d	0.200	0.500	0.333	0.000	0.000	0.000
e	0.200	0.500	0.333	0.500	0.000	0.333
f	0.200	0.000	0.000	0.000	0.000	0.000

图24.21 有向图对应转移矩阵的热图，删除有向边*ea*

为了解决这些问题，PageRank算法引入了一个随机跳转的概念，通常通过一个称为**阻尼系数** (damping factor) 的参数实现，通常设置为0.85。这意味着有85%的概率用户会按照链接继续浏览下一个页面，而有15%的概率用户会随机跳到任何一个页面。这个修正帮助算法避免了上述情况导致的失效问题，确保了算法能够收敛到一个稳定的分布。

具体迭代公式如下：

$$\boldsymbol{r}_{t+1} = d\boldsymbol{T}\boldsymbol{r}_t + \frac{1-d}{n}\boldsymbol{1} \tag{24.18}$$

参数d就是阻尼系数，这样保证没有页面的PageRank值会是0。

如图24.22所示。

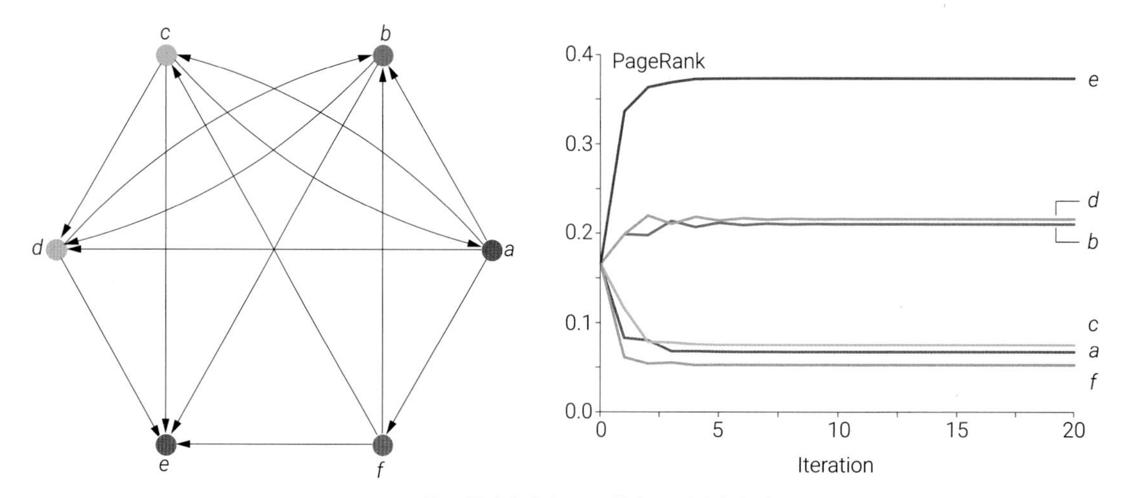

图24.22　修正幂迭代求解网页排名，删除有向边ea

代码24.4 幂迭代修正 | Bk6_Ch24_01.ipynb

```python
# 幂迭代，修正
def power_iteration_adjust (T_, num_iterations: int, d = 0.85,
                            tol = 1e-6, L2_norm = False):

    n = len(T_)
    # 初始状态
    r_k = np.ones((len(T_),1))/n
    r_k_iter = r_k

    # 幂迭代过程
    for _ in range(num_iterations):

        # 核心迭代计算式
        r_k1 = d * T_ @ r_k + (1-d)/n

        # 检测是否收敛
        if np.linalg.norm(r_k - r_k1, 1) < tol:
            break

        if L2_norm:
            # 计算L2范数
            r_k1_norm = np.linalg.norm(r_k1)

            # L2范数单位化
            r_k = r_k1 / r_k1_norm
        else:
            # 归一化
            r_k = r_k1 / r_k1.sum()

        # 记录迭代过程结果
        r_k_iter = np.column_stack((r_k_iter,r_k))

    return r_k,r_k_iter

r_k_adj,r_k_iter_adj = power_iteration_adjust (T_2, 20, 0.85)

# 可视化修正幂迭代过程
fig, ax = plt.subplots()
for i,node_i in zip(range(len(node_color)),list(directed_G.nodes)):
    ax.plot(r_k_iter_adj[i,:], color = node_color[i], label = node_i)
ax.set_xlim(0,20)
ax.set_ylim(0,0.4)
ax.set_xlabel('Iteration')
ax.set_ylabel('PageRank')
ax.legend(loc = 'upper right')
plt.savefig('幂迭代，修正.svg')
```

PageRank虽然是为网页排名设计的算法，但是其核心思想现在被广泛应用在各种场景。学习PageRank算法的过程中，我们回顾了有向图、邻接矩阵、转移矩阵、马尔可夫链、线性方程组、幂迭代、特征值分解等数据工具。

25 Social Network Analysis 社交网络分析

度分析、图距离、中心性、社区结构

随大流的人总是亦步亦趋；孤勇者则才可能开天辟地。

The one who follows the crowd will usually go no further than the crowd. The one who walks alone is likely to find themselves in places no one had ever been.

—— 阿尔伯特·爱因斯坦 (Albert Einstein) | 理论物理学家 | 1879—1955年

- `networkx.algorithms.community.centrality.girvan_newman()` Girvan-Newman算法划分社区
- `networkx.betweenness_centrality()` 计算介数中心性
- `networkx.bridges()` 生成图中所有桥的迭代器
- `networkx.center()` 找出图的中心节点，即离心率等于图半径的所有节点
- `networkx.closeness_centrality()` 计算紧密中心性
- `networkx.connected_components()` 计算图中连通分量
- `networkx.degree_centrality()` 计算度中心性
- `networkx.diameter()` 计算图的直径，即图中所有节点离心率的最大值
- `networkx.eccentricity()` 计算图中每个节点的离心率，即该节点图距离的最大值
- `networkx.eigenvector_centrality()` 计算特征向量中心性
- `networkx.has_bridges()` 检查图中是否存在桥
- `networkx.is_connected()` 判断一个图是否连通
- `networkx.local_bridges()` 生成图中所有局部桥的迭代器
- `networkx.periphery()` 找出图的边缘节点，即离心率等于图直径的所有节点
- `networkx.radius()` 计算图的半径，即图中所有节点的离心率的最小值
- `networkx.shortest_path()` 寻找两个节点之间的最短路径
- `networkx.shortest_path_length()` 计算在图中两个节点之间的最短路径的长度
- `numpy.tril()` 生成一个数组的下三角矩阵，其余部分填充为零
- `numpy.tril_indices()` 返回一个数组下三角矩阵的索引
- `numpy.unique()` 找出数组中所有唯一值并返回已排序的结果

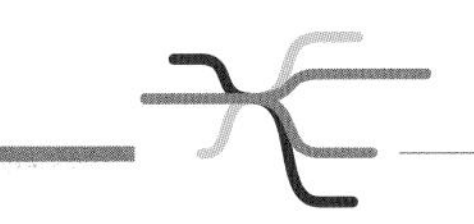

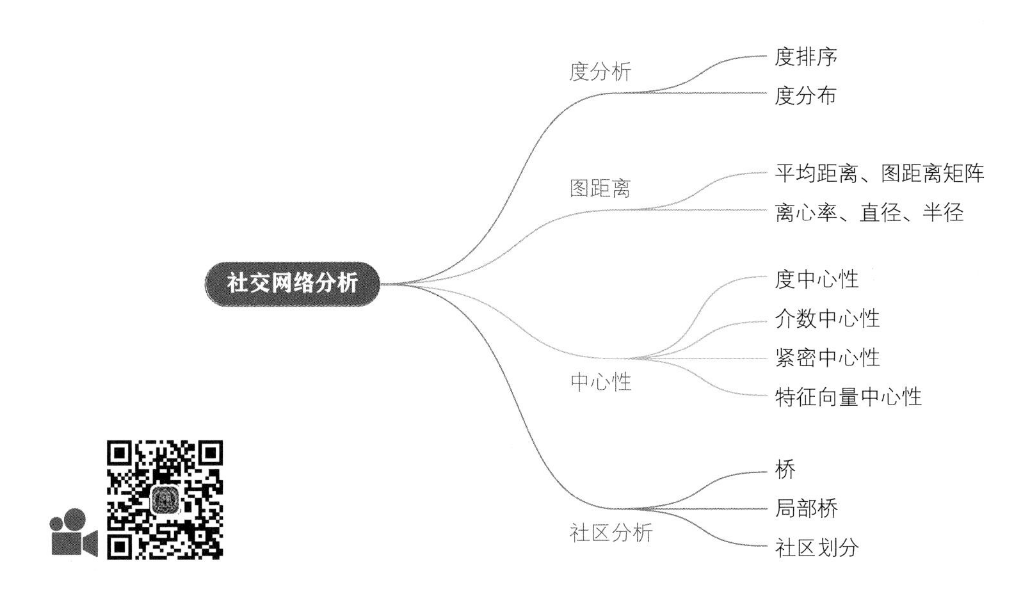

25.1 社交网络分析

社交网络分析 (Social Network Analysis，SNA) 是一种研究社交关系和网络结构的方法。它主要关注个体 (如人、组织或概念) 之间的关系，以及这些关系如何形成和影响整个网络。社交网络分析可以帮助揭示社会结构、信息流动和影响力等方面的模式，对于理解群体行为、组织结构以及网络中个体之间的互动关系具有重要价值。

本章分析对象是图25.1所示的社交网络。图25.1所示的这幅图有4039个节点，每个节点相当于一个用户；图中有88234条边，每条边相当于一个好友关系。

常见的社交网络分析手段包括：

◀ **度分析** (degree analysis)：简单来说，节点的度越高，表示该节点在网络中有更多的连接。高度中心的节点通常在信息传播和影响力方面更为重要。

◀ **图距离** (graph distance)：图距离是图论中衡量两个节点之间最短路径的长度。在社交网络分析中，图距离用于量化用户之间的联系紧密程度，识别社区结构，发现关键用户。

◀ **中心性分析** (centrality measure)：中心性有很多度量，如度中心性、介数中心性、紧密中心性、特征向量中心性。这些指标帮助确定节点在网络中的重要性程度，考虑了节点在路径、距离或整体网络结构上的贡献。

◀ **社区结构分析** (community detection)：通过识别网络中密切连接的子群，揭示了网络中存在的群体结构。社区结构分析有助于理解网络中的功能集群，从而更好地理解组织或社会的内部组织和关系。

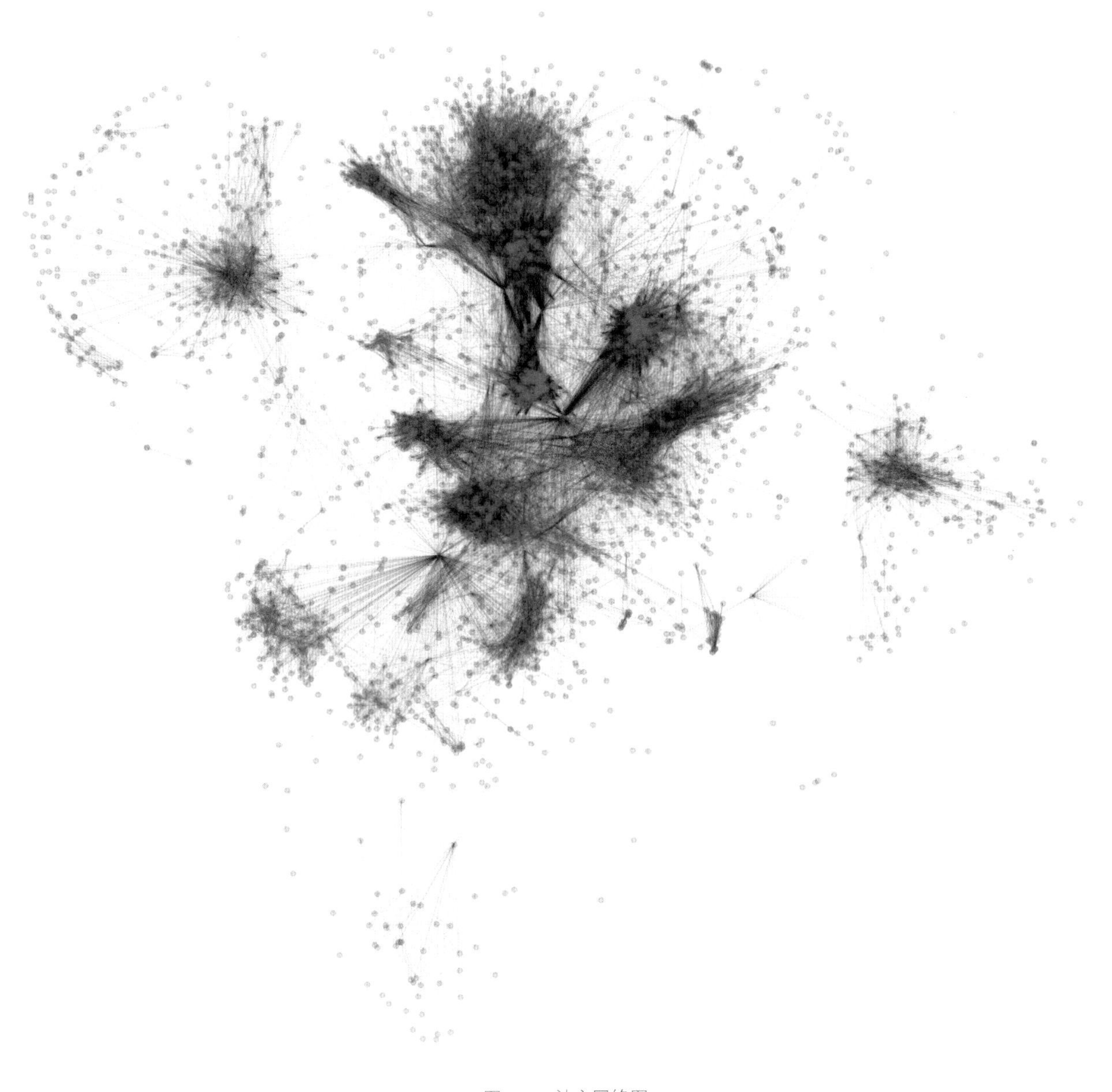

图25.1 社交网络图

大家可能已经发现，本章相当于本书图论主要内容的一个应用案例。

本例参考NetworkX官方示例，链接如下：

◀ https://networkx.org/nx-guides/content/exploratory_notebooks/facebook_notebook.html

数据来自Stanford，链接如下：

◀ https://snap.stanford.edu/data/ego-Facebook.html

25.2 度分析

度是社交网络分析中的一项基本指标，用于衡量节点在网络中的连接程度。

简单来说，对于无向图来说，节点的度就是该节点连接的边数，反映了节点在网络中的直接关联程度。节点的度越高，表示其在网络中的联系越多。对于有向网络，节点的度分为入度和出度。入度是指指向该节点的连接数量，出度是指由该节点指向其他节点的连接数量。通过入度和出度的分析，可以揭示节点在信息传播和影响方面的不同角色。

度排序 (degree ranking) 对网络中的节点按照度的大小进行排序。这可以帮助识别网络中的重要节点，即那些连接较多的节点。排序后，可以更清晰地看到网络中的核心成员。图25.2 (a) 所示为图25.1社交网络的度排序。

度分布图 (degree bar chart/histogram chart) 可视化网络度分布。横轴表示度的取值，纵轴表示具有相应度的节点数量。通过度直方图，可以观察网络中节点度的分布情况，是一个快速了解网络结构的工具。图25.2 (b) 所示为图25.1社交网络的度柱状图。

图25.3根据节点度数渲染节点；暖色节点度数较高，冷色节点度数低。图25.4中红色节点的度数超过100。度中心较大的节点在信息传播和网络连接方面通常更为重要。通过度分析，可以识别出在网络中具有重要地位的节点，这对于优化信息流、识别关键人物等方面非常有帮助。

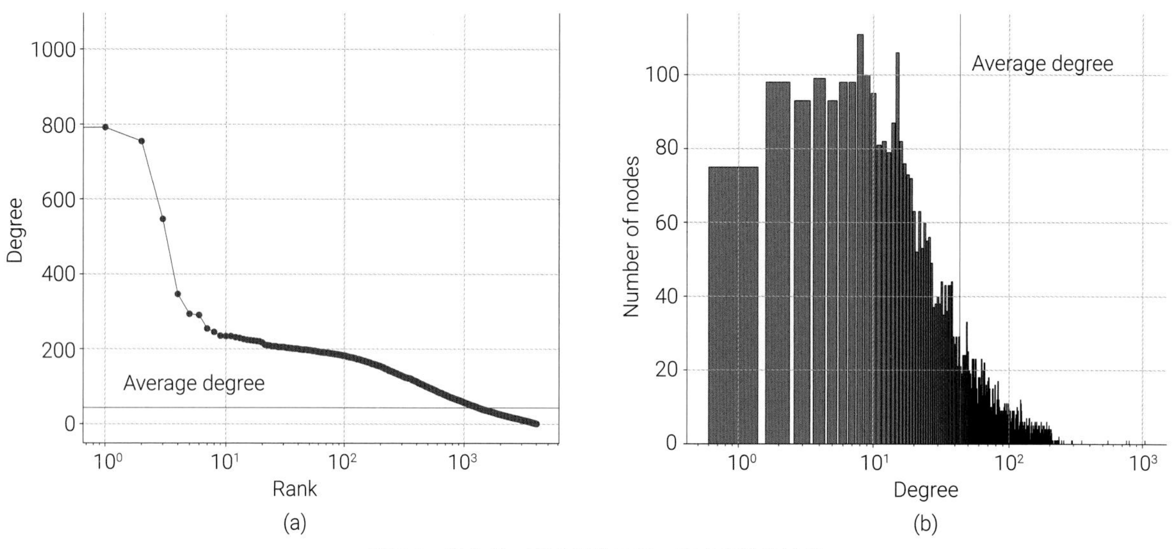

图25.2　度分析，节点度数排序、节点度数柱状图

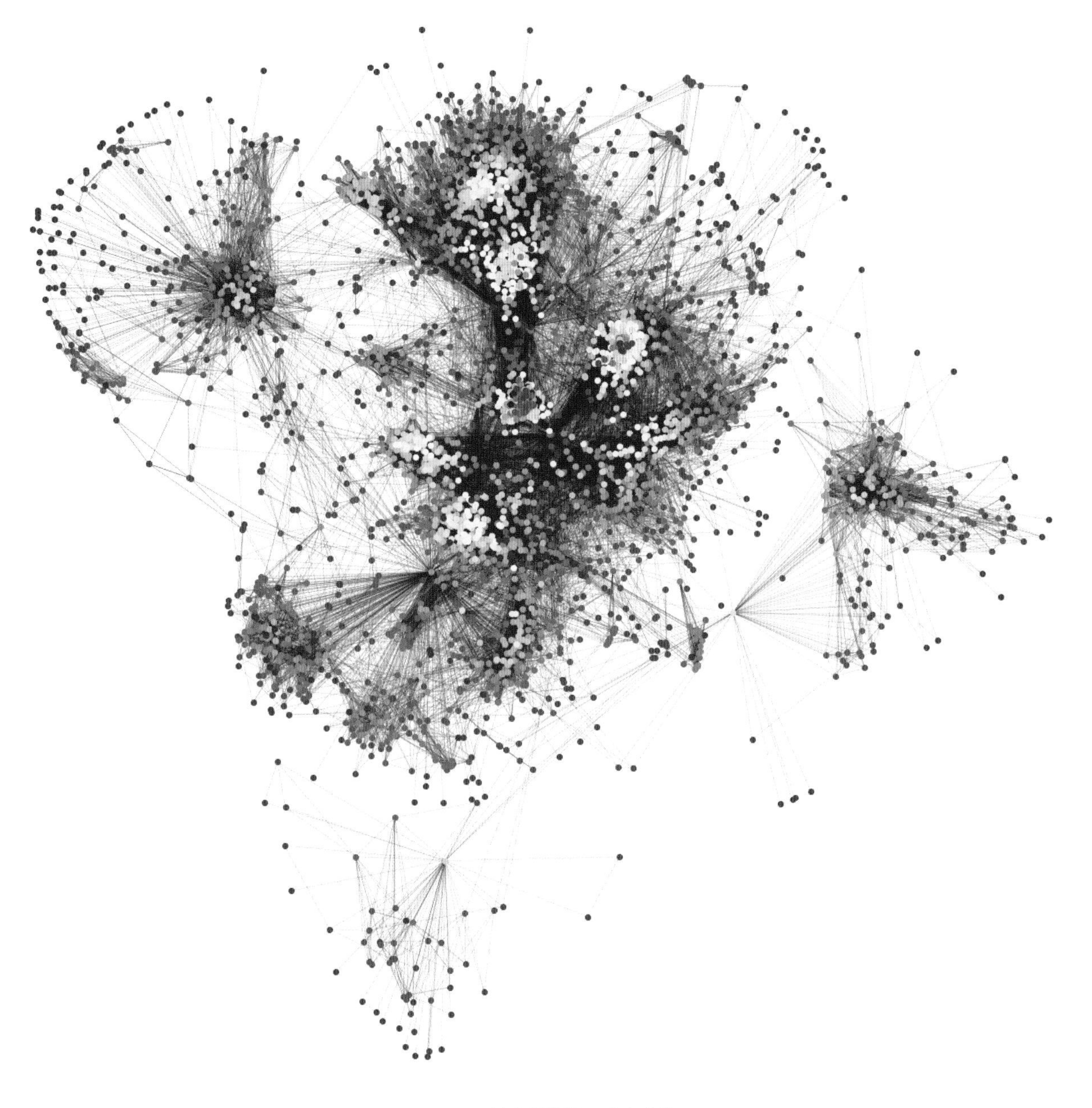

图25.3　社交网络图，节点度数

度分析可以帮助了解网络的整体结构，尤其是哪些节点在网络中起到连接的纽带作用。这有助于理解网络的稳定性和韧性。异常高或低度的节点可能是网络中的异常点。检测这些异常节点可以帮助发现网络中的潜在问题或重要事件。

在社交网络中，通过度分析可以识别出具有相似连接模式的节点，从而帮助发现网络中的社区结构。总体而言，度分析为研究网络结构、识别关键节点、理解信息传播和预测网络行为提供了基础，并通过可视化工具如度直方图帮助研究者更好地理解网络中节点的分布和连接模式。

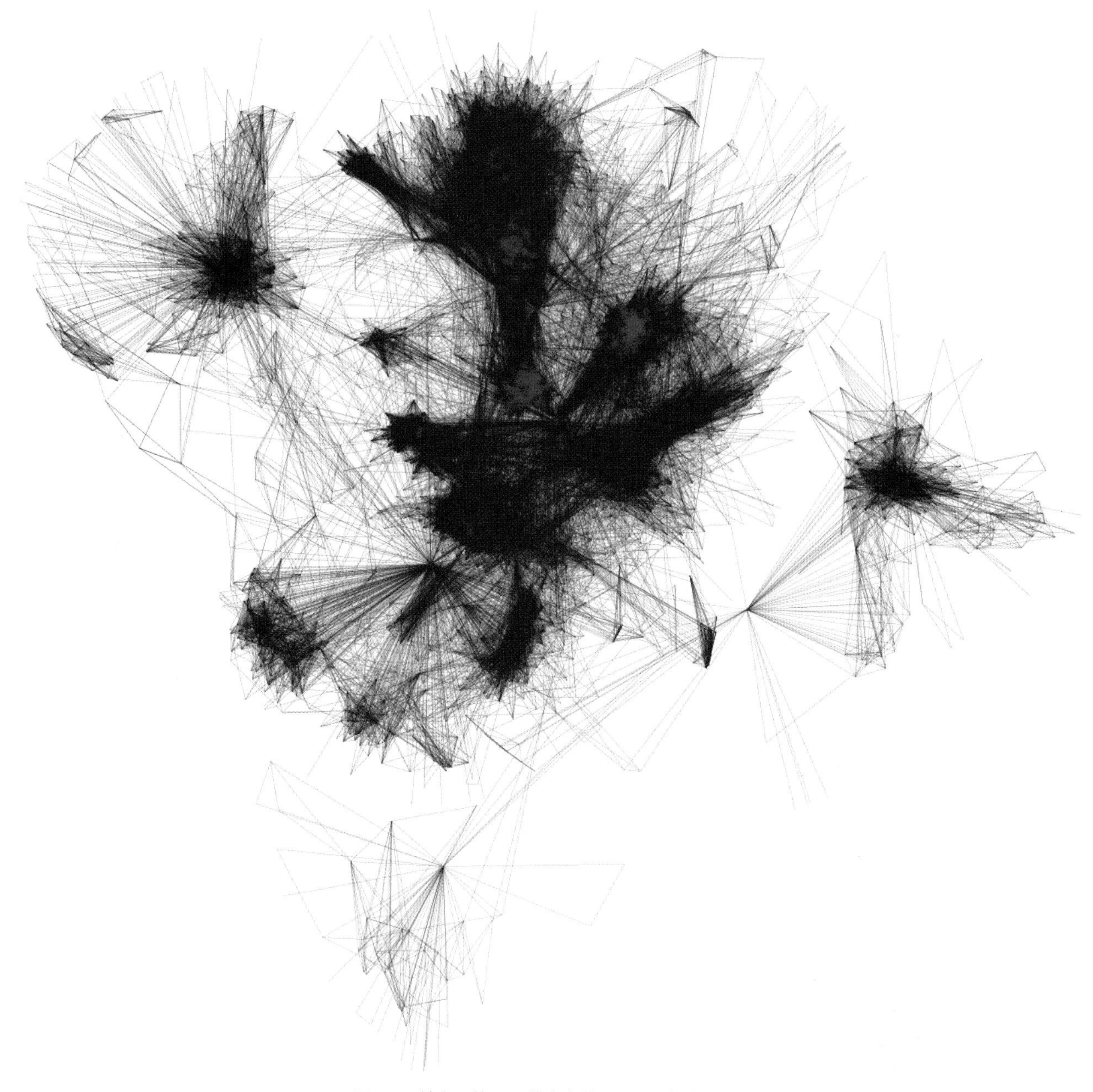

图25.4　社交网络图，节点度数超过100的节点

25.3 图距离

图距离指的是图中任意两个节点之间的最短路径长度，图距离直方图展示了图中所有节点对的图距离分布，有助于理解网络的连接紧密程度。图25.5所示为社交网络成对图距离的柱状图。

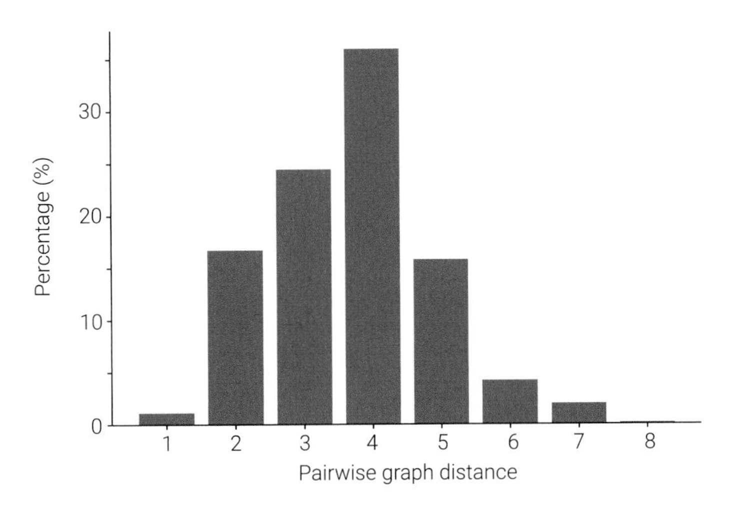

图25.5　图距离柱状图

平均图距离是某个节点到图中其他所有节点图距离的平均值；图25.6所示为社交网络所有节点平均图距离直方图。图25.6中红色画线则是图距离平均值的均值，反映了网络中成员间平均分隔的“远近”，是衡量网络紧密程度的一种指标。图25.7则是根据节点平均图距离大小渲染节点。

如图25.8所示，图距离矩阵是一个矩阵，其中的元素表示图中任意两个节点之间的距离，其提供了网络连接结构的全面视图。

离心率是指图中一个节点到所有其他节点的最短路径中的最大值，它衡量了一个节点在网络中的边缘程度。图25.9所示为社交网络离心率柱状图。

直径是图中所有节点离心率最大值，显示了网络中最远两个节点间的距离。半径是所有节点的离心率的最小值，指出了到达网络中任何节点所需的最短距离。观察图25.9这幅离心率柱状图，我们立刻可以知道社交网络的直径为8，半径为4。图25.10则为离心率社交网络图。

在社交网络分析中，上述这些图距离相关概念帮助我们理解和量化网络的结构特征，例如，识别关键个体 (如中心节点或边缘节点)，理解信息或影响力在网络中的传播速度，以及网络的整体连通性和紧密度。

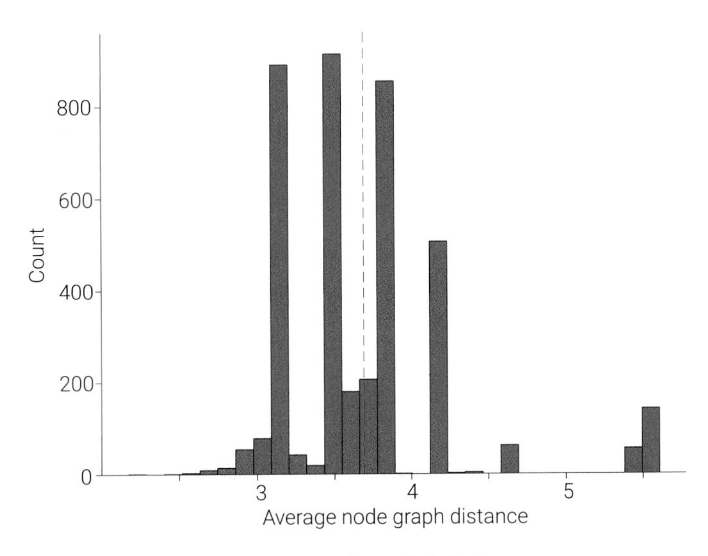

图25.6　平均图距离直方图

图25.7　社交网络图，平均图距离

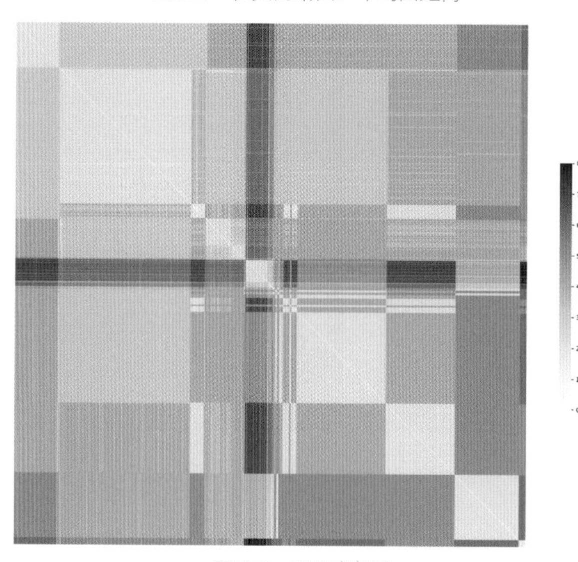

图25.8　图距离矩阵

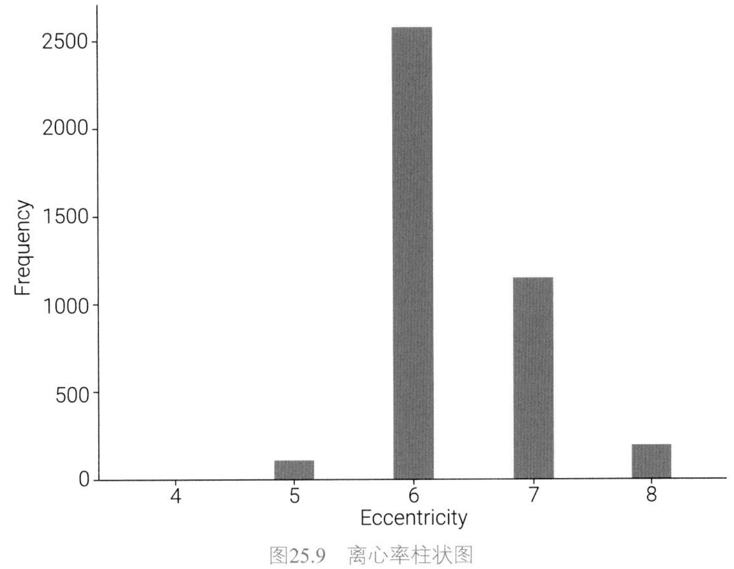

图25.9　离心率柱状图

图25.10　社交网络图，离心率

小世界理论（Small World Theory）描述了一种网络结构，其中节点之间的平均距离较短，同时节点之间的关系又相对密切。这种网络结构兼具高度集聚的特征和较短的平均图距离，使得网络在信息传播、搜索和传递方面具有高效性。

小世界理论的关键观点之一是，即使在庞大的网络中，任意两个节点之间的平均最短路径长度也相对较短。这意味着，即使网络规模庞大，节点之间通过较短的路径就能相互连接，使得信息可以快速传播。因此，图距离是小世界网络结构的一个重要特征。

社交网络分析通常关注个体之间的关系及其网络结构。许多社交网络，尤其是在线社交媒体网络，展现出小世界网络的特征。在社交网络中，人们通常能够通过朋友之间的短路径迅速建立联系，形成高效的信息传播通道。小世界网络的特性在社交网络中解释了为什么人们可以通过相对较短的路径找到彼此，或者为什么信息在网络中能够迅速传播开来。

25.4 中心性

中心性是社交网络分析中的一组指标，用于度量节点在网络中的重要性程度。中心性度量的核心思想是通过不同的衡量方式来理解节点在网络中的位置和影响力。

度中心性是最简单和最直观的中心性度量。它衡量了一个节点与其他节点直接连接的数量。节点的度越高，说明其在网络中的直接连接越多，通常被认为在信息传播和影响力方面更为重要。

图25.11所示为利用节点度中心性渲染节点；图25.12所示为社交网络节点度中心性直方图。

介数中心性衡量了一个节点在网络中的桥接作用，即节点在不同节点之间的最短路径上的频率。节点的介数中心性越高，表示它在网络中连接其他节点之间的路径上更为频繁，可能在信息传播中扮演关键角色。

图25.13所示为根据节点介数中心性渲染节点；图25.14所示为社交网络节点介数中心性直方图。

紧密中心性衡量了一个节点到其他节点的平均距离。节点的紧密中心性越高，表示它距离其他节点更近，可能更容易接触到网络中的信息和资源。紧密中心性可以帮助识别在网络中能够迅速传播信息的节点。

图25.15所示为根据节点紧密中心性渲染节点；图25.16所示为社交网络节点紧密中心性直方图。

特征向量中心性考虑了一个节点及其直接连接的节点的影响力，即节点与其邻居的中心性。一个节点的特征向量中心性越高，表示它与其他中心性较高的节点有更多的连接。这意味着该节点不仅与许多节点相连，而且这些节点本身也在网络中具有较高的中心性。这种中心性度量有助于识别在网络中具有整体影响力的节点。

图25.17所示为根据节点特征向量中心性渲染节点；图25.18所示为社交网络节点特征向量中心性直方图。

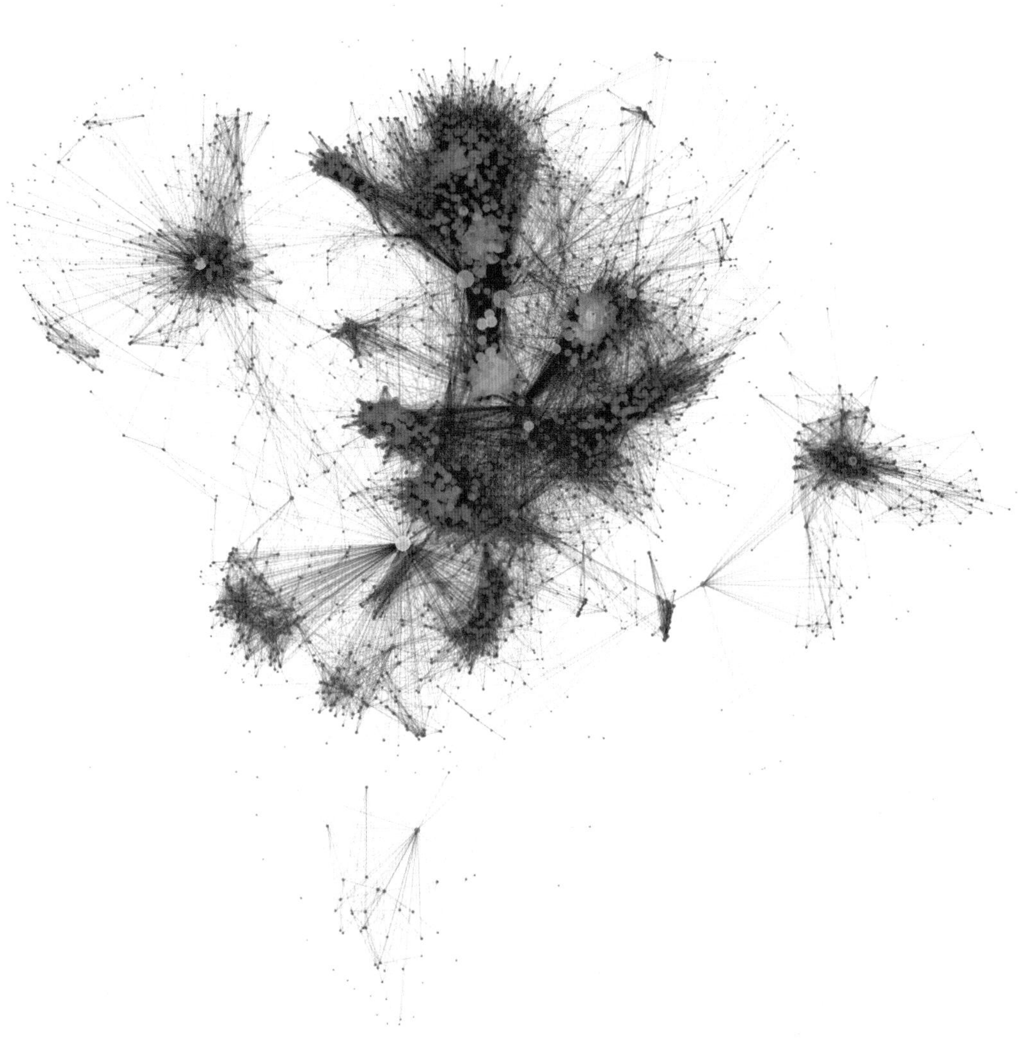

图25.11　社交网络图，度中心性

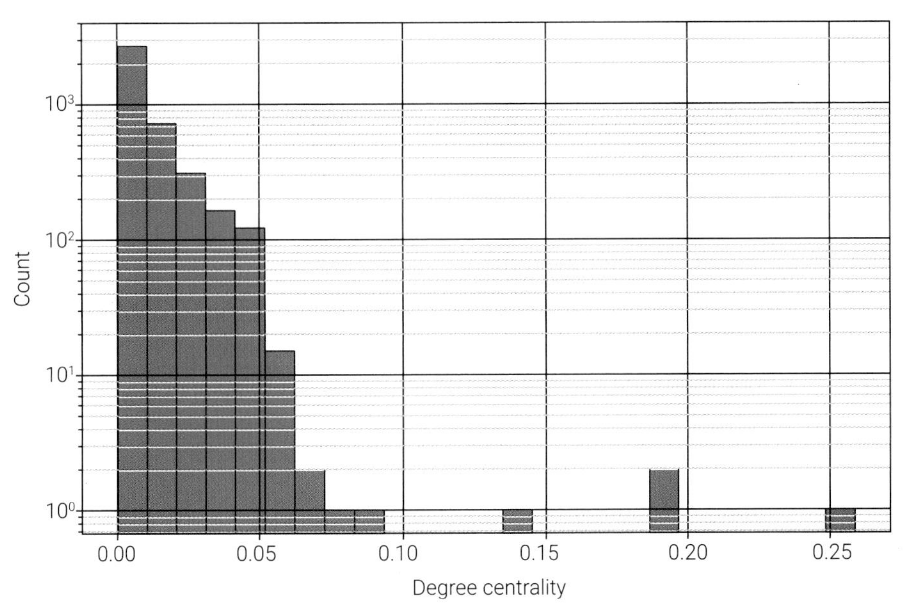

图25.12　度中心性直方图

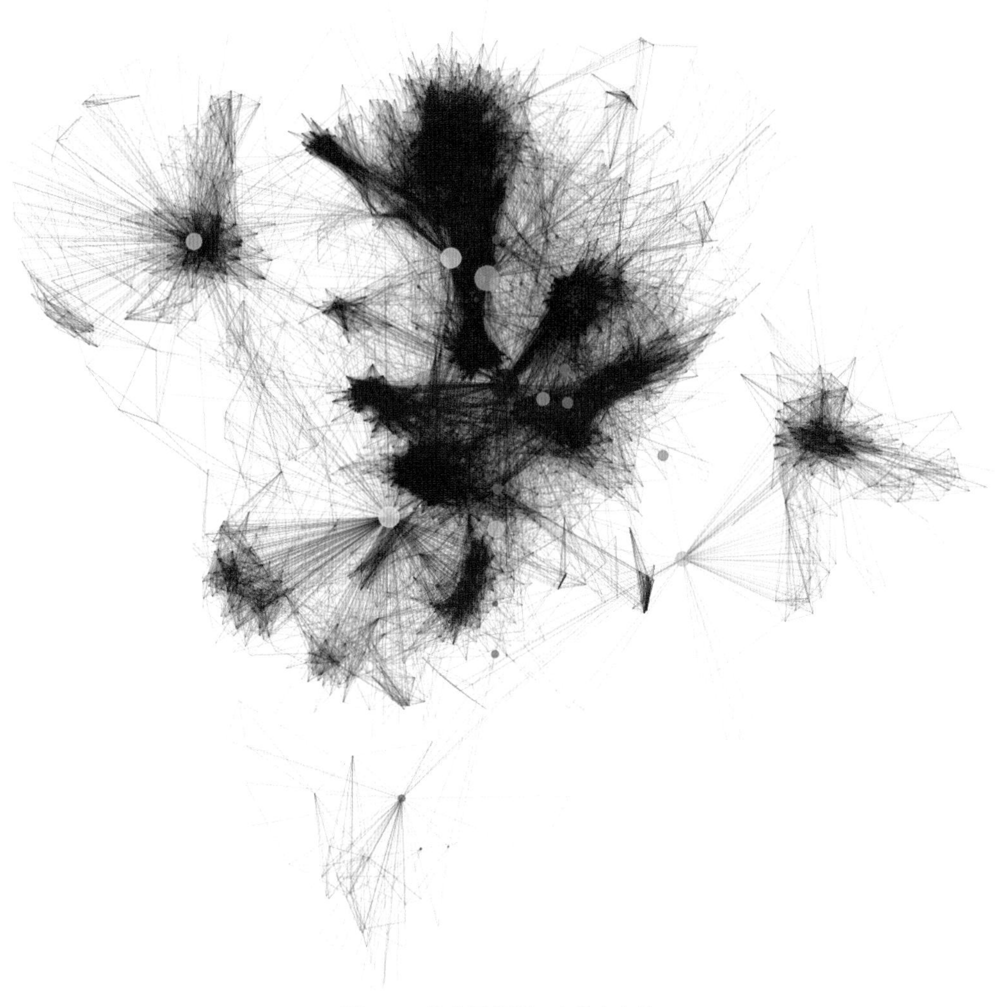

图25.13　社交网络图，介数中心性

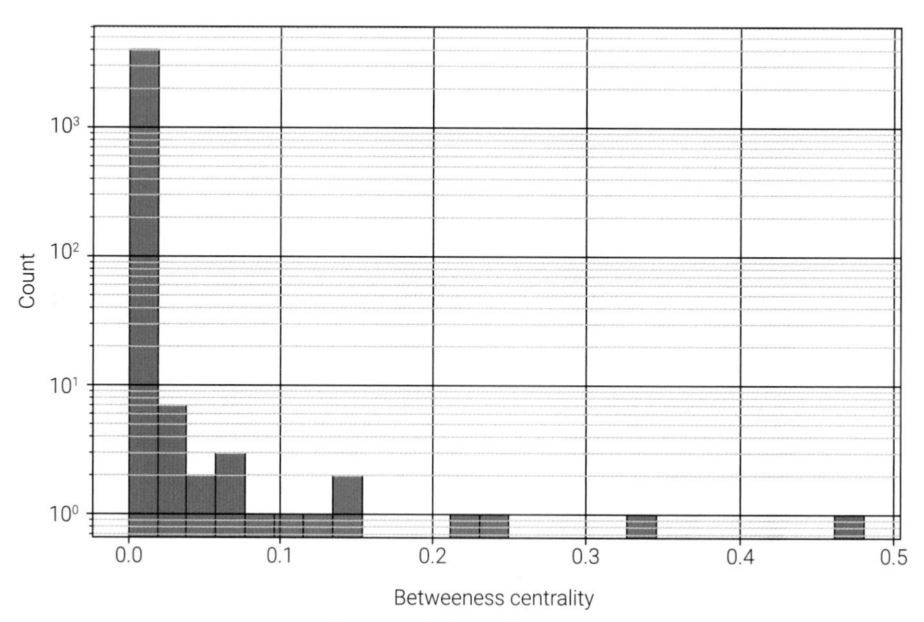

图25.14　介数中心性直方图

图25.15　社交网络图，紧密中心性

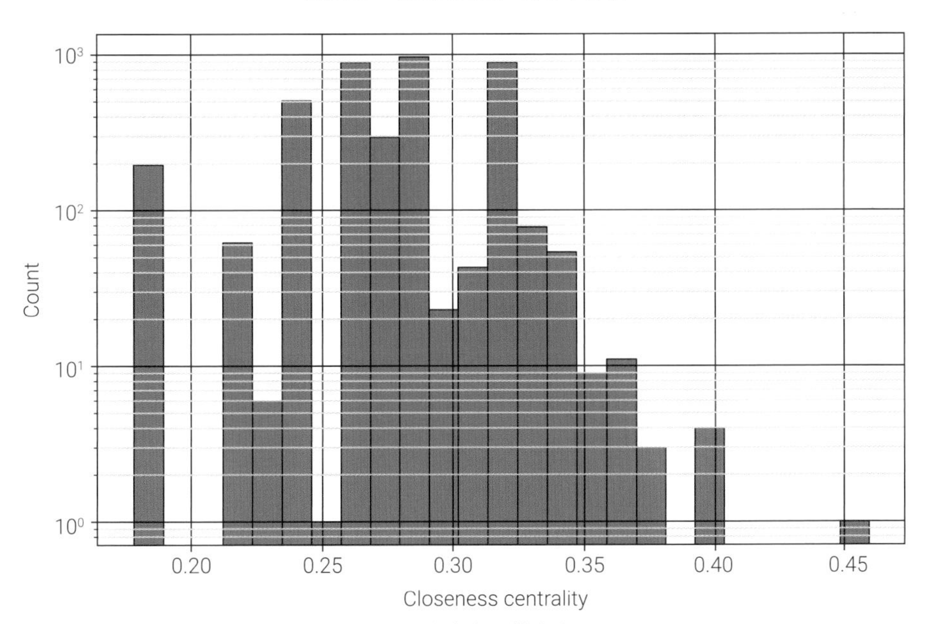

图25.16　紧密中心性直方图

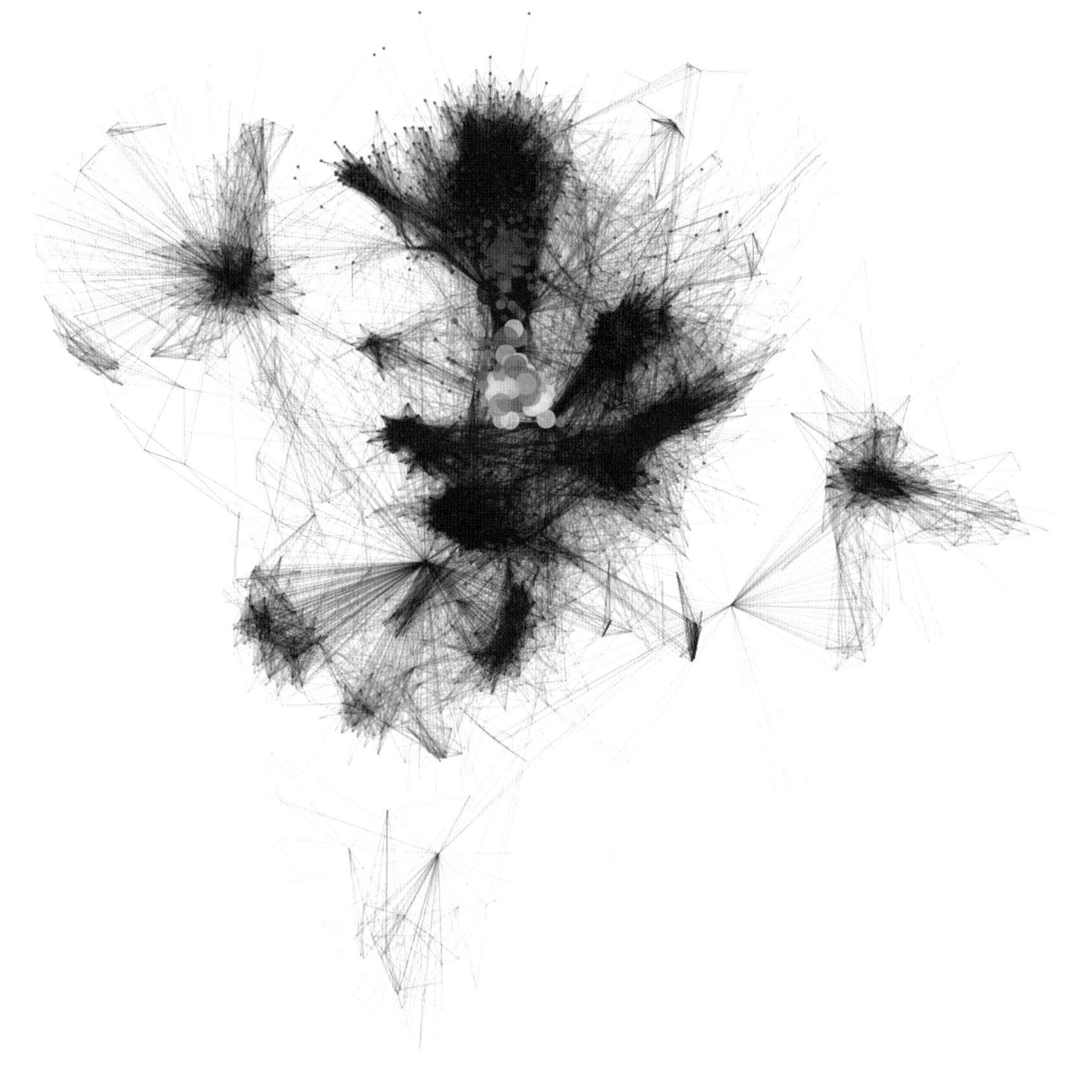

图25.17　社交网络图，特征向量中心性

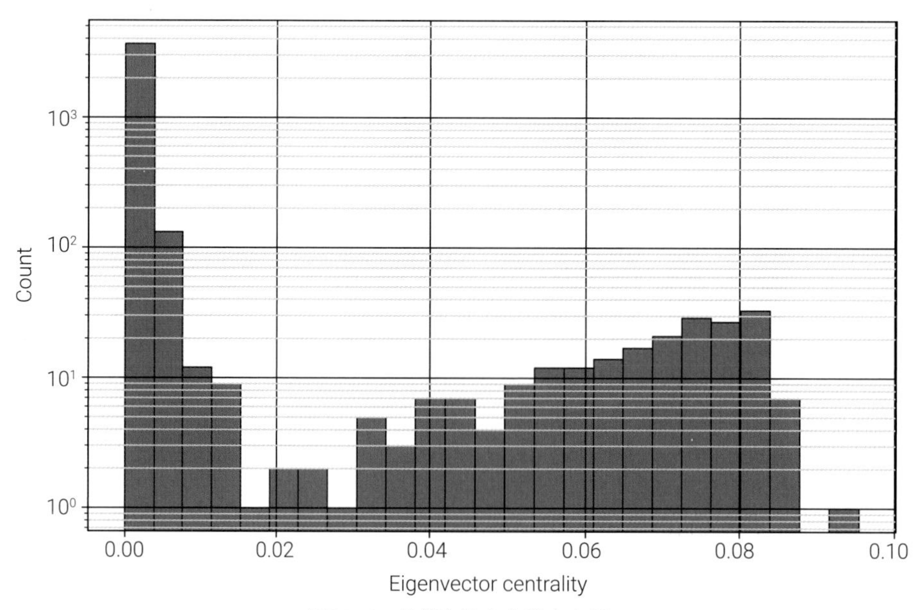

图25.18　特征向量中心性直方图

25.5 社区结构

在一个连通图中，桥是连接两个不同连通分量的边。如果移除一个图中的桥，就会使得图变得不再连通。桥的存在性和识别对于理解图的连通性和社交网络中的重要连接至关重要。在社交网络中，桥可能代表着两个不同的社交群体之间的连接，移除桥可能导致社交网络的分裂。

图25.19中红色边代表社交网络中存在的75座桥。

图25.19　社交网络图中的75座桥

前文介绍过，局部桥是指在社交网络中，连接两个具有很高相似度的节点的边。具体来说，如果边 (u, v) 是一个局部桥，那么节点 u 和节点 v 在社交网络中可能有很多共同的邻居；但是，边 (u, v) 是它们之间唯一的连接。局部桥在社交网络中起到重要的桥接作用，使得相似但非直接相连的节点之间建立联系。

图25.20中蓝色边为社交网络中存在的78座局部桥。

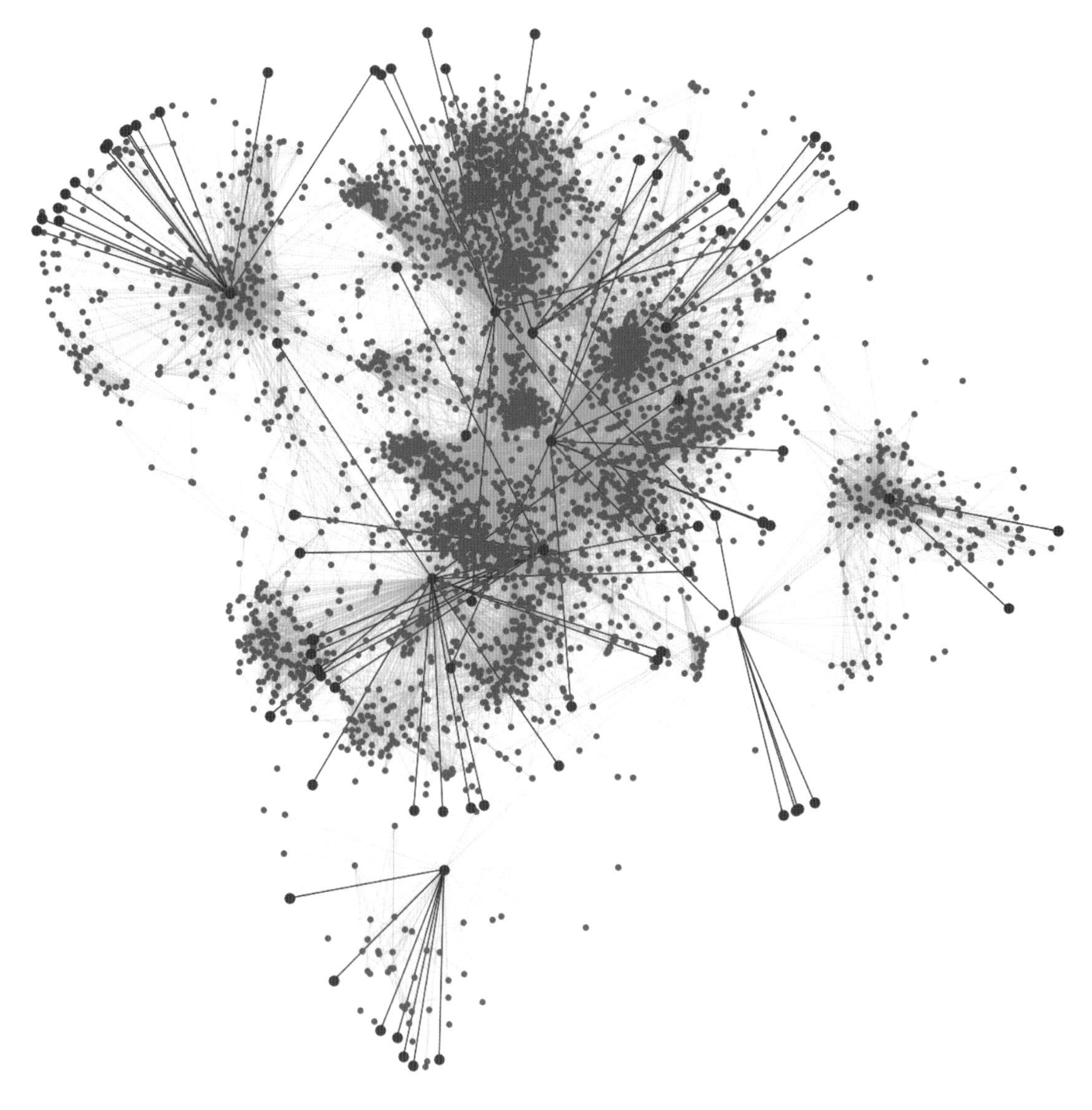

图25.20　社交网络图中的78座局部桥

本书前文介绍过，所有桥都是局部桥，但不是所有局部桥都是桥。桥的定义涉及图的全局结构，而局部桥的定义主要关注节点的局部邻域。

图25.21所示为利用**标签传播** (label propagation) 完成社区划分。

标签传播是一种简单而高效的社区检测算法，其基本原理如下：

- **初始化标签**：将每个节点初始化为一个唯一的标签。
- **标签传播**：在每一轮中，节点会将其当前标签传播给邻居节点。具体来说，节点选择其邻居中标签数最多的标签，并将自己的标签更新为这个最多的标签。
- **迭代**：重复进行标签传播过程，直到网络中的节点标签趋于稳定。这是一个迭代的过程，每一轮都涉及节点的标签更新。
- **社区形成**：当标签传播稳定后，具有相同标签的节点被认为属于同一个社区。

图25.21　社区划分，标签传播

这个算法不需要预先知道社区的数量，并且在大型网络中具有较好的扩展性。然而，标签传播算法的结果可能对初始节点标签敏感。

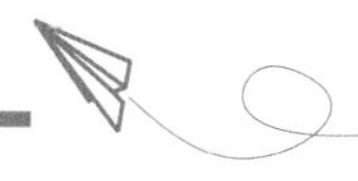

社交网络分析利用图论中的数学工具来研究社交结构通过节点 (个体) 和边 (关系) 的模式。

度分析关注节点的直接联系数量，揭示影响力或活跃程度。

图距离度量时节点间最短路径，图距离相关概念 (平均距离、图距离矩阵、离心率、直径、半径) 有助于理解信息流动的效率。

中心性分析，如度中心性、介数中心性、紧密中心性、特征向量中心性等，评估节点在网络中的重要性，识别关键影响者。

社区结构分析通过识别紧密连接的节点群组，揭示网络内的自然分层或团体，有助于理解网络的细分结构和功能。

这些方法共同提供了深入理解社交网络动态和结构特性的手段，对于社会科学、市场营销和信息技术等领域至关重要。

《数据有道》几易其稿。稿件不断大修大改的过程中，笔者不断问自己，《数据有道》怎么写才能既把“鸢尾花书”之前五本书的内容融合在一起，又能用数据视角扩展知识网络，还能帮助大家铺平学习第7册《机器学习》的道路？

想来想去，想到一个办法——以数据为视角，承上 (编程 + 可视化 + 数学) 启下 (机器学习算法 + 应用)，强调实践应用中可能出现的数据相关工具。

《数据有道》中大家看到前五本书介绍的各种编程、可视化、数学工具在数据实践相关的应用，同时又拓展讲解了时间序列、图这两种有趣的数据形式。

图和网络是《数据有道》的一大特色，从图论入门、图与矩阵，到图论实践，图占据了本册大半。特别是通过图的各种应用场景，我们还回顾了线性代数中常用的数学工具。

学完本书，希望大家特别记住这句话——图就是矩阵，矩阵就是图。

让我们在《机器学习》再见！

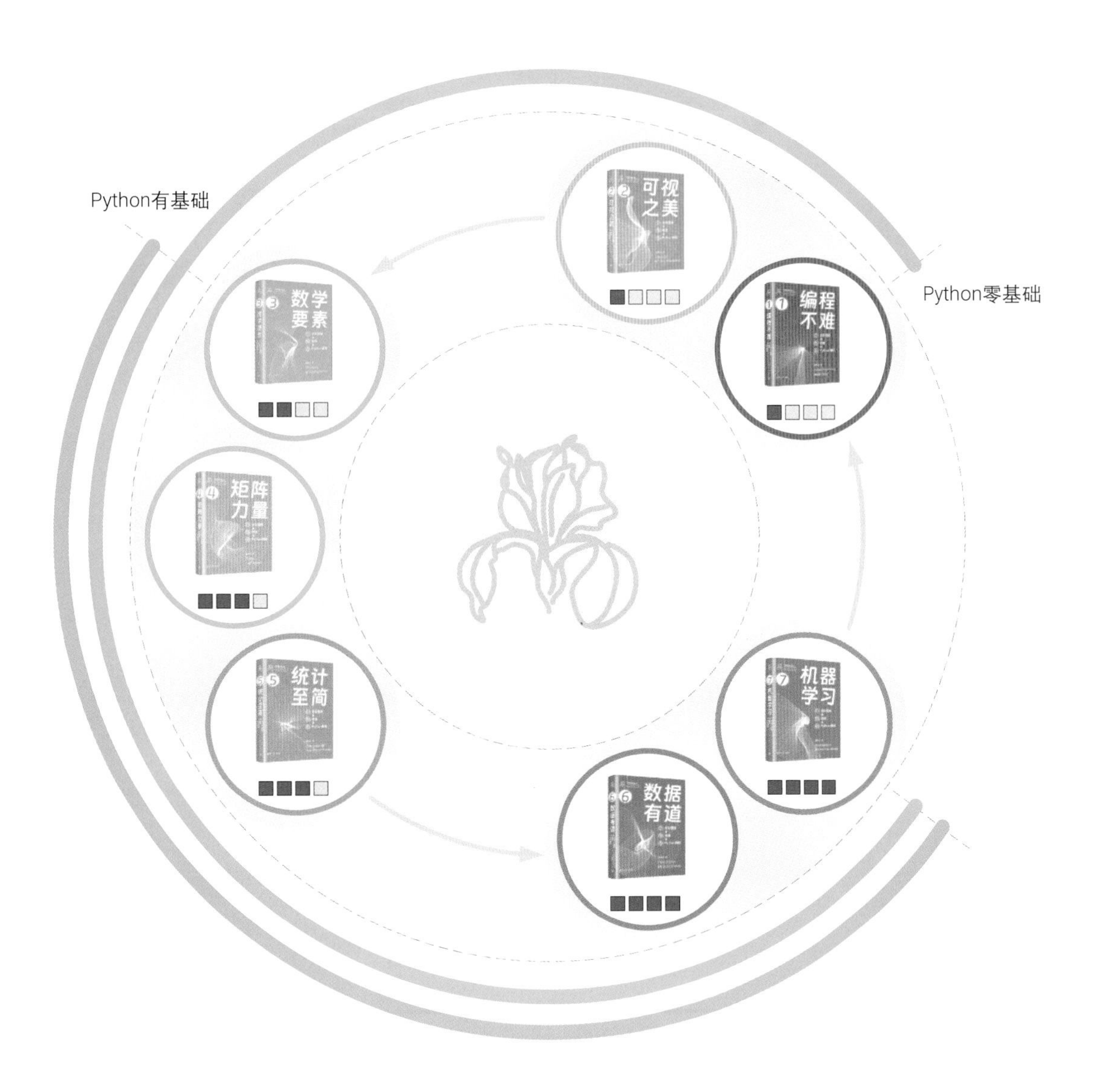

Python有基础
Python零基础
可视之美
编程不难
数学要素
矩阵力量
统计至简
机器学习
数据有道